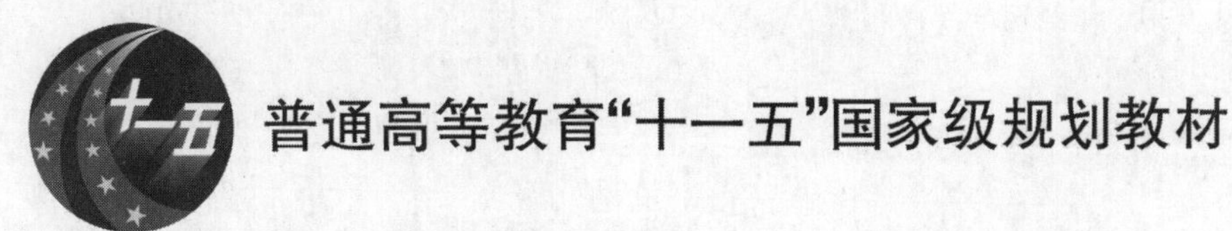

心理学研究方法

（修订版）

莫　雷　王瑞明　陈彩琦　陈启山　著

广东高等教育出版社
Guangdong Higher Education Press
·广州·

图书在版编目（CIP）数据

心理学研究方法/莫雷等著. —修订本 . —广州：广东高等教育出版社，2019. 12（2024. 5 重印）

ISBN 978 - 7 - 5361 - 6652 - 3

Ⅰ. ①心… Ⅱ. ①莫… Ⅲ. ①心理学研究方法 Ⅳ. ①B841

中国版本图书馆 CIP 数据核字（2019）第 296353 号

心理学研究方法

XINLIXUE YANJIU FANGFA

出版发行	广东高等教育出版社 地址：广州市天河区林和西横路 邮政编码：510500　电话：（020）87553335 http://www. gdgjs. com. cn
印　　刷	佛山市浩文彩色印刷有限公司
开　　本	787 毫米 ×1 092 毫米　1/16
印　　张	42. 75
字　　数	1 015 千
版　　次	2019 年 12 月第 1 版
印　　次	2024 年 5 月第 2 次印刷
定　　价	98. 00 元

前　言

“工欲善其事，必先利其器。”科学的每一步发展都离不开研究方法的进步。如巴甫洛夫所说：“科学随着方法学上获得的成就不断跃进，方法学每前进一步，我们便仿佛上升了一级阶梯，于是我们就展开了更广阔的眼界，看见从未见过的事物。”心理学研究方法的不断发展与进步，极大地推动了心理学研究的发展。因此，对心理学研究方法的研究，应该成为心理学研究的重要组成部分。

自从冯特建立心理实验室，强调用实验方法研究心理以来，心理学研究方法取得了重大发展。然而，由于心理研究的复杂性，不同心理学家的研究视角和技术可谓千差万别，心理学研究方法体系尽管丰富但颇为杂乱。对整个研究方法进行系统分析，理清其体系脉络，是非常有价值的一项工作。国内外不少专家对此项工作给予了足够的重视，并按照自身的理解编写了许多心理学研究方法方面的著作和教材。这些著作和教材虽然侧重点有所不同，但总体框架有很大的共性。这种框架一般由“绪论”“课题的选择与研究设计”“研究方法的选择”“研究数据的处理”和“研究结果的整理、呈现与评价”等5部分组成。“研究方法的选择”部分通常包括实验法、测量法、问卷法、访谈法和社会测量法等方面的内容。经过系统的省察与思考，我们认为这种心理学研究方法教材的体系存在三方面的问题：

第一，研究方法的层次方面。以往不少人将心理学不同层次的方法列为同一层次，造成内容体系层次不清，容易造成读者对心理学研究方法理解的困难。如以往的教材几乎都将实验法、测量法、问卷法、评价法、访谈法、观察法等并列起来，这是值得商榷的。我们认为，尽管研究心理现象与心理规律的各种方法与技术都可以统称为心理学研究方法，但是，这些方法是有不同层次的。第一个层次的研究方法是完成整个心理学研究的方法，例如，实验法就是完成整个研究的方法，实验设计，就是对整个研究过程的全程设计；而第二个层次的研究方法只是完成整个研究的某些环节的方法，例如，问卷法作为一种研究方法，只是涉及设计问卷来获得某个变量的数据，因此问卷法只是获得变量数据的一种方法。前人关于研究方法的分析显然是将这两个不同层次的研究方法混为一谈。按照这种思路，无论是撰写论文还是出版教材，都会出现重复交叠、层次不清的问题，使读者无法清晰地建立关于心理学研究方法的知识结构。

第二，研究方法的主线方面。以往关于心理学研究方法的知识体系中，缺乏贯穿整个体系的主线。造成研究设计与统计分析相互分离，相关研究与因果研究界限模糊。我们认为，这是由于没有准确科学地确定心理学研究方法的逻辑起点造成的。根据我们的观点，心理学研究在绝大多数情况下都是探讨变量之间的关系，而变量的性质决定了该研究应该采用相关设计还是因果设计；变量的数据模式决定了研究设计的具体程序与结果分析的统计方式。而变量的数据模式则由变量的性质与变量数据的获得方式决定。因此，心理学研究方法体系要以研究变量作为逻辑起点，将对变量关系的研究方法与获得变量数据的方法区别开来，将变量的类型与研究方法的类型联系起来，将变量的数据模式与统计检验的方式联系起来，从而使整个研究方法体系融为一体。

第三，研究方法的知识模块组织方面。以往心理学研究方法的教材主要根据心理学研究的自然过程进行构思与组织（选题—设计—实施—结果整理与统计—撰写研究报告）。这种组织方式不符合心理学研究方法的知识构成逻辑。我们认为，从研究方法的知识构成看，首先，研究者要有统计学基础，否则整个研究设计无从谈起，因此，第一个知识模块应该是与心理学研究直接相关的统计基础。其次，研究者要掌握心理学研究的整体设计方法，因此第二个知识模块应该是第一层次的心理学研究方法内容，核心是实证研究方法，包括研究变量关系的相关研究方法和因果研究方法。第三个知识模块应该是第二层次的获得变量数据的各种方法与技术，从微观层面上解决研究的方法技术问题。上面三个知识模块总体上解决了心理学研究方法中研究设计这个核心问题。第四个知识模块则从宏观角度阐述选题—设计—结果分析—撰写研究报告这个研究全程。

基于以上分析，我们系统地提出了心理学研究方法的双层次观点并构建出了新的教材体系。我们认为心理学研究方法包含两个层次：第一层次是“心理学研究设计方法”，也就是完成整个心理学研究的方法；第二层次是“变量数据的获得方法”，是涉及研究某个环节的方法。

第一层次的心理学研究方法总体上可以分为三大类型：理论或思辨的研究方法、现象学的研究方法、实证的研究方法。理论或思辨的研究方法主要通过理论论证、列举材料、总结分析等对心理现象或规律提出新的见解。从古代的哲学心理学到近代联想主义，研究者主要就用这种方法进行心理研究。乃至当前，思辨方法在心理学研究方法中仍有一席之地。现象学的研究方法，也称之为描述性研究方法，主要通过观察、案例分析、访谈等方式获得事实材料，从而证明关于心理现象与规律的看法。现象学研究方法主要有观察法、个案法、访谈法等。实证研究方法主要通过测量、评定、实验范式等方式获得变量的数据以揭示有关心理现象的特点与规律。它所要获得的不是一般的事实证据，而是量化的证据，因此它必须首先考虑如何将概念操作化和数量化。实证研究又可分为相关关系的研究与因果关系的研究两大类。

在过去的数十年，实证研究方法取得了重大发展，在与现象学研究方法的竞争中明显占据上风。以往人们之所以对实证研究方法提出较多批评，主要由于运用这种方法难以对复杂的高级心理问题进行深入研究。然而，随着实证研究方法的不断发展与突破，它对高级的复杂心理过程的研究能力逐步提高。从传统的实验心理学研究范式到现代的认知心理学研究范式，从认知实验心理学范式到认知神经科学范式，心理学的实证研究方法不断朝着意义性和客观性统一的目标发展。当前，采用认知实验心理学与认知神经科学的研究范式来探讨人的高级心理过程，已成为心理学研究的主流取向。本书的主要内容就是阐述实证研究方法。

第二层次的心理学研究方法，我们可称之为“变量数据的获得方法”，是涉及研究某个环节的方法。心理学研究的本质就是要揭示某些变量之间的关系。实证研究方法对变量关系的揭示是通过量化的方式来实现的，因此需要获得各个变量的数据。获得变量数据的方法总体上可以概括为三种类型：第一类是测评法，就是通过测评技术来获得变量数据，测评方法主要包括测量法、问卷法、评价法等。第二类是实验心理范式，即在实验中对各种心理特质或行为的特定的作业测定方式。这些实验范式的形成，都是由某项研究首先创立，由于其准确有效，而为后来的研究经常沿用，从而成为进行某种特质研究时取得量化数据的典型范式。实验心理范式可以分为传统的实验心理范式与现代认知实验心理范式，采用新的实验仪器如眼动仪等而形成的获得变量数据的手段也属于这类范式。第三类是认知神经科学范式，这种研究范式20世纪末开始出现，现已逐步成为心理学研究的主流。它运用功能性核磁共振技术、事件相关电位技术、脑磁图、单细胞记录技术等手段，从神经机制的水平来获得因变量的数据，以揭示有关心理现象的规律。

在上述分析与思考的基础上，我们对心理学研究方法的教材体系进行了新的建构，按照新的体系撰写了《心理学研究方法》教材，该教材被列入教育部普通高等教育“十一五”国家级规划教材，由广东高等教育出版社于2007年出版。该教材包括了五篇（4个知识模块）：第一篇是绪论，即心理学研究方法概论；第二篇是心理学研究的统计方法（知识模块1），包括统计概论、差异分析与假设检验、相关分析与回归分析、潜变量与因子分析等；第三篇是心理学研究变量与研究设计（知识模块2），包括心理学研究变量与研究类型、心理学相关研究的设计、心理学因果研究的设计、心理学描述型研究的类型与设计等；第四篇是变量数据的获得方法与技术（知识模块3），包括变量数据获得方法概述、变量数据获得的测评方法、变量数据获得的传统实验心理技术范式、变量数据获得的认知实验心理技术范式、变量数据获得的眼动实验技术、变量数据获得的认知神经科学范式等；第五篇是心理学研究的过程（知识模块4），包括研究课题的选择、研究方案的设计、研究报告的撰写等。

我们认为，与其他同类教材比较，该教材体系的“创新”主要表现为以下三点：第一，按照心理学研究方法知识的内在逻辑将其分为四个知识模块，使教材内容体系更符合个体关于心理学研究方法的知识建构。第二，按照我们对心理学研究方法的系统分析，将研究方法分为两个层次，将第一层次“心理学研究设计的方法”与第二层次“变量数据的获得方法”区别开来，分别构成相应的知识模块，使整个研究方法系统更为有序。第三，按照我们对心理学研究方法的逻辑起点的理解，将“研究变量”作为贯穿研究设计与统计分析的主线，将对变量关系的研究方法与获得变量数据的方法区别开来，将变量的类型与研究方法的类型联系起来，将变量的数据模式与统计检验的方式联系起来，使整个研究方法体系更为严密。

该教材出版以来，受到广大读者的欢迎和好评；使用过程中，也收到了许多意见和建议。近年来，科学技术日新月异，心理学发展突飞猛进，心理学研究方法也发展迅猛，尤其是在数据的统计分析和变量数据的获取方法等知识模块，新的理论、方法和技术不断得到发展、推广和应用。因此，我们对《心理学研究方法》进行了全面的修订。主要修订之处如下：

1. 对全书的体例做了修改，每章增加了“内容简介”和“练习题”。

2. 全书进行了信息化的尝试，相关章节提供了PPT、视频等资料，读者可以扫描二维码查阅、下载。

3. 对第一编绪论（第一章心理学研究方法概论）的章节结构进行了调整，相应的内容也进行了修改。

4. 重新撰写了第二编（心理学研究的统计方法），由原来的四章调整为五章。重新撰写了描述统计、均值差异性检验、相关与回归分析、因子分析等章节的内容；增加了结构方程模型、中介效应与调节效应分析相关的内容。介绍各种统计检验方法时，特别介绍了效应值的内容。

5. 修订了第三编（心理学研究变量与研究设计）的部分内容，特别是对第七章心理学研究变量与研究思路（原第六章）的章节结构进行了调整，相应的内容也进行了修改；对第八章心理学相关研究的设计（原第七章）和第九章心理学因果研究的实验设计（原第八章）的章节结构进行了个别调整，对部分内容进行了修改；对第十章心理学描述研究的类型与设计（原第九章）的章节结构进行了调整，相应的内容也进行了修改，特别是每一类描述研究都补充了具体的研究实例。

6. 修订了第四编（变量数据的获得方法与技术）。一方面，增加了认知实验心理的任务范式的相关内容，如第十四章增加了7个领域29个经典范式。另一方面，新增了新技术的发展与应用，如脑成像技术部分，增加了静息态fMRI等内容。

7. 重新撰写了第五编（心理学研究的过程），由原来的三章调整为五章。除了对第十七章心理学研究课题的选择（原第十六章）、第十八章心理学研究方案的设计（原第十七章）、第二十章心理学研究成果的交流与发表（原第十八章）的章节结构和内容进行调整外，另外增加了第十九章心理学研究结果的整理与解释、第二十一章心理学研究质量的评价。

本次修订由莫雷教授和王瑞明教授负责组织和审定。全书的结构体系和章节设计体现了莫雷教授近年来对心理学研究方法体系的系统反思和理论创新。各编章的执笔人如下：第一编“绪论”主要由莫雷撰写；第二编“心理学研究的统计方法”由陈启山撰写；第三编“心理学研究变量与研究设计”主要由莫雷撰写；第四编“变量数据的获得方法与技术”由陈彩琦撰写；第五编“心理学研究的过程”由王瑞明撰写。感谢袁杰博士、黄健博士和刘聪博士参与整理相关资料、录制视频材料。

本书由教育部人文社科重点研究基地“华南师范大学心理应用研究中心”组织专家撰写。在撰写过程中，参考了许多国内外同行的工作，最终的出版得到了广东高等教育出版社的支持，在此一并表示感谢。

本书适合作为全国高等院校心理学、教育学或其他相关专业的本科生和研究生教材，也适合心理学工作者和其他对心理学研究以及心理学研究方法感兴趣的读者使用。由于水平所限，书中难免有疏漏偏差之处，请广大读者批评斧正。

作　者

2019 年 11 月

目 录

第一编　绪论

第一章　心理学研究方法概论 ……………………………………………… (2)

第一节　科学研究与心理学研究概述 ……………………………………… (2)

第二节　心理学研究方法的意义与心理学研究的方法论原则 …………… (6)

第三节　心理学研究方法的发展 …………………………………………… (9)

第四节　心理学研究方法的系统分析与体系重构 ………………………… (17)

第二编　心理学研究的统计方法

第二章　描述统计 …………………………………………………………… (26)

第一节　描述统计:数字 …………………………………………………… (26)

第二节　描述统计:图形与表格 …………………………………………… (30)

第三章　假设检验与方差分析 ……………………………………………… (37)

第一节　假设检验 …………………………………………………………… (37)

第二节　方差分析 …………………………………………………………… (44)

第四章　相关分析与回归分析 ……………………………………………………（ 81 ）
第一节　相关分析 ……………………………………………………………（ 81 ）
第二节　回归分析 ……………………………………………………………（ 95 ）
第五章　因子分析与结构方程模型 ……………………………………………（ 115 ）
第一节　探索性因子分析 ……………………………………………………（ 115 ）
第二节　验证性因子分析 ……………………………………………………（ 124 ）
第三节　结构方程模型 ………………………………………………………（ 141 ）
第六章　中介效应与调节效应分析 ……………………………………………（ 147 ）
第一节　中介效应分析 ………………………………………………………（ 147 ）
第二节　调节效应分析 ………………………………………………………（ 162 ）
第三节　有中介的调节与有调节的中介 ……………………………………（ 173 ）
第四节　跨层次的中介与调节 ………………………………………………（ 190 ）

第三编　心理学研究变量与研究设计

第七章　心理学研究变量与研究思路 …………………………………………（ 230 ）
第一节　心理学的研究变量与逻辑起点 ……………………………………（ 230 ）
第二节　心理学实证研究的基本途径与研究类型 …………………………（ 235 ）
第八章　心理学相关研究的设计 ………………………………………………（ 241 ）
第一节　研究两个变量相关关系的统计思路与研究设计 …………………（ 241 ）
第二节　研究多个变量相关关系的统计思路与研究设计 …………………（ 251 ）
第九章　心理学因果研究的实验设计 …………………………………………（ 264 ）
第一节　研究两个变量因果关系的统计思路与单因素实验设计 …………（ 264 ）
第二节　研究多个变量因果关系的统计思路与多因素实验设计 …………（ 287 ）
第三节　心理学研究中的真实验设计和准实验设计 ………………………（ 317 ）
第十章　心理学描述研究的类型与设计 ………………………………………（ 324 ）
第一节　描述研究的基本性质 ………………………………………………（ 324 ）
第二节　观察法研究设计 ……………………………………………………（ 327 ）
第三节　访谈法研究设计 ……………………………………………………（ 332 ）
第四节　个案研究设计 ………………………………………………………（ 342 ）

第四编　变量数据的获得方法与技术

第十一章　变量数据获得方法概述……………………………………………（350）
第一节　变量数据获得方法的类型……………………………………………（350）
第二节　心理变量的测评指标…………………………………………………（351）
第十二章　变量数据获得的测评方法…………………………………………（365）
第一节　测验法……………………………………………………………………（366）
第二节　问卷法……………………………………………………………………（376）
第三节　评价法……………………………………………………………………（381）
第十三章　变量数据获得的传统实验心理范式………………………………（388）
第一节　实验法技术范式概述…………………………………………………（388）
第二节　传统实验心理学技术范式简介………………………………………（390）
第十四章　变量数据获得的认知实验心理范式………………………………（403）
第一节　认知实验心理范式的基本特点和常用指标…………………………（403）
第二节　认知实验心理的通用技术范式………………………………………（414）
第三节　认知实验心理的经典任务范式………………………………………（456）
第四节　认知联结主义实验技术范式…………………………………………（512）
第十五章　变量数据获得的眼动实验技术……………………………………（520）
第一节　眼动实验技术的原理和应用…………………………………………（520）
第二节　Eyelink II 眼动记录系统的使用 ……………………………………（531）
第十六章　变量数据获得的认知神经科学范式………………………………（543）
第一节　认知神经科学研究范式简史…………………………………………（543）
第二节　常用的认知神经科学实验技术范式…………………………………（546）

第五编　心理学研究的过程

第十七章　心理学研究课题的选择……………………………………………（590）
第一节　课题选择的基本程序…………………………………………………（590）
第二节　研究课题的类型………………………………………………………（596）

第三节　课题选择的主要原则与具体途径……（599）
第四节　文献查阅与整理……（606）
第十八章　心理学研究方案的设计……（612）
第一节　研究方案设计的基本内容……（612）
第二节　研究对象的抽样……（615）
第三节　无关变量的控制……（622）
第十九章　心理学研究结果的整理与解释……（627）
第一节　研究结果的整理……（627）
第二节　研究结果的解释……（631）
第二十章　心理学研究成果的交流与发表……（636）
第一节　实证研究报告的撰写……（636）
第二节　研究成果的汇报与投稿……（643）
第三节　美国心理学会（APA）论文的写作规范……（646）
第二十一章　心理学研究质量的评价……（658）
第一节　心理学研究中的效度……（658）
第二节　心理学研究报告的评价……（665）
第三节　心理学研究的研究伦理……（667）

第一编 绪论

第一章　心理学研究方法概论

内容简介

心理学是研究心理现象及其规律的科学，心理学研究是科学研究的重要内容。心理学研究与其他科学研究相比，既有共同之处，也有自己的特殊性。简单了解这些内容，对于掌握心理学研究方法有着重要意义。心理学研究的根本任务是揭示心理现象的规律并利用这些规律为人类实践服务，要达到这一目的，心理学工作者必须扎实地掌握心理学的研究方法。本章首先对科学研究与心理学研究进行简单介绍，然后重点介绍了心理学研究方法的意义与心理学研究的方法论原则以及心理学研究方法的发展，最后在对心理学研究方法进行系统分析的基础上提出了本教材的体系。

第一节　科学研究与心理学研究概述

一、科学研究的含义

辩证唯物主义认为“运动”与“变化”是宇宙的普遍规律，世界上的一切事物都在无时无刻地变化与发展。对变化着的事物和现象背后的本质与规律的探求，就引发了所谓的科学研究。通过科学研究，人们试图在混沌的事物中找出秩序，在复杂的现象中找到规律，期望能执简叙繁，对世界上的各种事物和现象予以描述、测量、预测与干预。

一般认为，科学是对客观事物及其运动变化规律的真理性认识，表现为系统的知识体系。零碎的、无组织的知识不是科学；宗教尽管是系统化的知识，但它不是对客观事物的真理性认识，因而也不能称为科学。与科学紧密联系的一个概念就是研究。研究是指探求事物真相、性质和规律的系统而严密的过程，其目的在于发现和发展一种结构完整的知识体系。科学的产生有其特定的途径、方法，人类探索世界、追求真理的方法有很多，但并非所有的方法都是科学的。在科学诞生之前，人类主要依靠直觉、经验、权威和习惯等方法来获得知识。16 世纪以来，随着近代科学的起步，英国的培根（Francis Bacon，1561—1626）与法国的笛卡儿（Descartes René，1596—1650）分别倡导和完善了归纳法与演绎法，对科学研究的发展做出了重大贡献。此后，随着理论和技术的发展，科学研究也在不断地更新与改进。

总起来说，所谓科学研究，是指通过运用各种科学方法，遵循科学的认识过程，根据对收集到的事实材料的分析，对假设或理论进行检验，以寻求客观事物的本质及其运动变化规律的一种思维活动或过程。

二、科学研究的特征

科学研究不同于人类其他活动（如日常生活等），它是人类探索真理的一种活动，是推动人类进步发展的重要动力。跟其他活动相比，科学研究明显具有以下五个特征。

（一）目的性

科学研究是一种以课题研究为中心而展开的有计划、有目的的认识活动。一般的认识活动虽然不能说没有目的和计划，但不如科学研究那样集中和明确。人们一旦确定以某一对象为研究课题，就有计划地确定研究方法、研究路线、研究步骤以及如何获得资料、获得哪些资料。研究一旦实施，就要严格按照规定的程序进行。

科学研究的目的就是要揭示宇宙万物之间的关系和规律。事物间的关系总体上可分为两大类：一是因果关系（Cause-effect relationship）；二是相关关系（Correlational relationship）。如果通过研究，研究者可以清楚地指出何种事物是因，何种事物是果，那么这种研究揭示出的就是具有因果关系的规律。例如，研究发现闪电与打雷之间存在着因果关系，即闪电是原因，打雷是结果。再如，如果研究发现对员工进行一定的培训后，他们的绩效明显提高了，这说明培训是原因，绩效提高是结果，培训和绩效之间是因果关系。只要事物间构成因果关系，那么总是因在先，果在后，具有确定的顺序。如果通过研究，研究者只能指出两个事物之间存在共变关系（Covariation relationship），而无法获知二者的作用方向，即无法确定何者为因，何者为果，那么这种研究揭示出的就是具有相关关系的规律。所谓共变关系是指当一个事物发生变化时，另一个事物也发生相应的变化。例如，身高和体重之间有相关关系。一般情况下，身高者体重较重，身矮者体重较轻。如果一个事物如“身高”发生变化时，另一个事物如“智慧”保持不变，那么这两者之间就无共变关系。但是在身高与体重的共变关系中，我们不能说身高是体重的原因，体重是身高的结果。这种无法明确孰因孰果的共变关系就是相关关系。

可见，因果关系和相关关系的区别在于事物出现的先后顺序是否重要或是否明确。具有因果关系的事物，因的事物必须出现在果的事物之前，果的事物必须在因的事物之后。这种前后顺序是因果关系的本质特点。但对相关关系而言，不必考虑或无法考虑先后顺序的问题。如身高、体重孰先孰后，无关紧要；又如看电视时间与攻击性行为之间，谁先谁后则很难确定。需要注意的是，如果两个事物间具有因果关系，那么必定也具有相关关系。例如闪电与打雷之间具有因果关系，同时也必定有相关关系；闪电越强，雷声也越响，具有共变的现象。反过来，具有相关关系的事物未必有因果关系。从某种意义上讲，因果关系是一种特殊的相关关系。如果通过研究能揭示出因果关系，那么就不能仅停留在相关水平上。

（二）继承性

科学研究不是凭空产生的，通常在前人的研究基础上进行。只有站在巨人的肩上，才能站得更高、看得更远。如马克思所说："人民自己创造自己的历史，并不是随心所欲地创造，并不是在他们自己选定的条件下创造，而是在直接碰到的、既定的、从过去继承下来的条件下创造。"在科学研究过程中，研究者必须搞清楚哪些问题已经解决，哪些问题还没有解决；哪些理论是已经证明为正确的理论，哪些理论则被证明为错误的理论，哪些是需要补充和完善的理论；同时要学会找准前人研究的忽视点、遗漏点、空白点和矛盾点。只有这样，研究者才能使自己的研究活动以人类已经达到的认识水平为出发点，使研究真正达到发现和创造的目的。继承性体现了科学研究应该遵循的经济性原则，可避免不必要的重复和消耗。前人或他人有关科学研究的思想、理论、方法或收集的事实材料等，都是可以继承的内容。

（三）创新性

继承的目的是为了创新。创新是科学研究的生命。如果没有创新，科学就不可能进步。所谓创新，就是在前人与他人研究的基础上进一步揭示事物发展的本质和规律。创新的内容可以涵盖科学的各个方面，既可以是理论方面，也可以是方法方面；既可以是发现新问题，也可以是发现新规律；既可以是提出新见解，也可以是发明新产品。因此，只有具备新意的课题才是有价值的课题，才是有生命力的课题。

（四）系统性

科学研究需要系统地寻求研究对象之间的关系，从而对现象做出严密、深入的分析与解释。而一般常识对于某些关系的说明，则往往是松散而缺乏系统的。科学研究的系统性包括三方面的内容：其一，科学研究的对象是一个有组织的系统。例如，心理学的研究对象是人的心理现象，而人的心理现象是由层次不一的许多子系统、亚系统共同构成的自组织系统。其二，科学研究的方法也是一个由哲学方法论、一般方法论和具体研究方法组成的系统。其三，科学研究的组织管理也是一个系统。

（五）控制性

任何科学研究都具有一定的控制性。无论是物理学、数学、化学，还是心理学，无论采用自然科学方法还是社会科学方法，科学家在进行研究时，总要将研究对象从背景中抽取出来，排除无关因素的影响，抓住事物的主要矛盾进行观察和分析，以揭示事物的本质和规律。某些科学研究要求的“操作定义”正是这种控制性的体现。在操作定义中，研究者要说明观察和测量研究对象时进行的操作活动，而不仅仅是对研究对象特征或性质的直接描述。例如，在心理学研究中，智力可以被定义为“一般能力”或“适应能力”等，但这种定义却无法在研究中直接操作。因此，智力的操作定义经常用“智力测验分数”或“智力测验所测量的东西”表示。如果缺乏控制，科学家就难以辨别研究的对象，就不能确认事物或现象之间的相互关系，尤其是因果关系。

三、心理学研究的特殊性

（一）研究对象的特殊性

心理学是研究心理现象及其规律的科学，心理学研究是科学研究的重要组成部分，具有自然科学和社会科学的双重性质。每一门科学都有其特定的研究对象，而且每种对象都有其特殊性。心理学的研究对象主要是人，其特殊性主要表现在以下三个方面。

1. 人的心理既有生物性又有社会性

人的意识和社会性可能使其在心理学研究中并不按照自己的真实情况做出反应，而在反应中带上许多掩饰甚至虚假的东西。这可能使研究的客观性、验证性和科学性受到破坏。因此，心理学研究需要研究对象（被试）的积极参与和配合。被试通常是应征参加研究的，研究者一定要保证其是自愿的，否则很难取得预期效果。此外，被试的心理和行为有时是不稳定的，也会影响结果的准确性。

2. 人的心理具有发展性

发展性指人类的心理特征随着年龄的增长而不断发展变化。心理的发展性要求在心理学研究中，应重视成熟因素及后天社会环境因素对研究结果的影响。例如，某项研究中学生认知发展水平的前后测结果即使出现了差异，研究者下结论的时候也要慎重，需要深入分析这种差异是由实验处理造成的，还是教育方式或心理自然成熟引起的。

3. 人的心理具有差异性

这种差异性表现在两个方面，一是没有任何两个人的心理完全相同，从某一个人身上获得的结论可能完全不适用于表面情况相似的另一个人；二是没有任何人的心理可以在任意两个时刻保持不变。人的心理和行为总是受所处环境中难以预料的变化或个体间的相互作用的影响而随时发生变化。这种差异性决定了心理学的理论或规律大多是针对大量的被试建立起来的，具有统计检验力，有时可能并不适用于个体。

（二）研究过程的特殊性

心理学研究对象的特殊性，也造成了其研究过程的特殊性，主要表现在以下四个方面。

1. 心理学研究是主、客体相互作用的过程

一方面，研究对象是根据研究者的要求或实验控制做出反应，而研究对象的反应又反过来影响研究者的行为。这种主客体相互作用的关系，可能造成事先不能预期的无关因素的产生，使研究的问题或性质发生改变，从而影响研究的科学性。例如，心理学研究中出现的“实验者效应”“霍桑效应”等就体现了这种主客体之间相互影响的关系。这种关系的存在给实验结果的解释和预测带来了困难。

2. 心理学研究过程缺乏对研究对象的精确控制与操纵

这与自然科学不同，自然科学研究者可以将研究对象分解开来，按照需要加以组合或控制。例如，化学研究者可以对物质进行分解或化合的研究，生物学家可以切除猴子、老鼠等实验动物的肢体或脑加以研究。心理学研究者则不能随意控制或操纵研究对象，既不能把人当作老鼠一样关在笼子里观察其行为变化，也不能切除大脑的一部分观察其行为变化；既不能为了研究离婚对儿童心理发展的影响而迫使社会中实际存在的家庭离异，也不能为了研究不同教育方式的效果而对某些被试实施有损身心健康的实验处理。心理学研究者在研究过程中不仅要从科学的角度考虑，而且还要从伦理和习俗的角度考虑。

3. 心理学研究设计复杂、精细

心理学研究中涉及的因素多而复杂，这使心理学研究很难像其他科学研究一样完全排除一些因素，专门研究个别因素，这样一来，心理学研究中一般要考虑到与研究有关的许多因素，以及这些因素可能发生多层次、多水平的相互作用。由于这些原因，心理学研究过程中，因素控制就显得尤其重要，心理学家为此设计了许多具体方法，因此造成了心理学研究设计相对复杂、精细。

4. 心理学研究易受到社会政治因素的影响

与传统的自然科学研究相比，心理学研究与社会文化的关系更为密切，更容易受到社会政治因素的影响。一方面，研究对象的很多心理和行为规律与社会文化因素有关；另一方面，心理学研究本身容易受意识形态的影响。如我国心理学曾因政治原因一度被视为“伪科学”，心理学研究遭批判和冷落达十年之久。因此心理学研究更需要一个比较宽松自由的外部环境来促使其发展。

第二节 心理学研究方法的意义与心理学研究的方法论原则

一、学习心理学研究方法的意义

（一）推动心理学理论的发展

“工欲善其事，必先利其器。”这里“器”就是工具、方法。科学的每一步发展都

离不开其研究方法的发展与进步。正如巴甫洛夫所说："科学随着方法学上获得的成就不断跃进，方法学每前进一步，我们便仿佛上升了一级阶梯，于是我们就展开了更广阔的眼界，看见从未见过的事物。"方法学是关于方法的理论和学说，它以方法为研究对象，通过对方法的研究，改进、加强和发展科学方法，为科学研究提供最佳的研究方案和途径。心理学研究方法的不断发展与进步，实质上是在推动心理学的研究，推动心理学理论的发展与进步。

（二）扩充心理学研究的知识

心理学研究方法本身就是心理学学科体系的重要组成部分。因此，不了解心理学研究方法，就很难说是掌握了心理学知识体系。学习与掌握心理学研究方法，本身就是增加心理学知识，而且也促进了对心理学原理和研究基础的深入理解。实际上，世界各大心理学院系都把心理学研究方法作为心理学专业课程体系必不可少的一部分。研究者必须完整地学习与掌握好研究方法，从而系统、周密、深入地研究各种心理现象。

（三）开阔心理学研究的思路

心理活动是十分复杂的过程，受各种因素的影响。心理现象的动态性和复杂性要求我们在研究时采用多种研究方法与手段。学习心理学研究方法，有助于开阔研究思路，从各种不同角度出发，运用不同手段，考虑与制定更有效的研究方案。

（四）增强评价研究的能力

科学研究中人们共同关心的问题就是一项研究的结论与质量。一般而言，研究的理论与实际意义，在很大程度上取决于研究设计本身的周密性和研究方法的严格程度。学习和掌握心理学研究方法，将能够大大提高从方法论角度评价研究的能力。这不仅有利于对以往研究的效度和意义做出评定，更为重要的是有助于设计与实施更有效的新研究。

（五）提高自身的科研水平

研究方法的学习，可以启迪人的思想，更好地发挥研究者的聪明才智，提高研究者的科研水平。如拉普拉斯所言，"认识一种天才的研究方法，对于科学的进步……并不比发现本身更少用处。"贝尔纳也强调，"良好的方法能使我们更好发挥运用天赋的才能，而拙劣的方法则可能阻碍才能的发挥"。众多著名科学家从自己的研究经历中深切地感受到方法的重要性，得出了"最有价值的知识是方法的知识"这样的结论。同时，通过研究方法的系统学习，可以避免盲目探索，少走弯路，早出成果，多出成果。

（六）促进心理学的实际应用

心理学要获得蓬勃的发展，必须重视心理学的应用。学习心理学研究方法，有助于开展心理学的应用研究。社会的进步和发展向心理学研究者提出了大量急需解决的心理学问题，社会各界都越来越认识到学习和应用各种心理学原理的重要性。心理学研究方法为广泛深入地开展心理学应用研究提供了有效的途径。

二、心理学研究的方法论原则

（一）客观性原则

客观性原则实际上就是实事求是的原则，它是任何科学研究都必须遵循的原则。所谓客观性原则是指研究者对事实要采取实事求是的态度，既不能歪曲事实，也不能主观臆测。客观性原则应贯穿于从选择课题直至做出结论的整个研究过程。在心理学研究中，研究者通常带着一定的理论假设去观察研究对象的行为表现、去分析研究数据，而且研究往往容易受研究者本身的价值判断和个人好恶的影响。因此在心理学研究中要尽量避免这些主观因素的影响。此外，从客观事实到研究结论的推理要建立在逻辑规则上，不能胡乱联系和牵强附会。这要求研究者既要认真负责，又要熟练掌握研究方法。

（二）实践性原则

在科学研究中，理论与实践是辩证统一的。实践是理论的源泉，也是检验理论正确与否的唯一标准；而理论是指导实践、为实践服务，并在实践中不断地发展的。只有在正确理论指导下的实践，才能取得成效。心理学作为一门学科，心理学理论如果不与现实生活紧密联系，就是“空中楼阁”，既不能为心理科学的发展做出贡献，也经受不起外界压力的考验。因此，在选择和确定心理学研究的内容和课题时，要注意和社会实践活动密切联系，从实践中发现问题、提出问题并用科学的方法去解决问题。这样的研究才具有科学意义和社会价值。同时，心理学研究也必须通过科学实验，才能获得有关研究对象内在本质和客观规律性的认识。而通过各种科学研究所得到的认识和理论，也必须经过实践的检验，才能证明其正确性和适用性。

（三）发展性原则

客观世界的事物都处于经常不断运动和发展变化中，对客观事物反映的心理现象也不是凝固的、静止的。发展性原则要求研究者把心理现象看作一个不断发展变化的过程，强调在人的一生的发展中研究心理现象及其规律。人的心理发展是有方向性和阶段性的，既不能违背其方向性，也不能跨越必要的阶段，但是在一定的条件下可以加速这种发展的进程。不同个体之间、同一个体不同发展阶段之间存在着量和质的差异。发展具有关键期和年龄特征。心理发展和生理发展有密切的联系。社会环境和遗传因素在心理发展中相互制约、相互作用。

（四）系统性原则

人类心理现象是一个极为复杂的有机系统，其产生和变化都有系统的原因和规律。系统性原则要求研究者不仅要将研究对象放在有组织的系统中进行考察，而且要运用系统方法去考察。任何事物之间都是相互联系而不是孤立的。人的心理不仅包括了心理过程和个性心理两个主要的子系统，这些子系统中还包含亚系统，彼此相互影响、相互制约。而且各种系统还与社会环境、生活条件、自身的生理发展阶段等系统有着密切联系，形成错综复杂的开放式动态系统。由于心理现象的复杂性，不同的研究者往往从不同的角度入手，对同样的现象往往得出不同的解释。系统的研究有助于把支离散乱的研究结果统一起来，使我们对心理现象的机制和心理发展的规律有全面、系统的理解。

（五）伦理性原则

心理学的主要研究对象是人，因此研究时有着明确的道德和伦理方面的要求。伦理性原则要求研究者在进行研究时要符合被试的身心发展规律，具有教育意义，要有利于被试的正常发展，不能做有害于被试身心健康的事，不能侵犯被试的个人权利或伤害其人格。例如在某些儿童心理研究中，所使用的材料如图片、故事、短文、词组、影像等，除考虑研究本身需要及科学性之外，更重要的是考虑它们对儿童的教育性。各种心理训练，如学习策略训练、挫折承受能力的训练等，都应有助于被试的身心发展。不利于身心发展的内容，如应激性实验可能导致心脏疾病或心理障碍，不宜在人身上做。心理学历史上著名的“模拟监狱实验”就因对伦理性原则重视不足，造成被试心理紧张、情绪抑郁及野蛮粗暴等心理症状而受到各方面的批评。再如丹尼斯（Dennis）和他的夫人（1941）为了研究社会刺激对儿童发展的作用，竟然把一对孪生子与世隔绝地养育了12个月。这个研究虽然不是蓄意伤害儿童，但其指导思想却存在严重问题。在科学性与伦理性相矛盾时，应首先保证伦理性。目前许多西方国家已经制定了比较完善的心理学研究伦理规范，在我国尚有待建立。

第三节　心理学研究方法的发展

一、心理学学科的发展与研究方法

用艾宾浩斯（Ebbinghaus）的话说，心理学有悠久的过去，但只有短暂的历史。自公元前4世纪亚里士多德（Aristotle）最早发表有关人类心理现象的著作《灵魂论》以来，有很多思想家对心理现象的实质和规律进行了探讨，因此心理学的研究有悠久的过去。但是亚里士多德后的2000多年时间，心理学一直没有脱离哲学的樊篱，在中世纪甚至曾沦为宗教的工具。所以在相当长的历史时期里，心理学还不能被称为是一门独立的科学。直到19世纪后期，在很多科学家开始用实验的方法研究心理现象并发现一些重要规律之后，心理学才开始走上科学发展的道路。1879年，冯特（Wilhelm Wundt，1832—1920）在莱比锡大学创建了世界上第一个心理学实验室，标志着心理学从此成为一门独立的实验科学。为了与过去的心理学有所区别，人们将这时开始的心理学称之为科学心理学。因此，科学心理学作为一门学科的发展历史至今仅100多年。从心理学历史的发端我们可以看出，实验研究方法在其中起到了举足轻重的作用。

从字面意思看，心理学的英文“Psychology”是由“Psycho”及“logy”所组成。在拉丁文中“Psycho”是“心灵”“心”或“灵魂”，“logy”是“研究”“关于……的学问”。所以，早期的心理学家把心理学界定为“研究人的心灵的一门学科”。其研究目的是了解人的内心世界、人的行为以及人的本质。心理学研究的范围包括感觉、知觉、记忆、学习、思维、心智能力、动机、情绪、人格发展、变态等心理过程和个性特征。心理学发展到今天，当代的心理学家还在研究类似的课题，可以说在关注的“内容”上大同小异。

当代心理学与古代心理学的本质差异主要表现在研究“方法”和“手段”上。19世纪以前，哲学家多采用“思辨”的方法去探讨心理现象。他们利用臆测、内省、推理和直觉的方法，或基于个人的主观经验来推测心理的本质。他们常被心理学史学家称为“安乐椅上的心理学家”。现代心理学家则特别注重采用观察、调查、访谈和实验等方法来研究各种心理现象。近百年的心理学研究史表明，研究方法对心理科学的产生和发展轨迹有着关键性影响。在科学心理学形成和发展的初期，研究者就开始运用物理学和生理学等学科的方法来研究人类心理现象。科学心理学独立之后，出现了许多学说和流派。这些流派在学术观点上的差别，在很大程度是因方法论和研究技术的不同引起的。如实证主义方法论和现象学方法论构成了各心理学流派发展两大主线。实证主义强调以方法为中心，强调直接观察的重要，主张还原论，以科学性为研究的基本原则。而现象学方法以问题为中心，强调对意识经验的直接描述，主张整体论，以现象描述作为研究的出发点。构造主义、行为主义和现代认知心理学等流派延续了实证主义思想；意动心理学、格式塔心理学、精神分析学派和人本主义则遵循着现象学的思想。当前科学心理学正进入脑科学时代，越来越多的认知心理学家正转向认知神经科学研究。认知神经科学之所以能成为当今科学心理学的焦点，关键原因也在于功能性核磁共振技术、事件相关电位技术、脑磁图、单细胞记录技术和脑损伤技术等在心理学研究中的应用。

二、心理学研究方法的发展

（一）心理学研究方法发展概览

心理学研究方法的发展历程，总体上经历了两个时期：

第一个时期从古代到近现代，是以思辨方法（论证方法）研究心理的时期，可以称为“思辨心理学”时期。在这个时期，研究者对心理现象与规律的研究，是采用人文社会科学的思辨的、论证的方法进行的，因此漫长时期里心理学未能独立出来成为一门独立的学科，而只能是属于哲学的一个部分，这个时期的心理学称为“思辨心理学”。

第二个时期是从近现代直至当今，是以实验方法为主研究心理的时期，可以称为“科学心理学”时期。这个时期从 1879 年冯特建立第一个心理学实验室开始到现在，经历了从传统实验心理学研究范式，到认知实验心理学研究范式，再到认知神经科学研究范式三个发展阶段。

第一阶段是传统实验心理学方法为主导的阶段，1789 年冯特在德国的莱比锡建立第一个心理学实验室创立了心理学实验研究基本范式，它基本做法是：按照研究目的设置一定刺激，根据刺激产生的结果推论内在心理过程。实验心理学研究方法的创立，使心理学从哲学中分离出来，成为一门独立的实证科学，开创了科学心理学的时代，从此，心理学从思辨心理学发展成为科学心理学。然而，由于心理现象这个研究对象的特殊性，直接将自然科学实验方法移植而形成的传统实验心理学方法，难以研究高级的心理过程，因此不得不研究低端的、分离的心理现象，影响了心理学的发展速度；而与实验心理学同时产生的现象学方法，尽管科学性欠缺，由于能够研究高级的心理现象，因此与传统实验心理方法并驾齐驱，形成心理学研究方法的两大派别对峙的局面，两派对峙局面构成了这个阶段的心理学研究方法的特点。

第二阶段是认知实验心理学方法为主导的阶段。由于传统实验心理学方法无法解决客观研究人高级心理过程的问题，致使这个时期的心理学研究低端化，引起研究者的不满。为了摆脱这个境况，行为主义心理学异军突起并占据主导地位，行为主义提出心理学不要研究心理，而是研究行为。由于行为是可以客观地观察与测定的，因此，行为主义通过改变心理学研究对象的方式避免了传统实验心理学无法客观地研究高级心理过程的困境。然而，行为主义直接取消了心理学研究的主要对象，阻碍了对心理现象的研究，引起心理学界的不满，随着信息论、计算机科学等学科的发展，认知实验心理学的诞生了，与传统实验心理学“根据研究问题直接给予刺激，引发相应的行为结果，推断内在的心理过程”的做法不同，认知实验心理学方法的核心是采用“任务范式—求证”的方法，首先设想出所研究的心理过程流程，根据所设想的心理过程，提出“在何种条件下”会“出现何种行为结果”的推论，按照这个推论设计实验，根据实验所得到的行为结果直接证实或否证所设想的心理过程。认知心理学创立的“任务范式—求证”的方法，在一定程度上解决了根据结果推论内在过程的客观性问题与心理变量指标的客观性问题，寻求到一条客观地研究高级心理过程的途径，从而使心理学回归到研究人的心理现象的正确轨道，对心理学发展具有里程碑的意义。

认知实验心理学范式占统治地位的 20 世纪 50 年代到 90 年代，心理学研究有了跨越式的发展，尤其是在研究高级心理过程方面取得一系列重大成果，在这个阶段，心理学实证研究方法与现象学研究方法的竞争中越来越占上风，逐步占据主导地位。

然而，认知实验心理学方法也有明显的局限，首先，认知实验心理学研究范式也是通过行为指标来推断内在的心理过程，因此，只能关注神经系统的功能，基本脱离这个系统的结构，无法将心理的载体即大脑的结构与功能的研究统一起来。同时，很多重要的心理过程如情绪等还是难以通过认知实验心理学的范式进行研究，因此，认知实验心理学范式，只是在一定程度上推进了客观地研究人的高级心理过程的问题的解决。

第三阶段是认知神经科学方法为主导的阶段。由于认知实验心理学研究方法的局限性，20 世纪 90 年代以来，核磁共振、脑电技术，脑磁技术等脑成像技术迅速发展，在脑成像技术基础上形成的认知神经科学研究方法，超越了认知实验心理学方法，使心理学研究进入了脑科学时代。认知神经科学方法的研究逻辑是：首先设想出所研究的心理过程流程，根据所设想的心理过程，基于脑成像技术提出“在何种条件下”会“出现何种大脑活动结果”，按照这个推论设计实验，根据实验所得到的脑成像结果直接证实或否证所设想的心理过程。由此可见，认知神经科学研究方法与认知实验心理学方法的研究逻辑相同，但实现技术不同，因此所获得的揭示心理过程的信号不同。认知实验心理学方法所获得的是标识心理过程的行为信号，根据这个信号推论发生了哪种心理过程；而认知神经科学方法所获得的是标识心理过程的脑活动信号，根据脑活动信号推断心理过程，更具有科学性。原因有四点，其一，脑活动信号难以改动或伪造，较为精确，更为敏感，稳定性高，可重复率高；其二，脑活动信号不仅可以对应认知方面的心理过程，而且可以对应情绪、社会等方面的心理过程，适用范围广；其三，脑信号对心理过程的对应更明确，通过信号揭示心理过程，更具准确性与唯一性；其四，基于脑活动信号揭示心理本体，必然会将心理与其物质基础大脑联系起来。

认知神经科学方法研究心理的崛起现象，可以使心理学实验研究获得更可靠、更确切地揭示心理内部过程的信号，可以直接获得作为高级心理过程的指标的信号，可以通过对心理过程脑机制研究揭示心理过程的实质。总的来说，认知神经科学方法的运用，增强了心理学研究心理的能力，因此，自20 世纪90 年代以来，认知神经科学方法的运用取得了心理学研究的重大突破与跨越式发展。

认知神经科学研究方法的崛起，提升了心理学对心理脑机制的研究能力，促进心理学进入神经科学的领域，提升了心理学对其他领域问题的研究能力，促进心理学向其他领域研究的渗透与交叉融合，形成一批新兴学科。

整体来看，认知神经科学研究方法直接将脑活动作为心理活动变化的指标，不仅保证了客观性，而且更大范围上拓展了心理学研究的领域；实现了心理学研究中结构研究与功能研究的统一，将心理学研究推进到脑科学时代；认知神经科学研究方法的崛起，使心理学实现了自身跨越式发展与全方位的扩张。

诚然，认知神经科学方法也还有诸多局限，由于认知神经科学的实验需要多次重复以收集脑活动的信号，并受实验设备的限制，因此目前很多研究还是难以通过神经科学的方法进行。并且，认知神经科学研究方法的基本指标是脑活动的信号，脑活动信号具有非特异性，同样的信号可能反映多种心理过程，这样就为根据脑活动信号推论心理活动的过程或性质增加了难度与不确定性。故运用认知神经科学方法进行研究，必须与实验心理学的行为研究结合。但是，认知神经科学研究方法已经充分显示出它在研究人的心理现象方面的突出优势，将成为未来心理学研究范式的时代精神，认知神经科学统领的心理学研究必将全面进入脑科学的新时代。

（二）近当代心理学实证研究的发展过程

如前所述，心理学作为一门科学是19世纪末从哲学中独立出来的，但心理学思想的历史渊源可以追溯到古希腊哲学。在19世纪初以前一个相当长的时期里，由于自然科学还没有发展到能够解释自然现象及其内在联系的阶段，因此只能依靠哲学的抽象思辨方法来研究心理现象。这个时期对心理现象的分析和描述，还不足以称之为科学心理学研究。

现代心理学是在19世纪解剖生理学、进化论和物理学研究的推动下产生的。在科学心理学诞生之前，心理物理学主要借用物理学的方法研究基本感觉问题。科学心理学的创始人冯特创建了心理学的第一个学派——构造主义心理学。冯特主张用实验法研究心理学，主张将所有的心理功能分解为特定的元素。这种分析的方法使他把意识还原为与大脑中特定的“神经流”相联系的要素。这种分析主义的思想一直影响着心理学的发展，甚至近年来兴起的认知心理学也将认知过程看作由几个阶段组成的信息加工过程。

然而，这种心理现象的还原论和分析论的观点，遭到了强调意识和知觉统一性的心理学家的反对，随之产生了两个有影响的整体论学派——格式塔心理学和机能主义心理学。

韦特海默（Wertheimer）、苛勒（Kohler）、考夫卡（Koffka）、勒温（Lewin）等人受胡塞尔（Husserl）现象学的影响而创立的格式塔心理学基于这样一个假设：生命体（人）不是通过孤立的要素来理解事物，而是以质的整体（即格式塔，Gestalt）来理解。这些质在单个部分中是不存在的。格式塔心理学研究方法主要采用现象学的方法、主观报告法和观察法等进行研究。

机能主义心理学的发展受19世纪进化论思想的影响，它确立了结构和功能之间的重要联系。在达尔文（Darwin）看来，每一个解剖学上的结构都是参与进化的有机体的一个功能部分。这种动态的思想促使心理学家从对心理结构的研究转向对心理过程的研究。詹姆斯（James）、杜威（Dewey）、安吉尔（Angell）等人在达尔文进化论思想影响下建立了机能主义心理学。詹姆斯主张把意识看作一种“流”，并且研究它的作用方式及其与有机体的关系。他反对心理学中原子论和机械论的倾向和方法，认为意识和肉体之间是相互作用和相互依赖的，人与环境的关系也是如此。这种思想后来成为人本主义心理学的理论基础之一。

在随后的几十年里，心理学领域主要由行为主义和心理分析两个学派支配。行为主义在巴甫洛夫（Pavlov）的条件反射理论等思想的影响下产生。早期行为主义心理学的代表人物华生（Watson）在生理学的基础上，创立了“把灵魂和意识排除在外的心理学”。华生认为，生命体是对外界刺激进行反应的复杂机器，因而根据一个已知刺激可以预测其反应。反之，根据已知反应也可以确定其刺激。这种思想认为心理现象的决定因素在外部而不是内部，从而否定了研究内部心理过程的必要性。条件反射方法是行为主义的主要研究方法和解释原则。华生之后最有影响的行为主义心理学家首推斯金纳（Skinner），其理论被称为“新行为主义”，主要用操作性条件反射和强化的方法研究行为。尽管行为主义受到了来自各方面的批评，尤其是它拒绝研究意识而被称为“无大脑的心理学”，但行为主义在研究方法上强调客观观察和实验的方法，至今仍对心理学研究有着重要影响。

弗洛伊德（Freud）创立的心理分析采用临床法、自由联想法等对心理异常和潜意识进行了研究，心理分析和随之兴起的“新弗洛伊德主义”的研究方法是现象主义的方法，其理论观点或研究结论被认为是不能用实证的方法加以验证的。

20世纪40年代末和50年代初，马斯洛（Maslow）等人开始倡导人本主义心理学。人本主义心理学摒弃了弗洛伊德把人性看作受低级本能控制的观点，主张研究健全的人；也反对行为主义将人的心理简化为行为的研究方法。人本主义心理学的核心是人的自我实现，特别关注自我实现的各种精神和神秘因素，因而可以认为它拓展了心理学的研究领域。但人本主义心理学家主要是访谈、作品分析、个案分析等来进行研究，也是属于现象主义研究方法之列，人本主义心理学也不能称为对人心理活动的客观研究。

现代认知心理学是目前心理学中的主流思潮。认知心理学把人的认知过程类比为计算机的信息加工过程，采用实验、模拟、口语报告等方法进行研究。在现代语言学、系统科学和计算机科学影响下产生和发展起来的认知心理学，在人类认知内部过程的研究方面取得了很大进展。

以上分析可以看出，心理学理论的产生与方法论和实验范式存在密切关系，同时也与自然科学的发展分不开。自然科学对心理学的影响，不仅表现在研究方法和技术上，而且也表现在研究的指导思想上（如系统论）。现代心理学的理论体系尽管杂乱，但我们从中仍然不难看出唯物主义和唯心主义，形而上学与辩证法的世界观和方法论的对立。

在心理学的研究方法上，似乎存在一种主观方法与客观方法之间的来回反复。冯特强调实验控制条件下的内省法，这可以看作一种主观方法。而认知心理学除客观研究之外，又肯定了主观方法，用口语报告法来代替内省法。这种方法的主观与客观的来回反复并不意味着心理学又回归到了原来的状态。事实上，心理学的研究问题或研究方法的每一次循环往复都是每一次提高。当再次以类似的观点、方法来考察某一问题时，它已经充实了更多的内容和证据。这种螺旋式的发展正是唯物辩证法发展观的表现。

纵观心理学的发展历程，心理学的研究方法与指导思想经历了一系列的变革和演化。从研究的对象来看，从意识到行为，又回到了意识，似乎转了个大圈子。但是通过这一循环过程，研究的方法论思想发生了质的飞跃。冯特的自我观察报告和现代认知心理学有关表象研究的心理操作是不可同日而语的。冯特的结构主义心理学所确定的研究对象并没有错，但局限于当时的科学技术水平，没有适当的手段去研究人的内在心理活动过程，只能依赖被试的自我观察。行为主义心理学作为一个学派已经成为历史，但它给心理科学留下一笔宝贵的财富：研究方法、仪器和测量手段。行为主义的大量研究成果也仍是当前教科书里广泛引用的内容。现代认知心理学的研究领域主要是心理过程；而有关个性心理和个体心理与发展的研究则是人本主义心理学的主要领域。从这个发展历史进程中可看到，心理学的研究方法是建立在一定的哲学思想和科学技术水平之上的。纵然有良好的愿望和确定的目标，如果缺少有效的科学技术手段，仍是举步维艰的。不过即使能最大限度地利用和发展技术手段，若不能及时修正和调整研究的目标、对象和范围，甚至在指导思想上"以偏概全""以点代面"的话，仍然会事与愿违。行为主义心理学就是前车之鉴。

时至今日，心理学的学派之争已趋于平缓。感觉研究基本上已有较一致的结论；知觉研究正在向更深的层次发展；记忆和思维研究正侧重于对信息加工过程的探索；创造性思维的研究相对困难，正在寻求更有效的测量和评价方法；情绪心理学在从认知、生理、发展和社会等不同的角度以多种方法和手段进行研究。动机和意志的研究，主要仍然为弗洛伊德的精神分析、赫尔（Hull）的驱动递减论、勒温的场论、麦克米兰（McClelland）的成就动机论、班杜拉（Bandura）的社会学习理论和海德（Heider）、凯利（Kelley）以及韦纳（Weiner）的归因理论等主要流派所占领。人性、人的价值与人的潜能的研究则得到了人本主义心理学家的重视和探索。马斯洛特别强调整体分析的重要性，提出了反复研究法（iteration technique），即以整体观为前提，通过实验来理解各有关组成部分之间的关系。他还特别重视对个体的研究，认为一般规律不能直接推论个体的特点，而由个体的研究却可以概括出一般的规律。一般规律只能帮助我们去理解个体，但解决个别的问题仍需要用个案法的整体分析手段。

可见，心理学研究的方法论仍呈多样化的特点，各发展阶段、各研究领域中所产生的各种方法论及其研究技术共存于当今的心理学研究中。即使在同一研究领域，由不同方法论指导的研究方法也常同时并存。在心理学研究的方法论问题上，应像对待任何科学一样，不应该也不可能用单一的研究模式去强制性地统一所有研究工作。心理学研究对象的复杂性，决定了其研究方法的多水平、多层次和多角度的特点。

（三）心理学研究方法发展的新特点

现代科学的发展，不断为心理学研究提供新的理论、方法和手段。心理学研究正出现引人注目的新趋势，使心理学研究方法呈现出许多新特点。概括起来，主要有以下五个方面：

1. 研究思路的生态化

20 世纪 70 年代末以来，随着心理学研究的不断深入和研究手段、方法、统计技术的不断进步，心理学研究中出现了生态化的研究倾向。该倾向强调在真实、自然情景中研究人的心理活动规律，注重提高研究的生态效度，突出研究结果在真实生活、工作、教育实践中的应用性和普遍适应性。受这一倾向的影响，心理学的现场化研究日益得到重视。研究者通过现场研究，不但可以进一步验证实验室条件下获得的某些研究结果，而且可以解决实际生活与工作中大量需要解决的问题。例如，在我国心理学研究中，有关工效学标准的工程心理学研究、有关人员测评的人事心理学研究、有关企业计算机应用与系统开发的计算机心理学研究和有关人工智能的认知心理学研究等，都是十分有意义的研究项目。这些研究大多数都在现场进行。

2. 研究方式的多分支化

心理学家认识到，人的心理过程包含着各方面的交互作用并受到各种因素的影响，只从心理学某一分支出发，不可能全面、准确地解释和预测心理现象。因此，必须着眼于多个心理学分支的原理和方法开展研究，推动有关问题研究的深入和系统化。当前多分支化的研究方式主要有两种水平：一是心理学内部各个分支的协作，如儿童阅读研究的课题可以由发展心理学、认知心理学、生理心理学、社会心理学、教育心理学等多个分支的专家共同协作完成；二是心理学与其他相关学科的协作，如心理学、生理学和计算机科学各不同分支的相互协作对人脑信息加工机制的研究。

3. 研究手段的综合化

“综合化”指在心理学研究中尽可能采用多重设计和多种测量方法。对于同一种心理过程的研究，人们已经不再满足于用单一方法和单一设计，而倾向于运用多种方法和综合性的设计。例如，对发展心理学课题，可采用纵向研究和横向研究相交叠的聚合式设计。对同一组变量，可先后或同时用观察法、访谈法、问卷法和实验法进行研究，并对不同方法所取得的结果进行相互比较和验证。即使是在严格控制的实验室实验中，目前也倾向于在用实验仪器测定某些心理或生理心理指标的同时，也以问卷法或者口语报告法，了解被试的主观体验，从而取得更为全面、深入的研究资料。

4. 研究结果的数学化

心理学研究方法的数学化是十分引人注目的。自从费歇尔（Fisher）把随机化程序和统计检验方法引进心理学研究后，心理学研究方法出现重大的进展。自那时以来，数理统计方法和其他数学方法在心理学研究中应用日益广泛。20 世纪 50 年代以前，心理学中比较流行单因素研究。50 年代以后，随着计算机技术的应用，人们越来越多地运用多元分析方法，弥补了单因素分析方法的局限性。70 年代以来，一些社会科学专用统计软件包的开发和运用，使多元分析方法在心理学研究中迅速流行，较常用的方法有方差分析、多元回归分析和因素分析等。甚至连“研究文献总结”这一传统的定性研究领域，也开始采用数理统计方法。这些方法的采用使心理学研究水平出现了重要的突破与发展。

5. 研究过程的计算机化

现代心理学研究越来越强调测量的可靠性（信度）和研究的有效性（效度）。这促使计算机技术越来越多地运用于心理学研究过程。目前，计算机在心理学研究的数据处理、实验操作与控制、心理过程模拟等方面发挥着重要作用。计算机技术已像统计分析方法那样，成为心理学家必须掌握的技能，也成为心理学研究方法的重要组成部分。计算机技术在心理学研究中的优势体现在它可以精确地产生和呈现刺激，它能够方便地记录被试的反应，可以有效地控制实验过程，可以减少主试对被试的影响，可以节省大量的时间和人力，可以使实验和测验的条件更加标准化，可以在短时间内处理大量复杂的数据等等。可见，计算机技术的应用使心理学研究方法达到了现代科学的水平。

第四节　心理学研究方法的系统分析与体系重构

前面对心理学研究方法的发展过程与当前状况进行了总结与分析。总的来看，自从冯特建立心理实验室，首创用实验方法研究心理以来，心理学研究方法有了重大的发展。然而，由于心理研究的复杂性，在研究方法上至今还是百花齐放，心理学家们按照采用不同的方法研究心理，各自按照不同的方向推进心理学研究方法与技术，形成研究方法庞大的体系。对整个研究方法进行系统分析，理清这个体系，是非常重要的。以往不少人也注重做了这项工作，并且发表了不少对心理学研究方法进行总结分析的论文，或者按照对研究方法的分析编写心理学研究方法方面的著作与教材，这些研究及观点都是十分有意义的，对于心理学研究方法的体系建构有重要的价值。然而，从整体来看，前人对心理学研究方法的分析都存在着两个重大问题：

第一，研究方法系统层次混乱。以往大多数人对心理学研究方法的系统理解混淆了研究方法的不同层次，将不同层次的方法列为同一层次，这样造成系统层次不清。根据这种层次不清的系统分析所撰写的论文或者编写的教材，会造成读者对心理学研究方法理解的困难。

传统的心理学研究方法体系是根据研究的顺序和阶段组织起来的。这种框架一般由“课题的选择与研究的设计”“研究方法的选择”“研究数据的处理”和“研究结果的整理、呈现与评价”等部分组成。这种组织方式是否合适暂不评价，只看“研究方法”部分，就是将实验法、测量法、问卷法、评价法、访谈法、观察法等并列起来，这是值得商榷的。我们认为，尽管研究心理现象与心理规律的各种方法与技术都可以统称为心理学研究方法，但是，这些方法是有不同层次的：第一个层次的研究方法，是完成整个心理学研究的方法，例如，实验法就是完成整个研究的方法，进行实验设计，就是对整个研究过程的全程设计；而第二个层次的研究方法，只是完成整个研究的某些环节的方法，例如，问卷法作为一种研究方法，只是涉及设计问卷来获得某个或几个变量的数据，因此问卷法只是获得变量数据的一种方法，根据研究目的设计并实施某个问卷，并不是对整个研究过程的全程设计。前人关于研究方法的分析显然是将这两个不同层次的研究方法混为一谈。按照这种思路，无论是撰写论文还是出版教材，出现重复交叠，层次不清，给读者带来较大的混乱，致使他们无法清晰地建立关于研究方法的知识结构。

第二，研究方法主线不清。在传统心理学研究方法的知识体系中，还缺乏贯穿整个体系的主线，研究设计与统计分析相互分离，看不出其内在联系。我们认为，这是由于没有准确地、科学地确定心理学研究方法的逻辑起点而造成。根据我们的观点，心理学研究在绝大多数情况下都是探讨研究变量之间的关系，而研究变量的性质，决定了该研究应该采用相关法设计还是实验法设计，研究变量的数据模式决定了研究设计的具体程序与技术，同时确定了结果分析的统计方式，而研究变量的数据模式则由变量的性质与变量数据的获得方式决定。因此，要以研究变量作为心理学研究方法的逻辑起点，将对变量关系的研究方法与获得变量数据的方法区别开来，将变量的类型与研究方法的类型联系起来，将变量的数据模式与统计检验的方式联系起来，使整个研究方法体系融为一体。

一、关于心理学研究方法的系统分析

在总结吸取前人关于心理学研究方法分析的见解并指出其存在问题的基础上，我们提出关于心理学研究方法系统的看法。

我们认为，心理学研究方法应该分为两个层次：第一层次是“心理学研究设计方法”，也就是完成整个心理学研究的方法；第二层次的研究方法是“变量数据的获得方法”，是涉及研究的某个环节的方法。

根据上面的宏观的思路，我们对心理学研究方法进行系统的分析，对心理学研究方法体系提出一个整体模式。

（一）第一个层次研究方法的分析

第一层次研究方法称之为“心理学研究设计方法”，或简称“心理学研究方法”，也就是完成整个心理学研究设计的方法。

从实质来看，心理学研究主要是通过探讨情境与心理（或行为）、心理（或行为）与心理（或行为）之间的关系，也可以说是通过研究变量与变量的关系，来揭示心理现象与心理规律。因此，对变量关系的设计与分析的方法，就是第一层次的心理学研究方法，这个层面的方法，总体上可以分为三大类型：理论或思辨的研究方法、现象学的研究方法，实证的研究方法。

第一类是理论或思辨的研究方法，它主要通过理论论证、列举材料、总结分析等对心理现象或规律提出新的见解。从古代的哲学心理学直至近代联想主义，研究者一直是用这种思辨的方法研究心理。直到目前，运用这种方法进行心理学研究也是必要的，在心理学研究方法中也有一席之地。

第二类是现象学的研究方法，也可以称为描述的研究方法，它主要通过观察、案例分析、访谈等方式获得事实材料（证据）以表明或证明关于心理现象与规律的看法。思辨的研究方法常常也要通过事实等作为证据证明自己的观点，但是作为现象学的研究方法与思辨的研究方法在事实证明的上最大不同点在于，作为描述的研究方法，其事实证据产生于研究设计之后：首先研究者提出一定的设想，然后根据这个设想进行一定的操作，获得一定的案例或事实，用以证明自己的设想或观点。而思辨的研究方法是选取或收集已有的事实材料作为证据，其事实或证据产生在研究之前。现象学研究方法主要有观察法、个案法、访谈法等。

第三类是实证的研究方法，它主要通过测量、评定、实验等方式获得变量的数据材料以证明有关心理现象与心理规律的看法，因此，需要进行统计检验等。与描述的研究方法相同，实证的研究方法也是要首先有一定的设想，然后根据这个设想进行一定的操作，以获得证实这个设想的材料证据。但是，作为实证的研究方法，它所要获得的不是一般的事实证据，而是获得量化的证据，因此，它必须首先考虑如何将概念操作化、数量化。前面说过，心理学研究从实质来看主要是研究变量与变量之间的关系，根据所研究的关系的性质，实证研究可以分为相关关系的研究与因果关系的研究两类型，所谓因果关系的研究就是心理学的实验研究，因此，实证研究方法可以分为研究变量相关关系的相关法与研究变量因果关系的实验法。

这三类研究方法各有其合理之处，也各有其局限性。正由于此，心理学研究应该运用什么方法，一直是众说纷纭争论不休，尤其是现象学研究方法与实证研究方法之争，构成了现当代心理学研究方法论争之焦点。现象学研究方法与实证研究方法之所以产生激烈的争论，数十年以来一直相持不下，关键在于，到目前为止这两种方法都未能解决心理学研究的意义性和客观性统一的问题。所谓意义性，就是要求心理学研究尽可能地揭示人的高级心理过程，尤其是解决对当前社会实践有重要意义的心理学问题；所谓客观性，也就是要求心理学研究尽可能地得出客观的、确定性的结论。

实证研究方法比起现象学研究方法显然更符合心理学研究的客观性要求。大量的事实证明，心理规律基本上不是以完全的、必然的形式发生作用，而是以概率的方式起作用。因此，采用现象学研究方法，用个别事例与例证来论证观点，实际上是不可靠的。从客观性的要求来说，实证研究方法应该是研究心理的科学方法。但是，由于心理现象的复杂性，目前为止，很多心理现象尤其是复杂的、高级的心理过程，确实无法用实证的方法进行研究，尤其是当前实践需要心理学科解决的许多重大问题，都难以用实证的方法进行研究。因此，如果坚持实证的研究方法，就必然是方法中心，也就是说研究的内容是由研究方法来决定，即某个课题能够通过实证来研究，则进行该课题的研究；无法通过实证进行研究的课题，就暂时不研究这个课题。然而，按照是否可以用实证的方法进行研究来处理研究对象的方法中心，必然直接导致了心理学研究中的分析主义（将复杂的心理现象人为地分解为简单的元素）、还原主义（将动物心理过程类比为人的心理过程）。与此不同的是，如果运用描述性的研究方法或现象学的研究方法，则可以研究高级的心理过程或有意义的心理学问题，就可以以问题为中心，研究有意义的、重要的心理学问题，可见，现象学研究方法也就更符合心理学研究的意义性要求。这样一来，就形成心理学研究方法的两难选择：要么就牺牲心理学研究的意义性，只研究能用实证方法所研究的心理现象与心理规律，甚至像行为主义那样走到极端，不研究内在的心理而只研究外部的行为；要么就像现象学研究方法论所主张那样，只要研究问题有意义、有价值，就可以采用描述、例证、个案等各种方法来进行研究，正如意动心理学、格式塔心理学、精神分析学派和人本主义那样。

由此可见，实证的研究方法和现象学的研究方法在解决心理学研究的意义性与客观性两者各有其优势及局限，迄今为止任何一种研究方法都没有完全取代另外一种方法而独占心理学研究的舞台。然而，在过去的数十年，实证研究方法取得了重大发展，明显表现出意义性与客观性统一发展的趋势。因此，在与现象学研究方法的竞争中逐步占据上风，越来越成为心理学研究方法的主流。如上所述，人们之所以对实证研究方法提出批评，主要是由于运用这种方法尚无法进行心理学领域的重要研究，然而，随着实证研究方法的不断发展与突破，它对高级心理过程、对有意义的心理学问题的研究能力逐步提高，从传统的实验心理学研究范式到现代认知心理学的研究范式，从认知实验心理学范式到认知神经科学范式，心理学的实证研究方法不断朝着意义性和客观性统一的目标演变，力图尽可能地揭示人的高级心理过程，尽可能地得出客观性的、确定性的结论。当前，采用认知实验心理学与认知神经科学的研究范式来探讨人的高级心理过程，成为心理学研究的主流取向。

第一层次的心理学研究方法的分析见图 1－1：

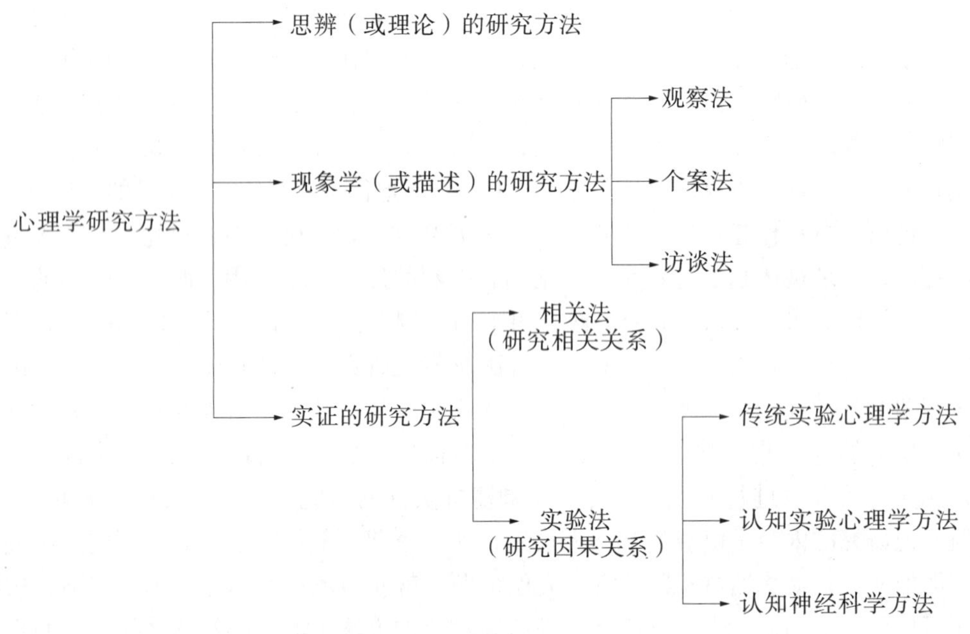

图 1－1　心理学研究方法分类

（二）第二层次研究方法的分析

第二层次研究方法，称之为“变量数据的获得方法”，是涉及研究的某个环节的方法。

整个心理学研究主要就是要揭示变量之间的关系。实证研究方法对变量关系的揭示是通过量化的方式来实现的，需要获得各个变量的量化的数据，获得变量数据也有许多不同的方法，总体上可以概括为三类型：第一类是测评法，就是通过测评技术来获得变量数据，测评方法主要包括：测量法、问卷法、评价法等。第二类是实验心理范式，即在实验中对各种心理特质或行为的特定的作业测定方式，这些实验范式的形成，都是由某项研究首先创立，由于其准确有效，而为后来的研究经常沿用，从而成为进行某种特质研究时取得量化数据的典型方式（范式）。实验心理范式可以分为传统的实验心理范式与现代认知实验心理范式，采用新的实验仪器如眼动仪等而形成的获得变量数据的手段也列为这类方式。第三类是认知神经科学范式，这种研究范式在20世纪后期开始出现，现在正逐步成为心理学研究的主流取向，它运用功能性核磁共振技术、事件相关电位技术、脑磁图、单细胞记录技术等手段，从神经机制的水平来获得数据材料，以证明有关心理现象与心理规律的看法。

第二层次心理变量数据的获取方法的分析见图1－2：

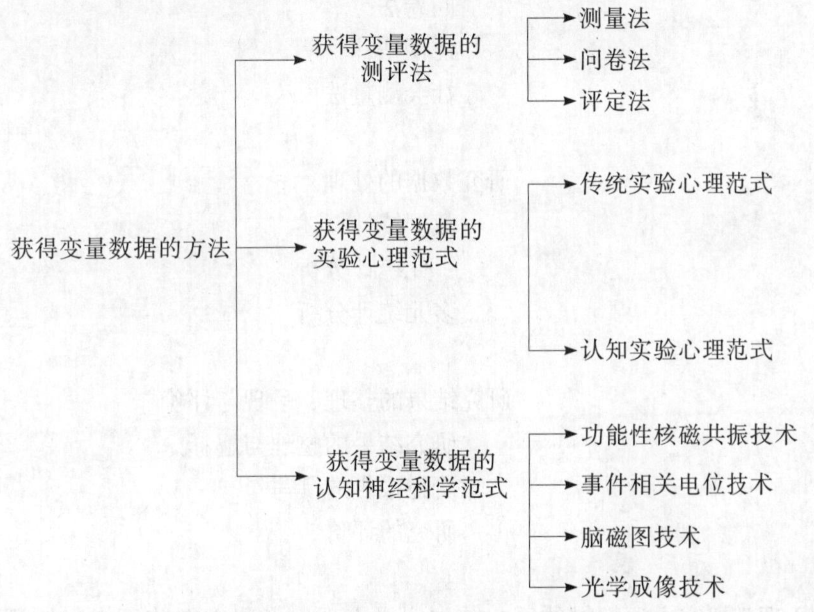

图1－2 获得变量数据的研究方法分类

以上是我们对心理学研究方法进行分析而提出来的整体系统，根据这个系统，可以对心理学研究方法教材的体系做出新的设计。

二、心理学研究方法的体系重构

心理学研究方法作为心理科学的一门基础学科，国内外有大量的相关著作。这些著作虽然侧重点有所不同，但总体框架有很大的共性。这种框架一般由“绪论”“课题的选择与研究的设计”“研究方法的选择”“研究数据的处理”和“研究结果的整理、呈现与评价”等五部分组成。具体模式如下：

绪论

课题的选择与研究的设计
　　研究课题的选择
　　研究方案的设计

研究方法的选择
　　实验法
　　测量法
　　问卷法
　　访谈法
　　社会测量法

研究数据的处理
　　数据统计概述
　　一元统计分析
　　多元统计分析

研究结果的整理、呈现与评价
　　研究结果的整理与解释
　　研究报告的撰写
　　研究的评价

上述心理学研究方法教材体系，首先明显表现出了我们在前面指出的两个主要问题：一是在研究方法系统上混淆了不同层次的方法，因而会造成学习者无法建立起清晰的、有序化的知识结构；二是缺乏贯穿整个研究过程的主线，致使学习者难以建立起严密的、浑然一体的知识系统。

除此之外，这种体系对掌握心理学研究方法知识模块的构思与安排，也有较大的问题。总的来说，这个体系是根据心理学整个研究过程的程序（“选题”—“设计”—“实施”—“结果整理与统计”—“撰写研究报告”）来进行构思与组织，这种组织教材的方式是遵循了心理学研究的自然过程，但不符合进行心理学研究的知识构成的逻辑。从研究方法的知识构成来看，研究者首先要有统计的基础，否则整个研究设计就无从谈起。因此，第一个知识模块应该是与心理学研究直接相关的统计基础这个知识模块，从而解决心理学研究设计的基础问题。进一步，研究者要掌握心理学研究整体设计，因此，第二个知识模块应该是阐述第一层次的心理学研究方法，主要是实证研究方法，包括研究变量相关关系的相关法与研究变量因果关系的实验法，这个知识模块，从宏观层面解决心理学研究整个设计的技术问题。第三个知识模块应该是阐述第二层次的获得变量数据的各种方法与技术，这个知识模块，从微观层面上解决研究的方法技术问题。上面三个知识模块总体上解决了心理学研究方法中研究设计这个核心问题，而第四个知识模块则是关于整个研究完成过程的知识模块，由于完成过程中所涉及的大量的技术问题已经在前面三个知识模块解决了，因此，第四个知识模块可以从宏观角度阐述“选题”—“设计”—“结果分析”—“撰写研究报告”这个研究全程。

在上述对心理学研究方法教材体系知识模块的分析与思考的基础上，根据我们对心理学研究方法体系的系统分析，我们对心理学研究方法体系进行了新的构思，形成了本教材的基本体系，具体如下：

绪论

- 心理学研究方法概论

心理学研究的统计方法（知识模块 1）

- 描述统计
- 假设检验与方差分析
- 相关分析与回归分析
- 因子分析与结构方程模型
- 中介效应与调节效应分析

心理学研究变量与研究设计（知识模块 2）

- 心理学研究变量与研究思路
- 心理学相关研究的设计
- 心理学因果研究的实验设计
- 心理学描述研究的类型与设计

变量数据的获得方法与技术（知识模块 3）

- 变量数据获得的测评方法
- 变量数据获得的传统实验心理范式
- 变量数据获得的认知心理实验范式
- 变量数据获得的眼动实验技术
- 变量数据获得的认知神经科学范式

心理学研究的过程（知识模块 4）

- 心理学研究课题的选择
- 心理学研究方案的设计
- 心理学研究结果的整理与解释
- 心理学研究成果的交流与发表

心理学研究质量的评价

本教材体系之“创新”表现为三点：第一，按照心理学研究方法知识的逻辑系列将它分为四个知识模块，按照这四个知识模块安排整个教材体系，使整个体系安排更符合个体关于研究方法的知识结构的构成。第二，按照我们对心理学研究方法的系统分析，将研究方法分为两个层次，将第一层次“心理学研究设计的方法”与第二层次“变量数据获得的方法”区别开来，分别构成相应的知识模块，使整个研究方法系统更为有序化。第三，按照我们对心理学研究方法的逻辑起点的理解，将“研究变量”作为贯穿研究设计与统计分析的主线，将对变量关系的研究方法与获得变量数据的方法区别开来，将变量的类型与研究方法的类型联系起来，将变量的数据模式与统计检验的方式联系起来，使整个研究方法体系更为严密。

值得注意的是，以上是本书的体系和总体框架，而不是具体的章节。由于有的子系统下内容特别丰富，所以该子系统又可以分成若干章节。例如，变量数据的获得方法与技术由于内容丰富，因此，首先将它分为“传统实验心理范式”与“认知实验心理范式”两章，同时，作为获得变量数据的眼动实验技术本来是属于“认知实验心理范式”组成部分，但是，考虑到这部分内容新、内涵非常丰富，所以独立成章，与“传统实验心理范式”“认知实验心理范式”并列。因此，上述体系主要反映的是一种心理学研究方法的组织逻辑。

练习题

一、名词解释

(1) 科学；(2) 科学研究；(3) 理论或思辨的研究方法；(4) 现象学的研究方法；(5) 实证的研究方法；(6) 测评法；(7) 实验心理范式；(7) 认知神经科学范式。

二、简答题

1. 科学研究的特征有哪些？
2. 心理学研究的特殊性是什么？
3. 学习心理学研究方法的意义是什么？
4. 心理学研究的方法论原则有哪些？
5. 简述心理学研究方法的发展历程。
6. 简述心理学研究方法的两个层次。

第二编 心理学研究的统计方法

第二章　描述统计

内容简介

数据的统计分析通常是从描述统计开始的。通过数据的频数分析了解数据分布的形态特征，并通过各种方式对数据进行简化，提炼其特征。简单来说，数据的形态特征主要包括：数据分布的集中程度（集中量数）、数据分布的离散程度（离散量数）、数据分布的对称性（偏态系数）、数据分布的峰度（峰态系数）等。对数据特征进行描述和简化的方式主要有两种：一是使用数字精确地描述数据的特征；二是使用图形或表格形象地描述数据的分布特点。本章第一节介绍统计量数，第二节介绍统计图形与表格。

第一节　描述统计：数字

统计学中，常用集中量数、离散量数、偏态系数和峰态系数对数据的分布形态进行刻画。心理学的很多研究变量可以认为是正态分布或接近正态分布，正态分布的偏态系数和峰态系数均为零，其形状由集中量数和离散量数确定。除了从整体的角度刻画数据的形态特点，我们还可以从个体的角度看某个数据在一套数据中的相对地位。因此，本节就主要介绍集中量数、离散量数和相对地位量数。

一、集中量数

集中量数代表一组数据的典型水平，反映数据分布中大量数据向某一点集中的情况。常用的集中量数有均值（mean）、中位数（median）与众数（mode）等。

（一）均值

将样本在某变量上的取值相加除以样本容量，即是均值，又称平均数或算术平均数。通常，总体均值记为μ，样本均值记为$\overline{X}$。总体的容量记为N，样本的容量记为n。

总体均值的计算公式为总分除以总体容量，即：

$$\mu = \frac{\sum X}{N} \tag{2.1}$$

样本均值的计算方法与总体均值的算法相同，样本总分除以样本容量：

$$\overline{X} = \frac{\sum X}{n} \tag{2.2}$$

【例 2.1】假设在某班随机抽取 6 名同学，其心理统计学的成绩如下：

88　71　94　83　88　86

根据公式（2.2），可知样本容量为 6，样本均值为：

$$\overline{X} = \frac{\sum X}{n} = \frac{510}{6} = 85$$

均值具有以下数学性质：

（1）若每个变量值加减任意常数c，则均值也加减c。

（2）若每个变量值乘任意常数c，则均值也乘c。

（3）各个变量值与均值的离均差之和为零。即：$\sum_{i=1}^{n}(X_i - \overline{X}) = 0$。

（4）各个变量值与均值的离均差平方和为最小值。意思是说，样本中每个数值与均值之差的平方和小于样本中每个数值与均值外任意数b之差的平方和。即：$\sum_{i=1}^{n}(X_i - \overline{X}) < \sum_{i=1}^{n}(X_i - b)^2 (b \neq \overline{X}, b \in R)$。换言之，用均值来估计或代表组内的数据，犯的错误是最小的，均值是一组数据的“最佳代表”。

均值的运用非常广泛，它适用于定距或定比变量，其优点是对抽样变动不敏感，比较稳定，具有良好的代表性。但是，它对极端数据比较敏感，尤其是样本量较小时。所以，在一些评委给分的比赛中，会去掉一个最高分和一个最低分，再计算平均分。

（二）中位数和众数

中位数是一组数据按照大小顺序排列后排在中间的数值。中位数将数据一分为二，一部分小于或等于中位数，一部分大于或等于中位数。中位数的意义在于确定频数分布准确的中间位置，如果样本容量的个数为奇数，则排在中间的数即中位数。如果样本容量是偶数，则中位数为中间两个数据的均值。

中位数主要适用于定序、定距变量，稳定性一般。其优势在于对极端数据不敏感，若有极端数据、均值不能很好地代表数据时，中位数是个很好的补充。比如收入，如果被试的收入两极分化严重，中位数就能更好地反映其集中趋势。

众数是一组数据中出现次数最多的数据。例 2.1 中的 6 个数据中，只有 88 这个数字出现了 2 次，其他数据均只出现 1 次，所以该数列的众数是 88。特别地，一组数据的均值和中位数是唯一的，而众数则可能有多个。

众数主要用于定类、定距变量，可靠性和稳定性较差，对个别值的变动比较敏感。

二、离散量数

离散量数所考察的是集中量数代表性的大小。集中量数是点，用一个数据代表所有样本；离散量数是距离，描述了数据的离散程度。数据的离散程度越大，其分布越不集中，集中量数的代表性也就越差。常用的离散量数有方差（variance）、标准差（standard deviation）、全距（range）和四分位差（interquartile range）等。

（一）方差和标准差

方差，又叫变异数，描述数据偏离中心的程度。方差越大，数据波动越大。一般将总体方差记为σ^2，样本方差记为S^2。

总体方差的计算公式定义为：

$$\sigma^2 = \frac{1}{N}\sum_{i=1}^{n}(X_i - \mu)^2 \tag{2.3}$$

样本方差的计算公式则定义为：

$$S^2 = \frac{1}{n-1}\sum_{i=1}^{n}(X_i - \overline{X})^2 \tag{2.4}$$

需要注意的是，计算总体方差的时候，分母是总体的样本容量，而样本方差的分母则为样本容量减1。为什么会这样？这需要从无偏估计说起。使用样本的统计量数对总体参数进行估计时，如果统计量数的期望等于总体参数，即为无偏估计。样本均值是总体均值的无偏估计，假设有一个均值为μ的总体，从中置换取样取m次，可得到m个样本及其均值，这m个样本均值的期望（均值）等于总体均值μ，即离均差的和为零。通俗地说，每个样本的均值均未必等于总体均值，或高估，或低估，但它们估计的误差的和为零，即无偏估计。然而，如果样本方差的分母为样本容量时，它并非总体方差的无偏估计，可以证明，分母为样本容量减1，则为总体方差的无偏估计，因此对样本方差的计算做出（2.4）的定义。

样本方差的分母$n-1$被称为样本离均差平方和的自由度（degree of freedom）。自由度是指当以样本的统计量数来估计总体参数时，样本中独立或能自由变化的数据个数。由公式可知，计算方差时需要用到均值，由于均值被固定，不能自由变化，样本中各数据的取值就损失了一个自由变化的个数。

举一个简单的例子，便于读者理解自由度的概念。在50名同学参加的考试中，每位同学均有一个分数，教师统计了所有人的均值（假设为75分）。假如教师丢失了原始分数记录，要求同学们汇报自己的成绩。在教师已知均值的情况下，只有49人的汇报的分数是“自由”的，最后一个同学是不自由的，他的分数为50乘以75减去所有49名同学汇报的分数。

标准差即方差的算术平方根，总体标准差记为σ，样本标准差记为S或SD。

总体标准差的计算公式为：

$$\sigma = \sqrt{\sigma^2} = \sqrt{\frac{1}{N}\sum_{i=1}^{n}(X_i - \mu)^2} \tag{2.5}$$

样本标准差的计算公式为：

$$S = \sqrt{S^2} = \sqrt{\frac{1}{n-1}\sum_{i=1}^{n}(X_i - \overline{X})^2} \tag{2.6}$$

根据公式（2.4），运用例2.1的数据计算方差为：

$$S^2 = \frac{1}{n-1}\sum_{i=1}^{n}(X_i - \overline{X})^2$$

$$= \frac{(88-85)^2 + (71-85)^2 + (94-85)^2 + (83-85)^2 + (88-85)^2 + (86-85)^2}{6-1}$$

$$= 60$$

根据公式（2.6），其标准差 $S = \sqrt{60} \approx 7.75$

方差等于离均差的平方和除以自由度，其单位是原始数据的平方，而标准差用过开方，得到的单位与原始数据相同。通俗地说，如果说方差计算得到的单位是“面积”的话，标准差通过开方得到的单位是“直线”。

（二）全距和四分位差

全距是全部数据中的最大值与最小值的差，记为 ω，最大值为 X_H，最小值为 X_L，则全距的计算公式为：

$$\omega = X_H - X_L \tag{2.7}$$

例2.1中6位同学数学成绩最高分为94，最低分为71，全距为：

$$\omega = X_H - X_L = 94 - 71 = 23$$

全距非常直观地反映了数据的分布范围，但是简单地取最大值和最小值的差容易被极端数据误导，忽略了其他数据的值。

另一种利用距离衡量数据离散程度的算法是四分位差。类似中位数的定义，数据频数分布可以被分成四部分，第一四分位数（$Q1$）区分数据底层的25%与其余75%；第二四分位数（$Q2$）将数据分为两半，即中位数；第三四分位数（$Q3$）将数据分为75%与25%。四分位差的计算公式为：

$$IQR = Q3 - Q1 \tag{2.8}$$

例2.1数据的四分位差为：

$$IQR = Q3 - Q1 = 91 - 77 = 14$$

三、相对地位量数

相对地位量数描述了某一个体在样本中所占的地位或位置，常用的相对地位量数包括百分等级（percentile rank）和百分位数、标准分数（standard score）。

（一）百分等级和百分位数

百分等级和百分位数的概念在介绍四分位差的时候已经有所涉及。某个数值的百分等级被定义为小于或等于这个数值的百分数。假设数值 c 在样本中的百分等级为 $p\%$，可知样本中小于或等于 c 的所有样品个数占样本容量的百分数为 $p\%$。

若某个数值的百分等级是 $p\%$，这个数值称为第 p 百分位数。例如，中位数又称第 50 百分位数，第一四分位数（$Q1$）又称为第 25 百分位数，$Q3$ 又称第 75 百分位数。

（二）标准分数

标准分数，又称 Z 分数，是以标准差为单位表示一个原始分数在团体中所处的相对位置，即原始分数在均值以上或以下几个标准差的位置，其计算公式为：

$$Z_i = \frac{X_i - \overline{X}}{S} \tag{2.9}$$

再次利用例 2.1 中的数据，根据前面的计算，已知均值为 85，标准差为 7.75。第一个原始分数 88 对应的标准分为：

$$Z_1 = \frac{X_1 - \overline{X}}{S} = \frac{88 - 85}{7.75} \approx 0.39$$

同样，可以计算其他分数的标准分分别为：−1.81，1.16，−0.26，0.39，0.13。

标准分数具有以下性质：标准分数没有实际单位，是以均值为参照点，以标准差为单位的相对量；标准分数的均值为 0，标准差为 1；标准分数是原始分数的线性转换，不改变原始分数的位置；标准分数有正负或小数点，可以进行线性转化。

标准分数在统计中有广泛的应用。第一，标准分数可以用于比较不同性质的观测值在各自数据分布中相对位置的高低，如身高和体重。第二，标准分数计算不同质的观测值的总和或者均值，以表示在团体中的相对位置，如高考使用的标准分。第三，标准分数通过对原始分数做线性转换，表示标准测验分数，如 IQ 成绩。

第二节　描述统计：图形与表格

一、统计图

（一）常见的统计图

1. 条形图（bar chart）

条形图使用宽度相同的长方形的高度或长度来描述事物数量的一种图形，主要用于不同类别的呈现与比较，譬如描述男生、女生的人数，不同实验处理的因变量取值等。

条形图可以竖直放置，也可以水平放置。图 2－1 是一个典型的竖放的条形图，由两个条形组成，直观地反映出男女生的人数。

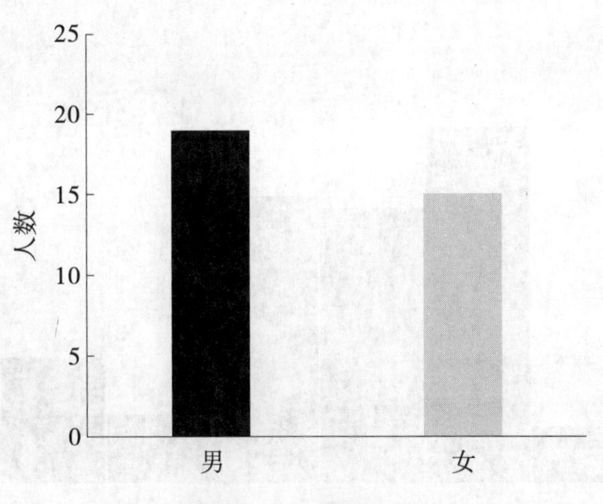

图2-1　条形图示例

条形图还可以组合呈现多个变量的信息。图2-2用水平放置的方式，呈现了2016年之前历届夏季奥运会奖牌榜前十名国家的奖牌信息。

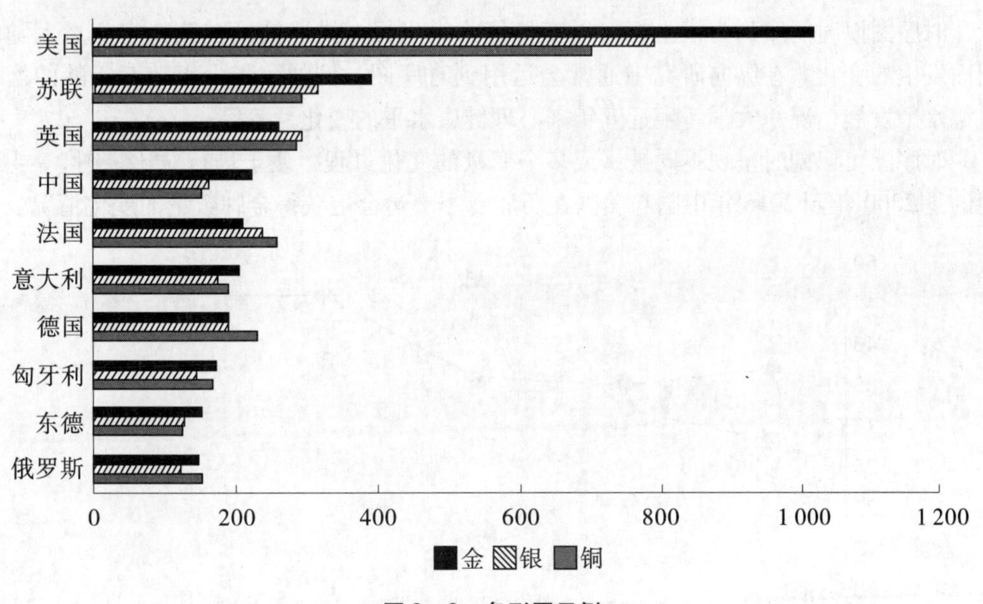

图2-2　条形图示例

2. 直方图（histogram）

直方图主要用于描述连续变量的分布特征，比如身高、体重、成绩等。将直方图的顶部中点连起来就变成了类似频数分布图。由于变量是连续的，通常需要选取一个固定的间距作为变量的分类标准。例如，图2-3以5分为一段，把学生成绩分成几个段呈现出来。

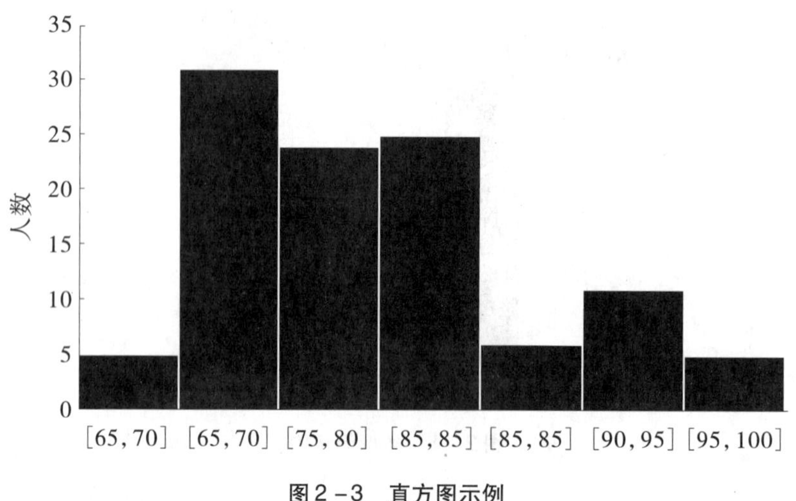

图2-3　直方图示例

3. 时序图 (sequence chart)

时序图以时间序列为横坐标，以变量值为纵坐标，描述被试在该特定变量上随时间而发生的变化。在纵向研究中通常会运用到时序图，例如，青少年随着年龄的增长道德水平发展情况，大学新生近五年来心理健康水平的变化，等等。

时序图可以同时呈现不同被试或多个变量的变化过程，便于进行对比。图2-4呈现的是2000年到2016年中国与美国在历届夏季奥运会上获得金牌数量的变化情况。

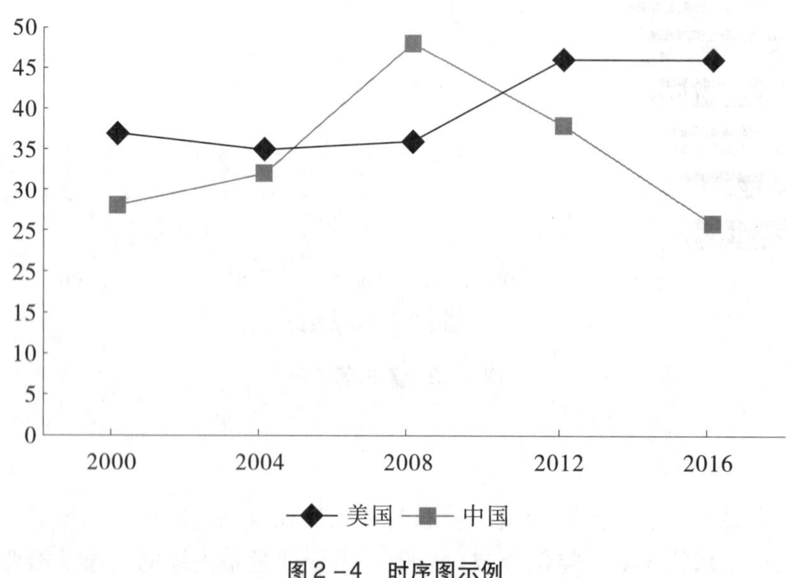

图2-4　时序图示例

4. 饼图 （pie chart）

饼图，也叫圆形图，它使用圆形中扇形面积描述定类变量的多少、频率、百分比等。

图 2-5 描述的是 2001 年第六次人口普查每 10 万人中受教育程度人数分布的统计图，其中小学文化程度 26 779 人，初中文化程度 38 788 人，高中文化程度 14 032 人，大学文化程度 8 930 人。

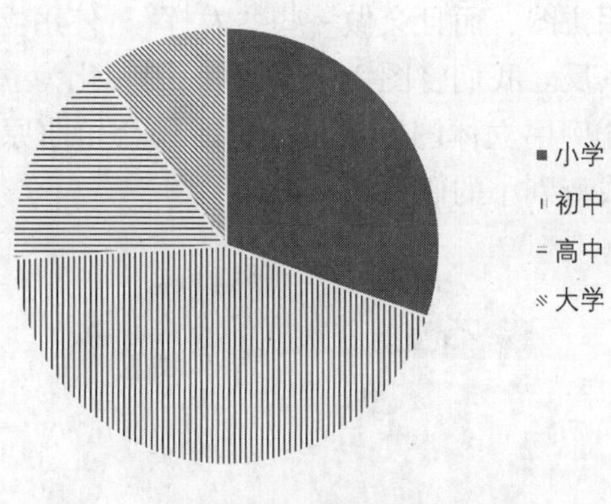

图 2-5 饼图示例

5. 散点图 （scatter plot）

散点图主要用于描述两个变量的相关关系及其特征。图中的每个点表示某一个被试在两个变量上取值的坐标。散点图通常不会直接呈现在研究报告里，而是在数据分析初期，帮助研究者直观地考察数据间的关系，在介绍相关分析和回归分析时我们还会谈到散点图。

图 2-6 呈现的是学生智商与学习成绩关系的散点图。

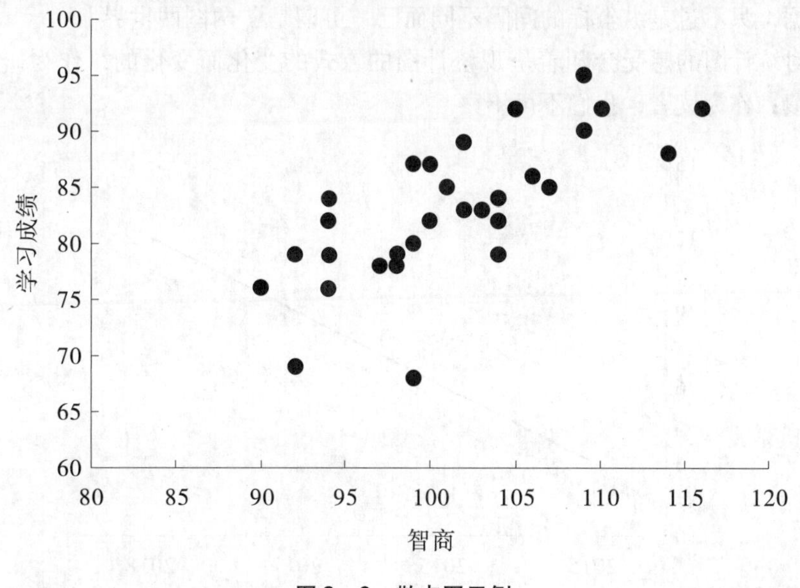

图 2-6 散点图示例

（二）统计图的使用建议

俗话说，“一图胜万言”，图形可以非常直观、形象地传达大量信息，所以，各种统计图形被广泛地运用。但是，如果制图者使用不恰当的方式呈现图形，则可能会欺骗读者的眼睛，或者诱导人们做出不同的判断和结论，造成统计图形的误用。这种误用，可能是无意造成的，也可能是有意为之。

很多初学者喜欢使用饼图，而且会做一些“发挥”，使用立体的饼图。这样做可能达不到效果，甚至适得其反。我们将图 2-5 的平面图转化为立体图（见图 2-7），可以发现将二维平面中的比例用立体图呈现出来的时候会扭曲原来的比例，从而产生某个类别所占比例特别大或特别小的假象。

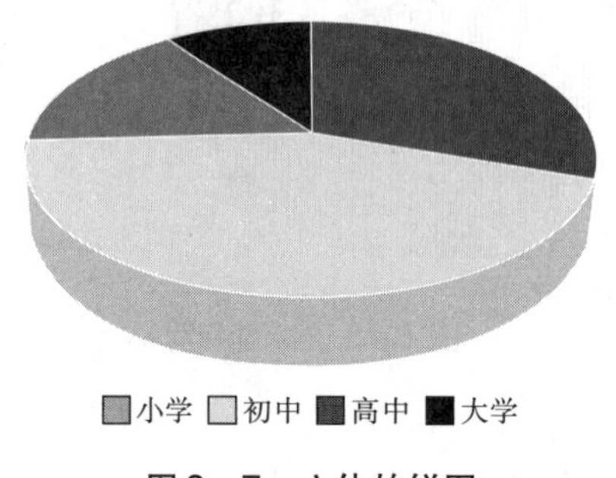

图 2-7　立体的饼图

再看一个模拟的例子，图 2-8 呈现的是两个时序图，纵坐标表示某学校每年出现心理健康问题的人数。图（a）会让读者感到问题学生的人数是逐年迅速增长的，从而认为学校的心理健康教育堪忧；而图（b）的增长趋势似乎非常缓慢，所以学校的心理健康教育的实效并未发生明显变化。然而，如果你仔细观察，会发现两张图呈现的是同一组数据，只不过是纵坐标的间隔不同而已，可谓是“两图两世界”。

我们对统计图的感受会随着呈现统计图的方式的变化而变化的，作为研究者，我们不可不慎；作为读者，我们不可不察。

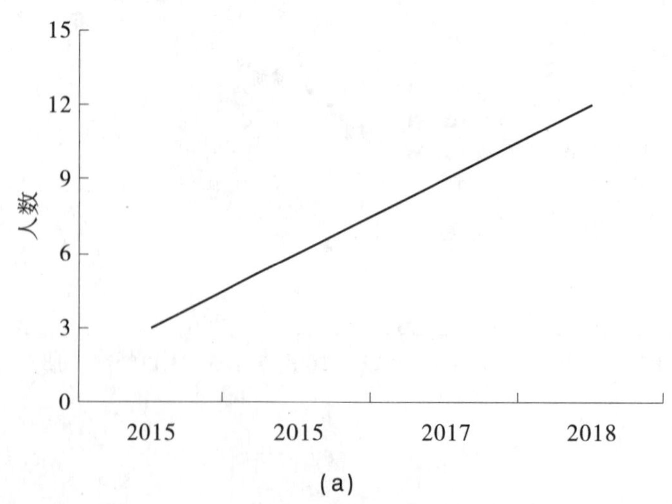

(a)

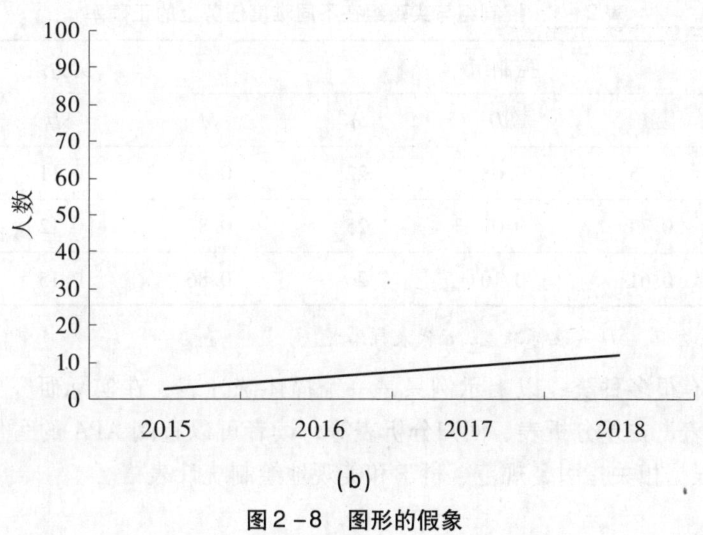

(b)

图2-8　图形的假象

为了制作出相对客观、规范、准确的统计图，避免误用，应当注意以下几点：

(1) 统计图的标题应放在图的下方，根据需要，可在标题下附有小标题或简要说明。

(2) 不管横轴或纵轴，应标识出刻度、数字和单位。

(3) 坐标轴的刻度应从原点开始，如果数据特殊或者要节省空间而不能从原点开始，应以缺口表示；或者在原点处用折线表示，以提醒读者留意。更不要故意夸大纵轴，使无实质差异之数据看起来显得有实质差异。

(4) 以直线表示量的大小，尽量避免使用面积或体积来表示量的大小；更不要使用象形图。

二、统计表

心理学研究的统计表格普遍采用三线表。三线表通常只有3条横线，即顶线、底线和栏目线，必要时可以加横线作为辅助，但依然称之为三线表。三线表中没有竖线。

表2-1就是三线表的实际示例。“表2-1”是三线表的表序，代表了表格的序号；“控制组与实验组在不同难度任务上的正确率”是三线表的表题，表题一般用简明的短语概括表中包含的信息，在表格最上方；三线表最上方的线称为顶线，最下方的线称为底线，中间的线称为栏目线，三线表的顶线和底线需要加粗（比如设置为1.5磅），栏目线及其他辅助线用细线（比如1磅）；三线表的注释放在表格下方，表格中 *M*、*SD*、*n* 的意义是公认的，一般不需要特别进行注释，这里标注出来是为了让读者更直观地了解注释的方法。

表2－1　控制组与实验组在不同难度任务上的正确率

难度	控制组			实验组		
	M	*SD*	*n*	*M*	*SD*	*n*
低	0.85	0.08	22	0.94	0.11	28
中	0.77	0.07	25	0.87	0.12	22
高	0.61	0.10	26	0.86	0.15	24

注：*M*代表均值，*SD*代表标准差，*n*代表样本量。

统计表格有很多种类，以上示例只是一个描述统计表，在实际研究中，还会需要绘制相关矩阵表、方差分析表、回归分析表等，读者可以查阅APA的写作手册（或类似的手册），根据相关指引，规范、科学和美观地绘制统计表格。

练习题

一、名词解释

（1）均值；（2）；标准差；（3）；自由度；（4）标准分数。

二、简答题

1. 标准分数有什么特点和应用？
2. 常用的统计图有哪些，如何准确、规范和美观地制作和呈现？

第三章　假设检验与方差分析

内容简介

推断统计是数据分析的重点，它是指根据样本统计量的分布理论，利用样本信息对总体参数进行估计或对关于总体的假设进行检验，也即常说的参数估计和假设检验。假设检验所检验的假设可以是关于总体参数的数量化特征的假设，也可以是关于总体分布形态的假设，前者是总体参数的假设检验，后者叫作非参数检验。总体参数假设检验的外延较广，可以是关于总体均值、总体方差、总体相关系数或总体回归系数的假设检验。均值是应用最广的概念之一，通常所言的假设检验就是指均值的假设检验，是一个狭义的概念。关于均值的假设检验，又包括很多种：单总体 t 检验、双总体 t 检验（包括独立样本和相关样本 t 检验）、方差分析（来自多个总体的均值假设检验）。本章主要介绍实际研究中使用非常广的两种检验方法：双总体 t 检验和方差分析。

第一节　假设检验

来自两个总体的均值之差的抽样分布服从 t 分布，所以对两个总体的均值是否存在显著差异进行的假设检验被称为 t 检验。它分为独立样本和相关样本两种情况。独立或相关是针对被试而言的，实验组与控制组属于独立样本，它们从两个相互独立的总体中取样；同一组被试的前测与后测属于相关样本。可以这样理解，独立样本 t 检验关注的是彼此有无“差异”，相关样本 t 检验关注的是前后有无“变化”。当然，相关样本还有另外一种情况，那就是配对样本，即两个组的被试一一对应，匹配成一个“对子”，近似的看作一个被试被测量了两次，这种配对的可操作性不强，实际研究应用并不常见。

一、独立样本 t 检验

当两个样本的数据（比如实验组和控制组的反应时、男生和女生的成绩）来自于两个不同的总体，我们希望知道两个均值是否有显著差异，需要用独立样本 t 检验进行分析。为了表述方便，我们把独立样本 t 检验的过程分解为以下几个步骤进行介绍：①根据研究问题提出零假设（null hypothesis/H_0）和备择假设（alternative hypothesis/H_1）；②确定适当的检验统计量；③规定显著性水平（significance level）；④计算检验统计量的值并做出统计决策；⑤若结果显著，报告效应值（effect size）。

（一）提出零假设和备择假设

假设检验的基本方法是根据样本统计量的信息对总体参数提出假设，依据样本统计量的抽样分布的理论，来对假设的接受与否做出判断。

我们来思考一个问题，证实一个观点还是推翻一个观点更容易？比如，某人坚称他从不吸烟，是证实还是推翻更容易？当然是推翻它更容易。因为我们只需要一个反例就可以推翻一个观点，而证实一个观点需要大量的甚至是无尽的论据。只要找到他抽烟的一个证据，就可以推论他在说谎；而他要证实自己几乎不可能。

我们比较两个均值（μ_1，μ_2）差异的时候，通常是希望它们是有差异的（$\mu_1 \neq \mu_2$）。所以，一般将其对立面作为零假设（H_0，也称为原假设、虚无假设），即两均值无差异（$\mu_1 = \mu_2$）。这样我们只需要推翻零假设，就可以得出想要的结论，即备择假设（H_1，也称为对立假设）。可见，在进行假设检验时，我们使用了反证法的逻辑。即，首先假定 H_0 为真，通过否定 H_0，来检验 H_1 的真实性。

对于参数的假设检验，有双侧检验和单侧检验之分。如果要检验的假设是两个样本的均值是否相等，称为双侧检验，或双尾检验，其拒绝域在 t 分布的两侧，有两个。如果检验的假设是相等还是小于（大于），则是单侧检验，或单尾检验，拒绝域只有一个。单侧检验两种情况：如果 H_1 是 $\mu_1 > \mu_2$，拒绝域在右边，是右侧检验；如果 H_1 是 $\mu_1 < \mu_2$，拒绝域在左边，是左侧检验。实际研究中，双侧检验比较常见，本书以此为例。

（二）确定适当的检验统计量

检验什么统计量需要根据研究的目的而定。两个总体均值的假设检验与三个及以上总体均值的差异检验使用的统计量是不一样的。双总体检验时，总体方差是否已知、独立还是相关样本等条件均影响统计量的选用，其公式均不尽相同。

独立样本 t 检验统计量计算公式为：

$$t = \frac{\overline{X}_1 - \overline{X}_2}{\sqrt{\frac{S_p^2}{N_1} + \frac{S_p^2}{N_2}}} \sim t(N_1 + N_2 - 2) \qquad (3.1)$$

其中，S_p 为混合标准差，是两个样本标准差的加权平均，其计算公式如下

$$S_p = \sqrt{\frac{(N_1-1)\ S_1^2 + (N_2-1)\ S_2^2}{N_1+N_2-2}} \tag{3.2}$$

公式（3.1）中的分母为样本统计量（$\overline{X}_1 - \overline{X}_2$）的抽样分布的标准差，也叫标准误（standard error）。本例中，（$\overline{X}_1 - \overline{X}_2$）的期望是（$\mu_1 - \mu_2$），可见，公式（3.1）跟 Z 分数的计算公式是一样的，观测值减去期望值，再除以观测值的标准差。

标准误是统计学中的一个非常重要的概念。标准误衡量了抽样误差的大小，抽样误差是指由抽样引起的样本统计量与总体参数间的差异。标准误越小，统计量与总体参数就越接近，样本就越有代表性，用样本统计量推断总体参数的可靠度越大。所以，标准误是推断统计可靠性的重要指标。

公式（3.1）中的 $N_1 + N_2 - 2$ 为自由度。自由度是指当以样本的统计量来估计总体的参数时，样本中独立或能自由变化的数据的个数。样本方差的公式被定义为：$S^2 = \frac{\sum (X_i - \overline{X})^2}{N-1}$，在计算方差时，需要已知样本均值，就损失了一个自由度。在公式（3.1）中，需要已知两个样本的均值，损失了两个自由度。

独立样本 t 检验有一个前提条件，两总体的方差齐性（homogeneity of variance），即两个方差无显著差异，其逻辑是实验处理只影响两个组的平均水平，不影响其离散程度。当 N_1 和 N_2 都很小或者二者数目相差很大（如 $N_1 = 10$，$N_2 = 500$），可能违反方差齐性的假设。SPSS 中给出了方差齐和方差不齐时的两种检验结果。当分析来自两个总体的数据时，统计软件会首先对方差齐性进行检验，如方差齐性检验不显著，看 SPSS 报表中的第一排数据。如方差齐性检验显著，说明方差齐性的检验被违反，需要看第二排的数据。一般 t 检验较稳健，可不担心这个问题。

（三）规定显著性水平

我们是如何否定 H_0 来证实 H_1 的呢？答案是使用统计上的小概率原理。小概率事件在一次试验或观测中几乎是不可能发生的。在一次试验中小概率事件一旦发生，我们就有理由拒绝零假设。小概率是研究者事先确定的概率值，通常为 0.05、0.01 或 0.001，即显著性水平，它是推翻零假设所需的最低条件。显著性水平代表当零假设为真时，错误地拒绝零假设的概率，或者说拒绝零假设时犯错误的概率。假设零假设为真，值设定在 0.05，当我们重复实验足够多次，应有 5% 的实验错误地拒绝了零假设。

如果没有特别说明，研究者默认显著性水平为 0.05，这样在假设检验时可以省略规定显著性水平这一步。

即使通过假设检验拒绝了零假设，我们还是有犯错误的可能，虽然犯错误的概率非常小。这说明，假设检验是带有概率性质的推论，无论拒绝还是接受零假设，都有犯错的可能。假设检验包含两种错误，第一类错误（type I error）和第二类错误（type II error）。

第一类错误，即 α 错误，或拒真错误，是当零假设为真，被拒绝时犯的错误，其

概率为 α，就是我们说的显著性水平。

第二类错误，即 β 错误，或受伪错误，指当零假设为假，被接受时犯的错误，犯错误的概率为 β。第二类错误的意义是，即使接受零假设，我们也没有100%的把握说零假设是正确的。这种错误表现为我们没有侦测出本应显著的实验效应。$1-\beta$ 表示零假设为假时，被正确拒绝的概率，称为统计功效（power）。

α 错误与 β 错误经常被误解和误用。以下两点，读者不可不察。

α 错误与 β 错误是在不同前提下的概率，所以二者之和并不等于1，而且，二者不可能同时犯。当你在论文中报告了显著的研究结果时，你就有犯 α 错误的可能（在论文中我们通常用 $p<0.05$ 或 $p=0.02<0.05$ 这样的表述来阐述结果。有些研究者会根据SPSS软件的报表，写成 $p=0$。这样写是错误的，因为 t 分布曲线是渐近线，与横坐标永不相交，p 不可能为0，也即不可能不犯 α 错误。细心的读者点击一下SPSS报表的 p 值0，可以发现它是有具体数值的，只是有效数字的原因显示为0而已）。而当你的研究结果不显著时，则说明你会犯 β 错误，也即理论上本来应该存在的实验效应，并没有在你的研究中发现，这时你要检视一下是否是自己的研究控制得不够精确。

α 错误与 β 错误，哪一个更不可原谅？两类错误的地位并不一样，第一类错误被认为较严重且不可原谅，应尽量避免，所以研究者宁愿冒较大的第二类错误而不愿冒第一类错误。举例来说，某研究者声称其苦心研发的新药物要优于常规药物，此时如果允许他犯较大的 α 错误，如0.3，那么意味着这种药物推上市场之后有30%的临床使用是无效的，其负面后果不堪设想。反之，如果他没法证明新药物优于常规药，此时犯 β 错误，即一种真的有效药物暂时不能问世，研究者应该继续研制、优化。两害相权取其轻，所以我们更不能原谅 α 错误。这也是为什么 $p<0.05$ 成了学位论文和期刊发表的重要门槛。这也是为什么我们不能用差异不显著来验证一个研究结论，因为此时犯一个较大的 β 错误，而且这一错误极大可能是由于研究控制不严谨导致的。

（四）计算检验统计量的值并做出统计决策

根据计算公式计算检验统计量的值，可以将之与显著性水平 α 在 t 分布中对应的临界值（±1.96）进行对比，如果 t 统计量的绝对值大于临界值，则拒绝零假设，差异显著；如果 t 统计量的绝对值小于临界值，则无法拒绝零假设，我们无法证明数据有差异。

将 t 统计量值与临界值进行比较以做出统计决策是传统的做法。SPSS并不给出临界值，而是在给出 t 值的同时给出它的显著性概率（也称为 p 值或相伴概率，记为 p 或Sig.），将之与事先设定的 α 比较做出决策。这种做法比只是简单地拒绝或不拒绝零假设进了一步，可以使我们对检验结论的错误概率有更精确的了解。

（五）报告效应值

统计上得出了“差异显著”的结论，表示两个总体的差异是存在的，这是一个关于“质”的决断，告诉我们是有还是没有差异。但是，它并没有告诉我们“差异有多大”，即无法做出关于“量”的推断。

观察 t 检验统计量计算公式，我们可以发现，公式的分母（即均值差异的抽样分布的标准误）中包含了样本容量，样本量越大，计算出的 t 值就会越大，就越可能得出显著的结论，哪怕 $\overline{X}_1-\overline{X}_2$ 的值并无实质意义。为弥补这一不足，解决“差异有多大”的问题，研究者提出了很多方案，比如报告 $\overline{X}_1-\overline{X}_2$ 的置信区间（区间中数越大，区间半径越小，实质差异就越大）、效应值等。现在，越来越多的期刊要求研究者在报告显著水平的同时也报告效应值的大小。

效应值的计算方法很多。用于独立样本 t 检验的效应值主要有：Cohen'sd 分数和 Omega 平方。

Cohen'sd 分数的计算公式为：

$$d==\frac{\overline{X}_1-\overline{X}_2}{Sp} \tag{3.3}$$

其中，混合标准差 S_p 的计算方式参照公式（3.2）。d 分数表示的是两个实验处理组均值的差异相差了几个混合标准差，其值越大，表示两个分布的重叠越小。根据科恩（Cohen）的建议，当 $d=0.2$ 时，表示效应值较小；$d=0.5$ 时，效应值中等；$d=0.8$ 时，效应值很大。

Omega 平方（ω^2）的意义是因变量变异被自变量解释的百分比，其计算公式为：

$$\omega^2=\frac{t^2-1}{t^2+N_1+N_2-1} \tag{3.4}$$

从计算公式中可以看出，ω^2 的计算方法“惩罚”大样本，样本容量越大，ω^2 会越小。此外，如果 t 值小于 1 时，ω^2 为负，无实际意义。该指标仅在 t 检验显著时使用。

关于差异的显著性检验和效应值的使用，我们建议：①若差异检验显著，请告诉读者你的效应值。②若效应值大但差异不显著，说明实验效应没有被发现，可尝试改进研究设计。

【例 3.1】某研究探讨课后是否复习对测验成绩的影响，将学生分为课后无复习和课后即时复习两组，各 15 人，收集他们的测验成绩，数据如下。

表 3-1　复习方法对测验成绩的影响

无复习/分	即时复习/分
73.0	77.0
76.0	66.0
64.0	82.0
77.0	60.0
54.0	75.0
52.0	73.0
70.0	80.0

续上表

无复习	即时复习
66.0	70.0
68.0	66.0
67.0	81.0
77.0	77.0
68.0	77.0
60.0	60.0
67.0	81.0
72.0	78.0

在 SPSS 软件中，可以点击 <Analyze> 菜单 <Compare Means> 下的 <Independent Samples T Test> 命令来实现独立样本 t 检验。

首先，点击 <Analyze> 菜单 <Compare Means> 下的 <Independent Samples T Test> 命令，在 <Independent-Samples T Test> 对话框中，将因变量（performance）点入 <Test Variable（s）>。随后，将自变量（group）点入 <Grouping Variable>，并点击 <Define Groups>，对组别进行定义：在 <Group 1> 的右边框输入"1"，在 <Group 2> 的右边框输入"2"。然后，点击 <Continue> 返回主对话框，点击 <OK> 即可。主要结果如下。

Group Statistics

	group	N	Mean	Std. Deviation	Std. Error Mean
performance	noreview	15	67.4000	7.57628	1.95619
	imreview	15	73.5333	7.44376	1.92197

图 3－1　组统计量

Independent Samples Test

		Levene's Test for Equality of Variances		t-test for Equality of Means						
		F	Sig.	t	df	Sig. (2-tailed)	Mean Difference	Std. Error Difference	95% Confidence Interval of the Difference	
									Lower	Upper
performance	Equal variances assumed	.133	.718	-2.237	28	.033	-6.13333	2.74238	-11.75084	-.51583
	Equal variances not assumed			-2.237	27.991	.033	-6.13333	2.74238	-11.75092	-.51575

图 3－2　独立样本 t 检验结果

图 3－1 是组统计量表，其中分别给出了两组的样本量、均值、标准差及标准误等。图 3－2 是独立样本 t 检验结果，图中左侧的 Levene's Test for Equality of Variances 一栏是方差齐性检验的结果，图中右侧的 t-test for Equality of Means 一栏是 t 检验的结果：t 值、自由度（df）、显著性概率（p）、均值的差（$\overline{X}_1 - \overline{X}_2$）、均值差的标准误（$\sqrt{\frac{S_p^2}{N_1} + \frac{S_p^2}{N_2}}$）、均值差的 95% 的置信区间。如果方差齐，即两个总体的方差无显著差异，t 检验报告第一行的结果，如果方差不齐，则看第二行。此例中，$F = 0.133$，$p = 0.718 > 0.05$，说明两个总体的方差没有显著差异，因此看右侧第一行的结果。参照第一行的结果，可做如下报告：独立样本 t 检验显示，$t(28) = -2.24$，$p = 0.03 < 0.05$，课后无复习和课后即时复习两组学生的测验成绩在 0.05 的显著性水平上差异显著。

SPSS 暂无报告 t 检验效应值选项，我们可以自行计算，求得效应值 $d = 0.81$。

二、相关样本 t 检验

相关样本设计有两种情形，一是一个样本的前后两次重复测量的设计，二是两个样本的配对设计。对于它们的均值差异的检验，应使用相关样本 t 检验。检验步骤如下。

首先，确定零假设和备择假设，H_0：$\mu_1 = \mu_2$；H_1：$\mu_1 \neq \mu_2$。

然后，计算 t 统计量。由于可以认为两个均值来自相同的总体，t 统计量的计算方式与上面有所不同：

$$t = \frac{\overline{D}}{S_D / \sqrt{N}} \sim t(N-1) \tag{3.5}$$

其中，D 表示即前后数据或配对数据的差值，$\overline{D}$ 为差值的均值，S_D 是差值的标准差。分母 $S_D / \sqrt{N}$ 为 $\overline{D}$ 抽样分布的标准误。

公式（3.5）中的自由度为 $N-1$。如果实验设计为重复测量，即为被试数减 1，如果是配对设计，则是对子数减 1。

接下来，规定显著性水平、做统计决策以及计算效应值等步骤与独立样本 t 检验类似，在此不再赘述。

第二节 方差分析

一、方差分析概述

（一）方差分析的缘起与基本逻辑

两个平均数进行比较的时候，可以用 t 检验评定其差异的显著性。如果有 K（$K \geqslant 3$）个平均数，用两两比较的方法来检验，则需做 $K(K-1)/2$ 次检验，程序烦琐不说，更重要的是大大降低了检验的可靠度。如果有 4 个组，则 6 次检验 H_0 的概率是 0.95 时的误差为：$1-0.95^6=0.265$。检验组数越多，错误率就越高。对于多样本平均数的假设检验，需使用一种更为合适的方法：方差分析法（analysis of variance，ANOVA）。

方差分析由英国统计学家费歇尔（Fisher）首创，为了纪念他，以 F 命名，故方差分析又称 F 检验。方差分析体现的是检验多组差异的一种思想，F 检验反映了方差分析运用 F 统计量进行假设检验，二者描述的是同一事物的不同方面。

为什么一个比较均值差异的方法竟然叫方差分析？这种命名是因为在检验均值间差异是否具有统计学意义的过程中，我们实际上是通过比较方差而得到的。与 t 检验直接比较两组平均数的做法不同，方差分析把“平均数之间差异是否显著”的问题转化为“平均数组间变异是否显著”的问题，通过组间变异与组内变异的对比，进行 F 检验，从整体上同时比较多组的平均数之间是否存在显著差异。

事实上，F 值可以简单理解为组间变异与组内变异的比值，组间变异代表实验处理得到的变异，组内变异则是随机误差。不难想象，当组间变异和组内变异的比值远远大于 1 时，说明组间变异远远大于随机误差，组间的差异显著，即可得到实验处理有效的结论。

简而言之，方差分析的基本逻辑就是把观察值的总变异分解为多个部分，除随机误差外，其余各部分可由某个或某几个因素或它们的交互作用来解释。

因素（factor）和水平（level）是方差分析中的基本概念。所谓因素，是指由研究者掌握、设想为原因的变量。一种是由研究者主动操纵而变化的变量，如教学方法、刺激强度；另一种是研究者主动选择而变化的变量，如性别、年级。在实验中，因素都作为类别变量来测量。因素所处的状态或等级称为水平。每个因素各取一个水平得到一个水平组合，叫做实验处理（treatment），也称为单元格（cell）。

主效应（main effect）与交互作用（interaction）是方差分析中的重要概念。忽略其他因素各水平的差异，由一个因素的不同水平引起的变异叫主效应。因素 A 的各水平在因素 B 的不同水平上的变化趋势不一致，即表明存在交互作用。

（二）方差分析的种类与主要步骤

方差分析不仅是一种统计方法，还是一种研究方法和研究思路，它与实验设计紧密相连。

我们根据实验控制方式与自变量个数，对方差分析进行分类，可以分为以下几类。

表3-2 方差分析的种类

自变量个数	完全随机设计	随机区组设计	重复测量设计
单因素	单因素完全随机设计（被试间设计）	单因素随机区组设计	单因素重复测量设计（被试内设计）
双因素	双因素完全随机设计（被试间设计）	双因素随机区组设计	重复测量两个因素（被试内设计） 重复测量一个因素（混合设计）
三因素	三因素完全随机设计（被试间设计）	三因素随机区组设计	重复测量三个因素（被试内设计） 重复测量两个因素（混合设计） 重复测量一个因素（混合设计）

在 t 检验时，有独立样本和相关样本之分，相关又有配对和重复测量之分。实际上，在实验控制方式上，方差分析与 t 检验是一脉相承的。如果各个实验组彼此独立，叫完全随机设计（也叫被试间设计）。如果采用类似于配对的方法平衡被试差异，则叫随机区组设计。跟 t 检验中两个被试配成一个“对子”不同的是，这里配成一个“区组”（block），区组中的各个被试随机接受不同处理。实验组接受所有处理，叫作重复测量设计（也叫被试内设计）。将被试彼此分组，各组再进行重复测量处理，是重复测量设计的另一种形式，叫作混合设计。

各种实验设计的类型不同，进行方差分析的具体方法和步骤也不尽相同。但是，简单来说，一个典型的方差分析，包括以下几个主要步骤。

1. 进行 F 检验

这一步要回答的问题是：自变量影响因变量吗？如果 F 检验显著，则说明自变量对因变量有显著影响。各种设计的方差分析在方法上的不同，主要在这一步。

2. 计算效应值

这一步要回答的问题是：自变量对因变量的影响有多大？F 检验只是回答了自变

量对因变量的影响存在还是不存在，是“质”的判定，效应值则给出“量”的刻画。

3. 进行多重比较

这一步要回答的问题是，自变量是如何影响因变量的？F 检验显著说明了自变量的不同水平或处理下的均值存在差异，却无法解释各个水平和处理之间的具体差异及其模式如何，多重比较则可以实现这一点。

二、单因素完全随机设计的方差分析

单因素完全随机设计是指实验中只有一个自变量，有 2 种或 2 种以上的水平。被试随机分配给自变量的各种水平，每个被试只接受一种水平的处理，所以完全随机设计又称被试间设计。

进行方差分析需要具备一些前提条件。第一，总体需服从正态分布。第二，独立性。被试随机选取，因变量彼此独立。第三，方差齐性，也称变异的同质性，即各组样本所在的总体的方差相同，这是方差分析一个很重要的前提，因此在进行方差分析之前，应当进行方差齐性检验。若方差齐性的假定不满足，可以考虑删除极值、使用无方差齐性假设的多重比较方法、用变换（平方根变换、对数变换）后的数据进行方差分析。读者可以留意到，在独立样本 t 检验时，同样有方差齐性的假设。方差齐性假设的逻辑是，不同的实验处理只影响被试的集中趋势，不影响其离散程度，这是对均值进行差异检验的一个重要前提。

（一）F 检验

当 F 检验的前提条件得到满足后，就可以进行 F 检验。类似 t 检验，F 检验也属于假设检验的一种，需要依据假设检验应有的步骤。首先，提出零假设与备择假设；然后，逐步计算 F 统计量；最后，做出统计决策。

1. 提出零假设和备择假设

若单因素完全随机设计中被试被分为 k 组，即实验因素包含 k 种水平，则零假设和备择假设应为：

$$H_0：\mu_1 = \mu_2 = \cdots = \mu_k$$

H_1：至少有两组均值不相等

注意，H_0 和 H_1 是互斥的，拒绝 H_0 并不表示 k 组均值均不相同，而是表示 k 组均值中至少有两个不相同。

2. 变异的分解

单因素完全随机设计的变异来源分为两种，一种是被试间（between subjects）变异，一种是被试内（within subjects）变异。被试间变异，用被试间平方和表示，记为 SS_B，代表实验处理产生的变异，用加权后各组均值与总体均值的离差平方和表示，所谓加权是指乘以被试的人数。被试内变异，代表来源于被试的随机误差，是我们用均值代表每个被试所产生的误差，又称误差平方和或残差平方和，记为 SS_W，或 SS_E。被试间平方和与被试内平方和相加等于总（total）平方和，记为 SS_T。即：

$$SS_T = SS_B + SS_W \tag{3.6}$$

3. 计算自由度

变异分解后各平方和的自由度分别为：

$$df_B = k - 1 \tag{3.7}$$

$$df_W = nk - k \tag{3.8}$$

$$df_T = df_B + df_W = nk - 1 \tag{3.9}$$

计算 SS_T 时，总均值已知，损失了一个自由度，df_T 为总人数减 1。计算 SS_B 时是以被试组为单位的，所以 df_B 为总组数 k 减去 1。计算 SS_W 时，将 k 个组的被试内平方和相加，损失了 k 个自由度，所以 df_W 为总人数减去组数。类似于独立样本 t 检验时，其自由度为总人数减 2（即组数）。

4. 计算均方 （mean square） 及 F 统计量

得到了分解后的平方和以及自由度，就可以计算均方和 F 统计量的值：

$$F = \frac{MS_B}{MS_W} = \frac{SS_B/df_B}{SS_W/df_W} \sim F\ (df_B,\ df_W) \tag{3.10}$$

平方和除以自由度，也就是方差，在 F 检验中通常被称为均方（平方和的平均）。上式中，MS_B 代表实验效应的均方，即单因素不同水平所产生的变异，MS_W 代表误差的均方，F 值即为二者的比值，代表实验处理效应与误差的相对大小，此时 F 值服从自由度为（df_B，df_W）的 F 分布。

5. 做出统计决策

根据计算出的 F 值，得到该值在 F 分布中对应的 p 值，并将 p 值和显著性水平 α 进行对比，从而得出拒绝或无法拒绝零假设的结论。若 F 值显著，则需要计算其效应值，并进行多重比较。

在报告 F 检验结果的时候，一般会将重要数据整理成表，即列方差分析表。方差分析表中会呈现变异分解后的平方和、自由度、均方、F 值和 p 值，在接下来介绍其他实验设计的方差分析时，讲解完变异的分解后，我们会直接呈现方差分析表，里面已经包含如何计算自由度、均方和 F 值。

单因素完全随机设计的方差分析表如表 3－3。

表 3－3　单因素完全随机设计的方差分析表

	SS	df	MS	F	p
被试间	SS_B	$k-1$	MS_B	$\frac{MS_B}{MS_W}$	
被试内	SS_W	$nk-k$	MS_W		
总和	SS_T	$nk-1$			

（二）效应值

F 值显著表明“自变量是否影响因变量”这一问题的答案为自变量影响因变量，下一步需要回答自变量对因变量的影响有多大这一问题，也即计算效应值。在 t 检验时，我们讨论了效应值这个概念，它是指实验处理引致的效应的大小或者数据的变异有多少部分是由实验处理造成的。

F 检验常用的效应值有 Eta 平方，净 Eta 平方，Omega 平方以及 Cohen'sf 等几种。SPSS 软件目前可以报告净 Eta 平方，其他的可以手工计算。

1. Eta 平方

Eta 平方（Eta-Squared，η^2），又称关联强度（correlation ratio），是因变量的变异被自变量解释的百分比。

$$\eta^2 = \frac{SS_{effect}}{SS_{total}} \tag{3.11}$$

SS_{effect}代表实验处理产生的变异平方和，SS_{total}是总平方和。这里的效应值对于每一种方差分析都是通用的，只需要清楚哪种变异是单纯由实验处理产生的。单因素完全随机设计中，SS_{effect}就是 SS_b。

2. 净 Eta 平方

净 Eta 平方（partial Eta-Squared，η_p^2），计算了扣除其他自变量后某自变量的效应。

$$\eta_p^2 = \frac{SS_{effect}}{SS_{effect} + SS_{error}} \tag{3.12}$$

在单因素方差分析中，净 Eta 平方与 Eta 平方是一样的，而在多因素方差分析中，则不一样。

3. Omega 平方

Omega 平方（Omega squared，ω^2）的计算公式为：

$$\omega^2 = \frac{SS_{effect} - df_b MS_{error}}{SS_t + MS_{error}} = \frac{SS_b - (k-1)\ MS_W}{SS_t + MS_W} \tag{3.13}$$

其中，df_b 代表被试间平方和的自由度，MS_W 代表被试间差异的均方。当 F 显著时，ω^2 将会是正值，若为负，则要解释为 0。当样本很大而使 MS_W 变得很小，F 很容易达到显著，此时若 ω^2 很小，即使在统计上有意义，实际应用上仍然没意义。

Eta 平方、净 Eta 平方和 Omega 平方的判断标准相同，0.01 代表效应值偏小，0.06 代表中等效应值，0.14 代表效应值较大。

4. Cohen'sf

Cohen'sf 的计算方式为：

$$f = \sqrt{\frac{\eta^2}{1-\eta^2}} \tag{3.14}$$

判断标准是，f 小于0.25代表效应值较低，介于0.25到0.4之间代表效应值中等，大于或等于0.4代表效应值较高。

（三）多重比较

多重比较分为事先比较和事后比较，事后比较的应用较为普遍，这里主要讨论事后比较。在 F 检验显著后，得到一个较高的效应值，可以说明各组的均值有实质差异，或者至少有两组均值是不同的。自然的，研究者会想知道究竟是哪几组不同。事后比较就是通过对各组均值之间的配对比较来进一步检验到底哪些均值之间存在差异。

事后比较的方法众多，常见的有 LSD 法（least significant difference），SNK 法（Student-Newman-Keuls），Tukey 法（honesty significant difference，HSD）以及 Bonferroni 校正法等。

1. LSD 法

LSD 法是对检验两总体均值是否相等的 t 检验方法的总体方差估计加以修正（用 MSE 代替）而得到的。设样本容量为 n，实验处理水平为 k，则

$$t = \frac{\overline{X}_i - \overline{X}_j}{\sqrt{MSE(\frac{1}{\eta_i} + \frac{1}{\eta_j})}} \sim t(n-k) \tag{3.15}$$

2. SNK 法

SNK 法首先把各组均值排序，用每一比较的两个均值在排序序列中相差的等级数来确定不同的 q 临界值。

$$q = \frac{\overline{X}_i - \overline{X}_j}{SE_{\overline{E}}} = \frac{\overline{X}_i - \overline{X}_j}{\sqrt{\frac{MSE}{2}(\frac{1}{\eta^i} + \frac{1}{\eta_j})}} \sim q(r, df_e) \tag{3.16}$$

其中，r 代表两均值的等级差。例如，如果将 $\overline{X}_1$ 与 $\overline{X}_2$ 进行比较，它们的等级差为1；将 $\overline{X}_1$ 与 $\overline{X}_3$ 进行比较，等级差为2。

3. Tukey 法

Tukey 法与 SNK 法类似，不同之处在于不论各组均值的大小次序，均使用同一临界值。

$$q = \frac{X_i - \overline{X}_j}{SE_{\overline{X}}} = \frac{X_i - X_j}{\sqrt{\frac{MSE}{2}(\frac{1}{\eta_i} + \frac{1}{\eta_j})}} \sim q(k, df_e) \tag{3.17}$$

与 SNK 法唯一不同的是，q 的自由度由等级差改成了组数。与 SNK 法相比，Tukey 法采用了更严格的检验标准。SNK 法更容易拒绝零假设，得到差异显著的结果。

4. Bonferroni 校正

Bonferroni 校正以 t 分布作为检验分布，对检验水准进行调整。若在同一数据上同时检验 k 个独立的假设，那么用于每一假设的显著水平应为仅检验一个假设时显著水

平的 $1/k$。例如，在同一数据上检验 2 个独立的假设，此时用于检验该两个假设应使用 0.025。因为在同一数据上进行多个假设的检验，每 20 个假设中就有一个可能纯粹由于概率而达到 0.05 的显著水平。在比较的次数较多时，该方法就不太合适了。

此外，还有 Sidak，Scheff，Duncan 等多种事后比较的方法，在统计软件中都有给出，目前还没有统一标准规定应该用哪一种检验的方法。研究者可以同时选用多种方法对比检验结果。如果检验结果不一致，可以看看样本均值是否有实质性差异，如果有实质性差异，则选择报告差异显著的检验方法和结果即可。

（四）研究结果的报告与解释

一般需要结合方差分析表报告方差分析结果。若 F 值显著，则拒绝零假设，此时可以表述为各组均值差异显著，或某因素各水平上的均值差异显著，某因素对因变量的影响显著；并且报告效应值以及多重比较的结果，说明哪些组之间差异显著。具体报告范例，请参考下例。

【例 3.2】探讨课后无复习、课后即时复习和课后延迟复习 3 种方法对测验成绩的影响。随机抽取 45 名被试，随机分配到 3 种实验处理，每个实验组内各有 15 名被试，数据如下。

表 3－4　复习方法对测验成绩的影响

无复习/分	即时复习/分	延迟复习/分
73.0	77.0	87.0
76.0	66.0	87.0
64.0	82.0	89.0
77.0	60.0	82.0
54.0	75.0	99.0
52.0	73.0	80.0
70.0	80.0	83.0
66.0	70.0	69.0
68.0	66.0	95.0
67.0	81.0	82.0
77.0	77.0	86.0
68.0	77.0	78.0
60.0	60.0	86.0
67.0	81.0	85.0
72.0	78.0	94.0

在 SPSS 软件中，可以使用 < Analyze > 菜单 < Compare Means > 下的 < One-Way ANOVA > 命令来实现单因素完全随机设计的方差分析；也可以使用 < Analyze > 菜单 < General Linear Models > 下的 < Univariate > 命令完成分析。本例中，使用后者进行演示。

首先，点击 < Analyze > 菜单 < General Linear Models > 下的 < Univariate >，在 < Univariate > 对话框中将因变量（performance）点入 < Dependent Variable >，将自变量变量（group）点入 < Fixed Factor（s）>。随后，打开 < Post Hoc > 对话框，将变量（group）点入 < Post Hoc Tests for > 内，并在下面的 < Equal Variances Assumed > 勾选 < S－N－K > 和 < Tukey > 做多重比较。在 < Options > 中选 < Estimates of Effect Size >。然后，点击 < Continue > 回到 < Univariate > 对话框，点击 < OK > 即可。主要结果如下。

Tests of Between-Subjects Effects

Dependent Variable: performance

Source	Type III Sum of Squares	df	Mean Square	F	Sig.	Partial Eta Squared
Corrected Model	2532.133[a]	2	1266.067	22.811	.000	.521
Intercept	256284.800	1	256284.800	4617.612	.000	.991
Group	2532.133	2	1266.067	22.811	.000	.521
Error	2331.067	42	55.502			
Total	261148.000	45				
Corrected Total	4863.200	44				

a. R Squared = .521 (Adjusted R Squared = .498)

图 3－3　方差分析表

performance

	Group	N	Subset		
			1	2	3
Student-Newman-Keuls[a,b]	noreview	15	67.400		
	imreview	15		73.533	
	dereview	15			85.467
	Sig.		1.000	1.000	1.000
Tukey HSD[a,b]	noreview	15	67.400		
	imreview	15	73.533		
	dereview	15		85.467	
	Sig.		.074	1.000	

Means for groups in homogeneous subsets are displayed.

Based on observed means.

The error term is Mean Square(Error) = 55.502.

a. Uses Harmonic Mean Sample Size = 15.000.

b. Alpha = .05.

图 3－4　事后比较结果

图 3－3 是方差分析表，其中，Corrected model 的 H_0 是所有自变量对因变量无显著影响，在本例中自变量就一个，所以它与 Group 那一行是等价的；Intercept 的 H_0 是因变量的均值为 0，意义不大，可以忽略；Error 就是组内因素，被看作误差；Corrected total 是总和。如果要在研究报告中绘制方差分析表，只呈现 Group，Error 和 Corrected total 这三行即可。

图 3－4 是事后比较的结果，细心的读者可以发现 SNK 和 Tukey 的结果不一样，原因如上文所说。问题是要报告哪一个？我们的答案是，报告任何一个都是没有问题的。你既可以说三种方法两两各不相同，也可以说延迟复习法优于无复习和即时复习法。

有读者会问，同一个样本用不同的统计方法做分析，竟然得到两个截然不同的结论，统计分析到底靠不靠谱？这种说法是对推断统计的常见误解。推断统计是利用小概率原理，根据样本统计量对总体参数的推论，任何一个样本都不能完美地代表总体，所以存在误判的可能。根据一个样本得到的结论，如果能在其他样本上得到验证，则说明这个结论接近总体的真相；反之，则说明这个结论并不可靠。在本例中，我们主张三种方法两两均差异显著，如果其他研究者在后继研究中能重复这个结果，说明我们的主张是可靠的，假如其他研究者不能重复这个结果，则说明我们的结论可能是靠不住的。从这个角度来讲，研究结果的可重复性非常重要。

根据以上分析，我们做如下报告，供读者参考。

以测验成绩为因变量，复习方法为自变量做单因素方差分析，统计结果显示，复习方法对测验成绩有显著影响，$F\ (2,\ 42)\ =22.81$，$MSE=55.50$，$p<0.001$，$\eta_p^2=0.52$。随后做多重比较（SNK 法），结果表明，延迟复习法显著优于即时复习法和无复习法，即时复习法又显著高于无复习法。

三、两因素完全随机设计的方差分析

两因素完全随机实验设计，又称两因素被试间设计，是有 2 个自变量，自变量 A 有 p 种水平，自变量 B 有 q 种水平，共有 $p\times q$ 种实验处理。实验中的被试随机分配给一个处理。

双因素完全随机设计的方差分析的步骤跟单因素完全随机设计方差分析类似，以下简要说明其主要技术细节，最后总结分析流程。

1. 变异分解与 F 检验

单因素完全随机设计的方差分析将总变异分解为被试间变异和被试内变异，两因素完全随机设计的总变异则由 4 个部分组成，分别是 A 因素产生的变异 SS_A，B 因素产生的变异 SS_B，AB 因素共同产生的变异 SS_{AB} 以及被试内变异 SS_W，即：

$$SS_T=SS_A+SS_B+SS_{AB}+SS_W \qquad (3.18)$$

实际上，两因素完全随机设计是将被试间变异细分成 3 个部分，误差项并未发生变化。

两因素完全随机设计的自由度也分解为 4 个部分，两个自变量各自的自由度、交互作用的自由度以及误差自由度。自由度、均方以及 F 值的计算如表 3－5。

表3-5 两因素完全随机设计的方差分析表

	SS	df	MS	F	p
A	SS_A	$a-1$	MS_A	$\frac{MS_A}{MS_E}$	
B	SS_B	$b-1$	MS_B	$\frac{MS_B}{MS_E}$	
AB	SS_{AB}	$(a-1)(b-1)$	MS_{AB}	$\frac{MS_{AB}}{MS_E}$	
E	SS_E	$ab(r-1)$	MS_E		
总和	SS_T	$abr-1$			

注：r代表接受每种实验处理的人数。为了表述的方便，本章中假设各处理为等组设计，即各处理组的人数相等，实际研究中并不须要如此。

2. 主效应与交互作用

两因素方差分析涉及两个重要概念——主效应和交互效应。在表3-5中，因素A、因素B各自产生的变异称为主效应，而AB产生的变异称为交互作用。忽略因素B各水平的差异，由因素A的不同水平引起的组间均值变异就是因素A的主效应；忽略因素A各水平的差异，由因素B的不同水平引起的组间均值变异则是因素B的主效应。当因素A的各个水平在因素B的不同水平上的变化趋势不一致时，即表明二者存在交互作用。换言之，当具体处理间的平均分数的差异不能被主效应完全解释时，就出现了交互作用，它是两个因素共同作用时产生的独特效应。下面我们用一个例子来说明交互作用的意义。

假设要研究课堂气氛（严肃/轻松）与教学方法（讲授/启发）对学习效果的影响，结果见表3-6。

表3-6 课堂气氛与教学方法对学习效果的影响

	讲授/分	启发/分	均值/分
严肃	70	60	65
轻松	50	90	75
均值	60	80	70

如果只比较课堂气氛的均值，我们倾向于得出轻松的教学法优于严肃教学法（75>65）；只比较教学方法，我们会认为启发式教学方法比讲授式要好（80>60）。实际上，在严肃的课堂气氛下，讲授法要优于启发法（70>60），而在轻松的课堂气氛下，启发法要优于讲授法（90>50）。这种一个因素的效应依赖于另一因素不同水平的现象，就是交互作用。我们建议研究者可以使用图示的方法对交互作用做一个形象的展示，本例的图示见图3-5。

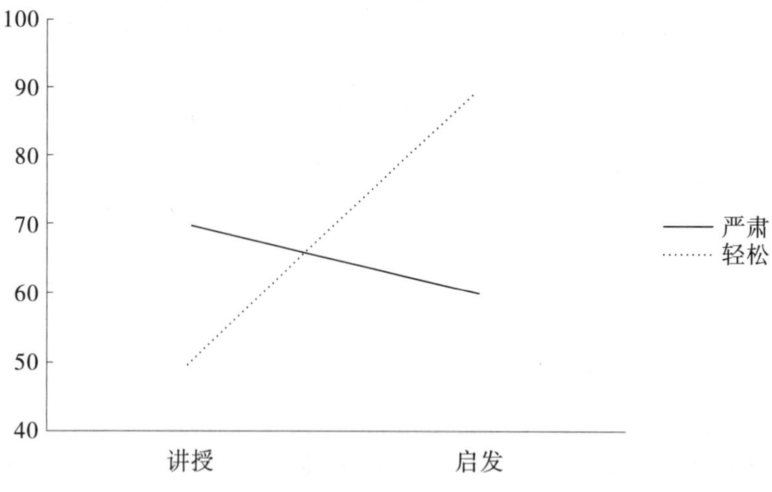

图 3-5　交互作用示意图

交互作用显著的时候，主效应可能是错误的，也有可能是对实际情况的扭曲，因为主效应是对另一个因子所有不同水平下观测分数的平均得到的，未必准确地反映各具体处理的效应。

下面我们用两个例子来看看主效应是如何"扭曲"和"掩盖"交互作用的，读者可以借此思考一下二者的关系。

假设学生学习能力与题目难易程度对学习成绩影响的研究结果如表 3-7 所示。

表 3-7　学生能力与题目难易程度对学习成绩的影响

	低难度/分	高难度/分	均值/分
能力低	60	60	60
能力高	80	60	70
均值	70	60	65

表 3-7 中的数据表明，高低难度之间有 10 分的差异，这是题目难易程度的主效应。此时，若统计检验显示交互作用显著，说明题目难易度对学习成绩的影响会随着学生学习能力的不同而变化。对于学习能力低的学生，题目难易对其学习成绩并没有影响；但对于学习能力高的学生，题目难易程度有 20 分的主效应。忽略了学习能力的个体差异，将两种能力水平学生的成绩平均得到了题目难易度 10 分的主效应，但事实上，它不能准确描述对于所有学生而言题目难易程度对学习成绩的影响。这种情况，我们说主效应"扭曲"了交互作用。

假设学生动机唤起水平与题目难易程度对学习成绩影响的研究结果如表 3-8 所示。

表 3-8 学生动机唤起水平与题目难易程度对学习成绩的影响

	低难度/分	高难度/分	均值/分
低唤起	70	90	80
高唤起	80	60	70
均值	75	75	75

统计检验显示学生的动机唤起水平与题目难易度有交互作用，低唤起水平时被试以平常心对待，从容应答，在难度高的题目上反而会得高分；而在高唤起时，由于紧张和焦虑，难题上表现不佳。但是，如果只看题目难易度的主效应，我们很容易得出题目难易度对学习成绩没有影响的结论，因为二者的均值一样。此时，交互作用被主效应“掩盖”了，这也是为什么即使主效应不显著交互作用也有可能显著的原因。

由于交互作用很可能会被主效应“扭曲”或“掩盖”，所以，当交互作用显著时，我们须要进一步分析交互作用。分析一个因素在另一个因素的不同水平上是否有显著，也即简单主效应（simple main effects）分析。简单主效应容易与主效应混淆，主效应仅考虑一个因素的作用，忽略其他因素的影响，而简单主效应同时考虑两个因素的作用。

两因素交互作用的简单主效应有两个方向，一是 A 因素在 B 因素不同水平上的简单主效应，二是 B 因素在 A 因素不同水平上的简单主效应。二者的目的是一致的，均是在控制一个因素的情况下考察另一个因素对因变量的影响。二者最终报告的结果在观感上是不同的，所谓横看成岭侧成峰，研究者可以根据研究目的选择进行其中的一个简单主效应进行检验，并报告结果。

简单主效应的检验与单因素方差分析原理是一样的，重点是平方和的分解，即计算 A 因素的各个水平上 B 因素的平方和，或 B 因素的各个水平上 A 因素的平方和，可以将其分解为如下形式：

$$SSA_{B1} + SSA_{B2} = SS_A + SS_{AB} \tag{3.19}$$

$$SSB_{A1} + SSB_{A2} = SS_B + SS_{AB} \tag{3.20}$$

简单主效应用 F 统计量进行检验，并列出简单主效应的方差分析表，如表 3-9。

表 3-9 简单主效应的方差分析摘要表

	SS	df	MS	F	p
A					
$B1$	SSA_{B1}	$a-1$	MSA_{B1}	$\frac{MSA_{B1}}{MS_E}$	
$B2$	SSA_{B2}	$a-1$	MSA_{B2}	$\frac{MSA_{B2}}{MS_E}$	
误差	SS_E	$ab\ (r-1)$	MS_E		

续上表

	SS	df	MS	F	p
B					
A1	SSB_{A1}	$b-1$	MSB_{A1}	$\frac{MSB_{A1}}{MS_E}$	
A2	SSB_{A2}	$b-1$	MSB_{A2}	$\frac{MSB_{A2}}{MS_E}$	
误差	SS_E	$ab(r-1)$	MS_E		

通过简单主效应检验可以确切知道因素的变化趋势，对数据有更精确的把握。例如，假设 A 在 $B1$ 水平上显著，但在 $B2$ 条件下不显著，说明 $B1$ 条件下 A 的均值有显著差异，在 $B2$ 条件下没有显著差异。

3. 检验程序

对于两因素完全随机设计方差分析，首先检验两个自变量的主效应及其交互作用是否显著。如果主效应显著，计算其效应值，并做多重比较。若交互作用显著，则需要进一步进行简单主效应检验，分别检验在某个因素的不同水平上另一个因素的简单主效应；任何一个简单主效应显著，则做多重比较。

【例 3.3】探讨课堂气氛（因素 a：严肃与轻松）和教学方法（因素 b：讲授、自学和启发）对学生考试成绩的影响，随机抽取 90 名被试，每种处理 15 名被试。收集的数据如下。

表 3－10　课堂气氛与教学方法对考试成绩的影响

严肃			轻松		
讲授/分	自学/分	启发/分	讲授/分	自学/分	启发/分
60.0	10.0	60.0	60.0	70.0	80.0
70.0	30.0	70.0	60.0	30.0	100.0
80.0	40.0	70.0	50.0	40.0	100.0
70.0	50.0	60.0	60.0	40.0	100.0
60.0	30.0	70.0	40.0	40.0	90.0
60.0	10.0	50.0	40.0	50.0	100.0
90.0	30.0	90.0	60.0	30.0	80.0
80.0	40.0	60.0	50.0	40.0	100.0
80.0	50.0	50.0	60.0	20.0	100.0
60.0	30.0	70.0	30.0	40.0	70.0
50.0	10.0	50.0	30.0	50.0	100.0
90.0	30.0	90.0	70.0	30.0	90.0

续上表

严肃			轻松		
讲授/分	自学/分	启发/分	讲授/分	自学/分	启发/分
80.0	40.0	60.0	50.0	40.0	80.0
90.0	50.0	50.0	60.0	40.0	100.0
60.0	30.0	60.0	30.0	40.0	90.0

在 SPSS 软件中，使用 < Analyze > 菜单 < General Linear Models > 下的 < Univariate > 命令来实现两因素完全随机设计的方差分析。

首先，在 < Univariate > 对话框分别将因变量（y）和自变量（a，b）点入 < Dependent Variable > 和 < Fixed Factor（s）> 框内。

随后，点击 < Post Hoc >，在对话框内将两个自变量从 < Factor（s）> 点入 < Post Hoc Test for > 框内，并点选 < S－N－K > 做多重比较。点击 < Continue > 返回 < Univariate > 对话框。

然后，点击 < Options >，在对话框内将 < Factor（s）and Factor Interactions > 中的自变量（a，b）及其交互项（a＊b）点入 < Display Means for > 框内，并点选 < Compare Main Effects >。接着点选 < Descriptive statistics > 和 < Estimates of Effect Size >，点击 < Continue > 返回 < Univariate > 对话框，点击 < OK > 即可。

回到 < Univariate > 对话框后，若点击 < Paste >，则可以将刚才的窗口操作生成程序语句，出现一个 Syntax 窗口，包含程序语句，如图 3－6 所示。

```
UNIANOVA y BY a b
  /METHOD = SSTYPE（3）
  /INTERCEPT = INCLUDE
  /POSTHOC = a b（SNK）
  /EMMEANS = TABLES（a）COMPARE ADJ（LSD）
  /EMMEANS = TABLES（b）COMPARE ADJ（LSD）
  /EMMEANS = TABLES（a＊b）
  /PRINT = ETASQ DESCRIPTIVE
  /CRITERIA = ALPHA（.05）
  /DESIGN = a b a＊b.
```

图 3－6 程序语句

在该语句中，只要将“/EMMEANS = TABLES（a＊b）”改为“/EMMEANS = TABLES（a＊b）COMPARE（a）ADJ（LSD）”（检验因素 a 的简单主效应）或者“/EMMEANS = TABLES（a＊b）COMPARE（b）ADJ（LSD）”（检验因素 b 的简单主效应），然后点击 Syntax 窗口工具栏的 < Run > 即可运行程序，做简单主效应检验。

Descriptive Statistics

Dependent Variable: 考试成绩

课堂气氛	教学方法	Mean	Std. Deviation	N
严肃	讲授	72.00	13.202	15
	自学	32.00	13.732	15
	启发	64.00	12.984	15
	Total	56.00	21.784	45
轻松	讲授	50.00	13.093	15
	自学	40.00	11.339	15
	启发	92.00	10.142	15
	Total	60.67	25.442	45
Total	讲授	61.00	17.090	30
	自学	36.00	13.025	30
	启发	78.00	18.270	30
	Total	58.33	23.667	90

图 3-7　描述统计

Tests of Between-Subjects Effects

Dependent Variable: 考试成绩

Source	Type III Sum of Squares	df	Mean Square	F	Sig.	Partial Eta Squared
Corrected Model	36770.000[a]	5	7354.000	47.228	.000	.738
Intercept	306250.000	1	306250.000	1966.743	.000	.959
a	490.000	1	490.000	3.147	.080	.036
b	26780.000	2	13390.000	85.991	.000	.672
a * b	9500.000	2	4750.000	30.505	.000	.421
Error	13080.000	84	155.714			
Total	356100.000	90				
Corrected Total	49850.000	89				

a. R Squared = .738 (Adjusted R Squared = .722)

图 3-8　方差分析表

考试成绩

Student-Newman-Keuls

教学方法	N	Subset		
		1	2	3
自学	30	36.00		
讲授	30		61.00	
启发	30			78.00
Sig.		1.000	1.000	1.000

Means for groups in homogeneous subsets are displayed.

Based on observed means.

The error term is Mean Square(Error) = 155.714.

a. Uses Harmonic Mean Sample Size = 30.000.

b. Alpha = .05.

图3－9 教学方法的多重比较

Pairwise Comparisons

Dependent Variable: 考试成绩

教学方法	(I) 课堂气氛	(J) 课堂气氛	Mean Difference (I-J)	Std. Error	Sig.[b]	95% Confidence Interval for Difference[b]	
						Lower Bound	Upper Bound
讲授	严肃	轻松	22.000*	4.557	.000	12.939	31.061
	轻松	严肃	-22.000*	4.557	.000	-31.061	-12.939
自学	严肃	轻松	-8.000	4.557	.083	-17.061	1.061
	轻松	严肃	8.000	4.557	.083	-1.061	17.061
启发	严肃	轻松	-28.000*	4.557	.000	-37.061	-18.939
	轻松	严肃	28.000*	4.557	.000	18.939	37.061

Based on estimated marginal means

*. The mean difference is significant at the .05 level.

b. Adjustment for multiple comparisons: Least Significant Difference (equivalent to no adjustments).

图3－10 课堂气氛的简单主效应

Pairwise Comparisons

Dependent Variable: 考试成绩

课堂气氛	(I) 教学方法	(J) 教学方法	Mean Difference (I-J)	Std. Error	Sig.[b]	95% Confidence Interval for Difference[b]	
						Lower Bound	Upper Bound
严肃	讲授	自学	40.000*	4.557	.000	30.939	49.061
		启发	8.000	4.557	.083	-1.061	17.061
	自学	讲授	-40.000*	4.557	.000	-49.061	-30.939
		启发	-32.000*	4.557	.000	-41.061	-22.939
	启发	讲授	-8.000	4.557	.083	-17.061	1.061
		自学	32.000*	4.557	.000	22.939	41.061
轻松	讲授	自学	10.000*	4.557	.031	.939	19.061
		启发	-42.000*	4.557	.000	-51.061	-32.939
	自学	讲授	-10.000*	4.557	.031	-19.061	-.939
		启发	-52.000*	4.557	.000	-61.061	-42.939
	启发	讲授	42.000*	4.557	.000	32.939	51.061
		自学	52.000*	4.557	.000	42.939	61.061

Based on estimated marginal means

*. The mean difference is significant at the .05 level.

b. Adjustment for multiple comparisons: Least Significant Difference (equivalent to no adjustments).

图 3－11　教学方法的简单主效应

图 3－7 为描述统计表格，比较简单。在论文中直接粘贴 SPSS 报表结果是不规范的，我们可以根据研究需要，用三线表的方式在论文中呈现。图 3－8 是方差分析表，我们主要关注两个自变量和交互作用即可。表中的最后一列是效应值。图 3－9 是教学方法主效应的多重比较，使用的是 SNK 法。图 3－10 和图 3－11 分别是两个自变量的简单主效应检验。

根据以上分析，我们做如下报告，供读者参考。

做 2（课堂气氛）$*$3（教学方法）的双因素完全随机设计的方差分析，结果显示，课堂气氛的主效应不显著，$F(1, 84)=3.15$，$MSE=155.71$，$p=0.08$。教学方法的主效应显著，$F(2, 84)=85.99$，$MSE=155.71$，$p<0.001$，$\eta_p^2=0.67$，多重比较（SNK 法）显示讲授法优于自学，启发式教学法优于前二者。课堂气氛与教学方法的交互显著，$F(2, 84)=30.51$，$MSE=155.71$，$p<0.001$，$\eta_p^2=0.42$。随后的简单主效应检验显示，在严肃的课堂气氛下，自学与启发法（$p<0.001$）和讲授法（$p<0.001$）有显著差异，启发法与讲授法则差异不显著（$p=0.08$）；而在轻松的课堂气氛下，自学与启发法（$p<0.001$）和讲授法（$p=0.031<0.05$）有显著差异，启发法与讲授法差异也显著（$p<0.001$）。

本例中我们报告的是教学方法的简单主效应，读者可以试试报告课堂气氛的简单主效应。

四、单因素重复测量设计的方差分析

单因素重复测量设计，也即单因素被试内设计，是指实验中只有一个因素，每个被试接受所有的处理。它是相关样本 t 检验的延伸。

单因素重复测量设计的方差分析也需要满足一些前提假设，如前面提到的正态性、独立性、变异可加性等。另外，还需要具备一个特有的假设：球形（sphericity）或环状性（circularity）假设，指被试在自变量不同水平中的因变量得分，两两配对相减所得的差的方差相同（同质/齐性）。这一假设是各实验处理间方差齐性假设的延伸，也即被试在不同水平间配对或重复测量的情况下，其变动情形应具有一致性。

重复测量设计的平方和分解与完全随机设计相比既有相似点，也有不同点。其总平方和也分为被试间平方和以及被试内平方和。然后，被试内平方和又可以分成处理平方和与残差平方和。被试间平方和，记为 $SS_{b.\,subjects}$，代表被试间的个体差异，是每一个被试在不同处理水平下表现出的差异，这个是我们不关心的，一般不纳入 F 值的计算。被试内平方和，记为 $SS_{w.\,subjects}$，体现为各处理均值偏离总均值的平方和与各处理组内观测值偏离组均值的平方和，前者是处理平方和，记为 $SS_{b.\,treatment}$，后者是残差平方和，记为 SS_{error}。所以，重复测量设计的总平方和（SS_t）可以分解为：

$$SS_t = SS_{b.\,subjects} + SS_{w.\,subjects} = SS_{b.\,subjects} + SS_{b.\,treatment} + SS_{error} \qquad (3.21)$$

重复测量设计的自由度也是按照以上思路进行分解。单因素重复测量设计的方差分析表如表 3－11。

表 3－11　单因素重复测量方差分析表

	SS	df	MS	F	p
被试间	$SS_{b.\,s}$	$n-1$			
被试内	$SS_{w.\,s}$	$n(k-1)$			
实验处理	$SS_{b.\,t}$	$k-1$	$MS_{b.\,t}$	$\frac{MS_{b.\,t}}{MS_e}$	
误差	SS_e	$(k-1)(n-1)$	MS_e		
总和	SS_t	$nk-1$			

【例 3.4】探讨环境噪音（a1 高噪音、a2 中噪音、a3 低噪音）对学生记忆效果的影响，采用单因素重复测量设计，抽取 20 名被试，每名被试均接受所有处理，收集的数据如下。

表 3－12　环境噪音对记忆效果的影响

ID	a1/分	a2/分	a3/分
1	40	80	80
2	60	80	60
3	60	80	100
4	20	100	100
5	20	100	80
6	80	80	100
7	20	80	100
8	60	80	80
9	40	60	60
10	80	80	70
11	60	40	80
12	60	80	80
13	60	40	80
14	60	80	100
15	60	40	80
16	60	60	100
17	80	60	70
18	40	40	70
19	80	80	70
20	40	80	100

在 SPSS 软件中，点击 < Analyze > 菜单 < General Linear Mode > 下的 < Repeated Measures > 命令进行重复测量设计的方差分析。

首先，在 < Repeated Measures Define Factor（s） > 对话框中 < Within-Subject Factor Name > 和 < Number of Levels > 定义重复测量因素的名称和水平数。变量名采用的默认的 factor 1（也可以根据自己的需要命名），水平数输入 3，单击 < Add > 按钮。

接着，点击 < Define > 按钮，在 < Repeated Measures > 对话框中，依次将 a1、a2、

a3 点入 < Within Subjects Variables（factor 1）>。

然后，单击 < Options > 按钮，在 < Repeated Measures：Options > 对话框中，将 factor 1 点入 < Display Means for >，点选 < Compare Main Effects > 做多重比较，随后点选 < Descriptive Statistics > 和 < Estimates of Effect Size > 输出描述统计和效应值，点击 < Continue > 返回主对话框，点击 < OK > 即可。

Descriptive Statistics

	Mean	Std. Deviation	N
a1	54.00	19.574	20
a2	71.00	18.890	20
a3	83.00	14.179	20

图 3－12　描述统计

Mauchly's Test of Sphericity[a]

Measure: MEASURE_1

Within Subjects Effect	Mauchly's W	Approx. Chi-Square	df	Sig.	Epsilon[b]		
					Greenhouse-Geisser	Huynh-Feldt	Lower-bound
factor1	.788	4.295	2	.117	.825	.893	.500

Tests the null hypothesis that the error covariance matrix of the orthonormalized transformed dependent variables is proportional to an identity matrix.

a. Design: Intercept

Within Subjects Design: factor1

b. May be used to adjust the degrees of freedom for the averaged tests of significance. Corrected tests are displayed in the Tests of Within-Subjects Effects table.

图 3－13　球形检验

Tests of Within-Subjects Effects

Measure: MEASURE_1

Source		Type III Sum of Squares	df	Mean Square	F	Sig.	Partial Eta Squared
factor1	Sphericity Assumed	8493.333	2	4246.667	12.439	.000	.396
	Greenhouse-Geisser	8493.333	1.650	5148.227	12.439	.000	.396
	Huynh-Feldt	8493.333	1.786	4754.332	12.439	.000	.396
	Lower-bound	8493.333	1.000	8493.333	12.439	.002	.396
Error(factor1)	Sphericity Assumed	12973.333	38	341.404			
	Greenhouse-Geisser	12973.333	31.345	413.883			
	Huynh-Feldt	12973.333	33.942	382.216			
	Lower-bound	12973.333	19.000	682.807			

图 3－14　被试内效应的 F 检验

Pairwise Comparisons

Measure: MEASURE_1

(I) factor1	(J) factor1	Mean Difference (I-J)	Std. Error	Sig.[b]	95% Confidence Interval for Difference[b]	
					Lower Bound	Upper Bound
1	2	-17.000*	6.848	.023	-31.333	-2.667
	3	-29.000*	5.978	.000	-41.512	-16.488
2	1	17.000*	6.848	.023	2.667	31.333
	3	-12.000*	4.449	.014	-21.311	-2.689
3	1	29.000*	5.978	.000	16.488	41.512
	2	12.000*	4.449	.014	2.689	21.311

Based on estimated marginal means

*. The mean difference is significant at the .05 level.

b. Adjustment for multiple comparisons: Least Significant Difference (equivalent to no adjustments).

图3－15 多重比较

图3－12是描述统计表格。图3－13是球形检验的结果，Mauchly值接近卡方分布。本例中为0.788，转换后卡方为4.295，$p>0.05$，所以，可以接受球形假设。Epsilon值是违反球形假设的指标，值越大越符合假设，值小于0.75时，需要对随后的F检验进行矫正。本例中的Greenhouse-Geisser与Huynh-Feldt值均大于0.75，Lower-bound是Epsilon的最小值，等于1/（自变量水平数－1）。本例中球形假设可以接受，所以图3－14的F检验结果看Sphericity Assumed那一行。如果不接受球形假设，则看下面三行校正的结果，其中，Huynh-Feldt校正的结果较好。图3－15是多重比较的结果。

我们可以整合以上表格的内容，报告该研究的结果，并做出解释。

五、两因素重复测量设计的方差分析

两因素重复测量设计，也即两因素被试内设计，研究中包含两个自变量，每个自变量有两个或多个水平，假设一个自变量有p种水平，另一个有q种水平，则共有$p\times q$种实验处理水平。两个自变量都是被试内变量，每个被试接受所有的实验处理。

回顾单因素重复测量设计，若只有一个因素，则总变异分解为被试间变异、实验处理的变异和残差。若实验中包含两个因素A，B，则总变异可以分解为被试间变异、A因素的变异、A因素产生的残差、B因素的变异、B因素产生的残差、AB两因素交互作用的变异、AB交互作用的残差。即：

$$SS_T=SS_S+SS_A+SS_{AS}+SS_B+SS_{BS}+SS_{AB}+SS_{ABS} \tag{3.22}$$

两因素重复测量设计方差分析表见表3－13。

表 3－13 两因素重复测量的方差分析表

	SS	df	MS	F	p
A	SS_A	$a-1$	MS_A	$\frac{MS_A}{MS_{AS}}$	
$E(A)$	SS_{AS}	$(a-1)(n-1)$	MS_{AS}		
B	SS_B	$b-1$	MS_B	$\frac{MS_B}{MS_{BS}}$	
$E(B)$	SS_{BS}	$(b-1)(n-1)$	MS_{BS}		
AB	SS_{AB}	$(a-1)(b-1)$	MS_{AB}	$\frac{MS_{AB}}{MS_{ABS}}$	
$E(AB)$	SS_{ABS}	$(a-1)(b-1)(n-1)$	MS_{ABS}		
S	SS_S	$n-1$			
总和	SS_T	$abn-1$			

当有交互作用存在时，首先判断交互作用是否显著，即 AB 的 F 值是否显著，若显著进一步进行简单主效应分析，步骤参照两因素完全随机设计中的简单主效应分析。若交互作用不显著，则对显著的主效应 A 或 B 进行多重比较。若交互作用和主效应都不显著，停止检验。

【例 3.5】探讨材料熟悉性（因素 a：a1 低熟悉性、a2 高熟悉性）和时间压力（因素 b：b1 低压力、b2 高压力）对学习效果的影响，采用两因素重复测量设计，抽取 20 名被试，每名被试均接受所有处理，收集的数据如下。

表 3－14 材料熟悉性与时间压力对学习效果的影响

ID	a1b1/分	a1b2/分	a2b1/分	a2b2/分
1	69	41	59	44
2	69	21	79	44
3	59	70	50	64
4	59	31	99	74
5	79	51	50	84
6	69	51	69	64
7	69	31	79	64
8	89	51	89	54
9	89	31	99	35
10	59	70	40	74

续上表

ID	a1b1/分	a1b2/分	a2b1/分	a2b2/分
11	50	41	69	74
12	59	61	79	64
13	59	31	99	74
14	79	51	50	84
15	69	51	69	64
16	69	31	79	64
17	89	51	89	54
18	59	31	99	74
19	79	51	50	84
20	69	51	69	64

在 SPSS 软件中，点击 < Analyze > 菜单 < General Linear Modes > 下的 < Repeated Measures > 命令。

首先，在 < Repeated Measures Define Factor（s）> 对话框中定义两个重复测量因素的名称和水平。在 < Within-Subject Factor Name > 右侧输入 a，在 < Number of Levels > 右侧输入 a 的水平数 2，单击 < Add > 按钮；随后在 < Within-Subject Factor Name > 右侧输入 b，在 < Number of Levels > 右侧输入 b 的水平数 2，单击 < Add > 按钮。

然后，单击 < Define > 按钮，在 < Repeated Measures > 对话框中，将 a1b1、a1b2、a2b1、a2b2 点入 < Within Subjects Variables（a，b）>。

最后，单击 < Options > 按钮，在 < Repeated Measures：Options > 对话框中，将 a、b、a * b 点入 < Display Means for >，并击选 < Compare Main Effects >。击选 < Descriptive Statistics > 和 < Estimates of Effect Size >，点击 < Continue > 返回主菜单，点击 < OK > 即可。

Descriptive Statistics

	Mean	Std. Deviation	N
a1b1	69.55	11.367	20
a1b2	44.90	13.722	20
a2b1	73.25	18.951	20
a2b2	65.05	13.609	20

图 3－16 描述统计

Tests of Within-Subjects Effects

Measure: MEASURE_1

Source		Type III Sum of Squares	df	Mean Square	F	Sig.	Partial Eta Squared
a	Sphericity Assumed	2844.113	1	2844.113	11.635	.003	.380
	Greenhouse-Geisser	2844.113	1.000	2844.113	11.635	.003	.380
	Huynh-Feldt	2844.113	1.000	2844.113	11.635	.003	.380
	Lower-bound	2844.113	1.000	2844.113	11.635	.003	.380
Error(a)	Sphericity Assumed	4644.638	19	244.455			
	Greenhouse-Geisser	4644.638	19.000	244.455			
	Huynh-Feldt	4644.638	19.000	244.455			
	Lower-bound	4644.638	19.000	244.455			
b	Sphericity Assumed	5395.613	1	5395.613	13.113	.002	.408
	Greenhouse-Geisser	5395.613	1.000	5395.613	13.113	.002	.408
	Huynh-Feldt	5395.613	1.000	5395.613	13.113	.002	.408
	Lower-bound	5395.613	1.000	5395.613	13.113	.002	.408
Error(b)	Sphericity Assumed	7818.138	19	411.481			
	Greenhouse-Geisser	7818.138	19.000	411.481			
	Huynh-Feldt	7818.138	19.000	411.481			
	Lower-bound	7818.138	19.000	411.481			
a * b	Sphericity Assumed	1353.013	1	1353.013	11.267	.003	.372
	Greenhouse-Geisser	1353.013	1.000	1353.013	11.267	.003	.372
	Huynh-Feldt	1353.013	1.000	1353.013	11.267	.003	.372
	Lower-bound	1353.013	1.000	1353.013	11.267	.003	.372
Error(a*b)	Sphericity Assumed	2281.738	19	120.091			
	Greenhouse-Geisser	2281.738	19.000	120.091			
	Huynh-Feldt	2281.738	19.000	120.091			
	Lower-bound	2281.738	19.000	120.091			

图3－17　被试内效应的 *F* 检验

Pairwise Comparisons

Measure: MEASURE_1

(I) a	(J) a	Mean Difference (I-J)	Std. Error	Sig.[b]	95% Confidence Interval for Difference[b]	
					Lower Bound	Upper Bound
1	2	-11.925*	3.496	.003	-19.242	-4.608
2	1	11.925*	3.496	.003	4.608	19.242

Based on estimated marginal means

*. The mean difference is significant at the .05 level.

b. Adjustment for multiple comparisons: Least Significant Difference (equivalent to no adjustments).

图3－18　材料熟悉性（因素 a）的多重比较

Pairwise Comparisons

Measure: MEASURE_1

(I) b	(J) b	Mean Difference (I-J)	Std. Error	Sig.[b]	95% Confidence Interval for Difference[b]	
					Lower Bound	Upper Bound
1	2	16.425*	4.536	.002	6.931	25.919
2	1	-16.425*	4.536	.002	-25.919	-6.931

Based on estimated marginal means

*. The mean difference is significant at the .05 level.

b. Adjustment for multiple comparisons: Least Significant Difference (equivalent to no adjustments).

图 3－19　时间压力（因素 b）的多重比较

根据以上结果，可以发现该研究两个自变量的主效应及交互作用均显著。两因素的实验设计重点通常是交互作用及简单主效应。双因素重复测量设计方差分析的简单主效应检验，可以采用以下两种方法。

第一种方法是使用程序语句。前文介绍两因素完全随机设计方差分析的简单主效应检验时已有涉及。本例中，设置完模型返回主菜单之后，不点击 <OK>，而是点击 <Paste>，系统即可将以上操作生成程序语句，出现一个 Syntax 窗口：

```
DATASET ACTIVATE DataSet1.
GLM a1b1 a1b2 a2b1 a2b2
  /WSFACTOR = a 2 Polynomial b 2 Polynomial
  /METHOD = SSTYPE（3）
  /EMMEANS = TABLES（a）COMPARE ADJ（LSD）
  /EMMEANS = TABLES（b）COMPARE ADJ（LSD）
  /EMMEANS = TABLES（a * b）
  /PRINT = DESCRIPTIVE ETASQ
  /CRITERIA = ALPHA（. 05）
  /WSDESIGN = a b a * b.
```

图 3－20　程序语句

在该语句中，将“/EMMEANS = TABLES（a * b）”改为“/EMMEANS = TABLES（a * b）COMPARE（a）ADJ（LSD）”（检验 a 的简单主效应）或者“/EMMEANS = TABLES（a * b）COMPARE（b）ADJ（LSD）”（检验 b 的简单主效应），然后运行该程序语句，即可检验因素 a 或 b 的简单主效应。以检验 b 的简单主效应为例，可以得到以下结果。

Pairwise Comparisons

Measure: MEASURE_1

a	(I) b	(J) b	Mean Difference (I-J)	Std. Error	Sig.[b]	95% Confidence Interval for Difference[b]	
						Lower Bound	Upper Bound
1	1	2	24.650*	4.000	.000	16.279	33.021
	2	1	-24.650*	4.000	.000	-33.021	-16.279
2	1	2	8.200	6.096	.194	-4.559	20.959
	2	1	-8.200	6.096	.194	-20.959	4.559

Based on estimated marginal means

*. The mean difference is significant at the .05 level.

b. Adjustment for multiple comparisons: Least Significant Difference (equivalent to no adjustments).

图 3－21　时间压力的简单主效应检验

第二种方法是在某个因素的不同水平上分别检验另一个因素的主效应。以做 b 因素的简单主效应检验为例说明。

首先检验 b 因素在 a1 上的效应。首先在 < Repeated Measures Define Factor（s）> 对话框中定义 b 因素的名称与水平数，在 < Within-Subject Factor Name > 右侧因素 b，在 < Number of Levels > 右侧输入 b 的水平数 2，单击 < Add > 按钮。随后单击 < Define > 按钮，在 < Repeated Measures > 对话框中，将 a1b1 和 a1b2 点入 < Within Subjects Variables（b）>。然后单击 < Options > 按钮，在 < Repeated Measures：Options > 对话框中，将 b 点入 < Display Means for >，击选 < Compare Main Effects >，< Descriptive Statistics > 和 < Estimates of Effect Size >，点击 < Continue > 返回主菜单，点击 < OK >，主要结果如下。

Tests of Within-Subjects Effects

Measure: MEASURE_1

Source		Type III Sum of Squares	df	Mean Square	F	Sig.	Partial Eta Squared
b	Sphericity Assumed	6076.225	1	6076.225	37.985	.000	.667
	Greenhouse-Geisser	6076.225	1.000	6076.225	37.985	.000	.667
	Huynh-Feldt	6076.225	1.000	6076.225	37.985	.000	.667
	Lower-bound	6076.225	1.000	6076.225	37.985	.000	.667
Error(b)	Sphericity Assumed	3039.275	19	159.962			
	Greenhouse-Geisser	3039.275	19.000	159.962			
	Huynh-Feldt	3039.275	19.000	159.962			
	Lower-bound	3039.275	19.000	159.962			

图 3－22　低材料熟悉性（a1）条件下时间压力效应的 F 检验

Pairwise Comparisons

Measure: MEASURE_1

(I) b	(J) b	Mean Difference (I-J)	Std. Error	Sig.[b]	95% Confidence Interval for Difference[b]	
					Lower Bound	Upper Bound
1	2	24.650*	4.000	.000	16.279	33.021
2	1	-24.650*	4.000	.000	-33.021	-16.279

Based on estimated marginal means

*. The mean difference is significant at the .05 level.

b. Adjustment for multiple comparisons: Least Significant Difference (equivalent to no adjustments).

图3－23　低材料熟悉性（a1）条件下时间压力的多重比较

然后检验b因素在a2上的实验效应。操作步骤跟上面类似，主要区别是：单击<Define>按钮后，在<Repeated Measures>对话框中，将a2b1和a2b2点入<Within Subjects Variables（b）>。主要结果如下。

Tests of Within-Subjects Effects

Measure: MEASURE_1

Source		Type III Sum of Squares	df	Mean Square	F	Sig.	Partial Eta Squared
b	Sphericity Assumed	672.400	1	672.400	1.809	.194	.087
	Greenhouse-Geisser	672.400	1.000	672.400	1.809	.194	.087
	Huynh-Feldt	672.400	1.000	672.400	1.809	.194	.087
	Lower-bound	672.400	1.000	672.400	1.809	.194	.087
Error(b)	Sphericity Assumed	7060.600	19	371.611			
	Greenhouse-Geisser	7060.600	19.000	371.611			
	Huynh-Feldt	7060.600	19.000	371.611			
	Lower-bound	7060.600	19.000	371.611			

图3－24　高材料熟悉性（a2）条件下时间压力效应的*F*检验

Pairwise Comparisons

Measure: MEASURE_1

(I) b	(J) b	Mean Difference (I-J)	Std. Error	Sig.[a]	95% Confidence Interval for Difference[a]	
					Lower Bound	Upper Bound
1	2	8.200	6.096	.194	-4.559	20.959
2	1	-8.200	6.096	.194	-20.959	4.559

Based on estimated marginal means

a. Adjustment for multiple comparisons: Least Significant Difference (equivalent to no adjustments).

图3－25　高材料熟悉性（a2）条件下时间压力的多重比较

六、两因素混合设计的方差分析

假设研究中有 2 个自变量，均有 2 或多个水平，其中一个自变量是被试内的，每个被试接受它所有水平的处理，另一个变量是被试间的，每个被试只接受它一种水平的处理，或它本身是一个被试间的变量，如性别、年龄。对于两因素混合设计，研究者通常更感兴趣于研究中的被试内因素的处理效应，以及两个因素的交互作用。

两因素混合设计可以看作是被试间因素上的完全随机设计与在被试内因素上的重复测量设计的组合，其平方和的分解原理也可依此进行。设两因素中 A 因素做被试间处理，B 因素做被试内处理，则：

$$SS_T = SS_A + SS_{subj.\ w.\ group} + SS_B + SS_{AB} + SS_{B*subj.\ w.\ group} \tag{3.23}$$

其中，$SS_{subj.\ w.\ group}$ 代表 A 效应的误差，$SS_{B*subj.\ w.\ group}$ 代表 B 效应和交互作用的误差。

两因素混合设计的方差分析表如表 3－15。

表 3－15　两因素混合设计的方差分析表

	SS	df	MS	F	p
A	SS_A	$a-1$	MS_A	$\frac{MS_A}{MS_{E(A)}}$	
$E(A)$	$SS_{E(A)}$	$a(r-1)$	$MS_{E(A)}$		
B	SS_B	$b-1$	MS_B	$\frac{MS_B}{MS_{E(B)}}$	
AB	SS_{AB}	$(a-1)(b-1)$	MS_{AB}	$\frac{MS_{AB}}{MS_{E(B)}}$	
$E(B)$	$SS_{E(B)}$	$a(b-1)(r-1)$	$MS_{E(B)}$		
总和	SS_T	$abr-1$			

两因素混合设计存在交互作用，首先判断交互作用是否显著，若显著进一步进行简单主效应分析。若交互作用不显著，则对显著的主效应进行多重比较。若交互作用和主效应都不显著，停止检验。

【例 3.6】探讨学习方法（被试内因素：a1 固定步速学习、a2 自定步速学习）和语言能力（被试间因素：b1 语言能力低、b2 语言能力高）对学习效果的影响，采用两因素混合设计，不同语言能力的被试各抽取 15 名，分别接受两种处理，收集的数据如下。

表 3－16　学习方法与语言能力对学习效果的影响

b	a1/分	a2/分
1	70	50
1	70	30
1	60	80

续上表

b	a1/分	a2/分
1	60	40
1	80	60
1	70	60
1	70	40
1	90	60
1	90	40
1	60	80
1	50	50
1	60	70
1	70	60
1	70	40
1	90	60
2	60	80
2	80	80
2	50	60
2	90	80
2	50	70
2	70	90
2	80	100
2	90	60
2	90	100
2	60	60
2	70	100
2	80	90
2	60	60
2	70	100
2	80	90

两因素混合设计的方差分析同样在 < Analyze > 菜单 < General Linear Mode > 下的

< Repeated Measures > 子菜单执行。

首先，在 < Repeated Measures Define Factor（s） > 对话框中指定重复测量因素的名称和水平数。在 < Within-Subject Factor Name > 右侧输入 a，在 < Number of Levels > 右侧输入 a 的水平数 2，单击 < Add > 按钮。

随后，单击 < Define > 按钮，在 < Repeated Measures > 对话框中，将 a1、a2 点入 < Within-Subjects Variables（a） >。并将 b 指定为 < Between-Subjects Factor（s） >（被试间因素）。

然后，单击 < Options > 按钮，在 < Repeated Measures: Options > 对话框中，将 a、b、a * b 点入 < Display Means for >，击选 < Compare Main Effects >。并击选 < Descriptive Statistics > 和 < Estimates of Effect Size >，点击 < Continue > 返回主菜单，点击 < OK >，主要结果如下。

Descriptive Statistics

	b	Mean	Std. Deviation	N
a1	1	70.67	12.228	15
	2	72.00	13.732	15
	Total	71.33	12.794	30
a2	1	54.67	15.055	15
	2	81.33	15.976	15
	Total	68.00	20.410	30

图 3 -26　描述统计

Tests of Within-Subjects Effects

Measure: MEASURE_1

Source		Type III Sum of Squares	df	Mean Square	F	Sig.	Partial Eta Squared
a	Sphericity Assumed	166.667	1	166.667	.967	.334	.033
	Greenhouse-Geisser	166.667	1.000	166.667	.967	.334	.033
	Huynh-Feldt	166.667	1.000	166.667	.967	.334	.033
	Lower-bound	166.667	1.000	166.667	.967	.334	.033
a * b	Sphericity Assumed	2406.667	1	2406.667	13.961	.001	.333
	Greenhouse-Geisser	2406.667	1.000	2406.667	13.961	.001	.333
	Huynh-Feldt	2406.667	1.000	2406.667	13.961	.001	.333
	Lower-bound	2406.667	1.000	2406.667	13.961	.001	.333
Error(a)	Sphericity Assumed	4826.667	28	172.381			
	Greenhouse-Geisser	4826.667	28.000	172.381			
	Huynh-Feldt	4826.667	28.000	172.381			
	Lower-bound	4826.667	28.000	172.381			

图 3 -27　被试内效应的 *F* 检验

Tests of Between-Subjects Effects

Measure: MEASURE_1

Transformed Variable: Average

Source	Type III Sum of Squares	df	Mean Square	F	Sig.	Partial Eta Squared
Intercept	291206.667	1	291206.667	1225.519	.000	.978
b	2940.000	1	2940.000	12.373	.002	.306
Error	6653.333	28	237.619			

图3－28　被试间因素效应的 *F* 检验

Pairwise Comparisons

Measure: MEASURE_1

(I) a	(J) a	Mean Difference (I-J)	Std. Error	Sig.[a]	95% Confidence Interval for Difference[a]	
					Lower Bound	Upper Bound
1	2	3.333	3.390	.334	-3.611	10.277
2	1	-3.333	3.390	.334	-10.277	3.611

Based on estimated marginal means

a. Adjustment for multiple comparisons: Least Significant Difference (equivalent to no adjustments).

图3－29　被试内因素的多重比较

Pairwise Comparisons

Measure: MEASURE_1

(I) b	(J) b	Mean Difference (I-J)	Std. Error	Sig.[b]	95% Confidence Interval for Difference[b]	
					Lower Bound	Upper Bound
1	2	-14.000*	3.980	.002	-22.153	-5.847
2	1	14.000*	3.980	.002	5.847	22.153

Based on estimated marginal means

*. The mean difference is significant at the .05 level.

b. Adjustment for multiple comparisons: Least Significant Difference (equivalent to no adjustments).

图3－30　被试间因素的多重比较

以上结果跟前文的类似，不再一一展开介绍。简单主效应的检验同样可以采用程序语句进行，读者可以自行试一试。

七、三因素设计的方差分析

1. 概述与类型

假如研究中有三个因素（自变量），因素 A 有 p 种水平，因素 B 有 q 种水平，因素 C 有 m 种水平，则共有 $p \times q \times m$ 种实验处理。在研究设计时，如果三个因素都是被试间变量，即完全随机设计，则每个被试随机分配给一种实验处理。如果三个因素都是被试内变量，即重复测量设计，则每个被试接受所有 $p \times q \times m$ 种实验处理。如果三个因素中既有被试间变量，又有被试内变量，则是混合设计，它有两种情况：重复测量一个因素的三因素混合设计和重复测量两个因素的混合设计。

举例说明，研究阅读时间压力（低与高）、主题熟悉度（低与高）和测验类型（记忆测验和理解测验）对学生阅读理解成绩的影响。这是一个三因素的实验设计，每个因素有两种水平，共有 8 种实验处理（即 2×2×2）。

如果随机抽取 160 名被试，随机分为 8 组，每组被试只接受一种实验处理，此种设计是三因素完全随机设计（被试间设计）。

如果随机抽取 20 名被试，所有被试均接受 8 种实验处理，这种设计是三因素重复测量设计（被试内设计）。

如果随机抽取 80 名被试，随机分为 4 组，分别接受阅读时间压力与主题熟悉度组合的其中一种水平，然后每组被试均接受不同类型的测验，这种设计是重复测量一个因素的三因素混合设计。

如果随机抽取 40 名被试，随机分为 2 组，分别接受低阅读时间压力与高阅读时间压力的被试间处理，每个组内的被试均接受主题熟悉度和测验类型相结合的 4 种实验处理，这种设计是重复测量两个因素的三因素混合设计。

实验设计不同，方差分析的方法和步骤并不完全相同。以上各种不同的设计，它们的一个重要不同，体现在各个效应的平方和的分解上，接下来做简要说明。

（1）三因素完全随机设计的方差分析

在三因素完全随机设计的方差分析中，平方和分解的公式如下：

$$SS_T = SS_A + SS_B + SS_C + SS_{AB} + SS_{AC} + SS_{BC} + SS_{ABC} + SS_E$$

其中，SS_T 表示总平方和，SS_A、SS_B、SS_C 表示三个因素的平方和，SS_{AB}、SS_{AC}、SS_{BC} 表示三个因素两两之间的一阶交互作用的平方和，SS_{ABC} 表示三个因素的二阶交互作用的平方和，SS_E 是误差项的平方和。在完全随机设计的方差分析中，各个主效应和交互作用的 F 检验使用同一个分母项（即误差的均方 $MS_E = \frac{SS_E}{df_E}$）。

（2）三因素重复测量设计的方差分析

在三因素重复测量设计的方差分析中，平方和分解的公式如下：

$$SS_T = SS_S + SS_A + SS_{AS} + SS_B + SS_{BS} + SS_C + SS_{CS} + SS_{AB} + SS_{ABS} + SS_{AC} + SS_{ACS} + SS_{BC} + SS_{BCS} + SS_{ABC} + SS_{ABCS}$$

在重复测量设计中，总平方和被分为被试间（SS_S）和被试内的平方和。被试内的平方和被分为不同变异来源的平方和及其各自误差项的平方和，其中，SS_A、SS_B、SS_C、SS_{AB}、SS_{AC}、SS_{BC}、SS_{ABC}的意义跟上文同，表示各个因素的平方和及一阶和二阶交互作用的平方和，他们后面分别有一个校标加了 S 的平方和，是这些因素的残差项的平方和。在重复测量设计中，各个因素的主效应及其交互作用的误差项并不相同。

（3）重复测量一个因素的三因素混合设计的方差分析

在重复测量一个因素的三因素混合设计的方差分析中，平方和分解的公式如下：

$$SS_T = SS_A + SS_B + SS_{AB} + S_{AB.\ subj.\ w.\ group} + SS_C + SS_{AC} + SS_{BC} + SS_{ABC} + SS_{C*subj.\ w.\ group}$$

该设计中，A 和 B 是被试间因素，C 因素是重复测量的被试内因素。其中，$SS_A + SS_B + SS_{AB} + SS_{AB.\ subj.\ w.\ group}$是被试间变异，$SS_{AB.\ subj.\ w.\ group}$代表 A 因素、B 因素及二者交互作用的误差；$SS_C + SS_{AC} + SS_{BC} + SS_{ABC} + SS_{C*subj.\ w.\ group}$是被试内变异，$SS_{C*subj.\ w.\ group}$代表 C 因素及与之有关的一阶和二阶交互作用的误差。

（4）重复测量两个因素的三因素混合设计的方差分析

在重复测量两个因素的三因素混合设计的方差分析中，平方和分解的公式如下：

$$SS_T + SS_A + SS_{A.\ subj.\ w.\ group} + SS_B + SS_{AB} + SS_{B.\ subj.\ w.\ group} + SS_C + SS_{AC} + SS_{C.\ subj.\ w.\ group} + SS_{BC} + SS_{ABC} + SS_{BC*subj.\ w.\ group}$$

该设计中，A 是被试间因素，B 和 C 因素是重复测量的被试内因素。其中，$SS_A + SS_{A.\ subj.\ w.\ group}$是被试间变异，$SS_{A.\ subj.\ w.\ group}$ 是 A 因素的误差；$SS_B + SS_{AB} + SS_{B.\ subj.\ w.\ group} + SS_C + SS_{AC} + SS_{C.\ subj.\ w.\ group} + SS_{BC} + SS_{ABC} + SS_{BC*subj.\ w.\ group}$ 是被试内变异，$SS_{B.\ subj.\ w.\ group}$、$SS_{C.\ subj.\ w.\ group}$、$SS_{BC*subj.\ w.\ group}$分别是各个实验效应及相互作用的误差。

以上各种类型的方差分析均可在 SPSS 软件中实现。其中，三因素完全随机设计的方差分析的操作步骤与双因素完全随机设计的方差分析类似，可以使用<Analyze>的<General Linear Mode>下的<Univariate>命令完成分析。其他几种含有重复测量因素的类型，可使用<Analyze>的<General Linear Mode>下的< Repeated Measures>命令完成，操作步骤跟两因素的重复测量设计或混合设计类似，在此不再一一演示。

2. 主效应与交互作用

（1）两因素方差分析的主效应与交互作用分析程序

前文已经对两因素的主效应和交互作用的性质、意义和检验方法等做了比较详尽的说明和展示。简单来说，可以概括为以下几点。

第一，主效应是不考虑其他因素的影响时，某一因素对因变量的效应；交互作用是两个或多个因素共同作用对因变量的效应，它体现为主效应显著的因素对因变量的影响在另一个因素的不同水平下有不同。

第二，在多因素方差分析中，如果主效应和交互作用都显著，直接断言主效应显著的因素影响了因变量，是不准确的，甚至是错误的。因为主效应未必能准确反映各具体处理的效应，它会“扭曲”或“掩盖”交互作用。此时，分析交互作用才能得出主效应显著的因素对因变量影响的更准确信息。

第三，简单主效应检验可以很好地分析和展示交互作用的机制。简单主效应检验既可以分析在因素 A 的不同水平下因素 B 的简单主效应，也可以分析在因素 B 的不同

水平下因素 A 的简单主效应。实际研究中，只需要根据研究目的，选择其中的一个简单主效应检验即可。

基于此，我们提出以下两因素方差分析的分析程序。

第一种情况：如果因素的主效应显著，而交互作用不显著，直接分析主效应，可以认为该因素影响了因变量。

第二种情况：如果交互作用显著，不管主效应是否显著，都要首先分析交互作用，即做简单主效应检验，探讨因素 A 在因素 B 的不同水平下如何影响因变量。注意，此时若不是从两因素交互作用开始分析，而是直接分析主效应，是不恰当的。

(2) 三因素方差分析的主效应与交互作用分析程序

两因素的实验设计有两个因素的主效应及二者的一阶交互作用，三因素的实验设计，不仅有三个因素的主效应，还有三个因素两两之间的一阶交互作用，及三个因素的二阶交互作用。

如果一个三（或以上）因素的研究结果既有主效应，又有多个层次的交互作用，哪个结果更重要，以及应该如何分析呢？

我们以阅读时间压力（因素 A：低与高）、主题熟悉度（因素 B：低与高）和测验类型（因素 C：记忆测验和理解测验）对阅读理解成绩的影响为例加以说明。下表是模拟的数据，可以看到 8 个处理组的均值、A 和 C 两个因素各水平下的均值和总均值，根据这些数据我们还可以算出 B 因素两个水平下的均值分别是 86.25 和 67.5。

表 3－17　阅读时间压力、主题熟悉度和测验类型对阅读理解的影响

		记忆测验/分	理解测验/分	均值/分
时间压力低	熟悉度低	73	72	81.25
	熟悉度高	94	86	
时间压力高	熟悉度低	65	60	72.5
	熟悉度高	80	85	
均值		78	75.75	76.88

A 因素主效应显著表明：阅读时间压力对阅读成绩有显著影响，时间压力低时的成绩（81.25）高于时间压力高时（72.5）。

B 因素主效应显著表明：主题熟悉度对阅读成绩有显著影响，熟悉度高时的成绩（86.25）高于熟悉度低时（67.5）。

C 因素主效应显著表明：测验类型对阅读成绩有显著影响，记忆测验成绩（78）高于理解测验成绩（75.75）。

$A \times C$ 交互作用显著表明：低时间压力条件下，记忆测验成绩（83.5）高于理解测验成绩（79）；而在高时间压力条件下，记忆测验成绩（72.5）与理解测验成绩（72.5）无显著差异。

$A \times B$ 交互作用显著表明：低时间压力条件下，高熟悉度材料的阅读成绩（90）高于低熟悉度材料（72.5）；在高时间压力条件下，高熟悉度材料的阅读成绩（82.5）高于低熟悉度材料（62.5），差距略大于前一种条件。

$B \times C$ 交互作用显著表明：对低熟悉度的材料，记忆测验成绩（69）高于理解测验成绩（66）；对高熟悉度的材料，记忆测验成绩（87）与理解测验成绩（85.5）则无显著差异。

$A \times B \times C$ 交互作用显著，进一步检验表明：低时间压力条件下，$B \times C$ 交互作用显著，低熟悉度材料的记忆测验与理解测验成绩无显著差异，高熟悉度材料的记忆测验成绩则显著高于理解测验成绩。高时间压力条件下，$B \times C$ 交互作用显著，低熟悉度材料的记忆测验成绩显著高于理解测验成绩，高熟悉度材料的记忆测验成绩则显著低于理解测验成绩。

由此可见，多因素方差分析如果有多个层次的交互作用，高层次的交互作用比低层次的交互作用更准确，交互作用比主效应更准确。因此，应该根据最高层次的交互作用来逐层解释因素对因变量的影响作用。请注意，不是从高层交互作用开始分析，而是直接分析低层交互作用，或直接解释主效应，都是不够准确的。

基于此，我们提出以下三因素设计方差分析的分析程序。

第一种情况：因素主效应显著而所有交互作用都不显著，直接分析主效应，可以认为该因素影响了因变量。

第二种情况：三因素交互作用不显著，而两因素交互作用显著，不管主效应是否显著都要首先分析交互作用，即做简单主效应分析，可以解释为，该因素在另一个因素处于何种情况下会影响因变量。

第三种情况：三因素交互作用显著，就要从分析二阶交互作用开始，逐层分析，具体分析的步骤如下。

第 1 步：从最高阶（二阶）的交互作用开始，根据研究目的选择对其中一个因素 A 进行分解，按照原来的设计将因素 A 分解为 k 种水平。

第 2 步：分别计算在因素 A 每种水平下，因素 B 与因素 C 的交互作用，即计算一阶的交互作用。

第 3 步：如果在因素 A 某种水平（$A1$）下，因素 B 与 C 有交互作用，进一步对这个一阶交互作用进行简单主效应分析；如果在因素 A 另一种水平（$A2$）下，因素 B 与 C 没有交互作用，进一步对 $A2$ 水平下的主效应分析。

第 4 步：综合上面各种分析的结果，对各个因素在何种情况下影响因变量的做出整体分析。

相应地，我们可以将这一逻辑推广到三个以上因素设计的交互作用分析。其具体步骤如下。

第 1 步：从最高阶（n 阶）的交互作用开始，根据研究目的选择对其中一个因素 A 进行分解，按照原来的设计将因素 A 分解为 k 种水平。

第 2 步：分别计算在因素 A 每种水平下，其余 n 个因素的交互作用，即计算 $n-1$ 阶交互作用。

第 3 步：如果在因素 A 某种水平下，其余 n 个因素有交互作用，则从这种水平的 n

个因素中又选择其中一个因素 B 进行分解，重复第 1、2 步的做法，即计算 $n-1-1$ 阶交互作用；这样逐层分析，一直到一阶交互作用（即两个因素交互作用）。

第 4 步：将一阶交互作用做简单主效应分析，分析其中一个因素对因变量发生影响如何受另一个因素制约。

第 5 步：总结上面各步的结果，对各个因素对因变量所起的作用做出总体分析。

实证研究中，通常比较少采用超过 3 个因素的设计，因为因素越多，交互作用就越多、越复杂，比较难解释。

接下来我们看一个 *Psychological Science* 上发表的实证研究，更好地理解一下三因素方差分析的主效应与交互作用分析程序。

莫雷诺、比亚韦斯托克和巴拉茨（Moreno，Bialystok & Barac）等人（2011）的这一篇论文①的标题为：短期音乐训练提高言语智力和执行功能（Short-term music training enhances verbal intelligence and executive function）。该研究的基本假设是：音乐训练提高言语智力，视觉艺术训练提高空间智力。研究者采用了三因素的混合设计，因素 A 为训练种类（音乐训练 $A1$、视觉训练 $A2$），因素 B 为测验种类（言语智力测验 $B1$、空间智力测验 $B2$），因素 C 为测验次序（前测 $C1$、后测 $C2$）。其中，因素 A 是被试间因素，因素 B 与因素 C 是被试内因素。该研究的有效被试数量为 64 名 4～6 岁的儿童，音乐训练组与视觉训练组各有 32 名被试。被试首先均接受言语和空间智力测验，随后接受不同的训练，然后进行后测，检验训练的效果。

要验证该研究的基本假设，研究结果需要得出：

$A1$ 音乐训练情况下，$B \times C$ 显著，$B1$ 中 $C1 < C2$；$B2$ 中 $C1 = C2$

$A2$ 视觉训练情况下，$B \times C$ 显著，$B1$ 中 $C1 = C2$；$B2$ 中 $C1 < C2$

该研究的数据显示，三因素交互作用（$A \times B \times C$）显著，其检验步骤与结果如下。

第 1 步：该研究关注的是两种训练的不同效果，根据研究目的，对因素 A 进行分解，按照该研究设计将因素 A 分解为 2 种水平。

第 2 步：分别计算在因素 A 每种水平下，因素 B 与因素 C 的交互作用。即音乐训练与视觉训练条件下的测验种类与测验次序的交互作用。

第 3 步：结果显示，在 $A2$（视觉训练）条件下 $B \times C$ 交互作用不显著；在 $A1$（音乐训练）条件下 $B \times C$ 交互作用显著，进一步进行简单主效应分析，得出：在 $B1$（言语测验）条件下 $C1$（前测）与 $C2$（后测）成绩差异显著，在 $B2$（视觉测验）条件下 $C1$（前测）与 $C2$（后测）成绩差异不显著。

如果在因素 A 某种水平（$A1$）下，因素 B 与因素 C 有交互作用，进一步对这个一阶交互作用进行简单主效应分析；如果在因素 A 另一种水平（$A2$）下，因素 B 与因素 C 没有交互作用，进一步对 $A2$ 水平下的主效应分析。

第 4 步：综合上面各种分析的结果，得出结论：只有音乐训练组在言语智力分数上有显著提高。

① MORENO S，BIALYSTOK E，BARAC R，et al. Short-term music training enhances verbal intelligence and executive function [J]. Psychological Science，2011，22（11）：1425－1433.

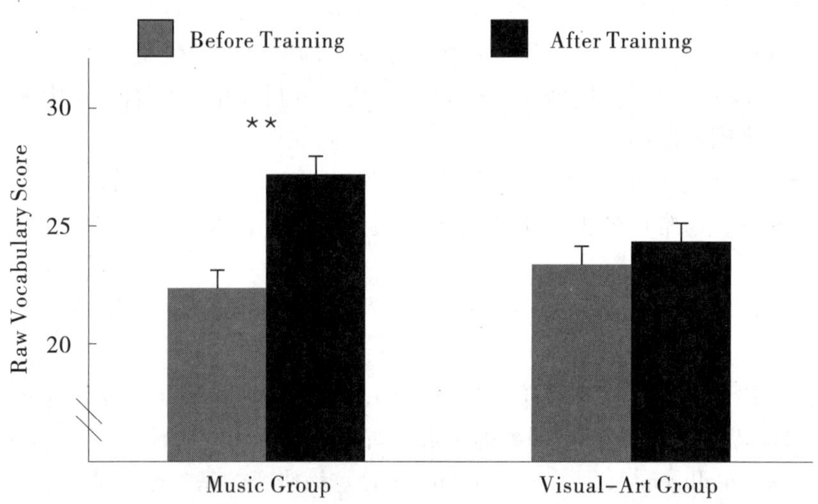

图3-31 音乐训练提高言语智力（Moreno，Bialystok，Barac 等，2011）

练习题

一、名词解释

（1）标准误；（2）显著性水平；（3）第一类错误；（4）第二类错误；（5）效应值；（6）主效应；（7）交互作用。

二、简答题

1. 假设检验的基本逻辑和步骤是什么？
2. 方差分析有哪些种类？
3. 以双因素完全随机设计的方差分析为例，说明方差分析的步骤有哪些？
4. 主效应和交互作用之间有何关系？

第四章　相关分析与回归分析

内容简介

相关分析和回归分析也是重要的统计方法，相关分析刻画的是一个变量与另外一个（多个）变量之间共变的双向关系，回归分析刻画的是一个变量随着另外一个（多个）变量变化的单向关系。相关分析和回归分均同时涉及描述统计和推断统计：相关系数或回归系数的求解是描述统计，相关系数或回归系数的显著性检验及评价则属于推断统计范畴。前一章讲的均值的假设检验和方差分析处理的是定类变量与定距变量之间的关系，本章的相关分析和回归分析所处理的情形要宽泛得多，可以是各种变量类型的组合情形。在实际研究中，我们可以根据两列变量不同的测量层次，选择合适的相关系数或回归模型；我们也要避免相关分析和回归分析的误用。本章的第一节介绍不同情形下的各种相关；第二节则介绍常用的回归模型。

第一节　相关分析

一、相关分析概述

相关（correlation）描述是一种非确定的共变关系，也就是说，当一个变量发生变化时，另一个变量是否也跟着发生变化。相关分析考察了两个变量之间的这种关系，根据相关分析一般不能由一个变量精确推算出另一个变量，但可以推测其大致的变化趋势。使用相关分析对两个变量的相关情况进行描绘，涉及相关的模式、相关的方向和程度/大小。

（一）相关的模式

相关的模式包括线性相关、非线性相关和无相关。线性相关是指两个变量之间的关系可以用直线来描述；非线性相关是指两个变量之间的关系需要用一条曲线来描述；当两个变量既不是线性相关，也无非线性相关时，我们说两个变量没有相关关系。

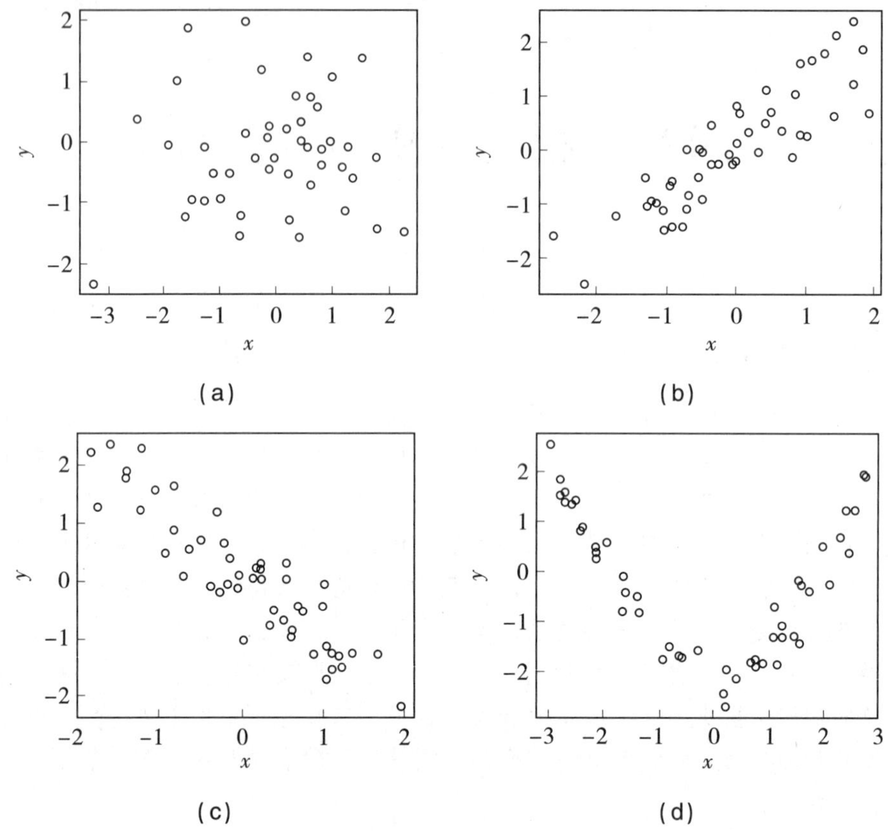

图 4－1　相关情况散点图

判断两个变量的相关情况，最直接快捷的方法是画出两个变量的散点图。图 4－1 演示了四种变量间的关系。直观来看，图（a）中的两个变量没有相关或相关性很弱，图（b）和图（c）中的变量分别有很强的正线性相关和负线性相关，而图（d）的两个变量有相关但不是线性相关。除非特别提到，本节所讲的相关是线性相关。

（二）相关的方向和大小——相关系数

度量两个变量相关的方向和程度大小的数字特征是相关系数（correlation coefficient）。相关系数的符号代表相关的方向，＋为正相关，－为负相关。相关系数的绝对值代表相关的强弱，绝对值越大，相关关系越强。

相关系数的度量方法众多，选用时需要注意变量的测量层次。

变量的测量层次是统计方法上的原点。心理学研究中关注的变量主要包括定类、定序、定距（含定比）等几个测量层次。首先要确定变量是什么类型，研究者才能选择正确的统计方法进一步分析变量的关系。一个研究所选的统计方法与变量的测量层次一旦不匹配，基本可以断定其数据分析是错误的。比如，计算类别变量的均值和标准差是没有意义的。

t 检验和方差分析结果显著，意味着自变量对因变量有显著影响，也就是说被试在自变量不同水平上变化时，因变量也会随之变化。它们解决的问题是一个定类变量与一个定距变量之间的关系。相关分析所解决的问题的范畴就要大得多，它可以解决这个变量组合之间的关系，包括：①两个定距变量的关系，②个定序变量的关系，③两个定类变量的关系，④一个定类与一个定序变量之间的关系，⑤一个定类与一个定距变量之间的关系，⑥一个定序与一个定距变量之间的关系。各种变量类型组合的情况下会有一种或多种相关系数可以使用。

在实际使用中，对于第④类情形，通常将其中的定序变量降维为定类变量，转化为第③类。对于第⑤类，通常使用 t 检验和方差分析，在很多统计教材中也会介绍二列相关、点二列相关等心理测量学中会用到的方法，这些方法也被称作“质量相关”，所谓的质是指定类变量，量是指定距变量。第⑥类通常也做降维处理，转化为第⑤类。本节我们主要介绍前三类。

二、两个定距变量的相关

（一）皮尔逊积差相关的计算

要考察两个变量是否相关，最简单的方法是计算它们的协方差（covariance）。我们知道，方差的计算公式为：

$$S^2 = \frac{\sum_{i=1}^{n}(X_i - \overline{X})^2}{n-1} = \frac{\sum_{i=1}^{n}(X_i - \overline{X})(X_i - \overline{X})}{n-1} \tag{4.1}$$

从公式（4.1）上看，方差是描述数据离均差平方和的平均数，也就是描述数据偏离均值的程度。协方差的计算公式为：

$$\mathrm{cov}(X,Y) = \frac{\sum_{i=1}^{n}(X_i - \overline{X})(Y_i - \overline{Y})}{n-1} \tag{4.2}$$

不难发现，公式（4.1）和（4.2）非常相似，差别只是将后一个（$X_i - \overline{X}$）项替换为（$Y_i - \overline{Y}$）。所以，方差是协方差的特例。通过计算协方差的大小，很容易发现两个变量是否相关。协方差的符号表示共变方向是否一致，协方差为正数表明两个变量正相关，为负表明负相关。

协方差是两个变量离均差乘积的平均，是两个变量线性关系的指示器，但不能直接用它来表示相关的大小，因为两个变量可能有不同的测量单位，故需要将其标准化。

由英国统计学家皮尔逊（K. Pearson）于20世纪初提出的积差相关系数（product moment correlation coefficient）是标准化的协方差。它适用于两个变量都是连续变量的数据，并要求两变量总体都为正态分布，且变量间是线性关系。皮尔逊相关系数的计算公式如下：

$$r_{xy} = \frac{\mathrm{cov}(X,Y)}{S_X S_Y} = \frac{\sum(X - \overline{X})(Y - \overline{Y})}{(n-1)S_X S_Y} \tag{4.3}$$

标准化后的协方差，即皮尔逊相关系数，取值范围在 -1 到 +1 之间。-1 代表完全负相关，+1 代表完全正相关，0 代表无相关或非线性相关。

【例 4.1】表 4-1 是对 15 个员工的工作环境和工作满意度的测量结果，研究试图考察工作环境与工作满意度是否相关。

表 4-1 员工的工作环境与工作满意度

编号	工作环境	工作满意度
1	3.00	3.40
2	3.17	3.60
3	2.33	3.20
4	3.50	4.00
5	3.00	3.20
6	2.00	2.00
7	3.00	3.80
8	3.00	3.80
9	3.17	2.60
10	2.83	3.60
11	4.00	5.00
12	2.50	3.40
13	3.33	2.80
14	3.83	3.60
15	4.33	5.00

在 SPSS 软件中，可以点击 <Analyze> 菜单 <Correlate> 下的 <Bivariate Correlation> 命令来计算相关系数。本例中，我们勾选计算 <Pearson> 相关系数。

Correlations

		工作环境	工作满意度
工作环境	Pearson Correlation	1	.753**
	Sig. (2-tailed)		.001
	N	15	15
工作满意度	Pearson Correlation	.753**	1
	Sig. (2-tailed)	.001	
	N	15	15

**. Correlation is significant at the 0.01 level (2-tailed).

图 4-2 相关分析结果

图4-2是皮尔逊积差相关分析的结果。结果显示 $r=0.753$，$p<0.01$，工作环境与工作满意度相关显著。

（二）相关系数的性质与解释

1. 相关系数的取值受变量的全距影响

一般来说，相关系数高代表高相关关系，相关系数低代表低相关关系。但是，由相关系数的计算公式，我们可以发现相关系数的取值会受到变量全距的影响。如图4-3（a）所示，只看右边的数据，相关系数几乎为0，加入了一组极端数值后，相关系数就会提高很多。图4-3（b）则反映的是另一个方面，大范围看，这两个变量的相关很高，但如果仅看图内部的坐标线标出的部分，相关系数就会大大变小。举例来说，智商和学业成绩具有一定相关，但是如果我们在一个顶尖学校抽样，你计算出的相关通常并不高，而对包含不同层次学校的数据进行分析，则会发现较高的相关。由于相关系数存在全距限制的问题，所以我们可以将相关分析与散点图相结合，以更好的理解数据特征。研究论文中在给出相关系数时，也建议报告自变量的取值范围和极端值的处理情况。

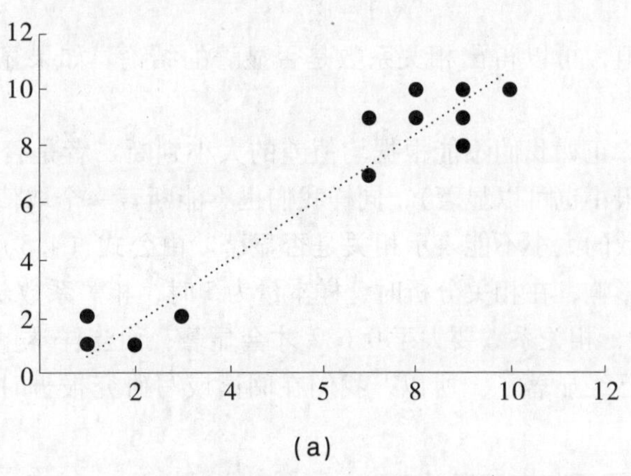

(a)

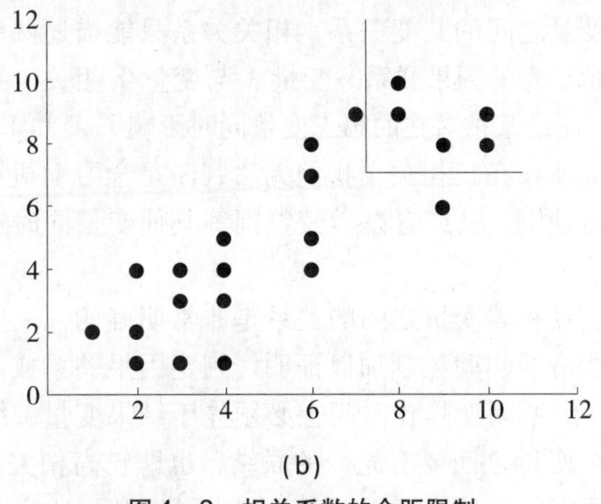

(b)

图4-3 相关系数的全距限制

2. 相关系数是否可以做四则运算?

相关系数用来衡量相关程度的大小，不是相关量相等单位的度量，也不代表相关的百分数。所以，它既不是定距变量，也不是定比变量，不能直接做四则运算。例如，若变量 X 和变量 Y 的相关系数 ρ_{XY} 是 0.6，变量 X 和变量 Z 的相关系数 ρ_{XZ} 是 0.3，可以认为 X 和 Y 的相关强于 X 和 Z 的相关，但是不能说 X 和 Y 的相关是 X 和 Z 的相关的两倍。

3. 相关系数多大才算不是零相关?

计算均值的大小属于描述统计，检验均值或均值的差是否与零有显著差异属于推断统计。同样的，计算相关系数的大小属于描述统计，检验相关系数是否与零有显著差异则属于推断统计。相关的取值与相关是否显著，两者是不同的。

判断相关系数是否为零相关，要做假设检验。相关系数的假设检验与均值的 t 检验类似。首先确定零假设和备择假设，

$$H_0: \rho = 0, \ H_1: \rho \neq 0$$

检验的统计量是：

$$t = r_{xy}\sqrt{\frac{n-2}{1-r_{xy}^2}} \sim t\ (n-2) \tag{4.4}$$

通过比对临界值，可以得出相关系数是否显著的结论。如果显著，则说明两个变量的相关不为零。

需要留意的是，正如我们不能根据均值差的大小判断二者是否差异显著（差值很大未必显著，差值很小也可以显著），同样我们也不能断言一个取值很大的相关系数就必然显著。相关系数的大小不能表示相关是否显著。由公式（4.3）可知，r 的取值会受到样本容量 n 的影响，在相关分析时，样本量为 5 时，相关系数要大于 0.878 才会显著；样本量为 10 时，相关系数要大于 0.632 才会显著；而当样本量大于 100 时，相关系数等于 0.195 就已经显著了。所以，我们在阅读或写研究报告时，要留意相关系数的样本量问题。

4. 有相关存在是否就有因果关系?

相关揭示变量与变量之间的共变关系，相关关系只能描述两变量间的变化方向和密切程度，并不能揭示二者的因果联系。变量 X 与变量 Y 相关，我们无法判定是 X 影响 Y，还是 Y 影响 X，还是某种潜在的第三变量同时影响了 X 和 Y。例如，研究数据表明，学习动机和学习成绩存在正相关，我们无法判断是学习动机影响了学习成绩，还是学习成绩影响了学习动机，又或者是学校氛围等其他变量同时影响了学习动机和学习成绩。

因果关系中，自变量和因变量之间的关系是非常明确的，一般需要通过严密的理论基础和逻辑推理、严格的实验控制加以证明。判定因果关系成立，至少需要满足以下几个前提条件：第一，原因变量在时间上必须先于结果变量，纵向追踪研究可以满足这一点；第二，两个变量之间要有充分的联结，也即较高相关；第三，无关变量的影响必须排除，可以用实验设计排除无关变量，也可以利用协方差分析等统计方法控

制无关变量；第四，原因变量与结果变量之间的因果假设必须具备相当的理论基础。

5. 相关系数具有消除误差比例的含义

要预测或解释一个变量，难免会有误差。如果变量 Y 与变量 X 相关，用 X 来预测 Y 得到的误差（$E2$）比不用 X 预测 Y 得到的误差（$E1$）应当小一些。这个误差减少的程度可以用消除误差比例（proportionate reduction in error，PRE）来衡量，它表示变量 X 预测或解释 Y 时能减除误差的百分比，其计算公式为：

$$\mathrm{PRE} = \frac{E1 - E2}{E1} \tag{4.5}$$

并非所有的相关系数均有此特性，皮尔逊积差相关系数具有此特性。但消除误差比例的数值并不是皮尔逊相关系数本身，而是它的平方（相关内容参考回归分析的决定系数）。

三、两个定序变量的相关

（一）斯皮尔曼等级相关

定序变量相关的基本逻辑是要求出根据任何两个样品的某变量上的等级来预测其在另一个变量上的等级时，可减少的误差是多少。斯皮尔曼等级相关（Spearman correlation coefficient）是一种常用的度量两个定序变量的相关系数。斯皮尔曼相关也称为斯皮尔曼 ρ 系数，一般记为 t_s，是皮尔逊相关系数的特例，计算公式如下：

$$r_s = 1 - \frac{6\sum_{i=1}^{n} D_i^2}{n(n^2 - 1)} \tag{4.6}$$

其中，$D_i = X_i - Y_i$。当变量 X 的等级是 1，若变量 Y 的等级也是 1，它们的差异为 0；当变量 X 的等级是 2，变量 Y 的等级也是 2，差异依然为 0。以此类推，当差异总和为 0 时，根据公式（4.6），r_s 的值为 1。

对斯皮尔曼等级相关的显著性检验分为小样本和大样本进行。当 $n \leqslant 30$，属于小样本，可以查专门的斯皮尔曼等级相关系数临界值表；当样本容量大于 30 时，使用 Z 统计量：

$$Z = r_s\sqrt{n-1} \tag{4.7}$$

（二）肯德尔和谐系数

肯德尔和谐系数（Kendal coefficient of concordance），记为 W，用来考察多个等级变量的相关性。心理与教育研究中主要用于衡量评分者信度，所以肯德尔和谐系数又称评分者信度。如 k 个评分者评定 n 个项目的等级，或者 1 个评分者对 n 个项目的等级进行 k 次评定，它们之间是否有足够强的相关，即足够强的信度。其计算公式为：

$$W = \frac{SS_R}{\frac{1}{12}k^2(n^3 - n)} = \frac{\sum(R_j - \overline{R})^2}{\frac{1}{12}k^2(n^3 - n)} \tag{4.8}$$

其中，n 是被评对象数目；k 是评分者人数；R_j（$j=1, 2, \cdots, n$）是第 j 个被评对象所得等级值之和，SS_R 是 R_j 的离差平方和，$\overline{R}=\frac{1}{n}\sum R_j$ 是均值。肯德尔和谐系数 W 的取值范围是［0，1］，当评分者意见完全一致时，SS_R 取得最大值$\frac{1}{12}k^2(n^3-n)$，即 $W=1$。

肯德尔和谐系数的显著性检验可以通过查肯德尔和谐系数显著性临界值表获得，临界值表中显示的是 SS_R 的值，需要在表中找到相应的 k 与 n 值对应的临界值与计算出的 SS_R，当 SS_R 大于临界值，说明肯德尔和谐系数显著。肯德尔系数显著，代表评分者信度高。

【例 4.2】假设有 A、B、C 三位老师对 6 名同学的作文进行等级评定，评定结果如表 4－2。

表 4－2　三位老师对同学的作文等级评定结果

	同学 1	同学 2	同学 3	同学 4	同学 5	同学 6
A	3	5	1	4	2	6
B	3	6	2	5	1	4
C	2	5	1	4	3	6
	8	16	4	13	6	16

这里，$\overline{R}=\frac{1}{m}\sum R_j=10.5$，$\sum(R_j-\overline{R})^2=135.5$，$\frac{1}{12}k^2(m^3-m)=157.5$，所以，根据公式（3.8），可以计算肯德尔和谐系数为：

$$W=\frac{\sum(R_j-\overline{R})^2}{\frac{1}{12}k^2(m^3-m)}\approx 0.86$$

查肯德尔和谐系数表，当 $k=3$ 且 $n=6$ 时，$SS_{0.05}=103.9<SS_R$，所以拒绝零假设，W 值显著。

在 SPSS 软件中，肯德尔和谐系数通过点击 <Analyze> 菜单 <Nonparametric Tests> 下 <Legacy Dialogs> 中的 <K Related Samples> 命令来计算。将所有被评分的对象（6 位同学的作文：Work1 ~ Work6）选入 <Test Variables>，并在下方的测试类型勾选 <Kendall's W>，然后点击 <OK> 即可。

Ranks

	Mean Rank
Work1	2.67
Work2	5.33
Work3	1.33
Work4	4.33
Work5	2.00
Work6	5.33

(a)

Test Statistics

N	3
Kendall's W[a]	.860
Chi-Square	12.905
df	5
Asymp. Sig.	.024

a. Kendall's Coefficient of Concordance

(b)

图 4－4　肯德尔系数分析结果

图 4－4 是肯德尔系数分析的结果。图（a）分别显示了被评定对象获得的等级平均值。图（b）显示肯德尔 W 系数的检验结果，W 系数为 0.860，$p<0.05$，评分者之间存在一致性。

四、两个定类变量的相关

分析两个类别变量（变量 p 与变量 q）的相关时，一般先将样本数据列成表 4－3 的形式，称为列联表分析，进而进行 χ^2 独立性检验。此时统计量服从自由度为（$p-1$）（$q-1$）的卡方分布。

表 4－3　$p\times q$ 列联表

	Y_1	Y_2	…	Y_q	行和
X_1	N_{11}	N_{12}	…	N_{1q}	$N_{1.}$
X_2	N_{21}	N_{22}	…	N_{2q}	$N_{2.}$
⋮	⋮	⋮	⋮	⋮	⋮
X_p	N_{p1}	N_{p2}	…	N_{pq}	$N_{p.}$
列和	$N_{.1}$	$N_{.2}$	…	$N_{.q}$	$N_{..}=N$

检验两个定类变量在总体中是否相关常用 χ^2 独立性检验，属于非参数检验的一种。χ^2 检验的公式为：

$$\chi^2=\sum\frac{(f-e)^2}{e} \tag{4.9}$$

其中，f 代表实际频数，e 代表理论（期望）频数。

【例 4.3】假设某研究想探讨对于不同性别的学生毕业后的就业取向是否有差异，表 4－4 列出了调查得到的数据。

表 4－4　性别与就业取向的观测频数表

	性别		总数/人
	男/人	女/人	
公务员	10	30	40
企业	40	10	50
创业	10	0	10
总数	60	40	100

样本中，各种志愿与总数之比分别是 0.4，0.5 以及 0.1。男生在三种志愿上的理论频数即各志愿的比率乘以男生人数（60），分别为 24，30 以及 6，女生类推。根据样本分布，可得性别与选择就业原因的期望分布如表 4－5。

表 4－5　性别与就业取向的期望频数

	性别		总数/人
	男/人	女/人	
公务员	24	16	40
企业	30	20	50
创业	6	4	10
总数	60	40	100

由公式（4.9），可以计算 χ^2 值为：

$$\chi^2=\frac{(10-24)^2}{24}+\frac{(40-30)^2}{30}+\frac{(10-6)^2}{6}+\frac{(30-16)^2}{16}+\frac{(10-20)^2}{20}+\frac{(0-4)^2}{4}$$
$$\approx 35.42$$

根据卡方分布表可知，$\chi^2_{\alpha=0.05}(2)<35.42$，故有理由拒绝零假设，即不同性别学生的就业取向有显著差异。

在 SPSS 软件中，可以点击 < Analyze > 菜单 < Descriptive Statistics > 下的 < Crosstabs > 命令来做卡方检验。我们分别将变量性别（gender）和就业取向（orientation）选入 < Row（s）> 和 < Column（s）> 框中，在 < Statistics > 对话框中勾选 < Chi-Square >，点击 < Continue >，然后点击 < OK > 即可。

Chi-Square Tests

	Value	df	Asymp. Sig. (2-sided)
Pearson Chi-Square	35.417[a]	2	.000
Likelihood Ratio	39.575	2	.000
N of Valid Cases	100		

a. 1 cells (16.7%) have expected count less than 5. The minimum expected count is 4.00.

图 4－5　卡方检验结果

图 4-5 是卡方检验的结果。结果显示 $\chi^2 = 35.42$，$p < 0.01$，不同性别学生的就业取向有显著差异。

五、信度

（一）构念效度与信度

心理学中的各种研究变量，如核心自我评价、智力、学习动机、社会经济地位、生活满意度、离职倾向等，是定义明确的，但不能被直接测量的、潜在的理论构念（construct），研究者根据理论假设，发展建构出一些测量指标（indicator）或行为样本（behavior sample）对理论构念进行间接测量。

理论构念可以是单维结构，还可以是多维结构。比如，我们可以使用"相信自己在生活中能获得成功""我很认可自己的能力""我有能力处理自己的大多数问题"等指标来测量核心自我评价这一单维构念。再比如，我们将智商这一多维构念分为流体智力、知识、数量推理、视空间处理、工作记忆等五个维度，再选用一些指标对各个维度进行测量。

测量指标在多大程度上测量了理论构念，被称为构念效度（construct validity），如果一个测量工具没有完整包含理论构念应该包含的成分，比如智力测验只测量了前四个维度，没有包含工作记忆，那么表明这个测量工具有缺陷（deficiency）。如果一个测量工具在测量时包含了这个理论构念没有定义的成分，则表明这个测验被污染（contamination）。污染源有两个，一个是系统性变异，一个是随机性变异。一个测量工具中包含了理论构念的定义中没有涉及的维度，是一种典型的系统性变异导致的污染。随机性污染导致的结果就是测量的低信度。

信度（reliability）是测量结果的可靠性或稳定性程度，它是测量过程中随机误差大小的反映。信度和效度（validity）是心理测量中的重要概念，效度是指一个心理测量工具实际能测出其所要测的心理特质的程度。我们以射击为例来通俗地说明信度与效度的关系，能否射中靶心是效度的反映；多次射击成绩之间的一致性是信度的反映。所谓的"百发百中"就是高效度且高信度。

尤其需要读者留意的是，效度是测评工具的属性。然而，信度并不是测量工具的属性，而是测量结果的属性。一个被多次重复检验有信度的测量工具，在我们的研究中使用时，未必能保证高信度。比如高考，从命题到印刷，再到施测，各个环节均做到了严格的标准化控制，那么其测试结果是可信的。但是，只要一个环节出了纰漏，测试结果的可信度都要大打折扣。假如某个考场监考出现纰漏，有些考生作弊，那么这个考场的测试结果就不可信了，即使使用的是命题专家辛苦研制出的高效度的考卷，即使隔壁考场的测试结果非常可信。所以，我们在报告中援引其他学者报告的高信度结果来证明自己研究的信度的做法也是不可取的，因为其他学者对测量误差做了较好控制与我们是否控制了测量误差完全是两码事。我们应该报告的是在本次研究中的信度估计结果。

（二）信度的估计与使用

1. α 系数

我们通常用满足某种条件的两次测验分数的皮尔逊积差相关系数作为测验信度的估计。

一般认为，信度系数在0.9以上信度很高；0.75～0.9之间信度较高；0.65～0.75之间信度中等，尚可接受；0.55～0.65之间处于临界状态；0.5以下是低信度。

心理测量学中，关于信度有较为明确的理论性定义。经典测量理论假定：

$$X = T + e$$

其中，X 为观测分数，T 为真分数，e 为测量误差。信度被定义为真分数的方差在总体方差中所占的比例：$R_{xx} = S_T^2/S_X^2$，也即误差越大，信度越低。

信度的这一理论性定义简单明了，但是操作性较差，因为真分数不可知，故信度无法求解。

可以证明，对某团体重复施行两个平行测验（复本），实得分数的皮尔逊相关系数等于 $R_{xx} = S_T^2/S_X^2$，于是，信度的操作性定义就诞生了，它就是复本信度（alternative-form reliability）。

平行测验要求同一被试两次测验的真分数与误差方差均相同，实际研究中也是极难满足。对某团体重复施测同一测验，可以近似看作是两个平行测验，其相关等于 $R_{xx} = S_T^2/S_X^2$，这就是复本信度的一种变通形式：重测信度（test-retest reliability）。

对某团体施测一测验，可以把此测验分为两半看作两个平行测验（如奇偶分半），其相关系数等于 $R_{xx} = S_T^2/S_X^2$，这就是复本信度的另一种变通形式：分半信度（split-half reliability）。

对某团体施测一测验，把每个题看作是一个测验，可有 K 个平行测验，Cronbach's α 系数就是这些平行测验两两相关的平均，它也等于 $R_{xx} = S_T^2/S_X^2$。这就是我们通常所说的内部一致性信度。

α 系数的计算公式如下：

$$\alpha = \frac{k}{k-1}\left(1 - \frac{\sum_{i=1}^{k} S_i^2}{S_X^2}\right)$$

其中 k 为测验题目数，S_i^2 为第 i 题各被试得分的方差，S_X^2 为各被试总分的方差。

根据以上的逻辑和分析，我们就清楚了为什么 α 系数是一个广泛使用的信度估计值的道理。在研究报告中，我们可以做类似于“在本次研究中，该测评工具的 α 系数是……”的表述来报告信度。

【例4.4】 表4－6是对15个员工的工作满意度的测量结果，共有6个题目。研究试图分析这一测量工具的信度如何。

表 4-6 员工工作满意度

第一题	第二题	第三题	第四题	第五题	第六题
4	4	3	4	2	4
5	5	5	5	5	5
3	4	3	3	4	4
4	4	3	4	4	4
5	4	3	4	4	4
5	5	5	5	5	5
5	5	5	5	5	5
4	4	4	4	3	4
5	5	5	5	5	5
5	4	4	5	5	5
5	5	4	4	5	5
4	4	5	5	4	4
5	4	5	5	4	3
3	4	2	4	4	4
4	4	4	4	3	3

在 SPSS 软件中，可以点击 <Analyze>菜单 <Scale>下的 <Reliability Analysis>命令来计算 α 系数。

首先，点击 <Analyze>菜单 <Scale>下的 <Reliability Analysis>，在 <Reliability Analysis>框中将变量（VAR1 ~ VAR6）都选入 <Items>中，然后点击 <OK>即可。

此时，也可以在 <Reliability Analysis>框中点击进去 <Statistics>对话框，勾选 <Scale if Item Deleted>，点击 <Continue>返回 <Reliability Analysis>主菜单，然后点击 <OK>即可计算如果删掉某一题后的 α 系数。

Reliability Statistics

Cronbach's Alpha	N of Items
.875	6

Item-Total Statistics

	Scale Mean if Item Deleted	Scale Variance if Item Deleted	Corrected Item-Total Correlation	Cronbach's Alpha if Item Deleted
VAR1	21.1333	9.124	.745	.843
VAR2	21.2000	10.314	.775	.853
VAR3	21.5333	8.124	.677	.863
VAR4	21.1333	9.695	.733	.848
VAR5	21.4000	8.400	.705	.852
VAR6	21.2667	9.781	.614	.864

图 4－6　信度分析结果

图 4－6 是信度分析的结果。结果显示该量表的信度较高，α 系数为 0.875。结果中最后一栏代表了如果删掉对应题目后 α 系数的变化，倘若有某一题删掉后的 α 系数远大于原量表的 α 系数，说明该题严重影响了本次测量中量表的信度。

2. 反映型与构成型

α 系数也不是放之四海而皆准的黄金准则，要留意指标与构念的关系。前面说到，研究者用可以观测的指标来测量潜在构念，根据二者的关系，可以将指标分为两种：反映型指标（reflective indicator）与构成型指标（formative indicator）。

反映型指标是由看不到的理论构念引起的，指标是构念的“反映”。指标之间通常高度相关，每个指标都被假定足以无偏地代表一个构念，都能测量构念整体，只是测量误差不同，所以，经典测量理论中用各个指标的均值来代表构念的真值。

构成型指标只是部分性的测量了构念所涵盖的内容，指标“构成了”构念，即构念由指标引起。每个指标都是不完全和有偏的代表了他们的构念，指标之间可以完全没有关系。

心理学研究中的大部分测量指标是反映型的，比如上文的核心自我评价，它的测评题目指标间存在相关可以相互替换，少数指标的丢失不会对潜变量的意义产生很大影响。这些测评工具使用 α 系数估计信度非常合适。

心理学研究中有一些测评指标是构成型的，比如社会经济地位就是一个典型的例子。学界普遍使用教育水平、收入水平和职业声望等指标进行测量，这些指标相关不大，互相之间不可以替换，它们组合在一起，完整地构成了社会经济地位，少了其中一个，社会经济地位的构念会存在严重缺陷。这种情况下，用 α 系数来估计其内部一致性并不合适，建议使用重测信度。

指标与构念的反映型与构成型关系在多维构念中同样存在。如果理论构念（总量表）与测量维度（分量表）的关系类似理论构念与反映型指标的关系，被称为潜因子型多维构念；如果总量表与分量表类似构念与构成型指标的关系，则为合并型多维构念。对于前一种情况，同时报告总量表和分量表的 α 系数是没问题的；对于后一种情况，需要谨慎。比如大五人格量表，报告各个分量表的 α 系数没有问题，然而报告总量表的 α 系数就没有意义了。

第二节 回归分析

一、一元线性回归

相关描述的是两个变量的双向相互关系。如果变量 X 和变量 Y 存在相关关系，说明两个变量是共变的，但没有确定到可以通过 X 唯一确定 Y 的程度。我们希望能通过变量 X（自变量）去预测变量 Y（因变量），或者探讨变量 Y 的变异多大程度上可以由变量 X 来解释，此时就需要进行回归分析。回归是指由一个变量去预测另一个变量的变化，描述后者随着前者变化程度的单向关系。

回归分析的应用非常广泛。与相关分析类似，回归分析不仅适用于自变量与因变量均是定距变量（连续变量）的情况，还适用于自变量与因变量是定类或定距变量的情况。比如，如果自变量中有定类变量，我们可以对其重新编码，生成虚拟变量(dummy variable)，再做回归分析；如果自变量是定距变量，因变量为定类变量，则可以选用 logistic 回归。

当自变量和因变量都为定距变量时，也可以建立很多种回归模型，我们主要介绍线性回归。根据自变量的个数，线性回归可分为一元线性回归与多元线性回归。在回归分析中，用“元”表示自变量，一元或多元回归指的是回归模型中有一个或多个自变量。在方差分析中，自变量用“因素”来表示，单因素或多因素指的是一个或多个自变量。方差分析中也有“元”的概念，它指的是因变量，多元方差分析探讨的是自变量对多个因变量协同变化的影响。同一个术语在不同方法中的指代并不一致，读者不可不察。

回归分析主要包括以下几个步骤：建立并求解回归模型方程；回归模型的检验；回归模型有效性的评价；利用回归模型做出预测与控制等。

（一）一元线性回归模型的建立与求解

【例 4.5】研究心理资本对工作满意度的影响，收集了 30 个员工的数据，具体数据与散点图如下所示。

表4-7　员工的心理资本与工作满意度

编号	心理资本	工作满意度	编号	心理资本	工作满意度
1	1.32	1.05	16	4.61	3.38
2	3.83	3.28	17	1.87	1.68
3	3.29	4.35	18	4.61	5.22
4	2.88	4.38	19	2.56	3.93
5	4.83	2.46	20	3.41	4.35
6	2.43	1.75	21	4.78	6.37
7	1.8	6.44	22	2.53	1.26
8	2.2	5.28	23	4.89	6.07
9	1.9	2.99	24	1.56	1.8
10	2.49	1.93	25	3.53	5.33
11	3.66	3.06	26	4.47	5.13
12	2.78	2.87	27	1.45	2.4
13	3.02	6.09	28	4.53	6.04
14	0.37	4.11	29	4.09	6.87
15	3.91	6.57	30	4.36	6.39

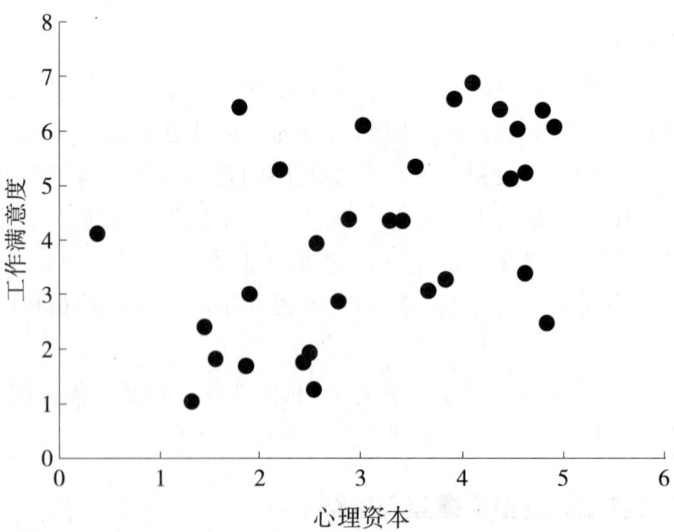

图4-7　心理资本与工作满意度的散点图

由于 X 和 Y 的不确定关系，预测总是会犯错误的。回归分析的目的是找出一个错误最小的方法来进行预测。

散点图显示，每个 X 可能对应多个 Y 值，此时用各 Y 值的均值作为预测值，犯的错误最小。换言之，在图上每个 X 值上我们可以多加一个小点表示相应的各个 Y 值的均值。原则上看，将这些小点连起来所得的回归线用来预测 Y 值，所犯的错误最小。

然而，这条线通常是曲折的。很难用一个方程来表示。为求方便，应将其变成一条直线。

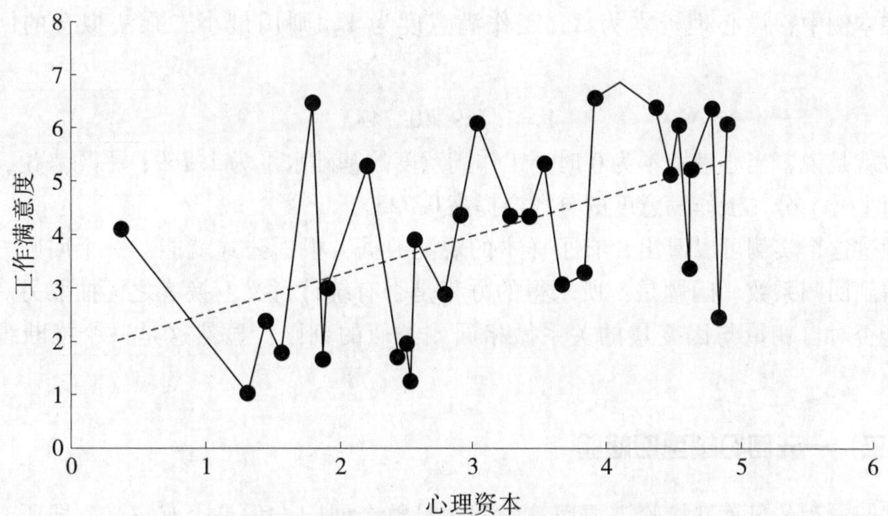

图 4-8 心理资本对工作满意度的回归拟合直线

一元回归方程就是通过确定一个直线方程最佳拟合这条折线，以达到用一个自变量的值来预测因变量值时犯错最小的目标，如图 4-8 中虚线所描绘的直线。这个方程是：

$$\hat{Y}_i = \beta_0 + \beta_1 X_i \tag{4.2}$$

公式（4.2）称为 Y 对 X 的回归方程，其中 X 是自变量的取值，$\hat{Y}_i$ 是通过回归方程对给定的 X 值对应的 Y 值，实际是对 Y 值均值的估计值或预测值；β_0 是回归方程的截距，即回归线与 Y 轴的交点；β_1 是回归系数，即回归直线的斜率。β_0，β_1 都是一元回归方程的参数。

接下来的问题是：这条直线应该在坐标轴的哪个位置上，即回归直线的斜率和截距各应为多少?

要确定一元回归方程，需要对方程的参数进行估计。一元回归方程的参数估计通常采用最小二乘法（ordinary least squares，OLS），就是使各点与回归线的纵向距离的平方和最小，或者说使得因变量观察值（Y_i）与估计值（$\hat{Y}_i$）的离差平方和（误差）最小，即令下式的值最小：

$$\sum e_i^2 = \sum (Y_i - \hat{Y}_i)^2 = \sum (Y_i - \beta_0 - \beta_1 X_i)^2 \tag{4.3}$$

用最小二乘法拟合的直线来代表 X 与 Y 间的关系与实际数据的误差比其他任何直线都小。将上式分别对 β_0 和 β_1 求导，令其等于 0，由极值原理，求解得：

$$\beta_1 = \frac{\sum (X_i - \overline{X})(Y_i - \overline{Y})}{\sum (X_i - \overline{X})^2} \tag{4.4}$$

$$\beta_0 = \overline{Y} - \beta_1 \overline{X} \tag{4.5}$$

直观地解释回归直线的参数，β_0 代表当 X 为 0 时，Y 的基础水平；β_1 代表 X 变化一个单位时，Y 的平均变化。

在本例中，设心理资本为 X，工作满意度为 Y，则用最小二乘法拟合的回归模型为：

$$\hat{Y} = 1.769 + 0.743X$$

也就是说，当心理资本为 0 时，工作满意度的基础水平为 1.769；平均来说，心理资本每上升 1 分，工作满意度的分数会提高 0.743。

通过这个实例可以看出，有了样本的观测数据，根据公式就能对一个回归方程求解，得到回归系数。问题是：所求得的方程是否有统计意义？换言之，抽取另一个样本，能否对自变量与因变量的关系做相同或类似的刻画？显然这是一个推断统计的问题。

（二）一元回归模型的检验

回归方程的显著性检验需要回答的问题是整个回归方程是否有意义，即所有回归系数是否都显著不等于 0。不难想象，一元线性回归方程只涉及一个回归系数，所以，对回归方程的显著性检验等价于对回归系数的显著性检验。以下分别介绍。

1. 回归方程的显著性检验

回归方程的显著性检验需要用 F 检验。根据假设检验的步骤，首先确定零假设和备择假设：

H_0：回归方程中所有自变量的系数都等于零

H_1：回归方程中不是所有自变量的系数都等于零

提出假设后，计算检验统计量 F。回顾方差分析，F 值等于组间均方除以组内均方。其中组间均方是实验处理带来的效应，组内均方是随机误差。对回归方程进行分解，我们可以得出：

$$Y_i - \overline{Y} = (Y_i - \hat{Y}_i) + (\hat{Y}_i - \overline{Y}) \tag{4.6}$$

将两边平方并求和可得：

$$\sum (Y_i - \overline{Y})^2 = \sum (\hat{Y}_i - \overline{Y})^2 + \sum (Y_i - \hat{Y}_i)^2 \tag{4.7}$$

左边是 Y_i 的离均差平方和，即总平方和，记为 SS_T。右边第一项是回归平方和，即回归方程可以解释的差异，记为 SS_R。右边第二项是残差平方和，即回归方程未解释的差异，记为 SS_E。将 SS_R 与 SS_E 分别除以各自的自由度，所得的两数之比就是统计量 F：

$$F = \frac{MS_R}{MS_E} = \frac{SS_R/df_R}{SS_E/df_E} = \frac{\sum(\hat{Y}_i - \overline{Y})^2/1}{\sum(Y_i - \hat{Y}_i)^2/(n-2)} \sim F(1, n-2) \quad (4.8)$$

统计量服从分子自由度为1，分母自由度为 $n-2$ 的 F 分布，确定显著性水平 α 后找出临界值，若 $F \geqslant F_\alpha$，则有理由拒绝零假设，否则没有理由拒绝零假设。

2. 回归系数和截距的显著性检验

回归系数和截距的检验用 t 检验。首先，对回归系数的检验，即检验 X 与 Y 之间是否存在线性关系，或者说检验自变量 X 对因变量 Y 的影响是否显著。根据假设检验的步骤，首先提出假设：

$$H_0: \beta_1 = 0$$

$$H_1: \beta_1 \neq 0$$

检验的统计量为：

$$t = \frac{\beta_1 - 0}{SE_{\beta_1}} = \frac{\beta_1}{SE_{\beta_1}} \sim t\ (n-2) \quad (4.9)$$

即统计量服从自由度为 $n-2$ 的 t 分布。SE_{β_1} 代表服从正态分布的回归系数 β_1 的标准差，计算方法为：

$$SE_{\beta_1} = \frac{\sqrt{\frac{\sum(Y_i - \hat{Y})^2}{n-2}}}{\sqrt{\sum(X_i - \overline{X})^2}} \quad (4.10)$$

根据公式（4.9）和（4.10）计算出 t 值，并确定显著性水平及临界值后，若 t 大于临界值，则拒绝 H_0，否则没有理由拒绝 H_0。

对回归方程截距，即常数项 β_0 的检验方法与回归系数的检验基本一样。首先确定零假设和备择假设，一般零假设令 β_0 等于0。其次对 β_0 值进行 t 检验。检验的统计量为：

$$t = \frac{\beta_0 - 0}{SE_{\beta_0}} = \frac{\beta_0}{SE_{\beta_0}} \sim t\ (1) \quad (4.11)$$

β_0 的标准差为：

$$SE_{\beta_0} = \sqrt{\frac{\sum(Y_i - \hat{Y})^2}{n-2}} \frac{1}{n} + \frac{\overline{X}^2}{\sum(X_i - \overline{X})^2} \quad (4.12)$$

对比临界值后可以得出是否显著的结论。

（三）一元回归模型的评价

对回归方程预测效果的检验用回归方程的决定系数（coefficient of determination）衡量，记为 R^2。它没有测量单位，度量了 Y 的变异（总平方和）中可以由自变量的变异来解释（回归平方和）的比例。其计算公式为：

$$R^2 = \frac{SS_R}{SS_T} = \frac{\sum(\hat{Y} - \overline{Y})^2}{\sum(Y_i - \overline{Y})^2} \quad (4.13)$$

R^2 越大，代表回归平方和占总平方和的比例越大，残差平方和占的比例就越小，回归直线拟合得越好。R^2 的意义非常明确，只与平方和有关，而与参数个数无关，很容易推广到多元回归分析，一般研究论文报告回归方程的时候都要报告 R^2 的值。通过计算可知，一元回归模型的 R^2 等于自变量与因变量皮尔逊相关系数的平方，故决定系数又称复相关系数（squared multiple correlation）。

建立回归模型与求解回归方程的过程属于描述统计。回归模型的显著性检验解决的问题是自变量可以预测因变量吗？回归模型的评价解决的问题是自变量对因变量的预测力多大？后二者的关系跟方差分析中 F 检验与效应值的关系是类似的，它们属于推断统计的范畴。

（四）使用 SPSS 进行一元线性回归模型分析示例

继续使用【例 4.5】心理资本对工作满意度的影响进行数据分析。在 SPSS 软件中，可以点击 <Analyze> 菜单 <Regression> 下的 <Linear Regression> 命令来进行线性回归分析。

首先，点击 <Analyze> 菜单 <Regression> 下的 <Linear Regression>，将因变量（Satisfaction）点入 <Dependent>，将自变量（Psycapital）点入 <Independent（s）>，然后点击 <OK> 即可。

图 4-9 是模型汇总表，其中给出了回归方程的决定系数 R^2。图 4-10 是回归方程的 F 检验结果。图 4-11 给出了回归系数和截距的估计值以及 t 检验的结果。

Model Summary

Model	R	R Square	Adjusted R Square	Std. Error of the Estimate
1	.506[a]	.256	.230	1.59735

a. Predictors: (Constant), Psycapital

图 4-9 模型汇总表

ANOVA[a]

Model		Sum of Squares	df	Mean Square	F	Sig.
1	Regression	24.604	1	24.604	9.643	.004[b]
	Residual	71.442	28	2.552		
	Total	96.046	29			

a. Dependent Variable: Satisfaction

b. Predictors: (Constant), Psycapital

图 4-10 回归方程的检验结果

Coefficients[a]

Model		Unstandardized Coefficients		Standardized Coefficients	t	Sig.
		B	Std. Error	Beta		
1	(Constant)	1.769	.804		2.201	.036
	Psycapital	.743	.239	.506	3.105	.004

a. Dependent Variable: Satisfaction

图 4－11　系数的估计与检验结果

由结果可知，决定系数 $R^2=0.256$，说明工作满意度变异的 25.6% 可由心理资本来解释。回归方程的显著性检验显著，$p=0.004<0.01$，本回归方程具有统计学意义。回归系数 $\beta_1=0.743$，$p=0.004<0.01$，截距 $\beta_0=1.769$，$p=0.036<0.05$，两者皆显著。综上所述，该回归方程成立，回归模型为：

$$\hat{Y}=1.769+0.743X$$

二、多元线性回归

（一）多元线性回归模型的建立与求解

在心理学研究领域，因变量的影响因素通常比较繁杂，单一的自变量很难高效解释因变量的变异，往往需要在模型中引入多个自变量对因变量进行预测，故多元回归分析应用范围较广。

与一元回归分析一样，多元回归分析首先需要建立多元回归方程。若因变量 Y 同时受到 p 个自变量 X_1，X_2，…，X_P 的影响，且这些自变量皆与 Y 呈线性关系，所构成的多元模型为：

$$Y_i=\beta_0+\beta_0X_{i1}+\beta_2X_{i2}+\cdots+\beta_pX_{ip}+\varepsilon \tag{4.14}$$

根据最小二乘原则，求得参数估计值，得出多元回归方程为：

$$\hat{Y}_i=\beta_0+\beta_0X_{i1}+\beta_2X_{i2}+\cdots+\beta_pX_{ip} \tag{4.15}$$

一元回归方程是一条回归直线，多元回归方程（4.15）是回归平面，它由（Y，X_1，X_2，…，X_p）形成的 $p+1$ 维空间的散点（Y，X_{i1}，X_{i2}，…，X_{ip}），使得每个点沿 Y 轴方向到平面的距离的平方和最小，即使得误差平方和最小。

多元回归方程中，β_0 是回归平面与 Y 轴的截距，即当 X_1，X_2，…，X_p 都为 0 时 Y 的点估计值。β_1 是 $\beta_{y1\cdot23\cdots p}$ 的简写，表示在 X_2，X_3，…，X_p 皆保持一定时，X_1 每增加一个单位对 Y 的效应。换句话说，β_1 是去除了 X_1 与其他自变量对 Y 的共同影响后，X_1 对 Y 的边际影响，称为偏回归系数或净回归系数（partial regression coefficient）。

原始的偏回归系数存在一个问题，它不能反映自变量的相对重要性。首先，偏回归系数本身带有测量单位，每个系数单位不同无法进行比较。另外，即使系数的单位相同，X_i 的变异程度不同，也不能比较。所以，在多元回归分析中，一般会将原始的偏回归系数标准化，得到标准化的偏回归系数。

标准化的偏回归系数是用原始回归系数的分子和分母分别除以 Y 和 X_i 的标准差，它消除了原始数据的单位和变异度的影响。标准化的偏回归系数之间可以进行比较，从而更直观地反映出自变量对因变量的预测程度。标准化的偏回归系数的绝对值越大，代表自变量对因变量的边际影响越大，自变量对因变量的预测作用越好。

（二）多元线性回归模型的检验

跟一元回归一样，多元回归模型的检验分为回归方程的检验和回归参数的检验。回归方程的检验要解决的问题是纳入回归方程的自变量是否都对因变量起到预测的作用；回归参数的检验要解决的问题是各回归系数是否不等于零。二者并不等价，方程显著，不代表所有系数均显著。

1. 回归模型的显著性检验

类似一元回归分析，多元回归模型整体的显著性检验也是通过 F 检验完成的。

总平方和（SS_T）的分解套用公式（4.7），得到回归平方和（SS_R）和残差平方和（SS_E），这里，SS_R 的自由度为自变量的个数 p，SS_E 的自由度为 $n-p-1$，SS_T 的自由度为前两者之和，即 $n-1$。F 值为：

$$F=\frac{MS_R}{MS_E}=\frac{SS_R/df_R}{SS_E/df_E}=\frac{\sum(\hat{Y}_i-\overline{Y})^2/p}{\sum(Y_i-\hat{Y}_i)^2/(n-p-1)}\sim F(p,n-p-1) \quad (4.16)$$

比较 F 值与临界值，得出回归方程显著与否的结论。若回归不显著，没有理由拒绝零假设，即自变量都不显著。若回归显著，只说明至少有一个回归系数不等于0，接下来可以看回归系数的检验结果。

2. 回归系数的显著性检验

对回归系数进行显著性检验，需要对方程（4.15）中每个偏回归系数进行 t 检验。

如果回归方程显著，但各个回归系数并非均显著，则说明回归模型中纳入了“滥竽充数”的自变量。此时，研究者可以根据研究问题的习惯理论，斟酌删减无关变量，优化回归模型。

下面介绍几种偏回归系数不显著的常见原因，以及相应的对策。

（1）样本量太小或自变量较多使 $n-p$ 变小，从而使 b_i 标准误增大，t 值变小。可以考虑增加样本量，再进行检验。

（2）X_i 全距限制，即 X_i 标准差过小，使 b_i 的标准误增大，t 值变小。可以尝试增大自变量的变异范围。

（3）自变量之间高度相关。当自变量之间的相关系数增大时，b_i 的标准误也会增大。这就是回归中的多重共线性（multicollinearity）问题。多重共线性会使回归分析变得非常复杂，为了避免这个问题，在选择自变量的时候尽量选择相关较低的自变量。

（4）其他原因，如数据中有极端数据或异常数据，或自变量与因变量有非线性关系等等。可以尝试剔除极值，或尝试用二次方程、对数方程等进行拟合。

（三）多元线性回归模型的评价

多元回归模型的评价指标有很多，其中，多元相关系数、决定系数、调整的决定系数以及估计标准误是针对回归方程总体预测能力的评价指标，额外平方和与决定系数的变化以及净（偏）相关系数是针对一个或几个自变量预测能力的评价指标。

1. 多元相关系数

多元相关系数（multiple correlation coefficient）表示模型中所有自变量与因变量之间线性回归密切程度的大小，记为 R。实际上它是因变量的观测值与其估计值的皮尔逊相关，即：

$$R = r_{Y\hat{Y}} \tag{4.17}$$

R 的取值范围是［0，1］，没有负值。如果回归模型能够完美地预测实际观测值，它们的相关系数应该等于1。反之，如果回归模型的预测与实际观测值丝毫不符合，相关为0。

但是，用多元相关系数评价回归模型的优劣存在一个不足。一般来说，只要增加自变量个数，即使增加的自变量与因变量的线性关系不显著，R 值也会相应增加。

2. 决定系数

多元回归的决定系数等于多元相关系数的平方，它表示因变量的总变异可由回归模型中自变量解释的部分所占的比例，即回归平方和占总平方和的比例：

$$R^2 = \frac{SS_R}{SS_T} = 1 - \frac{SS_E}{SS_T} \tag{4.18}$$

决定系数与多元相关系数存在同样的问题，即对于自变量的个数不敏感，没有“惩罚”复杂模型。

3. 调整的决定系数

随着引入模型自变量个数的增加，残差平方和逐渐减少，R^2 增大，即使引入的自变量没有统计上的意义，R^2 依然较高。所以，R^2 受到自变量个数与样本容量之比（$p:n$）影响，通常在1∶10或以上为好。当比值低于1∶5时，R^2 倾向于高估模型的拟合优度，因此需要对 R^2 进行校正：

$$R_{adj}^2 = R^2 - \left[\frac{p}{n-p-1}(1-R^2)\right] = 1 - \frac{n-1}{n-p-1}(1-R^2) \tag{4.19}$$

从计算公式可以看出，调整的决定系数在 R^2 的基础上弱化了自变量个数对 R^2 的影响。当 n 接近 p 时，R_{adj}^2 将比 R^2 小很多；当 n 远大于 p 时，两者在数量上几乎等同。

4. 额外平方和与 R^2 的变化

检验回归系数是否显著可以知道自变量在预测因变量的关系中是否起作用，但不知道有多大的作用。此时，可以采用逐步回归的方法，分析额外平方和（extra sum of square）与 R^2 的变化，了解新加入自变量作用的大小。

回归方程只有一个自变量 X_1，则决定系数 R_1^2 代表 X_1 对因变量变异的解释力。此时若加入第二个自变量 X_2，并求决定系数 R_2^2，R^2 的变化 $R_2^2 - R_1^2$ 就是回归方程中加入 X_2 后对因变量解释能力提高的大小，反映了在方程中已有 X_1 的条件下，X_2 的额外贡献的大小。加入第三个自变量 X_3，则 R^2 的变化为 $R_3^2 - R_2^2$；以此类推。

R^2 变化的实质是加入 X_2 后 $SS_{R2} - SS_{R1}$ 的增加，称为额外平方和。同样，若加入第三个自变量 X_2，平方和额外增加了 $SS_{R3} - SS_{R2}$，加入其他变量，以此类推。

通过多元回归分析中，我们通常会根据 R^2 的变化分解和评价纳入回归模型的各个自变量对因变量变异的解释力大小。在多元回归分析中，即使自变量的偏回归系数显著，若对因变量的解释力很小，自变量的价值也不会太大。

5. 偏相关系数与偏决定系数

假设有三个自变量，首先做 Y 对 X_1 的回归，其残差称为 Y 对 X_1 的残差。然后做 X_2 对 X_1 的回归，其残差称为 X_2 对 X_1 的残差。这两个残差的相关系数称为由 X_1 校正的 Y 与 X_2 的偏相关系数或净相关系数（partial correlation coefficient），记为 $R_{YX2 \cdot X1}$。它度量了在消除 X_1 的影响后 Y 与 X_2 关系的强弱。若这个值很小，意味着如果回归方程中已有 X_1，再加入 X_2 意义不大。

同理，不难理解 $r_{YX3 \cdot X1X2}$ 的含义，它是 Y 对 X_1、X_2 的残差与 X_3 对 X_1、X_2 的残差的相关系数，度量了在消除变量 X_1、X_2 的影响后 Y 与 X_3 关系的强弱。

偏相关系数的平方称为偏决定系数（coefficient of partial determination）。它衡量回归方程中加入的一个或多个自变量对减少残差平方和的边际贡献，即新加入变量解释因变量变异的百分比。这个百分比不是以因变量的总变异为整体，而是该变量加入前回归方程所未能解释的部分为整体。R^2 变化的百分比则是以因变量的总变异为总体，所以偏决定系数一般小于 R^2 的变化。R^2 的变化、偏相关系数以及偏决定系数都是衡量自变量重要性的指标。

（四）最优回归模型的建立

为了使回归中所有的参数都显著，并且对总体的解释 R^2 较大，研究者想找到一个拟合最优的回归方程。所谓拟合最优，即所有的自变量对因变量都有较大的影响，同时这些变量的影响也是显著的。一般地，可以按照一定的规则筛选自变量，并且检查自变量中是否存在多重共线性问题，得到较为理想的回归方程。

1. 自变量的选择

(1) 向后（backward）剔除法

进行多元回归分析时，先一次性将所有可能的自变量纳入回归方程，删除一个最不显著的变量，将剩下的自变量纳入回归方程，再删除一个最不显著的变量，这样依次逐步减少自变量的个数，直至所包含的自变量全部达到既定要求。

(2) 向前（forward）选择法

与向后剔除法正好相反，向前选择法从最简单的模型开始，即只有一个常数项，根据因变量与自变量的相关系数，按照相关系数从大到小的顺序依次选入变量，直到进入的自变量不显著为止。

(3) *逐步 (stepwise) 回归法*

逐步回归法结合了向后和向前回归的方法，首先将最好的自变量纳入回归方程，然后转用向后剔除法删除不好的变量。因第一个纳入的变量一般都显著，没有变量可以删除，再转换为向前选择法，纳入一个新变量，用向后剔除法排除不好的变量，如此反复，直到没有变量可以被纳入回归方程，也没有变量可以加入方程为止。

2. 多重共线性的处理

多元回归分析中，多重共线性是一个比较常见且对回归模型影响较大的现象。多重共线性是当自变量之间高度相关时，方程中的自变量会互相削弱各自对因变量的边际影响，使本身的回归系数值下降而标准误扩大，于是出现回归方程显著，但各个自变量不显著的现象。所以，在建立多元回归模型时，尤其是自变量较多的情况下，一定要考察自变量是否存在多重共线性的问题。

多重共线性问题一般由两个指标来反映，容忍度 (tolerance) 和方差膨胀因子 (variance inflation factor, VIF)。容忍度指的是一个自变量的变化无法被其他自变量解释的百分比。其值越接近 1 说明自变量的独立性越强，越不容易与其他自变量出现多重共线性问题。相反，其值越小说明该自变量很可能是多余的，可能需要被剔除的。VIF 是容忍度的倒数，一般经验法则是，当容忍度小于 0.1，或 VIF 大于 10，就要考虑将自变量从模型中删除。

(五) 使用 SPSS 做多元线性回归分析示例

【例 4.6】为了研究员工的工作能力和工作投入对其工作绩效的影响，统计了 100 个员工的工作能力、工作投入和工作绩效数据，进行多元回归分析。

在 SPSS 软件中，多元线性回归分析同样使用 <Analyze> 菜单 <Regression> 下的 <Linear Regression> 命令来进行。本例使用逐步回归法建构回归模型。

首先，在 <Linear Regression> 框中将因变量 (y) 点入 <Dependent>，将自变量 (x1，x2) 点入 <Independent (s)>，并在 <Method> 下选择 <Stepwise>。随后，打开 <Statistics> 对话框，勾选 <R Squared Change> 和 <Collinearity Diagnostics>。然后，点击 <Continue> 回到主对话框，点击 <OK> 即可。

图 4-12 是变量选择表，其中可以看到方程先将自变量 X_2 工作投入纳入方程，作为模型 1，随后将 X_1 工作能力也纳入方程，作为模型 2。图 4-13 是模型汇总表，表中分别给出了两个回归方程的决定系数 R^2、调整的决定系数 R^2_{abj} 和加入 X_1 后 R^2 的变化。图 4-14 是两个回归方程的 F 检验结果。图 4-15 则分别显示了两个方程的回归系数和截距的估计值、t 检验结果和多重共线性的结果。

Variables Entered/Removed[a]

Model	Variables Entered	Variables Removed	Method
1	x2	.	Stepwise (Criteria: Probability-of-F-to-enter <= .050, Probability-of-F-to-remove >= .100).
2	x1	.	Stepwise (Criteria: Probability-of-F-to-enter <= .050, Probability-of-F-to-remove >= .100).

a. Dependent Variable: y

图4－12 变量选择表

Model Summary

Model	R	R Square	Adjusted R Square	Std. Error of the Estimate	Change Statistics				
					R Square Change	F Change	df1	df2	Sig. F Change
1	.619[a]	.383	.377	.66473	.383	60.900	1	98	.000
2	.680[b]	.463	.452	.62352	.080	14.384	1	97	.000

a. Predictors: (Constant), x2

b. Predictors: (Constant), x2, x1

图4－13 模型汇总表

ANOVA[a]

Model		Sum of Squares	df	Mean Square	F	Sig.
1	Regression	26.910	1	26.910	60.900	.000[b]
	Residual	43.303	98	.442		
	Total	70.213	99			
2	Regression	32.502	2	16.251	41.800	.000[c]
	Residual	37.711	97	.389		
	Total	70.213	99			

a. Dependent Variable: y

b. Predictors: (Constant), x2

c. Predictors: (Constant), x2, x1

图4－14 回归方程的检验结果

Coefficients[a]

Model		Unstandardized Coefficients B	Unstandardized Coefficients Std. Error	Standardized Coefficients Beta	t	Sig.	Collinearity Statistics Tolerance	Collinearity Statistics VIF
1	(Constant)	.505	.320		1.577	.118		
	x2	.738	.095	.619	7.804	.000	1.000	1.000
2	(Constant)	.271	.306		.885	.379		
	x2	.453	.116	.380	3.893	.000	.582	1.719
	x1	.401	.106	.370	3.793	.000	.582	1.719

a. Dependent Variable: y

图 4－15　系数的估计与检验结果

根据研究结果，我们可以发现：多元线性回归方程的显著性检验显著，$p<0.01$，回归方程具有统计学意义。各回归系数皆显著，$\beta_1=0.401$，$p<0.01$，$\beta_2=0.453$，$p<0.01$，截距不显著 $\beta_0=0.271$，$p=0.379>0.05$。当回归方程中只有自变量工作投入时，决定系数 $R^2=0.383$，说明工作绩效变异的38.3%可由工作投入解释；而加入工作能力后，决定系数 $R^2=0.463$，R^2 的变化为0.080，说明工作能力的加入提高了8.0%的解释力，二者共同解释工作绩效46.3%的变异。此外，容忍度为0.582>0.1，VIF为1.719<10，不存在多重共线性问题。

三、回归分析进阶

前文讲的一元和多元线性回归，自变量和因变量都是连续变量。但在心理学、教育学、社会学和管理学等领域中，经常会碰到自变量或因变量是类别变量的情况。此时，如果使用前文的方法，直接将这些变量纳入回归模型是不对的。

比如，探讨地域、民族、职业类型等对幸福感的影响，此时的自变量属于类别变量。对于类似这样的情况，我们需要先将类别变量转化为虚拟变量（dummy variable），再将转化后的虚拟变量纳入回归模型进行分析。

再比如，探讨大学生是否考上研究生或者大学生的毕业去向的影响因素，此时的因变量属于类别变量，是否参加考上研究生是二分类，毕业去向是多分类。对于这样的情况，我们应该使用 Logistic 回归。

（一）自变量有类别变量的回归模型

自变量中有类别变量，比如考察大学生生源地对人际关系的影响时，我们将生源地分为农村、城镇、城市三类，并对其赋值1、2、3，这些数值不表示大小顺序，也不等距，更没有倍数关系。如果直接纳入回归模型，就默认了它们是等距的，虽然在

SPSS 中可以实现这一操作，但这样做并不正确，软件输出的回归系数也没法解释。此种情况，在做回归分析之前需要先构建虚拟变量。

如果自变量有 n 个水平，那么要构建 $n-1$ 个虚拟变量。在构建虚拟变量时，需要根据分类变量的分类情况，选择其中一个水平作为参照，将该自变量转换成虚拟变量。以生源地为例，共有三个水平：1 表示“农村”，2 表示“城镇”，3 表示“城市”，因此要构建 2 个虚拟变量。我们选取农村（水平 1）作为参照水平，虚拟变量的转化如下表所示：

表 4-8　虚拟变量转化示意表

	1 农村	2 城镇	3 城市
虚拟变量 1（水平 3 和 1 的差异对比）	0	0	1
虚拟变量 2（水平 2 和 1 的差异对比）	0	1	0

本例中，我们构建了 2 个虚拟变量，虚拟变量 1 表示城市和农村的差异对比，此时只有当变量原始取值为“3”（城市）的时候，虚拟变量 1 才会取值为 1，其他情况一律取值为 0；虚拟变量 2 表示城镇和农村的差异对比，此时只有当变量原始取值为“2”（城镇）时，虚拟变量 2 才取值为 1，其他情况一律取值为 0。也就是说，构建虚拟变量的时候我们需要明确该虚拟变量比较的是哪一个水平和参照水平的差异，然后再对相应的水平赋值为 1，其他水平赋值为 0，由此构建的虚拟变量就表示某一水平和参照水平的差异对比。

在选择参照水平时，要选择样本数目量跟其他类别差异不大、意义明确的类别。如果参照水平的样本数目和其他类别相差太多，会增大估计误差。参照水平的定义如果不明确，结果就不好解释，比如，“其他”就不适合作为参照组，它包含的意思比较宽泛，在比较的时候不能明确某一个水平是在和什么进行差异比较，所得结果也难以解释。

【**例 4.7**】探讨公司类型和工作压力对工作满意度的影响。其中公司类型是类别变量，工作压力和工作满意度是连续变量。

表 4-9 公司类型、工作压力和工作满意度

公司类型	工作压力	满意度	公司类型	工作压力	满意度	公司类型	工作压力	满意度
1	3.13	0.37	2	4.33	1.87	3	2.33	1.80
1	3.33	1.12	2	3.00	2.45	3	2.67	2.26
1	3.00	1.80	2	4.37	2.56	3	1.00	2.40
1	3.00	1.83	2	2.10	2.56	3	1.67	2.68
1	4.00	1.90	2	1.67	3.41	3	1.50	3.38
1	1.00	2.20	2	1.33	3.53	3	1.33	3.93
1	1.00	2.43	2	1.67	3.53	3	1.33	4.35
1	1.00	2.49	2	2.00	4.09	3	2.00	5.13
1	1.27	2.66	2	2.67	4.36	3	2.00	5.22
1	1.33	2.78	2	2.00	4.47	3	2.00	6.04
1	1.17	2.88	2	1.33	4.53	3	2.67	6.07
1	1.67	3.01	2	1.00	4.61	3	2.00	6.33
1	2.33	3.02	2	1.33	4.61	3	1.17	6.37
1	1.00	3.29	2	2.00	4.78	3	1.00	6.39
1	2.33	4.83	2	1.33	4.89	3	2.33	6.87

本例中，原始变量“公司类型”有 3 个水平：1 为民企，2 为外企，3 为国企，我们选民企（水平 1）为参照水平，建构 2 个虚拟变量：虚拟变量 1 表示国企和民企的差异对比，标注为“国企 & 民企”；虚拟变量 2 表示外企和民企的差异对比，标注为“外企 & 民企”。

表 4-10 公司类型虚拟变量转化表

	1 民企	2 外企	3 国企
虚拟变量 1（国企 & 民企）	0	0	1
虚拟变量 2（外企 & 民企）	0	1	0

首先，生成新的虚拟变量。在 SPSS 软件中，点击 <Transform> 菜单下的 <Compute Variable>，打开对话窗口。在左边 <Target Variable> 对话框中输入新建的变量名“虚拟变量 1”，在右边的 <Numeric Expression> 下的方框中输入变量的属性来源：“公司类型 = 3”。继续点击左边的 <Type & Label> 按钮，打开对话窗口，对新建的虚拟变量进行标注，在 <Label> 右边的方框里面输入“国企 & 民企”进行注解，点击 <Continue>

按钮，返回 < Compute Variable > 对话窗口，点击 < OK >，完成虚拟变量 1 的构建。重复上述步骤，在左边 < Target Variable > 对话框中输入新建的变量名“虚拟变量 2”，在右边的 < Numeric Expression > 下的方框中输入变量的属性来源“公司类型 = 2”，并在 < Label > 中将虚拟变量标注为“外企 & 民企”，完成虚拟变量 2 的构建。

然后，建构回归模型。在 SPSS 主界面，点击 < Analyze > 菜单 < Regression > 下的 < Linear Regression > 命令，打开对话框。在 < Dependent > 中点入“工作满意度”，在 < Independent（s）> 中点入“国企 & 民企”“外企 & 民企”和“工作压力”，在 < Method > 下使用默认的 < Enter > 法（因为虚拟变量是一个整体变量，需要保证所有的虚拟变量一起进入模型，避免一部分虚拟变量进入模型而另一部分虚拟变量未进入模型，如此操作才能将各个水平与参照水平对比）。随后，打开 < Statistics > 对话框，勾选 < R Squared Change > 和 < Collinearity Diagnostics >。点击 < Continue > 返回主菜单，点击 < OK >，主要结果如下。

Model Summary

Model	R	R Square	Adjusted R Square	Std. Error of the Estimate	Change Statistics				
					R Square Change	F Change	df1	df2	Sig. F Change
1	.646[a]	.417	.374	1.23643	.417	9.773	3	41	.000

a. Predictors: (Constant), 工作压力, 外企&民企, 国企&民企

图 4 –16　模型汇总表

ANOVA[a]

Model		Sum of Squares	df	Mean Square	F	Sig.
1	Regression	44.821	3	14.940	9.773	.000[b]
	Residual	62.679	41	1.529		
	Total	107.500	44			

a. Dependent Variable: 工作满意度

b. Predictors: (Constant), 工作压力, 外企&民企, 国企&民企

图 4 –17　回归方程的检验结果

Coefficients[a]

Model		Unstandardized Coefficients		Standardized Coefficients	t	Sig.	Collinearity Statistics	
		B	Std. Error	Beta			Tolerance	VIF
1	(Constant)	3.471	.534		6.505	.000		
	国企&民企	2.054	.454	.626	4.521	.000	.741	1.350
	外企&民企	1.362	.452	.415	3.014	.004	.748	1.336
	工作压力	-.506	.210	-.291	-2.410	.021	.974	1.027

a. Dependent Variable: 工作满意度

图 4 –18　系数的估计与检验结果

通过图4－18的系数估计结果我们可以发现，就“国企 & 民企”虚拟变量而言，其标准化回归系数 $\beta_1=0.626$，$p<0.001$，回归系数为正，表明和民企相比之下，国企的员工工作满意度较高；就“外企 & 民企”虚拟变量而言，其标准化回归系数 $\beta_2=0.415$，$p=0.004<0.01$，回归系数为正，表明和民企相比之下，外企的员工工作满意度较高。

（二）因变量有类别的变量的回归模型

因变量是类别变量时，需要使用 Logistic 回归。Logistic 回归中的因变量既可以是二分类的，也可以是多分类的。在此只讨论因变量是二分类的情况，即无论自变量怎么变化，因变量只取两个值。

比如，要探讨学习成绩对大学生能否考上研究生的影响。因变量只有两个取值，要么考上（$Y=1$），要么考不上（$Y=0$）。考研成功的概率为 $p=P（Y=1）$，考研失败的概率为 $1-p=P（Y=0）$。以 p 为因变量，做它对自变量学习成绩 X 的回归：$p=\beta_0+\beta_1X$。在这个模型中，自变量和因变量的关系通常不是线性的：学习成绩很低时，考研成功的概率几乎是0；随着成绩逐步提高，考研成功的概率也随之提高；当成绩高到一定程度后，成功的概率几乎是1。也即考研的成功率与学习成绩的关系呈一个S形的曲线。这个曲线的函数为：

$$p=\frac{e^{\beta_0+\beta_1X}}{1+e^{\beta_0+\beta_1X}}$$

其中，e 是自然对数的底，是一个常数。根据这一函数式，可以推出，考研的成败比，也即事件的发生比（odds）为：$\text{odds}=\frac{p}{1-p}=e^{\beta_0+\beta_1X}$。因此，$\ln（\text{odds}）=\ln（\frac{p}{1-p}=\beta_0+\beta_1X）$，记为：

$$\text{logit}（p）=\ln（\frac{p}{1-p}=\beta_0+\beta_1X）$$

这样，经过 logit 转换，把取值范围在0到1之间的考研成功的概率 p，转换为取值在0到正无穷之间的成败比，进而转换为取值在正负无穷之间的成败比的对数 logit（p）。转换后的 logit（p）与模型参数 β_0 和 β_1 是线性关系。

Logistic 回归的模型估计、假设检验和模型评价跟线性回归类似，但具体的方法不太一样。线性回归使用最小二乘法估计模型参数，Logistic 则使用极大似然估计。线性回归系数的显著性检验使用 t 检验，Logistic 回归系数的显著性检验使用 Wald 统计量：$\text{Wald}=\left[\frac{b_1}{\text{se}（b_1）}\right]^2$，其中 b_1 是回归系数 β_1 的估计，se（b_1）是其标准误。Wald 统计量是回归系数与其标准误之比的平方，近似服从 χ^2 分布。Logistic 回归的 SPSS 报表中，给出 Cox & Snell R Square 和 Nagelkerke R Square 等伪决定系数作为模型评价的指标，其意义与线性回归中的决定系数 R Square 类似。

【例4.8】探讨学习成绩对考研成败的影响，自变量 X 学习成绩是连续变量，因变量 Y 考研成败是二分类类别变量。

表 4－11　学习成绩和考研成败

学习成绩/分	考研成败	学习成绩/分	考研成败
75	0	63	0
72	0	62	0
71	0	61	0
71	0	86	1
70	0	81	1
70	0	80	1
68	0	79	1
67	0	79	1
67	0	77	1
67	0	76	1
65	0	76	1
65	0	76	1
65	0	72	1
65	0	71	1
63	0	69	1

在 SPSS 软件中，点击 <Analyze> 菜单 <Regression> 下的 <Binary Logistic> 命令，打开 <Logistic Regression> 对话框。在对话框中将因变量（考研成败 Y）点入为 <Dependent>，将自变量（学习成绩 X）点入 <Covariates>。单击 <Options> 按钮，在打开的 <Logistic Regression：Options> 对话框中，击选 <C. I. for EXP（B）：>（输出发生比率的置信区间）。单击 <Continue> 按钮，回到 <Logistic Regression> 对话框，单击 <OK> 按钮。

Omnibus Tests of Model Coefficients

		Chi-square	df	Sig.
Step 1	Step	23.777	1	.000
	Block	23.777	1	.000
	Model	23.777	1	.000

图 4－19　整体模型检验结果

Model Summary

Step	-2 Log likelihood	Cox & Snell R Square	Nagelkerke R Square
1	16.604[a]	.547	.740

a. Estimation terminated at iteration number 7 because parameter estimates changed by less than .001.

图 4-20 模型汇总表

Classification Table[a]

Observed			Predicted		
			考研成败		Percentage Correct
			0	1	
Step 1	考研成败	0	17	1	94.4
		1	3	9	75.0
	Overall Percentage				86.7

a. The cut value is .500

图 4-21 分类表

Variables in the Equation

		B	S.E.	Wald	df	Sig.	Exp(B)	95% C.I.for EXP(B)	
								Lower	Upper
Step 1[a]	X	.544	.198	7.521	1	.006	1.723	1.168	2.542
	Constant	-39.391	14.248	7.644	1	.006	.000		

a. Variable(s) entered on step 1: X.

图 4-22 系数的估计与检验结果

从系数估计结果可以看出，学习成绩 X 的回归系数 $b_1=0.544$，Wald 检验结果是显著（$Wald=7.521$，$p=0.006$），说明学习成绩对考研成败的效应显著。发生比率是 EXP（B）$=1.723$，说明成绩每增加 1 分，发生比（odds）增长 72.3%。

最后，可以写出如下 Logistic 回归方程：

$$\text{logit}(p) = -39.4 + 0.544 * X$$

或者

$$P(Y=1) = \frac{\text{EXP}(-39 + 0.544 * \text{score})}{1 + \text{EXP}(-39 + 0.544 * \text{score})}$$

练习题

一、名词解释

（1）皮尔逊积差相关；（2）信度；（3）决定系数

二、简答题

1. 常用的相关系数有哪些，分别适用于什么条件？
2. 对相关系数进行解释时，应该注意什么问题？
3. 回归分析有哪些主要步骤？

第五章　因子分析与结构方程模型

内容简介

在心理、管理、教育、社会等学科领域，研究者所关注的变量既可以是具体的、能够直接测量的变量，比如身高和性别等，被称为显变量（manifest variable）或观测变量（observed variable）；也可以是相对抽象的、不能直接测量的理论构念，如幸福感、自我概念、心理资本等需要借助外显的测量指标（indicator）来估计的变量，被称为潜变量（latent variable）。潜变量可以是连续的，也可以是离散的。连续的被称为因子（factor）或维度（dimension），离散的称为潜类别（latent class）。本章主要介绍常用来处理连续的潜变量的方法：因子分析（factor analysis）和结构方程模型（structural equation modeling，SEM）。这些方法比较复杂，我们首先简要介绍各种方法的基本原理和方法，然后给出具体的软件操作示例，便于读者学习使用。

第一节　探索性因子分析

一、探索性因子分析概述

因子分析是从测量指标或变量中提取共同因子的统计技术，可以分为探索性因子分析（exploratory factor analysis，EFA）和验证性因子分析（confirmatory factor analysis，CFA）两类。探索性因子分析是在潜变量的构念未知、缺乏理论指导的时候获取潜变量结构的典型方法。验证性因子分析则是当潜变量的构念与内涵是已知的、基于理论推导的时候使用，主要用于处理测量指标与潜变量之间关系，也被称作测量模型（measurement model）。

探索性因子分析通常应用于理论构念或测量量表建立的初期，此时研究者通常没有足够的理论或经验信息去假设一组测量指标存在几个潜在的因子，这些因子又分别由哪些测量指标构成。EFA 主要有两个作用：①发现测量指标之间的内在关联性，寻求测量指标间的基本结构；②简化数据。EFA 通过数学过程提取因子，以求最大化地利用较少的因子来解释测量指标总方差的变异，从而最大限度地简化所得数据。简化后的因子分数可以进行进一步的分析，如回归分析、路径分析等。

（一）探索性因子分析的基本原理

设有 p 个标准化变量（即测量指标得分）Z_1，Z_2，…，Z_p，它们受 m 个公因子 F_1，F_2，…，F_m 的影响，因子分析的数学模型可表示成如下形式：

$$Z_1 = a_{11}F_1 + a_{12}F_2 + \cdots + a_{1m}F_m + \varepsilon_1$$

$$Z_2 = a_{21}F_1 + a_{22}F_2 + \cdots + a_{2m}F_m + \varepsilon_2$$

……

$$Z_p = a_{p1}F_1 + a_{p2}F_2 + \cdots + a_{pm}F_m + \varepsilon_p$$

其中，F_1，F_2，…，F_m 是公共因子，ε_i（$1 \leqslant i \leqslant p$）是只和 Z_i 有关的特殊因子（也称为误差项）。下标是一种惯用的因子负荷表示方法，第一个数字指代测量指标，第二个数字指代因子。系数 a_{ij}（$1 \leqslant j \leqslant m$）是第 i 个变量 Z_i 在第 j 个因子 F_j 上的负荷（loading），等于变量 Z_i 与因子 F_j 的相关系数，它既反映了 Z_i 依赖于 F_j 的程度，也反映了 Z_i 在因子 F_j 上的相对重要性。

除了因子负荷，EFA 模型中还有一些常用概念：共同度（communality）、特征根（eigenvalues）、因子的方差贡献率等。

共同度也称为公共因子方差，记为 h_i^2。它度量了全部 m 个公共因子对变量 Z_i 方差的贡献，反映了 Z_i 对公共因子的依赖程度。Z_i 的共同度的值等于第 i 行因子负荷的平方和，即 $h_i^2 = a_{i1}^2 + a_{i2}^2 + \cdots + a_{im}^2$。共同度是衡量因子分析效果的指标。如果大部分测量指标的共同度均较高，则说明提取的因子能够很好地反映测量指标的大部分信息。

特征根反映某个公共因子 F_j 对所有变量 Z_i 的贡献，是衡量公共因子好坏的重要指标。

因子的方差贡献率记为 g_j^2，是该因子能够解释所有测量指标变异的总和。F_j 的方差贡献为第 j 列因子负荷的平方和，即 $g_j^2 = a_{1j}^2 + \cdots + a_{pj}^2$。因子的方差贡献率是衡量公因子相对重要性的指标。它的值越高，就说明这个因子的重要性越高。所有主要共同因子的贡献率之和被称为因子的累计方差贡献率。

（二）探索性因子分析的主要步骤

1. 探索性因子分析的前提

①各测量指标应有一定程度的相关，相关系数不宜过小或过大。

如果数据所组成矩阵中的相关系数大部分都小于 0.3，则不适合进行因子分析；相关如果太高就会发生如回归分析的多重共线性问题，其判别效度有待检验。有两个常用的统计量可以用于判别测量指标的相关程度是否适合进行 EFA，一个是取样适当性检验（Kaiser-Meyer-Olkin measure of sampling adequacy，KMO），其取值范围为0到1之间，越接近1，表明做EFA效果越好，越接近0，则表明不适合做EFA。科姆雷（Comrey，1973）建议了如下标准，0.71以上为优秀，0.63以上为非常好，0.55以上为好，0.45以上为一般。另一个统计量是Bartlett球形检验（Bartlett test of sphericity），如果检验达到显著性水平，则代表总体的相关矩阵间有共同因子存在，需要进行EFA。

②要达到一定的样本量。

不同学者对于样本量的建议不同，如戈萨奇（Gorsuch，1983）建议样本和测量指标的比为5：1，同时总样本量不低于100。农纳利（Nunnally，1994）提出，样本量与测量指标数之比至少要达到10：1，也就是说，被试的个数至少要是测量指标数的10倍。理想的样本量应该是测量指标数的10~25倍，而且不管测量指标个数多少，样本量都不宜小于100人，原则上越大越好。以上样本量的使用建议同样适用于本章后续要讲的CFA以及SEM。

2．因子提取

因子提取方法有很多，包括主成分分析法（principal components），未加权最小二乘法（unweighted least squares），广义最小二乘法（generalized least squares），极大似然法（maximum likelihood），主轴因子法（principal axis factoring）等。其中，SPSS软件的默认方法为主成分法，而Mplus软件的默认方法为极大似然法。

3．因子个数的选取

提取因子后会得到因子负荷矩阵，研究者接下来需要判断抽取因子的个数。可以考虑以下原则。

①特征根准则。保留特征根大于1的因子，特征根小于1的因子被认为解释力不强，可以删去。

②碎石图（scree plot）准则。取曲线突然转折前的因子个数。

③方差贡献率原则。使前m个因子对样本的方差贡献率（因子的方差贡献/总方差）达到一个适当的比例，80%以上则为优秀，60%以上尚可接受，50%以下是偏低，其方差提取结果令人担忧。

④事先拟定。研究者事先制定因子个数，而非由统计软件自行抽取。这种做法适合检验因子的理论或者重复某些已成型的研究工作。

4．因子旋转

提取因子并确定因子个数后，得出的因子负荷矩阵往往难以解释。此时可以进行因子旋转，找出满意的因子负荷结构。理想的因子负荷结构应该是，每个测量指标在一个因子上负荷较大（绝对值大于0.4且因子负荷显著），且在其余因子负荷较小；负荷在每个因子上的测量指标数量较为均等。

进行因子旋转后，每个测量指标在各个公共因子上的负荷量会改变，公共因子的特征值和方差贡献率会改变。但是全部公共因子的特征值之和和方差贡献率之和不变，每个测量指标的共同性不变。常见的因子旋转方法有：方差极大旋转法（varimax）、方差四次幂极大旋转法（quartimax）、等方差极大旋转法（equamax）、直接斜交旋转法

（direct oblimin）、迫近最大方差斜交旋转（procrustes variance maximum-oblique）和几何旋转法（geomin）等。前三者为正交旋转，后三者为斜交旋转。所谓正交旋转，即保持因子间不相关。相反，斜交旋转允许因子之间存在相关。

选择因子旋转的原则有两种，一是根据理论，二是根据结果。首先我们需要根据理论确定因子间是否有相关，如果因子间不能相关，需要选择正交旋转的方法，如果因子间可以相关，则选择斜交旋转。通常来讲，由于各个因子都是测量同一个潜在构念，因子间一般会有相关，所以正交旋转和斜交旋转都可以选择。SPSS 默认正交旋转，而 Mplus 则默认斜交旋转。在不违背理论前提的基础上，到底选择哪一种具体的因子旋转方法并没有统一的标准。这时，可以根据具体的结果进行选择，哪种方法的结果更符合理想的因子结构，就选择哪种因子旋转方法。

5. 因子命名

因子的命名是 EFA 的最后一步，此时研究者应该已经得出确切的因子个数，以及哪几个指标负荷在哪个因子上。一般情况下，一个指标只能从属于一个因子（负荷最大的因子）。

因子命名主要借助于因子负荷矩阵。理论上来说，具有较高的荷重的测量指标对因子名称影响较大，这些测量指标的共同内涵决定了因子的名称。如果因子难以解释，可以考虑重复采用其他方法进行因子旋转，以获得合理的因子名称。

因子命名带有一定的主观色彩，需要研究者有一定的概括能力以及捕捉关键信息的敏感度。因子的名称应该具有一定的专业性，并符合理论与实际，才容易被读者接受。

二、探索性因子分析示例

（一）使用 SPSS 进行探索性因子分析

【例 5.1】研究者使用 8 个题目对个体的主动性进行测量，题目采用 5 点计分（从“完全不符合”到“完全符合”），共收集了 300 份数据，用 SPSS 进行探索性因子分析。

1. 操作步骤

①点击 <Analyze> 菜单 <Dimension Reduction> 下的 <Factor> 命令。

②在 <Factor Analysis> 对话框中，将变量（e1 ~ e8）都点入 <Variable（s）> 中，点击 <Descriptives>，勾选 <KMO and Bartlett's Test of Sphericity> 后，单击 <Continue>；

③在 <Factor Analysis> 对话框中，点击 <Extraction>，勾选 <Scree plot> 后，单击 <Continue>；

④在 <Factor Analysis> 对话框中，点击 <Rotation>，勾选 <Varimax> 后，单击 <Continue>；

在 <Factor Analysis> 对话框中，点击 <OK>。

2. 结果输出与解释

KMO and Bartlett's Test

Kaiser-Meyer-Olkin Measure of Sampling Adequacy.		.806
Bartlett's Test of Sphericity	Approx. Chi-Square	717.510
	df	28
	Sig.	.000

图 5-1 KMO 和 Bartlett 检验

Communalities

	Initial	Extraction
e1	1.000	.585
e2	1.000	.670
e3	1.000	.651
e4	1.000	.555
e5	1.000	.455
e6	1.000	.612
e7	1.000	.710
e8	1.000	.669

Extraction Method: Principal Component Analysis.

图 5-2 共同度

Total Variance Explained

Component	Initial Eigenvalues			Extraction Sums of Squared Loadings			Rotation Sums of Squared Loadings		
	Total	% of Variance	Cumulative %	Total	% of Variance	Cumulative %	Total	% of Variance	Cumulative %
1	3.219	40.236	40.236	3.219	40.236	40.236	2.461	30.757	30.757
2	1.689	21.119	61.355	1.689	21.119	61.355	2.448	30.598	61.355
3	.686	8.572	69.927						
4	.626	7.826	77.753						
5	.529	6.618	84.371						
6	.472	5.905	90.276						
7	.405	5.063	95.338						
8	.373	4.662	100.000						

Extraction Method: Principal Component Analysis.

图 5-3 因子的方差贡献率

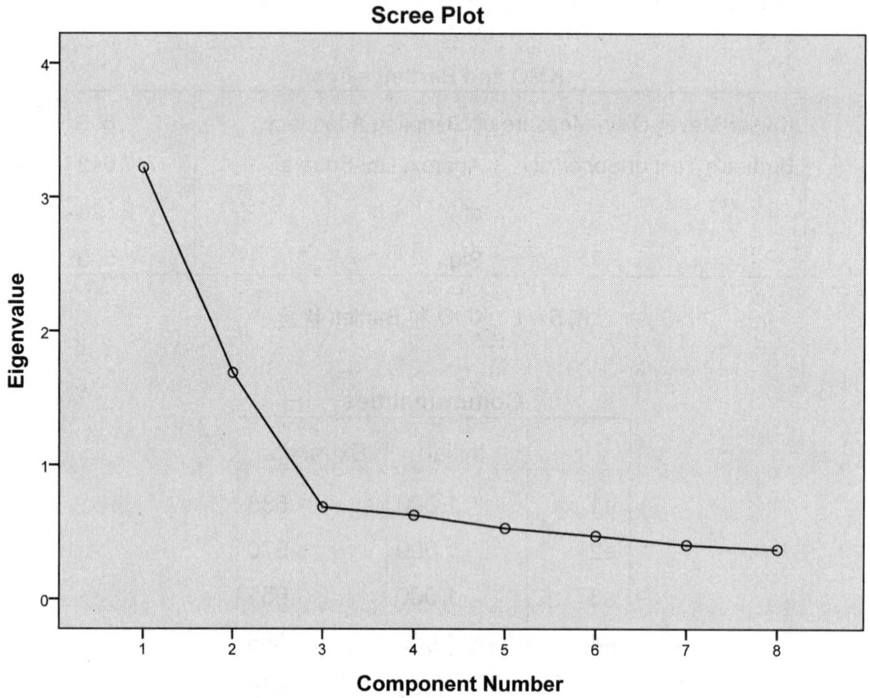

图5-4　碎石图

Rotated Component Matrix[a]

	Component	
	1	2
e1	.731	.226
e2	.809	.122
e3	.801	.096
e4	.742	.072
e5	.178	.651
e6	.186	.760
e7	.111	.835
e8	.024	.818

Extraction Method: Principal Component Analysis.
Rotation Method: Varimax with Kaiser Normalization.
a. Rotation converged in 3 iterations.

图5-5　因子旋转后的成分矩阵

图 5-1 的取样适当性检验结果显示 KMO=0.806，表明数据适合进行因子分析；Bartlett 球形检验达到显著性水平，代表有共同因子的存在。图 5-2 显示共同度也较高。

图 5-3 和图 5-4 是提取因子的重要根据。图 5-3 显示特征根大于 1 的公共因子有 2 个；根据碎石图，可以发现在第 3 个因子之前有明显的转折点，因此初步确定因子个数为 2；如图 5-3 显示 2 个公共因子累积解释的方差占总方差的 61.355%，达到 60% 以上，可以接受。综合以上结果，我们提取 2 个因子是合适的。

图 5-5 是因子旋转之后的因子负荷矩阵，结果显示 *e*1 ~ *e*4 负荷在因子 1，*e*5 ~ *e*8 负荷在因子 2 上。因子负荷反映了潜在因子对测量指标的解释力，因子负荷的平方表示指标的方差被因子解释的百分比。如果因子负荷为 0.7，表明因子可以解释指标变异的 49%，其余的为误差。通常，如果一个指标的因子负荷低于 0.4，我们不建议保留该指标。

根据这些题目的内涵，我们将因子 1 命名为思考力，因子 2 命名为行动力。

3. 结果报告

实证研究中，研究者通常会制作如下表格来呈现探索性因子分析的结果。

表 5-1 探索性因素分析结果报告示例

项目	因子 1	因子 2
1	0.731	
2	0.809	
3	0.801	
4	0.742	
5		0.651
6		0.760
7		0.835
8		0.818
特征根	2.461	2.448
方差贡献率（%）	30.757	30.598
累计方差贡献率（%）	30.757	61.355

（二）使用 Mplus 进行探索性因子分析

以【例 5.1】的数据为例，示范如何用 Mplus 进行探索性因子分析。

1. 程序语句①

DATA：FILE IS efa. txt；！读取数据，Mplus 支持 txt、dat、csv 等格式的数据
VARIABLE：NAMES ARE e1 – e8；！对数据进行命名
ANALYSIS：ROTATION = GEOMIN （oblique）；！因子旋转方法，Mplus 默认 GEOMIN 斜交旋转
ESTIMATOR = MLR；！选择提取公因子的方法，采取的是极大似然法
TYPE = EFA 1 2；！抽取因子的个数为从 1 到 2 个
OUTPUT：MOD；！输出修正指数
PLOT：TYPE IS PLOT2；！报告碎石图

2. 结果输出与解释

在 Mplus 中，我们可通过语句设置所提取的因子个数。本例中我们设置了分别提取 1 个和 2 个因子。因此软件输出了两种模型的估计结果。

图 5 – 6 和图 5 – 7 是提取一个因子的模型的拟合指数和因子负荷，结果显示模型的拟合指数很差 RMSEA = 0. 276，SRMR = 0. 122，CFI = 0. 339，TLI = 0. 074（前二者小于 0. 08 为佳，后二者大于 0. 9 为佳），模型不能被接受。

RMSEA（Root Mean Square Error Of Approximation）			
	Estimate		0. 276
	90 Percent C. I.	0. 255	0. 298
	Probability RMSEA < = . 05		0. 000
CFI/TLI			
	CFI		0. 339
	TLI		0. 074
Chi-Square Test of Model Fit for the Baseline Model			
	Value		720. 840
	Degrees of Freedom		28
	P-Value		0. 0000
SRMR（Standardized Root Mean Square Residual）			
	Value		0. 122

图 5 – 6　一因子模型拟合指数

① 程序语句中“！”以后的内容不是程序运行必须的，只是对程序语句的解释，供读者参考。更多 Mplus 软件的编程内容，读者可参阅相关专著。

GEOMIN ROTATED LOADINGS (* significant at 5% level)

	1
E1	0.662 *
E2	0.665 *
E3	0.638 *
E4	0.560 *
E5	0.449 *
E6	0.527 *
E7	0.508 *
E8	0.431

图 5-7　一因子模型旋转后的因子负荷

图 5-8 和图 5-9 是二因子模型的拟合指数和因子负荷，图 5-10 是碎石图。结果显示模型拟合非常好，RMSEA = 0.024，SRMR = 0.018，CFI = 0.997，TLI = 0.993，模型可以接受。不难发现，采用 Mplus 进行探索性因子分析所得二因子模型与 SPSS 所得模型结构基本一致。

```
RMSEA (Root Mean Square Error Of Approximation)
          Estimate                                0.024
     90 Percent C. I.                    0.000    0.065
          Probability RMSEA <= .05                0.822
CFI/TLI
          CFI                                     0.997
          TLI                                     0.993
Chi-Square Test of Model Fit for the Baseline Model
          Value                                 720.840
          Degrees of Freedom                         28
          P-Value                                0.0000
SRMR (Standardized Root Mean Square Residual)
          Value                                   0.018
```

图 5-8　二因子模型拟合指数

GEOMIN ROTATED LOADINGS (* significant at 5% level)

	1	2
E1	0. 617 *	0. 129 *
E2	0. 767 *	0. 003
E3	0. 746 *	-0. 015
E4	0. 613 *	0. 000
E5	0. 111	0. 498 *
E6	0. 116	0. 636 *
E7	0. 000	0. 808 *
E8	-0. 071	0. 767 *

图 5 -9　二因子模型旋转后的因子负荷

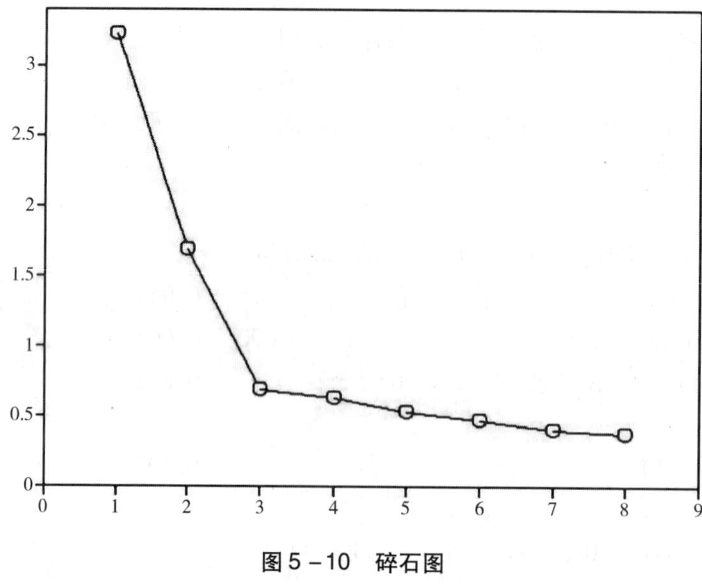

图 5 -10　碎石图

第二节　验证性因子分析

一、验证性因子分析概述

当缺乏对潜变量结构的理论知识，或不确定其结构是否准确的情况下，研究者通过探索性因子分析，借用统计数据对潜变量的构念进行探索，这种方法实质上是一种数据导向的试误方法。然而，当研究者在对潜变量结构已存在某种预期的假设，例如潜变量共包含几个因子，以及各个测量指标分别负荷在哪个因子上，此时可以用验证性因子分析的方法确认统计数据的结构是否符合预期的假设。

因子分析被广泛应用于评定测量工具的效度。编制测量工具的目的是测量某种构念，如果测量工具能够准确地测量我们希望测量的构念，那么这个工具就是有效的。要论证一个测量工具是否有效，一般需要三个方面的证据。①内容效度，即所测量的内容是否覆盖了所有目标特质，以及测量内容对于目标特质来说是否具有足够的代表性。②效标关联效度，指该测量工具与其他成熟工具的相关程度是否符合理论预期。③结构效度，指用测量工具测得的数据结构是否与构念的理论预期一致。

CFA 主要为研究者提供结构效度方面的证据。CFA 可以提供整体模型与数据相符合程度的指标——拟合指数（fit index）。拟合指数是模型结构效度的重要证据，在不违背理论预期的前提下，CFA 的模型拟合好，说明模型具有一定的结构效度。当然，EFA 也是分析结构效度的重要方法，因为 EFA 在理论尚不明确的情况下可以帮助研究者决定因子个数，初步判断模型结构，为结构效度的分析提供依据。

我们可以同时使用 EFA 与 CFA，通过交叉验证（cross validation）的方式确定潜变量的结构。在编制测评工具初期，如果没有足够的信息确认潜变量的结构，单单依靠 EFA 的结果难以保证其稳定性，通常使用 CFA 帮助确认潜变量的模型结构，以达到交叉验证的目的。值得注意的是，EFA 和 CFA 应当使用彼此独立的样本。我们可以先后收集两个样本分别做 EFA 和 CFA，更一般的做法是将收集到的数据随机一分为二，一半用于 EFA，一半用于 CFA。

如果对潜变量结构已经有了非常明确的理论预设，也可以跳过 EFA 直接进入 CFA 的分析。这种情况一般用于已经完善并施测多次的成熟量表。

（一）验证性因子分析方程式

假设有 5 个变量 X_1，X_2，X_3，X_4，X_5，其中 X_1，X_2，X_3 负荷在因子 F_1 上，X_4，X_5 负荷在因子 F_2 上，则一阶 CFA 方程式为：

$$X_1 = \lambda_{11} F_1 + \varepsilon_1$$

$$X_2 = \lambda_{21} F_1 + \varepsilon_2$$

$$X_3 = \lambda_{31} F_1 + \varepsilon_3$$

$$X_4 = \lambda_{42} F_2 + \varepsilon_4$$

$$X_5 = \lambda_{52} F_2 + \varepsilon_5$$

其中，λ_{ij}代表因子负荷，下标是一种惯用的因子负荷表示方法，第一个数字指代指标，第二个数字指代因子，λ_{11}代表第一个指标在第一个因子上的负荷。

（二）自由度与模型的可识别问题

一般地，我们需要利用变量的方差 - 协方差矩阵进行 CFA。现有统计软件（如 Mplus）可以直接导入原始数据进行分析，无须提前生成方差 - 协方差矩阵。

假设变量数为 n，则方差 - 协方差矩阵共包含$\frac{n(n+1)}{2}$个数值。以上述 CFA 为例，方差－协方差矩阵包含$\frac{5\ (5+1)}{2}=15$个数值。根据这15个数值，我们需要估计出5个因子负荷λ_{11}，λ_{21}，λ_{31}，λ_{42}，λ_{52}，5个误差方差ε_1，ε_2，ε_3，ε_4，ε_5以及1个因子相关$r_{F_1F_2}$，这11个数是待估计的参数（parameter）。此时，模型的自由度为15－11＝4。

自由度是结构方程模型参数估计中的一个重要概念。我们都知道，在解方程式时，要解多少个未知数，就要至少有多少个方程组。假设有3个未知数x，y，z，但只有两个方程式，此时方程式是无解的。参数估计也面临类似的问题，如果待估计的参数大于方差－协方差的数值，此时自由度为负，这代表模型要估计的信息已经超出了已知的范围，这样的模型是不可识别的。

这里给出CFA模型可识别的必要条件：

①自由度大于等于0。

②指定每个因子的测量单位。即固定所有因子方差为1（固定方差法），或为每个因子指定一个指标使其因子负荷等于1（固定负荷法）。

为了保证模型是可识别的，我们鼓励使用尽量多的指标去测量因子。如果指标较少，方差－协方差矩阵的数值也比较少，很容易造成自由度为负的情况。如果指标较少，一般需要满足以下条件，才能进行CFA分析：当只有1个因子或因子间不相关时，每个因子至少有3个指标，且误差不相关；当有2个或以上因子时，每个因子至少有2个指标，每个因子都存在与其相关的因子，且误差不相关。

（三）验证性因子分析主要步骤

CFA既可以直接考察模型是否匹配数据，从而做出接受或拒绝模型的决定；也可以首先提出多种备择模型，考察数据更匹配哪个模型，从而做出选择。而一种更为常见的逻辑是根据数据结构对模型进行修改，以达到模型与数据的最佳匹配。其主要步骤包括：①根据数据形态选择合适的参数估计方法；②根据拟合指数评价模型拟合的优劣；③根据修正指数对模型进行修正；④模型的比较与选择。

1. 参数估计

CFA的参数估计以极大似然估计（maximal likelihood，ML）为基础。ML是一种无偏估计，在大样本的前提下，ML不会高估也不会低估总体参数。并且，随着样本量增加，ML估计参数的标准误会相应减小，具有渐进有效性。全信息极大似然法（full information maximum likelihood，FIML）也广泛应用于模型估计。不同于传统的缺失值删除法，FIML将数据中所有的信息纳入分析。FIML不仅允许数据完全随机缺失，还允许限制较宽松的随机缺失假设，这种宽松的假设在实际研究中是非常重要的。

ML估计法基于以下假设：观测变量是正态分布的连续变量。在数据是非正态的情况下，需要根据数据形态选择其他的参数估计方法。较常见的参数估计法有：①加权最小二乘法（weighted least squares estimator，WLS），对变量分布没有要求，适用于类别变量的参数估计，但是要求较大的样本量；②稳健的极大似然估计（robust maximum likelihood，MLR），适用于非正态和非独立数据，一般推荐用MLR估计中、小样本；

③均数调整似然估计（mean adjusted maximum likelihood estimator，MLM），适用于分析非正态的连续变量。

2. 模型评价——拟合指数

CFA 是运用现有的数据去拟合一个既定模型的过程。拟合指数是判断数据与模型拟合优劣的重要指标，它代表了原始数据与根据既定模型模拟出的数据的“误差”。模型的拟合度越高，代表模型越能准确反映实际数据。

卡方（χ^2）是最常用的拟合指数，也是所有拟合指数的基础。理论上来说，卡方显著，说明模型不符合实际数据，模型拟合不好。但是，卡方的大小与样本量相关，样本量越大，越容易显著。这样一来，几乎所有大样本的模型都会被认为不符合实际。所以，单凭卡方值来判定模型拟合好坏并不妥切。有研究者提出使用 χ^2/df 小于 5 来作为模型拟合良好的判断标准。虽然卡方作为拟合指数存在诸多问题，在研究报告中一般仍需要报告卡方值及显著性水平，或报告 χ^2/df 的值。

为了克服卡方存在的问题，研究者提出了许多基于卡方值的拟合指数。它们可以分成两类：绝对拟合指数和相对拟合指数。

（1）绝对拟合指数

绝对拟合指数是将理论模型和饱和模型比较得到的统计量。所谓饱和模型，是指给定观测变量能产生的最复杂的可能模型，其自由度为 0，能精确地反映数据的原有关系，是给定现有数据拟合最好的模型。常用的绝对拟合指数有标准化残差均方根（standardized root mean square residual，SRMR）、近似误差均方根（root mean square error of approximation，RMSEA）以及赤池信息准则（Akaike information criterion，AIC）和贝叶斯信息准则（Bayesian information criterion，BIC）两个信息指数。

SRMR 从残差大小的角度考虑模型拟合的优劣，其取值范围是 0 到 1。一般认为 SRMR 低于 0.08 则模型拟合可以接受，大于 0.08 则模型拟合不好。

RMSEA 受样本量的影响小，对模型误设敏感，在一定范围内惩罚复杂模型（惩罚复杂模型也是拟合指数的重要功能，我们会在接下来的模型比较与选择部分提到这一点），是比较理想的拟合指数。RMSEA 是一个可以提供置信区间的拟合指数，一般地，RMSEA 小于 0.08，且其 90% 置信区间的上限小于 0.10，说明模型拟合良好。但是，当样本量增加时，RMSEA 对复杂模型的惩罚力度递减，并且，当样本量小于 200 时，RMSEA 会低估模型拟合。

AIC 和 BIC 主要用于模型的比较与评价，它们都考虑了待估计参数的个数，惩罚复杂模型。AIC 随着样本量增大对复杂模型惩罚减小，而 BIC 在大样本量时对复杂模型惩罚表现较好，但是倾向选择参数较少的简约模型。

（2）相对拟合指数

相对拟合指数是将理论模型和基准模型比较得到的统计量。通常是将虚模型（即限制最多、拟合最不好的模型）作为基准模型。简单来说，相对拟合指数就是将理论模型与拟合最不好的模型进行比较，看看拟合程度改进的多少。常用的相对拟合指数有 Tucker Lewis 指数（Tucker Lewis index，TLI）和比较拟合指数（comparative fit index，CFI）。

TLI 又名非规范拟合指数（non-normed fit index，NNFI），TLI 大于 0.90 认为拟合可以接受，大于 0.95 则拟合较好。TLI 具有惩罚复杂模型的功能，但是 TLI 的取值不在 0 到 1 的范围内，有可能大于 1。

CFI 与 TLI 一样，大于 0.90 认为模型拟合尚可，大于 0.95 认为模型拟合较好。CFI 的取值范围在 0 到 1 之间，不足之处是没有惩罚复杂模型。

在实际应用中，研究者不应单凭一个拟合指数达标与否评价模型好坏，而应该同时参考多个拟合指数进行判定。在撰写研究报告时，卡方值、RMSEA 及其 90% 的置信区间、TLI、CFI 指数是推荐必须报告的，也可以报告 SRMR。AIC 和 BIC 一般在模型选择时需要报告。

3. 模型修正——修正指数

多数情况下，研究者在探索初期设置的理论模型未必符合实际情况，需要根据现有数据寻找模型拟合不良的原因或确定导致模型错误的因素，然后修正模型，并使用同一批数据进行检验，这个过程被称为模型修正。修正指数（modification indices，MI）是在模型修正时需要参考的重要指标。

我们可以运用多元回归的知识来理解修正指数，假如在模型中加入一个自变量，R^2 会变大，但是 R^2 的改变需要达到一定的程度，我们才认为自变量的加入是有意义的。同理，如果允许 CFA 模型中某个受限制的参数自由估计，模型必定会因此改良。修正指数就是假设放宽某个参数的限制，整个模型的卡方减少的数值。在 $\alpha=0.05$ 水平上，$\chi^2>3.84$ 就说明改变该参数限制，模型得到显著的改善。例如，理论模型假设 X_1 只负荷于 F_1 而不负荷于 F_2，此时需要指定因子负荷 λ_{12} 为 0。但这只是假设，可能在实际情况中 λ_{12} 是不为 0 的，从而导致整个模型拟合不好。修正指数可以反映出当允许因子负荷 λ_{12} 自由估计时，模型拟合的改善程度。

需要注意的是，修正指数是基于卡方值得出的统计量，会受样本量的影响，所以不能把它看作修正模型的唯一依据。在模型修正时，必须考虑改变模型参数是否有理论上的依据。对于理论上没有依据的路径，不能将其改为自由估计。根据修正指数进行模型的修订，是“自下而上”的取向，根据理论进行模型修订，属于“自上而下”的取向。

4. 模型的比较与选择

一个好的模型希望达到两个目标：准确和简约。但是，这两个目标具有一定的冲突性。饱和模型是最复杂的模型，自由度为零，它完美地反映了数据的真实结构，但所建的模型没有意义。而模型简约到极端也未必是一件好事，尤其是社会科学研究中，变量之间的关系通常比较繁杂。一个好的模型，是要在准确的基础上尽量简约，在简约的基础上尽量准确反映变量间的真实结构。

严格来说，要比较的模型需要有嵌套结构。所谓嵌套结构，就是可以仅通过限制参数或仅通过令参数自由估计得到另一模型。如果限制模型 A 中的两个自由估计的参数为 0 得到模型 B，则说模型 B 嵌套于模型 A。嵌套模型只能够单项的放宽参数估计或限制参数，如果模型 C 既限制了模型 D 的部分参数，又令模型 D 的其他某些参数自由估计，则模型 C 和模型 D 不构成嵌套结构。比较嵌套模型的标准是 $\Delta\chi^2$ 显著，通常 $\Delta\chi^2/\Delta df>5$，就可以认为模型的改变是统计上显著的，这种比较模型优劣的方法称为卡方差异检验。具体选择模型时需要平衡模型的准确性和简约性，当需要简化原有模型时，自由度变大，我们希望卡方值不要上升太多；当需要牺牲自由度让模型更加准确时，我们希望卡方值下降得越多越好。

非嵌套模型既可以使用上述方法做粗略比较，也可以选用信息指数（如 AIC 和 BIC）进行比较和选择。信息指数是重要的校正简约指数，信息指数越低，模型拟合越好。

二、验证性因子分析示例

【例 5.2】对团队协作的 6 道题进行验证性因子分析，团队协作包括合作意识和沟通能力两个维度，每个维度 3 道题。数据样本量为 577。

（一）程序语句

```
DATA：FILE IS cfa. txt；! 读取数据
VARIABLE：NAMES ARE y1 - y6；! 对变量进行命名
ANALYSIS：ESTIMATOR = ML；! 估计方法，采用的是极大似然法
MODEL：f1 BY y1 - y3；! 定义模型，因子 f1 由 y1、y2、y3 三个指标测量
f2 BY y4 - y6；! 定义模型，因子 f2 由 y4、y5、y6 三个指标测量
OUTPUT：
STANDARDIZED；MODINDICES；! 输出标准化解和修正指数
```

（二）结果输出与解释

```
MODEL FIT INFORMATION
Number of Free Parameters                        19
Loglikelihood
          H0 Value                         -4191.449
          H1 Value                         -4173.367
Information Criteria
          Akaike (AIC)                      8420.899
          Bayesian (BIC)                    8503.698
          Sample-Size Adjusted BIC          8443.381
            (n* = (n + 2) / 24)
```

```
Chi-Square Test of Model Fit
          Value                                    36.165
          Degrees of Freedom                            8
          P-Value                                  0.0000
RMSEA (Root Mean Square Error Of Approximation)
          Estimate                                  0.078
          90 Percent C.I.                  0.053    0.105
          Probability RMSEA <= .05                  0.032
CFI/TLI
          CFI                                       0.977
          TLI                                       0.956
Chi-Square Test of Model Fit for the Baseline Model
          Value                                  1216.587
          Degrees of Freedom                           15
          P-Value                                  0.0000
SRMR (Standardized Root Mean Square Residual)
          Value                                     0.037
```

图 5-11 模型拟合指数

上图展示了该模型的主要拟合指数，其中，RMSEA = 0.078，SRMR = 0.037，均小于 0.08，CFI = 0.977，TLI = 0.956，均大于 0.95，说明模型拟合良好。

```
STANDARDIZED MODEL RESULTS
STDYX Standardization
                                                          Two-Tailed
                    Estimate       S.E.     Est./S.E.      P-Value
F1        BY
    Y1                 0.784      0.025       31.457        0.000
    Y2                 0.808      0.024       33.082        0.000
    Y3                 0.613      0.032       19.227        0.000

F2        BY
    Y4                 0.751      0.026       29.102        0.000
    Y5                 0.771      0.025       30.848        0.000
    Y6                 0.748      0.027       28.132        0.000
F2        WITH
    F1                 0.585      0.039       14.838        0.000
```

图 5-12 模型参数的标准化解

图5－12中呈现的是各题目的因子负荷的标准化解及两个因子的相关系数。图中各列，分别是估计值（Estimate）、估计值的标准误（S. E.）、t 统计量值（$t=\frac{x-u}{SD}=\frac{Est-0}{S.E.}$）、伴随概率 p，p 值小于0.05，表示因子负荷显著不等于零。本例中，各指标在因子的负荷在0.613到0.808之间，均显著。

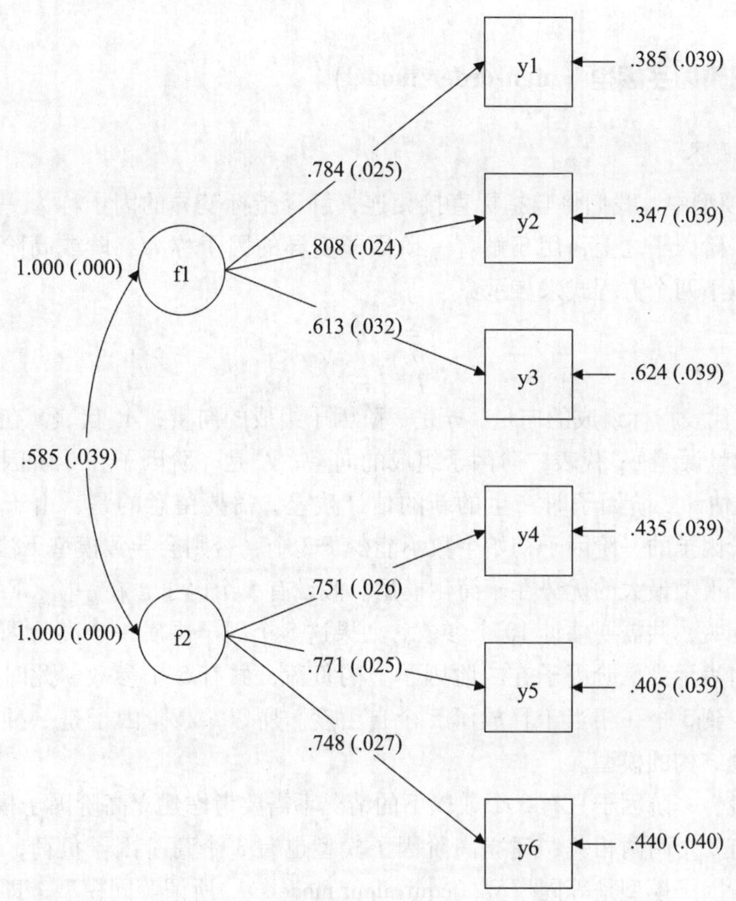

图5－13　验证性因子分析模型图

图5－13模型图展示了各个参数的估计结果，其中，最右侧是各个题目的误差及其标准误，中间的因子负荷是图5－12中的模型的解。细心的读者可以发现，因子负荷的平方加上误差等于1，比如，$0.784\times0.784+0.385=1$，因子负荷的平方表示潜在因子解释题目指标变异的百分比。

（三）结果报告

关于验证性因子分析的研究报告，主要呈现两部分内容：一是类似于图5－13的模型图，二是模型的拟合指数，如表5－2所示。

表 5-2　团队协作二因子模型的拟合指数

模型	χ^2/df	CFI	TLI	RMSEA	SRMR
二因子模型	4.521	0.977	0.956	0.078	0.037

三、验证性因子分析应用进阶

（一）高阶因子模型（high-order model）

1. 模型概述

在 CFA 模型中，我们将与指标直接相连，解释指标变异的因子称为一阶因子或低阶因子。在一阶因子之上，用于解释一阶因子变异的因子称为二阶或高阶因子。高阶因子模型由以下两个方程式来表示：

$$y = \Lambda_y \eta + \varepsilon$$
$$\eta = \Gamma \zeta + \zeta$$

其中，y 代表指标组成的向量，η 是一阶因子组成的向量，Λ_y 代表 y 在 η 上的负荷矩阵，ε 是测量误差；ζ 代表二阶因子组成的向量，Γ 是一阶因子在二阶因子上的负荷矩阵，ζ 是在估计二阶因子时产生的新的估计残差。需要留意的是，由于模型识别问题，形成二阶因子的一阶因子初始个数不能少于 3 个，否则会导致模型无法识别。

高阶因子模型最大的优势在于简化模型。假设有 5 个因子，在一阶 CFA 模型中，5 个因子两两相关，共需要估计 10 个参数。如果这 5 个因子同属一个高阶因子，它们间的相关关系将表示为一阶因子在二阶因子上的负荷，共有 5 个参数，此时模型需要估计的参数减少到 5 个，相当于释放了 5 个自由度。所以，高阶因子是一种既简单又能准确描述数据结构的模型。

一般来说，一阶因子只有 3 个或以下的情况不需要考虑建立高阶因子模型。3 个一阶因子一共有 3 个两两相关，建立高阶因子模型也有 3 个高阶因子负荷，此时二阶因子模型与一阶因子模型是等同模型（equivalent models）。所谓等同模型，即用同样数量的参数产生的拟合程度相同、但结构不同的模型。所以，当因子数大于或等于 4 时，研究者通过建立高阶因子模型可以简化模型结构。

2. 使用 Mplus 进行高阶因子建模示例

【例 5.3】对抗压力的 10 道题进行高阶因子分析，抗压力包括三个维度，分别是灵活性、适应力和困难解决，灵活性维度 4 个题目，适应力维度 3 个题目，困难解决维度 3 个题目，数据样本量为 219。

（1）程序语句

```
DATA: FILE IS hcfa. txt;
VARIABLE: NAMES ARE y1 - y10;
```

```
USEVARIABLES are y1 - y10;
ANALYSIS: ESTIMATOR = ML;! 估计方法，采取的是极大似然法
MODEL: f1 BY y1 - y4;
       f2 BY y5 - y7;
       f3 BY y8 - y10;
       f4 BY f1 f2 f3;! 定义高阶因子
OUTPUT: STANDARDIZED;
        MODINDICES;
```

（2）结果输出与解释

```
MODEL FIT INFORMATION
Number of Free Parameters                          33
Loglikelihood
          H0 Value                          -3079.774
          H1 Value                          -3044.928
Information Criteria
          Akaike (AIC)                       6225.549
          Bayesian (BIC)                     6337.388
          Sample-Size Adjusted BIC           6232.812
            (n* = (n + 2) / 24)
Chi-Square Test of Model Fit
          Value                                69.693
          Degrees of Freedom                       32
          P-Value                              0.0001
RMSEA (Root Mean Square Error of Approximation)
          Estimate                              0.073
          90 Percent C. I.               0.050  0.097
          Probability RMSEA <= .05              0.051
CFI/TLI
          CFI                                   0.952
          TLI                                   0.933
Chi-Square Test of Model Fit for the Baseline Model
          Value                               830.294
          Degrees of Freedom                       45
          P-Value                              0.0000
SRMR (Standardized Root Mean Square Residual)
          Value                                 0.048
```

图5-14 高阶因子模型拟合指数

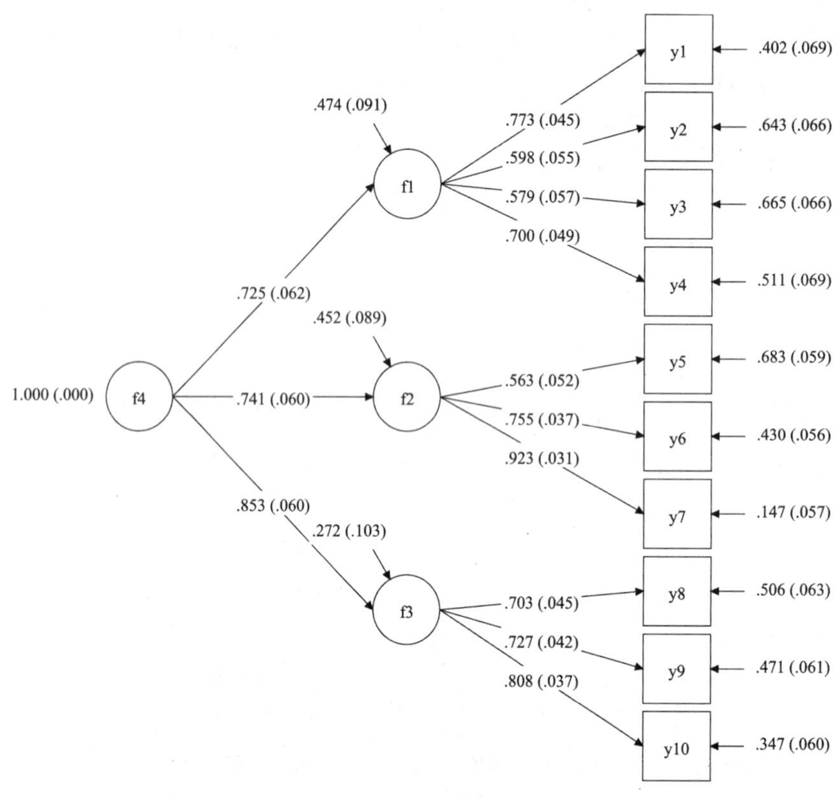

图5－15　高阶因子模型图

高阶因子模型的结果输出与验证性因子分析类似，我们可以考察模型的整体拟合指数和各个参数的估计结果，这里不再赘述。

（二）双因子模型（bi-factor model）

1．模型概述

双因子模型，又称全局－局部因子模型，它用一个全局因子来反映因子间的共同性，用多个局部因子来解释因子间的特殊差异。假设有 p 个变量 X_1，X_2，…，X_p，反映了一个全局因子 G 和 n 个局部因子 S_1，S_2，…，S_n，则变量 X_i 可以表示为：

$$X_i = a_iG + \sum_{j=1}^{n} b_{ij}S_j + \delta_i, i = 1,2,\cdots,p$$

其中，a_i 是 X_i 在全局因子 G 上的负荷，b_{ij}是 X_i 在局部因子 S_j 上的负荷，δ_i 是测量误差。为了模型更容易收敛和解释，通常假设全局因子 G 和局部因子 S_j 不相关。局部因子间也默认不相关，但当局部因子大于 2 个时，可以允许部分相关。双因子模型在一阶 CFA 模型的基础上加入了全局因子，可以解释全部测量指标的共同性，局部因子解释了除全局因子外量表维度间的共同性。

双因子模型与高阶因子模型具有嵌套关系，任何一个高阶因子模型通过数学变换都可以转换成双因子模型，反过来则未必，所以，高阶因子模型嵌套于双因子模型，可以通过卡方差异检验比较两种模型的拟合优劣。

双因子模型有两种较为常见的应用，一是信度的计算，二是分离量表的项目表述效应。

(1) 双因子模型与同质性信度、合成信度

在经典测量理论中，变量的总变异被分解为真实变异与误差变异，信度的定义为真分数变异占总变异的比例。心理量表中，真分数可以分解为全局因子、局部因子和特殊因子等。据此，双因子模型可以通过分离出测量的全局因子和局部因子，从而对两种常见的信度指标进行估计：同质性信度（homogeneity reliability）、合成信度（composite reliability）。

同质性信度记为ρ_{hom}或ω_h，表示为测量分数的变异中，全局因子的变异占总变异的比例，其计算公式为：

$$\rho_{hom} = \frac{(\sum_{i=1}^{p} a_i)^2 var(G)}{(\sum_{i=1}^{p} a_i)^2 var(G) + var(\sum_{i=1}^{p}\sum_{j=1}^{n} b_{ij}S_j) + \sum_{i=1}^{p} var(\delta_i)}$$

合成信度，也叫内部一致性信度（internal consistency），记为ρ或ω，指全局因子与局部因子的变异占总变异的比例，计算公式为：

$$\rho = \frac{(\sum_{i=1}^{p} a_i)^2 var(G) + var(\sum_{i=1}^{p}\sum_{j=1}^{n} b_{ij}S_j)}{(\sum_{i=1}^{p} a_i)^2 var(G) + var(\sum_{i=1}^{p}\sum_{j=1}^{n} b_{ij}S_j) + \sum_{i=1}^{p} var(\delta_i)}$$

实际上，量表的同质性信度衡量的是所有题目测量同一个特质的程度，而合成信度反映了题目间的相关性。

对于一个单维测验，所有题目均测量一个因子，测验题目得分可以加总求和，此时不存在局部因子，同质性信度和合成信度相同。

对于一个多维测验，情况略微复杂，测验题目分属于不同的局部因子（分维度、分量表），但不必然存在一个全局因子。比如，工作倦怠的各个维度得分各有其意义，量表总分也可以看作是反映倦怠的总体水平；但是，大五人格测验的各个维度得分虽然各有其意义，但测验的总分并无实质意义，也即不存在全局因子。所以，如果多维测验存在全局因子，则可以同时估计同质性信度和合成信度，如果不存在全局因子，则没有同质性信度。

在实际应用中，如果量表存在全局因子，在将量表的总分相加之前，需首先考虑同质性信度是否足够大。一般认为当同质性信度达到0.5或以上时，测验总分是有意义的。如果量表不需要相加总分，或不能相加总分，此时只需要计算合成信度。一般来说，合成信度大于0.7，则量表信度比较理想。

(2) 双因子模型与项目表述效应

在心理量表的编制过程中，研究者为了控制答题者的趋同应答偏差，常使用正向、反向表述题目相结合的策略。这一策略控制了趋同偏差的同时，也带来了另外一种误

差，即由正向题和反向题的词性差异引起的与测量内容无关的系统变异，这也被称为项目表述效应（wording effect）。

项目表述效应既可以通过双因子模型验证其是否存在，也可以通过双因子模型判断它的影响程度。将要测量的单维目标特质视作全局因子，将负向表述视作局部因子，如果其模型拟合远优于只有全局因子的模型，则表明存在项目表述效应。同时，研究者可以通过计算同质性系数的方法判断项目表述效应的大小，同质性系数越高，则项目表述效应的影响越大。当项目表述效应对单维量表的影响不能忽视时，例如反向表述题目的因子负荷过低，或单维量表的拟合较差，需要建立双因子模型进行后续分析。

2. 使用 Mplus 进行双因子建模示例

【例 5.4】假设对社会支持的 15 道题进行双因子模型分析，社会支持有 4 个维度，分别为同伴支持、家人支持、教师支持和其他支持，数据样本量为 219。

（1）程序语句

```
DATA: FILE IS bifactor. txt;
VARIABLE: NAMES ARE y1 - y15;
USEVARIABLES IS y1 - y15;
MODEL: G BY y1 - y15 *; !"*"表示因子负荷自由估计，下同
          f1 BY y1 - y4 *;
          f2 BY y5 - y7 *;
          f3 BY y8 - y10 *;
          f4 BY y11 - y15 *;
```

G@1;! 因子方差固定为 1。这里采用固定方差法，因此各个因子下的因子负荷设置为自由估计，所有因子方差固定为 1。

```
f1 - f4@1;
G with f1 - f4@0;! 设置因子之间不相关，下同
f1 - f4 with f1 - f4@0;
OUTPUT:
STANDARDIZED; MODINDICES;! 输出标准化解和修正指数
```

（2）结果输出与解释

```
MODEL FIT INFORMATION
Number of Free Parameters                       60
Loglikelihood
          H0 Value                       -4560.716
          H1 Value                       -4477.507
Information Criteria
          Akaike (AIC)                    9241.432
          Bayesian (BIC)                  9444.776
```

Sample-Size Adjusted BIC 9254.639
(n∗ = (n + 2) / 24)

Chi-Square Test of Model Fit
Value 166.419
Degrees of Freedom 75
P-Value 0.0000

RMSEA (Root Mean Square Error of Approximation)
Estimate 0.075
90 Percent C. I. 0.059 0.090
Probability RMSEA < = .05 0.005

CFI/TLI
CFI 0.917
TLI 0.884

Chi-Square Test of Model Fit for the Baseline Model
Value 1205.970
Degrees of Freedom 105
P-Value 0.0000

SRMR (Standardized Root Mean Square Residual)
Value 0.053

图 5－16 双因子模型拟合指数

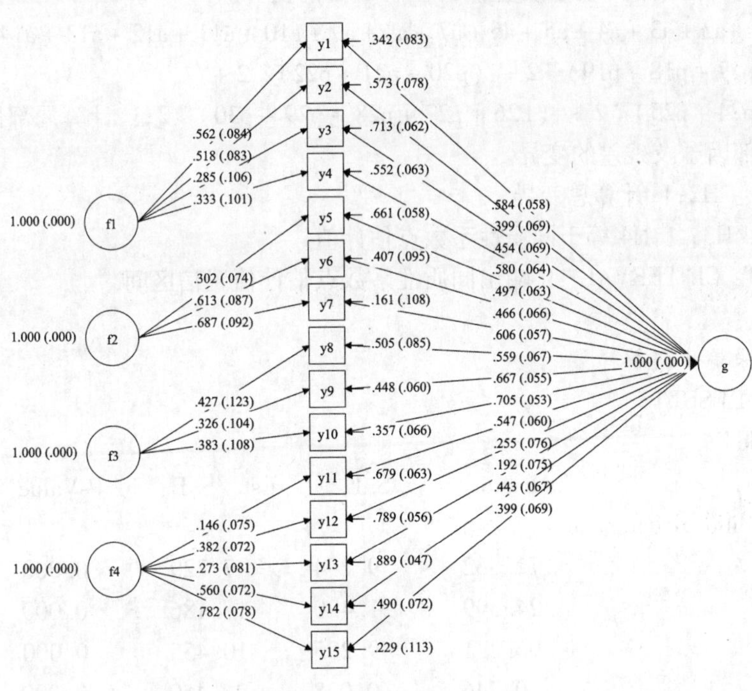

图 5－17 双因子模型图

3. 使用 Mplus 计算同质性信度示例

以【例 5.4】的数据为例，演示如何估计该量表的同质性信度。

(1) 程序语句

DATA：FILE IS 同质性系数 . txt；

VARIABLE：NAMES ARE y1 - y15；

MODEL：

f1 BY y1 - y15* (p1 - p15)；！“ * ” 代表因子负荷自由估计，“(p1 - p15)” 代表将 f1 下属的 15 个因子负荷分别命名为 p1 - p15，下同。

f2 BY y1 - y4* (p16 - p19)；

f3 BY y5 - y7* (p20 - p22)；

f4 BY y8 - y10* (p23 - p25)；

f5 BY y11 - y15* (p26 - p30)；

y1 - y15 (a1 - a15)；！代表计算 y1 - y15 的残差方差，并将 15 个残差方差值分别命名为 a1 - a15。

f1 - f5@1；！这里依然采用固定方差法，所有因子方差固定为 1。

f1 - f5 with f1 - f5 @0；！将所有因子之间的相关固定为 0，即设置所有因子之间彼此不相关。

MODEL CONSTRAINT：

new (H1 - H4)；

H1 = (p1 + p2 + p3 + p4 + p5 + p6 + p7 + p8 + p9 + p10 + p11 + p12 + p13 + p14 + p15)**2；！计算全局因子分数方差，即全局因子的变异。

H2 = a1 + a2 + a3 + a4 + a5 + a6 + a7 + a8 + a9 + a10 + a11 + a12 + a13 + a14 + a15 +
(p16 + p17 + p18 + p19)**2 + (p20 + p21 + p22)**2 +
(p23 + p24 + p25)**2 + (P26 + p27 + p28 + p29 + p30)**2；！计算局部因子及残差方差，即局部因子及残差的变异。

H3 = H1 + H2；！计算总变异

H4 = H1/H3；！H4 等于同质性系数点估计值

OUTPUT：CINTERVAL；！输出同质性系数点估计值置信区间

(2) 结果输出与解释

MODEL RESULTS

Two-Tailed

	Estimate	S. E.	Est. /S. E.	P-Value
New/Additional Parameters				
H1	71.832	9.294	7.729	0.000
H2	24.399	1.420	17.186	0.000
H3	96.231	9.205	10.455	0.000
H4	0.746	0.028	26.459	0.000

图 5-18 同质性系数点估计结果

CONFIDENCE INTERVALS OF MODEL RESULTS

	Lower .5%	Lower 2.5%	Lower 5%	Estimate	Upper 5%	Upper 2.5%	Upper .5%
New/Additional Parameters							
H1	47.892	53.616	56.543	71.832	87.121	90.048	95.771
H2	20.742	21.616	22.063	24.399	26.734	27.181	28.056
H3	72.521	78.190	81.089	96.231	111.372	114.272	119.940
H4	0.674	0.691	0.700	0.746	0.793	0.802	0.819

图 5-19 同质性系数置信区间

某个多维量表在合成总分时，才考虑计算同质性信度。一般报告同质性信度的点估计值和置信区间即可。由上图可知，社会支持的同质性信度为 0.746，95% 置信区间为［0.691，0.802］。

4. 使用 Mplus 计算合成信度示例

这里依然以【例 5.4】的数据为例，演示如何估计该量表的合成信度。

(1) 程序语句

```
DATA: FILE IS 合成信度.txt;
VARIABLE: NAMES ARE y1 - y15;
MODEL:
f1 BY y1 - y15* (p1 - p15);
f2 BY y1 - y4* (p16 - p19);
f3 BY y5 - y7* (p20 - p22);
f4 BY y8 - y10* (p23 - p25);
f5 BY y11 - y15* (p26 - p30);
y1 - y15 (a1 - a15);
f1 - f5@1;
f1 - f5 with f1 - f5 @0;
MODEL CONSTRAINT:
new (H1 - H6);
H1 = (p1 + p2 + p3 + p4 + p5 + p6 + p7 + p8 + p9 + p10 + p11 + p12 + p13 + p14 + p15)**2;! 计算全局因子分数方差，即全局因子的变异。
H2 = a1 + a2 + a3 + a4 + a5 + a6 + a7 + a8 + a9 + a10 + a11 + a12 + a13 + a14 + a15;! 计算残差方差。
H3 = (p16 + p17 + p18 + p19)**2 + (p20 + p21 + p22)**2 + (p23 + p24 + p25)**2 + (P26 + p27 + p28 + p29 + p30)**2;! 计算局部因子方差，即局部因子的变异。
H4 = H1 + H3;! 计算全局因子及局部因子方差。这里是合成信度与同质性信度不同之处。合成信度的分子要计算全局因子及局部因子方差，而同质性信度的分子只考
```

虑全局因子方差。

```
H5 = H1 + H2 + H3;
H6 = H4/H5;
! H6 等于合成信度点估计值
OUTPUT: CINTERVAL;
```

(2) 结果输出与解释

MODEL RESULTS

	Estimate	S. E.	Est. /S. E.	Two-Tailed P-Value
New/Additional Parameters				
H1	71. 831	9. 294	7. 729	0. 000
H2	10. 210	0. 316	32. 347	0. 000
H3	14. 189	1. 420	9. 995	0. 000
H4	86. 020	9. 207	9. 342	0. 000
H5	96. 230	9. 205	10. 455	0. 000
H6	0. 894	0. 011	84. 005	0. 000

图5-20 合成信度点估计值

CONFIDENCE INTERVALS OF MODEL RESULTS

	Lower . 5%	Lower 2. 5%	Lower 5%	Estimate	Upper 5%	Upper 2. 5%	Upper . 5%
New/Additional Parameters							
H1	47. 892	53. 615	56. 543	71. 831	87. 120	90. 047	95. 771
H2	9. 397	9. 591	9. 691	10. 210	10. 729	10. 829	11. 023
H3	10. 532	11. 406	11. 854	14. 189	16. 524	16. 971	17. 846
H4	62. 303	67. 973	70. 874	86. 020	101. 166	104. 067	109. 737
H5	72. 521	78. 189	81. 089	96. 230	111. 372	114. 271	119. 939
H6	0. 866	0. 873	0. 876	0. 894	0. 911	0. 915	0. 921

图5-21 合成信度置信区间

一般报告合成信度的点估计值和置信区间即可。由图5-21可知，社会支持的合成信度为0. 894，95%置信区间为［0. 873，0. 915］。

第三节 结构方程模型

一、结构方程模型概述

结构方程模型（structural equation modeling，SEM）是基于变量协方差矩阵进行建模的多元统计方法，是多元回归和因子分析的综合。结构方程模型可以检验潜变量构念以及分析潜变量之间关系，它分为测量模型和结构模型两个板块。测量模型处理的是指标与潜变量之间关系的检验，即CFA完成的部分。CFA关心的是潜变量的结构，以及确认观测指标与潜在构念的假设关系。结构模型处理的是潜变量之间的关系，它和路径分析的模式很相似，区别在于路径分析中的变量是显变量，而结构模型的变量是潜变量。

例如，假设要研究职业倦怠对离职倾向的影响，传统的做法是把职业倦怠汇总为一个量化指标 X，把离职倾向汇总为一个量化指标 Y，建立 Y 对 X 的回归方程，若回归系数显著，则职业倦怠对离职倾向的影响显著。这样做的不足是忽略了职业倦怠和离职倾向存在的测量误差，容易导致分析结果不准确。在SEM的框架下，将测量模型和结构模型纳入方程一起进行分析，从而在考量了测量误差的基础上探讨两个潜变量的关系。

简单来说，测量模型处理的是显变量和潜变量的关系，而结构模型部分处理的潜变量与潜变量之间的关系。既包含测量模型，又包含结构模型，称为全模型（full model)。可见，因子分析与结构方程模型并非两个并列的关系，因子分析包含EFA及CFA，而CFA又是结构方程模型的特例。考虑到读者相对于全模型可能更加熟悉结构方程模型一词，本章中的结构方程模型除非特别指明，一般指全模型。

（一）结构方程模型的变量

测量模型中有两类变量：显变量和潜变量。结构模型中也有两类变量：外源变量和内生变量。它们交叉组合，组成了SEM中的四种变量，即外源显变量、外源潜变量、内生显变量、内生潜变量。

如果结构模型中的某个变量无法被其他变量所解释，那么这个变量被称为外源潜变量。也就是说，外源潜变量不是由模型内的其他潜变量引起的。相反，如果结构模型中某个变量可以被其他一个或多个变量解释，这个变量就叫作内生潜变量。我们说结构模型分析的是潜变量间的因果关系，外源潜变量只可能是因果关系中的原因变量，而内生潜变量则可能是原因变量，也可能是结果变量。例如，当内生潜变量作为中介变量时，它就既是原因变量，又是结果变量。测量外源潜变量的指标称为外源显变量，测量内生潜变量的指标称为内生显变量。

在结构方程模型图中，显变量用方框表示，潜变量用圆圈表示。在测量模型中，箭头由潜变量指向显变量。在结构模型中，箭头“由因去果”，由外源潜变量指向内生潜变量，只要被箭头指向的一定是内生潜变量。

（二）结构方程模型方程式

测量模型的方程式为：

$$x = \Lambda_x \xi + \delta$$

$$y = \Lambda_y \eta + \varepsilon$$

x 是外源指标（外源显变量）组成的向量，ξ 是外源潜变量，Λ_x 描述了外源指标与外源潜变量的关系，即 x 在 ξ 上的因子负荷矩阵，δ 是外源指标的残差组成的向量。y 是内生指标（内生显变量）组成的向量，η 是内生潜变量，Λ_y 是 y 在 η 上的因子负荷矩阵，ε 是内生指标的残差向量。

结构模型的方程式为：

$$\eta = B\eta + \Gamma\xi + \zeta$$

结构模型描述了内生潜变量 η 与外源潜变量 ξ 的关系。B 是内生潜变量间的关系矩阵，Γ 是外生潜变量对内生潜变量的影响，ζ 是结构方程的残差项，是 η 在方程中未能解释的部分。

SEM 模型有一些基本的假设：

测量方程的误差项 ε、δ 均值为 0；

结构模型残差项 ζ 均值为 0；

误差项与潜变量互不相关，误差项间也不相关；

结构模型残差项 ζ 与 ε、δ 和 ξ 不相关。

（三）模型识别

与 CFA 一样，SEM 同样存在模型识别的问题。模型的可识别性与样本容量无关，如果模型不可识别，则统计软件无法进行参数估计并给出模型拟合等指标。所以在建模之前，一定要保证模型是可识别的。目前尚无公认的 SEM 模型识别充要条件，但是模型识别的必要条件与 CFA 是一致的，即：①自由度不能为负；②用固定方差法或固定负荷法为每一个潜变量指定测量单位。

需要指出的是，以上条件只是 SEM 模型识别的必要非充分条件，即使满足上述条件，模型依然有可能无法识别。此时可以查看统计软件是否有给出提示信息，如果有则及时修改。

非递归模型通常存在识别问题。非递归模型指结构模型中存在“反馈”关系，例如，η_1 影响 η_2，η_2 反过来又影响 η_1；而递归模型是不存在这种“反馈”关系的。通常来说，SEM 大部分都是递归模型，非递归模型不仅在理论上解释起来比较复杂，实际数据分析中也很难给出恰当的结果。所以在建模之初，不违背理论假设的基础上，尽量建立递归模型，以便于模型识别。

（四）结构方程建模

结构方程建模的步骤与 CFA 十分类似，都包含参数估计、检查模型拟合、模型修正及模型选择，原理也是一致的。只要了解了 CFA 的分析步骤，不难掌握 SEM 的分析方法，在此不做赘述。读者在了解 CFA 的步骤后，可以直接参考我们给出的例子进行 SEM 的分析。

与 CFA 不同的是，SEM 建模在实际分析时还需要考虑等同模型。事实上，同样的参数个数可能产生拟合程度相同但结构不同的多个模型，我们称所有这样的模型为等同模型。等同模型一般不改变测量模型，但是结构模型的路径会发生改变。所以，等同模型可能具有非常不同的含义。

由于等同模型的存在，单凭数据与模型的拟合判断模型是否成立，或者具体来说，判断潜变量间的因果关系是不全面的。为了建立一个符合实际的模型，研究者有时需要数据以外的证据支持，例如现有的理论背景，或者通过实验设计操作和控制有关变量，才能得出因果推论。

（五）结构方程模型的优点

第一，同时处理多个因变量。在回归分析中，一次只能处理一个因变量；路径分析虽然展示出来可能有多个因变量，实际上仍然是单独计算每条路径系数。在实际研究中，变量或者现象之间多是彼此联系，实际关系也往往多因多果，所以使用 SEM 可以更好地解释多变量间的关系。

第二，考虑测量误差。在心理测量中，误差是无法避免的，所以考虑测量模型的误差是构建准确模型的重要部分。回归分析仅考虑了因变量的测量误差，但并未考虑自变量的测量误差，导致分析结果不够准确。结构方程模型允许自变量及因变量都存在测量误差，并使用潜变量建模的方法分离并剔除测量误差，可大大提高分析的准确度。除了测量误差，SEM 的测量模型还可以考量一些非常规的模型结构，如误差相关的情况，并将其纳入统计分析。

第三，同时考虑测量模型和结构模型。SEM 能够同时估计因子结构并分析因子间的关系，即同时处理测量模型和因子模型，将测量问题与分析问题很好地整合于一体，达到对多种关系估计的同时，对整个模型的拟合情况进行整体估计，这是传统的统计方法不具备的。

第四，重视运用多种评价指标。传统的回归分析或路径分析中，我们关心每个参数的显著性。而 SEM 既可以分析模型整体的拟合程度，也可以分析每个参数的显著性及其大小。另外，SEM 发展出了多种拟合指数，可以对模型做出不同角度的拟合评价，避免了过分依赖单一指标的做法。

二、结构方程模型分析示例

【例 5.5】研究者欲探讨员工自我效能感和社会资本对职业成功的影响，对 437 名员工进行施测研究。三个变量分别由四个题目进行测量。

（一）程序语句

DATA：FILE IS full model. txt;！读取数据

VARIABLE：NAMES ARE y1 - y12;！对变量进行命名

USEVARIABLES IS y1 - y12;

ANALYSIS：ESTIMATOR = ML；！估计方法，采用的是极大似然法

MODEL：f1 BY y1 - y4；！定义模型，f1 自我效能感由 y1、y2、y3、y4 四个指标测量

f2 BY y5 - y8;！定义模型，f2 社会资本由 y5、y6、y7、y8 四个指标测量

f3 BY y9 - y12;！定义模型，f3 职业成功由 y9、y10、y11、y12 四个指标测量

f3 ON f1;！做 f3 对 f1 的回归

f3 ON f2;！做 f3 对 f2 的回归

OUTPUT：

STANDARDIZED;

MODINDICES;！输出标准化解和修正指数

（二）结果输出与解释

```
MODEL FIT INFORMATION
Number of Free Parameters                              39
Loglikelihood
            H0 Value                            -8016.271
            H1 Value                            -7963.400
Information Criteria
            Akaike (AIC)                        16110.542
            Bayesian (BIC)                      16269.660
            Sample-Size Adjusted BIC            16145.894
              (n* = (n + 2) / 24)
Chi-Square Test of Model Fit
            Value                                 105.743
            Degrees of Freedom                         51
            P-Value                                0.0000
RMSEA (Root Mean Square Error of Approximation)
            Estimate                                0.050
            90 Percent C. I.              0.036     0.063
            Probability RMSEA <= .05                0.502
```

CFI/TLI

	CFI	0. 943
	TLI	0. 926

Chi-Square Test of Model Fit for the Baseline Model

	Value	1023. 658
	Degrees of Freedom	66
	P-Value	0. 0000

SRMR (Standardized Root Mean Square Residual)

	Value	0. 042

图 5 -22　全模型拟合指数

STANDARDIZED MODEL RESULTS

STDYX Standardization

					Two-Tailed
		Estimate	S. E.	Est. /S. E.	P-Value
F1	BY				
	Y1	0. 552	0. 051	10. 858	0. 000
	Y2	0. 433	0. 053	8. 251	0. 000
	Y3	0. 501	0. 051	9. 899	0. 000
	Y4	0. 538	0. 050	10. 751	0. 000
F2	BY				
	Y5	0. 578	0. 040	14. 442	0. 000
	Y6	0. 544	0. 042	13. 119	0. 000
	Y7	0. 615	0. 039	15. 914	0. 000
	Y8	0. 657	0. 037	17. 871	0. 000
F3	BY				
	Y9	0. 458	0. 045	10. 221	0. 000
	Y10	0. 579	0. 041	14. 278	0. 000
	Y11	0. 650	0. 037	17. 384	0. 000
	Y12	0. 562	0. 040	14. 013	0. 000
F3	ON				
	F1	0. 286	0. 086	3. 336	0. 001
	F2	0. 739	0. 072	10. 332	0. 000

图 5 -23　三个变量的标准化因子负荷及回归系数估计

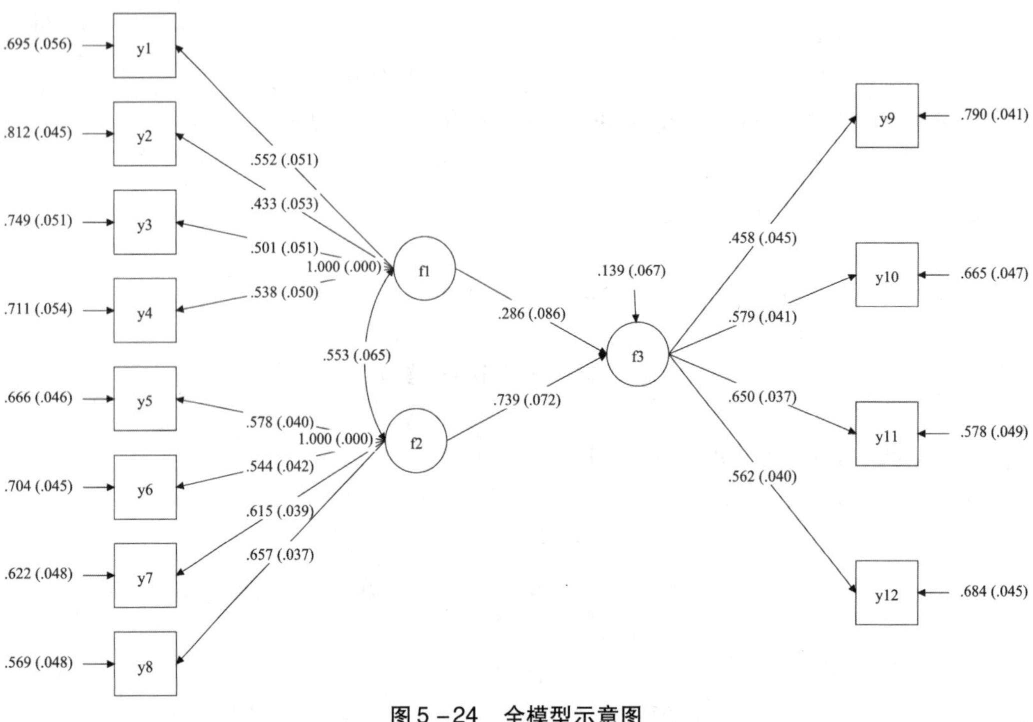

图 5 -24 全模型示意图

从以上结果可知，自我效能感（$\beta=0.286$，$p<0.01$）和社会资本（$\beta=0.739$，$p<0.001$）对职业成功有正向预测作用。

练习题

一、名词解释

（1）显变量；（2）潜变量；（3）探索性因子分析；（4）验证性因子分析；（5）拟合指数；（6）测量模型；（7）结构模型。

二、简答题

1. 简述探索性因子分析和验证性因子分析的关系。
2. 简述结构方程模型建模的主要步骤。

第六章　中介效应与调节效应分析

内容简介

近年来，中介效应（mediating effect）和调节效应（moderating effect）受到越来越多研究者的关注。中介效应和调节效应是两个不同的概念，但却容易被混淆和误用。中介效应分析探讨的是自变量对因变量的影响机制，即自变量是如何通过中介变量影响因变量的；而调节效应分析关注的是自变量影响因变量的条件与边界，即在调节变量的不同水平上，自变量对因变量的影响是如何不同表现的。本章分别介绍中介效应、调节效应、有中介的调节效应、有调节的中介效应、跨层次的中介效应和跨层次的调节效应。跟上一章一样，我们首先介绍各种方法的基本原理，然后给出具体的软件操作示例。

第一节　中介效应分析

一、中介效应概述

（一）中介效应基本原理

假设自变量是 X，因变量是 Y，如果 X 可以通过影响第三个变量 M 进而作用于 Y，则称 M 为中介变量（mediator），变量 M 对 X 与 Y 关系的影响就做中介效应。比如，员工的工作压力对其工作满意度有影响，进一步研究发现，工作压力通过影响员工的负面情绪进而影响工作满意度。这里，负面情绪就是工作压力与工作满意度的中介变量，它揭示了工作压力对员工工作满意度的影响机制，即工作压力是如何或者为什么影响工作满意度的。

关于自变量对因变量影响和中介变量对因变量影响的研究，可能只是从不同的角度来探讨因变量的影响因素，通过中介效应的视角和方法，研究者可以将两个不同的研究或理论整合起来，解释自变量对因变量的影响机制。当然，研究者要注意的是，中介变量的选取并非是随意的，而是应该有一定的理论基础。我们需要强调的是，统计方法只是我们的工具，须要服从于和服务于理论的建构，不要仅仅使用数据驱动，建构一些毫无理论依据的模型。

图 6-1 展示了在未加入中介变量之前，自变量对因变量总效应，记为 c。中介效应模型一般表现为图 6-2 的形式，数学上表达为公式（6.1）至（6.3）。

$$Y = c_0 + cX + e_1 \tag{6.1}$$

$$M = a_0 + aX + e_2 \tag{6.2}$$

$$Y = c_0' + c'X + bM + e_3 \tag{6.3}$$

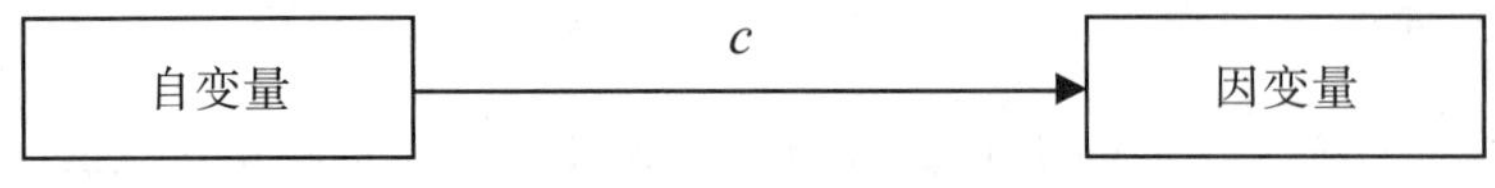

图 6-1　总效应示意图

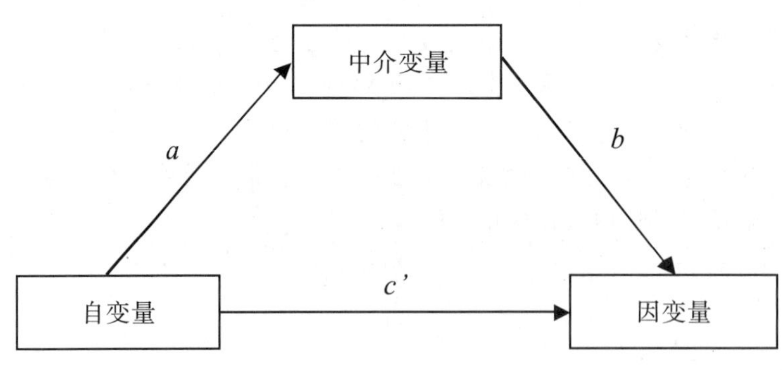

图 6-2　中介效应模型图

中介效应包括 3 个部分：①自变量对中介变量的效应，记为 a；②中介变量对因变量的效应，记为 b；③加入中介变量后，自变量对因变量的影响可能发生了变化，称为自变量对因变量的直接效应，记为 c'。总效应等于直接效应加上所有的中介效应，当只有一个中介变量时，三者关系如下：$c = c' + ab$。

（二）中介效应模型的类型

只有一个中介变量的模型是一种简单中介效应模型。如果中介变量不止一个，此时的中介模型被称为多重中介模型（multiple mediation model）。

多重中介模型主要有两种：单变量多重中介模型和多元多重中介模型。单变量多重中介模型只涉及一个自变量，包括链式多重中介和并行多重中介。链式多重中介模型是指多个中介变量表现出顺序性特征，形成中介链，模型图如图 6-3 所示。并行多重中介模型是指多个变量同时在自变量与因变量之间发挥中介作用，模型图如图 6-4 所示。多元多重中介模型涉及多个自变量和多个中介变量，并且通常会考虑自变量之间的相关关系，模型图如图 6－5 所示，其中双向箭头表示自变量间的相关关系。

以上模型的变量均假定为显变量，如果各研究变量为潜变量，则构成潜变量中介模型。

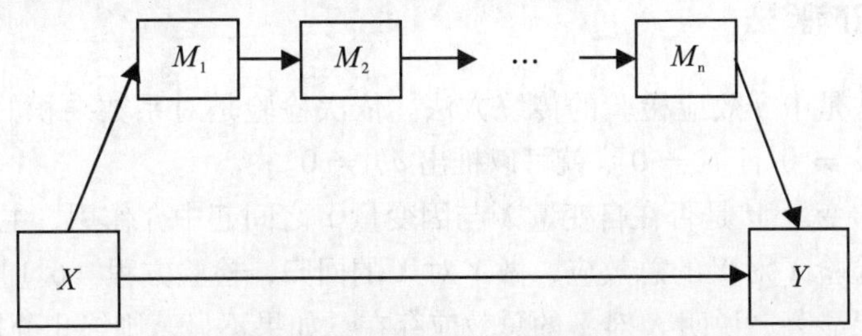

图 6－3　链式多重中介模型图

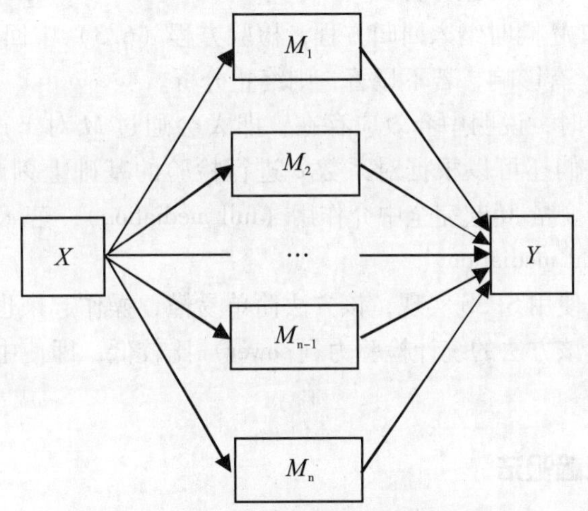

图 6－4　并行多重中介模型图

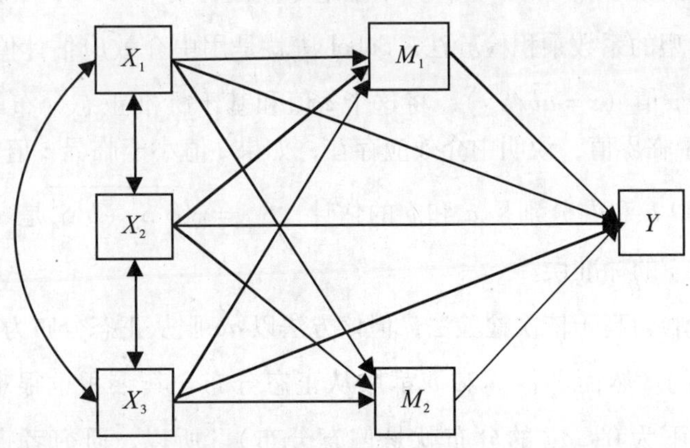

图 6－5　多元多重中介模型图

二、中介效应的分析方法

（一）依次检验法

依次检验法是中介效应检验的传统方法。依次检验是对系数乘积的间接检验，如果检验结果是 $a \neq 0$ 且 $b \neq 0$，就可以推出 $ab \neq 0$。

假如要检验变量 M 是否在自变量 X 与因变量 Y 之间起中介作用，主要步骤如下。

第一步，检验 X 对 Y 的总效应，做 Y 对 X 的回归，检验方程（6.1）中回归系数 c 是否显著，如果显著，说明 X 对 Y 的总效应存在，如果不显著则终止分析。

第二步，做 M 对 X 的回归，检验方程（6.2）中回归系数 a 是否显著，若显著，说明 X 对 M 有影响，否则终止分析。

第三步，将 X 和 M 同时纳入回归方程，检验方程（6.3）中回归系数 b 是否显著，若显著，说明 M 对 Y 有影响，若不显著，则终止分析。

当 a 和 b 都显著时，说明中介效应存在，即 X 会通过 M 对 Y 产生影响。在 a 和 b 都显著的基础上，我们还可以根据对系数 c' 进行检验的基础上刻画中介效应的模式：若 c' 不显著，则说明变量 M 起完全中介作用（full mediation）；若 c' 也显著，说明 M 起部分中介作用（partial mediation）。

依次检验法可以使用 SPSS 实现，该方法简单易懂，操作起来也十分便捷，第一类错误率较低。但是，该方法的统计检验力（power）比较低，即使中介效应存在也容易得出不显著的结论。

（二）系数乘积检验法

系数乘积检验法直接检验系数乘积 ab 是否显著，可以直接提供中介效应的点估计和区间估计。检验假设 H_0：$ab = 0$，如果拒绝零假设，则 $ab \neq 0$，中介效应显著。

Sobel 法是典型的系数乘积检验法。Sobel 法就是用中介效应估计值 $\hat{a}\hat{b}$ 除以它的标准误 S_{ab} 得到一个 z 值（$z = \hat{a}\hat{b}/S_{ab}$），将这个 z 值和基于标准正态分布的临界值进行比较，如果 z 值大于临界值，说明中介效应存在，如果 z 值小于临界 z 值，则不能证明中介效应存在。其中 $\hat{a}$ 和 $\hat{b}$ 分别是 a 和 b 的估计，$S_{ab} = \sqrt{\hat{a}^2 S_b^2 + \hat{b}^2 S_a^2}$ 是 $\hat{a}\hat{b}$ 的标准误，S_a 和 S_b 分别是 $\hat{a}$ 和 $\hat{b}$ 的标准误。

Sobel 法的检验力高于依次检验法，但该方法以 $\hat{a}\hat{b}$ 服从正态分布为前提条件，否则检验结果是有偏的。然而即使 $\hat{a}$ 和 $\hat{b}$ 都服从正态分布，其乘积也很难满足正态分布（实际上只要 $\hat{a}\hat{b}$ 不为 0，$\hat{a}\hat{b}$ 的分布就是偏态分布）。所以，研究者提出了几种替代 Sobel 法的方法：乘积分布法、马尔科夫链蒙特卡罗法（MCMC）、Bootstrap 法等。这几种方法无需对 ab 的抽样分布做正态假设，且适用于中、小样本。其中，Bootstrap 法应用较为广泛。

（三）Bootstrap 法

Bootstrap 法是一种从样本中重复取样的方法，其原理是当正态分布假设不成立时，经验抽样分布可以作为实际总体分布用于参数估计。Bootstrap 法有多种取样方法，其中最简单的方法是非参数百分位 Bootstrap 法。

非参数百分位 Bootstrap 法把原样本视为总体，从中有放回地重复取样以产生许多子样本，即 Bootstrap 样本，然后用每个 Bootstrap 样本对参数进行估计，并将这些参数估计值排序，取特定的百分位点作为参数置信区间的端点，若置信区间未包含 0，则该参数显著。比如，将一个容量为 500 的样本当作抽样的总体，从中有放回地重复取样，可以得到 B 个（通常设为 1000 以上）Bootstrap 样本，每个样本的容量依然是 500。利用这 B 个样本，就可以计算 B 个 ab 系数乘积的估计值，将它们按数值从小到大排序，取其中第 2.5 百分位点和第 97.5 百分位点就构成 ab 的一个置信度为 95% 的置信区间。如果置信区间不包含 0，则系数乘积显著，证明存在中介效应。

非参数百分位 Bootstrap 法默认用 Bootstrap 样本得到的中介效应估计值 $\hat{a}\hat{b}$ 序列的中值就等于原样本数据求取的中介效应估计值 $\hat{a}\hat{b}*$，这样求取的置信区间存在偏差，可以采用偏差校正的非参数百分位 Bootstrap 法解决这个问题。

偏差校正的非参数百分位 Bootstrap 法通过调整构建置信区间的百分位点来校正非参数百分位 Bootstrap 法带来的误差：第一，将 B 个用非参数百分位 Bootstrap 法获得的 ab 估计值 $\hat{a}\hat{b}$ 从小到大排序；第二，计算原始样本数据的中介效应估计值 $\hat{a}\hat{b}*$，求 $\hat{a}\hat{b}*$ 在排序中的百分等级，即得到 $\hat{a}\hat{b} < \hat{a}\hat{b}*$ 的概率 $\Phi(z_0)$；第三，在标准正态累积分布函数中，根据 $\Phi(z_0)$ 求取相应的 z_0 值；第四，求 $2z_0 - z_{\alpha/2}$ 在标准正态累积分布函数中对应的概率 $\Phi(2z_0 - z_{\alpha/2})$，用 $\Phi(2z_0 - z_{\alpha/2})$ 在排序中的百分位数作为置信区间的下置信限；第五，求 $2z_0 + z_{\alpha/2}$ 在标准正态累积分布函数中对应的概率 $\Phi(2z_0 + z_{\alpha/2})$，用 $\Phi(2z_0 + z_{\alpha/2})$ 在排序中的百分位数作为置信区间的上置信限，构建置信度为 $1-\alpha$ 的中介效应置信区间。

Bootstrap 法比 Sobel 法更加精确，有更高的统计检验力，已经成为直接检验系数乘积最常用的方法之一。该方法可以在流行的结构方程软件中实现。

三、中介效应分析示例

（一）显变量简单中介效应的 SPSS 分析：依次检验法

【例 6.1】自变量 X 为亲社会动机，因变量 Y 为组织公民行为，中介变量 M 为组织承诺，样本量为 350。

1. 检验步骤与结果解释

第一步：做 Y 对 X 的回归，检验亲社会动机对组织公民行为的总效应。

点击<Analyze>菜单<Regression>下的<Linear>命令，在<Linear Regression>主菜单中将变量（Y）点入<Dependent>框内，将变量（X）点入<Independent（s）>框内。

在<Linear Regression>对话框中，点击<Statistics>，勾选<Model Fit>和<Descriptives>后，单击<Continue>。

在<Linear Regression>对话框中，点击<OK>。

主要结果如图6-6（a）和图6-6（b）所示。

Model Summary

Model	R	R Square	Adjusted R Square	Std. Error of the Estimate
1	.415[a]	.173	.170	2.49941

a. Predictors: (Constant), X

图6-6（a） 模型概要

Coefficients[a]

Model		Unstandardized Coefficients		Standardized Coefficients	t	Sig.
		B	Std. Error	Beta		
1	(Constant)	13.812	.756		18.260	.000
	X	.538	.063	.415	8.521	.000

a. Dependent Variable: Y

图6-6（b） 回归系数

结果显示，标准化回归系数为0.415，达到显著性水平（$t=8.521$，$p<0.001$），表明亲社会动机对组织公民行为有显著影响，即自变量对因变量的总效应c显著。决定系数$R^2=0.173$，表示自变量解释了因变量变异的17.3%。

第二步：做M对X的回归，检验亲社会动机对组织承诺的效应。

SPSS操作步骤与上一步类似，区别在于将变量（M）而不是变量（Y）放入<Dependent>框内，其他步骤相同，这里从略。主要结果见图6-6（c）和图6-6（d）。结果表明，标准化回归系数为0.180，达到显著性水平（$t=3.421$，$p<0.01$），即自变量对中介变量的效应a显著。

Model Summary

Model	R	R Square	Adjusted R Square	Std. Error of the Estimate
1	.180[a]	.033	.030	.68469

a. Predictors: (Constant), X

图6-6（c） 模型概要

Coefficients[a]

Model		Unstandardized Coefficients B	Unstandardized Coefficients Std. Error	Standardized Coefficients Beta	t	Sig.
1	(Constant)	4.231	.207		20.420	.000
	X	.059	.017	.180	3.421	.001

a. Dependent Variable: M

图 6－6（d） 回归系数

第三步：做 Y 对 X 和 M 的回归，检验中介效应。

点击 < Analyze > 菜单 < Regression > 下的 < Linear > 命令，将变量（Y）放到 < Dependent > 框内，将变量（X）放到 < Independent（s）> 框内。

在 < Linear Regression > 对话框中，点击 < Next >，将变量（M）放到 < Independent（s）> 框内。

在 < Linear Regression > 对话框中，点击 < Statistics >，勾选 < Model Fit >、< Descriptives > 和 < R Squared Change > 后，单击 < Continue >。

在 < Linear Regression > 对话框中，点击 < OK >。

主要结果如图 6－6（e）和图 6－6（f）所示。

Model Summary

Model	R	R Square	Adjusted R Square	Std. Error of the Estimate	Change Statistics: R Square Change	F Change	df1	df2	Sig. F Change
1	.415[a]	.173	.170	2.49941	.173	72.615	1	348	.000
2	.547[b]	.300	.296	2.30273	.127	62.986	1	347	.000

a. Predictors: (Constant), X

b. Predictors: (Constant), X, M

图 6－6（e） 模型概要

Coefficients[a]

Model		Unstandardized Coefficients B	Unstandardized Coefficients Std. Error	Standardized Coefficients Beta	t	Sig.
1	(Constant)	13.812	.756		18.260	.000
	X	.538	.063	.415	8.521	.000
2	(Constant)	7.758	1.033		7.509	.000
	X	.453	.059	.350	7.666	.000
	M	1.431	.180	.362	7.936	.000

a. Dependent Variable: Y

图 6－6（f） 回归系数

结果显示，亲社会动机和组织承诺同时进入回归方程的模型，相对于只有亲社会动机进入方程的模型，回归模型的决定系数 R^2 由 0.173 变为 0.300，其变化量 ΔR^2 为 0.127。组织承诺的回归系数 b 为 0.362，达到显著性水平（$t = 7.936$，$p < 0.001$）。

回归系数 a 和 b 均显著，说明中介效应存在。

亲社会动机的回归系数 c' 显著（$t = 7.666$, $p < 0.001$），小于第一步的 c，说明组织承诺在亲社会动机和组织公民行为起部分中介作用。

2. 结果报告示例

在研究报告或论文中，我们可以将检验结果整合在一个表格中进行报告。本例的结果如表 6－1 所示。

表 6－1 亲社会动机与组织公民行为：组织承诺的中介效应

	方程 1（因变量：Y）		方程 2（因变量：M）		方程 3（因变量：Y）	
	β	t	β	t	β	t
X	0.415	8.521***	0.180	3.421**	0.350	7.666***
M	—	—	—	—	0.362	7.936***
R^2	0.173		0.033		0.300	
F	72.615***		11.705**		74.268***	

注：X 代表亲社会动机，M 代表组织承诺，Y 代表组织公民行为。** 表示 $p < 0.01$，*** 表示 $p < 0.001$。

在报告中，我们通常报告总效应 c、中介效应 ab、直接效应 c' 的估计值，还可以报告效应值。效应值可以选择中介效应与总效应之比（ab/c），也可以用中介效应与直接效应的比（ab/c'），二者的关系有点类似于方差分析中的 Eta 平方与净 Eta 平方。

在本例中，中介效应的效应值 $ab/c = \frac{0.180 \times 0.362}{0.415} = 0.157$，或 $ab/c' = \frac{0.180 \times 0.362}{0.350} = 0.186$。

（二）显变量简单中介效应的 Mplus 分析：Bootstrap 法

以【例 6.1】的数据为例进行演示。

1. 程序语句

```
DATA: FILE IS sample6.1.txt;
VARIABLE: NAMES ARE x m y;
USEVARIABLE ARE x m y;
ANALYSIS: Bootstrap = 1000; ! 采用 Bootstrap 抽取 1000 个样本
MODEL: y on x m; ! 做因变量 y 对自变量 x 和中介变量 m 的回归
        m on x; ! 做 m 对 x 的回归
MODEL INDIRECT: y ind x; ! 默认分析 x 与 y 之间的所有路径，包括总效应、直接效应和中介效应
```

OUTPUT：standardized cinterval（bcbootstrap）;！输出参数估计值的标准化解和偏差校正的非参数百分位 Bootstrap 置信区间

2. 结果输出与解释

(1) 模型拟合指数

```
MODEL FIT INFORMATION
Number of Free Parameters                              7
Loglikelihood
          H0 Value                             -1150.266
          H1 Value                             -1150.266
Information Criteria
          Akaike (AIC)                          2314.532
          Bayesian (BIC)                        2341.538
          Sample-Size Adjusted BIC              2319.331
            (n* = (n + 2) / 24)
Chi-Square Test of Model Fit

          Value                                    0.000
          Degrees of Freedom                           0
          P-Value                                 0.0000
RMSEA (Root Mean Square Error of Approximation)
          Estimate                                 0.000
          90 Percent C.I.                  0.000   0.000
          Probability RMSEA <= 0.05                0.000
CFI/TLI
          CFI                                      1.000
          TLI                                      1.000
Chi-Square Test of Model Fit for the Baseline Model
          Value                                  136.272
          Degrees of Freedom                           3
          P-Value                                 0.0000
SRMR (Standardized Root Mean Square Residual)
          Value                                    0.000
```

图 6-7（a） 模型拟合指数

(2) 路径系数的解

STANDARDIZED MODEL RESULTS

STDYX Standardization

	Estimate	S. E.	Est. /S. E.	Two-Tailed P-Value
Y ON				
X	0.350	0.044	7.980	0.000
M	0.362	0.046	7.880	0.000
M ON				
X	0.180	0.060	2.989	0.003

图6-7(b) 路径系数的标准化解

(3) 总效应、中介效应和直接效应的估计与检验

STANDARDIZED TOTAL, TOTAL INDIRECT, SPECIFIC INDIRECT, AND DIRECT EFFECTS

STDYX Standardization

	Estimate	S. E.	Est. /S. E.	Two-Tailed P-Value
Effects from *X* to *Y*				
Total	0.416	0.048	8.653	0.000
Total indirect	0.065	0.022	2.996	0.003
Specific indirect				
Y				
M				
X	0.065	0.022	2.996	0.003
Direct				
Y				
X	0.350	0.044	7.980	0.000

图6-7(c) 总效应、中介效应和直接效应的估计与检验

(4) 总效应、中介效应和直接效应的置信区间

CONFIDENCE INTERVALS OF STANDARDIZED TOTAL, TOTAL INDIRECT, SPECIFIC INDIRECT, AND DIRECT EFFECTS

STDYX Standardization

	Lower .5%	Lower 2.5%	Lower 5%	Estimate	Upper 5%	Upper 2.5%	Upper .5%
Effects from X to Y							
Total	0.283	0.315	0.327	0.416	0.489	0.503	0.528
Total indirect	0.007	0.023	0.030	0.065	0.102	0.108	0.123
Specific indirect							
Y							
M							
X	0.007	0.023	0.030	0.065	0.102	0.108	0.123
Direct							
Y							
X	0.229	0.261	0.275	0.350	0.420	0.431	0.461

图 6-7（d） 总效应、中介效应和直接效应的区间估计

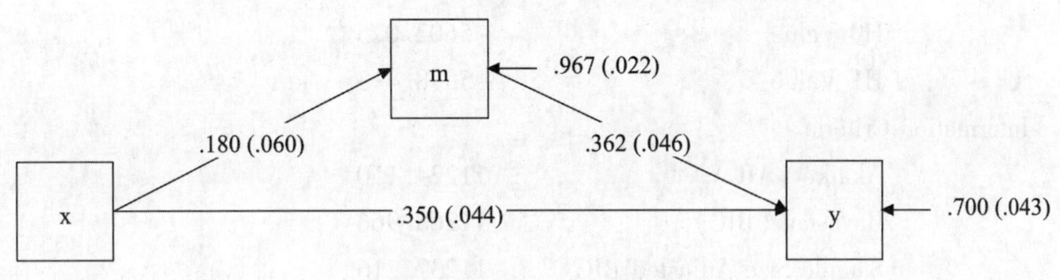

图 6-7（e） 路径图

（5）模型路径图

根据以上结果，我们可以发现，模型的拟合指数非常好，各个路径系数均显著（细心的读者可以对照本例分别用 SPSS 和 Mplus 估计的结果，会发现两个软件估计的路径系数的解是一样的，只是标准误与 *t* 值因为估计方法的不同，而略有不同），说明中介模型成立。

Mplus 还呈现了总效应、中介效应和直接效应等各个研究效应的估计与检验结果［图 6-7（c）］，以及使用偏差校正的非参数百分位 Bootstrap 法估计的各个研究效应在各个置信水平上的置信区间［图 6-7（d）］。本例中，中介效应为 0.065，其 95% 的置信区间为［0.023，0.108］。

（三）显变量链式中介效应的 Mplus 分析：Bootstrap 法

【例 6.2】假设大学生的社会支持通过应对方式来影响心理弹性，进一步影响心理健康，样本量为 653。

1. 程序语句

```
DATA: FILE IS sample6.2.txt;
VARIABLE: NAMES ARE x m1 m2 y;
USEVARIABLE ARE x m1 m2 y;
```

ANALYSIS：Bootstrap = 1000；

MODEL：y on x m2；！做因变量 y 对自变量 x 和中介变量 m2 的回归，下同理

m2 on m1；

m1 on x；

MODEL INDIRECT：y ind x；！默认计算 x 与 y 之间的所有路径

OUTPUT：standardized cinterval（bcbootstrap）;！输出参数估计值的标准化解和偏差校正的非参数百分位 Bootstrap 置信区间

2. 结果输出与解释

（1）模型拟合指数

```
MODEL FIT INFORMATION
Number of Free Parameters                        10
Loglikelihood
          H0 Value                        -5602.075
          H1 Value                        -5578.413
Information Criteria
          Akaike (AIC)                    11224.150
          Bayesian (BIC)                  11268.966
          Sample-Size Adjusted BIC        11237.216
            (n* = (n + 2) / 24)
Chi-Square Test of Model Fit
          Value                              47.324
          Degrees of Freedom                      2
          P-Value                            0.0000
RMSEA (Root Mean Square Error of Approximation)
          Estimate                            0.186
          90 Percent C. I.             0.143  0.234
          Probability RMSEA <= .05            0.000
CFI/TLI
          CFI                                 0.971
          TLI                                 0.914
Chi-Square Test of Model Fit for the Baseline Model
          Value                            1590.187
          Degrees of Freedom                      6
          P-Value                            0.0000
SRMR (Standardized Root Mean Square Residual)
          Value                               0.036
```

图6-8（a） 模型拟合指数

(2) 路径系数的解

STANDARDIZED MODEL RESULTS

STDYX Standardization

		Estimate	S. E	Est. /S. E.	Two-Tailed P-Value
Y	ON				
	X	0.167	0.033	4.985	0.000
	*M*2	0.678	0.031	22.075	0.000
M2	ON				
	*M*1	0.390	0.039	10.043	0.000
M1	ON				
	X	0.860	0.015	56.878	0.000

图6-8 (b) 路径系数的标准化解

(3) 总效应、中介效应和直接效应的估计与检验

STANDARDIZED TOTAL, TOTAL INDIRECT, SPECIFIC INDIRECT, AND DIRECT EFFECTS

STDYX Standardization

	Estimate	S. E.	Est. /S. E.	Two-Tailed P-Value
Effects from *X* to *Y*				
Total	0.395	0.041	9.630	0.000
Total indirect	0.228	0.026	8.619	0.000
Specific indirect				
Y				
*M*2				
*M*1				
X	0.228	0.026	8.619	0.000
Direct				
Y				
X	0.167	0.033	4.985	0.000

图6-8 (c) 总效应、中介效应和直接效应的估计与检验

(4) 总效应、中介效应和直接效应的置信区间

CONFIDENCE INTERVALS OF STANDARDIZED TOTAL, TOTAL INDIRECT, SPECIFIC INDIRECT, AND DIRECT EFFECTS

STDYX Standardization

	Lower .5%	Lower 2.5%	Lower 5%	Estimate	Upper 5%	Upper 2.5%	Upper .5%
Effects from X to Y							
Total	0.284	0.313	0.326	0.395	0.458	0.471	0.494
Total indirect	0.157	0.179	0.185	0.228	0.272	0.281	0.294
Specific indirect							
Y							
*M*2							
*M*1							
X	0.157	0.179	0.185	0.228	0.272	0.281	0.294
Direct							
Y							
X	0.087	0.100	0.112	0.167	0.221	0.230	0.255

图6-8（d） 总效应、中介效应和直接效应的置信区间

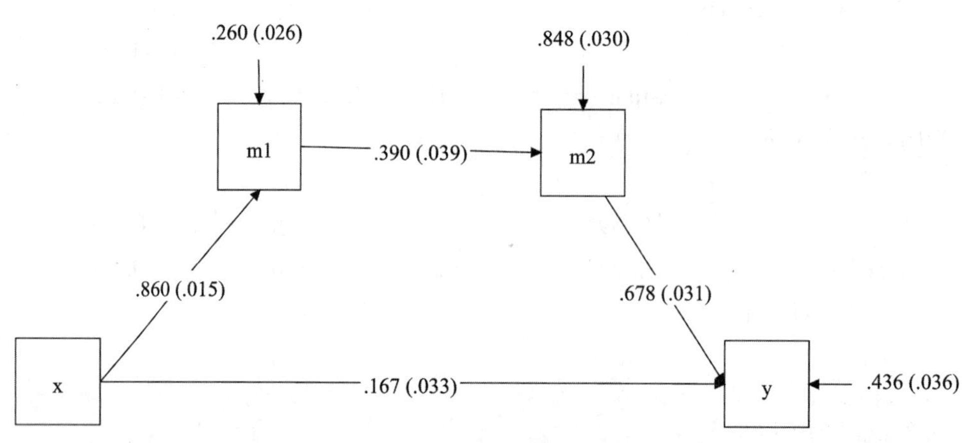

图6-8（e） 路径图

（5）模型路径图

该模型包含了两个串行的中介变量，在模型设定的程序语句上，跟简单中介模型类似，数据分析的结果输出也类似。根据以上结果，我们可以发现，模型拟合较好，路径系数均显著。中介效应为0.228（其值等于三条中介路径系数的乘积，即0.860×0.390×0.678），其95%的置信区间为［0.179，0.281］。

（四）显变量并行中介效应的 Mplus 分析：Bootstrap 法

以【例6.2】的数据为例进行演示。该模型的程序语句与链式中介模型类似，主要区别在于 MODEL 部分关于路径系数的设定。在此仅给出程序语句，数据分析的结果输出与解释从略。

```
DATA：FILE IS sample6. 2. txt；
VARIABLE：NAMES ARE x m1 m2 y；
USEVARIABLE ARE x m1 m2 y；
ANALYSIS：Bootstrap = 1000；
MODEL：y on x m1 m2；
        m1 on x；
        m2 on x；
MODEL INDIRECT：y ind x；
OUTPUT：standardized cinterval（bcbootstrap）；
```

（五）显变量多元多重中介效应的 Mplus 分析：Bootstrap 法

仍以【例 6 . 2】的数据为例进行演示。程序语句跟上文两个模型类似，主要区别在于 MODEL 关于路径的设置上，在此仅给出程序语句，数据分析的结果输出与解释从略。

```
DATA：FILE IS sample6. 2. txt；
VARIABLE：NAMES ARE x m1 m2 y；
USEVARIABLE ARE x m1 m2 y；
ANALYSIS：Bootstrap = 1000；
MODEL：y on x m1 m2；
        m2 on x m1；
        m1 on x；
MODEL INDIRECT：y ind x；
OUTPUT：standardized cinterval（bcbootstrap）；
```

（六）潜变量中介效应的 Mplus 分析

【例 6. 3】假设自变量 X 社会支持有 10 个题目，中介变量 M 心理弹性有 8 个题目，因变量 Y 心理健康有 10 个题目，建构一个潜变量中介效应模型。

该模型与上一章的结构方程全模型类似，这里只是给出程序语句，数据分析的结果输出与解释从略，感兴趣的读者可以参阅上一章相关内容。

```
DATA: FILE IS sample6.3.txt;
VARIABLE: NAMES ARE x1 - x10 m1 - m8 y1 - y10;
USEVARIABLE ARE x1 - x10 m1 - m8 y1 - y10;
ANALYSIS: Bootstrap = 1000;
MODEL: X by x1 - x10 *; ! 设定社会支持因子，* 表示将第 1 个题目的因子负荷改为自由估计
        M by m1 - m8 *;! 设定心理弹性因子，* 同上
        Y by y1 - y10 *;! 设定心理健康因子，* 同上
        X@1; M@1; Y@1; ! 采用固定方差法
        Y on X M; ! 因变量 Y 对自变量 X 和中介变量 M 的回归
        M on X; ! 中介变量 M 对自变量 X 的回归
MODEL INDIRECT: Y ind X;
OUTPUT: standardized cinterval (bcbootstrap);
```

第二节　调节效应分析

一、调节效应概述

（一）调节效应基本原理

如果自变量 *X* 与因变量 *Y* 的关系强度（大小）或方向（正负）受到第三个变量 *U* 的影响，则称变量 *U* 为调节变量（moderator），变量 *U* 对 *X* 和 *Y* 关系的影响称为调节效应。换言之，如果变量 *X* 与 *Y* 的关系是变量 *U* 的函数，*U* 便是 *X* 与 *Y* 关系的调节变量，*U* 和 *X* 的乘积项作用于 *Y* 的回归系数代表调节效应。比如，生活压力对心理健康的影响往往受到情绪智力的调节，情绪智力较高的个体，善于及时调整自己面对压力时的心态，压力对心理健康的影响较小；反之，情绪智力较低者，则压力越大，对心理健康的影响越大。这里，情绪智力就是生活压力和心理健康关系的调节变量。需要留意的是，调节变量调节的不是自变量，也不是因变量，而是自变量与因变量之间的关系。

通常情况下，自变量对因变量的影响并不是跨情景不变的，调节效应分析的意义就在于探讨自变量对因变量影响的边界条件，即在什么条件下自变量对因变量的影响是正向/负向的，或者，在什么条件下自变量对因变量的影响较大/较小/不存在。

调节效应和交互作用在某种程度上是同义词，它们都反映了一个变量在另一个变量不同水平上的不同效应。在统计检验方法上，调节效应和交互作用的检验是一样的。但是，在交互作用模型中，发生交互作用的两个变量是对称的，即变量 *X* 与变量 *U* 有

交互作用，等同于变量 U 与变量 X 有交互作用。而在调节效应模型中，自变量和调节变量是不对称的，它们与因变量的关系模型通常有较强的理论基础，不建议将自变量与调节变量的位置随意互换。

调节效应的模型一般表示为图 6－9 的形式。在调节效应的研究中，研究者在假设部分要说明调节变量的作用机制，不应笼统地假设“变量 U 在自变量 X 与因变量 Y 之间发挥了调节作用”；而应具体地说明 U 如何调节 X 到 Y 的关系，比如，“当 U 较大时，X 对 Y 有正向影响；当 U 较小时，X 对 Y 有负向影响”。

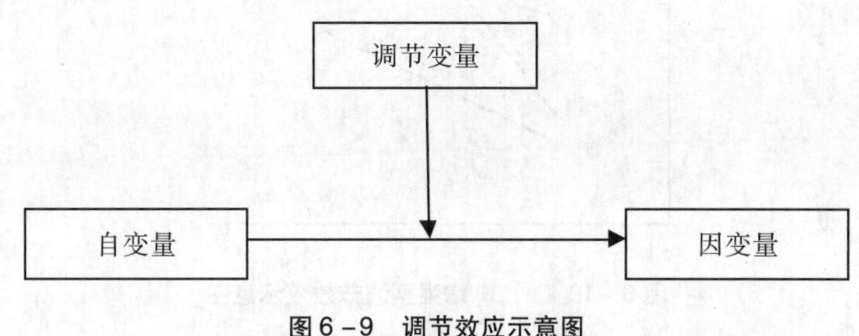

图 6－9　调节效应示意图

中介效应分析和调节效应分析都可以帮助我们发展既有的理论，但二者的侧重点是不同的。

中介效应分析主要关注自变量对因变量影响的内在机制，即二者为什么存在关系或者二者的关系是如何发生的，它通过整合已有的关于自变量、中介变量和因变量三者两两之间的研究发现或理论达到以上目的。

调节效应分析主要关注的则是自变量对因变量的影响范围或程度。调节效应的重要意义在于定义理论的边界条件，以达到发展和修订既有理论的目的。例如，一般来说，挫折对社会支持较弱个体的负面影响较大，而对社会支持较强个体的负面影响较小，这里社会支持就是挫折对个体影响关系中的调节变量，也可以说，社会支持是挫折对个体影响的一种边界条件（还可能存在其他边界条件）。研究调节变量，就是在探讨理论的边界条件。通过研究不同条件下一组关系的强弱变化，我们可以考察理论的适用条件，从而丰富和发展已建立的理论，使理论对变量关系的解释更加具体。

当自变量 X 对因变量 Y 的影响较强或很稳定时，可考虑中介变量，以解释其影响机制。如果自变量 X 对因变量 Y 的影响时强时弱，此时可考虑存在调节变量，以解释自变量影响的边界与条件。如果某个变量与自变量或因变量相关不大，它不太可能是中介变量，却有可能是调节变量。理想的调节变量是与自变量和因变量的相关很弱。当然，区分一个变量是中介变量还是调节变量有赖于理论基础和经验常识。

（二）调节效应的表现

调节效应的模式可以分为两种类型：增强型和干扰型。如果在调节变量 U 两种水平 $U1$ 和 $U2$ 的影响下，自变量 X 对因变量 Y 的影响方向相同，但强度有显著差异，则称 U 为增强型调节变量，如图 6－10（a）所示。如果调节变量 W 的两种水平 $W1$ 和

$W2$，使自变量 X 对因变量 Y 的影响方向相反，则称 W 为干扰型调节变量，如图 6－10（b）所示。

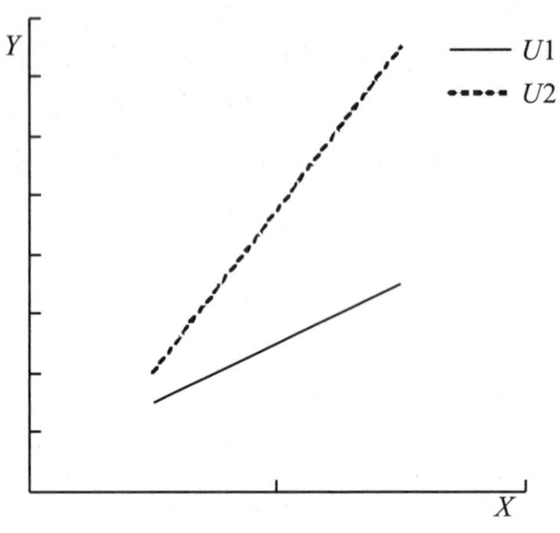

图 6－10（a）　增强型调节效应示意图

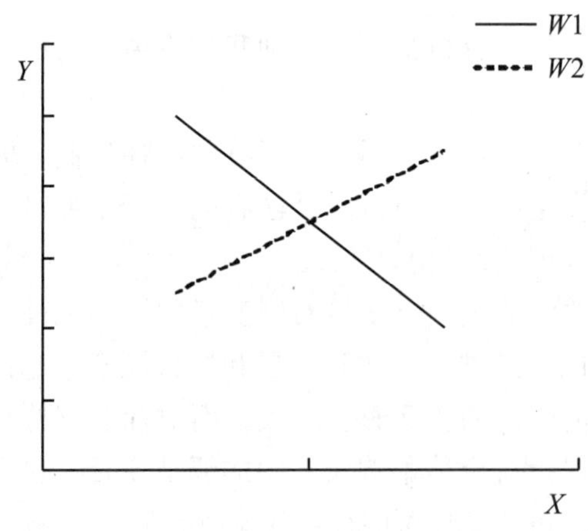

图 6－10（b）　干扰型调节效应示意图

二、调节效应的分析方法

（一）方差分析

当自变量 X 和调节变量 U 均为类别变量时，可以采用两因素完全随机设计的方差分析，检验二者的交互作用是否显著，若显著，可进一步分析简单效应。这一方法可以使用 SPSS 软件完成，该方法的原理和操作可以参考本书关于方差分析的内容。

（二）分层回归法

当自变量 X 和调节变量 U 均是连续变量时，可以采用分层回归法。通过生成另一个新变量，即自变量与调节变量的乘积项 XU，分析将乘积项纳入回归方程后带来的决定系数的变化，检验调节效应。

因为自变量和调节变量往往与它们的乘积项高度相关，所以，在调节效应检验之前通常先将自变量和调节变量中心化（centering，是指变量值减去均值）或标准化再相乘，以减小多重共线性（multicollinearity）的影响。需要注意的是，分层回归法一般适用于所有变量都是显变量的情况，若调节变量和自变量都是潜变量则无须参数约束。

该方法的具体步骤如下：

①做因变量 Y 对自变量 X 和调节变量 U 的回归，得到 ${R_1}^2$；

②做因变量 Y 对自变量 X、调节变量 U 和二者交互项 XU 的回归，回归方程如下，得到 ${R_2}^2$；

$$Y = \beta_0 + \beta_1 X + \beta_2 U + \beta_3 XU + \varepsilon \tag{6.4}$$

其中，β_1，β_2 代表自变量 X 和调节变量 U 的主效应，β_3 代表二者的交互作用，即调节效应。若 β_3 显著，则调节效应模型成立。

通过计算 $\Delta R^2 = {R_2}^2 - {R_1}^2$，即可考察调节效应的额外贡献，即效应值。调节效应的 ΔR^2 通常非常小，一般认为 R^2 的变化要超过 2% 或 3% 才有实质性意义。

当自变量 X 为连续变量，调节变量 U 为类别变量时，可以将类别变量重新编码为虚拟变量（dummy variable），然后再采用分层回归法分析调节效应。假如调节变量为 N 个水平的类别变量，则要构造 $N-1$ 个虚拟变量。比如，在探讨教学方法（启发、讲授、自学）对测验成绩的影响时，可以编码为 D_1（启发 $D_1=1$，其他 $D_1=0$）和 D_2（讲授 $D_2=1$，其他 $D_2=0$），当 D_1 和 D_2 为 0 时，就表示自学。用于调节效应检验的回归方程如下：

$$Y = \beta_0 + \beta_1 X + \beta_2 D_1 + \beta_3 D_2 + \beta_4 XD_1 + \beta_5 XD_2 + \varepsilon \tag{6.5}$$

其中，D_1 和 D_2 为两个虚拟变量，β_4 和 β_5 为两个虚拟变量的调节效应。

（三）分组回归法

当自变量 X 为连续变量，调节变量 U 为类别变量时，还可以采用分组回归法。具体做法是按照调节变量 U 的类别进行分组，然后对 U 的每个组分别做因变量 Y 对自变量 X 的回归，然后检验这些回归系数是否相等。

假设 U 只有两个组，两组回归系数分别为 b_1 和 b_2，可通过如下 t 统计量进行检验：

$$t = \frac{b_1 - b_2}{\sqrt{\frac{sse_1 + sse_2}{n_1 + n_2 - 4} \cdot \frac{ss_1 + ss_2}{ss_1 \cdot ss_2}}} \tag{6.6}$$

其中，sse_1 和 sse_2 代表各组 Y 对 X 回归的残差平方和；n_1 和 n_2 是样本容量，ss_1 和 ss_2 为各组离均差平方和。

如果 U 不只有两组，检验方法可以采用结构方程的竞争模型：以 U 为分组变量建立多组回归模型 M_0，各组参数均自由估计，不加约束条件；然后通过约束 M_0 中各组的路径系数相等，建立竞争模型 M_1，若模型 M_1 拟合与 M_0 差异显著，则表明各组回归系数不全相等，调节效应显著。

（四）乘积指标法

涉及潜变量的研究中，自变量与因变量均有多个测量指标，调节项的测量指标的建构方法相对于显变量要复杂得多。

潜变量调节效应模型可用以下结构方程表示：

$$\eta = \gamma_1\xi_1 + \gamma_2\xi_2 + \gamma_3\xi_1\xi_2 + \zeta \tag{6.7}$$

假设内生潜变量 η 有 3 个指标：y_1，y_2，y_3；外生潜变量 ξ_1 和 ξ_2 也各有 3 个指标：分别是 x_1，x_2，x_3 和 x_4，x_5，x_6。其中系数 γ_1，γ_2 代表主效应，γ_3 代表交互效应，并把乘积项 $\xi_1\xi_2$ 看作是 ξ_1 和 ξ_2 以外的第三个外生潜变量。将 ξ_1 的 3 个指标和 ξ_2 的 3 个指标配对相乘，产生 3 对乘积指标（x_1x_4，x_2x_5，x_3x_6）作为 $\xi_1\xi_2$ 的指标，可建立如图 6－11 所示的潜变量调节效应模型。乘积指标法假设外生潜变量 ξ_1 和 ξ_2 及其指标的测量误差都是正态分布；η 指标的测量误差以及残差 ζ 也是正态分布。

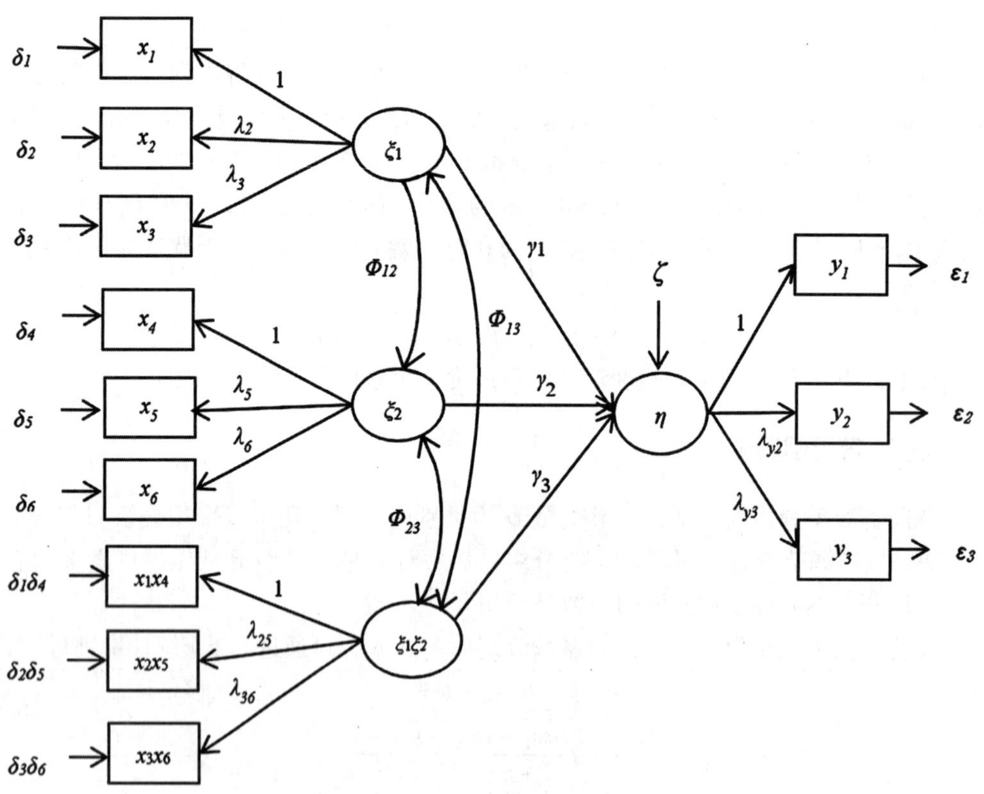

图 6－11 潜变量调节效应模型图

构建配对乘积指标时，高负荷的指标应优先配对相乘。具体做法是以 ξ_1 和 ξ_2 为因子，以各自的 3 个指标做单因子的验证性因子分析，将完全标准化解的因子负荷由高到低排序，并按照“大配大，小配小”的原则配对相乘。如果 ξ_1 和 ξ_2 的指标不一样多，例如ξ_1有3个指标，ξ_2有5个指标，可采用两种策略，一是在ξ_2的5个指标中选取比较高的因子负荷与ξ_1的3个指标配对相乘；二是将ξ_2的5个指标进行题目打包（parcel）组成3个新指标与ξ_1的3个指标配对相乘。

三、调节效应分析示例

（一）显变量调节效应的SPSS分析：分层回归法

【例6.4】假设中学生的学业效能感（X）对其学业成绩（Y）产生影响，这个关系受到家庭社会经济地位（U）的调节：在高社会经济地位家庭中，二者关系较弱；在低社会经济地位家庭中，二者关系较强。

1．检验步骤与结果解释

数据准备：将研究变量标准化（或中心化），并构造自变量与调节变量的乘积项。

点击<Analyze>菜单<Descriptive Statistics>下的<Descriptives>，将自变量（X）、调节变量（U）和因变量（Y）点入<Variable（s）>框内，并点选<Save Standardized Values as Variables>，最后点击<OK>。完成操作后，会在数据文件中出现标准化的新变量，记为ZX、ZU和ZY。

点击<Transform>下的<Compute Variable>，在<Compute Variable>对话框中，在<Target Variable>中输入变量名，如ZX，在<Numeric Expression>中构造乘积项$ZU*ZX$，最后点击<OK>。完成操作后，数据文件中出现新变量（XU）。

第一步：做因变量对自变量和调节变量的回归。

点击<Analyze>菜单<Regression>下的<Linear>命令，将变量（学业成绩ZY）放到<Dependent>框内，将变量（学业效能感ZX）点入<Independent（s）>框内，再点击<Next>，将变量（家庭社会经济地位ZU）点入<Independent（s）>框内。

在<Linear Regression>对话框中，点击<Statistics>，勾选<Model Fit>、<Descriptives>和<R Square Change>后，单击<Continue>。

在<Linear Regression>对话框中，点击<OK>。

主要结果如图6－12（a）与图6－12（b）所示。

Model Summary

Model	R	R Square	Adjusted R Square	Std. Error of the Estimate	Change Statistics				
					R Square Change	F Change	df1	df2	Sig. F Change
1	.402[a]	.162	.159	.91703359	.162	57.550	1	298	.000
2	.597[b]	.357	.353	.80466414	.195	90.041	1	297	.000

a. Predictors: (Constant), Zscore: 学业效能感

b. Predictors: (Constant), Zscore: 学业效能感, Zscore: 家庭社会经济地位

图6－12（a） 模型概要

Coefficients[a]

Model		Unstandardized Coefficients B	Unstandardized Coefficients Std. Error	Standardized Coefficients Beta	t	Sig.
1	(Constant)	.006	.053		.118	.906
	Zscore: 学业效能感	.408	.054	.402	7.586	.000
2	(Constant)	.007	.046		.142	.887
	Zscore: 学业效能感	.291	.049	.287	5.962	.000
	Zscore: 家庭社会经济地位	.455	.048	.456	9.489	.000

a. Dependent Variable: Zscore: 学业成绩

图6－12（b） 回归系数

结果显示，模型中只有学业自我效能感时，回归系数为0.408，达到显著性水平（$t=7.586$, $p<0.001$）；决定系数 $R^2=0.162$，表明学业效能感解释了学业成绩变异的16.2%。模型纳入家庭社会经济地位之后，两个预测变量的回归系数分别为0.291和0.455，均达到显著水平，模型决定系数为0.357，二者分别贡献了16.2%和19.5%。

第二步：做因变量对自变量、调节变量和交互项的回归。

这一步只需在上一步的基础上，在 < Linear Regression > 对话框中，继续点击 < Next >，将交互项 *XU* 放到 < Independent (s) > 框内，其他步骤与第一步无异。

主要结果输出如图6－12（c）与图6－12（d）所示。

Model Summary

Model	R	R Square	Adjusted R Square	Std. Error of the Estimate	Change Statistics: R Square Change	F Change	df1	df2	Sig. F Change
1	.402[a]	.162	.159	.91703359	.162	57.550	1	298	.000
2	.597[b]	.357	.353	.80466414	.195	90.041	1	297	.000
3	.627[c]	.394	.387	.78266426	.037	17.931	1	296	.000

a. Predictors: (Constant), Zscore: 学业效能感

b. Predictors: (Constant), Zscore: 学业效能感, Zscore: 家庭社会经济地位

c. Predictors: (Constant), Zscore: 学业效能感, Zscore: 家庭社会经济地位, XU

图6－12（c） 模型概要

Coefficients[a]

Model		Unstandardized Coefficients B	Std. Error	Standardized Coefficients Beta	t	Sig.
1	(Constant)	.006	.053		.118	.906
	Zscore: 学业效能感	.408	.054	.402	7.586	.000
2	(Constant)	.007	.046		.142	.887
	Zscore: 学业效能感	.291	.049	.287	5.962	.000
	Zscore: 家庭社会经济地位	.455	.048	.456	9.489	.000
3	(Constant)	.042	.046		.923	.357
	Zscore: 学业效能感	.278	.048	.273	5.830	.000
	Zscore: 家庭社会经济地位	.425	.047	.426	9.002	.000
	XU	-.145	.034	-.195	-4.235	.000

a. Dependent Variable: Zscore: 学业成绩

图6-12（d） 回归系数

结果显示，交互项是显著的（$\beta = -0.145$，$t = -4.235$，$p < 0.001$），说明家庭社会经济地位对学业效能感与学业成绩的关系具有调节作用。而且，$\Delta R^2 = 0.037$，前面已经提到R^2的变化要超过2%（甚至3%）才有实质性意义，因此这个调节效应具有实际意义。

因为调节效应显著，接下来需要进行简单斜率分析。通常做法是取调节变量U等于均值以上一个标准差和均值以下一个标准差进行高低分组，得出不同分组的回归方程，根据截距和X的回归系数发生的变化，描述随着U取值的不同X对Y的作用发生的变化。

本例的结果如图6-12（e）所示。其中，1.00代表家庭社会经济地位的低分组，2.00代表高分组。可以发现，在低分组中，学业效能感对学业成绩正向影响显著（$\beta = 0.786$，$t = 4.589$，$p < 0.001$）；在高分组中，学业效能感对学业成绩的影响也显著（$\beta = 0.363$，$t = 3.021$，$p < 0.01$）。低分组中学业成绩对学业效能感的回归系数要大于高分组的回归系数，基本验证了该研究的假设。

Coefficients[a]

SES高低分组	Model		Unstandardized Coefficients B	Std. Error	Standardized Coefficients Beta	t	Sig.
.	1	(Constant)	.149	.044		3.363	.001
		Zscore: 学业效能感	.194	.049	.263	3.966	.000
1.00	1	(Constant)	-1.008	.208		-4.854	.000
		Zscore: 学业效能感	.786	.171	.608	4.589	.000
2.00	1	(Constant)	.268	.132		2.030	.048
		Zscore: 学业效能感	.363	.120	.403	3.021	.004

a. Dependent Variable: Zscore: 学业成绩

图6-12（e） 简单斜率分析

2. 结果报告示例

研究论文中，我们可以用表格的形式整合以上检验结果进行报告，本例的结果报表如表6－2所示。我们还可以在研究报告中呈现调节效应的图解［如图6－12（f）］，以便于更直观的展示调节效应的作用模式。

表6－2　家庭社会经济地位在学业效能感与学业成绩之间的调节效应

	第一步（因变量：Y）		第二步（因变量：Y）	
	β	t	β	t
X	0.291	5.962***	0.278	5.830***
U	0.455	9.489***	0.425	9.002***
XU	—	—	-0.145	-4.235***
R^2	0.357		0.394	
ΔR^2	0.195		0.037	
F	82.394***		64.038***	

注：*** 表示 $p<0.001$。X 代表学业效能感，Y 代表学业成绩，U 代表家庭社会经济地位，XU 代表学业效能感与家庭社会经济地位的交互项。

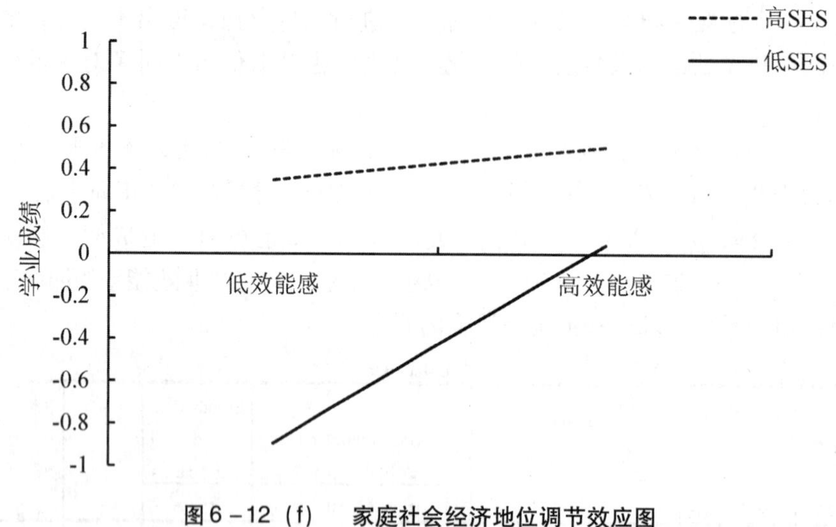

图6－12（f）　家庭社会经济地位调节效应图

（二）潜变量调节效应的 Mplus 分析：乘积指标法

【例6.5】假设孤独感（X）对手机依赖（Y）的影响，受到应对方式（U）的调节。收集数据，建构一个潜变量调节效应模型。

1. 程序语句

```
DATA: FILE IS sample6. 5. txt;
VARIABLE: NAMES ARE age gender y1 - y5 x1 - x3 u1 - u3;
USEVARIABLE = y1 - y5 x1 - x3 u1 - u3 xu1 - xu3;
DEFINE: CENTER y1 - y5 x1 - x3 u1 - u3 (GRANDMEAN);! 使用组均值中心化
        xu1 = x1 * u1;! 配对生成乘积项指标
        xu2 = x2 * u2;
        xu3 = x3 * u3;
ANALYSIS: ESTIMATOR = ML;
MODEL = NOMEANSTRUCTURE;! 使用无均值结构
INFORMATION = Expected;
MODEL: U BY u1 - u3 *; ! 定义潜变量应对方式;
        X BY x1 - x3 *;! 定义潜变量孤独感
        Y BY y1 - y5 *;! 定义潜变量手机依赖
        XU BY xu1 - xu3 *; ! 定义调节效应
        Y@1; U@1; X@1; XU@1;! 建议采用固定方差法指定潜变量单位
        Y ON X U XU;! 检验主效应和调节效应
OUTPUT: standardized;
```

2. 结果输出与解释

(1) 模型拟合指数

```
                                    MODEL FIT INFORMATION
Number of Free Parameters                        34
Loglikelihood
        H0 Value                         -69074.445
        H1 Value                         -68977.368
Information Criteria
        Akaike (AIC)                     138216.889
        Bayesian (BIC)                   138429.000
        Sample-Size Adjusted BIC         138320.964
          (n* = (n + 2) / 24)
Chi-Square Test of Model Fit
        Value                               194.154
        Degrees of Freedom                       71
        P-Value                              0.0000
RMSEA (Root Mean Square Error of Approximation)
        Estimate                              0.021
```

90 Percent C. I.	0. 018	0. 025
Probability RMSEA < = . 05		1. 000
CFI/TLI		
CFI		0. 985
TLI		0. 980
Chi-Square Test of Model Fit for the Baseline Model		
Value		8099. 432
Degrees of Freedom		91
P-Value		0. 0000
SRMR (Standardized Root Mean Square Residual)		
Value		0. 021

图 6－13（a） 模型拟合指数

（2）路径系数的解

	Estimate	S. E.	Est. /S. E.	Two-Tailed P-Value
Y ON				
X	0. 393	0. 023	17. 171	0. 000
U	－0. 084	0. 021	－3. 951	0. 000
XU	－0. 070	0. 028	－2. 530	0. 011

图 6－13（b） 路径系数的解

（3）模型图

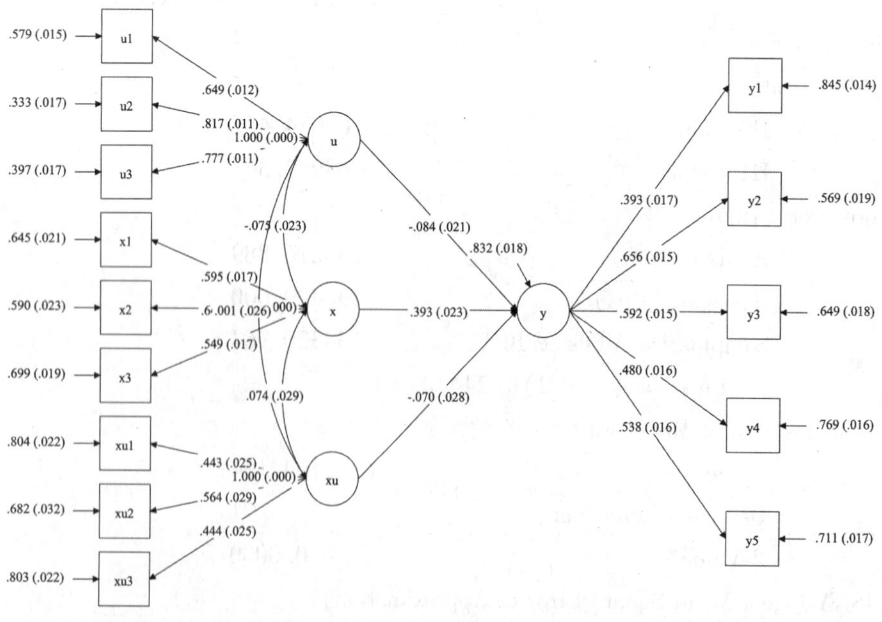

图 6－13（c） 潜变量调节效应模型图

综合以上结果，我们可以发现，孤独感对手机依赖的影响显著（$\beta = 0.390$，$t = 17.171$，$p < 0.001$），交互项也显著（$\beta = -0.070$，$t = -2.530$，$p = 0.011$），说明应对方式在孤独感对手机依赖的影响中起了调节作用。

第三节　有中介的调节与有调节的中介

研究者通过中介变量或者调节变量可以探讨自变量与因变量之间关系的作用机制或者边界条件。中介变量揭示了一个关系是如何产生的；调节变量阐明了一个关系是何时发生变化的。现实世界中，一个关系可能同时存在作用机制和边界条件，比如：一个调节效应是如何产生的？一个中介效应是如何变化的？要探讨这些问题，研究者提出并发展了一些由中介和调节变量同时构成的组合模型，即有中介的调节（mediated moderation，MeMo）和有调节的中介（moderated mediation，MoMe）。

一、有中介的调节模型

（一）有中介的调节模型简介

MeMo 通常被翻译成有中介的调节，也许我们称之为“被中介的调节”更好理解。它是指自变量 X 对因变量 Y 的效应受到调节变量 U 的影响，而调节变量 U 通过中介变量 M 起作用。也即，自变量和调节变量通过交互作用影响中介变量，随后中介变量再对因变量产生影响。比如，人力资本（X）与工作绩效（Y）的关系受到个人主动性（U）的调节，如果这一调节效应又通过工作投入（M）为中介对工作绩效产生影响时，那么，有中介的调节效应就产生了。模型图如图 6－14 所示。

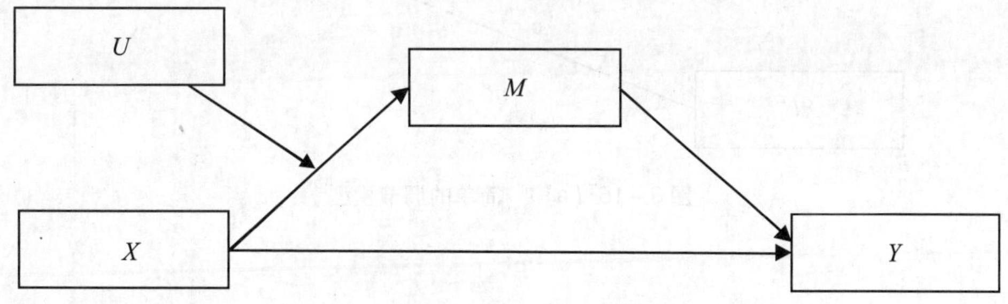

图 6－14　有中介的调节模型

有中介的调节的立论前提是调节效应存在，然后探讨这一调节是否以中介的形式产生影响。我们都知道，中介效应模型可以揭示自变量如何影响因变量：自变量之所以能影响因变量，是因为有这个中介变量。做一个类比，有中介的调节效应模型则可以揭示调节变量如何调节自变量与因变量的关系：调节变量之所以能调节自变量对因变量的影响，是因为有这个中介变量，如果没有这个中介变量的作用，调节效应可能不会发生。简言之，有中介的调节回答了一个问题：一个调节效应是如何产生的。

（二）有中介的调节模型的分析方法

为验证有中介的调节模型，我们需要做如下几步检验。

（1）做 Y 对 X，U 和 XU 的回归

$$Y = c_0 + c_1 X + c_2 U + c_3 XU + e_1 \tag{6.8}$$

（2）做 M 对 X，U 和 XU 的回归

$$M = a_0 + a_1 X + a_2 U + a_3 XU + e_2 \tag{6.9}$$

（3）做 Y 对 X，U，XU 和 M 的回归

$$Y = c'_0 + c'_1 X + c'_2 U + c'_3 XU + b_1 M + e_3 \tag{6.10}$$

将公式（6.9）代入（6.10），可以得到公式（6.10'）：

$$Y = (c'_0 + b_1 a_0) + (a_1 b_1 + c'_1) X + (a_2 b_1 + c'_2) U + (a_3 b_1 + c'_3) XU + e_3 \tag{6.10'}$$

首先检验 XU 的系数 c_3 是否显著，即检验 U 对 X 与 Y 关系的调节效应是否显著。如果调节效应不显著，则停止检验，没有必要进行随后的中介检验。

我们用图示来表示一下，图 6－15（a）是一个简单的调节效应模型。假设这个调节效应被中介了，我们在图上再加一个中介变量，就变成了图 6－15（b），这就是一个有中介的调节效应模型。

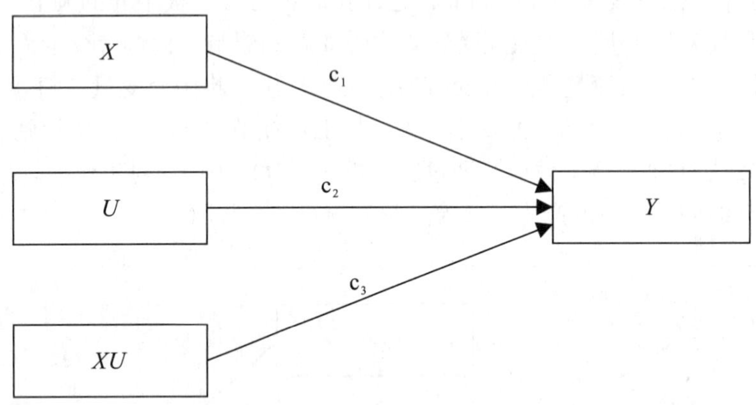

图 6－15（a） 简单的调节模型

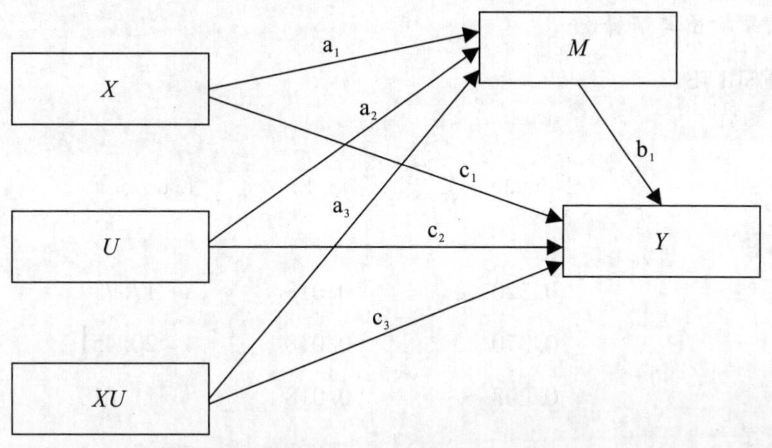

图 6-15（b） 有中介的调节模型图

随后分别检验 XU 的系数 a_3b_1 和 c'_3。其中，a_3b_1 代表的是通过中介变量的调节效应，即间接的调节效应；c'_3 代表的直接的调节效应。如果 a_3 和 b_1 均显著，可以说明交互项 XU 对 Y 的影响至少有一部分是通过中介变量 M 起作用的，有中介的调节模型成立。若 c'_3 显著，说明调节效应有部分中介，若 c'_3 不显著，说明调节效应完全通过中介变量起作用。

以上方法对中介效应部分（a_3 和 b_1）的分析是通过依次检验进行，是一种间接检验方法，更直接的方法是直接检验系数乘积，计算其置信区间，若置信区间不包含 0，则可以认为有中介的调节效应得到了统计结果的支持，求取置信区间较好的方法是 Bootstrap 法和 MCMC 方法。相较于依次检验，系数乘积法有更好的统计检验力。

（三）有中介的调节分析示例

【例 6.6】欲探讨企业员工的人力资本（X）与工作绩效（Y）的关系是否受个人主动性（U）的调节，如果存在调节效应，它是否会通过中介变量工作投入（M）而起作用。我们收集数据，建构模型。

在此，出于举例和演示的考虑，我们分别使用显变量与潜变量建构模型。在显变量的模型中，各个研究变量用量表总分作为测量指标。在潜变量模型中，各个研究变量均由 3 个指标进行测量。

1. 显变量模型

第一步：检验调节效应是否显著

（1）程序语句

```
DATA：FILE IS sample6.6.txt；
VARIABLE：NAMES ARE x m u xu y；
USEVARIABLE ARE y x u xu；
MODEL：y on x u xu；! 做 y 对 x，u，xu 的回归
OUTPUT：standardized；
```

（2）结果输出与解释

MODEL RESULTS

	Estimate	S. E.	Est. /S. E.	Two-Tailed P-Value
Y ON				
X	0. 320	0. 018	17. 717	0. 000
U	0. 370	0. 018	20. 451	0. 000
XU	0. 208	0. 018	11. 610	0. 000

图 6－16（a） 调节效应检验结果

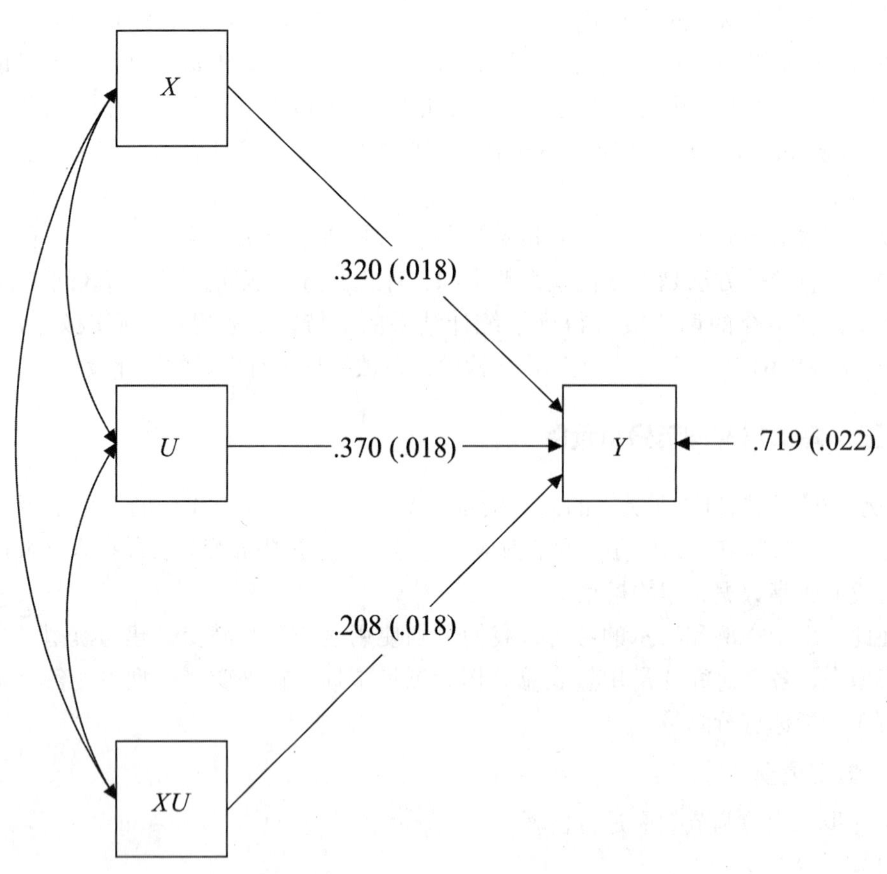

图 6－16（b） 调节效应模型图

第二步：检验有中介的调节是否显著

（2）程序语句

DATA：FILE IS sample6. 6. txt；

```
VARIABLE：NAMES ARE x m u xu y;
USEVARIABLE ARE x m u xu y;
ANALYSIS：Bootstrap = 1000;
MODEL：y on x
        m (b1)
        u xu; ! 做 y 对 x, m, u, xu 的回归，m 的回归系数命名为 b1
      m on x u
        xu (a3); ! 做 m 对 x, u, xu 的回归，xu 的回归系数命名为 a3
MODEL CONSTRAINT：
new (H1);
H1 = a3 * b1; ! a3b1 的估计，也即有中介的调节的路径
OUTPUT：standardized cinterval (bcbootstrap);
```

（2）结果输出与解释

MODEL RESULTS

	Estimate	S. E.	Est. /S. E.	Two-Tailed P-Value
Y ON				
X	0. 114	0. 016	6. 900	0. 000
M	0. 555	0. 018	31. 186	0. 000
U	0. 180	0. 016	11. 072	0. 000
XU	0. 110	0. 015	7. 187	0. 000
M ON				
X	0. 372	0. 018	20. 661	0. 000
U	0. 342	0. 018	18. 976	0. 000
XU	0. 178	0. 018	9. 922	0. 000
New/Additional Parameters				
H1	0. 099	0. 010	9. 455	0. 000

图6－16（c） 调节效应检验结果

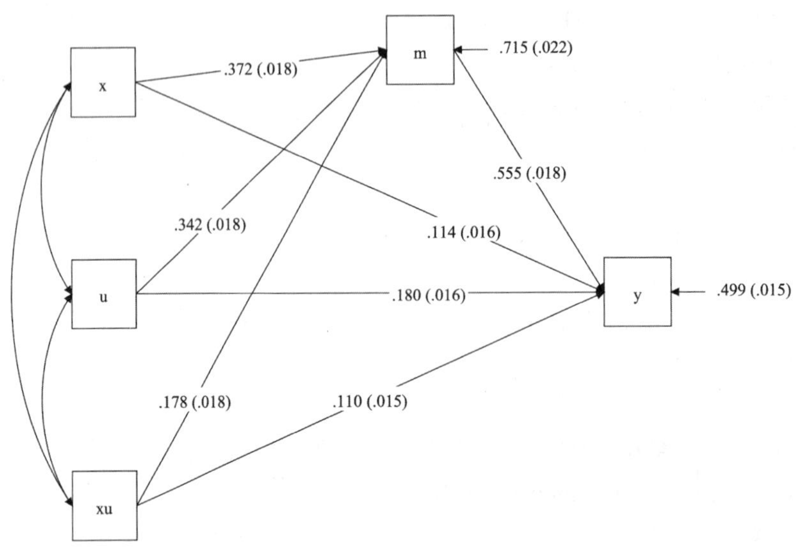

图 6－16（d） 有中介的调节模型图

根据以上结果可以看出，H1 的值为 0.099，$t=9.195$，$p<0.001$，即 $a3*b1$ 显著不为零，有中介的调节模型成立。又因为人力资本与个人主动性的交互项仍显著，$c3'=0.110$，$t=7.187$，$p<0.001$，因此工作投入起到部分中介。

2. 潜变量模型

第一步：检验直接路径调节效应是否显著

（1）程序语句

```
DATA: FILE IS sample6.6.txt;
VARIABLE: NAMES ARE x1 - x3 u1 - u3 y1 - y3 m1 - m3;
USEVARIABLE = x1 - x3 u1 - u3 y1 - y3 xu1 - xu3;
DEFINE: CENTER x1 - x3 u1 - u3 y1 - y3 (GRANDMEAN);! 使用组均值中心化
              xu1 = u1 * x1;! 配对生成乘积项指标
              xu2 = u2 * x2;
              xu3 = u3 * x3;
ANALYSIS: ESTIMATOR = ML;
MODEL = NOMEANSTRUCTURE;! 使用无均值结构
INFORMATION = Expected;
MODEL: X BY x1 - x3 *; 定义潜变量，下同
       U BY u1 - u3 *;
       Y BY y1 - y3 *;
       XU BY xu1 - xu3 *;
       Y@1; U@1; X@1; XU@1;! 建议采用固定方差法指定潜变量单位
       Y ON X U XU;! 检验主效应和调节效应
OUTPUT: standardized;
```

（2）结果输出与解释

MODEL RESULTS				Two-Tailed
	Estimate	S. E.	Est. /S. E.	P-Value
Y ON				
X	0. 648	0. 048	13. 498	0. 000
U	0. 759	0. 052	14. 548	0. 000
XU	0. 519	0. 057	9. 126	0. 000

图 6 –17（a） 有中介的调节模型路径系数估计

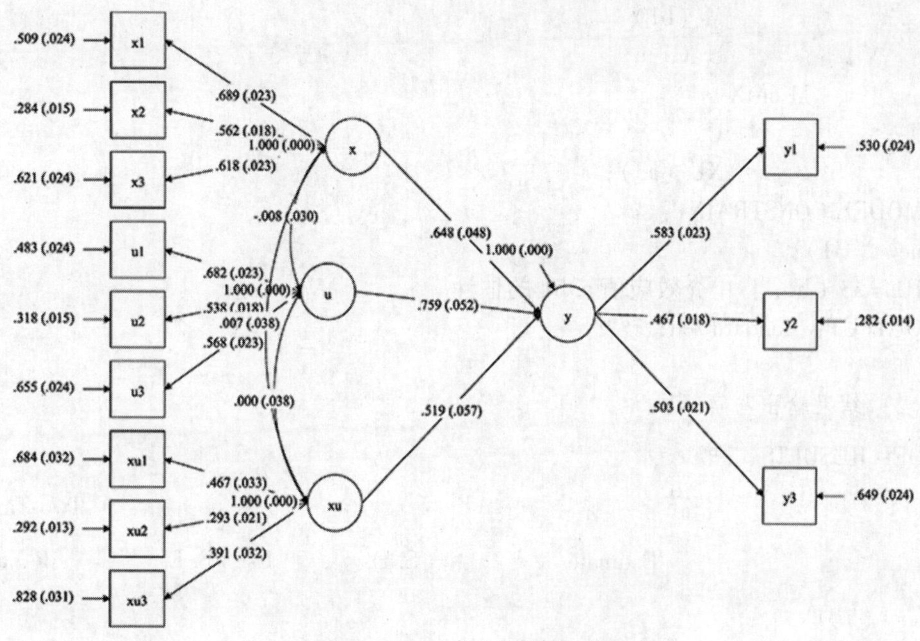

图 6 –17（b） 调节效应模型图

从以上结果可看出，*XU* 的路径系数显著，$c_3 = 0.519$，$t = 9.126$，$p < 0.001$，说明企业员工的人力资本（*X*）与工作绩效（*Y*）的关系受个人主动性（*U*）的调节。

第二步：检验有中介的调节是否显著

（1）程序语句

```
DATA：FILE IS sample6. 6. txt；
VARIABLE：NAMES ARE x1 – x3 u1 – u3 y1 – y3 m1 – m3；
USEVARIABLE = x1 – x3 u1 – u3 y1 – y3 m1 – m3 xu1 – xu3；
DEFINE：CENTER x1 – x3 u1 – u3 y1 – y3 m1 – m3（GRANDMEAN）；! 使用组均值中心化
        xu1 = x1 * u1；! 配对生成乘积项指标
        xu2 = x2 * u2；
        xu3 = x3 * u3；
```

```
ANALYSIS：ESTIMATOR = ML；
MODEL = NOMEANSTRUCTURE；！ 使用无均值结构
INFORMATION = Expected；
MODEL：X BY x1 - x3 * ；
        M BY m1 - m3 * ；
        U BY u1 - u3 * ；
        XU BY xu1 - xu3 * ；
        Y BY y1 - y3 * ；
        X@1；M@1；U@1；XU@1；Y@1；
        Y on X
            M （b1）
            U XU；
        M on X
            U
            XU （a3）；
MODEL CONSTRAINT：
new （H1）；
H1 = a3 * b1；！ 中介效应值 a3b1 的估计
OUTPUT：standardized；
```

（2）结果输出与解释

MODEL RESULTS

	Estimate	S. E.	Est. /S. E.	Two-Tailed P-Value
Y ON				
X	0. 053	0. 078	0. 682	0. 496
M	1. 163	0. 109	10. 654	0. 000
U	0. 275	0. 075	3. 654	0. 000
XU	0. 217	0. 076	2. 869	0. 004
M ON				
X	0. 808	0. 058	13. 901	0. 000
U	0. 764	0. 057	13. 282	0. 000
XU	0. 496	0. 061	8. 122	0. 000
New/Additional Parameters				
H1	0. 577	0. 080	7. 206	0. 000

图6－17（c） 有中介的调节模型路径系数估计

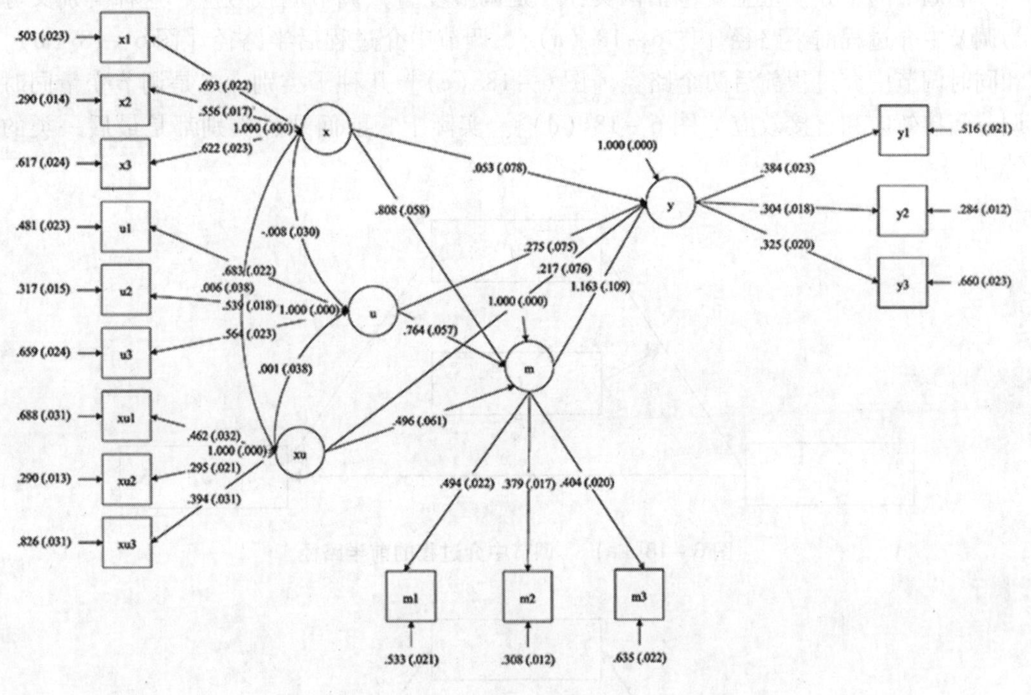

图 6－17（d） 有中介的调节效应模型图

以上结果显示，H1 的值为 0.577（$t = 7.206$，$p < 0.001$），即 $a3 * b1$ 显著不为零，有中介的调节模型成立。又因为人力资本与个人主动性的交互项 XU 仍显著（$c3' = 0.217$，$t = 2.869$，$p < 0.01$），因此工作投入起到部分中介。

此例中，显变量建模与潜变量建模得出了一致的结论。显变量建模与潜变量建模分析各有优缺点，显变量建模较简单；潜变量建模由于同时考虑到测量误差的影响，得到的参数更准确。实际研究中，研究者可根据具体情况选择合适的方法分析调节效应。

二、有调节的中介模型

（一）有调节的中介模型简介

MoMe 通常被翻译成有调节的中介，也可以称之为被调节的中介。它是指自变量 X 通过中介变量 M 影响因变量 Y，但这个中介效应受另一个调节变量 U 的影响，有时候大有时候小，或者有时候有有时候无。换言之，自变量、中介变量和因变量的关系，会随着调节变量的不同而不同。比如，工作压力（X）被认为通过负面情绪（M）影响员工的工作满意度（Y），这是一个简单中介效应模型。但有研究者认为，这个中介效应却并非在所有情况下都是对的，它受到情绪智力（U）的调节：对于情绪智力低的人而言，这个作用机制用得上；但对于情绪智力高的人而言，可能并非如此。

有调节的中介模型主要包括两类：一是调节变量只调节间接效应，这种类别又分为调节中介过程前半路径［图 6－18（a）］、调节中介过程后半路径［图 6－18（b）］和同时调节中介过程前后两个路径［图 6－18（c）］几种子类别；二是调节变量同时调节间接效应和直接效应［图 6－18（d）］。实际上，前面几种类别都是最后一类的特例。

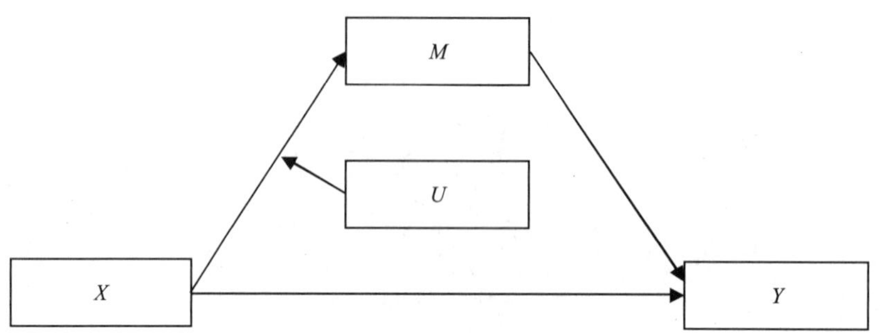

图 6－18（a） 调节中介过程的前半路径

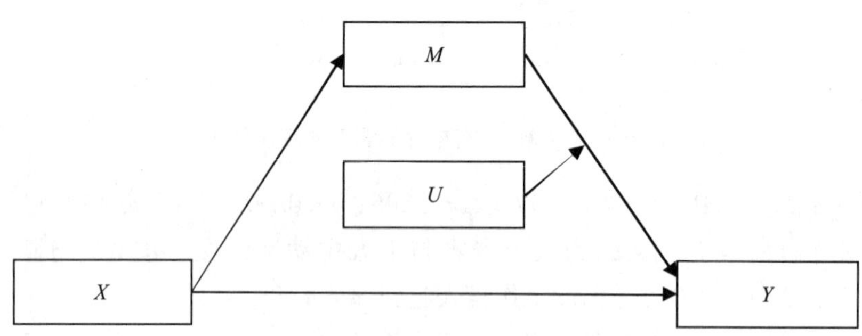

图 6－18（b） 调节中介过程的后半路径

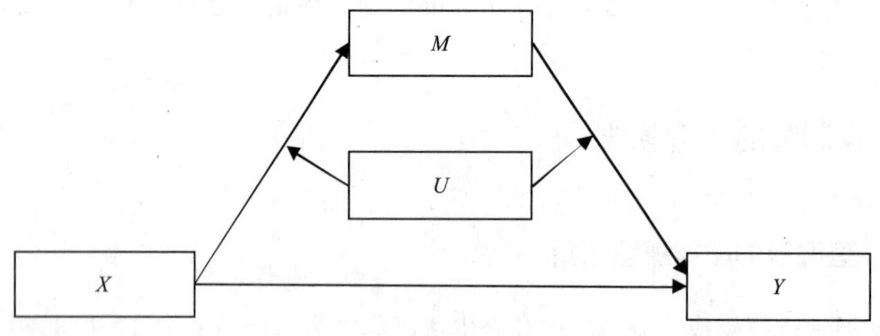

图 6－18（c） 同时调节中介过程的前半路径和后半路径

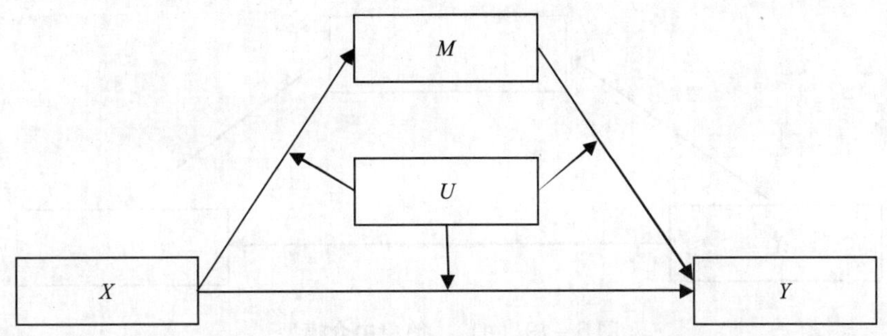

图 6－18（d） 同时调节中介模型的间接效应和直接效应

当中介过程受到调节变量的影响，即存在有调节的中介。有调节的中介模型的重心是中介效应，它刻画的是中介效应是如何随着调节变量发生变化的。

（二）有调节的中介模型的分析方法

1. 依次检验法

（1）做 Y 对 X，U 和 XU 的回归：

$$Y = c_0 + c_1X + c_2U + c_3XU + e_1 \tag{6.8}$$

图 6－19（a）是一个简单的中介模型，如果这个中介被调节了，则在图中加入调节变量 U 和交互项 XU，变成图 6－19（b）。这一步回归方程的检验包含了 U 对直接效应的调节。

（2）做 M 对 X，U 和 XU 的回归：

$$M = a_0 + a_1X + a_2U + a_3XU + e_2 \tag{6.9}$$

我们知道，整个中介效应分为两个部分：前半路径（X 和 M 的关系）、后半路径（M 与 Y 的关系）。这一步回归检验的是 U 对 X 和 M 关系的调节，即 X 对 M 的效应。我们将方程写成 $M = a_0 + a_2U + (a_1 + a_3U)X + e_2$，可以发现，$X$ 对 M 的效应是 $a_1 + a_3U$。

（3）做 Y 对 X，U，XU，M 和 MU 的回归：

$$Y = c'_0 + c'_1X + c'_2U + c'_3XU + b_1M + b_2MU + e_3 \tag{6.11}$$

如果 U 也调节 M 与 Y 的关系，我们就需要加入 MU 的交互项，可以得到图 6－19（c）。将方程写成 $Y = c'_0 + c'_1X + c'_2U + c'_3XU + (b_1 + b_2U)M + e_3$，可以发现这一步回归检验了 U 对 M 与 Y 的关系的调节，即 M 对 Y 的效应：$b_1 + b_2U$。

综合起来，我们可以发现，X 经过 M 对 Y 的中介效应为 $(a_1 + a_3U)(b_1 + b_2U)$。只要中介效应 $(a_1 + a_3U)(b_1 + b_2U) = a_1b_1 + (a_1b_2 + a_3b_1)U + a_3b_2U^2$ 与 U 有关，或者说随 U 变化，则中介效应是被调节的。

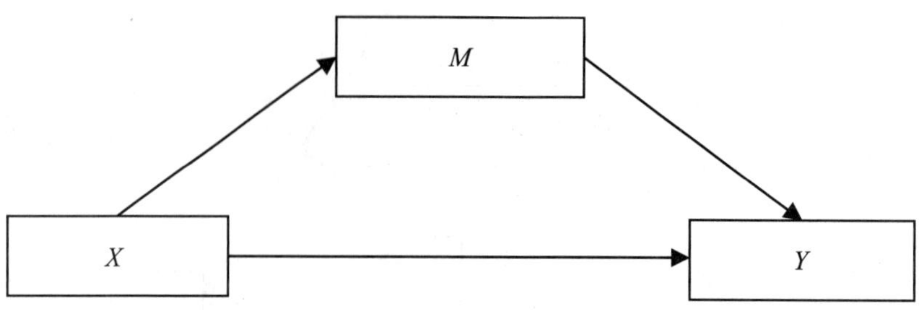

图6－19（a） 简单中介模型

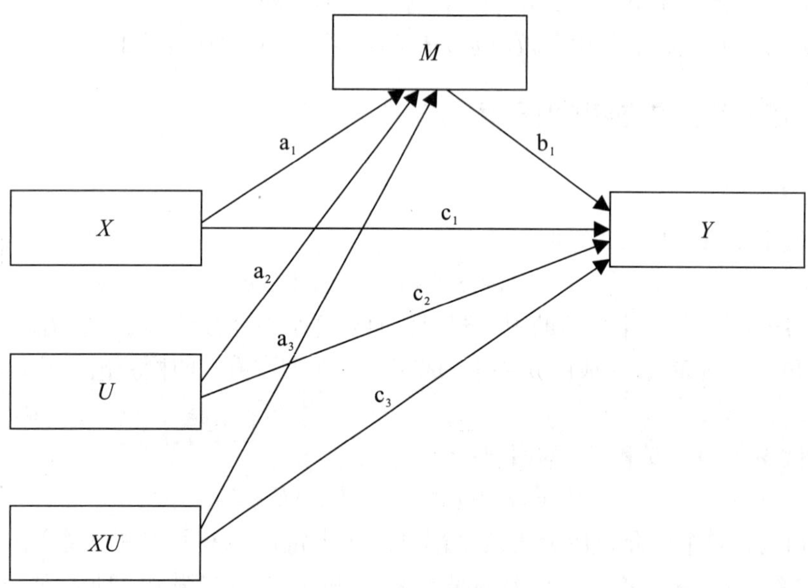

图6－19（b） 有调节的中介模型

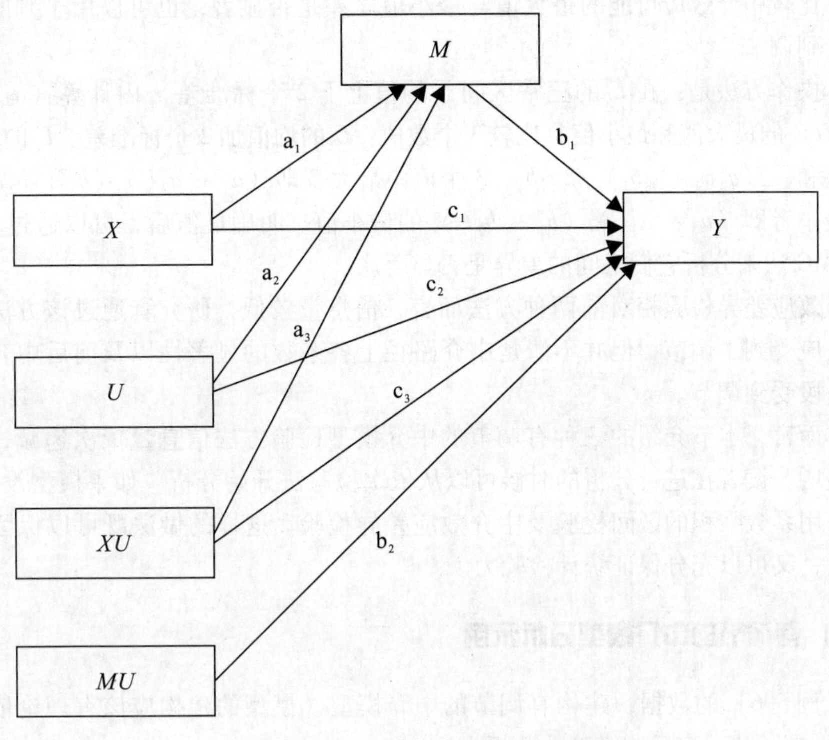

图6－19（c） 有调节的中介模型

在分析过程中，研究者需要考察是否 a_3 和 b_1 同时显著，或 a_3 和 b_2 同时显著，又或 a_1 和 b_2 同时显著，只要其中一组成立，则有调节的中介模型成立。

如果只考虑中介效应过程的一个路径是否受到调节，则只需要检验一个系数。如只考虑中介效应前半路径受到调节，则依次检验 a_3 和 b_1 是否显著；只考虑中介效应后半路径受到调节，则依次检验 a_1 和 b_2 是否显著。另外，如果回归系数 c'_3 显著，则说明调节效应除了影响中介效应，还能直接调节 X 与 Y 的关系。与一般的中介效应分析一样，分析有调节的中介效应时可以不考虑 X 对 Y 的总效应 c_1 是否显著，若其不显著，按照遮掩效应立论即可。

依次检验法的信息量较大，可以明确中介路径上各系数的显著性检验结果以及中介前后哪个路径受到调节，且第一类错误率较低。不过该方法统计检验力也较低。

2. 系数乘积法

为了证明有调节的中介的存在，基于 $(a_1 + a_3U)(b_1 + b_2U) = a_1b_1 + (a_1b_2 + a_3b_1)U + a_3b_2U^2$，可以直接检验系数的乘积，假设 $a_1b_2 = 0$，$a_3b_1 = 0$，$a_3b_2 = 0$，任何一个假设被拒绝，都可以证明有调节的中介模型成立。检验方法可以采用偏差校正的百分位 Bootstrap 法或者有先验信息的 MCMC 法来构造系数乘积的置信区间，置信区间不包含 0 表明系数乘积显著。

3. 中介效应的差异检验法

通过取不同的 U 值，将其带入公式 $(a_1 + a_3U)(b_1 + b_2U)$ 中，可以获得条件中介效应，比较中介效应可能的最大值与最小值之差是否显著，也可以用于判断中介效应是否受到调节。

具体操作方法是：在 U 的正常区间（均值上下 2 个标准差）内计算（a_1+a_3U）（b_1+b_2U）的最大值和最小值，比较 3 个数值：U 的均值加 2 个标准差、U 的均值减 2 个标准差和 $-(a_1b_2+a_3b_1)/2a_1b_1$，3 个值中最大者即（a_1+a_3U）（b_1+b_2U）的最大值，最小者即（a_1+a_3U）（b_1+b_2U）的最小值。明确最值后，可以通过 bootstrap 法或 MCMC 法来分析它们之间的差异是否显著。

中介效应差异检验相对前两种方法而言，信息量较低，研究者通过该方法只能知道中介效应受到了调节，但并不清楚中介路径上各系数的显著性以及前后中介路径究竟是哪一段受到调节。

总体而言，本节介绍的三种有调节的中介模型检验方法信息量依次递减，但检验力依次递增，读者在进行分析的时候可以从依次检验法开始分析，如果模型没有成立，再依次采用系数乘积的区间检验及中介效应差异检验。这样的做法既可以保留尽量多的信息量，又可以充分保证统计检验力。

（三）有调节的中介模型分析示例

以【例 6.6】的数据，建构有调节的中介模型（模型的建构应该有理论依据，在此仅是用作举例），演示该模型的分析方法。

这一模型要探讨的问题是：员工的人力资本（X）通过工作投入（M）这个中介变量对工作绩效（Y）产生影响，是否受到个人主动性（U）的调节。

与前文有中介的调节模型一样，在此，我们同样分别建构显变量模型和潜变量模型。

1. 显变量模型

第一步：检验调节效应是否显著。

这一步程序语句的设定与有中介的调节模型的显变量模型的第一步相同（但是它们隐含的理论解释不同），结果输出也一样，不再重复。

第二步：检验有中介效应的前半段和后半段路径是否受到调节。

（1）程序语句

```
DATA: FILE IS sample6.6.txt;
VARIABLE: NAMES ARE x m u xu mu y;
USEVARIABLE ARE x m u xu mu y;
MODEL: y on x u xu
          m (b1)
          mu (b2);
      m on x (a1)
          u
          xu (a3);
```

MODEL CONSTRAINT:

new (H1 - H6);

H1 = a1 * b2; ! a1b2 的估计

H2 = a3 * b1; ! a3b1 的估计

H3 = a3 * b2; ! a3b2 的估计

H4 = a1 * b1; ! 当 U 等于 0 时 (a1 + a3U)(b1 + b2U) 的中介效应值

H5 = H4 + H1 + H2 + H3; ! 当 U 等于 1 时 (a1 + a3U)(b1 + b2U) 的中介效应值

H6 = H4 - H1 - H2 + H3; ! 当 U 等于 -1 时 (a1 + a3U)(b1 + b2U) 的中介效应值

OUTPUT: standardized;

(2) 结果输出与解释

MODEL RESULTS

	Estimate	S. E.	Est. /S. E.	Two-Tailed P-Value
Y ON				
X	0. 110	0. 017	6. 592	0. 000
U	0. 180	0. 016	11. 058	0. 000
XU	0. 101	0. 016	6. 258	0. 000
M	0. 554	0. 018	31. 088	0. 000
MU	0. 026	0. 015	1. 683	0. 092
M ON				
X	0. 372	0. 018	20. 661	0. 000
U	0. 342	0. 018	18. 976	0. 000
XU	0. 178	0. 018	9. 922	0. 000
New/Additional Parameters				
H1	0. 010	0. 006	1. 677	0. 093
H2	0. 098	0. 010	9. 452	0. 000
H3	0. 005	0. 003	1. 659	0. 097
H4	0. 206	0. 012	17. 208	0. 000
H5	0. 319	0. 019	16. 490	0. 000
H6	0. 103	0. 014	7. 231	0. 000

图 6-20 (a) 调节效应检验结果

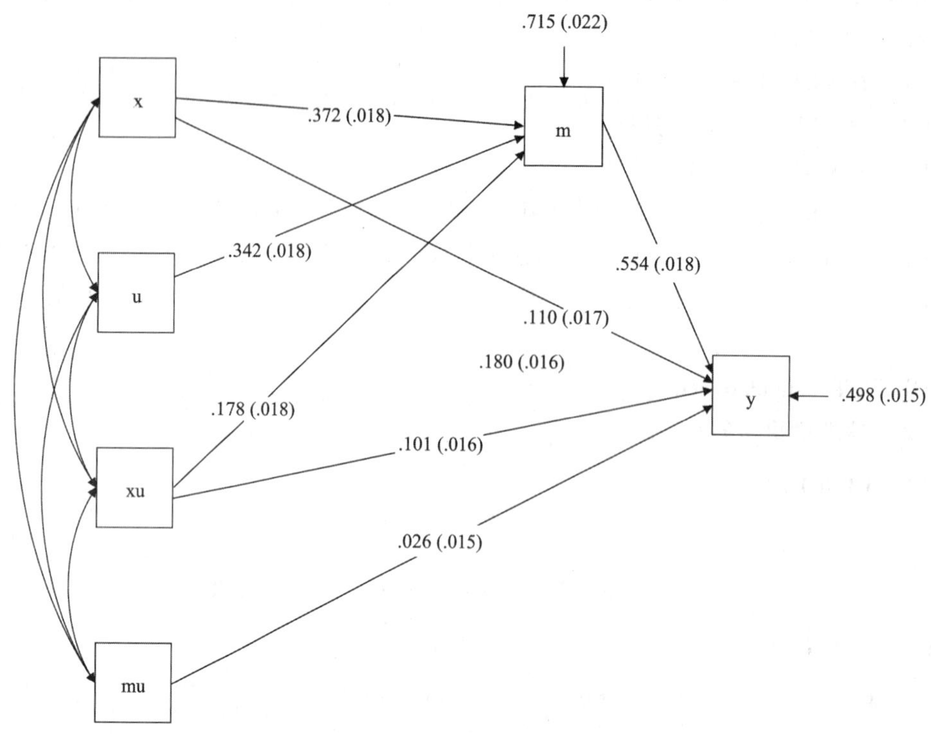

图 6－20（b） 有调节的中介效应模型图

从以上结果我们可以看出，H2 的值为 0.098（$t=9.452$，$p<0.001$），即 $a3*b1$ 显著不为零，有调节的中介模型成立，调节变量 U 调节中介效应的前半路径。当 U 高于 1 个标准差时，中介效应为 0.319（$t=16.490$，$p<0.001$）；当 U 低于 1 个标准差时，中介效应为 0.103（$t=7.231$，$p<0.001$）。

2. 潜变量模型

第一步：检验直接效应是否受到调节。

这一步的程序语句和结果与有中介的调节模型的潜变量模型的第一步相同，不再重复。

第二步：检验有中介效应的前半段和后半段路径是否受到调节。

（1）程序语句

```
DATA: FILE IS sample6.6.txt;
VARIABLE: NAMES ARE x1 - x3 u1 - u3 y1 - y3 m1 - m3;
USEVARIABLE = x1 - x3 u1 - u3 y1 - y3 m1 - m3;
DEFINE: CENTER x1 - x3 u1 - u3 y1 - y3 m1 - m3 (GRANDMEAN);! 使用组均值中心化
ANALYSIS: TYPE = RANDOM ;
ALGORITHM = INTEGRATION;
MODEL: X BY x1 - x3 * ;
```

```
U BY u1 - u3 * ;
Y BY y1 - y3 * ;
M BY m1 - m3 * ;
X@1 M@1U@1 Y@1;
X with U@0;
M with U@0;
XU | X xwith U;
MU | M xwith U;
Y on X U XU
   M (b1)
   MU (b2);
M on X (a1)
   U
   XU (a3);
MODEL CONSTRAINT:
new H1 - H3;
H1 = a3 * b1;
H2 = a1 * b2;
H3 = a3 * b2;
OUTPUT:
```

(2) 结果输出与解释

MODEL RESULTS

	Estimate	S. E.	Est. /S. E.	Two-Tailed P-Value
Y ON				
X	0.048	0.082	0.589	0.556
U	0.272	0.074	3.675	0.000
XU	0.203	0.070	2.905	0.004
M	1.150	0.111	10.395	0.000
MU	-0.007	0.026	-0.287	0.774
M ON				
X	0.807	0.056	14.477	0.000
U	0.791	0.056	14.169	0.000

XU	0.512	0.054	9.451	0.000
New/Additional Parameters				
H1	0.589	0.079	7.437	0.000
H2	-0.006	0.021	-0.287	0.774
H3	-0.004	0.013	-0.287	0.774

图 6-21（a） 有调节的中介模型路径系数估计

结果显示，H1 的值为 0.589（$t=7.437$，$p<0001$），即 $a3*b1$ 显著不为零。有调节的中介模型成立，调节变量 *U* 调节变量的前半路径。

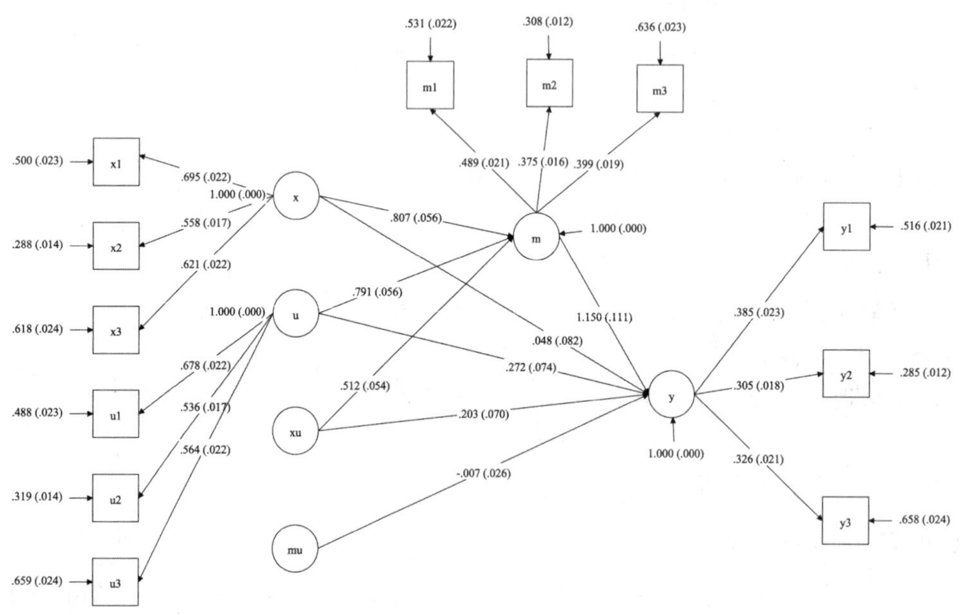

图 6-21（b） 有调节的中介模型图

从图 6-21（b）的图示可以看出，调节效应有部分中介。调节效应调节了前半段 $X \rightarrow M$ 的效应和 $X \rightarrow Y$ 的直接效应。

第四节 跨层次的中介与调节

一、多层线性模型概述

研究者经常会遇到多水平、多层次或嵌套结构的数据。比如，在组织研究中，员工嵌套于团队，团队嵌套于组织，此时，员工变量处于第一层，团队变量处于第二层，组织变量处于第三层。又如，在教育研究中，学生嵌套于班级，班级又嵌套于学校，此时，学生变量处于第一层，班级变量处于第二层，而学校变量则是第三层。

以组织研究为例，我们可以仅就第一层变量提出研究问题，如员工的工作投入对其工作绩效的影响，对此，使用方差分析或回归分析即可解决。但是，如果我们关心的是不同层次变量之间的关系，如领导的领导风格与下属工作投入、工作绩效的关系。假设员工的工作投入会对其工作绩效产生影响，这种影响会因各个部门领导的领导风格的不同而不同。因为员工嵌套于公司部门，所以不能同时直接将工作投入和领导风格作为自变量纳入线性回归模型来预测因变量，而应该采用多层线性模型（hierarchical liner modeling，HLM）进行分析。

多层线性模型的基本原理是首先在各公司部门内做工作绩效对工作投入的回归，再分别以各部门回归模型的截距项 β_{0j} 和斜率 β_{1j} 为因变量，以第二层变量领导风格为自变量进行二次回归，建立两个新的回归方程。因此，这种模型也被称为“回归的回归”。

多层线性模型还能用于纵向追踪研究中。假如研究者想研究儿童的亲社会行为的成长轨迹与影响因素，亲社会行为通过每一次观察得到的追踪数据来获得，这些追踪数据就构成了第一层变量，时间变量及其他影响亲社会行为的个体特征可以作为第二层的变量。

（一）多层线性模型的建构

为了便于理解，我们以员工工作投入、工作绩效及领导风格之间关系的研究为例，说明多层线性模型的建构方法与过程。其中，Y_{ij} 代表员工的工作绩效，X_{ij} 代表员工的工作投入，W_{ij} 代表某企业每个部门领导风格。

1. 零模型

由于我们假设个体层的工作绩效可以由个体层和团队层的变量来解释或预测，所以，首先要检验工作绩效是否在个体层和团队层均有变异存在，即零模型检验。

零模型的方程如下：

第一层：$Y_{ij} = \beta_{0j} + r_{ij}$ （6.12）

第二层：$\beta_{0j} = \gamma_{00} + \mu_{0j}$ （6.13）

Y_{ij} 代表每个员工的工作绩效；β_{0j} 代表各部门员工的平均工作绩效；γ_{00} 代表所有员工的平均工作绩效。

r_{ij} 和 μ_{0j} 分别代表第一层表示的残差和第二层的残差，它们的方差分别用 σ^2（组内方差）和 τ_{00} 表示（组间方差）。

组间方差与总方差的比值反映了因变量总变异由组间方差所解释的百分比，被称为组内相关系数（intra-class correlation coefficient，ICC），也称为 ICC（1），其公式如下：

$$ICC(1) = \frac{\tau_{00}}{\tau_{00} + \sigma^2} \quad (6.14)$$

零模型与单因素方差分析的逻辑相同，通过分解出组内方差和组间方差来计算 *ICC*（1）的值，根据 *ICC*（1）值的大小来判断是否有必要进行跨层次分析。组间方差在总方差中的比例越大，*ICC*（1）值就越大，表明个体的工作绩效越可能由第二层变量进行解释。反之，如果组间方差的比重非常小，表示第二层变量对工作绩效变异的解释力非常小，就没有必要进行跨层次分析。

在建构任何多层线性模型之前，都要先建立零模型并计算 *ICC*（1）的值，一般认为，*ICC*（1）大于 0.138 为高，大于 0.06 为中等，小于 0.06 为低。中等或以上时，才可以考虑进行多层线性模型分析。

2．完整模型

如果我们假设第一层的因变量同时受到第一层和第二层的自变量的影响，可以构建一个一般性的二层线性模型，该类模型也叫完整模型。模型中第一层或第二层的自变量可以有多个，这里以只有一个为例，即工作绩效是如何受领导风格和工作投入影响的。

完整模型的方程如下：

第一层：$Y_{ij} = \beta_{0j} + \beta_{1j}X_{ij} + r_{ij}$ （6.15）

第二层：$\beta_{0j} = \gamma_{00} + \gamma_{01}W_{ij} + \mu_{0j}$ （6.16）

$\beta_{1j} = \gamma_{10} + \gamma_{11}W_{ij} + \mu_{1j}$ （6.17）

第一层的公式表示的是第 i 个部门的第 j 个员工的工作绩效（Y_{ij}）和他的工作投入（X_{ij}）的关系。他的工作绩效可以被“部门 i 内员工的平均绩效（β_{0j}）”“他的工作投入对工作绩效的影响（$\beta_{1j}X_{ij}$）”和“个体随机误差（r_{ij}）”来解释。其中，β_{0j}和β_{1j}分别是第一层回归方程的截距和斜率。

第二层的第 1 个公式表示的是每个部门的平均绩效与领导风格的关系。部门的平均绩效可以由“所有部门的平均绩效（γ_{00}）”“各部门领导风格对部门绩效的影响（$\gamma_{01}W_{ij}$）”和“部门层的随机误差（μ_{0j}）”来解释。

第二层的第 2 个公式表示每个部门中员工工作投入对工作绩效的影响（β_{1j}）可以由“各部门平均的工作投入对工作绩效的影响（γ_{10}）”“领导风格对‘工作投入→工作绩效’的影响（$\gamma_{11}W_{ij}$）”和“部门层的随机误差（μ_{1j}）”来解释。

将公式 5.16，公式 5.17 代入到公式 5.15 当中，我们可以得到下式：

$$Y_{ij} = \gamma_{00} + \gamma_{01}W_{ij} + \mu_{0j} + (\gamma_{10} + \gamma_{11}W_{ij} + \mu_{1j})X_{ij} + r_{ij}$$
$$= \gamma_{00} + \gamma_{01}W_{ij} + \gamma_{10}X_{ij} + \gamma_{11}W_{ij}X_{ij} + (\mu_{1j}X_{ij} + r_{ij}),$$

从中可以看出，员工的工作投入 X_{ij}对员工的工作绩效 Y_{ij}有积极影响（γ_{10}），领导风格 W_{1j}对员工的工作绩效 Y_{ij}也有积极影响（γ_{01}），与此同时，领导风格 W_{ij}与工作投入 X_{ij}产生交互对工作绩效产生影响（γ_{11}）。可见，这是一个跨层次的调节效应模型。

3．完整模型的变化模型

（1）随机系数的回归分析模型

随机系数回归分析模型的建构如下：

第一层：$Y_{ij} = \beta_{0j} + \beta_{1j}X_{ij} + r_{ij}$ （6.15）

第二层：$\beta_{0j} = \gamma_{00} + \mu_{0j}$ (6.13)

$\beta_{1j} = \gamma_{10} + \mu_{1j}$ (6.18)

第一层方程的斜率和截距均为随机而非固定。第二层的第 1 个方程说的是每个部门内用 X 来预测 Y 的截距会是随着部门而改变，这个截距是一个常数加一个随机误差，也即研究者不关心或不知道影响截距改变的变量是什么。第二层的第 2 个方程说的是每个部门内用 X 来预测 Y 的斜率会是随着部门而改变，这个斜率也等于是一个常数加一个随机误差，研究者不关心或不知道影响它变化的变量是什么。

该模型不同于一般的单水平回归模型。该模型的截距和回归系数均是随机的。虽然没有考虑第二层变量的影响，但考虑了第一层变量在第二层上的变异情况，也即，它是一个可以让回归系数在不同层次有机会改变的回归模型。

(2) 协方差分析模型

协方差分析模型的建构如下：

第一层：$Y_{ij} = \beta_{0j} + \beta_{1j}X_{ij} + r_{ij}$ (6.15)

第二层：$\beta_{0j} = \gamma_{00} + \mu_{0j}$ (6.13)

$\beta_{1j} = \gamma_{10}$ (6.19)

该模型的第二层第 2 个方程只有固定项，没有随机项。γ_{10} 代表的是 β_{1j} 的均值，即协变量对因变量的回归系数相同。

(3) 简单回归分析模型

简单回归分析模型的建构如下：

第一层：$Y_{ij} = \beta_{0j} + \beta_{1j}X_{ij} + r_{ij}$ (6.15)

第二层：$\beta_{0j} = \gamma_{00}$ (6.20)

$\beta_{1j} = \gamma_{10}$ (6.19)

该模型的第二层方程均只有固定项，就等同于一个单层的回归模型。

(4) 方差分析模型

方差分析模型的建构如下：

第一层：$Y_{ij} = \beta_{0j} + r_{ij}$ (6.12)

第二层：$\beta_{0j} = \gamma_{00} + \mu_{0j}$ (6.13)

该模型有一个第二层的效应影响每一个组的均值，这就是一般的方差分析，也就是前文的零模型。

（二）多层线性模型几个重要议题

1. 数据聚合

由于现实条件的限制，在有些研究中，我们无法直接测量第二层的变量。通常的做法是通过第一层个体得分取平均值得到第二层的数据。比如，考察的第二层变量是领导风格，要通过下属的评价来获得。这涉及一个问题，下属的评价达到什么程度才可以用第一层变量聚合为第二层变量。如果下属的评价方差很大，数据波动过大，说明下属之间的评价是不一致的，此时用第一层变量计算第二层变量并不合适。我们可以使用两个指标来考察第一层变量是否能够聚合为第二层变量：组内评分者信度（within-group interrater reliability，R_{wg}）和 ICC（2）。

（1）组内评分者信度

组内评分者信度又被称为组内共识程度，是指同一个组织内，所有个体对单个测量题目得分的共识程度，其数学公式为：

$$R_{wg}=\frac{\sigma_{EU}^2-S^2}{\sigma_{EU}^2}=1-\frac{S^2}{\sigma_{EU}^2} \tag{6.21}$$

其中，S^2 是实测数据方差，σ_{EU}^2 是随机分布的方差，其公式为 $\sigma_{EU}^2=\frac{A^2-1}{12}$（$A$ 指量表的评定等级，如果使用李克特5点计分，A 就是5）。

R_{wg} 得到的是团队成员实测方差与随机分布的方差的比例。S^2 越小，与随机分布的方差差距越大，R_{wg} 值就越大，代表团队评价的一致性很大。R_{wg} 的值介于0到1之间。

上面的公式假设量表有一个题目，如果量表有多个题目，则使用以下公式：

$$R_{wg(J)}=\frac{J\left(1-\bar{S}_{xj}^2/\sigma_{EU}^2\right)}{J\left[1-\left(\bar{S}_{xj}^2/\sigma_{EU}^2\right)\right]+\left(\bar{S}_{xj}^2/\sigma_{EU}^2\right)} \tag{6.22}$$

每一道题的实测方差为 S_{xj}^2，把所有题目的方差平均得到平均值 $\bar{S}_{xj}^2$，即可计算 $R_{wg(J)}$。数据中有多少个团队，就有多少个 R_{wg} 的值。其取值可能为负或大于1，若为负则视为0，大于1则视为1。在汇报 R_{wg} 时，可以报告最大值、最小值、中位数和平均数。R_{wg} 中位数大于0.7就代表团队成员评分一致性很高。

（2）ICC（2）

前文中的 ICC（1）关注的是组内成员评分的一致性。而 ICC（2）关注的则是每个组内成员平均得分的一致性。ICC（2）将组内成员在某个题目上的平均分作为该组的得分，然后计算这个题目的组间方差，再除以这个题目各组间平均数的方差，即组间方差占各组平均数方差的比例，其公式为：

$$ICC(2)=\frac{1}{J}\sum_{j=1}^{J}\left(\frac{\tau_{00}}{\tau_{00}+\frac{\sigma^2}{n_j}}\right) \tag{6.23}$$

其中，J 代表题目数，τ_{00} 代表组间方差，σ^2 代表组内方差，n_j 代表每个团队内的样本数。该公式表示所有题项平均数的信度的平均值。

ICC（2）的判断标准是大于0.7。与 R_{wg} 不同的是，一个样本只有一个 ICC（2）值。

2. 中心化

在两层结构的多层线性模型中，对于第一层变量的数据预处理，有3种选择：①使用原始数据，不进行中心化；②总均值中心化；③组均值中心化。那么，为什么要中心化呢？

第一，中心化可以减少自变量之间的多重共线性。

第二，中心化使得回归方程中的截距项有明确的意义。以方程 $Y_{ij}=\beta_{0j}+\beta_{1j}X_{ij}+\varepsilon_{ij}$ 为例，如果不进行中心化，截距项 β_{0j} 表示当 X_{ij} 为0时，Y_{ij} 的均值，此时截距项 β_{0j} 没有

实际意义；如果按总均值中心化［即用 X_{ij} 减去总体均值（$X_{ij}-\bar{X}..$），$\bar{X}..$ 表示 X_{ij} 的总均值］，此时截距项 β_{0j} 的含义是当 X_{ij} 为 $\bar{X}..$ 时，Y_{ij} 的均值；同样地，如果按照组均值中心化［即用 X_{ij} 减去单个组的均值：（$X_{ij}-\bar{X}_{.j}$），$\bar{X}_{.j}$ 表示第 j 组的均值］，此时截距项 β_{0j} 的含义是当 X_{ij} 为 $\bar{X}_{.j}$ 时，Y_{ij} 的均值。

第三，通过组均值中心化，可以有效地区分组间效应和组内效应。当考察某个第一层变量（预测变量）对另一个第一层变量（结果变量）的影响时，这个效应实际上可以分解为两个部分：预测变量的组间效应和组内效应，分析时如果采用预测变量的原始分数或通过总均值中心化，组间效应和组内效应会混在一起，无法区分。此时通过组均值中心化，（$X_{ij}-\bar{X}_{.j}$）可以代表预测变量的组内部分，$\bar{X}_{.j}$ 代表组间部分，两种成分实现分离。另外，对于第一层中的因变量 Y_{ij} 必须使用原始数据。对于第二层的自变量，使用原始数据或总均值中心化均可。

3. 固定效应和随机效应

多层线性模型中，对于第二层自变量有固定效应和随机效应之分。固定效应是第二层自变量包含了研究的所有水平，即样本的水平数等于总体的水平数，结论无须推论到其他水平，此时，对应的第二层回归方程要去掉 μ_{0j} 和 μ_{1j} 两个随机成分，方程一般变为 $\beta_{0j}=\gamma_{00}+\gamma_{01}W_j$ 和 $\beta_{1j}=\gamma_{10}+\gamma_{11}W_j$。随机效应是指第二层自变量各个水平是从总体水平中随机抽取，研究结论可以推论到其他水平中，第二层回归方程包含 μ_{0j} 和 μ_{1j} 两个随机成分。

多层线性模型的第二层回归系数是选择固定效应还是随机效应，要从理论出发，在研究时，可以先行检验是否存在随机效应。下面介绍的跨层中介检验主要以固定效应为主。

4. 样本量

对于任何统计方法而言，样本量越大，统计检验力就越大，对于多层线性模型中的嵌套数据也不例外，多层线性模型不仅要求团队样本量要足够大，每个团队中的个体样本量也要足够大。若想要跨层级的交互作用达到较高的检验力，最好保证团队样本量达到30，每个团队也要包含30个个体。这个要求在实际研究中有时难以满足，我们很难找到大样本群体。但第二层团队样本量比较多，可以弥补第一层小样本在统计检验上的不足。

二、跨层次中介效应模型

常见的中介效应模型中的各个变量是在一个层面的，如果自变量、中介变量和因变量在不同的层面，我们就可以建构跨层次的中介效应模型。根据各个变量所在的层次，常见的跨层次的中介效应模型主要有2种类型：2-2-1中介效应模型和2-1-1中介效应模型，其中，数字代表变量的层级，即自变量、中介变量和因变量所在的层次。具体模型图如图6-22（a）和图6-22（b）所示。

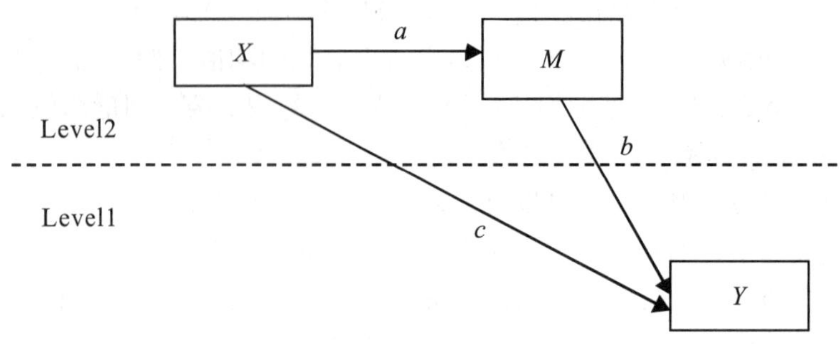

图 6 -22（a） 2 -2 -1 跨层次中介模型

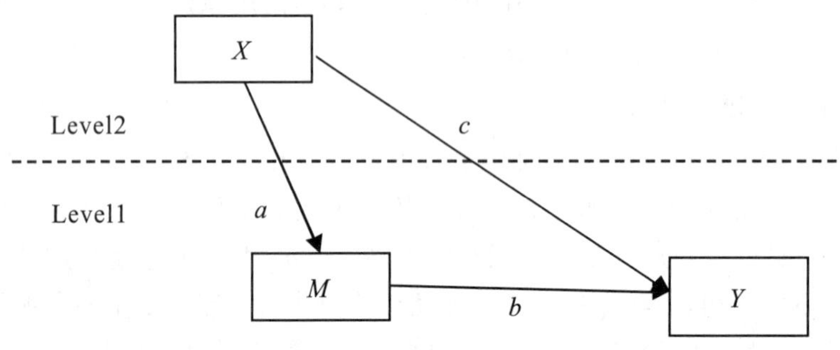

图 6 -22（b） 2 -1 -1 跨层次中介模型

（一）2 -2 -1 模型

2 -2 -1 模型是指自变量 X_j 和中介变量 M_j 均为第 2 层变量，因变量 Y_{ij} 为第 1 层变量。该模型的检验步骤如下。

1. 零模型检验，考量跨层次分析的必要性

因为该模型涉及自变量对因变量的跨层次影响，因此需要构建零模型，计算组内相关系数 *ICC*（1）以考察是否有必要进行跨层次分析。如果 *ICC*（1）大于 0.06，就可以进行跨层次分析，否则则认为没有必要。

2. 检验自变量 X_j 对因变量 Y_{ij} 的效应 c

建立如下回归方程：

第一层：$Y_{ij} = \beta_{0j} + \varepsilon_{ij}$ （6.12）

第二层：$\beta_{0j} = \gamma_{00} + \gamma_{01}{}^{c} X_j + \mu_{0j}$ （6.24）

X_j 与 Y_{ij} 属于不同的层级，第一层方程没有任何自变量对 Y_{ij} 产生影响。第二层方程为随机截距项 β_{0j} 的回归方程，X_j 作为第二层自变量，$\gamma_{01}{}^{c}$ 代表自变量对因变量总体效应 c，一般的多层中介效应分析需要以 $\gamma_{01}{}^{c}$ 显著为前提，若其不显著，则中介效应分析需按遮掩效应立论。

3. 检验自变量对 X_j 中介变量 M_j 的效应 a

建立如下回归方程：

第二层：$M_j = \gamma_{00} + \gamma_{01}{}^{a} X_j + \mu_{0j}$ (6.25)

$\gamma_{01}{}^{a}$代表自变量对中介变量的效应 a，如果 $\gamma_{01}{}^{a}$ 显著，表明跨层中介效应的前半段路径显著。

4．检验自变量 X_j和中介变量 M_j同时对因变量 Y_{ij}作用的效应 c'和 b

建立如下回归方程：

第一层：$Y_{ij} = \beta_{0j} + \varepsilon_{ij}$ (6.12)

第二层：$\beta_{0j} = \gamma_{00} + \gamma_{01}{}^{c'} X_j + \gamma_{02}{}^{b} M_j + \mu_{0j}$ (6.26)

$\gamma_{02}{}^{b}$代表中介变量对因变量的效应 b，即跨层中介效应的后半段路径，$\gamma_{01}{}^{c'}$代表在控制中介变量 M_j后，自变量对因变量的直接效应 c'。$\gamma_{01}{}^{a}$和 $\gamma_{02}{}^{b}$均显著，表明 M 对 X 和 Y 的跨层中介效应显著。如果 $\gamma_{01}{}^{c'}$不显著为完全中介，如果 $\gamma_{01}{}^{c'}$ 显著且 $\gamma_{01}{}^{c'} < \gamma_{01}{}^{c}$，为部分中介，中介效应值 $ab = \gamma_{01}{}^{a} \times \gamma_{02}{}^{b}$。如果中介效应与直接效应方向相同，效应值可以用 $ab/(ab + c')$ 来衡量。

（二）2－1－1 模型

2－1－1 模型是指自变量为第 2 层的变量，中介变量和因变量为第 1 层的变量。该类模型的检验步骤如下。

1．零模型检验

该模型涉及自变量分别对中介变量和因变量的跨层次效应，因此需要分别为中介变量和因变量构建零模型，计算它们各自的组内相关系数 ICC（1）以确定是否有必要进行多层次分析。每个零模型的形式均与 2－2－1 中介模型类似。

2．检验自变量 X_j对因变量 Y_{ij}的效应 c

这一步与 2－2－1 模型相同。

3．检验自变量 X_j对中介变量 M_{ij}的效应 a

建立如下回归方程：

第一层：$M_{ij} = \beta_{0j} + \varepsilon_{ij}$ (6.27)

第二层：$\beta_{0j} = \gamma_{00} + \gamma_{01}{}^{a} X_j + \mu_{0j}$ (6.28)

$\gamma_{01}{}^{a}$代表自变量对中介变量的直接效应 a。

4．检验自变量 X_j和中介变量 M_j同时对因变量 Y_{ij}作用的效应 c'和 b

建立如下回归方程：

第一层：$Y_{ij} = \beta_{0j} + \beta_{1j}(M_{ij} - \overline{M}_{.j}) + \varepsilon_{ij}$ (6.29)

第二层：$\beta_{0j} = \gamma_{00} + \gamma_{01}{}^{c'} X_j + \gamma_{02} \overline{M}_{.j} + \mu_{0j}$ (6.30)

$\beta_{1j} = \gamma_{10}{}^{b}$ (6.31)

由于中介变量和因变量均属第一层，根据前文所述，中介变量对因变量的效应涉及变量中心化的问题。此种情况下，需要对中介变量 M_{ij}进行中心化处理。如果采用总均值中心化，会导致中介变量的组间变异（$M_{ij} - \overline{M}..$）和组内变异（$M_{ij} - \overline{M}_{.j}$）无法有效区分，而二者对于因变量 Y_{ij} 的效应往往不同，不利于准确地估计中介效应。因此，将中介变量按组均值中心化，同时将组均值 $\overline{M}_{.j}$ 置于第二层截距方程中。第二层的自变量对第一层的中介变量的效应 a 不必分解为组间变异和组内变异，因为第二层自变量只能对第一层中介变量的组间变异产生影响，也就是说自变量对中介变量的组内变异部分的效应 a 等于0。$\gamma_{10}{}^{b}$ 只表示中介变量 M_{ij} 的组内变异对因变量 Y_{ij} 的效应，中介变量 M_{ij} 的组内变异部分的中介效应 $ab = 0 \times \gamma_{10}{}^{b} = 0$。中介效应 M_{ij} 组间变异部分的中介效应 $ab = \gamma_{01}{}^{a} \times \gamma_{02}$。总的中介效应也是 $\gamma_{01}{}^{a} \times \gamma_{02}$。$\gamma_{01}{}^{a}$ 和 γ_{02} 均显著，则跨层中介效应显著。如果 $\gamma_{01}{}^{c'}$ 不显著为完全中介，如果 $\gamma_{01}{}^{c'} < \gamma_{01}{}^{c}$，为部分中介效应，中介效应值 $ab = \gamma_{01}{}^{a} \times \gamma_{02}$。如果中介效应与直接效应方向相同，效应值用 $ab/(ab + c')$ 来衡量。

三、跨层次调节效应模型

前文的完整模型就是一种跨层次调节效应的模型，它以第一层方程的斜率为第二层的结果变量，建构了高层变量调节低层变量的模型。跨层次调节效应模型最常见的是2×1－1调节模型，即包含一个第二层调节变量 Mo_j、一个第一层自变量 X_{ij} 和一个第一层因变量 Y_{ij} 的调节模型。

当两个变量都是第一层变量时，分析它们之间效应时需要进行组均值中心化的处理，把 X_{ij} 分解为组内部分 $X_{ij} - \overline{X}_{.j}$ 和组间部分 $\overline{X}_{.j}$。基于这样的前提，最近有研究者提出，在2×1－1型调节模型中，可以分别检验两种调节效应假设：其一，Mo_j 对 $X_{ij} - \overline{X}.j$ 和 Y_{ij} 关系的调节，2×1W－1调节效应（within）；其二，Mo_j 对 $X_{.j}$ 和 Y_{ij} 关系的调节，即2×1B－1调节效应（between）。具体检验流程如下。

（一）2×1W－1调节效应

1. 零模型检验

检验方法与判定标准与跨层中介模型相同。

2. 检验自变量组内部分 $X_{ij} - X_{.j}$ 对因变量 Y_{ij} 的总效应

建立如下方程式：

第一层：$Y_{ij} - \beta_{0j} + \beta_{1j}(X_{ij} - \overline{X}_{.j}) + \varepsilon_{ij}$ （6.32）

第二层：$\beta_{01} = \gamma_{100} + \gamma_{101} Mo_j + \mu_{0j}$ （6.33）

$\beta_{1j} = \gamma_{10} + \mu_{1j}$ （6.19）

截距项 γ_{10} 代表 $X_{ij} - \overline{X}_{.j}$ 对 Y_{ij} 的总效应，若 γ_{10} 显著，表明自变量的组内部分与 Y_{ij} 存在相关，可以进行随后的调节效应分析。

3. 检验调节变量 Mo_j 的跨层调节效应

第一层方程和第二层随机截距方程与上一步一样，保持不变，在第二层随机斜率方程中增加调节变量 Mo_j 作为预测变量。建立如下方程式：

第一层：$Y_{ij} = \beta_{0j} + \beta_{1j}(X_{ij} - \overline{X}_{.j}) + \varepsilon_{ij}$ （6.32）

第二层：$\beta_{0j} = \gamma_{00} + \gamma_{01}Mo_j + \mu_{0j}$ (6.33)

$\beta_{1j} = \gamma_{10} + \gamma_{11}Mo_j + \mu_{1j}$ (6.34)

回归系数 γ_{11} 就是 $X_{ij} - \overline{X}_{.j}$ 和 Mo_j 的乘积项的回归系数，即调节效应，若其显著，则 Mo_j 对 $X_{ij} - \overline{X}_{.j}$ 和 Y_{ij} 关系的调节作用显著。调节效应的效应值可以用准测定系数 R^2（pseudo R^2）来衡量，设第 2 步和第 3 步中随机斜率方程的误差方差分别为 τ_{11} 和 τ_{11m}，计算公式为 $R_2{}^2 = (\tau_{11}{}^2 - \tau_{11m}{}^2) / \tau_{11}{}^2$。$R_2{}^2$ 的值可以解释为随机斜率组间变异有多少可以被调节变量所解释。

4. 简单斜率分析

类似于一般的调节效应分析，可以以调节变量 Mo_j 均值上下各一个标准差为标准，将数据分为高 Mo_j 组和低 Mo_j 组，分别建立 Y_{ij} 对 $X_{ij} - \overline{X}_{.j}$ 的跨层回归（即保留步骤 2 的其他部分不变，去掉 $\gamma_{01}Mo_j$），获取两个组的 γ_{10} 值，比较它们的不同。

（二）2×1B-1 调节效应

1. 零模型检验

检验方法与判定标准与跨层中介模型相同。

2. 检验自变量组间部分 $X_{.j}$ 对因变量 Y_{ij} 的总效应

建立如下方程式：

第一层：$Y_{ij} = \beta_{0j} + \varepsilon_{ij}$ (6.12)

第二层：$\beta_{0j} = \gamma_{00} + \gamma_{01}\overline{X}_{.j} + \gamma_{02}Mo_j + \mu_{0j}$ (6.35)

斜率 γ_{01} 代表 $\overline{X}_{.j}$ 对 Y_{ij} 的总效应，若 γ_{01} 显著，表明自变量的组内部分与 Y_{ij} 存在相关，可以进行接下来的调节效应分析。

3. 检验调节变量 Mo_j 的调节效应

保留上一步的第一层方程不变，在第二层随机截距方程中增加自变量 $\overline{X}_{.j}$ 和调节变量 Mo_j 乘积项 $\overline{X}_{.j}Mo_j$ 作为预测变量，建立如下方程：

第一层：$Y_{ij} = \beta_{0j} + \varepsilon_{ij}$ (6.12)

第二层：$\beta_{0j} = \gamma_{10} + \gamma_{10}\overline{X}_{.j} + \gamma_{02}Mo_j + \gamma_{03}\overline{X}Mo_j + \mu_{0j}$ (6.36)

若回归系数 γ_{03} 显著，则 Mo_j 对 $\overline{X}_{.j}$ 和 Y_{ij} 关系的调节作用显著。对于效应值，设第 2 步和第 3 步中随机截距方程的误差方差分别为 τ_{00} 和 τ_{00m}，计算公式为 $R_2{}^2 = (\tau_{00}{}^2 - \tau_{00m}{}^2) / \tau_{00}{}^2$。$R_2{}^2$ 的值可以解释为随机截距组间变异有多少可以被交互项 $X_{.j}Mo_j$ 所解释。

4. 简单斜率分析

以调节变量 Mo_j 均值上下各一个标准差为标准，将数据分为高 Mo_j 组和低 Mo_j 组，按照第 2 步的方法给两个组分别建立 Y_{ij} 对 $X_{ij} - \overline{X}_{.j}$ 的跨层回归（第二层截距方程去掉 $\gamma_{02}Mo_j$ 这一项），获取两个组的 γ_{11} 值，比较它们的不同。

四、分析示例

【例 6.7】研究者欲考察团队领导层变量与团队成员个体层变量对成员工作绩效的影响，收集了三个变量的数据：领导层的授权型领导、个体层的工作投入和工作绩效。被试来自 68 个工作团队，共 448 名，其中团队领导 68 名，团队成员 380 名。

我们以这个例子分别演示跨层次中介模型和跨层次调节模型的检验方法。需要说明的是，在此用同一批数据建构两个不同的假设模型，只是为了举例和演示的方便。实际研究中，假设模型的建构需要有充足的理论依据，不可随意。

（一）跨层次中介模型的 HLM 分析

假设授权型领导对成员工作绩效有直接影响，还通过成员工作投入的跨层次中介作用产生间接影响。这是一个 2－1－1 模式的跨层次中介模型。模型图如下：

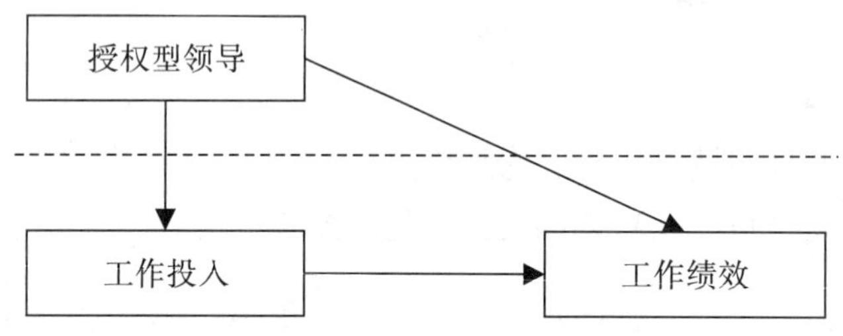

图 6－23　跨层中介假设模型图

1. 数据准备

将领导和成员的数据分别在两个 SPSS 文件中整理好，并将两个文件放在同一文件夹中。

本例中，领导的数据文件中包含团队编号、授权型领导、团队工作投入（团队中所有成员工作投入的平均值）等变量；成员的数据文件包含团队编号、工作投入和工作绩效等变量。

需要注意的是，两个文件中“团队编号”这一变量都需要由小到大排列，并且匹配，因为 HLM 软件是通过这一变量识别哪些领导和哪些成员属于同一团队。

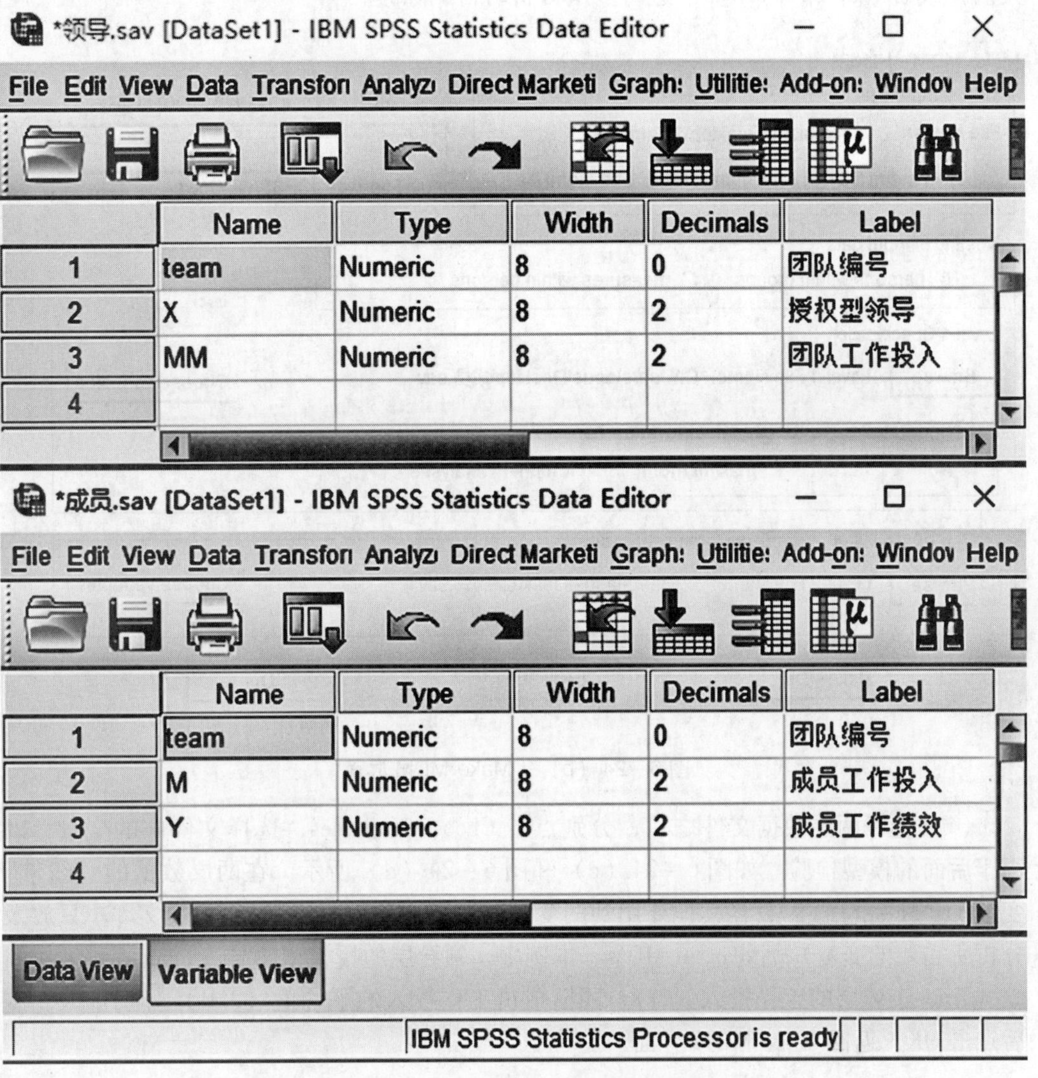

图 6-24（a） SPSS 文件的变量

2. HLM 读取和保存数据

（1）启动 HLM 软件后，依次点击 File→ Make new MDM file→ Stat package input，选择默认的 HLM2（表示要建构一个两层的模型），点击 OK，进入 Make MDM 的界面。

（2）首先，在 Make MDM 界面的右上角输入即将创建的 mdm 文件名称，如“123”，并保持默认的 Input File Type 选项为 SPSS/Windows 不变，以读取我们前面准备的 SPSS 数据文件。

（3）然后，分别点击 Level-1 Specification 和 Level-2 Specification 下面的 Browse 按钮，选择一层和二层的 SPSS 数据文件，选定后软件会显示这两个文件的路径。此外，要设置缺失值的情况，如果没有缺失值，选择“No”，如果有缺失值，则选择“Yes”；并在后面选择删除缺失值的方式：making mdm（在创建 mdm 文件时就删除缺失值）或者 running analyses（进行多层分析时再删除）。

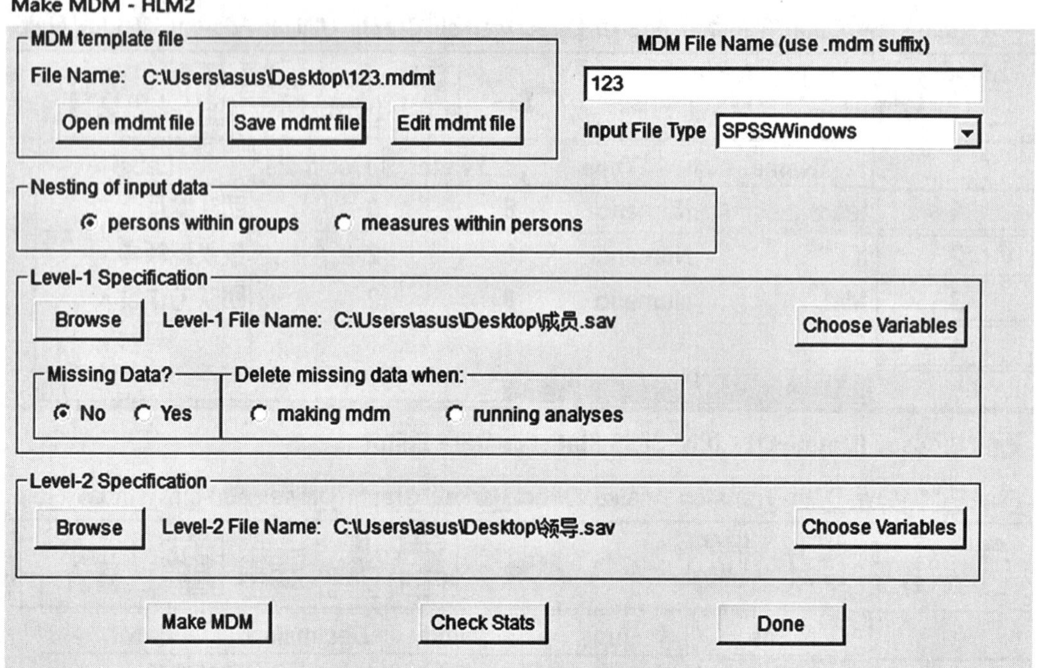

图 6－24（b） Make MDM 界面

（4）选好两层数据文件之后，分别点击 Choose Variables，选择文件中的变量，以用于后面的模型检验。如图 6－24（c）和图 6－24（d）所示，在两层数据的“纽带”变量 TEAM 后勾选 ID，在其他要用到的变量（为了方便选择，建议 SPSS 文件中只放入分析所需要的变量）后勾选 in MDM。本例中，领导层的授权型领导（team）和工作绩效（*Y*）、个体层的工作投入（*M*）、团队成员工作投入的平均值（*MM*）分别选入。然后点击 OK，返回 Make MDM 界面。

Choose variables - HLM2

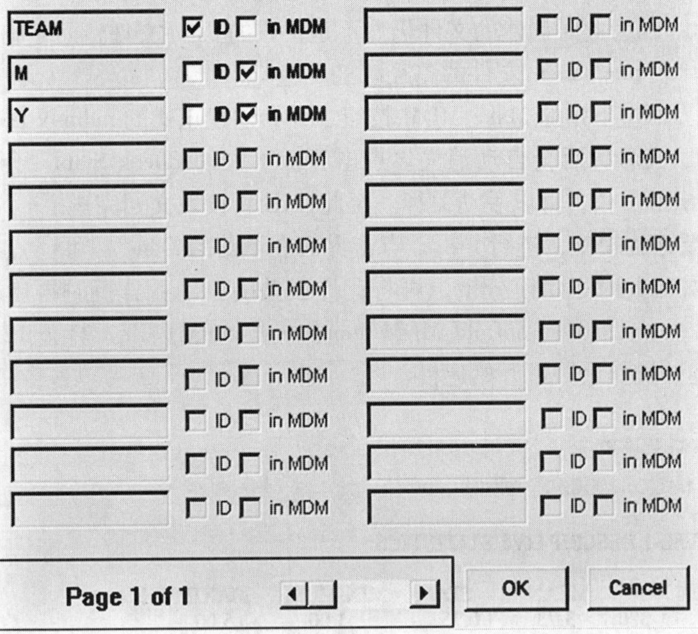

图6－24（c） 选择一层变量

Choose variables - HLM2

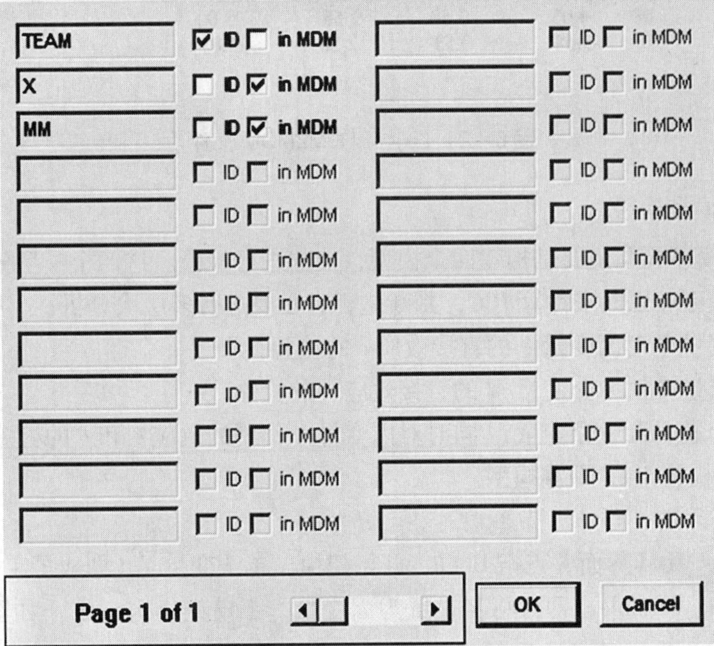

图6－24（d） 选择二层变量

（5）返回 Make MDM 界面后，点击页面左上角的 Save mdmt file 按钮，让 HLM 软件储存上述设定过程并将所选数据编辑成 HLM 软件所需的数据格式。此时我们可以看到创建的 mdmt（因为此时创建的文件仍然不是正式的 mdm 文件，而是临时的，因此是 mdmt 格式，t 代表 template）文件的路径。

（6）点击界面左下角的 Make MDM 按钮，开始创建正式的 mdm 文件，此时会出现一个 DOS 画面，几秒钟后会自动消失。点击界面下方的 Check Stats，会出现图 6－24（e）所示的记事本文档，可以手动关掉。至此，HLM 读取文档完毕。

如果此时要建构模型，进行分析，点击界面右下角的 Done 即可［点击后会出现图 6－24（f）］。如果此时不建模分析，可将此界面关闭，以后分析时再启动软件，依次点击 File→Make new MDM from old MDM template（. mdmt）file，打开 123. mdmt 文件，重复（6）所述的操作后即可开始建模。

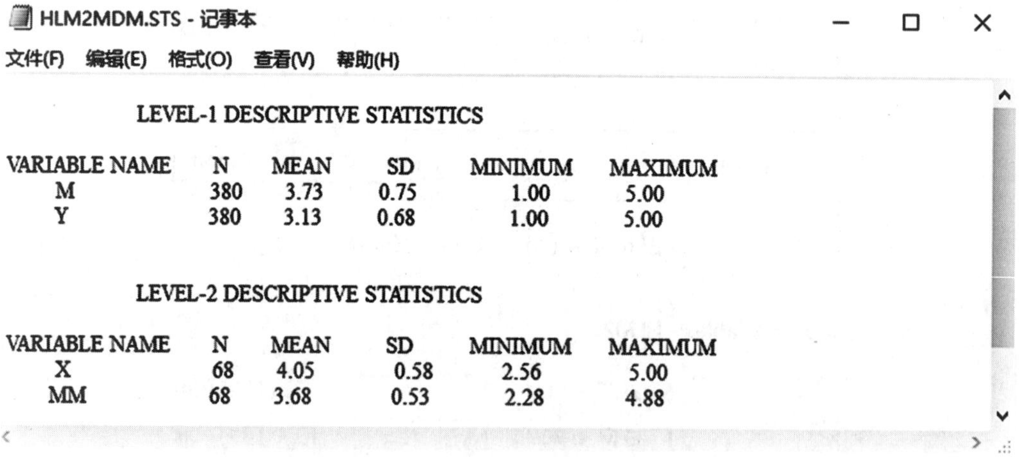

HLM2MDM.STS - 记事本

文件(F) 编辑(E) 格式(O) 查看(V) 帮助(H)

LEVEL-1 DESCRIPTIVE STATISTICS

VARIABLE NAME	N	MEAN	SD	MINIMUM	MAXIMUM
M	380	3.73	0.75	1.00	5.00
Y	380	3.13	0.68	1.00	5.00

LEVEL-2 DESCRIPTIVE STATISTICS

VARIABLE NAME	N	MEAN	SD	MINIMUM	MAXIMUM
X	68	4.05	0.58	2.56	5.00
MM	68	3.68	0.53	2.28	4.88

图 6－24（e） HLM2MDM 文件

3. HLM 模型检验

2－1－1 模型检验主要是构建四个模型，依次进行检验。这四个模型分别是：

*M*1：零模型，以此来计算 *ICC*，判断是否有必要进行多层次分析；

*M*2：自变量 *X* 对因变量 *Y* 的直接效应 *c* 的检验；

*M*3：自变量 *X* 对中介变量 *M* 的直接效应 *a* 的检验；

*M*4：自变量 *X* 和中介变量 *M* 同时对因变量 *Y* 作用的效应 *c*′和 *b* 的检验。

第一步：检验 *M*1，即零模型。

（1）检验方法

①在 Make MDM 界面，点击 Done，开始建模。单击变量 *Y*（即成员工作绩效），然后点击 Outcome Variable，即可将 *Y* 设置为因变量，零模型建构完成［如图 6－24（f）所示］。

②在图示界面上，点击 Run Analysis，可以直接运行所构建的模型（Run the model shown），也可以先将命令保存然后再运行（Save and Run）。为了方便后续分析，我们

在此先将命令进行保存。点击［Save and Run］，输入文件名（如 *M*1），并选择好保存路径，点击保存即可。以后可通过点击 File→ Edit/Run old command（. hlm/. mlm）直接打开 M1. hlm 文件。

③运行之后，在存储原始数据、mdmt 文件、命令文件的文件夹中，出现了名为“hlm2”的记事本文件，也就是零模型检验的结果文件。为了防止后续被其他模型的分析结果覆盖，也方便和其他模型的结果进行区分，此时要将该文件重命名，如“M1 output”。打开该结果文件，即可查看分析结果。

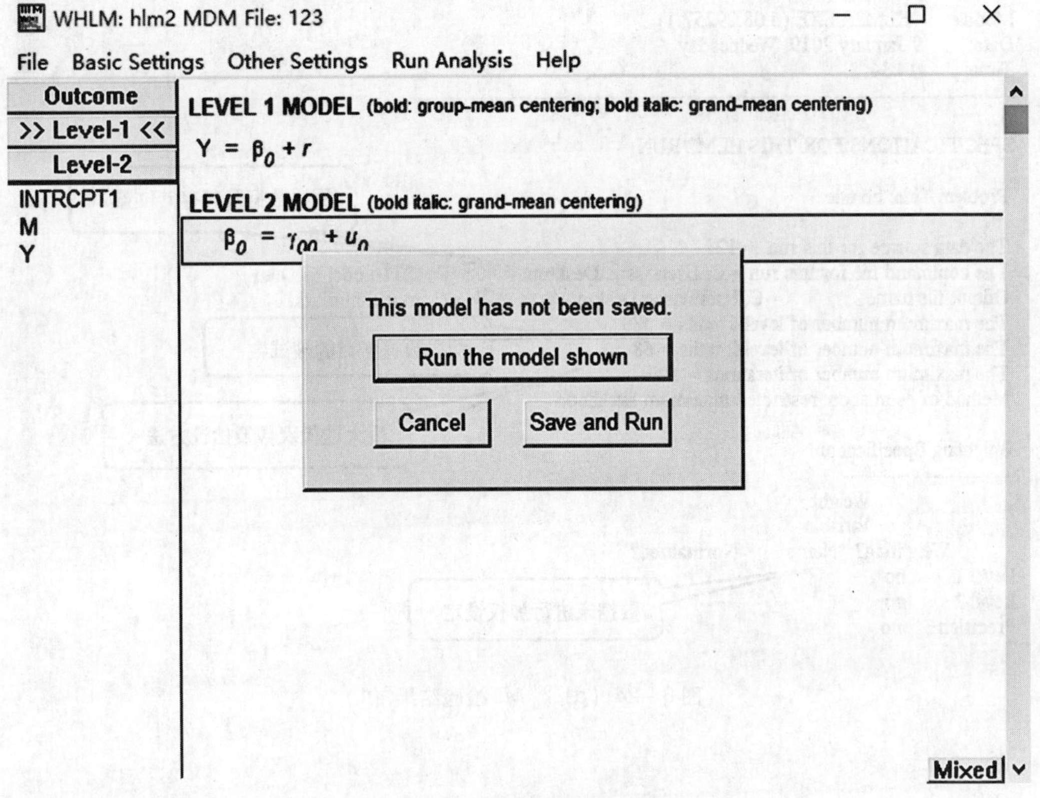

图 6－24（f） *M*1 建构

(2)检验结果

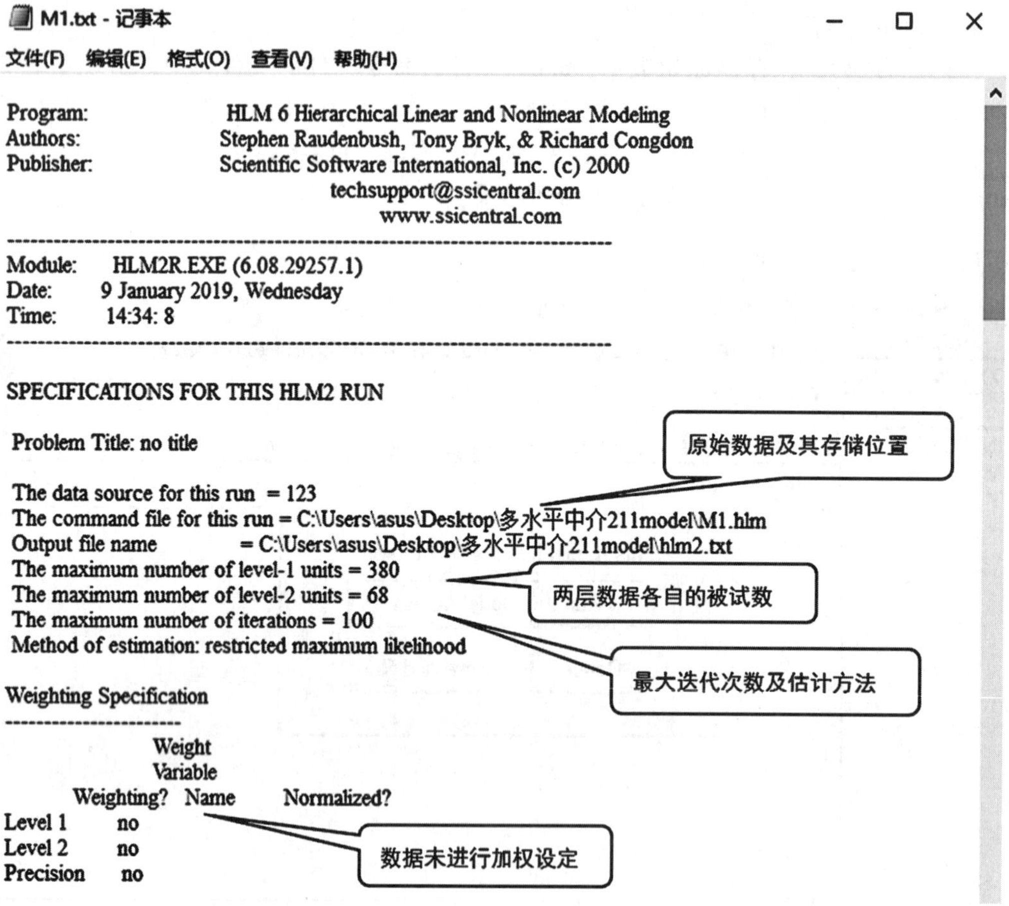

M1.txt - 记事本
文件(F) 编辑(E) 格式(O) 查看(V) 帮助(H)

```
Program:          HLM 6 Hierarchical Linear and Nonlinear Modeling
Authors:          Stephen Raudenbush, Tony Bryk, & Richard Congdon
Publisher:        Scientific Software International, Inc. (c) 2000
                        techsupport@ssicentral.com
                            www.ssicentral.com
-------------------------------------------------------------------------------
Module:    HLM2R.EXE (6.08.29257.1)
Date:      9 January 2019, Wednesday
Time:      14:34: 8
-------------------------------------------------------------------------------

SPECIFICATIONS FOR THIS HLM2 RUN

 Problem Title: no title

 The data source for this run  = 123
 The command file for this run = C:\Users\asus\Desktop\多水平中介211model\M1.hlm
 Output file name              = C:\Users\asus\Desktop\多水平中介211model\hlm2.txt
 The maximum number of level-1 units = 380
 The maximum number of level-2 units = 68
 The maximum number of iterations = 100
 Method of estimation: restricted maximum likelihood

Weighting Specification
-----------------------
                Weight
                Variable
         Weighting?  Name        Normalized?
Level 1      no
Level 2      no
Precision    no
```


图6-24(g) M1 检验结果(1)

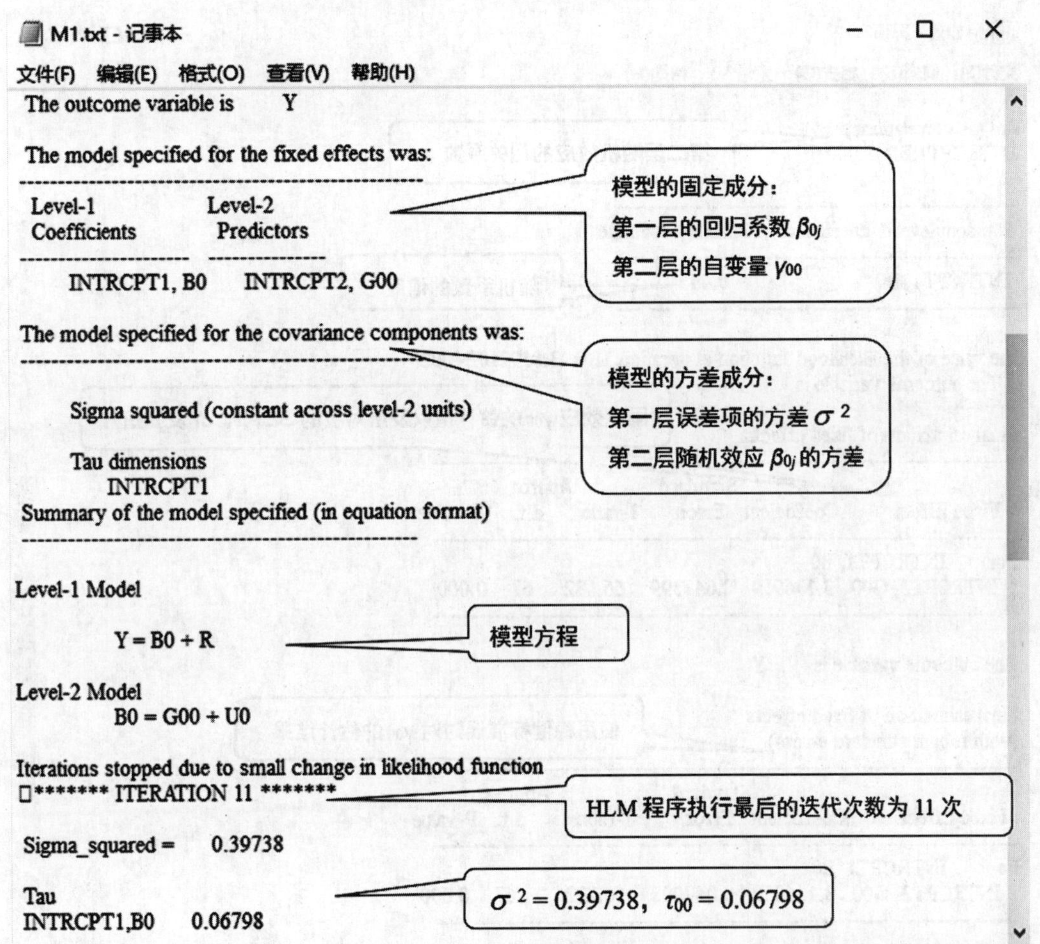

图 6－24（h） *M*1 检验结果（2）

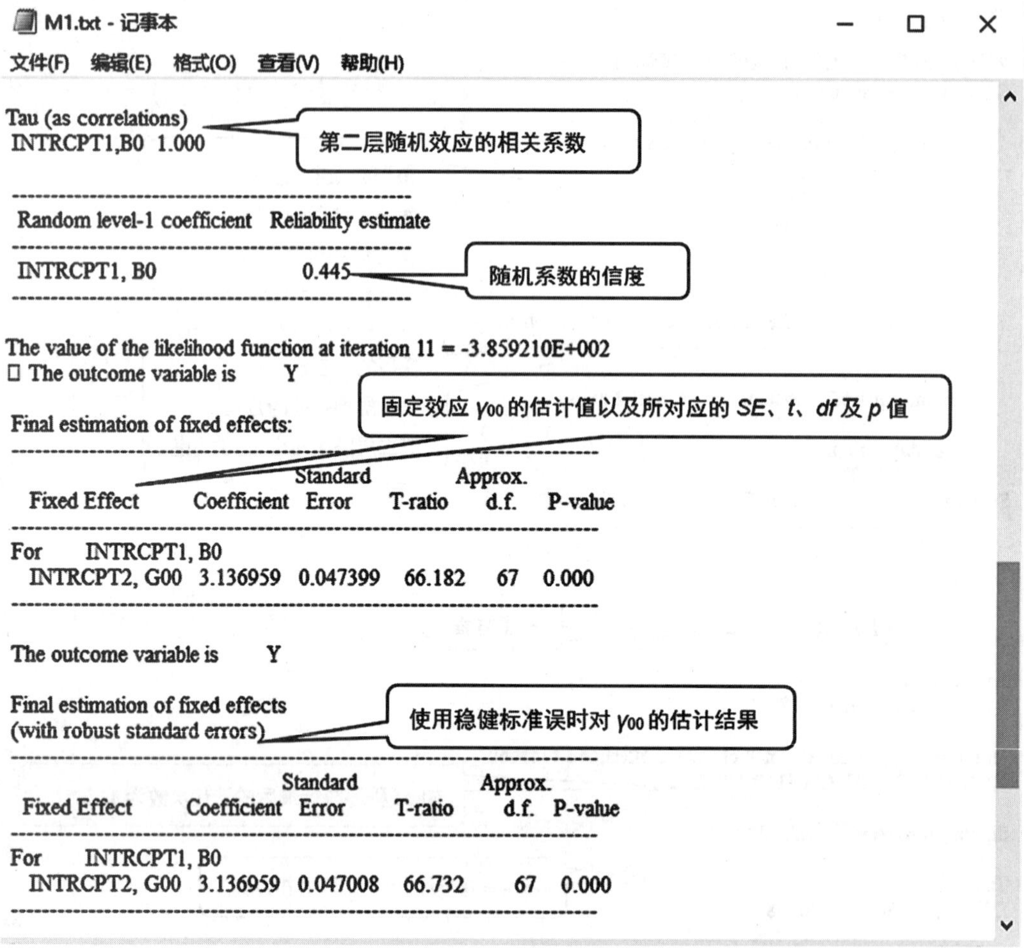

M1.txt - 记事本

文件(F) 编辑(E) 格式(O) 查看(V) 帮助(H)

```
Tau (as correlations)
 INTRCPT1,B0  1.000

 ----------------------------------------------------
  Random level-1 coefficient   Reliability estimate
 ----------------------------------------------------
  INTRCPT1, B0                       0.445
 ----------------------------------------------------

The value of the likelihood function at iteration 11 = -3.859210E+002
 The outcome variable is        Y

 Final estimation of fixed effects:
 ----------------------------------------------------------------------------
                                      Standard               Approx.
   Fixed Effect          Coefficient   Error       T-ratio     d.f.    P-value
 ----------------------------------------------------------------------------
 For        INTRCPT1, B0
   INTRCPT2, G00   3.136959   0.047399    66.182      67     0.000
 ----------------------------------------------------------------------------

 The outcome variable is        Y

 Final estimation of fixed effects
 (with robust standard errors)
 ----------------------------------------------------------------------------
                                      Standard               Approx.
   Fixed Effect          Coefficient   Error       T-ratio     d.f.    P-value
 ----------------------------------------------------------------------------
 For        INTRCPT1, B0
   INTRCPT2, G00   3.136959   0.047008    66.732      67     0.000
 ----------------------------------------------------------------------------
```

第二层随机效应的相关系数

随机系数的信度

固定效应 γ_{00} 的估计值以及所对应的 *SE*、*t*、*df* 及 *p* 值

使用稳健标准误时对 γ_{00} 的估计结果

图 6－24（i） *M*1 检验结果（3）

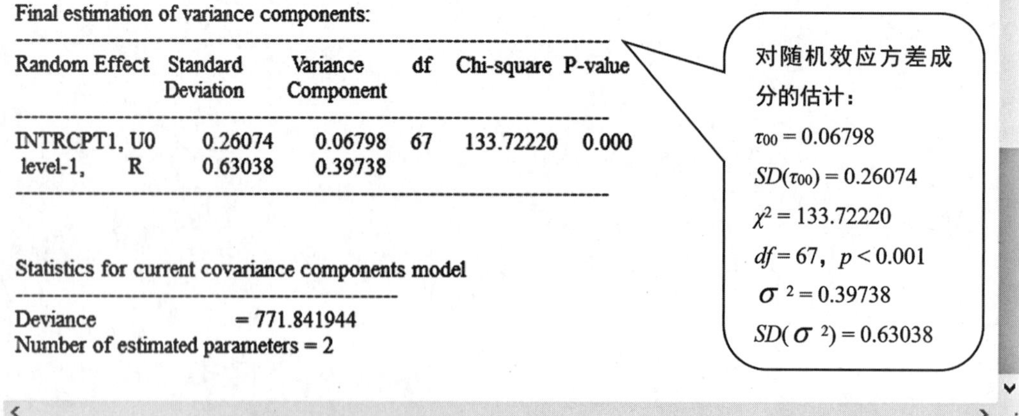

```
 Final estimation of variance components:
 -----------------------------------------------------------------------------
 Random Effect    Standard      Variance      df    Chi-square    P-value
                  Deviation     Component
 -----------------------------------------------------------------------------
 INTRCPT1, U0      0.26074      0.06798      67    133.72220      0.000
  level-1,    R    0.63038      0.39738
 -----------------------------------------------------------------------------

 Statistics for current covariance components model
 --------------------------------------------------
 Deviance                     = 771.841944
 Number of estimated parameters = 2
```


图 6－24（j） *M*1 检验结果（4）

计算 $ICC(1) = \frac{\tau_{00}}{\tau_{00}+\sigma^2} = \frac{0.06798}{0.06798+0.39738} = 0.146 > 0.06$，因此有必要进行多层次分析。

本研究是 2－1－1 模型，除了检验因变量的零模型，还需检验中介变量的零模型。模型检验方法与上面相同，只是将上一步的因变量换成工作投入即可，这里直接给出 *ICC*（1）结果：

$$ICC(1) = \frac{\tau_{00}}{\tau_{00}+\sigma^2} = \frac{0.16718}{0.16718+0.039363} = 0.298 > 0.06$$

第二步：检验 *M*2，即自变量 *X* 对因变量 *Y* 的效应（授权型领导→工作绩效）。

（1）检验方法

*M*2 只需在 *M*1 的基础上，加入二层变量授权型领导（X）即可。首先单击页面左侧的 Level－2，显示全部二层变量；然后点选 *X*，并选择中心化的方法：不中心化（add variable uncentered）或总均值中心化（add variable grand centered）。根据 Zhang，Zyphur 和 Preacher（2009）的建议，我们采用二层变量不中心化，一层变量组均值中心化的方法，也即，此处选择 <add variable uncentered>，*M*2 建构成功。此时可通过 File → Save as 将该操作文件另存为 M2. hlm。

点击［Run Analysis］进行分析，将生成的结果文档 hlm2 改名为 M2 output 后打开查看分析结果。

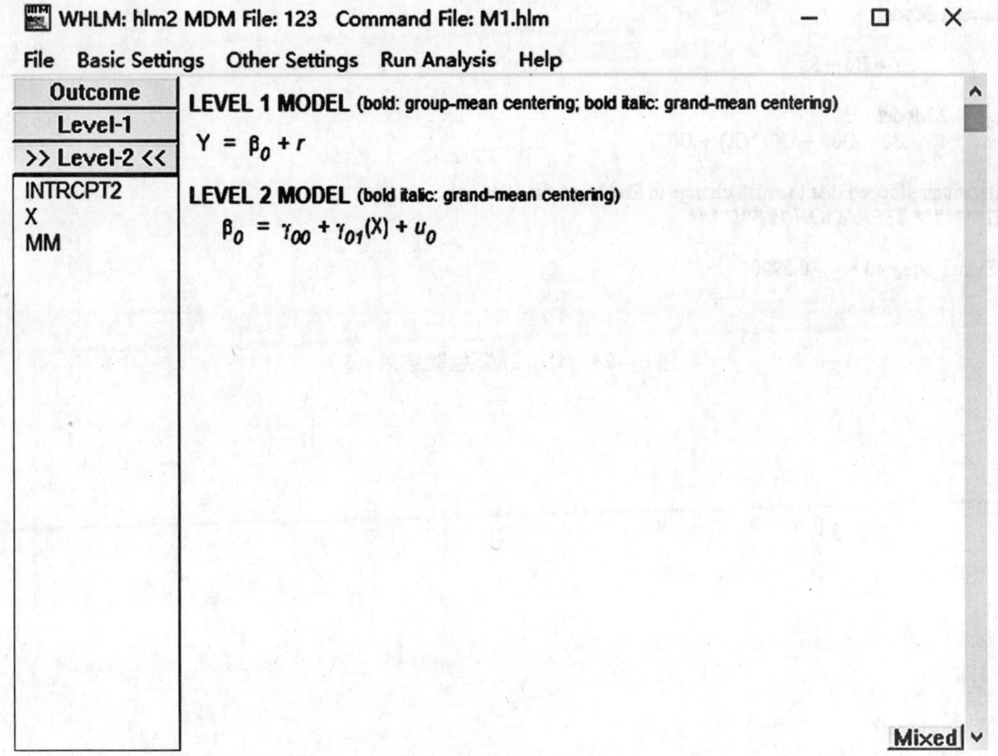

图 6－24（k） *M*2 建构

（2）检验结果

*M*2 的主要检验结果如下所示。可以发现，在 *M*2 中，$\gamma_{01}{}^{c} = 0.14$，$t = 2.017$，$p < 0.05$，也即，自变量（授权型领导）对因变量（成员工作绩效）具有显著的正向作用。

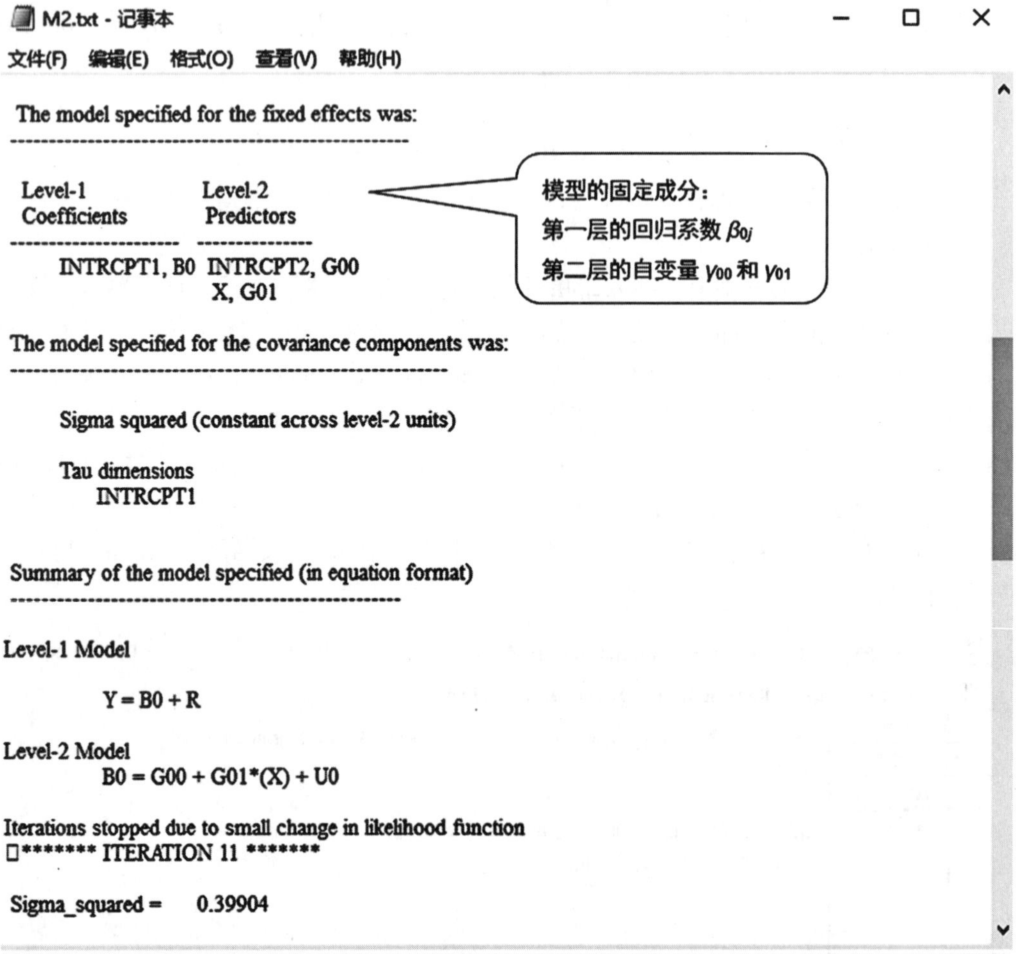

M2.txt - 记事本

文件(F) 编辑(E) 格式(O) 查看(V) 帮助(H)

```
The model specified for the fixed effects was:
----------------------------------------------------

 Level-1                  Level-2
 Coefficients             Predictors
 ----------------------   ---------------
       INTRCPT1, B0  INTRCPT2, G00
                          X, G01

The model specified for the covariance components was:
---------------------------------------------------------

       Sigma squared (constant across level-2 units)

       Tau dimensions
           INTRCPT1


Summary of the model specified (in equation format)
---------------------------------------------------

Level-1 Model

            Y = B0 + R

Level-2 Model
            B0 = G00 + G01*(X) + U0

Iterations stopped due to small change in likelihood function
□******* ITERATION 11 *******

 Sigma_squared =     0.39904
```

模型的固定成分：
第一层的回归系数 β_{0j}
第二层的自变量 γ_{00} 和 γ_{01}

图 6-24（I） *M*2 检验结果（1）

M2.txt - 记事本

文件(F) 编辑(E) 格式(O) 查看(V) 帮助(H)

Final estimation of fixed effects:

Fixed Effect	Coefficient	Standard Error	T-ratio	Approx. d.f.	P-value
For INTRCPT1, B0					
INTRCPT2, G00	2.561478	0.313226	8.178	66	0.000
X, G01	0.142258	0.076582	1.858	66	0.067

The outcome variable is Y

固定效应 γ_{00} 和 γ_{01} 的估计值以及所对应的 *SE*、*t*、*df* 及 *p* 值

其中 γ_{01} 的估计值即为 *X* 对 *Y* 影响的直接效应 *c*

Final estimation of fixed effects
(with robust standard errors)

Fixed Effect	Coefficient	Standard Error	T-ratio	Approx. d.f.	P-value
For INTRCPT1, B0					
INTRCPT2, G00	2.561478	0.292774	8.749	66	0.000
X, G01	0.142258	0.070537	2.017	66	0.047

Final estimation of variance components:

Random Effect	Standard Deviation	Variance Component	df	Chi-square	P-value
INTRCPT1, U0	0.24402	0.05954	66	123.75954	0.000
level-1, R	0.63170	0.39904			

图 6-24（m） *M2* 检验结果（2）

第三步：检验 *M3*，即自变量 *X* 对中介变量 *M* 的效应（授权型领导→工作投入）。

M3 与 *M2* 类似，将因变量 *Y* 替换为 *M* 即可。首先，在变量名 *M* 上单击，并选择 Outcome Variable，即可将 *M* 设定为因变量。然后，跟第二步一样，将 *X* 纳入模型。同样地，另存命令文件，命名为 M3. hlm。运行该文件，修改结果文档的名称为 M3 output。

结果显示，在 *M3* 中，$\gamma_{01}{}^{a} = 0.26$，$t = 3.15$，$p < 0.01$，也就是说，自变量（授权型领导）对中介变量（成员工作投入）具有显著的正向作用。

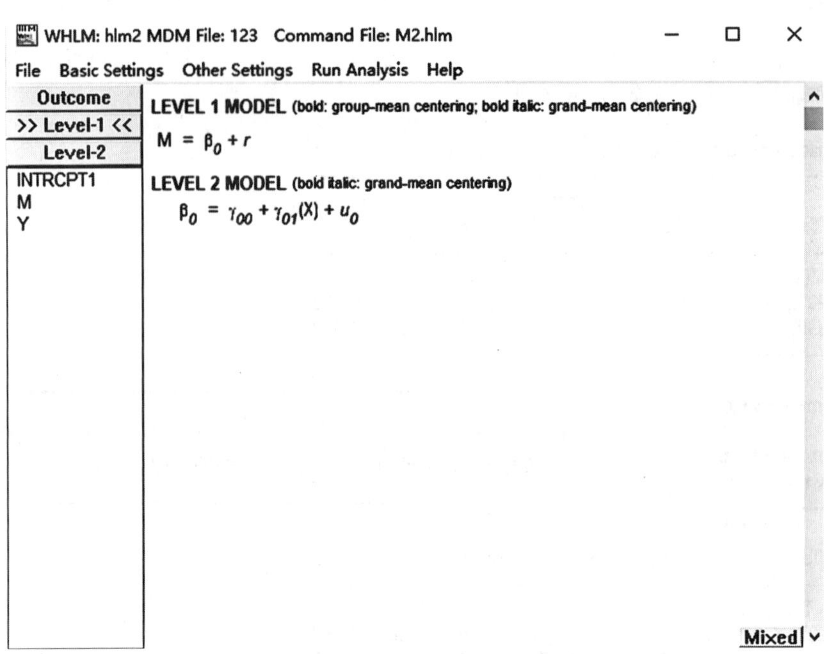

图 6－24（n） *M3* 建构

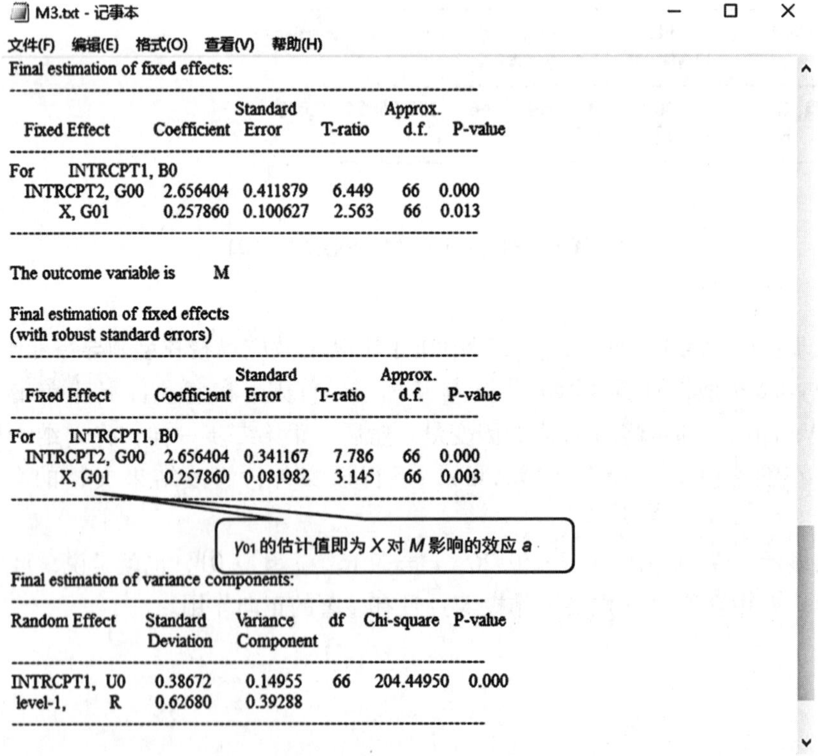

Final estimation of fixed effects:

Fixed Effect	Coefficient	Standard Error	T-ratio	Approx. d.f.	P-value
For INTRCPT1, B0					
INTRCPT2, G00	2.656404	0.411879	6.449	66	0.000
X, G01	0.257860	0.100627	2.563	66	0.013

The outcome variable is M

Final estimation of fixed effects
(with robust standard errors)

Fixed Effect	Coefficient	Standard Error	T-ratio	Approx. d.f.	P-value
For INTRCPT1, B0					
INTRCPT2, G00	2.656404	0.341167	7.786	66	0.000
X, G01	0.257860	0.081982	3.145	66	0.003

Final estimation of variance components:

Random Effect		Standard Deviation	Variance Component	df	Chi-square	P-value
INTRCPT1,	U0	0.38672	0.14955	66	204.44950	0.000
level-1,	R	0.62680	0.39288			

图 6－24（o） *M3* 检验结果

第四步：检验 $M4$，即 X 和 M 对 Y 的效应（授权型领导、工作投入→工作绩效）

在 $M2$ 的基础上，采用组均值中心化的方法（add variable group centered），将 M（成员工作投入）加入第一层方程；同时，将 MM（团队工作投入均值）加入第二层方程，二层变量不中心化（add variable uncentered）。

如图 6－24（p）所示，β_1 的残差 μ_0 是灰色，这表示固定。这样的设置也刚好符合我们在表 1 中所列方程的要求，因此可以不予理会。如果要将 μ_0 由固定设置为随机，只需单击 μ_0，此时 μ_0 就会由灰色变成黑色。

同样地，另存命令文件，命名为 M4. hlm。运行该文件，修改结果文档的名称为 M4 output。

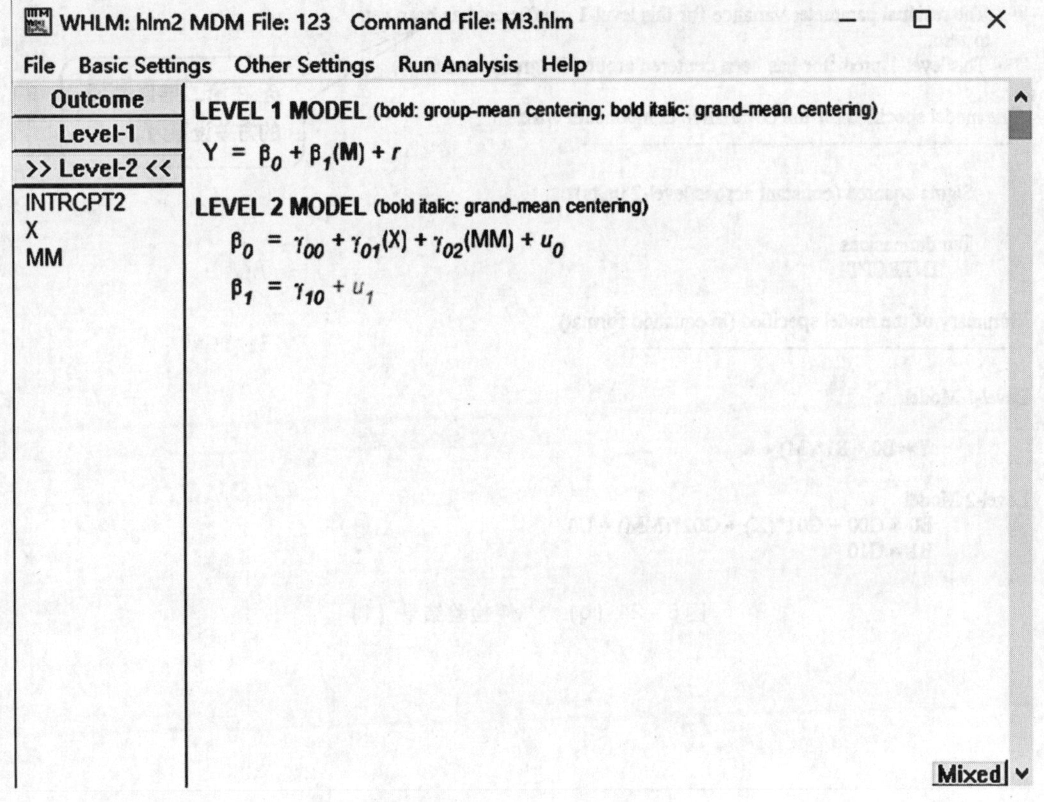

图 6－24（p） $M4$ 构建

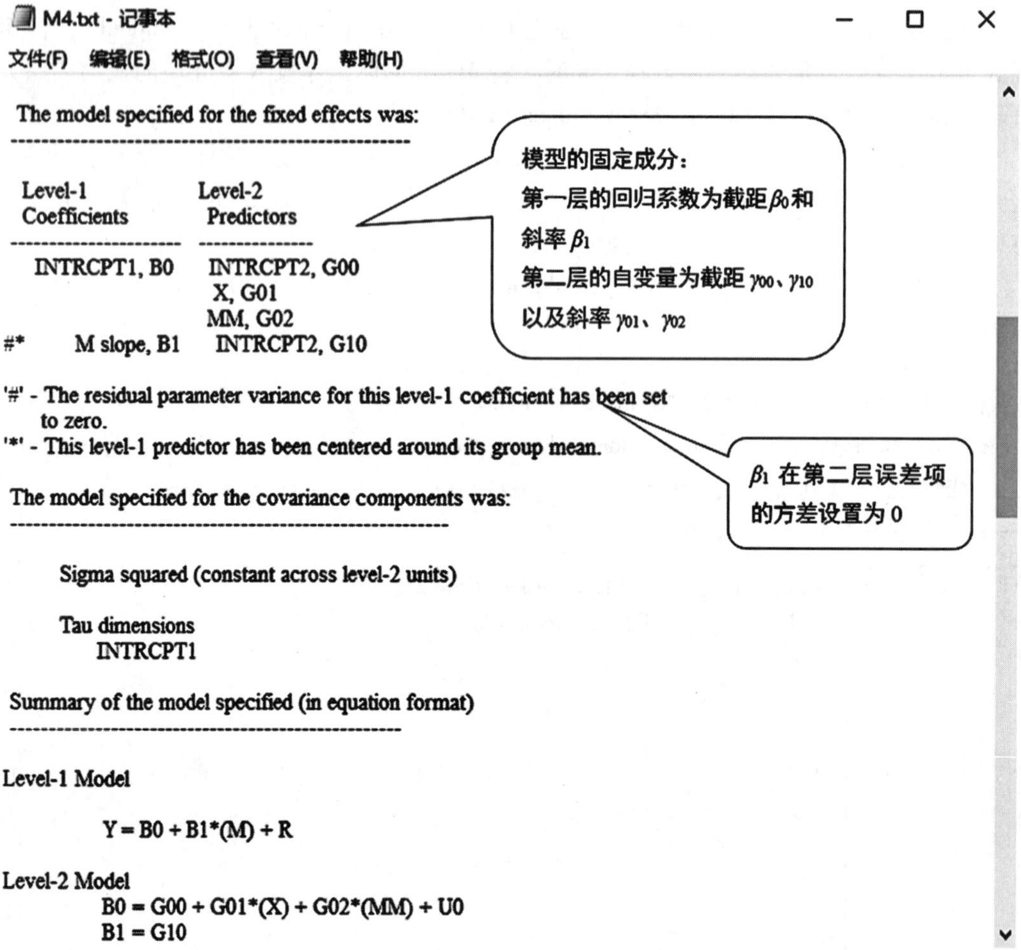

M4.txt - 记事本

文件(F) 编辑(E) 格式(O) 查看(V) 帮助(H)

```
The model specified for the fixed effects was:
----------------------------------------------------

 Level-1                Level-2
 Coefficients            Predictors
---------------------  ---------------
   INTRCPT1, B0          INTRCPT2, G00
                          X, G01
                         MM, G02
#*      M slope, B1       INTRCPT2, G10

'#' - The residual parameter variance for this level-1 coefficient has been set
      to zero.
'*' - This level-1 predictor has been centered around its group mean.

 The model specified for the covariance components was:
 ---------------------------------------------------------

        Sigma squared (constant across level-2 units)

        Tau dimensions
             INTRCPT1

 Summary of the model specified (in equation format)
 ---------------------------------------------------

Level-1 Model

             Y = B0 + B1*(M) + R

Level-2 Model
             B0 = G00 + G01*(X) + G02*(MM) + U0
             B1 = G10
```


图6－24（q） *M4* 检验结果（1）

M4.txt - 记事本

文件(F) 编辑(E) 格式(O) 查看(V) 帮助(H)

```
Final estimation of fixed effects:
----------------------------------------------------------------------
                              Standard              Approx.
 Fixed Effect    Coefficient  Error      T-ratio    d.f.    P-value
----------------------------------------------------------------------
For      INTRCPT1, B0
 INTRCPT2, G00    1.441862   0.356390    4.046       65     0.000
        X, G01    0.046557   0.069349    0.671       65     0.504
       MM, G02    0.405690   0.084970    4.774       65     0.000
For    M slope, B1
 INTRCPT2, G10    0.285867   0.054643    5.232      376     0.000
----------------------------------------------------------------------

The outcome variable is        Y

Final estimation of fixed effects
(with robust standard errors)
----------------------------------------------------------------------
                               Standard             Approx.
 Fixed Effect      Coefficient  Error     T-ratio   d.f.    P-value
----------------------------------------------------------------------
For      INTRCPT1, B0
 INTRCPT2, G00     1.441862   0.325129    4.435      65     0.000
          X, G01   0.046557   0.064209    0.725      65     0.471
         MM, G02   0.405690   0.083917    4.834      65     0.000
For        M slope, B1
 INTRCPT2, G10     0.285867   0.066182    4.319     376     0.000
----------------------------------------------------------------------
```

图 6－24（r） M4 检验结果（2）

由图 6－24（r）可知，*M*（成员工作投入）的组内效应对 *Y*（工作绩效）的作用显著（$\gamma_{10}{}^{b} = 0.29$，$t = 4.32$，$df = 376$，$p < 0.001$），*M* 的组间效应对 *Y* 的作用显著（$\gamma_{02} = 0.41$，$t = 4.83$，$df = 65$，$p < 0.001$）。*X* 对 *Y* 的影响显著下降而且未达到显著性水平（$\gamma_{01}{}^{c'} = 0.05$，$t = 0.73$，$df = 65$，$p > 0.05$）。

4. 结果报表示例

综合以上结果，可以发现假设模型被验证，*c*、*a*、*b* 均显著，而 *c'* 不显著，成员工作投入在授权型领导对成员工作绩效的影响中起到跨层次中介作用，而且是完全中介。我们可以将以上结果整合为一个表格，在论文中呈现。

表 6－3 授权型领导对工作绩效的影响：工作投入的跨层中介作用（HLM）

模型	参数估计					
	γ_{00}	γ_{01}	γ_{02}	γ_{10}	σ^2	τ_{00}
*M*1：零模型	3.14***				0.40	0.07***
L1：$Y_{ij} = \beta_{0j} + r_{ij}$						
L2：$\beta_{0j} = \gamma_{00} + \mu_{0j}$						

续上表

模型	参数估计					
	γ_{00}	γ_{01}	γ_{02}	γ_{10}	σ^2	τ_{00}
*M*2：授权型领导→成员工作绩效	2.56***	0.14*			0.40	0.06***
L1：$Y_{ij}=\beta_{0j}+r_{ij}$						
L2：$\beta_{0j}=\gamma_{00}+\gamma_{01}{}^{c}(X)+\mu_{0j}$						
*M*3：授权型领导→成员工作投入	2.65***	0.26**			0.39	0.15***
L1：$M_{ij}=\beta_{0j}+r_{ij}$						
L2：$\beta_{0j}=\gamma_{00}+\gamma_{01}{}^{a}(X)._{j}+\mu_{0j}$						
*M*4：授权型领导、成员工作投入→成员工作绩效	1.44***	0.05	0.41***	0.28***	0.36	0.04**
L1：$Y_{ij}=\beta_{0j}+\beta_{1j}(M)+r_{ij}$						
L2：$\beta_{0j}=\gamma_{00}+\gamma_{01}{}^{c'}(X)._{j}+\gamma_{02}(MM)+\mu_{0j}$						
$\beta_{1j}=\gamma_{10}{}^{b}$						

注：(1) σ^2表示层1的残差，τ_{00}表示截距的残差，即μ_{0j}；(2) *Y*为成员工作绩效，*X*为授权型领导，*M*为成员工作投入，*MM*为成员工作投入聚合到团队层面，表示团队成员平均的工作投入；(3) 层1变量均按组均值中心化。

(二) 跨层中介模型的 Mplus 分析

上文以【例6.7】为例用HLM软件检验一个2－1－1的跨层中介模型。接下来演示如何用Mplus软件检验同一个模型（模型图如图6－23所示）。

1. 模型检验与结果解释

第一步：零模型检验。

首先设定零模型，计算*ICC*（1），判断是否有必要进行跨层次分析。中介变量工作投入和因变量工作绩效均为第一层的变量，因此需要设定两个零模型。

(1) 工作绩效的零模型检验

工作绩效（*Y*）的零模型检验的程序语句如下：

```
DATA: FILE IS sample6.7.txt;
VARIABLE: NAMES ARE group x m mm y; ! 其中，mm代表中介变量工作投入m的组均值
USEVARIABLES ARE y;
CLUSTER IS group; ! 组变量是group
WITHIN = ;
```

```
BETWEEN = ;
ANALYSIS: TYPE IS TWOLEVEL;
ESTIMATOR = ML;
MODEL:
%WITHIN% ! 对层 1 模型进行设定
y;
%BETWEEN% ! 对层 2 模型进行设定
y;
OUTPUT:
```

工作绩效零模型的主要检验结果如下。

MODEL RESULTS

	Estimate	S. E.	Est. /S. E.	Two-Tailed P-Value
Within Level				
Variances				
Y	0.398	0.032	12.476	0.000
Between Level				
Means				
Y	3.137	0.047	66.808	0.000
Variances				
Y	0.065	0.027	2.446	0.014

图 6-25（a） 工作绩效零模型的检验结果

计算 *ICC*（1）$= \frac{\tau_{00}}{\tau_{00} + \sigma^2} = \frac{0.065}{0.065 + 0.398} = 0.14 > 0.06$，因此有必要进行多层次分析。

（2）工作投入零模型的检验

工作投入零模型的检验程序跟工作绩效的零模型检验基本一致，只需要将“USEVARIABLES ARE y;”改为“USEVARIABLES ARE m;”，即可。程序运行的主要结果如下。

MODEL RESULTS

	Estimate	S. E.	Est. /S. E.	Two-Tailed P-Value
Within Level				
Variances				
M	0. 394	0. 032	12. 493	0. 000
Between Level				
Means				
M	3. 700	0. 061	60. 431	0. 000
Variances				
M	0. 163	0. 044	3. 698	0. 000

图 6 –25（b） 工作投入零模型的检验结果

计算 $ICC(1) = \frac{\tau_{00}}{\tau_{00} + \sigma^2} = \frac{0.163}{0.163 + 0.394} = 0.29 > 0.06$，有必要进行多层次分析。

第二步：跨层中介模型检验。

（1）程序语句

```
DATA：FILE IS sample6. 7. txt；
VARIABLE：NAMES ARE group x m mm y；
USEVARIABLES ARE group x m mm y；
CLUSTER IS group；！组变量是 group
BETWEEN ARE x mm；！层 2 变量是授权型领导 x 和工作投入 m 的组均值
WITHIN ARE m；！层 1 变量是工作投入 m
DEFINE：CENTER m（GROUPMEAN）；！对工作投入 m 进行中心化
ANALYSIS：TYPE IS TWOLEVEL；！分析采用两水平分析
MODEL：
%WITHIN% ！对层 1 模型进行设定
m y；！估计层 1 变量的残差
y ON m；
[m@0]；！对 m 进行组均值中心化，因此固定 m 的均值为 0
%BETWEEN% ！对层 2 模型进行设定
y mm；！估计层 2 变量的残差
mm ON x（a）；
y ON mm（b）；
```

```
y ON x;
MODEL CONSTRAINT:
NEW (indb);
indb = a * b;
OUTPUT: tech1 tech8 cinterval;
```

（2）结果输出与解释

	Estimate	S. E.	Est. /S. E.	Two-Tailed P-Value
Within Level				
Y ON				
M	0.286	0.066	4.319	0.000
Means				
M	0.000	0.000	999.000	999.000
Variances				
M	0.321	0.033	9.654	0.000
Residual Variances				
Y	0.364	0.034	10.772	0.000
Between Level				
MM ON				
X	0.289	0.089	3.262	0.001
Y ON				
MM	0.403	0.085	4.768	0.000
X	0.049	0.064	0.765	0.444
Intercepts				
MM	2.508	0.368	6.811	0.000
Y	1.440	0.323	4.463	0.000
Residual Variances				
MM	0.253	0.045	5.673	0.000
Y	0.030	0.015	2.034	0.042
New/Additional Parameters				
INDB	0.117	0.042	2.801	0.005

图6-25（c） 跨层中介模型的参数估计

CONFIDENCE INTERVALS OF MODEL RESULTS

	Lower .5%	Lower 2.5%	Lower 5%	Estimate	Upper 5%	Upper 2.5%	Upper .5%
Within Level							
Y ON							
M	0.115	0.156	0.177	0.286	0.395	0.416	0.456
Means							
M	0.000	0.000	0.000	0.000	0.000	0.000	0.000
Variances							
M	0.236	0.256	0.267	0.321	0.376	0.387	0.407
Residual Variances							
Y	0.277	0.298	0.309	0.364	0.420	0.430	0.451
Between Level							
MM ON							
X	0.061	0.115	0.143	0.289	0.435	0.463	0.518
Y ON							
MM	0.185	0.237	0.264	0.403	0.542	0.569	0.621
X	-0.116	-0.076	-0.056	0.049	0.154	0.174	0.213
Intercepts							
MM	1.559	1.786	1.902	2.508	3.114	3.230	3.456
Y	0.609	0.808	0.909	1.440	1.971	2.073	2.272
Residual Variances							
MM	0.138	0.165	0.179	0.253	0.326	0.340	0.368
Y	-0.008	0.001	0.006	0.030	0.054	0.058	0.067
New/Additional Parameters							
INDB	0.009	0.035	0.048	0.117	0.185	0.198	0.224

图6-25（d） 跨层中介模型各个效应95%的置信区间

根据上述结果，下属的工作投入在授权型领导和工作绩效之间发挥中介作用（$a_b b_b = 0.117$, $p < 0.01$）。95%置信区间为［0.035，0.198］。

2. 结果报告示例

通常，在研究报告或学术论文中，我们可以将以上分析结果整理成以下表格。

表6-4 授权型领导对工作绩效的影响：工作投入的跨层中介作用（Mplus）

	M（工作投入）		*Y*（工作绩效）	
	估计值	标准误	估计值	标准误
层2水平				
截距	2.508***	0.368	1.440***	0.323
X_b（授权型领导）	0.289**	0.089	0.049	0.064
M_b（工作投入）	—	—	0.403***	0.085

续上表

	M（工作投入）		Y（工作绩效）	
	估计值	标准误	估计值	标准误
M_b 残差	0.253^{***}	0.045	—	—
Y_b 残差	—	—	0.03	0.015
中介效应值 $a_b b_b$		0.117^{**}		
层1水平				
M_w（工作投入）	—	—	0.286^{***}	0.066
M_w 残差			0.364^{***}	0.034

注：(1) $^{*}p<0.05$，$^{**}p<0.01$，$^{***}p<0.001$；(2) 下标 b 代表层2水平，下标 w 代表层1水平。

（三）跨层调节模型的 HLM 分析

下来使用【例6.7】的数据演示跨层次调节模型的检验。在此，假设授权型领导对团队成员工作投入和工作绩效的关系起调节作用，模型图如下。

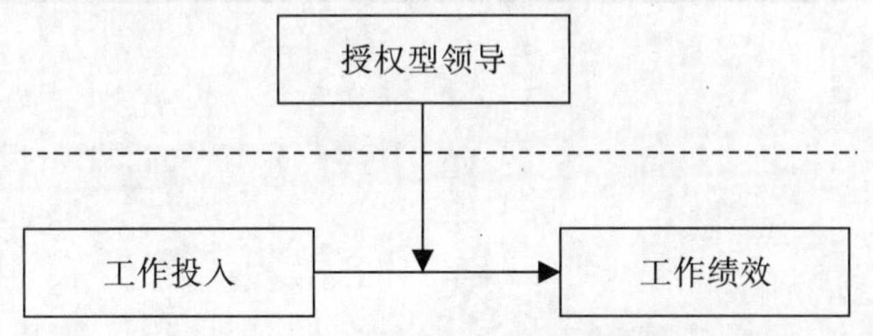

图6－26　跨层调节模型假设图

读者需要留意的是，这个模型中的各个研究变量的地位随着研究假设的变化而发生了变化：成员的工作投入命名为 X，成员的工作绩效依然为 Y，授权型领导则命名为 U。此外，我们还需要在领导的数据文件中生成两个用于模型检验的新变量：团队平均工作投入（MX），团队平均工作投入与授权型领导的交互项（MXU）。这些变量首先在SPSS软件准备好，然后用HLM软件读取和保存，之后即可进行模型建构和检验了。

1. 组内变异的调节效应（2×1W－1调节效应）检验

2×1W－1调节效应的分析，主要是构建三个模型，依次进行检验：

$M1$：零模型，计算 ICC，判断是否有必要进行多层次分析；

$M2$：组内部分 $X_{ij}-\overline{X}_{.j}$ 对因变量 Y_{ij} 的总效应 γ_{10} 是否显著；

$M3$：检验调节变量 Mo_j 的跨层调节效应是否显著，即 γ_{11} 是否显著。

第一步：检验零模型 $M11$ 和 $M12$。

$M11$ 和 $M12$ 分别是工作绩效、工作投入的零模型，检验过程与上述 2－1－1 中介模型相同，这里省略。

第二步：检验 $M2$，即员工工作投入组内部分 $X_{ij}-\overline{X}_{.j}$ 对工作绩效 Y_{ij} 的总效应。

$M2$ 是在 $M11$ 的基础上，在层 1 方程中加入员工工作投入（X）组内部分，在层 2 方程中加入授权型领导（U）。具体方法是：单击页面左侧的 Level－1，显示全部一层变量，击选 X，并选择组均值中心化（add variable grand centered）；然后，单击 Level－2，显示全部二层变量，击选 U，并选择不中心化（add variable uncentered），$M2$ 建构完成［图 6－27（a）］，主要结果如图 6－27（b）所示。

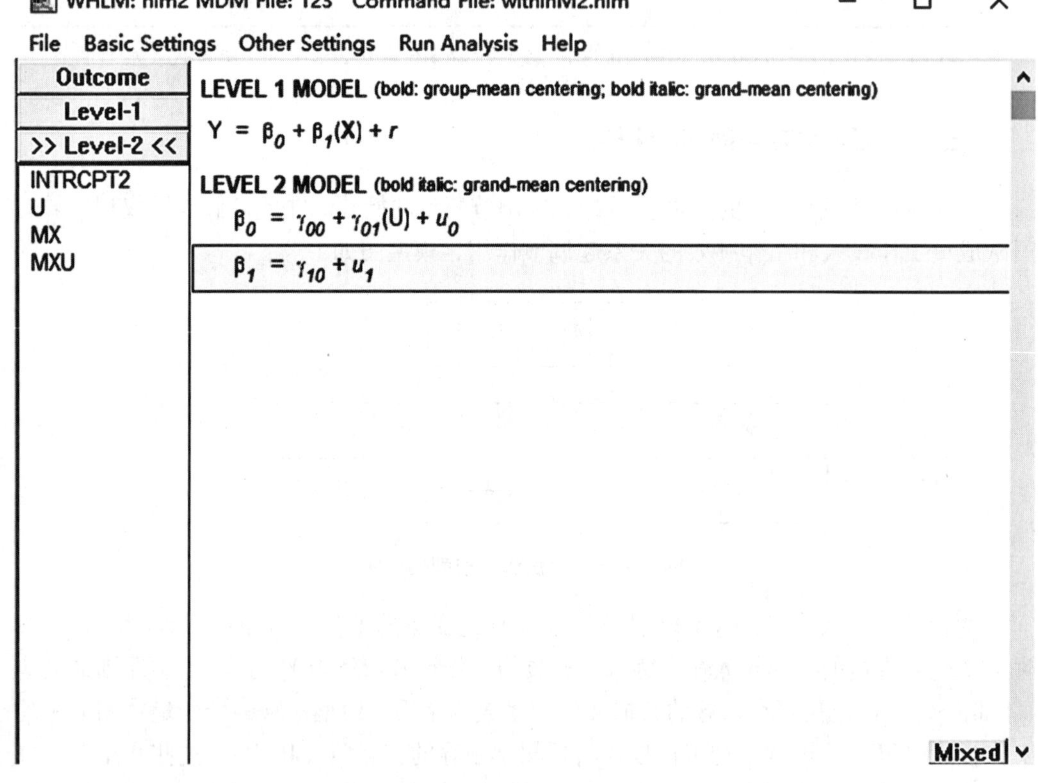

图 6－27（a） $M2$ 建构

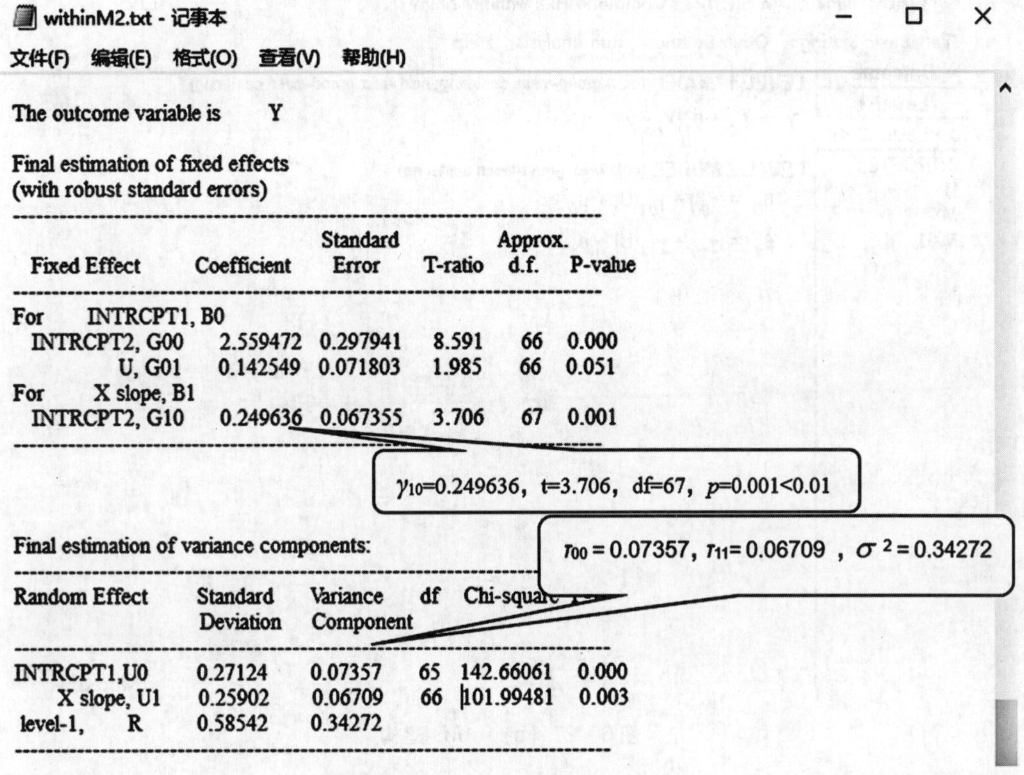

withinM2.txt - 记事本

文件(F) 编辑(E) 格式(O) 查看(V) 帮助(H)

```
The outcome variable is        Y

Final estimation of fixed effects
(with robust standard errors)
----------------------------------------------------------------------------
                                Standard             Approx.
  Fixed Effect     Coefficient   Error      T-ratio   d.f.    P-value
----------------------------------------------------------------------------
For       INTRCPT1, B0
  INTRCPT2, G00      2.559472   0.297941     8.591     66     0.000
           U, G01    0.142549   0.071803     1.985     66     0.051
For        X slope, B1
  INTRCPT2, G10      0.249636   0.067355     3.706     67     0.001
----------------------------------------------------------------------------

Final estimation of variance components:
----------------------------------------------------------------------------
Random Effect        Standard    Variance     df    Chi-square   P-value
                     Deviation   Component
----------------------------------------------------------------------------
INTRCPT1,U0          0.27124     0.07357      65    142.66061    0.000
    X slope, U1      0.25902     0.06709      66    101.99481    0.003
 level-1,     R      0.58542     0.34272
----------------------------------------------------------------------------
```


图 6－27（b） *M2* 检验结果（1）

结果显示，*M2* 中，$\gamma_{01} = 0.25$，$t = 3.706$，$p < 0.01$，工作投入的组内部分 $X_{ij} - \overline{X}_{.j}$ 对工作绩效 Y_{ij}的总效应显著，可以进行下一步的调节效应分析。

第三步：检验 *M3*，即授权型领导的调节作用。

M3 是在 *M2* 的基础上，在层 2 的随机斜率方程中增加调节变量授权型领导 *U* 作为预测变量即可。*M3* 的建构与主要结果如图 6－27（c）和图 6－27（d）所示。

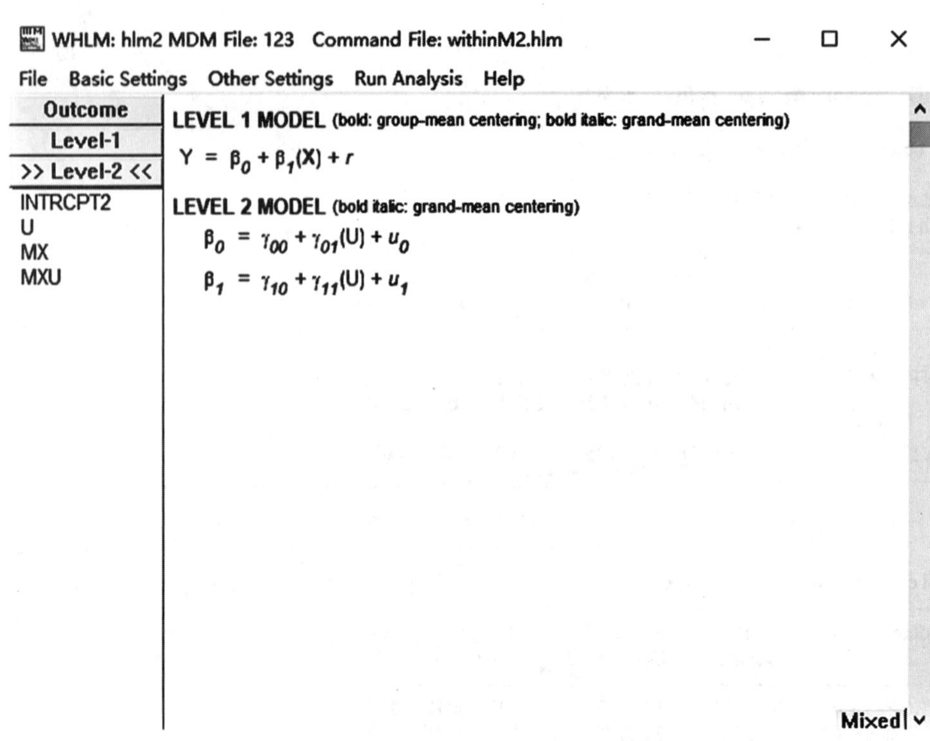

图 6－27（c） M3 建构

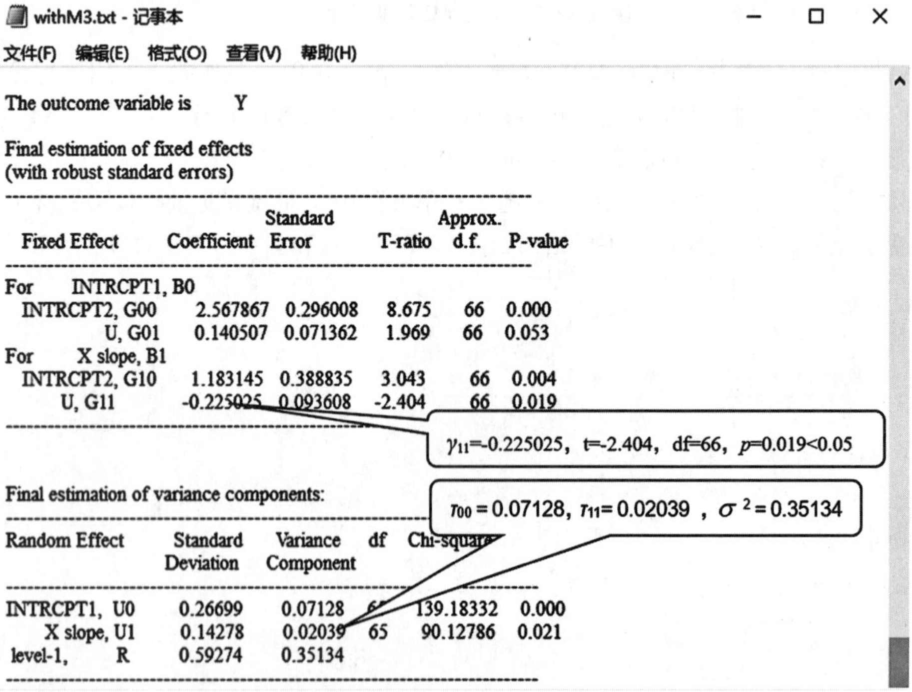

withM3.txt - 记事本

文件(F) 编辑(E) 格式(O) 查看(V) 帮助(H)

The outcome variable is Y

Final estimation of fixed effects
(with robust standard errors)

Fixed Effect	Coefficient	Standard Error	T-ratio	Approx. d.f.	P-value
For INTRCPT1, B0					
INTRCPT2, G00	2.567867	0.296008	8.675	66	0.000
U, G01	0.140507	0.071362	1.969	66	0.053
For X slope, B1					
INTRCPT2, G10	1.183145	0.388835	3.043	66	0.004
U, G11	-0.225025	0.093608	-2.404	66	0.019

γ_{11}=-0.225025，t=-2.404，df=66，p=0.019<0.05

Final estimation of variance components:

Random Effect	Standard Deviation	Variance Component	df	Chi-square	P-value
INTRCPT1, U0	0.26699	0.07128	65	139.18332	0.000
X slope, U1	0.14278	0.02039	65	90.12786	0.021
level-1, R	0.59274	0.35134			

τ_{00} = 0.07128，τ_{11} = 0.02039，σ^2 = 0.35134

图 6－27（d） M3 检验结果

由结果可知，$M3$ 中，$\gamma_{11} = -0.23$，$t = -2.404$，$p < 0.05$，说明授权型领导对员工工作投入组内部分与工作绩效关系的调节效应显著。

$M2$ 随机斜率方程的误差方差 τ_{11} 为 0.06709；$M3$ 随机斜率方程的误差方差 τ_{11m} 为 0.02039，$R^2 = (\tau_{11} - \tau_{11m}) / \tau_{11} = 0.7$，说明随机斜率组间变异有 70% 可以被授权型领导所解释。

同样，我们可以将以上主要结果进行整合，放在一个表格中，在研究报告和论文中呈现。本例的结果如表 6－5 所示。

表 6－5　工作投入对工作绩效的影响：授权型领导组内调节效应

模型	参数估计						
	γ_{00}	γ_{01}	γ_{10}	γ_{11}	σ^2	τ_{00}	τ_{11}
$M11$：零模型 L1：$X_{ij} = \beta_{0j} + r_{ij}$ L2：$\beta_{0j} = \gamma_{00} + \mu_{0j}$	3.70***				0.39	0.17***	
$M12$：零模型 L1：$Y_{ij} = \beta_{0j} + r_{ij}$ L2：$\beta_{0j} = \gamma_{00} + \mu_{0j}$	3.14***				0.40	0.07***	
$M2$：授权型领导、工作投入→成员工作绩效 L1：$Y_{ij} = \beta_{0j} + \beta_{1j}(X) + r_{ij}$ L2：$\beta_{0j} = \gamma_{00} + \gamma_{01}(U) + \mu_{0j}$ $\beta_{1j} = \gamma_{10} + \mu_{1j}$	2.56***	0.14	0.25**		0.34	0.07***	0.07**
$M3$：授权型领导调节作用→成员工作绩效 L1：$Y_{ij} = \beta_{0j} + \beta_{1j}(X) + r_{ij}$ L2：$\beta_{0j} = \gamma_{00} + \gamma_{01}(U) + \mu_{0j}$ $\beta_{1j} = \gamma_{10} + \gamma_{11}(U) + \mu_{1j}$	2.57***	0.14	0.18**	−0.23*	0.35	0.07***	0.02*

2．组间变异的调节效应（2×1B－1 调节效应）检验

2×1B－1 调节效应的分析也是构建三个模型，依次进行检验：

$M1$：零模型；

$M2$：组间部分 $\overline{X}_{.j}$ 对因变量 Y_{ij} 的总效应 γ_{02} 是否显著；

$M3$：检验调节变量 Mo_j 的跨层调节效应是否显著，即 γ_{03} 是否显著。

第一步：$M11$ 和 $M12$ 检验。

与前面检验过程相同。

第二步：$M2$ 检验，员工工作投入组间部分 $\overline{X}_{.j}$ 对工作绩效 Y_{ij} 的总效应。

$M2$ 是在 $M11$ 的基础上，在层二方程中加入授权型领导（U）和员工工作投入组间部分（MX）。具体方法是：单击页面左侧的 Level－2，显示全部二层变量，击选 MX，并选择不中心化（add variable uncentered），然后击选 U，也选择不中心化。

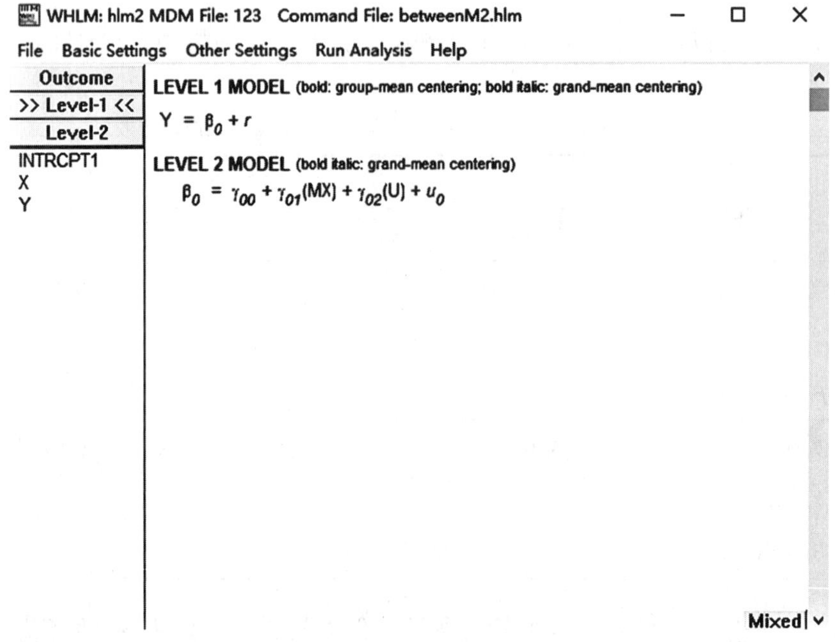

图 6－28（a） $M2$ 建构

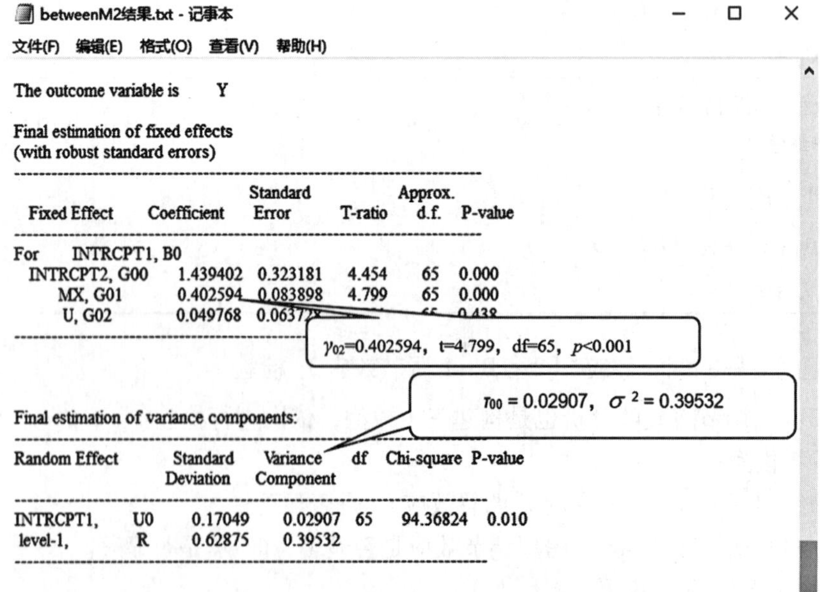

betweenM2结果.txt - 记事本

文件(F) 编辑(E) 格式(O) 查看(V) 帮助(H)

The outcome variable is Y

Final estimation of fixed effects
(with robust standard errors)

Fixed Effect	Coefficient	Standard Error	T-ratio	Approx. d.f.	P-value
For INTRCPT1, B0					
INTRCPT2, G00	1.439402	0.323181	4.454	65	0.000
MX, G01	0.402594	0.083898	4.799	65	0.000
U, G02	0.049768	0.06372[illegible]	[illegible]	[illegible]	0.438

Final estimation of variance components:

Random Effect		Standard Deviation	Variance Component	df	Chi-square	P-value
INTRCPT1,	U0	0.17049	0.02907	65	94.36824	0.010
level-1,	R	0.62875	0.39532			

图 6－28（b） $M2$ 检验结果

结果显示，$M2$ 中，$\gamma_{02} = 0.40$，$t = 4.799$，$p < 0.001$，即员工工作投入组间部分对工作绩效的总效应显著，可以进行下一步调节效应的分析。

第三步：$M3$ 检验，授权型领导的调节作用。

$M3$ 是在 $M2$ 的基础上，在层 2 的随机截距方程中再加入团队工作投入与授权型领导的交互项 MXU 作为预测变量即可。

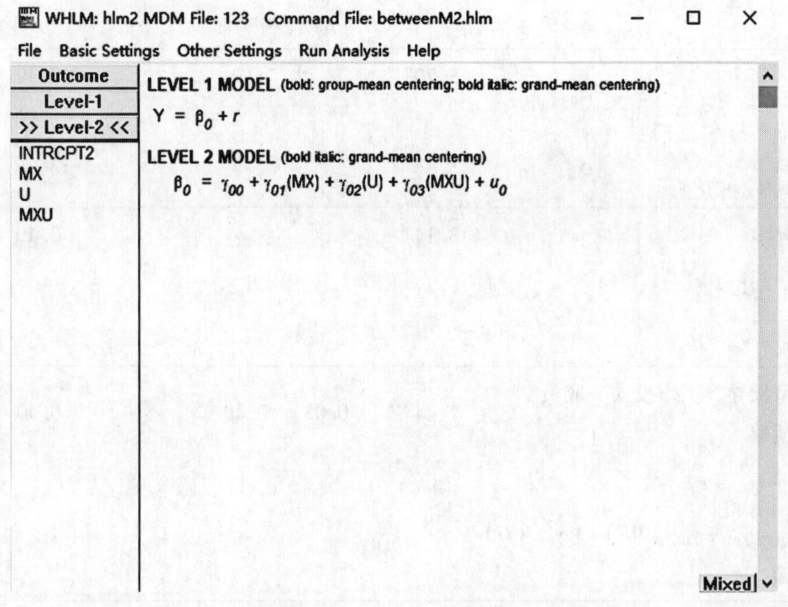

图 6－28（c） $M3$ 建构

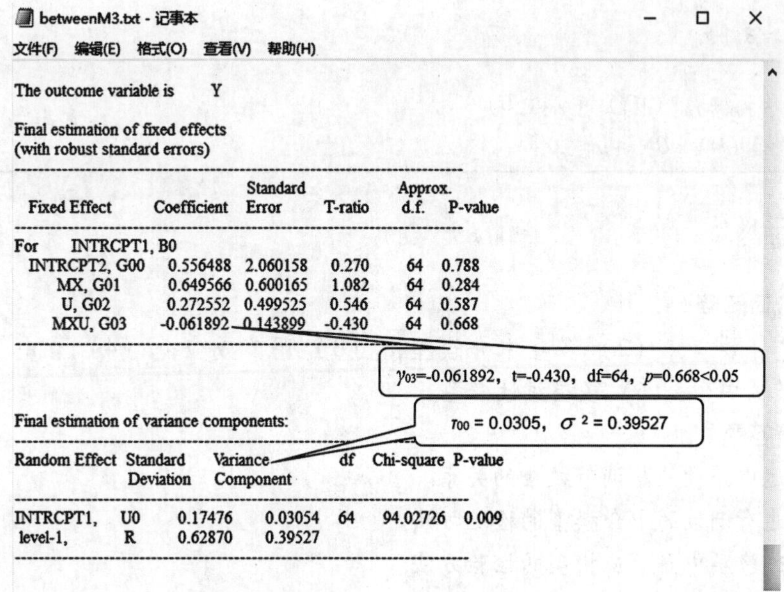

The outcome variable is Y

Final estimation of fixed effects
(with robust standard errors)

Fixed Effect	Coefficient	Standard Error	T-ratio	Approx. d.f.	P-value
For INTRCPT1, B0					
INTRCPT2, G00	0.556488	2.060158	0.270	64	0.788
MX, G01	0.649566	0.600165	1.082	64	0.284
U, G02	0.272552	0.499525	0.546	64	0.587
MXU, G03	-0.061892	0.143899	-0.430	64	0.668

Final estimation of variance components:

Random Effect		Standard Deviation	Variance Component	df	Chi-square	P-value
INTRCPT1,	U0	0.17476	0.03054	64	94.02726	0.009
level-1,	R	0.62870	0.39527			

图 6－28（d） $M3$ 检验结果

由结果可知，$M3$ 中，$\gamma_{03} = -0.06$，$t = -0.430$，$p = 0.668 > 0.05$，说明授权型领导对员工工作投入组间部分对工作绩效的调节效应不显著，没有必要计算 R^2 和进行简单斜率检验。

表 6－6　工作投入对工作绩效的影响：授权型领导组间调节效应

模型	参数估计					
	γ_{00}	γ_{01}	γ_{02}	γ_{10}	σ^2	τ_{00}
$M11$：零模型	3.70***				0.39	0.17***
L1：$X_{ij} = \beta_{0j} + r_{ij}$						
L2：$\beta_{0j} = \gamma_{00} + \mu_{0j}$						
$M12$：零模型	3.14***				0.40	0.07***
L1：$Y_{ij} = \beta_{0j} + r_{ij}$						
L2：$\beta_{0j} = \gamma_{00} + \mu_{0j}$						
$M2$：授权型领导、工作投入→成员工作绩效	1.44***	0.05	0.40***		0.40	0.03*
L1：$Y_{ij} = \beta_{0j} + r_{ij}$						
L2：$\beta_{0j} = \gamma_{00} + \gamma_{01}(MX) + \gamma_{02}(U) + \mu_{0j}$						
$M3$：授权型领导调节作用→成员工作绩效	0.56	0.27	0.65	−0.06	0.40	0.03**
L1：$Y_{ij} = \beta_{0j} + r_{ij}$						
L2：$\beta_{0j} = \gamma_{00} + \gamma_{01}(MX) + \gamma_{02}(U) + \gamma_{03}(MX \times U) + \mu_{0j}$						

练习题

一、名词解释

(1) 中介效应；(2) 多重中介模型；(3) 调节效应；(4) 有中介的调节；(5) 有调节的中介；(6) 多层线性模型。

二、简答题

1. 简述中介效应与调节效应的关系。
2. 简述有调节的中介模型的检验方法。
3. 简述跨层中介效应模型的检验方法。

第三编

心理学研究变量与研究设计

第七章　心理学研究变量与研究思路

内容简介

以研究变量作为心理学研究的逻辑起点，可以将探究变量关系的方法与获得变量数据的方法区别开来，将变量的类型与研究方法的类型联系起来，将变量的数据模式与统计检验的方式联系起来，可以使整个研究方法体系融为一体。本章首先阐述了心理学研究变量的定义和操作定义；然后提出了一种划分变量类型的新标准；在此基础上，把变量类型和心理学研究的类型结合起来，重点分析了相关研究和因果研究的特点。

第一节　心理学的研究变量与逻辑起点

一、什么是心理学研究变量

什么是心理学研究变量？通过对国内外定义的梳理和归纳，我们对其做出如下定义：所谓心理学研究变量，就是能够变动的、有机体的心理或行为因素及其有关的因素。心理学研究变量一般用符号 V 来表示。从上述定义可以看出，心理学研究变量最本质的特点是其必须是心理或行为本身的各种因素，或者是可能与心理或行为有关的其他的因素，包括各种社会因素与自然因素；同时，这些因素是可以变动的并且实际上也是经常变动的，具有可变动性，如性别可作为心理学研究变量，是因为它可以在男和女两个水平上变动；学习成绩可作为心理学研究变量，是因为它可以在连续的多个水平上变动。研究变量与变量之间是否有关，最基本的方法就是让其中一个变量发生变动，观察另一个变量的变动情况。如果另一个变量也有规律地发生了变动，则说明两个变量之间存在某种关系；如果另一个变量没有发生相应的变动，则说明两个变量之间没有关系。

在心理学研究中，变量除了要有理论定义，还需要有严格的技术性定义，即操作定义（operational definition）。变量的操作定义是指在定义一个变量时，不直接描述被定义变量的特征、性质，而是说明观察或测量被定义变量所要做的实际活动。研究中对变量做出恰当的操纵定义，是心理学研究中非常重要的一个环节。其意义体现在三个方面：第一，操作定义可以使研究者的思考具体化、明晰化；第二，操作定义可以促进科学研究者之间的沟通，因为只有操作定义限定下的变量，才不会导致理解偏差；第三，操作定义可以简化一门学科的变量体系，避免重复概念的干扰。

需要注意的是，在给研究变量下操作定义时，要避免操作定义的单一性偏差，以免影响研究的效度。例如，如果把“疲劳”的操作定义界定为从事某种体力运动的时间数，会忽略脑力疲劳和心理疲劳等内涵。这种操作定义不足以概括“疲劳”的完整内涵，如果就以该定义去做有关疲劳的实验研究，那么这种研究的效度是不高的。

二、常见心理学研究变量类型分析

（一）自变量、因变量和控制变量

自变量（independent variable）又称独立变量或原因变量，是指由研究者操纵控制并且能引发所要研究的心理现象的变量。用来表征这种所要研究的心理现象的变量就是因变量（dependent variable）。因此，自变量是导致因变量发生变化的原因，提供了某种形式的刺激输入；而因变量则是自变量作用的结果，是被试者的某种反应和输出。自变量应具有变化性、控制性和诱发性等特性；而因变量应该具有高效度、高信度、高灵敏度和可数量化的特点。

在研究中自变量由研究者选定并进行操纵。例如，在“文章标记量对阅读成绩的影响”这个研究中，文章标记量是自变量，学生的阅读成绩是因变量。研究者有计划地改变文章标记量（自变量），然后观察和记录学生阅读成绩（因变量）的变化。如果自变量的变化引起了因变量的相应变化，则可得出结论：文章标记量确实对阅读成绩有影响。如果自变量未改变因变量，这时出现的结果称之为“虚无结果”（null results）。一般来说，出现虚无结果有以下几种原因：①可能自变量选择有误，也就是说所选的自变量与因变量本身就没关系；②实验者没能有效地操纵自变量，不足以显示出自变量的效果，如上例中自变量“文章标记量”的几个水平之间如果差别太小，很可能导致学生的阅读成绩之间没有显著差异；③因变量有缺陷，如测量的灵敏度和辨别力不够，容易导致“天花板效应”（ceiling effect）或“地板效应”（floor effect）。

天花板效应是指被试在因变量上的测量得分普遍很高，或者某项测验的结果几乎完美无缺；地板效应则是指被试在测量中的得分普遍很低，或者在某项测验中都没有通过。例如，某研究者进行了4岁和5岁幼儿逻辑推理能力的研究，选用了一组逻辑推理能力测试题，一共10题，每题答对得1分，答错得0分。结果4岁组幼儿的平均得分是9.13分，5岁组幼儿的平均得分是9.47分。从结果可以看出，该研究中两组幼儿的得分都很高，出现了明显的“天花板效应”。相反，如果研究结果中两组幼儿的得分都很低，比如4岁组幼儿的平均得分是1.05分，5岁组幼儿的平均得分是1.39分，则说明出现了“地板效应”。不论是“天花板效应”还是“地板效应”，都不能正确反映自变量变化所产生的效应。如上述例子中必须重新选择合适的逻辑推理能力测试题，重新进行研究。

控制变量（control variable）又称无关变量或干扰变量，是指心理学研究中能影响因变量的变化，但并非研究者所选择和操纵、而必须加以有效控制、使其中立化的变量。只有控制住这些变量，才能真正确定自变量与因变量之间的关系。在研究过程中，研究者需特别重视控制变量对研究结果可能造成的影响。研究者应该充分考虑到那些可能影响自变量与因变量之间关系的各种因素，然后运用消除、恒定和抵消平衡等方法对它们进行有效的控制。如果不能有效地控制住它们，那么研究的内部效度就会降低，甚至导致研究失败。

一项研究中的自变量可以是另一项研究中的因变量；一项研究中的控制变量在另一项研究中又可以是自变量；在同一研究中，相同的变量可以在一种分析中作为自变量而在另一分析中作为因变量。一个变量具体是作为自变量、因变量还是控制变量，要视具体的研究和分析而定。例如，在“学习毅力对学习成绩的影响”的研究中，“学习毅力”是假定的自变量，“学习成绩”是假定的因变量；而在“学习动机对学习毅力的影响”的研究中，“学习动机”是假定的自变量，“学习毅力”则成了假定的因变量。在“文章长度对儿童阅读理解的影响”的研究中，“儿童的年龄”是控制变量；而在“不同年龄儿童数概念的发展”的研究中，“儿童的年龄”则成了自变量。在“工作努力程度、工作绩效和奖励三者间的关系”的研究中，研究者在分析“工作努力程度”和“工作绩效”的关系时，可以把“工作努力程度”作为自变量，而以“工作绩效”为因变量；在同一项研究中，研究者在进行第二层次的分析，即分析“工作绩效”和“奖励”的关系时，则可以把“工作绩效”看成自变量。研究的角度和分析的角度不同，变量的性质往往也会发生变化。

（二）类型变量和连续变量

心理学研究中，根据变量指标的数值性质，通常将变量分为类型变量（nominal variable）和连续变量（continuous variable）。类型变量又称名称变量，它是用数字或字符表示个体在属性上的特征或类别上的不同。变量指标的数值具有间断性、有限性。例如，性别就是类型变量，只有固定的两个水平：男和女。如果用1、2、3、4、5五个等级，对学生的品德、兴趣、动机、自信心的等级做出评定，那么这些变量也属于类型变量。总之，实验研究中只要某个变量只在有限的几个水平上波动，那么这个变量就属于类型变量。例如，文章标记有和无，阅读速度分正常阅读和快速阅读，智力水平分为高、中、低等等。

连续变量是用无限的、连续的数值来表示某个变量在属性上的特征，变量指标的典型数值特征是连续性。例如，学生的身高、体重、用百分制分数表示的学习成绩、句子的阅读时间、完成某项任务的得分等等都属于连续变量。

需要指明的是，某些心理学研究变量，在同一项研究中既可以处理为连续变量，也可以处理为类别变量，这完全取决于研究目的和研究条件。例如，研究“学习动机对学习成绩的影响”，可以用学习动机量表测出每个被试的学习动机得分，这时学习动机就是连续变量；但如果通过教师评定得出每个被试的学习动机的高低，这时学习动机就是类型变量。但是，有些研究变量本身的性质决定了它只能是类别变量，如性别。一般而言，连续变量都可以处理为类别变量，但类别变量不一定都能处理为连续变量。

（三）客体变量和主体变量

以往的心理学研究方法体系一般从变量来源的角度把变量分成两类：第一是客体变量（object variable），也称环境变量，指存在于研究对象（被试）之外的、影响研究对象的行为或心理的有关因素、属性等，如各种物理刺激、社会性刺激等，包括各种环境因素充当的自变量，如学校、地区、班级等；第二是主体变量（subject variable），指存在于研究对象本身的特征、属性等。它是被试所特有的，所以又可称之为被试变量或机体变量，包括研究对象（被试）的各种心理状态如动机、兴趣、注意、疲劳、焦虑、恐惧、饥饿等，也包括被试的年龄、性别、血型、不同文化程度、职业特点、健康状况及个性等。

三、本心理学研究方法体系提出的新分类：存在变量与引发变量

我们认为，前面所讲的心理学研究变量的分类对心理学研究变量的理解有重要的作用。然而，概念的分类对构建基于此概念相关的知识体系具有关键作用。一个好的分类维度对概念的划分，为基于该概念的知识体系建构提供清晰的逻辑思路。研究变量是心理学研究的逻辑起点，心理学研究变量最重要的分类维度则是构建心理学研究体系的逻辑线索。为此，本研究方法体系提出了能贯穿心理学研究方法整体体系的新的分类维度：按照研究变量的性质与来源进行划分，将心理学研究变量分为“存在变量”与“引发变量”。

我们认为，“存在变量”（being variable）指预先已经存在的、并非研究过程中引起的变量，如性别、智力、职务、学校类型、地区经济状况等。“引发变量”（induced variable）指在研究过程中由研究者施加或引起的变量，如刺激呈现方式、不同阅读条件等。以存在变量为自变量的研究只能考察相关关系，属于相关研究；以引发变量为自变量的研究者则可以考察因果关系，属于因果研究。

需要注意的是，有些心理学研究变量可以根据情况或者处理为存在变量，或者处理为引发变量。例如，在“饥饿对攻击性的影响”研究中，如果到自然情景中选择本身已经处于不同饥饿程度的被试，那么饥饿程度就是存在变量；但是，如果随机选择一批被试，然后控制他们的进食时间，根据进食时间的不同，将他们分成饥饿程度不同的几组被试，这时饥饿程度就是引发变量。再如要研究学生的学习动机，如果直接用学习动机量表测出学生的学习动机，则这时学习动机是存在变量；如果通过强调任务重要性的程度来引发学生不同程度的学习动机，则这时学习动机就成了引发变量。

四、心理学研究的逻辑起点

任何一门学科或一个理论，往往会有一个最基本、最核心的概念，从这个概念出发，可以将整个学科或理论的主要范畴联系起来，构成该学科或理论的连贯的体系。这样，从这个概念出发来构建或讲述这个学科，就可以真正把握整个学科的清晰的体系。我们就把这个概念称为逻辑起点。如马克思在《资本论》中提出了“商品”这一概念，进而围绕“商品”系统而深刻地分析和阐述了资本主义经济发展的基本规律。“商品”就可以说是马克思经济理论的逻辑起点。如果把握住了一门学科或一个理论的逻辑起点，以此为核心，就可以将整个学科的核心范畴形成一个有机的整体，就能很好地从宏观上把握住该学科或理论的核心和实质。因此，无论是构建一门理论或者理解一门理论，都应该从该理论的逻辑起点出发，这个理论才能被系统地、清晰地构建或把握。正如我们玩走迷津板的游戏，一般来说，迷津板有几个入口，只有从正确的入口进入，才能顺利走到终点；而如果选错了入口，那么就只能走一段距离，始终无法到达终点。这个正确的入口，就类似于我们所说的“逻辑起点”。

那么，什么是心理学研究的逻辑起点？这是学习心理学研究方法时首先要明确的问题。以往很多关于心理学研究方法、实验心理学的著作或教材，或者没有明确，或者是将“实验组与控制组”等作为主线或逻辑起点，这样往往不容易真正将心理学研究的各种概念与范畴联结成一个统一的整体。通过对心理学研究的过程分析以及对大量心理学研究方法教材的考察和反思，我们认为，心理学研究的逻辑起点是“变量”(variable)，以研究变量、变量类型、变量关系、变量水平为主线展开，就可以清晰地将整个心理学研究设计与统计分析整合起来。

心理学是研究心理与行为的科学。如前所述，心理学研究主要是通过探讨情境与心理（或行为)、心理（或行为）与心理（或行为）之间的联系或关系，也可以说是通过研究变量与变量的关系，来揭示心理现象与心理规律的。变量有不同的类型，不同类型变量的关系就构成了变量的不同关系，对于在研究之前就已经存在的、不是在研究过程中引起的变量（称之为存在变量）的关系的研究，是变量的相关关系研究；对于在研究过程中引起的变量（称之为引发变量）的关系的研究，是变量的因果关系研究。为了揭示变量与变量之间的关系，就必须要变量发生变动，只有在变量的变动过程中，我们才能揭示它们是否有关；而变量的变动，我们称为变量的水平；对变量的不同变动方式，就会得出不同类型的数据；而对于不同类型的数据，就应该采用不同的统计方式进行处理，才能揭示其关系。这样通过研究变量，我们就可以将整个心理学研究以及统计检验贯通起来。由此可见，心理学实证研究应该以心理学研究变量作为逻辑起点。

第二节　心理学实证研究的基本途径与研究类型

一、心理学实证研究的基本途径

如前所述，心理学是研究心理与行为的科学，具体来说，就是研究变量与变量之间的关系，第一是客观的变量即物理的或社会的变量与主体的心理或行为变量的关系，第二是研究主体的心理或行为变量与主体的心理或行为的关系。

研究这两种关系，可以从两个途径进行。

第一个途径是找到已有的证据来探讨这两种关系：①找到已有的不同水平的物理的或社会的目标变量的群体，看看他们是否相应也具有不同水平的心理或行为的目标变量，如果有，则判断两种变量有关系，否则就是无关系；②找到已有的不同水平的心理或行为的目标变量的群体，看看他们另一个心理或行为的目标变量是否相应也具有不同水平，如果有则判断两种变量有关系，否则就是无关系。因为这种研究途径需要找已经有的变量证据，这种证据不是在研究过程中引起的，而是已经存在的，因此这种途径实质上就是研究存在变量与存在变量之间的关系，称为研究变量“相关关系”的实证研究。

第二个途径是通过在研究过程中获得的证据来探讨这两种关系：①在研究过程中对被试施加不同水平的物理或社会的目标变量，看看他们是否在心理或行为的目标变量上也相应发生不同水平的变化，如果是则判断两种变量有关系，并且是因果关系，否则就是无因果关系；②在研究过程中引发被试不同水平的心理的或行为的目标变量，看他们在另一个心理或行为的目标变量是否也相应发生不同水平的变化，如果是则判断两种变量有关系，并且是因果关系，否则就是无因果关系。因为这种研究途径是在研究过程中获得变量变化的证据，这种证据不是已经存在的，而是在研究过程中引起的，因此这种途径实质上就是研究引发变量与引发变量之间的关系，称为研究变量“因果关系”的实证研究，也就是心理学实验研究。

根据这两个基本途径，我们将心理学实证研究分为两大类型：第一是研究存在变量相关关系的“相关研究”，第二是研究引发变量因果关系的“因果研究”（也称实验研究）。

二、心理学研究变量与研究类型

将“主体变量和客体变量”维度与“存在变量和引发变量”两个维度结合起来，可以进而将心理学研究变量划分为四种类型：客体存在变量、主体存在变量、客体引发变量、主体引发变量。

客体存在变量指预先已经客观存在于研究对象之外的、而非研究过程中引起的能够影响研究对象的行为或心理的有关因素、属性等。本书用符号 *Vob* 表示这类变量。如地区经济状况、家庭管教方式、社会舆论等都属于客体存在变量。

主体存在变量指预先已经存在于研究对象本身的、而非研究过程中引起的特征、属性等，如性别、年龄、身高等。本书用符号 *Vsb* 表示。

客体引发变量指存在于研究对象之外的、在研究过程中由研究者施加或引起的能够影响研究对象的行为或心理的有关因素、属性等，如光照强度、噪音、阅读速度等。本书用符号 *Voi* 表示这类变量。

主体引发变量指存在于研究对象本身的、由研究者在研究过程中施加或引起的特征、属性等，如疲劳程度、学习动机、紧张度等。本书用符号 *Vsi* 表示。

心理学研究分为相关研究和因果研究两种基本类型，图 7－1 显示了心理学两种研究类型与以上四种变量类型的关系。图中横线以上部分表示变量类型与相关研究的关系，横线以下部分表示变量类型与因果研究的关系。图中横线以上部分列出了两类存在变量所构成的两种关系的相关研究，横线以下部分列出了两类引发变量构成的两种关系的因果研究。由上半图可知，相关研究包括客体存在变量与主体存在变量、主体存在变量与主体存在变量两种相关关系的研究，相关关系难以明确变量之间的方向性，因此无自变量与因变量之分。由下半图可知，因果研究包括客体引发变量与主体引发变量、主体引发变量与主体引发变量两种因果关系的研究。

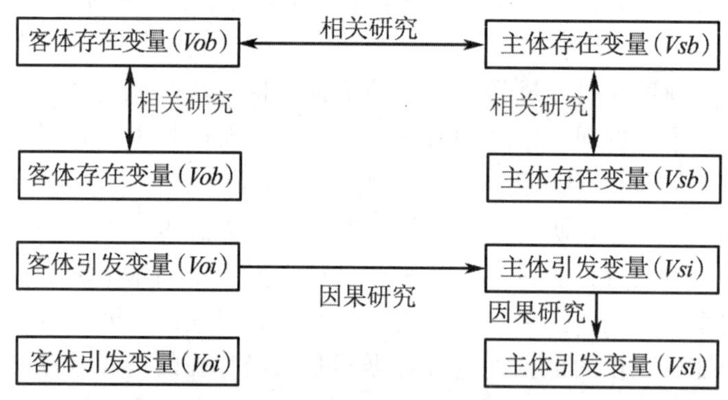

图 7－1　变量类型与研究类型的关系

三、研究存在变量关系的相关研究

相关研究主要用于探讨存在变量之间的关系，并根据这种关系对研究对象的特征和行为做出解释和预测。

心理学研究中的相关研究可分为两种类型：

第一类，客体存在变量与主体存在变量之间的相关关系研究 *R*（*Vob*：*Vsb*），研究中的变量一个属于客体存在变量，一个属于主体存在变量，如家庭管教方式与儿童心理健康的相关关系研究、地区文化差异对学生学习动机的影响研究等都属于这类研究。

第二类，主体存在变量与主体存在变量之间的相关关系研究 *R*（*Vsb*：*Vsb*），这类研究在心理学研究中也比较普遍，所研究的变量都属于主体存在变量，如自信心与学习成绩的相关关系研究、工作动机与工作绩效关系的研究等。

相关研究的基本程序是，从群体中选择一批被试，在两个或多个变量上测量每个被试的数值，然后用统计分析的方法来确定这些变量对之间的相关程度。心理学相关研究在心理学实证研究中具有重要价值，适用范围很广。例如，可以运用相关研究来分析学生的学习兴趣与学习成绩之间的关系，分析学生的个性特征与心理健康的关系，考察企业职工的工作技能与生产效率之间的关系等等。

相关研究的优势和作用主要表现在以下方面：①费时少，可在较短时间内获得大量数据；②其结果能为更深入、更准确的研究提供倾向性假设的线索；③当存在高的正相关或负相关时，允许研究者在一个变量值到另一个变量值之间做出一定的预测；④当有些课题所涉及的变量不能采用因果研究时，相关研究是一种很好的选择。例如，我们要探讨数学学习的性别差异问题，实际上是研究性别变量与数学学习变量之间的关系，这个研究问题所要探讨变量“性别”只能是存在变量，因此只能采用相关研究。

然而，相关研究有两个严重的局限：

相关研究的第一个局限是：相关研究设计所得到的不一定是直接相关，因为，如前所述，按照相关关系的设计，研究者挑选出某种目标变量（A_X特征）不同水平的人，如果另一种目标变量（A_Y特征）相应也具有不同水平，就会得出A_X与A_Y有关的结论。实际上这个结果既可能表明两个变量之间确实是有直接相关关系，但也有可能只是一种曲折相关关系（局部中介），甚至可能完全没有直接关系（完全中介）。

因为我们选出某种目标变量（A_X特征）不同水平的人，考察他们另一种目标变量（A_Y特征）相应也具有不同水平的时候，由于A_X还会与将其他多种特征（例如C_X、D_X等特征）有关，这样就会将他们的C_X、D_X等相关的特征带出来，那么我们计算得出的A_X与A_Y有关，实际上只是其中某个特征C_X或D_X等与A_Y特征相关，所以此时A_X与A_Y的关系，就不是直接的相关关系，而只是一种复杂的曲折相关关系（局部中介），甚至可能完全没有直接关系（完全中介）。

例如，有一项研究探讨家庭经济收入与儿童的智力的关系，研究者选出不同家庭经济收入的儿童，考察他们的智力水平，结果发现，家庭经济收入与儿童智力水平有高相关。实际上，家庭经济收入水平会附带许多其他因素，如学习环境不同，父母的遗传素质与受教育程度不同，父母的期待与指导不同，学习时间与机会不同等等，智力可能只是与这些附带因素有关，当控制了这些附带因素，儿童的智力与经济收入可能只是局部的直接相关或者完全无关。又如，有一项研究结果表明，头围与词语回忆成绩之间的相关系数为$r=0.70$，进一步的研究表明，头围大并不一定是记忆能力高的原因，实际上是其他的因素在起作用，其中比较重要的变量是年龄，人们的头围随着年龄的增长而加大，记忆能力也随着年龄的提高而增强。年龄作为第三个变量是头围与词语回忆能力之间高相关的原因。因此，进行目标变量的相关研究时，应特别注意其他变量的影响和作用。

所以当我们要探讨A_X或B_X与A_Y的关系时，第一个办法是“控制”，在选A_X的时候，将可能相关的其他因素进行控制；第二个办法是“扩容”，将可能相关的其他因素加进来一起考虑。为了克服相关研究这个严重的局限，学术界形成了一系列的方法，如偏相关、中介变量分析、路径分析、结构方程等，这些新方法与技术的发展，不断推进相关研究的科学性与精准性的发展。这些方法技术在本书有关章节中会详细介绍。

更为重要的是，相关研究的第二个局限是：相关研究的设计，从研究的性质来说，它只能揭示变量之间是否有关，但是无法知道这种关系是否因果关系，即使研究者设想这种关系就是因果关系，但是，从研究的程序来看，其所得出的数据无法做出这种保证，也就是说，相关研究不能提供因果关系的证据。

例如，许多心理学研究证明，工作满意感和工作成绩之间存在较高的正相关，研究者就认为是工作满意感促进了工作成绩的提高。实际上，究竟是工作满意感引起好的工作成绩，还是好的工作成绩产生了满意感呢？这就不能只靠相关研究来解决。于是人们又进行了因果研究，结果发现，当奖励和成绩的关系较紧密时，高工作成绩往往导致了高的工作满意感。《广州日报》2008 年 9 月 25 日报道了发表在美国《应用心理学》上的一项权威的研究，该研究探究了男性的强势程度与其收入的关系，结果表明，在控制了教育背景、工作复杂程度以及工作时间等 6 个因素的情况下，强势的男性（大男子主义）收入仍然高于平和的男性。这是一项相关研究，这种研究方式得出强势程度与收入有关系，可能有两种情况：第一种：因果关系。但是谁是因谁是果无法断定，既可以认为强势有利于男性积极竞争从而取得高收入，也可以认为是由于其高收入因此产生强势心理。第二种：共变关系。可能是能力强的人，既倾向取得高收入，也倾向产生强势心理，因此，强势与收入是以能力为潜在变量的共变关系。因此这个结果表明两个变量之间有关系，固然可能是直接相关关系，但也有可能只是一种曲折相关关系，因为它只控制了 6 个因素，而能力因素没有控制。

值得注意的是，心理学研究中常常需要对相关研究的结果做出因果关系的解释。一般认为，如果两个存在变量之间存在关系且符合下面的一个或多个条件，则可推论二者之间存在因果关系：①*A* 和 *B* 伴随发生，在时间上 *A* 先于 *B*；②*A*、*B* 之间方向不可逆，例如，父母的智力与儿女的智力相关，可以认为父母的智力影响了儿女，但是不能认为儿女的智力影响了父母的智力；③研究者能够排除对于 *A* 和 *B* 共变关系的其他解释时，研究者可以认为 *A* 与 *B* 之间有因果关系。应该认为，以上情况只是在一定程度上提供了对相关研究结果做因果解释的合理性的证据，但是从逻辑上看，对相关研究结果做因果解释依旧缺乏可行性的保证。

为了克服相关研究难以做出因果解释这个严重的局限，近年学术界提出了“交叉滞后设计”的方法，专门用于相关设计中寻求因果推论。做法是：在时间 1 对两个变量的关系做出测量，再在时间 2 做出相同的测量，计算 r_{A1B2}、r_{A2B1}。如果 r_{A1B2} 显著大于 r_{A2B1} 可以认为是 *A* 引起 *B*，而不是 *B* 引起 *A*。目前来看，用交叉滞后设计从相关研究中寻求因果推论还是比较可行的。另外，通过路径分析，结构方程等统计技术，也有助于推断出存在变量之间的因果关系，但是，存在变量关系的相关设计在本质上仍属于相关关系，不能和典型的因果研究混淆起来。只有以引发变量为自变量的研究才是真正意义上的因果研究。

四、研究引发变量关系的因果研究

因果研究主要用于探讨引发变量之间的关系。心理学研究的目的是描述、解释和预测心理特征、心理活动或行为的规律，中心任务就是确定各种变量之间的因果关系。因此，因果研究是心理学研究中最重要的研究。在心理学研究中，因果关系的探讨一般都通过实验研究来实现。在实验研究中，研究者通过有计划地操纵一个或一些因素（自变量），然后观察和测量某一或某些感兴趣变量（因变量）的变化，揭示二者是否存在稳定的共变关系，从而确定二者是否存在因果关系。如果被操纵的因素有规律地引起了一种行为的特定变化，我们就把这些因素看作这种行为的原因。需要注意的是，因果关系始终是一种超出目前收集到的证据的推论，需要不断地完善和验证。支持因果关系的最有力的证据是，被操纵的变量变化在先，结果变量的变化在后，并且它们单独存在时结果变量的变化不会发生。

心理学研究中，经常以因果关系分析的水平作为衡量研究质量的标准。一般来说，如果一项研究的变量及其因果关系明确，就认为该研究具有较高的内部效度，研究水平也较高。相反，如果一项研究中变量定义不明确、变量之间的因果关系含糊不清，就表明该研究的质量和效果较差。因果关系的分析与实验的控制程度有密切关系。这里的“控制”包含三种含义：一是对外部因素和实验情景的控制，如用隔音室消除无关噪音的影响。各种心理学研究会不同程度地包括这种类型的控制。二是对自变量的控制，如在特定时间改变自变量的水平，观察其效应。三是对研究设计过程的控制，即通过研究设计的总体安排、研究程序的规范化以及测量指标的标准化，排除影响因果关系推论的各种因素。可见，心理学研究从设计到实施的各个环节，共同决定了其控制的程度和因果关系分析的水平。

因果研究的主要优点是对某行为为什么产生，或某心理现象为什么会出现的问题，给予科学的解释和预测。因果研究的局限性则是对变量有较严格的要求，只适用于引发变量，而且有些课题出于伦理和现实的考虑，无法采用因果研究。并且因果研究一般需要投入较大的人力、物力，比相关研究要复杂得多。

心理学的因果关系研究也可分为两类型：

第一种，客体引发变量与主体引发变量之间的因果关系研究 $Vsi=f(Voi)$。这类研究的自变量为客体引发变量，因变量为主体引发变量，如不同照明度对工作效率的影响，有无文章标记对文章阅读理解成绩的影响等都属于这类研究。这类研究可以说是因果研究的主体，涉及的领域范围和研究数量都非常巨大。

第二种，主体引发变量与主体引发变量之间的因果关系研究 $Vsi=f(Vsi)$。这类研究中的自变量和因变量都属于主体引发变量，如练习程度对记忆成绩的影响，动机水平对考试成绩的影响等。

练习题

一、名词解释

（1）心理学研究变量；（2）自变量；（3）因变量；（4）控制变量；（5）类型变量；（6）连续变量；（7）客体变量；（8）主体变量；（9）存在变量；（10）引发变量；（11）操作定义。

二、简答题

1. 什么是心理学研究的逻辑起点？
2. 心理学实证研究的基本途径和类型包括哪些？
3. 相关研究和因果研究的基本程序有何不同？
4. 简述相关研究的优缺点。

第八章　心理学相关研究的设计

内容简介

第七章概述了心理学的研究思路，根据研究变量的性质、由此产生的研究操作程序，以及所得出的结果的解释意义，我们将心理学实证研究分为相关关系的研究与因果关系的研究。如前所述，心理学研究的是心理现象与心理规律，而对心理现象与心理规律的揭示，主要是通过探讨研究变量的关系来实现的，从这个意义出发，可以说心理学的研究主要就是研究变量与变量之间的关系。本章主要阐述心理学相关研究的设计与操作。首先介绍探讨两个变量相关关系的统计思路与研究设计，然后介绍探讨多个变量的相关关系的统计思路与研究设计。

第一节　研究两个变量相关关系的统计思路与研究设计

一、探讨两个变量相关关系的统计思路

相关研究中的两个变量既可以是连续变量又可以是类型变量，根据两个变量不同的数据形式，可以组成以下四种具体数据模式：

（1）连续变量————————→连续变量
（2）类型变量（两水平）———→连续变量
（3）类型变量（三水平以上）—→连续变量
（4）类型变量————————→类型变量

根据变量变动的数据模式，应该采用不同的统计方法进行处理，以分析两个变量是否有关。具体如下：

（一）连续变量与连续变量间的相关关系

当相关研究中的两个变量都是连续变量时，通常采用皮尔逊积差相关或者一元回归对数据进行统计分析。如果只设想相关关系，则只求相关系数，即皮尔逊积差相关，如初中升高中入学考试中生物成绩与化学成绩的关系。如果对两个变量存在因果设想，假设其中一个为自变量，另一个变量为因变量，则可以使用一元回归，如学习动机对学习成绩的影响（一元回归用来表示一个变量随着另一个变量做相应变化的单向关系。它是在两个变量存在相关的基础上，由一个变量预测另一个变量时所采用的统计方法）。

（二）两水平类型变量与连续变量间的相关关系

当两个研究变量一个是类型变量，并且只有 2 个水平，另一个是连续变量时，通常采用 t 检验、二列相关或者点二列相关对数据进行统计分析。如果把其中的类型变量按照 2 个水平分为两组，比较两组被试在另一个变量上是否存在显著差异，通常就用 t 检验，如自信心强弱对学习成绩的影响。如果其中的类型变量被人为地划分为二分变量，如将学科考试分数划分为及格与不及格，把某一体育项目测验结果划分为达标与未达标，把健康状况划分为好与差等，这时也可以计算该二分变量与连续变量的二列相关。如果其中的类型变量本身就是一个真正的二分名义变量，如男和女，已婚和未婚，色盲与非色盲等，这时也可以计算这两个变量间的点二列相关。

（三）三水平以上类型变量与连续变量间的相关关系

当两个研究变量中一个是类型变量，有 3 个或 3 个以上水平，另一个是连续变量时，通常采用 F 检验或者多系列相关法对数据进行统计分析。如果把其中的类型变量按多个水平分为多组，比较多组被试在另一个变量上是否存在显著差异，就用 F 检验，如学习努力程度对学习成绩的影响。如果该类型变量被人为地分成多个类别，例如，不同学习成绩的学生对某种教学改革的态度可以分成“极其不赞成”“不赞成”“不置可否”“赞成”“极其赞成”五个类别，这时也可以计算两个变量间的多系列相关。

（四）类型变量与类型变量间的相关关系

当两个研究变量都是类型变量时，通常采用 χ^2 检验或者列联表相关对数据进行统计分析。如果要检验两个变量的频数分布是否服从某种理论分布或某种假设分布时，那么就用 χ^2 检验，如家庭经济状况是否影响学生报考师范大学。如果两个研究变量均被分成两个类别以上，或者其中一个变量被分成两个类别以上，如智力被分成上、中、下，学习成绩被分成优、良、中、差；或者学习成绩被分成上、中、下，对某种事物的态度被分成肯定、不置可否、否定等，这时也可以计算两个变量间的列联表相关。

上述各种数据模式所应该采用的统计方法见表 8 – 1：

表 8－1　两个变量的相关关系统计检验方法（V_1V_2）

V_1的数据模式	V_2的数据模式	统计检验方法
连续	连续	皮尔逊积差相关，一元回归
类型（2 水平）	连续	t 检验，二列相关，点二列相关
类型（3 水平以上）	连续	F 检验，多系列相关（等级）
类型	类型	χ^2 检验，列联表相关

二、探讨两个变量相关关系的研究设计

（一）两个变量均是连续变量的相关关系研究设计

1．基本做法

当两个变量都是连续变量时，相关研究设计的具体方法是：从研究群体中随机选出一批被试，分别确定各被试在两个变量上的连续水平。

2．研究实例

例 8.1：学习动机与学习成绩关系的研究。

研究设计：先从某普通中学随机选出 300 名学生，用成就动机量表测出每个被试的动机强度得分，然后用他们本学期语、数、英三门主科统考成绩平均分作为学习成绩的指标，可得出如表 8－2 所示的原始数据。

表 8－2　300 名学生学习动机和学习成绩原始数据表

	姓名	动机得分（V_1）/分	学习成绩得分（V_2）/分
1	张明	67	89
2	刘修	70	93
3	黄卫	44	71
	……		
299	张军	40	69
300	张岩	68	83

数据分析：如果研究只存在相关设想，可通过积差相关公式求得学生学习动机得分和学习成绩的相关系数 r，进而根据相关系数的显著性水平确定两者的关系。（积差相关，也称皮尔逊积差相关，计算和检验皮尔逊积差相关系数的操作在 SPSS 中使用 <Analyze>菜单<Correlate>下的<Bivariate>命令）如果研究存在因果设想，比如假定学习动机为自变量，学习成绩为因变量，这样可通过回归分析，求得学习动机对学习成绩的影响的回归方程式：$\hat{Y} = a + bX$，进而确定学习动机在多大程度上能预测学

习成绩（一元回归统计检验在 SPSS 中使用 < Analyze > 菜单 < Regression > 下的 < Linear > 命令）。

例 8.2：智力水平与人际关系的相关研究。

研究设计：先从某小学随机抽取四年级一个班 44 人，五年级一个班 42 人，从某中学随机抽取初二年级一个班 57 人，高二年级一个班 52 人，总共 195 人。用智力量表测出所有学生的智商得分，用人际关系量表测出每个学生的人际关系得分，得出如表 8－3 的原始数据。

表 8－3　195 名学生智力水平和人际关系原始数据表

	姓名	年级	智商得分（V_1）/分	人际关系得分（V_2）/分
1	张雷	小四	102	0.098
	……			
44	刘军	小四	920.084	
45	刘强	小五	105	0.103
	……			
86	赵金	小五	91	0.093
87	黄卫	初二	123	0.088
	……			
143	刘田	初二	83	0.064
144	张锋	高二	122	0.081
	……			
195	王刚	高二	84	0.055

数据分析：对原始数据进行统计分析，求出每个年级学生智商得分和人际关系得分的相关系数 r，并进行显著性检验，结果如表 8－4。（该例在 SPSS 中的统计检验操作同例 8.1）

表 8－4　不同年级学生智商得分与人际关系得分相关表

年级	人数/人	智商平均分/分	人际关系平均分/分	相关系数	显著性检验
小四	44	97.4	0.092	0.342	$p<0.05^{*}$
小五	42	93.5	0.098	0.327	$p<0.05^{*}$
初二	57	103.9	0.076	0.339	$p<0.01^{**}$
高二	52	103.5	0.068	0.282	$p<0.05^{*}$

统计结果表明，对各年龄段的学生而言，智力水平与人际关系之间都存在显著的正相关。学生的智商得分越高，人际关系越好，反之亦然。

（二）两水平类型变量与连续变量的相关关系研究设计

1．基本做法

当两个研究变量中一个是类型变量（V_1），有两个水平（$k=2$），另一个是连续变量（V_2）时，研究设计如下：首先确定研究群体各成员在 V_1 变量上的两种类型水平，每种水平各选出1组被试，共两组；然后确定每组各个被试在 V_2 变量上的连续水平。

2．研究实例

例8.3：自信心与学生学习成绩关系的研究。

研究设计：先对某普通中学初三年级学生进行自信心等级评定，然后从自信心强的学生中随机选出50名作为“强自信心组”，再从自信心弱的学生中随机选出50名作为“弱自信心组”，然后用他们本学期语、数、英三门主科统考成绩平均分作为学习成绩的指标，得出如表8－5的原始数据。

表8－5　100名学生自信心和学习成绩原始数据表

	姓名	动机等级（V_1）	学习成绩得分（V_2）/分
1	王明	强	89
2	马战	强	93
	……		
51	郭威	弱	71
	……		
99	王莹	弱	69
100	李岩	弱	68

数据分析：首先对数据进行初步整理，求得每组被试学习成绩的平均数和标准差；然后进行 t 检验，检验两组被试的学习成绩是否存在显著差异。统计结果如表8－6所示。（该类设计在SPSS中的 t 检验，用 <Analyze> 的 <Compare Means> 下的 <Independent-Samples T Test> 命令）根据结果可知，自信心强的学生学习成绩显著高于自信心弱的学生。

表8－6　不同自信心学生学习成绩的比较

组别	人数/人	学习成绩/分	t 检验
强自信心组	50	78.65 ± 13.24	$t=4.456^{***}$
弱自信心组	50	67.55 ± 14.12	

注：* 表示 $p<0.05$，** 表示 $p<0.01$，*** 表示 $p<0.001$，下同。

该研究也可以把自信心看作一个二分变量，这样可以求得自信心与学习成绩之间的二列相关系数 r_b，然后根据显著性情况确定两者之间的关系。需要注意的是，t 检验结果容易使人误认为类型变量为自变量，连续变量为因变量，从而得出因果性结论。如本例中，自信心和学习成绩谁影响谁是很难判定的，可能是强自信心导致了好的学习成绩，也有可能好的学习成绩激发了强自信心。我们无法得出因果结论。

例 8.4：心理健康与学生学业成绩关系的研究。

研究设计：随机选取 3 所中学，每所中学从初一、初三、高二各取 1 个班，共 9 个班 391 人参加研究。根据《心理健康诊断量表》的分数，把被试区分为心理健康组和健康不佳组两类。然后用他们本学期语、数、英三门主科总评成绩的平均分作为学习成绩的指标，得出如表 8－7 的原始数据。

表 8－7　391 名学生心理健康水平和学业成绩原始数据表

	姓名	心理健康水平（V_1）	学业成绩（V_2）/分
1	王明	健康	75
2	马战	健康	74
	……		
180	胡东	健康	76
181	郭威	健康不佳	71
	……		
390	王莹	健康不佳	73
391	李岩	健康不佳	72

数据分析：首先对数据进行初步整理，求出两个心理健康水平组被试学业成绩的平均数和标准差；然后进行 t 检验，考察两种心理健康水平被试的学习成绩是否存在显著差异。统计结果如表 8－8 所示。（该例在 SPSS 中的统计检验操作同例 8.3）该结果表明，中学生的心理健康状况与学业成绩存在密切的关系，当中学生的心理健康水平不佳时，他们的学业成绩通常也相对较低；反过来也可以说，学习成绩较差的学生，心理健康水平也相应较低。

表 8－8　心理健康水平不同的中学生学业成绩比较

心理健康水平	人数/人	学业成绩/分	t 检验
健康	247	74.460 ± 11.544	$t=5.255^{**}$
健康不佳	144	72.321 ± 10.333	

注：** 表示 $p<0.01$。

（三）三水平以上类型变量与连续变量的相关关系研究设计

1. 基本做法

当两个研究变量中有一个是类型变量（V_1），含 3 个或 3 个以上水平（$k \geq 3$），另一个是连续变量（V_2）时，研究设计如下：首先确定研究群体各成员在 V_1 变量上的 k 种类型水平（$k \geq 3$），每种水平各选出 1 组被试，共 k 组；然后确定每组被试在 V_2 变量上的连续水平。

2. 研究实例

例 8.5：家庭管教类型与学生心理健康关系的研究。

研究设计：首先对某普通中学学生进行家庭管教类型评定，分为“民主型”“专制型”“放任型”3 个类型；然后分别从 3 个类型的学生中各随机选出 30 名，组成“民主型管教组”“专制型管教组”与“放任型管教组”3 个被试组，接着对 3 组被试进行心理健康测验，用他们的得分作为心理健康的指标，可得出如表 8－9 的原始数据。

表 8－9　90 名学生的家庭管教类型和心理健康状况原始数据表

	姓名	管教类型（V_1）	心理健康得分（V_2）/分
1	李佳	民主型	79
	……		
30	黄晓谕	民主型	77
31	杨冬	专制型	58
	……		
60	刘丽	专制型	56
61	于丽萍	放任型	66
	……		
90	吴晨	放任型	68

数据分析：首先对数据进行初步整理，求得每组被试心理健康状况的平均数和标准差；然后进行 F 检验，考察 3 组被试的心理健康状况是否存在显著差异。统计结果如表 8－10 所示。（该类设计在 SPSS 中的 F 检验，用 < Analyze > 菜单 < Compare Means > 下的 < One-Way ANOVA > 命令）从该结果可知，不同管教类型的学生心理健康水平差异显著，民主型管教组的心理健康水平最高，专制型管教组的最低。

表 8-10　不同家庭管教类型学生心理健康状况比较

管教类型	人数/人	心理健康得分/分	统计检验
民主型	30	78.65 ± 13.24	
专制型	30	57.55 ± 14.12	$F=7.876^{**}$
放任型	30	67.55 ± 17.12	

注：** 表示 $p<0.01$。

如果把家庭管教类型看作一个多类别的类型变量，也可以求得家庭管教类型与学生心理健康状况之间的多系列相关系数 r_s，然后根据显著性检验结果确定两者的关系。

例 8.6：学习动机水平与学生学习策略关系的研究。

研究设计：首先由某普通中学教师使用学习动机评定量表对学生进行动机水平评定，分为“高学习动机”“中等学习动机”“低学习动机”3 个类型；然后分别从 3 个类型的学生中各随机选出 30 名，组成“高学习动机组”“中等学习动机组”与“低学习动机组”3 个组，接着使用学习策略量表对 3 组被试实施测验，可得出如表 8-11 所示的原始数据。

表 8-11　90 名学生学习动机水平和学习策略得分原始数据表

	姓名	学习动机水平（V_1）	学习策略得分（V_2）/分
1	李丽	高	88
	……		
30	黄力	高	87
31	杨波	中	72
	……		
60	王花	中	73
61	牛丽萍	低	62
	……		
90	吴用	低	63

数据分析：首先对数据进行初步整理，求得每组被试学习策略得分的平均数和标准差；然后进行 F 检验，检验 3 组被试的学习策略得分是否存在显著差异。统计结果如表 8-12 所示。（该例在 SPSS 中的统计检验操作同例 8.5）结果表明，学习动机水平的主效应显著，学生的学习策略成绩因学习动机水平的不同而不同。进一步的两两比较结果表明，3 种动机水平的学生之间两两差异显著，学习动机水平越高，学生的学习策略得分越高；学习动机水平越低，学生的学习策略得分越低。

表 8-12 不同学习动机水平学生学习策略得分比较

学习动机水平	人数/人	学习策略得分/分	统计检验
高	30	88.02 ± 18.21	
中	30	71.55 ± 19.12	$F=10.135^{***}$
低	30	62.51 ± 18.51	

注：*** 表示 $p<0.001$。

（四）两个变量均是类型变量情况下的相关关系研究设计

1. 基本做法

当两个研究变量都是类型变量（V_1：V_2）时，研究设计如下：首先确定研究群体各成员在 V_1 变量上的 p 种类型水平（$p\geqslant2$），每种水平各选出 1 组被试，共 p 组；然后确定每组各个被试在 V_2 变量上的 q 种类型水平。

2. 研究实例

例 8.7：家庭管教类型与学生心理焦虑的关系研究。

研究设计：首先对某普通中学学生进行家庭管教类型评定，分为“民主型”“专制型”“放任型”三类型；然后分别从 3 个类型的学生中各随机选出 30 名，组成“民主型管教组”“专制型管教组”与“放任型管教组”3 个组，接着对 3 组被试进行“高焦虑”“中等焦虑”与“低焦虑”三级评定，可得出如表 8-13 的原始数据。

表 8-13 90 名学生家庭管教类型和心理焦虑状况原始数据表

	姓名	管教类型（V_1）	心理焦虑状况（V_2）
1	王辉	民主型	中等焦虑
	……		
30	刘利平	民主型	低焦虑
31	郭小安	专制型	高焦虑
	……		
60	张静	专制型	高焦虑
61	吴楠	放任型	中等焦虑
	……		
90	黄敏	放任型	高焦虑

数据分析：首先对数据进行初步整理，得出每组被试在不同心理焦虑状况上的频数，绘成列联表，如表 8-14 所示。然后根据列联表计算 χ^2 值，$\chi^2=7.456$，$p<0.01$。χ^2 检验结果说明家庭管教类型与学生的心理焦虑状况连带相关。在此基础上，可以进一

步做分离χ^2检验（separate χ^2），分析不同家庭管教类型与学生的心理焦虑状况是否存在连带相关；也可以根据χ^2值计算家庭管教类型和学生心理焦虑状况的列联表相关系数，从而进一步的分析它们的相关程度（该类设计在 SPSS 中的统计检验，用 <Analyze> 菜单 <Descriptive Statistics> 下的 <Crosstabs> 命令）。

表 8－14　不同家庭管教类型学生的心理焦虑状况表

管教类型	高焦虑/人	中等焦虑/人	低焦虑/人
民主型	4	15	11
专制型	16	10	4
放任型	12	12	6

例 8.8：学生性格类型与人际关系的相关研究。

研究设计：首先使用性格量表对某普通中学学生进行性格测定，分为“外向型”和“内向型”两种类型；然后分别从两种类型的学生中各随机选出被试 50 名，组成“外向型组”和“内向型组”；接着由他们的教师根据人际关系评定量表对两组被试进行“人际关系良好”“人际关系一般”与“人际关系较差”三级评定，可得到如表 8－15 所示的原始数据。

表 8－15　100 名学生性格类型和人际关系状况原始数据表

	姓名	性格类型（V_1）	人际关系状况（V_2）
1	刘发辉	外向型	良好
	……		
49	赵利	外向型	良好
50	郭安	外向型	一般
51	王静	内向型	较差
52	赵楠	内向型	一般
	……		
100	黄佳	内向型	一般

数据分析：首先对数据进行初步整理，得出每组被试在不同人际关系状况上的人数，绘成列联表，如表 8－16 所示；然后根据列联表计算χ^2值，$\chi^2=5.423$，$p<0.05$。χ^2检验结果表明性格类型与人际关系状况连带相关，说明不同性格类型学生的人际关系状况是不同的。在此基础上，进一步做分离χ^2检验，结果发现外向型学生的人际关系状况较好，人际关系良好的学生人数大于人际关系一般的学生人数，后者又大于人际关系较差的学生人数。而对于内向型的学生来说，人际关系状况一般，3 种人际状况的学生人数基本相等（该例在 SPSS 中的统计检验操作同例 8.7）。

表 8－16 不同性格类型的学生人际关系状况列联表

性格类型	人际关系良好/人	人际关系一般/人	人际关系较差/人
外向型	24	18	8
内向型	17	17	16

以上是两个变量 4 种不同数据形式的相关研究设计，可以总结为表 8－17。

表 8－17 两个变量的相关关系的研究设计

变量的数据形式	研究设计
连续↔连续 V_1 V_2	从研究群体中随机选出一批被试，分别确定各被试两个变量的连续水平
类型 2↔连续 V_1 V_2	首先确定研究群体各成员在 V_1 变量上的两种类型水平，每种水平各选出 1 组被试，共两组；然后确定每组各个被试在 V_2 变量上的连续水平
类型 3 以上↔连续 V_1 V_2	首先确定研究群体各成员在 V_1 变量上的 p 种类型水平（$p \geqslant 3$），每种水平各选出 1 组被试，共 p 组；然后确定每组各个被试在 V_2 变量上的连续水平
类型↔类型 V_1 V_2	首先确定研究群体各成员在 V_1 变量上的 p 种类型水平（$p \geqslant 2$），每种水平各选出 1 组被试，共 p 组；然后确定每组各个被试在 V_2 变量上的 q 种类型水平

第二节 研究多个变量相关关系的统计思路与研究设计

一、探讨多个变量相关关系的统计思路

两个变量的相关关系研究是最基本的研究，在更多情况下，我们需要探讨多个变量之间的相关关系，即要进行多个变量相关关系的研究。

在多个变量相关关系的研究中，变量既可以是连续变量又可以是类型变量，根据变量不同的数据形式，可以组成以下 3 种具体数据模式：

1. 连续变量 $V_1 \Longleftrightarrow$ 连续变量 $V_2 \Longleftrightarrow \cdots\cdots$ 连续变量 V_K
2. 类型变量 $V_1 \Longleftrightarrow$ 类型变量 $V_2 \Longleftrightarrow \cdots\cdots$ 连续变量 V_K
3. 类型变量 $V_1 \Longleftrightarrow$ 类型变量 $V_2 \Longleftrightarrow \cdots\cdots$ 类型变量 V_K

根据变量变动的数据模式，应该采用不同的统计方法进行处理，以分析多个变量是否有关。具体如下：

（一）多个连续变量之间的相关关系

第一种数据模式是所有的研究变量都是连续变量。采用这种数据模式，既可能是准备做相关研究，也可能是准备将变量之间的关系设想成因果关系进行研究。当研究目的是探讨它们之间的相关关系即只做相关设想时，统计处理方式是：先统计各变量间的两两积差相关系数，形成变量间的积差相关矩阵，展示出两两变量之间的相关；根据研究的需要，还可以在相关矩阵的基础上进一步做因素分析，形成因素负荷矩阵。当研究假设其中一个变量为因变量，其余变量为自变量，研究目的是探讨它们之间是否存在因果关系即做因果设想时，统计处理方式是：先统计各变量间的两两积差相关系数，形成变量间的积差相关矩阵，然后采用多元回归进行统计分析，求出各（设想的）自变量对（设想的）因变量的影响效果，以及（设想的）自变量组合的交互作用的效应。

（二）多个类型变量与1个连续变量之间的相关关系

第二种数据模式是前面若干变量是类型变量，最后一个变量是连续变量。采用这种数据模式，一般是将变量之间的关系设想成因果关系进行研究，将前面若干个类型变量设想为自变量，最后一个连续变量设想为因变量，研究目的是探讨它们之间是否存在因果关系即做因果设想。统计处理方式是：采用 F 检验即方差分析对数据进行统计处理，由于自变量是两个以上，因此是多向方差分析，分析每个自变量的主效应，同时分析各自变量组合的交互作用的效应。如研究自信心、情绪稳定性和勤奋性对心理健康水平的影响，通过三向方差分析，既可以得出自信心、情绪稳定性与勤奋性各个因素对心理健康水平的影响（主效应），又可以得出自信心与情绪稳定性交互作用对心理健康水平的影响，自信心与勤奋性交互作用对心理健康水平的影响，情绪稳定性与勤奋性交互作用对心理健康水平的影响，以及自信心、情绪稳定性与勤奋性三者交互作用对心理健康水平的影响。

（三）多个类型变量之间的相关关系

第三种数据模式是所有的研究变量都是类型变量。采用这种数据模式，既可能是准备做相关研究，也可能是准备将变量间的关系设想成因果关系进行研究。无论是探讨它们之间的相关关系即只做相关设想时，还是探讨它们之间是否存在因果关系即做因果设想时，统计处理方式都是采用 χ^2 检验，但是，由于其探讨的是多个变量的两两相关或者是多个自变量与因变量的关系，因此，当总体 χ^2 检验显著之后，要接着进行分离 χ^2 检验（separate χ^2），分别求出两两变量之间的相关关系或者是每个自变量与因变量的因果关系。

上述不同模式的数据的统计处理思路如表 8－18 所示：

表 8－18　两个以上变量的相关关系的统计检验方法

	变量的数据模式	统计检验方法
	连续　连续 … 连续	
❶	$V_1 \leftrightarrow V_2 \cdots \leftrightarrow V_k$	（相关设想）积差相关矩阵，因素分析
❷	$V_1 \quad \cdots V_k \rightarrow V_y$	（因果设想）（积差相关矩阵）多元回归
	类型…类型：连续	
	$V_1 \quad \cdots V_k \rightarrow V_y$	（因果设想）F 检验（多向方差分析）
	类型　类型 … 类型	
❶	$V_1 \leftrightarrow V_2 \cdots \leftrightarrow V_k$	（相关设想）　χ^2 检验（总体 $\chi^2 \rightarrow$ 分离 χ^2）
❷	$V_1 \quad \cdots V_k \rightarrow V_y$	（因果设想）　χ^2 检验（总体 $\chi^2 \rightarrow$ 分离 χ^2）

二、探讨多个变量相关关系的研究设计

（一）多个变量均是连续变量的相关研究设计

1. 基本做法

当研究中的所有变量都是连续变量时，研究设计如下：从研究群体中随机选出一批被试，分别确定各被试 k 个变量上的连续水平。

这类研究设计包括相关设想的研究设计（V_1，V_2，…，V_k）和因果设想的研究设计（V_1，V_2，…，$V_k \rightarrow V_y$）两种情况。下面通过具体的研究实例说明这种设计的特点和形式。

2. 研究实例

例 8.9：学习动机、学习热情与学习毅力关系的研究（相关设想）。

这是一项相关设想的研究，研究者并没有将所研究的 3 个变量设想成为自变量与因变量，而是根据一定的研究目的探讨 3 个变量之间是否存在相关。

研究设计：先从某普通中学随机选出 300 名学生，用成就动机量表测出每个被试的动机强度得分，然后用学习热情问卷测出每个被试的学习热情得分，再用学习毅力量表测出每个被试的学习毅力得分，可得出如表 8－19 所示原始数据。

表 8－19　300 名学生学习动机、学习热情和学习毅力原始数据表

	姓名	学习动机（V_1）/分	学习热情（V_2）/分	学习毅力（V_3）/分
1	魏晓	67	89	43
2	李建	70	93	37
3	张子栋	44	71	30
	……			
300	陈小燕	68	83	46

数据分析：表8－19是$n \times k$的资料矩阵，即300×3的资料矩阵，对这个资料矩阵的数据进行相关分析，可得出$k \times k$的相关矩阵，即3×3的相关矩阵，如表8－20。（相关矩阵的统计在SPSS使用<Analyze>菜单<Correlate>下的<Bivariate>命令）

表8－20　学习动机、学习热情与学习毅力三因素相关矩阵

	学习动机	学习热情	学习毅力
学习动机	1		
学习热情	0.34**	1	
学习毅力	0.46***	0.47***	1

注：**表示$p<0.01$，***表示$p<0.001$。

然后进一步做探索性因素分析（探索性因素分析在SPSS中使用<Analyze>菜单<Data Reduction>下的<Factor>命令），可用因素分析方法提取出公共因子，由$k \times k$的相关矩阵得出$k \times F$的因子负荷矩阵，如表8－21所示。根据统计结果，结合研究目的，最后可对结果做出深入讨论和分析。

表8－21　学习动机、学习热情与学习毅力的因素矩阵

	因素1	因素2
学习动机	0.87	0.23
学习热情	0.74	0.46
学习毅力	0.66	0.57

例8.10：学习动机、学习热情对学习成绩的影响研究（因果设想）。

这是一项因果设想的研究，研究者根据研究目的将所研究的3个变量中学习动机变量与学习热情变量设想为自变量，而将学习成绩设想为因变量，探讨学习动机与学习热情是否影响学习成绩，即探讨学习动机与学习热情是否与学习成绩有因果关系，以及探讨两者组合（交互作用）是否影响学习成绩。

研究设计：首先从某普通中学随机选出300名学生，用成就动机量表测出每个被试的动机强度得分，用学习热情问卷测出每个被试的学习热情得分；然后用他们本学期语、数、英三门主科统考成绩平均分作为学习成绩的指标，可得出如表8－22所示的原始数据表。

表8－22　300名学生学习动机、学习热情和学习成绩原始数据表

	姓名	学习动机（V_1）/分	学习热情（V_2）/分	学习成绩（V_3）/分
1	亚宁	67	89	94
2	杨修	70	93	93
3	毛艳	44	71	65
	……			
300	马枫	68	83	76

数据分析：同样，表8－22是$n \times k$的资料矩阵，即300×3的资料矩阵，将这个资料矩阵进行相关分析，可得出3个变量的3×3相关矩阵，如表8－23所示。该例在SPSS中的统计检验操作同例8.9。

表8－23　学习动机、学习热情与学习成绩三因素相关矩阵

	学习动机	学习热情	学习成绩
学习动机	1		
学习热情	0.34**	1	
学习成绩	0.46***	0.47***	1

注：** 表示$p<0.01$，*** 表示$p<0.001$。

然后，将学习成绩作为因变量（Y），学习动机为第一个自变量（X_1），学习热情作为第二个自变量（X_2），得出多元回归方程：

$$\hat{Y} = a + b_1X_1 + b_2X_2 + b_3X_1X_2$$

分别计算求得b_1、b_2与b_3，分别得出学习动机、学习热情对学习成绩的影响效果，以及这两个自变量的组合（交互作用）对学习成绩的影响作用，不但可以知道其影响是否显著，而且根据这几个回归系数的大小可以知道影响的大小。

（二）自变量均是类型变量而因变量是连续变量情况下的相关研究设计

1. 基本做法

当研究的若干变量中，前面几个假设的自变量均是类型变量，后面1个假设的因变量是连续变量（$V_1 \cdots V_k V_y$）的情况下，研究设计如下。

①首先确定各个自变量的类型水平，然后进一步确定自变量的组合水平，自变量的组合水平数等于各自变量的水平数相乘。这一步非常重要，因为只有当自变量是2个以上即多因素的情况下，自变量的组合水平才构成实验处理。②确定研究群体各成员在各自变量上的类型水平，再按照自变量组合水平各选出1组被试。③确定每组各个被试在因变量V_y上的连续水平。

2. 研究实例

例8.11：学习动机、学习热情对学习成绩的影响研究。

研究设计：首先确定学习动机的水平为2（强/弱），学习热情的水平也为2（高/低），两个自变量组合水平为$2 \times 2 = 4$个：①动机强、热情高；②动机强、热情低；③动机弱、热情高；④动机弱、热情低。然后根据教师评定确定某普通中学学生每人学习动机的水平以及学习热情的水平，分别随机选取“动机强、热情高”“动机弱、热情高”“动机强、热情低”与“动机弱、热情低”的四组被试，每组30人，然后用他们本学期语、数、英三门主科统考成绩平均分作为成绩的指标，可得出如表8－24所示的原始数据表。

表 8-24　120 名学生学习动机、学习热情和学习成绩原始数据表

	姓名	学习动机（V_1）	学习热情（V_2）	学习成绩（V_y）/分
1	郑含因	强	高	84
	……			
30	李海	强	高	83
31	晨静	强	低	70
	……			
60	王克南	强	低	71
61	钟尔慧	弱	高	68
	……			
90	林寻	弱	高	67
91	李禄	弱	低	55
	……			
120	卢植荫	弱	低	56

数据分析：对数据进行整理，得出每组被试学习成绩的平均分和标准差，如表 8-25 所示。然后进行方差分析，结果如表 8-26 所示（该例在 SPSS 中进行的方差分析统计，使用 <Analyze> 菜单 <General Linear Modes> 下的 <Univariate> 命令，注意要使用 <Model> 的默认项）。

表 8-25　不同学习动机与学习热情的学生学习成绩比较

	学习热情高/分	学习热情低/分
学习动机强	84.65 ± 13.24	70.19 ± 15.54
学习动机弱	67.55 ± 14.12	55.63 ± 12.11

表 8-26　学习动机与学习热情对学生学习成绩影响的方差分析表

项目	平方和	自由度	均方	F 值
主效应				
学习动机（A）	120.562	1	120.562	40.187***
学习热情（B）	101.324	1	101.324	33.741***
交互作用				
$A \times B$	2.721	1	2.721	0.907

注：*** 表示 $p<0.001$。

上述研究结果表明，学习动机和学习热情都影响学生的学习成绩，学习动机越强，学习成绩越好；学习热情越高，学习成绩越好。但是两者的交互作用不显著，也就是说，他们对学习成绩的影响是彼此独立的。

例 8.12：智力水平和学习策略对学业成绩的影响研究。

研究设计：首先确定智力水平为 3（高/中/低），学习策略的水平为 2（积极/消极），两个自变量组合水平为 3×2=6 个。①智力水平高、学习策略积极；②智力水平高、学习策略消极；③智力水平中等、学习策略积极；④智力水平中等、学习策略消极；⑤智力水平低、学习策略积极；⑥智力水平低、学习策略消极。然后根据教师评定（或量表得分）确定某普通中学学生每人的智力水平（高/中/低）以及学习策略水平（积极/消极），再随机选取“智商高、学习策略积极”“智商高、学习策略消极”“智商中等、学习策略积极”“智商中等、学习策略消极”“智商低、学习策略积极”“智商低、学习策略消极”6 组被试，每组 30 人，接着用他们本学期语、数、英三门主科统考成绩平均分作为学业成绩的指标，可得出如表 8－27 所示的原始数据表。

表 8－27　180 名学生的智力水平、学习策略和学业成绩原始数据表

	姓名	智力水平（V_1）	学习策略（V_2）	学业成绩（V_y）/分
1	崔明	高	积极	90
	……			
30	王大海	高	积极	93
31	陈红	高	消极	84
	……			
60	王亚南	高	消极	80
61	钟芳	中	积极	81
	……			
90	罗良	中	积极	83
91	赵敏	中	消极	72
	……			
120	田壮	中	消极	76
121	李刚	低	积极	71
	……			
150	林冲	低	积极	70
151	孙波	低	消极	64
	……			
180	周红	低	消极	61

数据分析：对数据进行整理，得出每组被试学业成绩的平均分和标准差，如表8－28所示。进一步的方差分析结果如表8－29所示。（该例在SPSS中的统计检验操作同例8.1）

表8－28　不同智力水平与学习策略的学生学业成绩比较

	学习策略积极/分	学习策略消极/分
智商高	91.23±19.31	82.31±18.58
智商中等	82.41±18.54	74.05±19.12
智商低	70.35±19.15	62.82±18.96

表8－29　智力水平与学习策略对学生学业成绩影响的方差分析表

项目	平方和	自由度	均方	*F*值
主效应				
智力水平（*A*）	342.031	2	171.015	42.729***
学习策略（*B*）	112.512	1	112.512	28.128***
交互作用				
$A \times B$	6.013	2	3.007	0.752

注：*** 表示 $p<0.001$。

本实验结果表明，智力水平和学习策略都影响学生的学习成绩，智商越高，学业成绩越好；学习策略越积极，学业成绩越好。但两者的交互作用不显著，即智力水平和学习策略对学习成绩的影响是相互独立的。

（三）多个变量均是类型变量的相关研究设计

1. 基本做法

当研究中的所有变量都是类型变量时，如果做相关设想，研究设计如下：从研究群体中随机选出一批被试，分别确定各被试在 k 个变量上的类型水平，得出 $n \times k$ 列联表，然后进一步通过 χ^2 检验确定变量之间的关系。

而当研究是因果设想，即将前面的 k 个变量看成是自变量，最后一个变量看成是因变量时（V_1、V_2… $V_k \to V_y$），研究设计如下：①确定各个自变量的类型水平，然后进一步确定自变量的组合水平；②确定研究群体各成员在各自变量上的类型水平，再按照自变量组合水平各选出1组被试；③确定每组各个被试在因变量 V_y 上的类型水平。

2. 研究实例

例8.13：学习动机、学习热情与学习毅力关系研究（相关设想）。

研究设计：从某普通中学随机选出150名学生，根据教师评定确定每人学习动机的强弱水平、学习热情的强弱水平、学习毅力的强中弱水平，得出如表 8 – 30 所示原始数据表。

表 8 – 30　150 名学生学习动机、学习热情和学习毅力原始数据表

	姓名	动机（V_1）	热情（V_2）	毅力（V_3）
1	吴心	强	强	强
2	李伯仁	强	弱	中
3	陈醉	弱	强	强
4	马佛仁	弱	弱	弱
	……			
147	夏雪	弱	强	强
148	钟成梦	强	强	中
149	王晓宁	强	强	强
150	魏文鼎	弱	弱	弱

数据分析：首先对数据进行整理，得出 3 个研究变量不同水平组合而成的每种条件下的被试人数，做出列联表，如表 8 – 31 所示。然后进行 χ^2 检验，$\chi^2 = 27.003^{***}$，$df=6$，$p<0.001$，χ^2 检验结果表明至少有两个变量是相关的；为了探讨各对变量是否相关，则要进一步进行分离 χ^2 检验，分别求出学习动机与学习热情、学习动机与学习毅力、学习热情与学习毅力之间的关系（该例在 SPSS 中的 χ^2 检验统计分析，使用 <Analyze> 菜单 <Descriptive Statistics> 下的 <Crosstabs> 命令）。

分离 χ^2 的做法是：

当检验学习动机与学习热情的关系时，将表 8 – 31 中的学习毅力不同水平的数据进行合并，不考虑学习毅力的作用，于是表 8 – 31 表转换为表 8 – 31（a），然后对表 8 – 31（a）中的数据进行 χ^2 检验，如果显著，则表明学习动机与学习热情有关系，反之则表明两者无关。χ^2 检验结果为：$\chi^2 = 16.095$，$df=1$，$p<0.001$，结果表明 χ^2 显著。

当检验学习动机与学习毅力的关系时，将表 8 – 31 中的学习热情不同水平的数据进行合并，不考虑学习热情的作用，于是表 8 – 31 表转换为表 8 – 31（b），然后对表 8 – 31（b）中的数据进行 χ^2 检验，如果显著，则表明学习动机与学习毅力有关系，反之则表明两者无关。χ^2 检验结果为：$\chi^2 = 18.172$，$df=2$，$p<0.001$，结果表明 χ^2 显著。

当检验学习热情与学习毅力的关系时，将表 8 – 31 中的学习动机不同水平的数据进行合并，不考虑学习动机的作用，于是表 8 – 31 表转换为表 8 – 31（c），然后对表 8 – 31（c）中的数据进行 χ^2 检验，如果显著，则表明学习热情与学习毅力有关系，反之则表明两者无关。χ^2 检验结果为：$\chi^2 = 11.633$，$df=2$，$p<0.01$，结果表明 χ^2 显著。

表 8-31　学习动机、学习热情与学习毅力列联表

	动机强		动机弱	
	热情强/人	热情弱/人	热情强/人	热情弱/人
毅力强	23	10	12	12
毅力中	20	3	8	16
毅力弱	2	6	12	26

表 8-31（a）　学习动机与学习热情列联表

	动机强/人	动机弱/人
热情强	45	32
热情弱	19	54

表 8-31（b）　学习动机与学习毅力列联表

	动机强/人	动机弱/人
毅力强	33	24
毅力中	23	24
毅力弱	8	38

表 8-31（c）　学习热情与学习毅力列联表

	热情强/人	热情弱/人
毅力强	35	22
毅力中	28	19
毅力弱	14	32

例 8.14：学习动机、学习热情对学习努力程度的影响研究（因果设想）。

研究设计：首先确定学习动机的水平为 2（强/弱），学习热情的水平也为 2（高/低），两个自变量组合水平为 2×2=4 个。①动机强、热情高；②动机强、热情低；③动机弱、热情高；④动机弱、热情低。然后根据教师评定确定某普通中学学生每人学习动机的水平以及学习热情的水平，分别随机选取"动机强、热情高""动机弱、热情高""动机强、热情低"与"动机弱、热情低"的 4 组被试，每组 30 人，对每组各个被试的学习努力程度进行教师评定，得出原始数据表如表 8-32 所示。

表 8-32　120 名学生的学习动机、学习热情和学习努力程度原始数据表

	姓名	学习动机（V_1）	学习热情（V_2）	学习努力（V_y）
1	宋成城	强	高	努力
	……			
30	李文如	强	高	努力
31	伍宁	强	低	一般
	……			
60	古琴	强	低	不努力
61	高展翔	弱	高	一般
	……			
90	石惊	弱	高	一般
91	陈越	弱	低	不努力
	……			
120	王斯雷	弱	低	不努力

数据分析：首先对数据进行整理，得出学习动机与学习热情这两个（设想的）自变量上 4 种组合水平的被试在不同努力程度（设想的因变量）上的人数，做出列联表，如表 8-33 所示。然后进行 χ^2 检验，$\chi^2=27.732$，$df=6$，$p<0.001$，χ^2 检验结果表明至少有两个变量是相关的，需要进一步进行分离 χ^2 检验，分别求出学习动机与学习热情两个自变量各自对学习努力程度的影响效果。（该例在 SPSS 中统计检验操作同例 8.13）

分离 χ^2 的做法是：

当检验学习动机对学习努力程度的影响作用（因果关系）时，将表 8-33 中的学习热情不同水平的数据进行合并，不考虑学习热情的作用，于是，表 8-33 表转换为表 8-33（a），然后对表 8-33（a）中的数据进行 χ^2 检验，如果显著，则表明学习动机对学习努力程度有显著的影响，即两者有因果关系，反之则表明两者无因果关系。χ^2 检验结果为 $\chi^2=16.350$，$df=2$，$p<0.001$，结果表明 χ^2 显著。

当检验学习热情对学习努力程度的影响作用（因果关系）时，将表 8-33 中的学习动机不同水平的数据进行合并，不考虑学习动机的作用，于是，表 8-33 表转换为表 8-33（b），然后对表 8-33（b）中的数据进行 χ^2 检验，如果显著，则表明学习热情对学习努力程度有显著的影响，即两者有因果关系，反之则表明两者无因果关系。χ^2 检验结果为 $\chi^2=6.478$，$df=2$，$p<0.05$，结果表明 χ^2 显著。

表 8-33　学习动机、学习热情与学习努力程度列联表

		努力/人	一般/人	不努力/人
动机强	热情强	18	10	2
	热情弱	10	16	4
动机弱	热情强	6	18	6
	热情弱	4	12	14

表 8-33（a）　学习动机对学习努力程度影响列联表

	努力/人	一般/人	不努力/人
动机强	28	26	6
动机弱	10	30	20

表 8-33（b）　学习热情对学习努力程度影响列联表

	努力/人	一般/人	不努力/人
热情强	24	28	8
热情弱	14	28	18

以上是多个变量不同数据形式的相关研究设计，可以总结为表 8-34。

表 8-34　多变量相关关系的研究设计

变量的数据形式	研究设计
连续　连续 ··· 连续 ❶V_1　V_2 ··· V_k ❷V_1 ··· $V_k \rightarrow V_y$	从研究群体中随机选出一批被试，分别确定各被试各个变量的连续水平
类型 ··· 类型 ：连续 V_1 ···　$V_k \rightarrow V_y$	首先确定研究群体各成员在 V_1-V_k 各个自变量上的类型水平，然后按照各自变量水平的组合水平（各自变量的水平相乘）各选出 1 组被试，然后确定每组各个被试在因变量 V_y 上的连续水平
类型　类型 ··· 类型 ❶V_1　V_2 ··· V_k ❷V_1 ··· $V_k \rightarrow V_y$	相关设想：从研究群体中随机选出一批被试，分别确定各被试 k 个变量的类型水平 因果设想：首先确定研究群体各成员在 V_1-V_k 各个自变量上的类型水平，按照各自变量的水平的各种组合水平各选出 1 组被试，然后确定每组各个被试在因变量 V_y 上的类型水平

本章系统阐述了研究变量相关关系的研究设计与统计思路，包括两个变量的相关关系的设计与统计思路、多个（两个以上）变量的相关关系的研究设计与统计思路。下面表8－35对变量相关关系的设计与统计做系统的总结：

表8－35　两个变量与多个变量相关关系的研究设计与统计方法比较

两个变量相关关系	多个变量相关关系
考察两个变量是否有关 V_1 V_2	考察多个变量之间是否两两有关 $V_1 \cdots V_k$
（考察 V_1 是否 V_2 的原因）V_1 V_2	（考察 $V_1 \cdots V_k$ 是否 V_y 的原因）V_1：$\cdots$ V_k V_y
连续　连续	连续　连续…　连续
皮尔逊积差相关	积差相关矩阵
一元回归	多元回归
类型　连续	类型…类型：连续
t 检验	
F 检验（单向方差分析）	F 检验（多向方差分析）
类型　类型	类型　类型…类型
χ^2 检验	分离 χ^2 检验

练习题

一、简答题

1. 两个变量相关关系有哪几种数据模式？分别采用哪种统计方法？
2. 探讨两个变量相关关系的研究设计有哪些？基本做法是什么？
3. 多个变量相关关系有哪几种数据模式？分别采用哪种统计方法？
4. 探讨多个变量相关关系的研究设计有哪些？基本做法是什么？

第九章　心理学因果研究的实验设计

内容简介

第八章阐述了心理学相关研究的设计与统计思路。显然，在相关研究中，被试的选择与安排，实质上就是研究变量的操作。相关研究的本质就是探讨存在变量之间的关系，尽管人们在探讨存在变量的关系即进行相关研究的设计时，也会将变量之间的关系设想称为因果关系，因此在某些做法上与因果关系的设计相似，但是，在被试的选择与安排这个关键性特征上，相关研究的本质就会凸现出来。本章准备介绍研究引发变量的因果关系的因果研究设计，也就是通常所说的实验设计。由于因果研究探讨的是引发变量之间的关系即因果关系，由此产生的研究操作程序，以及所得出的结果的解释意义，都与相关研究有重大的不同。本章准备阐述研究引发变量关系的因果研究设计，与上一章阐述相关研究的设计的思路一样，首先阐述探讨两个引发变量的因果关系的统计思路与研究设计，两个变量的因果关系，其中一个是自变量，另一个是因变量，称为单因素实验设计。然后，本章在单因素实验设计的基础阐述研究多个引发变量的因果关系的统计思路与研究设计，多个变量的因果关系，自变量必定在2个以上（含2个），称为多因素实验设计。

第一节　研究两个变量因果关系的统计思路与单因素实验设计

一、研究一个自变量的因果关系（单因素实验设计）的统计思路

因果研究中的两个变量既可以是连续变量又可以是类型变量，根据两个变量不同的数据形式，可以组成以下4种具体数据模式（见图9－1）：

1. 连续变量————————→连续变量
2. 类型变量（两水平）————→连续变量
3. 类型变量（三水平以上）——→连续变量
4. 类型变量————————→类型变量

图 9－1

应该强调的是，在两个引发变量的因果关系的研究设计中，第一种数据模式是极其少见的；而第四种“类型变量→类型变量”的数据模式应该尽量避免；而第二、第三种均属于“类型变量→连续变量”的数据模式，是最典型、最常见的数据模式。

根据变量变动的数据模式，应该采用不同的统计方法进行处理，以分析两个变量是否有关。具体如下：

（一）自变量和因变量都是连续变量

当研究中的自变量和因变量都是连续变量，如噪音强度对记忆效果的影响研究，其中自变量噪音强度的单位是分贝，因变量记忆效果用单词再认量来表示，都是连续变量。通常采用皮尔逊积差相关或者一元回归对数据进行统计分析。

（二）自变量是两水平类型变量、因变量是连续变量

当研究中的自变量是类型变量，并且只有 2 个水平，因变量是连续变量，在对数据进行统计分析时最常用的是 t 检验，也可以使用点二列相关或二列相关。

（三）自变量是多水平类型变量、因变量是连续变量

当研究中的自变量是类型变量，且有 3 个或 3 个以上水平，而因变量是连续变量时，一般采用 F 检验进行统计分析，也可以使用多系列相关。如文章的生字密度对学生的阅读理解的影响，自变量为文章的生字密度（A），是类型变量，有 4 个水平：5：1（$A1$）、10：1（$A2$）、15：1（$A3$）、20：1（$A4$），因变量为被试的阅读理解测验分数，是连续变量。这种数据模式，通常用 F 检验进行处理，也可以使用多系列相关。

（四）自变量和因变量都是类型变量

当研究中的自变量和因变量都是类型变量时，通常采用 χ^2 检验进行统计分析。比如不同教学方法对学生学习迁移水平的影响，自变量是教学方法，有两个水平：讲授法、发现法，因变量是在最近迁移、近迁移、远迁移 3 种学习迁移水平上通过的学生人数。这种数据模式，通常用 χ^2 检验进行处理。

上述单因素实验设计的各种数据模式应该采用的统计方法见表 9－1：

表 9－1 单因素因果关系研究的统计思路（$V_1 \to V_2$）

自变量数据形式	因变量数据形式	统计方法
连续	连续	皮尔逊积差相关，一元回归
类型 2 水平	连续	t 检验，点二列相关，二列相关
类型 3 水平以上	连续	F 检验，多系列相关
类型	类型	χ^2 检验

需要注意的是，在实际的因果关系研究中，探讨自变量与因变量都是连续数据的实验设计基本没有，其原因在于自变量是为研究者所操纵和控制的，操纵自变量进行连续的变化一般很难进行，因而这类实验设计极少被采用。而探讨自变量与因变量都是类型数据的实验设计应当尽可能减少，因为因变量作为类型变量，不能对实验数据进行精确细致的分析。因此，绝大多数的研究是探讨自变量是类型数据、因变量是连续数据的实验设计，心理学界常用的单因素实验设计、多因素实验设计，一般是特指这类数据模式的设计。下面阐述的单因素实验设计，主要是自变量是类型数据、因变量是连续数据的实验设计；自变量、因变量都是类型变量情况下的实验设计，可以作为单因素实验设计的一个特例，也做简要的阐述。

二、自变量为类型变量、因变量为连续变量的单因素实验设计

研究变量之间因果关系的实验设计，按自变量的多少可以分为研究 1 个自变量因果关系的实验设计和研究多个（≥2）自变量因果关系的实验设计。我们首先讨论研究 1 个自变量的实验设计，即单因素实验设计。心理学界通常说的单因素实验设计，一般指自变量是类型变量，因变量是连续变量的实验设计；然而，在一些情况下，因变量无法用连续数据来表示，只能采用类型数据的形式，这样就会出现自变量是类型变量、因变量也是类型变量的情况。可以说自变量、因变量均是类型数据，实际上也是单因素实验设计，只不过是单因素实验设计的一种特殊情况。下面将首先详细地阐述自变量为类型变量、因变量为连续变量的单因素实验设计，随后也简要地介绍自变量、因变量均是类型变量的实验设计。

在研究一个自变量因果关系的设计中，主试只操纵影响因变量的一种因素（自变量），其他因素都作为无关变量。这种设计的优点是思路简单，设计简单，便于操作，对结果的解释比较准确，比较容易得出肯定的因果关系。但这种设计的致命弱点是实验情景与实际情景差别较大，因此对结果的推论要特别谨慎。

（一）被试设计的三种方式

前面谈到，在相关研究中，研究变量是存在变量，即研究之前已经存在了，因此，变量的水平是以被试为载体的，需要按照变量的水平或变量的组合水平来选择与安排被试，因此，相关研究中被试的选择与安排实质上就是研究变量的操作。而在因果研

究中，由于研究变量是引发变量，自变量的水平数即实验的处理数，需要在研究过程中让完全同质的被试群体接受不同的实验处理，看在因变量上是否发生不同的变化，因此，在因果关系的研究设计中，必须考虑如何按照实验处理数将被试分为相应的同质群体，实质上就是将被试的特性作为无关变量加以控制。

如何安排被试接受不同的实验条件，一般有3种做法或3种设计：

第一种是随机分组设计，按照实验处理数将被试随机分为相应的组，每组被试接受一种实验处理，这种设计由于使用随机分派，所以具有不同特点的被试能随机地分布在各种处理条件中，因而在理论上它能控制被试间的个体差异对因变量的潜在影响。然而，当被试数量较少时，很难真正使各个组被试完全同质，很难排除个体差异对实验结果的影响。

第二种是匹配分组设计，按照某种最重要的指标将被试匹配为若干完全同质的小组或区组，每小组人数等于实验处理数或等于实验处理数的倍数，然后随机将每小组的被试指派到一种实验处理中去，这样，接受不同实验处理的被试在关键指标的特质上是完全同质的。匹配分组设计的优点是与因变量关系密切的个体差异已得到匹配，实验中由被试机体差异引起的混淆效果较小；而且这种设计要求被试数较少，当使用小样本时，比随机分组设计更有效。这种设计的主要局限是寻找两个完全相等的或者寻找与一个匹配变量相一致的匹配组比较困难。

第三种是被试内设计，让同一批被试接受所有实验处理。匹配分组设计只能对接受不同处理的被试在关键指标上进行匹配，使他们在关键性指标反映的个体特质方面相同，但是，实际上被试还有其他一些特质也会影响因变量，匹配分组无法做到在这些特质上匹配。被试内设计使用同一组被试接受全部实验处理，相当于“创设”了完全相同的匹配组，真正做到使接受不同处理的被试完全同质。可以认为，被试内设计是最为精确的设计方式，它不仅保证了接受不同处理的被试完全同质，同时，在统计处理方面，由于被试内设计可以将被试差异造成的方差从误差方差中分离出来，从而更准确地估计自变量的影响效应，提高研究的精确度与灵敏度。这种设计还有一个优点是所需被试数少，同样的研究采用这种设计所用的被试比随机分组设计和匹配分组设计大大减少。然而，并不是所有的因果设计都可以采用这种被试内设计，有些实验条件不能让同一个人同时接受，例如，应用3种方法指导学生提高自信心，就不适宜让同一组被试同时接受3种方法并考察其效果。

特别要注意的是，由于被试内设计是由同一批被试接受所有的实验处理，那么，被试接受处理就存在一个顺序问题，哪种处理在先、哪种在后，应如何排序？有可能后接受的处理由于疲劳或厌倦的原因造成成绩不如先接受的处理的成绩，这称为“疲劳效应”，也可能后接受的处理由于已经热身或熟悉造成成绩优于先接受的处理的成绩，这称为“练习效应”；反之亦然。为了避免疲劳效应或练习效应，应该将接受处理的顺序进行拉丁方处理，使顺序得到平衡。

拉丁方法可以采用被试内平衡（被试内拉丁方）和被试间平衡（被试间拉丁方）两种措施：

首先是被试内平衡。当实验处理是通过一系列项目来实现的情况下，可以采用被试内平衡。将 K 种实验处理的项目按照 ABBA 的原则安排为平衡的顺序，每个被试按照这个顺序接受处理，这样，每个被试内部各种处理项目出现的顺序是平衡的。例如，某研究有 A 与 B 两种处理，每种处理都通过 8 个项目来体现，那么，可以对每个被试按照 ABBABAAB…的顺序呈现项目，这样，两种处理出现的顺序就在每个被试中得到平衡。

当实验处理不是通过一系列项目来实现的情况下，被试内平衡则无法进行，只能采用被试间平衡。被试间平衡是将 K 个实验处理排成 K 种顺序，在 K 种顺序中各个实验处理出现的顺序完全平衡；然后将被试分为 K 个小组，每小组分别接受一种顺序的实验处理。需要注意的是，实验的被试数应该是 K 的倍数，以保证每个顺序小组的人数相同。例如，某研究有 A、B、C 三种处理（$K=3$），将它们排成：ABC、BCA、CAB 3 种顺序。然后将被试分为 3 个顺序小组，每小组按照 1 种顺序接受实验处理。这样，被试接受这 3 种实验处理的顺序就得到平衡。被试间平衡不需要任何的先决条件，因此它使用最为广泛，是目前被试内设计进行实验处理的顺序平衡的主要做法。

在实验设计中，不同的实验处理由不同的被试来接受，称为被试间设计或组间设计；不同的实验处理由相同的被试来接受，称为被试内设计或组内设计。显然，在上述 3 种设计中，第一种随机分组设计与第二种匹配分组设计均属于被试间设计，而第三种则是被试内设计。

在单因素实验设计中，无论自变量是两个水平还是多个（3 个或 3 个以上）水平，均是根据研究的具体情况采用上述 3 种方式安排被试，但是，由于自变量为两种水平时主要运用的统计处理方法是 t 检验，而自变量为多种水平时主要运用的统计处理方法是方差分析，因此，心理学界在自变量为两种水平时表述上述安排所用的术语与自变量为多种水平时表述上述安排所用的术语不同，这需要特别注意，以免混淆。表 9－2 列出了心理学界对于不同自变量水平下被试安排的常见表述：

表 9－2　研究变量因果关系的单因素实验设计

	自变量水平	
	2 个水平	3 个以上水平
被试间设计	随机分组	完全随机设计
	等组	
	匹配组	随机区组设计
被试内设计	同一组被试接受不同处理	被试内设计

如果采用随机分组的设计方式，当自变量为两种水平时称为“随机分组设计”，而自变量为多个水平时则称为“完全随机设计”。如果采用匹配分组的设计方式，当自变量为两种水平时称为“匹配组设计”，而自变量为多个水平时则称为“随机区组设计”。如果采用被试内的设计方式，当自变量为两种水平时称为“同一组被试接受不同

处理”，而自变量为多个水平时则称为“被试内设计”。这里需要说明的是，自变量为两种水平情况下还有一种是“等组设计”，这种设计是按照关键指标进行分组，使两组被试在关键指标的平均数与标准差大致相等，实际上是一种粗略的匹配，目前使用很少。因此，对这种设计方法后面不单独进行介绍。

特别要强调的是，尽管自变量是两种水平时的统计处理是用 t 检验，但是，t 检验有两种情况：独立组 t 检验与相关组 t 检验，在随机分组设计、等组设计情况下，应该用独立组 t 检验；而在匹配组设计与被试内设计情况下，则要用相关组 t 检验。同样，自变量是 3 种或 3 种以上水平时，统计处理用方差分析（F 检验），方差分析也有两种情况：非重复测量方差分析与重复测量方差分析，完全随机设计与随机区组设计要用非重复测量的方差分析（随机区组设计在统计时将区组作为一个因素或自变量），而在被试内设计情况下，则要用重复测量方差分析。

不同设计的实验过程、数据处理以及在 SPSS 中处理时所用的命令都各不相同，这是一个想要进行心理学研究的人必须要掌握的核心内容，下面详细阐述这些内容。

（二）自变量为 2 个水平的单因素实验设计

1. 随机分组设计

（1）基本做法

自变量有 2 种水平（即有 2 种实验处理），选出 N 名被试，将被试随机分为 2 组，每组被试分别接受 1 种处理，然后得出每组各个被试在因变量的反应或操作水平。

由于两个组人员分派是随机的，用独立样本 t 检验来检验两组被试因变量数据的差异是否显著。如果差异显著，则可以把因变量的差异归为自变量的效果。

（2）研究实例

例 9.1：作文前构思时间对学生写作成绩的影响。

研究设计：自变量是作文前的构思时间，有两个水平，分别是长时限构思和短时限构思。首先从某普通中学选出 110 名初中二年级学生，然后随机分成两组，每组人数 55 人，一组被试在长时限构思条件下写一篇记叙文（构思时间不少于 10 分钟，写作时间 30 分钟），另一组被试在短时限构思条件下写一篇记叙文（构思时间 1 分钟，写作时间 39 分钟），最后由教师评定他们的作文得分（满分 20 分），得出原始数据如表 9－3。

表 9－3　110 名学生长时限构思和短时限构思条件下写作成绩原始数据表

	姓名	实验处理	作文得分/分
1	冯雨	长时限构思	16
	……		
54	赵民生	长时限构思	14
55	李书	长时限构思	15

续上表

	姓名	实验处理	作文得分/分
56	丁秋宜	短时限构思	11
57	申望林	短时限构思	12
	……		
110	雷鸣	短时限构思	10

数据分析：对原始数据进行整理，得出每种条件下被试因变量反应的平均分和标准差，然后运用独立样本 t 检验对数据进行统计分析，结果如表 9－4。（在 SPSS 中进行统计检验，使用 < Analyze > 的 < Compare Means > 下的 < Independent-Samples T Test > 命令）结果表明，长时限构思条件下学生的作文成绩显著高于短时限构思条件下学生的作文成绩，说明写作前构思时间对学生的写作成绩有很好的促进作用。

表 9－4　长时限构思和短时限构思条件下的成绩比较

组别	人数/人	学习成绩/分	t 检验
长时限组	55	14.32 ± 2.00	
			$t = 3.950^*$
短时限组	55	11.99 ± 1.47	

注：* 表示 $p < 0.05$。

例 9.2：关键词对学生内涵推理的影响。

研究设计：自变量是文章中关键词的有无，有两个水平，分别是有关键词和无关键词。首先从某普通中学初二学生中随机选出 60 名被试，然后随机分成两组，每组 30 人。阅读材料是同一篇文章，被改写成两个版本：有关键词版本和无关键词版本。一组被试阅读有关键词版本，另一组被试阅读无关键词版本，然后所有被试完成一项关于内涵推理的阅读测验，计算他们的得分，最后用他们的实际得分除以总分得出正确回答率，作为因变量指标，得出原始数据如表 9－5。

表 9－5　60 名学生有关键词和无关键词条件下内涵推理成绩原始数据表

	姓名	关键词	内涵推理成绩/%
1	张敏	有	88.3
	……		
29	陈书生	有	80.2
30	赵延华	有	84.7
31	丁一	无	65.8
32	王林	无	70.1
	……		
60	杨福	无	69.9

数据分析：对原始数据进行整理，得出每种条件下被试因变量反应的平均分和标准差，然后运用独立样本 t 检验对数据进行统计分析，结果如表 9－6。（该例在 SPSS 中的统计检验操作同例 9.1）结果表明，有关键词条件下学生的内涵推理成绩显著高于无关键词条件下学生的内涵推理成绩，说明关键词能够很好地提高学生内涵推理的成绩。

表 9－6 有关键词和无关键词条件下内涵推理成绩比较

组别	人数/人	内涵推理成绩/%	t 检验
有关键词组	30	84.38 ± 11.08	$t = 2.546^{*}$
无关键词组	30	68.75 ± 13.36	

注：* 表示 $p < 0.05$。

2. 匹配组设计

（1）基本做法

自变量有 2 种水平（即有 2 种实验处理），按照某种指标选出 n 对被试，各对被试在该指标上同质，将每对被试随机指定到 2 个组中去，每组分别接受 1 种处理，然后得出每组各个被试在因变量的反应或操作水平。

使用这种设计时，首先从一个大的群体中挑选出 n 对被试，使每对被试在某个与因变量关系最密切的个体特质指标上得分完全相同。然后将每对被试随机指定到一种实验处理中去，这样就形成了两个匹配组。然后控制其他可能的干扰变量，操纵自变量，获得因变量数据。最后比较两组被试在因变量上的反应。因为匹配组被试在某特质上是经过匹配的，所以要用相关样本 t 检验来处理数据。如果差异显著，则可以把反应差异归为自变量。

（2）研究实例

例 9.3：文章微观标记对学生标记信息提取的影响。

研究设计：自变量是文章微观标记，有两个水平：有微观标记和无微观标记。首先根据某普通中学高一年级学生上学期的语文考试成绩进行两两匹配，共匹配 28 对，每对学生的分数相同。然后随机指定每对学生中的其中一个阅读有微观标记的文章（有微观标记组），另一个阅读无微观标记的文章（无微观标记组），这样保证了两组被试先前的语文成绩基本相同。每组被试阅读完文章后都进行文章内容回忆，根据回忆出的文章标记信息的数量计算得分，可得出如表 9－7 的原始数据。

表 9－7 56 名学生在有无微观标记条件下的标记信息回忆成绩原始数据表

	姓名	实验处理	文章标记信息回忆成绩/分
1	申国栋	有微观标记	3
	……		
27	萧静	有微观标记	2

续上表

	姓名	实验处理	文章标记信息回忆成绩/分
28	李柱	有微观标记	2
29	李光华	无微观标记	1
30	陈昌兴	无微观标记	0
	……		
56	吴浩权	无微观标记	1

数据分析：对原始数据进行整理，得出每种条件下被试因变量反应的平均分和标准差，然后运用相关样本 t 检验对数据进行统计分析，结果如表 9－8。（在 SPSS 中进行统计检验，使用 < Analyze > 的 < Compare Means > 下的 < Paired-Sample T Test > 命令）该结果表明，有文章微观标记条件下学生的标记信息回忆成绩显著高于无文章微观标记条件下学生的标记信息回忆成绩，说明文章微观标记对学生的标记信息的提取有很好的促进作用。

表 9－8　有无文章微观标记条件下学生回忆成绩的比较

组别	人数/人	回忆成绩/分	t 检验
有微观标记组	28	2.250 ± 1.713	$t = 5.558^{***}$
无微观标记组	28	0.357 ± 0.559	

注：*** 表示 $p < 0.001$。

例 9.4：文章结构因素对问题解决迁移影响的研究。

研究设计：自变量是前后两篇文章的结构相似性，有结构相同和结构不同两个水平。首先从某大学一年级学生中根据高考语文成绩进行两两匹配，共匹配 20 对，每对学生的分数相同。然后随机指定每对学生中的其中一个阅读原理相同但结构不同的两篇文章（不同结构组），另一个阅读原理相同结构也相同的两篇文章（结构相同组），这样保证了两个组被试先前的语文水平相同。每组被试阅读完两篇文章之后还要阅读第三篇文章，完成一项运用前面两篇文章中的原理解决新问题的测试，计算他们最后的成绩，得出原始数据如表 9－9。

表 9－9　40 名学生两种阅读结构条件下阅读源文章对解决目标作业成绩影响的原始数据表

	姓名	阅读条件	问题解决成绩/分
1	张发挥	不同结构	2
	……		
19	王静	不同结构	1

续上表

	姓名	阅读条件	问题解决成绩/分
20	李波	不同结构	3
21	王振国	相同结构	1
22	陈国力	相同结构	1
	……		
40	许向日	相同结构	2

数据分析：对原始数据进行整理，得出每种条件下被试因变量反应的平均分和标准差，然后运用相关样本 t 检验对数据进行统计分析，结果如表 9－10 所示（该例在 SPSS 中的统计检验操作同例 9.3）。实验结果表明，在原理相同条件下，阅读两篇结构不同的源文章比阅读两篇结构相同的源文章更容易迁移到目标文章的问题解决中。

表 9－10　两种阅读结构条件下解决目标作业的成绩比较

组别	人数/人	问题解决成绩/分	t 检验
不同结构组	20	1.900 ± 0.718	$t=2.982^{**}$
相同结构组	20	1.158 ± 0.834	

注：** 表示 $p<0.01$。

3. 同一组被试接受不同处理（被试内设计）

（1）基本做法

自变量有 2 种水平（即有 2 种实验处理），选出 1 组被试，所有被试均接受 2 种处理。为了消除顺序误差，需要将 2 种处理做拉丁方设计以使顺序得到平衡。被试内拉丁方通过 ABBA 的方式使顺序得到平衡；被试间拉丁方要将被试分为 2 个顺序小组，每个顺序小组被试分别接受 1 种顺序的 2 种处理。最后比较被试在不同实验处理条件下在因变量上的反应，运用相关样本 t 检验进行统计分析。如果差异显著，则可以把反应的差异归为自变量的影响。

（2）研究实例

例 9.5：噪音和乐音条件下记忆无意义音节的效果研究。

实验设计：首先从某大学随机选出 30 名被试，然后让他们分别在噪音和乐音条件下记忆 10 个无意义音节，为消除顺序效应，其中一半被试先在噪音条件下记忆无意义音节，再在乐音条件下记忆无意义音节；另一半被试恰恰相反，先在乐音条件下记忆无意义音节，再在噪音条件下记忆无意义音节，因变量是被试记忆后对无意义音节的再认成绩（满分 15 分），最后得出原始数据如表 9－11。

表 9-11 30 名学生噪音和乐音条件下无意义音节记忆成绩原始数据表

	姓名	噪音条件下记忆成绩/分	乐音条件下记忆成绩/分
1	蓝静	5	11
	……		
14	廖锋	6	9
15	刘志福	5	12
16	陈永强	4	8
17	肖逸	6	9
	……		
30	朱莎莉	6	8

数据分析：对原始数据进行整理，得出每种条件下被试因变量反应的平均分和标准差，然后运用相关样本 t 检验对数据进行统计分析，结果如表 9-12（该例在 SPSS 中的统计检验操作同例 9.3）。本实验结果表明，乐音条件下学生的无意义音节记忆成绩显著高于噪音条件下学生的无意义音节记忆成绩。

表 9-12 噪音和乐音条件下无意义音节记忆效果比较

	人数/人	学习成绩/分	t 检验
噪音条件	30	5.84 ± 2.73	
			$t=3.943^{***}$
乐音条件	30	9.16 ± 3.62	

注：*** 表示 $p<0.001$。

例 9.6：形声字中义符和音符线索对形声字提取的影响。

研究设计：该研究的自变量为提取线索的类型，有两个水平，分别是义符线索和音符线索。首先从某大学随机选出 16 名被试；然后让他们分别在音符启动和义符启动条件下对形声字进行真假字判断。实验共选用 48 个形声字，保证他们的词频和笔画数相等，其中 24 个采用音符启动，另外 24 个采用义符启动，为消除顺序效应，48 个形声字按随机顺序排列，并且最后需要做出真字反应，另外中间加入 48 个假字作为填充字，被试应该对其做出假字反应。因变量是被试对形声字进行真假字判断的反应时间。最后得出原始数据如表 9-13 所示。

表 9－13　16 名学生音符和义符启动条件下反应时间原始数据表

	姓名	音符启动下反应时间/ms	义符启动下反应时间/ms
1	费杨	552	511
	……		
7	徐翠	556	519
8	丁庆国	540	510
9	陈佳	530	520
10	王立平	561	502
	……		
16	朱丽	548	498

数据分析：对原始数据进行整理，得出每种条件下被试因变量反应的平均分和标准差，然后运用相关样本 t 检验对数据进行统计分析，结果如表 9－14。（该例在 SPSS 中的统计检验操作同例 9.3）结果表明，义符启动条件下被试对形声字进行真假字判断的反应时间显著短于音符启动的反应时间，即形声字的义符线索比音符线索对形声字的提取具有更好的促进效应。

表 9－14　音符和义符启动条件下反应时间比较

	人数/人	反应时间/ms	t 检验
音符启动	16	550 ± 220	$t=1.912^{*}$
义符启动	16	510 ± 210	

注：* 表示 $p<0.05$。

（三）自变量为 3 个以上水平的单实验设计

1. 单因素完全随机设计

（1）基本做法

这种设计同单因素两水平的随机组设计相同，只是自变量有 P 种水平（即有 P 种实验处理，$P\geqslant3$）。具体做法是：选出 N 名被试，将被试随机分为 P 组，每组被试分别接受 1 种处理，然后得出每组各个被试在因变量上的连续水平。

（2）研究实例

例 9.7：不同的照明条件对工人车零件效率的影响。

研究设计：照明条件分“强、中、弱”3 种水平。首先从某工厂选出 90 名工人，将他们随机分成 3 组，每组 30 人，让 3 组被试分别在 3 种照明条件下车机器零件。因变量是在规定时间内车机器零件的个数。实验被试的安排见表 9－15，实验所得出的原始数据见表9－16。

表9－15　3种照明条件下工人车零件效率研究的实验设计

	强光	中等强度	弱光
组 X	X		
组 Y		Y	
组 Z			Z

表9－16　90名工人在3种照明条件下车零件的原始数据表

	姓名	照明条件	零件个数/个
1	李莉	强光	6
	……		
30	吴宇	强光	8
31	陈浩珊	中等强度	10
	……		
60	赵舰	中等强度	11
61	陈亮	弱光	7
	……		
90	永权	弱光	8

数据分析：对原始数据进行整理，得出每种条件下被试因变量反应的平均分和标准差，然后运用单因素非重复测量方差分析对数据进行统计处理，结果见表9－17（在SPSS中进行统计检验，使用< Analyze >菜单< Compare Means >下的< One-Way ANOVA >命令）。本实验结果表明，照明条件主效应显著，多重比较结果表明，中等强度下工人车零件的效率最高，显著高于强光条件和弱光条件，而强光条件和弱光条件下的工作效率差异不显著。

表9－17　3种照明条件工人车零件效率的结果比较

组别	人数/人	零件个数/个	F 检验
强光	30	7.02 ± 2.11	
中等强度	30	10.05 ± 1.83	$F=3.582^{*}$
弱光	30	7.63 ± 2.01	

注：* 表示 $p<0.05$。

例9.8：材料呈现方式对学习效果的影响。

研究设计：本研究的自变量是学习材料的呈现方式，有3个水平，分别是教师讲解录像呈现、图文分离样例呈现、图文整合样例呈现。实验首先从某中学随机选出初中三年级学生 90 人，然后随机分成 3 组，每组 30 人，分别在 3 种材料呈现方式下学习一元二次不等式的解法。实验最后进行学习效果测验，有 10 道测验题目，每题 10 分，满分 100 分。实验处理的分配方案如表 9－18，实验得到的原始数据如表 9－19。

表 9－18　材料呈现方式对学习效果的影响研究的实验设计

	教师讲解录像呈现	图文分离样例呈现	图文整合样例呈现
组 X	X		
组 Y		Y	
组 Z			Z

表 9－19　90 名学生 3 种材料呈现方式下学习效果的原始数据表

	姓名	材料呈现方式	学习测验成绩/分
1	赵强	教师讲解录像呈现	62
	……		
30	孙全	教师讲解录像呈现	68
31	陈佳立	图文分离样例呈现	81
	……		
60	王宁	图文分离样例呈现	78
61	田德红	图文整合样例呈现	82
	……		
90	钱向前	图文整合样例呈现	88

数据分析：对原始数据进行整理，得出每种条件下被试因变量反应的平均分和标准差，然后运用单因素非重复测量方差分析对数据进行统计处理，结果见表 9－20（该例在 SPSS 中的统计检验操作同例 9.7）。本实验结果表明，材料呈现方式主效应显著，进一步的两两比较结果表明，图文整合样例呈现条件下的学习效果高于图文分离样例呈现条件下的学习效果，而两者都显著高于教师讲解录像呈现条件下的学习效果。

表 9－20　3 种材料呈现方式下学习效果的比较

组别	人数/人	学习测验成绩/分	F 检验
教师讲解录像呈现	30	65 ± 14.49	
图文分离样例呈现	30	80 ± 12.32	$F = 5.40^{**}$
图文整合样例呈现	30	85 ± 10.25	

注：** 表示 $p < 0.01$。

2. 单因素随机区组设计

(1) 基本做法

这种设计与单因素两水平设计中的匹配组设计相同。因为自变量有 P 个水平，即有 P 种实验处理，所以需要有 P 个实验组，每组分别接受一种实验处理。具体做法是：从一个大群体中按照某种关键指标选出 n 个区组被试，各区组被试在该指标上同质，数量为 P（或 P 的倍数），将每个区组的被试随机指定接受其中 1 种处理，形成 P 个组。每组被试分别接受 1 种处理，然后得出每组各个被试在因变量上的反应。最后比较不同实验处理条件下被试在因变量上的反应，如果差异显著，则可以把反应的差异归为自变量。

(2) 研究实例

例 9.9：研究 3 种照明条件下工人车零件的效率。

研究设计：自变量为照明条件，分强、中、弱 3 种水平。区组变量是工人以往的日产量。实施过程如下：首先在某工厂中，按照工人以往车零件的日产量对工人进行排序，然后把日产量相同的工人随机选出 3 人作为一个实验区组，根据实际确定区组数。本研究选 10 个区组被试，每区组 3 人，区组 1 每人日产量为 50 个，区组 2 每人为 45 个，区组 3 每人为 40 个，区组 4 每人为 35 个，区组 5 每人为 30 个，区组 6 每人为 25 个，区组 7 每人为 20 个，区组 8 每人为 15 个，区组 9 每人为 10 个，区组 10 每人为 5 个。再将每个区组的被试随机分到各实验处理中去，形成 3 个实验组，分配方案如表 9-21 所示。每组被试分别接受一种实验处理，因变量是在规定时间内车出的零件个数，原始数据见表 9-22。

表 9-21　3 种照明条件下工人车零件效率研究的单因素随机区组设计

	强光/人	中等强度/人	弱光/人
区组 1	1	1	1
区组 2	1	1	1
区组 3	1	1	1
区组 4	1	1	1
区组 5	1	1	1
区组 6	1	1	1
区组 7	1	1	1
区组 8	1	1	1
区组 9	1	1	1
区组 10	1	1	1

表 9－22　30 名工人在 3 种照明条件下车零件的原始数据表

	姓名	照明条件	零件个数/个
1	洪敏	强光	6
2	王更	强光	11
3	陈小华	强光	7
4	姚斌	强光	6
	……		
7	王笛	强光	5
	……		
10	苏伟明	强光	9
11	杨克刚	中等	9
	……		
16	谭时敏	中等	10
	……		
19	韦浩	中等	12
20	刘磊	中等	11
21	郑雄	弱光	8
	……		
25	吴燕芳	强光	7
	……		
30	赵岩	弱光	8

数据分析：随机区组设计的方差分析比较复杂，一般来说，进行方差分析时都将区组作为一个因素，因此，单因素随机区组设计就作为二因素非重复测量方差分析进行处理，但是不计算自变量与区组变量的交互作用；二因素随机区组设计则作为三因素非重复测量方差分析进行处理，也不计算自变量与区组变量的交互作用。由于经过推导单因素随机区组设计中所做的二因素无交互作用的非重复测量方差分析与单因素重复测量的方差分析的各项参数完全相同，因此，单因素随机区组设计也可以用单因素重复测量的方差分析进行处理。

对表 9－22 的原始数据进行整理，得出每种条件下被试因变量反应的平均分和标准差，然后运用二因素非重复测量方差分析（无交互作用）对数据进行统计处理，结果见表 9－23（在 SPSS 中进行统计检验，使用 <Analyze>菜单 <General Linear Modes>下的 <Univariate>命令。但要特别注意的是在单因素随机区组设计中的方差分析中不求因素与区组的交互作用）。本实验结果表明，照明条件主效应显著，进一步的两两比较表明，中等强度下工人车零件的工作效率最高，显著高于强光条件和弱光条件，而强光条件和弱光条件下工人的工作效率没有显著差异。

表 9－23　3 种照明条件工人车零件的效率的结果

照明条件	人数/人	零件个数/个	F 检验
强光	10	7.13 ± 2.11	
中等强度	10	10.12 ± 1.83	$F=5.582^{**}$
弱光	10	7.85 ± 2.01	

注：**表示 $p<0.01$。

例 9.10：文章标记对文章主题通达的影响研究。

研究设计：自变量是文章标记，有 3 个水平，分别是全标记、半标记和无标记。全标记指文章中的 12 个主题都以小标题的形式明显地标记出来；半标记指文章中的 12 个主题只有 6 个被明显地标记出来；无标记指文章中的主题没有任何特殊标记。从某中学高中一年级学生中按照他们先前的语文阅读理解成绩选出 10 个区组，每个区组 3 人，各区组学生阅读理解成绩相同：区组 1 学生得分为 93，区组 2 为 91，区组 3 为 87，区组 4 为 85，区组 5 为 82，区组 6 为 78，区组 7 为 74，区组 8 为 71，区组 9 为 70，区组 10 为 67。每个区组的被试被随机指派接受 1 种实验处理，每个实验处理共有 10 名被试，被试的分配方案见表 9－24。各组被试在不同的实验条件下先阅读文章，然后进行文章内容回忆，根据回忆出的文章主题数量计算得分，原始数据见表 9－25。

表 9－24　文章标记对文章主题通达的影响研究的单因素随机区组设计

	全标记/人	半标记/人	无标记/人
区组 1	1	1	1
区组 2	1	1	1
区组 3	1	1	1
区组 4	1	1	1
区组 5	1	1	1
区组 6	1	1	1
区组 7	1	1	1
区组 8	1	1	1
区组 9	1	1	1
区组 10	1	1	1

表 9－25　30 名学生 3 种标记条件下主题通达成绩的原始数据表

	姓名	标记条件	主题通达成绩/分
1	王云霞	全标记	10
2	张权	全标记	11
3	陈斌	全标记	9
4	孟学兰	全标记	11
	……		
10	刘俊	全标记	10
11	陈达良	半标记	9
	……		
	……		
15	杨刚	半标记	8
16	张大卫	半标记	10
	……		
20	温慧来	半标记	7
21	王磊	无标记	9
	……		
25	卢艳玲	无标记	10
	……		
28	王芳	无标记	6
	……		
30	徐平	无标记	8

数据分析：对原始数据进行整理，得出每种条件下被试因变量反应的平均分和标准差，然后运用二因素非重复测量方差分析（无交互作用）对数据进行统计处理，结果见表 9－26 所示（在 SPSS 中进行统计检验操作同例 9.9）。该结果表明，文章标记主效应显著，进一步的两两比较结果表明，全标记条件下学生的主题通达成绩显著高于半标记条件和无标记条件下的主题通达成绩，而半标记条件和无标记条件下学生的主题通达成绩差异不显著。

表 9-26　3 种标记条件下主题通达成绩的比较

标记条件	人数/人	主题通达成绩/分	F 检验
全标记	10	10.819 ± 1.667	
半标记	10	9.273 ± 1.776	$F = 14.736^{***}$
无标记	10	8.484 ± 1.877	

注：*** 表示 $p < 0.001$。

3. 单因素被试内设计

（1）基本做法

这种设计与单因素两水平设计中的同一组被试均接受两种处理的实验设计相同，只是实验中自变量有 P 种水平（$P \geqslant 3$），即有 P 种实验处理。具体做法是：选出 1 组被试，所有被试均接受 P 种处理。为了消除顺序误差，需要将 P 种处理做拉丁方设计以使顺序得到平衡。被试内拉丁方通过 ABCBCACAB 的方式使顺序得到平衡；被试间要将被试分为 P 个顺序小组，每个顺序小组被试分别接受 1 种顺序的 P 种处理，得出在 P 种实验条件下被试在因变量上的反应，最后比较不同实验处理条件下被试在因变量上的反应，用单因素重复测量方差分析进行检验。如果差异显著，则可以把反应的差异归为自变量。

（2）研究实例

例 9.11：3 种照明条件对工人车零件效率影响的研究。

研究设计：研究首先从某工厂随机选出被试 27 人，每个被试接受全部 3 种实验处理。为了消除顺序误差，需要将 3 种处理做拉丁方排序以使顺序得到平衡。将被试随机分为 3 个顺序小组，每小组 9 人，每组被试分别接受 1 种顺序的处理。因变量是在规定时间内车出的零件的个数。实验顺序方案见表 9-27，原始数据见表 9-28。

表 9-27　3 种照明条件下工效的单因素被试内设计实验顺序表

组别	实验处理顺序		
第一顺序小组	①	②	③
第二顺序小组	②	③	①
第三顺序小组	③	①	②

注：①、②、③表示处理的顺序。

表 9-28　27 名工人在 3 种照明条件下车零件的原始数据表

	姓名	强光条件/个	中等强度条件/个	弱光条件/个
1	曹英华	7	10	8
2	高捷	8	11	5
	……			

续上表

	姓名	强光条件/个	中等强度条件/个	弱光条件/个
9	林国凯	6	9	7
10	刘正宁	6	8	7
	……			
18	游卫	7	10	8
19	李旭彬	10	12	9
	……			
26	贺寒	4	7	7
27	张浩	7	11	8

数据分析：对原始数据进行整理，得出每种条件下被试因变量反应的平均分和标准差，然后运用单因素重复测量方差分析对数据进行统计处理，结果见表9－29（单因素被试内设计在SPSS中的统计检验，使用＜Analyze＞菜单＜General Linear Modes＞下的＜Repeated Measures＞命令）。该结果表明，照明条件主效应显著，进一步的两两比较结果表明，中等强度下工人车零件的工作效率最高，显著高于强光条件和弱光条件，而强光条件和弱光条件下工人的工作效率没有显著差异。

表9－29　三种照明条件工人车零件的效率的结果

组别	人数/人	零件个数/个	F检验
强光	27	7.42 ± 2.12	
中等强度	27	10.68 ± 1.98	$F=22.136^{***}$
弱光	27	7.71 ± 2.02	

注：*** 表示 $p<0.001$。

例9.12：文章生字密度对学生阅读理解的影响。

研究设计：自变量是文章的生字密度，有4个水平，分别是5∶1（5个字中有1个生字）、10∶1（10个字中有1个生字）、15∶1（15个字中有1个生字）、20∶1（20个字中有1个生字）。实验首先从某中学随机选出被试32人，每个被试接受全部4种实验处理，分别阅读4种生字密度的文章，然后考察他们对文章的理解。为了消除顺序误差，需要将4种处理做拉丁方排序以使顺序得到平衡。将被试随机分为4个顺序小组，每小组8人，每组被试分别接受1种顺序的处理。最后计算出4种条件下每个被试的阅读理解得分。实验处理顺序见表9－30，原始数据见表9－31。

表 9－30　4 种生字密度条件下阅读理解成绩的单因素被试内设计

组别	实验处理顺序			
第一顺序小组	①	②	③	④
第一顺序小组	②	③	④	①
第一顺序小组	③	④	①	②
第一顺序小组	④	①	②	③

注：①、②、③、④表示处理的顺序。

表 9－31　32 名被试在 4 种生字密度条件下阅读理解成绩的原始数据表

	姓名	5：1/分	10：1/分	15：1/分	20：1/分
1	曹卫	3	4	8	9
	……				
8	王焕宁	6	6	9	8
9	刘运东	4	4	8	8
	……				
16	杜浩	3	2	7	7
17	李亚旭	5	4	5	12
	……				
24	孙小红	7	5	6	13
25	刘德慧	5	3	7	12
	……				
32	张刚	2	3	6	11

数据分析：对原始数据进行整理，得出每种条件下被试因变量反应的平均分和标准差，然后运用单因素重复测量方差分析对数据进行统计处理，结果见表 9－32（该例在 SPSS 中的统计检验操作同例 9.11）。本实验结果表明，生字密度主效应非常显著，进一步的两两比较表明，随着生字密度的变小，文章阅读理解成绩逐渐提高，并且每两种生字密度间的差异都达到显著水平。

表 9－32　4 种生字密度条件下阅读理解的结果

组别	人数/人	阅读理解成绩/分	F 检验
5：1	8	4.61 ± 1.17	
10：1	8	5.25 ± 1.21	
15：1	8	7.52 ± 1.23	$F = 22.533^{***}$
20：1	8	9.28 ± 1.32	

注：*** 表示 $p < 0.001$。

三、自变量与因变量均为类型变量的单因素实验设计

1. 基本做法

自变量是类型变量，因变量也是类型变量的研究设计，也属于单因素实验设计，也可以根据实际情况使用三种分配被试的方法（随机分组、匹配分组、被试内）。不过通常情况下，自变量与因变量均为类型变量的设计思路与自变量是类型变量、因变量是连续变量的完全随机设计思路基本相同，只是这里的因变量是类型数据。具体做法如下：选出 N 名被试，将被试随机分为 P 组，每组被试分别接受自变量的 1 种处理，然后确定每组各个被试接受处理后在因变量上的类型水平。

2. 研究实例

例 9.13：学习方式对学生规则运用迁移水平的影响研究。

研究设计：自变量是学习方式，有两个水平，分别是样例—规则学习和规则—样例学习。首先随机选择某普通中学60 名，然后随机分为两组，各 30 名，一组被试先学习样例再学习规则，另一组先学习规则再学习样例，最后两组被试进行同样的规则运用迁移测试，根据测试结果将被试分为完全迁移、部分迁移和无迁移 3 种水平，作为因变量指标，得出表 9 – 33 的原始数据。

表 9 – 33　60 名学生不同学习方式条件下规则运用迁移水平原始数据表

	姓名	学习方式（V_1）	迁移水平（V_2）
1	王辉	样例—规则	完全迁移
	……		
30	刘利平	样例—规则	部分迁移
31	郭小安	规则—样例	部分迁移
	……		
60	张静	规则—样例	无迁移

数据分析：首先对数据进行初步整理，得出每组被试在完全迁移、部分迁移和无迁移水平上的学生人数，绘成列联表，如表 9 – 34 所示。然后根据列联表计算 χ^2 值，$\chi^2 = 6.859$，$df = 2$，$p < 0.05$。χ^2 检验结果说明不同学习方式影响了学生的规则运用迁移水平。在此基础上，可以进一步做分离 χ^2 检验（separate χ^2），分析不同学习水平与学生规则运用迁移程度是否独立；即有迁移和无迁移、完全迁移和部分迁移是否也有显著差异（该类设计在 SPSS 中的统计检验，用 <Analyze> 菜单 <Descriptive Statistics> 下的 <Crosstabs> 命令）。

表 9－34　不同学习方式与学生规则运用迁移人数列联表

学习方式	完全迁移人数/人	部分迁移人数/人	无迁移人数/人
样例—规则	5	14	11
规则—样例	13	13	4

例 9.14：材料呈现方式对类别建构策略的影响研究。

研究设计：自变量是类别建构时材料的呈现方式，有两个水平，分别是整体呈现和逐个呈现。首先随机选择大学生 40 名，然后随机分为两组，各 20 名，两组都进行将 12 张图片分为两组的分类任务，其中一组被试接受的图片呈现方式是集中全部呈现，另一组接受的图片呈现方式是单个逐次呈现。分类完成后根据分类结果将被试所采用的分类策略，分为整体相似分类、单个维度分类和随机分类 3 种类型，作为因变量指标，得到表 9－35 所示的原始数据。

表 9－35　40 名大学生材料不同呈现方式下类别建构策略原始数据表

	姓名	呈现方式（V_1）	类别建构策略（V_2）
1	刘发辉	整体呈现	整体相似分类
	……		
19	赵利	整体呈现	单个维度分类
20	郭安	整体呈现	随机分类
21	王静	逐个呈现	整体相似分类
	……		
39	赵楠	逐个呈现	整体相似分类
40	黄佳	逐个呈现	单个维度分类

数据分析：首先对数据进行初步整理，得出每组被试在不同类别建构策略上的人数，绘成列联表，如下表 9－36 所示。然后根据列联表计算 χ^2 值，$\chi^2=9.574$，$df=2$，$p<0.01$。χ^2 检验表明材料不同呈现方式下被试的类别建构的策略是不同的。在此基础上，进行分离 χ^2 检验，结果发现整体呈现的条件下，被试倾向于采用单个维度分类的策略；逐个呈现的条件下，被试倾向于采用整体相似分类的策略（该例在 SPSS 中的统计检验操作同例 9.13）。

表 9－36　材料不同呈现方式下类别建构策略列联表

呈现方式	整体相似分类人数/人	单个维度分类人数/人	随机分类人数/人
整体呈现	2	14	4
逐个呈现	11	6	3

第二节　研究多个变量因果关系的统计思路与多因素实验设计

一、研究多个自变量的因果关系（多因素实验设计）的统计思路

多个变量因果关系的研究，实际上是多个自变量（2 个以上）与 1 个因变量（有时会有多个因变量）的因果关系，理论上变量可以有不同的数据形式，可以组成以下 3 种具体数据模式：

1. 连续变量 V_1 ⟶ 连续变量 V_2 ⟶ …… 连续变量 V_K
2. 类型变量 V_1 ⟶ 类型变量 V_2 ⟶ …… 连续变量 V_K
3. 类型变量 V_1 ⟶ 类型变量 V_2 ⟶ …… 类型变量 V_K

同样，在多个引发变量的因果关系的研究设计中，第一种数据模式实际上是不存在的；第三种自变量与因变量都是类型变量的数据模式应该尽量避免；而第二种"多个类型变量形式的自变量与 1 个连续变量形式的因变量"的数据模式，是最典型、最常见的数据模式。

根据变量变动的数据模式，应该采用不同的统计方法进行处理，以分析两个变量是否有关。具体如下：

（一）自变量和因变量都是连续变量

研究中的所有自变量和因变量都是连续变量，首先计算各变量间的两两积差相关系数，形成变量间的积差相关矩阵，然后采用多元回归进行统计分析，求出各自变量对因变量的影响效果，以及自变量的组合（交互作用）对因变量的影响效果。

（二）自变量是类型变量、因变量是连续变量

研究中的所有自变量都是类型变量，因变量是连续变量，一般采用方差分析的方法对数据进行统计处理。由于自变量是两个以上，因此是多因素方差分析，分析每个自变量的主效应，同时分析各自变量组合的交互作用的效应。如不同预期对快速阅读理解和正常速度阅读理解的影响，自变量有两个：不同预期和阅读速度，都是类型变量。其中不同预期有 3 种水平：正确标题提示、中性标题提示、误导标题提示。阅读速度有两种水平：快速阅读和正常阅读，因变量是被试的阅读测试成绩，是连续变量。通过二因素方差分析，可以分别得出阅读预期与阅读速度对阅读理解的影响效应（主效应），同时得出阅读预期与阅读速度交互作用对阅读理解的影响效应（交互作用）。

（三）多个自变量和因变量都是类型变量

研究中的所有自变量和因变量都是类型变量时，通常采用χ^2检验。由于其探讨的是多个自变量与1个因变量的因果关系，因此，在进行总体χ^2检验显著之后，要接着进行分离χ^2检验（separate χ^2），分别求出每个自变量与因变量的因果关系。分离χ^2检验的具体操作见下面实例。比如不同教学方法对学生学习不同数学内容的迁移效果，自变量有两个：教学方法和学习内容，都是类型变量，其中教学方法有两种水平：讲授法、发现法，学习内容有3种水平：简单应用题、中等应用题、复杂应用题，因变量是在不迁移、近迁移、远迁移3种迁移水平上通过的学生人数。当总体的χ^2检验显著之后，要接着进行分离χ^2检验（separate χ^2），分别求出教学方法对迁移效果的影响，教学内容对迁移效果的影响，但是，χ^2检验无法得出两者交互作用的影响。

上述多因素实验设计的各种数据模式应该采用的统计方法见表9－37：

表9－37　多个自变量（$K \geqslant 2$，多因素）的因果关系的统计思路

变量的数据模式	统计分析
连续　连续　…　连续 V_1　…　V_K　→　V_y	（积差相关矩阵）多元回归
类型　…　类型：连续 V_1　…　V_K　→　V_y	F检验（多因素方差分析）
类型　类型　…　类型 V_1　…　V_K　→　V_y	χ^2检验（分离χ^2）

这里再次指出，在多个变量的因果关系研究中，自变量与因变量都是连续数据的实验设计基本不存在了。同时，探讨自变量与因变量都是类型数据的实验设计应当尽可能减少，因为，在多个自变量的因果关系的研究中，这种数据模式最大的局限是无法计算自变量的交互作用对因变量的影响，而许多研究设想就是需要通过自变量交互作用的效应来验证的，因此，在研究构思中应尽可能避免自变量、因变量都是类型变量的数据模式。最常用、最典型的多因素实验设计，是探讨自变量是类型数据、因变量是连续数据的实验设计。下面我们也重点阐述自变量是类型数据、因变量是连续数据的多因素实验设计；自变量、因变量都是类型变量的实验设计，可以看作是多因素实验设计的一个特例，也准备做简要的阐述。

二、自变量是类型变量、因变量是连续变量的多因素实验设计

下面准备阐述多个自变量因果关系的实验设计，即多因素实验设计。与单因素实验设计相同，心理学界通常说的多因素实验设计，一般也是指自变量是类型变量，因变量是连续变量的实验设计。而多个自变量是类型变量、因变量也是类型变量的实验

设计，应该也是多因素实验设计的一种特殊情况。首先详细地阐述自变量为类型变量、因变量为连续变量的多因素实验设计，接着也简要地介绍自变量、因变量均是类型变量的实验设计。

研究中有两个以上自变量的实验设计称为多因素实验设计。多因素实验设计中，如果包含 A 和 B 两个自变量，就叫作两因素实验设计，简写为 $A \times B$ 因素实验设计。如果包含 A、B 和 C3 个自变量，就叫作三因素实验设计，简写为 $A \times B \times C$ 因素实验设计。在多因素实验设计中，每个自变量又可以包括 P（$P \geqslant 2$）种水平。如果两个自变量 A 和 B 各有两种水平，则可以简写为 2 ×2 设计；如果自变量 A 有 2 种水平，自变量 B 有 3 种水平，则可以简写为 2 ×3 设计。例如，有人想研究大学生对红、绿、黄 3 种灯光的反应时是否与灯光的强度有关。在这项研究中，有两个自变量，自变量 A 代表灯光的强度，包括强和弱两种水平；自变量 B 代表灯光的颜色，包括红、绿、黄 3 种水平。该研究就属于 2 ×3 因素实验设计。如果还想同时研究反应时是否有性别差异，用 C 代表第三个自变量——性别，分男、女两种水平。那么该研究又成了 2 ×3 ×2 因素实验设计。尽管可以设计包括更多自变量的多因素实验，但是，如果因素过多，实验结果的解释难度会大大增加，因此，心理学的多因素研究通常限于 2 ~4 个自变量。

根据被试接受实验处理的安排方式，多因素实验包括 4 种类型：①多因素完全随机设计。②多因素随机区组设计。③多因素被试内设计。④多因素混合设计。

前面 3 种设计方式与单因素实验设计相同，只不过在单因素实验设计中实验处理是单个自变量的水平，而在多因素实验设计中，研究者所操作的实验处理不是单个自变量的不同水平，而是各个自变量的组合水平，多因素实验设计的实验处理数等于各个自变量水平数的乘积。而第四种设计方式则是多因素实验设计特有的，在多个自变量的情况下，有的自变量是组内因素（被试内），有的自变量是组间因素（被试间），这就构成了多因素实验设计的特有的设计方式。

在单因素实验设计中，自变量只有一个，其他一切可能影响实验结果的变量，都作为无关变量处理。单从实验设计的角度来说，这种方案没什么不妥。但是如果从实验情景是否符合实际情景的角度看，单因素实验设计显得把现实情景过于简单化了。因此单因素实验设计方案所取得的结果，相对来说难以推论到复杂的现实情景中去。如，在不同教学方法的效果的研究中，教学效果既可能受教学方法的影响，也可能受教师教学水平的影响，还可能受学生的复习时间、学习气氛等因素影响……因此，要使实验更接近实际，应该考虑采用更复杂得多因素实验设计。多因素实验设计的突出优点是，不仅可以探讨各个因素对因变量的影响作用，而且可以对两个或多个自变量之间的交互作用的影响效应进行估计，可获得比单因素实验更丰富的信息。

当方差分析表明两个因素的交互作用显著时，研究者常常需要进一步探究交互作用的具体含义。一种做法是画出交互作用的图解，以观察一个因素的各个水平在另一个因素每种水平上的变化。探究交互作用含义的另一种方法是简单效应检验。简单效应检验是指分别检验一个因素在另一个因素的每一种水平上的处理效应，以便具体地确定它的处理效应在另一种因素的哪个（些）水平上是显著的，在哪种（些）水平上是不显著的。关于考察交互作用的具体做法参考例9.15。

多因素实验设计的基本步骤如下：

①确定各个自变量的水平，将各个自变量的水平进行组合，得出自变量的组合水平，即实验处理。实验处理的总数等于各个自变量水平数的乘积：$P = P_1 \times P_2 \times \cdots \times P_k$（$P$ 为组合水平总数即实验处理数，P_k为第 K 个自变量的水平数）。

②根据具体情况确定每种实验处理的重复次数（即每种实验处理需要多少被试）。

③按照实验所采用的设计方式，根据每种实验处理的重复次数确定被试的组数、被试的总人数与选取方法，然后选出被试。一般来说，当研究中的某个因素被处理为被试间因素时，那么该因素所需要的被试组数等于该因素的水平数；当研究中的某个因素被处理为被试内因素时，那么该因素只需要一组被试。因此，多因素实验设计总共需要的被试组数为：$Q = Q_1 \times Q_2 \times \cdots \times Q_K$（$Q_K$为第 K 个自变量所需要的被试组数，组间设计时 $Q_K = P_K$，组内设计时 $Q_K = 1$）。若每组的被试数为 n，那么所需要的被试总数为：$N = n \times Q$。

④按照实验所采用的设计方式，对被试进行分组或安排。如果是被试间设计，则将被试进行分组，每组随机指定接受一种实验处理；如果是被试内设计，则可以将被试随机分为 P 个顺序小组，然后每组随机指定按照一种顺序接受各种实验处理（拉丁方设计）。

⑤对被试实施实验处理，获得因变量数据，得出原始数据表。然后按照不同的设计方法采用不同的统计处理。

下面分别介绍多因素几种设计方式的具体做法：

（一）多因素完全随机设计

1. 基本做法

与单因素完全随机设计类似，多因素完全随机设计的基本做法是，首先确定各个自变量的类型水平，并确定自变量的组合水平 P（即实验处理），然后确定每种实验处理需要的人数 n，从相应群体中随机选出 N 个被试（$N = P \times n$），随机将 N 个被试分为 P 组，每组随机指定接受1种实验处理，进行处理后得出每组各个被试在因变量的连续水平。与单因素完全随机设计不同，在多因素完全随机设计中，每个被试虽然也只是接受一个实验处理，但这个实验处理是因素的组合水平，而不是单个因素的水平。实验结果用多因素非重复测量方差分析进行处理。另外，值得一提的是，多因素完全随机设计中有一种是引发变量的组间因素与存在变量的组间因素混合的多因素实验设计，这种混合的多因素实验设计有人称为“半完全随机设计”。这种“半完全随机设计”将作为多因素完全随机设计的特例介绍这种设计的具体做法。

2. 研究实例

例 9.15：正常阅读和快速阅读条件下文章标记对文章主题通达的影响。

研究设计：实验采用 2×2 两因素完全随机设计，两个自变量都作为被试间变量。自变量 A 是阅读速度，有两个水平：正常阅读、快速阅读；自变量 B 是文章标记，也有两个水平：有标记、无标记。这样总共有 4 种实验处理：正常阅读有标记（$A1B1$）、正常阅读无标记（$A1B2$）、快速阅读有标记（$A2B1$）、快速阅读无标记（$A2B2$）。本研究的因变量是文章主题通达的成绩。首先从某普通中学高一学生中随机选取 120 名被试，随机分成 4 组，每组随机指定接受 4 种实验处理中的一种。实验处理分配方案见表 9－38，所得到的原始数据见表 9－39。

表 9－38　两种阅读速度下文章标记对主题通达影响的研究设计

	$A1B1$	$A1B2$	$A2B1$	$A2B2$
组 W	W			
组 X		X		
组 Y			Y	
组 Z				Z

表 9－39　两种阅读速度下文章标记对主题通达影响研究的原始数据表

	姓名	阅读速度	文章标记	文章主题通达成绩/分
1	田均	正常阅读	有	5
	……			
30	马鹏	正常阅读	有	6
31	陈浩	正常阅读	无	5
	……			
60	赵田	正常阅读	无	5
61	赵亮	快速阅读	有	6
	……			
90	孙波	快速阅读	有	5
91	王华	快速阅读	无	3
	……			
120	管方	快速阅读	无	4

数据分析：对原始数据进行整理，得出每种条件下被试因变量反应的平均分和标准差，见表9－40；然后进行2×2非重复测量方差分析，结果见表9－41（两因素完全随机设计在SPSS中的统计检验，同样是用<Analyze>菜单<General Linear Modes>下的<Univariate>命令。但要求两因素的交互作用）。本实验结果表明，阅读速度和文章标记的主效应都显著，正常阅读比快速阅读更能促进主题信息的通达；文章有标记比无标记能更好地促进主题信息的通达。因为阅读速度和文章标记之间有交互作用，所以要进一步对交互作用进行检验。首先根据表9－40做阅读速度与文章标记之间交互作用的图解，如图9－1。可以简单地看出有无文章标记的效果随阅读速度的不同水平而不同，接下来可以进行简单效应检验。简单效应检验是分别检验一个因素在另一个因素的每一个水平上的处理效应，在SPSS中必须通过语句实现，也可以将数据重新整理，使用单因素非重复测量方差分析逐一对数据进行统计处理。结果（具体结果略）表明，在快速阅读条件下，有标记比无标记能更好地促进对文章主题信息的通达；而在正常阅读条件下，有无标记对文章主题信息的通达无显著影响。

表9－40　两种阅读速度下文章标记影响主题信息通达的成绩比较

	有文章标记成绩/分	无文章标记成绩/分
正常阅读	5.833±0.381	4.905±1.578
快速阅读	5.630±1.080	3.800±1.080

表9－41　两种阅读速度下文章标记对文章主题通达影响的方差分析表

项目	平方和	自由度	均方	F值
主效应				
阅读速度（A）	10.925	1	10.925	8.590**
文章标记（B）	46.163	1	46.163	38.173***
交互作用				
$A\times B$	5.649	1	5.649	4.074*

注：* 表示 $p<0.05$，** 表示 $p<0.01$，*** 表示 $p<0.001$。

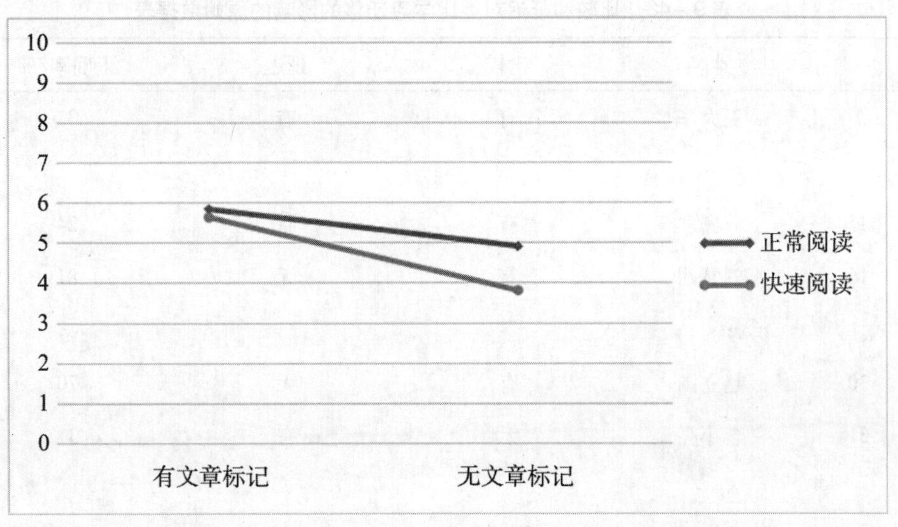

图 9－1　阅读速度和文章标记之间的交互作用图解

在交互作用的检验方法中，需要做简单效应分析才能对交互作用的实质做出准确的分析。然而，简单效应检验只能得出处理效应显著或不显著的结论，不够明确直观，所以往往要通过图解来补充。图解方法的优点是简单、直观，直接利用各种处理水平结合所得的平均观测值作图，可以使读者对结果模式有一个非常直观的了解。因此在考察交互作用时，最好将简单效应检验与图解相结合，即第一步先作图解，对交互作用的性质有一个直观的了解，然后用简单效应检验做进一步的统计检验。

例 9.16：比较和延迟对类比学习迁移的影响。

研究设计：实验采用 2×2 两因素完全随机设计，两个自变量都作为被试间变量。自变量 *A* 是有无比较，有两种水平：有比较、无比较；自变量 *B* 是有无延迟，也有两种水平：有延迟、无延迟。这样总共形成 4 种实验处理：有比较有延迟（*A*1*B*1）、有比较无延迟（*A*1*B*2）、无比较有延迟（*A*2*B*1）、无比较无延迟（*A*2*B*2）。因变量是类比学习迁移题目解决的正确率。实验首先从某普通中学高一学生中随机选取 60 名被试，然后随机分成 4 组，分别接受 4 种实验处理。实验处理分配方案如表 9－42，原始数据如表 9－43。

表 9－42　比较和延迟对类比学习迁移的影响的实验设计

	*A*1*B*1	*A*1*B*2	*A*2*B*1	*A*2*B*2
组 W	W			
组 X		X		
组 Y			Y	
组 Z				Z

表 9 - 43　比较和延迟对类比学习迁移的影响的原始数据表

	姓名	比较	延迟	正确率/%
1	王大华	有	有	31
	……			
15	马旋	有	有	24
16	刘慧明	有	无	81
	……			
30	赵立国	有	无	70
31	李小亮	无	有	31
	……			
45	孙正	无	有	12
46	徐国庆	无	无	43
	……			
60	迟兆义	无	无	25

数据分析：对数据进行初步整理，得出每组被试类比迁移题目解决的平均分和标准差，见表 9 - 44，然后进行 2 ×2 非重复测量方差分析（该例在 SPSS 中的统计检验操作同例 9. 15）。结果表明，比较和延迟的主效应显著，有比较条件下的类比学习迁移成绩高于无比较条件；有延迟条件下类比学习迁移的成绩显著低于无延迟条件下的成绩。另外比较和延迟之间有显著的交互作用，进一步的简单效应检验表明，在有延迟条件下，有无比较对类比学习迁移的影响不显著；而在无延迟条件下，相对于无比较，有比较能更好地促进类比学习迁移的成绩。

表 9 - 44　比较和延迟对类比学习迁移的影响的成绩比较

	有延迟/%	无延迟/%
有比较	26. 7 ±3. 8	73. 3 ±7. 8
无比较	20. 0 ±2. 4	33. 3 ±4. 2

3. 组间因素（引发变量）与组间因素（存在变量）混合的半完全随机设计

(1) 基本做法

组间因素（引发变量）与组间因素（存在变量）混合的半完全随机设计的基本做法是，首先确定各个自变量的类型水平，然后在组间因素存在变量的不同水平上分别随机选取 n 个被试（n 应该是组间因素引发变量水平的倍数），并将组间因素存在变量不同水平的 n 个被试根据组间因素引发变量的水平数 p，随机分为 p 组，每组随机指定接受该组间因素存在变量不同水平与组间因素引发变量不同水平组合的 1 种实验处理，得出每组各个被试在因变量上的连续水平。可以看出其中一个自变量（即组间因素的存在变量）不是完全随机的，而是要根据其变量水平确定被试，然后再在其他自变量处理上随机，这就是所谓的半完全随机设计。实验结果用多因素非重复测量方差分析进行处理。

（2）研究实例

例 9.17：图形提示对不同年龄幼儿汉字读音学习影响研究。

研究设计：实验采用 3×2 两因素组间因素（引发变量）与组间因素（存在变量）混合设计，其中自变量 A 作为被试间存在变量，自变量 B 作为被试间引发变量。自变量 A 是不同年龄的幼儿（3~5 岁儿童），有 3 种水平：3 岁儿童、4 岁儿童、5 岁儿童；自变量 B 是汉字学习时的图形提示的有无，有两种水平：有图形提示和无图形提示。因此共有 6 种实验处理：3 岁有图形提示（$A1B1$）、3 岁无图形提示（$A1B2$）、4 岁有图形提示（$A2B1$）、4 岁无图形提示（$A2B2$）、5 岁有图形提示（$A3B1$）、5 岁无图形提示（$A3B2$）。首先从某幼儿园 3~5 岁 3 个年龄段幼儿中分别随机抽取各 30 名，共 90 名，每个年龄段随机分为 2 组，一组被试逐个学习 20 个低频字读音三轮，另一组被试在有图片提示的条件下逐一学习同样的 20 个低频字读音三轮，然后对所有被试测试学习过的 20 个汉字读音，计算他们的正确读音数，作为因变量指标。实验处理的分配方案如表 9-45，实验得到的原始数据如表 9-46。

表 9-45　图形提示对不同年龄幼儿汉字读音学习影响的实验设计

	$A1B1$	$A1B2$	$A2B1$	$A2B2$	$A3B1$	$A3B2$
组 1	1					
组 2		2				
组 3			3			
组 4				4		
组 5					5	
组 6						6

表 9-46　图形提示对不同年龄幼儿汉字读音学习影响的原始数据表

	姓名	年龄组	图形提示	正确读音数/个
1	钟旭	3 岁	有	12
	……			
15	李刚	3 岁	有	14
16	耿蕾	3 岁	无	7
	……			
30	宫洁	3 岁	无	9

续上表

	姓名	年龄组	图形提示	正确读音数/个
31	刘莉	4 岁	有	18
	……			
45	王强	4 岁	有	17
46	李涛	4 岁	无	15
	……			
60	陶江	4 岁	无	13
61	郭诩	5 岁	有	19
	……			
75	杨洋	5 岁	有	18
76	吴咎	5 岁	无	14
	……			
90	韩翔	5 岁	无	16

数据分析：首先对数据进行初步整理，得出每组被试的平均分和标准差，如表 9－47。然后进行 3×2 多因素非重复测量方差分析，结果如表 9－48（在 SPSS 中的统计检验，同样是用 <Analyze> 菜单 <General Linear Modes> 下的 <Univariate> 命令，并要求两因素的交互作用）。实验结果表明，年龄和图形提示的主效应显著，年龄越大，幼儿汉字读音学习的水平越高，有图形提示比无图形提示更有利于幼儿记忆汉字读音。年龄和图形提示交互作用显著，进一步的简单效应检验表明，不论在任何一个年龄阶段，图形提示总是能更好地促进幼儿的汉字读音记忆。

表 9－47　不同年龄幼儿汉字读音学习时图形提示对学习结果的影响比较

年龄组	有图形提示/个	无图形提示/个
3 岁	12.67 ± 1.91	7.80 ± 2.34
4 岁	15.80 ± 1.57	12.87 ± 1.46
5 岁	17.47 ± 1.51	16.00 ± 1.93

表 9－48　图形提示对不同年龄幼儿汉字读音学习影响的方差分析表

变异来源	平方和	自由度	均方	F 值
被试间主效应				
A（年龄）	691.400	2	345.700	105.519***
B（图形提示）	196.544	1	196.544	59.992***
交互作用				
$A \times B$	33.756	2	16.878	5.152**

注：* 表示 $p<0.05$，** 表示 $p<0.01$，*** 表示 $p<0.001$。

例 9.18：描述顺序对不同性别认知他人性格的影响研究。

研究设计：实验采用 2×2 两因素组间因素（引发变量）与组间因素（存在变量）混合设计，其中自变量 *A* 作为被试间存在变量，自变量 *B* 作为被试间引发变量。自变量 *A* 是不同性别的大学生，有两种水平：男性和女性；自变量 *B* 是对其他人性格描述的不同顺序，有两种水平：先外倾后内倾描述、先内倾后外倾描述。这样总共 4 种实验处理：男性阅读先内倾后外倾（*A*1*B*1）、男性阅读先外倾后内倾（*A*1*B*2）、女性阅读先内倾后外倾（*A*2*B*1）、女性阅读先外倾后内倾（*A*2*B*2）。首先从某大学学生中随机选取男女生各 20 名，共 40 名，然后将不同性别的大学生各自随机分为两组，一组被试阅读关于他人性格的材料，材料是先外倾后内倾描述，另一组被试阅读同样的材料，但材料的顺序相反，先内倾后外倾描述，最后让所有被试对阅读材料中的人物性格的内倾和外倾进行 9 级记分判断，即 1 分为典型内倾、9 分为典型外倾，将其作为因变量指标。实验处理的分配方案如表 9－49，实验得到的原始数据如表 9－50。

表 9－49　描述顺序对不同性别认知他人性格的影响的实验设计

	*A*1*B*1	*A*1*B*2	*A*2*B*1	*A*2*B*2
组 1	1			
组 2		2		
组 3			3	
组 4				4

表 9－50　描述顺序对不同性别认知他人性格的影响的原始数据表

	姓名	性别	描述顺序	内外倾判断/分
1	李旭	男	先内后外	2
	……			
10	钟刚	男	先内后外	3
11	耿涛	男	先外后内	8
	……			
20	宫飞	男	先外后内	9
21	王莉	女	先内后外	1
	……			
30	刘芳	女	先内后外	3
31	陶倩	女	先外后内	7
	……			
40	江娟	女	先外后内	8

数据分析：首先对数据进行初步整理，得出每组被试的平均分和标准差，如表9－51。然后进行2×2多因素非重复测量方差分析，结果如表9－52（在SPSS中的统计检验，同例9.17）。实验结果表明，描述顺序主效应显著，首先描述的他人性格特征形成的第一印象更有效地影响了对他人的认知，性别和描述顺序交互作用显著，进一步的简单效应检验表明，不论男女性别，第一印象更有效地影响了对他人的认知。

表9－51　描述顺序对不同性别认知他人内外倾判断结果比较

性别	先内后外/分	先外后内/分
男性	3.00±0.82	5.50±1.08
女性	1.80±0.63	7.60±1.07

表9－52　描述顺序对不同性别认知他人性格的影响的方差分析表

变异来源	平方和	自由度	均方	F值
被试间主效应				
A（性别）	2.025	1	2.025	2.390
B（描述顺序）	172.225	1	172.225	203.282***
交互作用				
$A \times B$	27.225	1	27.225	32.134***

注：* 表示 $p<0.05$，** 表示 $p<0.01$，*** 表示 $p<0.001$。

（二）多因素随机区组设计

1. 基本做法

与单因素随机区组设计类似，多因素随机区组设计的基本做法是，首先确定各个自变量的类型水平，并确定自变量的组合水平P（即实验处理），然后确定每种实验处理需要的人数n，从相应群体中选出n个区组，每个区组P名被试，共N个被试（$N=n\times P$），随机将每个区组P名被试随机指定接受1种实验处理，形成P个实验组，每组被试接受1种实验处理，进行处理后得出每组各个被试在因变量的反应水平。

这种设计首先确定某种对因变量影响最大的个体特质作为指标，按照这个指标选择m个匹配的区组，每个区组的被试数量为实验处理数或其倍数，各个区组被试在该指标上同质，然后把每个区组中的被试随机分派到各个实验处理。每个被试只接受一种实验处理。实验结果采用多因素非重复测量方差分析进行处理。

2. 研究实例

例9.19：主题组织方式和文章标记对文章信息保持的影响。

研究设计：实验采用2×2两因素随机区组设计，两个自变量都作为被试间变量。自变量A是文章主题组织方式，有两种水平：有组织、无组织；自变量B是文章标记，也有两种水平：有标记，无标记。这样总共有4种实验处理：有组织有标记（*A*1*B*1）、有组织无标记（*A*1*B*2）、无组织有标记（*A*2*B*1）、无组织无标记（*A*2*B*2）。因变量是文章信息保持的成绩。考虑到学生原有的阅读水平可能会影响到文章信息的保持，所以首先按照原先的阅读成绩从某普通高中高一学生中抽取10个区组，每个区组被试4人，各区组内学生阅读成绩完全相同，然后再将各区组被试随机分派到4种实验处理中去，这样每个实验处理共有10名被试。实验处理分派方案见表9-53，实验的原始数据见表9-54。

表9-53 主题组织方式和标记对文章信息保持影响研究的随机区组设计

	*A*1*B*1	*A*1*B*2	*A*2*B*1	*A*2*B*2
区组1	1	1	1	1
区组2	1	1	1	1
区组3	1	1	1	1
区组4	1	1	1	1
区组5	1	1	1	1
区组6	1	1	1	1
区组7	1	1	1	1
区组8	1	1	1	1
区组9	1	1	1	1
区组10	1	1	1	1

表9-54 主题组织方式和标记对文章信息保持影响研究的原始数据表

	姓名	区组	文章主题组织方式	文章标记	文章信息保持成绩/分
1	田莉	1	有	有	4
2	陈浩	1	有	无	3
3	赵祥	1	无	有	2
4	赵亮	1	无	无	1
5	马宇	2	有	有	3
	……				
9	陈洁	3	有	有	4
	……				
13	赵刚	4	有	有	4
	……				

续上表

	姓名	区组	文章主题组织方式	文章标记	文章信息保持成绩/分
17	赵伟	5	有	有	3
	…				
21	孙波	6	有	有	2
	……				
25	王明	7	有	有	3
	……				
29	赵田	8	有	有	4
	……				
33	孙权	9	有	有	4
	……				
37	王浩	10	有	有	4
38	李祥	10	有	无	2
39	王亮	10	无	有	3
40	管勇	10	无	无	1

数据分析：首先对原始数据进行整理，得出各种实验条件下被试得分的平均数和标准差，见表9－55。然后运用多因素非重复测量方差分析对数据进行统计处理，前面已谈到，对于随机区组设计的方差分析，采用非重复测量的方差分析时，要把区组也看作一个自变量，并设定区组变量与其他两个自变量没有交互作用，因此上述数据就可以运用2×2×10三因素非重复测量方差分析进行统计处理，结果见表9－56（在SPSS中进行2×2×10非重复测量方差分析，同样是用<Analyze>菜单<General Linear Modes>下的<Univariate>命令）。但需要注意的是在这种情况下不求区组与两因素的交互作用。实验结果表明，文章主题组织方式和文章标记的主效应都显著，文章主题有组织比无组织能更好地促进文章信息的保持；文章有标记比无标记能更好地促进文章信息的保持。文章主题组织方式和文章标记之间交互作用显著。进一步的简单效应检验表明，在文章主题有组织情况下，有文章标记比无文章标记能更好地促进文章信息的保持；而在文章主题无组织条件下，有无文章标记对文章信息保持无显著影响。

表 9-55　不同文章主题组织方式和文章标记下文章信息保持成绩的比较

	有文章标记/分	无文章标记/分
文章主题有组织	3.071 ±0.616	2.057 ±0.663
文章主题无组织	2.123 ±0.641	1.769 ±0.832

表 9-56　文章主题组织方式和文章标记对文章信息保持影响的方差分析表

项目	平方和	自由度	均方	F 值
主效应				
主题组织方式（A）	13.925	1	13.925	24.205 **
文章标记（B）	16.163	1	16.163	28.097 ***
交互作用				
A×B	2.649	1	2.649	4.605 *

注：* 表示 $p<0.05$，** 表示 $p<0.01$，*** 表示 $p<0.001$。

例 9.20：学习方式及图片类型对幼儿再认图片的影响。

研究设计：实验采用 2×2 两因素随机区组设计，两个自变量都作为被试间变量。自变量 A 是学习方式，有两种水平：内隐学习、外显学习；自变量 B 是图片类型，也有两种水平：具体图片、抽象图片。这样总共有 4 种实验处理：内隐学习具体图片（$A1B1$）、内隐学习抽象图片（$A1B2$）、外显学习具体图片（$A2B1$）、外显学习抽象图片（$A2B2$）。因变量是图片再认成绩。考虑到被试的智力水平可能会影响图片的再认成绩，所以首先对某幼儿园儿童进行智力测验，根据他们的测试成绩选取 5 个区组的被试，每个区组 4 人，各区组内被试的智力测验分数完全相同，然后将每个区组的被试随机分派到 4 种实验处理中去，这样每个实验处理共有 5 名被试。实验处理分派方案见表 9-57，实验得到的原始数据见表 9-58。

表 9-57　学习方式对幼儿不同类型图片再认的影响研究的随机区组设计

	$A1B1$	$A1B2$	$A2B1$	$A2B2$
区组 1	1	1	1	1
区组 2	1	1	1	1
区组 3	1	1	1	1
区组 4	1	1	1	1
区组 5	1	1	1	1

表 9-58　学习方式对幼儿不同类型图片再认的影响研究的原始数据表

	姓名	区组	学习方式	图片类型	图片再认成绩/分
1	赵权	1	内隐学习	具体图片	91
2	李宁	1	内隐学习	抽象图片	83
3	孙明	1	外显学习	具体图片	82
4	王亮	1	外显学习	抽象图片	71
5	马红	2	内隐学习	具体图片	88
	……				
9	陈丽	3	内隐学习	具体图片	85
	……				
13	徐庆	4	内隐学习	具体图片	94
	……				
17	李菲	5	内隐学习	具体图片	95
	……				
20	管芳	5	外显学习	抽象图片	92

数据分析：首先对数据进行初步整理，得出每组被试的平均分和标准差，如表 9-59。然后进行 2×2×5 非重复测量方差分析，结果如表 9-60（该例在 SPSS 中的统计检验操作同例 9.17）。实验结果表明，学习方式和图片类型的主效应都显著，内隐学习比外显学习能更好地促进图片的再认；幼儿对具体图片的再认优于对抽象图片的再认。学习方式和图片类型之间的交互作用不显著，说明两者对图片再认的影响是相互独立的。

表 9-59　学习方式对幼儿不同类型图片再认成绩的影响的比较

	具体图片/分	抽象图片/分
内隐学习	91.04±5.48	82.92±7.60
外显学习	81.88±0.77	70.62±11.19

表 9-60　学习方式对幼儿不同类型图片再认的影响研究的方差分析表

项目	平方和	自由度	均方	F 值
主效应				
学习方式（A）	900.0	1	900.0	6.75**
图片类型（B）	3258.5	1	3258.5	24.44**
交互作用				
$A \times B$	2.8	1	2.8	0.02

注：** 表示 $p<0.01$。

（三）多因素被试内设计

1. 基本做法

与单因素被试内设计类似，多因素被试内设计的基本做法是，首先确定各个自变量的类型水平，并确定自变量的组合水平 P（即实验处理）；然后确定每种实验处理需要的人数 n，n 应是 P 的倍数，选出 n 名被试，所有被试均接受 P 种处理。为了消除顺序误差，需要将 P 种处理做拉丁方设计以使顺序得到平衡。因此，要将被试分为 P 个顺序小组，每个顺序小组的被试分别接受 1 种顺序的 P 种处理。实验数据用多因素重复测量方差分析进行处理。

前面已谈到，被试内设计为了消除顺序误差，需要采用抵消平衡法对顺序进行平衡，通常采用拉丁方排序，根据研究的实际情况可以采用被试内平衡的方法或者被试间平衡的方法。另外，如果同一种实验处理的项目数（trial）较多，如启动效应的研究，那么也可以采用随机化的方法，只要让各种实验处理的按随机顺序呈现即可，不必做拉丁方平衡。

2. 研究实例

例 9.21：文章生字密度和主题熟悉性对学生阅读理解的影响。

研究设计：实验采用 2×2 两因素被试内设计，两个自变量都作为被试内变量。自变量 A 是生字密度，有两种水平：密度大（10∶1）、密度小（20∶1）；自变量 B 是主题熟悉性，也有两种水平：熟悉、不熟悉。这样共有 4 种实验处理：密度大主题熟悉（$A1B1$）、密度大主题不熟悉（$A1B2$）、密度小主题熟悉（$A2B1$）、密度小主题不熟悉（$A2B2$）。因变量是文章阅读理解的成绩。研究首先从某普通中学初二学生中随机选取 20 名被试，每个被试全部接受 4 种实验处理。为了消除顺序误差，需要将 4 种实验处理的顺序做拉丁方平衡。实验处理安排方案见表 9－61，实验得到的原始数据见表 9－62。

表 9－61　文章生字密度和主题熟悉性对阅读理解影响的实验处理安排

	$A1B1$	$A1B2$	$A2B1$	$A2B2$
小组 w	w①	w②	w③	w④
小组 x	x②	x③	x④	x①
小组 y	y③	y④	y①	y②
小组 z	z④	z①	z②	z③

注：①、②、③、④表示处理的顺序。

表9-62　文章生字密度和主题熟悉性对阅读理解的影响的原始数据表

	姓名	A1B1	A1B2	A2B1	A2B2
1	曹英	4	4	8	6
	……				
5	林凯	4	3	7	5
6	刘宁	5	4	8	4
	……				
9	游琳	3	3	6	4
10	李旭	5	5	9	7
	……				
15	贺方	4	4	8	6
16	李彬	6	5	9	6
	……				
20	张能浩	3	3	7	5

数据分析：首先对原始数据进行整理，得出各种实验条件下被试的平均分和标准差，见表9-63；然后进行2×2重复测量方差分析，结果见表9-64（在SPSS中进行统计检验，使用<Analyze>菜单<General Linear Modes>下的< Repeated Measures>命令）。实验结果表明，生字密度和文章主题熟悉性的主效应都显著，生字密度大情况下的阅读理解成绩显著低于生字密度小情况下的阅读理解成绩；文章主题熟悉性能很好地促进文章的阅读理解。生字密度和文章主题熟悉性之间交互作用显著。进一步的简单效应检验表明，在生字密度大的情况下，文章主题熟悉和文章主题不熟悉情况下的阅读理解成绩没有显著差异；而生字密度小的情况下，文章主题熟悉性能很好地促进文章的阅读理解成绩。

表9-63　文章生字密度和主题熟悉性对阅读理解的影响的成绩比较

	主题熟悉/分	主题不熟悉/分
生字密度大	9.00±1.30	3.80±0.77
生字密度小	8.00±0.65	5.80±0.77

表9-64　文章生字密度和主题熟悉性对阅读理解的影响的方差分析表

项目	平方和	自由度	均方	F值
主效应				
生字密度（A）	180.00	1	180.00	244.27***
主题熟悉性（B）	28.80	1	28.80	59.48***
交互作用				
A×B	20.00	1	20.00	63.33***

注：*表示 $p<0.05$，**表示 $p<0.01$，***表示 $p<0.001$。

例 9.22：中文音韵和词频在词汇通达中的作用。

研究设计：实验采用 2×2 两因素被试内设计，两个自变量都作为被试内变量。自变量 A 是启动词和目标词之间的音韵匹配情况，有两种水平：音韵相同、音韵不同；自变量 B 是启动词的词频，也有两种水平：高频、低频。这样总共有 4 种实验处理：音韵相同高频启动（$A1B1$）、音韵相同低频启动（$A1B2$）、音韵不同高频启动（$A2B1$）、音韵不同低频启动（$A2B2$）。因变量是对目标词的命名时间。研究首先从某大学随机选取 40 名本科生作为被试，每个被试全部接受 4 种实验处理。为了消除顺序误差，用拉丁方设计使 4 种实验处理顺序得到平衡。实验处理顺序见表 9－65，实验的原始数据见表 9－66。

表 9－65　中文音韵和词频影响词汇通达的实验设计

	$A1B1$	$A1B2$	$A2B1$	$A2B2$
小组 w	w①	w②	w③	w④
小组 x	x②	x③	x④	x①
小组 y	y③	y④	y①	y②
小组 z	z④	z①	z②	z③

注：①、②、③、④表示处理的顺序。

表 9－66　中文音韵和词频影响词汇通达的原始数据表

	姓名	$A1B1$/ms	$A1B2$/ms	$A2B1$/ms	$A2B2$/ms
1	金英	630	642	601	618
	……				
10	林锋	625	612	613	605
11	王香	619	642	611	623
	……				
20	赵明	635	633	601	614
21	李丹阳	629	615	619	617
	……				
30	贺珍	689	678	632	636
31	徐斌	652	645	619	616
	……				
40	王浩	603	605	601	602

数据分析：首先对原始数据进行整理，得出各种实验条件下被试的平均分和标准差，见表 9－67；然后采用 2×2 重复测量方差分析对数据进行统计处理，结果如表

9－68（该例在 SPSS 中的统计检验操作同例 9.21）。结果表明，启动词与目标词的音韵匹配情况主效应显著，说明音韵在词汇通达中有重要作用。启动词的词频情况主效应显著，说明启动词的词频高低对目标词的通达有显著影响。音韵与词频之间的交互作用显著。

表 9－67　中文音韵和词频影响词汇通达的成绩比较

	高频/ms	低频/ms
音韵相同	664.33 ± 28.68	648.43 ± 17.14
音韵不同	633.53 ± 21.29	626.07 ± 15.74

表 9－68　中文音韵和词频影响词汇通达的方差分析表

项目	平方和	自由度	均方	F 值
主效应				
音韵（A）	21200.208	1	21200.208	272.878***
词频（B）	4095.008	1	4095.008	32.225***
交互作用				
$A \times B$	533.408	1	533.408	15.425***

注：* 表示 $p<0.05$，** 表示 $p<0.01$，*** 表示 $p<0.001$。

（四）多因素混合设计

多因素混合设计，一般指是自变量中既有被试内因素也有被试间因素，这种设计称为被试间因素与被试内因素的混合设计，也称组内因素与组间因素的混合设计。这种混合有两种情况，一种是组内因素与引发变量的组间因素的混合；另外一种是组内因素与存在变量的组间因素的混合；两种混合在实验设计上有很大的差异。下面分别介绍这两种情况的混合设计的具体做法。

1. 组内因素与组间因素（引发变量）的混合设计

（1）基本做法

首先确定各个自变量的类型水平，并确定自变量的组合水平 P（即实验处理），再确定每种实验处理需要的人数 n，然后选出 N 名被试，$N = n \times P_A$（P_A 为被试间因素的水平数），随机将被试分为 P_A 个实验组，每组被试各接受自变量 A（组间自变量）的一种水平的处理，并同时接受自变量 B（组内自变量）的全部水平的处理（P_B）。在接受 B 因素各种水平的处理时，为了消除顺序误差，需要将 P_B 种处理做拉丁方设计：将每个实验组被试分为 P_B 个顺序小组，每个顺序小组被试分别接受 1 种顺序的 P_B 种处理。运用多因素非重复测量方差分析结合多因素重复测量实验设计方差分析对数据进行处理。

2. 研究实例

例 9.23：学生对文章内容的不同预期对快速阅读理解和正常速度阅读理解的影响。

研究设计：实验采用 3×2 两因素混合设计，其中自变量 A 作为被试间变量，自变量 B 作为被试内变量。自变量 A 是学生对文章内容的不同预期，在文章中具体表现为不同类型标题提示，有 3 种水平：正确标题提示、中性标题提示、误导标题提示；自变量 B 是阅读速度，有两种水平：快速阅读、正常速度阅读。因变量是被试阅读文章后的理解测试成绩。研究者首先从某小学随机抽取 90 名小学六年级儿童，随机分成 3 组：正确标题提示组、中性标题提示组、误导标题提示组，每组 30 人，各组被试分别接受自变量 A 的一种水平的处理，同时又接受自变量 B 的两种水平（快速阅读和正常速度阅读）的实验处理。实验设计方案见表 9－69，原始数据见表 9－70。

表 9－69　不同内容预期和阅读速度对阅读理解影响的实验设计

	标题提示类型		接受阅读速度顺序
正确标题提示组	正确	顺序小组 1	快速/正常
		顺序小组 2	正常/快速
中性标题提示组	中性	顺序小组 1	快速/正常
		顺序小组 2	正常/快速
误导标题提示组	误导	顺序小组 1	快速/正常
		顺序小组 2	正常/快速

表 9－70　不同内容预期和阅读速度对阅读理解影响的原始数据表

	姓名	标题提示类型	快速阅读成绩/分	正常阅读成绩/分
1	陈红	正确	6	7
	……			
30	赵雷	正确	8	9
31	李祥	中性	6	8
	……			
60	田虎	中性	6	8
61	赵壁	误导	5	7
	……			
90	张刚	误导	5	8

数据分析：首先对原始数据进行整理，得出各种实验条件下被试的平均分和标准差，见表 9－71；然后进行 2×2 非重复测量与重复测量混合的方差分析，结果见表 9－72（多因素混合设计在 SPSS 中的统计检验，要用 < Analyze > 菜单 < General Linear Modes > 下的 < Repeated Measures > 命令，注意正确指定被试间变量和被试内变量）。

实验结果表明，阅读速度主效应显著，正常速度情况下的阅读理解成绩显著高于快速情况下的阅读理解成绩。不同类型标题提示和阅读速度之间交互作用显著。进一步的简单效应检验结果表明，快速阅读条件下标题提示类型对阅读理解成绩影响显著，而在正常速度阅读条件下标题提示类型对阅读理解成绩影响不显著。

表 9－71　三种标题提示下学生快速阅读与正常速度阅读测试成绩

组别	人数/人	快速阅读测试成绩/分	正常速度阅读测试成绩/分
正确标题提示组	30	6.789 ±2.667	7.735 ±3.014
中性标题提示组	30	6.035 ±2.311	7.848 ±2.916
误导标题提示组	30	5.162 ±2.124	7.435 ±3.167

表 9－72　标题提示类型与阅读速度两因素混合设计方差分析表

变异来源	平方和	自由度	均方	F 值
被试间因素主效应				
A（不同提示）	22.881	2	11.444	1.541
被试内因素主效应				
B（阅读速度）	126.705	1	126.705	16.937***
交互作用				
$A \times B$	169.224	2	84.612	10.995***

注：* 表示 $p<0.05$，** 表示 $p<0.01$，*** 表示 $p<0.001$。

例 9.24：认知负荷对小学生进行不同类型类比推理的影响。

研究设计：实验采用 2×4 两因素混合设计，其中自变量 A 作为被试间变量，自变量 B 作为被试内变量。自变量 A 是认知负荷，有两种水平：低认知负荷、高认知负荷。低认知负荷是指在学习过程中主试通过投影仪在屏幕上同时向被试呈现题目与答案，并把屏幕上的答案读一遍；高认知负荷是指主试仅仅向被试呈现题目，让被试自己独立思考寻求答案，主试不做任何提示。自变量 B 是类比推理题目类型，有 4 种水平：原同—表同、原同—表异、原异—表同、原异—表异。原同—表同是指练习题目和测验题目的类比原理相同、表面特征相同；原同—表异是指练习题目和测验题目的类比原理相同、表面特征不同；原异—表同是指练习题目和测验题目的类比原理不同、表面特征相同；原异—表异是指练习题目和测验题目的类比原理不同、表面特征不同。其中前面两类是近迁移题目，后面两类是远迁移题目。因变量是被试在类比推理测验中的错误次数。研究者首先从某小学五年级中随机选出 56 名被试，随机分成两组，每组 28 人，分别接受第一个自变量其中 1 种实验处理（低认知负荷或高认知负荷），然后每组都接受第二个自变量四种类型的类比推理学习。实验设计方案见表 9－73，所得的原始数据见表 9－74。

表 9-73 认知负荷对小学生不同类比推理影响的实验设计

自变量 A 的处理类别		接受自变量 B 全部处理的顺序	
高认知负荷组	高	顺序小组 1	①②③④
		顺序小组 2	②③④①
		顺序小组 3	③④①②
		顺序小组 4	④①②③
低认知负荷组	低	顺序小组 1	①②③④
		顺序小组 2	②③④①
		顺序小组 3	③④①②
		顺序小组 4	④①②③

表 9-74 认知负荷对小学生不同类比推理的影响的原始数据表

	姓名	认知负荷	原同—表同/次	原同—表异/次	原异—表同/次	原异—表异/次
1	钱宁	高	3	4	5	6
	……					
28	王亮	高	4	5	6	6
29	徐红	低	3	3	4	5
	……					
56	孙强	低	4	4	4	6

数据分析：首先对原始数据进行整理，得出各种实验条件下被试的平均错误次数和标准差，见表 9-75；然后进行 2×4 非重复测量与重复测量混合的方差分析，结果如表 9-76（该例在 SPSS 中的统计检验操作同例 9.23）。实验结果表明，不同类型测试题的主效应非常显著，说明被试完成近迁移题目的成绩要优于完成远迁移题目的成绩。更重要的是，认知负荷与题目类型之间的交互作用显著。进一步的简单效应检验结果表明，对于不同认知负荷，在原同—表同、原同—表异 2 种水平上差异不显著，而在原异—表同、原异—表异 2 种水平上差异非常显著（$F=10.695$，$p<0.01$；$F=23.694$，$p<0.01$）。也就是说，远迁移的两类题目在低认知负荷下的成绩显著优于高认知负荷条件下的成绩，而近迁移的两类题目在认知负荷高低两种条件下的差异不显著。

表 9－75　不同认知负荷条件下小学生不同类比推理结果比较

组别	人数/人	原同－表同/次	原同—表异/次	原异—表同/次	原异—表异/次
低认知负荷组	28	3.86 ± 2.15	3.89 ± 1.61	4.25 ± 1.90	5.54 ± 1.30
高认知负荷组	28	3.14 ± 1.25	4.29 ± 1.25	5.75 ± 1.27	6.25 ± 0.95

表 9－76　不同认知负荷下小学生进行四种类型类比推理成绩方差分析表

变异来源	平方和	自由度	均方	F 值
被试间主效应				
A（认知负荷）	3.13	1	3.13	1.36
被试内主效应				
B（推理类型）	185.09	3	61.70	27.82**
交互作用				
$A \times B$	466.30	3	155.43	28.83**

注：** 表示 $p<0.01$。

2. 组内因素与组间因素（存在变量）的混合设计

（1）基本做法

首先确定各个自变量的类型水平，并确定自变量的组合水平 P（即实验处理），再确定每种实验处理需要的人数 n，然后按照被试间变量的水平各选出 n 名被试，共 P_A 组（P_A 为被试间因素的水平数），每组被试均接受自变量 B（组内自变量）的全部水平的处理（P_B）。在接受 B 因素各种水平的处理时，为了消除顺序误差，需要将 P_B 种处理做拉丁方设计：将每个实验组被试分为 P_B 个顺序小组，每个顺序小组被试分别接受 1 种顺序的 P_B 种处理。运用多因素非重复测量方差分析结合多因素重复测量方差分析对数据进行处理。

（2）研究实例

例 9.25：不同学段小学生对不同字频汉字命名的影响。

研究设计：实验采用 3×2 两因素混合设计，其中自变量 A 作为被试间变量，自变量 B 作为被试内变量。自变量 A 是不同学段的小学生，有 3 种水平：低年级、中年级、高年级；自变量 B 是不同字频的汉字，有两种水平：高频字、低频字。因变量是被试的汉字命名速度。研究首先从某小学 3 个学段中分别随机抽取 20 名小学生，共 60 名，都接受高频字、低频字两种处理，不同字频的顺序在被试间进行平衡处理。实验处理的分配方案如表 9－77，实验得到的原始数据如表 9－78。

表 9-77 不同学段小学生和汉字字频对汉字命名影响的实验设计

	自变量 A 类别	接受自变量 B 全部处理的顺序	
高年级组	高年级	顺序小组 1	高频字/低频字
		顺序小组 2	低频字/高频字
中年级组	中年级	顺序小组 1	高频字/低频字
		顺序小组 2	低频字/高频字
低年级组	低年级	顺序小组 1	高频字/低频字
		顺序小组 2	低频字/高频字

表 9-78 不同学段小学生和汉字字频对汉字命名影响的原始数据表

	姓名	学段水平	高频字/ms	低频字/ms
1	王刚	高	430	525
	……			
20	李雷	高	471	563
21	赵祥	中	513	586
	……			
40	田评	中	522	535
41	张强	低	589	672
	……			
60	刘涛	低	578	631

数据分析：首先对数据进行初步整理，得出每组被试的平均分和标准差，如表 9-79。然后进行 3×2 重复测量结合非重复测量的方差分析，结果如表 9-80（多因素混合设计在 SPSS 中的统计检验，要用 <Analyze>菜单 <General Linear Modes>下的 <Repeated Measures>命令，注意正确指定被试间变量和被试内变量）。实验结果表明，学段主效应显著，学段从低到高，汉字命名速度显著提高；字频主效应显著，高频字命名速度显著快于低频字命名速度。不同学段和字频之间交互作用显著。进一步的事后比较检验结果表明，学段水平和汉字字频对汉字快速命名的影响显著，学段越高，对高频字快速命名速度越快，反之亦然。

表 9-79 三学段小学生对不同字频汉字快速命名测试成绩

组别	人数/人	高频字反应时/ms	低频字反应时/ms
高学段组	20	466.48±69.15	637.50±87.87
中学段组	20	526.31±77.11	660.28±81.38
低学段组	20	645.45±73.84	711.94±83.56

表 9-80　三学段小学生与不同字频两因素混合设计方差分析表

变异来源	平方和	自由度	均方	F 值
被试间主效应				
A（不同学段）	334 048.69	2	167 024.34	34.581***
被试内主效应				
B（汉字字频）	459 987.99	1	459 987.99	103.05***
交互作用				
$A \times B$	56 174.42	2	28 087.21	6.29**

注：* 表示 $p<0.05$，** 表示 $p<0.01$，*** 表示 $p<0.001$。

例 9.26：内隐自尊对不同任务类型自我妨碍的影响。

研究设计：实验采用 2×2 两因素混合设计，其中自变量 A 作为被试间变量，自变量 B 作为被试内变量。自变量 A 是内隐自尊，有两种水平：高内隐自尊、低内隐自尊。自变量 B 是任务类型，有两种水平：数理逻辑任务、言语理解任务。因变量是被试的自我妨碍水平，即被试在正式测试前练习的次数。研究首先从某大学中随机抽取 40 名大学生，通过内隐联想测验（implicit association test，IAT）测试成绩，将被试分为高内隐自尊、低内隐自尊两组，各 20 人，然后每组都接受第二个自变量的数理逻辑任务、言语理解任务两种处理，不同任务类型的顺序在被试间进行平衡处理。实验处理的分配方案如表 9-81，实验得到的原始数据如表 9-82。

表 9-81　内隐自尊对不同任务类型自我妨碍影响的实验设计

	自变量 A 类别	接受自变量 B	全部处理的顺序
高内隐自尊组	高内隐自尊	顺序小组 1	数理逻辑任务/言语理解任务
		顺序小组 2	言语理解任务/数理逻辑任务
低内隐自尊组	低内隐自尊	顺序小组 1	数理逻辑任务/言语理解任务
		顺序小组 2	言语理解任务/数理逻辑任务

表 9-82　内隐自尊对不同任务类型自我妨碍影响的原始数据表

	姓名	内隐自尊	数理逻辑任务/次	言语理解任务/次
1	赵旭	高	24	20
	……			
20	郝刚	高	19	19
21	王蕾	低	17	9
	……			
40	朱翔	低	15	13

数据分析：首先对数据进行初步整理，得出每组被试的平均分和标准差，如表 9 - 83。然后进行 2 ×2 重复测量结合非重复测量的方差分析，结果如表 9 - 84（多因素混合设计在 SPSS 中的统计检验，要用 < Analyze > 菜单 < General Linear Modes > 下的 < Repeated Measures > 命令，注意正确指定被试间变量和被试内变量）。实验结果表明，内隐自尊的主效应显著，高内隐自尊的练习次数显著多于低内隐自尊的练习次数；任务类型主效应显著，数理逻辑任务的练习次数显著多于言语理解任务的练习次数。内隐自尊与任务类型交互作用显著。进一步的简单效应检验结果表明，高内隐自尊在不同任务性质中自我妨碍无显著性差异，但是低内隐自尊水平在不同任务性质中自我妨碍的差异显著，内隐自尊水平越低，在言语理解类任务中就会出现越多的自我妨碍。

表 9 - 83　不同内隐自尊在不同任务类型中练习次数的结果

任务类型	高内隐自尊/次	低内隐自尊/次
数理逻辑任务	18. 90 ±3. 401	15. 30 ±2. 494
言语理解任务	15. 65 ±2. 925	9. 20 ±2. 375

表 9 - 84　内隐自尊对不同任务类型自我妨碍影响的方差分析表

变异来源	平方和	自由度	均方	*F* 值
被试间主效应				
A（内隐自尊）	505. 012	1	505. 012	65. 502***
被试内主效应				
B（任务类型）	437. 112	1	437. 112	52. 769***
交互作用				
A×*B*	40. 613	1	40. 613	4. 903 *

注：* 表示 $p<0.05$，** 表示 $p<0.01$，*** 表示 $p<0.001$。

结合以上四节的内容，可以将自变量是类型变量、因变量是连续变量的单因素实验设计与多因素实验设计做一系统的总结，见表 9 - 85 的一览表。

表 9 - 85　因果关系研究设计一览表

<table>
<tr><td rowspan="2"></td><td colspan="2">自变量 1 个</td><td rowspan="2">自变量 2 个及以上</td></tr>
<tr><td>2 种水平</td><td>3 种以上水平</td></tr>
<tr><td rowspan="2">被试间设计</td><td>随机分组
等组</td><td>完全随机设计</td><td>完全随机设计</td></tr>
<tr><td>匹配组</td><td>随机区组设计</td><td>随机区组设计</td></tr>
<tr><td>被试内设计</td><td>同一组被试</td><td>被试内设计</td><td>被试内设计</td></tr>
<tr><td>被试混合设计</td><td>接受不同处理</td><td></td><td>混合设计</td></tr>
</table>

三、自变量因变量均是类型变量的多因素实验设计

1. 基本做法

多个自变量均是类型变量、因变量也是类型变量的研究设计也属于多因素实验设计，也可以根据实际情况采用的不同的实验设计类型（比如完全随机设计、随机区组设计、被试内设计、混合设计）。不过通常情况下，多个自变量与因变量均为类型变量的设计思路与前面自变量均是类型变量、因变量是连续变量的完全随机设计思路基本相同，只是这里的因变量是类型数据。具体做法如下：首先确定各个自变量的类型水平，并确定自变量的组合水平 P（即实验处理），然后确定每种实验处理需要的人数 n，从相应群体中随机选出 N 个被试（$N=P\times n$），随机将 N 个被试分为 P 组，每组随机指定接受 1 种实验处理，进行处理后得出每组各个被试在因变量的类型水平。与自变量均是类型变量、因变量是连续变量的多因素完全随机设计不同，这种自变量、因变量均是类型变量的设计，实验结果用 χ^2 检验进行处理，由于自变量有多个，因此要进行分离 χ^2 检验。

2. 研究实例

例 9.27：不同提示类型与反馈对迁移的影响研究。

研究设计：实验采用 2×2 两因素完全随机设计，两个自变量都作为被试间变量。自变量 A 是提示的类型，有两种水平：原理提示和动作提示；自变量 B 是反馈，也有两种水平：有反馈和无反馈。这样总共有 4 种实验处理：原理提示有反馈（$A1B1$）、原理提示无反馈（$A1B2$）、动作提示有反馈（$A2B1$）、动作提示无反馈（$A2B2$）。本研究的因变量是不同迁移水平的被试人数，迁移水平分为完全迁移、部分迁移和无迁移 3 种水平。因为这种因变量是类型变量，所以实验结果要用 χ^2 检验进行处理。首先从某大学随机选取 160 名被试，随机分为 4 组，每组随机接受 4 种实验处理中的一种。实验处理的分配方案如表 9－86，实验原始数据如表 9－87。

表 9－86　不同提示类型与反馈对迁移的影响的实验设计

	$A1B1$	$A1B2$	$A2B1$	$A2B2$
组 1	1			
组 2		2		
组 3			3	
组 4				4

表 9 - 87　不同提示类型与反馈对迁移影响的原始数据表

	姓名	提示类型	有无反馈	迁移水平
1	郭涛	原理提示	有	全部迁移
	……			
40	王刚	原理提示	有	部分迁移
41	赵飞	原理提示	无	不迁移
	……			
80	黄健	原理提示	无	部分迁移
81	吴军	动作提示	有	全部迁移
	……			
120	韩丽	动作提示	有	部分迁移
121	常峰	动作提示	无	不迁移
	……			
160	齐娟	动作提示	无	全部迁移

数据分析：首先对数据进行初步整理，得出每组被试在不同迁移水平上的人数，绘成列联表，如表 9 - 88 所示。然后根据列联表进行 χ^2 检验，$\chi^2 = 24.635$，$df = 6$，$p < 0.001$（该例在 SPSS 中的 χ^2 检验统计分析，使用 < Analyze > 菜单 < Descriptive Statistics > 下的 < Crosstabs > 命令）。χ^2 检验表明提示类型、有无反馈与被试迁移的水平连带相关。在此基础上，进行分离 χ^2 检验。

分离 χ^2 的做法是：

当检验提示类型对迁移水平的影响时，将表 9 - 88 中的反馈不同水平的数据进行合并，不考虑反馈的作用，于是将表 9 - 86 转换为表 9 - 88a，然后对表 9 - 88（a）中的数据进行 χ^2 检验，$\chi^2 = 17.269$，$df = 2$，$p < 0.001$。χ^2 检验表明提示类型对迁移水平连带相关，则表明提示类型对迁移水平有显著的影响。

当检验有无反馈对迁移水平的影响时，将表 9 - 86 中的提示类型不同水平的数据进行合并，不考虑提示类型的作用，这样，表 9 - 88 转换为表 9 - 88（b），然后对表 9 - 88（b）中的数据进行 χ^2 检验，$\chi^2 = 5.033$，$df = 2$，$p > 0.05$。χ^2 检验表明有无反馈与迁移水平独立，则表明有无反馈对迁移水平无显著的影响。

表 9 - 88　不同提示类型与反馈下迁移水平影响列联表

组别		完全迁移人数/人	部分迁移人数人数/人	不迁移人数人数/人
动作揭示	反馈	12	15	1
	无反馈	8	12	20
原理揭示	反馈	26	9	5
	无反馈	17	15	8

表 9－88（a） 不同提示类型对迁移水平影响列联表

组别	完全迁移人数/人	部分迁移人数/人	不迁移人数/人
动作提示	20	27	33
原理提示	43	24	13

表 9－88（b） 有无反馈对迁移水平影响列联表

组别	完全迁移人数/人	部分迁移人数/人	不迁移人数/人
有反馈	38	24	18
无反馈	25	27	28

例 9.28：类别标签与特征分离对特征推理的影响研究。

研究设计：实验采用 2×2 两因素完全随机设计，两个自变量都作为被试间变量。自变量 A 是特征分离，有两种水平：分离和结合。自变量 B 是类别标签，有两种水平：有标签和无标签；这样总共有 4 种实验处理：特征分离有标签（$A1B1$）、特征分离无标签（$A1B2$）、特征结合有标签（$A2B1$）、特征结合无标签（$A2B2$）。本研究的因变量是被试在各种特征推理策略类型的人数，特征推理策略的类型包括单个维度、多个维度和其他 3 种。因为这种因变量是类型变量，所以实验结果要用 χ^2 检验进行处理。首先从某大学随机选取 120 名被试，随机分为 4 组，每组随机接受 4 种实验处理中的一种。实验处理的分配方案如表 9－89，实验得到的原始数据如表 9－90。

表 9－89 类别标签与特征分离对特征推理影响的实验设计

	$A1B1$	$A1B2$	$A2B1$	$A2B2$
组 1	1			
组 2		2		
组 3			3	
组 4				4

表 9－90 类别标签与特征分离对特征推理影响的原始数据表

	姓名	特征分离	类别标签	特征推理策略
1	王涛	分离	有	单个维度
	……			
30	牛刚	分离	有	多个维度
31	薛雷	分离	无	单个维度
	……			
60	章健	分离	无	多个维度

续上表

	姓名	特征分离	类别标签	特征推理策略
61	吴柯	结合	有	其他
……				
90	曹萧	结合	有	多个维度
91	杨垒	结合	无	单个维度
……				
120	何禀	结合	无	多个维度

数据分析：首先对数据进行初步整理，得出每组被试中各种特征推理策略类型的人数，绘成列联表，如表9－91所示。然后根据列联表进行χ^2检验，$\chi^2=14.189$，$df=6$，$p<0.05$（该例在SPSS中的χ^2检验统计分析同例9.27）。χ^2检验表明特征分离与否、类别标签有无与特征推理策略连带相关，说明特征分离与结合时，有无类别标签被试特征推理策略是不同的。在此基础上，进行分离χ^2检验，方法同例9.27。特征分离与结合对特征推理策略的分离χ^2检验结果是：$\chi^2=7.764$，$df=2$，$p<0.05$，χ^2检验表明特征分离、结合与特征推理策略连带相关。有、无类别标签对特征推理策略的分离χ^2检验结果是：$\chi^2=6.022$，$df=2$，$p<0.05$，χ^2检验表明有、无类别标签与特征推理策略连带相关。

表9－91　类别标签与特征分离影响特征推理策略列联表

		多个维度/人	单个维度/人	其他/人
特征分离	有标签	20	7	3
	无标签	12	13	5
特征结合	有标签	11	13	6
	无标签	6	18	6

第三节　心理学研究中的真实验设计和准实验设计

一、真实验设计

心理学研究中的真实验设计是指各种研究设计中条件控制最严密、变量操纵最有效和因变量测量最准确的一种设计。由于多数心理实验都采用这种设计，所以真实验设计可简称为实验设计。这种研究设计通常在实验室条件下进行，因此又被称为实验室实验设计。真实验设计一般具有3个主要特征：第一，由实验者创设实验情景并操纵实验变量；第二，由实验者通过控制手段确认变异源，包括实验操纵和统计控制两种方式；第三，在实验室环境中最能有效地运用实验控制策略。

真实验设计主要有两种形式：标准实验室实验设计和模拟实验设计。标准实验室实验设计在严格控制的条件下操纵自变量和测定因变量，从而观察和确定实验处理的效应。模拟实验设计在实验室条件下模拟各种实际事件和情景，以观察和确定行为的特征和过程。模拟实验设计又分为自由模拟设计和实验模拟设计。自由模拟设计创设了尽可能现实的复杂环境并允许被试自由地按照一定规则行事，整个实验集中考察实验参数和被试行为之间的交互作用和影响。实验模拟设计克服了标准实验室设计中过分人为的因素，也弥补了自由模拟设计对变量缺乏控制的不足。它既对自变量有相当程度的控制，又保持了自由模拟设计的某些复杂的情景特征。实验模拟设计对所有实验信息事先程序化并能包含大量的变量，它还能使被试较大程度地体验到真正介入了实验任务。因此，实验模拟设计在心理学领域的研究中的应用越来越多。

真实验设计一般要遵循一定的程序和策略，其中比较重要的有以下几点：第一，有关实验程序的描述和说明，包括变量的操作和测定方式、实验目的的说明、被试选择程序以及实验步骤等。第二，训练被试。通常情况下，被试并不熟悉实验环境，因此需要对他们进行一定的训练。例如，让被试体验实验情景、参加若干非模拟性的活动等。第三，实验背景的设置。背景条件的设计、实验用品的配备、观察记录仪器的安装都应考虑到使被试能够更大程度地介入实验活动。

真实验设计具有很多优点。第一，它可以让研究者掌握主动权，选择适当的时间、地点使所需要研究的心理活动和行为反应在规定的条件下发生。第二，它可以不必为等待某种心理活动和行为表现在日常生活中偶然出现的可能性而浪费时间和精力，并可以使同一种心理活动和行为反应在同样的条件下重复发生。这不仅能通过反复的研究验证获得的实验结果，而且还可以让其他研究者用同一种方法来重复和核对研究结果。第三，它通过对实验中各种因素的严格控制，可以获得在日常生活中很难实现的条件，以便对某一种特定的心理活动和行为反应进行研究。第四，真实验设计通过精确的定量研究，不但可以确定产生某种心理活动和行为变化的条件和原因，而且能够掌握这种原因和结果之间的变化规律，表达它们之间的数量关系，为人们掌握和运用这些规律提供可靠的科学依据。

真实验设计的主要不足为：由于这种方法对实验条件和各种因素施加了严格的控制，虽然可以获得较精确的定量化的结果，但这些受到严格控制的实验条件和生活中的实际情况存在较大的差异，因而往往不能把这种研究的结果直接应用到现实中。

本章第二节中所介绍的各种实验设计都属于真实验设计。

二、准实验设计

准实验设计是在人们实际生活和工作条件下，适当控制与研究有关的因素，尽可能接近真实验设计的要求，但又不破坏现实真实性的一种实验设计。由于准实验设计是通常在人们日常生活、工作和学习条件下进行的，所以又叫自然实验设计或现场实验设计。

准实验设计与真实验设计的主要区别在于，准实验不运用随机化程序把被试分派到各实验处理中去。准实验设计不去拆散原有的学习和工作小组，而直接以原小组作为研究中的实验组或对照组。例如，一项研究试图探明两种训练方法中哪一种对外语单词记忆效果更好。如果采用真实验设计进行研究，需要选择一批外语水平相近、年龄相同、性别对等的同一年级学生，按随机分配的原则分组后，在指定的时间和地点由指定的人员分别给予不同的训练，在训练结束后进行外语单词记忆能力测定，最后对数据进行统计处理，以判断其中哪一种训练方法的效果更好。采用这种实验设计所得到的结果在区分和说明两种训练方法的内部效度上是很理想的。但是现实情况常常不可能完全满足真实验设计的要求，如学校的校长和教师不太可能让研究者随机挑选学生、重新组织教学班级，也很难允许研究者中断正常教学和学习去进行教学计划外的活动。只有将这个研究和学校的教学内容结合起来，并在不打乱原有班级和教学计划的情况下进行研究才切实可行。事实上，这种在实际教学情境中进行的实验研究所获得的结果比较符合现实情况，结论便于推广和应用。因此，尽管其内部效度相对较低，但外部效度很高。

与真实验设计相比，准实验设计具有真实性强、实施方便、研究结论易于推广和应用等优点。但是由于这种设计对各种因素的控制受现实条件限制，不能满足无关变量的控制要求，所以其研究结果的准确性相对较低。为了克服这一缺点，研究者要尽可能减少研究中无关变量的影响，采取和改进一些无关变量控制措施。如在上述研究中，可以在同一学校选择同一年级的两个在人数、性别比例、年龄和外语平均成绩等方面都在整体上基本相近的两个班级。

准实验设计的类型很多，不同的研究者有不同的划分，我们在这里只介绍其中最常用的 4 种设计。

（一）不相等实验组控制组前测后测设计

当一个研究需要安排两组被试分别作为实验组和控制组，却不能按照随机化原则选择样本和分配被试时，就可以采用这种不相等实验组控制组前测后测准实验设计。这是一种典型的准实验设计，可用于解决不能创设等组条件下实验组和控制组的结果比较问题。

例如，在有关改变工作作息制度是否能提高工作效率的研究中，首先需要确定两个工作部门分别作为实验组和控制组。在实验组实施新工作作息时间表的同时，控制组的作息制度不变，直至实验结束。如果在此期间，控制组的工作效率没有变化，而实验组的工作效率有明显提高，则可以判断作息制度改变与工作效率之间的因果关系。由于在实验处理之前，研究者不能肯定实验组和控制组是否相等，因此有必要在确定这两个组之前，对有关部门的工作效率进行前测，以检查将要被选择来参加实验的两个部门在工作效率上的近似程度。只有当两个部门的整体工作效率比较接近时，才能进行实验比较。这种实验设计可用表 9－92 表示。

表 9－92　不相等实验组控制组前测后测设计

同时前测	被试分组	实验处理	同时后测
Y1	实验组	接受	Y3
Y1≈Y2			
Y2	控制组	不接受	Y4

这里所说的不相等实验组控制组，是指对作为被试的工作人员没有按随机原则取样和分组，如两个班级、科室、车间或连队等都是按原有的机构为单位整体参加实验。这种设计要求前测的结果相近或相等，是为了使实验处理的结果尽可能不受到被试组间原有差异的影响。在上述研究中，当前测结果相近或相等时，就很容易确定实验组接受处理后的结果是否与控制组有显著的差别。

再如，在书法教学效果的研究，由于学校领导不同意将原班拆散，不能随机重新组合成原有水平相等的实验组和控制组，只能在原有的班级中进行实验。在这种情况下，研究者便只能采用不相等实验组控制组前测后测准实验设计。可以采取掷硬币的方法，随机确定一个班作为实验组，接受处理；另一个班作为控制组，不接受处理。在处理之前，分别对两个班进行有关书法水平的前测，并在性别、年龄、标准化词汇与标准化阅读的测验分数、上课时的表现以及在身体失调情况等无关变量上，对两个班是否等价进行初步估计。当研究者认为两班之间存在的选择偏差对所比较的实验结果不会有实质性影响时，便对实验组按计划实施处理。然后分别对两组进行后测验。

为克服这种设计由于不能随机部署两个相同组别而产生的潜在选择偏差，研究者有时可以采用一种或几种匹配变量进行平衡。这里所指的匹配法不同于真实验设计，因为研究者只能试图去寻找和接受与实验组相匹配的控制组。一般来说，由于控制组的成绩在前后测之间会有自然波动，所以在统计分析时，通常先将实验组和控制组的后测结果分别减去各自的前测结果，然后再对增量进行比较。比较时可采用独立样本 t 检验以确定差异的显著性水平。

不相等实验组控制组前测后测准实验设计的优点是可以控制历史、成熟、测验以及仪器等因素对结果的干扰。其缺点是由于实验组和控制组不相等，被试选择与成熟的交互作用可能会降低设计的内在效度，而且由于两组都有前测安排，其实验结果不能直接推广到无前测的情境中去。

（二）单组前测后测时间系列设计

这种设计只安排一个被试组，在相当长一段时间内按固定周期对被试进行一系列的测试作为前测，然后让被试接受实验处理，之后再按原来的周期安排同样的一系列测试作为后测。根据处理前后两个系列的测试记录，可以比较是否存在实验处理效应。

例如，一位艺术教师想测量参观艺术品展览对于艺术班学生的知识和态度的影响。他首先在常规教学情况下每周对学生进行一次关于艺术知识和态度的测验，连续进行 4 周；接着用一周时间让学生参观艺术品展览；然后他继续进行常规教学，并每周测验一次学生的艺术知识和态度，共进行 4 次测验。最后比较学生参观艺术品展览前知识和态度的系列成绩跟参观艺术品展览后知识和态度的系列成绩是否有差异。这种实验设计可用表 9 – 93 表示。

表 9 – 93　单组前测后测时间系列准实验设计

前测	前测	前测	前测	处理	后测	后测	后测	后测
Y1	Y2	Y3	Y4	接受	Y5	Y6	Y7	Y8

这种设计在对处理前后的测试成绩进行比较时，不能只用处理前后最接近的两次结果 Y5 和 Y4 做统计分析。应该首先求出处理前的各次测试结果的回归方程；然后按照外推法，将后面未做处理的各次测试时间上的结果推算出来；最后把推算出来的成绩与实际的测试结果进行比较。由于是单组被试相比较，所以必须用相关样本 t 检验去判断接受处理和未接受处理的效果是否差异显著。如果需要对处理前后的效果差异做整体比较，则必须求得处理前后分别得到的测试结果的两个回归方程，并对它们的斜率或截距的差异进行统计检验。

单组前测后测时间系列设计的优点是对成熟因素有较好的控制，能降低因只作一次测验而出现的测量误差，还能使研究者看出通过实验处理引发的因变量变化趋势。这种设计的不足是，由于没有控制组，不能控制与实验处理同时发生的偶发事件的影响；而且由于实验过程中对被试需进行反复观测，容易导致被试疲劳、厌烦或敏感而影响实验结果。

（三）实验组控制组前测后测时间系列设计

这种设计是在单组前测后测时间系列设计的基础上，增加一个控制组而形成的。由于实验组的结果有控制组作为对照，因此能减少前测后测的次数。同时为了能对多种处理的效果进行比较，可以在时间系列上增加处理的数量。控制组与实验组同步进行前测和后测，以便比较两者的结果。这种实验设计模式如表 9 – 94 所示。

表 9 – 94　实验组控制组前测后测时间系列准实验设计

	前测 1	处理 1	后测 1	前测 2	处理 2	后测 2
实验组	Y1	接受	Y3	Y5	接受	Y7
控制组	Y2	不接受	Y4	Y6	不接受	Y8

如在一项“提高中学数学教师课堂行为潜能的研究”中，研究者采用了实验组控制组前测后测时间系列设计。该研究首先在普通中学里选取初中数学女教师共 18 名，随机分成两组，分别作为实验组和控制组。然后在初一年级数学教学过程中进行实验。任课教师的分组，使相应的教学班级学生也有了实验组和控制组之分。研究中对实验组教师的处理主要通过对三种变量的操纵实现。这三种变量分别为角色改变、摄像自我评价和现场指导。其中角色改变指安排实验组教师参加教研活动，实施办法有专家讲座、观摩课、参加学生测验的数据处理、进行实验研究活动等。摄像自我评价指定

期对实验组教师进行课堂教学实况录像，并要求实验组教师在观看自己的录像后做出评价。现场指导指由实验者和实验组教师一起观看教学录像，引导和帮助教师从中发现问题，分析学生的测验成绩，提供不同类型的课堂行为模式让教师做比较等。要求实验组教师接受的这些处理的目的，是为了对被试的课堂教学能力进行干预，并通过相应的测量手段予以测定。该研究还专门编制了一套测评中学数学教师教学能力的量表。该测评量表对中学数学教师的教学能力从三个方面予以测定，包括认知能力、操作能力和认知监控能力。并在实验前对该量表的信度和效度做出评估，均达到较高水平后才正式投入使用。在每个实验处理的前后，均以该量表对两组教师进行测评。经统计检验表明，通过不同的处理，使实验组的教师在课堂教学能力的三个方面与控制组相比都有明显提高。更有意义的是，对两组教师所任课的学生在思维品质等方面存在显著差异，实验组的高于控制组。

这种在时间系列上安排多次实验处理的研究设计，需要注意各处理之间不应互相干扰，以免在分析结果时造成困难。另外，前测和后测次数的多少，需要根据研究的问题而定。如果研究的行为对象比较稳定，如人的能力等，只安排一次前后测就可以，但是如果研究的行为对象不是很稳定，就应该考虑增加前后测试次数，以保证测量结果的可靠性。

这种设计有组内前测后测比较和组间前测后测比较两种数据处理方式。所谓组内前测后测比较，就是分别将实验组和控制组的后测平均分数与各自前测的平均分数相比。根据本组的前测、后测平均分数的增量，通过相关样本 t 检验，确定差异的显著性水平。组间前测后测比较则指分别将两组的前测平均值相比，再将两组的后测平均值相比，均应用独立样本 t 检验，以判断两组在接受处理前、后的差异变化。

（四）修补法准实验设计

在实验组控制组设计中，一般都让实验组的被试接受实验处理，然后将其效果和未接受该处理的控制组比较。但在某些情况下，研究者不能及时找到两个整组的被试并同时进行实验，只能在未做前测的情况下先对某些经过处理的被试获得后测结果。但却没有充分的理由说明这种后测结果是由哪种处理产生的。此后在获得另一个整组被试时，就有机会进行与先前做过的后测相同的前测，然后再对后面一组被试做同样的处理，并予以后测。这种设计可用下表 9 －95 表示。

表 9 －95　修补法准实验设计

	处理	后测	前测	处理	后测
被试组 1	接受	Y1			
被试组 2			Y2	接受	Y3

被试组 2 的前测如果能与被试组 1 的后测安排在同时是最理想的。但是在有困难的情况下也可分先后，只是间隔时间宜短。将第二组的前测结果 Y2 与第一组的后测结果 Y1 相比，可做为组间比较；而将 Y3 与 Y2 相比又可作为前后测的组内比较。

例如，学校安排全校一年级学生分批参加轮训。为了确定轮训的效果，研究者在轮训开始后制定出测试标准，并对第一批参加轮训的学生予以测试，获得后测成绩。同时对第二批将要参加轮训的学生进行同样内容的前测，经轮训后再做后测。如果第二批学生的前测成绩与第一批学生的后测成绩的差异程度和本组后测成绩的差异程度同样明显，则说明这种轮训的效果是很显著的；而且还表明研究有较高的信度和效度。

这种设计方法有许多优点：一是适用于现实中被试只能参加一次的某种活动（如军训、驾驶班、微机培训等）；二是容许研究工作在被试正参加的活动尚未结束之前开始，特别适用于分批轮训的研究；三是设计本身比较合理，研究结果有较强的说服力。

练习题

一、名词解释

（1）真实验设计；（2）准实验设计；（3）拉丁方。

二、简答题

1. 两个变量因果关系有哪几种数据模式？分别采用哪种统计方法？
2. 单因素实验设计有哪些类型？每种类型的基本做法是什么？
3. 多个变量因果关系有哪几种数据模式？分别采用哪种统计方法？
4. 多因素实验设计有哪些类型？每种类型的基本做法是什么？
5. 简述准实验设计最常用的四种类型。

第十章　心理学描述研究的类型与设计

内容简介

前面第八、第九章分别阐述了心理学实证研究的两个基本系列：相关研究与因果（实验）研究的统计思路与研究设计。我们认为，心理学研究方法主要是实证研究方法，本书也是以介绍实证研究为主，但是，如前所述，目前，在一些情况下尤其是在研究人的社会层面的高级心理的情况下，常常无法采用实证的研究方法，而要采用描述性的研究方法。因此，本章也准备简要地介绍几种常用的心理学描述研究的方法，主要包括观察法、访谈法、个案法等。本章首先概括地介绍心理学描述性研究的性质与特点，然后分别介绍观察法、访谈法与个案法的设计程序与做法。

第一节　描述研究的基本性质

一、描述研究概述

描述研究主要通过观察、访谈、案例分析等方式获得事实材料（证据）以表明或证明关于心理现象与规律的看法。任何一项科学事业要做的第一件事，就是回答“是什么”的问题，因此科学研究的初始点就是描述。描述研究具有悠久的历史和独立的研究传统，心理科学领域尤其如此。日常生活中，我们都在观察和描述自我或他人，经常形成可能会表现出何种行为的预感。心理学家所做的事与此类似，只是更为客观和系统，也更具有表现力。然而，科学的描述并不像想象的那样简单。甚至可以说，在某些方面，我们对于想要了解的主客观世界描述得还很不够。

描述研究既可以采用观察的方法，对个体在自然条件下、日常背景中表现出的举止行为给以直接观测，并将这种行为从其发生、发展、变化、结束的全过程，以及这种行为所带来的结果进行描述性的记录。描述研究也可以采用访谈的形式，通过与相关个体进行直接的面谈，了解心理现象的发生原因、过程和结果，以及当事人当时的内心体验和感受。描述研究还可以采用个案研究的方法，对特殊个案进行全面、深入、详尽的考察和研究，并据此研究结果对个案所属总体的普遍意义做出恰当估计。

近年来，描述研究在方法上取得了较大进展。传统的描述研究往往只根据一个命题，期待了解一种现象的特点或一个过程的进程。这种描述研究属于初级描述现象阶段的探索性研究，一般不需要做复杂的研究设计，对研究结果也不做科学预测，因此没有研究假设。然而，目前心理学领域的描述研究，常常不仅仅是简单的探索性研究，而是希望通过描述性的研究，获得丰富的研究资料，并由此来讨论变量间的关系；或者采用描述研究的手段，实现心理和行为的预测、控制与干预。这种描述研究，需要在研究活动展开之前，做周密的研究设计，提出明确的研究假设，并围绕着这个假设的验证，展开一系列科学研究活动。

二、描述研究中需要注意的几个问题

（一）描述研究的主观性

描述研究感兴趣的是，人们在真实背景中是如何活动和思考的。所以，研究人员试图以一种自然而非强制的方式，与自己的研究对象进行交往。这是描述研究的优势所在，可使研究人员的主观能动性发挥到最大程度。但同时研究人员容易受研究对象的情绪或角色的影响，无法进行客观真实的观测，难以进行全面系统的分析综合，更难以在较高层次上做理论思考和概括。因此，研究者要提高对这种主观偏见的警觉，通过加强对有关背景条件的认识，全面了解社会生活背景对研究对象的广泛影响。另外，在描述研究中，研究人员要有坚实的理论基础，并将研究活动中随时发现的各种事实置于这种理论背景之中。研究人员不但不能将自己限定在只做描述的范围内，而且在描述研究一开始，就要考虑对所谓“事实”描述起指导作用的理论问题。但是，这也会带来另一问题，研究人员在做现象描述时很容易因研究人员预先形成的某种主观态度而出现偏见，造成研究资料的失真。特别是把所有资料记录在纸上时，必须要“经过”研究人员的头脑。这种记录一方面对现象提供了详细的事件描述，另一方面也包括了研究人员自己的一些主观反映。因此，描述研究人员要试图搞清楚他们可能存在的主观偏见，并掌握控制这些主观偏见的方法。在解释研究所获的资料时，要对使用资料的背景做出必要的限定。当研究人员以团队形式工作时，可以由一位独立研究人员对描述记录进行必要的检验。

（二）描述研究的信度

科学研究要求，在相同时间研究相同现象的不同研究人员，或在不同时间由相同研究人员对相同现象进行研究时，研究程序要有一致性。这种一致性就是研究的信度。为了达到满意的研究信度，描述研究人员应该努力将研究程序标准化，争取在研究情景中所发生的任何情况下，对每个研究对象都是统一的。例如，进行实验时，要尝试为所有实验对象都创设同样的场景，并使用标准化的实验程序。不过，描述研究对信度的要求不同于实证研究。因为描述研究倾向于将行为看作易变的情景化现象，并认为人们不必在不同背景中，甚至在不同时间的相同背景中，表现出同样的行为。因此，描述研究不反对这种标准化的信度指标，但更看重描述资料与实际现象是否一致。为此，描述研究认为研究中最重要的工作是使研究对象情绪放松和敞开心怀，要做到这一点，针对不同的研究对象，需要有不同的提问方式和不同的活动方式等。

（三）描述研究的量化趋势

目前，越来越多的研究者不再把描述研究（定性研究）和实证研究（定量研究）视为水火不容的两种方式，出现了二者相互融合的趋势。一方面，实证研究更注重对实验结果的理论概括；另一方面，描述研究也更注重量化资料的搜集和利用。因此，目前描述研究中的观察研究、访谈研究和个案研究等，也开始采用一些设计严密的程序，将研究现象尽可能地从不同维度以量化的方式给予描述，力求使这种描述更加客观和精确。因此，描述研究中对某些感兴趣现象的描述，就不再被简单地看作是正式研究的先期探索或铺垫，而是以定性为基准点，充分利用量化程序和量化信息的研究过程。

（四）描述研究的可推论性

这里的可推论性是指一个研究的结果是否能超越所研究的特定对象和条件。心理学研究的一个基本前提是：人类行为是有规律的。而一个特定的研究只能在特定的条件下对特定的现象进行考察。因此，只有具有推广意义的研究才是有价值的。这就需要研究具有可推论性。因此，研究者更需要重视的是，要总结出针对某些心理活动的高度概括的理论概述，而不只是在不同背景下对同一命题的共同特征做出陈述。描述研究特别关注资料产生的背景，强调对背景的理解，以便能有效地应用资料。因此问题就不是“是否可推论的”，而是“可推论的是什么”。这种可推论性是一个更为概念化的问题，而不仅仅是一个技术性的问题。如果只是考虑在一定范围内，做一种迁移式的推论，就要明确告诫读者不要将其研究结果向其他研究对象或研究条件外推。描述研究通常通过引用类似研究对象和研究条件下的其他研究结果，来证实研究结果所具有的代表性；有的通过做一系列微观水平的精细的个案研究，来验证最初个案研究与其他条件下研究的相似性，或揭示它们之间的差异。描述研究中如果客观、真实地描述了特定条件下的事件，或研究对象的表现，要判定这种描述是否符合事物的一般模式，一般需要进一步的验证。

第二节 观察法研究设计

一、观察法概述

（一）什么是观察法

观察法是研究者通过人的感官或借助于一定的科学仪器，在一定时间内有目的、有计划地考察和描述人的各种心理活动和行为表现并收集研究资料的一种方法。例如，通过对儿童正常活动的观察，可以了解他们的认知与社会发展的特点；通过观察教师上课提问及学生回答情况，可以分析师生相互作用的模式，等等。

作为科学研究手段的观察法不同于日常观察，它具有目的性和计划性。在观察之前，研究者对观察对象的选择以及观察什么、怎样观察和记录等，都要做详尽的考虑和明确的规定，以便尽可能地收集到对课题有意义的经验事实材料。观察法通常在现实情境中进行，具有很强的真实性。在实施观察法的过程中，对研究对象不加任何干预和控制，其行为完全是自然的，不会存在实验或调查过程中可能存在的虚假反应。观察法一般在一定的理论指导下进行，对结果的解释也应以相关理论为前提。研究者不仅可以直接通过人的感官进行观察，而且可以借助各种仪器、设备进行观察。观察仪器和装置的使用，不仅可以扩大观察的范围，还能大大提高观察结果的精确性和科学性。总体上看，观察法的优点是收集的资料比较客观、全面和准确。但是观察法也有一定的不足，如观察资料的质量在很大程度上受到观察者本人的能力水平、心理因素的影响；有些观察活动可能影响被观察者的正常行为，导致观察结果失真；观察法需要花费较大的人力、物力和较多的时间；等等。

（二）观察法的类型

观察法可以根据不同的标准划分为不同的类型。根据观察情境的自然性，可以分为自然观察和实验观察；根据观察手段，可以分为直接观察和间接观察；根据观察者的角色，可以分为参与观察和非参与观察；根据观察内容的结构性，可以分为有结构观察和无结构观察。

1. 自然观察和实验观察

自然观察是指在自然发生的条件下，对观察对象不加任何干预和控制的状态下进行的观察。这种观察最主要的优点是能搜集到研究对象在日常生活中真实的、典型的、一般的行为表现，但缺点是研究者较多的处于被动状态，整个观察活动及过程更多地取决于观察对象，难以揭示那些较少在自然状态下表现出来的心理特点。实验观察是指通过人为地改变和控制一定的条件，有目的地引起被研究对象的某些心理行为反应，进而在最有利的条件下进行的观察。实验观察可以把各种偶然、次要的因素加以排除，使观察对象的行为特点呈现得更加清楚；可以重复进行，能多次再现研究对象的各种心理现象，以便对其进行反复观察；可以通过变换各种条件深入考察研究对象各方面的心理特性，使研究者获得更全面、更精确、更深入的事实和资料。但实验观察的缺点是要求较高，难度较大。

2. 直接观察和间接观察

直接观察是指通过人的感官直接进行观察。如研究者深入课堂，直接观察和记录学生注意力集中情况。直接观察由于在观察者和观察对象之间不存在任何中介物，因而具有直观、生动、具体、能避免其他中介环节引起的差错等优点。但直接观察也有一些局限，如感官灵敏度有限，易发生错觉，由于人的注意和记忆有限，难以同时注意到同时发生的多个行为事件，等等。间接观察则指借助于各种仪器或装置，如录音机、录像机、摄像仪、照相设备等，所进行的观察和记录。间接观察能把人的感官不能直接观察的对象变为可观察的对象，能把人的感官过去难以同时、全部把握的对象变为可同时、全部把握的对象，从而使人们观察的深度和广度大大地扩展了。从凭借感官直接进行观察发展到通过先进科学技术和科学仪器进行观察，这是观察法发展的一种趋势。当然，间接观察也有其不足之处，如需要专门的仪器，经费开支较大，仪器使用可能影响观察对象的正常状态等。

3. 参与观察和非参与观察

参与观察是指观察者参与到被观察者的实际环境之中，并通过与被观察者的共同活动所进行的观察。根据参与程度的不同，参与观察又可分为完全参与观察和不完全参与观察。前者指观察者完全参与到被观察者的群体之中，作为其中一个成员进行活动，并在这个群体的正常活动中进行观察，例如，为了研究人们参加宗教活动的心理学问题，有的研究者就完全参加了某一宗教活动，从中观察记录有关情况，此时他们既是研究者，同时又是宗教活动的参与者；后者指观察者部分地参与到被观察者的群体中，以半“客”半“主”的身份进行活动，并通过自己的活动进行观察，例如，儿童心理学工作者到中小学参与学生某些活动，同时进行观察，就是一种不完全参与观察。一般而言，参与观察比较全面、深入，能获得大量真实的研究资料，但观察结论易带主观情感成分，观察比较费时费力、难度较大。非参与观察是指观察者完全以局外人或旁观者身份进行的观察。如在幼儿园一角观察某儿童与其他小朋友相互交往的情况。一般而言，非参与观察比较客观、公正，但缺乏对所观察资料的深刻理解，只能获得初步的事实和资料。

4. 有结构观察和无结构观察

有结构观察指观察者事先设计好观察的内容和项目，制定出有关观察表格，并在实际观察活动中严格按照其进行观察记录。一般而言，有结构观察能获得大量确定和翔实的观察资料，并可对观察资料进行定量分析和对比研究，但缺乏弹性，比较费时。无结构观察指观察者只有一个总的观察目的和要求，或一个大致的观察内容和范围，但没有详细的观察项目和内容，亦无具体的记录表格，因而在实际的观察活动中常常是根据当时的具体情况而有选择地进行观察。可见，无结构观察比较灵活，适应性强，而且简便易行。无结构观察的不足之处是观察所获资料较零散，难以进行定量分析和比较严格的对比研究。

二、观察法研究设计与实施

（一）观察法的研究设计

要保证观察研究达到预定目的，事先必须进行研究设计。一般而言，观察法的研究设计通常包括5个方面的工作或内容。

1．明确观察目的

在心理学研究中，研究者要有效地运用观察法，事先必须明确“为何而观察”，即通过观察收集而来的资料拟解决或回答什么问题。明确观察目的，也就是要理解和把握研究问题的性质和内容。只有针对问题的性质和内容选取的观察方式、方法，才可能是最适宜、最有效的。因此，在观察法研究设计中，研究者应该通过阅读有关文献，请教有关专家或与同行交流等多种方式，了解问题的背景，更全面、更深入地认识和了解观察问题的相关背景。明确了观察目的和研究问题，也就相应地明确了观察对象。

2．确定观察内容

观察法研究设计的第二步就是在明确观察目的和任务的基础上确定好具体的观察内容，它是整个观察研究的前提，同时也是观察研究能否成功的根本保证。实践表明，一个好的观察内容应该具备两点：第一，能准确地反映、体现或说明观察目的；第二，可以被观察到。为此，观察者应通过查阅有关文献资料，研读已有报告书籍，向有关专家学者咨询请教，召开座谈研讨会，并深入实际进行初步的必要的调查研究，从中吸取有参考价值的东西，然后制定出合适的、详细的观察内容。

3．选择观察类型

进行一项具体的观察研究，选择哪一种观察类型常常是十分重要的。每一种观察类型，都体现了不同的观察策略。许多事实表明，由于观察类型的选择不当，常常使得观察工作事倍功半甚至收集不到所需要的研究资料。而要选择出一种合适的观察类型，观察者必须对各种观察类型有比较深入的了解，对每种观察类型的适用条件、优缺点等做得心中有数，这样才能结合自己的观察目的，灵活并准确地选择出合适的观察类型。

4．制定观察记录表

观察研究的关键问题之一就是如何获取资料。显然，观察记录表是解决这一问题不可缺少的工具和技术手段。随着观察方法的不断发展，观察记录技术也日益完善，如在制定观察记录表时，可以使用观察代码系统的技术。观察代码系统是研究者将行为或事件分为有意义的、可以观察和处理的类别，将大的行为单位分为小的行为单位，并为观察、记录和随后分析处理的方便而制定出的一整套符号系统。使用观察代码系统可以帮助观察人员在观察记录表格上有效地记录目标行为的变化。在同时观察多个目标行为时，一个完善、清晰的代码系统显得尤为重要。在代码系统内，每一个目标行为都由一个特定的、尽可能简单的符号代替。在观察期间，观察人员只需根据目标行为在相应的表格内简单地记下一个预定的代码。另一种方法是在记录表格中，提前标示出预定的代码，在实际观察期间，观察人员只需根据每个观察到的行为，简单地圈出一个适当的代码。需要注意的是，制定观察记录表应尽可能做到简单易行，可靠有效。

5. 训练观察人员

随着观察研究的水平及复杂程度的日益提高，对观察人员能力和素质的要求也越来越高，特别是在某些特定的观察（如参与观察）中更是如此。因此，在观察法研究设计中对观察人员的训练问题进行考虑也是一个必不可少的内容。

（二）观察法的实施

完整的观察研究大体上包括观察研究设计和观察实施两大步骤。观察者完成观察研究设计之后，接下来的重要工作就是观察的实施。通常，观察法的实施可以简单分为获取观察资料和呈现观察结果两个过程。前者具体来说就是观察者按照在观察研究设计中制定的程序进入观察情境，采用事先选择好的观察类型和技术手段进行观察，并把观察到的资料记录下来；后者具体指对所收集到的观察资料进行整理、分析，做出结论和推论，并将其以报告的形式呈现出来。由此可见，观察实施与观察研究设计密切相关。观察实施可以说是观察研究设计的实际化。然而，由于观察实施是在具体环境下进行观察、记录乃至分析，而观察情境是具体、变化的，可能存在许多设计时没有考虑到的问题，因此，观察实施过程并不是简单地把观察研究设计转化为现实，它常常需要观察者在实施时根据需要不断修改、补充，灵活处理。

为了保证观察实施的质量，观察者在具体的观察实施中应注意许多问题。其中最为重要的是观察者在观察过程中要保持客观、中立的态度。这一点是比较难以做到的，因此观察者在实施观察时应特别重视，以便防止和控制偏差，保证观察资料客观、可靠。

三、观察法研究设计实例

（一）例 10.1：幼儿在园亲社会行为的观察研究

研究目的：在以往研究的基础上，采用自然观察的方法全面系统地了解幼儿在幼儿园的日常生活情况中所表现出的亲社会行为，并探讨幼儿亲社会行为的发展特点，以期为下一步如何培养幼儿亲社会行为的实验研究提供理论指导。

研究设计：本研究选取山西省河津市的两所幼儿园，其中一所为市区幼儿园，另一所为城乡结合的幼儿园。被试中共有100名幼儿。其中，大班40名（男19名，女21名），平均年龄为6岁9个月；中班幼儿35名（男20名，女15名），平均年龄为5岁7个月；小班幼儿25名（男13名，女12名），平均年龄为4岁7个月。根据幼儿的行为特点，把幼儿的亲社会行为主要分为助人分享、合作、安慰、公德行为等形式。在本研究中，每天的观察从上午8:00到下午幼儿离园时，观察范围是幼儿在园的全部活动中的亲社会行为。观察期为10天。对每一亲社会行为做4个维度的观察记录：一是行为者的姓名、性别；二是行为对象的姓名、性别；三是亲社会行为的形式或类型与过程，其中，观察者负责记录亲社会行为的整个过程，研究者据此确定亲社会行为的类型；四是亲社会行为的反馈信息，是指亲社会行为对象在接受该行为后所做出的积极、消极或中性反应。

研究结果：幼儿的亲社会行为不存在性别差异；幼儿的亲社会行为主要是指向同伴，极少指向教师；在幼儿的亲社会行为中，合作行为最为常见，其次为分享行为和助人行为，安慰行为和公德行为较少发生；教师通常对幼儿的亲社会行为做出积极反应或消极反应；同伴对幼儿的合作行为多做出积极反应，对幼儿的分享行为、帮助行为、安慰行为多做出中性反应；幼儿的亲社会行为大多未得到及时强化。

（二）例10.2：课堂教学交往的观察研究

研究目的：观察分析小学课堂教学交往的实际情况，探索影响课堂交往频率密度的因素（如某种交往方式的对象与手段），以期发现小学课堂教学的基本特点，分析教师在管理课堂教学交往中应当注意的问题，进一步充实国内外学者们的研究。

研究设计：观察对象是广州市华南师范大学附属小学一至四年级的语文和数学课，每年级一个班，共观察7课时。观察记录表格分《师生交往角色与时空关系记录表》和《学生课堂交往行为记录表》，是在南京师范大学4位学者所设计工具的基础上，参照观察者的能力和课堂交往的具体情况修订而成。

研究结果：当前小学课堂交往的时间分布基本合理，大多数的教师都比较重视课堂的双向显性交往（如言语交往），占全部教学时间的58.48%，成为交往的主导。其次是作为师生个别进行的多向显性交往，占12.53%，在教师调控下的生生单向隐性交往，占8.79%。课堂教学过程中教师作为单向交往发动者的时间仅占16.53%。影响课堂交往活动因素主要有3个方面，分别是物理因素（如学生的性别、学生的空间位置）、精神因素（如学生的成绩、学生参与的倾向性）和交往方式。

第三节　访谈法研究设计

一、访谈法概述

（一）什么是访谈法

心理学实证研究主要集中在个体外部行为上，难以深入了解个体内部的主观活动和深层的精神生活。访谈法秉承了早期内省法的传统，研究人员用口问耳听的方法，通过与研究对象进行口头交谈，了解其内在心理活动的内容、特点和过程。实施访谈法需要提出一些精心设计的、针对性很强的问题，引导访谈对象说明自己对某事件的看法，陈述自己对有关问题情景的理解，以及思考问题的内部过程、所用策略和即时结果。通过访谈也可以引导受访者说明自己的态度、兴趣、爱好及各种情绪体验。这些信息对心理学研究的意义不亚于客观的量化资料，在很多复杂心理活动的分析中有重要作用。这是其他方法所不能取代的。

访谈法的主要优点表现在访谈过程是访谈人员与访谈对象互相影响、互相作用的过程。不仅访谈人员通过提问作用于访谈对象，访谈对象也通过回答问题反作用于访谈人员。因此，访谈法具有很强的灵活性，可以根据需要探索广泛的课题。目前，访谈法的设计和访谈策略已日趋完善，尤其是设计严密的结构性访谈，不仅能获得定性资料，而且还能获得一些定量资料并进行精确的量化分析。访谈法的主要缺点是比较耗费时间和经费，不适用于大样本研究；访谈的成功对访谈人员与访谈对象的关系有很大依赖性；有些研究对象缺乏言语能力，会增加访谈搜集资料的困难；有时访谈对象也会仅仅是因为不能正确回忆提供错误资料；访谈结果也容易受访谈人员的偏见或误解的影响。

（二）访谈法的类型

访谈法可以根据不同的标准划分为不同的类型。根据访谈时是否借助一定的中介物，可以分为间接访谈和直接访谈；根据访谈内容和过程有无统一的设计要求、有无一定的结构，可以分为非结构性访谈、结构性访谈和半结构性访谈；根据访谈对象的人数，可以分为个别访谈和集体访谈。

1．间接访谈和直接访谈

在间接访谈中，访谈人员与访谈对象通过一定的媒介（如电话）进行谈话。其优点是可以在短时间之内获得大量信息，对访谈人员的要求也不太高，可节约研究费用。而且这种方法保密性强，对一些不适宜于当面交谈的问题，或在访谈对象不愿意直接面对他人时，间接访谈可起到特殊作用。不过这种方法受媒介条件的限制，如果没有电话就不能进行电话访谈，而且交谈双方不容易就某个感兴趣的问题展开深入探讨和讨论。因此，这种方法主要适合于内容少而简单、所需时间较短的访谈。这种方法也无法了解到访谈对象在访谈进行时的非言语表现，不利于事后对访谈结果进行深入分析和全面解释。直接访谈指访谈人员与访谈对象进行的面对面谈话。这种方法的优势和局限与间接访谈相反。在直接访谈过程中，访谈人员能与访谈对象产生直接的相互作用和相互影响，访谈人员可以最大限度地了解访谈对象，并与其深入探讨有关的问题，而且还能直接观察到访谈对象的即时表现。不过，直接访谈法对访谈人员有较高的要求；交谈双方的相互作用也会影响访谈结果的客观性和真实性。另外，运用这种方法只能进行个别的，或少数对象的访谈，因而比较费时费力费钱。

2. 非结构性访谈、结构性访谈和半结构性访谈

非结构性访谈是指只按照一个粗线条式的访谈提纲而进行的非正式、非标准化的访谈。这种方法对访谈对象的条件和所要询问的问题，只有一个粗略的基本要求，对具体提问方式和顺序、回答方式、访谈记录方式和访谈的时间、地点等，都没有统一的规定。访谈人员根据具体情况可以对这些内容做出灵活的调整。这种访谈的主要优势就是其灵活性，有利于发挥交谈双方的主动性和积极性，访谈人员可以根据需要灵活处理原设计方案中没有考虑到的新情况和新问题。这种方法的局限是所获资料缺乏量化指标，难以对不同访谈对象在同一问题上的回答做比较分析。另外，运用这种访谈法的人员要有较高的理论水平和谈话技巧，需要经过严格的训练。结构性访谈指根据统一的设计要求，通过结构化的问题进行的标准化访谈。这种方法按照一定的标准和方法选择访谈对象，根据设计规定按顺序提出问题，对如何回答问题和如何记录访谈内容等都有统一要求，有时对访谈的时间、地点以及访谈环境等外部条件也要求保持基本一致。这种方法的最大优势是，访谈结果客观性强，便于进行量化分析，易于对不同访谈对象的回答进行比较分析。其局限性表现在因其严密的结构和严格的规定，访谈双方缺乏必要的灵活性。有时访谈对象就某个话题有话要说时，因碍于访谈设计要求而不能做充分的表达。同样，访谈人员也无法根据访谈过程中双方的具体情况，适当采用一些变通的方式和程序，就某个问题进行深入探讨。半结构性访谈兼有上述两种访谈的特点，将访谈人员的提问和访谈对象的回答区分开来做不同的设计。这种访谈又分为A、B两种类型：第一种是A型半结构性访谈。这种类型中访谈人员提出的问题是有结构的，而访谈对象的回答方式是自由的。第二种是B型半结构性访谈。这种类型中访谈人员提出的问题没有结构，所提出的问题、提问的方式以及提问的顺序都比较灵活，但访谈对象回答问题的方式却有一定的结构要求。在实际研究中，非结构性、结构性和半结构性这3种访谈方式经常综合使用。有时候按非结构访谈—结构访谈—非结构访谈的顺序进行；有时候则在一次访谈过程中，针对不同问题或不同情况，灵活运用有、无结构的访谈，甚至是半结构的访谈。这样可使3种访谈法取长补短，提高研究的科学水平。

3. 个别访谈和集体访谈

在个别访谈中，访谈人员一次只与一个对象交谈，围绕着某一核心问题了解情况；

或者就同一个问题，与来自一个同质团体的多个个体分别进行交谈。这种访谈便于了解个人所具有的特殊情况和不宜公开的个人体验等信息，因此适合进行一些特殊问题或个人化问题的研究。个别访谈在必要时可以调整预定的访谈计划或访谈程序。因此访谈过程较为灵活，能比较深入地了解个人对某事件或某现象的内心感受。其缺点是比较费时费力，不能针对一个普遍的问题迅速搜集大量资料，从而使研究的周期延长，可能影响研究结果的可靠性。常见的集体访谈形式，就是针对某一特别问题召开座谈会，召集熟悉情况或富有经验的若干人，在同一时间就某问题进行交谈。这种方法可以在交谈过程中相互启发、相互印证、共同讨论，因而所得资料比较全面和广泛。集体访谈中最值得关注的问题是访谈对象的选择。研究者需精心挑选参加座谈的访谈对象，原则是对访谈的核心问题必须熟悉、关心，并愿意提供自己知道的信息。每次参加座谈的访谈对象人数不宜太多，否则可能出现混乱和难以控制的局面；人数也不宜太少，否则可能缺乏代表性。另外，还要防止访谈对象之间可能出现的相互妨碍，做到每人都能畅所欲言。因此，座谈要有充分的准备和周密的计划，必要时将座谈提纲提前发给参加访谈的所有人员，使其有一定的准备。

二、访谈法研究设计与实施

（一）访谈法的研究设计

要保证访谈研究达到预定目的，事先必须进行研究设计。一般而言，访谈法的研究设计通常包括以下一些主要工作或内容。

1. 详细说明访谈目的

访谈法研究设计的第一步就是明确访谈研究的目的，并将其进一步具体化。一般来说，研究目的指明了研究所要达到的总目的，因而也就是对研究的范围、对象等做出了一些限定。但是，研究目的往往是比较笼统、概括的。对同一研究问题，我们可以从不同角度去研究，比如“大学生对教师职业的态度”这一问题，可以从教学工作本身的性质（如有哪些吸引人的地方、有哪些不吸引人的地方等）去研究，也可以从教育的社会作用和教师目前的社会地位的角度去探讨，还可以从大学生的个性特点（如不同性格学生的不同偏好、态度）的角度进行分析。因此，进行访谈研究设计时，首先需要将一个比较笼统的、大的研究目的和问题变为一个比较具体、限定的研究目的和问题，并提出自己对研究问题的各种具体假设。然后，再进一步明了回答研究问题、检验研究假设需要收集哪些方面的信息。

明确访谈研究的目的，对访谈研究设计之后的工作是十分重要的，应当高度重视，认真对待。为此，需要认真查阅与访谈内容有关的文献，特别是研读有关研究报告，从中汲取有重要参考价值的东西。有时还需要深入实际做些初步的了解和调查。在此基础上，再选择访谈研究的重点。这一步工作如果没有做好，将直接影响到以后的设计工作和整个研究的质量，同时也难以弥补。

2. 访谈问题类型的设计

访谈问题设计是访谈法研究设计中的核心内容，在详细说明访谈研究的具体目的和研究变量之后，研究者就需要考虑选择访谈问题的具体类型、拟定具体的访谈问题和反应方式、确定访谈问题的编排顺序等。在访谈研究设计中，访谈问题的类型主要有开放式问题和封闭式问题两种。开放式问题是一种非限定性的问答式问题。访谈人员提出一个问题，由访谈对象根据自己的实际情况做出回答，一般不做任何限制。如“请谈谈你在待人方面的情况”“请谈谈你目前与家庭的关系如何”等。开放式问题需要事先对访谈对象可能做出的各种回答进行定性分析，确定一套分类原则、制定一些有效的代码系统，以便能准确及时地记录访谈对象的回答。当访谈人员对于研究的核心问题尚不十分清楚，以及试图了解难以预料的某些结果时，通常采用开放式问题。其优点是有利于访谈对象充分表达自己的思想和情感，也有利于访谈人员对不明确的回答进行追问。主要缺点是搜集到的资料很可能是一些无价值或不相关的信息；访谈对象的回答可能难以归类和量化，不好做精确的统计分析。此外，这类问题要求访谈对象自己组织回答，要付出较多的精力去思考，因此遭到拒绝和敷衍的可能性较大。封闭式问题，又称固定选择式问题或限定性问题。提出问题后，要求访谈对象在几个备选答案中，选择一个自己认为最合适的答案。如“你认为自己在待人方面是非常热情，还是一般，还是很冷淡?”和“你目前与家庭的关系是充满矛盾还是很协调?”等。封闭式问题的备选答案都是访谈人员事先设定的一些标准化的答题选项。这些选项一要互相排斥，不能相互交叉或包涵；二要能穷尽访谈目的所涉及的各种现象；三要意义明确，不能似是而非，也不能做出多种解释。访谈结果的纪录也只是根据访谈对象做出的反应，做一种约定的记号即可。这样使访谈过程变得十分简便易行；访谈结束后也容易根据事先确定的标准，为不同的答案赋值并做量化处理。以上这些优点，保证了访谈程序的标准化和访谈结果的客观性。封闭式问题的主要缺陷是缺乏灵活性。访谈人员根据有关理论概念或实际经验，事先为每个问题确定的备选答案具有一定的概括性，若设计得不好，难以涵盖相关内容的所有情形，或难以区分不同回答之间的细微差别，致使访谈活动失去一些有价值的信息。

以上两种类型的访谈问题各有利弊，要根据访谈研究的具体目的、访谈对象的实际情况，以及访谈人员知识和经验来决定具体采用哪种问题类型。一般来说，在一项访谈研究中可综合使用上述两种问题类型，以发挥各自的优势和避免各自的不足。比较普遍的做法是，在访谈研究中分阶段使用不同的访谈问题。在初期，访谈人员对访谈对象的情况不甚了解，这时可在小范围内采用开放式问题，以便了解各种基本情况，进行理论概括与定性分析；然后，在此基础上编制封闭式问题，在较大范围搜集量化资料，以便进行定量分析。也可以在访谈研究刚开始时，运用封闭式问题，了解访谈对象的一些基本情况，如性别、婚姻状况、教育水平、职业、职务等；然后在访谈人员和访谈对象双方有了一定的了解，并建立一种信任和默契之后，再安排一些开放式的问题，或者将两种问题类型并用。

3．拟定具体的访谈问题和反应形式

拟定具体的访谈问题时，要根据访谈目的进行，每一个问题都要满足某一研究变量操作定义的有关要求，成为某一变量的具体度量指标之一。访谈法研究设计中，这一步工作是十分重要的，也是比较困难的，需要认真加以对待。拟定具体的访谈问题时，问题提问要有技巧，如果提问措辞不当，可能引起负面效应。措辞要求一般表现在以下 3 个方面：①问题的提出。一个问题只能集中在一个方面，不要同时涉及多个；不要提访谈对象不能回答，或难以回答的问题；提问时的措辞要避免流露出自己的偏见，不能提带有引导性的问题；要避免使用奉承性的问题。②问题的表达。要清晰明确，不能含糊不清、模棱两可；问题的文字表述要强调通俗性，适合访谈对象的文化程度和知识、经验水平，避免使用专业术语。③问题的说明。必要时应制定统一的指导语，对某些问题涉及的范围和内容、特殊用语，以及答题方式等给予解释和说明。

拟定具体的访谈问题之后或同时，还需要考虑让访谈对象以何种形式对每一问题做出反应。如果是开放式的问题，要制定一些代码系统来及时准确地记录访谈对象的谈话内容。如果是封闭式的问题，常用的反应形式有填空式、等级排列式、量表式和核对式（分类式）等，每一种形式都有自己的优点和缺点。对于同一个访谈问题，可以有不同的反应形式，比如，访谈对象的年龄信息可以通过填空式获得，也可以给访谈对象一系列已分好的年龄组让他们选择最适合自己年龄情况的那一组。在选择访谈问题的反应形式时，一般要综合考虑各个因素，如问题的性质、反应的灵活性、完成访谈所需时间和计分的难易程度等。

4．确定访谈问题的编排顺序

访谈问题的组织和编排也是访谈问题设计的重要内容，因为某些问题顺序的微妙改变都会影响访谈对象个人意见的表达。一般来说，开始提出的问题要有助于访谈人员与访谈对象的感情交流，以建立融洽关系；初始阶段最好先提出一些事实性的问题，要内容简单、易于交谈，使访谈活动按照事先的设计轻松自然地展开。注意不要直截了当地一开始就提出一些过于敏感或涉及隐私的问题，以免造成访谈对象的拘谨和尴尬。那些有可能使访谈对象感到为难、窘迫，甚至会产生敌意的问题均应放在最后访谈结束之前提出，以免因这些问题引起访谈对象的消极情绪反应，造成对后面问题回答的负面影响。

访谈问题的编排顺序，要有利于不同问题的过渡，使交谈自然地从一个话题转到另一个话题，逐步深入探讨访谈人员所关心的重要问题。问题过渡要自然平稳，逐步推进，前后顺序应有一定的逻辑性。一般都应遵守“漏斗顺序”的编排原则，即先由一般、非限定的问题，逐步过渡到具体、有限定的问题；由较大的笼统问题过渡到较小的实际问题。“漏斗顺序”的编排原则有三大优点：第一，给访谈者和访谈对象提供了一个建立良好关系的机会；第二，防止访谈对象对研究问题形成不成熟的心理反应定势；第三，有助于访谈对象对自己没有认真想过的一些观点、意见和情感进行思考、整理。

5. 试谈与访谈设计的修订

试谈是访谈设计中不可缺少的、重要的组成部分，其主要目的是检验拟定的访谈问题和有关设计安排的合理性、可行性，存在哪些问题，并在此基础上对访谈设计进行修订，形成正式的访谈问题和访谈程序。要做好试谈工作，必须注意以下几个问题：第一，试谈对象应该与以后的正式访谈对象是同一类人，即在一定程度上能代表正式的访谈对象；第二，在试谈工作过程中，应当尽可能做详细的记录，不但要记录访谈问题设计上的问题，还要记录访谈者与访谈对象在相互交往中出现的一些问题、访谈对象对整个谈话的态度以及其他一些未曾预想到的一些问题等，这些信息对访谈设计的修订是十分有价值的；第三，尽可能对访谈过程进行录音，这既有利于发现访谈设计中存在的问题，也有利于分析访谈者的类型和水平，以便随后根据录音对其进行指导和训练。

试谈工作结束后，就应及时根据试谈情况对访谈设计进行修订。进行这一工作时，要注意以下几点：第一，首先要全面检查一下所有问题和回答，看有无遗漏、疏忽之处，以便及时补正；第二，重点分析提问顺序是否合理，哪些问话含糊不清、模棱两可，或者容易引起矛盾、混乱，如发现毛病，应当适当改变问话顺序，对问话含糊的问题可以改变措辞或增加说明；第三，根据试谈情况，有时还应考虑有无必要在某些提问后面加入提示语（用来解释有关难点启发和引导访谈对象回答主要问题），或进一步询问的附加问题；第四，修订访谈设计前，应再分析一下试谈对象的代表性问题，不要仅仅因为几个代表性差的人的访谈结果就轻率地改变访谈设计；第五，如果访谈设计改变较大，应再做一次试谈，以供验证，但试谈范围可比第一次小；第六，对于开放式问题，还必须对访谈对象在访谈时的各种反应进行分析，确定一套分类原则，制定有效代码系统来记录访谈对象的各种反应、回答。

6. 访谈人员的选择和培训

对于小样本且比较简单的访谈研究，如果研究者时间允许，他可以既是研究的设计者，又是收集研究资料的访谈者。但是，如果一项访谈研究涉及的范围比较大而且也比较复杂，那么，他就必须选择一些人作为访谈人员来收集研究资料。由于访谈人员的工作是一项比较复杂、技巧性强、有一定难度的工作，其水平直接涉及访谈资料的可信度和可用性，因此，进行访谈设计时，访谈人员的选择必须谨慎，并在访谈前对他们进行严格的培训。

如何选择访谈人员首先有赖于研究的目的和研究对象的特点等因素，不同性质的访谈研究对访谈人员的要求是不一样的，在这方面并没有统一的标准。但无论何种性质的访谈研究，作为一名合格的访谈人员应该具备以下一些共同的基本条件：第一，对工作认真负责；第二，对访谈研究感兴趣；第三，具有一定的科学文化知识、技能和能力；第四，能吃苦耐劳；第五，在性格与气质方面应有一定的交际意识和能力。此外，如果能找到有一定实际访谈经验的人就更为理想。确定了访谈人员后，对他们进行适当的培训，是保证访谈结果可信度和有效性的关键一步，特别是当一项访谈研究选用了多个访谈人员时，统一的培训和要求就显得更为重要。培训访谈人员主要有以下一些基本内容：第一，向访谈人员介绍访谈研究的目的、意义、时间安排，调动他们工作的积极性和主动精神，并对做好访谈研究提出一些基本要求；第二，让访谈人员熟悉有关的理论知识，进行必要的知识储备；第三，对访谈人员进行具体的方法训练，着重掌握各种访谈技巧，学会如何灵活地处理各种特殊情况和意外事件。在上述 3 个方面中，目的是先导，知识储备是基础，方法训练是重点。

（二）访谈法的实施

完成访谈法的设计工作之后，研究者就要亲自或通过受过训练的访谈人员进行实际的访谈，以取得研究所需要的数据资料。一项访谈研究设计再科学，但如果实际访谈过程控制不好，访谈技巧运用不当，得不到访谈对象的积极配合，那么也难以取得真实、完整和有用的资料。一般来说，访谈法实施过程中，要特别注意以下一些内容。

1. 访谈前的准备工作

充分做好访谈前的一系列准备工作，是保证访谈成功的重要前提。这些准备工作主要包括：第一，对访谈内容充分熟悉，甚至到能背诵的程度，这样才能帮助访谈者掌握访谈的主动权，把主要精力集中在倾听对方谈话、观察对方行为表现、思考对方谈话内容、追问和记录上；第二，带齐访谈所需要的有关材料，如有关访谈研究的简要文字说明、单位介绍信、身份证、工作证或学生证、记录本、笔、录音机、照相机等；第三，尽可能了解访谈对象，包括其性别、年龄、职业、文化、专长、经历、性格、兴趣、爱好等，这对于有针对性地选择适当的访谈方法，建立良好的人际关系，取得访谈对象的配合是很有好处的；第四，选择好合适的访谈时间和地点，该时间和地点应有利于访谈过程顺利进行，有利于取得真实、可靠的研究资料。

2. 接近访谈对象

实际访谈的第一步是接近访谈对象，而接近访谈对象的第一个问题是知道如何称呼对方。一般来说，称呼要恰如其分，既不可对人不尊，又不可一味奉承，否则容易引起对方厌恶或反感。称呼了访谈对象以后，接着就要自我介绍，必要时还应主动出示单位介绍信、身份证等，然后就要简要说明访谈研究的目的、意义、内容、所需时间以及选择访谈对象的原因等，以激发访谈对象接受访谈的动机，提高他们的兴趣。在接近访谈对象过程中，要注意以下一些问题：第一，访谈者的衣着打扮应干净整洁，既不能过于花哨、华丽，也不能不修边幅、衣装不整，应遵循接近性原则，尽可能缩小自己与访谈对象的差异，使两者接近，这样易于被接纳；第二，在自我介绍与研究说明阶段，访谈者应该沉重自信，但同时要注意不能给人以盛气凌人的感觉；第三，要使用正面肯定语气邀请访谈对象参加访谈研究，而不要用易于让访谈对象拒绝的语气讲话；第四，应通过适当方式让访谈对象放心，谈话的内容将得到保密。

3. 对付拒绝、提问和追问的技巧

由于种种原因，一些访谈者可能会拒绝交谈，对此，访谈人员首先应该有耐心，甚至能忍耐对方一些无礼的言行，然后尽力弄清被拒绝的原因并有针对性地做出各种努力，来取得对方的配合，而不能轻易放弃。访谈者在被访谈对象接纳后，即开始进行交谈，通过提问向对方了解有关情况。访谈过程中访谈者既要提问访谈对象研究问题，也要学会提问非研究问题，如“近来学习很忙吧”“你在这个单位工作多久了”等，其目的在于使访谈连贯、过渡自然，保证访谈顺利进行。访谈过程中提问的方式是多种多样的，究竟采用哪种方式，需要考虑问题本身的性质和特点、访谈对象的具体情况以及访谈者与被访谈者之间的关系等。要做好提问工作，要注意以下几点：第一，严格按照访谈问题原话和问题的编排顺序提问；第二，在交谈过程中应不时地鼓励对方，以保持访谈对象的积极性，但要避免随意对访谈对象进行引导；第三，交谈应尽可能在轻松、愉快、友好的气氛中进行，要使访谈对象感到舒适、无拘束，能畅所欲言；第四，在交谈过程中应注意保持同访谈对象的交流，认真倾听并做出必要的反应；第五，要善于以有礼貌的方式驾驭整个谈话过程，防止对方离题，如果发现遗漏内容，也要请对方再回答；第六，在访谈过程中既要重视语言信息的交流，也要重视非语言信息的交流，注意观察对方的行为、动作、姿势和表情，并在评价和解释谈话内容时加以综合考虑。在实际访谈过程中，访谈对象的回答有时会残缺不全、不完整，有时会含糊不清、模棱两可，有时会过于笼统、不准确，有时会答非所问等，这种情况下就要进行适当的追问，以引导访谈对象更全面、更精确地回答问题。追问的方式是多种多样的，如对方犹豫不决或对问题似乎不理解时可采用重复问题的方式，对对方回答的理解是否正确没有把握时可采用重复答案的方式，对方回答不全时可采用沉默不语的方式，需要对方提供更多信息时可采用中性提问或评论的方式等等。不同的方式有不同的功用，这就需要访谈者在实际交谈过程中根据具体情况灵活地加以利用。

4．访谈内容的记录

无论是结构性访谈还是非结构性访谈，一般在访谈过程中都需要做记录。记录的方式有两种，笔记和录音工具记，两种方式各有优缺点。笔记一般不会遭到访谈对象的拒绝，但难以记下访谈对象所说的每一句话，更不可能记录下说话的语音语调，使用录音工具虽然可以做到这一点，但访谈对象一般不愿意被录音，另外，录音后仍需把录音转为文字资料，其工作量十分巨大。访谈对象对访谈者的记录是否产生顾虑，与交谈的内容和访谈对象的个性特点有关。对于有顾虑的访谈对象，应认真做好其思想工作，讲明研究结果的保密性，如果有个别访谈对象还是不能消除顾虑，可以在交谈时不记录，待交谈结束后再记录。为了做好访谈内容的记录工作，应注意以下几个方面的问题：第一，尽可能详细记录访谈对象对非结构性问题的所有回答和回答问题时主动做出的额外说明；第二，应围绕访谈内容进行记录，当访谈对象回答离题时，可停下笔来，以期待或等待的方式看着对方或有礼貌地寻找适当机会中断对方的话题；第三，在记录过程中，不要试图去总结、分段或改正语法；第四，不仅要记录语言信息，还要记录关键的非语言信息，如访谈对象的手势、声调等；第五，在实际访谈中，有的访谈对象总想看访谈者记录了什么或者试图纠正记录，因此访谈者坐的位置最好是对方不能看到记录内容的地方；第六，在记录的同时，还应注意同访谈对象保持联系，以保证访谈顺利进行，有的时候可以一人专门访谈，一人专门记录；第七，访谈结束后，应尽快整理访谈记录，对记录时所用的各种符号、缩写做出翻译和说明。

5．访谈的结束和再次访谈

访谈活动的最后一步就是做好访谈的结束工作，如果有需要的话还应为再次访谈做好安排。结束工作是完整访谈过程不可缺少的一个环节，要注意以下一些问题：第一，应严格控制和掌握访谈时间，每次访谈时间不宜过长，一般以一两个小时为宜，要严格遵循预定的时间安排；第二，应善于根据访谈气氛的变化和临时出现的各种特殊情况，如访谈对象明显表现出疲劳、厌倦，访谈对象因交谈不当而情绪变坏等，灵活地把握访谈的结束时间；第三，访谈结束时，要向访谈对象表示感谢，这既是科研道德的起码要求，又能为以后的访谈研究奠定基础；第四，如果需要，应向访谈对象表示，今后可能还要再次同他交谈，了解和请教有关问题，为以后的访谈做好铺垫和安排；第五，如果可能，对访谈对象的某些合理要求应当予以满足，如回答访谈对象想要了解的一些问题，最后的研究报告寄送一份给访谈对象等。

6．访谈结果的整理

结构性访谈的结果便于整理，非结构性访谈的结果相对而言比较难以整理分析，因为其内容为描述性的并且可能分散，量化分析比较困难。大部分情况下，为深入分析研究结果，需要首先使用编码系统对访谈内容进行编码，然后在此基础上再进行深入的分析。在对访谈结果进行整理和分析的基础上，就可以做出结论和推论，并将其以研究报告的形式呈现出来，至此，整个访谈研究也就圆满结束了。

三、访谈法研究设计实例

（一）例 10.3：心理健康素质及其结构的访谈研究

研究目的：更好地理解什么是心理健康、什么是心理健康素质以及心理健康和心理健康素质包括哪些内容。

研究设计：通过自行编写的涉及 12 个问题的访谈问卷分别对心理学专家（5 人）、大学教师（10 人）、中学教师（10 人）、小学教师（10 人）、大学生（15 人）、中学生（10 人）和小学生（10 人）进行了访谈，访谈过程和研究过程均做了详细记录（个别有录音记录），最后对所有访谈结果进行了分析研究。具体的访谈问题有：你认为什么是健康、你认为什么是心理健康、你认为心理健康的标准是什么、在你周围的人中心理健康的人占多大比例、你认为一个人要达到心理健康状态应该具备哪些内在的心理特点、如果一个人的心理健康出现了问题你认为主要与哪些心理特点有关、你认为什么是心理健康素质、你认为心理健康素质包括哪些方面（此问题在访谈时要根据被试的回答进行追问）、心理健康素质高的人有哪些表现、心理健康素质与心理健康之间的关系是什么、如果一个人心理健康素质不高他在遇到困难时将如何表现、影响心理健康素质的因素有哪些。针对不同的访谈对象，研究者在提问的时候使用相应的表达方式。

研究结果：多数人都认为心理健康素质就是心理素质；心理健康素质是健康的人的心理素质；认为心理健康素质就是在思想、情绪、认识和行为方式上符合正常标准；是维护人的心理健康所需要的内在心理特点。人们普遍认为能力和性格是心理健康素质的核心组成部分。

（二）例 10.4：有关心理健康教育的访谈研究

研究目的：了解当前我国学生心理健康教育的现状以及教师对这一问题的认识，同时从教师对自己所教学生心理不健康行为特征的描述来分析教师内隐的心理健康标准。

研究设计：共访谈38 名中学教师，他们分为两部分，其中21 名来自全国各地的在北京师范大学攻读教育硕士学位的中学教师，另外 17 名是贵州省铜仁地区民族中学的教师。访谈工作为期两个月，访谈内容包括：①对所在学校心理健康教育现状的描述；②对心理健康学生的描述；③对心理不健康学生的描述。对于访谈获得的文字记录进行了编码处理和统计分析，对访谈中教师反映出的学生心理不健康行为表现、学校心理健康教育等方面一系列问题，以及暴露出的被试自身对学生心理健康标准的认识上的一些问题进行归纳、分析。

研究结果：关于心理健康教育方面的问题，大多数访谈对象所在学校从未真正涉及心理健康教育方面的问题；有的学校心理健康教育流于形式，或是为应付上级部门的检查，或是象征性地上几节心理健康教育方面的课；有远见的学校开始注意心理健康教育的问题，但由于各方面的原因效果不明显。关于教师对学生心理不健康行为特征的描述，在被提及的频次较高的前 7 名行为特征中，对人冷漠无情、缺乏生活热情和有自卑感、认为自己什么都不如别人，这两条是属于心理层面的问题，它们已涉及心理病症，较易被人们察觉、判断出来，另外五项分别是上课常常做与学习无关的事；与别人谈笑、打闹；结成小团伙，打架斗殴，欺负同学；对教师的管教、学校的规章制度有抵触情绪；自暴自弃，不求上进；一不顺意就发脾气，这几条反映的是学生在校的主要不良表现。从中可以看出，教师头脑里没有分清学生行为不良问题的严重性与心理不健康问题的严重性之间的差别，比较注重学生外显的、违反校纪校规、背离教师要求的行为表现。关于教师判断心理健康的标准及存在的问题，教师判断学生心理健康主要依据的标准是正态分布原则，即通过与同龄学生相比、与同群体学生相比，那些异常的、与多数人不一样的行为特征被视为心理不健康，如“性格怪异，与众不同”等。访谈中有的教师也暴露出了自身在对心理健康标准的认识和把握上的偏差，具体表现为以学习好坏论心理健康与否；以是否影响别人来断定其心理是否健康；以学生对待教师的态度来判断其心理健康状况。从这些现状可以看出，心理健康教育的有效开展，还有许多工作要做，教师的教育观念有待更新，应跟上时代的步伐，适应素质教育要求。

第四节　个案研究设计

一、个案研究概述

（一）什么是个案研究

19 世纪达尔文运用个案研究的方法，对其长子的婴儿期和幼儿期表现做了详细的观察记录，以寻求对人本质的理解。自此个案研究成为心理学中历史最悠久的研究方法之一。早期许多重要的心理学研究或心理学流派，就是建立在对某些心理现象或某类个体的个案研究基础之上的。

个案研究通常就特定的典型案例，进行全面、深入、详尽的考察和研究，并据此研究结果对个案所属总体的普遍意义做出恰当估计。心理学研究中的很多课题都可以采用个案研究，如对学校中差生的诊断与辅导、对后进职工的教育与引导等。个案研究中，一般采用多种方法进行综合观测，以收集有关案例的各方面情况。需要注意的是，个案研究并不只是以研究取样的多少来定义的，也可以用于多个个体，甚至一个较大的同质群体的研究。个案研究能提供有关背景中个体变化的丰富的临床描述性信息，可激起相关的其他研究，在教育、医疗、社会工作等领域有非常重要的应用。

早期的个案研究，因为主观偏见和无关变量控制的问题，通常无法确定变量间的确切关系，也不易将结果推论到其他个体或背景。现在研究者认识到，只对外部行为表现进行精确的观测与记录，并不能揭示有关事件之间的因果关系。必须用较为严谨的实验方法，通过对典型个案或少量个体的观测，确定变量间的逻辑关系，从而对有关现象形成理论概括。

（二）个案研究的一般特征

第一，个案研究是对特定研究对象的外部行为在特定场合或模拟情境，所实施的直接的客观观测。这种观测客观性依靠的是，研究人员必须可靠而独立地记录所发生的实际现象。为此，研究者需要直接观测研究对象做了什么，没做什么；研究对象某种特定行为发生或变化的特定条件是什么等等。这种观测虽不能完全杜绝主观偏见，但如果建立在公开获得的信息基础之上，就能最大可能地避免这种主观性。

第二，个案研究是对目标行为的连续观测。通常在对个案实施干预之前，就要在日常生活条件下对研究对象进行系统的观测。在整个研究过程中，对研究对象的行为表现或干预效果的观测也是持续进行的。研究者需要随时把握特定的实验处理或干预措施是否正在实施，或是否已达到最初的研究目的。这种行为的连续观测，为研究是否取得预期效果提供了即时信息，使研究人员可以决定是否继续加强、改变或终止实验处理。

第三，个案研究从实验和干预两方面对实验处理提出双重评估指标。实验指标指实验处理是否能引起可靠的行为改变效果。通过观测，可了解干预措施是否引起了稳定的行为改变；获得的干预效果是否能揭示干预措施与行为改变之间的因果关系，以及能否有助于以后根据未经干预的条件，对特定行为的出现或变化做出预测。要满足这一指标，就需要在精心设计的实验框架内，以一种预定程序操作自变量，运用不同的实验条件，对一个或几个研究对象的目标行为展开有效的观测和分析，将不同条件下获取的描述性资料进行比较，系统评估各种实验处理的效果，确定哪一种条件下获得了最有效的干预，从而证实特定干预措施与研究对象行为变化之间的因果关系。干预指标强调研究对象实际行为改变的重要性。为此要确定，干预措施是否改变了日常环境中他人对研究对象的原有评价，以及实施干预是否使研究对象的行为达到可接受的或正常的表现水平。通过在自然环境中，对于以适当方式充分表现的个体进行观测，并在此基础上对研究对象行为表现的可接受水平或正常水平，给予经验性的详细说明。干预指标涉及日常生活中大量的具体表现，以及这种行为改变对个体日常生活的重要性。

二、个案研究的设计与实施

个案研究设计与实施的核心内容就是在不同条件之间进行比较。这里的条件主要有两种：基线条件和干预条件。基线条件指未实施特定实验干预时的基本状态，通常用条件 A 表示；干预条件指引起研究对象行为变化或修正研究对象原有行为的各种干预状态，通常用条件 B 表示。个案研究设计中在对个案采取干预措施之前，要通过有效的观测手段在自然状态下搜集有关个案目标行为基本现状的资料；在对个案实施干预措施以后，要继续以有效的观测方法搜集有关目标行为变化的资料。如果在个案的干预状态下又运用了经修订的干预条件，或启动了一个新的干预，那么新的干预条件就用条件 C、条件 D、条件 E 等表示，这时就要继续以有效的观测方法搜集新的干预条件下个案的有关资料。个案研究设计通常包括很多类型，每一种类型都有自己的具体要求。

（一）个案研究设计的基本类型

个案研究通常根据基线条件和干预条件的呈现顺序，来选择具体的设计类型。有些设计在干预条件消退的同时，重复基线条件下的资料搜集工作；有些设计则在基线条件后伴随着若干干预条件。具体设计方法如下：

1. A—B 设计

A—B 设计是个案研究中最简单的一种设计，也是应用最普遍的一种设计，这种设计只涉及两种条件：基线条件（A）和干预条件（B）。研究者主要通过 A 和 B 两个条件的比较，确定实验处理的效果。这种设计中观测数据包括从第一条件（基线）到第二条件（干预）记录到的所有资料。不管实验干预是否完成，已经记录到的资料都可作为研究资料。基线条件和干预条件下记录到的资料若有较大的差异，则干预效果显著。A—B设计的一个显著局限是，研究者只能假定干预条件下注意到的行为变化是实验处理的效果；而不能肯定干预措施就对观测到的行为变化负责。因为在干预期间，研究人员的行为、研究对象的家庭和其他环境条件的变化，都可能产生比干预措施更大的影响。

2. A—B—A设计

A—B—A设计中，除了有一个基线条件和一个干预条件，还有第二个基线条件。因而，A—B—A设计又称反转型设计。由于有干预的撤销和基线条件的再现，又被认为是一种撤销设计。这种设计的基本思路是：先在一段时间的自然状态下，连续搜集最初的资料，确定研究对象的行为基线或反应方式；然后在随后的一段时间内引入干预处理，并观察研究对象的行为变化，继续搜集和记录有关资料；最后撤销干预计划，把实验条件反转到原来的基线状态，并在之后的一段时间里，继续观测和记录研究对象的变化情况，再次搜集自然状态下的基线资料。A—B—A设计的主要特点是，在撤销或中止干预条件之后，要运用第二个基线条件。A—B设计试图建立行为表现与干预措施之间的关系，只对一种干预措施的影响做出试探性的结论。在A—B设计中发现某一行为表现出从条件A到条件B的改变，有可能是一种巧合。但是，如果研究对象的行为表现在第二基线条件下，又恢复到原来的基线水平，研究人员就可以把研究对象行为表现中的变化，归结为干预（条件B）的实施和撤销。A—B—A设计的目的就是，通过干预措施的引入和撤销，更为清晰地显示研究对象的行为表现与特定干预措施之间的关系。因此，A—B—A设计是一种“更强的”研究设计。不过要注意，恢复到基线条件可能不会完全重现第一基线条件期间获得的数据资料，有些研究对象在干预条件下的学习经验，可能在第二基线条件下仍然保留下来。

3. A—B—A—B设计

为使研究结果更有把握做出合理的推论，可采用包含4个阶段的反转设计，即A—B—A—B设计。这种设计中，在第二基线条件之后，再一次呈现干预条件。如果A—B—A设计的研究资料显示，所采取的干预措施有显著的效果，研究人员就可再次对研究对象施以同样的干预措施，再回到先前的干预状态（条件B）。与A—B—A设计相比，A—B—A—B设计有几个优点：第一，A—B—A—B设计是在实施特定干预条件期间结束，而A—B—A设计为了显示干预效果要撤销一个有效的干预措施，是不符合伦理要求的；第二，A—B—A—B设计为干预效果的评估提供了3种比较的机会（条件A_1与条件B_1，条件B_1与条件A_2，条件A_2与条件B_2），能更准确地揭示干预对行为的影响；第三，A—B—A—B设计重复引入了干预，干预的效果就可以被显示两次，有较高的研究信度，当然，这种重复也有不完善之处，因为第一个A—B序列的某些效果，在第二个A—B序列里仍可能保留。

（二）个案研究设计的扩展类型

上述个案研究设计都采用了被试内的设计方法，研究结果容易受学习效果或遗留效应的影响。例如，在条件 B 期间，引入的实验处理如果具有长时效应，就无法做反转检验。在这种情况下，可以运用“扩展式反转设计”，即采用一种可以在不同背景下或不同研究对象上展现干预效果的设计。常用的扩展式反转设计主要有以下几种：

1. 交替处理设计

交替处理设计，就是在整个实验过程中，对一个被试施以不同的干预措施，并使之相对频繁地交替进行。这种设计可表示为 A—B—C 设计，其目的是观测两个（或多个）处理条件的相对效果。这种设计也是 A—B 设计的一种扩展，第一种干预条件 B 被撤销之后，研究人员引入第二种干预条件 C，同时持续观测研究对象的行为表现。条件 B 和条件 C 都是干预条件，但它们之间相互独立，由此可以显示两种干预措施之间的关系。研究人员根据干预措施的数量，在交替处理设计中，可以增加若干不同的干预条件（条件 D、条件 E 等等）。特定交替处理设计中，所增加的新干预措施，通常都是前一个干预措施的某种修正。通过对每个干预条件下搜集到的资料分析，就可以比较干预措施间的效果。不过，与基本的 A—B 设计类似，单独一个基线的替代处理设计，不能很好地确定干预措施和行为变化之间的因果关系。每个干预条件实施期间搜集到的资料，都可能反映了前述若干种干预的累计效果，而不是其中某一种干预的效果。

交替处理设计的一个变式是重复基线交替研究设计。这种设计采用多种干预措施，并创设多个基线阶段，在引入每一新干预条件之前，都要回到基线条件。因此，这种设计可表示为 A—B—A—C 设计，或 A—B—A—C—A—D 设计。具体设计模式如下：条件 A_1 是针对目标行为搜集基线资料；条件 B 是在特定的一段时间内使用第一种干预措施；条件 A_2 是撤销干预条件 B，回到基线条件；条件 C 是撤销基线条件 A_2，在特定的一段时间内，引入第二种不同的干预措施；条件 A_3 是撤销第二干预条件 C，再次回到基线条件；条件 D 是撤销基线条件 A_3，在特定的一段时间内，引入第三种不同的干预措施。这种重复基线变式，使研究人员可以通过每一个干预措施实施期间的行为表现与基线期间的观测资料进行比较，从而考察不同干预措施的处理效应。这种设计方式能在一定程度上控制实验处理间的污染，降低累计的干预效果，从而能够看到不同干预措施的特殊作用。交替处理设计的另一个变式是重复的或滚动的设计，如 A—B—C—B—C—B—C 设计。这种设计中条件 B 和条件 C 以滚动的方式各呈现 3 次。

2. 变化标准设计

变化标准设计通过在几个不同的时间间隔之间，逐渐提高预定的强化标准，来增加或减少某种行为表现。这种设计与 A—B 设计类似，有两个主要条件：先实施基线条件，然后启动干预条件。不同的是，基线之后的干预条件被分成若干个小阶段，并在每一个小阶段，都对被试行为的可接受水平提出一个比之前更严格的要求。被试的行为表现水平，必须稳定地达到一个预先确定的更高标准，才可得到预定的强化，并进入到下一个干预阶段。因此，前一个干预阶段就成为后一个干预阶段的基线条件。每一次行为标准的提高，都使研究对象的行为表现水平更接近干预的总目标。

变化标准设计的第一步，是在连续几个单位时间里搜集基线资料。然后，研究人员就必须确定：当前表现水平与最终的标准或干预总目标水平之间要实施的步骤数目，即确定将干预条件分成几个小阶段；一旦达到或超过确定的标准行为，给予研究对象何种类型的强化；每一个小阶段中，特定的强化标准是什么。实施干预条件前，要告诉被试，每个阶段若有几次预定的正确反应，就可能得到一个奖励，并且在进入下一个干预小阶段时，原标准要改变。达到预定标准、并观察到稳定的行为表现后，就将标准提高。每达到一个新标准，并有稳定的行为表现后，就执行下一个更高的标准水平，依此类推。据此即可验证施加给研究对象的干预措施与研究对象特定行为表现之间的关系。

3. 多重基线设计

在许多个案研究中，因为实际应用或伦理道德的原因，不可随意撤销一个正在实施的干预措施，再回到基线条件上去。例如，如果一个干预措施涉及某一课程的教学活动，就不可能再返回到真正的基线条件，因为教师不可能将实施干预期间学生获得的信息，从他们的记忆中抹去。在这种情况下，人们通常就会错误地认定 A—B 设计为唯一的选择。另外，当研究任务要求明确变量间的因果关系，但我们已确知自变量具有强污染效应，而且又不可能超越简单的 A—B 设计时，就可以考虑采用多重基线设计的方法。多重基线设计虽然不同于前面讨论过的任何一种设计方法，但仍保留着 A—B 设计的基本概念。多重基线设计的特点是，在引入自变量之前，不同的行为（或研究对象）具有不同的基线期。而且，这种设计既可用于被试内设计，也适用于被试间设计，从而能克服前面提到的处理间的“污染”问题。比如 A—B—A—B 设计虽然也重复了干预效果，但它只靠唯一被试提供干预效果的重复。多重基线设计则不同，这种设计中的重复超越了单个研究对象、单个行为或单个背景的限制，可以对不同对象、不同行为，以及在不同背景中检验干预的效果。运用这种设计方法能够显示出，只有在运用某种干预措施时，才表现出的目标行为改变，从而证实干预措施和目标行为改变之间的因果关系。一般来讲，被试间的多重基线设计实用性更强。

多重基线设计的基本类型包括不同研究对象的多重基线设计、不同行为的多重基线设计和不同背景的多重基线设计。不同研究对象的多重基线设计将同样的干预措施用于不同的研究对象，以便检验一个特定干预项目的效果。干预措施在被试间交替进行。这种设计要在基线条件之后，以不同的时间间隔把相同的干预条件分别施于 3 个不同的研究对象。首先，对这 3 个研究对象，用预定的一段时间（假定为一个星期）搜集基线资料。从第二周开始，对研究对象甲实施干预，而对研究对象乙和研究对象丙继续搜集基线资料。第三周开始，在对研究对象甲继续实施干预条件的同时，对研究对象乙开始实施干预；而对研究对象丙则继续搜集基线资料。最后，在第四周时对研究对象丙也开始进行干预。这时，所有 3 个研究对象都接受干预条件。不同行为的多重基线设计将相同的干预措施用于同一研究对象的 3 种不同行为。干预措施在该研究对象的3种不同行为间交错进行。如要对一个被试表现出的3种不良行为（打人、叫嚷和踢人）给予干预，以便减少或降低其表现水平，就可以采用这种设计。通过为这三种不良行为在不同时间间隔实施同一个干预项目，就可以确定该干预措施与3种不良行为改变之间的关系。这种设计中基线条件和干预条件的间隔时间和每个条件实际所用天数，要根据被试的特点及其背景的实际情况而变化。不同背景的多重基线设计是将同一个干预措施在3个不同背景作用于同一个被试。在这种设计中，干预的起始是在3种不同背景间交错进行的。如，研究者可以针对同一个被试在不同的背景中表现出的同一种不良行为，以不同的时间间隔实施一种干预措施。理想的结果是，一个背景中实施干预措施后，被试在该背景中的不良行为表现就有所改善。第二个背景中实施同样的干预措施后，也得到同样的效果。在第三个背景中也是如此。这样就可确定实施的干预措施与被试行为改善之间的因果关系。

三、个案研究设计实例

（一）例10.5：认知行为疗法的一例个案研究

研究目的：通过对认知行为疗法的一例个案研究的详细介绍，比较认知行为疗法与精神分析法和行为疗法，分析认知行为疗法的优缺点，提出更为综合的咨询建议。

研究设计：研究个案是某学校高一男生贺某，主要心理障碍表现为不敢与人对视，发作时有紧张焦虑的自主神经症状和反复的回避行为。经综合分析，这与个体社会认知的偏差和不合理等因素直接有关。咨询过程包括：①建立求助动机，帮助求助者认识自己的认知偏差。将求助者引导到某个特定的问题范围内，要求求助者集中注意那些具体的问题和可以观察到的事实，而且这些问题和事实通常是求助者所忽略的，引导他对它们进行体验和反省。②在咨询过程中通过布置一系列认知作业，使求助者发展新的认知和行为来替代适应不良的认知和行为。③在处理日常生活问题的过程中培养观念的竞争，用新的认知对抗原有的认知，在此过程中，要让求助者练习将新的认知模式应用到社会情境之中，取代原有的认知模式。④让求助者重新评价自我效能以及自我在处理认识和情境中的作用，以改变对自我的认知。⑤通过回访和跟踪评估咨询效果。

研究结果：基本达到了预期目标：父子关系僵持状况得到了缓解；改善了求助者的不良情绪及回避行为；增强了求助者的自信心，提高了人际交往水平；促进了求助者人格完善和心理健康的发展。同精神分析不同，认知行为疗法着重解决此时此刻的问题，认知心理咨询均属于短程咨询，咨询时间远远少于精神分析的时间，这是认知行为疗法的优势所在。同行为疗法相比，认知行为疗法强调个体内在的心理过程，注重实践和操作性，这是其优势所在。但是，认知、情绪及行为之间的关系到底是什么，认知理论并没有给出详细的答案。同时，认知疗法没有对心理障碍者的心理结构进行分析，这样，一旦遇到某些复杂问题，必然就会影响认知疗法的治疗效果，这是其不足之处。认知行为疗法的咨询目标是具体的、短期的，但促进心理的健康和发展，达到个体人格的进一步完善，是咨询师应树立的终极目标，这是一个长期、艰苦的改变过程。虽然认知行为疗法咨询的时间和效果要快于精神分析，但是精神分析对于改变和调整个体由于幼年经历造成的人格和思维模式要更加彻底一些，在先期阶段用认知行为疗法发挥作用，在此基础上如果求助者愿意接受精神分析，进行心理分析自我探索的话，将两者结合起来进行治疗会具有更为综合的效果。

（二）例 10.6：注意力不集中儿童的个案研究

研究目的：通过对注意力不集中儿童心理训练过程的详尽研究，探寻比较有效的心理训练方法，同时为遇到类似问题的家长及教育者提供一定的指导。

研究设计：研究个案是小明，男，6 岁半，视听觉正常，五官端正，四肢健全，走路动作不协调。特别重感情，但情绪不稳，偶有不遂心愿就会哭闹，母亲在时，其独处时间较长。在幼儿园很少主动跟小朋友玩耍，也不主动跟小朋友打招呼。研究过程包括收集个案家庭背景及其行为表现；经过医学及心理学的双重评估，排除了其他的行为障碍、情绪障碍或明显的智力低下等问题，诊断为注意力不集中；对个案注意力不集中的治疗在医学方面主要是服用医生开的中枢神经兴奋剂类药物，药量逐渐减少，在心理学方面主要运用感觉统合训练，同时运用音乐疗法、书写疗法、游戏疗法、亲子关系训练等方法加以辅助，在康复中心高强度集中训练一个月，之后回家继续训练，强度依次减弱。

研究结果：个案的情绪较训练前有了明显的改善，稳定性高，哭闹明显减少。学会了握笔，会写基本的汉字和基本的阿拉伯数字。能正确地辨认颜色，学会了几首歌曲。走路的动作较以前有了明显的改善，协调性更强。社会交往能力有了提高，能够主动跟小朋友打招呼、玩耍。整个研究结果表明：把感觉统合训练、音乐疗法、书法训练和家庭教育及学校教育等方法技术整合起来对注意力不集中儿童行为恢复是可行、有效、有价值的。

练习题

一、名词解释

（1）观察法；（2）访谈法；（3）个案研究。

二、简答题

1. 观察法的类型有哪些？
2. 简述观察法的设计与实施过程。
3. 访谈法的类型有哪些？
4. 简述访谈法的设计与实施过程。
5. 个案研究的一般特征有哪些？
6. 简述个案研究的设计与实施过程。

第四编

变量数据的获得方法与技术

第十一章　变量数据获得方法概述

内容简介

当今科学可靠的心理学结论往往是从复杂甚至混乱的现象中得出。化繁为简，几乎所有心理规律都可以还原为变量与变量之间的关系。变量与变量之间关系的探讨是心理学研究的核心内容。研究者通过寻找变量之间的共变关系揭示个体心理规律。而确定变量之间关系需要通过各种技术指标获得变量的数据。本章首先介绍了变量数据获得方法的类型，包括测评法、实验心理范式与认知神经科学范式；随后对心理变量的测评指标，也就是心理研究中的因变量进行了详细介绍，包括指标的具体类型、应具备的性质、指标的选择，以及如何确定指标的测量水平。在学习前可以先对以下问题进行思考：

- 不同的研究是如何选择测评指标的？
- 如何确定一个测评指标的好坏？
- 在研究中可以通过什么方法使一个测评指标更可靠？
- 如果实验任务过难或过易会对结果产生什么影响？
- 在确定因变量后，如何选择合适的测量水平？

第一节　变量数据获得方法的类型

如第一编所述，“变量数据的获得方法”是心理学研究方法体系中第二层次的研究方法，是涉及研究的具体环节的方法。变量与变量之间关系的探讨是心理学研究的核心内容。而当前科学心理学对变量之间关系的研究是通过量化的方式来实现的。因此如何去获得各个变量的量化的数据就成了心理学研究中的技术重点和难点。自心理学成为一门独立的学科以来，研究者们已经积累了大量心理变量的数据观测技术范式。尤其是认知心理学和认知神经科学的兴起，使心理学研究技术得到了空前的发展。了解、学习和掌握这些研究技术范式，对开展心理学研究无疑具有重要现实意义。

我们认为，在心理学研究中，获得变量数据的方法总体上可以概括为三类型：

第一类是测评法，就是通过测评技术来获得变量数据的方法。传统上，一般把测评法分为测验法、问卷法和评价法。

第二类是实验心理范式，是指由某项研究首先创立、被后人广泛应用的、在实验中对各种心理特质或行为进行测定的经典实验任务或技术，如知觉研究中的双关图任务、注意研究中的双耳分听任务、记忆研究中的短时记忆广度任务、问题解决研究中的河内塔任务、阅读研究中的移动窗口技术等。实验心理范式可以分为传统的实验心理范式与认知实验心理范式。认知实验心理范式主要指建立在现代信息加工观点之上的实验技术范式。其主要特点是借助于复杂的实验设计、通过反应时和正确率等较简单的指标，实现对人类大脑内部认知机制的研究。这种技术范式在当前科学心理学研究中仍处于主导地位，涉及领域之多样、内容之丰富是其他技术范式很难比拟的。传统的实验心理范式主要指自冯特（Wundt）建立第一个心理学实验室以来，在除信息加工心理学之外的各心理学领域出现的实验心理研究技术。

第三类是认知神经科学范式，是指当代认知神经科学领域常用的各种研究技术。这种技术范式主要可分成脑成像技术和脑损伤技术两大类。脑成像技术是通过精密的仪器对自变量引发的大脑神经活动进行实时测量的技术，主要包括正电子发射断层扫描技术、功能性核磁共振技术、事件相关电位技术、光学成像技术、脑磁图技术和单细胞记录技术等。脑损伤技术又包括创伤性的脑损伤和虚拟脑损伤两种技术。前者主要指针对由于意外突发事件或脑疾病导致大脑某些部位受损伤的患者的研究，后者则特指采用透颅骨磁刺激仪技术进行的脑机制研究。认知神经科学技术范式是当代心理学研究中最前沿、最具生命力的研究方法，代表着心理学研究的一个重要发展趋势。

本编内容的框架就是在上述分类方法的基础上制定的。首先我们系统地介绍在获得心理变量数据时可能采用的各种指标；然后分别介绍变量数据获得的测评方法、传统实验心理技术范式、认知实验心理技术范式和认知神经科学技术范式。此外考虑到眼动实验技术是当今心理学研究中一种先进的变量数据获得方法，而且内容自成体系，所以我们对此也做专章介绍。

第二节　心理变量的测评指标

一、心理变量的常用指标

尽管心理学研究中的因变量千差万别，但绝大多数指标都可归为行为指标、生理指标和自我报告这三大类别。

（一）行为指标

行为指标以被试的外在行为特征作为测评对象，具体包括行为发生的频率、潜伏期、持续时间、正确率、强度等。

1. 频率

测定方法就是在某一特定的时间内记录特定行为发生的次数。如在助人行为研究中，主试有意在行人面前遗失包裹，通过记录给人以帮助的人数考察助人行为的特点。该研究的实验指标就是助人行为发生的频数。在社会心理学研究中，有人把说话发生结巴的次数作为人际焦虑的指标。在动物学习实验中，也常以白鼠正确按动杠杆或鸽子正确啄电键的次数作为学习效果的指标。

2. 潜伏期

指被试从接受刺激到对刺激做出反应所消耗的时间。潜伏期通常与反应时同义，主要用于认知过程的研究中，常作为推断认知加工阶段的依据，如简单反应时、选择反应时和辨别反应时分别包含了不同数量的信息加工过程。但潜伏期的价值不仅仅限于此。如前述的助人行为实验中，还可以把潜伏期作为助人行为产生的积极性指标，从看到有包裹遗失到捡起包裹送还主人所花的时间越短，说明该被试的助人动机越强，行为越果断。也有研究者把一个人接受任务到开始从事工作的天数作为办事拖延的指标，这也属于潜伏期的范畴。

3. 持续时间

指被试从行为发生到行为结束所消耗的时间。在认知心理学中持续时间与反应时在很多场合也具有相同的含义。如阅读一个句子所花的时间既是持续时间，也可以看成反应时，反映了句子理解各阶段所需的时间。但在认知心理学之外的领域，持续时间还可以作为情感和个性范畴的行为指标。如个体持续从事一项任务的时间可作为工作兴趣的指标，还可以把婴儿持续跟踪一个刺激的时间作为喜欢程度的指标，把老鼠走完迷宫的时间作为学习程度的指标。

4. 正确率

在学习和记忆类的研究中，行为反应往往有正误之分。被试反应的正确率或错误率是此类研究最常用的指标。如在工作记忆容量的测试中，确定容量大小的依据就是被试能正确记住多少个数字、单词或图形。内隐学习的效果也主要通过间接测验的正确率进行考察。正确率除了本身可以独立作为因变量指标，还是反应时的重要辅助指标。因为大量研究表明，在以反应时为指标的实验中普遍存在速度—正确率权衡问题，即被试可能为了提高反应速度而牺牲正确率或为了提高正确率而牺牲反应速度。如果正确率很低，那么反应时的数据就无任何意义，因为错误的反应的时间不能为心理过程提高任何信息。相反，尽管反应正确率很高，但被试并没有尽快做出反应，那么反应时数据就会掺杂进很多与实验任务无关的因素，也使反应时失去意义。因此，在反应时实验中一定要同时记录被试反应的正确率，以判断是否存在速度—正确率权衡问题。可见正确率是最常用的行为指标之一。

5. 强度

在有些研究中也可以把行为强度作为实验指标。如动物应激实验中以缩腿或伸腿的强度做应激水平的指标。在社会心理学中，把个体拍手的强度作为认可程度的指标。感觉研究中视觉明度和听觉响度都是以强度为指标的。

大多数心理活动都会以外显行为表现出来，行为指标在测评这些心理现象中具有重要意义。但也有一定的局限性，如通过行为指标无法直接收集到行为原因的数据。为了深入揭示行为的内在机制和影响因素，研究者应该尽可能将行为指标和其他指标结合起来使用。

（二）生理指标

生理指标以伴随心理活动产生了生理反应作为测量对象。这种测量通常需要借助特殊的仪器。具体如下。

1. 肌电 （electromyographic，EMG）

是指与肌肉纤维收缩有关的电位。这种电位持续时间非常短，一般在 1 ~ 5 ms 之间。用于记录肌电的传感器有创伤性的针式电极和非创伤性的表面电极。前者直接插入肌肉组织，可以记录单个纤维的电位；后者粘贴于对应特定肌肉的皮肤上，可以记录肌肉纤维群的整体电位变化情况。肌电的信号强度一般在 1 ~ 1 000 μV 之间。但小于 20 μV 的信号很难记录到。脉冲频率通常在 20 到 1 000 Hz 之间。根据研究侧重点的不同，具体的测量内容有所不同。如果要观察单一纤维或一组同源纤维的电活动，可以通过对精细的目标刺激的反应进行测量，如对很小的电击的反应。如果对肌肉纤维的长期活动感兴趣，则可以记录整合的神经发放强度、频率以及反应频率的变化情况。肌电记录在情绪研究中具有很大的应用价值，如苏拉卡和希耶塔宁（Surukka & Hietane，1998）通过情绪反应的面部肌电记录发现，真正的微笑和装出来的微笑有不同肌电活动模式。

2. 皮肤电 （electrodermal，EDA）

皮肤电与汗腺分泌活动有密切关系。而汗腺分泌活动通常能对情感和认知活动的变化做出反应。活动区域和非活动区域之间电极的电位叫作皮肤电位。通过在皮肤表面两电极之间施加恒定的电压，根据电流的强弱可以测量皮肤的导电性；或者保持两电极间电流的恒定，对电压进行调节，根据电压的变化可以测量皮肤的阻抗。皮肤电测量采用无创伤性的金属表面电极，一般置于两个手掌或一只手的不同手指之间。皮肤电位通常在 1 ~ 6 mV 之间。测量皮肤阻抗通常以 100 kΩ 为基线，阻抗一般围绕基线在 0.1 ~ 50 kΩ 之间变化。皮肤导电性一般以微西门子为单位（microsiemens，$\mu S = \Omega^{-1}$）。如果导电性的基线为 10 μS，那么皮肤导电性的变化范围一般在 8 ~ 20 μS 之间。反应持续时间通常在 1 ~ 3 s 之间。当然，随着具体实验条件和研究类型的不同，上述参数的变化范围也有所不同。在实验过程中具体测量的参数还有反应波幅、潜伏期、上升/下降时间和反应频率等。皮肤电活动测量可广泛应用于由各种刺激引起的唤醒水平的研究。如最近布莱尔（Blair）等人（1997）发现，精神错乱者对危险信号的皮肤电反应明显比正常人低。

3. 心血管指标

具体包括心率、血压和血流量等指标。心率是情绪研究中一个较敏感的指标。个体在紧张、恐惧或愤怒时往往心跳加快，而在心理愉快惬意的时候心跳比较平稳。如伍德和霍坎森（Wood & Hokanson，1965）以心率为紧张程度指标，考察了激动水平和操作成绩之间的关系。他们发现开始阶段随着心率增加，操作水平也随之提高，但到一定程度之后，心率增加反而使操作水平下降。心率变化在各种特殊作业引起的心理负荷的研究中也有广泛应用，如心率可以作为飞行员工作负荷的指标之一。血压也与情绪状态有密切的关系。紧张的脑力工作、生气、害怕和接受新异刺激会使个体的皮肤血管收缩，动脉压升高，从而使更多的血液流入脑中。血流量测量在当代认知神经科学的脑成像研究具有重要作用。正电子发射层析扫描术和功能性核磁共振等技术就是借助对血流量或伴随的血氧量的感应实现成像功能的。

4. 呼吸

具体涉及动脉血氧水平、肺内二氧化碳水平、呼吸频率和呼吸深度等指标。血氧量可用特制的血氧定量计根据饱和血红蛋白的百分比进行测量；把一个导管插入鼻孔约6 mm，并固定于上嘴唇，通过测量二氧化碳呼出压或呼出空气中二氧化碳的百分比可实现二氧化碳水平的测定。呼吸频率和呼吸深度则可用呼吸描记器直接测量。在具体实施过程中，可得到50余种参数，涉及排气量、频率、压力、呼出气体成分比、血氧量等。但呼吸参数的分析长期以来在心理学中未引起足够重视。但自从弗里德和格里马尔迪（Fried & Grimaldi，1993）出版了名为《心理学与呼吸生理学》的专著之后，这方面研究有了明显的突破。越来越多的研究者已经意识到呼吸和很多心理因素有关，呼吸指标对唤醒、情绪模型的研究具有重要意义。黑格尔和弗格森（Hegel & Ferguson，1997）利用二氧化碳测定仪考察了惊慌恐惧障碍患者的呼吸模式，发现了显著不同于正常人二氧化碳水平。

5. 脑电

是指伴随大脑皮层和中脑结构大量神经元活动的电活动。脑电活动能够反映出由心理活动引起的中枢性变化。脑电指标具体包括自发电位 EEG，平均诱发电位 AEP，以及由脑电流产生的脑磁场 MEEG。利用脑电仪可以把不同认知唤醒水平，不同情绪状态或执行不同认知过程时大脑不同部位电位差的变化记录下来。脑电仪有的采用创伤性针式电极，可直接插入大脑皮层或更深入的结构；也更多地采用无创性电极帽，可直接置于头皮表面。MEEG 测量一般采用超导量子干扰设备，该设备极其敏感的超导电极可检测到脑内微磁场的动态变化。脑磁电极不需接触头皮或皮层组织，具有更完善的无创性。自发性脑电 EEG 有四种不同频率的波。δ 波频率最低，在 0.5 ~ 4 Hz 之间，波幅范围 20 ~ 200 μV，这种波一般在深度睡眠时出现。θ 波频率在 4 ~ 7 Hz 之间，波幅 20 ~ 100 μV，一般在人比较疲劳、困倦或感到失望、受挫折时出现。α 波在 8 ~ 13 Hz 之间，波幅 20 ~ 60 μV，主要与皮层的枕叶和顶叶活动有关，在额叶也可观察到，反映个体处于清醒安静的状态。当注意集中于一定的对象，感受器受到强烈刺激，从事复杂的认知任务时出现 α 节律抑制现象，即 α 波消失。β 波属于高频波，在 15 ~ 40

Hz之间，波幅2～20 μV，在感官接受刺激，思考问题可在皮层多部位观察到，是大脑皮质处于兴奋状态的表现。自发电位在睡眠、意识唤醒、脑自组织功能和整合问题（binding problem）研究中有较多的应用。

诱发电位是指由特定的刺激或事件引发的脑电波，有的持续时间很短，只有10 ms左右，如由亚皮层脑组织产生的脑干听觉诱发电位；有的则持续时间很长，可达到1 s甚至1 s以上，如准备电位。由于诱发电位的波幅非常小，埋藏于大量的自发电位中，所以通常需要叠加之后才能收集到有关数据。由于这种电位与特定的刺激或心理事件相关，所以也叫事件相关电位。这种电位是现代认知神经科学中应用最广泛的指标之一。研究中具体涉及的脑电参数有正负波形（也叫成分）、潜伏期、波幅、脑地形图等。诱发电位可广泛用于知觉、注意、记忆、言语、意识、情感等多种心理过程的研究。详见认知神经科学范式部分。

除了上述指标，在心理学研究中还有很多重要的生理指标，如内分泌指标、生化指标、眼动模式、功能性神经成像、脑磁图等。后几种指标已成为当代认知心理学和认知神经科学的技术基础，因此将在后面的章节中做详细介绍。

（三）自我报告

自我报告主要指以自陈式量表得分作为评价指标的方法，总体属于心理测验法和问卷调查法范畴。也有一些自我报告结果可作为实验指标，如口语报告是问题解决研究中的常用指标。在临床心理实验中有时会要求被试报告当前的感受，回忆以往的经历并对那些经历做出评价，或对自己今后的行为进行前瞻性预测，这些研究都需要以口语报告作为实验指标。口语报告法是指通过分析被试对自己心理活动的口头陈述，从而收集有关数据资料的一种方法。该法让被试在进行某种心理活动的过程中或刚刚完成某种心理过程之后，将自己在头脑中进行的各种心理活动的进程用口头方式报告出来，然后研究者及时将他们的报告内容记录下来，最后按一定程序对所记录的内容进行分析，从而揭示被试心理活动的过程及其规律。口语报告法还往往与思维研究中的问题行为图的方法相联系，便于进行计算机模拟研究。口语报告数据处理一般包含以下程序：①将录音资料或录像资料及时转译成书面材料。②对书面材料进行编码，一般将整个心理过程分作几阶段或中心事件，然后再按编码系统对这些事件进行编码和分析。③对分析结果进行定性和定量分析。口语报告法的分析可以借助计算机统计处理法进行，还可以采用图解法，如问题解决流程图、决策树分析等方法进行处理。口语报告结果具有很强的实时性，可以直接地了解被试正在进行的心理活动，能有效地揭示人类心理活动的历程，如信息加工过程、情感激发过程、决策过程等。但口语报告一方面需要研究对象具备一定的口头表达能力，对特殊患者、儿童和老人的研究不太适用，而且被试的报告结果可能与实际情况不符，被试所报告的可能只是他们对所研究行为的感受和看法而不是对心理过程本身的描述。因此，口语报告指标的应用有一定的局限性。

二、心理变量指标应具备的性质

考察同一心理现象可以采用多种实验任务，同一个实验任务可以有多种可选指标，那么应该怎么衡量不同指标的优劣呢？如何确定指标选择的依据呢？这就需要对心理变量指标应具备的性质有全面的了解。这些性质包括可靠性、有效性、精确性、敏感性、区分性、适宜性等。

（一）可靠性

心理变量指标的可靠性类似于心理测量中的信度，指在相同实验条件下多次重复测量所得结果的一致性。如用正常的体重计测体重，不管测多少次，所测得的值都非常接近，但如果体重计是假冒伪劣产品，则多次测量的结果可能会有很大的出入。这就是测量的可靠性问题。可靠性通常用多次测量值之间的相关系数表示，相关越大，可靠性越高，反之越低。

在心理学实验中，测量的可靠性还包括所测得的被试行为的典型性。被试尽管对一次具体的试验（trial，指一次完整的观测）做出了反应，但这次反应并不一定是其典型的正常反应，那么这样记录到的分数就会误导整个实验结果。如在反应时测试中，被试可能因最近发生了重大生活事件而身心疲惫，注意力涣散，实验过程中经常开小差，这种情形记录的数据根本不能反映这个人正常的心理特点。还有的被试在没完全理解实验要求的情况下就匆匆开始正式实验，有的在练习中还没达到稳定值就放弃了联系，这样的数据都不具备可靠性。而我们做实验的目的是获得被试在特定条件下稳定、典型、有代表性的行为数据。

保证被试行为可靠性的方法有两种：一是进行练习实验；二是进行多次重复测量。被试行为缺乏代表性的一个主要原因是他们还没有熟悉实验任务。通过练习可以解决这个问题，具体做法是让被试接受正式实验中的任务，但在数据处理的时候排除这部分实验结果。任务复杂和采用精密仪器的实验尤其需要练习。练习不但可以确保被试完全理解实验要求，而且还使被试习惯于被主试观察，从而表现出更自然的行为。一次试次所得到的观察值可能反映了各种各样的影响因素，如偶然干扰、猜测、试次过难或过易等。显然这样的试次代表不了典型行为。避免这种问题的有效方法是对同样的试次进行多次测试，用总分或平均数作为心理变量指标，这样就能平衡掉很多随机的波动，提高数据的可靠性。如在记忆研究中，研究者通常在每种条件下呈现多组刺激项目，以平衡熟悉性、易读性等因素；在反应时研究中，通常每个实验条件要做很多次不同或相同的试验，以平衡刺激的物理特性和其他偶然因素的影响。具体的实验次数随任务性质而有所不同，容易受偶然因素影响的实验应该多采用一些试次，如反应时任务每种条件一般需要 40 到 100 次。如果任务受外在因素影响不大，如问题解决任务，则次数可以少一些。

（二）有效性

心理变量指标的有效性指所测指标能真正反映所考察心理活动的程度。如颅相学认为人的颅腔越大，大脑也越大，从而智力水平越高，因此用标尺测量前额颅骨的大小作为一般智力的指标。但是现代大量研究表明，颅骨和大脑的大小和智力水平之间并无直接关系。有些大脑过大的人往往智力落后，而很多著名的科学家和思想家的大脑比普通人小得多。显然颅骨大小这种智力指标的有效性是很低的。心理变量指标的有效性不同于研究设计的内部效度和外部效度。后者用于评价自变量与因变量之间关系的可靠性和研究结论的代表性，而前者侧重于单个变量指标的有效性。

（三）精确性

测量的精确性指所测结果与已知标准的一致性。如当把 50 kg 的标准重物置于体重计时，如果所测值正好是 50 kg，放 100 kg 的重物时，正好测得 100 kg，则体重计所测的值是精确的。同样如果温度计置于冰水混合物时正好读数为 0 ℃，置于标准大气压的沸水中时，读数为 100 ℃，则温度计的精确性也很高。如果计数器所测得的数量和实际事件发生的数量相同，则精确性也很高。在实际测量中，单次测量结果往往与标准值不一样，但多次测量的平均数往往和标准值比较接近。测量值和标准值之间的差值叫作测量偏差。测量偏差可通过调整仪器或采用数学方法避免。在心理变量指标中，精确性问题比较突出的是反应时测量。当前绝大多数研究都用计算机记录反应时，有的采用专门的实验软件，有的采用自编计时程序。专用实验软件的计时精确性虽然通过专家鉴定，但是随着软件运行环境和计算机配置的不同其精确性可能发生变化。自编软件的计时精度则往往存在很多问题，尤其是口头言语反应时的记录精确性很难达到 1 ms。这些因素在有关的心理实验中必须考虑到。

（四）敏感性

做实验的目的是观察随着自变量水平的变化反应变量是否做出了相应的变化。实验指标应该能区分行为变化每个细微的变化，给每个不同的行为赋予不同的数值。只有当两个人表现出完全相同的行为时才能具有相同的分数。当自变量对行为的细微影响就能导致不同的观测值时，我们就说这样的指标敏感性比较高。如信号检测论中的有无法的敏感性就不如评价法高。因为前者只能粗略地做有或无的反应，当被试觉得非常肯定地有刺激时，他会报告“有”，但是当他觉得好像有刺激时，也会报告“有”，显然这两个“有”的实际心理意义明显不同，但是对研究者而言，只能认为它们属于完全相同的反应。而评价法可以对同一种感觉分 5～7 种水平进行评价，对于每一种不同的感觉差异都能做出不同的反应，显然反映的敏感性比较高。

有些实验指标在一些实验任务中比较敏感而在另一些任务中又变得不敏感。在同样的实验条件下，有的指标不敏感而有的指标很敏感。阿博特（Abbott）考察了大脑皮层在恐惧表现中的作用。实验中对正常白鼠和通过外科手术在出生后就去除皮层的白鼠实施3次简短的电击，然后观察白鼠的表现，以白鼠每“僵化”（保持不动）2 s作为恐惧的指标。结果发现，正常鼠在多数时间保持“僵化”，而去皮层鼠没出现“僵化”行为。这样研究者可以得出结论：电击对去除皮层的白鼠的行为没有任何影响。但是研究人员在实验过程中不经意地发现，去皮层白鼠在遭电击后积极的探索性行为明显终止，代之以尝试性的抓挠退缩行为。如用后退站立的行为在电击后彻底消失。这些观察结果说明实际上电击对去皮层白鼠的行为产生显著的影响。可见尽管“僵化”次数在其他动物实验中是恐惧的最佳指标之一，但是在该实验中对白鼠的恐惧行为不是一个敏感的指标。因此，在实际研究工作中，研究人员要注意尝试从多角度，用多指标对行为进行测量，选择在特定实验中表现出最高敏感性的指标。

（五）区分性

区分性是指心理变量指标应该具有足够宽的变化范围，以区分自变量不同水平导致的行为变化。变量指标不仅要区分被试行为的细微变化，而且还应该能获得在整个可能的变化范围中的数据。主要有三种因素可能导致区分性过低：测试范围设置、任务过难和任务过于简单。在实验设计中可能因为人为的因素导致被试的行为只能在有限的范围内得到测量。如不同的人在攻击性方面有很大的差异，如果研究者只把攻击性数据限制在1、2、3这个范围内，那么每个人的得分都会很接近，不能随自变量的变化做出明显的波动。如果将攻击性数据范围定位0～100，则各种攻击性水平都能得到准确细微的反映。

任务难度是更常见的影响实验区分性的因素。如果实验任务过于简单，则会导致实验数据出现天花板效应（ceiling effect），即因变量的数据几乎都达到可能的最大值；如果实验任务过难，则会导致地板效应（floor effect），即因变量的数据几乎都达到可能的最小值。如有人试图用实验考察时间间隔对记忆成绩的影响。学习阶段要求被试记住10种水果或蔬菜的名称，测试阶段要求被试从20种水果蔬菜中选出前面学过的名称。间隔时间有10个水平，从10 min到100 min，以10递增。因变量为正确选择的百分比。结果发现，学习和测试之间的时间间隔对记忆成绩没有影响，所有被试在各间隔点的平均正确率都达到96%。显然如果就此下结论是有问题的。因为通过深入分析数据可以发现，即使在最长的时间间隔，绝大多数被试的正确率达到了100%，既然最难的水平都已经取得最佳记忆效果了，那么更简单的水平不可能出现再低的记忆成绩。这就是典型的天花板效应。反之，如果记忆对象是无规则的几何图形，而且时间间隔都在12 h以上，则很可能导致绝大多数被试的记忆成绩都低于20%，出现地板效应。

这两种效应对数据分析有两方面影响：①大大缩小数据变化范围，降低了实验处理间平均数的差异显著的可能性，不利于考察自变量的效应；②使处理内数据的变异变小，由于许多推论统计把处理内变异作为随机误差，从而把本来由偶然因素引起的变异误当作实验处理的变异。天花板效应和地板效应对实验研究有很大的危害，一方面在实际研究中由于数据不是特别明显，研究者可能意识不到它们的存在；另一方面这两种效应的存在意味着实验的失败，研究者必须重新设计和实施整个实验，浪费人力物力。因此应该尽可能避免。

（六）适宜性

这里的适宜性主要指心理变量指标的选择要考虑到不同被试的特点。例如，以幼儿或心理障碍患者为被试的实验应该使测量指标对应于他们的理解水平，不能使用复杂的指导语，而应该采用图解等更形象的解释方法。对于特殊的研究对象往往需要一些创造性的实验技术和指标。如人们在针对不具备言语能力的婴儿的研究中，开发了一些经典的实验技术，如习惯化技术、偏好技术和辨别学习技术。习惯化技术先给婴儿重复呈现某个刺激直到对该刺激感到厌烦不再做出反应，然后呈现其他新异刺激，再观察婴儿的反应，从而推断其相应心理能力。如在形状辨别能力研究中，先给被试多次重复呈现一个方形，直到不再看该刺激，然后让他看一个圆形。如果婴儿看这个圆形，那么可以判断他们已经具备辨别不同形状的能力。偏好技术则同时给被试呈现两个刺激，如果婴儿对其中一个刺激注视更长的时间，则说明他们已具备区分这两种刺激的能力。辨别学习技术则训练婴儿对某的刺激进行特定的反应，如看到圆形时进行吮吸看到方形时不做反应。如果在测试时婴儿表现出不同的吮吸频率则说明他们已获得辨别能力。

除了特殊被试，在正常成人的实验中也需考虑测量指标的适宜性问题。尽管研究者对实验任务非常熟悉，但对任何一个被试而言，每个实验都是新鲜事物。只要感觉到被试可能对哪个环节会产生误解，研究者就需要进行详细说明。保证测试指标适宜性的一个重要途径是在正式实验前进行预试。根据预试发现的问题对实验指标进行适当的修正以符合正式实验的要求。

三、心理变量指标的选择

以上六方面性质是指标评价和选择过程中必须考虑的因素。在实际研究工作中，选择因变量指标还应该考虑一些具体的因素。这些因素包括研究传统、理论框架和实验仪器等。很多研究课题都在以往研究的基础上进行，一般用新的自变量去考察同样的心理现象。这种研究在指标选择时可以借用先前研究的指标。如在动物行为训练研究中，和前人一样用白鼠按压杠杆的次数或鸽子啄键的次数作为因变量指标。用这种指标不仅能够保证指标的各方面性质，而且有助于同类研究的比较。

一个心理学理论往往包括多层次、多方面的内容。随着研究深入，一些传统的指标可能无法解释新的理论结构，这时候就需要研究者开发新的实验任务和指标。如巴德利（Baddeley）的工作记忆模型研究中，考察语音回路通常采用语音相似效应和词长效应等指标，考察中央执行功能可采用随机数生成和河内塔等任务指标，但对于新近提出的情境缓冲区，由于无传统可循，只能靠研究者根据该心理结构的特性开发新的实验任务和指标。新指标的开发对实验心理学的发展有很大的推动作用，一种经典的实验指标可能开拓一个新的研究领域，成为多种理论的基石。即使在传统的研究领域也可以发展一些新的指标，这种新指标往往能对问题提供新的洞察力。不过新指标的可靠性、有效性、敏感性等性质往往需要长时间的检验。

选择心理变量指标还需对新技术、新仪器有及时的了解。有些新技术虽然不是因心理学而产生，但是却能为心理学所用。研究者应该在选择实验指标时考虑到这些新技术的可用性。如以往人们在研究认识过程时多采用行为指标，对心理机制做抽象的假想和模拟，无法直接了解人脑内部的心理活动。但近些年不断发展的脑成像技术为内部心理机制的考察提供了实时性和精确性更强的指标。通过先进的脑磁图甚至能够追踪从接受刺激输入到中枢加工直至做出行为反应整个认知加工流程。眼动技术能为阅读等复杂的认知活动提供细致的实时指标；多导生理仪则能提供多方面的身心状态指标。因此，实验室应该尽可能配备最先进的实验仪器，研究者应该选择信息量最丰富、最可靠的指标。当然受经济条件影响，很多研究机构不具备先进的研究条件，对心理变量指标一般进行“方便取样”。这种情况下研究人员要考虑所选指标是否足以揭示所研究问题。如某动物心理实验室的操作箱装有杠杆和进料器，可以进行操作性条件反射实验，能记录白鼠的反应频率，即白鼠每分钟按压杠杆的次数，但是不能提供反应持续时间和反应强度的信息。如果单一反应频率足以揭示操作性条件反射的结果，那么该实验室的研究质量能得到保证，但是如果有人发现操作性条件反射必须有反应强度和反应持续时间方面的数据，那么该实验室就无法完成高质量的研究。可见，在实验条件有限，采用便捷式心理变量指标时，一定要对该指标进行深入认证。

四、心理变量指标的测量水平

（一）测量水平的等级

心理变量指标的测量实质就是根据某种规则给观测对象或事件赋予特定数值的过程。尽管观测对象均被赋予数值，但是不同研究情境中的数值所含的信息量有很大差异。如有时 1 代表的是一种类型，如代表男性；有时 1 则代表一种顺序编号，如第一名。根据测量值所包含的信息量的多少，斯蒂文斯（Stevens，1946）把所有的测量分成四种水平，亦即四种类型，按信息量从低到高分别是类别水平测量、顺序水平测量、等距水平测量和比率水平测量。

1. 类别水平测量

类别水平的测量是最低水平的测量，只能把特定的行为或对象分成不同的类别。类别水平的测量值代表事物或现象的名称，只表示质的差别，没有量的概念。如把性别分为男女，把性格分为内向和外向，把被试反应分为是和否，把职业分成工、农、商、学、兵都属于类别水平的测量。进行类别测量的前提是所观测的指标必须具有互斥性（mutual exclusivity）和穷尽性（exhaustiveness）。互斥性指同一观测值不可能同时属于多个类别。如在同一次考试中，不可能既及格又不及格；一个人不可能既是男的又是女的。穷尽性是指所测指标应该包括所有可能的观测类别。

在实际研究中，为了便于数据处理，研究者通常给不同的观测类别赋予特定的数值。如用1代表男性，用2代表女性。由于类别水平测量的实质在于区分质的差异而无数量意义，因此不能认为2比1大，所以女性比男性好或者更有价值。所以类别水平指标的数值不能进行加减乘除运算。

2. 顺序水平测量

顺序水平的测量值不仅能区分不同反应的类别，而且还能根据数量关系对观测值进行排序。如智力水平有高、中、低之分，分别用1、2、3表示，那么这里的数字不仅代表了不同类型的群体，而且还说明了大小、高低顺序，1比2高，2比3高。但是1与2、2与3之间相差多少，顺序量表无法提供这种差异量信息。

严格地说，绝大多数心理指标的测量都处于顺序水平。如艾森克人格问卷中的内外倾分量表根据被试对有关行为倾向的题目的反应推断性格的内外倾情况。多年的效度研究表明，该分量表得分高者在实际生活中确实表现得比较外向，但是量表所能做到的仅仅是对内外向程度不同的人做出区分。如果一个人的得分比另一个人高3分，我们无法说清楚高分者比低分者更外向多少。同样，很多其他的心理指标虽然都有程度上的差别，但也不能直接观测，如态度、动机、人格特征、心理健康，只能处于顺序水平。然而，这是一个争议很大的问题，因为如果承认这些指标都是顺序水平上的，那么有关这些心理现象的观测数据不能采用很多常用的统计方法进行分析。一般认为，顺序水平的数据不能进行数学运算，只能采用中位数、百分位数、等级相关、肯德尔和谐系数、符号检验、等级变异数等分析统计指标或方法。但实际上在各种期刊文献中，很多研究者对这些指标运用了平均数和参数检验。显然在这个问题上存在严重的矛盾。

3. 等距水平测量

等距水平的测量指标不仅能区分不同观测值的大小，而且还能知道相差多少，因为具有相等的单位。摄氏温度计是最典型的等距指标，每个刻度代表的含义相同，相等的刻度差反映了相同的变化。如6 ℃和8 ℃之间的温度变化和30 ℃与32 ℃之间的温度变化量相等。但是等距测量中的零点是依据方便性的原则人为设定的，因此没有绝对的零点。当观测值为零时，并不意味着个体没表现出任何行为，如智力测验得零分的人也会表现出一些智慧行为。智力测验是心理学中典型的等距水平指标，智商为125和120的人之间的差距，与智商为85和80的人之间的差距相等。但是我们不能说智商为140的人的智力水平是70的人的2倍。因此，等距水平的数据可以进行加减运算，但不能进行乘除运算，适用的统计方法主要有平均数、标准差、积差相关、T检验和F检验等。

很多心理学研究者为使测量数据能进行更丰富的统计分析，通常试图把顺序指标转化成等距指标。最常用的转换方法是把测试的原始分数转换成标准分数。智力测验就是这么转化过来的。不过在结果分析的时候研究者应该谨慎，有些顺序指标尽管形式上已转换成等距指标，但实际上很难保证所有测量值的间距差别相等。有些研究者甚至仍把标准智力测验分数看成顺序值。

4. 比率水平测量

比率水平的测量指标除了具备前三种水平的属性，还有绝对零点，是测量的最高水平，也是科学研究中最佳指标。比率量表的测量值为零，说明某种事物或行为不具备被测量的属性或特征。开尔文（Kelvin）绝对温度计是最典型的比率量表。当该量表数值为零时，所有的热量彻底消失。由于具有绝对零点，且观测单位相等，比率测量值可进行加、减、乘、除四则运算。除了可以采用前述的各种统计量和检验方法，比率水平指标还可以计算几何平均数、相对差异数、等比量数等参数。

反应时间和正确、错误反应数是心理学研究中常见的比率水平指标。如动物实验中白鼠按动杠杆的次数，记忆实验中正确回忆的项目数，信号检测实验中的错误数，反应时实验中的潜伏期或持续时间都属于比率指标。如果按压杠杆的观测值为零，则说明动物没做出研究者所关心的反应。如果一只白鼠的反应次数为 30 次，另一只为 15 次，则可以肯定地下结论，前者的反应次数是后者的 2 倍。

然而，比率水平的测量虽然在数值上有绝对零点，但在解释数值所代表的心理学特质时，可能又不得不将其作为低水平的测量。如在数学测验中以答对的题数作为测量指标，这里答对数是比率水平的指标。答对 10 题就是答对 5 题的 2 倍，一题都没答对，得分就是零，这个零代表绝对零点。但是如果我们把这些分数作为数学能力的指标，则只能将它们作为顺序指标。因为，正确数为零不能反映个体完全没有数学能力，如果题目过难，得零分的人可能不少，但是这些人完全可能具有基本的数学能力，因此在描述数学能力时，这里的零不是绝对零点。而且，出题者无法保证每一道题的难度都相等，既然不相等，那么每个正确数所反映的能力就可能不同，也就是说，在描述数学能力时，这些数值的单位是不相等的。因此，我们不得不把正确数作为数学能力的顺序指标。

（二）测量水平的选择

那么在实际研究中该如何确定测量水平呢？一般需要考虑信息量、统计检验和生态效度等三方面因素。

1. 信息量要求

如前所述，斯蒂文斯将测量指标分成四种水平的主要依据就是观测值所含的信息量。类别水平信息量最少，只能说明观测值存在质的差别。顺序测量能提供粗略的数量信息，但不能提高差异量信息。等距量表则能告知不同观测值的差异量，并可进行一定的数学运算。比率量表提供的信息最多，能准确地告知各种观测值之间的关系。如测量温度时，通过顺序量表我们可以知道天气非常冷、冷、不冷不热、暖和、热、非常热等情况，而通过摄氏温度计我们能测量到无法用冷热说清楚的各程度的温度值，显然能提供的信息更多。因此，在其他条件相同的情况下，应选择信息量尽可能丰富的测量水平。

2. 统计检验要求

一般认为心理变量指标的测量水平决定所能采用的统计方法。类别数据无数学意义，顺序数据只能进行非参数检验，等距数据可采用参数检验而比率数据可运用所有检验方法。但是现在很多统计学家指出这种观点有明显的局限。他们认为测量所获得的数据就是数据，统计分析不必理会数据是怎么获得的从哪里来的（Velleman & Wilkinson，1993）。下面的例子可以为该观点提供证据。某学校的足球员买了一些运动服。每件上都有一个数字。当我们说穿某某号球衣的是谁时，这个数字就起到“名称”的作用，和写上拼音字母的作用一样，属于类别水平的测量。然而，这些数字有时会给球员带来烦恼。如老运动员嘲笑新运动员：“怎么你们的球衣号码都这么小啊？”新球员听了很不高兴，有一种被球衣供应商愚弄的感觉。他们请求统计学家帮助调查是否真的存在这种问题。于是统计学家计算了该供应商售给新球员的所有球衣号码的平均数。结果发现新球员的号码的平均数确实显著低于总体平均数，也就是说供应商确实存在不公正对待客户的问题。在算这些平均数的时候，统计学家就把球衣号码当成了顺序水平的指标。该研究发现，球衣号码无形中成了衡量球员地位或资格的一个指标，数值越大、球员资格越老，数值越小，资格越浅。该例子说明，数值所代表的测量水平取决于如何去解释这些数值。

那么当可以确定某些数值只能做顺序水平解释时，这些数据是否还可以采用参数检验呢？根据传统观点，这种做法当然是不行的。如亨克尔（Henkel，1975）和斯泰恩（Stine，1989）指出，用高级的统计技术处理低水平的测量数据毫无意义。不能根据这种统计结果下任何结论。但是前文已述及，在实际研究中有不少研究者是这样做的，而且研究成果得到了学术期刊的认可。因为这种做法得到了一些统计学家的支持。如米纽姆（Minium）等人（1993）认为，在使用参数统计时，良好的顺序观测值和等距或比率观测值通常会得出相同的结论。尽管多数心理指标在技术上是顺序的，但很多良好的指标实际上处于顺序和等距水平之间。如一个 7 点的态度量表一方面可以根据被试对有关问题的回答分出顺序，另一方面也能说明相差两点的人之间的态度应该比相差一点的人之间的差异大。也就是说，这种顺序指标除了排序外还能提供一定额外的量的信息。因此他们认为过多限制顺序指标的统计分析会盲目地丢失很多有用的信息。布莱洛克（Blalock，1998）则提出了一种折中的办法，也就是对顺序水平的指标既进行非参数检验，又进行参数检验，如果两种检验得出相同结论，则报告参数检验的结果；如果结论不同，则报告非参数检验的结果。这样能避免统计方法不当导致的误导。另外应该考虑一下研究结论的后果。如药物依赖和行为干预类研究的结论会直接改变很多人的生活，这时选择不同指标的统计方法应该严格、保守一些。而在一些基础理论研究中，如果很多相关研究都对顺序数据进行参数检验，则自己也可以选择采用。

3. 生态效度要求

前文强调了要尽可能选择信息量更丰富、统计方法限制更少的指标。但实际研究并不完全如此，因为选择什么样的测量水平还和研究问题有关，要保证研究的生态效度或逻辑生态效度。这里讲考虑生态效度是指测量水平的选择要视研究类型而定，要强调研究对象的自然性和真实性。有一些行为就适合采用类别指标，如性别、职业；

有些就适合采用顺序量表，如喜爱度。在这种情形下，测量水平没有优劣之分。

如波登斯（Bordens，1984）做的影响犯罪嫌疑人认罪因素的研究就考虑了这个问题。该研究要求被试先充当无辜者或犯罪嫌疑人的角色，然后被告知有关定罪的可能性和可能的判决结果。在这个研究中，最真实的因变量指标应该是“认罪”还是“不认罪”。现实中的被告必须接受这样的选择。这种二分的选择是典型的类别水平指标。尽管该指标信息量少，水平低，但是它反映了人们在现实情境的做法，具有很高的逻辑生态效度，所以在实际研究中宁可牺牲一定的信息也不该放弃。

不过现在有人开发了一些特殊的技术可以避免这种矛盾，达到两全其美的效果。其中一种做法就是将低水平的类别、顺序指标和高水平的等距、比率量表结合使用，建立复合量表。如波登斯在其研究中同时采用了“认罪”或“不认罪”的类别指标和有关决策坚定性的11点等距指标。首先观察被决定“认罪”还是“不认罪”，然后在“认罪”的基础上要求被试在0～10之间选择决定认罪的坚定性；在“不认罪”的基础上要求被试在15～21之间选择拒绝认罪的坚定性。这样就构成一个22点的复合量表。该量表既能直接了解被试的决策结果，又能提供被试隐藏在认罪和不认罪后面的心理上的变化情况，能更敏感地反映出实验自变量的效果。

霍罗威茨（Horowitz）等人（1980）开发了一种具有等距特性但产生类别数据的量表。为了在模拟法庭上判断被告是有罪的还是清白的，他们要求被试完成六分量表：证据完全不足；证据不太足；证据稍显不足；有一定的证据；有不少证据；有足够的证据。前三个等级表示判断为无罪，后三个等级表示判断为有罪。这样在获得二分数据的同时，也能了解被试做判断时所把握的度，从而也能对自变量做出更具体的反应。

综上所述，因变量测量水平的选择是相当灵活的，虽然总体遵循由高水平到低水平的选择原则，但不同水平之间不完全排斥；每种水平数据可用的统计方法也不是一成不变；在实际应用中，有时高低水平测量指标之间无好坏之分，只有适当性之别；有时候还可以将不同水平的指标结合使用。

练习题

一、名词解释

（1）实验心理范式；（2）潜伏期；（3）可靠性；（4）有效性；（5）敏感性；（6）天花板效应；（7）地板效应；（8）顺序水平测量。

二、简答题

1. 心理变量的常用指标包括哪些？
2. 简述自我报告法的优缺点。
3. 心理变量指标应具备的性质包括哪些？
4. 如何提高心理变量指标的可靠性？
5. 结合研究实例，说明同一指标在不同研究中敏感性不同的情况。
6. 简述心理变量指标的测量水平。
7. 影响测量水平选择的因素主要包括哪些？

第十二章　变量数据获得的测评方法

内容简介

获得变量数据的主要途径之一是测评技术或测评方法，测评方法就是通过一定的工具（量表或评估表等），对被试各种心理特质或行为做出量化确定的方法，主要包括测验法、问卷法与评价法。

根据测评题目的性质和对被测者的要求，本书还提出了另一种分类方法，即把测评法分为作业型测评法、自陈型测评法和评估型测评法。

所谓作业型测评法是指需要被测者完成一定的作业，研究者根据其完成结果而对其有关特质做出量化评定的方法。这类评估方法通常指作业型的心理量表，如斯坦福—比内量表，瑞文推理测验和各种类型的考试。作业型测评方法的主要特点是被试需要完成具有一定难度的任务，有很强的客观性。

所谓自陈型测评法是指要被测者完成一定的自我报告问题，然后根据其完成结果而对其有关特质做出量化评定的方法。自陈型测评法可分成两类：一类是自陈型的量表，主要包括测验法中的人格特质量表和心理自评量表，如艾森克人格问卷、卡特尔16项人格因素量表和SCL－90心理健康症状自评量表等。另一类是自行设计的自陈型问卷，即问卷法。这类方法的主要特点是让被试完成自我评价性质的任务，主要用于获取人格、态度、心理健康等受社会文化因素影响比较大的心理变量的数据。由于自陈型量表与问卷在理论基础上有较大的差别，所以本章在总体上按传统分类将两者分开介绍。

所谓评估型测评法是指按照一定标准或评估表对被试有关特质进行等级评定或类型评定的方法。这类方法的主要特点是让与被试比较熟悉的人或某一领域的专家，根据对被试行为表现的观察和印象进行评分。该法适用面也比较广，可用于各种年龄段被试的各种心理特质的评定，但由于所获数据受评分者的主观性影响比较大，主要用于儿童或严重心理障碍患者等不适于接受自陈型测评或作业型测评的群体。如儿童多动症的测量和适应性行为的测量通常都采用评估型测评法。

第一节 测验法

一、测验法概述

（一）测验法的概念及特点

测验法就是通过心理量表来收集变量数据的一种方法。心理测验是通过观察少数有代表性的行为或心理现象，来推论和量化心理活动特点的标准化工具。

测验法具有间接性和相对性。间接性是指通过心理测验所测量到的是被试对测验题目的外显反应，而无法像用尺子量身高那样直接测量到心理现象本身的量值。如，测验法常用是否失眠、人际关系紧张、烦躁不安、注意力不集中等外在表现来测量人的心理健康水平；通过迷宫、积木、算术等作业来测定人的智力水平。相对性是指心理测验所测得的结果只是一个相对的量数，是与被试所在总体的大多数人的行为相比较而言的。如智商就是一个相对量数，100 表示平均水平，高于 100 说明智商高于平均水平，高于 140 被看作智力超常，而低于 70 被看作智力落后。

在心理学研究中，通过测验法获得变量的数据具有一些明显的优势：①测验法所用的量表编制严谨，标准化程度高，结果较准确可靠；②心理测验的施测规范，结果评价和处理方便，除了投射性测验，绝大多数测验的数量化程度非常高，便于在短时间获得大量数据；③心理测验都有常模，可以将被试的测验结果与一般群体的结果进行对比研究，或判定个人在相应群体中的相对水平，如智商的测量；④到目前为止，人们已经成功开发了涵盖心理学多数领域的量表，这些量表有的可以直接使用，有的经过简单修订后即可使用，为大量心理学变量数据的获取提供了捷径。

测验法的不足是对研究者有较高要求，如使用不当或结果解释不当会导致很多问题，甚至是非常严重的社会问题。如，测量智商时，测量环境恶劣，受测者身心状态不佳，或主试态度粗鲁等因素都可能导致所测智商偏低。这样获得的有关智力水平的数据就可靠，如果不顾数据质量就考察变量之间的关系，那么就会导致错误的研究结论。此外，当前在测验法的使用中还存在许多测验编制不科学、发行控制不严、测验工作人员缺乏专业性训练等方面的问题，这些都会影响变量数据的质量，从而影响研究的质量。

（二）测验法的分类

有关测验法的分类方法非常多。传统的教材一般根据测验内容、测验方式、测验材料、测验目的、测验难度、测验性质、应用领域等标准对测验法进行分类。如按测量内容可分为能力测验、学绩测验和人格测验；按测验方式可分为个别测验与团体测验；按使用的材料可分为文字测验和非文字测验；按测验目的可分为描述性测验、诊断性测验和预测性测验；按测验的难度和时限，可分为速度测验和难度测验；按测验的性质，可分为构造性测验和投射性测验；按应用领域可分为教育测验、职业测验和临床测验。

本书致力于提出一种新的分类方法，即根据测验题目的性质和对被测者的要求，将测验法分为作业型测验法和自陈型测验法两大类。

作业型测验法是要求被试完成一定难度的任务，研究者根据完成质量对其特质做出量化评定的方法。也就是说，在作业型测验法中，编出来的测量题目都是有一定难度的，被试在接受测量的时候要尽其所能把题目回答出来。能力测验和学绩测验就属于典型的作业型测量。从更广泛的意义上说，在认知心理学中大量的实验任务也可归为作业型测验法。作业型测验法的最大优势是非常客观、公平，测量结果不受评价者和被评价者的主观意愿左右。其不足之处是主要适用于学业成就和认知素质的测量。当然，广义上讲内隐联想测验等实验范式也属于作业型测验法，可用于态度等非能力特质的测量。

自陈型测验法则是指让被试完成一些自我评估的题目，研究者根据其完成情况对其特质做出量化评定的方法。在自陈型测验法中，所有的测验题目都是一些有关特定心理现象的陈述，没有难易之分，被试只需结合自身情况选择适当的选项即可。绝大多数人格测验、态度测验和心理健康自评量表就属于典型的自陈型测量。从更广泛的意义上说，问卷法也归于自陈型测量，只是其在编制程序和评价标准上没达到“测验”的要求。自陈型测验法的优点是既能测量认知方面的特质，又能测量大量非认知因素，受评价者的影响也比较小。其缺点是测量结果容易受被测者主观倾向的影响，有时无法得到真实的结果。

二、作业型测验法

（一）作业型测验的编制

作业型心理量表编制的主要步骤如下：

1. 分析测评目标，做出目标分解

心理测评的目标都是抽象的，但测评本身是具体的。所以编制作业型量表的第一步也是最关键的一步，就是把一个抽象的测评对象分解成一个一个的具体施测维度。常见的目标分解法有逻辑维度分解法和内容分解法。所谓逻辑维度分解法就是根据一定的理论模型框架系统地建立测评目标体系的方法。如在编制智力测验时，首先要对智力的结构有较深的了解。一个智力测验包含几个维度、哪几个维度完全决定于测验编制者对智力结构的理解。如果编制者认同智力的七因素理论，那么其智力量表首先就要建立七方面的编制目标。内容分解法对子目标之间逻辑关系不太看重，强调所采用的子目标是否涵盖了测评总目标涉及的内容。

2. 确定各级子目标的权重

在心理学上，一般来说各测量维度是等权重的。但是根据研究者侧重点的不同可以灵活调节。如果侧重测量分析和综合能力，则应该加大问题解决题目的权重，如果侧重记忆能力，则提高记忆题的份额。

3. 确定测验的结构及编制计划

明确各测评子目标并确定各自的权重后，编制者接下来应该确定采用哪些题型，以及各种题型所占的分值。然后结合测评子目标和权重制定出双向细目表，为题目编写和题型分布做出具体规划。

4. 按照设计编制题目，组成初始测验

编制题目过程中，注意要严格按双向细目表进行，每道题不能偏离相应的目标维度，而且要有足够的代表性。题目的形式要根据测验的目的、材料的性质、测验接受者的特点以及各种实际因素灵活选择。如对幼儿宜用口头测验，对于文盲和识字不多的人不宜采用读和写的项目，而对有言语缺陷的人则要尽量采用操作项目，测题数应比最后所需的数目多一倍至几倍，以备筛选和编制复本。将编出来的题目要照计划要求先形成一个完成的测验，即初始测验。

5. 取样预测，筛选题目，确定标准化程序，形成正式测验

初始测验中的题目是否合理只有通过预测才能鉴别出来。题目筛选一般从两方面考虑：一是内容方面是否科学，逻辑是否严谨，表述是否准确；二是题目的难度、区分度等指标是否合适，保留那些难度恰当、区分度好的题目。选择好题目以后，还需对试题以一定的方式做排列。编排题目有两种方式：一种是并列直进式，即将整个测验题按题目材料的性质归为若干分测验，同一分测验的题目依难度由易到难排列；另一种是混合螺旋式，即先将各类题目依难度分成若干不同的层次，再将不同性质的题目做交叉排列，难度逐渐递增。题目编排结束后，还需要确定测验在施测和评分上的标准化程序。施测标准化主要通过指导语体现出来，要对回答方式、测试时间等环节做出统一要求。评分标准化则指每个测题应该有完全统一的标准答案。在此基础上编写出测验手册或测验使用说明书。

6. 取样正式测试，制定常模，进行测试评定

从将来要使用测验的全体对象中抽取标准化的样本进行施测，计算出各种特征样本的平均得分，即常模。常模往往包含各年龄段，不同性别群体被试的平均数。测验的评定一般从以下两方面进行：一是鉴定测验的信度以了解其可靠性或一致性，测验的信度一般用相关系数表示；二是鉴定测验的效度，考验其有效性、正确性和普遍适用性，获得实证效度、内容效度、构想效度等主要效度指标的数值。

（二）常用的作业型测验

1. 斯坦福—比内智力量表

斯坦福—比内智力量表是美国斯坦福大学的教授推孟（Terman）于 1916 年在比内

量表的基础上修订而成的。该量表共有90个项目，其中1/3以上（39）是新编的。适用范围自3岁到14岁，另有普通成人组和优秀成人组两组。该量表首先采用了智力商数即智商的概念，作为比较个体聪明程度的相对指标。其求智商的公式如下：

智力商数 =［智力年龄（MA）/ 实足年龄］×100

斯坦福—比内智力量表自1916年到1972年共修订了3次。现在使用的是1972年的版本。该量表的取样代表性、信度和效度都达到了较高的标准。

我国研究者常用的《中国比内测验》（1982）就是由吴天敏在斯坦福—比内智力量表的基础上修订而成的。该测验共有51题，从易到难排列，每题代表4个月的心理年龄，从2岁起直到18岁，每个年龄段3个题。与斯比量表不同的是该量表采用的是离差智商，而不是比率智商。该测验在使用时，需要根据被试年龄先从测验手册的附表中查到开始的题号，如8岁的儿童从第10题开始作答。接着按测试要求逐题施测，通过为1分，不通过为0分，连续5题通不过即停止测验。根据测验总分和被试的实足年龄，可以从测验手册的常模表中查到相应的智商值。

2. 韦克斯勒智力量表

韦克斯勒智力量表，简称韦氏量表，是韦克斯勒（Wechsler）于1939年在美国贝勒维精神病院编制成的。内容主要包括言语分量表（如常识、词汇、理解等）和操作分量表（如填图、积木图案、迷津等）。早期只有韦氏成人智力量表，后来又发展了韦氏儿童智力量表和韦氏幼儿智力量表。这套量表最早采用离差智商作为估计智力相对差异的指标。离差智商是用来表明被试的分数相对处于同年龄标准化样组的均数之上或之下有多远的指标。

目前各年龄段的韦氏量表在国内均有修订版，分别称为“中国修订韦氏成人智力量表（WAIS－RC）”“韦氏儿童智力量表中国修订本（WAIS－CR）”和“中国韦氏幼儿智力量表（C－WYCSI）”。下面对WAIS－RC做较具体的介绍。

WAIS－RC是由龚耀先在1979—1980年间主持修订的。该量表有城市和农村两式，每式的测题结构基本相同。整个测验有11各分测验，分语言和操作两大部分。语言部分包括知识、领悟、算术、相似性、数字广度、词汇等6个分测验；操作部分包括数字符号、图画填充、木块图、图片排列、物体拼凑等5个分测验。其中算术、图片排列、木块图案、物体拼凑和数字符号等分测验有时间限制。这些项目以反应速度和正确性作为评分依据，按提前完成时间的长短记分，超过规定时间一律记“0”分。其他分测验则没时间限制，一般通过记“1”分，通不过则记“0”分。需要注意的是有几个分量表按回答的质量给分，如“领悟”“相似性”“词汇”等分量表根据回答质量可记为“0”“1”或“2”分。

WAIS－RC的智商分换算比较复杂。首先将各个分测验的各题得分加工，获得分测验的原始分。然后通过测验手册上相应的转换表将原始分转化成平均数为10，标准差为3的量表分。将6个言语分测验的量表相加，便可得到言语量表分，将5个操作分测验的量表分相加，便可得到操作量表分。将二者相加，则可得到全量表分。然后结合被试的年龄，通过上述三种量表分即可查到相应的言语智商（VIQ）、操作智商

（PIQ）和总智商（FIQ）。

下面是 WAIS－RC 中的各分测验的具体答题要求。

（1）知识：共 29 题。涉及知识面广，但非专业性内容。如："钟表有什么用?" 一般从第 5 题开始测，若连续 5 题回答失败，则终止测试。

（2）领悟：共 14 题。要求被试回答在某种情境下的最佳生活方式，对日常成语的解释，或某件事说明了什么。如："为什么不要和坏人交朋友?" 一般从第 3 题开始，连续 4 题失败后终止测试。

（3）算术：共 14 题。要求被试用心算解答一些小学文化水平人就能完成的应用题。如："8 个人在 6 天内可以完成的工作，若半天内必须完成，应找多少人来做?" 连续 4 题失败后终止测试。

（4）相似性：共有 13 对名词。要求被试说出每对词在什么地方相似。如 "斧头—锯子"。连续 4 题失败后停止测试。

（5）数字广度：要求被试顺背或倒背一些数字。顺背最多有 12 位数字，倒背最多 10 位数。二者分数之和为总分。

（6）词汇：共有 40 个词汇。要求被试解释词义。一般从第 4 题开始，若连续 5 个词解释不出则终止测试。

（7）数字符号：从 1～9 的每个数字分别对应于一个特殊的符号。要求被试根据这种对应方式迅速在每个数字下面的空格内填上相应的符号。从练习项目开始，正式测验时限 90 s。

（8）图画填充：共有 21 张图片。每张图画都有一处缺笔，要求被试指出该部分并说出名称。如图 12－1。

图 12－1　韦氏成人智力测验画图填充样题

（9）木块图：共有 10 张几何图案卡片。要求被试用 4 块或 9 块红白两色的立方体积木照样摆出来。

（10）图片排列：共有 8 组随机排列的图片，每组内各张图片的内容存在内在联系，要求被试在规定时间内排列成一个有意义的故事。如图 12－2。

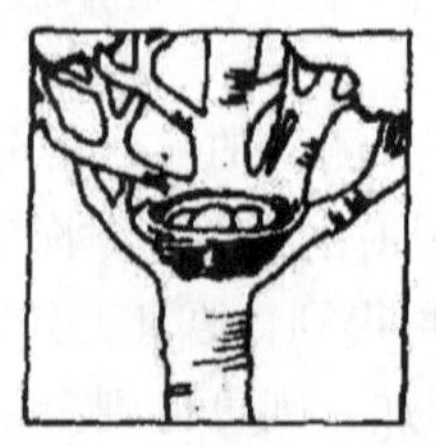

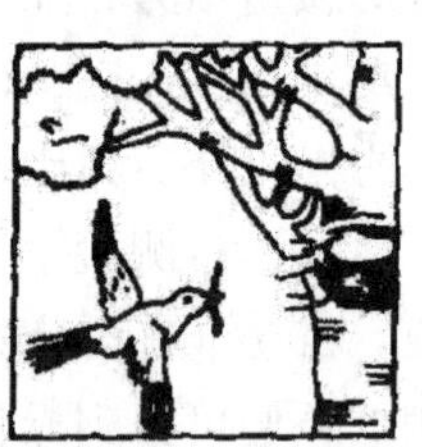

图 12－2　韦氏成人智力测验图片排列样题

(11) 图形拼凑：给被试提供4套切割成若干块的图形板，主试先将每套拼板都打乱，要求被试拼出一个完整的图形。如图12-3。

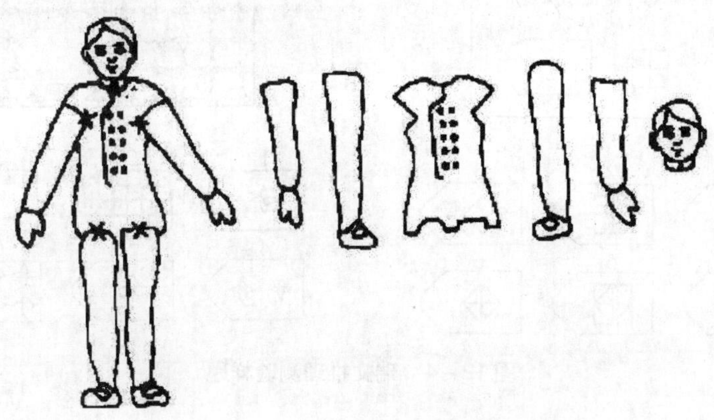

图12-3　韦氏成人智力测验图形拼凑样题

3. 瑞文测验

瑞文测验是英国心理学家瑞文（Raven）于1938年编制的一种非文字智力测验。它是一种标准推理测验，要求被试对量表中的图形关系进行推理或填补，从而测量被试在知觉辨别力、图形比较、图形组合、整合、互换等方面的抽象推理能力。由于该测验是非文字测验，很少受知识水平和受教育程度的影响。正因为如此，瑞文测验被广泛用于一般智力的测量。

瑞文测验有两种版本，一种是标准型，也是瑞文测验的基本型，适用于初二到成人被试，共有五个系列，由黑白图形构成。另一种是彩色型，于1947年问世，适用于5.5岁到11岁的儿童和智力落后的成人，分三个系列。

目前国内有两种瑞文测验的修订版。一种是由张厚粲于1986年主持修订的“瑞文标准推理测验中国城市修订版”；另一种是由李丹等于1989年修订的“瑞文测验—联合型”，对幼儿和成人都适用。

瑞文标准推理测验由60组图案组成，由易到难分成A、B、C、D、E五组，每组中包含12个题目，每个题目都由一幅缺少一小部分的大图案和作为选项的6到8张小图案组成。如图12-4。要求被试根据隐藏在一系列抽象符号和图案中的规律，选择某个小图案放到大图案中缺失的位置。同组的图案有一定的主题，不同组的题目类型有所不同。该测验既可以团体施测，又可以个别施测。施测过程中只需给每个被试发一本题册和一张答题纸就行。通过最初的示范被试便可掌握答题要求并自行完成测验。可见该测验对主试的要求也比较低。

瑞文标准推理测验一律采用二级记分，答对给“1”分，答错记“0”分。因此通过的题目数就是测验的总分。但这个总分只是原始分数，为了得到IQ值，需要先将原始分数转化为百分等级，再将百分等级转换为IQ分数。

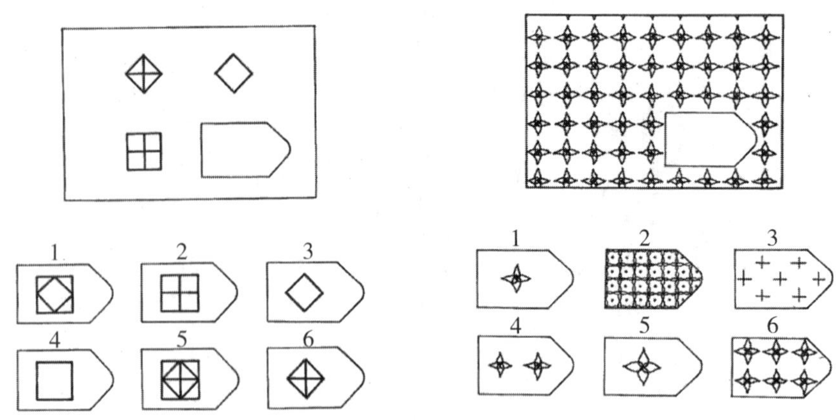

图 12－4　瑞文推理测验样题

三、自陈型测验法

（一）自陈型测验的编制

自陈型量表的编制程序和作业型量表基本相同。首先，分析测评目标，对心理特质进行分解。这种分析一般也依据一定的理论进行。如艾森克人格问卷就是建立在自己的人格三维度理论基础上的。然后，确定各特质维度题目的比重、制定双向细目表。接着按照细目表编制题目，组成初始测验。然后进行取样预测、筛选题目，确定标准化程序，形成正式测验。与作业型量表不同的是自陈型量表的题目没有难度，所以筛选题目的时候不必考虑难度问题。最后，选择标准样本进行正式测试，制定常模，获取信度和效度方面的资料。

然而，虽然两种量表的编制程序类似，但是由于题目的性质和测量要求不同，自陈型量表的编制过程中需要考虑许多特殊的问题。自陈型量表的基本假设是：受测者是最了解自己的人格特征的，了解他人人格特征的最佳途径就是直接去问受测者。该假设虽然很有道理，但是人的行为是很复杂的，受各种社会因素、物理因素和个体行为倾向的影响。当研究者向他们提问的时候，不一定能得到如实的回答。因此，如何尽最大可能地获得受测者的真实回答，是自陈型量表编制中的重点和难点。目前主要的措施有以下几种。

1. 注重量表题目的编排技术

为了获得客观如实的回答，自陈量表在题型上一般都采用客观测验的形式，由编制者拟定一系列用于描述某种行为特征的陈述句或问题，要求被试在固定的选项中选择适合其实际情况的答案。具体的编题方法有是否式、二择一式、是否折中式、等级式等四种题型。

（1）是否式题型：给被试呈现一个陈述句或问句，提供“是”或“否”两个选项。艾森克人格问卷和明尼苏达多相人格测验（MMPI）用的就是这种题型。如：

你是否在晚上小心翼翼地关好门窗？（A）是；（B）否。

（2）二择一式题型：呈现两个意思相反的陈述句，要求被试选择其中较符合自己实际情况的一个。这种题目也叫迫选式题。爱德华个人偏向量表用的就是这种题型。如：

（A）对任何我所承担的事，我喜欢尽力而为。

（B）我喜欢帮助比我不幸的人。

（3）是否折中式题型：呈现一个陈述句或问句，提供三个选项，除"是"和"否"外，还有一个"介于是与否之间"的选项，要求被试择其一。卡特尔16PF问卷用的就是这种题型。如：

当我说谎时，总觉得内心羞愧，不敢正视对方。（A）是的；（B）不一定；（C）不是的。

（4）等级式题型：呈现一个问句、陈述句或表示心理特征的短语，通常提供五个程度不同的选项，要求被试选择其一。等级水平可以用文字表述，也可以用数字表示。SCL－90用的就是这种题型。如：

做事必须反复检查。（A）没有；（B）很轻；（C）中等；（D）偏重；（E）严重。

编制好题目之后，在把题目编排成整个测验时，一定要注意不能把测量相同特质维度的题目放在一起，以避免被试看出其中规律、形成答题策略。通常采用随机混排的方法，使不同特质维度的题目交错出现。当然在混排的时候要考虑到评分的方便性。

2. 淡化测评的评价意义

在拟写有关特质维度的陈述句或问句时，要尽量使被试无法估计测题的目标和意义。通常的办法是不直接去问被试的特质表现，而要问典型的行为表现。如在编写有关"勤奋性"的题目时，不要问"你勤奋吗"。因为勤奋被普遍认为是一种美德，具有浓厚的社会评价色彩，即使很懒散的人也不愿意说自己不勤奋；或者为了美化自己，明明觉得自己不勤奋，回答的时候也选择"勤奋"。因此，最好换一种提问方法，如："你一般先做作业，然后再看电视吗？""为了及时完成作业，你经常不愿意参加课外活动吗？"

3. 使用测谎技术

在正式的测题中掺入一些测谎题，有助于甄别虚假回答的问卷，提高测试的可信度。测谎题主要有两种编写方法：一种是在测验的不同位置提出一些相似的问题，看看被试对这些问题的回答是否一致。如果不一致，则说明被试存在撒谎问题；另一种是呈现一些每个人都应该回答"是"，但又容易被虚假回答成"否"的问题或陈述。如："偶尔我会想到一些坏得说不出口的事""有时我真想骂人""有时我也讲假话""我有时发怒""有时我将今天应该做的事，拖到明天去做""假如我能不买票白看电影，而且不会被人发觉，我可能会去做"。对于上述这些陈述，可以说每个人都应该选择"是"，但是在实际测试中很多人会选择"否"。这就属于不如实回答，如果测谎分超过一定范围，测试就应该被认为无效。

（二）常用的自陈型量表

1. 艾森克人格问卷（EPQ）

艾森克人格量表由英国心理学家艾森克最早于1952年发表，分儿童和成人两种类型。后来经过多次修订，于1975年被正式命名为艾森克人格问卷（EPQ）。EPQ儿童和成人问卷都由88个题目组成，包括内外向性量表（E）、情绪稳定性量表（N）、神经质量表（P）和效度量表（L）等四个分量表。前三者分别代表艾森克人格结构理论中的三个维度，L量表是后加入用于评定测量有效性的，不过其得分也代表一种稳定的人格特质，即社会朴实性或幼稚水平。E分数高表示性格外向，分数低表示性格内向。N分数的两极表示情绪稳定和神经过敏。若P分数过高，则此人易发展成行为异常。L用于测量被试的掩饰、假托或自身隐蔽的程度。L与其他量表的功能相联系，但它本身也代表一种稳定的性格特征。

目前国内有多种艾森克人格问卷的修订版，有陈仲庚等人修订的北方版和龚耀先等人修订的南方版。EPQ的题目都采用“是”或“否”的回答方式，有的题目回答“是”记“1”分，回答“否”记“0”分；有的则回答“否”记“1”分，回答“是”记“0”分。正式的测验中采用模板记分法，答案一律写在专门的答题纸上。每个分量表都有一张透明的塑料记分模板，大小与答题纸完全匹配，上面有一些圆洞。每个圆洞与答题纸上特定的题号的选项对应，如果所对应的选项被选择了，则记“1”分。把该模板圆洞对应的被选项之和就是该分量表的原始分。这是EPQ最正规的评分方法。

但是，当前的研究往往采用计算机处理数据，记分也由计算机完成。这时就需对每个题目属于哪个分量表、属于正向记分还是反向记分有准确的了解。

最后根据被试在各分量表上的得分，结合年龄和性别，通过常模表中换算出标准T分。这样就可以被试的人格特点了。EPQ还提供了一个人格特征剖析图和一个E－N关系图，如果将T分数在这两个图像描绘出来，那么就可以对人格特征得到非常直观的了解。

2. 卡特尔16项人格因素量表（16PF）

该量表是美国心理学家卡特尔（Cattell）经过几十年的系统观察、实验，通过因素分析法编制成的比较成熟的人格量表，于20世纪50年代问世。该量表可用于测量乐群性、聪慧性、稳定性、持强性、兴奋性、有恒性、敢为性、敏感性、怀疑性、幻想性、世故性、忧虑性、实验性、独立性、自律性、紧张性等16种基本人格因素。这些人格因素是各自独立的，每一种因素与其他因素的相关度很小。经研究证实，这些因素普遍地存在于年龄及文化背景不同的人群中。这些因素的不同组合，构成了一个人不同于他人的独特个性。该量表不但能明确描绘16种基本人格特征，还能根据测验结果推算出许多种可以形容人格类型的次级因素，包括适应与焦虑性、内向与外向性、感情用事与安详机警性、怯懦与果断性。

该量表共有187题。每一种人格因素由12～13个测题组成的量表来测量。测量各因素的题目在量表中不是随机排列的，但也不是某一因素的题目都在一起。而是以克服被试的动机效应和避免猜测为原则有意设计排列的。本测验有专用的答题纸，每个题目后有三个方格，分别对应于 A、B、C 三个选项。要求被试根据自己的直觉反应依次答题，在被选项的方格内打“×”。答题过程中要求注意每题只能选择一个答案，不可漏掉任何测题，尽量不选择中性答案。

测验记分一般使用记分模板，共有两张模板，每张可为 8 个分量表记分。在记分过程中一定要注意记分模板上的具体要求。把每个分量表所属各题的分数相加就可得到该分量表的原始分数。结合年龄段和性别，可以通过常模表将原始分换算成标准分。标准分都介于 0 ~ 10 之间，可以在剖析图上用圆点描绘出来，把各分量表的圆点用折线连接起来，就可以得到直观的人格剖析图。

3. 爱德华个性偏好量表（EPPS）

该量表由美国心理学家爱德华（Edward）于 1953 年编制成功，是以美国心理学家默瑞（Murry）1938 年提出的人类 15 种需求为理论基础编制的。该量表主要适用于正常成人和大学生，但也扩展应用到中学生。全量表包括 225 个题目，其中有 15 个重复题目，用以检查反应的一致性。每题包括两个第一人称的陈述句，要求受测者按自己的个性偏好从二者中圈选其一。这 15 种需求包括成就、秩序、表现、自主、亲和、省察等。全量表的题目平均分配测量这 15 种需求，成为 15 个分量表。在 15 个分量表中，每个量表有 9 种叙述，这 9 种叙述轮流与其他需要叙述匹对，每种叙述重复两三次，令被试对每题的叙述做强迫选择。

EPPS 的主要特点就是采用强迫选择法来控制社会称许性。所谓社会称许性指的是题目内容受社会舆论赞许和反对的程度。所谓强迫选择法就是要求受测者在两个（或多个）具有相同的社会称许性而又测不同特质的题目之间做一个选择。

4. 90 项症状清单（SCL－90）

SCL－90 又叫心理健康症状自评量表，现用版本是由德若伽提斯（Derogatis）在 1973 年编制的。该量表在国外一直应用很广，20 世纪 80 年代引入我国，是我国研究者当前最常用的心理健康水平测试工具。SCL－90 共有 90 各项目，包含大量精神症状学内容，涉及感觉、思维、情感、意识、行为、生活习惯、人际关系和饮食睡眠等多方面内容，具有很强的诊断力。SCL－90 中共有 9 个因子，分别为躯体化、强迫症状、人际关系敏感、抑郁、焦虑、敌对、恐怖、偏执、精神病性和饮食睡眠。下面对这些因子的试题分布和含义做具体介绍。

躯体化：共有 12 项，包括 1、4、12、27、40、42、48、49、52、53、56、58 等题，主要反映主观上的身体不适感，如心血管、胃肠道、呼吸等系统的不适，以及头疼、背痛、肌肉酸痛和焦虑等表现。

强迫症状：共有 10 项，包括 3、9、10、28、38、45、46、51、55、65 等题，主要反映临床上的强迫症状表现。主要指那种明知没有必要，但又无法摆脱的无意义思想、冲动和行为表现。

人际关系敏感：共有 9 项，包括 6、21、34、36、37、41、61、69、73 等题，主要反映人际交往过程的不自在感和自卑感。

抑郁：共13项，包括5、14、15、20、22、26、29、30、31、32、54、71、79等题，主要反映临床上与抑郁症状群相联系的心理问题，如长期处于抑郁苦闷的心境中、对生活的兴趣减退、缺乏活动愿望、失望、悲观等，甚至涉及死亡和自杀等概念。

焦虑：共10个项目，包括2、17、23、33、39、57、72、78、80、86等题，主要反映与临床焦虑症状相联系的心理体验，如无法静息、神经过敏、紧张游离不定的焦虑和惊恐发作。

敌对：共6项，包括11、24、63、67、74、81，主要从思维、情感和行为三方面反映被试的敌对倾向，如厌烦、争论、摔东西、争斗、不可抑制的冲动等。

恐怖：共7项，包括13、25、47、50、70、75、82，主要反映与通常的恐怖状态相联系的心理表现，如出门旅行、经过空旷场地、处于人群前或公共场合，乘坐交通工具等情况下出现的惊恐行为。

偏执：共6项，包括8、18、43、68、76、83，反映了一些偏执方面的基本内容，如投射性思维、敌对、猜疑、妄想、被动体验和过分夸大等。

精神病性：共10项，包括7、16、35、62、77、84、85、87、88、90，涉及幻听、思维播散、被控制感、思维被插入等精神分裂症状。

除了上述9个因子，其余的19、44、59、60、64、66和89等题反映了饮食和睡眠方面的情况。

SCL-90采用五级评分制，每个题目都有五个选项：没有、很轻、中度、偏重、严重，分别记1到5分。该量表可反映心理健康水平的指标很多，常用的有总分、阳性项目数、阳性症状均分和因子分等。总分，就是90个项目单项分相加之和，能反映总体的心理健康水平。阳性项目数，指单项分≥2的项目数，表示被试在多少项目上存在症状，可在总体上反映心理问题的范围。阳性项目均分，（总分-阴性项目数）/阳性项目数，表示被试在有症状的项目上的严重程度。因子分，一般指因子平均分，指每个因子所包含的项目分之和除以项目数，反映被试在各因子上的健康水平。

第二节　问卷法

一、问卷法概述

（一）问卷法的概念及特点

问卷法是通过严格设计的书面调查表收集心理学变量数据的一种研究方法。

作为获取变量数据的一种常用方法，问卷法有很多优点。第一，问卷法能以较小的投入、在较短的时间获取大量心理变量的数据。如问卷可代替研究人员的实地观察或访谈，如果通过邮寄等形式把问卷分发到成千上万个被调查者手中，在短短的一两周内就能将多数问卷收回，这是任何其他方法无法比拟。测验法虽然可代替实地观察和访谈，但由于对施测人员的要求较高，不适于采用大面积发放的形式，因此数据收集的规模比不上问卷法。第二，问卷法能搜集到较为真实的材料。在大多数情况下，在填答问卷时，既无人员监视，也无须署名，因而被试在填答一些不宜当面询问的敏感性、尖锐性和隐私性问题时，不会产生后顾之忧。这种状况有助于研究者搜集到能真实反映被调查者心理特征的数据。第三，问卷法可有效获取量化资料。由于问卷法具有规范化特征，便于对其进行整理、比较、分析，可采用计算机技术对资料进行统计分析。

但是，问卷法是一种相对不太严谨的数据获得方法，存在一些明显的不足。第一，难以对问卷法所获的数据给予正确的可靠性评定。被试在填答问卷时无需署名也无人监视虽然有利于被试将真实特征反映于答卷中，但也正因如此，如果被试对调查采用消极态度，不如实回答，那么研究者就无法获取真实数据。例如，被调查者因工作繁忙或对问卷本身有看法，或不够重视等原因，在回答问卷时，时常会出现敷衍了事、弄虚作假、掩盖真情、请人代答等现象。这样就使获得的数据失去意义。第二，问卷设计具有规范与统一的特征，对所要调查的问题和被选答案都做了预先设定，被调查者只能对预定问题做相应回答，或对预定答案做某种选择，在一定程度上缩小了所获信息的容量。此外，问卷法实际上也是一种自陈式的数据获得方法，如果有些东西连被调查者自己都说不清楚，那么就无法进行有效的自我报告了。

（二）问卷法的分类

根据不同的分类标准，问卷法可以分成很多类别。这里主要介绍两种分类方法。一是根据问卷的结构，可分为结构问卷和无结构问卷；二是根据问卷的发放方式，可分为发送问卷、访谈问卷、邮寄问卷、报刊问卷和网上问卷。

结构问卷，又叫封闭式问卷，指每个问题都有几个可供选择的答案，被试只要从中选择认为恰当的一个或几个的问卷。这种问卷不但有利于被调查者正确理解和回答问题，取得较高的填答率和问卷回收率，而且有利于研究者对答卷进行编码和统计分析。在量化研究中，一般都采用这种问卷结构。结构问卷的不足是容易给被试提供猜答与随意选答的机会，降低了回收信息的真实性和可靠性。

无结构问卷，又叫开放式问卷，是指只提出问题，不提供备选答案，让被试做自由回答的问卷。其优点是编制容易、灵活性大，适用于调查答案复杂且不固定的问题；而且有助于研究者了解被调查者在回答结果中表现出来的态度、情感、动机等内部的心理状况。但这种问卷的局限也是非常明显，那就是所获资料的标准化程度比较低，难以整理、量化和统计分析；而且拒答率较高，问卷的回收率和有效性较差。作为获取研究变量数据的方法，无结构问卷是不太适宜的。

发送问卷是研究人员将问卷送到研究对象手中，待回答者填完后，再由研究者逐一收回的发放方式。这种问卷适合于人比较集中的场合，如学校、车站等，有较高的回收率和有效性。访谈问卷是研究者按照统一编制的问卷向被调查者当面提出问题，然后将他们的口头回答填在问卷中的调查方法。这种问卷的回收率是最高的，但费时费力，只适用于小样本研究。邮寄问卷是研究者通过邮局向一定范围的研究对象寄发问卷，要求被试按照规定的要求填答问卷，并在期限以前再通过邮局将问卷寄回给研究者的发放方式。邮寄问卷的样本可以较大、匿名性强，但回收率一般较低。报刊问卷就是在报刊上印上或夹上问卷，要求报刊的读者对问卷进行回答，并在一定时间以前寄回的调查方法。网上问卷是指通过在互联网上发布调查表，要求访问该页的来访者填答问卷的调查方法。该法的调查对象难以确定，难以保证必要的被调查者人数，但传递方便，潜在的被调查者成分复杂，数量巨大，也有相当的实用价值。

二、问卷编制技术

（一）问卷的结构

在编制问卷之间首先需要对问卷的结构有整体的了解。一个完整的问卷一般包括以下五方面内容。①问卷标题，用最简洁的语言说明问卷的目的和主题；②自然情况，用于获得被试性别、年龄、职业、文化程度等方面的资料，对调查结果进行分析和比较的前提；③指导语，先对问卷目的、意义和主要内容做简要介绍，然后具体说明被调查者应该如何填写问卷，包括填写的方法、要求、时间、注意事项和例题等；④问题及选项，这是问卷的主体；⑤结束语，常常以简短语句对被调查者的合作表示感谢。

（二）问卷设计的程序

问卷设计的程序主要包括构思准备、初步设计、预备调查、修改试用等步骤。

1. 构思准备

主要是围绕所要研究的问题收集有关资料，思考问卷的框架，了解研究对象的特点，以避免出现脱离调查对象实际情况的问题和答案。其中最重要的工作如量表编制一样，就是要对调查总体目标进行分解，考虑从哪写具体维度去设计问题。在准备过程中，问卷设计者具体需要考虑以下问题：①为什么要做该问卷研究？②研究的假设是什么？③需要获得什么类型的信息？④接受问卷调查的对象是什么人？⑤谁来利用问卷获得的信息。

2. 初步设计

指在根据收集到的资料，按照一定原则设计出包括标题、自然情况、指导语、问题、备选答案等内容在内的问卷初稿。这是问卷设计的关键环节，其中涉及很多问题设计的技术。需要考虑问题的内容、表述方式、编排方式和回答方式等具体技术性问题。

3. 预备调查

类似于量表编制过程中的预测。问卷初步设计出来后，不宜直接付诸使用，必须先进行预备调查，以考察问题的表述是模棱两可、是否会对一部分调查者的隐私造成侵犯、测量结果是否能达到预期的目的等。

4. 修改试用

在上一步骤的基础上对问卷中存在的问题进行认真修改。对于某些技术性较强的问卷，应将问卷稿送给该领域的专家和研究人员征求意见，以使问卷更加完善。然后再对与目标群体一致的样本进行试用，进一步评定问卷的可靠性，直到形成正式问卷。

（三）问题设计的技术

1. 问题表述的要求

如前所述，问题的设计和编写是问卷编制过程中最重要也最复杂的环节。编制者应该对很多要求给予足够的重视。这些要求具体包括以下几方面内容：①题目要与研究主题直接相关；②题目的表述要明确，根据被调查者的理解能力和接受能力，应使用相应的语言，尽量避免使用模糊的、学术性的术语和行话；③在一个题目中只准包含一个问题，不要把实质上的两个或多个问题包含在一个并列问句中；④应避免使问题隐含研究者的假设或期望，否则容易导致被试偏向性地回答问题；⑤避免问私人的或微妙的问题，如确定的收入、年龄及卷入违法活动的程度等；⑥措辞要委婉、中肯；⑦题目能短则短，能简单则简单，宁可用两个或更多的短一些的题目，而不要用一个详细复杂的题目；⑧当收集定量的信息时，要求答出明确的数量而不是平均数；⑨题目的备选答案应当是可以穷尽的，选项应具排他性。对有些题目，为避免强迫答卷人做不愿做的回答，应提供一种中庸的答案，如“不确定”；⑩尽可能避免使用否定性题目和双重否定性题目，因为容易导致理解偏差。

2. 问题的排列方式

根据调查内容的不同，可采用多种问题排列方式。对于有时间关系的问题，应按由近到远或由远到近的顺序排列；对于有逻辑关系的问题，应遵循由浅到深、由易到难的顺序排列；对于有关类别的问题，一般是从自然情况问题到实际行为性问题和态度性问题排列；对于普通的问题，应按照“漏斗顺序”，即由大到小、由一般到特殊、由抽象到具体的顺序排列；敏感性问题和开放性问题应放在问卷后面。

3. 问题的回答方式

封闭式问题的回答方式较多，具体有是否式、多项选择式、排列式、评分式等。是否式适用于相互排斥的二选一的问题；多项选择式适用于具有几种备选答案的问题；排列式适用于要表示一定先后次序或重要性的排序问题，如喜爱程度的排序；评分式则适用于表示意见、态度、感情的等级或强烈程度的排序问题。其他的回答方式还有表格式、图画式、填空式等。开放式问题的回答方式比较单一，一般要求被试在问题后面的空白处填写答案。

三、问卷法的实施

如前所述，问卷法的使用对实施者的专业性要求不高，可以由少数调查者对大量的被试同时进行调查。但也正因如此，问卷实施过程中会出现一些特殊的问题。其中最突出的就是如何提高问卷的回收率和答卷的有效性。因此，研究者应该对问卷法实施过程中的重要因素有一定的认识。

（一）问卷法的实施程序

问卷法实施的一般程序包括以下步骤：

①被试的选择。选取的被试数量既不能正好等于研究对象的数目，也不能随意多选取。被试的数量通常可以按下述公式计算：

选取的被试数 = 研究对象数/（回收率 × 有效率）

②以适当的方式发放问卷。目前常见的分发方式有现场发送、邮寄、登在报纸和期刊上、放在网站上等。根据不同的目的可以选取一种或几种发放方法。

③回收问卷。依据发放问卷的方式，采用相应的途径回收问卷。当需要被试邮寄时，最好附上回信用的邮票。

④调查结果的量化和处理。这项工作比较复杂，包括对回答内容进行分类整理、质量审核、编码、数据录入、计算机统计处理等。

（二）提高问卷回收率方法

为了提高问卷的回收率，研究者应该在以下几方面做好工作：

①在问卷编制方面，要增强研究课题的吸引力，指导语要友好、简洁、清晰，问卷不要过于复杂，尽量采用封闭式回答，内容不要过长，印刷质量要好等。美国调查专家克拉克和鲍斯（Clack & Bauce）研究表明，问卷的外观看起来是否很专业，对回收率而言有 80% 以上的重要性。

②在被试选择方面，被试的文化程度、合作态度和当时的身心状态对回收率都有较大的影响。如果在调查过程中，预先取样人数的 20% 以上没有回答，则研究人员应与那些不回答的人取得联系，通过访谈等途径了解不愿回答的原因。因为预想的被试是随机取样的，而不回答的人未必有随机性。因而，研究的代表性就受到影响。所以，应该深入探讨某些被试团体不愿回答问卷的原因，以便发现更深层次的问题。

③在问卷的分发方式上，如果采取友好的辅助措施，则有利于提高回收率。如采取有奖回答、附上贴好回寄邮票的信封、给予时间暗示等措施都非常有效。如托里芬（Torrifen）等人研究了时间暗示对回收率的影响。在要求答卷人现场完成一份需 28 分钟的问卷时，他们使用了三种时间暗示条件：30 分钟，15 分钟，无时间暗示。结果发现，回收率最高的是暗示条件为 30 分钟的那一组。因此，他们得出结论："时间暗示有助于提高问卷的回收率，但时间暗示要和完成问卷的实际时间相对应。"可见，有意

暗示缩短答卷的时间，会使答卷人产生逆反心理，结果往往事与愿违。

④争取获得有关组织机构的支持。如果研究得到研究对象所在机构领导的支持，那么可极大地提高问卷的回收率。

（三）影响问卷有效性的因素

有些问卷虽然有很高的回收率，但如果被试没有如实回答，那么这些问卷实际上是无效的。为了提高问卷的有效性，研究者应该对有关的影响因素有所了解。这些因素主要包括：①问卷本身是否存在错误，据统计，这是导致问卷有效性低的最常见因素。这些错误包括指导语含糊不清、问卷内容有偏差、问卷太复杂、题量过多等；②被试的态度、能力以及当时的心理状态，应该说让人接受问卷调查是属于求人的工作，研究者应该摆正心态，以最友好的方式获得被试真诚的支持；③主试特点、环境条件等外界因素有时也会起干扰作用，从而影响到问卷的有效性，所以问卷实施过程中要尽量选择比较好的答题环境。

第三节　评价法

一、评价法概述

（一）评价法的概念和特点

评价法是指由评定者根据评估表对被评对象的状况进行分析，然后据此对其特质做出量化评定的方法。

评价法是一个应用非常广泛的概念，如教学评价、管理评价、效益评价、素质评价、品德评价等。本书讨论的评价法主要指在心理学研究中为了获得个体心理现象中某一方面变量的数据而采用的微观层面上的方法。其主要评价途径就是让对被评定者比较熟悉的人或有关专家根据评定方案为相应的心理或行为表现给予一定的数值。在评价法中，最常用的量化方法为等级评定法，就是运用事先设计好的等级评定量表，评定者根据被评者的实际情况选择量表上相应的数字。如在注意稳定的研究中，将注意非常不稳定和非常稳定之间分成 5 个级别，由不稳到稳依次用 1、2、3、4、5 表示。教师或家长根据某学生的情况选择其中一个数字，这样就可以获得有关注意稳定性这个变量的数据了。

评价法具有适用面广、操作简便和经济高效等优点。评价法可用于心理问题、行为障碍、能力倾向等多种研究课题的量化评定，如儿童注意缺损多动障碍（ADHD）评定、适应性行为评定、心理健康水平评定、人际关系评定等。可以说，只要是能被他人观察到或感受到的心理表现，都可以采用评价法。而且评价法一般都采用等级评定，操作要求非常简单，评定者在很短的时间内就能掌握。由于评价法是由专家、教师或家长等长辈来实施的，不需要向众多的受评者发放评估材料，也不需要将他们统一集结起来在相同的环境下接受测评，所以能节省大量的时间和人力物力。此外，研究表明，评价法能保证较高的信度和效度。如可通过增加评定者的数量，求多个评定者之间的相关来检验是否存在较大的评定偏差，从而确定评估的信度。也可以通过考察类型评定之间的相关，如教师评定、家长评定、同伴评定和直接观察之间的相关来检验评估的效度。评价法还有一个优点是评价结果不受被评价者的主观意愿影响。

但是，评价法局限性也是很突出的。主要表现在以下两个方面：①评价结果容易受评价者的主观意愿影响。这种主观意愿表现在多个方面，一是对被评价者的偏见；二是对评价标准的掌握偏差；三是对被评价者了解的偏差。一般来说，家长对自己的孩子都有偏好，不愿意把他/她想得太不好，有些行为明明已经比较严重，但是他们就是不愿意接受不幸的结果，所以评分的时候倾向于偏松。教师对学生同样有一定的偏见，往往对平时表现好的学生评价得好一些。有时候尽管家长和教师为了孩子的健康发展都采取了客观的评价态度，但是他们在评价标准的掌握上又往往不同，对同样的行为表现，有的评定者认为偏高，有的则认为正常。尤其对于操作性不强的特质而言，这种标准的掌握更为困难。还有的评定者因为对评估表中的语句理解不同，也会导致评定偏差。此外，虽然评价者一般都是和被评价者接触和交往比较多的人。但是他们与被评价的交往往往是在不同的场合、不同的关系下进行的，教师只了解在校、甚至在课堂上的表现；而家长则只了解在家时的表现，因此他们都无法对被评价者有真正的全面的了解，这样肯定也会影响评定的准确性。②评价法不易揭示行为的原因。由于评价法由他人进行，所以只能评价外在表现。至于外在行为的内在动机和机制则是无法进行评价的。

根据上述特点的分析，我们可以看出，评价法的严密性和标准化程度不太高，但适用面很广，很多不适合用测验法和问卷法的研究都可以采用评价法。如由于儿童的自我意识还不成熟，无法用自陈量表和问卷法去了解他们的心理特点，这时如果采用评价法则能取得良好的效果。因此，在一些特殊群体和低龄儿童的心理和行为研究中，评价法具有突出的价值。

（二）评价法的分类

在教育等宏观领域中，评价的分类标准很多，类型当然也很多。如根据评价内容，可分为条件评价、过程评价和成果评价；根据评价基准，可分为相对评价、绝对评价和个体内差异评价；根据评价的时间和作用，可分为诊断性评价、形成性评价和终结性评价等。

但是对心理学研究中的微观层面上的评价法而言，上述分类方法似乎不太适宜。为此，这里只介绍一种相对比较适宜的分类方法，即根据评价过程中的量化途径进行分类。根据这种分类标准，评价法可分为等级评定法、图表评定法、标准评定法和迫选评定法。

所谓等级评定法就是先把受评者的某种特质分成多个等级，每个等级用一定的数值表示，然后评定者根据受评者的表现，做出判断并选择相应数值的方法。上文列举的评价法就是等级评定法。这种评定要求每个数字代表一个连续体上的特定位置，体现某种心理表现的强度或程度。前文已有具体实例。

图表评定法要求评定者结合图表在一个描述某种特质的维度上选择一个合适的位置来反映被评定者具有这种特质的程度。这里所谓的图表实际上类似于坐标轴，如左边代表特质最低程度的描述，右边代表最高程度的描述，中间代表中等程度的描述。什么位置根据评定者的直觉印象选择。

标准评定法则要求评定者将受评者与某个特定的标准进行比较，从而获得某种特质的估计。这种标准可能是一个群体的平均水平，也可能是一种榜样性的标准。具体采用什么标准要视研究者的目的而定。

迫选评定法是指在评定过程中，要求评定者在两种针对受评者情况的陈述中选择其一。有时尽管评定者觉得都不太合适，但还是必须做出选择。这种方法的选择方式类似于爱德华个人偏好问卷。这种评定方法相对来说更为客观公正。

二、评估表的设计

测验法依据的工具为量表，问卷法依据的工具为问卷，而评价法依据的工具为评估表。因此，评估表的设计是一个类似于量表和问卷编制的过程。主要包括以下步骤：

（一）分析测评目标，做出目标分解，确定评价指标体系

评价目标体系的建立是评估表设计过程中最关键的环节。在教育评价等宏观的评价法中，有一些非常著名的评价目标体系，如布卢姆（Bloom）的掌握学习理论将教育目标先分为认知领域、情感领域和动作技能领域的目标。然后又将认知领域分成知识、领会、运用、分析、综合和评价等六种子目标；将情感领域分成接受、反应、赋予价值、组织和性格化等子目标；将动作技能领域分成反射动作、基础、知觉能力、体能、技巧动作和有意沟通等子目标。这样就形成了发散式的三级目标体系。实际上在评估过程中，知识、领会等三级目标还需要进一步区分，分成不同类型的知识，而每一种类型的知识又要通过多个具体的评估项目进行评定。可见，评价目标体系是多层次、多级别的，具有很强的结构性。

在心理与行为的评定中，一般把测评目标分成三级指标体系。指标体系的建立通常要以一定的理论为基础，依据一定的逻辑进行指标分解。如 SNAP 儿童多动症症状检查表的总体目的是诊断儿童是否患有 ADHD，根据相关的理论，该评估表把 ADHD 的症状表现先分成四个维度：“过动”“不能集中”“冲动”“与同辈相处”。每个维度又分别有 5 ~9 项描述该维度的症状，共有 25 个条目。下面从每个维度中选出 4 项，用以说明评价指标体系的建立情况，详见表 12 -1。

表 12－1 SNAP 儿童多动症症状检查表样例

<table>
<tr><th>总目标</th><th>评估维度</th><th>评估项目</th><th>完全不是</th><th>少许是</th><th>颇为是</th><th>完全是</th></tr>
<tr><td rowspan="16">儿童注意缺损多动障碍</td><td rowspan="4">多动</td><td>过度地周围跑与攀爬</td><td></td><td></td><td></td><td></td></tr>
<tr><td>坐立不安</td><td></td><td></td><td></td><td></td></tr>
<tr><td>难以坐在位置上</td><td></td><td></td><td></td><td></td></tr>
<tr><td>时常很忙碌或者行动起来像装了马达</td><td></td><td></td><td></td><td></td></tr>
<tr><td rowspan="4">注意力不能集中</td><td>时常不能完成一件已经开始的事</td><td></td><td></td><td></td><td></td></tr>
<tr><td>时常好像不在聆听</td><td></td><td></td><td></td><td></td></tr>
<tr><td>容易分心</td><td></td><td></td><td></td><td></td></tr>
<tr><td>参与同一游戏活动困难</td><td></td><td></td><td></td><td></td></tr>
<tr><td rowspan="4">冲动</td><td>时常不假思索而做出行动</td><td></td><td></td><td></td><td></td></tr>
<tr><td>过度由一活动转到另一个</td><td></td><td></td><td></td><td></td></tr>
<tr><td>组织工作有困难</td><td></td><td></td><td></td><td></td></tr>
<tr><td>需要很多监督</td><td></td><td></td><td></td><td></td></tr>
<tr><td rowspan="4">与同辈相处</td><td>打架、碰撞、推人等</td><td></td><td></td><td></td><td></td></tr>
<tr><td>不被其他孩子喜欢</td><td></td><td></td><td></td><td></td></tr>
<tr><td>时常中断其他孩子的活动</td><td></td><td></td><td></td><td></td></tr>
<tr><td>时常容易发脾气</td><td></td><td></td><td></td><td></td></tr>
</table>

指标体系的建立一般包括发散阶段、收敛阶段和试验修订阶段三个步骤。发散阶段一般采用集体讨论、大脑风暴的方法尽可能详尽地提出各种指标分解方案。一般二级目标的确定与理论框架比较密切，自由发挥的空间较小，但三级目标，即具体评估项目的确定上发挥的空间很大，可以充分利用集体智慧，集思广益地提出充分的备选项目。收敛阶段用于将备选的评价指标进行适当的合并和筛选。评价指标并不是越详细越好，而要精简，突出重点，反映本质。指标的筛选一般采用统计方法、理论论证和专家评判相结合的方法，遵循指标的重要性、独立性和代表性的原则。在最终确定指标体系之前还应选择适当的评价对象进行小范围试用，根据试验结果对其进一步完善。

（二）确定各指标的评价标准

所谓评价标准是指用来区分被评价对象不同表现水平的临界点。在评价法中，评价标准可以只有一个，也可以有多个。当只有一个标准时，只能做二分评价，如高或低、好或差、合格或不合格。当采用多个标准时，则可以在对评价对象做多水平的等级区分。这种区分可以用数字来表示，如采用 10 分制或 5 分制；也可以采用文字表述，如总是、经常、偶尔、从不；也可以采用字母等级，如 A、B、C、D。但是不管采用什么区分方式，每个等级的含义都需要有文字说明，以免使评价者产生理解偏差。最常用的区分方法是数字等级排列法，用 0、1、2、3、4 等代表被试在评价项目上的表现。上文列举的两个 ADHD 评估表中，SNAP 采用 4 级评分，“0”表示“完全不是”，“1”表示“只有少许”；“2”表示“颇为是”；“3”表示“完全是”。“注意缺损多动障碍量表”也采用 4 级评分，“1”表示“最不符合”，“2”表示“较不符合”，“3”表示“基本符合”，“4”表示“完全符合”。

需要注意的是在确定评定标准时，不要把等级划分得过于详细。因为有研究发现，大多数人对 7 级以上的区分已不能有效辨别。所以通常的等级划分都在 3 到 7 级之间，其中 4 级和 5 级的最为常见。

（三）确定各子目标的权重

在同一个指标体系中，不同维度对总目标的重要性往往不同。这种重要性的差异必须在评估表中体现出来，其表现方式就是权重的确定。权重是指根据各组成要素在整体中的地位重要性和作用大小所分别赋予的不同数值。分配权重时要注意两条原则：一是各指标权重的取值范围在 0 到 1 之间；二是各指标的权重之和应该等于 1。如果研究者认为各维度的重要性相等，那么将各维度的权重设为相等即可。

权重的具体分配方法有很多，其中较常用的有专家会议法、特尔斐法、关键特征调查法和层次分析法等。

所谓专家会议法就是邀请一些跟被评估有关的专家和理论工作者，以论证会的方式共同讨论权重分配方案。该法可以克服由少数人决策的片面性，但可能过分受专家权威的影响，失去客观性，而且其结论难以定量处理。

特尔斐法是一种以匿名方式反复向专家征求意见，最后达成同一权重分配方案的方法。该法首先以匿名方式向专家分发咨询表，征求其有关某行为问题各维度重要性的意见。收到专家意见后进行统计整理，然后将汇总情况反馈给专家，再次征求其意见。如此反复多次，直到专家们的意见逐步趋向一致，最终确定分配方案。值得注意的是，发给专家的咨询表应该是一种标准化的问卷。在每个项目后提供表示不同重要程度的选项，让专家做出选择即可。这是一种比较科学的权重分配方法，咨询面广、讨论深入、便于量化处理，目前已被广泛使用。

关键特征调查法与特尔斐法类似，主要差异在于该法的调查咨询对象不限于专家，而且一次完成。其具体做法是先让受调查者从所提供的指标中找出最关键的指标，然后根据被选百分比对指标进行排序，选择被选率超过 50% 的维度，最后确定各指标的权重。权重的具体算法为特定维度的被选百分比与各维度的被选百分比的比值。该法虽权威性不如特尔斐法，但操作简单，代表性广，因此较为实用。

层次分析法是一种类似于心理物理学中的对偶比较法的方法。要求有关专家将每种维度与其他维度进行两两比较，建立判断矩阵，然后根据被选比率进行排序。该法采用了比较严谨的数学处理方法，排序结果比较可靠，各指标的权重算法比较科学，只是数据处理相对比较复杂。

上述方法都各有利弊，为保险起见，可以将这些方法综合使用，从中选择最合理的权重分配方案。评估维度的权重在评估表中一般体现为该维度下的评估项目数，权重越大的维度，所属的项目越多。

（四）确定编排形式、编写评定说明

评估表的编排方法相对简单，不需向测验法中的量表那样把题目各因子的题目打乱。因为评定者不是被试本人，而往往是专家或者教师，没必要向他们隐瞒各评估维度和评估项目之间的关系。从形式上看，评估表可以列成表格的形式，也可以像问卷那样采用文本形式。一般来说，如果评价项目不多，那么采用表格形式可能显得简洁一些；如果项目很多，则采用文本方式合理一些。因为内容过多表格需要拆分，显得不够清晰，而且制作成本也较高。

评估表评定说明的编写与量表和问卷的使用说明相似，重点交代清楚评分标准，即每个数值代表什么量的含义。语言要求简单、明了。

（五）评价评估表的质量

评估表也涉及评价的信度和效度问题。其检验方法与心理量表相同。

评估表的效度检验涉及构想效度、内容效度和效标关联效度等。构想效度的检验一般采用因素分析法，以前一般采用探索性因素分析，随着统计技术的发展，现在一般都采用验证性因素分析。在分析过程中，把最低级的评估项目指标看成观测显变量，把上一级的项目维度作为潜变量。通过模型的设定和检验，借助于 LISREL 等统计软件可达到分析目的。内容效度的鉴定一般采用逻辑分析法。具体做法是先由评估表的设计者提出项目指标设计的双向细目表，然后由有关专家根据已经设计好的评估表提炼出一个双向细目表，最后把两种细目表进行比较，二者的一致性越大，则评价的内容效度越高。效标关联效度一般采用同类型不同测验之间的相关系数来表示。

评估表的信度检验包括了同质性信度、分半信度、再测信度和评分者信度等各种主要信度指标。其中评分者信度是评价法特有的一种信度，一般也采用相关分析的方法。当计算两个评分者的一致性时，如果评分为连续分数，则采用皮尔逊积差相关；如果评分为等级，则采用斯皮尔曼等级相关。两个以上评分者的评分一致性系数一般采用肯德尔和谐系数（等级评定），如果评分为连续数据，则采用 α 系数。其他的信度一般都采用积差相关，在此不做详细介绍。

以上重点介绍了评价法的特点和评估表的设计方法。作为一种变量数据的获得方法，评价法在实施上与测验法和问卷法有较大的差别。主要原因在于除了涉及研究者和被试，还涉及与被试关系密切的评定者。所以在实施评估法时，应注意以下问题：①评定者与评定对象的交往要有半年以上，以保证评定者确实对评定对象比较熟悉；②评定者要正确理解评估表中每个评定标准所赋予的心理内涵，研究者应保证所有评定者对各评价项目有一致的理解；③要尽量避免评定偏见，评定者对评定对象某一项

特征的评定，不能和对该被试的其他特征评价混淆起来，更不能将平时在学习方面和品德方面的印象渗透到心理特质的评价上，应该抱着客观、公正的态度实施评价；④防止评分过严、过宽和趋中评定，评分过高、过低，或者打平均分都会缩小分数的分布范围，从而降低评定的区分度。

练习题

一、名词解释

(1) 测验法；(2) 作业型测验法；(3) 自陈型测验法；(4) 爱德华个性偏好量表(EPPS)；(5) 90项症状清单（SCL－90)；(6) 结构问卷；(7) 等级评定法；(8) 迫选评定法。

二、简答题

1. 测验法的间接性与相对性指的是什么？
2. 作业型测验法与自陈型测验法分别有什么优缺点？
3. 简述作业型心理量表编制的主要步骤。
4. 请列举一个作业型心理量表，并说明其内容、用途与计分方法。
5. 在自陈型量表编制中，如何尽最大可能地获得受测者的真实回答？
6. 简述问卷法的优缺点。
7. 简述评价法的优缺点。
8. 实施评价法时，应注意哪些问题？

第十三章　变量数据获得的传统实验心理范式

内容简介

从1879年实验心理学诞生至今，传统的实验技术为科学心理学的发展做出了重要贡献。实验心理学的几乎每个领域都有很多传统实验技术。相较于其他变量数据获得方法，本章所提到的实验法对变量操控非常严格，具有主动性、可重复性以及精确性的特点。本书根据心理学的发展阶段把实验法分成传统实验心理范式和认知实验心理范式，分别在本章与下一章对二者进行系统介绍。由于传统实验技术数量众多，本章只是选择性地介绍几种代表性较强的技术，如知觉实验技术、记忆测量技术、问题解决实验技术、情绪测量技术和情境测量技术，旨在使读者通过本章的学习，对经典心理学领域的传统实验心理范式形成大致的理解。

第一节　实验法技术范式概述

一、实验法技术范式的基本特点

实验法是指通过操纵或控制一些研究变量，探讨一个或几个反应变量随着被操纵变量的变化而变化的趋势，以探求心理现象的原因和发展规律的研究方法。这些被操纵或控制的变量就是自变量，反应变量就是因变量。所以实验法的实质就是通过变量的控制，揭示自变量和因变量之间的因果关系。

从技术上看，实验法主要包含两种要素：一是实验设计；二是实验技术范式。实验设计属于第一层次的研究方法范畴，侧重于实验的逻辑合理性考虑，涉及实验条件的安排、被试的分配、无关变量的控制和统计方案的选定等内容。实验设计方法适用于心理学各种领域的实验研究，是完成一个逻辑严密的实验的技术基础，具有一般性。而实验技术范式侧重于实验变量数据获得的精确性和精巧性考虑，涉及心理学各研究领域中自变量条件的创设、因变量指标的测量、测量指标与内在心理机制之间的关系等内容。很多实验技术范式具有特殊性，不同的研究领域往往有不同的技术范式。它们是心理学某一具体领域的研究能否得到发展的技术前提。只有将实验设计和实验技术范式的完美结合起来，才能做出高质量的实验。本书第二编已经重点介绍了研究设计内容，所以在本编将重点介绍实验技术范式方面的内容。

实验法的特点主要表现在三个方面：一是主动性，在实验过程中，研究者为了操纵或控制自变量，考察因变量的效果，可以根据一定的理论设想自主地选择实验对象、实验任务，或人为地创设一定的实验情境；也可以根据实验过程中出现的情况及时调整或改变实验进程；而且还可以自主选择记录实验结果的时机。二是可重复性，这是实验法最重要的特点，也是实验法之所以成为现代自然科学最主要研究方法的原因所在。只有经得起重复验证的结论，才是科学的结论。因此，实验被视为科学研究的象征。三是精确性，实验法具有严密的实验设计、严格的实验控制、敏感的实验指标和准确的数据处理，这些使实验结果具有很强的精确性。而且自变量引发的因变量的共变关系，使实验结果可以深入地揭示变量间的因果关系，这是其他方法所不能比拟的。这些特点实际上也就是实验法的主要优点。

实验法的主要不足是实验研究对变量的操纵过严，使很多心理现象被孤立起来研究，与现实的心理现象有很大的差别，因此生态效度比较低。而且，由于实验法对心理过程的操作性和量化要求过高，使很多重要的心理现象目前还很难用实验法进行研究。

二、实验法的分类

心理学实验根据不同的标准可分成很多类别。如，根据研究目的，可分为因素型实验和函数型实验；根据实验情境，可分为实验室实验和现场实验；根据实验设计，可分为前实验、准实验和真实验；根据实验中自变量数量的多少，可分为单因素实验和多因素实验等。后两种分类是根据实验设计方法的不同进行的，在有关实验设计的文献中有很多介绍，这里不作赘述。

因素型实验主要用于探索所研究心理现象的产生条件和影响因素。在这类研究中，首先要控制其他因素，突出其中一个因素，探察此因素与心理现象的关系，然后以同样的方式逐个探察。函数型实验主要用于考察研究条件与心理现象之间的函数关系，结合多元回归等统计技术，可同时考察多个自变量与因变量之间的因果关系。

实验室实验是指在实验者特别创设的情境中进行的实验。这种实验变量控制严格、实验设施完备、测量精确，还可对被试进行随机取样、随机分派，具有很高的内部效度，但生态效度比较低。现场实验则指在日常学习或生活的自然情境中进行的实验。这种实验能很好地揭示被试的真实心理活动特点，但由于被试不能随机分配，通常只能采用准实验设计，严密性相对较差。

除了上述分类标准，本书试图提出另一种针对实验法的分类标准，那就是根据心理学的发展阶段进行分类。根据这种分类方法，我们把实验法分成传统实验心理范式和认知实验心理范式。

传统实验心理范式泛指除了现代认知心理学和认知神经科学之外的心理学研究领域采用的实验方法，包括传统的实验心理学、比较心理学、发展与教育心理学等领域的实验方法。这一类实验法包含的技术范式非常广泛，但因研究领域的不同而存在很大的差异，因此代表性强、适用面广的技术实验范式反而相对较少。

认知实验心理范式主要指当代认知心理学各研究领域所采用的实验方法。这类技术范式主要分两大类：一类是认知行为实验技术范式；另一类是认知联结主义实验技术范式。认知行为实验范式指依据信息加工理论，通过测量被试在不同实验条件下的外在行为表现推测内在信息加工机制的方法，又称符号定向的认知心理实验范式。这种技术范式是建立现代认知心理学的方法学基础。经过长期的探索，现在人们已经积累了大量具体的实验范式，其中有很多设计精巧、适用面广，已经成了经典的实验技术。认知联结主义实验技术范式指依据神经网络理论，通过计算机模拟揭示个体分布式信息加工机制的方法，属于网络定向的认知研究方法，又叫平行分布加工模型（PDP模型）或神经网络范式。这种技术范式代表着认知心理学发展的一个重要方向。

第二节　传统实验心理学技术范式简介

众所周知，实验心理学诞生于1879年，而认知心理学产生于20世纪五六十年代，认知神经科学近二三十年才得到迅速发展。也就是说，在当今两大科学心理学流派出现之前，传统的实验技术已经为科学心理学奠定了深厚的基础。实验心理学的几乎每个领域都有很多专门传统实验技术。如在阈限的研究中，有最小变化法、恒定刺激法、平均差误法和信号检测论等技术。在知觉研究中，有两可图形法、主观轮廓法、人工知觉法、纹理梯度分析法、固定网像法和图形空间结构实验法等技术。在记忆研究中，在刺激材料呈现方面，有全部呈现法、预期法、对偶联合法、记忆广度法等，在记忆效果的测量方面，有回忆法、再认法、节省法、重建法和信号检测论法等技术。在概念获得的研究中，有实物分类法、选择法和下定义法等。在问题解决的研究中，有点蜡烛情境实验法、系绳情境实验法、量水实验法和河内塔实验法等。在情绪研究中，有印象法和表现法等。在发展和教育心理学等领域则较广泛地采用了现场实验法和情境测量等技术。可见，从各研究领域的具体研究技术来看，传统实验心理技术范式可以说是不能穷尽的。为此，本部分只是选择性地介绍代表性相对比较强的几方面技术，如知觉实验技术、记忆测量技术、问题解决实验技术、情绪测量技术和情境测量技术。应该说，在传统实验技术中，信号检测论应该是最具代表性、适用面也是最广的。但是由于该法在各种实验心理学教材中都有详细介绍，本书不再为此浪费笔墨。

一、知觉实验技术

知觉是传统实验心理学研究比较深入的领域，如格式塔学派有关知觉组织的研究对当今的知觉研究仍有深远影响。这些研究涉及的方法有两可图形法、主观轮廓法、人工知觉技术等。这里主要介绍设计更为巧妙的人工知觉技术。

人工知觉技术是一种用来研究知觉适应的实验技术。该技术由斯特拉顿（Stratton，1897）首创。其基本操作是：首先利用一种特殊装置使外部世界在主观上重新组合，迫使个体知觉到与正常情况完全不同的知觉经验，即人工知觉，如图 13－1；然后考察被试在产生人工知觉后的行为变化情况。

图 13－1　人工知觉经验

斯特拉顿在以自己为被试的实验中，给自己戴上一副特殊的眼镜，该眼镜能使视野上方的物体投射到视网膜的上方，视野下方的物体投射到视网膜的下方，从而使外部世界的物体在网膜上的成像发生反转和变位，上下颠倒、左右反向。实验发现，产生人工知觉后的头 3 天，空间定位有很大困难，如在伸手取物时，手的方向往往与物体的实际方位相反；但 3 天后开始逐渐适应，如可以看到自己的手在写字；4 天后能在两只手之间进行正确的知觉选择；第 5 天可以在房间内随意走动；到了第 7 天，已经能在室外散步并欣赏途中的景色了。第 8 天的时候，他取下了眼镜，一开始看到的物体又都是上下颠倒、左右反向的，但几个小时后就恢复了正常。该研究表明，人的空间知觉具有很强的适应能力，视觉、触觉和前庭觉之间能在较快的时间内建立新联系，又能迅速恢复到原有的联系。

斯奈德和普龙科（Snyder & Pronko）在 1952 年对这个实验进行了验证。该实验延长了被试戴反转镜的时间，达到了 30 天，并且在实验过程中进行了多次视觉动作协调测验，如让被试按照一定的规则尽快把不同的扑克牌分到相应的盒子中去，记录反应时间。结果显示，在第一次戴上反转镜后，作业成绩相对于实验前显著下降；在戴反转镜期间，随着戴镜时间的延长，被试的作业成绩以较快的速度持续提高；在去掉透镜后，一开始作业成绩有所降低，但很快又恢复正常。在实验后的访谈中，被试表示，如果主试不专门问他事物是否倒转了，他已经意识不到这个问题，只是在有意回想的时候，才会觉得好像戴镜前后物体的上下好像颠倒了。该研究有力地支持了斯特拉顿的结论。

采用人工知觉法的时候，未必都通过戴透镜引发人工知觉，还可以采用其他更复杂装置达到类似的目的。如科勒（Kohler）等人（1964）利用带有内楔的棱镜和其他镜面设计了更为复杂的人工知觉实验装置，该装置可使视觉映像颠倒，也可以变成其他形状。实验发现，在开始的几天里，正常行为受到了很大的影响，物体知觉几乎都是颠倒的，接触物体时经常出错，甚至无法独自行走。但是实验进行到第 4 天，被试就能骑自行车，到第 6 天则能滑雪了。在随后的几天中，被试的行为很少发生错误，基本进入完全适应状态。取下装置后，最初也不适应，但半个小时左右就完全正常了。

罗克和哈里斯（Rock & Harris）采用不同的步骤和条件，考察了被试在不同人工知觉状态下的物体触摸成绩。在他们的研究中，采用的实验装置有一张玻璃面的桌子，桌子上垂直放置着一个刺激显示板，板上呈现有不同的字母；还有用来覆盖桌面的黑布和用来改变视觉经验的棱镜。被试的任务是用手从桌子下面指出特定字母所在的位置。实验分 3 个阶段进行，在第一阶段，用黑布盖住桌子表面，让被试只能看到桌面以上的目标，而看不到下面的手。结果发现，这时被试可以准确地指出目标字母的位置。在第二阶段，让被试戴上棱镜，使被试会把物体看成从实际位置向右移动约 10 厘米，并拿走黑布。结果发现，一开始被试不能准确指出目标，但正确率提高很快。在第三阶段，取下棱镜，分别用已适应的手和另一只手进行实验。结果发现，适应手在指点目标时发生了位置偏移，而且偏移幅度和由棱镜导致的偏移幅度一致；另一只手则没出现任何偏移。上述结果表明，对人工知觉的适应是与特定的行为相联系的，而不单纯是知觉的改变。该研究大大深化了前述的人工知觉研究。

人工知觉技术不仅可以用于人类，还可以用于动物知觉适应的研究。一些研究者通过动物人工知觉的实验发现，不同动物的视觉适应能力是不同的。如赫斯（Hess）等（1956）发现，给小鸡戴上偏光镜后不能适应视野的变化，只能按看到的物体方向啄取食物；而人则能很快适应。鱼和青蛙等动物也不能适应这种知觉变化，猫和猴子等动物则能适应。

从上述研究可以看出，人工知觉技术作为研究知觉适应的一种技术范式，其设计是很巧妙的，具有较大的灵活性，可广泛适用于多种研究对象。

二、记忆测量技术

记忆是高级心理过程中被研究得比较充分的一个领域。传统实验心理学为这方面积累了很多方法。在记忆效果的测量上，主要的方法有回忆法、再认法、节省法、重建法和部分报告法等。下面对这些技术的基本程序逐一介绍。

（一）回忆法

回忆法是指当原来的实际材料不在面前时，要求被试再现出原来识记材料的方法。回忆法在具体操作上又分系列回忆法、对偶回忆法和自由回忆法三种。

系列回忆法的主旨是要测量被试达到某种记忆标准所需要的学习时间或学习遍数，又称为学习时间（遍数）法。其基本实验程序为：首先，根据识记材料的特点确定“熟练的标准”；然后要求被试背诵实验材料，达到标准（按顺序回忆）；最后，记录学习时间或遍数。如艾宾浩斯（Ebbinghaus）关于有意义材料回忆问题的研究用的就是这种方法。其记忆材料为诗歌中的语句和无意音节。结果发现，对于长度约为 80 个字音的诗段，8 次可以背诵；同样数量的无意义音节，需 80 次才能达到标准。

对偶回忆法是把学习材料匹配成对进行呈现，要求被试在对偶材料之间形成联系的方法。一般有两种程序：一种是预期法，先单独显示刺激项目，要被试尽力预想可能与其对应的反应项目；然后将刺激项目和反应项目成对呈现，全部呈现完后，实验者改变顺序进行第二轮呈现，每出现一次刺激项目就要求被试报告对应的反应项目，间隔一过就同时呈现刺激项目和反应项目作为强化，一直做到被试全部记住为止。另一种是检验法，让被试先学习材料的所有刺激和对应的反应项目，然后进行检验其记忆效果，如果没达到要求，则改变顺序重新呈现材料，也一轮一轮进行，直到被试全部通过为止。两种程序均以正确反应百分率和实验次数作为记忆指标。

自由回忆法是对回忆顺序不作限制的刺激再现法。该法最初不太受研究者的重视，因为它无法体现出序列信息的记忆效果。但后来得到了广泛的应用，并成了最常用的记忆效果测验法之一。主要原因是通过自由回忆法能测出一些特殊的注意效应。如自由回忆法能体现出系列位置效应，通过回忆顺序还能表现出一定的记忆规律，如记忆的群集倾向。

（二）再认法

再认法的主要特征是把被试识记过的材料和没有识记过的材料混合在一起，要求被试从中把这两种材料区分开来的方法。具体的记忆效果有两种算法：

（1）当有关刺激数字不等于无关刺激数时，计算公式为：

再认分数 =（正确再认的百分数 - 错误再认的百分数）/ 新旧项目总数

（2）当有关刺激数等于无关刺激数时，计算公式为：

再认分数 =（正确再认数 - 错误再认数）/（有关刺激数 + 无关刺激数）

在再认法中，在计算再认分数时，要特别注意排除猜测因素的影响。为此，需要采用校正公式。具体如下：

再认分数 =（认对有关、无关刺激量 - 认错有关、无关刺激量）/（有关刺激数 + 无关刺激数）

提高再认法测量精确性的最好的办法是引入信号检测论技术。信号检测论之所以可用于再认研究，是因为再认任务中被试所面临的问题实际上把当前的刺激与记忆痕迹进行比较，检测当前刺激是否是曾经学过的词，用“是”或“不是”做反应。而这种实验任务是典型的信号检测问题。将信号检测论用于再认研究有很多优点，如传统再认测验法的实验结果可能受到各种主观因素或反应偏向的影响，而信号检测论可分离出这些因素的影响；信号检测论的再认研究中，错误反应包括漏报和虚报，有利于进一步分析错误原因；因变量 d' 比传统的再认法指标正确率和错误率更灵敏。

下面举例说明信号检测论在研究“识记材料类型对再认效果的影响”中的应用情况。具体的研究方法为信号检测论的有无法，把学过的词或图形，即“旧”的刺激作为信号，把没学过的词或图形，即“新”的刺激作为噪音。实验采用单因素完全随机设计。自变量为识记材料的类型，分三个水平：具体事物图形，抽象图形，具体事物的名词。实验材料包括各种类型的新旧图形各 25 张。以具体图形材料的实验为例，在实验过程中，首先呈现 25 张旧图片，每张持续 5 s，两张图片之间间隔 2 s；呈现完一遍后，把新旧图片混合，要求被试判断哪些是新的，哪些是旧的，记录反应结果。根据记录的反应，计算出三个实验组每个被试的 $P(y/SN)$ 和 $P(y/N)$；然后求出三个实验组每个被试的 d' 和 β；最后可用单因素方差分析检验识记材料类型的主效应是否显著，并用多重检比较三种类型识记材料的识记效果的差别。

（三）节省法

节省法要求被试先学习一种材料，达到一定的标准；然后经过一段时间，再以同样的程序重新学习这些学过的材料，达到初次学习的标准；再学习与初学习两次学习所需要的练习次数之差，即代表初学习之后所保持的记忆。所以节省法的记忆指标为节省百分数。节省的百分数既是保持量的指标又是遗忘程度的指标，是一个测量记忆效果的非常灵敏的指标，甚至可以测出内隐记忆的效果。具体算法为：

节省的百分数 =［（初学时的诵读次数 − 再学时的诵读次数）/ 初学时的诵读次数］×100%

（四）重建法

所谓重建法简单地说就是请被试复现刺激项目的次序或排列的方法。重建法的实验程序一般都分两步：先由实验者向被试者呈现有一定次序或位置的刺激系列；然后将原刺激系列打乱后交给被试，要求按照刺激呈现的次序或位置复原。在重建法中，实验者要做的工作中最主要的就是如何记分。通常用的指标是以重建顺序的错误数或正确数衡量回忆效果。该法主要用于长时记忆研究。具体算法为：

错误的百分数 = 实际错误数 / 正确顺序的总数 ×100%

（五）部分报告法

部分报告法是针对全部报告法的缺陷提出的。在全部报告法中，要求测量被试按顺序识记的全部刺激，但实际上，即使被试记住了一定数量的刺激，在报告的过程也往往会遗忘一部分，因此，实验者最后检测到的记忆量一般都是偏低的。这样就不能准确地反映出被试的记忆容量或记忆能力。部分报告法则能很好地解决这个问题。部分报告法的基本原理是，根据随机原理，使报告分段进行，一次测验只要求被试报告出与特定信号相联系的一部分信息；由于这部分信息的回忆是随机安排的，所以其报告成绩也能反映出其余部分的记忆情况。部分报告法有效地控制因报告时滞引起的误差，从而能更敏感地测量出被试的记忆容量或记忆能力。由于部分报告法设计巧妙、操作简便、测量精确，被很多研究者视为精巧实验技术范式的典范。

最著名的部分报告法实验就是斯波林（Sperling，1960）关于感觉记忆广度的研究。该研究将全部刺激项目排成 3×4 的矩阵。在实验前事先设定：第 1 行刺激与高音相联系，第 2 行刺激与中音相联系，第 3 行与低音相联系。实验开始后，每组刺激呈现 50 ms，在刺激消失后随即呈现一个声音信号，要求被试根据事先约定的信号—刺激关系报告出相应的刺激行的记忆项目。根据被试报告的准确率很容易计算出其记忆量。具体算法为先根据一行中的正确回忆数和一行的项目算出正确回忆率，然后将各行的项目总数与该正确率相乘，所得之积就是被试的总记忆量。例如，上述实验中每行有 4 个记忆项目，如果测得的平均报告量是 3.1 个，则准确率为 77.5%，由于项目总数为 12 个，那么被试的记忆容量为 9.3。

三、问题解决实验技术

问题解决思维心理研究中的一个重要领域。虽然问题阶段属于认知的一种最高级形态，研究难度非常大，但经过长期的努力，实验心理学在这方面积累了很多经典的实验任务。这些任务包括河内塔问题、密码算题、富翁—强盗过河问题、量水问题、系绳问题和点蜡烛问题等。前三种任务主要用于研究问题解决的过程和策略，后三种任务用来研究问题解决的影响因素。

河内塔问题的情境是，在一块水平放置的板上有 3 根柱子，左边的柱子上套着 3 个圆盘，由下至上逐渐增大，要求被试把左边柱子上的圆盘全部移到右边的柱子上，也要求下面的盘子比上面的大，即跟在左边时的大小顺序一样。一次只能移动一个盘子，可以用中间的柱子作为过渡，但不管在哪个柱子上，下面的盘子都必须比上面的大。如图 13-2。通过增加圆盘的数量能不断增加任务的难度。

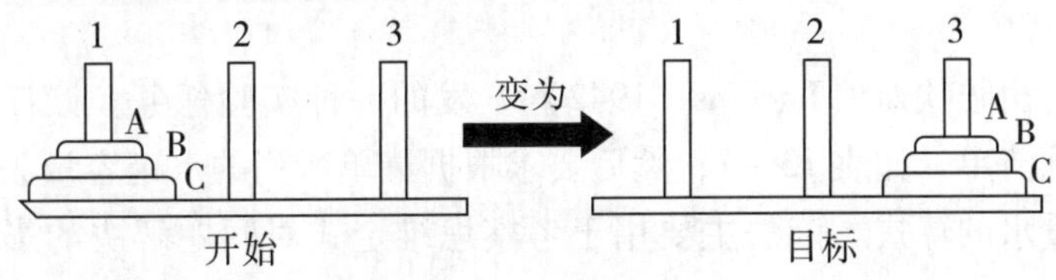

图 13-2　河内塔问题

河内塔任务被广泛用于问题解决过程的研究。如纽威尔和西蒙（Newell & Simon,

1972）的“一般问题解决者”（GPS）计算机模拟程序就是针对河内塔问题的解决编制的。根据该问题可以较清晰地了解问题解决的程序和策略。如为了解决3个圆盘的问题，被试首先要考虑怎么把C盘移到第3根柱子上；但是根据任务要求，必须把B盘和A盘移走后，才能移动B盘，因此需要先考虑把B盘移走，而B盘上又有A，所以还得进一步转移目标，先把A移走。由于A是最小的，上面不能放别的盘，所以应该暂时把A移到第3根柱子上，然后把B移到第2根柱子上，再把A移到B上，这样第3根柱子空出地方了，而且C上也没有盘子了，所以就可以把C移到柱3上了，接下来又暂时把A移到柱1上，把B移到柱3上，最后再把A也移到第3根柱子上。这样就最后完成任务了。通过这个问题的解决过程我们可以看出，人们在问题解决时，通常采用了手段—目的策略，就是把最终目标分解成一级一级地多个子目标，通过实现一系列的子目标达到最终的目标。在工作记忆研究中，河内塔任务还经常被当作考察中央执行系统的计划和目标管理能力的测量工具。

经典的密码算题就是由分别代表0～9十个数的字母ABDEGLNORT组成如下一个算式：

$$
\begin{array}{r}
\text{DONALD} \\
+\ \text{GERALD} \\
\hline
\text{ROBERT}
\end{array}
$$

已知条件是R=5，要求被试用尽可能简便的方法推算出剩下的9个字母分别代表的是哪个数字。通过大声报告法和问题行为图分析，该算题的求解过程也能为问题解决过程和机制的研究提供很多信息。

富翁—强盗过河问题也通常用于考察问题解决的过程和策略。该问题的情境是这样的：假设有3个富翁和3个强盗在河的同一边，他们都想过河，可是河里只有一条船，而且一次最多只能坐两个人。如果在任何一边的河岸上强盗的数量多于富翁，那么富翁就会遭到抢劫。要求被试回答的问题是，怎样才能使3个富翁和3个强盗都能渡到河的对岸，而且富翁又不会遭到抢劫？该问题的解决步骤是：先让两个强盗过河；然后一个强盗返回；再让两个强盗过河；其中一个又返回；然后让两个富翁过河；又让一个富翁和强盗返回；再让两个富翁过河；接着让已过河的强盗返回；然后两个强盗过河；再一个强盗返回；最后两个强盗一起过河。总共包括11个步骤。该问题的解决过程与河内塔类似，涉及一系列的目标变换，对问题解决中间过程的认识具有重要价值。

量水问题是由陆钦斯（Luchins，1942）开发的一种实验任务。该任务先给被试提供一个量水问题清单，如表13-1；然后要求根据清单所列的水罐容量去量出所需要的水量，并写出量水的算式。该法主要用于考察思维定式对问题解决的影响。如前5题的解题思路都是B-A-2C，而后3道的思路是简单的A+C或A-C，如果被试在解决后3题时也倾向于用前一种思路，那么说明其思路容易受定势影响。

表 13-1 量水问题的清单

问题序号	给予的水罐/mL A	B	C	要量的水量/mL	算式
1	21	127	3	100	
2	14	163	25	99	
3	18	43	10	5	
4	9	42	6	21	
5	20	59	4	31	
6	23	49	3	20	
7	15	39	3	18	
8	28	76	3	25	
9	18	48	4	22	

系绳问题是由马伊（Mail）于 1931 年设计的一个问题解决实验任务。该实验的问题情境是：在一个空房间里有几件物品和两根相距一定距离的下垂绳子。物品包括钳子、电笔和椅子等，如图 13-3。被试的任务是把两根不能同时直接用手抓着的绳子系在一起。由于不能同时够着两根绳子，被试必须借助于情境中的物品，如先将钳子系在一根绳子上，然后晃动这根绳子，接着一只手拿起另一根绳子，另一只手乘机抓住晃过来的绳子。这样就可以完成任务了。该任务既可以用来解释问题解决过程中的顿悟，也可以用来解释思维的变通性对问题解决的影响。

图 13-3 系绳问题情景图

点蜡烛问题是由邓肯（Duncan）在 1945 年设计的，专门用于研究功能固着对问题解决影响的实验任务。该任务的实验材料包括两个纸盒、一支蜡烛、火柴和图钉，如

图 13－4。被试的任务是设计出一个方案，使蜡烛能立在墙壁上作为一盏灯使用。实验创设两种条件：一种是将蜡烛、火柴和图钉都装在纸盒内；另一种是把实验材料都不放在盒子里。该问题的正确解决方案为，先用图钉把盒子钉在墙上，然后点燃蜡烛，再把蜡烛固定在盒子上。通常的实验结果为，在第一种条件下被试完成任务的情况要比第二种条件下差得多，说明有关各种物体常规用途的知识，可能对问题的解决会起到一定的阻碍作用。也就是说，物体的功能固着有时不利于问题的灵活解决。

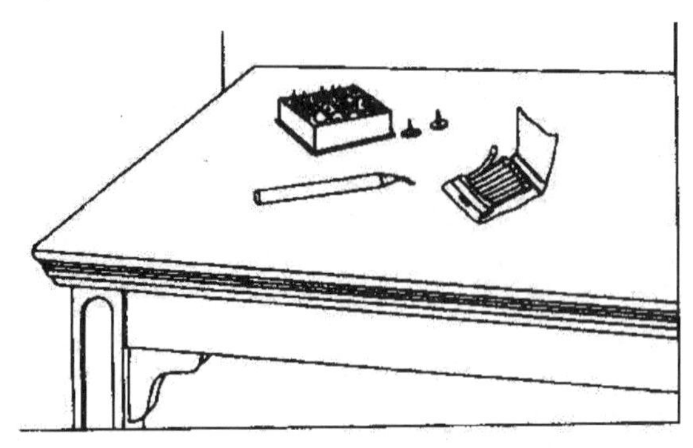

图 13－4　点蜡烛问题情境图

四、情绪测量技术

情绪的测量是实验心理学中难度最大的实验技术之一。人们都知道情绪在人类的心理生活中占据着非常重要的位置，情绪研究的意义毋庸置疑，但是现代心理学对情绪的研究相对认知领域来说，非常不充分。其中一个主要原因就是情绪测量技术缺乏突破性进展。但尽管如此，实验心理学还是发展了不少情绪测量方法。情绪测量主要有三方面的指标：一是生理指标测量；二是面部表情测量；三是情绪主观体验的测量。生理指标包括血压、脉搏率、皮肤电、呼吸、脑电波、语图分析法和生化指标等，一般都需要通过复杂的仪器进行，如语图分析法需要使用语图仪中的应激分析器。情绪主观体验的测量则一般通过量表法进行。前者过分依赖于精密仪器，后者则停留在测验法的水平上，所以本部分将侧重点放在实验法意味更明显的面部表情的测量上。

表情测量技术是建立在表情理论的基础上的。这种理论认为，情绪过程既包括情绪体验，又包括情绪表现。表情就是情绪最典型的外在表现方式，而且还是情绪体验的发生机制。表情按面部不同部位的肌肉运动而模式化，面部反应模式携带着情绪的心理学意义。特定的基本情绪具有独特的面部模式，独特的面部模式由独特的面部肌肉活动组成。其基本测量程序为，先通过肌肉刺激把面孔上的一块块肌肉的单一活动和相连的肌肉组织活动通过肌电记录和照相记录保存下来；然后确定每一种表情涉及了哪些肌肉，以及这些肌肉的变化模式。根据上述原理，埃克曼（Ekman）编制了面部动作编码系统，伊扎德（Izard）建立了表情辨别整体判断系统。这两个系统就是实验心理学中两个主要的表情测量技术标准。

面部动作编码系统，是埃克曼等（1978）在面部表情评定工作的基础上制定出的一个区分面部运动的综合系统，被认为是迄今最为详尽、精细的面部表情测量技术，能测量出所有可观察到的面部行为。该技术以面容活动为测量单位，即活动单位。一个单位可包括一块或几块肌肉组织，也可以将几个小单位复合成大单位。该系统共包括28种单一活动单位和19种复合活动单位。每种活动单位都对应于面容变化的详细描述，以及对应的照片或影片。如两唇张开是一个单一的活动单位，通过该系统可知，相应的肌肉运动是唇压肌、额提肌放松。需要指出的是，面部肌肉活动编码系统只是根据解剖学原理对面部各部位进行的测量，而不是直接针对表情的测量。

伊扎德等（1979）在上述系统的基础上，提出了最大限度辨别面部肌肉运动编码系统（MAX）和表情辨别整体判断系统（AFFEX）。前者以面部肌肉运动为单位，能测量出区域性面部肌肉运动的精确图式。后者则提供了关于面部表情模式的总概貌。这两个系统把面部肌肉运动与表情结合了起来，在真正意义上成了直接测量表情的技术。MAX系统通过眉额鼻、眼鼻颊和口唇等三个部分外貌变化的评分和综合，可以辨别出愉快、悲伤、愤怒、厌恶和惧怕等多种基本情绪。其操作过程分两个步骤，首先让评分者观看3次面部表情的录像，每次辨认一个部位的肌肉运动，记录每部分面容的变化和出现时间；然后将记录结果同可观察的活动单位的组织进行对照，辨别出独立情绪或几种情绪的组合，从而基本可以推测情绪的类型。AFFEX系统是以MAX系统为基础的，通过组合面部运动，整合面部不同部分的信息，直接从整体上判断基本情绪面部表情的类别。

不过，后来这些表情测量技术受到了一定的质疑。最主要的挑战来自费尔南德斯和多尔斯（Fernandez & Dols）关于面部表情和情绪体验之间关系的研究。他们从微笑和幸福的关系入手，考察了社会交流对自然面部表情和情绪体验之间的关系。其中一项研究的目的是观察参加奥运会领奖仪式的运动员的面部表情变化。该研究分3个阶段按埃克曼的面部肌肉动作编码系统对运动员的表情进行测量。第一阶段为官员就座、获奖者在领奖台后等待；第二阶段为获奖者在领奖台上向观众致意；第三阶段为运动员面向国旗听国歌。结果发现，在各种面部表情中，微笑所占的时间在第一阶段为4.52%，第二阶段为50.96%，第三阶段为1.60%；中性表情在第一阶段占32.41%，第二阶段占7.71%，第三阶段占14.43%。从上述结果可以看出，在第二阶段的微笑时间大大长于第一和第三阶段，其主要原因是，在第二阶段，领奖者与观众进行了情感交流，而在其他两个阶段不存在这种交流。这是在面部表情上分析的结果。从领奖者的情绪体验上看，领奖者应该是一直处于愉快、幸福的状态的，不可能只有在向观众致意时才感到幸福。因此，上述研究表明，积极的情绪体验和面部表情之间并没有必然的联系，前者不是后者的充分条件，后者也不是前者的必然条件，面部表情与社会交流等外部因素有关。可见，通过面部表情进行情绪测量的有效性也不完全能得到保障，情绪测量的确是难度很大的技术工作。

五、情境测量技术

情境测量技术是指通过预先选择或布置一种情境，观察被试在该情境在中的行为表现来判断被试心理特质的实验技术。这种情境可以是实际生活情境，也可以是模拟的情境，但都是经过实验者精心选择或设计的。情境测量技术有很多种具体的应用形式，可广泛用于能力测评、个性评价和心理机制等多个领域的研究。

在人才选拔和考核中实际应用能力的测量，是情境测量技术的主要应用领域之一。这方面的应用开始于“二战”期间，先后有多个国家采用模拟情境测验来选拔军事人员和管理人员。20 世纪 50 年代中期，美国长途电话电报公司首次将情境测验大规模用于管理发展和职业培训方面的工作。后来，美通用电器公司、国际商用机器公司、福特公司等多家大型企业先后采用了这一技术，如今已普及到各国。其中常用的具体技术有公文筐测验、无领导小组讨论、管理游戏和模拟面谈等。

公文筐测验的基本程序是：把被试置于模拟的工作情境中，由主试提供一系列文件，包括电话记录、请示报告、上级指示、待签文件、统计报表、备忘录等某一岗位经常会遇到的典型情况；这些材料有的来自上下级，有的来自组织内部或外部，有的是日常琐事，有的是重大事件，要求被试在规定时间内处理好这些文件，并以口头或书面的形式解释说明这样处理的原则和理由；由主试根据上述公文的处理情况对被试的工作条理性、计划能力、预测能力、决策能力、沟通能力等进行量化评定。

无领导小组讨论测验的基本程序是：将一些互不相识的人组成一个小组，提出一项在有限器材条件下需要小组成员通力合作的任务；事先不指定谁是小组领导，只是规定如果不能在规定时间内完成任务，每个人都要受到惩罚；如果有人能主动承担起领导责任，并获得小组成员的支持而顺利完成任务，那么可以判断这个人就具有领导者的素质。通过这种测验，研究者能有效地鉴别被试的领导能力、应变能力和合作精神方面的特征。这种测量效度是一般测验所无法达到的。

个性品质的测评也是情境测验的一个重要应用领域。如哈茨霍恩（Hartshorne）等设计的品格教育测验就是比较经典的个性特征情境测量技术。该测验主要针对的是学龄儿童的诚实、自我控制和利他主义等品格特点；实施情境为日常生活或学习的自然情境。如在一个有关“诚实性”的测验中，先进行一次正常的考试，考完后将所有试卷收回，不作批改，各复印一份；然后在下次上课时将全部试卷和标准答案发还给学生本人，让他们自己批改并打分；最后将试卷收回，把每份改完的试卷与复印的试卷进行对照，这样就可以看出学生是否有修改答案以提高考试分数的不诚实行为，从而可以对其诚实性特质进行评价。此外，还可以通过其他很多专门设计的实验任务来测量被试的诚实性。如在一个测验中，给被试 1 张画有 10 个大小不等和位置不规则圆圈的纸，要求先记住每个小圆圈的位置，然后学生闭着双眼用铅笔在每一个小圆圈中画上记号。由于大量实验的结果表明，在被蒙住双眼的情况下，被试每次最多能画中 4 到 5 个圆圈，连续测量 3 次的总成绩不可能超过 13 个。如果被试在只要求自觉闭上眼睛，而不需要强制性蒙眼睛时的成绩超过 13 分时，说明他产生了作弊行为，即在实验过程中偷偷摸摸睁开眼睛了。这样就可以断定这名被试的诚实性是比较差的。

情境测量技术留给研究者的创造空间是非常广阔的，只要有良好的构思，就可以开发出无数种针对各种特质的情境测量任务。如在一个试图比较不同地区居民的精神文明素质的研究中，可以通过各种具体的情境测量任务来获取数据资料。在一个情境任务中，研究者可以将一些写好地址、贴好邮票的信封故意散落在不同的邮箱附近，根据是否能收到信件考察是否有一些居民能主动地将一些信封捡起来放入邮箱。由于这种行为是利他主义的一种表现，回收信件的数量就可以作为某地区精神文明素质高低的一个客观指标。这种情境任务的精致性是很明显的，关键要研究者去开发。

情境测量技术也可以用于一些心理机制的基础研究。安斯沃思（Ainsworth）在20世纪60年代为婴儿依恋的研究开发了一种陌生情境测量技术。该技术是在一系列标准事件的过程中实施的综合测量方法，由以下四部分构成：①行为主体变量，包括抚养者、婴儿和陌生人；②人际关系变量；③焦虑源，即婴儿与抚养者及陌生人的相互作用；④主要情境，即陌生人入场和退场、亲子分离和团聚。测验的基本程序是：首先让母亲和婴儿一起进入室内，母亲用玩具引发婴儿兴趣，并鼓励婴儿自由探索；然后陌生人入场，与母亲交谈并与婴儿交往；接着，母亲离开房间，陌生人和婴儿进行活动；然后，母亲返回安顿婴儿，让陌生人离开；随后，母亲再次离开，婴儿独自在室内，而陌生人返回，又与婴儿一起活动；最后母亲再次返回，重新安顿婴儿，陌生人离开。上述实验程序创设了压力不断增加的情境，为测量婴儿依恋行为的变化规律创造了条件。如通过比较婴儿在陌生情境中和不同的人在一起活动与单独一个人时探索环境的情况，可以了解到婴儿依恋的影响因素和依恋的程度。该技术几经修订和完善，现在已经成为婴儿依恋研究的主要方法之一。

值得一提的是，情境测量技术在我国有悠久的历史。如《庄子·列御寇》中的“九征”法就是系统而典型的情境测量技术。该法的测试与评价都在实际生活中完成。在实施过程中，测量者有意创设9种情境：“远使之”“近使之”“烦使之”“猝然问焉”“急与之期”“委之以财”“告之以危”“醉之以酒”“杂之以处”。这些情境能分别诱导出被试的9种品质：“忠”“敬”“能”“知”“信”“仁”“节”“则”“色”等。《吕氏春秋》中提出了“八观六验”的知人方法。所谓“八观”，实际上是对人的8种社会心理和行为的观察。所谓“六验”则是6种情境中对人的情感控制能力和意志品质的考验。这里的“观”和“验”都是构成情境测量技术的一种具体情境，共计14种情境。这些情境的有机结合，可创设出多种情境的综合测验，能有效地系统考察一个人品质和能力。此外，刘劭的“八观五视”和诸葛亮的“知人七法”等采用了“利用特定情境诱导出所要观察的行为品质”的方法，即都属于情境测量技术。

从上述介绍可以看出，情境测量技术具有贴近现实生活的特点，测量问题源于现实生活、施测过程发生于现实情境，测量结果服务于生活实践，而且还能收集到很多普通方法无法获得的数据，具有很强的应用性和很高的生态效度。该法的主要不足是测量程序和结果评价不易标准化，设计难度大，实施起来需要很大的人力、财力和物力，不适合做大样本的团体测评。

练习题

一、名词解释

（1）因素型实验；（2）函数型实验；（3）人工知觉技术；（4）对偶回忆法；（5）节省法；（6）情境测量技术；（7）系绳问题；（8）再认法。

二、简答题

1. 实验法的特点有哪些？
2. 简述回忆法的种类及内容。
3. 为什么信号检测论技术可以提高再认法测量精确性？
4. 简述部分报告法相较于全部报告法的优势。
5. 简述点蜡烛问题任务实验程序。
6. 常用的情绪测量技术有哪几种？
7. 简述无领导小组讨论测验的基本程序。
8. 简述情境测量技术的优缺点。

第十四章　变量数据获得的认知实验心理范式

内容简介

本章是变量数据获得方法编分量最重的一章，重点介绍认知实验心理的通用技术范式和各领域的经典任务范式。认知心理学一方面将内部心理过程作为实验对象，另一方面继承了行为主义强调客观指标的实验传统。认知心理实验通常指标很简单，但任务很精妙。其精髓就在于不同的领域的研究者开发了丰富多彩的实验范式。陈霖院士指出，心理实验范式是认知科学的三大基石之一。所以，本章精选了大量的认知实验心理范式。首先，概要介绍认知实验心理范式的基本特点和常用指标；然后，详细介绍在多种心理学领域都适用的通用实验技术范式，包括 Stroop 范式、启动技术、实验性分离技术、双任务范式、窗口移动技术等；最后，以研究领域为线索，详细介绍适用于各领域的经典任务范式，包括认知控制领域、注意领域、言语领域、记忆领域、决策领域、人格与社会心理领域等。本章节内容具有较强的前沿性、学术性和实用性。学习者可以将本章的学习与前沿课题研究结合起来，以获得最佳效果。

第一节　认知实验心理范式的基本特点和常用指标

一、认知实验心理范式的基本特点

信息加工心理学兴起于20世纪50年代中期，在之后近半个世纪里，信息加工心理学以其新颖的理论观点和丰富的实验成果迅速改变了心理学的面貌，给许多心理学分支带来巨大的影响。即使在认知神经科学方兴未艾的今天，信息加工心理学仍为当前占主导地位的心理学研究范式。

信息加工范式的核心思想是将人脑与计算机进行功能性类比，把人脑看作类似于计算机的信息加工系统进行研究。纽威尔和西蒙（Newell & Simon）指出，信息加工系统都是符号操纵系统，其主要功能就是对符号进行接收、编码、储存、提取、变换和传递。所谓符号是指语言、标记等信息模式。符号不仅可以代表、标志或指明外部世界事物，而且还可以标志信息加工的操作。信息加工系统得到某个符号就可得到该符号所代表的事物，或进行该符号所标志的操作。符号可以按照一定的规则进行加工，这一过程就是符号的操作或计算。认知就是通过符号进行表征、运算，或依据一套规则对一组符号进行操作。

纽威尔和西蒙认为，信息加工系统都由感受器、效应器、存储器和加工器组成。感受器接受外界信息，效应器做出反应，存储器可以贮存和提取符号结构。加工器则由更为复杂的结构构成，一般包括三种亚成分：①基本信息过程，如产生新的符号，改变已有的符号结构，删除与当前任务无关的符号，对符号进行匹配、辨别、运算等；②暂时储存，用于保持基本信息过程输入、输出的符号结构；③解释器，是信息加工系统的中枢机制，用于决定基本信息过程的加工序列，监控、协调基本信息过程和暂时储存的功能。这种以操纵符号为基础的信息加工系统具有对环境的适应能力，表现出目的性行为，加工能力有限，加工方式是系列的。信息加工心理学的主要任务就是揭示信息是如何获得、储存、加工和使用的。可见，信息加工心理学研究突出符号及其运算的作用，采纳符号表征和运算的理论，强调符号的序列加工，注重符号加工的逻辑基础。

依据上述思想，信息加工心理学主张用信息加工的术语和计算机工作原理对人类行为进行准确的描述，通过计算机模拟验证有关认知过程的心理学理论。但是在实际研究中，信息加工心理学中应用最广泛的方法并不是计算机模拟法，而是以信息加工思想为指导的认知行为实验法。该法强调对所研究心理过程进行模式化区分，其主要特点为要求预先设定信息加工流程，采用适当的实验任务和行为指标，通过精致的实验设计推断研究假设的合理性。与传统的实验法相比，信息加工的认知行为实验法能更准确、更精细地深入分析并描述人类的心理过程以及人与环境之间的关系。

二、认知实验心理研究的常用指标

（一）反应时

反应时是指从刺激作用发生到引起机体外部反应开始动作之间的时间间隔。实验测得的反应时间是个体内部几部分操作时间的总和，具体包括刺激引起感官的活动，神经冲动经由神经的传递，大脑的加工活动及效应器官接受冲动作出反应所耗费的时间。认知心理学所关注主要是大脑加工活动所消耗的时间。由于在绝大多数实验中，其他三部分时间相差不大，所以可以认为，不同实验条件之间的反应时差异主要是由大脑的中枢活动引起的。

反应时是认知心理学中应用最广泛的实验指标。

反应时之所以能成为认知心理学中最主要的实验指标，和信息加工理论的基本思想密切相关。信息加工理论认为既然人脑是高度结构化的系统，那么该结构中不同的加工通路应该具有不同的时间过程。也就是说，不同的加工应该都能通过反应时体现出来。这样根据不同实验条件下获得的反应时数据就可以推断实验任务所涉及的内部心理结构。目前利用反应时数据推断认知加工机制已有三种比较成熟的方法，即因素相减法、因素相加法和开窗实验。

1. 因素相减法

是一种用减数方法将反应时间分解成各个成分，然后用来分析信息加工过程的方法。该法的基本程序为：至少安排两种不同的反应时作业，其中一种作业包含另一种作业所没有的某个特定的心理过程，此过程就是所要测量的心理过程；两种作业其余方面均相同，这两种反应时的差值就是此加工过程所需的时间。

该方法最早由荷兰生理学家东德斯（Donders，1968）提出。他认为人的反应可分为三类，第一类称为A反应，只有一个刺激，一个反应，其反应时为简单反应时，又称基线反应时；第二类反应为B反应，有多个刺激，需进行多个反应，其反应时包括简单反应时、辨别反应时和选择反应时；第三类反应为C反应，有多个刺激，只需做一种反应，其反应时包括简单反应时和辨别反应时。基于此可得出如下算式：辨别反应时 = C − A；选择反应时 = B − C。

反应时相减法在认知心理学研究中有大量应用，如著名的启动效应、负启动效应、返回抑制等实验现象都是以反应时相减为基础的。如在启动实验范式一般包含启动显示和探测显示。启动显示和探测显示的刺激根据刺激的物理特征、语义等维度可形成不同的关系。如语义相关条件和语义无关条件。如果语义相关条件的反应时快于语义无关条件，则通过这两种条件反应时相减的反应时之差就是启动效应。负启动效应实验中的启动显示和探测显示都包含目标刺激和干扰刺激，主要构成两种实验条件：启动显示的干扰刺激成为探测显示的目标刺激；探测显示的目标刺激与启动显示无关。如果前一种条件的反应时慢于后一种条件，则二者的反应时之差就是负启动效应值。返回抑制也涉及两种实验条件：目标出现在线索提示过的位置上，以及目标出现在线索未提示过的位置上。当提示呈现和目标出现之间的时间间隔大于300 ms时，一般目标呈现于提示位置时的反应时间慢于呈现于未提示位置时的反应时，二者之差就是返回抑制量。

减法反应时既可用于研究单一信息加工操作或阶段，也可用于研究一系列连续的加工过程。如波斯纳（Posner，1969）利用反应时相减法考察了短时记忆信息编码问题。实验中给被试同时呈现或继时呈现两个字母，要求被试判断这两个字母是否相同，记录被试按键的反应时。刺激字母对有两种类型：一种是两字母形状和读音都相同，如AA，BB；另一种是两字母音同形不同，如Aa，Bb。结果发现，在同时呈现条件下对前一种刺激（如AA）的反应时明显小于后一种刺激（Aa）。在继时呈现条件下，随着两字母间时间间隔更大，前一种刺激的反应时迅速增加，而后者的反应时变化不大，并且两类刺激的反应时差别逐渐缩小，直到几乎相等。波斯纳等认为，在同时呈现条件下，形同音同字母对的反应时之所以小，是因为它们可以直接按视觉特征进行判定，而音同形异字母对的比较需按读音进行。这说明形同音同字母对的匹配至少一定程度上是在视觉编码的基础上进行的，而形异音同字母对的辨别需从视觉编码过渡到听觉编码，然后在听觉编码的基础上进行比较，由于增加了一种编码过程所以所花的时间比较多。在继时呈现条件下，随着两字母间时间间隔增大，形同音同字母对的视觉编码效应逐渐变弱，而听觉编码的作用增强，两类刺激的编码基本都依赖于听觉编码，所以它们在反应时上的差别逐渐减小，直至消失。该研究通过反应时相减法明确地揭示了短时记忆信息可以有视觉编码和听觉编码两个连续的阶段。

事实上，运用减法反应时揭示信息加工机制的研究在实验心理学的各级各类刊物中随处可见。

2. 相加因素法

是由斯滕伯格（Sternberg，1966）发展起来的一种反应时新法。该方法的基本观点是，认为完成一个作业所需的时间是一系列信息加工阶段分别需要的时间的总和，如果发现可以影响完成作业所需时间的一些因素，那么单独地或成对地应用这些因素进行实验，判断这些因素是否与特定的信息加工阶段相联系。其基本逻辑是，如果两个因素的效应是相互制约的，即一个因素的效应可以改变另一个因素的效应，那么这两个因素只作用于同一个信息加工阶段；如果两个因素的效应是分别独立的，即可以相加，那么这两个因素各自作用于不同的加工阶段。该法的关键不在于区分每个加工阶段的时间，而是辨认加工的顺序并证实不同阶段的存在。

相加因素法典型的成功运用是斯滕伯格有关短时记忆提取过程的研究。该实验在学习阶段要求被试识记一定数目的数字，在测试阶段要求被试判断一个数字是否为学过的项目。记录从测试项目呈现到被试完成再认之间的时间，作为短时记忆提取的反应时。经过一系列的实验，斯滕伯格发现有四种因素对记忆提取的反应时有独立的影响。它们分别是测试项目的质量，如刺激呈现清晰与否；识记项目的数量，即记忆集的大小 N；反应类型，如肯定反应或否定反应；反应类型的相对频率。由于上述四种因素对提取时间的影响是相互独立的，所以可以认为它们分别代表了不同的信息加工阶段。测试项目的质量反映了刺激编码阶段，设所需时间为 e；识记项目数反映顺序比较阶段，若每个项目比较耗时 c，则 N 个项目所需的时间为 cN；反应类型体现二择一的决策阶段，反应类型的相对频率则代表反应组织阶段，设这两个阶段所花时间分别为 b 和 d。根据相加因素法原理，完成一项作业所需时间是一系列信息加工阶段分别所需时间的总和，则短时记忆提取的总体时间 $RT = e + cN + b + d$。设 $a = e + b + d$，则 $RT = a + cN$。这样可得到一个以 a 为截距，以 c 为斜率的直线方程。实验流程如图 14－1 所示。

根据上述例子可以看出，采用相加因素法考察信息加工过程时，一般先通过系列实验探讨影响整体信息加工时间的因素，然后推断与各独立因素有关信息加工阶段，再确定各阶段的先后顺序，最后验证这些阶段以及先后顺序。

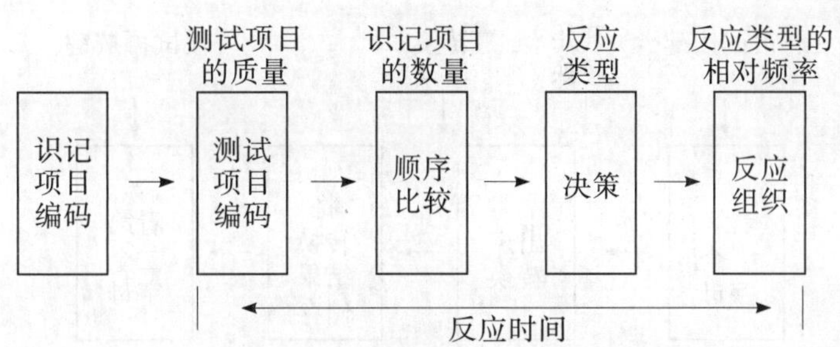

图 14－1　相加因素法揭示的短时记忆信息提取流程

3. 开窗实验

是一种能够比较直接地测量每个加工阶段的时间，而且也能比较明显地看出这些加工阶段的新型反应时技术。由于利用这种方法可以像打开窗户一样直接观察到认知加工过程的阶段，所以叫作“开窗”实验。

开窗实验技术在认知心理学研究中最典型的研究范例为汉密尔顿（Hamilton，1977）和霍基（Hockey，1981）的字母转换实验。这种研究的典型实验程序为：给被试呈现 1～4 个英文字母并在字母后面加上一个数字 n，要求被试说出英文字母表中，每个字母之后的第 n 个位置的字母。如，呈现“H＋2”时，要求被试说出“J”；当呈现“ACFH＋4”时，要求被试说出“EGJL”。

以 LFOD＋4 为例，四个字母相继呈现，由被试自己按键控制，第一次按键后出现 L，开始计时；接着被试按要求进行出声转换，要求说出 MNOP；然后再按键看第二个字母 F，要求说出 GHIJ，如此循环直到被试最后报告出“PJSH”，停止计时。这样记录的是总体的转换时间。为了进一步区分各个加工阶段的时间，可以对实验过程各阶段的具体时间进行记录。如从字母出现，到开始出声的时间就是编码阶段所花的时间；从出声开始到出声结束，是转换阶段所花的时间；从出声结束到下一个字母呈现之间的时间，就是存储阶段所消耗的时间。

根据该实验的数据，可以看出个体在完成字母转换任务过程中可能包含三个加工阶段：首先是编码阶段，发生在被试按键看到一个字母到开始出声转换之间，对所看到的字母与记忆中的表征进行匹配，其间的反应时就是编码过程所消耗的时间；然后是转换阶段，发生在开始出声到出声结束之间，根据实验规则进行心理操作；最后是储存阶段，发生于前一个字母转换结束到按键呈现第二个字母之间，暂时储存前一字母的转换结果，以保证最后能完整报告所有字母的转换结果。利用开窗实验揭示的字母转换机制如图 14－2 所示。

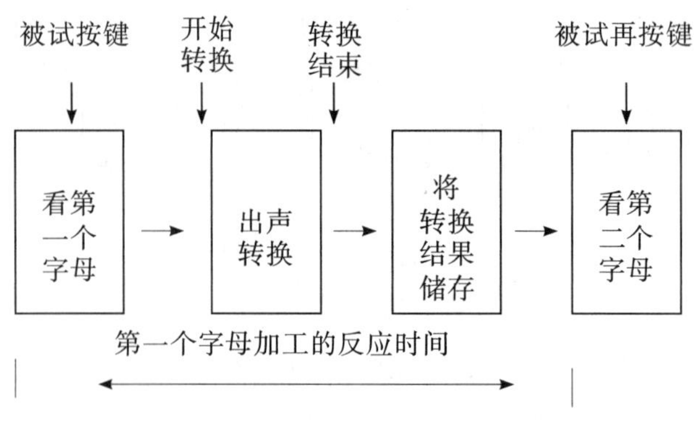

图 14-2 开窗实验揭示的字母转换机制

4. 反应时分布分析

反应时分布是一种用于弥补单纯以反应时平均数作为分析指标的不足而日益受到重视的新型反应时分析法。

在以反应时为实验指标的研究中，通常研究者在每种条件下要做多次试验，然后以平均数或中数代表该条件的反应时。然而近年来很多研究者指出，单以集中量数代表反应时难以深入具体地揭示实验操作对反应时的影响（Heathcote et al.，1991；Spieler et al.，1996）。因为反应时平均数的增加既可能由反应时分布峰值增加引起，也可能由反应时分布的变化引起。而且实验自变量可能虽未引起反应时平均数的变化，但实际上改变了反应时的分布。

反应时分布分析的基本思路是先确定能拟合被试在特定条件下反应时数据特征的数学函数，然后以最佳拟合函数的参数值作为反应时数据分析的指标。很多研究发现，绝大多数认知任务的反应时符合 ex-Gaussian 分布。ex-Gaussian 分布是一种将正态分布（Gaussian distribution）和指数分布（exponential distribution）结合起来的分布形式。用 ex-Gaussian 分布拟合认知实验的反应时数据时，可获得三种主要的参数：μ 代表分布中正态成分（Gaussian component）的平均值；σ 代表与正态成分有关的标准差；τ 反映指数成分的平均值和标准差。ex-Gaussian 分布的平均数就是 μ 和 τ 的简单相加之和。ex-Gaussian 分布能以一种简约的方式反映影响反应时的因素。如果某种实验条件使反应时的平均数增加，那么通过 ex-Gaussian 分析可以知道这种增加是由反应时分布的转移引起的［μ 发生变化，如图 14-3（a），图 14-3（b）］，还是由分布的尾部增加引起的（τ 发生变化，如图 14-4）。

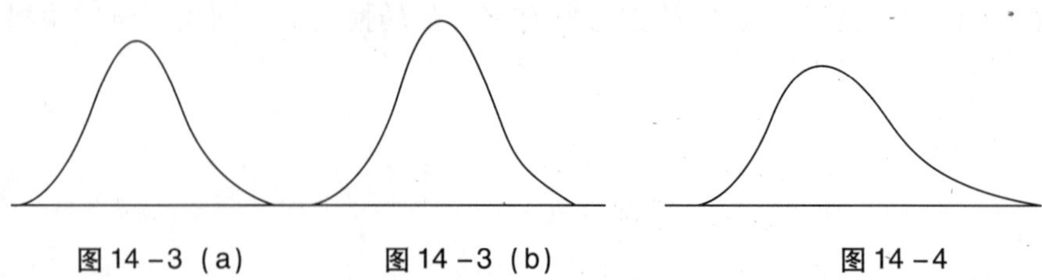

图 14-3（a）　　图 14-3（b）　　图 14-4

采用 ex-Gaussian 分布相对其他分布的一个显著优点是可以通过较少的观测值获得有关分布形状的参数。不过这种少是相对而言的，一般每个被试每种条件至少需要 100 个观测值。而这个值对试验次数而言，并不是小数目。不过还有其他途径可以采用。当每个分布的观测数据无法满足这个要求时，可以通过创建“超级被试（super-subjects）”的方法解决。具体做法是先对每个被试每种实验处理的反应时进行排序；然后计算出百分位数，如最快的 10%，其次 10%，依此类推；然后随机选取几个被试的百分位数进行叠加平均，建立一个“超级被试”，以取得平滑的分布曲线，如对 3 个被试的各 20 个百分位数进行平均，作为一个“超级被试”的数据；然后通过专用软件获得 ex-Gaussian 分布的参数估计。RTSYS 软件包是较常用的反应时分布分析软件，由 Heahtcote 于 1993 年开发。该软件采用单形代数（Simplex algorithm）获得三种参数值的最大似然估计。每个分布的拟合优度通过卡方（χ^2）表示，卡方值若不显著，则拟合性高，反之，拟合性低。一般显著性水平低于 0.01 即可接受。

很多研究发现，ex-Gaussian 分布的不同参数对不同类型认知操作的敏感性不同，有些自变量能稳定地影响其中一个或两个参数，而另一些自变量只影响另外的参数。这样反应时分布分析为不同类型认知过程的研究提供了新的指标和途径。霍勒（Holhe，1965）发现，有关信息输入输出方面的加工主要和正态成分有关，而中枢性的执行加工主要和指数成分有关。巴洛塔（Balota，1999）等发现，单词再认中的一些因素对 ex-Gaussian 分布的参数也有选择性影响。如词汇决定任务中，由重复交互作用引起的词频效应完全是反应时分布的指数成分的变化引起的。

近年来一些研究者采用反应时分布分析法系统地考察了不同类型的选择性注意过程。Stroop 任务是选择性注意研究中最常用的任务之一。该任务的干扰效应一般用颜色词与其所代表的颜色不一致条件下的反应时与控制条件的反应时之差表示。希思科特（Heathcote，1991）等人发现该效应是 μ（60 ms）和 τ（40 ms）两种参数共同变化的结果，既反映了反应时分布的转移又反映了峰值的变化。该结果得到了斯皮勒（Spieler）等的多次验证（1996，2000）。当色词的词义和颜色匹配时，一般会出现促进效应，即反应时比控制条件短。但不少研究考察不到这种效应。反应时分布的分析发现，这种促进效应主要表现为分布的转移（μ 变小），但还伴随着分布尾部的增加（τ 增大）。该研究表明，促进效应是 μ 促进和 τ 干扰共同作用的结果。由于通常的平均反应时只是二者简单相加，当变化趋势相反时，效果相互抵消，这就解释了为什么不少研究就发现不了促进效应。可见反应时分布不仅为以往发现的认知效应提供更详细的信息，而且还能揭示出平均反应时分析中忽略的效应。

然而有证据表明，其他选择性注意任务中的干扰效应和促进效应的分布参数变化情况与 Stroop 任务不同。如米沃特（Mewhort）等人发现，整体/局部范式中干扰效应只表现为正态参数的增大（μ、σ），而指数参数无任何效应（τ）。也就是说，这种干扰效应主要是由反应时分布右移引起的。斯皮勒等人（2000）通过系列实验证实，反应时分布上这种随任务变化而变化的效应反映了注意选择的不同机制。他们在考察 Flanker 范式的干扰和促进效应时，发现了与整体/局部范式相同的反应时分布参数变化模式。与 Stroop 任务相比，这两种任务的共同特点是注意选择时的目标信息和无关信息来自于不同的客体，在空间上是独立的，涉及空间注意选择的过程，而 Stroop 任务中这两种信息来自同一个完整的客体（都集中在一个单词上），在空间上重合，主要与特性选择过程有关。因此，他们认为空间注意选择过程由反应时分布中的正态参数变化表达，而特性注意选择由 ex-Gaussian 分布中的正态和指数参数共同表达。Stroop 任务变式的实验为此提供了强有力的证据。Spieler 等将传统 Stoop 任务的刺激呈现方式：将原先重合于一个色词的词形和颜色在空间上分开，如所有的色词用同一种书写，而把词所代表的颜色用单纯的颜色框表示，呈现于色词的左侧或右侧；结果发现促进效应只与 μ 有关，干扰效应只与 μ、σ 有关，而与 τ 无关，出现了与整体/局部范式和 Flanker 范式相同的结果模式。该实验有力地证实了空间选择和特性选择两种不同的机制确实能通过不同的反应时分布变化模式表现出来。

作为反应时技术的一个新发展，反应时分布分析在认知心理研究中的意义已引起越来越多研究者的重视。随着该技术的推广和应用，越来越多的认知理论将得到进一步的发展完善，甚至会诞生一些新的理论模型。

（二）正确率

正确率或错误率也是信息加工心理学中被广为应用的实验指标。其作用可体现在三方面：一是作为复杂认知任务的主要指标，反映被试的行为能力；二是作为推断认知过程的依据，反映信息加工的内在机制；三是作为反应时的辅助指标，用于判断是否存在速度—正确率权衡问题。

在记忆、学习、问题解决等较复杂且难度较大的认知任务中，由被试完成任务需要较多的时间，而在长时间认知操作过程中，偶然因素对反应时的影响更大，所以一般不用反应时做主要指标，而代之以正确率。

错误率与正确率是相辅相成的两个概念。但有时运用的角度不同。当以错误率为因变量时，可以根据被试所犯错误的类型和实质推断相应的认知加工机制。如金志成等（2001）在有关分心信息加工机制对工作记忆影响的研究中，以被试完成工作记忆作业时所犯的错误率为因变量指标。该研究中有两类错误分别与工作记忆的编码储存和执行加工功能有关。一类是基于记忆的错误，是指因被试不能记住第一显示中的目标位置而造成的错误。实验要求被试在记住第二显示中的目标位置后，才对第一显示中的目标位置做按键反应。而被试的反应既不是对第一显示中目标位置，又不是对第二显示中目标位置的反应，而是对其他位置的反应。这类错误说明被试的工作记忆在编码和储存上存在一定的问题。另一类是侵入错误，是指被试本应按实验要求对第一显示中目标位置做反应，但实际却对第二显示中的目标位置做反应而造成的错误。事实上对第二显示中目标位置的记忆是为了进行工作记忆的加工控制功能而设置的。所以这类错误反映了被试在维持目标指向观念和行为方面的欠缺，亦即被试维持当前信息加工活动能力的欠缺。这样根据自变量对这两种错误率的不同影响就可以推断特定的认知过程的内在机制及其影响因素了。

（三）速度与正确率权衡

以反应时为指标的实验有一个前提，那就是用于分析信息加工机制的反应时必须真正能反映个体完成特定认知任务所花的时间。但是，显然在实际研究中除了认知任务外还有很多其他因素会影响反应时的大小。除了疲劳、顺序、噪声等常见的无关变量，一种反应时实验中特有的影响因素就是速度与准确率的权衡（speed-accuracy trade off，SAT）。

速度与正确率权衡现象是指在反应时实验中，被试能根据不同的实验要求或在不同的实验条件下，建立一个权衡反应速度与反应准确率的标准来指导其反应。如有时被试会牺牲准确率换取反应速度，而有时会牺牲反应速度换取准确率。

这种现象得到了多种研究的证实。如锡奥斯（Theios，1975）对刺激呈现概率与反应时关系的研究为这种现象提供了经典的证据。在他们的研究中，被试的任务只是说出呈现在屏幕上的某个数字。自变量为数字出现的概率，变化范围为0.2.、0.3、0.4…直到0.8，共有7个水平。因变量为反应时。结果发现，在不同的概率下被试的反应时差异不显著，由此可以得出结论：数字命名的反应时与出现概率无关。但是，当把反应时和错误率结合起来分析时，他们发现上述结论明显存在问题。因为错误率随自变量发生了规律性的变化。数字出现概率越底，错误率越高。可见，出现概率对被试的数字命名还是有影响的。帕切拉（Pacella，1974）的研究则表明，为了使错误率降低到2%，0.2概率的条件下的反应时增加100 ms。如果使错误率保持恒定，那么各概率下的反应时将发生规律性变化。这些研究证明反应时和正确率之间确实存在内在联系。只有把反应时与正确率两种因变量结合起来考虑，反应时才具有真正的心理学研究价值。

当前人们发展了专门的技术以控制SAT对实验结果的影响。SAT程序的主要原理是，以被试的加工时间作为实验自变量，测定在各种时间条件下的反应准确率，运用函数模型对这些反应速度与准确率权衡过程的数据进行拟合；在一个以加工时间为横坐标，以反应辨别力为纵坐标的坐标图中做出辨别能力随着加工时间的变化而变化的曲线，从而描述出信息加工动态的过程。SAT程序最早由里德（Reed，1973）在一个再认研究中开始使用。

在运用SAT技术的研究中，用于拟合数据的SAT函数的表达式为：

$$d'(t) = \lambda\left(1 - e^{-\beta(t-\delta)}\right),\ 其中\ t > \delta,\ 且\ t \neq 0. \qquad (1)$$

上述表达式是适合于拟合速度与准确率权衡的加工过程数据的幂函数表达式，拟合的方法是最小二乘法或类似的方法。图14－5显示了方程（1）对观测数据拟合的曲线。方程中有两个变量（d'和t）和三个参数（λ，δ和β）。方程（1）就是以t为自变量，以d'为因变量的函数表达式。d'表示辨别能力，与传统的反应正确率不同，是根据信号检测论算出的，是击中概率的标准分数与虚报概率的标准分数之差。t表示被试的加工时间，以刺激呈现的时间为起点，这个时间是可以受操纵的。λ表示渐近线参数，反映了当加工时间有足够长时的最高辨别能力水平，被试的辨别能力到达渐近线后就不会随着加工时间的增加而增加。δ 表示截距参数，反映了辨别能力水平为零（$d'=0$）时的加工时间。β 表示速率参数，描述了辨别能力从水平为零增长到渐近线水平的速率，是加工速度的一个指标。而 β^{-1} 则是辨别能力从水平为零增长到渐近线水平所经历的加工时间。δ 与 β^{-1} 之和（即 $\delta+\beta^{-1}$）就是刺激呈现到被试刚好做出最大辨别能力所经历的加工时间。根据 β^{-1} 和 $\delta+\beta^{-1}$ 的意义可知，它们有别于传统 RT 程序下的反应时间，因为传统 RT 程序下的反应时间一般是指在某个准确率情况下的反应时间。麦克埃尔（McElree）认为，SAT 结果解释的重点是 δ 和 β 联合起来反映信息加工动态的过程。不同的信息加工动态过程的差异是由 δ 和 β 来反映的，而不依赖于 λ 来反映。

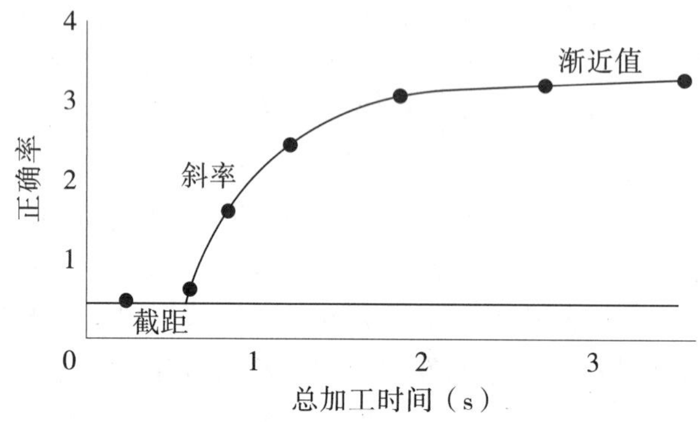

图 14－5　对数据拟合的 SAT 函数曲线

SAT 函数模型与观测数据拟合的质量可以用 R^2 统计值进行评价，其公式如下：

$$R^2=1-\frac{\sum_{i=1}^{n}(d_i-\hat{d}_i)^2/(n-k)}{\sum_{i=1}^{n}(d_i-\bar{d})^2/(n-1)} \tag{2}$$

在方程（2）中，d_i 表示观测数据值，$\hat{d}$ 表示预测值，$\bar{d}$ 表示平均值，n 表示数据点个数，k 表示自由参数的个数。R^2 的值越大，表示函数模型对观测数据拟合得越好。

SAT 程序可克服传统 RT 的两方面局限：①针对传统的 RT 不能处理速度与准确率权衡的现象，SAT 程序将被试的加工时间加以控制，综合考虑了反应速度与准确率，得到了多个加工时间下的准确率数据；而且对被试的反应成绩是以信号检测论中的辨别力水平 d' 计算，使被试的辨别标准对辨别反应成绩的影响得以排除。②针对传统的 RT 不能直接反映信息加工动态的全过程，SAT 程序将被试的加工时间加以控制后，综合记录了反应时与准确率的观测数据，并用 SAT 函数模型对观测数据进行拟合，从而可通过 SAT 函数模型直接了解信息加工动态的全过程。

从图 14－6 可以更清楚地理解传统 RT 数据与 SAT 数据的区别。图 14－6（a）与图 14－6（b）中横坐标表示加工时间，纵坐标表示准确率。两图中各有的两条曲线都是 SAT 函数对观测数据拟合的曲线。每条曲线中都各有一个实心点，代表传统 RT 数据。图 14－6（a）中两个实心点的位置是不相同的，与图 14－6（b）中两个实心点的位置相对应，即两个图中的两个实心点有相同的位置差异。图 14－6（a）中的两个实心点分别存在于渐近线 λ 不相同，但截距 δ 和速率 β 相同的两条曲线中。而图 14－6（b）中的两个实心点分别存在于截距 δ 和速率 β 不相同，但渐近线 λ 相同的两条曲线中。若将函数的曲线表示为信息加工动态的全过程，将实心点表示为加工动态的某个状态，则图 14－6（a）和图 14－6（b）可以说明这样的事实：相同的加工状态差异不一定源于相同的加工动态过程差异。所以通过动态加工过程的某个状态的差异来推断其动态加工的全过程是不科学的。

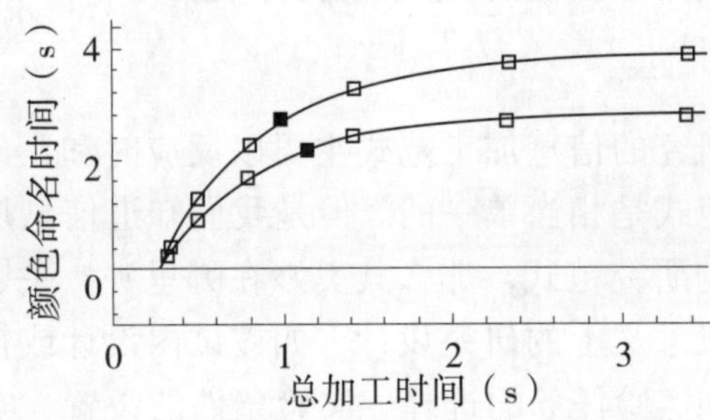

图 14－6（a） 传统 RT 数据与 SAT 数据的区别

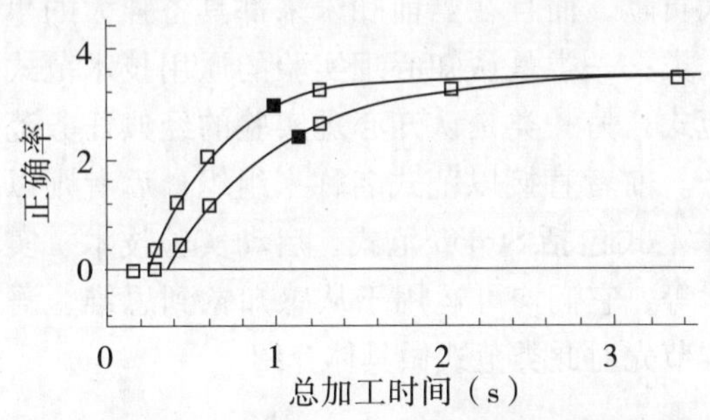

图 14－6（b） 传统 RT 数据与 SAT 数据的区别

此外，迈耶（Meyer）等提出了具体的加工速度与正确率的分离技术。运用这种技术可以把反应中猜测过程的准确率和反应时分布分别加以描述，从而了解认知过程中信息的累积情况，并以此推测信息加工的特点。该技术由 TRT 程序和平行精细的猜测模型两部分内容组成。TRT 程序是一个具体获得反应时分布和反应准确率的方法。该程序包括两类试验：即普通试验和信号试验。通过这两类实验结果的比较，可以精确地推论出时间上部分信息的累积情况。具体做法如下：首先进行普通试验，要求被试在保证准确率的前提下尽快做出反应。记录反应时和准确率；然后进行信号实验，在刺激呈现后的不同时间间隔内出现一个信号，要求被试觉察到该信号后再进行反应，如果信号出现较早，来不及做出准确的反应，可以进行猜测。

平行精细的猜测模型是对 TRT 程序所获得的数据进行定量分析的理论框架。该模型假定，在 TRT 程序的实施过程中，存在两个相互独立的加工过程：即正常的加工过程和猜测加工过程。猜测反应是根据正常加工过程中已积累的所有的部分信息做出的。根据上述假设，就可以计算出猜测加工时间的累积分布函数，从而揭示出猜测加工过程的时间特性。

另外，根据猜测加工过程的准确率的估计方程，就能获得各种时间间隔下反应时作业中的猜测加工过程的准确率。根据准确率随信号时间间隔的变化而变化的情况分析，能了解在信息加工过程中信息到底是怎样积累的。

第二节　认知实验心理的通用技术范式

如前所述，心理学研究的信息加工范式主要以反应时和正确率为因变量指标。从指标的类型上看，这种范式是相当单一的。但是我们知道信息加工范式是半个世纪以来心理学中应用最广泛的研究范式，那么其奥妙在哪里呢？关键在于实验设计！这里的实验设计不仅仅是一般意义上的研究设计，如被试内设计或被试间设计，更重要的是指具体的实验技术，如实验任务的选择、实验条件的设置、实验效应的计算等。这种实验技术是开拓和深化认知心理学研究领域的最重要的工具。经过长期的发展，现在信息加工心理学已积累了大量经典的实验范式。这些实验范式不但在过去为认知心理学的发展做出了重大贡献，而且在当前和未来都具备强大的生命力。我们把这些经典的实验范式分为两大类：一类是认知心理实验的通用技术范式，指在多个心理学领域都适用的经典实验范式；另一类是认知心理实验的经典任务范式，主要指适用于某个领域的经典实验任务。前者直接以范式名称来组织，后者则以研究领域来组织。认知心理实验的通用技术范式包括 Stroop 范式、启动实验技术、实验性分离技术、双任务范式、窗口移动技术等，它们均可运用于从感知觉到思维、语言、认知控制等广泛的心理学研究领域。本节先对此类范式做具体介绍。

一、Stroop 范式

美国心理学家约翰·里德利·斯特劳普（John Riddley Stroop）在 1935 年发现，在颜色命名实验中，当色词的颜色和该色词所表示的意义不一致时，被试的反应时比命名非颜色词或字符串颜色时长，如在命名用红墨水写的“green”时所花的时间要比命名用红墨水写的“xxxxx”时所花的时间长。这种同一刺激的颜色信息和词义信息发生相互干扰的现象就叫 Stroop 效应，国内也有人将其译为斯楚普效应。能引发 Stroop 效应的实验任务就叫 Stroop 任务。

由于 Stroop 效应发现之初正处于行为主义鼎盛时期，而且 Stroop 本人没有继续深入研究该现象，所以其工作并未引起关注。但是 20 世纪 60 年代以后，随着信息加工心理学成为实证心理学的主流，Stroop 的工作被重新发现并得到广泛重视。在随后的近半个世纪里，涌现了大量有关 Stroop 效应的研究，并一直长盛不衰。据不完全统计，到目前为止采用 Stroop 任务及其变式的研究已达上千个，具体涉及知觉、注意、执行控制、语言认知、意识等认知心理学领域的研究，和临床心理、人格测评、社会心理、神经心理以及老化等领域的多方面研究（Brown et al.，2002）。围绕 Stroop 效应的研究主要分成两大类：一是有关这种效应产生的内在机制的研究；二是将 Stroop 任务作为一种研究工具或实验手段去揭示各种相关的心理问题的机制。也就是说，Stroop 效应既是一种重要的研究对象，又是一种有效的研究方法。该任务之所以能产生重大影响，主要还在于其方法上的意义。因此本书侧重于后者，旨在对该任务的程序、变式以及在各领域研究中的应用进行较系统的介绍。

（一）经典 Stroop 任务的程序及机制

在经典的 Stroop 色词干扰任务中，实验者给被试呈现一个一个用不同颜色写成的单词，要求被试尽快而且尽量正确地说出每个词的颜色，而不理会这个词的名称及其所代表的意义。一般包括两个实验条件：一是色词干扰条件，一是控制条件。在色词干扰条件下，给被试呈现用不同颜色写成的颜色词，而且每个颜色词的名称所代表的意义与这个词的颜色都不相同，如“绿”字用红颜色写成，如图 14－7；在控制条件下，给被试呈现用不同颜色写成的非颜色词或非词的字符串，如红色的“good”，绿色的“xxxxx”等。这种任务的典型结果是色词干扰条件下的反应时比控制条件下的反应时长。这两种条件的反应时差异就是 Stroop 效应。

图 14－7　Stroop 任务实验示意图（Gazzaniga，2002）

虽然导致 Stroop 效应的实验任务比较简单，但是其产生的原因却非常复杂，不同的研究者往往有不同的解释。不同的理论解释直接决定着 Stroop 任务作为一种研究工具的价值。目前针对 Stroop 效应的产生机制已经提出很多理论模型。其中比较经典和流行的是自动化理论。这种理论认为，人的信息加工系统存在自动加工和控制加工两种加工方式。自动加工速度快，不需注意参与，能随意发生；而控制加工则需要消耗注意资源，在有意控制或调节下才能发生，因此加工速度相对较慢。在 Stroop 任务中，字词的语义激活属于自动加工，而颜色命名则属于控制加工。在色词干扰条件下，由于色词的语义信息先自动激活，所以在颜色命名时，自动激活的颜色信息会与要求命名的颜色信息发生冲突，被试必须对二者进行区分并做出选择之后才能做出正确的反应。而在控制条件下，如果实验刺激是非颜色词，则自动激活的意义与所命名的目标颜色无关；如果实验刺激为字符串，则不涉及字词的语义激活，在这两种情形下都不会引发反应冲突。因此，在色词干扰条件下被试的反应时要长于控制条件，从而出现Stroop效应。由于后来有人发现色词的语义激活未必完全是自动化过程，为此该理论进行了一定的修正，把自动加工看成随学习和经验而发展的一种阶梯性连续体。在Stroop任务中，由于读词非常自动，而颜色命名较不自动，较自动的加工可能对较不自动的加工产生干扰，从而产生Stroop效应。

除了自动化理论，其他用来解释Stroop效应的理论还有相对加工速度理论、知觉编码理论、洛根（Logan）的平行加工模型和PDP模型等。相对加工速度理论提出最早，但因无法解释一些实验结果而逐渐被忽视；知觉编码理论试图从编码阶段的语义冲突解释该效应，而完全排除编码后加工的作用，但由于其实验证据被推翻，并未取得成功。洛根（1980）的平行加工模型和科恩（Cohen）等人（1990，1992）提出的PDP模型能很好地解释和模拟绝大多数有关Stroop效应的实验结果，在理论化上相对其他模型具有明显的优势，尤其是PDP模型被认为是用来解释Stroop效应的最佳理论。但是这两个理论过于概念化，数理参数过多，对实验结果预期起来不够方便。所以目前自动化理论仍受多数研究者的推崇。如布朗（Brown，2002）指出，Stroop任务之所以能引起广泛关注，主要原因就在于该任务可有效地用于考察那些不随意的（involuntary）或自动的（automatic）加工过程，为揭示无意识加工的内在机制提供有效途径。

（二）Stroop任务的变式及应用

研究者将Stroop任务用于各领域问题的研究时，往往需要对其在实验程序上做一定的变化，而不可能固定地套用传统的实验程序。根据研究需要，通过对经典Stroop任务程序做一定调整而得到的实验任务就叫Stroop变式。Stroop任务在方法上的意义主要通过各种变式的应用体现出来。到目前为止，文献中已经出现了大量的Stroop变式，本书将其主要归为色词变式与不采用色词命名的其他变式。非色词变式包括字符变式、空间变式、听觉变式、情感变式和成瘾行为变式等。色词变式是认知心理学中应用最广泛的Stroop变式，非色词变式则可用于认知研究之外的大量其他心理学领域的实验研究，实际已超出认知实验范式范畴。但为系统起见，本部分将对这些变式做全面的介绍。

1. 色词Stroop变式及应用

色词Stroop变式指仍然以色词为刺激材料，以颜色命名为实验任务，但具体实验条件不同于经典Stroop任务的实验任务。这种变式具体很多，这里主要介绍在认知心理学中应用比较普遍的变式及相应的研究。

（1）执行控制研究中的Stroop变式与应用

有关认知控制或执行功能（executive functions）的研究是认知心理学和认知神经科学研究的突出热点问题。早期的心理实验研究主要集中在知觉、注意和记忆等相对较低级的认知过程，而对执行控制这种最高级的认知功能研究相对很少。随着认知实验技术和脑成像技术的成熟，目前对这种高级认知机制的研究已非常丰富，Stroop 任务及其变式在这方面的研究中发挥着非常突出的作用。

一般认为，执行控制功能用于负责观念和行为的控制，在计划设置、问题解决、克服冲突和完成不熟悉任务中起到关键作用。此外，执行功能对避免习惯性反应，抑制过度习得（overlearned）的反应倾向，以及任务转移等过程的操作成绩也具有重要影响。有关执行控制的模型很多，其中沙利斯（Shallice，1986，1994）的模型影响比较大。他们认为认知控制有两种水平：低水平的控制叫任务计划（contention scheduling），根据习惯或优势性知识解决认知冲突，目的是把加工的优先权给予与当前目标相关的行为图式，或最近经常被激活的行为图式；高水平的控制用于解决复杂的新情境中的认知冲突，用于激活一些观念和行为同时抑制另一些观念和行为，具体通过注意管理系统（supervisory attentional system，SAS）实现。有关注意管理系统的子成分和具体功能的区分是执行控制研究中的主要课题之一。Stroop 任务变式和任务转移是 SAS 功能测量中的最有影响的两种任务。

在 Stroop 任务中存在典型的认知冲突：一方面被试必须对颜色进行命名，另一方面又习惯于看到色词后就读出这个字的名称。因此为了做出正确的反应，被试必须克服习惯性的但又与任务目标无关的优势性反应倾向，并把注意指向颜色命名上。显然被试只有通过执行控制功能才能完成这种任务。Stroop 效应反映了被试在维持非优势性任务目标，抑制优势性干扰信息方面的能力。任务转移主要通过转移代价（switch costs）效应揭示认知控制效率。这种实验通常要求被试完成两种任务（任务 A 和任务 B），分两种方式进行：一是要求被试分别完成同一种任务，叫非转移条件；二是要求被试随机交替完成两种任务，叫转移条件。典型的实验结果为，转移条件下的平均反应时要长于非转移条件。二者的反应时之差就是转移代价。研究表明，任务转移代价至少反映了两方面的执行控制功能，一方面反映了一种内源性控制，负责根据实验要求对认知目标进行变换，克服先前的任务操作对当前任务的影响，重新配置认知资源以适应新任务需要；另一方面反映了某种外源性控制因素，与刺激呈现有关，如转移代价的大小与刺激和任务之间的联系频率、时间临近性以及刺激的突显性有关。这两种任务有不少共性，如都反映了个体在解决反应竞争或反应冲突方面的认知功能，都涉及对先前目标或习惯性反应倾向的抑制，效应值都非常明显，可重复性强等。二者的差异只是在抑制对象上有所不同，Stroop 任务中抑制的是由干扰刺激引发的与任务无关的优势性反应，而任务转移抑制的是与先前任务相关而与当前任务不再有关的信息。

基于上述两种任务在反映执行功能上的异同，沃德（Ward）等人（2001）通过两种 Stroop 任务变式，采用相关途径考察了注意管理系统在执行控制上的一般性和特殊性。这两种任务分别是色词 Stroop 变式和数字 Stroop 变式。色词变式选用黑、蓝、棕、绿、灰、粉 6 种颜色，共包含 4 种条件，每种条件采用一个刺激列表。列表 1 由 24 个字符串组成，所有的字符串相同都是“xxxxx”，分 6 种颜色，每种 4 个。列表 2、列表 3 和列表 4 的刺激都是色词，包括六个不同的色词，每个重复 4 遍，每个词的颜色均由其他5种颜色中的一种书写，在满足这些要求的前提下，每个色词与颜色随机匹配。列表1的任务是要求被试报告每个字符串的颜色；列表2的任务是大声朗读每个词的名称，而不管词的颜色；列表3的任务是报告每个色词的颜色，忽视每个词的含义；列表4的任务是根据标记在大声读词和命名颜色之间进行随机切换。这种标记呈现于每个词的左边，如果出现“w”，则被试应该读词，如果出现一个方框，则要求命名颜色。要求被试在保证正确的前提下尽快完成任务，记录从呈现每个列表的第一个刺激到完成最后一个刺激命名之间的时间。假设色词Stroop效应用$\Delta RTsp$表示，任务转移代价用$\Delta RTts$表示，列表1到4的反应时分别为$RT1$，$RT2$，$RT3$和$RT4$，那么，这些指标之间的关系如下：

$$\Delta RTsp = RT3 - RT1；\Delta RTts = RT4 - (RT2 + RT3)/2$$

数字Stroop变式也由四个条件组成，每个条件也包括一个刺激列表。列表1包含由2到7个“x”组成的字符串，每种长度各4个。列表2、3、4都由一定长度的相同数字组成，长度从2个数字一直到7个数字，每个串的数字数与该串中的数字不同，如“222”，“77”，“3333333”等。每种长度的数串出现4次，每个数字也出现4次，每个列表也共有24个数字串。列表1要求被试数出每个字符串中“x”的数目；列表2要求被试对数字串中的数字进行命名，如出现“77”，则报告“7”；列表3要求被试报告每个数字串中的数字数，如出现“3333333”，则报告“7”；列表4要求被试根据标记在报告数字和报告数目之间进行转换，如果出现在数串左边出现“命名”，则被试说出数字的名称，如果出现“记数”，则报告数目。该变式的数字Stroop效应和任务转移代价的算法与上文的色词变式相同。

结果发现，色词任务和数字任务中的转移代价间存在高相关，两种Stroop效应之间以及Stroop效应和转移代价之间的相关则要小得多。该结果表明，中央执行功能不是单一的，而是可分的，因为如果是单一的话，两种任务转移代价和两种Stroop效应之间应该都存在高相关；负责任务转移的执行功能与负责Stroop任务的执行功能存在很大的差别；不同类型的任务转移涉及共同的机制，也存在一定的任务特异性，而不同的Stroop任务则可能涉及不同的执行功能，随实验刺激和任务条件的不同而有所变化。

（2）字词再认中的Stroop变式与应用

由于Stroop效应涉及颜色词的自动识别问题，所以该任务也被较多地用于阅读和阅读发展方面的研究。许多研究者认为，将视觉语词再认变成自动化过程是阅读能力发展的目标。因为如果单词再认不能达到自动化，则需占用一部分注意资源，使用于阅读理解和记忆储存的注意资源减少，因而阅读水平就比较低；如果单词再认能达到自动化水平，则阅读效率能大大提高。因此，把熟练阅读者的语词识别看成自动加工已成为认知科学中广为接受的观点。采用Stroop任务及变式的大量研究为上述观点提供了有力的证据。这些证据的验证逻辑是：所谓自动化就是任务操作不受注意影响。卡尔（Carr，1992）也综述了大量注意操纵与字词识别方面的证据，说明对视觉注意的需要可以通过熟悉性代替。如希洛夫（Sieroff）等发现（1988），对一个目标刺激的某一部分进行线索化会影响随机字母串的整体报告成绩，但不影响熟悉单词的整体报告结果。该结果说明，对不熟悉材料的编码需要集中性视觉注意，而对熟悉材料而言，视觉注意的作用减小，甚至消失。

但上述观点也受到了有力地挑战。如赫德曼（Herdman，1992）和麦卡恩（McCann）等（2000）许多研究者发现，施加工作记忆负载或采用双重任务，都会降低单词再认的成绩，说明这种再认的自动化是有限的。麦卡恩等人（1992）系统地考察了视觉线索化和词频对词汇决定的影响。研究发现，在无效线索化条件下，即使目标单词已出现于视野中，但在注意焦点转向该单词所在的位置前，词频对词汇判定的影响与有效线索化条件下是一样的。该结果说明空间线索化和词频在词汇判定中起独立的作用，二者影响着词汇加工的不同阶段。注意作用于早期阶段，先于词汇通达，而只有在注意指向目标字母串之后，词频才发挥作用。如果该发现是正确的而且具有普遍性，那么字词加工远远不是自动化的。

布朗等人（2002）指出，在考察字词加工的自动化程度方面，采用词汇判定任务有很大的局限，因为这种任务本身很容易受到认知策略的影响，无法敏感地揭示出无意识的自动加工机制。为此，他们采用特殊的 Stroop 色词变式对上述分歧进行了有效的验证。虽然通常 Stroop 效应方面的研究为字词加工的自动性提供了大量证据，但是他们通过引入新的控制变量使 Stroop 任务成了验证字词识别是否非自动加工过程的最佳工具。

综合各种文献的观点，一种认知过程是否属于自动加工可通过以下三个标准进行判断：一是加工发生的必然性（obligatory），指只要有适当的刺激作用于感受器，不管个体是否注意到其存在或是否有意去加工，都能引发加工过程；二是自发性（autonomous），指这种过程一旦发生就会自动完成整个过程，不管个体是否希望进行或试图终止，该过程都能根据刺激输入进行加工运算，并产生输出结果；三是对心理资源需求不敏感（insensitive to capacity demands），指其加工速度和正确率不受认知负载或其他同时性任务的影响。如果一种加工能同时满足上述三个标准，则可以确定该加工属于自动加工。

布朗等人采用了如下 Stroop 变式。该变式包含 3 种实验刺激：矩形颜色块，即颜色命名目标；色词，用于产生典型的 Stroop 效应；中性的非色词单词，用于考察 Stroop 效应的稀释现象（Stroop dilution）。这种任务功涉及 3 个变量：一是刺激显示中的单词数，分一个单词和两个单词两种情形；二是单词与目标色块之间的关系，分中性、一致和不一致 3 种水平；三是空间线索化，分线索化目标色块、中性词或色词 3 种水平。根据设计的逻辑意义，上述变量可构成 15 种具体的实验条件。在只有一个单词的条件下，可形成 6 种条件：分别是线索化色块时的中性、一致和不一致 3 种条件；以及线索化单词时的中性、一致和不一致 3 种条件。在有两个单词的条件下，可形成 9 种有效条件，即 3 种线索化条件下，刺激包含两个中性词、一个中性词加一个一致词、一个中性词加一个不一致词。实验中色块、色词和中性词在注视点的上方、左下方和右下方三个区域随机呈现。在一个试验中，先呈现注视点 1 s，然后突然闪现一个 SOA 为

100 ms 的线索，用于将注意焦点引向 3 种刺激可能出现的位置。接着出现刺激显示，要求被试对色块的颜色进行命名。记录反应时和正确率。

布朗等还设置了另一种与上述任务类似的 Stroop 变式，刺激类型和实验设计与上述变式基本相同，主要区别在于将颜色块的位置固定于注视点，线索出现于外周视野，以将注意引向目标颜色之外的位置，即色词和中性词可能出现的位置或者空白位置。但实验指导语要求被试始终将注意集中于色块出现的位置，尽量忽视外周的色词和中性词。

结果发现，不管在线索化色块、中性词或色词时，都出现了 Stroop 效应。这说明不管线索将注意焦点引向何处，色词都得到了一定深度的加工。布朗等人认为，语词加工对认知负载存在一定的敏感性，而且在所有类型视觉信息的编码过程中可能都存在这种敏感性。在这个意义上，其加工过程不是自动化的。但是，在很多条件下，语词在不处于视觉注意焦点的条件下也能得到一定程度的加工，具有一定的自动化水平。

（3）无意识知觉研究中的 Stroop 变式与应用

洛根（Logan，1984）提出了一种能够考察被试在颜色命名时策略运用情况的 Stroop 变式。该变式后来被默瑞可（Merikle）等人成功用于无意识知觉的研究，并成为无意识知觉研究的三大经典实验范式之一。该变式与传统的 Stroop 任务有很大不同，只涉及红、绿两种颜色，并也与启动技术相结合。实验中色词“红”或“绿”是启动刺激，用于启动对红、绿两种目标颜色的命名反应；目标颜色并不是色词的印刷颜色，而只是色块；而且目标颜色与色词之间的关系不是等概率随机安排，而是色词与目标颜色一致（色词“红”对应于红色块）的试次概率远小于不一致（色词“红”对应于绿色块）的概率，如一致的概率为 25%，不一致的概率为 75%。这种实验任务的典型结果是，当一致的发生概率远小于不一致的发生概率时，被试的反应结果依赖于知觉色词时的注意状态。在集中注意条件下，被试者对不一致的色块的命名要快于对一致的色块的命名，出现典型的 Stroop 效应反转。而在分散注意条件下，被试者对一致的色块的命名要快于对不一致的色块的命名，出现典型的 Stroop 效应。

默瑞可等人认为，之所以出现上述结果模式，是因为在集中注意条件下，被试者知觉到了色词，他们能够利用一致和不一致试次的概率信息形成一定的反应策略。如把色词作为线索，因为不一致的概率高，所以看到色词就预期相反的颜色块，从而导致不一致条件下的反应时短于一致条件下的反应时，即出现 Stroop 效应的反转。但在分散注意的条件下，由于被试没有觉知到色词，因此无法利用概率信息形成一定的反应策略，从而出现一种无意识的启动现象，导致一致条件下的反应时短于不一致条件下的反应时，即出现典型的 Stroop 效应。这种结果说明无意识知觉到的刺激引起自动反应，而有意识知觉到的刺激引起更为灵活的反应。因此通过控制注意水平等条件，运用这种变式可有效地观察到无意识知觉的结果，以及有关无意识知觉与意识知觉之间的关系及转化情况。

默瑞可等人（1997）运用上述 Stroop 变式探讨了操纵刺激特性和操纵注意方向对无意识知觉的影响。刺激特性的操纵主要通过变化启动色词与掩蔽之间的 SOA 实现，将短 SOA 设为 33 ms，长 SOA 设为 167 ms。在短 SOA 下因为刺激消失过快，被试一般意识不到其内容，所以作为无意识知觉条件；长 SOA 则作为意识知觉条件。注意方向的控制主要通过创设分配注意或集中注意条件实现。在集中注意条件下，只要求被试命名颜色；在分配注意条件下则要求被试在命名颜色的同时监测呈现于听觉通道的一串数字，并在一组试验结束后报告 3 个连续奇数出现的次数，而且将数字报告作为主任务，由此作为非注意知觉条件。结果表明，短 SOA 条件下出现典型的 Stroop 效应，在长 SOA 下出现 Stroop 效应反转；注意操纵的结果与刺激特性操纵的结果非常相似，分配注意条件下出现典型的 Stroop 效应，而集中注意条件下出现 Stroop 效应的反转。他们认为长短 SOA 与两种注意条件下 Stroop 效应的结果模式反映了意识知觉和无意识知觉的质的差异；而两种操纵结果模式的相似性则表明，改变刺激特性和改变注意条件这两种操作影响了同一个内部过程——即信息表征的激活水平。

2. 非色词 Stroop 变式

(1) 字符 Stroop 变式

字符 Stroop 变式是指用字母、数字、单词或其他符号代替色词和颜色作为实验刺激，但实验逻辑基本与经典 Stroop 任务相同的实验任务。如上文提到的沃德（Ward，2001）研究中采用的数字 Stroop 变式就是典型的字符 Stroop 变式。字符 Stroop 变式的具体形式非常丰富。如用字母做材料，则可以形成由多个小字母组成的一个大字母，如果大小字母一致，则可将其类比为 Stroop 一致条件；如果大字母与小字母不一致，则可将其视为不一致条件。同理，如果用图形做材料，则可以构成用多个小圆构成的大圆，和多个三角形构成的大圆；如果用数字做材料，可以用多个小 7 构成一个大 7，或用多个小 5 构成一个大 7；如果用汉字做材料，可以用多个小“上”构成一个大“上”，也可以用多个小“尚”构成一个大“上”，如图 14－8。依此类推，用字符可创建无数种类似于 Stroop 任务的变式。

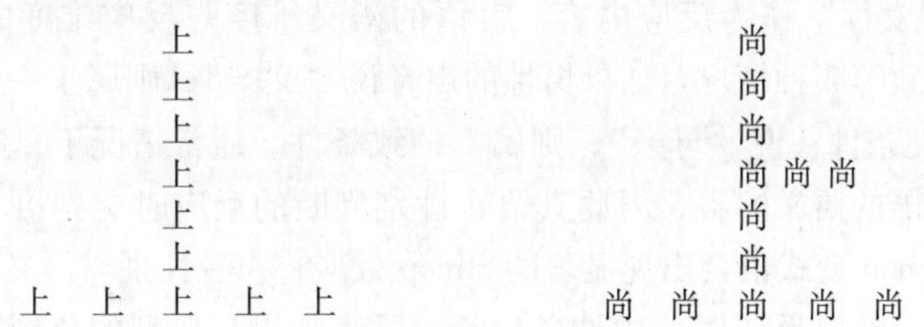

图 14－8　字符 Stroop 变式示例

(2) 空间 Stroop 变式

空间 Stroop 变式是指以空间方位词代替色词，以空间方位代替颜色，实验逻辑与经典 Stroop 效应相同的实验任务。这种变式最早由肖尔（Shor，1970）提出，主要用于揭示 Stroop 效应中的反应竞争机制。这种任务的实验刺激采用空间方位词，如“上”“下”“左”“右”。这些方位词呈现于中心注视点周围的位置。某个词的位置可能与该词所表达的方位意义一致，如“上”呈现于注视点上方；也可能不一致，如“左”呈现于注视点的右边。被试的任务是对方位词的位置或词义进行反应。这种变式的一个优点是可以通过调节刺激—反应与某个维度的关联性来改变反应要求。如果要求被试口头命名方位词，那么该反应就需要加工该词的语义维度；如果要求被试根据键盘或反应盒按键反应，那么该反应就要求加工方位词的空间位置。

德索托（Desoto）等人（2001）采用这种空间 Stroop 变式以及事件相关光学信号成像技术（event-related opital signal，EROS）考察了 Stroop 任务中的反应竞争的脑机制。其实验设计及程序大致如下：实验刺激为呈现于中央注视点之上或之下的“上”和“下”两个字。方位词与其所在位置有一致和不一致两种关系。在一致条件下，“上”出现于注视点上方，“下”出现于注视点下方；在不一致条件下，“上”出现于下方，“下”出现于上方。实验具体包含两种任务，一是语义任务，要求被试对方位词的意义进行反应；二是位置任务，要求被试对方位词所在的位置进行反应。这两种任务随机混合进行。在每次试验开始之前，先给被试提供一个线索，用以标记接下来应该执行哪种任务，如果出现“位置”，则执行位置任务，如果出现“意义”，则执行语义任务。该线索在注视点消失后立即出现，持续 200 ms，间隔 2 000 ms 后，出现实验刺激，也持续 200 ms。要求被试按键反应，不管方位词为“上”还是其所在的位置为上，都用同一只手做相同反应；如果为下，则用另一只手反应。同时记录反应时、正确率和左右脑运动区的光学信号变化。

结果发现，在不一致条件下，与正确反应或错误反应关联的脑区（即左右运动皮层区）被同时激活；而在一致条件下，只有反应键对侧的运动皮层被激活。该结果有力地证明了在个体在完成 Stroop 任务时，确实发生了显著的反应竞争；这种竞争也反映了人类信息加工系统中平行加工的存在。

（3）听觉 Stroop 变式

典型的听觉 Stroop 变式要求被试对口头言语刺激的音高或说话人的性别做出反应，同时忽视言语的内容（Cohen，1975；Shor，1975）。如当要求被试对性别做出判断时，以“男性”或“女性”作为反应内容。言语的语义维度与反应维度的关系可包括一致、中性和不一致等 3 种情况。如果男性的声音说“父亲”，则属于一致条件；说“冰淇淋”，则属中性条件；说“母亲”，则属不一致条件。通常情况下，听力正常者在实验中无法忽视言语的语义内容，因此其语音性别判断的反应时受到语义内容的系统影响。因此这种 Stroop 变式也会出现显著的 Stroop 效应，声音性别与语义一致时反应时比中性条件短，不一致时反应时比中性条件长，既表现出与典型的色词 Stroop 任务类似的 Stroop 干扰效应和一致条件的促进效应。

耶格尔（Jerger）等人用这种变式探讨了口语的语义信息对听力障碍儿童听觉加工的影响。这种研究能为揭示听觉损失对口语信息加工的影响提供重要信息。其实验的设计和方法大致如下：实验刺激由男女两种声音朗读的“篮球”“冰淇淋”“妈妈”“爸爸”，均由电脑呈现。两种声音的频率分别为 106 Hz（男）和 185 Hz（女）。实验包含一致、中性和不一致 3 种条件：在一致条件下男性声音朗读“爸爸”，女性声音朗读“妈妈”；中性条件下两种声音都朗读“篮球”和“冰淇淋”；在不一致条件下，男性声音读“妈妈”，女性声音读“爸爸”。被试的任务是对男女两种声音做按键反应，忽视言语的内容。由于被式是儿童，为了保证实验顺利进行，在男声反应键边上放置一张男性的图片；在女声反应键边上放置一张女性图片。记录从目标声音呈现到手动按键之间的反应时以及反应的正确率。

结果发现，听力正常儿童无法忽视与任务目标无关的语义信息，不一致条件下的反应时明显长于一致条件；听力障碍儿童则虽然在一致条件下表现出明显的促进效应，但是在不一致条件下，只出现非常小的 Stroop 干扰效应；而且经系列考察，发现这种干扰效应的显著减小与年龄、速度—正确率权衡、非中性基线以及言语输入的可辨别性无关。该结果表明，不管是听力正常儿童还是不正常儿童，对言语声音的性别判断和语义维度的加工不是独立进行的。但是对听力受损的儿童而言，要求忽视的语义信息对声音性别判断的影响要小得多，说明这种儿童的口语加工受言语刺激不同维度之间的交互作用的影响比较小，或者说其交互作用机制可能已受到损害。

（4）情绪 Stroop 变式

这种变式的主要特点是将颜色词换成用不同颜色书写的情绪词和非情绪词，被试的任务也是对颜色进行反应。如给被试呈现用红色书写的具有一定情绪色彩的词“破坏”，被试的任务是对红进行命名反应或按键反应。还有一个特点是对参加实验的被试要根据某种情绪特质进行分组，而且这种情绪和单词所反应的情绪要一致，无关或相反。当被试的情绪与单词所体现的情绪一致，而又必须对颜色做反应时，被试的反应时要比中性条件慢，表现出情绪一致的干扰效应。如雷（Ray，1979）发现，马上要面临重要考试的学生在命名与考试有关词（如“分数”“论述题”）的颜色的时候，反应时要比命名与考试无关词（如“石头”）的颜色时慢。其他一些研究者在以临床焦虑、药物依赖和恐惧症患者为被试的研究中得到了类似的干扰效应。这种 Stroop 变式被较多地运用于情绪与认知加工关系的研究中；在成瘾行为对认知加工影响的研究中也具有重要作用。

情绪 Stroop 变式被广泛用于成瘾行为对认知偏向的影响的研究。这些研究要求被试命名与其成瘾行为有关或无关的词的颜色，普遍的结果是，被试对哪种行为成瘾，那么对与那种行为相关词的颜色命名就表现出选择性干扰效应。例如，酒精成瘾的人对与酒有关的词表现出干扰效应，吸烟成瘾的人对与烟有关词的颜色命名变慢，赌博成瘾的人则对与赌有关的词的反应出现 Stroop 干扰效应。麦卡斯克（McCusker）等（1997）用情绪 Stroop 变式研究了嗜赌者的认知偏向。结果模式如图 14－9 所示，与很少有赌博经历的人（控制组）和配偶相比，嗜赌者对与赌博相关词的颜色命名时间显著长于中性词和其他成瘾词（如酒精、吸烟、药物等成瘾词）。成瘾者的配偶应该对与成瘾行为有关的词也是很熟悉的，但是他们（她们）并没表现出 Stroop 干扰效应。该结果表明，不同类型成瘾者对所成瘾行为相关信息的加工具有无意识的自动偏向，而且这种偏向与熟悉无关。

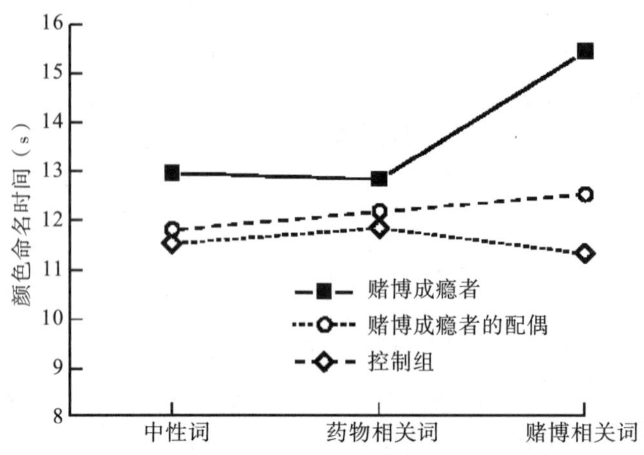

图 14－9　赌博成瘾者对不同三类词颜色命名的反应时（McCusker 等，1997）

二、启动实验技术

启动技术是指用于考察前一种任务操作对后一种任务操作影响效果的实验技术。根据两种任务间关系的不同，这种影响存在两种情形：一种是促进作用，即产生正启动效应；另一种是阻碍作用，即产生负启动效应。这两种启动效应代表着当代认知心理学研究中截然不同的研究传统，涉及不同的研究领域。因此本书在介绍启动技术的形式和应用时，将二者分开分别讨论。

通常所说的启动效应就是正启动效应，指先前的加工活动对随后加工活动的积极影响。启动效应从 20 世纪六七十年代开始就成为认知心理学研究中的热点，早期主要集中在对单词再认和词汇组织的研究中，用于考察词汇获得言语表征方面的问题；在 80 年代成为内隐记忆研究的主要技术，现在仍被广泛用于知觉、注意、字词识别、语义加工、内隐学习、情绪启动等领域的研究。

负启动效应是指当先前加工中的干扰刺激在随后的加工中成为目标刺激时，被试对其反应时变长的现象。负启动效应最早由达尔林普尔－奥尔福德（Dalrymple-Alford）等（1966）在 Stroop 色词研究中发现，后来受到尼尔（Neill）等人（1977）的重视，并首次提出了对无关信息命运的关注，在 20 世纪 80 年代由蒂珀等将其推广为用于研究分心信息抑制机制的一种主要实验技术。当前负启动效应已被广泛用于选择性注意机制、工作记忆执行功能、长时记忆提取、阅读理解、认知老化和注意缺陷多动障碍（ADHD）、精神分裂症、阿尔兹海默型痴呆（AD）等特殊人群的认知抑制缺陷的研究。

无论是正启动效应还是负启动效应，与 Stroop 效应类似，一方面本身就作为一种特殊的心理现象而成为重要的研究对象；另一方面又作为一种功能强大的实验技术被广泛用于多个领域的研究。本书侧重于后者，下面对这两种启动技术的基本程序、具体形式和应用情况做较为系统的介绍。

（一）正启动技术

1. 正启动技术的基本程序和机制

（1）正启动效应的测量程序

典型的正启动实验包含两种刺激显示和两种实验条件。刺激显示包括启动显示和探测显示，启动显示给被试呈现一定的刺激，要求被试对目标进行一定程度的加工，可进行反应，也可不反应；探测显示给被试呈现与启动显示相同或相关的实验刺激，并要求被试对其进行反应，记录反应时和正确率。实验条件包括启动条件和控制条件，在启动条件下启动显示的目标与探测显示的目标相同或在某个维度上相关；在控制条件下启动显示的目标与探测显示的目标无关。这种实验典型的结果模式是启动条件下被试对探测目标的反应时短于控制条件下的反应时，二者的反应时之差就是启动效应值。如，假设启动条件的启动显示目标为“虎”，探测显示的目标也为“虎”，而控制条件的启动目标为“火”，探测显示目标为“虎”，那么，由于启动条件下探测与启动的目标相同，对“虎”的探测反应时要快于控制条件，二者的反应时差就是正启动效应。又如，迈耶等（1971）在词汇判断定实验中要求被试判定一个字母串是否为英语单词。字母串成对呈现，前一字母串与后一字母串之间可能无关，也可能存在语义关系，如图 14－10。结果发现，当前一字母串与后一字母串间存在语义联系时，被试对后一字母串的反应时变快。如给被试呈现“nurse-doctor”时，被试对“doctor”的反应时快于呈现“bread-doctor”时对“doctor”的反应时。这种反应时差异也是典型的正启动效应。

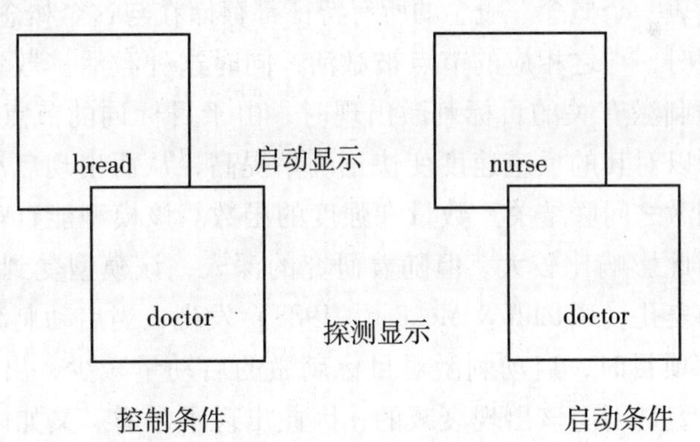

图 14－10　语义启动实验刺激流程

在有些研究中启动效应不用反应时衡量，而用启动条件与控制条件的正确率之差表示。如在内隐记忆研究中，启动效应的测量经常采用正确率之差为指标。这种研究通常将启动显示和探测显示变成时间概念比较宽松的学习阶段和测验阶段。学习阶段给被试呈现一系列学习材料；在测验阶段通常呈现一些学习过的内容和没学习过的内容，考察被试对这两种内容反应结果的不同。如果学习过的材料在词干补笔测验或残词补全作业中的正确率高于没学习过的材料，那么就出现了典型的正启动效应。在同类任务中，无论采用反应时还是正确率计算启动效应，二者的实质是一致的。

在实际应用中，启动效应的测量方法很多，不同启动效应的性质也有所不同。比较常见的分类方法有直接启动和间接启动之分、知觉启动和语义启动之分等。直接启动指启动刺激与探测刺激完全相同，如上文例中前一个“虎”对后一个“虎”的启动就属于直接启动。直接启动又叫重复启动（repetition priming）。间接启动则指启动显示的刺激与探测显示不完全相同，只是在某一个维度上存在相关，如上文例中“nurse”对“doctor”的启动就属于间接启动。知觉启动指先前的知觉刺激使随后知觉任务操作的反应正确率提高或反应时减小，如学习阶段让被试看一些汉字，测试阶段要求被试根据学过或没学过的字根想象一个完整的字，如果根据学过字根想象出来的第一个字的正确率高于未学字根，则出现知觉性启动效应。这种效应对加工水平不敏感，具有知觉特异性，在测验时改变刺激的呈现通道或字体大小、颜色等特性都会使启动效应明显变小。语义启动则指先前的语义加工使随后语义性任务操作的反应正确率提高或反应时减小，如学习阶段让被试学习一些双字词，在测试阶段呈现一些已学词或未学词的第一个字，要求被试根据这个字组成一个有意义的词，如果根据已学词的字联想出来的词的正确率比较高，则出现语义启动。上文“nurse”对“doctor”的启动也属于语义启动。

（2）正启动效应的机制

有关正启动效应的产生原因，不同研究者提出了许多不同的理论模型。其中最传统的是奎利恩（Quillian，1967）和科林斯（Collins，1975）等提出的扩散激活模型（spreading activation model）。该模型将记忆表征看成由许多相互联结的节点组成的网状结构。每个节点代表一个概念，概念的所有特征都存储在与这个概念相对应的节点上。当启动刺激词出现时，与之相应的节点被激活，同时这种激活扩散到相邻的有关概念节点上。当与启动刺激有关的目标刺激出现时，由于目标词的节点已经得到预激活，激活阈限下降，所以对其的反应速度变快正确率提高，从而出现启动效应。激活量是启动刺激和目标刺激之间联结关系数量和强度的函数。该模型能直观地解释大量的启动实验的结果，因此影响比较大。但随着研究的深入，该模型受到了多方面的质疑。如，拉特克利夫和麦孔（Ratcliff & Mckoon，1988）发现，当启动刺激和目标刺激之间出现不相关的干扰项目时，启动刺激对目标刺激的启动量减少，出现了启动的衰减。而根据扩散激活模型是不应该出现衰减的，因此出现了矛盾。又如内隐记忆研究中的启动实验发现，启动效应能持续很长时间，在7天前后没有变化，甚至没有遗忘，而扩散激活的效果是不可能保持那么长时间的。

托尔文（Tulving，1982）根据内隐记忆领域有关启动效应的大量研究事实，提出了启动效应反映了一种新的记忆系统的观点。他指出根据对以往记忆研究成果的总结，至少可以确立5种主要的记忆系统：程序记忆、知觉表征、语义记忆、初级记忆和情节记忆。启动效应是知觉表征系统（perceptual representation systems，PRS）的功能体现，是一种特殊的知觉学习和记忆形式，表现为将客体作为一种结构性物理—知觉整体的确认性提高。斯夸尔（Squire，1987）也把启动效应看成一种记忆系统子功能。他把记忆区分为陈述记忆和程序记忆两大类。陈述记忆是唯一能进入意识中的可以觉知的记忆，如语义记忆、情境记忆，而程序记忆只能通过记忆系统的操作实现，如简单条件反射、技能获得和启动效应，二者反映了不同的表征，相互独立，不能彼此替代。可见，启动效应是程序记忆的一种具体表现形式。上述两种观点是内隐记忆研究中对启动效应最有影响的理论解释，能很好地解释健忘症患者在启动效应和再认等直接测验在实验结果上的分离，而且能和神经结构联系起来；但是也受到了多方面的挑战，如这种观点的证据主要来自于患者和正常人在间接测验和直接测验上的实验性分离，然而许多研究者指出实验性分离并不能充分说明间接测验和直接测验反映两种不同的记忆系统，相反可以用另一些更为简单合理的理论来解释。此外，上述观点是把启动效应作为一种内隐记忆现象进行解释的，没有同时针对性地对知觉、注意和言语等领域研究中的大量启动现象进行解释。

由于启动效应应用领域广泛，具体类型众多，现在还没有受到普遍认可的能解释各种启动现象的理论模型。如人们发现知觉性启动和语义启动可能基于不同的机制，但似乎还没有能很好地同时包容这两种启动效应的模型。不过在各领域研究中的一些具体的启动效应的研究比较深入。如在语义表征的研究中，马森（Masson，1995）、贝克尔（Becker）等（1997）提出了比较成熟的有关语义启动的联结主义模型。这种平行分布加工模型认为，语词知识是非局部存储的，音、形、义分别存储于语音模块、语义模块和正字法模块。每个模块内包括一系列彼此相连的加工单元，各加工单元代表着各种表征。每个概念由大量加工单元的特殊活动模式来表征，相关概念的表征有相似的激活模式。在对词汇的加工过程中，各单元间通过连接的权重强度达到合作或者竞争，一直到表征词汇语义的网络达到一个稳定的激活模式。如果网络在这种激活模式下开始加工随后出现的词汇，由于表征词汇意义的许多单元已经处于表征词汇意义的状态了，所以对于有语义相关的词汇比没有关系的词汇将会比较快地达到稳定状态 。如在命名实验中，当启动刺激词出现时，正字法单元确认刺激词，语义单元开始向着刺激单元的激活模式变化。这种激活模式和目标词的激活模式相似，在探测目标词出现后，其正字法模式代替了启动刺激词的正字法激活模式，并且逐渐更新语义单元和语音单元的激活模式，由于目标词的意义单元激活模式和启动刺激词的激活模式相似，所以目标词的语义单元可以很快达到目标词的激活模式，同时促进了语音单元较快地达到目标词的语音单元的激活模式，这样就产生了语义启动效应。

总之，尽管启动技术是现代认知心理学中应用最广泛的一种实验技术，但其产生机理目前尚没有得到系统的解释。但在具体领域的研究中，有关各种形式的启动效应的机制研究还是比较深入的。

2. 正启动技术的具体形式和应用

如前文述及，启动效应作为一种重要的实验指标已被广泛用于心理学研究的多个领域，而且不同领域中对启动效应的测量及其机制的理解存在较大的差异。为此，本部分试图对启动技术在知觉、内隐记忆、元记忆、字词识别、语义加工和情绪启动等主要领域的应用情况做一较系统的介绍。有关正启动效应在选择性注意研究中的应用在前面“色词 Stroop 变式及应用”部分已有介绍，这里不再赘述。

（1）知觉研究中的启动效应

如前所述，启动效应与知觉表征是密切联系在一起的，字词识别和内隐记忆测验中的多数启动实验都涉及知觉问题。当前启动效应还被应用于与字词识别与言语因素无关的纯知觉问题的研究，其中一个热点领域就是视运动知觉启动的研究。

研究表明，个体视觉运动的感知是可以被诱发的，即存在运动启动现象。如某一特定方向的视觉运动刺激能使随后出现的中性视觉运动刺激的知觉偏向启动方向。这种运动知觉的启动效应可为揭示运动知觉的无意识加工机制提供有效途径。如罗跃嘉等人（2001）运用该运动启动技术研究了二维运动知觉启动的脑机制。在他们的实验中，采用了单次运动和双次运动两种任务，其中双次运动用于诱发运动启动。实验刺激为竖条正弦波光栅图，可向左（相位运动 90°）、右（270°），或二义方向（180°）运动。单次任务中被试只需对目标运动的方向做出判断，根据知觉到的运动方向按键反应。双次任务的第一次运动为启动运动，刺激做向左或向右的特定运动；第二次运动为目标运动，刺激作二义或相反的运动。启动与目标运动之间的时间间隔分为 200 ms、400 ms 和 1 000 ms 三种情形，要求被试根据两次运动方向是否一致按键，同时记录反应时、正确率等行为数据和 ERP。结果发现，启动运动的刺激使探测目标二义运动的知觉发生同向偏移，即产生运动启动效应；与单次任务相比，双次任务的目标运动导致了枕颞部早期正波（P100）与顶枕部、中央部、额部广泛分布的晚期成分（P350）增大。这种 ERP 成分的增大效应就是运动启动效应引发的神经变化。在时间间隔为 200 ms 时，ERP 增大效应达到最大值，随后行为启动效应减弱，ERP 波幅也减小，当间隔达到 1 000 ms 时消失。进一步的 fMRI 成像表明，上述早期潜伏期效应反映了外纹状皮质的神经调解机制，MT/MST 的高级视觉加工区域和内侧顶叶也被激活。该研究表明，运动知觉的无意识启动是由于运动刺激的方向选择性神经响应相互作用引起的。

（2）内隐记忆研究中的启动效应

内隐记忆（implicit memory）是指不需要意识或有意回忆的情况下，个体的经验自动对当前任务产生影响而表现出来的记忆。内隐记忆研究是近二三十年来认知心理学研究的中心课题之一，对系统理解记忆系统、深入揭示无意识加工机制具有重要理论意义，对疾病预测、广告心理等方面有相当的应用价值。内隐记忆研究中最重要最基本的研究方法就是启动技术。如前所述，内隐记忆研究者把启动效应看成一种记忆现象，将其作为证实内隐记忆的主要标志之一。

内隐记忆研究中对启动效应的测量主要分学习和测试两个阶段。一般学习阶段让被试学习一些材料，然后在测试阶段采用某些方式对学习效果进行测量。由于内隐记忆属于无意识记忆，所以这种学习效果的测量应该采用间接测验。所谓间接测验是指通过控制条件使被试没有意识地利用学习阶段所学材料用于完成测试的实验作业。一般满足以下两个条件的测试任务就可认为是间接测验：一是学习任务与测试任务之间存在某种关联，如语音、语和形状上的关联；二是在测试任务中控制条件使被试意识不到两种材料之间的关系，并且不是有意采用学习阶段的某些信息来完成测试。如果间接测验测量出学习效果，则说明学习过程对随后的测试产生了启动效应，由于这种促进作用是无意识的，所以说明个体学习材料产生了内隐记忆效果。可见内隐记忆研究中的启动技术往往不是在简单刺激呈现后立即考察其对随后简单刺激的影响，而是采用系列的启动刺激（学习材料）和复杂的测试任务。因此，在这种启动技术的应用中，间接测验的设置显得格外重要。经过长期的探索和积累，现在人们已经开发出很多有效的间接测验任务，常用有知觉辨认、词干补笔、残词补全、词汇判断、残图命名、词汇联想、偏好判断、变位字问题、物体决定任务、类别范例生成等。下面举例介绍一些具体的测试方法。

词干补笔：指被试在学习一系列单词之后，测验时主试提供单词的前几个字母（一般为 3 个）要求被试用首先想到的单词来补全。用于词干补笔的材料通常采用较常用的单词，如呈现完 justice，shade，apply 等单词之后，呈现以下词干 ju（　），sha（　），app（　）要求被试补全；但是有时也可以采用人工组成词对。如在考察新异联系的无意识记忆效果时，在学习阶段，可以给被试呈现一系列非相关词对，如 window-abstract，apple-plane，测验时要求被试对不同类型的词对进行补笔，其中有旧词对（window-abs_）和重组词对（apple-abs_），若被试对旧词对的补笔正确率高于重组词对，则可认为出现了启动效应。

残词补全：要求被试在学习一系列单词之后把缺一些字母的残词填成有意义的单词。如呈现 elephant 和 mystery 等词后，呈现（　）p（　）ant，（　）ys（　）ry 等残词，要求被试补充完整。在词干补笔和残词补全测验中，可以具有多种补笔的可能性，也可以只有一种可能性。如果有多种可能性，一般以新词和旧词测验的正确率差作为启动效应指标，而在只有一种可能性时，一般以反应时为指标。虽然英语单词作为词干补笔或残词补全材料比较方便，但根据汉字也可制作出补笔测验，给被试看完一系列汉字后，再呈现一些偏旁或字根，要求其补全。如让被试看完“瞎”字后，再给被试呈现“目”字旁，要求其报告出第一个想到的包含“目”字旁的词。

知觉辨认：首先让被试学习一系列单词，然后要求他们在速示条件下（30 ms）辨认学过的单词以及另外一些未学过的单词，可根据正确辨认率和反应时间测量启动效应。辨认方法具体有以下几种形式：模糊字辨认，指在测验时通过改变幻灯片焦距、减小亮度、施加干扰背景等途径使所呈现单词的字母不大清楚，要求被试辨认是哪个词或什么字；词汇决定，要求被试说明某特定的字母串是否构成一个合法的词，由某一字母串第二次呈现时被试做出是否是词的决定所用的时间减少来反映启动效应的存在；单词确认，首先在速示条件下给被试呈现某一刺激单词，然后将这些项目与新项目混在一起或者配对，要求被试加以确认。通过先前呈现项目与新项目在确认精度以及确认所需时间的比较构成测验。

沃林顿（Warrington）等人（1970）对健忘症的经典研究中采用的间接测验就是词干补笔和模糊字辨认。直接测量为自由回忆和再认。被试为 4 名遗忘症患者，16 名正常被试。结果显示，健忘症患者组在直接测量方法中成绩都比控制组差，且具有统计学意义；而在间接测量方法中成绩与控制组相比虽略有高低，但无统计学意义，说明健忘症患者也能以一定方式保持语词的信息。该研究为内隐记忆与外显记忆的分离提供了早期证据。

通过上述多种启动技术的应用，内隐记忆研究取得了大量成果，成为认知心理学中实验事实最丰富的研究领域之一。后来内隐记忆研究扩展到了内隐学习和内隐社会认知领域，与此对应，启动效应也被用于这些更具一般性的心理学研究领域。在内隐社会认知研究中，启动技术的基本程序是：告诉被试A是要测量的，研究者则依据被试对A的反应推测B，通过对A的直接测量实验对所研究内容B的测量。这种实验不告诉被试研究的真实意图和目的，不要求被试对所研究内容进行自我报告或内省。钟毅平等（1998）用这种技术研究了内隐社会认知中的印象形成问题。其研究的大致程序如下：先呈现启动刺激，然后呈现目标刺激，要求被试对目标刺激做某些判断。启动刺激是以一定速率程序的成语，要求被试对成语的结构进行判断，如联合式还是偏正式，并告知被试实验的目的是为了考察对成语的掌握程度。目标刺激为一幅不太清楚的照片和一段关于该人文字描述，要求被试据此形成对该人的印象。印象的判断通过纸笔问卷完成。该问卷采用5点量表，用来分别评价聪明、善良、谦虚、轻松、诚实、外向等6个品质维度，被试在相应等级上画钩选择，并对判断整体上是否喜欢。如果启动阶段给被试呈现积极成语时，印象判断的积极分数显著高于启动刺激为中性成语时的判断分数，则出现启动效应。结果表明，在印象形成时，事先呈现积极成语对随后的目标判断产生正向的启动效应。

（3）阈下启动与元记忆研究

许多研究者探讨了启动效应与元记忆判断之间的关系问题。这些研究对于揭示元记忆的实质具有重要作用。所谓阈下启动是指在以低于知觉阈限的短暂时间内给被试呈现启动刺激的条件下去考察启动效应的方法。元记忆研究中，启动项目一般分三种类型：一是线索启动项目，如一般的信息测验或双向关联测验中的刺激信息；二是靶子启动项目，如一般的信息测验及在双向关联测验中的反应信息；三是中性启动项目，如无意义信息或无关信息 。线索或靶子启动对元记忆判断的影响可以通过比较中性启动项目来测定。

如，雷德（Reder，1988）研究了线索启动效应与知晓感判断（FOK）之间的可能关系。在实验的第一阶段，要求被试对即将使用的一般信息问题答案中的一些单词进行频度评估，即对其进行部分问题答案的前启动。词频评估作业结束后，让被试参与一种设置有“评估”或“回答”两种条件的电视游戏。游戏规定反应者必须听完全部答案后方可按压蜂鸣器，表示自己能够回答问题。在评估条件下，要求被试在提取答案之前快速评估回答一般信息问题的能力；在回答条件下，则要求被试立即给出答案。结果发现，在评估条件下，前启动会增加按键次数，这表明自信判断有所加强；在回答条件的启动状态下，当被试表示自己不知道答案之前，较之非启动状态的搜索时间延长，表明启动问题要比非启动问题的提取活动多。此外，雷德还发现启动影响正确回答问题的可能性，启动过的问题要比未启动过的问题在回答条件下反应得更加准确些。在此基础上，雷德等（1992）研究了被试在做出快速策略选择时所使用的信息类型，发现是线索启动而非靶子启动影响着策略选择，进而认为是线索启动而非靶子启动影响着FOK判断。

李（Lee）等（1993）用阈下启动技术研究了学习判断JOL问题。其实验程序大致如下：首先确定被试的反应阈限时间；然后呈现学习的单词对，学习完一个单词对3～5 min后呈现该词对的阈下启动刺激（一个靶子词或一个无关词），接着实施掩蔽，启动刺激的阈下呈现时间为所确定的阈限时间的94%；掩蔽后立即呈现词对的线索词，要求就后面要进行记忆测验的靶子词正确回忆的可能性做出预测，即进行JOL判断。预测结束9～11 min后，给被试一个记忆测验，即呈现项目线索词，要求被试对相应的靶子词做出反应。结果发现，有关该测验的非回忆性项目的JOL与FOK判断相似，中性启动项目的最终回忆与靶子启动项目相似；对该测验的非回忆项目而言，靶子启动提高了JOL评估，但未提高对回忆项目的JOL评估。这意味着阈下靶子启动会在不影响回忆测验成绩的同时提高JOL值。

经过大量研究，现在研究者已发现阈下启动与元记忆判断之间存在这样的关系：对阈下启动而言，靶子启动增加了靶子可提取性，但不会影响对靶子的知晓感；线索启动会提高未能回忆项目的知晓感判断，也不影响记忆的提取；线索启动不会提高JOL判断。

（4）*启动效应与字词识别的研究*

字词识别和言语表征是启动效应研究最传统的领域。如前所述，早期的启动效应主要集中在单词再认和词汇组织的研究。如克斯纳（Kirsner）等（1974）研究了词汇组织的通道特异性成分和通道非特异性成分的区别。他们实验发现，在单词速示确认任务中很少能观察到听觉与视觉的跨通道启动效应，而在词汇决策任务中启动效应非常明显。温尼克（Winnick）等（1970）研究了不同的学习条件对单词再认的影响。他们采用的三种学习条件分别是在视觉呈现条件下阅读一个熟悉词，由一幅图片生词一个词，以及由一个词的定义生成词。结果发现，在视觉呈现条件下单词再认表现出明显的启动效应，而在另外两种条件下则几乎观察不到启动效应，但后两种条件下自由回忆的成绩比前一种好。

启动效应在汉语字词识别研究中也得到了较多的应用，如张厚粲等（1989）考察了汉字读音总的音似与形似的启动效应，彭聃铃等（1994）研究了重复启动条件下中文双字词的识别，刘爱伦等（1995）研究了字形合字音启动对汉字识别的相对作用，沈模卫等（1997）探讨了部件启动对左右型合体字汉字识别的影响等。在沈模卫等人的研究中，启动刺激是汉字的部件，即偏旁或字根，目标刺激为整字的汉字，采用了启动刺激与字中部件的相似程度合启动刺激的呈现时间等自变量。启动刺激与部件的相似性分5种类型：启动刺激与目标刺激的左部件完全相同，比目标刺激左部件多一笔画或少一笔画，与目标刺激不相似，以及控制刺激（非汉字部件）。启动刺激呈现时间分别为11.5 ms、23 ms和46 ms。实验程序大致如下：先在屏幕中心程序注视点，持续1 000 ms，空屏500 ms后呈现启动刺激，随后紧接着呈现目标刺激，要求被试在保证正确率的前提下尽快对目标刺激做出是否为真字的判断。结果发现，控制刺激的反应时明显比同形部件、少笔画部件和多笔画部件长，而异形部件的反应时显著长于控制刺激，说明形似部件产生正向启动效应，形异部件产生负向启动效应。结合启动刺激呈现时间的效应，具体呈现出如下结果模式：同形部件的启动量随启动刺激的呈现时间延长而不断增加，三种时间水平间均差异显著；少笔画部件和多笔画部件的启动效应虽然也随时间递增，但呈现时间为 23 ms 和 46 ms 时差异不显著；异形部件产生的负向启动效应则也随呈现时间持续增大。该研究结果表明，汉字的识别可能与英语单词的识别类似，可能存在字、部件和特征三种加工层次，字类似于英语中的单词，部件相当于英语单词中的字母。结合麦克莱兰（McClelland）等人（1981）的相互作用激活模型，可以对汉字识别机制做如下推论：在人的大脑中存在着对应于合体汉字的特征、部件、合字三个结构层次的三个相应的觉察器，相邻两个加工水平之间存在着自上而下和自下而上的双向联系，各种联系既可表现为兴奋性的，也可表现为抑制性的，同一水平内的觉察器之间可以发生相互抑制作用。从该研究也可以看出，启动效应在深入揭示汉字识别的内在机制上发挥了突出的作用。

除了单一字词的识别启动技术在语义表征和语义知识组织的研究也具有举足轻重的重要。自从迈耶于 1971 年介绍概念启动方法后，语义启动范式为研究语义知识的组织提供了一个重要工具，并已经成为语义记忆和语言心理学研究中用的最广泛的一种方法。因为语义启动作为一种即时的方法，比要求被试列出词汇语义特征或者判断词汇语义特征的重要性等延时方法能更有效地测量出词汇通达后理解系统中的信息加工机制。由于语义启动和语义启动模型在前文已有介绍，这里不再赘述。

（5）情绪启动

启动技术一直是认知心理学研究一种主要实验范式，但研究发现，情绪也存在启动效应。当启动刺激和探测刺激具有相同的情绪色彩时，被试对探测刺激的反应与控制组相比明显不同，反应时变快或正确率提高，这种现象就称为情绪启动。而且有证据表明，情绪启动不仅能在阈上呈现启动刺激时产生，而且在将启动刺激呈现时间减少到几十毫秒、甚至几毫秒时，仍然能观察到情绪启动效应。在这种条件下，由于启动刺激呈现时间非常短，被试无法意识觉察呈现过何种启动刺激，所以这种启动效应被称为阈下情绪启动效应。

情绪启动效应的发现为情绪研究提供了一种新的实验范式。上文提到的有关内隐社会认知中印象形成的研究也可以归到情绪启动范畴。巴奇（Bargh）等人做过一项类似的社会认知研究，实验中要求被试将注意集中于特定的任务，同时呈现一些涉及人格的敌意特质的词（被试对这些词不实施注意），然后让被试读一段有关某人的描述，再请被试对该人进行评价。结果发现，被试事先被呈现的敌意词越多，对目标人物的评价就越倾向于负面，说明阈下情绪信息对社会判断产生了影响。墨菲（Murphy）等人采用判断偏好测验进一步证实了阈下情绪启动效应。他们在实验中给完全不懂汉语的被试呈现一个汉字，让被试猜测该字在汉语中代表“好”还是“坏”的概念。在汉字出现之前，先以极短的时间（4 ms）呈现一幅表现正性情绪或者负性情绪的面部表情照片。结果显示，被试倾向于将正性情绪启动照片之后的文字猜测为代表“好”的概念，而将负性情绪启动之后的文字猜测为代表“坏”的概念，呈现出典型的阈下情绪启动效应。奥曼（Ohman）等则研究了伴随情绪启动的生理反应。在实验中，他们先给患有恐蛇症的患者和正常被试以30 ms的时间分别呈现蛇、蜘蛛、花和蘑菇等物体的图片，然后再给被试呈现一中性画片，测量他们的皮肤电反应。结果发现，有恐蛇症的被试在以蛇的图片为先导的测试中皮肤电阻显著降低，说明情绪启动还能引起生理水平上的变化。

格林沃尔德（Greenwald）等人则通过控制SOA探讨了阈上情绪启动与阈下情绪启动的差别。实验中他们启动刺激与靶子的关系分为“一致”和“相悖”两种，要求被试判断靶子词是“令人愉快的”还是“令人不愉快的”。结果发现，当启动刺激呈现时间为50 ms时，阈下情绪启动效应在SOA大于100 ms时迅速减弱，而阈上启动在SOA为400 ms时达到最大值。这说明阈下启动只有很弱的记忆痕迹，而阈上启动则具有较强的记忆痕迹。墨非等的实验表明，如果将文字前面的表情照片呈现时间改为1 000 ms，使被试能有意识地知觉到人脸时，对文字的评估很少受人的面部表情的影响，说明无意识知觉到的信息对情绪的影响比意识知觉信息大。

对于情绪启动产生的原因目前已有多种理论解释。其中比较有影响的是自动扩散激活理论。这种理论将情绪看作是对某种特殊知识的记忆，情绪反应就是该种记忆被激活时的状态；认为个体对事件的知觉受到事件发生时活跃着的图式、模式等特殊知识结构的影响，从而导致有选择地注意事件的某个方面，当事件表现模糊不清时，记忆中的模式就被调动出来对模糊事件进行解释。所有这些过程既可以有意识地发生，也可以自动发生，当模式或图式被自动地激活从而发生作用时，就表现出情绪启动效应。

可见，情绪启动实验技术已被比较广泛地用于情绪问题的研究，推动了情绪研究的实验化。由于阈下情绪启动效应与无意识知觉的研究密切相关，这种研究为情绪与认知的关系，情绪和脑科学的研究开辟了新的途径。

（6）锚定效应与决策研究

锚定效应（anchoring effect）是指在不确定情境下，判断与决策的结果或目标值向初始信息或初始值即“锚”的方向接近而产生估计偏差的现象。特维斯基和卡尼曼（Tversky & Kahneman）在1974年的实验里首次发现锚定效应。实验中，被试首先需要回答联合国中非洲国家的比例是高于还是低于10%或65%，而这个10或65是随机转动幸运轮得到的结果。随后，要求被试给出联合国里非洲国家比例的具体估计值。结果发现，在10%条件下，最终的估计值偏低；在65%条件下，估计值则偏高。

他们在实验基础上提出了锚定与调整启发式的概念，将锚定效应作为人们判断与决策中启发式策略的一种形式和机制。人们采用锚定与调整启发式做估计时，是以锚值为起点进行调整而产生最终答案的，而锚值有可能是问题表述的一种暗示，或者是部分的计算结果，由于从锚值向目标值的调整往往是不充分的，因而产生了估计偏差。

锚定效应具体又分成多种类型和启动范式。

①经典锚定效应。

特维斯基和卡尼曼的锚定效应研究被后来的研究者称为传统锚定效应或经典锚定效应。经典锚定效应的研究采用两步范式，即先要求被试对于问题情境下需要做出估计的未知目标值是高于或低于某一个锚值进行判断和回答，第二步要求被试估计出目标值的绝对数量。例如，在捷克威兹和卡尼曼（Jacowitz & Kahneman，1995）的研究中，首先要求被试考虑密西西比河是长于还是短于 5 000 m，做出是或否的回答，接着，再让被试判断密西西比河的具体长度。由于两步范式是从问题的背景内容为起点呈现给被试的，有关研究证明了两步范式的语意启动效应，因此又被称为语意启动范式（Wong & Kwong，2000）。截至目前，有相当数量关于锚定效应的研究均采用了这一研究范式。经典范式的基本步骤如图 14 – 11 所示。

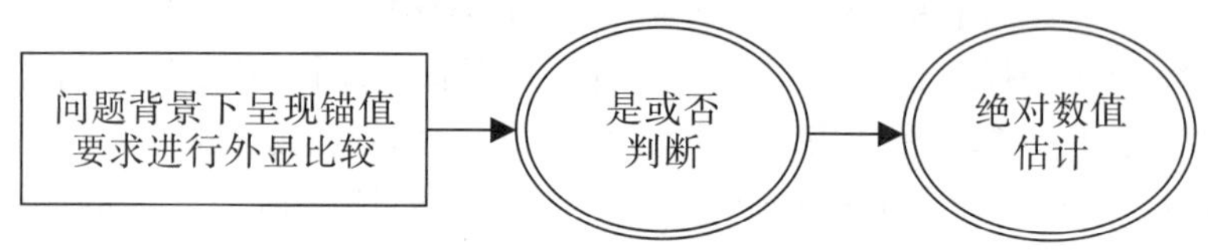

图 14 – 11　锚定效应的经典实验流程

②基础锚定效应与数字启动范式 。

基本锚定效应是威尔逊（Wilson）等（1996）提出的另一种锚定效应现象，指的是一步式地单独呈现一个无关锚定信息，要求被试做出绝对判断就能影响其判断决策，从而使得最终的估计趋向锚定值而产生锚定偏差。为此，他们采用数字启动范式设计了一系列实验，考察了单纯数字呈现下的锚定效应，如以随机分配给被试的 ID 号以及“笔迹学实验”中让被试抄写数字等材料启动，不要求被试将上述有关数字与判断任务中的未知目标值作比较。结果发现被试对问题（如，估计电话号码簿中内科医生的数量）目标值的判断依然受到了启动数字的影响，从而证明了单纯数字呈现下的锚定效应。威尔逊等人的研究还进一步提出，相对于经典锚定效应的实验，锚定效应是一种在自然情境下更有可能产生的普遍的心理加工过程。数字启动范式的基本步骤如图 14 – 12 所示。

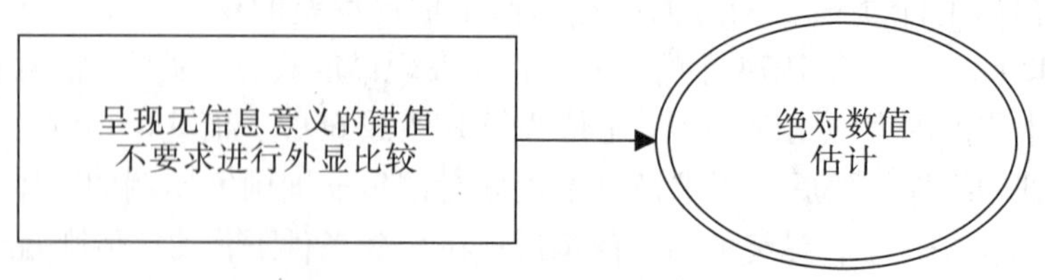

图 14 – 12　锚定效应数字启动范式

③潜意识锚效应与阈下启动范式。

许多研究显示，即使是在没有可供外显比较的锚的情况下，锚定效应依然发生。针对这一现象，穆斯魏勒（Mussweiler）等人提出了新的设想，即一个潜在的锚如果快速呈现给判断者，是否会产生锚定效应，数字估计是否受到无意识觉察下的锚的影响。

他们采用阈下启动的方式，向被试呈现一个潜在的锚值，考察被试数量估计中的锚定效应（Mussweiler & Englich, 2005）。在系列实验中，采用无意义字母串和字符串作为掩蔽刺激，控制启动锚值与掩蔽刺激呈现的时间间隔，分别以 15 ms、33 ms 两种时间间隔呈现，要求被试对埃菲尔铁塔的高度、中型轿车的均价等知识性问题及价格估计问题进行判断。结果表明，实验中所操纵的阈下锚值确实影响了被试做判断，被试估计的目标值向锚值方向偏离。

④自生锚与实验者锚的锚定效应。

自生锚指被试在不确定情境下进行判断时自发产生的内在的锚值。实验者锚指由实验者提供的外在的锚值，亦即经典锚定效应中的锚。自生锚与实验者锚的概念与实验范式是在研究锚定效应发生机制的过程中提出的。艾普利（Epley）等人提出了自生锚与实验者锚的分类，将个体自发产生的锚值引入到锚定效应的研究中，通过操纵自生锚与实验者锚的实验情境，验证“不充分调整”启发式（Epley & Gilovich, 2001）。他们借鉴了控制论的思想，认为调整过程遵循由米勒等人提出的“检验—操作—检验—停止”（test-operate-test-exit）范式，针对这一范式，设计了相应的实验程序，要求被试回答一组知识性问题（如华盛顿当选美国总统的时间等），进而把被试对目标值估计时认为合理的数值范围也作为实验分析的重要变量，揭示了被试判断时调整的过程和范围，从而取得了“不充分调整”启发式心理机制的证据（Epley & Gilovich, 2006）。

曲琛和罗跃嘉（2008）考察了具备相关知识能够自发产生锚的条件下，真假未知的外部锚和虚假外部锚对决策判断的影响。在正式实验前，被试需要学习一些点图，确保被试具备产生自发锚的知识。在正式实验中，仍然提供给被试一些偏高或偏低的数字，充当外部锚。用不同颜色呈现这些外部锚数字以便于被试区分出虚假信息和真假未知信息，进而考察被试对点图的估计是否仍然会受到外部锚数字的影响，虚假信息是否会削弱锚定效应。结果发现，未知信息和虚假信息都同化了最终的结果判断，出现了明显的锚定效应：高锚导致最终判断值偏高，低锚导致最终判断值偏低。

（二）负启动技术

1. 负启动技术的基本程序和机制

（1）负启动效应的测量程序

负启动实验的基本程序与启动实验类似，也包含两种刺激显示和两种实验条件。刺激显示包括启动显示和探测显示，二者相距一定的时间间隔呈现，与正启动实验不同的是启动显示和探测显示中一般都至少需要有两个刺激，即一个目标刺激和一个干扰刺激。实验条件包括控制条件和负启动条件，控制条件下启动显示中的目标和干扰刺激与探测显示中的目标和干扰刺激无关；而在负启动条件下，启动显示中的干扰刺激成为探测显示中的目标刺激，由于启动中被忽视的刺激在探测中重复出现，这种条件也常被称作忽视重复条件。典型的实验结果是，被试对忽视重复条件下的反应时长于控制条件的反应时，二者的反应时之差就是负启动效应。常见的负启动效应有特性负启动效应和位置负启动效应，这两种效应的实验流程分别见图 14－13 和图 14－14。在这里的特性负启动任务中，被试的任务是对大写字母做命名反应，小写字母为干扰刺激；在位置负启动任务中，被试的任务是对“o”所在的位置做按键反应，“+”所在的位置为干扰刺激。

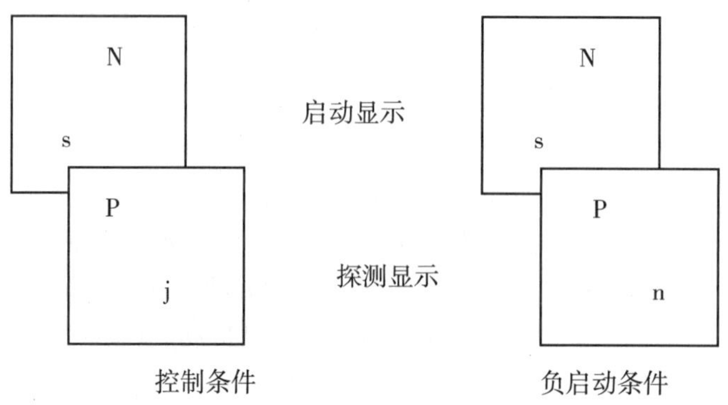

图 14－13　特性负启动实验刺激流程

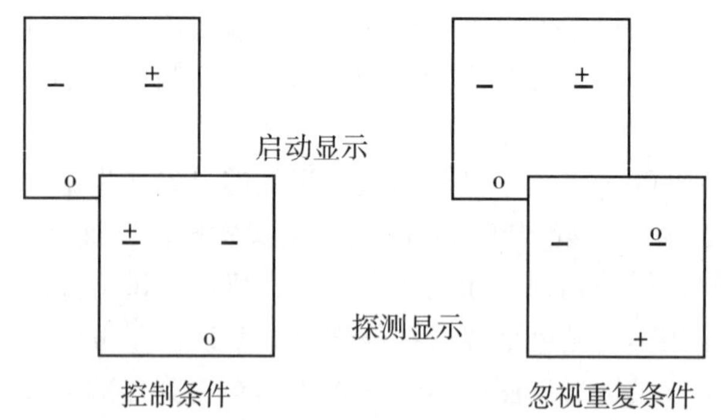

图 14－14　位置负启动实验流程

蒂珀（Tipper）等（1985）首次正式提出负启动概念的实验采用其他刺激也获得了典型的负启动效应。在他们的研究中，启动显示和探测显示均由两幅上下放置的普通物体的线条画构成，其中一幅为绿色干扰图片，另一幅为红色的目标图片，要求被试尽快准确地命名红色图片，忽视绿色图片。在实验条件下，启动显示中的干扰图片，如绿色的狗图片，在探测显示中成为目标图片，即红色的狗图片；在控制条件下，启动刺激与探测刺激间则无任何关系。结果发现，在实验条件下，被试对探测显示中目标的命名明显比控制条件下慢，即出现负启动效应。

现在人们已经在多种实验材料和多种任务种观察到负启动效应。实验材料涉及字母、图片、单词、数字、Stroop 色词和不熟悉形状等，实验任务包括识别任务、记数任务、定位任务、Stroop 任务、Flanker 任务和归类任务等。而且人们发现，即使启动干扰和探测目标不完全一致，当二者在语义上有联系时仍能记录到负启动效应。如启动干扰为绿色的狗图片，而探测目标为红色的猫图片时，由于狗与猫都属于动物范畴，结果对猫图片的命名也明显比控制条件下慢。进一步的研究表明，当猫以图片形式呈现，而狗改为以词的形式呈现时，仍存在负启动效应。因此负启动效应完全可以在范畴或语义水平上发生。此外，不同的研究者已经在不同年龄者、学习困难学生、精神分裂症患者、注意缺陷多动症患者、Alzheimer 疾病患者和抑郁症患者等广泛的人群种发现启动效应。可见，负启动效应是一种普遍存在的现象。

（2）负启动效应的机制

围绕负启动效应的产生原因，也有很多不同的理论解释。如抑制说、情境提取说、认知去活化说、认知阻塞说、暂时区分说、选择特征不匹配说、双重机制说、对激活敏感的抑制说和传输不适当加工说等。但蒂珀等（2001）在系统综述所有关于负启动机制理论的基础上指出，到目前为止最合理的解释还是经典的抑制说和情境提取说，后来提出的一些所谓负启动的新理论缺乏广泛的充足的事实基础。

蒂珀等（1985）的早期观点认为，负启动完全是由内部表征的残余抑制造成的，启动刺激的内部表征与短暂的抑制相联系，这种抑制在探测显示的加工中还存在，当干扰刺激在探测显示刺激成为目标时，因为还处于抑制状态，对其反应涉及抑制恢复和目标激活两个过程，所以反应时要比控制条件长，从而出现负启动效应。后来他们（1994）提出了一个选择性注意抑制机制的联结注意模型，认为兴奋和抑制过程是相对独立的，在负启动任务中，当启动显示开始时，干扰刺激的表征不立即被抑制到兴奋基线水平之下，所形成的抑制主要与干扰刺激的自下而上的兴奋效应相对抗，形成自下而上的兴奋与抑制反作用力之间的平衡状态。抑制的这种反作用力使目标刺激比干扰刺激更容易做出反应。但在启动显示结束之后，对干扰项的抑制失去了兴奋的反作用力，于是就出现抑制。在抑制恢复期间，干扰刺激的激活水平处于基线水平之下，当它在探测显示中以目标出现时，就需要更多的表征激活以达到再认阈限，这种额外所需的表征激活就表现为负启动效应。这种解释使负启动成为用于解释认知抑制这一无意识加工过程的主要实验技术，并在选择性注意机制、认知老化和临床预测等领域取得了大量研究成果。

尼尔（Neill）等人（1992）则提出了一个认为负启动实验中不涉及抑制过程的情境提取模型。该模型认为，一个目标刺激的识别会引发先前包含该刺激的加工情境的提取。这种加工情境包含先前对该刺激所做的反应的信息。在负启动条件下，探测显示中的目标在启动显示中作为干扰刺激，而在启动显示情境中包含了“忽略干扰刺激对它不做反应”信息，当其在探测显示中作为目标出现时，由于与启动显示的干扰项一致，自然就会触发对启动显示情境的提取。但提取的情境中包含了“对它不做反应”的信息，这种信息就干扰了对探测显示的目标做出反应。这种干扰可能表现为使得被试不得不转而依赖于计算过程，也可能由于干扰了计算过程的本身。因此在负启动条件下，对探测显示目标的反应就变慢，出现负启动效应。该理论的提取对以往的负启动研究提出了重大挑战，如果所有的负启动现象都不涉及抑制机制的话，那么以往将其作为测量抑制指标的研究都将被推翻。

蒂珀等（2001）认为，这两种解释的实质差异在于对整个启动—探测事件的加工过程的侧重点不同。情境说强调探测加工是能否成功线索化启动刺激提取的因素，如对启动的暂时区分或启动与探测的情境重合。但是该模型对启动显示中注意机制选择目标时发生的高度复杂的具体加工过程没有深入考察，甚至认为没必要描述更具体的水平，而只要用抽象的标签来说明就够了（如“不要对我反应”标签）。因此，持情境提取说的研究者对更具体的编码过程没有进行分析。而传统的抑制说关注的焦点是启动时的选择机制，即编码时的选择过程，近来才考虑提取过程在该现象中的作用，只是简单涉及探测时对启动时加工的通达和提取，而对提取是如何实现的、何时会失败则没有深入考察。

基于上述分析，蒂珀等认为负启动的抑制说和情境说之间并没有不可避免的冲突。接受情境说不等于证明抑制说是不正确的；抑制说也并不排斥情境说，事实上反而需要情境提取。二者的关系类似于强调编码的记忆和强调提取的记忆之间的关系。内韦尔（Newel，1973）指出，心理学家一开始都有建立二分法的热情，但是这种二分法往往不能取得成果，在更多的情况下，观点的整合可能更易取得成功。因此，他们认为负启动研究中也应避免这种二分法问题。负启动的解释不能光建立在编码时的抑制过程上，也不能只建立在探测时情境信息的提取上。以往的抑制说对提取过程关系不够，而情境说对编码时发生的过程关注不够。因此，一个成功的负启动模型必须同时考察编码时的抑制过程和探测时的记忆提取过程。编码和提取机制在负启动现象的产生中都起作用，在任何实验中对该现象进行解释时一定要同时全面考虑影响选择和提取过程的所有因素。全面地理解作为负启动机制的编码和提取过程，对认知心理学的两大领域——注意和记忆的研究具有深远的意义。

2. 负启动技术的具体形式和应用

负启动效应作为一种心理现象，受到了许多研究者关注，并提出了各种理论解释；但它之所以对当代认知心理学研究产生重要，关键还在于其方法上的意义。如前所述，负启动作为揭示认知抑制机制的一种实验技术，目前已被广泛用于选择性注意、记忆提取、阅读理解、认知老化和临床心理研究等多个领域。下面分别做一简要介绍。

（1）选择性注意机制研究中的负启动效应

信息加工系统在处理外界信息时，在特定的时间内只能选择性地加工一小部分信息，同时忽视大量作用于感官的无关信息。针对这种选择性注意机制，以往的研究主要集中在所注意信息如何激活的问题，实际上认为选择性注意只包括兴奋机制，如许多研究者将空间注意比喻为聚光灯，被注意的目标信息象被探照灯照到一样内部表征得到加强；而对被忽视的无关信息是否受到加工，得到什么样的加工则几乎没有正式的研究。然而，大量证据表明，视觉过程能够自动激发一些心理和行为反应，如果对这些过程不进行过滤，就会导致行为的混乱，使人产生一些与当前任务目标无关的行为。个体为了对行为进行自由的选择和控制，必须具备抵制无意识激活的反应倾向的能力。这种能力就是人类的抑制控制能力。但是这种能力在正常的人类被试中很难直接测量，所以被长期忽视。但随着负启动效应的发现，人们为这种机制的测量和研究找到了有效途径，同时也找到了揭示无关信息命运的方法。尼尔（1977）首先正式提出了对无关信息加工的关注，并用负启动效应进行实验研究。蒂珀等（1985，1991）

则基于其有关负启动效应的研究明确指出，对无关信息的抑制也是选择性注意的一个重要机制，对相关信息的成功选择不仅需要对目标信息进行有效激活，而且还包括对分心信息的积极抑制。

负启动效应不仅改变了人们对选择性注意机制的认识，而且填补了以往认知心理学很少研究抑制过程这一空白。自从选择性注意领域突出抑制过程的重要性后，有关抑制的研究迅速扩展到知觉再认、工作记忆内容更新和执行控制、长时记忆提取、多义词歧义消解以及各种个体差异研究，使抑制概念从特指选择性注意中的分心信息抑制拓宽成涵盖整个认知心理学的认知抑制。

（2）记忆提取研究中的负启动效应

越来越多的研究者认为记忆提取和选择性注意有很大的相似性，记忆提取过程涉及以往学习过的与当前目标相关的信息，也涉及学习过但与当前提取目标无关的信息，后者对前者显然有干扰作用，而提取过程必须克服这种干扰，用于克服这种竞争性干扰项目的机制就是一种抑制机制，具体叫提取抑制（retrieval inhibition）。为此，安德森（Anderson）等（1995）提出了一种“概念性选择性注意”的说法。这种概念性选择性注意也可以叫作选择性提取，其指向的加工目标是信息加工系统内部的概念表征，而不是外部环境中的刺激项目；其输出结果是一种意识能体验到的记忆，而不是知觉印象。但这种注意与通常知觉意义上的注意在本质上非常相似，都需要易化选择目标，并积极抑制起干扰作用的竞争项目。在此理论背景上，许多研究者开始将负启动范式用于记忆提取的研究，以揭示提取抑制的机制。

安德森等（1997）首先开创性地探讨了当个体从工作记忆中选择启动刺激时，负启动效应是否会发生的问题。在其研究中，要求被试首先在工作记忆中储存两个启动项；然后选择其中一个用于进一步加工，同时忽视另一个；最后对一个探测刺激做分类反应。探测刺激可能是先前储存于工作记忆中但随后又被忽视的启动项目（负启动条件），也可能是与先前启动刺激无关的项目（控制条件）。同时为记忆选择设置了两种不同的难度水平。结果发现，在低难度水平下，记忆选择出现显著的负启动效应，在高难度水平下出现负启动效应反转。该结果证实了记忆提取与选择性注意的相似性，即都能引发负启动效应，都涉及抑制机制，但又表明记忆提取可能是比选择性注意更复杂的认知过程，更容易受到被试认知策略等复杂因素的影响。

拉德万斯基（Radvansky，1999）在情境模型理论的基础上，用负启动技术考察了扇形效应的实质问题。扇形效应是指当实验中学习的与同一概念相联系的项目数增多时，随后再认测验中对这些项目的反应时会相应增加。传统的观点从命题表征和激活的角度来解释这种现象，认为记忆提取的总激活资源有限，提取时激活从一个概念节点向与之相连的所有子节点扩散，子节点越多，每个节点能得到的激活量就会减少，从而导致每个子项目的反应时延长。而拉德万斯基等认为，记忆提取是以情境模型为单位进行的，不同的项目之间是否会对提取过程产生干扰，关键要看这些项目是否属于不同的情境模型。如果属于同一情境模型，则项目间会出现整合，不会相互干扰；而如果属于不同的情境模型，则项目之间就存在竞争关系，相互干扰。与同一概念相连的不同情境模型数越多，则竞争越激烈，干扰越大，提取过程就越慢，从而导致扇形效应。

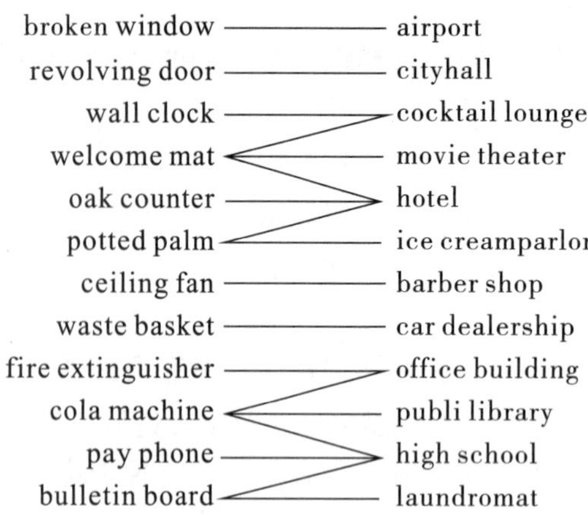

图 14－15　情境模型负启动效应实验材料（Radvansky，1999）

拉德万斯基的上述观点得到了负启动实验的支持。该实验采用了“某某事物在某某地方”的刺激模式，事物代表一个概念，地方代表空间关系的情境模型，如图 14－15。实验刺激主要包括两个类型的句子：单位置句子和多位置句子。在单位置条件下，多个物体与同一地方相联系，形成同一个空间情境模型，如“欢迎门垫在宾馆里”“橡木柜台在宾馆里”“盆景在宾馆里”；在多位置条件下，同一个物体与多个位置相连，形成多个空间情境模型，如“欢迎门垫在宾馆里”“欢迎门垫在电影院”“欢迎门垫在咖啡厅”。学习阶段，要求被试熟练记住两种类型的 18 个句子。在测试阶段给被试呈现启动和探测句子对，要求被试判断句子是学过的还是没学过的，记录反应时。启动和探测句子的组合也分两种条件：在实验条件下，启动句子的物体所包含的一个无关情境模型在探测句子中成为目标情境模型，如启动句子为“欢迎门垫在电影院”，探测句子为“橡木柜台在宾馆里”，前一个句子中的“欢迎门垫”在激活“电影院”这一情境模型的同时，还会激活与之相连的“宾馆”和“咖啡厅”这两个情境模型，但后两者属于无关情境模型；而在探测句子中“宾馆”这一先前的无关情境模型成了当前的目标情境模型。在控制条件下，启动句子的所涉及的情境模型与探测句子所涉及的情境模型无关，如启动句子为“饮水机在图书馆”，探测句子为“橡木柜台在宾馆里”。结果发现，被试在实验条件下再认反应时明显比控制条件下慢，出现典型的负启动效应；同时发现在多位置探测句子的再认出现扇形效应，而在单位置句子的再认没出现扇形效应。该实验有力地证明了记忆提取是以情境模型为单位的，扇形效应应该用情境模型的整合或竞争进行解释；揭示了在形成扇形效应的过程中，涉及对相连但又与当前提取目标无关的记忆表征的抑制，而不能简单地只用扩散激活的观点去解释；同时该研究验证了记忆提取过程中确实存在对竞争性干扰信息的抑制，而且发现这种抑制能以情境模型为单位进行。

（3）负启动与言语理解研究

随着抑制概念从选择性注意中知觉范畴上的抑制向更高级认知过程中概念范畴上

的认知抑制深化，人们对抑制的含义有了更一般性的解释，认为抑制是一种基本的认知压抑，用于阻止与任务无关的信息进入工作记忆，或把与当前任务无关的信息从工作记忆中排除出去。这种抑制有两种基本的作用方式，一是已激活的无关信息被弱化或去激活，可称为抑制的后作用；二是阻止无关信息激活或使其激活变得困难，提高其激活阈限，可称为抑制的前作用。如有人发现，抑制能帮助处于强竞争环境中弱激活信息的提取，能抑制歧义词不适当的解释，还能通过阻止不适合反应的产生以维持与目标相关的观念和行为。这种一般性的认知抑制机制被引入了很多高级认知过程的模型，言语理解就是一个这样的典型领域。如金斯特（Kinstch）有关言语理解的建构整合模型和格恩斯巴彻（Gernsbacher）的结构建造框架都强调了抑制机制在语言理解过程中的作用。格恩斯巴彻认为，不同阅读者理解能力的个体差异关键在于他们具有不同的抑制效率，理解力低的人不仅在加工上不善于压抑无关信息，而且其加工的产物即心理表征也包含了更多的无关信息。还有许多研究者认为，抑制机制效率的降低是阅读理解能力随年龄老化而下降的一个重要原因，他们发现老年人更难以抑制外在言语干扰信息，尤其是有意义的或与所读段落语义关系密切的干扰材料，更难以抑制那些在先前的加工中生成但与当前任务又不再相关的信息。

杨丽霞等（2001）通过负启动效应的一种变式研究了言语理解能力不同的个体在抑制效率上的差异以及干扰材料的意义性的影响。除了被试变量，该研究还有两个重要变量，一个是干扰材料的意义性，分为词和非词两个水平；另一个是探测刺激类别，分为干扰性探测刺激和控制性探测刺激两个水平。干扰性探测刺激指该刺激在阅读理解阶段作为干扰项目呈现，而在测试时成为判断目标；而控制性探测刺激与阅读理解阶段的目标项或干扰项无关。实验刺激由 60 组词或非词组成，每组包括三个目标项目和两个干扰项目。目标项目是要求被试理解并记住的属于同一范畴的一组双字词，干扰项目是插入到目标项目之间，且要求被试忽视的项目。实验程序大致如下：首先在屏幕左上角呈现注视点 550 ms，间隔 200 ms 后在该位置呈现一个字对，构成第一个阅读窗口；被试按空格键则在后面相邻位置处呈现第二个字对，构成第二个窗口，同时前一个字对消失。以此方法按空格键继续，直到读完一组刺激。目标项目为浅黄色，干扰项目为浅蓝色，要求被试理解并记忆目标材料同时忽视干扰材料，在保证完成实验任务的前提下尽可能迅速地按空格键移动窗口。读完一组刺激后延迟 50 ms，在屏幕中心呈现另一个注视点 400 ms，间隔 50 ms 后，在该处呈现一个白色的探测刺激，要求被试判断该刺激是否属于刚才所读的目标项目，并尽可能迅速而准确地按键反应。计算机记录单位窗口的阅读时间，即相邻两次按空格键之间的时间，以及对探测刺激进行再认反应的反应时与正确率。干扰性探测刺激的反应时与控制性探测刺激的反应时之差，就相当于负启动效应。

结果发现，被试对干扰性探测刺激的反应时显著慢于对控制性探测刺激的反应时，说明在阅读理解过程中确实存在类似于负启动效应的实验效应，原先在阅读中作为忽视刺激的项目在成为探测目标时，反应时变慢。该实验还发现，非词干扰条件下被试的反应时比词干扰条件下快且错误少，说明有意义的词类信息对阅读过程的干扰更大；

而且高阅读能力组被试的干扰类别效应比低阅读能力组明显，表明干扰材料是否有意义对高阅读能力组的影响更大；低能力组被试比高能力组的阅读时间长，说明他们需要更多的加工时间以有效抑制干扰，其抑制效率较低。

（4）负启动与特殊人群认知缺陷的研究

在发现抑制机制在多种认知过程中具有重要作用的同时，许多研究者观察到抑制机制的衰退或缺失能导致一系列注意、记忆和行为控制上的问题。现在人们已经发现妄想—强迫障碍（obsessive-compulsive disorder，OCD）患者，注意缺陷多动障碍（ADHD）儿童、精神分裂症患者、阿尔兹海默型痴呆（Alzheimer disease，AD）患者、冲动性儿童（impulsive children）以及学习困难学生等存在心理或行为障碍的特殊人群可能都存在一定的抑制机制缺损问题。还有很多研究者发现，抑制机制的衰退是导致老年人认知老化的主要原因之一。在上述问题的诊断和研究中，负启动技术发挥了非常重要的作用。

阿维拉（Avila）等（1997）通过字母识别的负启动任务考察了冲动性和高特质性焦虑大学生的特性抑制的状况。试验刺激由 A、B、C、D 四个字母组成，分别对应于键盘上的 Z、X、N、M 四个键。启动显示和探测显示都包含两个字母，要求被试对有光标提示的字母进行按键反应。实验包含三个条件：在特性相同条件下，启动显示中的干扰刺激于目标刺激的特性相同，探测显示中的两个刺激与启动显示中均不同；在控制条件下，启动显示中的两个刺激不同，且与两个探测刺激无关；在负启动条件下，启动显示中的干扰字母成为探测显示的目标字母。结果发现，四个被试组在负启动条件下的反应时均慢于控制条件，说明都出现负启动效应；高冲动被试的负启动量显著低于低冲动被试，但不同焦虑水平的被试间在负启动量上差异不显著，说明有关高焦虑者是否存在认知抑制缺陷，不同研究者尚有不同的结论。

有关抑制与认知老化关系的研究是认知心理学研究的又一个焦点。哈什尔（Hasher）和扎克斯（Zacks）等人（1988，1999）对此进行了系统的研究，并提出了有关认知老化的抑制缺陷假说（inhibition-deficit hypothesis）。该假说认为，老年人在积极抑制无关信息方面的能力普遍发生了衰退，在工作记忆中具体表现为删除不再相关的干扰信息的能力比较弱，工作记忆内容中充满了无关信息。负启动效应在这一领域的研究中也充分显示出了其在实研究方法上的价值。

三、实验性分离技术

实验性分离技术是典型的借助精致的实验设计揭示独立的认知加工机制的方法。文献上一般把实验性分离看成任务性质的分离，即不包括过程分离。为内容的系统起见，本书则将其作为任务分离和过程分离的统称。

实验性分离最早由特伯（Teuber）于 1955 年提出，主要用于神经心理学的脑损伤实验。如他认为如果 A 部位损伤的患者比 B 部位损伤的患者在 P 测验任务中占优势、而在 Q 测验任务中占劣势，则可认为这两种损伤导致了不同的认知功能损害。后来实验性分离技术在内隐记忆的研究中得到了广泛的应用，并取得很多重要成果。20 世纪

90 年代初，人们发现任务分离范式存在很多难以克服的弊端，并提出了更完善的过程分离范式。实验性分离是当代认知心理学中最富创见性和最具影响力的实验技术之一。我国学者杨治良将其与反应时新法和信号检测论并列称为是现代实验心理学的三种新方法。下面对任务分离范式和过程分离范式的基本原理和应用情况分别进行介绍。

（一）任务分离范式（task dissociation paradigm）

1. 任务分离范式的基本原理

任务分离是指用不同的测验任务来揭示同一自变量的不同作用的方法。它的基本假设是，完成不同任务所需要提取的信息是不同的，因而参与的心理加工过程也不相同。这样，用不同的任务可以揭示不同的心理机能。如果同一自变量使不同测验任务有不一致或类似结果，就可以推测完成这些不同任务的心理状态和过程之间存在差异或类似。也就是说，如果用以比较的两个测验任务所包含的加工过程是相同的，或者是高度相关的加工过程，则这两个测验任务之间的比较不应该出现实质性的分离，如果出现了分离，那么测验任务所控制的自变量就有可能包含不同性质的加工过程。

托尔文（Tulving，1983）对实验性分离做了如下的描述："符合实验性分离逻辑的实验是这样的：控制单一的变量而比较在两种不同的任务中变量的效应……如果变量影响被试在一种任务中的操作，但不影响另一种任务的操作，或者变量对两种任务的操作的影响有不同的方向，我们就说分离产生了。"需要说明的是，这里的"实验性分离"不包括过程分离，主要就是指任务分离。

任务分离的具体实现方式很多，有功能性分离、发展分离和或有性分离等。功能性分离指采用同一组被试，比较一个自变量在两种不同任务中的效应时所产生的分离。发展分离，又叫神经心理分离，指在比较两个或多个被试群在两个测验任务中出现的实验性分离。这些被试群可以是年轻人和老年人，可以是脑损伤患者和正常人，也可以是遗忘症患者和正常人。可见发展分离所适用的群体是非常广泛，可以说任务个体差异的研究都可以考虑采用发展分离，以揭示不同人在认知机制上的差异。或有性分离指单一被试群对同一测验在相继两次测验中出现的实验结果之间的分离。这种分离反映了多次测验之间的随机独立性。

2. 任务分离范式的实验设计

根据自变量的数量以及实验结果的模式，任务分离范式分成 4 种形式的实验设计。这 4 种设计分别为单一分离、非交叉双重分离、交叉双重分离和双向关联。每种设计在提供认知机能独立性证据的有效性上有所不同。

（1）单一分离

这种设计一般包含一个自变量、两个任务，典型的结果是自变量影响其中一个任务（A），但不影响另一任务（B）。如岛村（Shimamura）等（1984）研究了 Korsakoff 综合征患者和酒精中毒患者在自由回忆和单词联想上的差别。自变量为被试的类型，实验任务包含一个直接测验和间接测验。结果发现，被试类型对自由回忆成绩有显著影响，但在联想任务上没有效应。由此可以推测自由回忆和单词联想可能反映了两个独立的心理过程。但是，很多研究者指出，从单一分离推论两个独立的心理过程是不可靠的。因为这种分离完全可以用一种共同的心理过程去解释。如这种共同的心理过程可能对其中一个测验比较敏感，而对另一个不敏感。

（2）非交叉双重分离

这种设计一般包含两个自变量、两个实验任务，典型的结果是自变量 V1 影响任务 A，但不影响任务 B；而自变量 V2 影响任务 B，但不影响任务 A。如克雷克（Craik，1987）有关感觉通道和加工深度对再认和词干补笔的影响的研究就采用了非交叉双重分离设计。在该研究中，以视觉或听觉形式向被试呈现一系列低频英语单词，并且以两种不同水平的定向任务要求被试对单词做不同层次的加工。加工水平分成语音字形的知觉加工和语义加工两个水平，前者属于浅层加工，后者属于深层加工。然后让被试完成再认和补笔任务。结果发现，加工水平对再认有显著影响，深加工条件下的成绩优于浅加工条件；但不影响补笔任务中的启动效应。刺激呈现通道对启动效应有显著影响，视觉呈现条件下的启动效应大于听觉呈现条件，但不影响再认成绩。这种结果模式就是典型的非交叉双重分离。由此也可以推测基于再认和补笔测验的心理过程可能基于独立的两种机制。但这种推论虽然比单一分离能提供更可靠信息，但是还是无法完全排除两种任务可能基于相同的过程。如当该研究的结果用加工效率来衡量时，补笔与再认两种任务的成绩在四种实验条件下有类似的变化趋势。而且尽管该研究未发现感觉通道对再认有影响，然而在其他一些研究中发现有影响，因此不能完全根据上述非交叉双重分离的结果断定两种任务基于不同的机制。

（3）交叉双重分离

这种设计一般包括一个自变量、两个实验任务，典型的结果是实验中自变量对两个任务有相反的作用。假设 c1、c2 是自变量的两个水平，在任务 A 上，c1 > c2；而在任务 B 上，c1 < c2。如韦尔登（Weldon）等（1987）的研究在实验第一阶段要求被试学习一些词和图片，其中图片是一些容易命名物体的线条画，所学词也都是代表具体事物的名词。在测试阶段，一部分被试完成自由回忆测验，要求他们回忆出图片或单词的名称；要求另一组被试进行残词补全任务。结果表明，在自由回忆中对图片的记忆好于对单词的记忆，在残词补全任务中，则单词的启动效应大于图片的启动效应。这种交叉双重分离的结果为两种任务的独立性提供了更有说服力的证据。但是严格来看，这种设计仍无法明确断定认知机制的独立性。因为可以把这种情形看作是一种心理过程在两个任务中表现出来的负相关。

（4）双向关联

上述三种设计之所以都不能为心理机制的分离提供足够的说服力，主要原因在于一种心理过程的表现形式总是单向性的。在自变量的影响下，这种单向性可以表现为两个任务之间的正相关关系，也可以表现为负相关关系。上述三种设计都没有脱离这种单一心理过程的单向性表现。因此，只有在同一自变量的作用下，两个任务的结果既表现出了正相关，又表现出了负相关时，才能可靠地推测这两种任务基于两个独立的心理过程。这就是双向关联。

双向关联设计一般包含两个自变量和两个测验任务。这种设计的典型结果模式是，两个自变量的交互作用在两个测验任务上表现出不同的变化趋势，两个测验任务在其中一个自变量的水平上呈正相关，而在另一个自变量水平上的结果呈负相关。这种设计能充分推测两个任务反映了两个独立的心理过程。如尼利（Neely，1989）在一项研究中发现，在再认与词汇判断两种记忆测验中，字词频率与加工水平的交互作用不同。在再认任务中，语义水平的加工使高低频词的反应时之差相对语音水平的加工缩短 32 ms；而在词汇判断任务中，语义加工却使高低频词的反应时之差增长了 43 ms。在同一实验中出现了正相关，又出现了负相关。在语义加工和语音加工两种水平下，词汇判断和再认的高低频反应时差的变化是一致的，分别为 114 对 -105、71 对 -73，表现出正相关；但是再认和词汇判断条件下的加工水平效应与上述变化趋势相反，分别为 -43 对 32。这样就可以证明再认与词汇判断应该是两个独立的心理过程。

3. 任务分离范式的应用

作为一种重要的实验范式，任务分离在区分不同认知过程的特殊性、精细化认知加工机制的研究中发挥了重要作用。其最主要的应用领域就是有关内隐记忆机制和脑损伤患者认知功能定位的研究。由于有关脑损伤研究在认知神经科学部分将另做介绍，这里只主要介绍任务分离法在内隐记忆研究中的应用。

内隐记忆作为一种特殊的记忆机制的提出，主要就是由遗忘症患者及正常人身上的实验性分离现象引发的。沃林顿等（1970）在研究遗忘症患者的记忆能力缺失情况时发现，健忘症患者虽然在自由回忆和再认测验成绩上都比控制组差，但出人意料的是，在模糊字辨认和词干补笔任务上，两组被试无显著差异。这种实验性分离现象证明了遗忘症患者也具有语词信息的保持能力，只是在特定的任务中才表现出来。该研究极大地激发了人们对任务分离的研究兴趣。格拉夫（Graf）等（1984）研究了三种类型健忘症患者与正常人在自由回忆、线索回忆和词干补笔任务中的差异。结果发现，在自由回忆和线索回忆两种直接测验中，患者显著不如正常人；在词干补笔任务中，患者组与正常人不显著，甚至还略高于正常组；线索提示使正常人的记忆成绩显著提高，但对遗忘症患者却无促进作用。随着研究的深入，人们给这种实验性分离现象赋予了理论上的意义，推测可能存在一种不同于传统记忆形式的新型记忆机制，从而为内隐记忆的提出奠定了基础。

托尔文（1982）和雅各比（Jacoby）（1983）还发现了正常人在不同自变量操作下的实验性分离。前者研究了正常人在情节记忆和启动效应保持时间的差异，发现情节记忆 7 天后遗忘很多，而启动效应则与 7 天前无显著差别。雅各比在实验中创设了三种识记条件，以控制加工深度。在第一种条件下，先呈现一排符号“xxxx”，然后要求被试大声读出一系列视觉呈现的单词。该条件下被试主要以感知觉加工为主，加工水平很低。在第二种条件下，在呈现单词之前先呈现它的反义词，使被试事先得到关于该单词的一些信息，然后再让其大声读随后呈现的词。该条件下被试的感知觉加工相对较少，涉及较多的意义加工，加工水平较高。在第三种条件下，先给被试呈现一个词，然后让被试想出并记住其反应词，不再视觉呈现。该条件下被试不涉及感知觉加工，要求深层次的语义加工，加工水平很高。在测试阶段，要求被试接受再认测验或知觉辨认任务。结果发现，随着加工水平升高，再认成绩持续上升，而知觉辨认却表现出相反的结果，随加工水平升高，辨认成绩下降，出现了交叉双重分离现象。这些正常人身上的实验性分离进一步加强了人们有关可能存在内隐记忆机制的设想，并最终促发了内隐记忆概念的正式提出。任务分离在随后有关内隐记忆的实质的研究和争论中也发挥了重要作用。

4. 任务分离范式的局限性

20 世纪 80 年代末 90 年代初，越来越多的研究者发现，任务分离范式的意义是不明确的，在方法上存在很多无法克服的局限性。由于这种范式依赖所使用的特定认知任务，而一种任务能够提供对内部加工过程的纯粹测量是值得怀疑的。事实上，加工过程与测验任务并不是一一对应的。

大量研究发现，内隐记忆任务与外显记忆任务存在相互污染的问题。一方面，直接测验受无意识记忆的影响。如回忆和再认测验中存在“猜测”问题，而无意识的、自动记忆的影响会增加在回忆测验中正确猜测的可能性。这种猜测是一种“携带着信息的猜测”。因此回忆和再认等外显记忆任务不是对意识控制加工过程纯粹的测量。另一方面，间接测验也受意识记忆的影响。间接测验的一个重要条件是被试不会意识到测试与学习之间的关系，不会有意识地提取学习阶段的经验。然而在实际实验中，这种假设很难满足。

而且，任务分离对认知加工过程的测量不是直接测量，而是完全依赖于特定任务间的分离来间接推论加工过程的存在及特点。因此，这种方法不能将认知任务间的分离作为不同加工过程存在的直接证据，从而也无法对所推测的不同认知加工过程的具体特点、共性和特性进行直接研究。可见，任务分离存在显著的局限性，在结果解释上需要慎重。不同加工过程的明确分离需要更精致的实验性分离技术。

（二）过程分离范式（process dissociation paradigm）

1. 过程分离范式的基本原理

随着对任务分离范式反思的深入，研究者们逐步形成了这样一个共识：大多数认知任务均包含不同程度的意识与无意识记忆加工过程。为了克服意识测量的污染问题，人们在意识与无意识分离的方法论探讨，从测验任务间的比较逐步演化为如何去分离在一个认知任务中可直接观察的意识与无意识成分。过程分离范式的提出就是这种方法论演化的一个重要成就。

过程分离范式是一种通过简单的实验任务可以将无意识加工从有意识加工过程中直接分离出来实验设计技术。该范式由雅各比等人在 20 世纪 90 年代初提出。巧妙的设计思想，简便易行的实验操作，使过程分离成为众多意识与无意识分离思想中最富创见性的一种，一经提出就受到了广泛欢迎，对认知心理学的研究产生了深远的影响。

过程分离的思想源于再认的双加工模型。这种模型认为再认可分为基于熟悉性的和基于意识提取的两种加工机制。雅各比进一步指出，基于熟悉性（F）的加工依赖于刺激的知觉特征，反映了自动利用记忆信息的过程，基本需不占用注意资源；意识性提取（R）则是一种有意识的需要注意资源的控制性加工。这种熟悉性和意识性提取被认为是相互独立的加工过程。因而记忆任务的成绩既可能只基于熟悉性，贡献为 $F(1-R)$；也可能只取决于意识性提取，贡献为 $R(1-F)$；还可能是熟悉性和意识性提取的共同作用的结果，其贡献为 RF。

为了计算出基于自动提取和基于意识性提取的两种加工成分的效应，需要提供两种测试条件。在第一种条件下，意识性提取和自动提取共同促进作业成绩，该测试条件称为“包含条件”；在第二种条件下，意识性提取和自动提取对作业成绩的影响正好相反，该种测试条件称为“排除条件”。通过综合这两种条件下记忆效果，即可计算出两个过程的贡献量。过程分离程序依赖于三个基本假设：①意识性提取和自动提取是彼此独立的加工过程；②意识性提取在包含测验和排除测验中的性质是一样的；③自动提取在包含测验和排除测验中的性质也是一样的。

下面举例说明过程分离程序的实施方法和计算步骤。

在采用过程分离程序的内隐记忆实验中，学习阶段与其他研究一样，过程分离的实验操作主要体现在测试阶段。假设所采用的间接测验为残词补全任务，那么在包含测验（inclusion test，I）条件下，要求被试首先用有意识回忆出来的词对残词进行补全，若回忆不出，则可用头脑中第一个想到的词进行补全。可以看出，在这种条件下的补全成绩是意识回忆和无意识启动共同作用的结果。在排除测验（exclusion test，E）条件下，要求被试有意以先前没有呈现过的词来补全词干，将先前学过的词作为无关刺激。因此，在这种条件下有意识记忆和无意识启动起相反的作用。后者使被试自动地用学过的词来补全，而前者试图用意识阻止这种操作。但是值得强调的是，上述两种条件下的观测指标都是被试用先前呈现过的词进行残词补全的概率。这是过程分离程序进行意识和无意识贡献量计算的基本数据来源。

假设 C 表示有意识（consciousness）回忆起作用的概率，U 表示无意识（unconsciousness）记忆起作用的概率，那么有意识记忆起作用、无意识不起作用的事件发生的概率为 $C(1-U)$；无意识起作用、意识不起作用的事件发生的概率为 $U(1-C)$；意识和无意识都起作用的事件发生概率为 $C \times U$。

假设 I 为在包含测验中被试用先前呈现过的词完成补全的概率 P（“旧” | 包含），E 表示在排除测验中被试用先前呈现过的词完成补全的概率 P（“旧” | 排除），那么 I 与 C、U 的关系可用如下公式表示：

$$I = C(1-U) + U(1-C) + C \times U = C + U(1-C) \quad (1)$$

E 与 C、U 的关系可用如下公式表示：

$$E = U(1-C) \quad (2)$$

根据上述两个公式，可以换算出意识回忆贡献的概率 C 和无意识记忆贡献的概率 U 的计算公式：

$$C = I - E \quad (3)$$

$$U = E / [1 - (I - E)] \quad (4)$$

需要强调的是，在残词补全这样的任务中，被试用特定的词进行完成任务时还存在一个基线概率（baseline，B）。如根据某个词根总共可能构成五个词，那么，用某字根进行补全的基线概率就是0.2。该概率在上述计算过程中包含在无意识的贡献 U 中，所以，在计算纯粹由无意识加工产生的对作业成绩的贡献时，应该将由基线概率引起的贡献减掉。即

$$U_0 = U - B \tag{5}$$

过程分离程序的根本目的是分别计算出意识加工和无意识加工的贡献，而上述（3）（4）（5）三个公式提供了意识加工和无意识加工贡献量的具体算法。由于计算所需的参数值 I 和 E 分别可通过包含条件下和排除条件下被试的反应情况获得，B 实际上就是可能的正确反应数的倒数。所以，利用上述公式可简单地分离出意识加工和无意识加工在特定认知任务中的作用。

2. 过程分离范式的应用

如前所述，过程分离程序一经提出就受到了广泛重视，作为一种富有创见性的新型研究技术，已经被用于记忆、知觉和注意、汉字命名、判断和决策、社会认知和临床研究等广泛的领域。下面对该技术的主要应用情况做一选择性介绍。

（1）过程分离程序在记忆研究中的应用

如前所述，过程分离思想源于再认的研究。现在以雅各比（1991）的研究为例，说明过程分离在再认中的应用。在研究把学习分成两个子阶段，第一阶段给被试视觉呈现一些单词和一些变位字。变位字只有第二和第四个字母是正确的，其他顺序已经打乱。要求被试对单词进行阅读，对变位字的混乱字母进行重新排列以组合成单词；第二阶段被试听觉呈现一组单词，要求其听到后大声读出，并努力记住以备以后的再认测验。测验阶段采用再认任务，测验材料包括学习阶段的变位字、视觉呈现词、听觉呈现词和新词等四种词。根据指导语的不同分成两种测验：一是包含测验，要求被试对学习阶段的变位字、视觉呈现词和听觉呈现词均进行“旧”判断；二是排除测验，要求被试只对听觉呈现词做“旧”判断，而将变位字和视觉呈现词作为没有学习的项目，判断为“新”。

假设 R 为用意识性提取完成测验的概率，A 表示利用自动提取完成测验的概率。那么，基于意识性提取的贡献为 $R(1-A)$；基于自动提取的贡献为 $A(1-R)$。在包含测验中，变位字和视觉呈现词判断为“旧”的概率为：P（“旧”｜包含）$= R + A(1-R)$；在排除测验中，变位字与视觉呈现词判断为“旧”的概率为：P（“旧”｜排除）$= A(1-R)$。根据这两个公式求得意识提取的贡献为：$R = P$（“旧”｜包含）$-$ P（“旧”｜排除）；自动提取的贡献为：$A = P$（“旧”｜排除）$/(1-R)$。结果表明，对变位字而言，意识性提取的贡献为0.51，自动提取的贡献为0.59；对视觉呈现词而言，意识性提取的贡献为0.11，自动提取的贡献为0.42。该结果有力地证明了同一种任务既包括意识加工又包括无意识加工的观点。

上文有关残词补全的例子属于过程分离程序在内隐记忆研究中的应用。可揭示出像残词补全这样的间接测验中在多大程度上是无意识加工，在多大程度上又是意识加

工。具体过程见上文，不再赘述。

(2) 过程分离程序在 Stroop 效应机制研究中的应用

如前述及，Stroop 任务一方面可作为一种功能强大的研究工具，另一方面有关 Stroop 效应产生的机制也是一个颇受注目的研究课题。一般认为 Stroop 任务中，颜色词的语义激活是自动化过程，属于无意识加工；颜色命名则是控制性过程，属于意识加工。但如布朗指出，颜色词的识别到底是否为无意识加工实际上还存在很大的争议。可见，尽管有关 Stroop 效应的机制已经有几十年的研究历史，但在意识与无意识过程在该任务中的贡献上，缺少有说服力的研究。林德赛（Lindsay）等（1994）最早将过程分离程序引入 Stroop 效应的研究，为这方面的研究提供了契机。

通过过程分离程序，可有效分离出 Stroop 任务中颜色命名和语义激活各自的贡献。结合 Stroop 任务和过程分离程序的特点，我们可以把颜色—词义一致条件看成包含测验，因为在这种条件下，被试的正确反应既可能由颜色命名引起，也有可能由色词的语义激活引起。如当被试看到一个绿色的“绿”字时，报告“绿”，我们很难判断他是根据颜色报告的，还是根据词义报告的。应该说在这两种情况都是存在的。同样，我们可以把颜色—词义不一致条件看成排除测验，因为在这种条件下，被试必须有意识地排除语义激活的影响而只对颜色进行反应。以颜色命名正确率作为观测指标，这样，根据公式（3）（4），我们可以推算出语义激活和颜色命名的贡献分别为：

语义激活 = P（正确 | 一致性测验）－ P（正确 | 不一致条件）

颜色命名 = P（正确 | 不一致条件）/（1－语义激活）

值得一提的是，在这个研究中，由于是以颜色命名的正确率作为观测指标的，所以在排除测验中，反而将颜色命名类比于记忆研究中的无意识提取，而将语义激活类比于意识性提取。显然，这和通常将颜色命名看成控制加工，将语义激活看成无意识加工是相反的。所以上述研究虽然成功地分离出了语义激活和颜色命名各自的贡献，但在揭示意识和无意识加工方面是无效的。如果在实验中将颜色词命名的正确率作为观测指标，则可将语义激活与无意识加工、颜色命名与意识加工对应起来，从而揭示出色词语义的自动激活导致的无意识加工的贡献。

(3) 过程分离在汉字命名研究中的应用

张亚旭等人（2000）首次将过程分离程序的使用扩展到了汉字识别领域。其研究背景为汉字声旁读音对整字读音的影响。很多汉字有声旁，有些声旁发音与整字相同，如“依”，称为规则字；有些声旁发音与整字不同，如“扮”，称为不规则字。研究发现，命名不规则字所需的时间要长于规则字命名时间，这种现象被称作“规则性效应”，反映了声旁语音激活对整字命名作业的影响。然而，张亚旭等指出，在这种规则性效应研究中存在一种明显的数据污染问题。如在规则字命名时，若呈现“依”，被试的反应为/yi1/（数字代表声调），那么通常就认为被试的反应是正确的。但是，还存在这样一种可能，即被试虽然反应/yi1/，但可能只是对声旁“衣”进行了命名，而没有对整字“依”进行命名。由于这部分反应的反应时和正确率都作为正确反应进行分析，显然会导致数据不纯净，影响到实验结果。为此，他们引入过程分离程序，将由声旁导致的命名和由整字导致的命名分离出来，从而可对二者的加工特点分别进行考察。

具体的设计思想是，假设声旁与整字的语音激活是两个彼此独立的过程，将规则字命名看成包含测验，将不规则字命名看成排除测验。因为规则字正确命名既可能由声旁的语音激活引起，又可能由整字的激活引起；而对不规则字的正确命名只能归功于声旁语音未激活时的整字语音激活。这样就可以得到如下两个公式：

$$声旁激活 = P（正确 | 规则字） - （正确 | 不规则字）$$

$$整字激活 = （正确 | 不规则字） / （1 - 声旁激活）$$

根据以上两个公式就可以分别计算出被试在汉字命名时声旁与语音激活的各自贡献。张亚旭等在此基础上考察了不同阅读水平儿童在阅读汉字时声旁与语音激活的作用，结果发现，阅读水平高的儿童在整字语音激活上高于阅读水平低的儿童，而在声旁语音激活上低于阅读水平低的儿童。

3. 对过程分离范式的评价

从上述介绍可以看出，加工分离范式的优势和影响力是非常突出的。不过也正因为此，有大量研究者对这种范式的一些理论假设进行了多角度的验证，对分离公式进行了多方面的修正。一些研究者发现过程分离的三项假设在某一些情况下不能得到满足。如乔登斯（Joordens）等（1993）指出，意识性提取总是伴随着与之相应的自动提取，意识性提取和自动提取之间是包融而非独立的关系。为此他们对过程分离程序进行了修正，提出了冗余模型。柯伦（Curran）等（1995）则指出，如果违反意识和无意识的独立性假设，那么就会在意识加工和无意识加工之间产生人为的分离。也就是说，有些过程分离的结果可能是人为造成的，而不是由真正的心理过程的不同造成的。但雅各比等（1994）认为，过程分离程序的这些问题与被试在测量过程中所用的策略有关。当被试在记忆任务中运用直接回忆策略而不是产出—再过程策略时，程序就是有效的。可见，现在人们对过程分离程序已经进行了很多深入的反省和修正。总的来说，由于过程分离程序内含巧妙的设计，又是在正确的理论驱动下提出的，并已经取得大量令人信服的研究成果，所以其发展趋势是非常积极的。随着进一步的修正和完善，过程分离程序很可能会在心理学研究更广泛的领域产生更深远的影响。

四、双任务范式

（一）双任务范式的基本特点

双任务范式是一种通过给被试同时施加两种认知任务，考察其中一种任务对另一种任务影响或其他相关机制的实验技术。这两种任务通常是有主次之分的，作为因变量观测对象的任务叫作主任务（primary task），作为自变量操作的任务叫次任务（secondary task），也有人将其称为第二任务或次级任务。与双任务范式关系比较密切的理论是中枢能量理论。人们通常根据认知资源有限和资源分配的角度去应用这种范式。

（二）双任务范式在心理学研究中的应用

作为一种实验技术，双任务范式也是当代认知心理学中应用最广泛的实验范式之一，已被应用到工作记忆、注意理论、认知负载、言语生成、时间信息加工和双作业绩效等多个领域。由于在不同的研究领域，人们应用双任务范式的实验逻辑和解释方法有所不同。所以对有关该范式的实验逻辑和实验程序在具体的研究领域中进行说明。下面重点对工作记忆、注意分配和认知负载、双作业绩效等应用双任务范式的典型研究做一较详细的介绍。

1. 双任务范式在工作记忆研究中的应用

工作记忆（wording memory）一般指在解决认知任务的过程中，用于信息加工并同时保持与当前任务相关的信息的系统或机制。工作记忆被形容为人类的认知中枢，近年来受到广泛关注，目前已成为认知心理学和认知神经科学中最活跃的研究领域之一。工作记忆除了本身是研究热点，而且还渗透到了心理学研究的其他多个领域。如前瞻性记忆、错误记忆和自传体记忆等领域也开始关心工作记忆的中央执行功能的作用；有人开始用工作记忆的观点重新解释一般智力和和液态智力；工作记忆被新皮亚杰学派看作儿童认知发展的中心结构；也成了当前认知老化研究中的重要任务之一；在神经分裂症、发展性注意缺陷多动障碍和孤独症的病理研究上也受到了特别的重视。

双任务范式是工作记忆研究中应用最广泛的实验范式，尤其是建立巴德利的工作记忆模型的基础。巴德利的工作记忆模型是建立最早也是影响深远的工作记忆模型。目前绝大多数有关工作记忆的研究都或多或少与该模型有关。该模型认为工作记忆系统由语音回路、视觉空间画板两个附属系统和中央执行系统组成。语音回路负责以声音为基础的信息的储存与控制，包含语音储存和发音控制两个过程，能通过默读重新激活消退着的语音表征防止衰退，而且还可以将书面语言转换为语音代码。视觉空间画板主要负责储存和加工视觉空间信息，可能包含视觉和空间两个分系统。中央执行系统是工作记忆的核心，负责各子系统之间以及它们与长时记忆的联系、注意资源的协调和策略的选择与计划等。2000 年，巴德利在传统 WM 模型的基础上，增加了一个新的子系统，即情境缓冲区。情境缓冲区是一个能用多种维度代码储存信息的系统，为语音回路、视觉空间画板和长时记忆之间提供了一个暂时信息整合的平台，通过中央执行系统将不同来源的信息整合成完整连贯的情境。情境缓冲区与语音回路、视觉空间画板并列，受中央执行系统控制。

双任务范式在上述模型的建立和完善过程中起到了关键性的作用。该范式在工作记忆研究中的基本程序是：同时给被试呈现主任务和次任务或者只呈现主任务，然后对这两种条件下被试的实验结果进行比较，根据次任务对主任务绩效的影响，判定某工作记忆的子系统与次任务所反映的认知功能之间的关系。如果一种次任务干扰了主任务的操作成绩，那么就可以推断，与次任务有关的工作记忆子成分与主任务的操作成绩，从而可揭示出该子成分所具体负责的认知功能。如干扰语音回路的次任务通常采用发音抑制（articulatory suppression）任务。该任务要求被试重复说习惯化了的词语，如“the，the，the”。大量研究发现，发音抑制作为次任务时，单词和数字回忆、心算、言语理解等依赖言语信息储存的任务成绩明显下降，但依赖于视觉空间信息储存的主任务成绩几乎不变。这有力地证明了负责言语信息的储存和加工的认知系统独立于负责视觉空间储存和加工的系统。干扰视觉空间画板的次任务通常采用空间击打任务（spatial tapping），一般要求被试描述简单的图形，如用手指按顺序轻击正方形的四个角。研究表明，该任务对多种视觉空间任务（如心理旋转任务）起到了选择性干扰作用，而对言语内任务则无显著影响。干扰中央执行系统的次任务一般采用随机数生成任务（random number generation）。这种任务要求被试在一定的区间内把从 1 到 9 的数字进行尽量随机的排列。以被生成数的随机程度作为分析指标。该法对中央执行功能干扰的有效性近年来已得到多个研究证实。除了这些常用的专用于干扰某一子系统的次任务外，很多双任务实验对次任务没有特殊的要求，可用于考察两种任务之间的协调、转换能力或相应的脑机制。

不过赫加蒂（Hegarty）等人（2000）指出，用双任务范式进行工作记忆执行功能的研究也存在一些局限。通常的双任务实验逻辑为：不管主任务与次任务是否属于共同的输入通道，或拥有相同的反应模式，任何需要中央执行功能的主任务都会受到涉及执行功能的次任务的干扰，如都会受到随机生成任务的干扰；而且主任务对执行功能的依赖性越大，受到的干扰也越大。但是目前看来，这种逻辑是有问题的。至少有两个原因，一是反应选择的瓶颈问题；二是两种任务间的策略权衡问题。反应选择的瓶颈是指在双任务情境下，个体不可能同时对两种反应都做出选择。如随机生成任务要求被试进行快速持续的反应选择，那么这种任务对同样需要快速反应选择，但对中央执行功能依赖性比较小的主任务（如简单的知觉判断）产生严重干扰。显然这种严重干扰与双任务的实验逻辑是相违背的。策略权衡问题是指，尽管实验指定哪个是主任务、哪个是次任务，但是被试倾向于自动地将更多的资源分配到他们觉得更难的任务上。当次任务比较复杂时，如采用随机生成任务，那么这种权衡会更加显著。如当把随机生成任务和一个不怎么需要中央执行功能的主任务结合时，由于被试将加工重点放在更难的次任务上，主任务的操作成绩反而会受到很大的干扰；而将其和一个更复杂的非常需要执行功能的主任务结合时，由于被试将加工重点放在更难的主任务上，主任务的操作成绩所受的干扰反而较小。因此，在用双任务范式进行工作记忆研究时应该考虑到这些限制因素。不过总的来说，双任务范式在工作记忆研究中的价值仍是其他实验技术无法替代的。

2. 双任务范式与注意分配和认知负载

注意理论的建构和注意水平的操纵是双任务范式的传统应用领域。卡尼曼（1973）有关注意的中枢能量理论就是在双任务研究的基础上提出来的。过滤器理论和衰减器理论等传统的注意理论都是根据单一任务的实验结果提出的。认为被注意的信息得到加工，而未被注意的信息被过滤或衰减掉了。但双任务的实验结果表明，人类的注意机制并不是非此即彼那么简单。如奥尔波特（Allport）等（1972）发现，让被试追随听觉呈现的散文材料，同时又视觉呈现一些字词时，尽管后者属于非追随信息，但也能得到大量的识别。尤其当非追随信息为图片材料时，正确率能达到90%。又如熟练的打字员可以一面看稿打字，一面追随听到的话语。诸如此类的双任务实验结果表明，在进行两种不同感觉通道的作业时，未受到注意的输入通道的信息也能得到大量的高级分析。显然这是过滤器理论和衰减器理论等无法解释的。结合其他相关的实验结果，卡尼曼（1973）提出了注意的中枢能量理论。该理论将注意看作个体能用于执行任务的数量有限的能量或资源，决定注意的关键就是这种能量或资源的分配方案。这种方案受唤醒水平、意愿、所需能源评价和个体的长期倾向等因素的影响。只要不超过可获得的能量，个体就能同时接受两个或多个信息输入，或进行两种甚至更多的活动，否则就会相互竞争资源，发生相互干扰。该理论可较好地解释双任务操作实验中的大量结果，认为这种实验中的两个任务遵循资源互补原则，一个任务占用的资源增加就会使另一个任务可得到的资源减少。

注意水平或认知负载的操纵是当代认知心理中的一个重要变量。有关意识和无意识加工的研究，多数都需要控制注意条件。知觉负载和记忆负载等操作在考察认知过程的资源有限和参数性脑成像研究中有重要的应用。这些操作无疑都需要通过双任务范式来实现。如包燕等（2000）采用双任务技术研究了自由回忆和顺序回忆中编码和提取阶段分配注意对短时记忆知觉组织的影响。这里的知觉组织是指为了提高短时记忆的容量和加工效率而将记忆信息根据一定的知觉线索聚集在一起的现象。这种知觉线索包括刺激呈现速率、音调和颜色等。在该研究中，两种任务分别为记忆任务和声音监控任务。记忆任务在屏幕上系列呈现8个椭圆形视觉模式，呈现结束后要求被试在已画好各个椭圆及其象限的回忆纸上做书面自由回忆或顺序回忆，即在正确的象限位置上画出一个符号或按顺序画出一个符号。在声音监控任务中则给被试呈现高低两种声音，要求被试每听到一个声音便大声报告其是“高”音还是“低”音。在编码或提取阶段分别或同时进行双任务操作。还有一个自变量是记忆项目是否分组。结果发现，在集中性注意条件下，自由回忆和顺序回忆中分组项目表的回忆成绩均显著优于不分组项目表，表现出知觉分组效应；在编码阶段分配注意时，自由回忆和顺序回忆中的知觉分组效应消失；在提取阶段分配注意时，顺序回忆中的知觉分组效应消失，而自由回忆中的效应保留，显示出自由回忆和顺序回忆的不同特点。该结果表明，短时记忆的知觉组织加工可能既发生在编码阶段，又发生在提取阶段，而以编码阶段为主，并需要较多的注意资源。

有关注意分配和其他认知负载的具体操作方法有很多，根据具体研究课题的不同会有所变化。如康韦（Conway）等（1999）考察了工作记忆负载对负启动效应的影响，发现不管以单词还是抽象的几何图形为材料，当给个体施加工作记忆负载时，即使工作记忆很高的个体，其负启动量也明显下降。这个研究中以记忆项目数作为负载内容，与注意分配有所不同。可见认知负载的形式是比较多的。

3. 工程心理学研究中的双作业绩效

在现实生活中，一个人往往要同时进行多种认知活动。在工程领域，这种同时的多任务操作更为普遍。如飞行员在驾驶飞机的过程中，既需要注视外部视野中的事物，又要关注机舱内各种仪表提供的信息。如何使各种技术人员在多任务操作中达到效率的最大化，显然是一个很有价值的问题。近几年很多工程心理学研究者以双任务范式模拟实际应用领域的双作业操作，对这种操作的特点和影响因素进行了系统的研究。如葛列众等（1995，1996，1998）系统地考察了信息输入通道、信息编码方式、反应方式、结果冲突和任务难度等因素对双作业绩效的影响；韩凯等人（1995）研究了双任务并存条件下的信息提取；孙向红等研究了次要任务的输入方式对作业绩效和心理负荷的影响。可见，双任务范式在双作业绩效的研究中发挥的特殊的作用。这种类型的双任务实验逻辑与上述两种研究不同，两个任务之间没有主、次之分。不是通过一个任务对另一个任务的影响去揭示某种心理机制，而是把双任务操作成绩本身作为研究对象，考察其他因素对这种操作的影响以及双任务操作的内在机制。

下面以葛列众等（1998）有关反应方式的研究为例具体说明双任务范式在该领域的应用情况。该研究的实验刺激是三种视标，即目标视标、关联视标和中性视标。每种视标又有两种信息编码方式，即文字编码和图形编码。在双任务条件下，两种任务的性质是相同的，任务一让被试判断呈现于屏幕左边的视标是否为目标视标；任务二则判断呈现于屏幕右边的视标是否为目标视标。数量词视标（1、2、3、4）和方向视标（上、下、左、右）在任务一或任务二中作为目标视标。如果数量词视标在任务一中为目标视标，则在任务二为关联视标；这时方向视标在任务一为关联视标，在任务二为目标视标。笔画视标（横、撇、竖、捺）则始终作为中性视标。在特定的任务中，中性视标和关联视标都为非目标视标。被试的反应方式有两种：一种是按键反应，左右手各控制两个键，其中一个键表示所呈现刺激“是”目标视标，另一个键表示“不是”目标视标。左手对任务一做反应，右手对任务二做反应。另一种反应方式为口语报告，被试对着麦克口头报告所呈现的刺激为目标视标是“对”还是“错”。为了考察反应方式对双作业绩效的影响以及反应方式与信息编码方式的关系，该研究根据信息编码方式和反应方式结合成了三种双任务：一是文字按键—文字按键；二是文字按键—文字口语；三是图符按键—文字口语。对于每一种任务组合，都要分别进行单任务实验和进行双任务实验，顺序经过平衡。结果发现，文字按键—文字按键组和文字按键—文字口语组的双作业反应时增值明显大于图符按键—文字口语组；文字按键—文字按键组的双作业反应时增值大于文字按键—文字口语组实验。该结果表明，信息编码方式和反应方式都双作业绩效都有显著影响，而且这种影响是相加关系。当被试在双任务中采用不同的信息编码方式，且不同的反应方式时，作业绩效能得到最显著的提高；当两任务间信息编码方式相同，反应方式不同时，绩效也能提高，但提高幅度小于前一种情形；而两任务间编码方式和反应方式都相同时，双作业绩效最差。

综合研究结果，他们提出了有关双作业绩效的双因素理论，认为信息干扰和资源竞争是双任务操作绩效下降的两个主要原因。信息干扰于双任务信息加工活动本身的特点有关，如信息编码方式、信息输入方式和反应方式等，而资源竞争于双任务信息加工的难度有关。该理论在双任务范式的基础上，深入地揭示了人类双作业操作的加工机制和影响因素，对具有重要的理论和实践意义。

五、移动窗口技术

移动窗口技术是一种主要用于研究阅读过程的即时性加工机制的实验技术。阅读过程与知觉、注意和记忆等相对较低级的认知加工机制不同，作为一种高级认知活动，涉及非常复杂的信息加工机制。完成一个阅读任务通常需要很长的时间，所以采用一般的反应时方法记录阅读材料呈现到阅读完成之间的时间，几乎无法提供任务有关阅读内部机制方面的信息。移动窗口技术通过分布呈现阅读材料、分别记录每部分阅读材料的加工时间，弥补了普通反应时法的不足，为以反应时为指标分析阅读过程的即时性加工提供了有效途径。该技术虽然主要就用于阅读问题研究，但可对与阅读有关的认知机制进行多角度多层面的研究，也是一个经典的实验技术。

移动窗口技术的基本假设是：被试在阅读一段文本时，阅读速度与其内部理解过程是相匹配的，阅读速度反映了阅读理解的内部信息加工过程。这种假设与贾斯特和卡本特（Just & Carpenter，1980）提出的即时加工假说和眼—脑假说相一致。即时加工假说指被试在阅读文本时，只有在对所注视的词完成所有加工后才进行下一步的阅读，也就是说，读者倾向于尽可能及时理解文本的逐个单元，而不是到一个从句或句子的末尾时才对整个句子集中进行理解。眼—脑假说认为，被试对某个词的注视与对该词的心理加工是同时进行的，也就是说读者所加工的内容正是他们所注视单元，因此某个词在窗口中呈现的时间就是对该词的加工时间。

移动窗口技术的基本程序是：在屏幕上逐步呈现阅读材料，根据研究需要可在窗口内一次呈现一个字、词、短语、句子甚至全部的文本。实验进程由被试自己控制，在指导语或注视点呈现后通过按键可进入阅读过程，理解所呈现的材料后继续按键以显示随后的阅读材料，直到读完一段完整的文本。因此，除非实验材料整段呈现，通过移动窗口技术被试可以自定阅读步调，通过按键看到连续的文本内容。两次按键之间的时间间隔就作为对特定窗口所呈现阅读材料的加工时间。如在每次呈现一个词的移动窗口实验中，实验开始时，屏幕上有文本内容之处全部呈现为下划线，文章开头处为一个十字注视点，被试按动反应键之后第一个词呈现，代替该位置上的下划线，再按键之后第二个词呈现，取代原来的下划线，同时第一个词消失，其所在位置变成空白。被试在明确当前窗口中词汇的意义之后尽快按键以呈现随后内容，记录两次按键之间的时间。呈现文章最后一个词的同时计算机发声提示，再按键后屏幕清空并呈现测评问题，用再认、回忆或理解测验等方法对阅读结果进行评价。这样就可以结合阅读评价情况，根据记录的反应时对整个文本的阅读进程进行即时性分析。一般来说，一次窗口呈现的文本单元越小，所获得的阅读数据越详细、精确。所以在实际应用中，以单词或词组作为一次呈现单元的研究比较多。

移动窗口技术还有一些变式，如累积窗口法和点指法等。在累积窗口法实验中，通过按键呈现随后的材料后，前面呈现的内容一直保留在屏幕上。这种方法允许被试回读，往往使被试形成一些阅读策略，如快地整段文本中的内容都通过按键呈现出来，然后再去阅读整段材料。这样反而失去了移动窗口技术的意义。因此在使用这种变式时要注意指导语的设置和对实验过程的监控。在点指法实验中，被试可以用鼠标指向屏幕上文本范围内任何位置，指到哪个位置，这个位置所在的词就显现出来，而其他位置上的词仍处于掩蔽状态。被试可以向前没看过的内容，也可以回头指向先前看过的词。记录被试将鼠标指向一个词到撤离这个词之间的时间以及鼠标指向的轨迹。通过这种变式可获得有关阅读机制的更丰富和灵活的信息，与研究技术有相似之处。

下面以舒华等（1996）的研究为例具体说明移动窗口技术在心理语言学中的应用情况。该研究重点考察以词为呈现单元的移动窗口技术条件下，中文阅读中的字词识别特点。实验被试为 8 名大学生，实验材料为 8 篇科学文章，分成两类：其中一类是主题对于被试比较熟悉的科普文章；另一类为主题对于被试不熟悉的专业性较强的文章。窗口呈现以词为单位，实验前先对每篇文章做词的切分。切分规则是："的""地""得""了"等虚词单独划分，不进行词频分析；动词、名词、形容词等实词按词频字典进行切分；对于查不到词频的科学名词则以概念的完整于可理解性进行切分，如："地壳｜中｜蛇纹石化｜的｜玄武岩｜中｜富集｜着｜元素｜硼。"实验开始时，文章开头处是一个十字注视点，被试按动反应键后第一个词呈现，代替该位置上的下划线，再按键时第二个词呈现，第一个消失。记录两次按键的反应时。实验自变量为可能影响中文字词识别的六个因素：字的笔画数、词频、词中的字数、词的概念的重要性、句子界限和文章难度。其中句子界限分四个水平：词处于逗号尾、句号尾、段落尾和句子中。实验数据用多重回归模型进行分析。结果发现，被试在阅读中对词的加工是即时性的，词的注视时间受词频、词中字数等词本身特性的影响，也受词在理解文章中的重要性影响；中文阅读存在界限效应，其中段落尾的效应最大，句号尾的次之，逗号尾的效应最小，说明词的加工受来自文章整合等高级过程的影响；与主题熟悉的文章相比，阅读较难的文章时词的平均加工时间增加，界限效应也增加。这些结果表明，中文阅读过程中的字词识别受到字词、句子和文章等种水平上的因素的影响。

第三节　认知实验心理的经典任务范式

如前所述，认知实验心理的经典任务范式，指主要适用于特定心理学研究领域的经典实验任务，如侧翼干扰任务主要用于冲突加工的研究，图词干扰任务主要用于言语生成的研究，最后通牒范式主要用于决策研究。本节将具体介绍心理学各主要研究领域的一些经典实验任务范式，包括认知控制实验任务范式、注意实验任务范式、言语实验任务范式、记忆实验任务范式、决策实验任务范式、情绪实验任务范式、人格与社会心理实验任务范式等。当然，通过适当的实验设计，这些范式也可以应用到多个领域。

一、认知控制实验任务范式

（一）侧翼干扰范式（Flanker 任务）

1. Flanker 任务的含义

Flanker 任务，也叫侧翼干扰任务。1973 年，埃里克森（Eriksen）等在研究分心字母对目标字母识别的影响时首次使用该范式。他们发现，被试对目标字母的判断会受到两侧分心字母的影响，当目标字母与分心字母一致时，反应时和正确率均好于两者不一致时，这种分心刺激对靶刺激判断带来的干扰叫作 Flanker 效应。对这种不一致条件下反应时延长现象，冲突监控理论的解释是：由于分心刺激产生的侧抑制反应和目标刺激产生的反应之间形成了干扰，二者相互竞争引发了认知冲突。目前，Flanker 任务已成为研究认知控制加工冲突的常用范式。

2. Flanker 任务的基本程序

Flanker 任务的典型程序是，告诉被试注意中间出现的靶刺激，并进行反应，干扰刺激和靶刺激同时呈现，或者先呈现给被试干扰刺激（其中干扰刺激大致分为三种：与靶刺激一致、与靶刺激不一致、与靶刺激无关）。

经典的 Flanker 任务（Eriksen & Eriksen，1974）给被试呈现七个横线排列的字母，要求其关注中间的那个字母并对该字母进行按键判断。如果靶字母为 H 或 K，则按右键；如果靶字母为 S 或 C，则按左键。刺激类型见表 14 - 1。

表 14 - 1　Flanker 任务的实验处理条件及范例（Eriksen & Eriksen，1974）

条件	范例
1. 两侧分心字母与目标字母一致	H H H H H H H
2. 两侧分心字母与目标字母不一致，但按键反应一致	K K K H K K K
3. 两侧分心字母与目标字母不一致，且按键反应也不一致	S S S H S S S
4. 两侧分心字母为与目标字母相似的多个字母，且不为 H、K	N W Z H N W Z
5. 两侧分心字母为与目标字母不相似的多个字母，且不为 H、K	G J Q H G J Q
6. 仅呈现目标字母	H

埃里克森等不仅仅测量了五种实验处理下的反应时，还测量了干扰字母与靶字母不同字距下被试判断的反应时间，结果如图 14 - 15 所示。字距的结果暂且不看，关注到五种实验处理的反应时差别是很显著的，当干扰字母与靶字母完全一致时，反应速度最快；当干扰字母与靶字母所在的反应组别相反时（如 SSSHSSS），反应速度最慢。而在字距的探究中也发现，字距越小，反应时越长，即干扰字母的干扰作用越大。

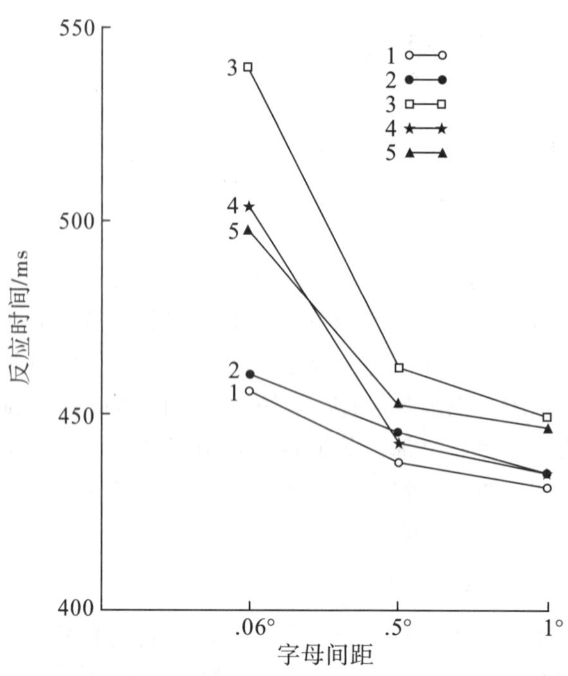

图 14－15　Flanker 任务中不同条件下字母间隔不同时的反应时变化（Eriksen & Eriksen, 1974）

后来研究者们采用数字、箭头方向、汉字、动态图形等作为刺激来进行 Fanker 任务研究。谢（Hsieh）等（2012）对 Flanker 冲突解决的年龄差异进行了研究，他们刺激分为三种情况——目标箭头方向与分心箭头方向一致、分心刺激无方向、目标箭头方向与分心箭头方向不一致，并且是先呈现分心箭头再呈现目标箭头（如图 14－16）。结果发现年长者能够通过不同的策略，去补偿自己的缺陷，从而能跟年轻者一样有效地抑制 Flanker 效应的影响。

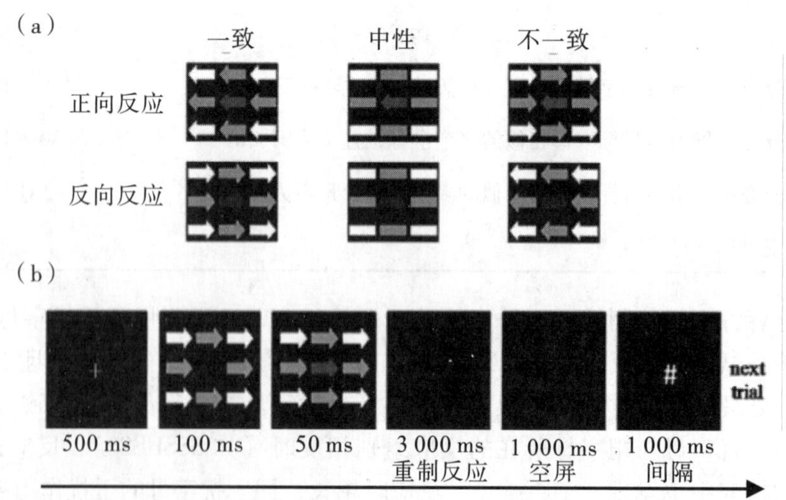

图 14－16　实验刺激类型及流程图（Hsieh & Fang, 2012）

3. Flanker 任务的应用及变式

陈加等人（2010）研究了 Flanker 任务中一致性效应的机制。一致性顺序效应（congruency sequence effect，CSE）是指个体对不一致试次在不一致性试次之后的反应时比其在一致性试次之后的发应时快。冲突监测假设认为 CSE 的核心机制为冲突适应，即对先前冲突的觉察促进了对即将出现冲突的解决；而特征整合理论则认为是由重复启动所致。通过四个实验，该研究发现，由于 Flanker 任务具有空间分离特性，刺激前呈现注视点的位置与之后靶刺激呈现位置是否一致会直接影响 CSE。当通过增加刺激和反应集合大小完全排除特征整合因素后，整体 CSE 消失，但个体却存在两种相反的行为模式。经与注意网络测试联合分析发现，高警觉水平被试在排除特征整合之后仍能获得 CSE，相反，低警觉水平被试则不能，说明注意网络系统的警觉功能影响个体对冲突的觉察能力，继而影响个体对即将出现试次的解决，最终影响 CSE。在不一致和一致试次比例相同时，个体很难正确预期即将出现试次的类型，警觉水平的高低可以影响个体对即将出现试次的准备状态，高警觉水平被试是积极的控制，低警觉水平被试是消极的控制，故不同的准备状态直接影响 CSE。当不一致和一致试次比例相差较大时，个体能够正确预期即将出现的试次的类型时，注意网络系统的警觉功能不影响 CSE 产生。

在情绪 Flanker 变式中，中心的靶刺激和旁侧的干扰刺激都带有情绪效价，要求被试对中心靶刺激的情绪效价类型进行判断。干扰刺激与靶刺激的情绪效价不一致时比一致时反应时变长。如在芬斯克（Fenske）等人（2003）的一项研究中，使用了符号面孔。其中目标面孔包括积极和消极两种，干扰面孔包括积极、消极和中性三种。结果表明，目标刺激为积极面孔时，干扰刺激和目标刺激情绪效价一致条件下反应时显著快于不一致条件；而目标为消极刺激时，两种条件下的反应时差异不显著。这表明，相比于积极刺激，消极刺激表现出较小的 Flanker 效应。

在情绪 Flanker 变式中，相互冲突的情绪刺激在空间位置上是分隔开的，这不同于情绪 Stroop 和情绪启动范式等，进一步从空间关系上扩展了情绪冲突的研究。情绪 Flanker 变式有多种不同形式，除了上述情绪符号面孔之外，还可以采用真实的面孔表情、情绪词和情绪图片作为实验刺激。

（二）Go/No-go 范式

1. Go/No-go 范式的含义

Go/No-go 范式是一种通过指导语要求被试对一部分刺激进行反应，而对另一部分刺激不予反应，从而揭示相应的认知控制机制的实验技术。这种技术主要用于反应选择、行为决策和行为抑制等高级认知监控能力的研究，是前额叶功能研究方法中的最经典的范式之一。该范式由唐德斯 ABC 反应时中的辨别反应时（即 C 反应时）测量方法转化而来。例如，给被试呈现红色或绿色的方块，要求被试先辨别红还是绿，只对绿色的方块做反应（go），而对红色刺激不做反应（no go）。

2. Go/No-go 范式的基本程序

在一个 Go/No-go 试次中，一般至少涉及两个系列呈现的刺激：第一个刺激（S1）提供反应或不反应的信息，第二个刺激（S2）是反应选择的目标。根据 S1 提供的信息进行反应或不反应，但是否真该做反应还要视 S2 的具体刺激类型而定。在 S1 呈现后，“反应”还是“不反应”涉及两种不同的心理过程。如果 S1 要求反应（go），那么在初始的注意指向之后，被试就会在 S2 出现之前启动目标识别和反应决策过程，如果 S2 真需要反应则会产生启动促进作用；如果 S2 实际上不需要反应，那么被试不得不抑制已经准备好的反应倾向。如果 S1 指示不进行反应（no go），那么被试就不需进行反应准备。在有些 Go/No-go 实验中，S1 和 S2 不是系列呈现，而是将反应与否的标记直接在目标刺激上表示出来。如在语词判断任务中，要求被试对动物类刺激进行反应，而对非动物类刺激不反应。

韦塞尔（Wessel）等（2017）对该范式的效应和产生条件进行了系统的考察。发现在 go 和 no-go 的试次概率相同的条件下，以及一个试次持续时间过长的时候，实验效应不理想。在当前的文献中，有大约 40% 的研究采用了等概率的设计，有 20% 的研究采用了 4 000 ms 以上的试次持续时间。这些研究的实验效应较低，而且未必真正能引发出对优势反应倾向的抑制控制。经过实验检验，韦塞尔等建议，no-go 的试次概率低于 20% 较好，每个试次的持续时间短于 1 500 ms 为佳。

3. Go/No-go 范式的应用

鲁比亚（Rubia）等（2001）用功能性磁共振成像（fMRI）中的联合分析的方法比较了 go/no-go 任务和终止信号任务引发的脑激活区的异同。在其实验中，设计了两个 go/no-go 任务和三个终止任务。第一个 go/no-go 任务的程序是这样的：go 信号为飞机图片，no-go 信号是炸弹图片，二者出现的概率各为 50%。刺激持续时间为 200 ms，两个刺激间的 SOA 为 1 000 ms。要求被试对飞机图片进行按键反应，对炸弹则不反应。在控制条件下，飞机和滑翔机图片各以 50% 的概率随机呈现，要求被试都进行反应。在第二个 go/no-go 任务中，实验条件下和控制条件下的 no-go 信号比例降为 30%，而 go 信号都升为 70%。在第一个终止任务中，飞机图片先在屏幕出现 1 000 ms，随后出现 650 ms 的空白屏幕。在终止条件的试次（占 50%）中，在飞机呈现后 250 ms，出现炸弹图片，替代飞机图片持续 300 ms，然后出现空白屏幕 1 100 ms。要求被试如果只有飞机出现则按键反应，如果飞机后有炸弹出现则不反应。在控制条件下，用滑翔机图片代替炸弹图片，并要求被试都进行反应。在第二个终止任务中，终止信号和相应的控制信号出现的概率变为 30%，而反应信号概率变为 70%。第三个终止任务只是把控制条件的 ISI 改为 2 200 ms，而实验条件为 1 850 ms，目的在于平衡两种条件下的反应数。结果发现，所有任务共同涉及的抑制功能所激活的脑区包括中央、内部和下前额叶和顶叶皮层区。两种 go/no-go 任务的共同激活区为双侧但主要集中在左半球的中央、内部、下前额叶和顶叶皮层区。三种终止任务都共同激活的区域则主要包括右半球的前扣带回，辅助运动区，下前额叶和顶叶皮层。对两类任务的直接比较时发现，在 go/no-go 任务中，左半球的背侧前额叶和顶叶皮层的血氧代谢信号明显增强，说明这些区域可能负责反应选择功能。

菲利普（Filipovie）等（2001）则用事件相关电位技术研究了 go/no-go 延迟选择反应时任务中 go 和 no-go 过程引发的不同 ERP 成分。实验采用两阶段的 go/no-go 决定任务，S1 和 S2 都由与两眼平行的发光二极管呈现，分成红光和绿光两种，红光表示不需准备或执行反应，绿光表示需要准备或执行反应。S1 呈现 299 ms，S2 呈现 500 ms，二者间 SOA 为 2 000 ms。一个 block（组）有 70 个试次，60% 为 S1 反应（go），其中有一半的 S2 确实需要反应，而另一半实际不需要反应；40% 为 S1 不反应（no-go），其后跟随的都是红色的 S2，作为控制条件。反应方式为做一个快速手腕弯曲动作。记录反应时、正确率和 ERP。结果发现，go 和 no-go 条件下的 CNV（伴随性负变化波）在各个成分都不同，go 条件下的 CNV 表现出典型的慢增长负波，反映了任务所需的注意资源的准备。而 no-go 条件下的 CNV 波幅接近于零，反映了 S1 呈现之后对未来反应准备的撤销。对事件相关的失同步波（event-related desynchronization，ERD）而言，在 go 和 no-go 两种条件下都呈逐渐下降趋势，只是在 S2 呈现前 500 ms 内，二者有一定差别。该研究表明，上述两种 ERP 成分性质不同；约束一个事先准备好的反应在脑内是一个消极的过程。

此外，该范式在动物行为的研究中也较为常用。可见，go/no-go 范式一方面有其传统应用领域，如反应选择和行为抑制；另一方面也可以灵活地与其他实验范式进行结合，从而广泛地应用于多种研究领域。

（三）停止信号范式（stop-signal task，SST）

1. 停止信号范式的含义

停止信号范式是由洛根（Logan，1984）最早提出，用来研究行为抑制的一种实验范式。行为抑制指个体对习惯性或优势性反应倾向的主动压抑过程。例如，绿灯亮时，当我们正准备踩油门加速起动，突然发现在车的正前方有一路人。这时，我们就需要及时地控制住我们即将要踩油门的这一动作趋势。这一种控制就是行为抑制。它在整个执行功能中占据非常重要的地位（罗琳琳，周晓林，2004）。

2. 停止信号范式的基本程序

在 SST 范式中，实验者通过计算机向被试呈现一系列的刺激，要求被试对屏幕上随机出现的“X”或“O”做出相应反应：当屏幕上出现“X”（或“O”）时，尽可能快地按下“X”键（或“O”键）。但是，当被试听到耳机里传来要求被试停止反应的信号时，被试就要尽可能快地停止自己的反应。

在停止信号任务中，研究者通常会选择刺激与停止信号之间的间隔时间（stop-signal delay，SSD）和停止信号反应时（stop-signal reaction time，SSRT）作为指标。SSD 如果小于 100 ms，即，停止信号在刺激呈现后 100 ms 以内呈现，被试成功抑制的可能性较高；若 SSD 大于 100 ms，即停止信号在刺激出现后至少 100 ms 才呈现，被试将难于抑制反应。需要注意的是，与对外显刺激的反应时不同，SSRT 不能被直接测量，需要通过 SSD、停止反应的正确率和对随后刺激的反应时来计算。研究者们认为，

SSRT 越短，抑制效率更高（王琰，蔡厚德，2010）。

3. 停止信号范式的应用

郑东明、俭剑非和宋利春（2008）利用功能性核磁共振技术（fMRI），通过 SST 和 Go-No go 两种范式探究反应抑制的脑机制。在停止信号任务中，每一个试次开始时，屏幕中央都会先呈现一个注视点。在 Go 试验中，注视点在一定时间间隔后（1 500 ~ 2 500 ms，随机变化）变为“O”，即 Go 信号。要求被试看到 Go 信号时尽快用右手食指按键。按键后 Go 信号立刻消失；若不按键，Go 信号将在 1 000 ms 后自动消失而进入下一个试次。在 Stop 试验中，Go 信号在出现后很快变成 Stop 信号（“X”），被试需要尽量停止按键反应。若没有按键，Stop 试验将在 Go 信号出现后 1 000 ms 自动结束；若按键，则立即结束。被试每成功抑制一个 Stop 试验，下一个 Stop 试验的 SSD 就将延长 50 ms 使之变得更加困难，反之亦然。Stop 试次占总试验次数的 25%，顺序为伪随机。结合 Go-No go 的实验数据分析，研究者发现，与反应抑制相关脑激活包括大脑右侧额叶、颞叶皮层为主的神经网络；此外，研究者进一步推测额中回皮质很可能就是反应抑制的控制中枢。

通过适当的变形，SST 范式也可用于其他多种课题的研究。西诺波利（Sinopoli）等人（2011）使用 SST 的变式考察了三种奖励条件对不同年龄组被试的两种抑制控制能力的影响。该研究选择的两类被试分别是儿童（年龄跨度为 7 ~ 12 岁）和青少年（年龄跨度为 13 ~ 17 岁）。研究表明，儿童与青少年大脑的奖励系统均处在未成熟的阶段。抑制控制能力还可以细分为取消抑制（cancellation）和约束抑制（restraint）。

在整个实验中，被试要对屏幕上伪随机出现的“X”和“O”进行反应，若出现“X”（或“O”）则按下对应的表示“X”（或“O”）的键；若听到耳机中传来要求其停止的信号，则要尽快地停止自己即将操作的反应，即及时停止即将要按下的“X”（或“O”）键。在考察取消抑制的实验中，目标刺激与停止信号之间的间隔时间（SSD）总是大于或等于 250 ms，被试每成功抑制一次，这个 SSD 就会增加 50 ms，以增加被试抑制反应的难度，见图 14 – 17。而在考察约束抑制的实验中，目标刺激与停止信号之间的 SSD 总是等于零，即目标刺激总是与停止信号同时出现（图 14 – 18）。

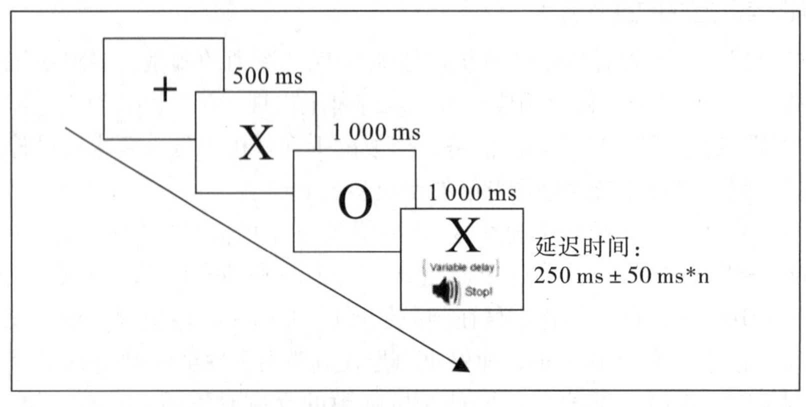

图 14 – 17　考察取消抑制的 SST

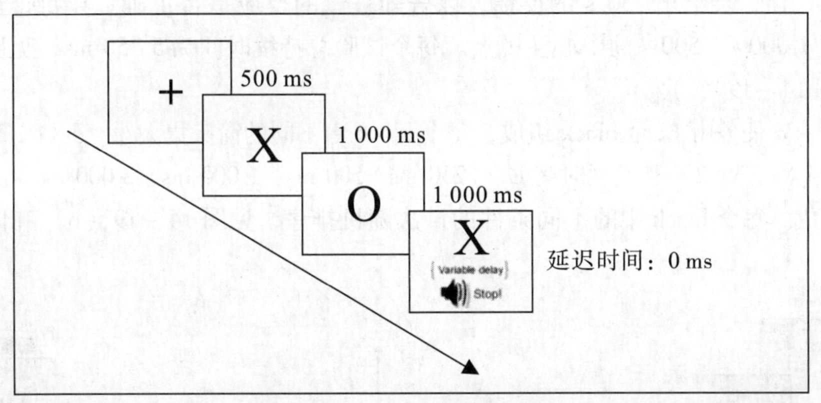

图 14－18 考察抑制控制的 SST

通过对不同奖励条件下的两种抑制控制能力的考察，研究者发现，奖励条件对两个年龄组被试均影响显著。奖励越大，被试的总体表现越好，并且这种影响在不同年龄组被试中表现出相同的趋势。此外，奖励的作用既表现在取消抑制的任务上，也表现在约束抑制的任务上，奖励对两种任务的影响趋势一致。

（四）多函数任务（multiple function test，MFT）

1. MFT 的含义

MFT 是一种不含冲突加工的认知控制实验范式，是对 Stroop 任务、Go-No go 任务和 Flanker 任务等以冲突加工作为认知控制指标的实验任务的一种突破，由范津等（2008）开发。目前该范式可用于测量每秒钟认知控制处理的信息是多少比特，具有重要的理论和实践价值。

2. MFT 的基本程序

在 MFT 任务中，始终呈现一个中心注视点，注视点周围有 8 个位置可以排成一个八边形。一组箭头会随机地出现在这些位置上。这些箭头同时呈现，指向左边或右边。被试需要判断大多数箭头指向哪一个方向。MFT 任务可以对被试的认知负荷进行参数化控制，并通过操纵不确定性来检测认知控制。从信息理论的角度来看，不确定性可以被定义为信息熵，或是被试为做出选择而需要处理的以 bit 为单位的平均信息值。通过操纵 MFT 中的集大小（1、3 或 5 个箭头）和内容集（箭头指向左边与箭头指向右边相比），每一种条件下的计算量可以基于信息处理的演算和反应时间的变动来量化。

掩蔽版的 MFT－M 任务（Wu et al.，2016）可用于认知控制容量的测量。实验流程为：屏幕始终呈现一个中心注视点，注视点周围有 8 个位置可以排成一个八边形。在每个试次开始的时候，呈现中心注视点 0～500 ms。之后一组箭头集出现在 8 个位置中，呈现的时间 ET 为 250 ms、500 ms、1 000 ms 或 2 000 ms。随后出现 500 ms 的掩蔽。掩蔽消失后，出现 0～1 750 ms 的注视点。要求被试在目标开始后 2 500 ms 内做出准确和快速的反应，判断大多数箭头指向哪个方向；如果来不及进行判断，则需要进行猜测。之后，会给出 750 s 的反馈，以告知被试的反应是否正确。在每个试验结束后，呈现 1 000 ~ 1 500 s 的中心注视点。每个试验总持续时间为 5 750 ms，见图 14 – 19（a）和图 14 – 19（c）。

MFT – M 任务由 12 个 block 组成，每个 block 由不同的箭头集大小（1∶0，3∶0，5∶0，2∶1，4∶1，3∶2）和呈现时间 ET（250 ms，500 ms，1 000 ms，2 000 ms，2 500 ms）的组合组成。每个 block 中的不同条件的试次随机排序，见图 14 – 19（b）和图 14 – 19（d）。

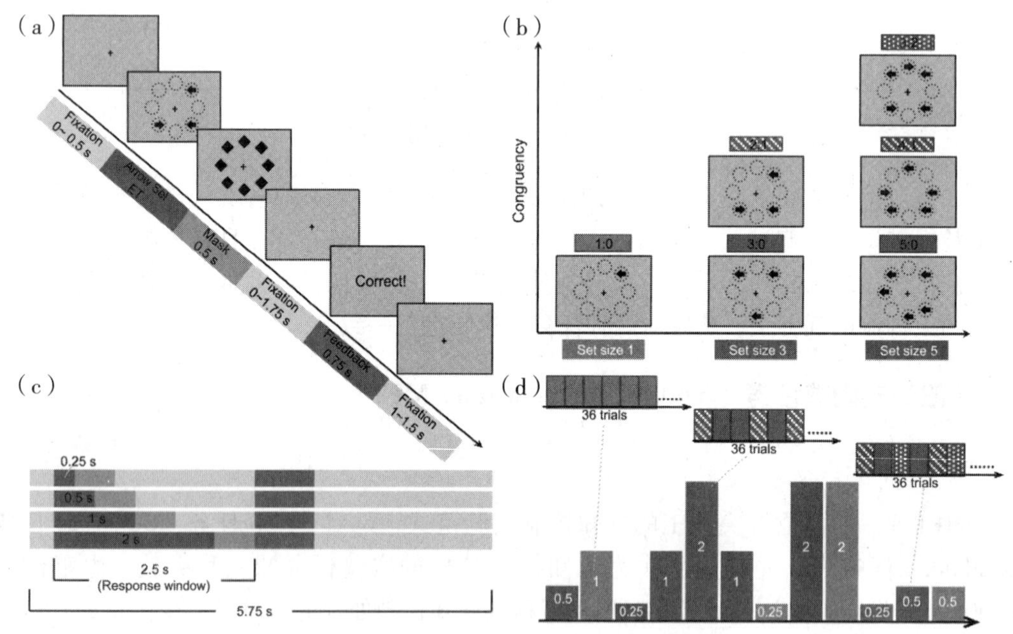

图 14 – 19　MFT – M 任务示意图

根据 Wu 等人（2016）推导的认知控制容量（CCC）计算方法，可以通过以下公式进行计算：

$$E[accuracy] = [1 - (1 - p_{group})^{\frac{2^c \times ET}{N_{maj}}}] \times p_0 + (1 - p_{group})^{\frac{2^c \times ET}{N_{maj}}} \times p_{guess}$$

$$= p_0 - (1 - p_{group})^{\frac{2^c \times ET}{N_{maj}}} \times (p_0 - p_{guess}). \qquad \text{（公式 1）}$$

$$L(C) = \prod_i f(i) p^{(i)} (1 - f(i))^{1 - p(i)} \qquad \text{（公式 2）}$$

$$E[CCC] = \text{argmax}(L(C)) \qquad \text{（公式 3）}$$

在公式 1 中，$E[accuracy]$ 为“期望的反应正确率”；p_{group} 指“从一次抽样中获得一致样本的概率”；p_{guess} 指“被试猜测方向是左还是右的概率”；p_0 是指“所有一致条件下的基线正确率”；C 是指“不同条件下所需的认知控制容量”；ET 是“刺激呈现时间”；N_{maj} 是“大多数同方向箭头的数量”。$E[accuracy]$ 和 C 之间的关系可通过模拟分析来观测。

公式 2 为二项似然函数公式，可知此公式的参数为 C。其中，i 为不同的条件，

f (i)表示“在条件 i 下的实际所得正确率”；p (i) 表示“在条件 i 下的预期正确率”，即 E [*accuracy*]。根据似然函数的定理，一般似然函数值越大表明参数越合理。所以为了得到最符合被试的认知容量，则需满足公式 3。当 L (C) 为最大值时，相对应的认知控制容量 Cx 则为所要求的最合理的认知控制容量 E [CCC]。

3. MFT 的应用

麦基（Mackie）等人（2013）通过 MFT 实验，证明认知控制的核心是不确定性的解决，冲突只是不确定性的一种特殊情况；因此，冲突的检测和解决是认知控制的一种特殊情况，其功能是减少不确定性并促进决策。这种关于不确定性的观点在一项功能磁共振成像的研究中也得到了支持（Fan et al.，2014）。范津等人（2014）发现，额顶叶—扣带系统的活动变化不仅与冲突的处理有关，还与信息的不确定性有关，可以使得信息在不确定条件下进行快速处理和传输。

基于信息理论和认知控制有关不确定性的研究，吴婷婷等人（2016）进一步对认知控制的容量进行量化。研究者采用 MFT－M 以参数化的方式改变刺激不确定性的信息熵和刺激的呈现时间来操控认知控制的信息率，并利用被试反应的正确率与信息率之间的关系来估计认知控制的容量。结果发现，认知控制的容量大约是 3～4 BT/s，表明认知控制作为一个高级功能有着非常低的容量。这项研究为标准化测量个体认知控制容量差异的方法提供了基础，而且认知控制容量的量化对于临床研究具有重要的意义（Wu et al.，2016）。

二、注意实验任务范式

（一）空间线索化范式

1. 空间线索化范式的含义

空间线索化（spatial cueing）范式，又称空间提示范式，是一种通过指导语要求被试对呈现在线索化位置或者非线索化位置的刺激做出反应，由对两种位置的反应时差异来揭示选择性注意机制的实验技术。该范式最早由波斯纳（1980）提出，这种技术主要用于对视觉空间选择性注意的研究。如果采用外源性线索，该范式可用于研究外源性注意或刺激驱动的选择性注意，采用中央线索，该范式可用于研究内源性注意或目标导向的选择性注意。操纵线索与刺激之间的时间间隔，既可用来研究线索的促进效应，又可以研究返回抑制效应。因此，该范式可以说是视觉选择性注意研究中最经典的范式之一。

2. 空间线索化范式的基本程序

在一个空间线索化范式的试验中，通常先呈现一个简单刺激作为线索，延迟一定的时间后呈现靶刺激。靶刺激既可能出现在线索化位置（有效线索化），也可能出现在非线索化位置（无效线索化）。一般靶子出现于线索化位置和非线索化位置的概率不同，前者大后者小，如分别为 80% 和 20%。记录被试的反应时和正确率。典型的实验结果是，当线索与靶子呈现之间的 SOA 小于 300 ms 时，呈现于线索化位置的靶子的反应时显著快于呈现在非线索化位置的靶子。二者的反应时之差叫线索化效应。这种效应反映了空间注意焦点受外在线索指引，而且处于注意焦点的刺激的加工能得到促进作用，反应时加快或正确率提高。空间线索范式中的线索可分为两种：一种是外周线索，主要用呈现于靶子潜在位置的方框或圆点表示；另一种是中央线索，主要用呈现于屏幕中心的箭头表示，箭头指向靶子可能出现的位置。两种线索导致的选择性注意有所不同，前者属于外源性注意，后者属于内源性注意。但二者的差异不局限于此，是很复杂的。

3. 空间线索化范式的应用及变式

曼根和希利亚德（Mangun & Hillyard，1988）利用事件相关电位技术研究了空间线索化实验中的 ERP 成分。在一个实验中，他们用箭头作线索把被试的注意引向视野的左边或右边，然后要求被试按键表示随后呈现的刺激是长光条还是短光条。靶子光条在 75% 的试验中出现在线索化位置，在 25% 的试验中出现在非线索化位置。结果发现，有效线索化试验中的 P1、N1 都大于无效试验，从而证明了 ERP 上的注意效应，即 P1－N1 效应。

通过适当的变形，空间线索化范式也可用于多种课题的研究。如波斯纳和科恩（2004）将线索和靶子呈现的时间间隔（SOA）增加至 300 ms 以上，则对线索化位置上靶刺激的反应慢于非线索化位置，这种现象被称为返回抑制。经典返回抑制实验安排如图 14－20 所示，呈现水平排列的三个方框（A），要求被试眼睛始终盯住中间小框，然后两个外周方框之一变亮（B）；最后在线索化外周小框内（C1）或非线索化外周小框内（C2）或中间小框内出现靶子（C3），要求被试觉察到靶子时尽快做出按键反应。

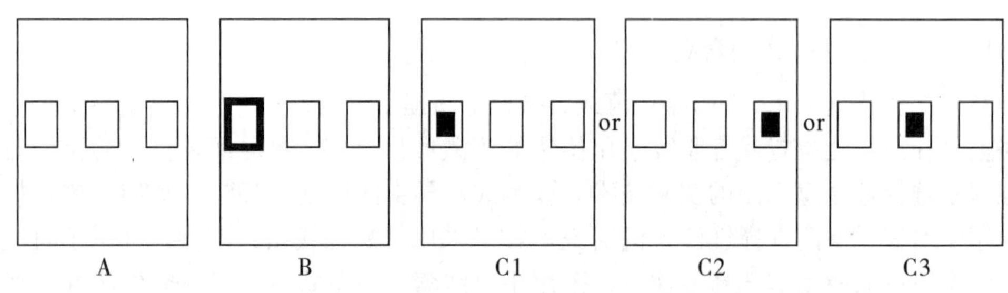

图 14－20　经典的返回抑制实验流程（Posner & Cohen，1984）

依据继外周位置线索化后是否对中央注视点位置线索化可以细分为两种不同的实验程序，即单线索程序（single-cue procedure）和双线索程序（double-cue procedure）。单线索程序是指在靶子呈现前仅对单一外周位置进行线索化；而双线索程序则是指在靶子呈现前，继某一外周位置线索化后，再对中央注视点位置进行第二次线索化。波斯纳等于 1984 年进行的经典实验用的是单线索程序，由于返回抑制被认为是随着 SOA 的延长而使注意脱离了最初的线索化位置，从而导致后来注意再返回到线索化位置时出现的一种反应滞后现象，所以后来的众多研究者为了可靠地观测到返回抑制效应，一般都采用了双线索程序，以保证注意从外周线索化位置上的脱离。

对线索进行适当改变，可以利用该范式研究经典视觉注意范式中易化效应和抑制效应二者的关系。与经典返回抑制实验所使用的 on－off 线索相对应，主要有 on 线索，off 线索。on 线索是指线索在实验过程中出现并且一直保持到实验结束；off 线索是指线索在实验开始时就存在并且在实验过程中消失；同时 on－off 线索是指在同一实验中同时使用了 on 线索和 off 线索，并且 on 线索的出现和 off 线索的消失是同时进行的。在这种范式的发展过程中，一个重要研究是里乔（Riggio et al.，1998）的实验，他们把 on 线索、off 线索、on－off 线索三种呈现方式引入同一实验中进行返回抑制的测试。实验设计四种条件，on 线索条件下，实验开始后一段时间呈现线索（某一个外周小框下面出现“^”），再过一段时间后出现靶子（某一个小框里出现“＋”）线索不消失，要求被试做出反应；off 线索条件下，实验开始时两个小框下面都标有“^”，一段时间后，某一个小框下面的“^” 消失，再过一段时间后靶子出现在任意一个小框内；on－off 线索条件下，实验开始一段时间后，呈现线索 50 ms 随即消失，然后靶子出现。为使实验可靠，还设计了控制组实验，左右两个小框下面都有“^” 并始终存在，如图 14－21。结果发现，on 线索和 off 线索产生的返回抑制量大体相等，而 on－off 线索产生的返回抑制量显著大于 on 线索和 off 线索产生的返回抑制量之和。

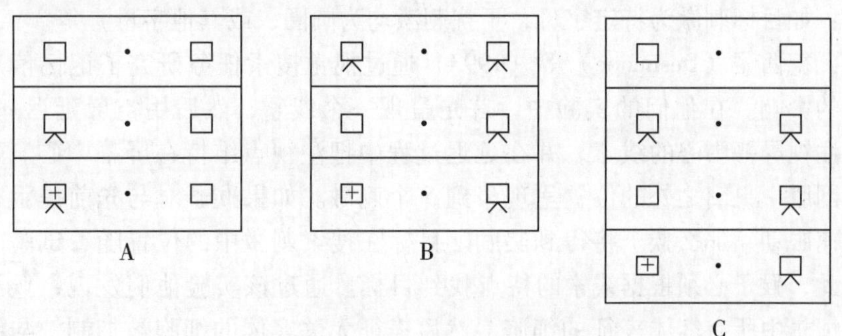

图 14－21　on 线索（A）、off 线索（B）和 on－off 线索（C）

从上述研究可以看出，空间线索化范式一方面有其传统应用领域，如视觉选择性注意；另一方面也可以灵活地变形，从而应用于其他领域。

（二）视觉搜索范式

1. 视觉搜索范式的含义

视觉搜索范式（visual search paradigm）是一种要求被试在多个刺激中搜索出具有某一给定属性特征的目标刺激，通过被试的反应时以及正确率作为量化指标，从而揭示人类在进行视觉搜索时的认知机制的实验技术。视觉搜索是人类在日常生活中最常用的认知活动之一，故该范式有很高的生态效度。

最早提出搜索模式的是斯滕伯格（1969），他从短时记忆信息的提取方式研究得出信息提取匹配的两个假设：一是平行加工，即干扰刺激与目标刺激的全部刺激同时进行比较加工，那么被试的反应时间不会随目标刺激的数量大小而发生变化；一是系列加工，即被试会将干扰刺激与目标刺激进行一个一个地比较，那么反应时间会随目标刺激的数量大小变化而变化。后人的实验证明，在相同范畴条件下，被试运用的是系列加工，将每一个识记刺激与同一范畴的每一个再认项目进行比较加工，直到匹配为止；在不同范畴条件下，被试从数字中搜索字母，或从字母中搜索数字，运用的是平行加工，从而表现出两种不同的判断速度。

2. 视觉搜索范式的基本程序

该范式的基本程序是：先告诉被试搜索目标是什么，然后屏幕上呈现一堆散乱或有规律的干扰刺激（字母、数字、简单几何图形、颜色等），在一半的试次中包含一到两个目标刺激（特定的字母、数字、简单几何图形、颜色等），在另一半试次中则不包含目标刺激。根据实验要求对呈现时间长短做一定的修改。呈现消失后将有一定时间的空屏，此时要求被试对是否出现目标刺激进行反应。记录被试报告的反应时和正确率。反应时间的快慢，可能跟干扰刺激的知觉负载高低有关，同时也有可能跟被试对目标刺激记忆的难易程度有关。此外，若对目标刺激有一定记忆要求，则会在呈现搜索之前呈现需要记忆的目标刺激。在这种任务中，可以设置多种不同的自变量，如干扰刺激的种类（单一或多样）、目标刺激的数量多少、干扰刺激的特性（与目标刺激是否为同类：如目标刺激为特定字母，干扰刺激均为圆圈，或其他字母）等。

例如，德西蒙（Desimone）等（1993）通过视觉搜索任务研究了记忆信息对猴子注意定向的影响。在他们的实验中，首先呈现一个线索，然后用空屏延迟一段时间。要求猴子注视屏幕中心的线索，并在延迟过程中把注视点维持在屏幕中心。延迟结束后，在视网膜中央窝之外的位置呈现 2 到 5 个刺激。如果猴子对与先前提示匹配的刺激做出快速眼动，那么猴子将得到奖励。目标在搜索刺激中的位置随着试验的不同而不同，因此，猴子必须根据线索的特点找到目标。通过该实验他们发现，猴子先平行激活参与情景中所有客体表征的细胞，然后表征无关客体的细胞被抑制，与线索相匹配的刺激的神经活动得到加强。该结果表明，对猴子而言，预先在记忆中保持一个项目，可以在随后的搜索中将注意指向与该项目匹配的刺激。

3. 视觉搜索范式的应用及变式

王治国（2009）探讨了视觉搜索中的记忆参与问题。实验为一个 4［实验任务：静态搜索、动态（120 ms/次）、动态（220 ms/次）和动态（420 ms/次）］×3（刺激项数量：6、12、18）＊2（目标项：有、无）被试内设计实验。目标刺激为字母“E”，干扰刺激为除“I”和“J”以外的其他大写字母。搜索任务中，将在屏幕上对刺激的呈现位置均匀分布在三个不可见的同心圆上面，被试的任务是判断屏幕上是否出现目标刺激字母。在一个试次内，先在屏幕中央呈现一个注视点，时长为 500 ms，然后呈现搜索刺激项，待被试做出按键反应后在屏幕上给予反馈，反馈信息呈现时长为 500 ms。搜索任务分为两种——刺激项位置静止不动，称为静态搜索任务；刺激项位置按 120 ms/次、220 ms/次、420 ms/次的速度随机变换，直到被试进行反应为止，此种处理称之为动态搜索任务。实验结果表明，动态搜索的搜索效率与静态搜索无明显差异，该结果表明视觉搜索中有记忆参与。

拉维（Lavie，1995）通过将视觉搜索与知觉负载相结合，发现当前任务知觉负载高低决定了选择性注意过程中的资源分配。她提出不同的注意负载类型会对选择性注意产生不同的作用。结果发现，低知觉负载下的干扰效应更大，因为有多余的资源对干扰刺激进行加工；而高知觉负载下，干扰效应很小，因为刺激搜索过程已经耗尽了注意资源，没有多余资源对干扰刺激进行加工。

卢卡斯（Lucas，2008）进行了情绪和无情绪线索化效应的视觉任务实验。其材料使用16副不同的面孔（8个男的，8个女的），在不同的试次中分别作为目标物或者干扰物。每一个人的面孔都有中性、快乐和恐惧的表情。对于中性目标面孔，会额外增加红色。实验开始时，首先，呈现“+”800 ms。之后，8个面孔就会在注视点的四周出现。面孔有7个是干扰（7个都是相同的中性面孔），加上一个特殊的面孔（与干扰刺激为同一人的面孔，为快乐、恐惧或增加颜色的面孔）。目标的位置是随机的，不过每一个位置出现的概率是相等的，如图14－22。被试的任务为探测哪个是特殊的面孔，并且报告他的性别。结果发现，情绪信息对视觉搜索的反应时和正确率有显著影响；哪怕在视觉忽视的患者身上，这种影响都存在。

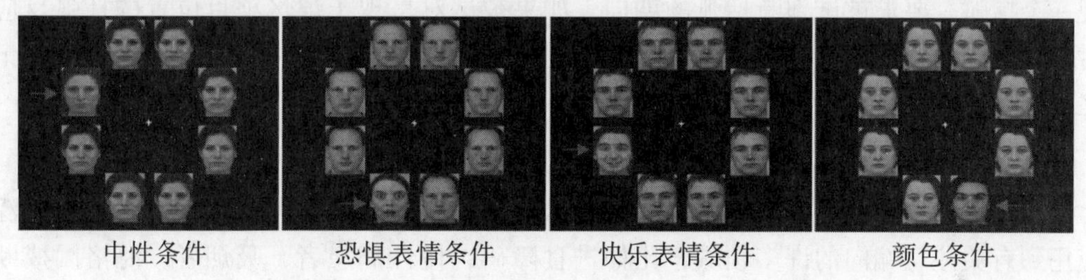

中性条件　　恐惧表情条件　　快乐表情条件　　颜色条件

图14－22　情绪面孔搜索任务（Lucas，2008）

（三）点探测范式

1. 点探测范式的含义

点探测范式（the dot － probe paradigm）最早由哈尔基普洛斯（Halkiopoulos，1981）在双耳分听实验中提出，用于研究个体对威胁性信息和非威胁性信息的注意偏向。视觉点探测范式则由Macleod等（1986）提出，一般用于考察焦虑症、抑郁症、游戏成瘾、创伤后应激障碍、慢性疼痛等临床群体对于威胁性刺激的选择性注意偏向。该范式能较好地观察选择性注意的目标定向，对于研究注意偏向的原理和作用具有重要理论和实践意义。注意偏向训练也已经成为常用的认知干预方法之一。

2. 点探测范式的基本程序

在经典的视觉点探测实验中，会给被试呈现一系列的刺激配对。通常一个是情绪刺激，一个是中性刺激。呈现位置往往是一上一下或者一左一右。配对刺激呈现完毕之后，在原先其中一个刺激位置上会出现一个探测刺激，要求个体对探测刺激做出觉察或辨别反应。觉察反应相当于简单反应时测试，即看到有探测刺激出现就按键反应；

辨别反应则相当于选择反应时测试，例如出现探测刺激是圆形的则按鼠标左键，如果是方形的，则按鼠标右键。有时也可以对圆点的位置进行反应。

该范式假设，如果个体在某个情绪词的位置上分配了更多的注意资源，那么对出现在该位置上的探测刺激的反应会更快。根据探测刺激与情绪刺激的位置，点探测范式往往包括一致与不一致两种实验条件。在一致性条件下，探测刺激出现在原来情绪刺激的位置上；而在不一致条件下，探测刺激出现在原中性刺激的位置上。通常被试在一致性条件下的反应要快于不一致条件下的反应。由于探测刺激往往使用一个圆点，因而探测范式也就被称为点探测范式。在点探测任务中，我们把被试在不一致条件下的反应时减去一致条件下的反应时，就是注意偏向的分数。如果分数是正值，就表明个体对视野中的情绪刺激存在注意定向作用；反之，负的注意偏向分数表明个体一旦觉察到了情绪刺激，就难以解除其注意。

点探测范式也可以用于非情绪刺激的研究。例如，唐宁（Downing，2000）曾经用点探测范式研究工作记忆内容对选择性注意偏向的影响。首先让被试记忆一张面孔，随后在屏幕注视点两侧会出现两张面孔：一张是刚刚记过的，一张是新的。这时研究者预期被试会将注意指向刚刚记过的面孔上。随后在记忆项目或非记忆项目后面会出现一个括弧，要求被试判断括弧的朝向。如果被试对呈现于记忆项目位置的括弧反应时更快，则说明被试确实把注意力指向了记忆项目所在的位置。该研究证明了工作记忆内容对选择性注意具有导向作用。

3. 点探测范式的应用

视觉点探测实验范式最初用于测量临床焦虑症患者的注意偏向，现在已经被广泛应用到有关注意偏向的许多领域，比如进食障碍，慢性病患者，吸烟者，海洛因戒断者，以及各种各样的临床、非临床情形的病态个体。多数的点探测研究都发现焦虑个体在一致性条件下的反应要比不一致条件对处于威胁性刺激位置的探测刺激反应更快，认为他们对环境中的威胁性刺激存在着警觉现象。

张冬冬等人（2008）探讨了无情绪启动下正常个体对正性与负性刺激的注意偏向。在每个试次中，首先让被试注视一个出现在屏幕中央的白色“+”，持续 1 000 ms；“+”消失之后在注视点上方和下方各呈现一个中文单词：其中一个是情绪词，一个为中性词。词对消失之后紧接着在屏幕的上方或下方（原先单词的中心位置）出现一个直径 2 mm 的白色圆点，如果圆点出现在情绪词的位置上，就是一致性条件；如果圆点出现在原来中性词的位置上，就是不一致性条件。被试通过反应盒的左右键对探测点的位置做出反应。实验流程如图 14－23 所示。在该点探测任务中，刺激配对一共分为负性/中性配对与正性/中性配对，其中每种配对又分为一致/不一致两种情况，这样一共就存在四种实验条件。结果发现，在没有情绪启动的条件下，正常个体对正性与负性刺激不存在显著的注意偏向。

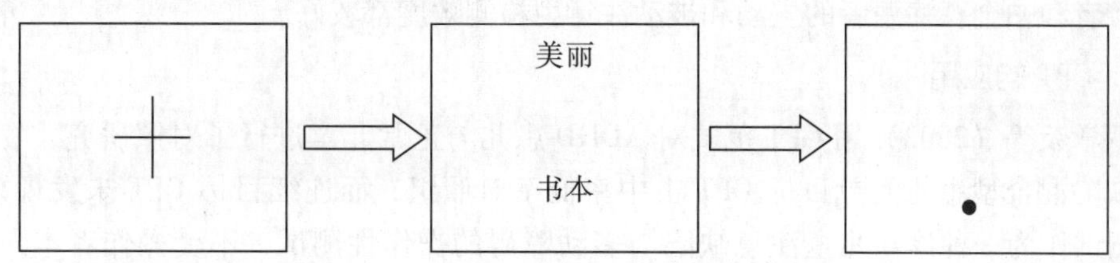

图 14－23　点探测范式流程图（正性—中性词对）

（四）持续性操作范式（continuous performance test，CPT 范式）

1. 持续性操作范式的含义

持续性操作范式（简称 CPT），是用来测量受检者持续性注意功能的方法，属于 Go/No-go 范式的延伸。一般认为 CPT 可以反映注意维持能力、抑制能力和冲动性。国外研究认为持续性注意功能缺陷有可能是反映疾病易感性的一项生物学标志（田国强，甘建光，2009）。

2. CPT 范式的基本程序

经典的 CPT 范式程序如下：在一段时间内在计算机屏幕上快速地呈现多个刺激，要求被试对其中的靶刺激保持注意并做出反应。CPT 的观察指标主要有反应时、漏报率（对靶刺激没有反应的次数）以及虚报率（对非靶刺激进行反应）。较长的反应时和较高的漏报率可反映注意维持功能的不足；较高的虚报率则反映抑制能力减弱或者冲动性较高。实验结果可以用信号检测论进行分析，可分别计算出被试的辨别能力（d' 值）和反应倾向性（β）。

常用的 CPT 有五种。第一种是试听整合持续测试，能够评价儿童反应控制能力、注意力以及视听整合功能失调程度，并能提供脑功能障碍方面的测试方法，主要用于儿童注意缺陷多动障碍等疾病的辅助诊断以及疗效评估。第二种是太田克也（2000）研发的 CPT，该测验有反应时间分测试、X 分测验、AX 分测验，可以测量到五个观察指标，包括舍弃数、漏答率、误答率、平均反应时间及变异系数。在计算机黑色屏幕中央随机呈现白色数字，以数字“7”为视觉靶刺激，要求受检者一看到靶刺激，就尽快按空格键。该测试对神经症、精神分裂症、抑郁症、轻度认知功能障碍和轻度老年痴呆等疾病的注意力损害都有诊断价值。第三种是罗学荣等编制的 CPT 软件，可对儿童的注意力做检测。该种版本测验的目标字符是英文字母“A～Z”。用这种 CPT 对注意缺陷多动障碍患儿进行的对照研究，发现在控制智力因素后，仅发现注意缺陷多动障碍混合型患儿的单目标 CPT 的击中率低于对照组，而在连续目标持续注意测验中未发现差异。可见其效度有待于进一步检验。第四种是古巴的 CPT 的测评软件：该测验共设置 200 张图片，其中 50 张为靶刺激图（各种常见动物）。另 150 张是各种其他物品（非生物）。测试开始后，靶刺激图片和其他图片均随机呈现，当靶刺激图片出现时被试者按操作键。正式开始前要先做适应刺激练习。第五种是甘建光等编制的 CPT，该测验以彩色标识为靶目标刺激，位置随机（具有目标多样性）。该任务对正常人、乙醇依赖者和帕金森症患者的主动和被动注意力检测效度都较好。

3. CPT的应用

罗学荣等（2002）用CPT范式对ADHD患儿与正常儿童进行了对照研究，发现注意力缺陷混合型患儿的单目标CPT击中率低于对照组，而连续目标CPT未发现差异。CPT测试作为一种诊断儿童注意缺陷与多动障碍的操作性测试，不受操作者本人的气质类型的影响，可以作为一种较好的诊断工具使用，可反映操作者本人的认知加工速度和注意力是否有缺陷等问题。CPT还用于睡眠暂停综合征、强迫症、精神分裂基因携带者等群体持续性注意功能的检测，并均有阳性发现。另外CPT经常用于治疗儿童注意缺陷多动障碍药物效果的检测。CPT在主动性控制与反应性控制的实验中也得到了运用。

田国强（2008）用CPT对强迫症患者进行了研究，目的是了解强迫症患者（OCD）持续性注意功能损害情况及相关因素。首先进行持续性注意功能的CPT测试，用自编CPT软件对入组时OCD患者和正常健康者进行测试。实验中，漏答反映被检者不能稳定维持注意水平而造成的反应处理障碍；误答反映被检者注意容量及其分配的障碍；平均反应时间反映了受检者的反应能力的速度；变异系数反映被检者的持续注意稳定水平。检测方法如下：

视觉单目标持续性注意测验（VOT）：采用深灰色作为屏幕背景，随机在屏幕上（随机位置，不移动）出现红、黄、蓝、白、黑不同颜色“+”字，字符呈现时间200 ms，间隔时间1 300 ms，总字符数400个，目标字符约占20%，要求检查者看到红色“+”字时，按空格键。视觉连续目标持续性注意测验（VST）：与上述相似，但要求看到紧跟在黄色字符后的红色“+”字时按空格键，字符呈现时间200 ms，间隔时间1 300 ms，总字符数400个，目标字符约占20%。听觉持续性注意测验（ET）：患者戴上耳机，由计算机报“红、黄、蓝、白、黑”随机字符，要求听到“红”后按空格键，字符（声音）间隔时间1 500 ms，总声音200个，目标声音约占20%。观察四项指标：漏答率（漏答数/目标字符数）、误答率（误答数/总字符数）、平均反应时间及变异系数（CV，平均反应时间标准差/平均数×100%）。测试前经统一指导语讲解，并练习1 min。每项测验后休息3 min，并对下一项测验要求进行讲解。

随后，对65例OCD患者进行临床评定。研究结果表明，OCD组CPT成绩较正常对照组差，表明OCD患者的持续性注意功能有一定程度的损害。OCD患者的CPT成绩与病程、年龄基本无关，与病情严重度有关，与情绪（焦虑、抑郁）也有关。OCD组在三项操作试验VOT、VST、ET中的漏答率、误答率、反应时间和变异系数相比正常人均有统计学意义；其漏答率和误答率均比正常人高，平均反应时间比正常人慢，变异系数变较高，说明OCD患者的注意容量、反应能力和维持注意的稳定性均较差，其注意损害较广泛。

（五）快速系列呈现范式（RSVP）

1. RSVP 范式的含义

RSVP 范式是快速系列视觉呈现范式（rapid serial visual presentation paradigm）的简称。顾名思义，RSVP 范式是一种通过在很短的时间内呈现一系列刺激，结合刺激间关系的设置，用以考察相应的认知机制的实验技术。该技术最早由吉尔伯特（Gilbert）于 1959 年提出。其主要特点就是以间隔几十毫秒或几百毫秒一个刺激显示的速率在屏幕的同一位置系列呈现多个实验刺激，其中一个或两个刺激为目标，其他多数刺激为干扰项目，要求被试对目标刺激进行反应，如识别或再认。

2. RSVP 范式的程序

下面以 Jiang 等（2001）有关时间选择和空间选择关系的研究具体说明 RSVP 的实验程序。该研究将 RSVP 范式和双任务范式结合起来进行实验。在双任务条件下，给被试同时呈现两个 RSVP 刺激流，两个刺激流的刺激在每个显示中分别位于中央注视点左右 0. 92 cm。每个刺激流包含 22 个大写字母，不重复。除了一个特殊字母，其他均为黑色。在其中一个刺激流中，特殊字母为绿色，充当 T1；在另一个流中，特殊字母为白色，充当 T2。T1 的系列位置在第六到第十个刺激显示之间随机选择。T1 和 T2 间的 SOA 有两种水平，在短延迟条件下，SOA 为 210 ms；在长延迟条件下，SOA 为 630 ms。每个 RSVP 流中的刺激以每项目 105 ms 的速率呈现，两个刺激流完全同步。为了考察空间注意干扰效应，该实验还设置了分心干扰条件。在有干扰条件下，在两个刺激流中与 T2 同时各呈现一个白色干扰字母，位置为在 T2 之上或之下。两个单任务条件分别为 T1 忽视任务和 T1 不存在任务。在 T1 忽视任务条件下，刺激序列与双任务条件类似，但要求被试只需对 T2 进行反应；在 T1 不存在条件下，T1 也用黑色显示，就相当于没有 T1，被试只需注意 T2 并对其反应。

一个完整试验程序是这样的：被试通过按下空格键启动刺激流，一个试验开始后首先在屏幕左右上出现两个菱形的虚框，持续 200 ms 后消失，再间隔 200 ms 后，同时出现两个 RSVP 刺激流，呈现完最后一个字母时屏幕内容全部清楚，并提供一个声音提示，表示被试可以做出反应了。试验要求被试注意两个刺激流的刺激，并记住 T1 和 T2 分别是什么字母，在刺激流末尾声音提示后尽快在键盘上按顺序按下与 T1 和 T2 所对应的字母。记录反应时间和正确率，对 T1 与 T2 的正确反应分别给予不同声音的反馈。双任务条件的因变量为 T1 和 T2 都正确的条件概率，在单任务中，因变量为 T2 的正确率。

结果发现，短 SOA 下由分心刺激引发的干扰效应大于长 SOA 条件下的干扰效应。由于 SOA 反映了时间选择，而干扰效应反映了空间选择，因此上述结果表明时间注意对空间选择有显著的影响。通过进一步的实验，还发现，在短 SOA 下知觉干扰效应也大于长 SOA 条件，而反应干扰只有在知觉干扰很大的条件下才会产生。为此他们推断时间选择和空间选择可能基于共同的注意过程。

3. RSVP 范式的应用

这种技术在认知心理学研究中应用很广泛。其中最典型的应用领域是视觉注意的时间资源有限性的研究。众所周知，视觉系统在注意同时呈现的多个刺激时是资源有限的，在特定的时间内只能注意少数刺激，而忽视其他刺激。这是注意在空间选择方面的限制。在时间方面的限制则指视觉系统对快速系列呈现的刺激不可能都进行注意，对前面刺激的注意会妨碍对紧随其后的刺激的注意。RSVP 在这种注意的时间选择限制性研究上的一个重要研究成果就是注意瞬脱（attentional blink，简称 AB）现象的发现。所谓 AB 现象是指在快速系列呈现条件下，当第一个目标（T1）和第二个目标（T2）之间的间隔小于 500 ms 时，对 T1 的注意会损害对 T2 的选择。RSVP 范式在 AB 现象研究中的刺激流程如图 14－24。

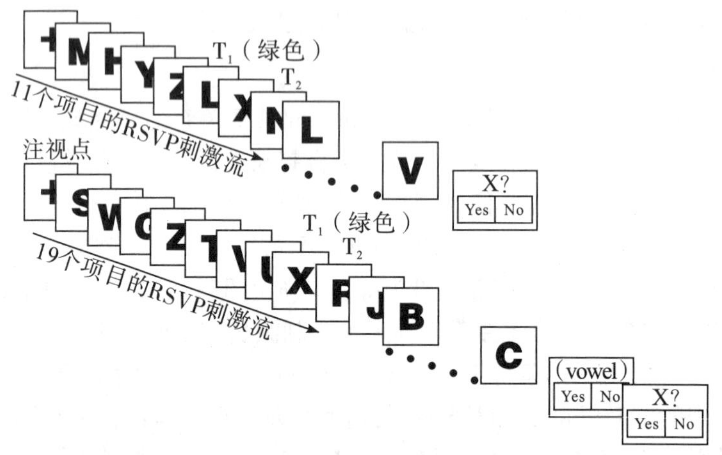

图 14－24　注意瞬脱研究中的 RSVP 刺激流程（Kranczioch et al，2003）

与 AB 现象类似的一种认知现象叫视觉掩蔽（visual masking），指当一个刺激的呈现与其他刺激在时间上很接近时，个体对该刺激的再认正确率显著下降。视觉掩蔽也是当前认知心理学和认知神经科学中的热点问题，其主要研究技术也是 RSVP 范式，如图 14－25。值得一提的是，AB 现象与视觉掩蔽存在实质性差别，前者只有当前一个刺激受到注意且需要在随着的测验中报告出来时才会出现，属于信息加工过程出现的问题；后者实际上是一种感觉现象，只要两个刺激非常临近就会产生。RSVP 还可用于其他视觉注意问题的研究，如波德尔（Poder）等（2001）通过 RSVP 研究了基于刺激大小的注意选择问题（size-based attentional selection），发现刺激显示中的相关位置数和刺激呈现的凸显性对 RSVP 条件下是否存在基于大小的选择有重要影响。

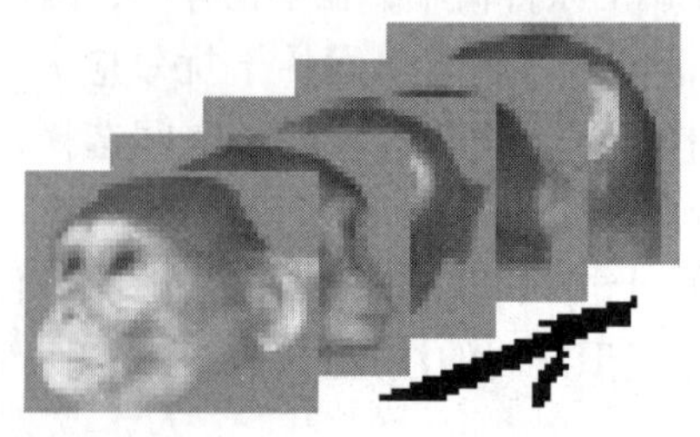

图 14－25　视觉掩蔽研究中的 RSVP 刺激流程（Keysers，2002）

除此之外，RSVP 范式还可灵活地应用于其他认知课题的研究，如在内隐记忆研究中，可通过快速系列呈现学习材料之后再进行间接测验以考察内隐记忆的效果。这样可减少学习阶段的意识加工对间接测验的污染。在心理语言学中，RSVP 条件下的启动效应是研究词汇歧义消解的重要方法之一，能弥补跨通道启动技术的很多不足，通过操纵 SOA 可考察歧义词意义提取的时间进程，能精确区分通达与词汇后整合在歧义消解过程中的作用。阿尔迪蒂（Arditi，1999）还用 RSVP 研究了视力低下者与视力正常者在阅读机制上的差异，用 RSVP 范式呈现文本内容为这种研究创设了不需眼动的阅读条件。

（六）Oddball 范式

1. Oddball 范式的含义

Oddball 范式是通过指导语要求被试对一种刺激进行注意并反应，而忽视另一种刺激，从而揭示相应机制的实验技术。这种技术主要用于感知觉加工、刺激干扰、行为抑制、非随意注意等方面的研究。Oddball 范式是常用的 ERP 实验范式之一，可用于记录 P300、P3a、MMN（N2a）与 N2b 等与刺激概率差异有关的 ERP 成分。与 Go/No-go 范式相结合，Oddball 范式也可用于行为抑制过程的研究。

2. Oddball 范式的基本程序

在一个经典的 Oddball 试验中，给被试随机呈现概率不同的两种刺激。概率大者称之为标准刺激（standard stimuli），相当于是整个实验中的背景；概率小者称为偏差刺激（deviant stimuli）。由于两种刺激出现的顺序是随机的，因而对被试来说偏差刺激具有偶然性。经典 Oddball 范式中，偏差刺激出现的概率通常为 20% 或 15% 左右；标准刺激出现的概率通常为 80% 或 85% 左右，如图 14－26 所示。

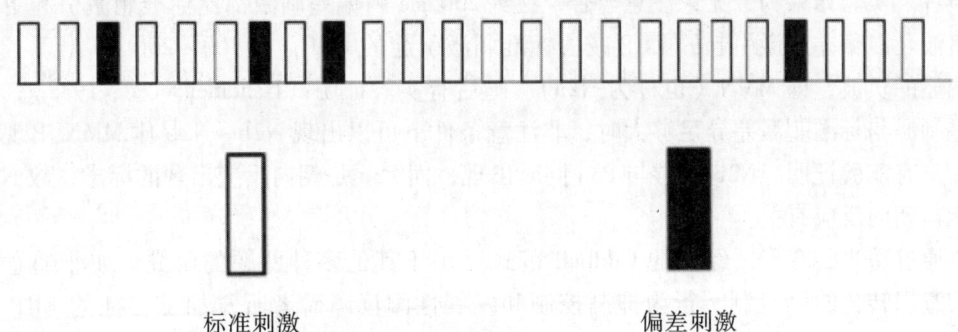

图 14－26　经典 Oddball 范式的实验流程

Oddball 范式又分为主动 Oddball 范式和被动 Oddball 范式。在主动 Oddball 范式中，让被试对偏差刺激进行反应，此时偏差刺激就成了靶刺激。故图 14－26 中的偏差刺激也可代表靶刺激。实验中，让被试发现偏差刺激后尽快按键或计数。这样即可在偏差刺激后 300 ms 左右观察到一个正波，即 P300。经典的 P300 又被称为 P3b。研究表明在一定程度上 P300 的波幅与所投入的心理资源呈正相关。

在被动 Oddball 范式中，被试不要求对偏差刺激投入注意力资源，在实验过程中将被试的注意力转移到其他的非实验刺激上，如在听觉实验中让被试注视屏幕上的刺激并执行任务，忽视耳朵中传入的声音刺激，如图 14－27 所示。结果发现，偏差刺激的出现会诱发失匹配负波（mismatch negativity，MMN）。刺激的频率、持续时间的长短、甚至更复杂的声音变化都会引起 MMN。标准刺激和偏差刺激的差别越大，MMN 出现得越早，波幅也越大。被动 Oddball 范式常被用于研究跨感觉通道和单感觉通道中“无关刺激”或“无关属性”的信号提示对干扰的影响。

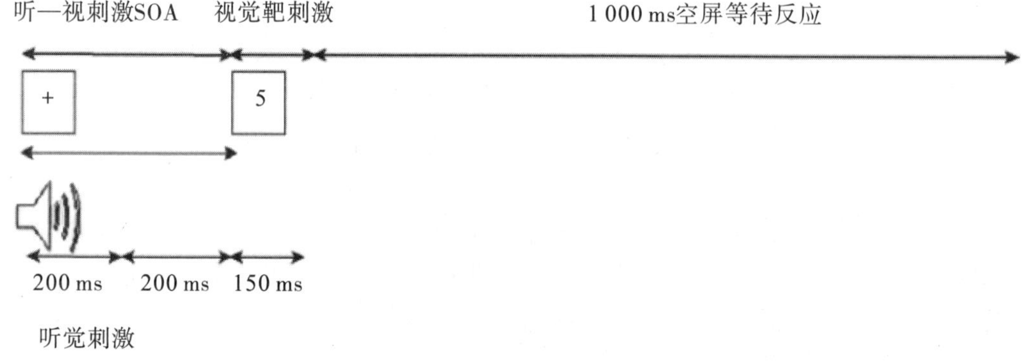

图 14－27　被动 Oddball 范式的实验流程

3. Oddball 范式的应用

纳塔宁（Naatanen）等（1978）运用 Oddball 范式发现了失匹配负波。在他们的实验中，标准刺激为 1 000 Hz 的短纯音，偏差刺激为 800 Hz 的短纯音，分别在被试双耳中呈现。令被试只注意一只耳朵的声音并对偏差刺激进行反应，而不注意另一只耳朵的声音。实验结果为，无论注意与否，在约 250 ms 内偏差刺激都比标准刺激引起更高的负波。以偏差刺激引起的 ERP 减去标准刺激引起的 ERP，在 100～250 ms 出现了一个明显的负波，即 MMN（也称为 N2a）。随后有实验证明（Naatanen et al，1982），当偏差刺激与标准刺激差异足够大时，非注意条件下可以出现 N2b。N2b 比 MMN 出现稍晚。也有实验证明，N2b 通常与 P3a 同时出现，而 P3a 是朝向反应出现的标志，故 N2b 可能与朝向反应有关。

通过适当的变形，经典的 Oddball 范式可用于其他多种课题的研究，如非随意注意、意识转化的脑机制、行为抑制控制和发展性阅读障碍者听觉加工特征的 ERP 研究等。

变式 1：在一系列有规律呈现的刺激中，偶然缺失一次刺激，可以关注其引发的电位，用于研究某些情况下习惯化的脑机制。

变式 2：将刺激分为三种，其中大概率的刺激呈现概率约为 70%，作为为标准刺激。偏差刺激分为两种，概率都是 15%，让被试只对一种偏差刺激进行反应。需要反应的刺激是靶刺激，不需要做出反应的是非靶偏差刺激。该范式可用于研究靶刺激与非靶刺激的关系。

变式3：将传统的小概率偏差刺激改为新异刺激，即具有突然性、足够强度而且不重复使用的刺激，如动物叫声、喇叭声、雷声等。此时新异刺激会使被试产生朝向反应，并能够诱发出 P3a 成分（Chao & Knight，1996）。这是研究非随意注意的主要范式。

变式4：魏景汉老师曾将 Oddball 范式进行改动，设计出一项通过朝向反应研究从非意识向意识转化脑机制的 ERP 实验范式。该变式利用了已有的 ERP 知识，如 N1 是引发朝向反应的新异刺激出现的信号；MMN 是触发朝向反应的偏差刺激出现与注意开启的信号；P3a 是朝向反应出现或者注意开启完成的信号。该范式能够比较新异刺激与偏差刺激导致注意开启的 ERP 异同，从而可观察听觉非意识向意识转化的脑机制。

变式5：魏景汉等（2002）将经典 Oddball 范式通过适当变形，改成双选择 Oddball 范式，用于失匹配负波的研究。后来双选择 Oddball 范式被引入行为控制领域的研究。有研究者（Yuan 等，2008）采用 Go/No go 及双选择 Oddball 范式的研究显示，额—中央区的 N2（与冲突觉察与监控有关）和中央—顶区的 P3 成分（峰值的出现往往代表行为抑制加工的完成）是与行为抑制过程密切相关的两个 ERP 成分。双选择 Oddball 范式要求被试尽快且准确地对大概率 Go 刺激与小概率 No - go 刺激做两类不同的按键反应。由于标准刺激的呈现概率远大于偏差刺激，个体对标准刺激的反应将成为优势反应。当偏差刺激呈现时，被试需抑制对标准刺激的优势反应，从而确保对偏差刺激做出正确的行为反应。因此，该范式可提供被试在标准与偏差两种条件下的反应时间。偏差刺激反应时与标准刺激反应时之差即为抑制控制的行为学指标。

从上述研究可以看出，Oddball 范式一方面有其传统应用领域，另一方面也可以通过适当的变形或灵活地与其他实验范式进行结合，从而广泛地应用于其他领域。

三、言语实验任务范式

（一）图—词干扰范式

1. 图—词干扰范式的含义

图片—词汇干扰范式（picture-word interference paradigm，PWI）是一种类似于 Stroop 任务、用来考察言语产生过程的经典实验范式。该范式在目标图片之前、同时或之后给被试呈现一个与图片名称相关的干扰词，要忽视干扰词，尽量快而准地说出图片名称（一般称为目标词），以此来研究干扰词对命名的影响，进而探讨言语生成过程中的语义、词形和语音效应。

罗辛斯基（Rosinski）等人（1975）首次将 Stroop 范式改成词—图干扰范式。他们发现，当图片与干扰词同时呈现时，图片命名反应时最短；干扰词与图片来自不同语义范畴时，图片命名反应时较长；当干扰词与图片来自相同语义范畴时，图片命名反应时最长。语义关联的干扰词干扰作用大于语义无关联的干扰词。这就是语义干扰效应。

2. 图—词干扰范式的基本程序

在典型的图—词干扰实验中，研究者给被试呈现图片和干扰词，干扰词嵌套在图片上，要求被试忽视干扰词，快而准地说出图片名称，干扰词与目标词在语音、词形、语义上有不同关系。图 14－28 为图—词干扰范式的简易实验流程图。

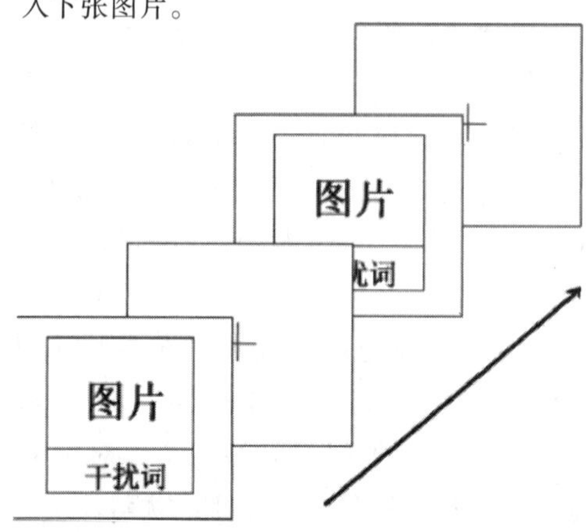

图 14－28　图—词干扰范式的实验流程

早期研究发现，当干扰词和目标词之间正字法或语音相关时，对目标词的反应时缩短，产生了稳定的易化作用，人们称之为正字法或语音的促进效应。最初的图—词干扰范式研究，主要从干扰词与目标词的语义关联性展开。如果干扰词与目标词属于相同语义范畴，则两者语义相关（如 wolf-dog）；如果两者来自不同语义范畴，则语义不相关（如 pigeon-piano），如图 14－29。干扰词至少有三类：①语义关联干扰词；②语义无关联干扰词；③填充词，如字母串或非词符号。每幅图片与所有类型的干扰词各同时呈现一次，要求被试忽视干扰词并命名图片。典型的实验结果是，语义相关的时候干扰效应较大。

图—词不同范畴

图—词相同范畴

图 14－29　干扰词与目标词（图片名称）的不同关系

随着研究的深入，研究者改进图—词干扰范式，发展出一些变式对语义加工进行研究，如：在目标图形呈现后的不同时间点上呈现干扰字或者“?”号，让被试看到干扰字时命名字，看到“?”时则命名图。为了保证一个相对完整的言语产生过程，即被试不是消极等待干扰出现后才决定是否对图形进行语言产生的加工，而是一看到目标图形就进行图形命名的准备，这种实验范式一般要求快速完成命名工作。

3. 图—词干扰范式的应用及变式

张清芳等（2006）用图—词干扰范式探讨了汉语词汇产生中词汇选择和音韵编码的交互作用。该研究结合汉语的特点将字形激活与语音激活在汉语中独立区分开来，研究语义、字形和语音三个层面之间的交互作用，探索在汉语词汇产生中是否存在多重的语音激活或多重的字形激活，以及是否存在从音韵编码阶段至词条选择阶段的激活反馈。实验1探索语义关联项的语音激活；实验2探索语义关联项的字形激活；实验3重复探索字形和语音之间是否存在交互作用，即字形关联项的语音激活和语音关联项的字形激活。

主要实验程序如下：首先呈现注视点“+”500 ms，然后空屏500 ms，接着图画和干扰字同时或间隔一定时间呈现。当SOA为-100 ms时，干扰字早于图片100 ms呈现；当SOA为0 ms时，干扰字和图片同时呈现；当SOA为100 ms时，图片先呈现100 ms后干扰字呈现。在三种SOA条件下，图画呈现的时间为600 ms。在图画呈现期间，干扰字位于图画的中央。被试的任务是在图片呈现之后，忽略出现的词语，尽可能准确而迅速地说出图画的名字。在图画呈现期间被试做出反应后，图片和干扰单字消失。间隔1 000 ms后开始下一次测试。如果在被试反应之前图片和干扰单字消失则出现空屏，这时被试仍然可以做出反应。被试做出反应后，间隔1 000 ms后开始下一次测试。计算机记录被试的反应时间。主试记录被试的命名正确与否。

实验1的干扰类型包括两个水平，分别是：与图片名称语义相关字有语音关联的单字组和无关单字组。实验2的干扰类型是：与图片名称的语义相关字有字形关联的单字组和无关单字组。实验3中每一幅图片分别与5种条件匹配：①语义中介的语音相关字（SP）与语义相关字（S）的音节相同，声调不同；②语义中介的字形相关字（SO）与语义相关字的字形结构相同，且有一偏旁部首相同而发音与语义中介字和目标字完全不同；③语音中介的字形相关字（PO）与语音中介字（P）的字形结构相同，且有一偏旁部首相同；④字形中介的语音相关字（OP）与字形中介字（O）的声、韵母相同，而声调不同；无任何其他联系；⑤无关字（控制组，U）。

结果发现，语义相关项产生了语音激活，语义相关项不能产生字形激活，语义相关项不能产生语音激活和字形激活，语音相关项不能产生字形激活，只有字形相关字产生了语音激活。

通过变形，图—词干扰范式也能跳脱语言的语义、字形、语音的研究范畴用于其他的实验研究。李翔宇、郑希付（2010）关于病理性网络使用者对情绪信息的注意偏向研究中，通过改变图片和干扰词的词性，开发了情绪图—词干扰变式。该研究选用72个情绪词、36个中性词及对应图片。其中图词一致、不一致词组各54个。图词一致词组又分为积极词组、中性词组、消极词组各 18 个。图词不一致组分为积极词组、中性词组、消极词组各 18 个。而图词不一致组又可分为图词意义相反和图词中性情绪词各 27 个。实验程序如下：指导语——“+”(500 ms)——图片词语(5 000 ms)——“+”(500 ms)。被试必须要在 5 000 ms 内做出反应，否则视为错误反应。图片词语同时随机呈现，词语在左边图片在右边。结果发现，被试对情绪关联词语的反应时比中性词语的反应时间长，其中，网络成瘾被试有对情绪词语有更加突出的反应延迟，表现出更加明显的情绪干扰。

综上，图—词干扰范式既可用于言语产生研究这种传统应用领域，经过适当的变形，也可以用于情绪、临床等研究领域。

（二）花园路径范式

1. 花园路径范式的含义

花园路径范式（garden path paradigm）是用来研究句子歧义消解的一种经典实验任务。花园路径现象是语言处理过程中暂时、局部的歧义现象。例如，第一句话“Mary knew her mother”与第二句话“Mary knew her mother hated her”中的“mother”，含义和句法功能完全不同。随着句子进一步开展，读者对句中的词语的理解会有多个可能方向逐渐形成确定含义。又如，“While he was reading the book fell off the shelf”，“the book”一开始会被理解成宾语，即阅读的对象，但后文显示它其实是后半句的主语。在这个过程中，个体需要将之前产生的理解及时从工作记忆中清除出去，抑制之前产生的而当下不再相关的语义信息。所以花园路径范式经常被用于阅读理解中的认知抑制的研究。

有关花园路径的理论框架，研究者曾经提出了两个主要的句法分析原则。一个是最小附加原则，指句子加工过程中，句法分析器并不假定任何潜在的不必要的节点。按照这一原则，当遇到歧义结构时，第一遍的句法分析过程中，句法分析器将建构最简单的可能的结构。另一个是迟闭合原则，是指只要语法上允许，读者总是倾向于把每个新的语言材料附加到当刚刚假定的从句或短语上。该原则能够保证新的成分即时地附加到先前的材料上，从而使得超出读者工作记忆限度的可能性降到最低。

2. 花园路径范式的基本程序

此类实验多为两因素实验设计，2（句子歧义）×2（其他变量）。呈现给被试的是有歧义的句子或短文。句子中的单词逐个呈现，如 The judge believed the defendant (a) and threw out the charges / (b) was lying。一个句子呈现结束后询问被试该句子是否是可理解或可接受，被试按键做出判断。实验过程中要求被试尽量认真如常地阅读实验材料。实验的衡量指标是判断的正确率及阅读过程中的眼动数据或 ERP 数据。

在句子理解的认知抑制实验中，如“小明拿着扫把去赶小鸡”。看到“小明拿着扫把去……”的时候，读者一般会预期后面出现“扫地”或者“清扫”，这种预期会激活相关的表征。等后面出现“赶小鸡”的时候，证明之前的“清扫”是无关信息，这时个体需要在工作记忆中将其表征抑制住。因此，花园路径范式在对阅读理解中的认知抑制研究，具有重要的方法学意义。

3. 花园路径范式的研究实例

李·奥斯特豪特（Lee Osterhout，1994）等用 ERP 研究了花园路径句诱发的脑电位。实验任务要求被试阅读歧义句，要求判断该句子的合理性。依照花园路径模型，被试在看到谓语动词后的名词时，会依照最小附加原则，以最简方式理解这个句子。实验材料是语法歧义的英文语句。这些句子都包含从句成分，以谓语动词后的名词词组作为从句的主语，例如，“The lawyer charged that the defendant was lying”。这类句子都作为第一种材料。在第二种句子中，某个句子成分的缺乏会造成一种暂时的混乱——究竟谓语动词后的名词词组是宾语还是从句的主语？如，The lawyer charged the defendant was lying。由于最小附加原则，被试会出于最简解释的目的而在看到该名词词组时直接判断其为主句的宾语。因为动词“charge”偏向于可变的用法，一种句法加工程序也会错误地采用直接宾语的分析。因此，两种程序模型都预测，当处理到第二种句子非歧义的部分时，程序将会经历句法的异常。若果真如此，且如果 P600 在花园路径句引起的句法异常是一种电生理学的标签，那么第二种句子从句中的动词就会引起一种 P600 效应，这种效应应与第一种句子中同样的单词引起的 ERP 相对应。

该实验为单因素设计，自变量包含两个歧义水平，即有和无。例如，非歧义句“The girl saw that the bank had closed”和歧义句“The girl saw the bank had closed”。每个句子都被逐个单词地呈现在屏幕上 300 ms，单词之间设置了 650 ms 的 SOA 以测试对每个单词反应的晚期 ERP。每个句子结束后有 1 450 ms 的空白，之后被试立刻被要求做出按键判断：之前的句子是否合理。要求被试尽可能认真阅读每一个句子，并做出判断。合理的句子被定义为语意连贯及语法正确；不合理的句子则相反。被试会被示范一些句法及语义反常的句子的例子。整个实验持续约 2 h。

结果发现，有明显补语（that）的句子在所有的试次中有 91% 被判断为合理，而没有补语的句子只有 73% 被认为是合理的。ERP 结果证明，P600 是句法异常的电生理学指标，也是花园路径效应的电生理学标签。

（三）消失文本范式

1. 消失文本范式的含义

消失文本范式是一种通过控制文本消失的时间长短，来研究文本阅读加工时间的实验技术。该范式是雷纳（Rayner，1998）为考察文本阅读过程中信息加工的时间而设计的一种阅读眼动研究方法。在阅读“消失文本”时，被注视的文字在若干时间后消失，而注视点一旦离开，消失的文字立刻重新出现。该范式有助于探究人们在阅读过程中信息的提取时间和阅读过程中视觉刺激与语言信息对眼动的影响。

消失文本范式作为一种较新的文本阅读眼动研究范式，由于其测量指标的时间敏感性强，该范式受到越来越多的研究者的青睐。目前越来越多的研究正使用这一范式并验证了眼动研究的认知控制模型理论。

2. 消失文本范式的基本程序

在经典的消失文本范式中，实验者通常会在屏幕上呈现一句话或者一段话，当被试注视某个词时，该词将在注视特定时间（例如 80 ms）后消失，使注视点处变成空白。当被试注视下一个词时，也会出现相同的情况。即被试看到哪里，相应位置上的汉字就会在一定延迟时间后消失。而当注视点离开该汉字后，它又会再次出现。该范式的实验逻辑是：如果在注视词呈现特定时间后消失的条件下，读者仍可以正常阅读，且与正常阅读条件下的眼动指标无显著差异，那么说明注视词至少要呈现此特定时间才能使阅读顺利进行。一旦注视词呈现时间少于该特定时间，读者无法进行正常的阅读，则需要延长呈现时间。

3. 消失文本范式的应用及变式

下面通过利弗西奇和雷纳（Liversedge &Rayner，2004）的一项研究介绍该范式的应用。在实验中，他们向被试们依次呈现 40 个句子。如下例所示，先给被试呈现一个完整的句子，引导被试进行阅读，当被试开始注视某个单词 secret，一定的延迟间隔（40 ms/60 ms/80 ms）之后，该单词消失，当被试开始注视下一个单词 manuscript 时，secret 又出现，40 ms/60 ms/80 ms 后下一个被注视的单词（manuscript）又消失，依次类推。在实验中被试的任务是在阅读完句子之后，根据阅读的信息做相关的判断题，以确定被试认真阅读了实验材料。

He found the secret manuscript inside the little box. [注视开始]

*

He found the manuscript inside the little box. [40 ms/60 ms/80 ms 之后]

*

He found the secret manuscript inside the little box. [下一次注视开始]

*

He found the secret inside the little box. [4 0ms/60 ms/80 ms 之后]

*

记录各实验条件下的平均注视时间、平均眼跳距离、平均注视次数、总注视时间和平均阅读速度，结果发现，在 60 ms 的延迟时间下，被试的阅读速度和对信息的理解与正常阅读没有显著的差异。而在低于 60 ms 的延迟时间下，对信息的注视时间和对信息的理解程度明显低于正常阅读，从而探测出了阅读过程中文本加工信息加工的时间。后来的研究也证实了该发现，在英语文本阅读中，单词只要呈现 60 ms，阅读就能正常进行（Rayner et al.，2006）。

消失文本范式出现后，国内外的大量学者使用该范式进行文本阅读的研究，但对该范式的应用主要集中在眼动研究领域，并用于探讨眼动控制理论模型。在阅读过程中，眼睛的运动包含一系列的眼跳和注视。人们在注视和眼跳过程中获取并解释新信息。国内研究者采用消失文本范式，通过控制阅读过程中词语的性质，如频率、词的预测性等，发现了词频效应和预测性效应。具体研究发现列举如下：对于大学生读者来说，双字词在呈现 80 ms 后消失不会影响正常阅读（闫国利，王文静，白学军，

2007）。而对于老年读者来说，双字词在呈现至少200 ms后消失的条件下，其阅读才能正常进行（吴捷，刘志方，胡晏雯，2009）。英文和中文的消失文本的研究都显示存在明显的词频效应，无论注视词（词n）和词n+1都消失还是仅词n+1消失，在阅读过程中都出现了词频效应（闫国利，王文静，白学军，2007）。在消失文本条件下，预测性效应在首次注视时间和凝视时间上差异显著，总注视时间差异并不显著，但是被试对高、中预测性目标词的总注视时间均少于对低预测性目标词的总注视时间。在消失文本条件下存在显著的词的预测性效应并且这种效应存在于信息加工的早期阶段（闫国利等，2008）。如果读者所注视的双字词或其右侧词在呈现80 ms后同时消失，会干扰正常的阅读；如果右侧词在呈现80 ms后单独消失，仍会干扰正常的阅读，说明在阅读过程中注视点右侧词的重要性（闫国利等，2009）。

四、记忆实验任务范式

（一）N-back 范式

1. N-back 范式的含义

N-back 是一种要求连续认知加工的复杂任务。这种实验范式要求被试对变动信息中指定项目或具有特殊位置顺序的语言或非语言刺激做出反应，例如，判断当前刺激前面第n个刺激是否相同。该范式最早由柯克纳（Kirchner）于1958年提出，将记忆负荷分成了四个水平（“0-back”到“3-back”），用于研究记忆的年龄差异。1990年研究者首次将该范式用于神经科学领域。N-back 任务涉及多种加工过程，如对刺激进行编码、监测、保持、材料及时更新，同样也包括将当前的刺激与n个位置之前的刺激进行对比与匹配。N-back 任务不但包含对倒数第n个刺激的存储，还涉及不断的刺激更新加工，其加工机制更接近于工作记忆。于是后来很多研究者不断地改进该范式并将其广泛地应用于研究工作记忆和认知控制的机制。

2. N-back 范式的基本程序

N-back 范式要求被试将刚刚出现过的刺激与前面第n个刺激相比较，通过控制当前刺激与目标刺激间隔的刺激个数来操纵负荷。当n=1时，要求被试者比较当前刺激和与它相邻的前一个刺激；当n=2时，则比较当前刺激和与它前面隔一个位置上的刺激；当n=3时，要求比较的是当前刺激和它前面隔两个位置上的刺激，依此类推获得不同程度的任务难度。任务类型包括字母匹配任务，位置匹配任务和图形匹配任务三类。在位置匹配任务中，要求被试者判断两个刺激呈现的位置是否相同，而不管两者是否为同一个字母或图形；在字母或图形匹配任务中，则要求被试者判断两个刺激是否为同一字母或图形，而不管他们的呈现位置如何。该范式的优点在于将任务设计成在工作记忆上施加连续的，参数可变的负荷，而其他任务需要保持恒定。

下面以汉字和图形为材料的一个例子说明该范式的具体程序（蔡晓琳，2008）。汉字材料为常用字，图形材料为简单的二维图形，均为黑底白字。具体程序如下：每个试次开始时均有 15 s 适应期，屏幕中央出现“ + ”注视点，要求被试做好实验准备。汉字和图形记忆任务各分 8 个组块，0 – back 组块和 2 – back 组块间隔、循环出现 4 次。每个组块用时 30 s，内容包括 15 幅汉字/图形刺激，每个刺激呈现 2 s。第一秒呈现刺激，第二秒呈现注视点。其中 0 – back 任务作为对照任务，该任务事先指定一个汉字/图形，当该指定的汉字/图形出现时，做出按右手键反应；2 – back 任务要求被试判断当前出现的汉字/图形与之前相隔一幅的汉字/图形是否相同，若相同则按右手键（如图 14 – 30）。

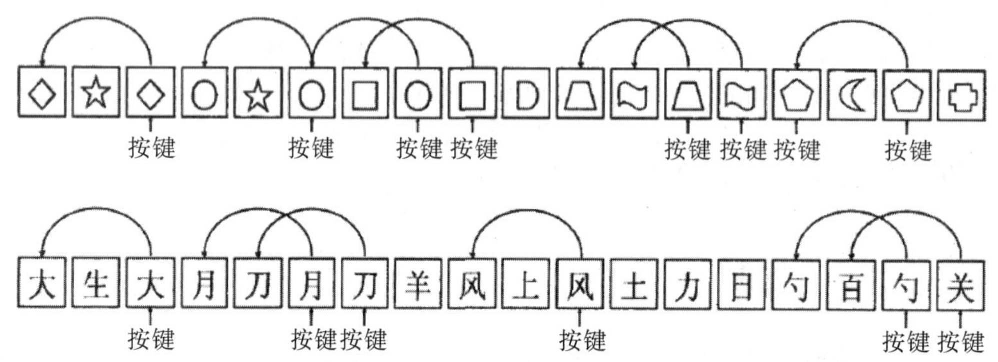

图 14 – 30　2 – back 汉字/图形工作记忆任务流程图

3. N-back 任务的变式及应用

在标准 N-back 任务中，不论 n 多大，其刺激呈现的位置都不随 n 的变化而发生改变。但 n 的取值不同，其加工过程也存在差异。当 n = 1 时，即 1 – back 任务，大部分用于研究工作记忆的认知加工；随着 n 的增加，任务复杂性增加，存储的容量也增大，会引入很多干扰加工，如序列加工、记忆负荷、策略效应等。迈克里（McElree, 2001）在一项经典研究中，采用一致性判断 N-back 任务，结果发现反应时在 n = 1 到 n = 2 之间有很大突变，揭示了注意焦点的容量只能是一个项目。脑成像研究表明，言语、空间、客体 N-back 任务激活的脑区在额叶和顶叶皮层上存在着很多重叠，具体包括在前运动皮层外侧、背外侧和腹外侧前额皮层、后顶皮层外侧等。但由于刺激编码存储的方式不同，在一些脑区变化上也出现了显著差异，显示了刺激类别的特殊性。

韦哈盖尔（Verhaeghen）等（2005）在探讨注意转换的年龄效用中，加入颜色和位置等外源性线索来标记刺激的相对位置，发展出了分列式 N-back 范式。在分列式 N-back 任务中，根据 n 不同，将刺激分为颜色、位置不同的 n 列。如 2 – back 任务，将刺激分成颜色、位置各不同的 2 列，一次只呈现一个刺激，第二个刺激呈现的位置在第一个刺激的右侧，并且颜色也不同；第三个刺激呈现的位置及颜色都和第一个刺激相同，第四个刺激呈现的位置及颜色和第二个刺激相同。依次类推，奇数次出现的刺激位置及颜色与第一个刺激相同，偶数次出现的刺激位置及颜色与第二个相同。从表面上看，2 – back 任务似乎就成了 2 个标准的 1 – back 任务。分列式可用于探讨注意聚焦机制。在注意转换加工中，反应时的转换代价无显著的年龄差异，但是正确率的转换代价有显著的年龄差异。标准的 N-back 任务与分列式的 N-back 任务对比研究发现，分列式任务通过外源性线索的提示在任务难度上下降了很多，并且从实质上降低了控制需求，使得注意转换代价明显降低；但是，注意聚焦之外的搜索加工以及年龄效应在两种任务中都无显著差异。

分列式 N-back 任务的主要特点就是通过颜色、位置等知觉特征提供的外源性线索来代替以时间知觉为特征的内源性线索，从而降低了控制加工的需求，使任务更简单。但其主要的加工机制与标准 N-back 相比没有太大改变。不过，由于加入了位置、颜色等因素，使得对刺激的知觉加工产生了特异性，导致了在脑科学研究中掺杂因刺激知觉表征差异而产生的脑区激活，使该范式的解释有所复杂化。

（二）错误记忆 DRM 范式

1. DRM 范式的含义

DRM 范式是一种用来研究错误记忆的实验范式，其核心特点是采用相关词的呈现来引发虚假回忆和虚假再认，全称是 Deese-Roediger-McDermott 范式。类似的范式还有类别联想研究范式。

勒迪格（Roediger）等（1995）使用与迪斯（Deese，1959）研究中相似的词表学习范式对错误记忆进行了考察。在实验中，他们向被试呈现由若干单词组成的词表，词表中所有项目均与某个最高关联词有关，但该高关联词在学习阶段并不呈现。在学习阶段之后，让被试进行即时回忆测验和再认测验。结果发现，被试在即时回忆测验中有 40% 的概率错误地报告了这些高关联词。它们被报告的概率甚至超过了一半呈现过的单词，并伴随着较高程度的自信。在再认测验中同样发现了对未学习过的高关联词的较高虚报率。它们几乎接近学过词的击中率。甚至被试还报告说他们记得这些词曾经呈现过，甚至声称能够回忆出这些高关联词当初呈现时的细节。这样便验证了呈现关联词表导致高错误回忆率的现象，揭示了显著的错误记忆效应。

2. DRM 范式的基本程序

经典的 DRM 范式中包括 36 个词表，每个词表由一个未呈现的目标词（也被称作关键诱饵，如寒冷），和与它相联系的 15 个学习项目（如冬天、冰雪、霜冻、感冒、发抖等）组成。由于词表中每个项目均与一个未呈现过的关键诱饵产生联想，因此 DRM 范式也被称为集中联想研究范式（converging associate paradigm）。DRM 范式的基本逻辑是：人类的记忆是有关联的，如果两个事件有语义相关，那么加工一个事件的同时就会激活另一个事件。

下面以郭秀艳等（2004）的研究为例，说明 DRM 范式的具体程序。他们从经典 DRM 范式的 18 个学习序列中选出学习材料，并做了适当的修改，且通过预测检验了材料的可信度。每个学习序列由 12 个词构成，都与同一个关键诱饵产生联想，并按照与关键诱饵的联想程度由高到低排列。测验材料共 12 个序列，每个序列由 6 个词组成，呈现次序为：前面 3 个为学过的词，分别取自学习序列中的第 1、8 和 10 位置；中间 1 个为未学过的有关联的词；然后 1 个未学过的无关联的词；最后 1 个为关键诱饵。这个研究采用了 3×4×3 混合设计。自变量 1 为学习程度，分为三个水平：低（学习材料呈现 1 遍）、中（学习材料呈现 3 遍）和高（学习材料呈现 6 遍）。自变量 2 为关联性，分为低（无关项目）、中（有关项目）、高（关键诱饵）三个水平。自变量 3 为间隔时间，分为 0、0.5、1 和 2 小时共四个水平。因变量为错误再认率。其计算公式为：（被认为是“旧的”的未学过项目的总数/未学过项目的总数）×100%。

整个实验分为学习阶段和测验阶段两部分。学习阶段先向被试呈现指导语。随后词组相继呈现在屏幕中央，呈现时间为 2 s，间隔 0 s。一个序列学习完毕后休息 10 s，然后进入下一个序列，直到所有序列全部学完。学习阶段结束后，进行再认测验。指导语为：“下面将进行再认测验。如果你认为下面呈现的词是刚才学习过的，即是‘旧的’，请按‘0’键；如果是刚才没有学习过的，即是‘新的’，请按‘1’键。如果记不清楚，可以猜测，但千万不要少按或多按!”前后两个序列呈现的间隔时间为 2 s。再认测验分别在 0、0.5、1 和 2 h 后进行。根据间隔时间的长短，给被试安排相应的活动，以防止复述和回忆。每个被试共进行 4 次测验，所使用的测验材料和指导语相同。

结果发现，错误记忆随着学习程度的增加而降低；关联性高低是引发错误记忆的重要变量，高关联下错误再认率高；错误记忆未表现出时间上的衰退效应，一旦产生后极其顽固，可能更多地受无意识加工的影响。

3. DRM 范式的变式及应用

随着研究的发展，DRM 范式已经在经典版本上有了很多进展。曲折等（2010）由研究词语语义关联转向研究汉字音节相同是否会诱发错误记忆。他们从《汉字属性字典》中选取了 4 个字表，每个表由 9 个音节相同的汉字组成。各字表内的汉字在字形上差异很大。经 8 名被试评估，各字表内 9 个字之间的字形相似程度平均仅为 7%，相互间也没有语义上的联系。从每个字表中抽取一个字频居于中间水平的字作为诱饵字，剩余的 32 个字组成了 8×4 的学习字表，以此作为实验材料进行 DRM 范式。他们的研究结果显示，汉字语音关联可以诱发明显的错误记忆现象，但其效应比前人发现的语义关联性错误记忆效应要弱，且不随汉字语音相似性的增加而增加。

（三）提取诱发遗忘范式

1. 提取诱发遗忘范式的含义

提取诱发遗忘（retrieval-iduced forgetting，RIF）是指在回忆部分记忆材料的时候往往会导致其他相关记忆材料的回忆量降低。安德森等（2000）指出在信息提取过程中，记忆项目间会相互干扰，这种相互干扰会诱发一个抑制过程，凸显目标项目的同时压抑其他竞争项目，最终导致这些项目被遗忘。这种遗忘不需要外显的指示遗忘的线索，是记忆行为本身固有的性质。该范式包括三个成分：①线索表征，即由线索开始进行记忆搜索；②一个或更多的目标表征，记忆搜索到此结束；③联结纽带——通过这种联结纽带，目标表征和线索表征建立联系。类似的范式还有定向遗忘范式、Think/No-think 范式。

提取诱发遗忘范式是用来研究记忆中的抑制机制的有效手段。安德森等认为，记忆提取的本质也是一个选择性注意过程。视觉选择性注意可以叫作知觉性注意

(perceptual attention)，而记忆提取中的选择性注意是概念性注意（conceptual attention）。提取诱发遗忘范式就是用来研究概念性注意中的抑制机制的经典实验任务。

2. 提取诱发遗忘范式的基本程序

提取诱发遗忘范式分为三阶段：学习阶段、提取练习阶段和测验阶段。在学习阶段，被试学习几种类别样例词对，以“类别名称—样例”的形式呈现，如“Fruit-apple”等。在提取练习阶段，反复进行提取练习作业。具体做法是，从全部类别中选择出一半类别，再从这些类别所组成的“类别名称—样例”词对中选择出一半进行线索提取。形式仍是呈现词对，如“Fruit-ap_ _ _ ”，要求被试根据这些线索回忆出完整的样例单词。通过实验安排，所有学习材料被分为三大类：一类是进行过提取练习的词对（如“Fruit-apple”等，记为 Rp +）；一类是与 Rp + 属于相同类别但样例未进行提取练习的词对（如“Fruit-pear”等，记为 Rp -）；第三类是类别和样例都没有进行提取练习的词对（记为 Nrp），又称为基线类别。如图 14 - 31 所示。在最后的测验阶段，向被试呈现每个类别名称，要求被试回忆出在实验过程中见过的所有样例项目。

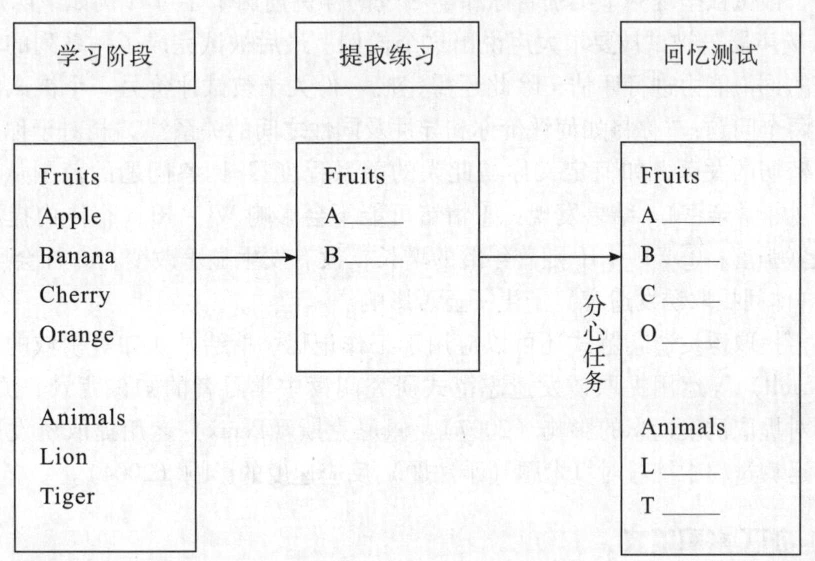

图 14 - 31　提取诱发遗忘范式的实验程序

3. 提取诱发遗忘范式的应用

巴伯（Barber）等（2012）人探讨情感、年龄和社会因素和 RIF 之间的关系。该研究探讨年龄和情感的独立及交互作用对 WI - RIF（个体内的提取诱发遗忘）和 SS - RIF（群体的提取诱发遗忘）的影响。在整个生命周期中，人与他人回忆过去的情感事件。想象一下，例如，朋友团聚，在第 50 届的高中同学聚会，讨论他们的童年经历或悲伤、分享美好的回忆等。虽然这些共享的谈话可能导致好处，如分享过去一起生活美好的回忆，但也可能存在回忆时的沉默，即不能够提取过去的记忆。有研究表明，当人们有选择地记得事件的一些细节的同时，会在不经意间忘记其他细节。这就是提取诱发遗忘（RIF）。

研究项目包括的6个类别列表，每个列表有10个样例。特征之间的相似性的典范最小化，尽可能增加RIF的程度。每一个样例都有一个匹配的图片。该图片是积极的、中性的或消极的。样例出现时，会伴随有情绪化得或中性的图片。例如，在图片的样例铅笔所属的类别“木匠的工具”，同样经常一个女人与一个铅笔她的耳朵后面（中性图片）和一个男人用铅笔突出一个颈部刺伤伤口（消极图片）。同样，图片的样例马（所属类别“四足动物”）也同样往往是一个牵马的牛仔（中性图片）和一个孩子与一个可爱的小马（积极图片）。要明确，示例图片不会由同情绪图片组成，一般为情绪化（积极或消极）和中性。

在实验开始时，对被试的年龄、性别、教育背景进行人口学统计，并让被试回答了与健康有关的问题。学习阶段要求被试学习每个类别呈现的每一个样例。他们被告知一些照片将是情绪化的。随后随机向被试呈现6个类别，每次呈现类别和一个样例，时间为6 s。在测试阶段中，2个被试中的1个被试被随机选择为“扬声器”，并完成记忆测试，另1个参与者担任“监听器”，任务为仔细观察“扬声器”被试的反应。在这个测试中，被试被呈现一个类别名称和学习过的样例前两个字母（例如，四足动物 ho ____）。“扬声器”被试被要求大声说出这个样例。最后被试完成了一系列的调查问卷以对他们的词汇能力进行评估，除此还需完成一份关于被试评价另一个被试的评价问卷，包括两个问题：“你将如何评价你和异性及同性之间的关系?”“相对于你所知道的其他人的密切的关系，如何定义你与此人的关系程度?”回答问题的范围从1（非常远）到7（非常亲密）。结果发现：①情绪可能不会影响WI - RI（个体内提取诱发遗忘）的关联强度；②WI - RIF随着年龄的增长，没有发生显著改变；③社会因素对SS - RIF（群体间提取诱发遗忘）产生了显著影响。

此外，提取诱发遗忘范式还可以应用于工作记忆、情绪及认知等领域的研究。卡罗尔（Carroll）等运用提取诱发遗忘范式研究阅读中学习者的知识背景、测试类型、学习判断对提取诱发遗忘的影响（2007）。佩尼克斯（Penix）运用提取诱发遗忘范式研究数学运算过程中练习对算术题（乘法题）反应速度的影响（2004）。

（四）加工水平范式

1. 加工水平范式的含义

加工水平范式是一种用来揭示信息加工的深度对认知过程影响的实验技术。这种技术一般用于操纵自变量，即使被试对实验材料在不同的水平上进行加工，进而比较不同加工水平对因变量的影响。加工水平范式最早在记忆研究中由克雷克（Craik）等（1972）提出，在不同记忆现象的区别与共性的研究中发挥了重要作用。如在内隐记忆研究中，研究者为了比较间接测验和直接测验所反映的记忆过程的不同，大量采用了加工水平范式以考察不同的测验是否存在不同的加工水平效应。加工水平范式可灵活地与各种实验任务相结合，所以应用范围也非常广泛，是认知心理学中的经典实验技术之一。

2. 加工水平范式的基本逻辑

加工水平范式的基本思想是：在认知加工的信息编码阶段，由主试引导被试注意实验材料的形、音、义等不同层面的信息，从而使其对这些材料进行由浅到深的不同水平的加工，进而考察被试在该认知任务上的加工水平效应，即由不同的加工水平导致不同认知操作成绩的现象。加工水平的操纵方法通常为：如果实验材料为英文单词，则在浅加工条件下，可要求被试对所呈现单词的字母个数进行计数，即进行词形水平的加工；在中等加工水平条件下，可要求被试分辨所呈现词的元音的个数，即进行语音水平的加工；在深加工条件下，可要求被试对刺激词所表达的愉快程度进行计分排序，或者要求被试解释刺激词的含义，或者要求被试根据提示自己生成刺激词，这种加工属于语义水平上的加工。如果实验材料为中文字词，则字形水平的加工可要求被试辨别字形结构，如上下结构、左右结构、包围结构等，也可以让被试数字词的笔画数；语音水平加工要求被试判断目标字与另外一个字是否押韵，如“松”与“东”是否押韵；语义水平加工可让被试对字词进行归类，如归为动物类还是植物类，当然也可以进行情绪评定或根据提示生成。

3. 加工水平范式的应用

内隐记忆研究中有关实验性分离的许多研究都采用了加工水平范式。如雅各比（1983）考察了加工水平对间接测验和直接测验的影响。实验让被试在三种条件下学习反义词，条件一为无上下文，被试看到“xxx—冷”而大声说出“冷”字，要求加工冷字的字形；条件二为有上下文，被试看到“热—冷”并大声读出冷字，要求加工冷字的意义；条件三为生成条件，被试看到“热—???”而要求被试说出“冷”字，要求被试既加工字形，又加工意义。三种条件下的各一半被试接受再认测验，一半接受知觉辨认测验。结果发现，在再认测验中，生成条件下击中概率最高，有上下文关系条件次之，无上下关系最差；而在知觉辨认测验中，无上下文关系条件下击中概率最高，有上下文关系条件次之，生成条件最差。加工水平效应在两种类型的测验上出现了交叉双重分离。同一变量在两类测验中表现出了不同的结果，说明这两类测验彼此不相同，可能是由两种加工方式的差异造成的。克雷克（1987）有关再认和补笔任务的双重分离研究也采用了加工水平范式。该研究对加工水平的控制通过事先的提问实现。如在听觉浅加工条件下，先给被试提出如下问题“下面这些单词是双字节词吗”，然后要求被试对20个单词进行回答，不告诉他们随后对这些单词的记忆情况要进行测验。在视觉浅加工条件下，给被试提出的问题是“下面这些单词中有字母E吗”；在深加工条件下所提的问题是“下面这些单词所代表的事物在中国能找到吗”。被试回答完问题后在没被事先告知的情况下进行再认测验和补笔测验。结果发现，深加工条件下的再认成绩优于浅加工条件，加工水平对补笔测验中的启动效应无显著影响。

加工水平范式在其他研究领域的应用也比较多。如在“过程分离范式”部分介绍的张亚旭等（1997）关于选择性注意中意识与无意识过程分离的研究中也引入了加工水平范式。该研究在浅加工水平条件下，要求被试判断目标字的字形结构；在深加工条件下，要求被试判断目标字属于动物范畴还是植物范畴。研究结果见前文。又如杨炯炯等（2001）在联想启动与知觉启动的比较研究中也运用了加工水平范式。该研究的深加工是要求被试对颜色词进行命名并判断对这种颜色的喜爱程度；浅加工是命名颜色并判断双字词中两个字的结构是否相同。结果发现，在颜色命名任务中，深、浅加工条件均可形成对颜色词的启动效应，但浅加工条件下的再认成绩明显低于深加工，出现联想启动与再认的分离现象。

（五）专家—新手范式

专家—新手范式是通过比较某一领域的专家和新手在不同认知操作上的差异，进而推断相关认知加工机制的实验模式。这种实验范式的基本逻辑是，专家已经具备某方面熟练的认知技能，而新手还不具备，那么通过二者的比较可以看出这种认知技能的形成涉及哪些认知机制的发展或训练。也有的研究只是把专家和新手看成具有不同经验水平的被试，通过二者的比较了解经验对认知机制的影响。如果通过象棋专家和新手在工作记忆容量上的差异，可以推知工作记忆容量不是固定不变的，而是可以随着经验的丰富得到显著的提高。专家与新手之间差异的研究具有重要的理论意义和实践意义。在理论上，通过二者的比较可了解认知机制在结构和功能上的发展特点；在实践上，可通过二者的差距，为新手成为专家提供有针对性的发展目标和提高途径。专家—新手范式的实验程序非常简单，主要就是被试的选择。在选择专家的过程中注意需要一些有说服力的硬性指标。如果选象棋专家做被试，那么这些专家应该在一些高级别的比赛中获得过高名次，如在全省比赛中排在前十名，或者有较高的专业级别，如专业六级以上。由于专家和新手的概念是非常泛化的，各个领域都有专家和新手，因此，专家—新手范式随着专家所擅长的技能的不同，可应用于多个领域的心理机制的研究，如专家记忆效应的研究、专家问题解决模式的研究、专家信息表征机制的研究和专家教学效能感的研究等。

下面以专家记忆效应和专家信息表征方式的研究为例，具体说明专家—新手范式在认知心理学中的应用。许多研究发现，专家在其擅长的领域中对有意义刺激表现出显著的记忆优势效应。如德格鲁特（DeGroot，1946）发现，向不同水平棋手短暂呈现实战棋局，然后要求其将刚才呈现的棋局重摆出来时，专家棋手能够准确地完成任务，而一般棋手则出现许多错误。人们在国际象棋、计算机程序和医疗诊断书等材料上也都发现了类似的效应。后来，一些研究者针对专家记忆优势效应提出了两种理论解释：一是模板理论，认为棋手通过研究对局，将许多模板或棋形存储于长时记忆中，可将与记忆材料对应的模板轻易提取出来；另一个是限制调节理论，认为专家之所以表现出优势效应，是由于他们能够抽取与目标关联的限制来建构刺激物。但是，有关随机棋局是否存在专家记忆优势效应是一个存在争论的问题。许多研究没发现随机刺激的专家效应，但戈贝尔（Gobel）等（1996）通过元分析发现了可靠的专家优势效应，并指出那些研究之所以没发现优势效应是因为统计检验力不够。杜建政等（2002）则指出，国外的研究基本都以国际象棋棋局作为实验刺激，而对国际象棋而言，任何棋子处于任何位置都是合法的，所以随机棋局和实战棋子之间的实质性差异不是非常显著，因而能发现专家效应也是比较正常的。为此，他们采用中国象棋棋局作为实验刺激进一步对专家优势效应进行了验证。被试12个棋手，其中高水平棋手6人，曾获省辖市中国象棋个人赛前16名，或市（地区）行业职工象棋个人赛前3名，等级称号为业余六级以上，相当于三级运动员，均为男性；低水平棋手6人，中国象棋爱好者，棋力与高水平棋手可差一马，均为男性，年龄与高水平棋手大体匹配。实验过程分为呈现阶段和测验阶段。呈现阶段首先用显示器呈现指导语，5 s后在视屏中央呈现一则棋局，呈现时间30 s，随后以同样大小的空白棋盘图像取代棋局，5 s后要求被试进行回忆测验。结果发现，随机棋局不存在专家记忆优势效应，并且模板理论比限制调节理论能更好地解释这种结果。

专家的问题表征，即专家对问题信息的理解与表达的方式，也是认知心理学的重要研究课题之一。以往的研究表明，专家比新手更重视有关知识范畴中较大的知识模块，并对任务形成较深层的表征。专家与新手的知识结构的中心概念也不同，专家的决策知识围绕界面层次关键概念呈网络结构，而新手的知识结构则呈链状。时勘等（1997）比较了广告设计专家、新手和生手的任务理解过程。被试为广告设计专家9人，均为全国第三届广告作品展的获奖者；新手20人，是中央工艺美术学院广告专业高年级学生，已学完有关广告设计的专业课程，并具备一些广告设计的实践经验；生手（外行）20人，北京农业工程大学低年级学生，无广告设计经验。结果发现，广告设计专家任务理解的总体思维结构要素主要包括信息提取、先期经验、算子、算子约束（即规则），各要素存在着依次递进和相互制约的关系。广告设计专家的任务理解的特征与新手、生手间存在着明显的差异，专家更注重从信息中提取关键信息，其先期经验更多地体现在设计对象的具体的、可操作的特征。此外，广告设计规则可能在专家头脑中已经内化，专家选择算子时对各种具体约束的考虑已趋于自动化。

国内还有很多研究者对其他领域的专家和新手的认知模式或心理特点进行比较。如梁宁建（1997）采用口语报告技术对专家和新手问题解决的认知活动差异进行了分析，发现二者在解决问题时有不同的编码程序，专家储存信息以组块化方式进行，并能熟练运用手段—目的分析策略，利用课题中信息向前解，能正确表征产生式；而新手在解决问题时较多进行盲目搜索，一般根据课题中的问题往回解，内部表征较零乱，具体细节多，速度慢。俞国良等（1999）则在教育心理方面研究了专家和新手教师在教学效能感、教学行为和教学监控能力方面的差异。可见，专家—新手范式的应用范围是非常广泛的，既能用于各种认知机制的研究，又能适用于各应用领域的比较研究。

五、决策实验任务范式

（一）爱荷华博弈范式

1. 爱荷华博弈范式的含义

爱荷华博弈任务是一种模拟现实决策情景的实验任务，是伴随着奖励和惩罚的模糊情景下的决策任务。神经科学研究发现腹内侧前额叶脑区损伤（ventromedial prefrontal cortex，VMPFC）患者的决策缺陷可能产生于他们的情绪情感缺陷，因为他们不再能够像正常个体一样利用情绪情感学习系统来预期决策可能带来的后果。为了验证该假设，达马西奥（Damasio）及其合作者贝沙拉（Bechara）等人（1994）设计了这种任务。

2. 爱荷华博弈范式的基本程序

爱荷华博弈范式以纸牌游戏的形式进行，包括4副纸牌，编号为A、B、C、D，每副有40张纸牌。收益方面，纸牌A、B每张收益100美元，纸牌C、D每张收益50美元。损失方面，纸牌A在每10次选择中损失总额为1 250美元，而另外一副“不利”（纸牌B）在10次选择中的损失分别为150、200、300和350美元，因此B纸牌在10次选择中损失总额同样为1 250美元。纸牌C在每10次选择中的损失总额为1 250美元，纸牌D在每10次选择中有5次50美元的损失，因而在10次选择中的损失总额为250美元。因此，从长远获益来说，A、B纸牌是“不利”纸牌，而C、D纸牌是“有利”纸牌。实验中要求被试者直接用鼠标点击呈现于屏幕上的4副纸牌中任意选择一张，试验共需选择100次，每20次选择为一区组，试验前不告诉被试者需要选择的次数，每次选择其中的一张纸牌，一旦选择了其中某张纸牌，该纸牌会被翻过来，同时在屏幕上显示选择该纸牌的收益和损失的数额。在试验开始时被试者拥有假设2 000美元的初始资金，每次选择后产生的收益和损失会被加到被试者所拥有的金钱总数中，在试验前被试者并不清楚与每副纸牌相关联的收益和损失的情况，而是在试验中通过自己的经验习得的。图14－32为爱荷华博弈任务实验图。

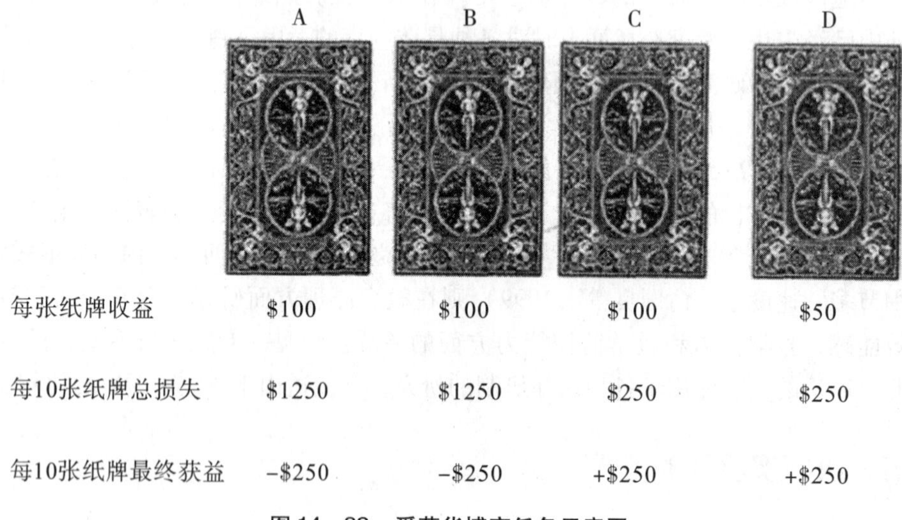

图14－32　爱荷华博弈任务示意图

最后的爱荷华博弈得分是采用被试者选择“有利”纸牌的数量，即净分数，是指被试者在每个模块中选择的“有利”牌的次数减去所选择的“不利”牌的次数，即净分数＝（C＋D）－（A＋B）。比较净分数及其在不同模块中的变化趋势，可以分析出被试者在收益，损失情境下的决策特点及其策略调整情况。

对爱荷华博弈任务的理论解释有多种。其中躯体细胞标记假说认为情绪是对特定情景中在大脑和身体的不同水平上发生的一系列复杂变化的表征和调节。当个体做决策时，来自外围系统的原始偏好信号就标记了我们对反应项的情绪反应，接下来对于需要给予反应的相同项目就会产生前面那种特定的情绪反应和身体状态，包括来自内脏、身体内部环境、骨骼和平滑肌的感觉。这些原始偏好信号既是它所表征的情绪反应的标识符，也是维持工作记忆和注意力的信号。在复杂和不确定的情景中，这些标记信号通过对反应项做情绪标记来帮助个体缩小推理空间。VMPFC 脑区损伤患者的决策失败就是因为他们的体细胞标记系统不能够被再激活，所以就不能够利用身体产生的情感偏好信号来评估不同的反应选项。患者在决策的时候只能够基于逻辑的利弊分析而不能利用以往的情感体验来引导他们远离不利的选择。而在有些不确定的决策情景中，这种单纯的利弊分析可能直接导致决策的失败，比如爱荷华赌博任务所模拟的情景。体细胞标记假说从理论上解释了 VMPFC 脑区损伤患者在爱荷华赌博任务和现实决策情景中的成绩表现，它突出强调了情绪情感在个体决策过程中对高级推理产生的非常重要的甚至不可缺少的辅助作用。

3. 爱荷华赌博任务的应用

贝沙拉等人（1994）用该范式对 VMPFC 脑区损伤患者和正常个体进行了研究。结果发现：VMPFC 损伤患者和控制组被试一开始都偏向于选择不利纸牌，即时提供的奖励更多但长远来看会导致净损失的纸牌。但经过数次选择之后，控制组的被试越来越倾向于选择有利纸牌，即时提供的奖励更少但长远来看会获得净收益的纸牌，而患者的行为则没有改变。贝沙拉等人指出，VMPFC 患者似乎只受眼前因素的支配，看不到严重的负面结果。博弈任务之所以被广泛地运用到考察情感决策能力中，主要因为在博弈任务中即时获得的大奖励和长远看的净损失、即时获得的小奖励和长远看的净收益之间显然形成了价值冲突和矛盾的情感体验，被试完成这种任务就是要对有价值冲突的选项做出选择。此外，这种任务所包含的得失对于被试而言具有很强的不确定性，很难用常规理性去计算，只能通过多次尝试进行模糊的归纳和判断，而其结果也只是一种倾向性的选择，因此体现了一种对情感冲突问题的主观决策。

徐四华（2012）以 84 名大学生为被试（网络成瘾和对照组被试各 42 名），采用感觉寻求量表和爱荷华赌博任务范式比较两组被试在感觉寻求水平和决策行为反应模式方面的差异。结果发现，与对照组被试相比，网络成瘾者的感觉寻求总分和去抑制、厌恶单调及寻求激动和惊险三个分量表得分显著更高，在 IGT 任务中优先选择收益和惩罚频率高的不利扑克牌，其冒险的决策策略并没有随着决策次数的增加而改变。这表明网络成瘾者的决策功能受损并表现出“即时收益优先”的决策模式和对强化物潜在风险的高耐受性，且具有跨时相的相对稳定性。

（二）最后通牒任务

1. 最后通牒任务的含义

最后通牒任务最早由古斯（Guth，1982）提出，主要用于探讨两个人之间的利益博弈。所谓最后通牒是指当谈判双方因某些问题纠缠不休时，其中处于有利地位的一方向对方提出最后交易条件，要么对方接受本方交易条件，要么本方退出谈判以此迫使对方让步的谈判策略。实验经济学家借用这一谈判术语是因为博弈双方只有一次机会，没有讨价还价的余地，和谈判中的最后通牒极其相似，故名“最后通牒博弈”实验。

由于最后通牒博弈实验结构简单意义明确，已经成为研究社会决策、公平行为等的有效工具。为什么分配者会提出相对公平的分配方案？为什么接受者会拒绝明显有失公平的方案呢？互惠利他理论、社会性偏好理论、社会效用理论、情绪理论等理论可以用来解释这些分配者和接受者的行为。同时，由于最后通牒博弈涉及人际交互，其决策必然会受到各种背景因素的影响。

2. 最后通牒任务的基本程序

该实验中两个人被随机分到一组，游戏者 1 和游戏者 2 随机地扮演提议者和响应者角色，提议者对于给定的 M 个初始筹码进行分配，比如给响应者 X 个筹码，响应者如果接受提议者的分配方案，此时提议者会得到（M－X）个筹码；如果响应者拒绝这种分配方案，则双方受益均为 0 个筹码。其主要流程如图 14－33 所示。

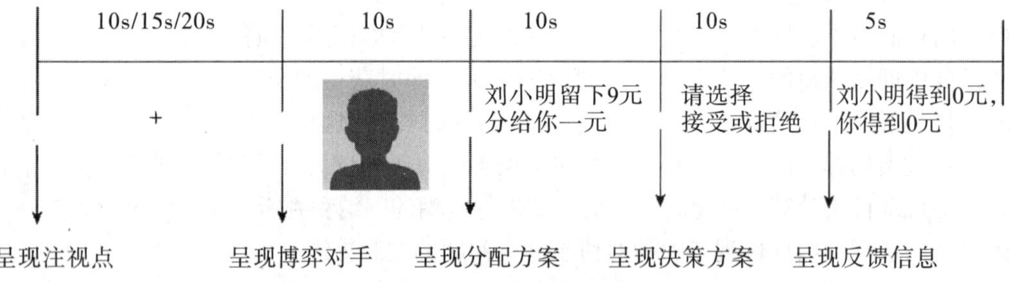

图 14－33　最后通牒博弈的实验流程

在这一实验条件下，博弈的理性经济人理论会做出以下假设：第一，分配者和接受者都是理性的，并且仅仅关心自己的收益；第二，分配者知道接受者是理性的，且只关心自己的收益。因此，很容易得出该实验的子博弈精练均衡结果：分配者将只愿意给接受者极少量的金钱，而把绝大部分据为己有，接受者也将接受这一提议。但在最后通牒博弈中人们的实际反应很少如理性经济人假设所预测的那样。典型的反应是：分配者会提出一个相对公平的分配方案。例如在古斯的研究中，超过 25% 的分配者提出了 50 : 50 均分的分配方案，多数给对方的份额界于总金额的 30% 和 40% 之间，低于 10% 的出价非常罕见。低于 30% 的出价常常会被拒绝，甚至要分配钱的总数由 10 元上升至

100 元时也是如此，50% 的接受者会拒绝 70：30 分配方案，即放弃 30 元的收入而惩罚不公平的分配者。随后的许多研究都发现了类似的结果。

3. 最后通牒博弈范式的变式与应用

（1）独裁者范式

独裁者任务（dictator game，DG）的分配者有权将一笔固定的资金或代币分配给接受方，分配者具有最终权力，无论接受者是否接受原方案，分配都按照分配者提出的方案进行，此时分配者俨然成了独裁者。采用这种范式可以考察在未受约束条件下，分配者是否只给接受者最少的出价，也可以考察在无能为力的条件下，接受者是否会做出拒绝反应。独裁者任务能够让个体不受互惠动机的影响而做出分配。在实际结果中，个体在 DG 中的决策还会受到社会性回报因素的影响，诸如责任意识、社会地位、友谊、尊重、自我形象等（Lerner & Tetlock，1999）。该任务中分配方通常将总额的 20% 左右分配给他人，利益分配者的出价虽然低，但却不为零，说明分配者仍存在一定的利他行为和公平感知（Camerer & Thaler，1995）。

因此，独裁者任务的实验范式通常被用来研究个体的利他行为、公平行为和亲社会行为水平（Martinsson et al.，2010）。如有研究者运用独裁者任务考察灾难对儿童利他及分享行为的影响，结果发现灾难中的年幼儿童的利他行为显著地少于非灾难的儿童（李一员等，2009）。有人利用独裁者游戏与社会价值取向任务发现，催产素与个体的利他行为有关（Israel et al.，2008）。

（2）多轮最后通牒博弈范式

在这种范式下，分配者和接受者可以进行讨价还价，也就是进行多次博弈，直至分配方案被接受或者博弈达到一定的次数（如 5 次）。有时随着博弈次数的增加，所要瓜分的金额总数会逐渐减少或者双方的权力大小不断发生变化甚至发生角色转换。这种范式可以考察博弈过程中双方所采取的策略变化，也可以考察随着博弈双方经验的增加，其行为是否更加符合理性经济人假设。

王益文和张振（2014）的研究探讨了群体身份调节最后通牒博弈的公平关注。群际互动是社会互动的一种重要形式，在人类社会发展中起着重要作用。已有的行为研究表明个体参与群际互动时，互动对象的群体身份会影响其心理加工和行为决策。实验中，15 名健康成人作为反应者与组内和组外提议者进行 UG 博弈，提议包括极端不公平、中等不公平或公平提议三种。最后的实验结果表明在群体互动情境下，互动成员的群体身份能够影响个体的早期注意资源分配和公平关注的加工。

最后通牒博弈实验范式主要应用于社会决策领域、经济领域、研究惩罚机制和公平感知的行为实验中。最后通牒博弈实验范式与其他范式相结合，可广泛应用于其他研究领域。

（三）囚徒困境范式

1. 囚徒困境范式的含义

囚徒困境是博弈论的非零和博弈中最具代表性的例子之一。它反映的是个人的而非团体的最佳选择。

囚徒困境可简要叙述如下：两个人共同犯罪时被警察抓获，分别被关在两个独立的不能互通信息的牢房里接受审讯。在这种情况下，他们面临两个选择：坦白或者保持沉默（也就是不坦白）。他们被告知：①如果他们中的一个嫌疑犯坦白而另一个没有坦白，那么坦白者将被无罪释放，而拒不坦白者要被判 10 年的有期徒刑；②如果两个人都坦白，那么两人都被判刑 5 年；③如果两人都不坦白，则两人都各判 1 年。

表 14－2　囚徒困境的支付矩阵

囚徒	A 沉默	A 坦白
B 沉默	各判 1 年有期徒刑	B 判有期徒刑 10 年，A 立即释放
B 坦白	A 判刑 10 年，B 立即释放	各判 5 年

囚徒困境的主旨为：虽然两个犯罪嫌疑人保持沉默，对两个人来说是最佳的选择，可以实现利益最大化。但在信息不通的情况下，出卖同伙可以为自己带来利益，同时又面临被同伙出卖而招致更大惩罚的风险。因此彼此出卖虽然违反了最佳的共同利益，反而成了他们的最优选择。在多次进行的囚徒困境游戏中，玩家表现出比预期中更多的信任，发生相互合作的概率是 50%。

囚徒困境中的前提假设是：①每个局中人都知道“博弈规则”和“博弈结果”的支付矩阵；②每个局中人都是理性的，而这里的所谓“理性”是指只要给出两种选择策略，他将总是选择对他更有利的那个策略；③局中人之间是相互隔离不能“串通”以及“结盟”的。

2. 囚徒困境范式的实验程序

以孙昕怡等（2009）的研究为例，实验采用 2×9 混合设计，描述方式为被试间变量，分别是趋向描述（获得加分）和回避描述（获得扣分）；合作指数为被试内变量，共有 0.1 到 0.9 的九个等级，因变量为被试在囚徒困境博弈中的平均合作率，即在 72 次博弈中选择合作选项的比率。

具体实验流程为：被试进入单独房间进行实验，面对电脑屏幕并读懂游戏规则，不同描述组的被试阅读的游戏规则不同。告知“趋向”描述组被试的游戏规则为：你和另一个人一起做游戏，他是和你同年龄的陌生人。游戏开始时，你看到屏幕上会出现“+”，提示你新一轮游戏的开始。之后会出现一个表格，红色代表你（1 号选手），绿色代表你的对手（2 号选手）。你们每个人都有 A 和 B 两个选项，表中的数字表示你们各自选项所得的分数，共四种情况。你们两人都选 A 各得 3 分，两人都选 B 各得 2 分，一人选 A 一人选 B，则选 A 的得 1 分，选 B 的得 4 分。你的任务就是让自己得更多的分数，不需管对手到底得多少分。游戏结束后，根据你在游戏中的得分兑换相应的奖励。对“回避”描述组被试而言，游戏规则变为：你们两人都选 A 各扣 2 分，两人都选 B 各扣 3 分，一人选 A 一人选 B，则选 A 的扣 4 分，选 B 的扣 1 分，每个人最初有 5 000 分的原始分。

研究得到以下结论：①描述方式对儿童囚徒困境博弈中的合作行为有显著影响，表现为“回避”比“趋向”有更多的合作行为；而描述方式对成人则不存在影响。②儿童对合作指数不敏感，平均合作率显著高于成人，表现出合作的倾向；成人的平均合作率随着合作指数的升高而升高，但始终处于概率水平之下，表现出竞争的倾向。

3. 囚徒困境范式的变式及应用

通过适当的变形，囚徒困境实验范式可用于其他多种课题的研究，并且广泛地应用于多种研究领域。例如黄安永等（2008）运用囚徒困境模型解释了建筑企业之间的合作关系问题。结合建筑行业的特点，合作关系有助于双方取得共赢，且合作的实现有可能性和必要性。但从道德角度看来，企业双方在一次合作中选择背叛会给企业带来更丰厚的利润收入。由此看来，在背负道德风险的现实下，企业双方的合作共赢似乎不可能实现。然而，“重复囚徒困境”是一个更符合现实情境的模型。简单来说就是，建筑行业的企业间合作不仅仅发生在某两个企业之间。每一个企业都可能与不同的企业之间有合作关系，如果企业为了一次的利益而选择背叛合作方，那么与其他企业时则会遭到拒绝。反之，如果一直的合作关系都有很好的信誉，与其他企业的合作将会非常顺利与有保障。倘若整个行业之间形成了恶性竞争与习惯性背叛，行业低迷期则快速到来。

（四）延迟折扣范式

1. 延迟折扣范式的含义

延迟折扣（delay discounting），指的是事物的主观价值随着延迟时间的增长而下降的现象，又称时间折扣或者时间贴现（temporal discounting）（何嘉梅，黄希庭，2009）。延迟折扣最初用于经济学领域中描述人的行为选择。当行为选择中的选项只在一个维度上变化时，选择的结果较易预测。例如，两个奖赏只在数量维度上变化时，人们将会选择大奖赏而不是小奖赏。类似地，如果两个奖赏只在延迟时间上有变化，人们将会选择近的奖赏而不是远的奖赏。当选项不仅在一个维度上变化时，就需要对两个维度的信息进行权衡。例如，当一个人面临一个小的但是能很快得到的奖赏和一个大的但得到的时间较晚的奖赏时，人将怎样做出选择呢？关键在于个体如何在这些维度上进行权衡。

高折扣说明事物在个体心目中的价值打了较大折扣，也就是说，随着时间的增长，个体更倾向于选择眼前利益、现时奖赏而非长远利益、延时奖赏。而低折扣与之相反，虽然延时奖赏需要个体耐心等待才能得到，但它的价值并未随着延迟时间增长而锐减，只是出现了较小幅度的减少。

2. 延迟折扣范式的实验程序

心理学中延迟折扣的实验程序与心理物理学实验中的最小变化法相似。为了用实验法评估不同的折扣函数，1991 年拉克林（Rachlin）发展出了一个心理学程序（见图 14－34）。被试在虚拟的金钱奖赏间进行选择：一个可以现在得到的小奖赏和一个延迟一段时间后才可以得到的大奖赏（如，现在得到 25 元与一个月之后得到 100 元）。如果被试选择大奖赏，那么近的奖赏的数量逐渐增加，直到被试选择了小奖赏。为了控制顺序效应，最初呈现的小奖赏的数额接近于大奖赏，这时被试会选择小奖赏，将小奖赏的数量逐渐减小，直到被试选择了大奖赏，选择偏好发生反转的那一点的小奖赏数量的平均值则是延迟奖赏的主观价值。延迟奖赏的主观价值在一系列不同的延迟时间下进行估计，最后描绘出一个折扣函数。采用类似程序的大量的研究发现，描述折扣过程符合双曲线函数。如格林（Green，1994）的研究发现，双曲线函数与数据的拟合度 R 为 93.7%。除此之外，奖赏物不同，如真实的金钱奖赏、健康、自由等也皆发现数据符合双曲线函数。

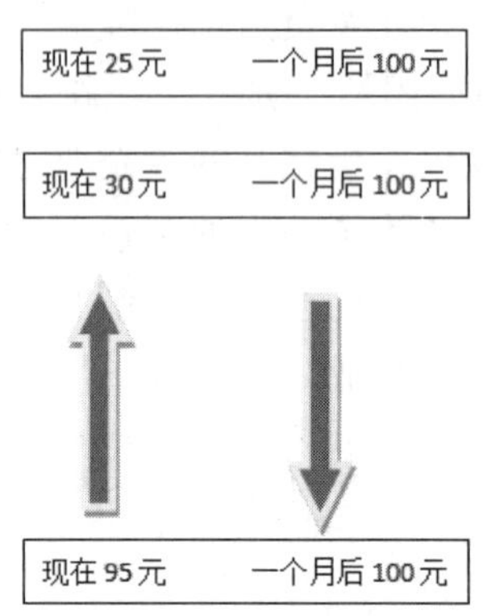

图 14－34　延迟折扣的实验流程

延迟折扣范式通常通过匹配法（match）和选择法（choice）来实现。

匹配法实际上是一种主观价值等价匹配范式，是让被试确定某一未来时间点结果在另一未来时间点上的主观价值等价结果。如“当前 100 元相当于 1 年后的多少元”。匹配法是最为简单的一种研究方法，可以快速地获得被试的主观价值相等点，即无差别点，并且可以减低锚定效应的影响。无差别点对应的价值便是延迟强化物的主观价值，将该时间间隔下得到的无差别点代入到双曲线模型中，便可计算出个体的延迟折扣率，进而对延迟折扣进行定量分析。

选择法是指在实验材料中，向被试呈现一系列刺激大小和兑现时间不相同的两种刺激，让他们在这两者之间做出选择。例如，如果被试不选择“现在得到 300 元”而是选择“10 年后得到 7 700 元”，那么下一次则让他在“现在得到 300 元”与“10 年后得到 1 750 元”之间选择，如果选择前者，则下次再在“现在得到 300 元”与“10 年后得到 6 500 元”之间选择，以此类推，记录下被试的选择偏好改变，即从即时选择偏转到延时选择的拐点。这种方法从刺激数量大小两个方向逐渐接近被试的无差别点，因而国外有学者将这种方法形象地比喻为多级阶梯法（Hardisty，Thompson，Krantz & Weber，2010）。

3. 延迟折扣范式的实验指标

（1）领域效应

根据延迟折扣所涉及的领域不同，延迟折扣表现出领域的差异性。对同一个体来说，不同类别的事物，其价值随时间的延迟，下降速率不同。查普曼（Chapman）等（1995）通过对金钱、假期、健康收益的延迟折扣进行比较，发现健康收益的折扣率更高，也就是说，未来的健康在人们心目中的价值较低，不被重视。索曼（Soman，1998）在一项研究中发现，时间和精力比金钱更容易打折扣。吴顺领（2006）指出，人们对时间的折扣率要远远超过金钱的折扣率。不同领域的延迟折扣情况缺少定论，但通过分析已有研究可以清晰地看到，物质依赖者对成瘾物质（酒精、海洛因）的折扣显著高于其他事物，即使是对于处于不同戒除时相的戒除者来说，面对成瘾物质时也难以抵挡其诱惑。

(2) *标记效应*

由于事情的结果不同，可能会唤起个体不同情绪，比如令人悲伤的结果比令人愉快的结果对个体产生的影响更大，根据结果是收益还是损失，个体延迟折扣率产生差异，这就是标记效应（sign effect）。标记效应可能是由于神经生理差异导致。在考察获得和损失情境下个体的神经机制时发现，不同情境导致了不同脑区活跃性的差异（Xu等，2009）。当选择即时奖赏时后束状带皮质与中央前额叶皮质活跃，而即时损失导致额外区域包括前束状带皮质、脑岛和前脑回更活跃。而侧前额皮质和后侧壁区域在获得和损失折扣下存在活动，但在损失条件下活动更强。脑岛、丘脑和背侧纹状体在损失的折扣中更活跃。大多数研究都证实了获益情况下折扣率高于损失情况的观点。

(3) *数量效应*

延迟折扣中延时奖赏金额的大小也会影响延迟折扣率，但是数量效应的方向并未得出一致结论。现有研究主要有以下三种发现：①小数额的延迟折扣率大于大数额。塞勒（Thaler，1981）的研究发现，比较即时奖赏 15 元和 1 年后的 60 元，即时奖赏 250 元和 1 年后的 350 元，即时奖赏 3 000 元和 1 年后的 4 000 元时发现，折扣率分别为 139%、34%、29%。萨拉（Sara）（2006）通过对不同数额的延迟折扣实验发现，获益情况下，延迟金额越大，折扣率越小。②有时小数额的延迟折扣率小于大数额。在比较海洛因戒除者与正常被试的延迟折扣率时发现，前者的延迟折扣率随着数额增加而提高（张峰，2008）。另外，在损失情境中，也出现了同样情况（Estle et al.，2006）。③无论是损失还是收益，在动物实验中，都未发现数量效应（Britton et al.，2006）。

这些年来，将折扣观点应用于行为选择中的实验研究越来越多，这种研究取向能够应用于普通心理学以及诸如自我控制、冲动等临床心理学的研究课题中，还可以应用于管理、生涯决策等应用领域中。

六、情绪实验任务范式

（一）情绪诱发技术

1. 情绪诱发技术概述

在 20 世纪 70 年代，心理学研究者发现，个体的情绪状态对其认知过程存在非常明显的影响。从此，情绪和认知的关系迅速成了心理学家研究的热点，经过几十年来众多研究者的研究，目前已经逐渐形成了一系列较为系统的情绪诱发方法。有别于正常状态下的激发性情绪，情绪诱发技术是使用特殊的情绪诱发程序、在实验室里诱发被试的典型情绪的一种系统的控制性的研究手段，其情绪诱发技术在心理学界也因此被冠之以“情绪诱发程序”这一术语，简称MIPS。根据情绪的认知理论，情绪产生的基本程序为：情境刺激—评估—情绪。情绪诱发技术主要应用于认知加工、情绪调节等方面的研究，近年来的神经成像研究成为一个研究趋势。

2. 情绪诱发技术的基本程序

实验性情绪诱发程序包含以下几个方面内容：

（1）诱发材料

国外研究学者起初的时候常采使用图片、文字、声音、影片等作为诱发材料，国内引进这项技术之后做了许多的修正和改良。如罗跃嘉等（2005）人建立了情境图片、面孔、汉字和声音四个系列组成的中国情感刺激材料库。

（2）诱发方式

常用的诱发方式有：①通过假定的实验情境，使被试受其感染，诱发特定的情绪；②面部肌肉反馈技术，让被试按照要求控制自己的面部肌肉，诱发特定情绪；③通过催眠或想象诱发情绪；通过音乐诱发情绪；通过嗅觉诱发特定情绪；通过影像或照片诱发特定情绪来诱发情绪。

（3）测量方法

①量表法，包括情绪自我报告、任务执行程度报告等；②面部表情分析法；③生理记录法，包括脑电图（EEG）、皮肤电、事件相关电位技术（ERP）、正电子发射断层技术（PET）、功能磁共振（fMRI）等。

（4）评价标准

情绪评定的标准关系到诱发情绪的刺激材料类型、被试实际的情绪体验等。目前主要存在两种标准：基本情绪论和情绪维度论。例如，当采用自我报告的情绪测评方式时，研究者按照两个维度进行情绪分类：①效价（valence）或者愉悦度（pleasure），可分为积极和消极，其理论基础是正负情绪的分离激活；②唤醒度（arousal）或者激活度（activation），可分为高、低两个水平，指与情感状态相联系的机体能量激活的程度，唤醒的作用是调动机体的机能，为行动做准备。

3. 具体诱发方法

（1）自传体回忆诱发法

自传体记忆（autobiographical memory），是个体对其个人生活事件的记忆，是与自我经验相连的信息的存储和提取过程，与记忆的自我体验紧密相连。通俗地讲，自传体记忆是关于自己的记忆，具有自我参照性。利用自传体回忆的方法诱发相应的情绪是通过指导被试回忆自己曾经经历过的某种情绪事件，比如回忆目前为止最让自己感到愉快的事情，并向主试讲述这件事情，以此来诱发被试相应的情绪（Phillips, Bull, Adams & Fraser, 2002）。利用这种方法诱发的情绪具有比较高的生态效度，但是每个被试所体验到的情绪强度可能是不相同的。

(2) 情绪词诱发法

语言是人类特有的一种心理机能，利用这一特点，可以通过给被试呈现情绪词的方法来诱导被试产生相应的情绪。比如，给被试呈现一系列积极情绪词汇（欢快、大方、芬芳、表扬……）可以诱发被试的积极情绪；给被试呈现一系列消极情绪的词汇（乞丐、小偷、凶手、厌恶、自杀……）可以诱发被试的消极情绪；给被试呈现一系列中性词汇（课桌、电脑、房间……）则可以诱发被试的中性情绪。国内外均已形成了比较完善的标准情绪词语材料库。例如，由美国国立精神卫生研究所（National Institute of Mental Health，NIMH）研发的英语情感词系统（Affective Norms for English Words，ANEW，1999）以及由罗跃嘉等人编制的汉语情感词系统（Chinese Affective Words System，CAWS）（王一牛等，2008）。汉语情感词系统中提供了名词、动词、形容词各500 个，所有的词汇均从效价、唤醒度、优势度、熟悉度、具体性、词频等维度进行了9 点量表的评定。实验者可根据自己的实验需要从中选取相应的词汇诱发相应的情绪。

(3) 图片诱发法

图片所含的信息比较丰富，情绪图片也能有效的诱发被试相应的情绪，情绪场景和情绪面孔图片均可作为诱发情绪的材料，且目前由美国情绪与注意研究中心开发的国际情绪图片库（International Affective Picture System，简称 lAPS）以及由罗跃嘉等人开发的中国情绪图片库（Chinese Affective Picture System，简称 CAPS）中的图片在效价、唤醒度和优势度维度上均经过了标准化的评定。研究者可以根据自己研究的需要，在两个图库中选择相应的符合研究目的的图片来诱发被试相应的情绪。因此，用情绪图片诱发情绪的方法被广泛使用（Taylor & Therrien，2008；王敬欣等，2013）。

(4) 影片诱发法

影片材料包含视觉、听觉等多通道的信息，其诱发的情绪也更具生态效度。罗跃嘉等人（2010）编制并评定了中国情绪影像材料库，该库包含诱发快乐、悲伤、厌恶、愤怒、恐惧和中性六种情绪的影像片段，每段影片在情绪类型、情绪效价和主成分分析抽取的因子三个指标上均进行了评定。每种情绪又在强度和离散性两个标准上进行了评定。研究者可以根据自己研究的需要选择相应的影片来诱发被试相应的情绪。

(5) 情境诱发法

情境诱发指的是由主试安排一定的现场活动，被试通过想象或者与实验助手互动交流，通过完成该活动来诱发相应的情绪。比如，通过要求被试想象接下来要在重要的公众场合发表演讲，并给予短暂的准备时间，以此来诱发被试的焦虑情绪。此类情绪诱发的方法所诱发的情绪具有较高的生态效度（Mitchell & Phillips，2007）。

4. 情绪诱发技术的应用

白学军等人（2012）利用心理生理实验法，通过将情绪抑制操作引入最后通牒博弈实验范式，探讨负性情绪抑制的主观情绪体验、生理反应及其对社会决策行为的影响。此实验选取40名大学生作为被试，其基本程序是这样的：首先给被试连接上记录生理反应的传感器，然后让被试填写情绪评定量表一，在平静和放松的状态下，并持续采集被试生理指标5 min，以此作为基线值。将被试随机分成情绪抑制组和自然观看组，使用情绪图片诱发被试负性情绪，通过指导语控制被试的情绪反应。观看来自中国情绪图片系统的负性图片10张，每张图片呈现10 s，间隔2 s。观看图片后，让被试填写情绪评定量表二；最后让被试进入通牒博弈任务，在实验过程中持续采集生理指标，直至实验结束。

实验结束后，会根据被试在实验中得到的资金数额分配不同价值的奖品。结果发现：①对负性情绪进行抑制没有减少被试相应的主观体验；情绪抑制导致被试皮肤电反应性增强；②负性情绪抑制的主观体验和生理反应不存在性别差异；③情绪抑制组被试在面对不公平的分配方案时，更倾向于做出不理智的决策行为，表明情绪抑制对回应者在博弈游戏中的行为产生影响。上述实验就是是一个利用负性图片来诱发负性情绪，然后研究它对决策的影响的一个实验。

（二）具身情绪控制范式

1. 具身情绪概述

美国心理学家威廉·詹姆斯（Willian James）曾指出，“我们并不是因为悲伤、愤怒或恐惧而哭泣、进攻或颤抖；相反，哭泣因而感觉悲伤，……颤抖，因而感觉害怕”。詹姆斯的观点和丹麦生理学家卡尔·兰格（Carl Lange）提出的理论相似，被后人合称为詹姆斯—兰格理论，即情绪的外周理论。现代的具身情绪理论同样重视身体在情绪产生中的作用，与情绪外周理论有其一致性，但与情绪外周理论不同的是，现代的具身理论强调身心的协同作用，而不是因果关系，情绪与身体的关系并不是割裂的。

具身情绪的核心概念为情绪的感知、体验、表达、评价、调控等是与身体有着密切联系的过程。体验情绪、感知情绪刺激或者重新提取情绪记忆，都会唤醒高度重合的心理加工过程。对面部表情、肢体动作等与情绪表达密切相关身体部位的行为控制也会影响个体对情绪的感知、体验、表达、评价、调控。情绪信息接收者的身体表达如果与情绪发出者所传递的情绪信息相一致则能够促进或优化交流过程中的理解，而不一致的情况则会对情绪理解产生消极影响。

2. 表情控制范式

斯特拉克（Strack，1988）设计了精巧的实验来探究表情控制对情绪理解的影响。实验通过对被试的表情进行控制，一组被试用牙齿咬住钢笔，使其处于笑的表情，另一组被试用嘴唇含住钢笔，处于不能笑的表情状态，要求两组被试对呈现的卡通图片的搞笑程度进行评定，如图14－35。结果表明，处于笑的表情状态的被试组，对图片搞笑程度的评分显著高于无法笑的被试组。之后的研究者使用了一系列表情控制的技术，比如阅读原音（a，o，u），利用高尔夫球座控制皱眉肌的收缩等操纵被试的面部肌肉活动，并给被试呈现情绪性刺激，如搞笑图片、故事、悲伤的照片、视频等。

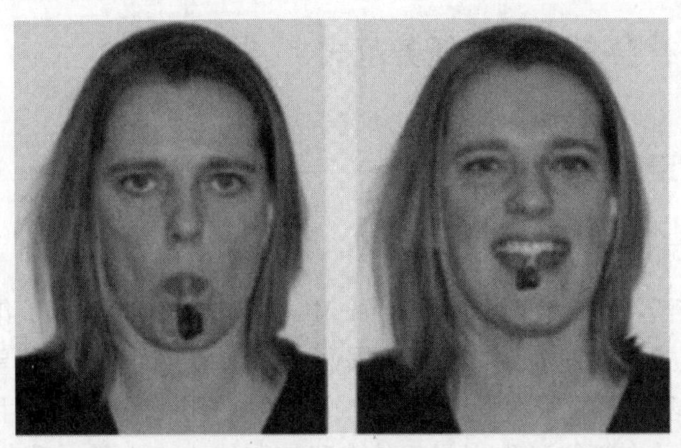

图 14－35　表情控制范式示意图

通过控制表情的实验范式，研究者对情绪语言、情绪知觉、情绪体验的具身化现象进行了研究。尼登塔尔（Niedenthal，2007）在实验中向被试呈现表达欢乐情绪事件和悲伤情绪事件的句子，被试在不同的表情控制条件下对句子的积极性进行判断。结果表明，笑的表情下，对愉快句子的判断快于对悲伤句子的判断；不笑的状态下，对悲伤句子的判断快于对愉快句子的判断。情绪知觉的具身化现象的研究中，尼登塔尔要求被试判断一系列表情由“高兴到悲伤”过度的起始点，即判断什么时候察觉到表情的变化，结果发现采用面部表情控制技术的被试组对表情变化的察觉明显慢于面部肌肉自由活动组。

3. 身体姿势控制范式

与情绪有关的躯体变化，对情绪可能也会产生影响。威尔斯（Wells）等人做了这样的实验：实验者告诉被试，这是一个测试耳机舒适度的实验，要测试平行转动头部（摇头）和垂直移动头部（点头）条件下耳机声音的质量。将被试分为3组，平行移动组、垂直移动组和不要移动的对照组。在测试中，被试先听到一段音乐，然后是广告商对这款耳机的推荐，最后是被试需要完成一份问卷，给耳机打分。结果发现，头部垂直移动，即点头的一组，对耳机的打分，要显著高于另外两组；而头部平行移动，即摇头的被试组，在打分上明显低于其他两组。

控制身体姿势的另一种实验范式是推拉杆实验。实验者在电脑屏幕上呈现能够引起积极或消极情绪反应的图片，图片呈现时，要求被试快速移动胸前的杠杆，移动方式有两种：一种是把杠杆推开，即模拟拒绝，厌恶的动作；一种是把杠杆拉向自己，即模拟喜爱，接纳的动作。结果表明：把杠杆从胸前推开的被试，对消极图片的反应时间显著小于对积极图片的反应时间；把杠杆拉向自己的被试，对积极图片的反应时明显小于消极图片的反应时。

七、人格与社会心理实验任务范式

（一）延迟满足范式

1. 延迟满足范式的含义

美国心理学家沃特尔·米歇尔（Walter Mischel）在20世纪70年代首次提出了自我延迟满足研究范式，并对延迟满足（delay of gratification）进行了单独定义。他认为"延迟满足"是心理成熟的一种表现，是指个体为了更有价值的长期目标而自愿放弃即时满足选择取向，并在等待过程中展现的自我控制能力，也就是我们平常所说的"忍耐"。研究发现，即时满足与人脑中的情绪中枢关系密切，而延迟满足则受控于抽象推理能力。因此，延迟满足往往是一个人心理成熟的表现，也是情商的重要构成成分。目前国内外多项研究表明，认知中的注意、思维、抽象认知、言语、元认知等五大因素都会影响幼儿的延迟满足能力；同时，社会环境对幼儿延迟满足的影响主要表现在榜样示范、家庭环境以及刺激情境上。

2. 延迟满足范式的变式与程序

延迟满足的研究主要都是采用实验的方法，伴有少数的问卷调查。由于对延迟满足的不同定义和看法，产生了不同的延迟满足研究范式，其中经典的研究范式包括自我延迟满足范式、外加延迟满足范式、礼物延迟范式和付款范式。

（1）自我延迟满足范式（self-imposed delay，SID）

自我延迟满足范式是20世纪70年代米歇尔设计的最早的一种经典范式，因此研究者又把它称为米歇尔范式。该范式具体包括延迟选择、延迟维持两个阶段。在第一阶段中，被试基于更有价值的长远目标而放弃当下的即时满足。其基本程序为：实验者向被试呈现数量不等或价值不等的两个奖励物（如一块糖和一包糖），让被试在奖励物中做出偏好选择。在第二阶段中，被试必须对其做出的延迟满足抉择进行维持，直至达到最终目标。

其基本程序为：被试首先做出偏好选择，然后告诉被试实验者需要暂时离开房间，同时通知被试如果中途不愿意等了，可以随时按响门铃把实验者叫回来，不过这种情况他只能获得价值较低或数量较少的奖励物，但是如果一直等到实验者回来，他就可以得到数量较多或价值较大的奖励物。在保证被试可以正确理解奖励物与其等待行为两者之间的关系后，实验者才可以离开房间，进入观察室，把被试的延迟过程详细记录下来。实验者在15 min或20 min后或被试按门铃后回到房间。

自我延迟满足范式是在情境设定时使儿童置身于两难选择中，儿童的延迟行为可以反映其在竞争压力情境下的自我调控能力。自我延迟满足范式可以说是重点考察延迟满足能力受个体控制的影响。它比较适用于考察年龄较小的儿童（一般是3岁以上的学龄儿童）的延迟满足能力。

米歇尔等人采用此范式对自我延迟满足的心理过程和个体差异进行了大量广泛的

纵向追踪研究。

（2）外加延迟满足范式（externally imposed delay，EID）

20 世纪 80 年代，卡尔尼奥尔和米勒（Karniol & Miller）等共同设计了外加延迟满足范式，研究者们又把它叫作要求性延迟满足。他们认为儿童在现实生活的情境中选择延迟满足往往是由于父母或老师等外界对其的要求而被迫的。

基本程序为：实验者首先向被试呈现诱人的奖励物，然后告诉被试主试必须暂时离开房间，在这时间段内，被试必须等待实验者回来且不接触奖励物才能够得到奖励物，在这期间如果被试不愿意等了，可以随时按响门铃把实验者叫回来。然后实验者离开房间，进入观察室，把被试的延迟时间、延迟等待策略等详细记录下来。实验者在 15 min 或 20 min 后或被试按门铃后回到房间。

外加延迟满足范式是实验者直接要求被试延迟，而不是像米歇尔经典研究范式那样将被试置于两难选择的情境中，这种外界要求跟儿童早期对父母的顺从，也就是早期自我控制的表现形式类似。发展心理学的研究证明，儿童的自我控制是由外部控制逐渐发展为内部控制。可以说，外加延迟满足范式主要考察个体外部控制的延迟满足，它比较适用于考察年龄更小的儿童（一般是 3 岁以下）的延迟满足能力。

（3）礼物延迟范式（gift delay）

这是由范德（Funder）等于 20 世纪 80 年代设计的一种 EID 范式。基本程序是：试验者出示一个包装起来的礼物，然后把礼物放在儿童视线范围内但拿不到的地方，告诉儿童完成某项作业任务后即可拿到礼物。之后，试验者开始描述任务并帮儿童完成任务（4 min 内结束），其间礼物仍在儿童视线范围内。任务结束后，实验者有意整理资料延迟 90 s 才把礼物拿给被试者，在此期间观察记录被试者所有指向礼物的言语和行为。具体包括 4 个标准化指标：延迟时间，指向礼物的言语行为，指向礼物的身体行为，打开礼物时的延迟行为（立即打开，或回幼儿园路上打开，或把礼物放到柜子里带回家）。对礼物延迟满足行为的测量反映的是儿童抵制不去拿礼物以及打开礼物的冲动控制程度，是儿童自我控制能力差异的反映。

（4）付款延迟范式（payment delay）

范德等于 1989 年提出付款延迟范式，试图将 EID 和 SID 两种实验范式整合，基本程序如下：被试者需要在 6 个阶段里参加一系列测试，每个阶段可获得 4 美元报酬，第一阶段测试结束时被试得到如下指示：如被试选择做完 6 个阶段测试后再支取报酬，可获 24 美元酬劳，另加 4 美元的附加利息，共 28 美元；如果在每个阶段后分别全部支取，只能获得 6 个阶段共计 24 美元报酬；如每阶段后选择部分支取，利息的支付将按剩余金额的数量计算。每阶段结束后，实验者都会提醒被试以上条件并询问支付方式，测量分数为选择延迟支付的次数（分数 0 ~ 5 分）。整合后的付款延迟实验研究模式使被试者既可通过延迟满足行为获得更多报酬，个体控制心理倾向能力的内在机制得以体现，又面临即时支付的诱惑，顾全了延迟满足实验研究动机和认知两方面的结构特点。

（5）延迟满足电脑测试任务

电脑程序测试冲动行为的延迟满足任务，也叫冲动性范式（impulsivity paradigm），在任务中给被试提供一个短暂等待就可以得到小的奖励物，以及一个需要等待时间稍长才能得到大的奖励（Logue，1995）。该程序基于自我延迟满足概念，其程序原理是冲动的被试不能忍受奖励物的延迟而做出即时反应（Rachlin，1995）。在测试开始时，电脑屏幕上同时呈现两个按键，被试需多次在按键 1 与按键 2 之间进行选择。选择按键 1 只需要等待 5 s 即可进行下一次选择，只能得 5 分，它代表冲动选择；选择按键 2 需要等待 15 s 方可进行下一次选择，可以得 15 分，代表延迟满足。选择按键 2 比选择按键 1 等待的时间更长，但同时奖励物也更大。

这种方法多次被运用于测试中学生延迟满足能力（张晓露，2008；李凤英，2005），也被应用于测试成人的冲动性行为（Cherek，et al.，1996a；1996b；2000），都有较好的效果。

3. 延迟满足范式的应用

近些年延迟满足的研究开始出现在不同领域，涉及发展心理学、教育心理学、临床心理学、行为医学、犯罪心理学、职业心理学等多个领域。研究对象也从幼儿扩展到了成人，以及特殊人群，如罪犯、精神变态者、肥胖病患者、消费人群等。

（二）内隐联想测验

1. 内隐联想测验的含义

内隐联想测验（implicit association test，简称 IAT）是格林沃尔德（Greenwald）等于 1998 年提出的一种内隐社会认知的研究方法，采用的是一种计算机化的辨别分类任务，以反应时为指标，通过对概念词和属性词之间的自动化联系的评估进而来对个体的内隐态度等进行间接测量。

2. 内隐联想测验的基本程序

内隐联想测验一般都在计算机上进行，屏幕的左上侧和右上侧分别呈现类别标签，刺激词呈现在屏幕中央。下面以一个经典的测量自尊的内隐联想测验为例对其过程进行说明。内隐联想测验一般分为 5 个步骤，每一步骤都包含一个辨别任务（discrimination task）。第一步要求对属性词（attributive words）例证尽快地进行辨别并按键反应（如“E”键或“I”键），即把属于“好”的刺激视为一类并按相同的键反应（如“I”键），把属于“坏”的刺激视为一类并按相同的键反应（如“E”键）；第二步要求对靶概念词（target-concept）的例证尽快地进行辨别并按键反应（如“E”键或“I”键），即把属于“我”的刺激视为一类并按相同的键反应（如“I”键），把属于“非我”的刺激视为一类并按相同的键反应（如“E”键）；接下来的第三步中，要求对前两步中所出现的所有刺激词混合后一个个随机呈现，把属于“我”和“好”的刺激都视为一类并按键反应（“I”键），把属于“非我”和“坏”的刺激视为一类并按相同的键反应（“E”键）；第四步是第二步的反转，“我”类和“非我类”刺激的标签呈现位置互换，同时相应的反应键也互换，其他不变，其目的是在自我词和反应键之间建立新的联系，作为第五步的练习；第五步是第三步的反转，即把属于“非我”

和“好”的刺激归为一类并按相同的键反应（“I”键），把属于“我”和“坏”的刺激视为一类并按相同的键反应（“E”键）。

反应时及对错情况均由计算机自动记录。按照格林沃尔德等（1998）提出的记分方法，先把低于 300 ms 的以 300 记，大于 3 000 ms 的以 3 000 记，错误率超过 20% 的予以删除；接下来对所有原始反应时数据进行对数转换，再对相容组和不相容组（本例中的第三步和第五步）分别计算其平均反应时。最后，把不相容组的平均反应时减去相容组的平均反应时，这样，所得到的分数便为被试相对于不愉快的词而言，把愉快词与自我相连的程度，即内隐自尊的强度。

3. 内隐联想测验的研究实例及应用

由于诸多社会认知现象均涉及评价性联想，故内隐联想测验一经提出，便在内隐态度、内隐刻板印象、内隐自尊等领域迅速得到运用。

（1）内隐刻板印象的研究

蔡华俭等（2001）运用内隐联想测验对大学生的性别学科刻板印象进行了研究，发现不管大学生的性别和专业如何，都显著地把理工科和男生相连，把人文学科和女生相连，并且，内隐刻板印象和相应的外显测量间相关很低，二者是相互分离的。蔡华俭等（2002）还以内隐联想测验和相应的外显测量为工具，运用实证性因素分析对大学生的性别自我概念的结构进行了研究。

（2）内隐态度的研究

格林沃尔德等（1998）还研究了日裔美国人和韩裔美国人对日本民族和大韩民族的态度，发现了明显的内群体—外群体效应，即他们更容易把快乐的词语与具有他们自己的民族的特征的名字相连，不快乐的词语与具有对方民族特征的名字相连，并且内隐态度间的差异比外显态度间的差异要大。他们（1999）还运用内隐联想测验研究内隐自尊、组内偏差（ingroup bias）、社会同一性（social identity），发现个体当把自我词和积极的词相联系时比与消极的词相联系时要快得多，效应大小高达 1.8，女性更为偏好女性，更倾向把自己认同为女性，并且内隐自尊和组内偏差的关系受个体自我认同的影响。

（3）内隐自尊的研究

格林沃尔德等还以内隐联想测验及传统的自尊量表为工具，运用实证性因素分析的方法对内隐自尊、外显自尊的结构进行了研究，揭示二者存在低的正相关。

蔡华俭等（2003）等对内隐自尊效应及内隐自尊与外显自尊的关系进行了研究。外显自尊是通过传统的自陈式自尊量表测量，内隐自尊运用内隐联想测验进行了研究和测量，同时还运用结构方程建模对外显自尊和内隐自尊的结构关系进行了研究。结果表明东方文化下内隐自尊是存在的个体无意识中对自我持有一种积极的评价，但强度不如西方个体内隐自尊与外显自尊是相对独立的两个不同的结构，二者间仅存在低的正相关。

（三）自我参照效应范式

1. 自我参照效应的定义

1977 年罗杰斯（Rogers）等人发现，记忆材料与自我相联系时的记忆成绩比其他编码条件好。他们把这种现象称为自我参照效应（self-reference effect，简称 SRE）。

2. 自我参照效应的具体实验范式

（1）经典 SRE 范式

罗杰斯在 1977 年首次提出的方法成为 SRE 的经典范式，又称自我描述判断任务或特质词判断方法。其基本程序是：一般分为学习和测验两个阶段，选用 40 个人格形容词为实验材料，将被试分成结构组、韵律组、同义词组和自我参照组，分别给每组被试呈现相应的问题，引导被试进行相应的加工，最后让被试进行自由回忆，并记录下被试的回忆率。如表 14－2 所示。结果表明，自我参照组的记忆成绩优于包括语义加工在内的其他 3 种编码条件，即出现自我参照效应。

表 14－2 编码任务举例

任务组	问题	操作
结构组	有没有大写字母？	是一样大还是两倍大 （对字形的加工——浅加工）
韵律组	与 XXXX 押韵么？	押韵还是不押韵 （对韵律的加工——浅加工）
同义词组	与 YYYY 意思相同么？	意思相近还是不想关 （语义加工——深加工）
自我参照组 （简称自我组）	适合描述你么？	被试简单回答“yes”或“no” （与自我相联系的加工方式）

（2）OR 任务

OR（other-reference）任务是指将所呈现的材料和其他人联系起来进行加工编码。如：干练可以用来描述希拉里吗？他人一般指朋友、亲属、名人等。为了考察自我参照效应到底是因为加工了自我信息还是加工了有关人的信息，库伯（Kuiper）和罗杰斯在经典范式上加入了他人加工任务。朱滢等也采用了 OR 研究范式，分别以大学生、老年人为被试，以母亲、父亲及其他公众人物为 OR 参照对象。结果显示：中国大学生的自我概念包括父母等重要他人，不包括公众人物；中国老年人的自我概念随个体的独立和成熟发生变化，随年龄的增长也不断变化。

（3）“R/K”范式

当测验任务为自由回忆时，出现了自我参照效应。当测验任务是再认时，有些实验研究的结果显示自我参照效应不明显。针对这个问题，康韦等进行了实验研究。实验材料同样是40个人格特质形容词，随机分好的3组被试分别对材料进行相应的加工，加工任务为他人参照加工、自我参照加工以及评判社会赞许度任务（如：请你判断干练是褒义词还是贬义词），在5点量表上进行。1 h的分心任务后，进行再认判断。如果被试判断为学过，则进一步区分学过的项目是“记得”还是“知道”，即R/K反应判断。R（remember）判断即“记得”反应，非常确定在学习阶段出现过此项目，并且记得学习这个项目时的具体情节。K（knowing）判断即“知道”反应，只是认为学习阶段出现过此项目，但关于学习这个项目时的具体情节不记得了。实验结果表明，自我参照加工组的R反应显著高于他人参照加工组和评判社会赞许度任务组，但在正确再认率上，3组被试成绩差异不显著。对此可解释为：R判断伴随有自我觉知意识，和情节记忆的性质相似；K判断伴有“知道感”，具有语义记忆的性质。以“知道感”为特征的K反应没有自我的卷入，而R反应以“记住”为特征，含有自我指向成分。简单再认测验任务的研究范式，没有区分“记得”反应和“知道”反应这两种不同的记忆成分，自我参照效应就不明显。因此，在自我参照效应的研究中，R/K范式更适合。

（4）自我反思任务

自我反思研究范式比经典范式的自我参照加工任务更加灵活，可以对自我进行更加全面的探索。实验条件是通过让被试对描述自我的句子进行是或否判断，如，我是一个干练的人。这种自我加工关于自我的每个方面都涉及了，如个人世界观、情绪状态、能力等。控制条件是通过一个普通语义句（如，四边形有两条对角线）和描述他人的句子（如，周恩来鞠躬尽瘁死而后已）进行是或否判断。自我反思式的加工材料除句子外，还可以是图画材料，常被用于用脑成像技术来探究自我的情况下。

3. 自我参照范式的应用

王彦莉（2012）采用自制实验用词词表，通过实验，选取母语为汉语的中国大学生为被试，以英语单词及其汉语对译词为加工材料，考察了英语单词及汉语词汇的自我参照效应，同时考察了语言类别及词性对自我参照效应的影响。其实验设计采用2（语言类别：英语、汉语）×2（词性：名词、形容词）×3（加工方式：自我编码、语义编码、语音编码）的混合实验设计。其中，词性和加工方式为被试内设计，语言类别为被试间设计。因变量是学过的旧词击中率、反应时，对旧词做出的R判断率、R反应时、K判断率、K反应时。

当前有研究发现了中国人具有母亲参照效应，孩子往往视母亲为自我的组成部分。根据马库斯（Markus）等人（1991）的观点，东方文化背景下个体的自我概念具有互依性的特征，强调保持自我和他人相互依存关系，自我图式涵盖了与自我较为亲密的他人；然而，在西方文化背景下，个体的自我属性具有独立性的特点，强调维持自我的完整性和排他性。那么母亲是否将自己的孩子看作自我的一部分以及与自我有关的信息和与自己孩子有关的信息是否会出现相同的记忆效果，需要进一步研究。

（四）心理理论的窗口任务范式

1. 窗口任务范式的含义

窗口任务（windows task）主要应用于儿童心理理论（Theory-of-mind）研究的一种实验范式。心理理论是指凭借一定的知识系统对他人的心理状态进行推测，并据此对他人的行为做出因果性预测和解释的能力。研究发现3岁以后的儿童才具有一定的心理理论，而要成功完成窗口任务则需要儿童有一定的心理理论，所以在窗口任务的研究中，被试一般为3岁以后的儿童。此研究范式由罗素（Russell）等（1991）提出，实验目的是测量学前儿童和孤独症儿童的策略欺骗能力。窗口任务实际上就是一个被试与主试之间的竞争游戏。例如实验者先设计两个开了窗口的空盒，将窗口对准儿童（被试）。儿童可以看清楚盒子中的东西，主试则看不到。在实验中，其中一个盒子中放有巧克力（奖赏），另一个为空盒。儿童可以根据自己的想法随意指点一个盒子。主试在儿童的指点后，对此进行验证。若主试翻开的是空盒，儿童就可得到巧克力（奖赏），反之，主试若翻开的是有巧克力的盒子，巧克力即归主试所有。

2. 窗口任务范式的基本程序

窗口任务实验的基本假设是：儿童具有获得奖品的需要，这种需要将推动儿童的认知活动，其要求儿童形成的规则是：如果我要得到奖品，就必须跟对手说空盒子里有东西。巧克力就帮助儿童形成了一个欺骗动机，窗口对准儿童的空盒就形成了欺骗情境。在此任务中，关键因变量为儿童指导主试翻开空盒的次数，若儿童学会“欺骗主试”，总是指点主试去翻开那个空盒子，则说明儿童能够主动运用欺骗策略来获得奖励。这是最初的窗口任务，后来被人称为标准窗口任务。

这个实验设计中主要具备两个要素：欺骗动机和欺骗情境。欺骗动机即有一个给予被试的奖赏刺激（比如：糖果）以形成一个竞争环境；欺骗情境为一个被试能在竞争者不知情的情况下欺骗竞争者以赢得奖赏的情境。其基本假设是儿童具有获得奖赏刺激的需要，这种需要将推动儿童的认知活动；其要求儿童形成的规则是：如果我要得到奖品，就必须欺骗主试。

在执行过程中，实验者要确保儿童了解实验规则，所以都会在实验之前先训练，然后再做一个相应的测试，只有通过测试的儿童才能进入正式的实验阶段。

3. 窗口任务范式的应用及变式

研究者对幼年儿童的研究中，经常会用到窗口范式。但根据每个研究不同的研究目的，研究者会对标准窗口任务进行一些改变。以下是一个窗口任务变式应用的实例（James，Suzanne & Elisabeth，2003）。

该研究旨在通过自动窗口任务探讨孤独症儿童和学习障碍儿童的定位困难的主要原因——执行功能上的未发育完全还是因为心理理论的不足。在这个模式中，幼儿在反应时会比标准窗口任务更加容易（在欺骗条件中只是按按钮或者指出空盒，而并非需要对空盒进行定位）。研究包含两个实验，两者的主要区别在于实验1的被试为正常儿童，而实验 2 的被试为特殊儿童，即孤独症儿童和中度学习障碍儿童。根据这两个实验，研究者也将被试分为两组：一组为 3 岁和 4 岁的儿童，另一组为孤独症儿童和中度学习障碍儿童。两个实验具有三个实验条件，在前两个仅存在竞争因素或者欺骗因素的实验中，被试均被要求按压下想选的容器前的按钮，在第三个既有欺骗因素又有竞争因素的条件下，被试不需要自己按下按钮，但是要告诉主试，竞争者（另一主试）按下的是哪个按钮。由于两个实验的研究过程都想相似，所以在介绍过程中，只详细介绍实验 1。

实验 1 有两个变量：被试年龄和实验条件。被试年龄分为 3 岁和 4 岁的儿童，实验条件有三个，分别为无竞争者条件，有竞争者但无欺骗的条件，既有竞争者也有欺骗的条件。自动窗口任务的实验材料与标准窗口任务不同。实验者设计了两个不透明的圆筒形容器，一个是红色的，一个是蓝色的。这两个圆筒形容器放在一个含有机械装置的金属平台上。在这两个圆筒前表面上分别有一个小孔，可以被打开。当小孔打开时，就相当于在容器上开了一个窗口。主试会在两个圆筒中都放有糖，为了实验操作，被试是不知道这一点的。在实验中，通过容器内的一些装置，使得被试在窗口每次的打开时，只能看到其中一个容器中有糖，糖可能出现在红色圆筒中也可能出现在蓝色圆筒中。

无竞争者的条件中，主试与被试面对着窗口并排坐，并告诉被试要和机器玩一个游戏，他们要尝试着在游戏中获胜（获胜即可获得一颗糖果）。在每次游戏中，儿童都要按下其中一个圆形容器前的按钮。当按钮按下，相应圆筒上的窗口就会打开，如果他们选择的圆筒是空的，他们就能得到一颗糖果，相反，如果圆筒中有糖果，他们就不能得到糖果。

在有竞争者但无欺骗的条件中，儿童身边会坐有两个主试。两个主试一人坐在儿童的一边，其中一个充当反对者。三者依旧与前一个条件一样，面对着窗口并排坐着。但这个条件下，儿童被告知要和竞争者玩一个游戏，只有赢了竞争者才能获得糖果。规则与无竞争者条件中的相同，若儿童选择的圆筒是空的，他们就能得到一颗糖果，相反，若圆筒中有糖果，儿童就不能得到糖果，但竞争者能得到一颗糖果。

既有竞争者也有欺骗的实验条件中，儿童要做一个类似于标准窗口任务的游戏。与有竞争者但无欺骗的条件一样，有两个主试，其中一个扮演反对者。但在这个条件中，扮演反对者的主试要坐在圆筒的另一边，看不到窗口打开后的结果，面对儿童与另一主试。儿童与另一主试则与之前所有条件中的一样，面对着圆筒的窗口并排坐着。在标准窗口任务中，儿童通过让竞争者打开空盒子以达到欺骗效果。在这个自动窗口任务中，由于圆筒之前是封闭的，被试看不到里面是否有糖果，因此换了一种方法以达到同样的效果——主试让竞争者按下按钮，在窗口打开后，让儿童指出哪个是竞争者按下的按钮。若竞争者按下的是有糖果的圆筒前的按钮，儿童就可以得到一颗糖果，竞争者不能得到；反之，若按下的圆筒打开后显示的是空的，竞争者就可以得到一颗糖果，儿童则没有。

结果表明，3 岁的儿童成功完成窗口任务的概率不及 4 岁儿童。但有意思的是，在自动窗口任务中，3 岁儿童在显示出比在经典窗口任务更典型的失败。

窗口任务对儿童心理发展，特别是认知发展方面的研究已做出了巨大的贡献。另外，研究对象除了正常儿童，还经常包括特殊儿童（孤独症儿童、学习障碍儿童等）。在与脑损伤患者的比较中还发现，前额叶受损患者表现出持续性错误，这与儿童不能完成窗口任务类似，也为研究儿童脑发育机制奠定了基础。

第四节　认知联结主义实验技术范式

一、联结主义范式简史

联结主义与信息加工心理学是同时产生的用于解释人工或人类智能的研究范式。二者均试图建立智能的模型。但信息加工范式更偏重于人工方面，主张通过计算机程序的模拟建立智能模型，实质上是数字计算机的功能类比。联结主义则更偏重自然方面，主张通过人脑的神经元网络建立智能模型，力图在生物脑和计算机之间架起桥梁，实质上是神经计算机的功能模拟。这种模拟人脑神经元活动的神经计算机具有处理连续模拟符号的能力。对混沌的、不完整的数据能进行权重变换。由于神经计算机对高度复杂的问题能给予接近性的答案，并具有一定的容错性，所以，更接近生物脑的信息加工的方式。但是20 世纪60 年代后期，信息加工范式开始占据上风，并很快居于主导地位，成为认知心理学乃至认知科学理论的基础。然而随着研究的深入，信息加工范式显露出一些明显的缺陷，如无法把握认知系统的多样性、复杂性和精致性，无法真正揭示认知过程的本质。在信息加工范式遭遇多方面困难的情况下，联结主义范式于 80 年代初得到复兴并迅速发展。

神经网络模型的研究开始于 1943 年心理学家麦卡洛克（McCulloch）和数学家皮茨（Pitts）提出的神经元的数学模型。1944 年，赫布（Hebb）在其《行为的组织》一书中提出了改变神经元强度的赫布规则，至今仍在各种神经网络模型中起着重要的作用。赫布规则是一个有关突触联系效率可变的定性假设。该规则认为突触联系强度或权重可以通过学习自动进行调整，从而改变神经元的功能状态。赫布规则突出了突触强度的调变作用，表明突触联系强度能岁神经网络运行状态的变化而变化，体现了如何按照经验来改变网络组织的相互连结问题，即网络的学习问题。20 世纪 50 年代末 60 年代初联结主义者主要集中于人工智能的神经网络系统的研究。80 年代以来，费尔德曼等人通过对只依靠符号操作的信息加工范式的反省，开始研究以许多因素相互作用为基础的平行分布式加工。随后出现了大量联结主义理论，考察了多因素同时平行相互作用的动力学、自学习和自组织原理；研究了人的认知机制以及建造新原理的信息加工系统。人们已经把平行分布加工模型和神经网络密切结合在一起，共同形成比较成熟的联结主义范式。1982 年，霍普菲尔德（Hopfield）在美国国家科学院的杂志上发表论文，介绍了著名的 Hopfield 模型理论，这个模型是一种非线性模型，成为人工神经网络研究的第二次高潮的开始，此后有大量的研究者进入这个模拟领域。1983 年谢诺夫斯基等（Sejnowski）发明了 Boltzman 机，基于大规模平行网络（massive parallel network）学习，并提出“隐单元”（hidden unit）的概念。他们使用多层神经网络，平行分布地改变各单元之间的联结权重，克服了此前网络的局限。1985 年，认知科学杂志首次使用了平行分布（PDP）术语。鲁姆哈特（Rumelhart）等（1986）主编的《平行分布处理：认识的微观结构探索》的出版，标志着该理论已经走向成熟，该著作介绍了 PDP 的基本理论、PDP 的基本机制、PDP 的数学模型、PDP 相关的心理过程和生物机制。从著作的出版至今，可以说是神经网络研究的第二次高潮，出现了大量的研究。他们描述了 PDP 模型框架的 8 个组成部分：①处理单元集合；②单元集合激活状态；③每个单元的输出函数；④每个单元之间的联结模式；⑤一套属于通过连接网络激活的传播模式的传播规则；⑥把单元的输出和当前状态结合起来以产生激活值的激活规则；⑦通过经验修改联结模式的一套学习规则；⑧系统运行环境。

二、联结主义范式的基本观点

（一）PDP 模型的构成

联结主义是神经网络实现平行分布式知识表征和计算的理论框架的总称，它是神经网络及其特性和建构心理模型的研究理论，也称为“神经计算（neurocomputation）”或“平行分布加工模型（PDP 模型）”。符号取向的信息加工心理学采用外显式分层排列的逻辑规则，以串行方式操纵和处理符号；而联结主义取向的认知心理学以神经生理为基础，融合人脑的认知功能和特性，采用数字化特征转换信息，平行地处理亚符号（subsymbols）。

神经网络（neural network）是依据联结主义理论来模拟人脑神经系统的模型，它实际上是一种具有自我适应、自我组织和自我学习能力的计算机程序。神经网络的基本成分包括单元和联结。网络系统根据一定的规则调整和改变神经元之间的联结强度，以平行分布加工的方式实现自适应、自组织和自学习，从而表现出类似生物神经系统的智慧。

神经网络的单元是带有激活值（activation value）的简单加工器；联结则是单元之间相互作用的中介。单元之间通过联结构成网络。神经网络有三种单元类型：输入单元，用于从外界获得数据和信息；输出单元，用于对外界刺激做出反应：中间单元，又称隐单元，处于输入和输出单元之间，不直接与外界刺激相连接。这些单元既有来自其他单元的输入联结，又有通向其他单元的输出联结。一个单元有多个输入或输出联接，叫作扇进（Fan-in）或扇出（Fan-out）。如果单元输出能增加其他单元的激活水平，则叫作兴奋联结；如果单元输出降低其他单元的激活水平，则叫作抑制联结。每个联结都有一个联结权重，任何成对单元（i，j）之间的联结权重（或强度）记为 W_{ij}。

许多联结接具有多重权重，既可由研究者设定，又可由网络自我调整。在联结主义模型中，知识就储存在加工单元的联结中。一个单元表征的激活能引起其他单元激活模式的变化。在联结主义看来，认知其实就是相互联系的具有激活值的神经单元所构成的网络动态整体活动。这种网络所实现的整体状态与外部世界的特征基本一致。信息是整个交互作用的神经节的激活模式，知识并不存在于特定的地点，而存在于神经网络的联结中或权重中。通过权重调整就可以改变网络的联结关系并进而改变网络的功能。

（二）PDP 模型的分类

联结主义模型根据单元之间的联结方式可分为模式联结网络和中间单元网络。前者是指只有一层输入单元和一层输出单元而没有中间单元的网络，如图 14－36。在这种网络中，输入层单元与输出层单元相连接。后者是指输入层和输出层之间排列着一层或多层中间单元，每层单元只与相邻层相连的网络，如图 14－37。

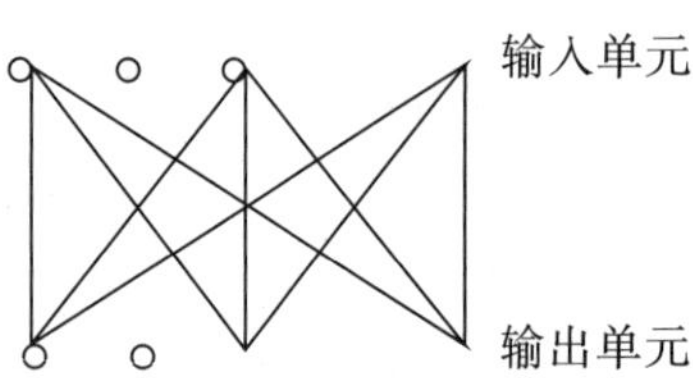

图 14－36　模式联结网络图

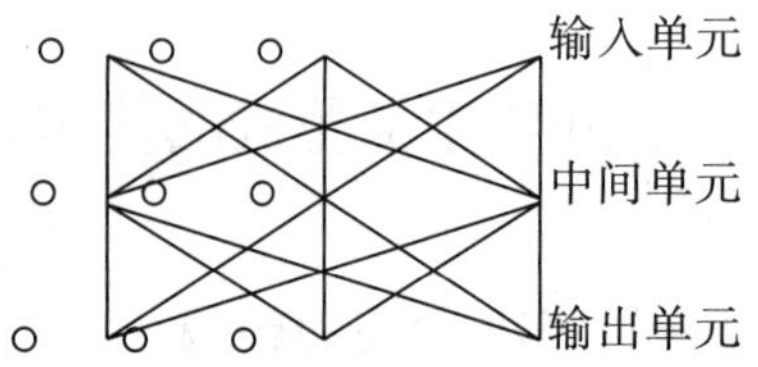

图 14－37　中间单元网络图

根据信息传播方向，联结主义神经网络又可分为前馈网络和反馈网络。前馈网络中的信息可以向两个方向传播，是一种静态非线性映射网，而反馈神经网络是一种动态反馈网络。

根据知识表征形式，联结主义模型可分为局部神经网络和分布神经网络。局部神经网络中没有中央执行装置，概念或知识的表征是通过特定的神经元实现的。分布神经网络中没有这种特定的神经元，信息或知识分布于整个网络的联结之中，用网络单元的联结活动来表征。当前研究中多数联结主义模型是分布式和局部式神经网络结合起来的符合模型。

（三）PDP 模型的运算规则

联结主义神经网络具有强大灵活的学习能力。自学习和自组织机制是神经网络的研究重点和理论精髓。如前所述，神经网络的联结权重是可以改变的，网络学习正是通过这种权重改变实现的。而联结权重的改变主要依靠训练实现，训练以尝试的方式一步步进行，呈现一个刺激，要求网络对其进行处理，做出一个输出反应。在有指导者的监督学习中，每次尝试之后，指导者告知网络输出反应的误差，给出一个误差范围，网络根据一定规则对联结权重做出相应的调整，如此循环直到网络进入一个稳定状态。在无指导者的非监督学习中，网络自行组织它们的权重以对输入刺激做出适当的反应，实现学习功能。在这种情况下，很多需要解决的问题实际上没有唯一的答案，网络只能寻找相对较好的答案。

那么，在网络学习过程中具体有可遵循哪些运算规则呢？常见的有三种：Hebb 规则、Delta 规则和反向传播规则。

1. Hebb 规则

Hebb 规则的计算公式为：$\Delta W_{ij}=\varepsilon r_i r_j$。其中 ΔW_{ij}是单元 i 和 j 之间联结权重的变化量，ε 是预置常数，也叫作学习频率，r_i和 r_j是一次尝试中单元 i 和 j 的状态。单元 i 和 j 用1 表示开，用0 表示关。只有在2 个单元都在某一尝试中处于开的状态时，联结权重才会改变。这时联结权重的改变取决于学习频率参数的值 ε，因此预置 ε 可以决定权重改变的速度。这一规则可应用于无指导者的非监控学习。Hebb 规则的一种变式是竞争学习规则。该规则要求模型的输入单元与输出单元相互连接，且初始的联结权重随机安排。在模拟过程中，先输入一个向量，让网络寻找最接近输出向量的权重向量。所有刺激呈现刺激完毕后，网络可搜索到最接近输入向量的权重向量。该规则有助于发现输入数据的规律，利用该规则神经网络能获得分类等功能。

2. Delta 规则

Delta 规则也叫 Windrow - Hoff 规则。其计算公式为：$\Delta W_{ij}=\varepsilon\ (t_i\ y_j)\ y_i$。其中 t_j是期望输出模式，$(t_i\ y_j)$ 是上一次尝试的网络误差。在训练过程中，每次给网络尝试输入，让网络做出输出反应，随后又指导者给出一个期望输出，接着网络调整联结权重，以减小期望输出和最近实际输出之间的差距。Delta 规则可以减小实现输出和期望输出之间的差距，适用于有指导者情况下的监督学习。

3. 反向传播规则

反向传播规则的计算公式为：$\Delta W_{ij}\ (n+1)\ =\eta\ (\delta P_j \delta P_i)\ +\alpha\Delta W_{ij}\ (n)$。这里 $\Delta W_{ij}\ (n+1)$ 是学到第 $n+1$ 次时第 i 个中间单元和第 j 个输出单元之间联结权重的改变量，n 是学习频率参数，δP_j是第 j 个输出单元的误差，δP_i是第 i 个中间单元的状态，$\Delta W_{ij}\ (n)$ 是 n 上一次学习时的权重改变量。α 常数用以衡量上一次权重的变化量，调整网络可能的大幅度摆动。

在神经网络学习过程中，输入信号先向前传递到中间单元，经过一定的相互作用后，中间单元的输出信息传递到输出单元，最后给出输出结果。但是权重改变从输出单元到输入单元反向传播，网络在每次尝试后给出一个期望输出，比较实际输出和期望输出，然后网络随机地调整输出单元和邻近中间单元之间的联结权重以减小误差，该过程结束时，这组权重就被改变了。单元的激发函数一般选用 Sigmoid 型函数，其学习过程是由正向传播和反向传播组成。在正向传播中，输入信息从输入层经中间单元层逐层处理后，传至输出层。每一层神经元的状态只影响下一层神经元的状态。如果在输出层得不到期望输出，就转为反向传播，把误差信号沿原联结路径返回，并通过修改各层神经元的联结权重，使误差信号最小。

（四）联结主义范式的特点

综上所述，联结主义作为一种研究研究范式具备如下特点：

1. 联结主义范式强调认知系统具有平行结构和平行加工机制

该范式认为认知神经网络不但在结构上是平行的，而且在信息加工上也是平行进行的，同一层次内的所有加工单元同时进行操作。

2. 联结主义范式认为信息采用分布式表征

在联结主义者看来，知识并不储存于特定的单元中，而是以交互作用的激活模式扩散在整个网络中，即存在神经网络的联结权重之中。信息以整体论的方式保存和提取。

3. 联结主义范式突出信息加工连续性和信息表征的亚符号特征

传统的信息加工范式以离散的物理符号表征较高级的概念，而联结主义采用了不同的符号表征层次，既包括物理符号表征又包括亚符号表征，既可表征和加工高级概念又可处理直觉经验和其他尚未用语言表达的概念。

4. 联结主义认为信息加工系统应该具有很强的容错性

人类的脑功能本身就有很强的容错性，大脑细胞的死亡并不影响人的认知能力，甚至大脑局部的损伤也不影响其整体功能。这就是人脑中信息分布式表征的结果。传统的信息加工范式无法模拟人脑的这种功能，而联结主义模型却能做到这一点。如在联结主义模型中，某个神经单元的缺失或损伤并不影响整个网络的输出模式，对作业成绩也无实质性影响。

5. 联结主义认为，信息加工系统具有自学习、自适应和自组织等功能

如果网络的输出发生错误，其自身可以通过采取一定的训练策略调整神经单元之间的权重，直到输出与期望相符。在训练过程中，神经网络可以学到相应的经验并发展出一定的概括和想象能力。

三、联结主义范式的研究程序

联结主义范式在心理学研究中的具体应用途径就是基于 PDP 模型的计算模拟。事实上，当前国际上的计算机模拟研究主要都以联结主义范式为理论框架。

以 PDP 模型为理论框架的计算机模拟主要分为模型建设和模拟研究两个部分。其中模型建设是关键部分，关系着整个计算机模拟研究的成败。下面结合一个研究实例说明这种计算机模拟研究的基本过程。陈鹰和彭聃龄（1994）依据联结主义框架成功实现汉字识别和命名的计算机模拟。建立了其“汉字识别和命名的联结主义模型”（connectionist model of recognition and pronunciation，CMRP）。该研究的基本任务就是在计算机上模拟出人类识别汉字并读出它的过程，即看字读音这一简单过程。如：看到“人”字，你读“ren”。在计算机上你输入“人”，计算机读出人。在实际研究中，该任务需要通过以下步骤实现。

（一）模型的建设

CMRP 是一个前馈型的 PDP 网络（即无反馈），包括字形、字音和隐单元三层，字

形层是输入层，字音层是系统的输出，隐单元完成由输入到输出的转换，见图 14－38。

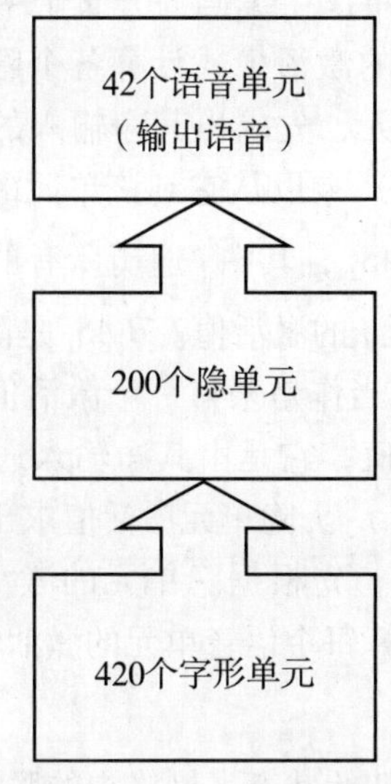

图 14－38 CMRP 模型的结构和单元数（陈鹰、彭聃龄，1994）

1. 单元分解

在计算机上模拟这个过程的第一步就是规定汉字形、音信息的表达方式，即将汉字分解为各个单元并量化，以便进行各种计算和操作。这是汉字计算机模型建设的关键之所在。CMRP 在汉字信息表征上采用了分布表征的编码方式，区分了不同的字形；通过部件和结构的方法对汉字进行表征；部件的特征和部件之间的位置关系等特性进行了表征；模型对部件的特征进行了分析；字音的表征采用音素表征方法，强调了声调表征。其表征方案如下：首先对来自《现代汉语常用字表》中的 3 500 个部件进行分类和编码，每个部件由 6 个维度，每个纬度分别有 4 到 6 个特征值，见表 14－3。

表 14－3 汉字维度和取值表

维度	笔画数	起笔笔形	末笔笔形	起笔与第二笔的关系	倒数第二笔与末笔的关系	1～4 的循环数字
特征值	6	5	5	5	5	4

其次，他们采用了 4 个维度 14 个特征值来表征汉字部件的位置关系，见表 14－4。

表 14－4 汉字结构关系和切分层次表

维度	左边的结构关系符号	左边的层次切分信息	右边的结构关系符号	右边的层次切分信息
特征值	4	3	4	3

2. 规定信息传输方式

这一步就是规定字形信息如何传到字音信息的传输过程。在每次加工的开始，给网络“呈现”一个汉字的字形，模拟程序会按照你上一步所规定的表征方式给汉字的各个维度赋一特征值，再进一步将汉字编码为分布于字形单元（汉字的各维度）上的激活模式。随后，根据字形单元的激活模式计算各个隐单元的激活值。PDP 模型所提供的相应的算法是对于每个隐单元，先求出其净输入的大小，它等于每个输入单元的激活值（即上一步所赋的特征值）乘以从它到该单元的联结权，再加上该隐单元的偏置值。即：$NET_i = \sum W_{ij}A_j + B_iAS_i$，其中 j 遍历所有的字形单元（维度）上述 6 + 4，共 10 个字形单元。A_j 是字形单元 j 的激活值。B_iAS_i 是隐单元 I 的偏置项，W_{ij} 是从单元 j 到单元 I 的联结权。偏置项可被当作是来自一个激活值总是 1.0 的特殊单元的额外的联结权。接着计算隐单元的激活值，它是由其净输入通过下面的非线性 S 形函数映射决定：$A_i = 1/[1 + EXP(-NET_i)]$。隐单元激活值求出后可用来计算语音单元的激活值。其计算过程与上述完全一样，先根据隐单元的激活模式求出语音单元的净输入，然后根据净输入按照激活函数计算每个语音单元的激活值。

3. 模型训练

即改变联结强度。在模型的初始状态，网络中的联结强度和偏置值被设为 ±0.5 之间的随机初值。这时，每个隐单元根据字形单元激活模式所做的计算是完全随机的，同时给字音层传递的激活与抑制信息也毫无规律。也即计算机此时无法识别任何汉字，因此要想让网络从字形产生正确的读音是不断学习字的形音的结果。学习过程实际就是确定第二步中字形单元与隐单元的联结强度和隐单元与字音单元的联结强度，即 W_{ij}。PDP 模型一般采用 BP 算法对联结值进行调整。这里的关键问题是你对计算机所进行的训练必须尽可能地与常人习字的过程一样。如你得选用常用的字，而且高频的字你训练的次数多些，低频字你训练的次数少些等。训练的次数的也根据你的实际研究情况灵活确定，少则几百次，多则上万次。

（二）模拟研究

经过上述编程过程，计算机就能像人一样识别并读出汉字了。但是它的识别过程会不会出现人类在识别汉字时所出现的频率效应、规则效应？如果出现了就证明该模型模拟得很好，接近人类识别汉字的真实过程。在这里我们仅以频率效应为例说明如何证明计算机识别能出现频率效应。此实验过程与心理实验基本一样，唯一的区别是心理实验的被试是活生生的人，而此时被试是计算机。你在计算机已经学会的字的范围内随机挑选 10 个高频字和 10 个低频字，然后随机呈现让计算机识别，反应指标可根据你所确定的程序及算法灵活确定。国内彭聃龄实验室用的是误差分数、循环次数（陈鹰、彭聃龄，1994；刘颖、彭聃龄，1995），舒华实验室是以自组织理论模型为框架的计算机模拟，他们的反应指标是正确率、错误分析和策略分析（邢红兵、舒华，2002），然后就是进行一般的统计分析，t 检验、F 检验等，看统计结果是否显著。

以前对 PDP 所提供的算法常用 BORLAND C 和 TURBO C 等编写，现在比较流行的是 MATLAB 工具箱，它的优点在于更智能化了，也就是更方便了，提供了许多已编好的函数可直接调用，不需你自己再编，如用 trainbpm（）函数改进 PDP 中传统 BP 算法。

练习题

一、名词解释

(1) 反应时；(2) ex-Gaussian 分布；(3) 速度与正确率权衡现象（SAT）；(4) Stroop 效应；(5) 启动技术；(6) 实验性分离；(7) 双任务范式；(8) 移动窗口技术；(9) Flanker 任务；(10) 行为抑制；(11) 视觉搜索范式；(12) 持续性操作测试（CPT）；(13) 注意瞬脱（AB）；(14) DRM 范式。

二、简答题

1. 简述唐德斯（1968）减法反应时。
2. 简述典型的字母转换实验的实验程序。
3. 简述自动化理论对 Stroop 效应产生机制的解释。
4. 简述负启动效应的测量程序。
5. 任务分离范式的实验设计有哪几种？
6. 简述移动窗口技术的基本程序。
7. 简述 Go/No-go 范式的基本程序。
8. 简述多函数任务（MFT）的基本程序。
9. 简述点探测范式的基本程序。
10. 简述 Oddball 范式的基本程序。
11. 简述图—词干扰范式的基本程序。

第十五章　变量数据获得的眼动实验技术

内容简介

俗话说“眼睛是心灵的窗口”。这主要是说人的眼神能传达内心的很多信息。但眼神是难以捉摸的，很难用于科学研究中。不过人们发现，眼睛还有一种既能传达内心的信息，又能通过仪器进行测量的属性，那就是眼动（eye movement）。大量的实验和观察证明，人类眼球运动的特异性和视觉信息加工过程有密切的关系，揭示二者之间的活动规律，对于解释心理学研究中的许多疑问具有重要意义。现在，眼动技术已经成为认知心理学、发展与教育心理学、临床心理学、广告心理学和犯罪心理学等多种研究领域的一种独具特色的实验技术。

国内目前介绍眼动实验技术的文献已经比较多（朱滢，2000；沈德立，2001），因此，本章试图从新的角度对眼动技术原理和应用做一定阐述，重点介绍新型眼动仪——EyeLink II 眼动记录系统的使用。

第一节　眼动实验技术的原理和应用

一、基本的眼动现象

人类有 3 种基本的眼动形式，即注视（fixation）、跳动（saccades）和追随运动（pursuit movement）。

1. 注视

是指使眼睛中央窝对准观察对象的眼球运动。眼睛实际上很少有完全静止的时候，即使在注视静止物体，也不是完全不动的，而伴随着漂移（drift）、震颤（tremor）和微小的不随意眼跳（involuntary saccades）。

漂移是一种不规则的视轴变化，其存在使注视点实际上成了注视区。震颤则是一种高频率低振幅的视轴运动，其记录难度比较大，振幅为 20 ~ 40 秒，频率为每秒 70 ~ 90 次。微小的不随意眼跳一般发生于注视超过一定时间（300 ~ 500 ms），或注视点的网膜成像偏离中央窝较远的时候，能起到一定的校正作用。这三种微小眼动的总体作用是不断改变视网膜的被刺激部位，避免视网膜的适应和疲劳。

2. 跳动

是指一种用于改变注视点的眼球运动。人们通常觉得注视点的改变是平滑进行的，但实际上是通过跳动实现的。人们在观察物体时，眼睛总是先在对象的一部分上注视一段时间，然后又跳到另一部分上，再对新的部分进行注视。眼跳有两个明显特点：一是双眼的每次跳动几乎完全一致；二是眼跳速度很快，如水平方向由 5°到 20°的运动只需 35 ~ 96 ms。此外，在眼跳过程中视觉是模糊不清的。

3. 追随运动

是一种用于将注视点维持在运动对象上的眼动。追随运动通常发生于两种情况：一种是物体运动，头部不动，为了将注视点一直落在该物体上，眼球必须做追随运动；另一种情况是，物体运动，头部或身体也运动，这时眼球要做与头部或身体运动方向相反的运动，这种补偿运动也属于追随运动。在追随运动物体的过程中，实际上眼球的追随运动和眼跳是结合进行的。当物体刚离开注视点时，眼睛首先用眼跳来追随，如果物体继续运动，则眼球做追随运动，但追随运动很容易过快或过慢，还需要眼跳来校正。

二、眼动与心理过程之间的关系

眼动技术之所以能成为一种心理学研究方法，关键是因为眼动模式与很多心理现象存在一定的特异性关系。针对这些关系，研究者提出了许多眼动信息加工模型，如视觉缓冲加工模型、眼—脑加工模型、副中央窝加工模型、平行眼动程序模型、策略—方法模型和快速眼跳程序模型等（韩玉昌，2000）。考虑到这些内容国内已有较详细的介绍，这里试图从非理论模型的角度，根据有关文献，总结眼动与心理过程之间的关系。

（一）眼动与信息的重要性

大量研究表明，对某物体的注视时间、注视次数和瞳孔变化情况与该物体对个体的重要性或个体对该物体的兴趣有密切的关系。因此，根据眼动技术所测得的注视时间和注视点分布情况，可了解到有关个体兴趣和态度等方面的很多信息。如亚尔布斯（Yarbus）发现，被试观看表现任务群像的图画时，人脸是被注释最多的地方，而脸部的眼睛和嘴又是注视点最集中的区域，而且即使将人脸换成雄狮的面部，被试的注视点也集中在其眼睛和嘴上，说明这两个部位在长相中最为重要，能为面孔识别提供最丰富的信息。巴斯韦尔（Buswell）也发现，当要求被试观看一幅教堂的图画时，他们的眼动轨迹与教堂的圆柱和拱形结构基本吻合。

眼动的这一规律得到了较广泛的应用。如通过分析眼动仪记录的数据，可以清楚地了解顾客注视广告画面的先后顺序、对广告任何一部分注视的时间、注视次数、瞳孔直径变化情况等。当顾客看广告时，对某一部分的注视时间长、注视次数多、瞳孔直径增加，则说明顾客对广告的这部分内容感兴趣，有助于广告商了解到顾客是否按广告制作人的意图去注视广告，是否漏看了广告中诸如厂商、商品名称等重要信息。这样，通过眼动分析法就可以为广告设计者对广告的布局、插图和文案进行合理安排提供了十分客观的依据。

如日本电通广告公司曾经对刊登在《日本经济新闻》上的一张佳能照相机广告进行眼动研究。该广告最上方是广告的大标题，标题下面是一只猫头部的特写镜头，下面是小标题、照相机和广告的正文。有一个被试的注视轨迹是先从猫的右眼开始，然后是鼻、右耳、大标题的一部分，经过猫的右脸、胡须、照相机、小标题、正文左边、标准字体等周围停留时间较长。但是广告正文（文字说明部分）的右边部分几乎未被注视到。实验者将6名被试的结果进行总结，具体数据见表15－1。

表15－1　视向检测统计结果

注视内容	注视人数	总注视次数	平均注视次数	总注视时间/s	平均注视时间/s
大标题	5	7	1.4	4.00	057
猫左眼	5	10	2.0	4.50	0.45
猫右眼	6	13	2.2	6.50	0.50
猫鼻	5	8	1.6	4.75	0.59
猫胡须	5	9	1.8	6.50	0.72
猫耳额等	6	19	3.2	10.75	0.57
小标题	4	8	2.0	3.50	0.44
相机	5	13	2.6	7.50	0.58
广告正文	2	2	1.0	0.50	0.25
标识	4	5	1.3	4.25	0.85
其他部分	4	8	2.0	3.50	0.44
广告框外	3	4	1.3	2.25	0.56

（引自阎国利，1999）

从上表可以看出大多数被试对插图“猫”的注视较多，尤其对其右边部分的注视多，而且反复看的人也多；大标题和商标标识的平均注视时间较长；对广告正文注视较少。综合以上结果可以发现，这幅广告的文案部分不如插图部分吸引人的注意力。

眼动与信息对个人的重要性之间的关系也可用于司法心理研究，如给当事人呈现一系列实物，如果该人对某件或几件物品表现出有其他物品不同的眼动模式，如注视时间特别长或特别短，注视次数特别多或特别少，而且这件或这些物品正好和犯罪行为有关，那么该人很可能就是犯罪嫌疑人。

（二）眼动与知觉广度

知觉广度是指一次注视中所获得的信息，是反映个体信息加工能力和水平的重要指标。通过普通实验法由于无法精确掌握被试注视情况的信息，很难测量到这种指标，而采用眼动技术这种测量则非常简单。如利用眼动仪可以测量到三种知觉广度：一是总的知觉广度，指一次注视中读者能够获得有用信息的有效区域；二是字母识别广度，指在某区域内，被试注视一次可有效地获得的字母信息的数量；三是字识别广度，即通过一次注视所看到的单词数。巴斯韦尔通过眼动研究表明，注视广度是阅读成熟的重要指标，注释广度太窄表明阅读水平较低。阅读知觉广度越大，则看同样阅读材料时所需的注视次数就少，阅读速度就越快。通过眼动技术还可了解到知觉广度的一些变化规律，如雷纳（Rayner）研究发现，英语阅读者的知觉广度左右范围不对称，右侧比左侧大。阅读者可以从距注视点左侧 9 个字符的范围内获得字母信息，而在注视点右侧可扩展到 15 个字符距离。又如研究表明，阅读的知觉广度与所阅读文章的难度、阅读条件等因素密切相关，难度越大，条件越差，知觉广度越小。

在图形知觉中，知觉广度则体现为一次注视中所获得的图画信息，通常以注视点为中心的视角范围来表示。如距离注视点 2.6°以内范围的物体通常能被识别。但是这种识别范围与图形的性质有关，有些图形信息在注视点 1.5°之内的区域才能被识别。赛义达和池田（Saida & Ikeda）用眼动技术进一步探讨了图形知觉广度的变化规律。他们用移动窗口范式改变窗口的大小和图的呈现时间，发现图形正确识别率随这两个因素的变化而变化。当每次注视被限制在一个小区域时（大约 3.3°×3.3°），正确识别率明显下降；随着窗口的加大，正确识别率逐渐增大，当窗口达到图画整体的 50% 时，正确识别率达到最大值。

（三）眼动模式与信息加工机制

眼动模式是指包括对特定对象的注视时间、注视次数和扫描轨迹等指标综合起来的眼动特点。眼动模式可以为所研究的心理过程提供实时、动态的信息。在认知作业中，注视时间通常表示对特定对象的信息加工时间；注视或回视次数一般反映个体对特定对象加工的熟练程度或加工深度，次数越多可能反映认知任务越困难，或加工程度越深；扫描轨迹则通常反映个体认知加工的顺序和历程。结合不同的认知任务，上述眼动模式可以为研究者提供丰富的有关各种任务认知加工机制的信息。

如卡彭特（Carpenter）等用眼动技术探讨了心理旋转的内部机制。实验中他们给被试呈现一些成对的三维物体的二维再现图，要求被试判断两个图形是否表示的是同一个立体图。根据眼动模式的分析，他们发现个体在进行心理旋转是的信息加工过程可分为三个明显不同的阶段：即搜索阶段、转换和比较阶段以及确认阶段。在第一阶段，被试的注视点经过弥散性扫描后主要集中在两个图形中大体对应的部分，说明被试对对应部分进行了扫描，并选择了对哪部分进行下一步加工；第二阶段，眼动扫描轨迹明显表现出对两图形的对应部位进行来回扫描和注视，说明被试对这两个部位进行了深加工，通过图形角度与注视时间的分析，可以推测被试对图形进行了旋转，从而使两图形的对应部分转换到相同角度，而且在此基础上比较了二者是否相同；第三阶段被试则主要考察使用同样的旋转角度，是否也能使两个图形的其他部分转换成一致的图形，即起到验证和确认的作用。此外，通过眼动模式分析还可以了解到，被试在做上述判断时进行的系列加工，眼睛注视的最主要部分旋转角度越大，注视次数越多，所用时间也越长；而且心理旋转不是连续不断的，而是一段一段分步进行的。

阅读过程的信息加工机制研究是眼动技术应用最广泛的领域。该领域的研究能充分显示出眼动技术在分析认知机制上的独特优势。传统的阅读过程研究通常采用反应时间测定法和跟踪测量法。前者测量被试从开始阅读到某个特殊点出现之间的反应时间。不像知觉和再认等较简单的认知任务可以精确地测量某一加工过程的时间，阅读过程涉及的信息加工活动非常复杂，涉及文字的识别、前文信息的记忆和提取、语义句法信息的激活以及分析和综合等一系列认知过程。用一个反应时数据来描述这么多认知成分显然过于粗糙。跟踪测量法则要求被试在阅读过程中听到某个刺激点后，马上大声报告出刚才所阅读的内容。该法虽然能对阅读过程进行同时性测量，但实验条件明显会干扰正常的阅读过程，而且被试报告存在一定的主观性，受其表达能力等多种因素影响。而通过眼动模式分析则可深入揭示出这种复杂认知活动具体的实时性机制。如通过眼动记录，研究者能明确了解到被试对阅读材料某一内容注视的时间是多少、注视次数是多少，进而可推知对该内容加工所花的时间，哪些内容没受到注视，哪些内容被多次加工等；通过回视情况可以知道哪些内容一边注视一边得到加工，哪些在注视完所有阅读材料之后才再回头得到加工；通过对整体眼动模式的分析，也可以了解到被试是如何根据任务性质的变化灵活调节认知策略的。在实际研究中具体涉及的指标和信息还有很多，具体可参见后文的研究实例。

眼动模式在揭示复杂认知活动上优势，使该技术可用于很多实际问题的研究，如航空航天心理和运动心理研究。在航天领域，飞行员在机舱内既要靠眼睛来观察环境，又要靠细致的注视来完成精确的控制动作，通过分析眼动模式可深入了解其完成作业时的操作程序和注意力分配情况。如可以了解到飞行员在观测各种外景和屏幕信息时的扫视轨迹和注视过程，以及在多批量、多目标、多任务情况下，对不同位置、大小、颜色和速度的目标的眼动敏感度、延迟和反应速度等具体特性。通过这些信息，研究设计人员可以对仪表、屏幕和外景设计做出合理分配以获得最佳的人机交互效果，既减轻操纵人员的工作负担又能避免出错。这种研究对军事、驾驶、宇航领域以及日常驾驶的仪表配置，提高工效都具有重要实际意义。

又如在篮球运动中，一个运动员在做出动作反应（传球、运球、投篮、跑位等）之前，必须从赛场上选择和分析有用的视觉信息，如各个运动员在场上的位置情况。通过眼动模式的分析，可以比较准确地揭示出不同水平的运动员在利用场上信息方面的能力。一项实验对经验丰富的老队员和缺乏经验的新运动员进行了考察。该实验用幻灯机呈现典型的篮球比赛中的一个进攻场景，要求被试尽快地回答控球的人下一步应该做什么，记录其反应时及注视情况。结果表明，老队员比新队员的注视次数少；无论是老队员还是新队员，都是倾向于选择特定的信息，一旦自认为已获得了足够的信息就马上做出反应，不过老队员倾向于反复成对地注视进攻和防守队员，而新队员则不注视防守队员，而只注视自己的同伴队员；老队员注视主要的空当较多，即对从控制球的队员到篮筐之间无对方防守队员的区域的注视次数较多，这说明老运动员能够注意到比较重要的关键信息。上述眼动模式分析较深入地揭示了专家和新手之间在问题解决模式上的区别。

三、眼动记录方法

眼动实验技术的关键环节就是眼动模式的记录。眼动记录方法有很多，包括观察法、机械记录法、电流记录法和光学记录法等。观察法又包括直接观察法和后象法；机械记录法包括头部支点杠杆法、气动法和角膜吸附环形物法；光学记录法包括反光记录法、影视法和角膜反光法等。上述方法多数已经被淘汰，目前主要采用的是角膜反光法。

但所谓角膜反光法只是一种记录眼动特点的技术原理，作为一种实验研究技术，必须通过眼动仪来实现。目前国内心理学实验室配备比较多的眼动仪主要有 EVM3200 眼动仪和 EyeLink II 眼动仪。前者引进时间较早，技术相对较老，国内文献已有介绍；后者则是近一两年引进的，技术较新，目前国内尚未见有文献介绍。为此，后者是本章介绍的重点。

（一）EVM3200 眼动仪

EVM3200 眼动仪 20 世纪 90 年代初由美国“应用科学实验室（ASL）”生产的 EVM 系列眼动仪之一。这种眼动仪采用光学记录中的角膜反光法。实验过程中被试眼睛不需附加任何装置，实验能在比较自然的状态下进行。

这种眼动仪由控制单元、光学头、场景摄像机等部分组成。控制单元主要用于眼动实验的过程控制和数据记录，具体包括电子单元、主处理机、控制面板、视频监视器、命令终端、电源和冷却风扇等部件。光学头是获得眼动信息的输入端，其功能是输入被试看物体时的眼动信息，具体包括瞳孔摄像机、定位摄像机、照灯和其他光学部件。场景摄像机的功能是把摄取被试视野中的图像，并将图像显示在场景监视器上。

EVM3200 眼动仪的主要技术指标有：能自动测量注视点的位置和瞳孔直径；允许轻微的头动（16 cm^3）；注视点测量与计算误差小于 10°；允许眼动的范围为，水平轴 40°，垂直轴 30°；能自动记录和加工资料。

实验时，首先进行仪器校正程序，包括头校正和眼校正，要求被试端坐在带海绵头靠的高背椅上，保持头部不动；实验刺激呈现时，让被试自然观察或进行其他认知操作，系统将自动记录完成实验任务时的眼睛运动情况，如特定区域的注视点数、扫视距离、注视的总时间、平均瞳孔直径等。这些性能在很大范围内满足了视觉认知研究的需要。

（二）EyeLink II 眼动仪

EyeLink II 眼动仪是由加拿大 SR Research Ltd 公司研制的一种基于录像（video-based）的眼动记录系统。这类系统的突出优点是安装简单、操作方便。但通常有很多缺点，如数据记录速度慢、空间分辨率低、噪声大和数据丢失多等。不过 EyeLink II 通过专门定制的高速摄像机和超灵敏的图形加工技术彻底改变了这类系统的不足。EyeLink II 的分辨率非常高，能把噪声限制在 0.01°以下，记录速度非常快，可达到每秒 500 次。该系统具有在线数据分析功能，使眼跳、注视等眼动信息能在 25 ms 之内获得，注视位置的记录延迟只有 3 ms。

EyeLink II 系统包含三个微型摄像机。这些摄像机都附在垫着皮革的头带上。其中两个摄像机用于跟踪双眼的运动或选择优势眼。这两个摄像机都有内置的发光装置。这些装置采用数码控制，保证了超稳定的瞳孔变化信息的获得。另一个为光学头动跟踪摄像机，能保证在被试自然头动和说话时还能准确跟踪注视点的运动。该摄像机的噪声水平极低，通过计算得到的注视点位置数据和实际眼睛位置数据非常接近，保证了眼跳等眼动指标分析的精确性。

该系统将角膜反光法和瞳孔追踪技术有机结合了起来。这种结合减小了因头带滑动、肌肉颤动或环境变化等因素导致的误差，从而能稳定地跟踪眼睛的位置。这种技术还使 EyeLink II 眼动仪适用于戴各种眼镜的被试。

该系统还有一个特色就是把大多数眼动跟踪功能整合成了一个智能系统，使研究者不必一步一步地去瞳孔校准，整理头动跟踪数据，分析眼跳和注视点数据，从而把注意力集中在刺激呈现和最后的数据分析上。

EyeLink II 眼动记录系统的构成和使用是本章的重点。以上只是简单介绍了该系统的总体情况，有关该系统的构成、使用程序和数据处理等方面具体内容，详见本章第二节的系统介绍。

四、眼动技术应用实例

从上文可知，眼动技术已被运用于心理学研究的多个领域，既包括基本理论研究，又包括应用研究。基本理论研究涉及阅读心理、图形知觉、视觉搜索、信息表征、注意控制、问题解决等领域；应用研究则涉及广告心理、司法心理、工程心理、运动心理和医学心理等。

不同研究课题的眼动实验，其指标体系和实验过程有所不同，但也存在很大的共性。下面以白学军和沈德立关于“初学阅读者和熟练阅读者阅读课文时眼动特征的比较研究”（1995）为例，说明眼动技术在阅读心理研究中的具体应用情况。该例对其他领域的眼动研究也有一定的启示。

（一）实验程序

该研究的目的是探明我国不同熟练程度的阅读者在阅读过程中是否存在眼动模式上的差异。实验仪器为EMV3200R型眼动仪，其性能是以每秒50次的速度记录被试阅读时在水平、垂直方向上眼睛注视的位置。实验中用到的阅读材料为6篇记述日常生活事件的课文，要求被试依据所读的每篇内容回答3个问题。该实验个别进行，被试坐在距实验材料165 cm处的椅子上，头放在一个U形的托上。要求被试在实验过程中头尽量不要移动。一名主试给被试进行头校准和眼校准。校准完后，被试在另一名主试的指导下开始练习，开始正式实验后眼动仪开始记录数据。

（二）实验指标

1. 信息区和特殊指标的界定

该研究中唯一的认知行为指标就是文本阅读速度。其他的都是眼动技术指标，包括注视次数、注视频率、注视点持续时间、眼跳角度、眼跳潜伏期、句间回视次数、句内回视次数。这些指标有的适用于各种眼动实验，有的与特定的研究课题有关。如句间回视次数和句内回视次数都只适用于阅读研究中。因此，在眼动实验研究中，在确定各个实验指标之前，首先要对本研究课题有关的测量指标做明确的界定。如在本例中，研究者首先对信息区的划分和回视方式进行说明。

所谓信息区，就是眼动记录结果分析的基本单位。通常以一个字或词作为一个信息区来分析被试的注视时间和注视次数。由于该研究的目的是探讨被试如何理解课文，因此以一个完整的句子作为一个信息区以计算被试的眼动参数。

所谓回视指注视点从右向左移动或从下向上移动。在该研究中，具体涉及两种回视：一种是注视点在一句话中从右向左的移动，叫句内回视。这种回视又可细分为三种方式：逐步式、选择式、一步式。另一种回视是注视点在一段课文内从下向上移动，称为句间回视，也可细分为三种方式：再加工式、行间选择式、相邻句间式。再加工式是重新回到课文开始部分对课文内容进行阅读，表明读者不知道自己的理解错误或理解不完善的部分，是一种比较盲目的回视方式。选择式是对课文内容有选择地进行阅读，表明读者知道自己的理解错误或理解不完善的部分，是一种比较高级的回视方式。相邻句间式是当后一句话的意思和前面一句话的意思不能连贯时，立即对前一句话进行回视，是一种比较保守的回视方式。

2. 具体指标的选择

在实际的研究中，研究者往往把眼动指标和认知行为指标结合起来使用。所以传统的行为指标首先是要采用的。在眼动指标方面，则应该结合课题实际，尽可能多地选择有代表性的指标作为眼动模式的参数。在本例中，研究者首先采用了阅读速度作为行为指标，相当于认知心理学中的反应时。然后在眼动指标方面，选择了注视次数、注视频率、注视点持续时间、眼跳角度、眼跳潜伏期、句间回视次数和句内回视次数等指标。

注视次数指当被试在阅读过程中，注视点持续时间超过 30 ms 时，眼动记录仪记为注视一次；能体现出注视对象的重要性。

注视频率指每秒钟注视的次数，能反映在单位时间内获得信息量的多少。

注视点持续时间指被试在阅读过程中，注视点固定不动的时间。这种持续时间反映了阅读特定的对象所需要的中枢加工时间，与对注视字词的编码和语义提取能力有关。

眼跳角度指在阅读时注视点从当前注视位置跳到下一注视位置之间的距离。

眼跳潜伏期指完成眼跳所需的时间。研究表明，在阅读过程中，只有眼睛的注视点固定时，视觉才获取信息，而在移动过程中，一般不获取信息。所以不同的人在这项指标上通常差异不大，但可能与注意分配能力的个体差异有关。

句间回视是注视点从下向上移动，用于把各个句子的含义综合成为整个课文意思。

句内回视是注视点在一句话内从右向左移动。其主要作用是理解每个句子的含义。

上述 7 个眼动指标可概括为两大类：一类反映了眼动的过程，包括前 5 个指标；另一类反映了眼动的方式，包括后 2 个指标。这些指标的数据都能通过眼动仪的记录获得。

（三）眼动数据的分析

通过眼动仪获得的数据，其分析思路和方法与认知行为实验的数据是一样的。在比较不同被试群体在眼动模式上的差异时，也需要进行适当的统计检验。如本例的主要研究目的时考察不同年级学生在阅读时的眼动差异。因此，研究者在结果分析部分，对各种指标的年级差异进行了比较。各种指标的描述统计数据如表 15－2 所示。

表 15－2　不同年级学生阅读课文时的眼动数据

眼动数据	小学三年级	小学五年级	大学生
阅读课文的速度/（字/分）	97.427	128.11	218.84
注视次数	107.60	82.2	57.5
注视频率/（次/秒）	1.42	1.66	2.25
注视点持续时间/秒	0.562 9	0.530 9	0.435 6
眼跳角度/度	2.105	2.722	4.03
眼跳潜伏期/秒	0.052 9	0.043 7	0.037 6
句间回视次数	22.3	21.1	11.54
句内回视次数	2.76	2.249	1.019 6

（引自白学军、沈德立，1995）

具体的统计检验结果如下：

（1）注视次数

方差分析结果显示，不同年级间对课文内容的注视次数有显著差异。多重比较发现，不仅大学生组的注视次数显著多于学五年级组，小学五年级组的注视次数也显著多于三年级组。

除了年级差异，研究者还考察了被试阅读文章中不同语句时的注视次数，如表15－3。结果表明，①除第一句以外，其他各句的注视次数均存在年级间差异；②同一年级组的被试对中每一句话的注视次数不一样，句间差异显著；③被试对第二句和第五句的注视次数都高于其他各句。由于这两句与回答文后问题有关，这表明注视次数的多少受所注视内容在课文中的重要性影响。

表15－3　各年级组注视每句话的次数

语句	小学三年级	小学五年级	大学生	*F*值
第一句	8.60	8.08	6.41	1.69
第二句	15.70	11.00	10.30	3.44*
第三句	8.00	5.46	4.61	4.84*
第四句	11.3	7.28	6.90	4.82*
第五句	14.2	10.20	8.70	5.48*
第六句	11.2	9.82	6.12	8.15*
*F*值	3.432*	3.306*	7.35**	

* 表示在0.05水平上差异显著，** 表示在0.01水平上差异显著。

（引自白学军、沈德立，1995）

（2）注视频率

方差分析显示，不同年级间注视频率的差异非常显著，从大学生组至小学三年级组依次递增。多重比较表明，大学生组的注视频率显著低于小学五年级组之间，而小学五年级组也显著低于小学三年级组。这说明单位时间内获取信息数量是阅读能力提高主要表现。大学生在单位时间内处理课文信息数量多，加工信息的效率高；小学生在单位时间内处理课文信息数量少，其加工信息的效率低。

（3）注视点持续时间

方差分析表明，不同年级组被试阅读课文时，注视点的持续时间有显著差异。大学生组的持续时间显著高于小学五年级组，而两个小学组间差异不显著。随着年级的升高，注视点持续时间逐渐减少。这说明大学生同小学生相比，字词编码能力和语义提取能力较强。而小学生五年级组和小学三年级组学生对这两方面的能力差异不显著。

（4）眼跳角度

统计检验表明，大学生同小学五年级组的眼跳角度有显著差异，而两个小学生组之间差异不显著。由于眼跳角度能反映注视广度的大小，研究者根据该指标，进一步计算出了各年级的注视广度为：大学生为2.77个字，小学五年级生为1.87个字，小学三年级生为1.44个字。该结果支持了这种观点：被试眼睛注视的内容，正是他们大脑中加工的内容，注视时间代表其对所注视内容加工的时间，注视的顺序表示他们阅读课文时对课文内容加工的顺序。

（5）眼跳潜伏期

虽然方差分析表明，不同年级组间眼跳潜伏期有差异，但大学生组同小学五年级组之间差异不显著，两个小学生组之间差异也不显著。所以这种差异只体现在大学生和小学三年生之间。之所以有差异，可能是因为大学生的注意分配能力要比小学生强；而之所以差异很小，可能是因为阅读时注视点在移动过程中，一般不对信息进行加工，只有在注视点固定后才对信息进行加工。

（6）句间回视

方差分析和多重比较发现，大学生组同小学生五年级之间差异显著，而两个小学生组之间差异不显著。该结果表明小学生综合各个句子的内容的能力较差，而大学生在这方面的能力发展较好。

如前文所述，句间回视具体有三种形式。为此，研究者对不同年级学生在这三种回视方式上的差异进行了卡方检验。结果发现，再加工式随年级升高而减少，选择式和相邻句间式则逐渐增加，各个组都倾向于使用保守的相邻句间回视方式，如表 15－4 所示。

表 15－4　各年级组句间不同回视方式所占的百分数

组别	再加工式/%	选择式/%	相邻句间式/%
大学生	3.88	30.471	65.65
小学五年级	7.87	28.44	63.69
小学三年级	8.96	27.53	63.51

（引自白学军、沈德立，1995）

（7）句内回视次数

经方差分析和多重比较发现，句内回视次数存在非常显著的年级间差异，大学生组的句内回视次数显著低于小学五年级组，小学五年级组又显著低于小学三年级组。卡方检验表明，不同年级组学生使用句内回视的方式上存在显著差异。随着年级升高，逐步式和一步式逐渐减少，选择式逐渐增加。同时小学三年级组和五年级组使用回视方式的次数都是一步式最多，选择式次之，逐步式最少；而大学生组选择式最多、一步式次之，逐步式最少。大学生组使用句内选择式的比例显著地高于小学生组，说明他们句内回视的目的性比小学生要高得多，如表 15－5 所示。

表 15－5　各年级组句内不同回视方式所占的百分数

组别	逐步式/%	选择式/%	一步式/%
大学生	5.16	78.30	16.54
小学五年级	16.32	27.55	56.13
小学三年级	8.32	23.14	58.40

（引自白学军、沈德立，1995）

从上述研究过程可以看出，眼动技术为心理过程的研究提供了大量操作性很强的指标，每种指标都反映了一定的心理学意义。这是传统的实验心理学方法和认知行为实验所无法做到的。

第二节 Eyelink II 眼动记录系统的使用

一、EyeLink II 系统的构成

EyeLink II 眼动记录系统的构成如图 15－1 所示，主要由头带（headband）、主处理计算机（hyost computer）、刺激显示计算机（display computer）三大部分组成。主处理机上安装有 EyeLink II 驱动卡，与刺激显示机通过高速以太网连接。显示机上安装有实验程序编写软件 EyeLink API library。EyeLink II 系统在运行时的具体参数由实验程序控制。模拟输出卡（analog output card）是任选的组件，可用于传输注视点位置的数据。数字输入卡（digital inputs card）则是用来控制眼动跟踪功能的。

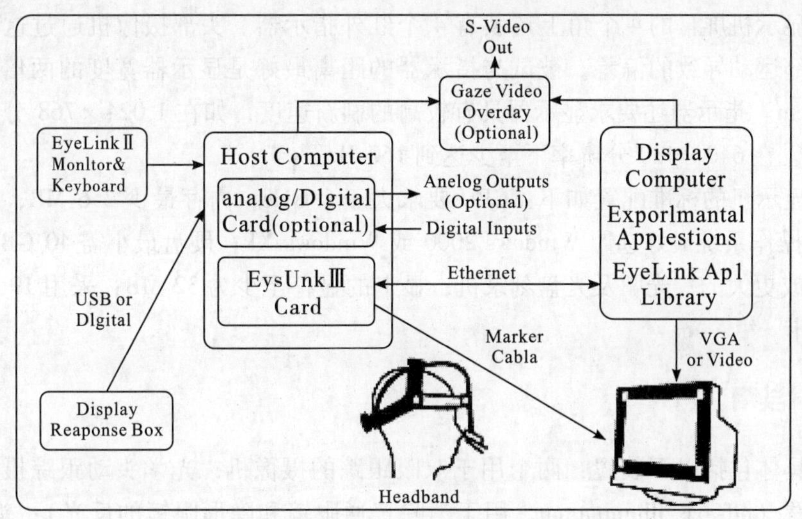

图 15－1 EyeLink II 眼动记录系统构成

EyeLink II 的核心成分如下。

（一）主处理机

主处理机的功能有：以每秒 250 次或 500 次的采样率实时跟踪眼动；计算注视点位置；在线检测分析眼跳和注视等眼动事件。数据储存在主处理机的数据文件中，通过以太网传到刺激显示机上，也可以模拟信号的形式输出。实验者可以在主处理机上进行被试准备和实验监控。

主处理机上的组件包括：EyeLink II 卡；自选的模拟输入输出卡；与头带相连的

5 m 长的缆线，与显示机上的校准指示器相连的 7 m 长缆线；10BASE－T 以太网缆线；反应键和游戏盒。主处理机的软件环境包括：能支持 EyeLink II 的操作系统，如 Windows XP；EyeLink II 集成软件，包含了眼动记录所需的所有功能，如被试准备、瞳孔校准、数据实时记录、传输和保存等。

主处理机可以选用台式电脑或 DELL 膝上型电脑，后者需要预装 EyeLink II PCI 板。标准的 EyeLink II 主处理机 CPU 应为 900 MHz 或更快；硬盘为 40～80 GB（大于 80 GB 的系统不支持）；显卡应支持 1 024×768 分辨率；应装有光驱和光盘刻录机；内存至少为 256 MB，推荐使用 512 MB 内存；至少有 1 个 PCI 扩展槽，最好有 3 个；USB 接口；局域网网卡。

（二）刺激显示机

显示机主要用于编写和运行实验程序。通过 EyeLink II API 可以编写出无数种实验范式的实验。通过实验程序不仅能控制刺激呈现，而且还能配置和控制眼动记录参数，能直接记录注视点位置、反应键和键盘反应等实时数据，刺激显示时间能精确到 1ms。显示机与主处理机通过 EyeLink library 软件和以太网与系统的其他构件进行信息传递。

刺激显示机屏幕的 4 个角上还装有 4 个红外指示器。头部摄像机通过这些指示器调整由头部运动导致的偏差。被试与指示器的距离最好是显示器宽度的两倍，最大距离为 120 cm。指示器还要求显示器具有较高的刷新速度，如在 1 024×768 分辨率下达到 100 Hz，在 640×480 分辨率下至少达到 160 Hz。

刺激显示机的标准配置如下：CPU 要求大于 1 GHz；内存最少 256 MB，推荐使用 512 MB；操作系统最好选用 Windows 2000 或 Windows XP；硬盘最小需 40 GB，推荐使用 60 GB 或更大的；光驱及光盘刻录机；显卡的显存至少为 32 MB；采用 19 英寸的显示器；网卡。

（三）头带

头带具体包括以下装置：两个用于双眼跟踪的摄像机；光学头动跟踪摄像机；离轴发光装置（off-axis illuminaiton，用于消除普通眼镜和隐形眼镜的反光）；头部系带，如图 15－2。整个头带质量很轻，只有约 420 g，平衡性好，旋转惯性小，能减小颈部肌肉的颤动和疲劳，便于长时间持续进行实验。系带内侧附有皮革垫，便于在头部压力较小的情况下，将眼动仪固定在头部，干燥、舒适，不受皮肤油性影响。

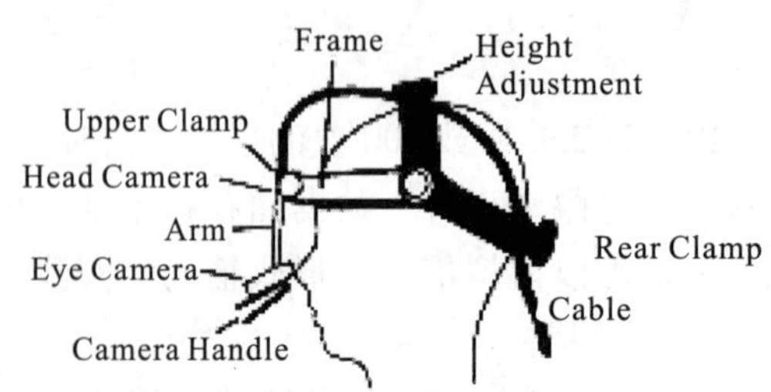

图 15－2　EyeLink II 系统的头带及其构成

（四）EyeLink II 驱动卡

该卡的主要功能是处理眼动摄像机和头动摄像机获得的数据；以及把采样信息和时间实时输送到刺激显示机上。该卡上附有 PCI 卡（176 mm 长、107 mm 高），还有头带、校准指示器（Marker）和以太网的接口。

二、EyeLink II 系统的使用程序

在主处理机上运行 EyeLink II 眼动记录系统前，必须确保刺激显示机已经处于运行状态。系统启动方法有两种：一是在电脑启动时选择 EyeLink II 分区启动；二是在电脑启动后，输入以下命令：

CD C：\ EYELINK2 \ EXE

EYELINK2

下面以 EyeLink II 随机附带 Track 实验为例，说明完成一个眼动实验的具体过程。

实验程序在显示机上运行。程序打开后，首先会在显示机上出现版权信息，同时在主处理机的状态栏上会显示如下信息：TCP/IP 连接开启。接着显示机上会出现一个对话框，要求输入 EDF 数据文件的文件名，如“TEST”。随后要进行一系列的实验步骤。

（一）被试准备

被试准备包括眼动仪佩戴、头动摄像机位置调整、眼动摄像机调整、瞳孔域限设置和角膜反光设置等操作。实验开始后，首先进入的是“Camera Setup”窗口，如图 15－3。屏幕下方有 3 个显示摄像内容的视频小窗口，中间是一个显示被选摄像内容的大视频窗口，左边是用于参数设置或完成特定功能的按钮，右边是进入其他步骤的按钮。被试准备和眼动仪调整就是根据该窗口提供的信息进行的。

图 15－3 Camera Setup Screen 示例

1. 眼动仪的佩戴

眼动仪头带的佩戴过程中，要注意不要碰到被试的眼、鼻或者眼镜；注意头带的皮革垫和前额之间不要有头发。头带的最佳佩戴状态是前部皮垫正好在前额中央，头带两侧正好在两耳上方，头动摄像机应在鼻子中央上方，松紧要适合，不能太紧，但要保证不会滑落。此外注意不要让头带后面的缆线拖在地上，最好能在合适的架子上搭起来。

2. 头动摄像机的调整

具体方法为在“Camera Setup”屏幕的下部选择中间的视频窗口，当被试注视刺激显示机的屏幕时，窗口中会出现4个较大的圆点（来自红外指示器）。这4个点应大致处于屏幕中心，如图15－4。如果偏离了中心，那么应该调整以下被试的座椅，或让被试身体做左右移动。

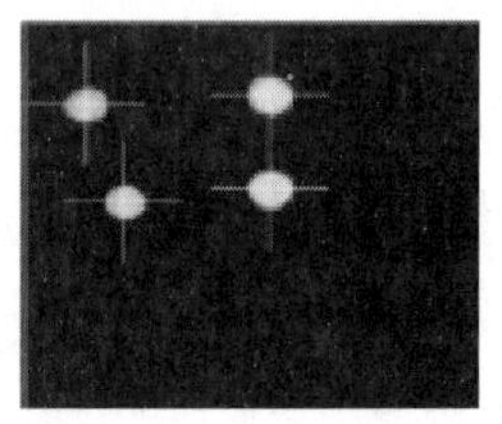

被试头需右下移

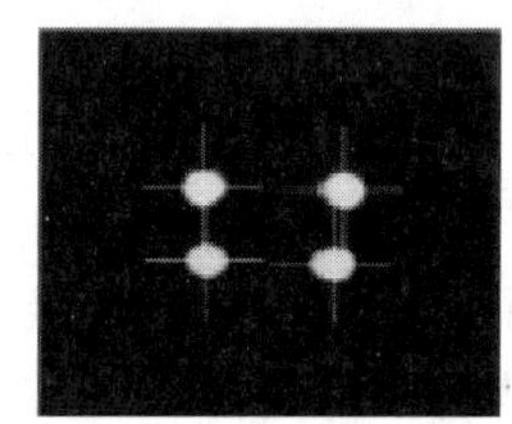

好

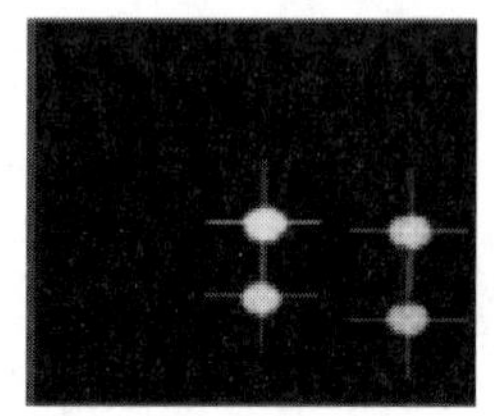

被试头需左上移

图15－4　头动摄像机的位置调整

装有头部摄像机和角膜发光器的头带前方的水平杆应尽量往下调，直到眉梢，在不影响被试视野的前提下，越低越好。如果不做这样的调整，那么头部运动对眼动的影响就很难消除。这种调整还有一个重要作用是保证角膜反光的质量。因为与头动摄像机一起还安装着角膜发光器（corneal illuminators）。在瞳孔—角膜反光模式下，如果不把头部摄像机杆调低，那么就不能充分发挥角膜发光器的作用，不利于发生角膜反射，从而影响眼动记录结果。

3. 眼动摄像机的调整

具体方法为：先在“Camera Setup”屏幕的下部选择左或右眼动摄像机；然后上下转动该摄像机以对准相应的眼睛，直到在屏幕中间能看到眼睛的一部分；然后进行微调，使眼角刚刚在屏幕之外，整个眼睛处于屏幕中央；最后通过焦距调整图像的清晰度。眼动摄像机的具体调整要求见图15－5。如果屏幕中眼睛太小，那么眼动跟踪的分辨率就会降低；如果太大，瞳孔有时候会偏离图像从而丢失数据。此外，还要注意眼动摄像机不能太高，如果太高了，虽然也能对准被试的眼睛，但是会挡住被试看实验刺激的视线。

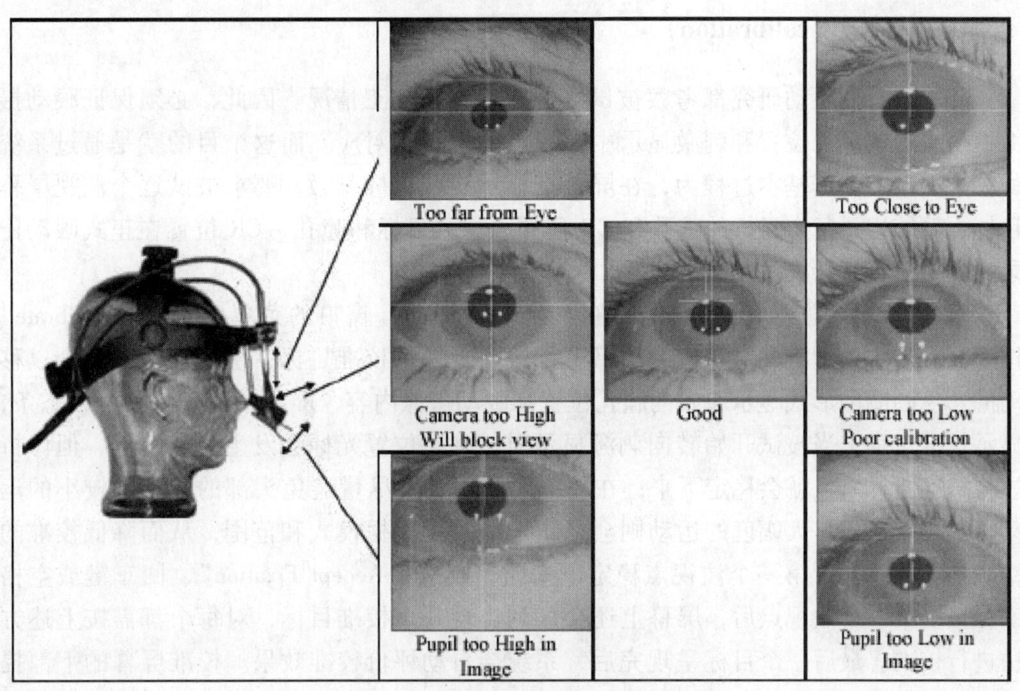

图 15－5 眼动摄像机的位置调整

4. 瞳孔域限的设置

瞳孔域限的合理值的合理状态是，屏幕中心的瞳孔像呈纯蓝色，不掺杂着其他颜色。如果蓝色区域小于瞳孔，那么说明域限太低，眼动记录数据就会出现很多噪声；如果眼角或眼眶上出现了蓝色阴影，那么说明域限值太高，会丢失眼动信息。域限调整一般通过“Auto Threshold”自动调节，但如果效果不佳可进行手动调节。具体方法为用鼠标点击屏幕上的域限调节按钮，或在键盘上按“↑”或“↓”键。“↑”表示提高域限，增加蓝色区域；“↓”表示降低域限，减少蓝色区域。其中一只设置好后，要对另一只眼睛进行设置。在实验过程中，EyeLink II系统会自动选择状态较好的眼睛进行眼动跟踪和数据记录。

5. 角膜反光的设置

在瞳孔—角膜反光记录模式下，一定要对角膜反光（corneal reflection，CR）情况进行设置。最佳状态的标准是瞳孔周围出现一个黄色的圆形。具体设置步骤如下：①确保装有头部摄像机的水平杆与被试的脸对正，使两个角膜发光器正好在每只眼睛的中央上方；②确保上述水平杆足够低，使角膜发光器的光不被睫毛阻挡；③通过点击“Auto Threshold”按钮，设置角膜反光域限，直到每只眼睛的瞳孔周围出现一个黄色的圆圈；④如果自动设置出的域限值太高或太低，则需点击“CR threshold”按钮，或“＋”“－”键，进行手工调节；⑤让被试慢慢地浏览显示器的四周，看看角膜反光是否会消失，如果消失，主处理机上会出现一个红色的警告信息“NO CR”。

（二）校准（calibration）

几乎所有的眼动研究都考察被试注视点信息的加工情况。因此，必须保证眼动摄像机所摄得的瞳孔位置和刺激显示中注视点的位置相对应。而这个目的就是通过系统的校准实现的。其基本过程为，在屏幕上显示一些目标刺激，要求被试逐个注视屏幕目标，系统记录每个目标的瞳孔和 CR 位置。这些目标和瞳孔 - CR 位置在正式眼动记录过程中被用于计算注视点的位置。

校准的具体程序如下：首先，在“Camera Setup”窗口的菜单中选择“Calibrate”按钮；然后主处理机和显示机的屏幕上都会出现一个校准目标；主处理机上还会以移动的彩色圆圈的形式显示原始的瞳孔位置和眼动摄像内容，屏幕右下方有一个状态条，显示校准过程；当被试开始转向刺激显示时，瞳孔位置光标会发生突然跳动，但保持注视校准目标后，就会稳定下来；在校准过程中，要尽量避免头部的运动，较小的运动可以校正，但是大幅度的运动则会严重弯曲校准数据模式和范围，从而降低校准的精确性。当瞳孔对第一个注视点稳定下来时，则按“Accept Fixation”、回车键或空格键。接受第一个注视点后，屏幕上还会序列出现几个校准目标，对每个都需按上述方法进行校准。最后一个目标呈现完后，系统会自动评价校准效果。校准屏幕的下部提供了每只眼睛的校准结果。绿颜色表示“好”，即数据未发现明显问题；红颜色表示“失败”，即数据不能使用，必须重新校准。

在实验过程中，应尽可能对两眼都进行校准。即使研究只需记录一只眼睛的眼动模式，还是最好对两眼都进行校准和确认。这样系统就可以选择准备得比较好的那只眼睛用于正式实验的追踪。如果实在只想校准一只，那么只要选择左眼或右眼就行。

（三）确认（validation）

确认过程的目的在于测量校准过程中通过计算获得的注视点位置和实际目标的注视点位置之间的差异，这种误差反映了注视点校准的精确性，因而能验校准过程的有效性。确认中获得的平均偏移量可用于随后的漂移校正。确认必须在校准之后进行。如果确认结果表明校准精确性较差，那么需要返回上一步进行重新校准。

确认过程如下：首先，在“Camera Setup Screen”窗口选择“Validate”按钮，或在键盘按“V”键；然后，在显示机上会随机出现一系列目标，与校准过程类似，要求被试逐个注视每个目标；同时在主处理机上注视点位置以圆形彩色光标的形式出现，在双眼模式下则出现两个光标；等光标稳定下来，并与目标接近时，按回车键接受第一个注视点的确认；剩下的注视点确认可以自动进行，也可以手动进行；每个注视点确认结束之后，有一个“+”号被用来标记相对于目标位置的计算位置，“+”号旁边显示有误差的度数；最后，在屏幕下部显示平均误差、最大误差和精确性数值。确认的最终效果也可以用颜色条信息表示，绿色表示“好”，即误差可接受；灰色表示“一般”，即误差中等，应该提高校准精度；红色表示“差”，即误差太大，不能用于眼动记录。

上述误差主要有两种来源：一是来自眼动记录系统；二是来自生理眼动的控制。但是由于 EyeLink II 系统的瞳孔位置噪声很低（<0.01°RMS），分辨率很高，并对头动进行了校正，因此来自系统的误差实际可以忽略不计。一种主要的生理来源是目标注视点位置的自然变化，大约为 0.4°RMS。

（四）漂移校正（drift correct）

在正式实验之前，还要进行漂移校正。该过程主要用于测量校准和确认过程中计算得到的注视点位置和目标位置之间的偏差。这种误差一般由头带的滑动或其他因素引起，但在该过程中就能得到校正。基本过程如下：首先让被试看第一个注视点，然后按“Accept Fixation”按钮，或按回车键；如果漂移校正误差太大，那么需要重做；如果最后一次校准之后的总漂移太大，那么漂移校正就会失败，需重新进行校准。

（五）注视点记录

完成上述准备和校正后，就可以对注视点进行正式的实时监控和记录了。具体方法为：先在“Camera Setup”窗口的右边选择“Output”按钮，或在键盘上按“O”键；接着，屏幕上会出现一个输出菜单，通过这个菜单就可以打开或关闭眼动数据文件；然后再按回车或“O”键，就进入了输出模式，开始数据记录。TRACK 实验程序会给主处理机发送指令，在其硬盘上建立数据文件 DATA. EDF。该数据文件中包括了采样内容、注视点和眼跳等方面的数据。实验程序退出时该文件会自动传送到显示机上。数据文件的内容可以通过 EDFVIEW 软件进行浏览，或用其他 EDF 工具箱进行处理。

在实验过程中，显示机上呈现实验刺激，要求被试完成特定的任务，如呈现一段文本让被试阅读。注视点位置以一个红色光标表示，可以通过在显示机键盘上按“G”键使其消失或出现。

实验结束后，要按规定程序退出 EyeLink II 系统。命令为：“CTRL + ALT + Q”。

三、EyeLink II 的数据处理

（一）数据文件的内容

EyeLink II 的数据以 EDF 文件格式储存。这种格式文件能同时保存眼动数据和实验事件。其结果可以用 EDFVIEW 程序查看或处理，也可以通过 EDF2ASC 命令转换为 ASC 码文本文件。

EDF 文件包括两大类数据：一类是有关眼睛位置的采样数据（samples）；另一类是有关眼动事件的数据（events）。这两类数据实际上是两个时间上完全同步的数据流。前者包括单眼或双眼的即时性眼睛位置数据（有 HREF 和 GAZE 两种类型）、瞳孔面积或直径的数据、眼动分辨率数据（用于计算真实速率和眼跳幅度）、按键和数字输入状态等。后者包括由 EyeLink II 在线分析器所识别的眼睛位置变化的数据，如注视、眨眼

和眼跳等眼动现象的开始时间和结束时间，此外还包括被试的反应（如按键），时间同步性和来自实验程序的数据信息。这两类数据在文件中根据实验进程被分成多组，每组只包括特定部分实验的数据。

1. 采样数据（samples）

samples 数据通常包含的数据栏有：采样时间标记（ms）、某种或某几种眼睛位置数据、瞳孔大小、眼睛位置数据的角分辨率（angular resolution）、按键或输入端口的状态。采样时间从系统运行开始记录，有助于避免采样丢失和简化数据处理。眼睛位置以直角坐标（x，y）表示，分 PUPIL、HREF 和 GAZE 三种类型。PUPIL 数据指通过眼动摄像机获得的原始瞳孔位置，与实际的注视点位置可能存在非线性关系，一般不被研究者采用。HREF 数据指眼睛相对于头部的旋转角度，能反映真实的眼动速率和幅度，适用于神经—心理物理学研究。GAZE 数据反映的是被试的注视点在刺激屏幕上的实际坐标位置，能排除头部位置变化和与刺激屏幕之间的距离的影响，是大多数研究的常用类型。角分辨率通常用每度视角的像素数表示，分 x 和 y 位置独立计算，可用于估计注视点之间的距离和计算眼动的速率。瞳孔大小用瞳孔面积或直径表示，都是整数。典型的瞳孔面积在 800 到 2 000 之间，直径在 1 800 到 3 000 之间，单位是人为制定的。系统每次采样都会记录 8 个按键或输入端口的状态。按键状态数据由两个 8 位二进制表示，下 8 位表示 8 个键的当前状态，“0”表示未按键，“1”表示被按键。如果上次采样之后某个键的状态发生了变化，那么上 8 位都被设成“1”。

2. 事件数据（events）

事件数据是 EyeLink II 系统记录的主体数据。每个事件都有一或两个时间标记和若干个数据栏。数据栏包括事件消息（messages）、按键反应（buttons）、注视点、注视点更新、眼跳和眨眼等数据。其中后 4 种都属于眼动事件。

事件消息由一个时间标记（timestamp）和消息内容组成。消息内容一般是文本，最多可包含 300 字节的内容，由实验程序建立。值得注意的是文本内容的最后一个字节应为零字节，以便与用 C 语言编写的程序兼容。事件消息有两个功能：一是有助于精确记录重要事件变化的时间，如刺激内容变化和被试反应变化的时间；二是有助于记录与特定实验条件相对应的数据，如特定试验（trial）的数据。

每个按键事件记录的是 8 个键或输入端口的状态的变化，如按键或松开键分别用“1”或“0”表示。每个按键事件由一个按键时间标记和表示按键数据的单词组成。按键时间通常在每组实验开始时记录，将上 8 位都设位“0”，以便实验程序全程跟踪当前的按键状态。

眼动事件的数据是眼动研究的核心资料。这种数据都是成对出现的，一种表示某种眼动开始时的数据；另一种表示眼动结束时的数据。这种数据对使实时监控眼动状态成为可能，而且能精确地区分出一个文件中不同事件间的数据采样。开始数据包括以下信息：记录来自哪只眼睛，数据采样率，采样数据的内容，事件数据的内容，事件类型，注视点位置和速率；结束数据用于表示某组数据记录终止，包括终止时间。

注视点数据包括以下内容：某注视点的第一次采样和最后一次采样的时间，被记录的眼睛，开始、结束、平均 HREF 和 GAZE 位置数据，开始、结束、平均瞳孔大小，开始结束、平均和峰值眼动速率，开始和结束角分辨率。在一个实验中，想让注视点数据具体包含哪些内容，研究者可以根据需要通过修改 DATA. INI 进行设置。大多数研究只需要一些简单的数据，如平均注视位置和瞳孔大小。

注视点更新数据是指把一个注视点内的数据根据特定的时间间隔，进一步分割成的数据。这种数据对眼动的实时分析和控制具有重要作用。其中包含的内容与注视点数据类似。

眼跳数据是以眼动的速率和加速度来表示的。EyeLink II 系统最小能检测 0. 3°的眼跳。眼跳数据具体包含以下内容：某次眼跳的第一次采样和最后一次采样的时间，被记录的眼睛，开始、结束、平均 HREF 和 GAZE 位置数据，开始、结束和平均瞳孔大小，开始结束、平均和峰值眼动速率，开始和结束角分辨率。这些数据都在 ENDSACC 事件下面。有关眼跳的平均和峰值速率的数据对神经—心理物理学研究具有特殊价值。开始和结束位置，以及开始和结束分辨率的数据可用来计算眼跳的幅度。

眨眼数据由 STARTBLINK 和 ENDBLINK 事件记录，指瞳孔非常小，或在眼动摄像机的图像里瞳孔缺失的情况，具体只包括眨眼开始时间和结束时间数据。

（二）数据文件的格式转换

如前所述，EyeLink II 将眼动数据自动储存成 EDF 格式。这种格式比较节省磁盘空间，但是很难被其他软件支持。如其数据格式难以被试专门的数据处理软件或自行编写的统计程序识别。为此，EyeLink II 系统提供了一个格式转换程序——EDF2ASC。通过该程序 EDF 格式的数据能转换成文本格式，从而能被几乎所有的计算机语言识别。

1. 格式转换方法

将 EDF 格式转换为文本格式的具体方法为：在 DOS 状态下，输入“edf2asc <edf 文件名> <选项>”。文件名中可使用通配符“*”或“?”，即可以将多个 EDF 文件同时转换为 ASC 文件，文件名不变，只是扩展名从“edf”变成“asc”。该命令可以包含很多转换选项，具体有四种：文件选择、一般数据、采样数据、事件类型。

文件选择涉及路径分配和文件命名方面的问题。如，如果在 edf2asc 后连续跟两个文件名，那么后面那个文件名就是被转换后的文件名；如果在 EDF 文件名后输入“-p”选项，则说明要把转换后的文件存入其后面的路径中。

EDF 文件中包含很多类型的数据，如左右眼的数据，三种类型的注视点位置数据等。但是在实际研究中，研究者只需选择性地采用其中一部分数据，如采样数据一般只用于浏览图表，事件数据才是研究者感兴趣的分析对象。通过 edf2asc 命令后面的选项，就可以实现选择性的数据转换。例如，如果要从双眼的数据文件中选择性转换左眼的数据，那么，只要输入“-l”就可以了。又如，“-sg”表示转换 GAZE 型位置数据，“-sh”表示转换 HREF 型，“-sp”表示转换原始瞳孔位置数据。

ASC 类型的文件占用的磁盘空间比 EDF 文件大。所以要尽可能只选择转换与研究目的有关的数据。采样数据通常比单纯的事件数据文件增大 10 到 20 倍，而这种数据又通常不作分析用，所以可以只转换事件数据，使用的选项为“-e”（仅事件）或“-ns”（无采样）。对事件数据还可以进一步选择，如选用“-nse”可以排除开始数据，从而只报告眼动事件的概要数据，只保留注视点、眼跳和眨眼的结束数据。这种数据筛选对手工数据分析或简单的认知实验研究有重要意义。

有关数据转换的选项还有很多，详见 EyeLink II 用户手册。

2. ASC 数据文件的格式

ASC 数据文件的具体格式取决于数据行（data lines）的类型、格式和顺序。有四种主要的数据行：①空白行或注释行，注释行中的第一个字符为“#”、“/”或“;”。②文件描述行，以“**”开头。在处理 ASC 数据时，以上两种数据行均被忽略。③采样数据行，每行以一个数字开头，表示采样的时间。④事件或数据描述行，每行以一个关键词开头，用以说明该行数据的类型。

包含眼动事件数据的 ASC 文件，其数据行的顺序有严格的结构。项目顺序于 EDF 文件中的排序相似。文件开头首先是对数据的总体说明，如文件的版本、建立日期以及来自实验程序的一些描述。这些内容以“**”开头，在数据处理时不作分析。有关事件和采样的具体数据格式遵循严格的规则：开始事件（START events）标记有组数据开始记录时的情况，结束事件（END events）标记记录结束；具体数据行在每个 START 事件之后，说明一组数据中采样和事件数据的类型，可进行灵活处理；所有的眼动采样和事件数据都在开始事件和结束事件之间；所有的事件和采样数据都以时间顺序排列。

采样数据行都包括时间、位置、瞳孔大小等三种数据。根据需要，还可以选择速率和分辨率数据。时间用 <time> 表示，注视点位置用 <xp> <yp> 表示，瞳孔大小用 <ps> 表示，速率用 <xv> <yv> 表示，分辨率用 <xr> <yr> 表示。如单眼、包含速率和分辨率的采样数据行格式如下：

Monocular, with velocity and resolution

<time> <xp> <yp> <ps> <xv> <yv> <xr> <yr>

事件数据的格式随事件类型而有所不同。都以大写的关键词开头，后面跟着具体的数据项。

事件消息行的格式如下：

MSG <time> <message>

<time> 表示事件标记，<message> 表示事件消息的内容，如刺激显示的变化或被试的反应内容。

按键行的格式如下：

BUTTON <time> <button #> <state>

<button #> 表示 1 到 8 个键中的一个，如果某键被按，则 <state> 值为“1”，反之为“0”。

开始事件和结束事件行的格式如下：

START <time> <eyes> <types>

END < time > < types > RES < xres > < yres >

< eyes >表示记录的是哪只眼睛的数据，如果是左眼，则其值为“LEFT”；如果是右眼，则其值为“RIGHT”；如果是双眼，则值为“LEFT”和“RIGHT”。< types >表示数据类型，如果是采样数据，则其值为“SAMPLES”；如果是事件数据，则其值为“EVENTS”，如果包括两种数据，则值为“SAMPLES”和“EVENTS”。RES 表示平均分辨率，其后面的两个数分别表示分辨率的 x 值和 y 值。

注视点数据行的格式如下：

SFIX < eye > < stime >

EFIX < eye > < stime > < etime > < dur > < axp > < ayp > < aps >

EFIX < eye > < stime > < etime > < dur > < axp > < ayp > < aps > < xr > < yr >

SFIX 表示注视开始，EFIX 表示注视结束，< stime >表示开始时间，< etime >表示结束时间，< dur >表示持续时间，< axp >和< ayp >表示注视点位置的平均 x 值和 y 值，< aps >表示平均瞳孔大小，< xr >和< yr >表示角分辨率的 x 值和 y 值。

眼跳数据行的格式如下：

SSACC < eye > < stime >

ESACC < eye > < stime > < etime > < dur > < sxp > < syp > < exp > < eyp > < ampl > < pv >

ESACC < eye > < stime > < etime > < dur > < sxp > < syp > < exp > < eyp > < ampl > < pv > < xr > < yr >

SSACC 表示眼跳开始，ESACC 表示眼跳结束。< sxp >和< syp >表示注视点开始位置的 x 值和 y 值，< exp >和< eyp >表示注视点结束位置的 x 值和 y 值，< ampl >表示眼跳幅度，< pv >表示峰值速率。

眨眼数据行的格式如下：

SBLINK < eye > < stime >

EBLINK < eye > < stime > < etime > < dur >

SBLINK 表示眨眼开始，EBLINK 表示眨眼结束。其他参数的含义见上文。

3. ASC 数据的处理

如前所述，EDF 格式的数据很难被其他程序读取和识别。因此，EyeLink II 系统获得的数据一般都先转换成 ASC 格式以后再进行统计分析。这种数据处理的一个基本环节是如何将 ASC 数据文件的内容读入统计软件。通常的做法是把 ASC 文件的每一行读入一个文本缓冲区（大小至少为 250 字符），然后将这一行数据根据空格分割成一系列的符号。第一个符号可用于对数据行的识别。如果第一个符号是空格，则说明是空白行，读取的时候可以略过；如果是“#”、“;”或“/”，则说明是注释行，也可以略过；如果是 0 到 9 之间的数字，则说明是采样数据行，进行读取；如果是 A 到 Z 之间的字母，则说明是事件数据行，也进行读取。被试读取的数据根据类型的不同，处理方式有所不同。对采样数据行而言，被读取的符号可以直接转换成数值。“.”符号代表缺失值，需做特殊加工。对事件数据行而言，要看是什么事件，然后根据该事件的格式提取对应的数值。

对数据要做什么统计分析，需视研究目的而定。如，在认知眼动研究中，MSG 行文本用于表示实验条件，所以 MSG、EFIX 和 BUTTON 的数据可以用来建立统计分析的数据文件。在神经病理学研究中，SFIX 和 EFIX 之间的采样数据常被用来确定平滑追随（smooth-pursuit）准确性。

针对这种数据处理的需要，EyeLink II 系统提供了两个用 C 语言编写的数据处理程序，Read_ ASC. C 和 Read_ ASC. H。还有一个叫 ANA. C 的程序，既可以用来处理演示实验 DEMO. EXE 的数据，又可以作为编写其他程序的模板。

四、EyeLink II 的应用

据 eyelinkinfo. com 网站的统计，EyeLink 系统已经被用于大量心理学研究领域。在临床心理方面，包括精神分裂症、阅读障碍、注意缺陷多动障碍、帕金森症等研究；在神经生理方面，被用于眼跳程序（saccadic programming）、眼球运动控制、平滑追踪等研究；在知觉和认知方面，研究涉及早期视觉、心理物理、跨眼跳整合、变化检测、客体再认、三维知觉、眼手协调、视觉注意、视觉搜索、心理语言学、阅读和言语加工、工作记忆、记忆编码和提取、推理和决策等；在应用研究方面，涉及人—机交互作用、人类工效学、图形用户界面评价、虚拟现实、生物医学工程、人工智能和机器人设计、警觉、运动心理、军事心理等。

练习题

一、名词解释

（1）注视；（2）跳动；（3）追随运动；（4）知觉广度；（5）眼动模式；（6）注视次数；（7）注视频率；（8）眼跳角度。

二、简答题

1. 简述眼动与心理过程之间的关系。
2. 说明解释 3 ~5 个常用的眼动指标的计算方法及其反映的心理学意义。
3. 简要说明完成一个眼动实验的具体过程。

第十六章　变量数据获得的认知神经科学范式

内容简介

认知神经科学作为一个较新的研究领域，旨在阐明认知活动的脑机制，即人类大脑如何调用其各层次上的组件，包括分子、细胞、脑组织区和全脑去实现各种认知活动。脑的认知功能包括知觉、注意、记忆、语言和思维以及智能和意识等心理功能。100 多年来，神经生理学家和解剖学家一直按机能定位的指导思想试图寻找各种认知功能的特异脑中枢。在探索的过程中，随着相关技术的进步，研究者开发了许多各有优势特点的研究技术范式。本章对这些技术范式进行了详细的介绍，主要包括脑成像技术与脑损伤技术，前者中的功能性磁共振成像术（fMRI）使认知神经科学产生了革命性的变化；后者中的虚拟脑损伤技术改变了脑损伤被动性与局限性的状况，实现只是在实验过程中会对一定的脑功能产生暂时干扰，实验结束后不会产生任何不良的遗留后果。

尽管这些方法为人类科学增添了许多光彩，但远未满足认知神经科学研究的要求。例如，脑认知成像技术可以为我们对认知过程的脑功能形成直观的图像，然而这种图像仅可提供结构或区域性功能关系，对于细胞水平的机制显得过分粗糙。通过本章的学习，希望学习者能理解各认知神经科学实验技术范式的基本原理与实验逻辑，结合各技术的优缺点在往后研究中进行更有效的设计与分析。

第一节　认知神经科学研究范式简史

用加扎尼加（Gazzaniga）的话来说，“认知神经科学”（cognitive neuroscience）一词在 20 世纪 70 年代产生于纽约市一辆出租车的后排座上。当时他和乔治·米勒（George A. Miller）在前往一个为洛克菲勒大学和康乃尔大学的科学家们举行的宴会途中。这些科学家讨论的重要话题就是人脑是怎样产生心理活动的。认知神经科学一词就是对这个话题的概括。

当然认知神经科学作为一种研究范式，其产生过程没这么简单，也没这么偶然。

认知神经科学是认知心理学和神经科学交叉发展的结果。经过近半个世纪的发展，认知心理学形成了大量用于分析人类行为和认知的方法；而神经科学以理解大脑感知运动系统中神经回路的结构和功能为己任，开发了大量测量或观察神经活动的技术和方法。二者的结合使直接考察人类高级认知过程的脑机制成为可能，从而产生了认知神经科学。

如前所述，认知心理学不仅仅关心与特定行为有关的输入和输出，而且注重分析从感觉信息到知觉和行为中间过程和机制。信息加工范式蕴含这样一个前提，即每一个知觉或行为在人脑中都有一种内部表征，一种基于神经活动模式的信息表征。然而，尽管认知心理学都承认这种表征的存在及其突出意义，但是在认知行为研究中大量的内部过程无法通过实验数据进行分析。如果不能对内部表征的神经基础进行直接考察，我们很难理解从知觉到行为转化的中间过程。这是认知心理学研究普遍所面临的共同问题。如著名认知神经科学家加扎尼加（2000）指出，如果不研究大脑，我们根本无法真正揭示心理活动到底是怎样进行的。20 世纪 70 年代，埃瓦茨（Evarts）等成功开发了可用于研究清醒、活动猴子的单细胞活动技术。随后许多研究者运用单细胞记录技术考察了猴子的知觉、注意、决策和特定脑区单细胞发放模式之间的关系。这是最早探讨认知过程和大脑神经活动间关系的研究。这些研究改变了人们研究动物和人类行为的方式，把认知研究焦点转移到信息加工过程和人脑神经活动的关系。

认知过程脑机制的研究需要大量有关神经解剖学的知识。神经科学的研究非常符合这种需要，并为高级认知功能的脑机制研究提供了先进的脑成像技术，如正电子发射层析扫描技术（PET）和功能性核磁共振成像技术（fMRI），从而为认知神经科学范式的迅速发展和普及提供了技术保障。从一定意义上说，认知神经科学的发展史就是脑成像技术的发展史。脑成像技术的思想最早起源于意大利。一位名叫安杰洛·莫索（Angelo Mosso）的生理学家发现在心理活动进行过程中人类大脑皮层的不同区域发生有节奏的跳动。经过系统观察，他指出皮层的血流量和神经活动之间有密切关系。但是二者的关系在二战后才得到量化。美国国家健康研究所的科蒂（Kety）等人最先开始测量动物脑中的血流量。这为最早的脑成像设备的研制建立了基础。随后，英格瓦（Ingva）等发明了一种能记录头部振荡次数的头盔，可粗略地测量心理活动过程中血流的变化。在这项技术的基础上，华盛顿大学开发成功了功能更强大、空间分辨率更高的血流测量技术——正电子放射层析扫描术（PET）。通过注射半衰期很短（123 s）的放射性药物，如 $H_2{}^{15}O$，PET 可以在不到 1 min 的时间内测量到局部脑血流量，对每个被试可进行多次测量，因此可用于复杂认知过程脑机制的研究。20 世纪 80 年代初，赖希勒（Raichle）、波斯纳（Posner）、小川（Ogawa）和光（Kwong）等人最早利用脑成像技术考察了人类神经细胞集群活动模式与特定认知行为的关系。通过比较灵长类动物的单细胞记录结果和人类脑成像结果，他们发现完全可以利用脑成像技术直接研究感知加工、运动行为和认知过程的神经基础。在之后的 10 多年中，PET 成了认知神经科学研究中最受推崇的技术。90 年代中期脑成像技术又得到实质性发展。劳特布尔（Lauterbur）发现物理学中的一些技术可用于生物成像，如根据磁场中的氢原子或质子的活动情况进行脑成像。这种思想促进了核磁共振成像（MRI）技术的发展。起初MRI用于脑解剖的静态成像，也叫结构成像。但是小川（Ogawa）及其同时很快意识到脑功能状态也可以成像。由于早期的化学研究发现，血红蛋白氧合水平的差异可影响其磁性，因此，用MRI动态跟踪血液流动就成为现实。这种技术就叫作功能性核磁共振成像术（fMRI）。fMRI以其卓越的时、空分辨率和无创伤性，已经成为当前使用最广泛的脑成像技术。

传统的神经心理学和计算机科学的发展对认知神经科学的产生也做出了重要贡献。神经心理学主要通过脑损伤技术或具有特定心理功能缺陷的脑损伤患者的研究考察特定脑结构与特定心理学功能之间的关系。由于其研究目的也是揭示各种心理过程的神经基础，或者大脑在各种心理过程中的作用，因此，也是现代认知神经科学建立的基础之一。早期最著名的脑损伤研究就是Broca语言区的发现。该发现使人们认识到特定的脑区的损伤会导致特定的认知缺陷。随后欧洲和加拿大一直延续着这种脑皮层定位的神经心理学方法。脑损伤研究表明，认知不是整体和单一的，而有许多相对独立的系统，每个系统在大脑中都有其独立的信息加工模块。这些思想对认知神经科学的产生起到重要作用。计算机技术则使认知神经科学研究者能够分析大量神经细胞的活动模式，并处理各种繁杂的脑成像数据。

认知神经科学已成为当前科学心理学中的主流范式，并取得了突飞猛进的发展。如加扎尼加（2002）指出，在其《认知神经科学》第一版出版的时候（1995年），脑成像技术刚刚在心理学中立足，绝大多数研究成果来自世界上少数几个实验室；而在第三版出版的时候（2002），已经有许许多多的研究机构配备了脑成像设备。很多传统的心理学院系已经建立fMRI实验室。国内一些著名的心理学院系所已经广泛开展认知神经科学研究。

认知神经科学不仅仅在学术界成为新的宠儿，而且受到各国政府的重视。美国将20世纪最后十年列为“脑的十年”，又将21世纪前十年看成“行为的十年”。日本1996年推出“脑科学时代”计划，总预算高达200亿美元，其中脑的认知功能及其信息处理是重中之重。多国合作项目“国际人类前沿科学计划”被国际上看作是和美国的战略防御计划、欧洲的尤里卡计划鼎足的三个重要计划。该计划准备投资100亿美元，重点规划内容就是认知神经科学。2001年初，由中国科学院、新华通讯社联合的预测小组预测出“新世纪将对人类产生重大影响的十大科技趋势”。其中第四大趋势就是认知神经科学领域，即揭示人脑奥秘，探索意识、思维活动的本质。中国科学院生命科学部生命科学发展战略研究小组将其定为生命科学的重大前沿。可见，认知神经科学是方兴未艾的一个研究领域，被普遍看作21世纪的领头学科，同时也是一种代表当前科学心理学最先进研究理念和最高研究水平的一种研究范式。如今，中国脑科学与类脑研究已被列入“十四五”规划。中国脑计划正迎来高速发展。

第二节　常用的认知神经科学实验技术范式

认知神经科学常用的技术主要可分成脑成像技术和脑损伤技术两大类。前者根据成像原理和主要技术指标的不同又可分成代谢成像、电生理成像和光学成像等三种。代谢成像主要包括 PET 和 fMRI 技术，主要根据脑部的血流量及血氧信号进行成像，主要性能指标是脑激活区的位置和范围，能实时性考察不同认知任务和认知阶段所激活的脑区，具有很高的空间分辨率。电生理成像主要包括自发脑电位（electroencephalography，EEG）、事件相关电位（event-related potential，ERP）和脑磁图（magnetoencephalography，MEG）等技术，主要依据伴随神经活动的电信号或磁信号进行成像，在考察认知过程的时间进程方面具有突出价值。光学成像则主要根据光与脑组织的相互作用进行成像，通过不同的成像途径，该技术可对脑功能从多个层面进行考察，如系统水平、脑区水平和功能柱水平等。上述方法均可用于以人类被试为对象的研究，在认知神经科学中还有一常用但只能用于动物的脑成像技术，即单细胞记录技术（single-uite recording techneque）。该技术有一定的创伤性，但能精确地记录到特定脑区单个或几个神经细胞的活动情况，能提供认知活动非常精密的时间和空间信息，可归为电生理成像技术范畴。

脑损伤技术可分成两种：一是传统的脑损伤技术，通过对特定脑区损伤患者的认知缺陷分析推断脑结构与认知功能的关系；二是虚拟的脑损伤技术，特指近年新开发的透颅骨磁刺激（TMS）技术，能暂时干扰个体特定脑区的神经活动，通过比较干扰前后认知功能的变化可揭示特定脑区的功能。

一、脑成像技术

（一）功能性磁共振成像术（fMRI）

PET 技术因为需要注射放射性同位素，目前已经用得不多。fMRI 已成为当前最受推崇、应用最广的脑认知成像技术。现在采用 fMRI 技术的研究报告已遍布各种神经科学类杂志，充斥于各种认知神经科学会议。近年来，fMRI 的研究又分成两大类：一类是任务态的 fMRI 研究；另一类是静息态的 fMRI 研究。本部分试图对这些技术的原理、设计和应用情况做较为详细介绍。

1. fMRI 的基本原理

fMRI 的技术基础可分为物理学基础和生理学基础两方面。fMRI 的物理学基础与普通磁共振成像（MRI）基本相同，氢核在其中起主要作用，但前者增加了回波平面技术。fMRI 的生理学基础主要是指成像依赖于脑内的血流、血氧浓度和血液的磁化特性与神经活动之间的关系，血液的含氧量是其中的关键因素。

(1) fMRI 的物理原理

人体中富含的碳、氢、钾、钠等多数元素的原子核都具有自旋的特性。而原子核是带电的，所以它们的高速旋转自然会在沿旋转轴的方向产生一个磁动量。由于氢核（氢质子）的磁动量最强而且在体内的含量非常丰富，因此 MRI 主要就是通过给人体施加外部磁场，根据氢核磁化性质的变化进行成像的。

①普通 MRI 成像的基本过程及相关机理。

首先，将被试置入较强的外磁场（B_0）中，使其体内的氢质子排列由原先的杂乱无章变成有序。一些质子的磁力线与外磁场的磁力线相同，呈顺向排列，处于低能状态，数目稍多一些；另一些氢核的磁力线与外磁场相反，呈逆向排列，处于高能状态，数目稍少。顺逆相抵之后剩下部分顺向质子，呈现出顺向磁性，形成一个净磁化矢量 M。这样，被试就被磁化。这种磁化沿着外磁场纵轴方向，称为纵向磁化。同时有序质子还在做快速锥形旋转运动，称作进动，其频率 F 可用 Larmor 方程求得：

$$F=\gamma B_0$$

这里 γ 是核子的一种固有属性，叫作旋磁比。氢核的旋磁比 γ_H 为 4 257 Hz/Gauss，所以当外磁场强度为 1.5 Tesla（特斯拉）的情况下，氢核的进动频率 F_H 为 63.855 MHz（1 Tesla = 10 000 Gauss）。

然后，给被试发射射频脉冲（radio frequency pulse，RF）。如果发射的 RF 脉冲与氢核进动频率相同，其能量可传递给质子，使其由原先的低能态跃升为高能态，进而又抵消一些与外磁场顺向的氢核的磁力，使纵向磁化减小甚至消失。与此同时，RF 脉冲还使进动的质子处于同相位，做同步、同速的运动。这样，一些质子在同一时间指向同一方向，其磁矢量在该方向叠加，于是出现横向磁化。这时，如果在横向平面中放置一个线圈，净磁化矢量 M 扫过线圈时会在线圈中产生一个交变的感应电流，叫作“自由感应衰减”（free induction decay，FID）。这种 FID 信号就是磁共振成像的基本数据。

最后，瞬间关掉无线电波，接收由被试体内发出的磁共振信号，进而通过快速傅立叶变换可重构出大脑的 MRI 图像。

在上述成像过程中，有两个重要的参数指标：一个是纵向弛豫时间（T_1），另一个是横向弛豫时间（T_2）。中止 RF 射频脉冲后，原先由 RF 脉冲引起的变化会回复到原来的状态，该过程叫作弛豫。纵向磁化恢复过程叫纵向弛豫；横向磁化恢复过程则称为横向弛豫。纵向磁化由零恢复到原来数值的 63% 所需要的时间可用一个衰减常数 T_1 表示，称纵向弛豫时间。该时间描述了质子自旋与周围环境交换能量的过程。各类生物组织的 T_1 是不同的，是临床 MR 对比度的主要基础之一。横向磁化由最大值减到其值的 37% 所需的时间用衰减常数 T_2 表示，被称为横向弛豫时间。该时间描述了质子之间自旋的变化过程。生物组织的 T_1 为 300 ~ 2000 ms，T_2 为 30 ~ 150 ms。T_1 的长短与组织成分、结构和磁环境及外磁场场强等因素有关。T_2 的与外磁场和组织内磁场的均匀性有关，受到血氧浓度的影响很大。在射频脉冲之后，经过一段回波时间（echo time），MR 信号衰减率上的差异将作为 MR 信号强度上的差异体现出来：有更长 T_2 的

组织将比有短 T_2 的组织有更强的信号，后者的信号衰减更快。

fMRI 中使用的另一个重要指标是 T_2^*，是指由于磁场不均匀性的作用，横向磁化质子之间的自旋相位会很快失去同步，从而导致的一个更短的衰减时间常量。T_2^* 又称作表现 T_2，反映了 MR 信号衰减的速率。T_2^* 一般从几毫秒变化到几十毫秒，其变化依赖于许多生理、物理因素和局部磁场中的小变化，比如相邻磁性质子之间的相互影响，使它们以略微不同的速率进动，从而导致失相，引起信号损失。fMRI 主要就是根据由脑活动引起的 T_2^* 的变化进行成像的。所观测到的 T_2^* 由所有失相的综合作用决定：

$$1/T_2^* = 1/T_2 + 1/T_2\text{m} + 1/T_2\text{D},$$

其中 T_2m 表示由于磁场异质性产生的失相，T_2D 是与弥散（diffusion）相关的信号损失，T_2 是横向弛豫时间。

②回波平面成像技术（echo-planar imaging，EPI）

上述的 MRI 成像速度无法满足研究者对人脑进行实时功能性成像的时间分辨率的要求。所以必须提高传统 MRI 技术的时间分辨率，即使用高速 MRI 技术。回波平面成像是当前最快的成像方法。该技术有较高的时间分辨率，并可实现三维成像。

传统 MRI 需要从一系列具体取样信号中建构一个图像，而使用 EPI 可以从单一数据样本中形成一个完整的图像。EPI 在成像速度上的改善，给功能性成像技术的时间分辨率带来了巨大的进步。例如，过去一个典型的 T_2 加权像序列需要激活脉冲之间的时间间隔（repetition time，TR）应为内部组织磁化参数 T_1 的 2 ~ 3 倍，而典型生物组织的 T_1 在 1 000 ms 左右，所以 TR 一定要多于 3 000 ms；此外，形成一个典型的 MR 图像需要 128 次重复取样，因此一个典型 T_2 加权像的时间大约是 384 000 ms。而使用 EPI 收集所有的成像数据，形成一个具有同样空间分辨率的图像，只需 40 ~ 150 ms，提高将近 2 500 ~10 000 倍。

在传统的 MRI 中，K－空间（K－空间是在进行傅立叶转换以形成一个图像之前的 MRI 初步数据）被一线一线地覆盖，如图 16－1 所示，A 代表传统成像，B 代表 EPI 成像。图中小圆圈代表所获得的数据样本，在传统成像中，每个初步数据线分别在一次射频脉冲后获得，所以 TR 是获取每个数据线之间的时间；而在 EPI 中，数据线以一种类似光栅的模式被连续获取，数据线之间的间隔时间只有 300 μs。

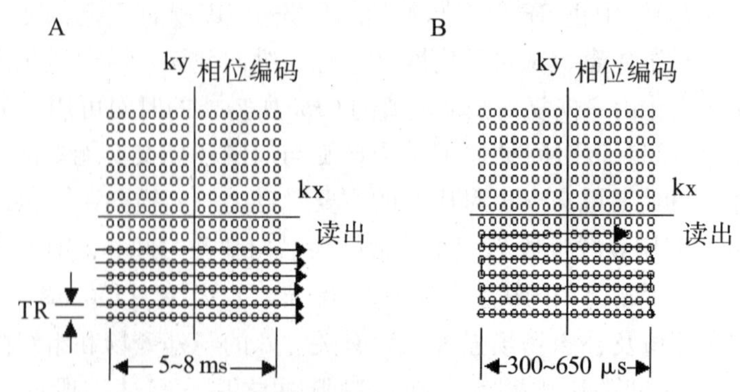

图 16－1　传统成像和回波平面成像中 K－空间的横向模式

在每个 RF 发射之后，一个单线初步数据沿着 kx（读出轴）加以收集，并沿着 ky 轴在不同的位移上获取相继的数据线。因为在收集每个数据线之前，需要一个分离的发射步骤，所以总的成像时间依赖于发射之间的时间和收集的数据线数目的时间，而后者又依赖于最终图像中所需的时间分辨率和视野大小。而 EPI 可以看作一个“多自旋回波”序列，通过应用若干 180°再聚集 RF 脉冲，可使一次单个激活脉冲可形成若干回波，每个回波还可分别对相位进行编码，并可分别对应于 K－空间中一个不同的线(line)。在单层成像中已经发现，使用 EPI 可以从少于 100 ms 的单个激活脉冲中获得完整的 K－空间 128×128 矩阵。所以 EPI 使毫秒级的成像成为可能。

EPI 作为一种多切面成像技术，可以对全脑进行成像，因而它可以使研究者探讨全脑的神经系统的活动，并且不仅可在分离的单个脑区中进行观察，而且因 EPI 可以在第三个维度上使用相位编码，所以 EPI 可使研究者在三个维度上详细观察大脑的活动。

不过，EPI 技术也有一定的不足。EPI 所需的梯度转换会产生高的听觉噪声，即使使用有屏蔽的梯度线圈，成像过程中围绕磁体中心的噪声水平可超过 90 分贝。通过使用合适的耳机来传送听觉刺激虽然可实现，但高噪声还是给实验带来一些不便。

(2) fMRI 的生理基础

基于不同的生理学基础，当前已有四种使用 MRI 对脑进行功能性成像的技术。其中最常用的是基于血氧水平的 BOLD－fMRI（Blood Oxygenation-level-dependent fMRI）。

①BOLD 效应与 fMRI。

当一个脑区被特定认知作业激活时，该脑区的神经元放电并耗氧，导致局部血氧水平短暂下降。随着周围毛细血管的扩张，更多的血液流入该激活区域，使局部血氧水平很快增加到静息水平以上，并远远超过由神经激活所造成的局部氧需求量。神经元越活跃，这种血动力反应就越强。血液中的血红蛋白的磁化特性随氧的饱和度发生变化。脱氧血红蛋白由于没有氧来屏蔽血红蛋白中的铁，所以当存在一个外磁场时，脱氧血红蛋白易被磁化，呈现出顺磁性，从而干扰周围环境中的局部磁场，造成磁场不均匀性，使 MRI 信号在 T_2 或 $T_2{}^*$ 加权脉冲序列上更快地衰减。而血液中的氧化血红蛋白则不具备这类特性。因此，在局部脑区激活过程中，延迟的血动力反应导致氧的过度补偿，使氧化血红蛋白远远超过了代谢需要，而脱氧血红蛋白相对减少，从而使局部磁场不均匀性减小，导致 MRI 信号增加。BOLD 的变化是伴随这种延迟血动力反应的皮层血流量变化和血氧水平变化综合交互作用的结果。

研究揭示，BOLD 时程变化有 3 个不同的阶段。首先是一个非常小的负向下降，在刺激呈现 500 ms 之后出现。这种快速、微小的负向下降被代表了在调节系统做出血动力反应之前，伴随着氧消耗的局部脱氧血红蛋白分子的早期增加。第二个阶段是，BOLD 达到最大值，这是大多数 fMRI 研究的核心。这个正向的最大值代表调节系统向激活区域传递的氧远远超过了所消耗的氧量，使得氧合血红蛋白超量，而脱氧血红蛋白减少。最后一个阶段可以在 BOLD 信号中观察到刺激后的负脉冲信号。

BOLD－fMRI 就是根据上述伴随着心理操作的血氧水平的变化进行功能性成像的。通常讲的 fMRI 就特指这种成像方式。

②其他生理效应与 fMRI。

除 BOLD－fMRI 外，还有三种功能性成像的技术是基于其他生理基础实现的。如，灌注（perfusion）fMRI 主要用于测量区域性脑血流，所使用的技术称为动脉自旋标记（arterial spin-labeling），是一种 T1 加权的技术。当动脉血中的 H 原子位于研究区域之外时，对它们进行磁化标记，当它们流入研究区域时则进行成像。该技术不足的是时间分辨率不高，获得一单张切面信息需要几分钟。弥散加权功能成像（diffusion-weighted imaging）则主要根据水分子中 H 原子的随机运动进行成像。光谱成像（MRSI）技术则主要针对水分子之外的其他分子中的 H 原子进行功能成像，也可对其他原子如 P31、Na23、F19 等产生共振并成像。该技术提供了使用 MRI 无创伤性地研究脑组织生物化学特性的可能性。

3. 任务态 fMRI 研究的实验设计

（1）Block 设计

Block 设计（block design），也叫组设计，或区组设计，是指在实验过程中要求被在一个阶段持续完成一种任务，而在另一阶段持续完成另一种实验任务，两种阶段交替进行的设计。在 fMRI 研究中主要表现为静息阶段和约 30 s 的激活阶段互相交替进行，在每种实验条件下都要求被试连续、快速、重复的进行相同类型的测试。其设计模式如图 16－2。图的上半部分是最传统的 Block 设计形式，从 PET 发展而来；下半部分是 Block 设计的变式，也叫方波设计（Box-car），比传统的设计方法更为灵活，也更为精确。

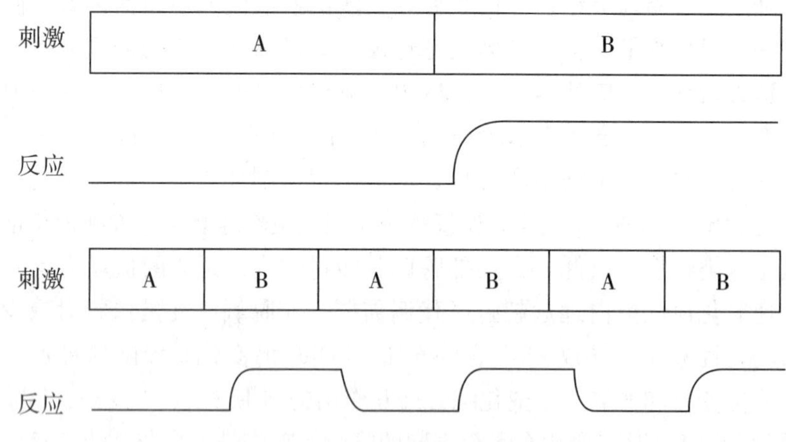

图 16－2　fMRI 的 Block 设计示意图

Block 设计是 fMRI 研究中最传统的一种设计方法，但并不是一种先进的方法。而是受技术条件限制不得不采用的一种设计方式。使用 fMRI 的最终目的是要获得由认知活动引发的神经激活的信号变化，而在 BOLD－fMRI 所获得的成像信号中，不仅包含所要研究的认知作业所引起的神经过程，还包含着正在进行的基线性的神经过程和额外因素所引起的神经过程。因此应用 BOLD－fMRI 的研究，需要将一种状态下得到的图像与另外一种状态下得到的图像相减，才能得到一个有意义的功能性图像。

因此，fMRI 成像的研究中，通常要设置两种实验条件：一是实验条件，包括所要研究的认知作业以及基线性的和一些不是研究所关注的、无法控制的额外因素；二是基线一控制条件，仅包含基线性和额外的因素，而不包括实验条件下所要研究的认知作业。这样，两种实验结果之差就能反映所要研究的认知作业的结果，由于其他因素所造成的神经信号变化可基本排除。

然而，在 EPI 技术用于 fMRI 之前，MRI 成像速度很慢，时间分辨率很低，只有让被试多次连续重复同一种实验任务，才可得到该任务条件下稳定的脑激活图。因此，在这种技术条件下只能采用组设计的实验法。这种设计有很多局限，如实验条件无法随机安排，实验事件与脑激活之间的关联不够紧密，无法分离练习、适应、注意定势等因素对实验结果的影响等。

（2）事件相关设计（ER – fMRI）

事件相关设计是指在使用高速 fMRI 的实验中，实验刺激可随机呈现，通过数据处理可分离出特定实验事件所对应脑激活图的设计方法。采用事件相关设计的 fMRI 称为事件相关功能性磁共振成像（Event-related fMRI），简称 ER – fMRI。ER – fMRI 是当前最先进的磁共振功能成像技术。该技术的应用大幅度提高了 fMRI 研究的精度，大大扩展了 fMRI 研究的范围，使研究者能更加精细地了解一些心理事件的内部结构，可研究那些传统的组设计无法探讨的实验任务。如该技术使随机的、短暂的认知事件的脑功能成像研究成为可能。

采用事件相关设计的前提是必须配备高速 fMRI 系统。如前所述，EPI 技术与传统 MRI 的结合产生了高速 fMRI 技术。大量研究发现，这种技术可分辨在刺激呈现后几秒甚至几十毫秒内的神经活动，能够描述单个刺激的诱发反应，对短暂认知现象有很大的敏感性。如戴尔（Dale）等（1997）通过高速 fMRI 研究发现，在测验间隔比血动力反应时间长和刺激呈现速度比血动力反应时间短时，均可观察到视觉刺激在右半球的单侧化激活。

ER – fMRI 的应用近几年发展非常迅速，已被用于各种认知过程的研究。如考特妮（Courtney）等（1997）应用 ER – fMRI 研究工作记忆的信息编码和保持过程，试图将二者分离。结果发现，后部视觉区域更多地负责知觉编码操作，而前额叶区域主要负责保持操作。莱帕马（Rypma）等（1999）使用 ER – fMRI，研究在不同的记忆负载条件下，背侧和腹侧前额叶对工作记忆中各种具体成分的影响。结果发现只在编码阶段，不同记忆负载引起背外侧前额叶明显激活。佐恩（Sohn）等（2000）通过 ER – fMRI，考察了个体完成任务转移过程中的不同成分的脑机制，如没有外部刺激的内源性准备和对外部刺激的外源性判断的脑机制。在实验中，要求被试完成一些成对的任务，有的可能相同，有的则可能不同。而且在一半的测验中，被试可以得到关于任务重复或任务转移的预先信息，即被试有内源性准备；在另一半测验中则没有。结果发现，内源性准备和外源性判断由两个不同的脑区负责。上述实验过程中，不同的实验条件和不同的任务、刺激都是随机混合呈现的。对于每个刺激事件都进行独立成像。这些研究表明，在使用 ER – fMRI 的研究中，研究者可以采用更复杂、更精细的实验设计，基本可以采用与行为实验研究相似的实验范式来进行研究。可见，fMRI 的事件相关设计为各种认知功能的脑机制研究提供了更深入、细致的研究手段。

4. fMRI 研究的数据处理流程

fMRI 数据处理的中心任务是从 MRI 数据中提取 fMRI 信号，找出实验条件和控制条件下 T_2* 信号的差别。fMRI 数据的整个后处理过程必须通过专门的分析软件才能完成。目前这方面的数据处理软件比较多，常用的有 SPM、MEDX 和 AFNI 等。以 SPM 为例，具体的分析步骤主要包括：

（1）图像重排（realignment）

其目的是以某一图像为参照重新排列不同时间点上采集的图像。同时，对扫描过程中可能的头动进行计算与校正，如头动超过一定限度，则建议放弃该被试的数据。FMRI 成像序列中的与运动有关的成分是数据分析中最主要的一个混淆因素。所以识别由实验任务激活的脑区时，应排除由头部运动而造成的假象。另外，与任务无关的头部运动将增加噪音比例并且减少数据分析的敏感性。在调整过程中，不仅要考虑头部的平行移动，还应考虑转动和三维运动等。

（2）空间标准化（spatial normalization）

不同被试大脑的形状和大小存在很大差别，而在基于三维像素的成像数据分析过程中，得自不同被试的数据必须源于一致的脑区，所以事先应对 MRI 图像进行标准化。具体做法就是通过空间转换移动和转变图像，使它们与标准脑一致，也就是将一个图像转化进入一个标准的解剖空间，塔拉拉赫－托努克斯（Talairach-Tornoux）提出的三维模型是当前最为常用的标准脑解剖空间。

（3）空间平滑化（spatial smoothing）

是指用一个校平影响函数来卷积数据，通常用于增加数据的信噪比，以及通过减少被试在脑回结构之间的差异来减少分析中的被试间差异。

（4）统计分析

是指先使用一般线性模型对三维像素进行数据建模，根据与设计矩阵相联系的参数，将观测到的神经生理反应区分为所要研究的成分、起混淆作用的成分或研究所不感兴趣的成分和一个误差项。接着使用 Gaussian 理论，对激活达到阈限值以上位置的空间范围及其最大激活量做出统计推断。然后采用相减法，把不同实验条件下的 T_2* 图像进行平均，然后相减，所得的差便是 fMRI 像。有关脑激活区的差异可通过 t 检验、相关分析等统计方法进行分析。

（5）图像叠合

在上述分析的基础上，将标准化的 fMRI 功能像和 MRI 结构像重叠起来，就可得到完整的 fMRI 图像。

5. 任务态 fMRI 的应用

fMRI 以其卓越的空间分辨率和较高的时间分辨率，已被广泛地应用于神经科学、认知科学、教育学、心理学、语言学、生物学、精神病理学及临床的神经外科手术及诊断。在众多的研究中，根据研究层次和分析思路的不同，fMRI 应用可分为三种类型。

(1) fMRI 的定位研究

定位研究是 fMRI 最基本的应用类型。出色的空间分辨率和无创性使 fMRI 在认知功能定位方面具有其他脑成像技术无法比拟的优势。这类研究的目的在于判断哪一脑区对某一特定的刺激做出反应，也就是说脑中何处的神经元与特定任务所引发的加工有关。fMRI 在这方面的研究已经取得大量研究成果。

例如，巴德利（Baddeley，1986）的工作记忆模型认为，人类的工作记忆由三个子系统构成：视觉空间模板，主要用于存储并复述空间信息和客体信息；语音回路，主要用于存储并复述言语信息；中央执行系统，具有任务间协调、注意转移、无关信息抑制以及记忆内容刷新等功能。大量的 fMRI 研究结果已经在人脑内找到上述三个子系统的精确定位。如言语信息的存储由左半球后顶皮层负责；而无声的言语复述机制由左半球言语区负责，包括 Broca 区、前运动和辅助运动区。对视觉空间模板而言，空间信息的存储、激活在右半球的前运动皮层；客体信息的存储和激活由右侧背外侧前额叶负责；空间信息的复述机制则定位于右半球后顶叶和前运动区。

fMRI 的研究表明，中央执行系统的各种功能基本都在前额叶完成。约翰尼德（Johnide）等（1998）发现，当测验间存在刺激重叠而产生前摄干扰时，左侧腹内侧前额叶中的布罗德曼 45 区显示出更大的激活，所以这个区域可能与无关信息抑制过程有关。德埃斯波西托（D'Esposito）等（1999）使用 ER - fMRI 进一步分析了这种抑制加工的时间动力学特点。结果发现，在刺激呈现阶段和延迟阶段，即编码和保持阶段，前摄干扰条件和基线控制条件的激活之间没有显著差异，但对于最后的探测阶段，即提取阶段，前摄干扰条件在内侧前额叶引发了更大的激活。这种结果说明，只有当探测词与记忆表征进行比较时，也就是记忆提取时，这种抑制加工或冲突解决过程才发挥作用；而且这种抗干扰过程与保持阶段的信息调控等其他执行控制过程在时间和空间上都是分离的。

邦奇（Bunge）等（2000）通过 fMRI 考察了中央执行系统的协调功能的脑定位。他们发现，双任务作业比单任务能更大程度地激活前额叶区域，但与单任务条件相比，除了 2 个任务所共同激活的脑区之外，在双任务条件下，再没有新的脑区被激活。这种结果支持了工作记忆中央执行功能的资源模型，而且说明资源的增加来自各子任务脑激活的增加。阿德科克（Adcock）等（2000）的 fMRI 研究也进一步证明，在双任务作业中脑区的激活程度随子任务成分的变化而变化，所有在双任务作业中激活的区域也在子任务中激活。这些 fMRI 研究结果表明，工作记忆中的多任务协调过程受子任务所涉及的各解剖和功能性系统间交互作用的调节，而不具有一般性的脑区控制机制。

从上述研究可以看出，fMRI 的脑区定位研究不但可以直接确定特定认知任务所引发的神经活动所在的位置，而且通过与精密的实验设计相结合，还可以比较不同认知过程之间的关系，进而判断一些相关的认知过程到底是相互独立的，还是基于独立的机制。这种研究对认知过程的分析和整合具有很大的价值。

(2) 参数性 fMRI 研究

参数性研究是指对同一性质的任务在数量或程度上进行系统地变化，进而考察这种变化的效应的研究。在fMRI研究中，我们经常会遇到这样的问题：通过定位研究我们已经发现一个特定的任务定位于一个特定的脑区，那么对这一任务在数量上或难度上的变化是否会以一种系统化的方式影响脑区的激活程度呢？这就是典型的参数性研究所要考察的问题。这种研究在深度上比定位研究又增加了一层，现在也有较广泛的应用。

还以工作记忆研究为例，波斯特尔（Postle）等（1999）通过控制记忆集的大小（3个和5个字母）考察了与记忆负载有关的脑机制，结果发现对记忆过程起调控作用的过程主要受前额叶的调节，而记忆过程则主要由后部皮层负责，即出现了工作记忆的记忆成分和执行控制成分之间的双分离。莱帕马等（1999）用参数性fMRI考察了记忆负载对前额叶皮层的影响。结果发现，在低负载（3个字母）和高负载（6个字母）下都存在腹内侧前额叶的激活。但只有在高记忆负载条件下，有附加的双侧背外侧前额叶的激活。所以他们认为，当记忆内容没有超过短时记忆容量限制时，只有腹内侧前额叶用于保持记忆内容。而当工作记忆负载超过了短时记忆容量时，背外侧前额叶就会被另外激活。莱帕马等（1999）进一步使用ER－fMRI设计，探讨了不同的记忆负载条件下，背侧和腹侧前额叶在同一工作记忆任务的编码、延迟和反应阶段中的相对作用。结果发现，记忆负载的增加只是在编码阶段影响到背外侧前额叶的激活，在高记忆负载下脑激活单侧化到右半球。上述研究实例说明了参数性fMRI在揭示不同脑区与认知任务的具体关系上比定位研究又前进了一大步，提升了fMRI研究的深度。

（3）fMRI的联结主义研究

上述fMRI的定位研究和参数性研究只要致力于考察大脑局部神经细胞群对特定刺激的反应，并在此基础上推断不同认知过程之间的关系。但大脑是一个极其复杂的功能系统，一个复杂的认知活动往往需要多个脑区的协同参与。因此很多时候有必要在系统的水平上对全脑的认知功能进行分析。fMRI的联结主义研究就是针对这种问题而兴起的一种研究方式。其核心任务就是了解各激活脑区之间是如何互相作用和联系在一起的。注意这里的联结主义研究与认知行为研究中的联结主义不完全相同，虽然二者都强调整体分布和网络联结的思想，但fMRI的联结主义研究不涉及计算机模拟问题。

fMRI的联结主义研究一般需要一个脑解剖模型和一个数学模型。前者用于描述哪些区域被激活；后者一般采用线性结构方程模型，用于描述不同激活区域之间的具体关系。

结构方程模型是建立在验证性因素分析和多元回归的基础上的多元统计分析技术。这种统计方法主要用于检验研究者所假设的因素模型和实际观测值的方差—协方差结构的拟合程度。从神经系统的意义上看，不同观测值的协方差矩阵代表了两个或更多脑区活动间相关的程度，即脑的功能性联结。在认知神经科学研究中采用结构方程建模的一个明显优势是各观测指标的测量不像行为研究那样间接，模型的假设性不像行为研究那么大。在fMRI研究中，每个观测值，即脑区的激活值可以直接用功能性脑成像技术测定，可以不采用潜在变量，而且各因子（脑的区域性活动）之间的互相联系由解剖特点决定，不需过多的假设。

例如，电生理和神经成像研究表明，对视觉运动的注意可以增加动作选择皮层 V5 和后顶叶皮层（PP）的反应性。一个皮层激活量的增加或减少通常由皮层投射的注意性调节机制造成，所以注意与脑区间联结性的变化密切相关。比谢尔（Buchel）等（1997）采用 fMRI 对注意与脑区联结性之间的关系进行了联结主义分析。他们在其他刺激条件相同，而只有任务的注意成分发生变化的情况下对被试进行 fMRI 扫描。研究共分为三个阶段，在第一阶段，识别出与注意相联系的不同激活的区域，将初级视觉皮层 V1、V5 和后部顶叶皮层包括进模型中。在第二个阶段，用结构方程模型中的线性模型来评估这些区域间有效联结的变化，用最大似然法估计注意和非注意条件下的路径系数。为了检验注意和非注意条件之间有效联结变化的影响，研究者定义了一个自由模型（将注意和非注意条件下 V5 和后顶叶皮层之间的路径系数设为自由）和一个限制模型（把 V5 到后顶叶皮层之间的路径系数固定为相等）。结果发现自由模型的拟合度较高，两模型的拟合度差异显著（$x^2=26$，$p<0.01$），表明注意条件使脑区间有效联结的发生显著变化（见图 16－3）。可见，注意条件下 V5 和后顶叶皮层之间的联结要显著大于非注意条件。

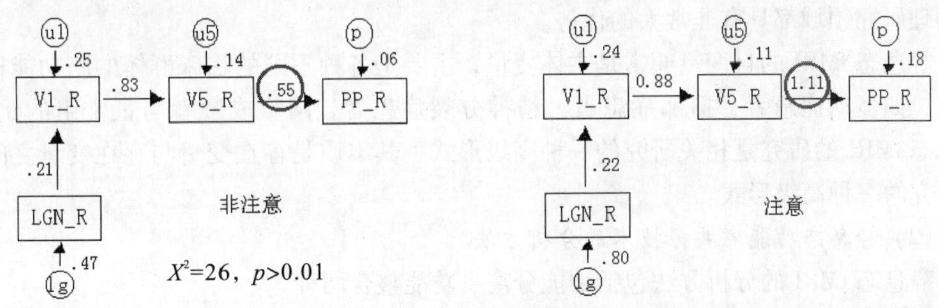

图 16－3 背侧视觉通路的结构方程模型

在最后一个阶段，用结构方程模型的非线性扩展说明如何用前额叶皮层的调节功能来解释有效联结随注意而发生的变化。综合上述三个阶段的研究结果，说明 V5 和后顶皮层之间增加的联结性与注意有关，而且右前额叶皮层对从 V5 到后顶皮层的输入起到重要的调节作用。

在 fMRI 的联结主义研究中，除了结构方程建模，还可以采用其他的数学模型，如多元回归分析、路径分析和 Volterra 核等方法。如，弗里斯顿（Friston，2000）使用 fMRI 和 Volterra 核方法发现，顶叶对动作选择性注意具有重要调节作用，而且通过调节从早期视觉皮层（V2）到动作敏感区 V5/MT 的有效联结实现。比谢尔等（1999）使用 fMRI 研究了视觉客体及位置联系性学习的神经基础。结果发现，特定皮层的激活随相同刺激的重复而降低，这种重复抑制体现出一种神经反应的优化和适应性。但是进一步的路径分析表明，与这种适应同时发生的还有空间和客体特异性皮层之间有效联结的增加，而且这种变化的时程与被试的学习质量有高相关。该研究表明脑区之间的交互作用是联系性学习的基础。

从以上例子可以看出，fMRI 的联结主义研究有助于全面考察不同认知过程的脑机制及相关脑区之间复杂的交互作用关系，对皮层整合功能的研究具有重要意义。

6. 静息态功能磁共振技术（Resting-state fMRI）

（1）静息态功能磁共振技术概述

静息状态是指被试闭眼放松静止不动，并避免任何有结构的思维活动的状态。静息态 fMRI 反映了自发的神经活动，被试在参与时不需要执行任何复杂的认知任务。静息态 fMRI 的研究始于 1995 年，比斯瓦尔（Biswal）等人探索到在静息态时双侧运动区的高度同步性，同时观察到静息状态下双侧运动区之间的 BOLD 信号存在低频涨落（low frequency fluctuations，LFFs，0.01 ~ 0.08 Hz）的特点，并且脑区间的低频涨落存在显著相关性。而且，研究证实 BOLD 低频涨落的成因可以排除生理噪声信号的干扰。大量研究表明，大脑中 BOLD 信号低频起伏的活动是由自发的神经细胞活动引起的，大脑的静息态的功能连接则是由于不同脑区之间协调同步性引发的（杨艳丽，2012）。

静息态 fMRI 拥有任务型 fMRI 不具备的优势，排除了繁杂的实验设计、被试的操作水平、被试参与时的情绪状态等无关变量，操作方便快捷，对静息态下各脑区活动的分析也能够更完整揭示认知功能和结构上的差异，因此其在认知神经科学和神经生理病理研究领域都具有非常大的优势。

静息态 fMRI 的自变量通常是主体变量，主要是各种不同的临床群体的脑功能连接特点，如多动症患者、抑郁症患者、精神分裂症患者、网络成瘾者与正常组的比较。静息态 fMRI 的研究是相关研究的一种高级形式，其本质是存在变量与存在变量之间关系研究的一种高级形式。

（2）静息态功能磁共振技术的分析方法

静息态 fMRI 的分析方法包括功能分离、功能整合两种。

功能分离：用于某一特定脑区和其功能活动特点的分析，包括低频振幅（amplitude of low frequency fluctuation，ALFF）分析法和局部一致性（regional homogeneity，ReHo）分析法。低频振幅分析法一般用于研究局部脑区自发神经元活动的强弱程度，通过计算各体素 ALFF 值大小来反映局部脑区静息态自发神经活动的强弱。局部一致性分析法则用于研究时间序列上的同步性，通过计算某一体素群中相邻体素在同一时间序列的 BOLD 信号波动的一致性来评估自发神经元活动在时间序列上的一致性。一致性增高则证明局部脑区活动在时间序列上趋同，反之则表明局部脑区在此时间序列上活动的无序性。

ALFF 的计算步骤如下：

①将每个体素去除线性漂移后的时间序列先经过 0.01 ~ 0.08 Hz 带通滤波器；

②将滤波结果进行快速傅立叶变化计算脑功能信号功率谱；

③将功率谱进行开方，得到信号的低频振荡幅度；

④计算每个体素 0.01 ~ 0.08 Hz 内信号振幅的平均值，即 ALFF 值，亦为 BOLD 信号的强度；

⑤为消除个体间全脑 ALFF 总体水平的差异，对全脑逐体素做标准化，得到标准化

的 ALFF 值（mALFF）。

ReHo 是一种基于体素的分析方法，是用肯德尔和谐系数（KCC）来计算脑内某个体素与其临近 26 个体素之间的一致性。ReHo 使用 KCC 作为指标来度量一个团块（27 个体素）内时间序列变化的一致性，可以反映一个功能区内不同体素的时间序列之间的相似程度，与脑区局部神经活动的改变有关，因此多用于分析整个大脑的异常神经活动。

功能整合：关注在神经生理活动过程中空间上远距离的各功能脑区间的相互关系，包括有效连接和功能连接。有效连接需要考虑脑区时间序列之间的因果关系及方向性，功能连接则不需考虑因果关系，而以相关系数作为度量的单位。脑功能连接的分析方法有种子相关分析法（seed-based correlation analysis）、基于感兴趣区的独立成分分析法（independent component analysis，ICA）和功能连接分析法。种子相关分析法提取感兴趣区内的 BOLD 时间序列，以确定大脑其他体素的 BOLD 时间序列与该时间序列的短暂相关性，并以此创建大脑全部体素与感兴趣区的功能连接图。这种方法灵敏度高、简单易行，但结果有赖于种子点的选择，且无法同时进行多个系统处理，因此目前较少使用。独立成分分析法较为常用，它将 fMRI 数据分解成多个独立的空间成分，用以代表与源信号时间序列相关的不同空间映射，若同一成分的信号投影较大即可认为这些脑区存在功能连接，这种方法属于多变量分析法（赵雯典，2013）。

(3) 静息态功能磁共振技术的应用

① 静息态 fMRI 在失眠研究中的应用。

一般认为失眠是由于大脑觉醒中枢和睡眠中枢之间失调导致的，并与脑内多种神经递质的变化有关。静息态 fMRI 能够研究大脑空间分布的一致性为失眠研究提供了新思路。

梁敏杰等（2014）通过比较静息态下原发性失眠患者和健康志愿者脑 ReHo 差异发现，原发性失眠患者在大量脑区中相异于常人，这提示患者在相关脑区可能存在损伤或者功能障碍。达伊（Dai）等（2016）通过 ALFF 研究发现，原发性失眠患者无论什么性别，颞叶、枕叶的 ALFF 值均增高；但是 ALFF 值减低的脑区存在性别差异。女性在双侧小脑后叶、左背外侧前额叶皮层、双侧边缘叶，而男性在左枕回。赖明君（2014）发现伴睡眠障碍的抑郁症患者 ALFF 值与对照组相比，右侧额叶直回、左侧小脑后叶、右侧小脑前叶、右侧枕叶舌回 ALFF 值显著降低；右侧楔叶 ALFF 值显著提高。研究结果的差异可能由于所选被试的差别所致，但都提示了失眠患者某些脑区自发神经活动的强弱异常。

② 静息态 fMRI 在青少年自杀未遂患者研究中的应用。

操军（2014）将静息态 fMRI 应用于青少年自杀未遂患者的研究中，研究表明自杀未遂的患者自杀的原因多为抑郁症引起，这类受试者情绪状态不适合进行认知任务操作。因此静息态 fMRI 能够采集到更准确更有效的数据，以便为进行自杀干预和心理疏导提供指导策略。目前研究采用 ALFF 分析方法和 ReHo 分析方法对青少年自杀未遂者进行研究，探寻与自杀行为相关的脑区，以及这些脑区 ALFF 和 ReHo 异常与自杀行为的相关性。

ALFF 方法可以反映特定脑区的局部神经活动，并且可以提供功能受损脑区的活动信息。基于 ALFF 分析方法对青少年抑郁症患者自杀未遂进行的静息态 fMRI 研究表明，颞中回的功能障碍会引起其冲动性增加，进而导致自杀行为发生。ReHo 值能够反应局部脑区神经元活动的时间一致性的变化。结果发现与正常人相比，自杀未遂青少年存在广泛的局部异常功能的脑区，主要集中在前额叶、顶叶、边缘系统、顶下小叶以及小脑等。

③ 静息态 fMRI 在双相障碍与重性抑郁障碍研究中的应用。

ReHo 通过分析全脑区域之间功能磁共振的临时一致性，被用于静息态功能磁共振数据处理，具体是指某个体素的 BOLD 信号与周围体素在时间序列上的相似性；ALFF 则可以用于测量静息态是脑组织的内在活动，反应脑神经元的自发活动及局部区域的生理状态。在双相障碍（BD）和重性抑郁障碍（MDD）的研究中，采用这两种方法可以从整体到局部层面揭示障碍的神经生理成因。

ReHo 值异常能够提示局部脑区功能失衡，抑或是全脑网络由此而引起的失代偿反应。姚旭东（2018）利用静息态功能磁共振对双相障碍与重性抑郁障碍发作期进行研究发现，右侧海马旁回的局部神经元的活动一致性的改变可能是 BDD 与 MDD 患者不同的病理生理基础所在。BDD、MDD 与正常控制组相比，ALFF 值在左侧颞上回、左侧岛叶均是降低，提示该区域患者神经元的自发活动水平均降低，这可能是抑郁状态患者的病理生理基础。

（二）事件相关电位（ERP）技术

事件相关电位（event-related potential），又叫诱发电位（evoked potentials，EP），是指给感觉系统或脑的某一部位施加或撤销特定的刺激时，在脑区引起的特定的电位变化。简单地说就是与特定刺激事件有关的电位变化。这种电位变化是由刺激事件引起脑电真实的实时波形，时间分辨率可达到微秒级。

尽管 1929 年汉斯伯格（Hans Berger）就发现脑自发电位（EEG）与心算这种心理活动之间有一定关系，但是由于 EEG 的不规则性和技术条件限制，人们在很长的时间里找不到通过脑电揭示大脑心理功能奥秘的有效途径。直到 1947 年道森（Dawson）首次报告可记录特定刺激引发的人体诱发电位，并于 1951 年成功开发了诱发电位的平均技术，脑电才真正成为揭示心脑关系的强有力工具。这种诱发电位就是现在所说的事件相关电位。可见，ERP 的发现及其记录技术的开发大大提升了脑电在心理学研究中的应用价值。现在 ERP 已经成为认知神经科学中应用最普遍的脑成像技术之一。由于其时间分辨率很高，便于与认知行为实验的反应时相结合进行认知过程研究，在实时性揭示心理活动的时间进程方面具有突出的优势。现在 ERP 技术已被广泛应用于基础心理学、认知神经科学、临床心理学和航天心理学等领域，并取得了重大成就，被誉为“观察脑功能的窗口”。

由于 ERP 不能直接测量，必须借助叠加技术才能提取出来，所以要掌握该方法的运用，必须首先对其技术原理有一定的了解。

1. ERP 的基本原理

(1) EEG 及其对 ERP 的淹没

所有的神经活动都是电生理过程。虽然单个神经元产生的电位很微小，但大量神经元都激活时，这种电位变化就比较明显。由于脑组织、颅骨和头皮都具有导电性，通过电极可以在头皮上记录到这种群集细胞活动引发的电位变化。这种电位就叫自发脑电位（electroencephalogram），简称 EEG。EEG 在人脑是普遍持续存在的，只要脑没有死亡，就可以记录到 EEG，如图 16－4 所示。

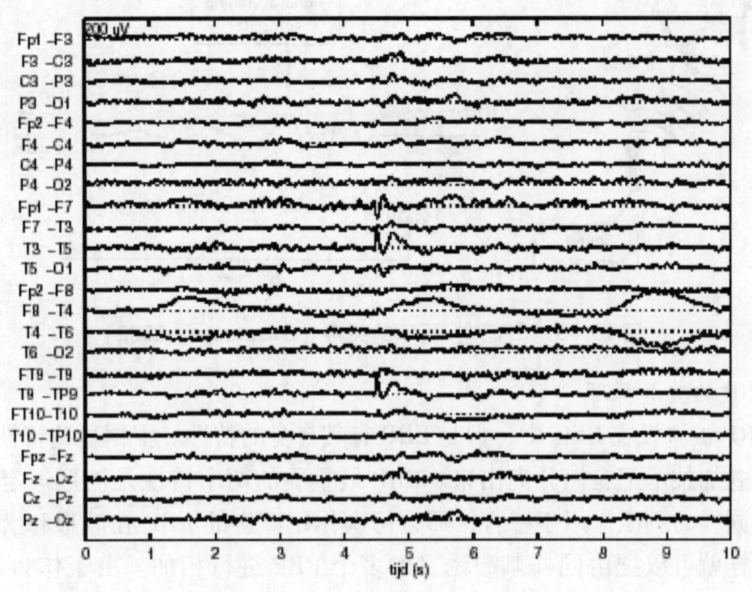

图 16－4　脑自发电位 EEG 的波形

这种自发脑电位在临床上有重要的应用价值。如“心理变量指标”部分的介绍，EEG 有四种基本的节律，每种节律的变化都能反映出个体一些身心状态或病理上的变化。如 EEG 可以为癫痫病的测定和治疗提供有用信息。如果癫痫病属于泛化性发作，那么事先在 EEG 记录上没有固定的脑区之分，而且大脑双侧的电位是对称的；如果是局部性发作，EEG 的变化先集中于特定脑区，然后扩散到全脑。局部发作性癫痫反映了神经病理上的问题，往往由血管的畸变，脑瘤的扩散或中风和脑外伤的后遗症引起。通过 EEG 可粗略确定其病源在脑内位置及脑电活动模式。

但是总的来说，EEG 的谐波成分非常复杂，具有很大的不规则性，而且由于其活动反映了全脑的神经电活动，多数与特定刺激的加工无关，无法根据它观察到特定心理事件引发的神经细胞群的电位变化。因此，EEG 在脑认知功能等认知神经科学课题的研究中应用价值是有限的。要想揭示特定认知任务引发的神经过程，必须观察到该任务诱发的特殊的电位变化。事实证明，这种特殊的电位变化是存在的，但是波幅非常小，一个刺激诱发的电位变化波幅只有 2 到 10 μV 左右。而 EEG 的波幅能达到 75 μV 甚至更高。因而在脑电记录中，由特定心理活动引发的脑电信号实际上被淹没在 EEG

中了。因此，为了观察到这种特殊变化，必须采用计算机叠加技术把特定心理事件诱发的电位从 EEG 中突显出来。这种被提取出来的脑电信号就是 ERP。EEG 与 ERP 的淹没与被淹没关系如图 16－5 所示。

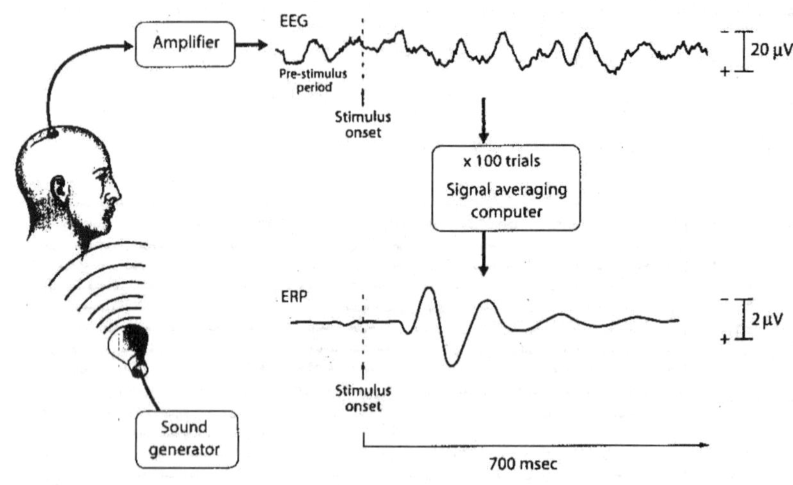

图 16－5　ERP 与 EEG 的关系（Gazzaniga，2002）

（2）ERP 的叠加原理

虽然 ERP 被淹没在 EEG 中，但是 ERP 有其自身的特性。根据这些特性，研究人员就可以通过叠加技术把它们分离出来。ERP 最重要的两个特性是波形恒定和潜伏期恒定。只要是同样的刺激作用于感官，那么每次作用产生的 ERP 在波形和潜伏期上都是一样的。这样就可以把由同样刺激诱发的多个 ERP 进行相加。由于作为 ERP 背景的 EEG 波形与实验刺激无固定关系，所以多次相加之后有相当一部分会相互抵消，只能按随机噪声方式相加；而每个 ERP 在波幅和时相上都是相同的，所以相加之后总波幅会随相加次数成比例地增大，而基本波形保持不变。也就是说，如果刺激次数为 n，那么叠加 n 次之后 ERP 的波幅增大 n 倍，而 EEG 只增大$\sqrt{n}$倍。如果叠加前 ERP 的波幅是 EEG 的 1/3，那么叠加 100 次之后，ERP 增大 100 倍，而 EEG 只增大 10 倍，叠加后的信噪比就变成 3.3∶1。这样，ERP 就从自发电位的背景中突显出来了。把 ERP 波形叠加出来后通常还要除以叠加的次数进行平均，把波形参数还原为一次刺激引发的单个 ERP 的数值。平均之后的波形就是特定实验条件下大脑产生的 ERP。

根据上述原理，可以简要概括出 ERP 叠加的基本程序：首先要求被试多次重复进行相同条件下的实验；然后提取出伴随着每个刺激出现的 EEG 波段，并根据刺激呈现时刻将其排列起来；接着再把 EEG 成分简单相加形成一个总的波；最后对总波形进行平均得到 ERP。

（3）ERP 数据的提取过程

上文简单提到了 ERP 叠加的程序，在实际研究中 ERP 数据提取包含的过程要比这复杂得多。ERP 的数据提取过程可分为两大阶段：在线记录阶段和离线处理阶段。在线记录阶段，主要包括 EEG 和 EOG 记录、放大、模拟滤波和模数转换等过程。首先实验者根据研究需要选择适当的记录电极（也叫导），在被试开始实验稍前启动 EEG 记录，为了排除眼电（electroculogram，EGG）产生的伪迹，需同时记录眼电。然后 EEG 和 EOG 进入放大器放大并同时进行模拟滤波，将电信号转变成模拟信号；然后经放大并模拟滤波的模拟信号进入计算机进行模数转换，即把连续的脑电模拟信号转换成计算机能识别的数字信号。该过程简称 A/D 转换，属于计算机的采样过程，其采样速度和采样分辨率直接影响到 ERP 的分辨率。如果采样精度为 1 ms，则意味着每隔 1 毫秒描绘 ERP 波形上的一个点，80 ms 的潜伏期由 80 个点组成。如果波幅是 5 μV，共有 50 个采样点，上下各 25 个点，那么在波幅上的平均分辨率为 5/25 =0. 2 μV。由于当前认知神经科学研究中一般都采用多导记录，而每导数模转换结果的数据量都很大，计算机难以进行在线实时分析，所以 A/D 转换的结果一般都保存在大容量硬盘或光盘上，采用离线分析方法进行后处理。离线分析还有很多优点，如主试在实验后根据需要选择性地设置有关参数，采用不同的叠加方式，对数据进行初步的确认和筛选等。

离线处理阶段主要包括数据合并、排除伪迹、叠加、总平均、绘图测量和统计等一系列过程。首先，将 A/D 转换后的 EEG 数据和行为实验的数据进行合并，通过合并能把每个刺激的呈现时间、反应时和正确率与相应的脑电对应起来。在此基础上可根据多种标准对脑电进行选择性处理。如只叠加正确反应的 ERP 或错误反映的 ERP，也可以对特定反应键、特定试验和反应时范围内的 ERP 进行叠加。接着，需排除眼电伪迹，EOG 是 ERP 研究中最常见的伪迹，对 EEG 的影响非常明显。如果不排除眼电，大部分电极的电位都会受到眼电的污染，越往头皮前部，影响越大。排除眼电的途径主要有两种，一是删除包含眼动的试验，但这样会使脑电数据丢失；另一种是采用一定的算法对 EEG 文件进行眼动校正，通常用回归方程计算每个记录点受 EOG 影响的程度，求出每个记录点的 EEG 中所包含的 EOG 大小与 EOG 的比值，然后减掉所含的 EOG，从而得到较纯净的 EEG。然后，对脑电进行分段。在实验中记录到的脑电波是连续的，整个实验过程不间断，而 ERP 提取时必须对每个刺激引起的那段 EEG 进行叠加，所以应该把每个刺激事件对应的 EEG 分开来。通常将刺激呈现前 200 ms 到刺激呈现后 1 000 ms 的区间作为分段范围。分段后还需要进行滤波和基线校正，前者主要用于排除交流电产生的干扰，只允许特定范围频率内的信号接收进一步的加工；后者用于校正当前波形文件中的 DC 偏差，通常将刺激呈现前到刺激呈现之间的波形调整为一半为正、一半为负。接着在继续排除其他伪迹之后进行叠加平均。如前所述，可根据多种标准对特定范围内的 ERP 进行叠加。如可以按试验叠加，每个试验代表一次特定的刺激事件，因此可以对多个重复的试验进行叠加，从而得到该刺激引发的 ERP。也可以按试验类型叠加，每个类型往往代表自变量的一个水平或一种实验条件，因此可得到特定实验处理水平的 ERP，如注意条件下的 ERP 和非注意条件下的 ERP，进而比较不同处理的差异。这是最常用的一种叠加方式。此外，还可以按反应键、潜伏期范围、反应正误和试验顺序（奇数、偶数、随机）等标准进行叠加。叠加完成后需对结果进行保存。接下来需对不同被试在各条件下的 ERP 进行平均，即总平均，这样就得到了一个实验所需的 ERP。但是 ERP 作为一种重要的研究指标，光得到波形是不够的，所以最后还需对该波形的各参数进行测量，并对不同实验条件或不同被试群体在某种波形成分上的参数进行统计分析。

上述 ERP 数据提取过程可以用图 16－6 表示。

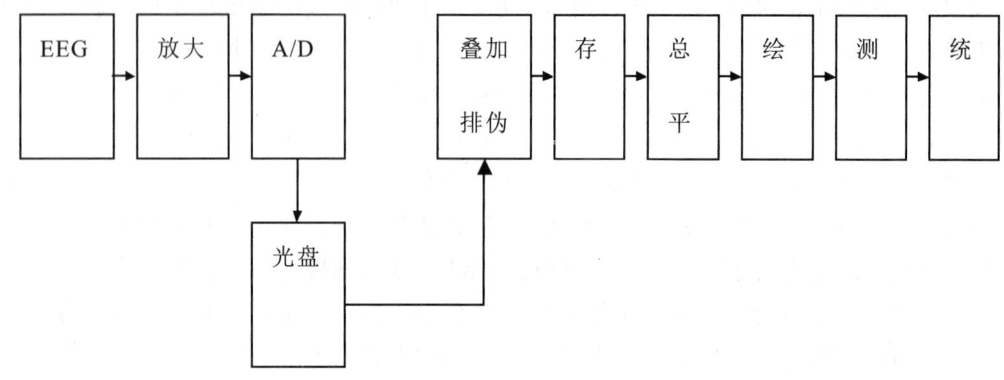

图 16－6　ERP 数据提取流程（魏景汉和罗跃家，2002）

（4）电极的导联

脑电记录的电极一般通过电极帽戴在被试头上，然后用电极膏将所记录电极与头皮接通实现。电极帽上各电极在头皮上的记录位置必须遵循一定的规范，每个记录点都有一个特定的名称，如 Cz、Fz 等。国际脑电学会 1958 年制定了各国统一的 10～20 国际脑电记录系统，一直沿用至今。现在的 128 或 256 导高密度电极帽都是在该系统的基础上扩展而来的。10～20 的含义就是各头皮记录点之间的相对距离以 10% 和 20% 表示，以头皮中央纵向和横向两条线作为基准。

纵向线叫矢状线，指从鼻根至枕外隆凸的连线。从前往后可标出 5 个记录点——Fpz、Fz、Cz、Pz 和 Oz。Fpz 之前与 Oz 之后各占矢状线全长的 10%，其余点间距都占全长的 20%。横向线叫冠状线，指两外耳道之间的连线。从左到右也可标出 5 个记录点——T3、C3、Cz、C4 和 T4。T3 与 T4 外侧各占冠状线全长的 10%，其余点间距都占全长的 20%。可见 Cz 是两线的交叉点，因此常作为基准点。然后以 Cz 为圆心，经过两线边缘的 4 个点画圆，并在 4 点间各圆周上等距地选取 2 个点，在 Fz、C3、Pz、C4 间各取一个点。这样就构成了一个具有 21 个电极记录点的 10～20 系统，如图 16－7 所示。

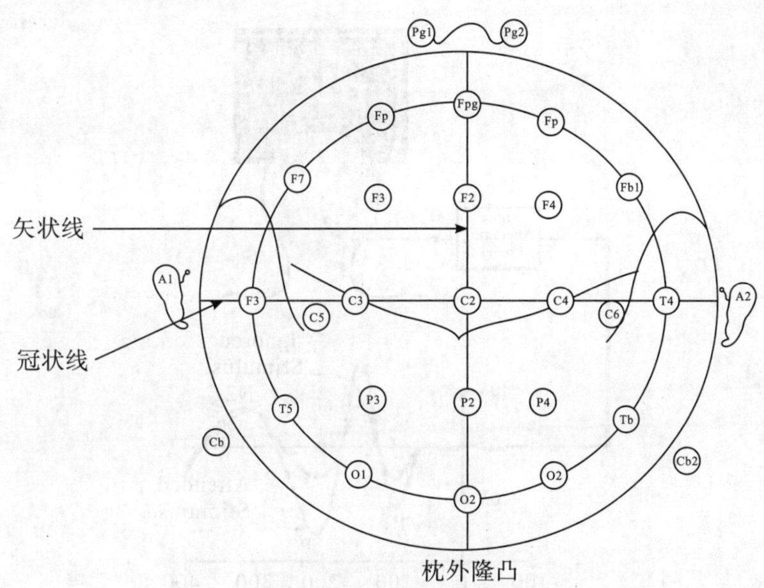

图 16 -7 电极导联的国际 10 ~20 系统

在采用上述系统时要注意各记录点虽然与大脑皮层的位置有一定的对应关系，但二者在方位上有一定的差距。如 Cz 点在 10 ~20 系统中属于中心，在头的顶部，但是该点所对应的皮层属于额叶而不是顶叶。

脑电仪所记录到的脑电波必须通过两个电极之间的电位变化来测量。一般情况下，采用一个电位为零的公共参考电极与各记录电极配对的方法。较常用的参考电极记录部位为两耳的耳垂。这种方法叫作单极导联法，在 ERP 记录中最为常用。还有一种方法是通过两个记录电极之间的电位差测量电位变化，如眼电的记录。这种方法叫双极导联。

2. ERP 的成分

ERP 叠加的结果是得到一个平均的 ERP 波形图，表示随着时间的变化电位所发生的相应变化。既然是波，自然有正负波动。ERP 波形中的一个波就叫作一个 ERP 成分。成分是 ERP 研究中一个非常重要的概念，是 ERP 实验的主要考察对象。每种成分都反映了一定脑区的神经活动，在不同实验条件下可以观察到许多不同的成分。某种成分在头皮的分布与该成分脑机制的解剖学定位有关，因此可通过某种成分在头皮上的分布粗略地估计与该成分相关的认知过程的皮层定位。

（1）ERP 成分的分类

根据不同的标准，ERP 成分可分为多种类型。

根据波动方向，ERP 成分可分为正波和负波。在描绘波形图时按传统，一般负波在轴线上方，正波在下方。每种成分一般都以正负两极（P、N）和该波在波形中的位置或该波出现的时间命名。如 P1 表示第一个正波成分，P105 表示从刺激呈现到 105 ms 时达到峰值的正波。同理，N2 表示第二个负成分，N400 则表示在潜伏期为 400 ms 时达到峰值的负波。图 16 -8 中的 P1、N1、P2、N2 就是按上述规则命名的。

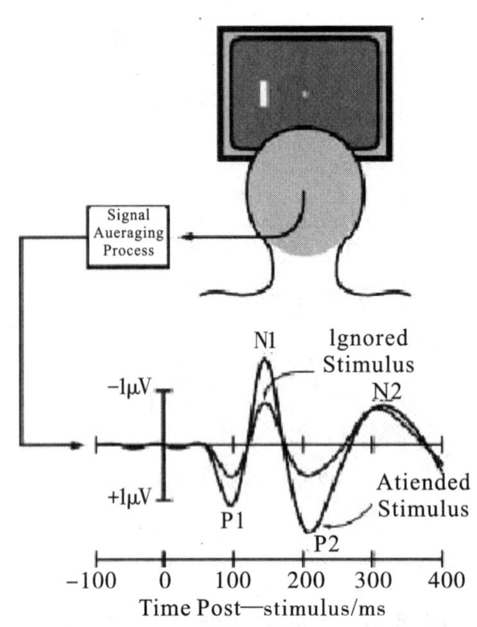

图 16－8　ERP 波形命名示例（Hillyard et al.，1998）

根据潜伏期，ERP 可分为早、中、晚成分和慢波。以听觉诱发电位为例，潜伏期在 10 ms 之内的为早成分，波幅非常小，对听觉障碍的神经机制的诊断具有重要价值；潜伏期在 10 到 50 ms 之间的叫中成分，波幅也较小，不易直接观察到。50～500 ms 之间称作晚波。500 ms 之后的叫慢波。晚波和慢波是与心理因素关系最为密切的成分，是认知神经科学的 ERP 研究中最主要的观测对象，这两种波的波幅比较大，可明显地观察到。上文中提到的第 1 个正波或第几个负波就是从晚波成分开始计数的。一种成分的时间进程反映了相应脑区被激活的时间，所以晚波成分中潜伏期较小的波往往反映感知加工，而后面的成分通常反映了更高级的认知过程和与运动有关的活动。

根据诱因，ERP 可分为外源性成分、内源性成分、中源性成分和纯心理成分。前者指与刺激的物理属性相关的成分，如前文提到的听觉诱发电位中的早成分。内源性成分指主要与心理因素有关的成分，如在一般的辨别任务中能发现 P300 成分，在给被试有规律地呈现同样的刺激之后，如果突然有一次刺激未出现，也能引发 P300，这种波就属于内源性成分。既与刺激的物理属性又与该刺激引发心理因素有关波则叫中源性成分，如 N100。纯心理波则指与外在的物理刺激无关，完全由心理因素引发的成分，如失匹配负波、加工负波等。

（2）典型的 ERP 成分

在 ERP 研究中，不同性质的实验记录到 ERP 成分一般来说没有特殊的规律。研究者主要通过实验条件之间的比较揭示特定认知作业的 ERP 效应。但在长期的研究过程中，研究者也发现了一些典型的 ERP 成分。这些成分可重复性大，有明显的心理意义，不但可用于揭示认知与脑功能的关系，而且本身的性质和规律成为重要的研究对象。这种典型的 ERP 成分包括 CNV、P300、MMN、PN、N400 等。

①CNV（contingent negative variation）。

CNV，中文称为伴随性负变化或关联负变，是指在预备信号和命令信号之间观察到的脑电的负向偏转。该波由沃特和库珀（Walt & Cooper）于1964年发现，由于该波是最早发现的纯心理波之一，引起了大量研究者的兴趣，围绕该波所反映的心理内容进行了大量研究。出现了CNV与期待、意动、朝向反应、觉醒、注意或动机等一两种因素有关的各种假说。我国心理学家魏景汉在该波的研究中做出了重大贡献。通过自行发展的无运动二级CNV模式，他发现了二级CNV（如图16－9），并提出了心理负荷加重假说，认为CNV心理因素的性质是在完成同一种任务时由期待、意动、朝向反应、觉醒、注意和动机等多种心理因素综合构成的心理负荷加重。其研究为CNV的争论画上了圆满句号。

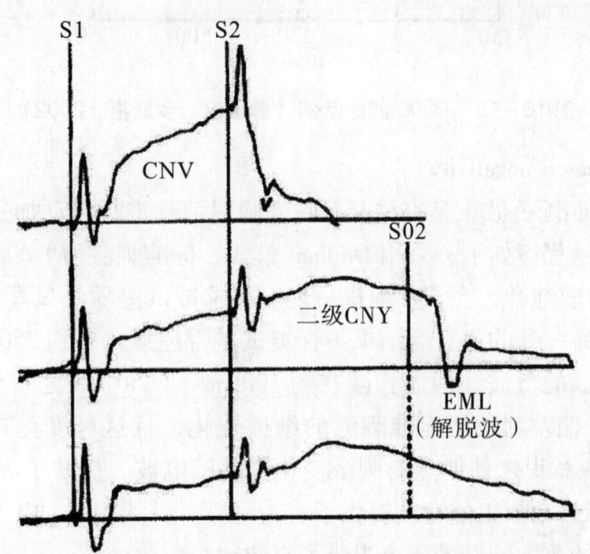

图16－9　CNV、二级CNV与解脱波（魏景汉等，1987）

②P300。

P300是指ERP晚成分中的第三个正波，由于最早发现的P3在刺激呈现后约300 ms出现，所以被叫作P300。但是现在通常说的P300未必就是潜伏期为300 ms的正波，因为后来人们又发现了很多与P300类似的成分，尽管实际潜伏期不一定是300但也都被称为P300。如图16－10中三个波形的潜伏期明显不同，但都叫作P300。所以P300已成为一种ERP成分家族的总称。研究发现，P300的大小与个体投入的心理资源量成正相关，潜伏期随任务难度的增加而增长。有研究者进一步考察了P300与具体认知过程的关系。如唐钦（Donchin，1981）认为，P300的潜伏期具体反映了对刺激物的评价或分类所需要的时间，波幅则反映了工作记忆的更新。也有人认为这种波反映了对某种刺激加工的抑制。还有人发现，刺激物与被试的利害关系及由这种关系引发的情绪在P300都有所反映，由于被试无法控制这种波的变化，所以P300已成为用脑电进行测谎的重要指标。此外，该成分在临床诊断和康复中也有广泛应用。

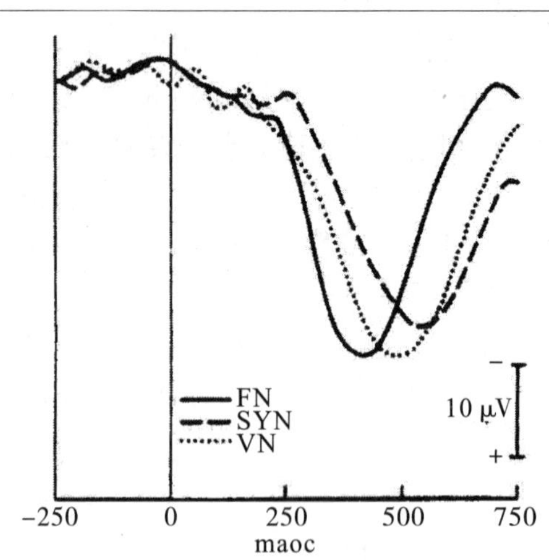

图 16－10　P300 波形示例（魏景汉、罗跃嘉，2002）

③MMN（mismatch negativity）。

MMN，又叫失匹配负波，是一种能反映人脑对信息进行自动加工的 ERP 成分。获得该成分的典型实验程序如下：采用 Oddball 模式，标准刺激为 1 000 Hz 的短纯音，偏差刺激为 800 Hz 的短纯音，在双耳随机呈现。要求被试追随一只耳，并对偏差刺激做出反应，完全忽视另一耳的声音。结果不管被试是否注意，在约 250 ms 时偏差刺激都比标准刺激引起更高的负波。两波相减在约 100 ms 到 250 ms 之间可得到一个明显负波，即 MMN。由于偏差刺激是标准刺激的细微变化，且这种变化在非注意条件下发生，所以 MMN 是由意识之外偶然的刺激变化引起脑电波，反映了人脑的无意识加工。因此，MMN 为人脑自动加工的存在提供了有力证据，并为自动加工的广度、深度和脑机制等生命科学中的重大问题的研究提供了有效途径。

④PN（processing negativity）。

加工负波，反映了注意加工效应。获得该成分的典型实验程序如下：采用双耳分听任务，左耳的标准刺激和偏差刺激分别是 1 500 Hz 和 1 560 Hz，右耳的标准刺激和偏差刺激分别是 800 Hz 和 840 Hz，刺激间隔为 800 ms。要求被试数出其中一耳中随机出现的偏差刺激的数目，同时忽视另一耳的刺激。结果注意刺激比非注意刺激会产生更大的 ERP 负偏移。刺激刺激的 ERP 减去非注意刺激的 ERP 便可得到一个持续时间较长的差异负波，即 PN。如图 16－11 所示。该成分是最典型的注意效应，反映了积极的认知加工活动。

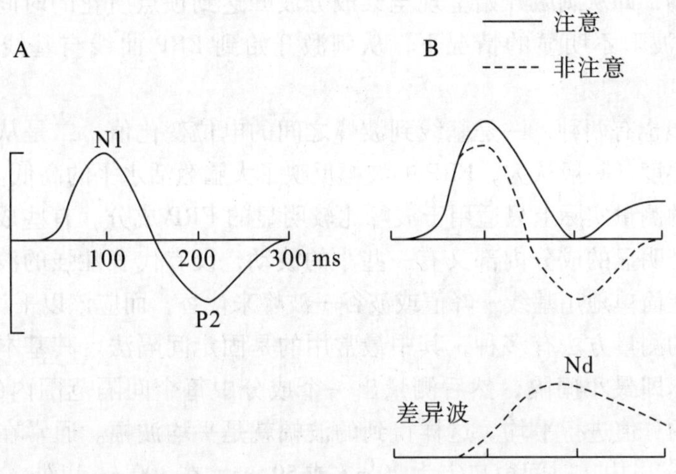

图 16－11　提取 PN 的示意图（魏景汉、罗跃嘉，2002）

⑤N400。

顾名思义，是指峰潜伏期为 400 ms 的负波。但是现在指的 N400 与 P300 一样，也是一个 ERP 家族的总称，具体包含一些不同的子成分，分别与不同的认知过程相关，脑内源也各不相同。典型的 N400 是人脑语言认知加工机制研究中最常用 ERP 成分，通常在被试阅读词尾为歧义词的句子时出现。研究发现，N400 的波幅与歧义词对其语境背离的程度呈正相关，可能是因为 N400 与长时记忆中语义信息的提取有关。不过尽管 N400 在揭示语言加工的认知规律上起到重要作用，但有关该成分的实质仍存在争议。如它反映的仅仅是语言本身的性质，还是一般意义上的语义加工，或者是仅仅与语言相关的问题目前仍不完全清楚。可见这种 ERP 成分的机制比较复杂，仍需进一步探讨。

3. ERP 实验的基本逻辑和主要指标

一个 ERP 实验的基本逻辑是：设置条件 1 和条件 2，分别得到 ERP1 和 ERP2，然后测量并比较 ERP1 和 ERP2 在波形、潜伏期、波幅和头皮分布上的差异，最后根据比较结果，确定条件 1 和条件 2 所包含的认知过程的认知神经机制。

从上述分析逻辑可以看出，尽管 ERP 的获得过程很复杂，但是在结果分析时所考察的指标还是很明晰的。一是对 ERP 成分的各参数在不同实验条件间进行比较，考察是否存在实验处理效应；二是对实验效应最显著的 ERP 的发生源进行定位。前者主要通过波形的观察、测量和比较实现；后者需借助地形图和偶极子模型进行分析。

（1）ERP 成分的参数

对 ERP 的分析可根据波形、潜伏期、波幅和波宽等参数进行。

波形的识别主要指从一系列波形中判断有关成分，起定性分析作用，可从整个 ERP 中正负成分的数量、波动变化的趋势等角度进行分析。波形识别是 ERP 研究中的一个技术难题，需要研究者有相当的文献积累和丰富的经验。

ERP 成分的潜伏期反映了特定信息加工的时间进程，对揭示信息加工过程的内在机制具有极其重要的意义，也是 ERP 技术的主要特色。ERP 的潜伏期有两种测量方法，一种是峰潜伏期，即从刺激开始呈现至某成分波峰达到顶点所花的时间。另一种是始潜时，指 ERP 波形不明显的情况下，从刺激开始到 ERP 曲线与基线的交点之间的时间。

ERP 的波幅也有两种，一是基线到波峰之间的电位变化值，二是从波谷到波峰之间的电位变化幅度。一般认为，ERP 的波幅反映了大脑激活水平的高低。

上述波幅的测量实际上只适用于波峰比较明显的 ERP 成分。有些成分的波形比较平缓，或者一个明显的成分内部又有一些小的波动，没有代表性强的波峰。这种成分的波幅一般不能简单地用基线—峰值或波谷—波峰来代替，而应该以平均波幅做指标。

平均波幅的测量方法有多种，其中最常用的是固定间隔法。其基本做法是先确定一个时间窗口，即最小间隔，然后测量出一个成分中每个间隔范围内的基线—峰值，最后对各区间的分值进行平均。这样得到的波幅就是平均波幅。通常在潜伏期较小的时候，如 300 ms 以内，时间窗口定为 20 ms 或 50 ms，在 300 ms 以外，采用 100 ms 作为最小间隔。这种测量方法 比较客观，便于不同研究结果之间的比较，但受被试个体差异影响较大。另一种测量方法是具体法，是指根据波形的实际由研究者选择性地确定某成分的时间窗口，窗口大小不固定，可在一定范围内变化。这种方法针对性较强，但主观性太大，不利于类似成果间的比较和交流。

ERP 成分的考察，除了对上述波形、潜伏期和波幅等参数的测量和比较，还可以将不同实验条件下的波形进行相减，通过差异波的特点推断认知加工效应。差异波在纯心理波的提取和无意识认知加工机制的研究中具有重要意义。

上述参数是 ERP 实验中最主要的数据。除了波形识别属定性分析，其他参数的比较都需要进行统计检验，如比较注意条件下和非注意条件下 N1 成分的潜伏期哪个快，波幅哪个大。每一个参数都是统计分析中的因变量。具体可采用的统计方法与行为研究一样，如两个条件间平均波幅的比较应该用 t 检验，两个以上用 F 检验；根据实验设计的复杂性可选择多种多元统计方法，也可通过 SPSS、SAS 等统计软件进行分析。

（2）脑地形图

除了围绕波形和各种成分参数，ERP 研究还可对各种成分的发生源进行分析，从而挖掘伴随不同时间进程的认知成分的脑功能区信息。ERP 源定位的依据很多，其中实验报告中较常见的有脑地形图和偶极子定位分析。

ERP 的脑地形图是指将放大的脑电信号与脑形态结合起来，既可定量又可定性地描述特定时间人脑各部位电位分布情况的脑波图形。一系列的地形图能直观地提供不同认知任务和不同时间阶段的 ERP 在全脑的分布情况和动态变化情况。一般常用的 ERP 记录和处理软件系统均可自动产生地形图。但前提是所采用的 ERP 系统必须在 12 导以上，导数越多，地形图越精确，提供的信息越可靠。

较为常用的 ERP 地形图有彩色的波幅地形图（如图 16－12），等高线地形图（如图 16－13）和实际头形地形图等。不同地形图所包含的内容和信息量基本一致，实际头形图稍形象、精确些。下面是从文献中引用的各种地形图样例。

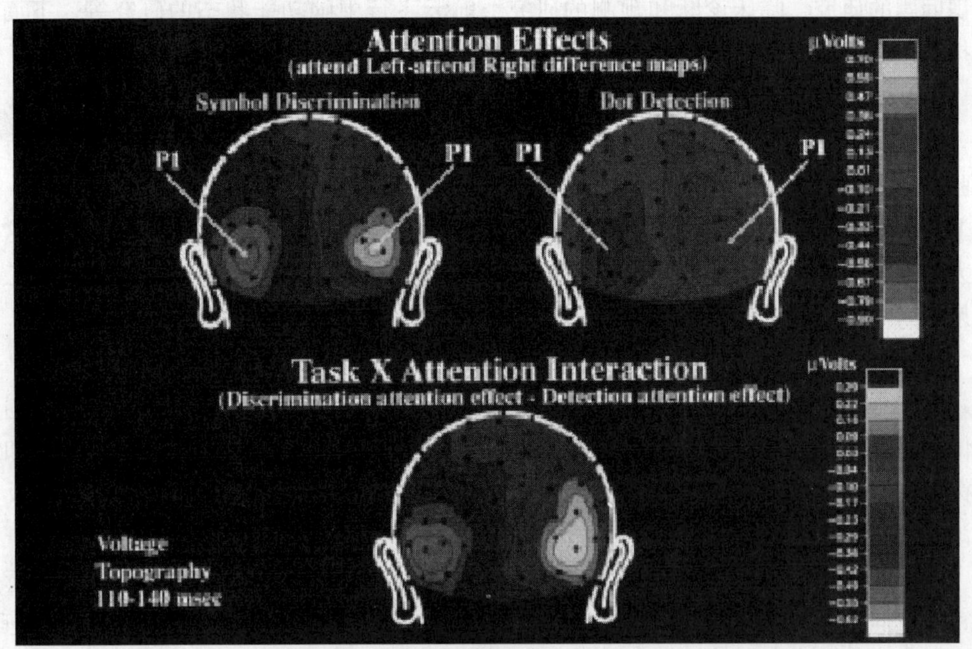

图 16－12　彩色波幅地形图（Hillyard et al.，1998）

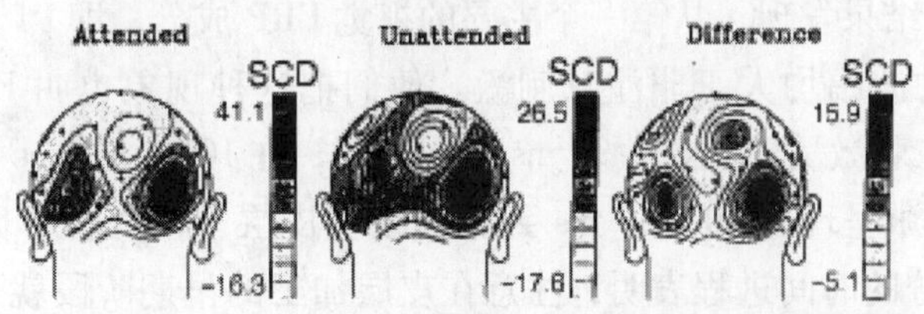

图 16－13　等高线地形图（Hillyard et al.，1998）

地形图的不足是只能提供头皮表面的电位分布情况，无法深入揭示 ERP 源在皮层内部的定位信息。而偶极子定位可一定程度上弥补这种不足。

综上所述，研究者通过 ERP 实验可了解到以下信息：一是根据潜伏期和波幅了解每种认知或其他心理成分的激活时间和强度；二是根据波成分的个数，波峰和波谷的数量判断一个实验任务所涉及的心理成分的数量或加工阶段的数量；三是根据电位在头皮的分布了解某种心理成分的脑解剖定位。可见 ERP 技术可为揭示人类的心理过程的内在机制及神经基础提供大量的宝贵信息。这也是该技术成为当前认知神经科学研究中一种主流方法的原因所在。

4. ERP 的应用

如前所述，ERP 是一种较早应用于认知神经科学研究的脑成像方法，已取得大量重要研究成果。具体涉及的领域包括视知觉加工通道的研究、运动知觉启动的研究、面孔识别的研究、听觉注意的研究、视觉空间注意的研究、记忆编码与提取的研究、工作记忆与选择性注意的关系研究、语言加工的脑机制研究、无意识自动加工的研究、意识问题的研究、临床诊断和预测的研究、航天飞行中脑功能状态的研究等。下面以选择性注意的研究为例，说明 ERP 的应用情况及其优势。

（1）有关注意选择位置的 ERP 研究

有关注意的早期选择和晚期选择之争在认知心理学中持续了几十年，但由于行为实验的局限性，人们一直难以找到明确的答案。如邓肯等（Duncan，1992）指出，事实上几乎每个作为早期选择证据的行为发现，都可以用晚期选择模型进行解释。这在很大程度上是因为实验中的行为反应既反映了早期加工的结果，又反映了晚期加工的结果，因而难以区分行为输出上的变化是由哪个特定阶段的加工引起的。

而 ERP 技术在确定认知加工阶段上有特殊优势。如根据下述逻辑，可利用 ERP 明确判断注意选择发生在哪个阶段：如果注意选择发生于早期阶段，用于过滤或减弱无关信息的加工，那么忽视刺激引发的电生理反应应该比注意刺激引发的反应小；如果目标信息的选择在知觉加工之后完成，那么注意刺激和忽视刺激的引发的脑激活反应应该相同。

曼根和希利雅得（Mangun & Hillyard）等人（1988）首先用 ERP 对该问题进行了考察。他们在实验中要求被试先注意中心注视点，然后把注意指向左视野或右视野。左右视野中快速闪现光条，大多数光条大小一致，即为标准光条；偶尔会闪现较小的偏差光条。要求被试在觉察到注意视野中的偏差刺激时按键反应。实验重点考察标准刺激引发的 ERP。结果发现，从第一个主要的视觉 ERP 成分，即 P1 开始，注意刺激引发的各 ERP 成分的波幅均大于非注意刺激。他们把这种现象也叫 ERP 成分的注意效应。P1 成分通常在刺激呈现后 60 ~ 90 ms 之间出现，在 100 ~ 130 ms 间达到峰值。由于视觉信息通常在刺激呈现后 40 ~ 60 ms 到达初级视皮层（V1 区），因此，ERP 成分的注意效应及 P1 成分的时间进程表明，注意在皮层加工的早期阶段就开始影响刺激的加工。ERP 结果有力地证明了视觉注意能在刺激呈现后 100 ms 之内影响纹状区外视觉皮层的感觉加工，支持了注意的早期选择模型。

（2）有关不同注意机制特殊性的 ERP 研究

有关基于空间和基于客体的注意的关系也是认知心理学中争议很大的一个难题。ERP 研究在该问题的解决上也体现出了明显的优势。曼根等人（1993）发现空间注意与特定的 ERP 变化模式相联系。在他们的实验中刺激以随机的顺序在视野的四个位置快速闪烁。当被试把注意集中于其中一个位置，忽视其他三个位置时，被注意位置的刺激闪烁引发的早期 ERP 强度明显增大。这些增大的 ERP 成分有 P1（80 ~ 110 ms）、N1（140 ~ 190 ms）和 N2（220 ~ 280 ms）。P1、N1 成分在枕叶的纹状区外视觉皮层外纹状视皮层的狭小区域强度达到最大值。该注意效应主要体现在 P1、N1 增大，而在时程和头皮分布上无显著变化。人们已经在多种不同空间注意任务中发现类似的 ERP 成分和变化模式。这些任务包括对刺激系列的持续集中注意任务、对潜在靶子位置的空间线索化定向任务和特征结合靶子搜索任务等。因此，上述 P1-N1 成分的波幅变化模式可能是空间注意的特殊标志。希利亚等（1999）进一步指出，空间注意引发的 P1、N1 增强反映了注意对纹状区外视觉皮层用于编码刺激特征和客体的腹侧通道视觉信息流的增益控制（gain control）。N1成分反映了注意位置的促进效应，而P1成分反映了对非注意位置的抑制。因此，空间注意可能由抑制和增强两种不同的过程组成，二者分别在视觉通路的不同阶段上发生，前者发生于80～130 ms，对注意聚光灯（spotlight）之外的输入信息进行相对抑制，后者发生于130～180 ms，对注意聚光灯内的刺激信息进行相对放大。上述研究表明空间注意确实具有其独立的脑机制。

相反，对非空间特征的注意会引发完全不同的ERP变化模式，主要表现为较宽的选择性负波（selective negativity，SN）。被注意的颜色引发的SN分布于对侧枕叶头皮，并伴随着先行的正波，该波约在200 ms达到波峰。当注意指向任一种非空间线索时，都会引发延长的SN。可见，SN反映了一种与空间注意引发的P1-N1波幅模式存在质的不同的选择机制。含有被注意特征的刺激引发的ERP（注意蓝色时的蓝色刺激）减去相同的包含非注意特征的刺激引发的ERP（注意红色时的蓝色刺激）可得到最显著的SN。SN的波形为特定特征或特征联结的辨别或选择性加工提供了具有高分辨率的时间进程测量指标。此外，SN神经产生源（generator）能为不同刺激特征的注意选择机制提供脑区定位信息。大量研究发现，除了颜色特征，空间频率、方向、运动和形状等客体特征的选择，也能引发优势性SN成分。这些SN的产生潜伏期在125～200 ms的范围内，取决于注意和非注意特征相对辨别的难度。这些研究表明，基于客体特征的注意也具有其独立的特殊机制。

（三）脑磁图（MEG）技术

脑磁图（magnetoencephalography，MEG）是根据电磁感应原理，对大脑工作时形成的电流产生的磁场进行测量的方法。1968年科恩（Cohen）等人首次在麻省理工学院建立了磁屏蔽室，并使用一个诱导线圈测量了α节律的自发脑磁场。这是对脑电感应磁场最早的测量。但是在齐默蒙（Zimmermun）发明了超导量子干涉仪（superconducting quantum interferance device，SQUID）之后，对脑组织微弱磁场的测量技术才成熟起来，并成功开发了当前正在使用的MEG系统。MEG对神经活动的测量具有非常高的时间分辨率，而且有较高的空间分辨率，甚至可用于跟踪人脑从接受刺激到做出反应的整个神经传递和加工进程。Nature杂志上有一评论文章指出，如果说fMRI可以告诉我们游戏在哪里进行，而MEG则能告诉我们游戏的规则是什么。可见MEG对认知神经科学研究的价值是非常重大的。不过，尽管现在MEG已经被用于一些人类高级脑功能的研究，并取得了突出成就，但由于成本过高，目前全世界只有数十台MEG设备，因而MEG研究的数量很少。所以许多研究者不得不把MEG看成未来认知神经科学研究的重要方法。此外，考虑到MEG研究的逻辑和指标与ERP有很大的相似性，本书对该技术只做简单介绍。

1. MEG基本原理

当神经冲动由神经元轴突传至突触时，含有特殊递质的小泡释放入突触间隙，递质与突触后膜的受体结合，导致突触后膜上某些离子通道开放，膜电位发生变化，产生突触后电位（即ERP）。MEG的磁场主要就来源于大脑皮质锥体细胞树突产生的突触后电位所发生的电磁感应。单个神经元所产生的磁场非常小，探测器探测不到，大约100万突触同步活动可产生在诱发反应中记录的典型的磁信号，每平方毫米皮质锥体细胞超过10万，每一个细胞具有数千个突触。所以，只要数个细胞同步活动即可产生可探测的颅外信号。

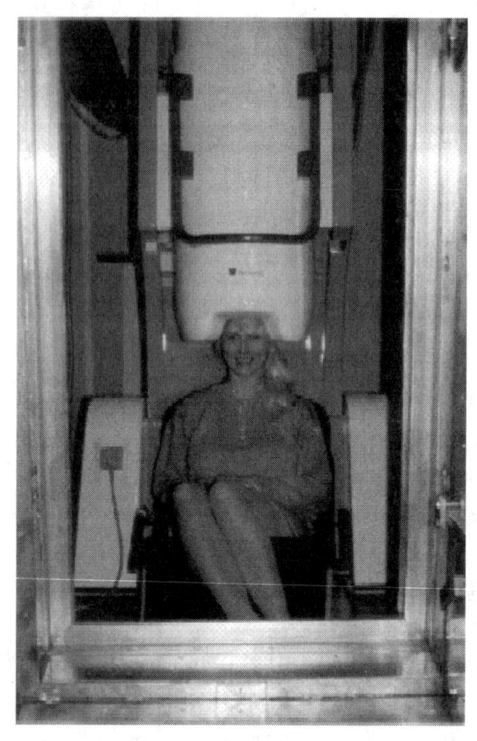

图16－14　MEG实验装置

人脑产生的磁场强度极其微弱，最大的神经磁信号波幅（如癫痫棘波的波幅）只有数Pt（$1Pt=10^{-12}T$，T为磁感应强度单位特斯拉的简称）。这种强度只相当于电线、汽车及电梯等产生的磁噪声的10^{-6}，相当地磁场的10^{-8}，1.5 T核磁共振设备所产生磁场的10^{-12}。因此，要测量出与特定心理活动相关的脑磁信号，首先需要极为敏感的测量装置；其次，必须将极微弱的脑磁信号从众多的背景噪声中提取出来。为解决上述问题，当前的MEG设备一般包含以下三个子系统：一是可靠的磁场屏蔽系统，将磁强仪放入屏蔽室中，用以确保人脑神经活动产生的磁场不被外界磁场干扰。大多数MSR由1层至多层的称为mu的金属的合金构成。mu金属的磁导率极高，当外部磁流冲击到屏蔽室时，将通过屏蔽室墙壁和远离屏蔽室内放置的传感器系统消失。二是灵敏的脑磁场测量装置，主要由超导量子干涉仪（SQUID）组成。SQUID装在1个大杜瓦圆桶中，经液氦可冷却到零下270℃，从而进入超导状态。杜瓦桶底部有检测磁束的线圈，被检者头部伸入桶内，即可测定整个脑磁场变化。目前的MEG传感器允许同时记录306导的脑磁信息。三是信息综合处理系统，如：通过计算机将MEG获得的神经电生理资料与MRI提供的解剖学结构相结合，形成磁源像（magnetic source imaging,

MSI)，进行脑功能解剖学定位。MEG 的实验装置如图 16－14 所示。

与 EEG 和 ERP 的关系类似，在 MEG 也埋藏着与特定刺激事件相关的磁信号。同一事件产生的磁信号也具有波形恒定和潜伏期恒定等性质，因此也可以叠加。通过 MEG 叠加出来的与特定刺激事件相对应的磁场变化，就叫事件相关磁场（event-related fields, ERFs），如图 16－15。MEG 的时间分辨率与 ERP 处于同一等级，但在神经信号的源定位上要比 ERP 精确。主要原因是磁场从发生源向外传播的过程中不会受到脑组织、颅骨和头皮的影响，而电信号则会因导体的方向或导电性的不均匀而改变方向。而源定位中逆向模拟技术的前提就是球体内介质的均匀性，所以 ERFs 在用该技术确定信号发生源时要比 ERP 准确。但从二者的比较可以看出，MEG 研究的思路、逻辑、指标和程序与 ERP 都是类似的，只是二者设备和操作方式不同，以及后者有更高的空间分辨率。

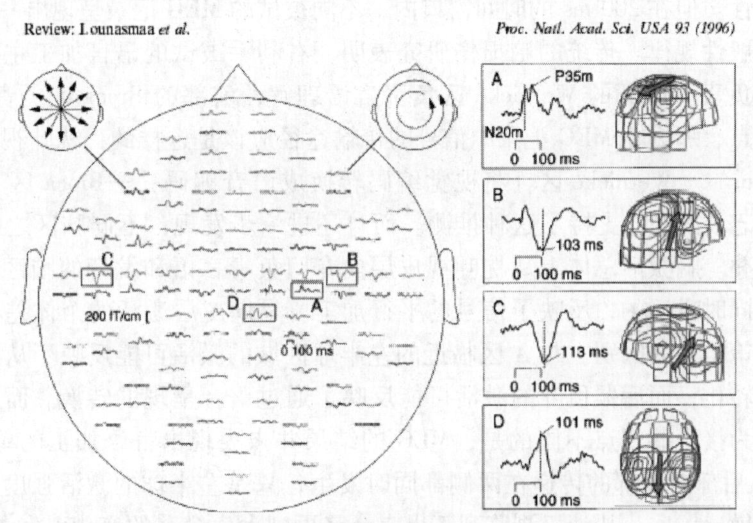

图 16－15　事件相关磁场（ERF）的波形示例

有关脑磁信号源定位的计算尽管已经有很长时间，但由于逆问题本身的不适定性，在理论上存在非唯一性解，所以在定位过程中必须引入更多的相关参考信息，以增强解的合理性。如可以利用 MRI 提供的结构信息，PET 与 fMRI 提供的功能信息，EEG 提供的补充信息，或尽可能多的综合利用其他关于脑结构和脑功能的信息，以便把磁源的解建立在更加合理的基础上。

2. MEG 的应用

目前 MEG 仍主要用于临床诊断和定位研究，如脑瘤位置的确定、脑中风症状分析、胎儿发育状况检测、体感诱发磁场定位等。在认知神经科学中，MEG 的应用相对其他方法而言，相对较少，呈增多趋势。

甘泉（Maizumi）用 MEG 研究了大脑两半球在口语语言加工中的作用。实验给被试呈现 3 种形式动词，使用 122 导全头型磁强仪记录，要求被试在听到异常音后进行计数。结果显示在左半球，磁信号在刺激为声调时幅度明显增高；而在右半球，磁信号增高只发生于出现韵律性异常音的情形。这说明，双侧半球与口语语言处理有关，左半球负责语言信息，右半球负责特异性韵律。滕多尔卡尔（Tendolkar）等通过 MEG 探讨了健康年轻人的记忆活动。实验中将传感器置于额、颞、顶皮质上方。结果发现，来自浅部及深部脑结构的记忆活动可被通过 MEG 测量到。传统的观点认为小脑是对运动行为进行调整的结构，但最近的 MEG 证据显示，小脑具有广泛的非运动感觉和认知功能。在多种多样的运动及非运动任务中，小脑对感觉输入具有高度的敏感性。如通过在头皮测量小脑的神经元活动的诱发磁场，可发现，间断性刺激食指可诱导出小脑的反应，而且小脑的反应先于下一个刺激，可认为小脑参与注意网络。

洛纳斯马（Lounasmaa）等（1996）运用 MEG 通过图片命名研究了人脑在言语理解和言语生成方面的功能。实验分三种命名条件：消极浏览、大声命名和不出声命名。MEG 的记录发现，初级视皮层的最初皮层反应之后，不同被试的激活模式呈现出很大的时空多样性。但在 200 ms 的时间窗口内，不同被试的 MEG 记录呈现出一些与图片命名有关的一般性规律。传统的脑损伤研究表明，右利手被试的语言加工主要由左半球的两个脑区负责。后部的 Wernicke 区负责言语理解，前部的 Broca 区负责言语生成。根据这种观点，那么在 MEG 记录中信号的传输途径应该是这样的：枕叶视皮层—角回（angular gyrus）—Wernicke 区（将视觉编码转换成语音编码）—Broca 区（口语的形成）。MEG 记录很好地支持了这种推测。而且还进一步发现，不同脑区之间在时间上存在很多重叠。脑激活总体上从枕叶视皮层向专门负责言语和发音的脑区传播，但有些皮层区是同时激活的，反映了信号的平行加工。早期皮层激活的个体差异可能反映了被试反应策略上的区别。与 A 区临近的左半球区域的激活可能反映了从视觉呈现向符号形式的转化，而后颞顶叶的激活可能反映了通过语音呈现的转换。而且该研究还发现，与广为接受的观点不同的是，MEG 的结果并未表现出言语加工的单侧化趋势，MEG 信号从后部向前部的传递在两侧都同时发生，只是左半球的激活强度大一些，而且对命名更敏感一些。从消极浏览到不出声命名再到大声命名的变化引发了视觉皮层、言语命名和言语生成脑区的独立激活。大声命名 MEG 时信号持续时间最久。有意思的是，即使在消极浏览条件下，与命名有关的部分脑区也得到了小幅度的激活，说明个体在看图片时可能存在自动贴标签（命名）的过程。

（四）近红外光学成像技术

近红外光学成像（near infrared spectroscopy，NIRS）是一种无创性光学成像技术。基于内源信号的光学成像尽管有极高的空间分辨率，但实施过程中需打开头颅，具有很大的创伤性，因此大大限制了该法在人类高级脑功能研究中的应用。而近红外光学成像则弥补了这种缺陷，使光学成像技术可广泛应用于人类认知神经科学的多个领域。

1. 近红外光学成像的原理

研究表明，生物组织对于近红外区域的光（700～1 000 nm）具有相对的通透性。将光源置于头部某一部位，在距其 2～7 cm 处放置近红外光的探测器。光源发射的光子经脑组织吸收和多次散射后，仍有一部分光子到达皮层表面，用探测器可接收到这些光信号。探测深度与探头和探测器之间的距离有关，距离越大，探测深度越深。近红外光的穿透性很强，可深入皮层数厘米。

根据光的吸收和散射，在无损伤状态下 NIRS 可以检测到三种与脑活动相关的光学信号。一是与血动力学相关的信号变化。由于在近红外区域，氧合血红蛋白（oxy-Hb）和脱氧血红蛋白（deoxy-Hb）的吸收光谱不同，通过测定某脑区透过皮层的光强变化，可以推知二者的变化情况。有研究发现，oxy-Hb 变化与 PET 研究中的主要参数血流量（CBF）的变化呈正相关，而 deoxy-Hb 则与 CBF 呈负相关。二是与细胞能量代谢相关的信号变化。细胞色素氧化酶（cyl-ox）是反映细胞内氧化代谢状况的指标之一。在近红外区域，这种物质的氧化和还原状态的光谱有所不同，从而导致光信号的变化。三是与光散射相关的信号变化。光的散射信号反映了光信号和神经元电活动的同步性，如有研究发现在刺激呈现 100 ms 之后，枕叶皮层中的光程长度会短暂增加。光的散射常常发生在毫秒级的时间内，而在秒级的时间分辨率下，血红蛋白的变化是主要的。

2. 近红外光学成像的应用

NIRS 在人类脑功能的研究中的应用是从视觉皮层和简单运动功能成像开始的。研究发现，被试者在做手指运动时，NIRS 可检测到对侧运动皮层血氧变化较大，oxy-Hb 增加，deoxy-Hb 减少，而在同侧没有明显变化，反映了对侧运动区被激活（Gratton 等，1995）。这些研究与 fMRI 和 PET 的研究结果高度一致，体现了 NIRS 用于脑认知功能研究的有效性。

NIRS 已被广泛应用于更高级的认知活动的研究中，如记忆、心理语言学和认知监控等。如杨炯炯等人（2001）采用 NIRS 探讨了前额叶在记忆编码中的作用。实验要求被试分别学习视觉呈现的无关词对，然后将词对组成一个有意义的句子（深加工），或判断两个词是否具有相同的结构组合（浅加工）。结果表明，在深加工条件下，被试者的左前额叶的血容量明显增大，具体为背外侧部分激活程度最大，左下前额叶次之。说明这些部位都参与了非相关词对的语义编码过程。

如法加勒（Fallgaller）等（1998）采用两通道的 NIRS，考察了语词朗读的脑机制。在实验条件下，他们要求被试者大声读词，而在控制条件下，只完成非词的视知觉任务。结果发现，与控制任务相比，在大声读词时双侧额叶 F3 和 F4 点的 deoxy-Hb 增加，oxy-Hb 降低，而且左右两侧变化相同。这说明，在完成语词朗读的过程中，脑血流进行了重新分配，以满足与语言相关的脑区的功能。他们还应用该技术研究了被试完成连续操作任务时的额叶激活情况。结果表明，左右额叶前部的 deoxy-HB 变化具有不对称性，右侧额叶的血氧含量明显下降，而左侧变化不大。瓦塔纳贝（Watanabe）等（1998）用 24 通道的 IRS 考察了被试语词产生的脑机制，结果发现在优势半球侧，额叶的血氧浓度有明显变化。

3. 对近红外光学成像技术的评价

近红外光学成像的优势主要体现在以下三方面：一是时间分辨率较高，在理论上可达毫秒级甚至更高，并且可以提供 CBF、oxy-Hb、deoxy-HB、cyl-ox 和光散射信号的变化，不仅包括血流量等血管变化方面的信息，还包括细胞内活动的信息。这样就有可能对神经元、能量代谢和血液动力学的变化同时进行检测。二是可用于研究一些其他方法无法检测的情况，可以在被试走路时，或是其他自然条件下进行脑功能测定，操作简便，对人体没有损伤性，被试者可在实验中做口头报告，并进行重复实验。三是造价也远远低于 PET 和 fMRI 等设备，多数研究单位有能力独立配备这种技术装置。

NIRS 的局限性主要体现在空间分辨率比较低，而且穿透深度虽然比 ISOI 有了很大的改进，但也只能达到灰质部位。一般近红外成像探测的深度为 2 ~ 3 cm，只可抵大脑皮质的灰质区域。此外，NIRS 测量还不可避免会受到脑组织之外信号的干扰，如头皮、颅骨和脑脊液等。

不过近红外光学成像是一种在技术和应用上仍在进一步发展的研究方法，许多研究者致力于该方法的改进，如钱斯（Chance）等采用了连续光成像技术，可进行多部位的检测，这大大提高了空间分辨率，从而可以对认知活动引起的空间分布进行估算。诸如此类的发展必将进一步提升 NIRS 在认知神经科学研究中的地位。此外，NIRS 与 fMRI 等技术结合应用可同时获得较高的空间和时间分辨率，并能对脑功能提供更多的相关信息，更好地揭示神经活动、能量代谢与血液动力学之间的关系。这种结合也代表 NIRS 应用的一种趋势。

（五）单细胞记录技术（single-unit recording technique）

顾名思义，单细胞记录技术是指用来记录一个或几个神经细胞电生理活动情况的研究技术。这种技术曾经被认为是整个神经科学研究中最重要的技术发明。有了该技术之后，研究者不必再只对功能区进行各种各样的抽象描述，而可以直接考察单个神经细胞的活动特征，使人们对神经活动的理解发生了质的飞跃。但是与本书介绍的其他技术不同的是，单细胞记录技术具有较大的创伤性，主要用于动物研究；只在特殊情况下用于人类脑功能研究，如对癫痫病患者或特殊志愿者的研究（Nobre, Allison & McCarthy, 1994）。考虑到当前认知神经科学文献经常引用到单细胞记录研究成果，这里对该方法的一些基本原理做一定介绍。

1. 单细胞记录技术的基本原理

单细胞记录技术记录的是一个或几个神经元输出的即时性神经冲动或“动作电位”(spike)。这些动作电位从细胞体发出，沿着轴突传到末梢，然后通过释放神经化学递质把信号传给其他神经元。具体操作方法是，把一个微电极插入大脑，使电极端点足够接近神经细胞体的隔膜，这样就可以检测到动作电位的变化，如图 16 - 16。原则上应该把微电极插入细胞内以记录神经元内部的电活动，但由于电极穿透细胞膜往往会破坏神经细胞，从而记录不到其正常的功能，因此实际应用中通常采用细胞外记录方法。因为实验中电极末端处于神经元之外。而且脑内没有痛觉感受器，所以可以不需麻醉就将电极插入大脑。这种细胞外记录带来的问题是，无法保证所记录到的电位变化真正反映单个神经元的活动，实际记录到的往往是几个神经元的活动。必须通过计算机运算才能区分出单个神经元的活动情况。

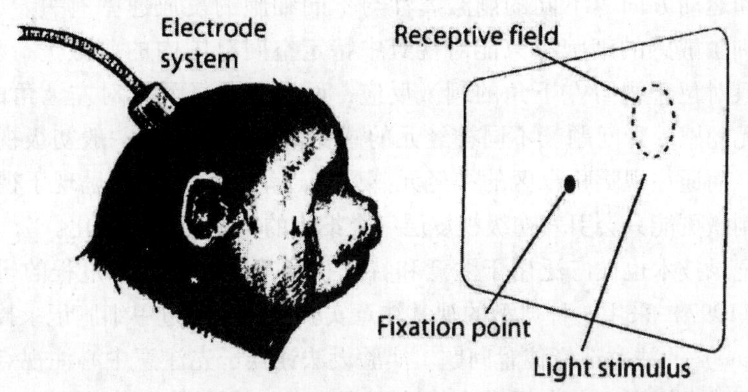

图 16－16　单细胞记录实验图示（Gazzaniga et al.，2002）

活体动物的神经元是始终处于活动状态的，即使在没有外界刺激或不做运动的条件下也发生一些电生理活动。这种活动就叫基线活动。不同脑区的基线活动有很大的差别，如基底神经节内一些细胞的自发电位发放速率达每秒 100 个动作电位，而其他部位一些细胞的发放速率只有每秒 1 个动作电位。可见自发的基线神经发放速率在不同的细胞间存在很大差异。单细胞记录实验的主要目的就是确定什么样的实验条件能使特定神经元的反应速率发生一致的变化。如，动物移动四肢的时候细胞发放速率是否增加？这种增加与特定的运动方向是否存在特异性？什么因素又会导致发放速率的下降？研究表明，特定的神经元往往对特定的刺激属性做出反应，如某些神经元偏向于蓝色刺激，当呈现蓝色刺激时，其激活程度很高，但对红色的刺激可能不做反应；有些神经元则偏向与运动方向，对其他属性不做反应。因此，在实验中，通常以刺激后直方图的形式表示某个神经元在多次试验中的平均反应，作为因变量指标。

从上述研究逻辑看，采用单细胞记录技术的研究实质上属于相关研究。研究者往往先确定所考察脑部位的特定神经细胞的活动模式，然后再将这种模式与特定的刺激模式或行为联系起来。假设 X 区和 Y 区都有一些对视觉敏感的细胞。那么有关 X 或 Y 区被激活的原因可能有三种：一是 X 区的激活可能由 Y 区的细胞所提供的信息引起；二是 Y 区的细胞可能被 X 区的细胞激活；三是 X 和 Y 区的细胞可能反映了对来自其他感觉细胞的信息的独立加工。

在典型的神经单细胞记录实验中，通常要对研究者感兴趣的脑区中的一系列细胞的活动进行记录。这样才能了解到特定皮层区神经元之间的相似性和差异性。如在视觉研究中，研究者首先要把目标定在假想对视觉刺激进行反应的皮层区，然后选择要记录的单个细胞，接着再记录该细胞的反应特征。

2. 单细胞记录技术的应用

单细胞记录技术已被广泛应用于各种高等动物的脑功能研究。涉及的心理内容涉及感知觉、运动、学习记忆和情绪等。其中研究最深入的是灵长类动物视觉系统的研究。

动物视觉的单细胞记录研究发现，单个细胞不会对所有视觉刺激做出反应，颜色、形状、位置和运动方向等不同的刺激属性与不同细胞的发放速率有关。如研究发现，所有对视觉刺激敏感的细胞都只能对视野中特定空间范围内的刺激进行反应。例如，一些神经元只对位于视野左下角的刺激反应，而一些神经元只对左上角的刺激敏感。这就是神经元的感受野问题。不同神经元的感受野大小不同，一般初级视皮层神经元的感受野小，而通往视觉联合区的神经元感受野逐渐变大。因此呈现于视野非常狭小区域的一个刺激可能只会引发初级视皮层一个细胞的电生理反应变化。

单细胞记录技术也被广泛用于注意和特征整合等较高级认知过程的研究。如拉克（Luck）等（1997）采用一种典型的视觉注意实验任务，通过单细胞记录技术考察了短尾猴（macaque）的注意选择位置问题。实验设法让猴子先注意中心注视点，然后把注意指向左视野或右视野。左右视野中快速闪现光条，大多数光条大小一致，偶尔闪现较小的偏差光条。从短尾猴的 V1、V2 和 V4 记录注意与非注意条件下的神经细胞活动。这些区域主要负责视觉客体再认早期阶段的加工，具体加工颜色、方向和空间频率等特征。结果发现，在 V1 区没观察到注意效应，而在 V2 和 V4 区的许多神经元观察到了显著的注意效应：当注意指向一个刺激时，这些神经元对该刺激的反应比注意指向其他刺激时强烈。而且这种效应在感觉激活发生之后马上出现，如在 V4 区刺激呈现后 60 ms 出现。可见，在加工颜色、方向等基本刺激特征的过程中，呈现于注意位置的信息就得到了选择。该研究为早期选择说提供了有力的证据。

3. 对单细胞记录技术的评价

单细胞记录技术的主要优点是能在细胞水平上对神经活动进行具体的考察，具有极高的时间分辨率和空间分辨率，能为很多困扰研究者很久的研究难题提供有力的证据。在该法发明之初，很多神经科学家将其视为揭示脑功能奥秘的最佳途径。

然而单细胞记录技术的局限也是很明显的。首先，采用单细胞记录技术的研究属于相关研究，难以建立实验刺激和细胞激活模式之间的因果关系。其次，神经活动是部分之和大于整体的过程，仅通过单个细胞的记录，无法了解脑功能的整体机制。如了解一组神经元的发放模式及之间的关系可能比只了解一些单个神经元的反应特点更能揭示某一个脑区的功能。为此，现在开发了一些新的神经元活动记录技术，可以同时记录多个神经元的活动模式。如，威尔逊（Wilson）等（1994）同时记录了白鼠海马的 150 个神经细胞在空间信息表征中的作用。所以，通过多细胞记录技术可弥补单细胞记录这方面的不足。最后，单细胞记录技术的创伤性比较大，只能主要用于动物研究。这一局限大大限制了该技术在脑高级认知功能研究中的应用。

二、脑损伤技术

（一）传统脑损伤技术

脑损伤技术是根据特定区域的脑损伤对特定行为的影响，分析脑功能与认知功能之间关系的研究技术，是认知神经科学中最传统的研究技术。Broca 语言区、大脑左半球主要负责语言功能、视觉功能依赖于大脑后部皮层等经典的发现都是通过脑损伤技术实现的。随着脑成像技术和认知行为分析技术的发展，脑损伤技术得到了普遍重视。CT、MRI 等脑结构成像技术可以非常精确地判断患者脑区受损的部位，认知行为分析则使研究者可以对患者各种可能受损的认知成分进行测试。

1. 脑损伤技术的基本假设

传统的脑损伤技术主要基于 4 个假设，即功能模块化假设、解剖模块化假设、功能结构的一致性假设和缩减性假设。

功能模块化是脑损伤技术的最基本假设。这种观点认为人脑功能是模块化的，人的认知功能由一系列相对独立的成分协同完成。这些成分在结构上和功能上都彼此独立，各司其职。在执行认知任务过程中，不同的模块能彼此合作，使信息在整个系统中能协调统一地得到加工。脑认知功能的特异性障碍就可以用这种模块化思想进行合理解释。

解剖模块化假设是指特定的认知功能由专门的脑组织负责，而不是弥散于全脑；不同的认知机制可能有相对独立的神经基础，局部脑损伤会导致认知功能的选择性障碍。如，对客体特征整合功能缺损的患者而言，他们的脑损伤一般发生在右侧顶叶。

功能结构的一致性是指不同个体在相同的认知功能上，其功能模块和解剖模块是基本相同的。这是脑损伤技术能通过个案研究推导一般性认知机制的前提。

缩减性是指某个脑区的病变只能造成认知功能结构中某一个或某些功能单元受到损伤，当患者的某些认知功能受损时，有时会采用其他途径加以补偿。而这种用来补偿的认知功能实际在正常人的认知结构中就存在，只是平时不使用或较少使用而已。患者在病理条件下却充分调用了该些功能。

2. 脑损伤技术的基本逻辑

脑损伤技术的基本逻辑是：如果一种行为依赖于某种脑结构内部的信息加工，那么该结构的损伤就会使相应的行为出现障碍。这种技术认为，脑损伤是排除性的 (eliminative)，一个脑结构的损伤会破坏或丧失该结构的加工能力。如，假设患者脑区 A 受到损伤，结果导致其在任务 X 中的操作成绩受到损害。这样，研究者就可以得出结论：脑区 A 对任务 X 的加工具有重要作用。如果 X 是阅读，则我们可以认为 A 区可能负责阅读功能。

但是在实际研究中，脑损伤技术的应用没这么简单。从认知功能的复杂性上看，一种认知任务往往涉及多种认知成分。如阅读过程包括字体的知觉、字母和字符集语义表征的激活，句法联结功能的激活等子过程。当我们说 A 区负责阅读功能时，我们无法深入了解 A 区到底负责阅读过程的哪些或哪个环节。为解决这个问题，研究者需要设计许多精致的实验任务，以揭示脑损伤到底与那种特定的具体功能有关。例如，如果阅读问题是由一般性的知觉问题引起的，那么患者在其他一系列视知觉任务中操作成绩也会受损。如果阅读问题反映了语义激活能力问题，那么患者在其他客体识别或再认任务中绩效也会下降。从脑损伤的影响面上看，一个脑区的损伤可能会对多种认知过程产生影响。如前额叶损伤的患者可能在阅读、记忆、执行控制、问题解决等多方面存在缺陷。

因此，在研究过程中，研究者还需要区分所观察到的认知缺损到底是脑损伤导致的直接结果还是间接结果。如脑中风会导致患者消沉，而消沉会对阅读等大量的认知任务产生影响。我们不能说脑中风是导致阅读能力下降的直接原因。可见，确定脑区损伤和相应的认知功能之间具体关系是很复杂的过程，必须借助于精密的实验设计和逻辑分析。

3. 脑损伤研究的结果模式

(1) 单分离模式

单分离是指有两组被试、两种实验任务，被试之间在一种任务上表现出差异的结果模式。两组被试中一组是脑损伤患者，另一组是正常人，后者起到控制组的作用。采用两种任务可以考察脑损伤与特定的认知过程有关还是反映了更一般性的认知缺损。神经心理学中有许多结论就是通过单分离得出的。如海马损伤的被试无法建立新的长时记忆，但是短时记忆未受损害；Broca 失语症患者说不出话，但其语言理解能力正常。这些都是典型的单分离结果。

脑损伤的研究设计中，两种任务应该在大多数方面类似，只是在与脑损伤可能有关的认知成分上存在差别。如研究者想探讨两种不同形式的记忆是否具有独立的机制。一种形式为对事件获得情景的回忆；另一种是对事件记忆的熟悉性。那么其中一种任务可以选择对信息获得时间的记忆；另一种任务可以选择信息获得次数的记忆。两种任务的刺激相同，如都是一些抽象的线条图形，呈现次数分别有 1 次、2 次和 3 次。情景回忆具体采用时间—序列任务，给被试呈现一对图形，要求被试判断哪个是先学的。熟悉性具体采用频数判断任务，也给被试呈现一对图形，要求其判断那个图形看到的次数更多。如果研究者假设记忆的熟悉性可能与颞叶有关，那么，首先应该找一些颞叶损伤的患者和其他方面都匹配的正常人，然后让两组被试都接受上述两种任务。如果在记忆熟悉性上，颞叶损伤患者显著低于正常人，而在记忆时间上，二者差异不显著，则说明颞叶损伤对熟悉性记忆存在选择性损害，从而验证研究假设。单分离的结果模式如表 16－1。

表 16－1　单分离结果模式

被试组	实验任务	
	情景回忆	熟悉性回忆
颞叶损伤组	90%	70%
控制组	90%	95%

(Gazzaniga et al., 2002)

但是单分离存在一些不可避免的问题。例如，虽然研究者想方设法使两种任务对两种被试间的差异具有相同的敏感性，但实际上往往达不到这个要求。由于任务难度和测量的敏感性不同，往往会导致一个任务比另一个任务对脑损伤更为敏感。如频数判断任务比时间—序列任务需要更多的集中性注意。如果脑损伤导致了一般性的注意集中问题，那么被试在频数判断任务中的成绩就会下降，而这种下降就不能解释为记忆熟悉性问题。不过，这种问题可以通过采用双分离技术加以解决。

(2) 双分离模式

双分离是指有两组被试、两种任务，其中一组被试在任务 A 上受到损害，而另一组被试在任务 B 上受到损害的结果模式。两组被试之间的成绩可以相互比较，也可以分别与共同的控制条件进行比较。如果出现双分离的结果，那么无须再考虑实验任务间的敏感性问题。在上述记忆研究中，假设颞叶与记忆的熟悉性有关，前额叶与情景回忆有关，如果采用双分离，那么应该选择两种脑损伤患者：一种是颞叶损伤患者，另一种是前额叶损伤患者。然后要求两组被试都完成时间—序列任务和频数判断任务。结果发现，颞叶损伤患者在频数判断任务中成绩更差。而前额叶损伤患者在时间—序列任务中成绩更差，那么，可以肯定地得出结论：颞叶与记忆的熟悉性有关，前额叶与情景回忆有关，而且记忆熟悉性与记忆情景的回忆基于两种独立的机制。其结果模式如表 16－2。可见，双分离技术能为脑损伤患者在某种认知功能上的选择性缺陷提供强有力的证据。

表 16－2 双分离结果模式

被试组	实验任务	
	情景回忆	熟悉性回忆
颞叶损伤组	90%	70%
前额叶损伤组	60%	95%
控制组	90%	95%

(Gazzaniga et al.，2002)

4. 脑损伤研究的个体差异问题

前文述及，脑损伤研究一般都涉及两个被试组，两种实验任务。但是有关脑损伤研究中被试分组的有效性存在很大的争论。因为通常的分组依据是共同的神经病理症状（如早老性痴呆症患者），或者共同的受损脑区（如颞叶损伤），但实际上被分配到同一组的患者之间往往存在各种各样的差异。世界上没有两种意外的脑损伤会完全一样，没有两种脑瘤会完全相同。大量研究表明，同样是早老性痴呆（Alzheimer's disease）患者，不同患者在神经病理和认知缺陷上都各不相同。为此，卡拉马扎（Caramazza，1992）认为系统地研究单个患者的认知缺陷以及对不同个案研究的比较才是脑损伤技术揭示认知功能的最佳方法。

尽管这种争论一时难以平息，但当前这两种研究方式都有人从事。其实这种争论反映了两种不同的研究传统，分组研究反映了神经心理学传统，强调将认知过程与脑结构联系起来；而个案研究反映了认知心理学传统，试图通过特殊个案深入揭示认知系统的不同子功能，从而建立认知结构模型。二者有其各自的价值。

由中风、脑瘤或其他意外伤害导致的脑损伤往往在皮层的分布比较广，可能涉及多个相互独立的脑结构。因此，仅靠个案研究很难确定神经结构与认知功能之间的关系。而分组研究则可弥补这种不足。通过脑区重构软件，分组研究者可识别不同患者受损的重叠区域。在这种研究中，尽管患者间个体差异可能由非重叠的损伤区引起，但可以肯定共同的重叠区一定会产生一致的认知缺陷模式。这样就能够比较明确地建立重叠区与特定认知功能之间的关系。这样研究者能在相关的脑损伤患者中找到认知功能上的相似性，并对不同脑结构的损伤效应进行系统的比较。

个案研究往往能揭示出一些出人意料并很有意义的认知现象。如卡拉马扎及其同事通过个案研究发现了一种非常特殊的认知障碍，即被试无法命名特定类别的物体。他们发现有个患者不能生成蔬菜或者水平类物体的名称；但在命名工具或家具类物体时完全正常。这说明该患者的脑损伤只是选择性地损害了特定类别物体的命名功能。该研究激发了很多心理学家的兴趣，促使许多研究者寻找具有相似问题或具有其他类别特异性的患者。这些研究最后促成了比较成熟的语义知识组织模型。

（二）虚拟脑损伤技术——经颅骨磁刺激仪（TMS）

以人类为被试的脑损伤技术都依赖于脑损伤患者。这些患者的损伤一般由自然疾病或意外伤害引起。如枕叶和顶叶的很多视知觉功能是通过第一次世界大战伤员的研究发现的。因此这种研究有很大的被动性和局限性，由于伦理原因，研究者无法根据研究需要随意选择脑损伤的对象以及损伤的部位、范围和程度。当然以动物为对象研究没有这方面的限制，研究者可以有计划、有针对性地破坏特定的脑组织，进而观察其认知行为的变化。但是动物研究的成果毕竟不能直接推广到人类，而且动物没有人类所特有的那么多高级认知功能。不过近年开发成功的透颅骨磁刺激仪集合了人类损伤与动物损伤研究的优点，能有效解决上述问题。

经颅骨磁刺激仪（transcranial magnetic stimulation，TMS）是一种新型认知神经科学研究技术。运用该技术，研究者可以有选择地干扰大脑皮层某一区域的神经功能，通过比较受干扰时和正常时认知行为的差异能够判断特定脑区与相关认知功能之间的关系。这种技术具良好的无创性和安全性，只是在实验过程中会对一定的脑功能产生暂时干扰，实验结束后不会产生任何不良的遗留后果。这种技术主要用于神经系统健康的被试，不需像传统的脑损伤技术那样寻找患者，因此帕斯夸尔莱昂内（Pascual-Leone）等（1999）把 TMS 技术形象地说成“虚拟脑损伤技术”。

TMS 设备主要由一个包装严密的线圈组成。该线圈与功率较大的电容器相连，安装于绝缘外壳内。设备启动后电容器往线圈输送大量电流，使其周围产生磁场。把线圈放于头颅表面时，这种磁场能透过头皮和颅骨使脑皮层内部产生生理电流，从而影响神经细胞的发放。如图 16－17 所示。这种神经激活区取决于线圈的形状和位置。当前使用的线圈可使主激活区限定在约 1.0～1.5 cm^2 的范围内。

图 16－17　TMS 实验示意图（Gazzaniga，2002）

TMS 为认知神经科学家提供了一种安全的即时性干扰人脑活动的技术，并把脑损伤研究从相关水平提升到了因果水平。现在，TMS 引起广泛关注，并已被用于多种脑区和认知功能关系的研究。在使用 TMS 技术时，除了作用于皮层运动区，被试一般意识不到 TMS 对其认知行为产生的影响。研究者可以通过控制 TMS 刺激和相关行为事件之间的时间关系，比较容易地观察到被试操作成绩上的变化。如，科特（Corthout）等（1999）发现，TMS 刺激视皮层会干扰被试字母识别的能力。因为 TMS 使负责视觉的神经元产生同步放电，从而干扰了其正常的功能。通过改变 TMS 脉冲发放和刺激呈现的时间，还可以考察信息加工的时间过程。在字母识别任务中，只有在刺激呈现后 70～170 ms 内施加 TMS 干扰，背时的操作成绩才显著下降。如果 TMS 作用早于该时间范围，则 TMS 的干扰效果在认知加工之前就会消失，如果晚于该时间间隔，则等 TMS 产生效果时，视觉神经元已经对刺激做出反应了。

TMS 技术也有一些明显的不足。主要表现在两个方面：一是 TMS 的干扰时效短，如前文提及的有关字母识别的研究，如果施加过早就起不到对脑功能的干扰作用，从而考察不到认知功能的变化。因此，从这个意义上看，该技术适用于 TMS 刺激与实验刺激事件关联比较紧密的研究。而较为复杂的认知任务是否能受到 TMS 刺激的有效干扰还有待于进一步验证。另一方面，TMS 技术在考察深层脑皮层区的功能上也有较大的局限。因为 TMS 磁场的渗透力有限，对深层脑结构的干扰作用比较小，不易测量到干扰效果。

三、认知神经科学研究技术的融合

综上所述，认知神经科学范式下的具体研究技术有很多，而且几乎每一种技术都具有其独特优势，当然也有不足。表 16－3 从时间分辨率、空间分辨率、创伤性和资金耗费四个方面对上述方法进行了比较，从中可以看出各自的特色和局限。

表 16－3　认知神经科学主要研究技术的比较

研究技术	时间分辨率	空间分辨率	创伤性	资金耗费
单细胞记录	1ms 至数天	神经元（10 至 50nm）	轻度	30 万
多细胞记录	1ms 至 10s	层（10nm 至 1mm）	中轻度	百万
光学成像（ISOI）	10ms 至数秒	功能柱（0.1mm 至 1dm）	轻中度	50 万
fMRI	2s 至 1h	层—全脑（1mm 至 1m）	无	千万
PET	数分钟至天	层—全脑（5mm 至 1m）	轻微放射性	数百万
MEG	1ms 至 1s	脑区—全脑（1cm 至 1m）	无	千万
ERP	1ms 至 1s	脑区—全脑（1cm 至 1m）	无	60 万～160 万
TMS	1ms 至数秒	层—全脑（1mm 至 1m）	无	低
脑损伤	数天	脑区—全脑（1cm 至 1m）	自然损伤	低

（引自魏景汉、罗跃嘉，2002）

除了本书介绍的研究技术之外，还有一些其他认知神经科学技术，如膜片钳、放射自显影、微毁损、光镜等。这些技术由于创伤性比较大，极少用于人类研究，所以不做介绍。上述各种技术性能还可以通过一个二维图进行比较，能更形象地显示出各种方法的特点及相互之间的关系。详见图 16－26。横坐标表示时间分辨率，纵坐标代表空间分辨率。

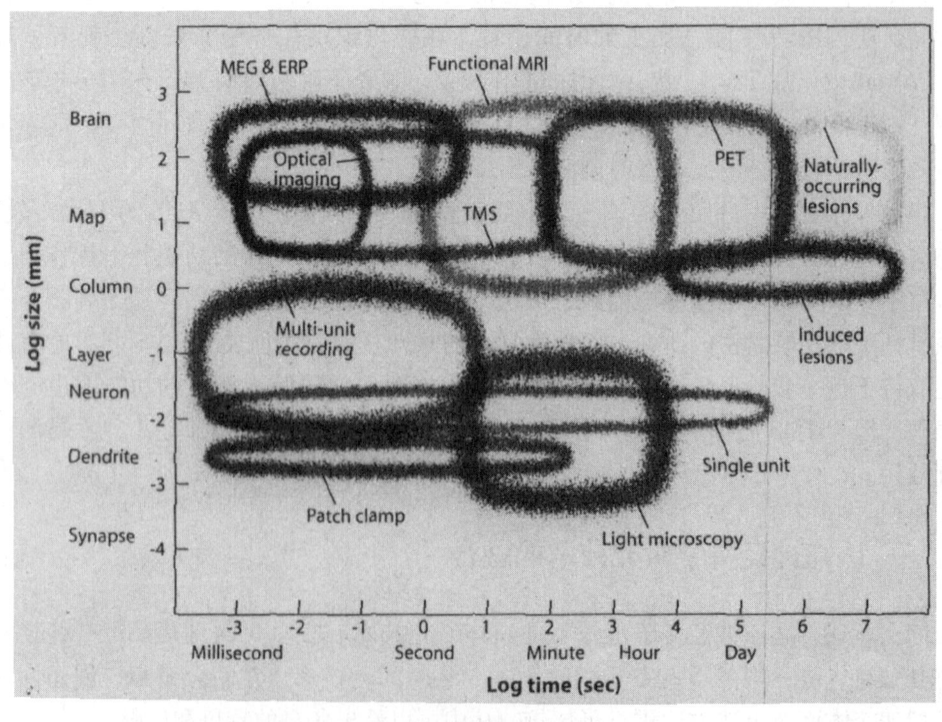

图 16－26　常用的认知神经科学研究技术的时空分辨率（Gazzaniga et al.，2002）

从上述比较可以看出，各种方法的优缺点都是比较突出的。如果将这些方法的优点结合起来，则能扬长避短，达到最佳的研究要求。当前这种结合中最典型也是最有前景的结合就是 PET、fMRI 等代谢成像技术与 ERP、MEG 等电生理成像技术之间的结合；当然其他技术之间的结合也具有广阔的空间。

（一）fMRI 与 ERP 或 MEG 的结合

如前所述，尽管 ER－fMRI 的成像速度已大大提高，但相对 ERP 等电生理成像技术还有很大差距，其时间分辨率不足以观察到脑中大量存在的，从几毫秒到几百毫秒的短暂神经活动。而能达到这么高的时间分辨来观测脑活动的技术，目前只有脑电记录（EEG）或脑磁记录（MEG）方法。但如前文述及，这些技术的空间分辨率又很差。那么如果能将二者结合起来，那么对认知功能的脑定位和时间过程都将提供最精确的分析。事实上，这二者的结合现在已经较多地被用于实际研究中，并取得了许多卓越的研究成果。fMRI 与 ERP 或 MEG 的结合不是简单的技术叠加，而是一种整体大于部分之和的有机整合。这种结合代表着当前认知神经科学研究方法的一种发展趋势。

fMRI 与 ERP 等的具体结合方式主要有两种：一是在相同的实验模式下分别进行 fMRI 和 ERP 实验，然后将二者的结果进行比较并融合起来。如 fMRI 的定位结果可以为 ERP 的偶极子计算提供初始坐标值，有关不同脑区的 ERP 波形图和地形图则可以叠加到 MRI 结构图上。这是当前最常用的结合方法。但这种结合的一个显著问题是，在两次实验中即使同一个被试对同一条件下的相同刺激进行反应，其反应也不会完全相同。这种差异可能由偶然因素和联系效应等多种因素引起。而且很多研究课题不能让被试两次参加相同的实验，如长时记忆研究。因此，这种结合方式的应用尚存在一定的局限性。另一种结合方式是，在实验过程中同时进行 fMRI 和 ERP 记录。这是 fMRI 和 ERP 或 MEG 最理想的结合方式，因为二者的记录是完全同步，很容易对实验结果进行比较和融合。但是由于技术上的原因，这种结合方式目前还处于发展阶段。

到目前为止，fMRI 与 MEG 或 ERP 的结合已经有很多成功研究的事例。例如，阿尔福斯（Ahlfors）等人（1999）将 ER－fMRI 与 MEG 相结合，研究了运动方向突然变化的加工有关的脑区激活情况及这些脑区中认知加工的时间模式。fMRI 数据用来作为辅助性信息来定位与 MEG 相对应的具体脑区。fMRI 数据揭示，在颞叶中区、靠近上颞叶沟后部的一个区域、V3A 区以及 V1/V2 区中均有与运动相关激活；而 MEG 数据不仅发现了另外的额叶激活，而且发现，以上各脑区中有各自不同的时间激活模式。如中部颞区的活动在刺激运动方向改变之后的 130 ms 时开始，并在 170 ms 时达到峰值，在 260 ms 时重复；而额叶的神经活动比中部颞叶活动晚 0～20 ms，并在 180 ms 时达到峰值。

维约米耶（Vuilleumier）等人（2001）将 ER－fMRI 与 EEG 相结合，研究了一个右侧顶叶损伤患者的大脑内，与可见和不可见的刺激相对应的脑区活动模式和时程。右顶叶受损的被试尽管早期视觉区域完好无损，并且仍然可知觉到单个对侧刺激，但是当刺激同时呈现在同侧或对侧的时候，被试就无法觉察到脑损伤部位的对侧刺激。

他们在实验中分别在左侧、右侧和双侧视野给被试呈现刺激。结果发现，单侧刺激在V1和外纹状皮层引发了正常的激活。而在双侧视野同时呈现刺激时，左侧视野的刺激虽然没有被觉察，但它仍然能够激活右侧V1和下部颞叶，并伴随N1成分的减小以及对应于具体刺激的负波。当左侧视野刺激被觉察到时，相同的刺激引发分布式脑区的更大激活。而且视区、顶叶和额叶区域之间的有效联结在对刺激的知觉过程中增加。这些结果表明，V1和腹侧颞叶也被激活，但不会引起感觉。如果想使这种激活成为有意识知觉，必须让背侧顶叶和额叶区域也参与上述认知过程。

从以上两个例子可以看出，将fMRI与MEG或与EEG相结合，不仅可获得现有技术条件下最高的空间分辨率，而且还可获得最高的时间分辨率。这种结合无疑对神经活动的空间和时间模式做出更精确的分析。

（二）其他方法间的结合

如前所述，即使通过fMRI或PET发现某脑区的激活与特定的认知作业有关，我们也不能就此下结论，认为该脑区就是该任务所包含的认知过程的神经基础。因为通过脑定位研究研究者往往只能得到相关水平上的结果。如果要得出因果水平上的结论，需要将不同脑成像方法的研究结果结合起来。

例如，戴伯特（Deibert）等人（1999）考察了触觉客体再认的脑机制。他们通过fMRI发现，即使被试在知觉过程眼睛被完全蒙上，在触觉客体再认过程中仍然显著激活了视皮层的神经活动。那么视皮层与触觉客体再认到底是什么关系呢？有两种可能，一种是被试通过触觉识别出客体，然后产生了有关该客体的视觉表象；另一种可能是被试一边用触觉摸索客体，一边建构视觉形象，然后通过视觉形象识别客体。赞加拉泽（Zangaladeze）等人（1999）随后采用TMS技术对这两种可能进行了验证。结果发现，当TMS刺激对视皮层进行干扰时，触觉客体再认成绩受到损害。但是只有在被试开始用手触摸客体之后180 ms实施TMS干扰才能观察到上述损害效应。TMS在180 ms之前或之后干扰视皮层都不影响触觉再认成绩。该结果表明，触觉摸索过程中产生的视觉表征对触觉再认中的客体推断起关键作用。上述研究通过fMRI技术和TMS技术的结合成功地对脑区激活和认知功能之间的因果关系做出了判断，并且更深入地揭示了信息加工的时间进程。

认知神经科学研究技术之间的结合空间是很广的。根据研究的需要，可以对具有不同性能特点的方法进行灵活地组合。如通过单细胞记录发现灵长类动物的某个脑区与可能与某中认知作业有关，那么fMRI就可以在人类身上对这种脑区与认知作业之间关系进行验证。又如，通过脑损伤研究可能发现某些脑区损伤的患者在一些认知功能上存在缺陷，那么研究者可以通过fMRI对这种认知功能的具体定位进行研究。

练习题

一、名词解释

(1) 代谢成像;(2) 电生理成像;(3) 透颅骨磁刺激(TMS)技术;(4) Block 设计;(5) 事件相关设计(ER-fMRI);(6) 参数性研究;(7) 撤反应;(8) 失匹配负波(MMN);(9) 单细胞记录技术;(10) 单分离模式。

二、简答题

1. 简述任务态 fMRI 的实验设计方法。
2. 简述 fMRI 研究的数据处理流程。
3. 简述 BOLD-fMRI 的生理基础。
4. 简述近红外光学成像的原理。
5. 简述 ERP 的叠加原理。
6. ERP 实验可能导致误差的因素主要有哪些?如何减小误差?
7. 简述脑磁图(MEG)技术原理。
8. 脑损伤技术的基本逻辑是什么?

第五编

心理学研究的过程

第十七章　心理学研究课题的选择

内容简介

心理学研究是一项结构严密、步骤分明的工作，其整个过程可以包括五个阶段，分别是研究课题的选择、研究方案的设计、研究方案的实施、研究结果的整理和研究报告的撰写。其中研究课题的选择，是进行任何一项心理学研究的起点，也是整个心理学研究过程中最重要、最困难的工作之一。选定一个好的心理学研究课题，是一项非常复杂的工作，同时也是一门重要的做学问的艺术。所以，要掌握心理学的研究方法，学会进行心理学研究，首先要学会如何选择研究课题。本章首先介绍心理学研究课题选择的基本程序，然后详细阐述研究课题的类型、课题选择的主要原则与具体途径、文献查阅与整理。

第一节　课题选择的基本程序

一、确定研究方向

所谓研究方向，就是研究者在一个较长的时期内从事的研究活动的工作方向。它规定了研究者在一个时期内的研究领域和内容，使研究工作具有连续性、系统性和积累性。心理学研究的内容非常丰富，每一个内容都可以成为一个研究方向。初涉研究者往往泛而不专，如蜻蜓点水，这样没有明确的主攻方向，必定会浪费很多宝贵的时间，使研究在低水平上徘徊。进行心理学研究时，首先应该确定一个自己的研究方向，在这一方向指引下，选择具体的课题进行一系列的研究，这样才能取得高水平的研究成果。心理学的发展历史表明，许多有成就的心理学家［如巴甫洛夫（Pavlov）、皮亚杰（Piaget）等］，一个时期内甚至一生总是集中精力在一个方面或领域进行探索，从而在本领域中取得了丰硕的成果。

研究方向的确定，总是与心理学的分支学科及已有的学科领域相联系。如果研究目的是要在个体心理方面做研究，就要具体区分出主要是在认知、情绪、人格等哪一个领域、哪一个方向进行研究。如果确定要在认知方面做研究，还要进一步明确是在一般的感知、记忆还是思维或语言方面进行研究。如果确定要做有关感知方面的研究，则更要进一步明确，是进行感知的一般理论研究，还是感知的发展性研究。如果要做感知的发展性研究，还要明确指出，重点是做哪个年龄段个体感知发展的研究。同一个研究方向，通常会包含有若干个研究课题。研究方向一经确定，就要在一段时期内相对稳定下来，根据自己的主客观条件，按照确定的方向在一定领域内选择具体的研究课题。

有时候，科学研究需要积极开拓出新的研究方向。这要求研究人员必须具备独立存疑的态度、科学创新的精神和敏锐的洞察力。在遇到问题时应多问几个为什么，要善于在别人司空见惯的地方发现新问题，正如胡适所言，“做学问要在不疑处有疑”。这样就能在某个领域成功完成一些具体研究课题后，逐步形成新的研究方向，开拓出新的研究领域。

实际生活中会不断出现一些已有理论无法解释的新情况，也不可避免地促进了新理论和新方法的产生。因此，在科学研究领域，不要因为某种人为的学科划分而作茧自缚，把自己长期囿于某一特定领域。当人们习惯于某种思维方式时，对一些司空见惯的现象就会感到理所当然而无须问津。要克服这种“当局者迷”的状态，要对那些理所当然的现象设问存疑，在看起来习以为常的地方发现问题。为此研究人员一定要有宽阔的视野和思路，甚至可以在自己所熟悉的学科领域之外发现新课题，探索新道路。开拓新方向的途径主要有以下四方面。

第一，在本学科空白之处开拓新的研究方向。人们对真理的认识是不断深入的，永远没有尽头。心理学目前的整体发展水平还不够高，无论是在传统的研究领域，还是研究人员尚未涉足的新领域或交叉领域，都有许多值得研究的空白需要我们去填补和发掘。这就要求研究人员不仅要注意本学科已经或正在进行研究的问题，还应该注意本学科尚未研究过的领域，或尽管已有问题提出，但至今不能深入展开的领域。

第二，在不同学科交叉之处开拓新的研究方向。现代科学技术的发展，在分工越来越细的同时，又呈现出各学科间相互渗透和融合的趋势。科学发展的这种趋势，也必将引起心理学领域出现一些新的理论、新的思路、新的方法和新的研究领域。“他山之石，可以攻玉”，其他学科比较成熟的原理、方法和技术，使我们可以从新的角度，用新的技术范式，展开意义深远的开创性研究。经常自觉、深入地思考心理科学与其他相邻学科边缘区结合的问题，就有可能开拓出新的研究方向。需要注意的是，在不同学科间的借鉴过程中，研究人员要注意分析有关内容转借到本学科时适宜的条件，避免出现机械性的生搬硬套。

第三，在矛盾之处开拓新的研究方向。心理学学科领域学派林立，存在多种矛盾对立的理论或观点。这些观点通常只能各自在一定范围内解释某种心理现象。如果将一个能够较好地解释某种现象的理论，用来解释另一现象时，或者在不同条件下解释同一现象时，就可能出现理论与事实不相符合的情况。研究人员要特别注意在这种理论与理论之间、理论与经验之间、理论与事实之间、经验与经验之间表现出的矛盾，并从中找到有价值的研究课题，开拓新的研究方向。

第四，在理论与实践的结合点上开拓新的研究方向。理论的形成离不开实践，理论的检验和发展也需要在实践中实现。同时，一切有组织、有计划的社会活动，又都离不开理论的指导。因此，理论与实践的结合，既是形成、检验和发展理论的需要；又是促进积极实践，提高实践效果的需要。当我们在实践中以事实为依托，了解某种心理现象的特征与活动规律时，就需要用科学研究的手段进行深入细致的分析，才能构成一种具有相当概括性的理论；然而，当我们将一种新的理论观点应用于实践活动时，也需要开展积极的科学研究活动，将理论转化为一种技术，进而解决实践中存在的问题。有时候，需要用演绎推理的方法，将一种理论构想，经过科学研究活动，来检验其假设是否成立；有时候，需要用归纳的方法，将大量事实经验加以剖析和整理，从中得出一般意义的理论概括。因此，研究人员要注意在理论与实践的结合点上开拓新的研究方向。基础理论的研究要紧密结合社会需要，在实践活动中不断开拓新的研究方向；实践工作者也需不断掌握、更新理论观点，开拓新的研究方向，将理论转化为技术，应用于实践。

二、找到研究问题，初步形成研究课题

科学研究从问题开始，问题推动研究，指导研究。研究一方面解决问题，另一方面又引出更加深入的问题。心理学研究的课题也就是心理学研究中要说明或解决的问题，找到了研究问题，也就初步形成了研究课题。

问题是研究者在对心理学背景知识进行分析的基础上提出质疑、发现矛盾时产生的。这意味着，一方面，学习前人知识、观察事实与现象固然是心理学研究的必要条件，但是如果不能从中提出问题，就不会有探索未知的研究活动；另一方面，提出或发现问题的途径和渠道是多种多样的，它既可以出于寻求经验事实之间的联系并做出统一解释、解决已有理论与经验事实的矛盾、检验多种假设之间的对立、克服一种理论体系内部的逻辑困难、追求理论的普遍适应性和逻辑简单性、验证假说和新发现的事实的需要，也可以是为了满足生产、教育和实际生活中的种种实用性或技术性的需要。要在对心理学背景知识进行分析的基础上提出质疑、发现矛盾，就必须善思善疑。如果说问题是心理学研究的第一个环节的话，那么，怀疑精神就是从事心理学探索的第一把钥匙。正如问题贯穿于心理学研究的始终一样，我们也应当让怀疑精神渗透到心理学研究的每一个环节。在一定意义上说，问题产生于怀疑，怀疑精神是每位心理学研究者必须具备的重要特质，即提出有价值的问题的能力，是每位心理学研究者科学创造力的重要体现。

在心理学研究中，虽然研究者提出和探讨的问题是大量的、多种多样的，但是，作为研究课题中的问题，其陈述都具有一些共同特征。如，智商与学习成就存在什么关系、学生辍学率与其父母的教育水平有何关系、学生的自我评价会随着教师对他们的评价越来越差而变得越来越差吗、学生区分词类的能力与年龄和受教育水平有何关

系、惩罚对儿童的不良行为有何影响、三种不同教学方法是否对高中生学科成绩产生不同的影响等。从这些例子中可以看出，心理学研究课题中的问题一般具有以下特征。

第一，研究问题通常涉及两个或两个以上的变量，并询问其关系如何。在相关研究中，它们只是一些相关变量，而在因果实验研究中，其中一个或多个是自变量，另一个或多个是因变量。当然，在描述研究中，也可能只是对一个或几个变量进行简单的描述。

第二，研究问题常以提问的形式出现。提问的基本形式有三种，分别是“是什么”“为什么”和“怎么样”。其中“是什么”这类问题要求对研究现象进行识别或判定；“为什么”这类问题要求回答现象背后的原因或行为的目的；“怎么样”这类问题要求描述所研究对象或对象系统的状态或过程。需要指出的是，在实际研究中提出研究问题时，这三种基本形式也可以有许多变式，有时候研究问题的陈述也会采用叙述或描述的形式，如智商与学习成就的关系、父母教育水平对学生辍学率的影响等。

第三，研究问题应当具有可解答性。也就是说，研究者通过各种研究方法收集到的有关研究资料应当能对问题做出解答。这就要求研究问题不仅要提出研究的对象，还要能指明问题的答案范围。如问题“焦虑是由什么心理因素引起的”不但指出了研究的对象——焦虑的原因，而且还事先认定了焦虑的原因是在心理因素这个范围内。在心理学研究中，一个问题是否可解答，与其所涉及的变量能否被操作或测量有着直接关系。

第四，研究问题的陈述不应带任何主观好恶等感情色彩，也不应带任何道德和伦理的判断，而应以科学的求实和探索精神对待未知的问题。这一特征也使得对观念、价值等问题的研究比对认知、学习等问题的研究要更加困难。

总之，心理学研究问题的实质在于未知，在于询问心理学研究变量之间的各种未知关系。探求这些未知关系既是心理学研究工作的出发点，也是心理学研究工作的归宿。一个研究问题有时会有几种不同的表述方式，甚至从表面上看它们的问题类型各不相同，但如果它们所包含的“研究的对象”和“答案的范围”相同，那么它们本质上就是等价的、相同的。

三、对选题进行初步探索

初选研究课题之后，研究者必须围绕初选的课题进行一些初步的探索。探索的方法有很多，如广泛查阅研究文献，向有关专家、内行请教，进行实地考察等。探索是为了对准备研究的问题的研究历史、现状、必要性、价值、主要方法等许多方面有一个清楚的了解和把握，最终目的在于将选题具体化，并提出研究假设。

心理学研究课题选择的总目标是选择有意义的研究课题。课题的意义有两方面，第一是课题的一般意义，即该研究课题是否属于理论发展或者解决实践问题所必需的领域，也就是说这个课题是否值得研究（即“你为什么要做”）；第二方面是课题的专门意义，即这个课题是否有同类研究，如果有，那为什么你还要做，也就是说，你做这个课题与同类研究不同的地方、创新的地方在哪里（即“为什么要你做”）。人们在对选题进行初步探索的时候，往往只注意课题第一方面意义的阐述，实际上，在大多数情况下，要达到第一方面的要求并不十分困难，更为重要的是如何达到第二方面的要求。要达到第二方面的要求，就必须全面系统地掌握当前对该课题研究的状况，并进行分析找到切入点，并提出相应的研究设想，亦即找到立题依据。这步工作难度是很大的，尤其是当前学术界研究的热点问题，既然成为研究的热点，这个问题肯定非常有价值，要阐述这个课题的一般意义是比较容易的；但是，正因为它是热点问题，很多人都在研究，做了大量的工作，要在这个基础上找到具有独特意义的切入点就不容易了。例如，某人要研究如何培养学生的创造力，这是心理学界、教育学界长期以来研究的热点问题，这个课题的一般意义是显而易见的。然而，如何提出一种不同于前人的、创新性的培养方式，却非常困难。

在对选题进行初步探索的时候，不仅要注重课题的一般意义，更重要的是对课题进行深入思考，提出对研究问题的不同于前人的创新性的研究设想和研究假设。一般来说，在对选题进行初步探索时必须考虑以下几个问题：第一，我要研究什么问题？第二，这个问题对于理论发展或者是解决实践问题是否有价值？第三，前人对这个问题已经做了什么研究，为什么我还要做这个研究？第四，我对所研究的问题基本设想是什么？对这几个问题的思考也就是探索选择的课题有没有符合课题选择的基本要求。课题选择的基本要求有四点：第一，选定的问题要具体化，表述清晰，避免选择大而全的、宏观性的研究问题；第二，必须明确研究问题对于理论发展或者是解决实践问题有何价值；第三，必须了解学术界对该课题领域的研究现状，必须有明确的、有充分依据的切入口；第四，必须对研究的问题有深刻的、新意的研究设想，对研究设想要进行理论分析与论述，阐述清楚该设想的理论依据。

四、将选题具体化，提出研究假设

课题选择的最终目标就是把研究课题具体化，也就是研究者应当经过从抽象到具体、从整体到局部、从大到小的过程，将一个研究课题（如当前中学生心理发展的特点）分解为一个个有待研究的较具体的问题（如当前中学生思维发展的特点、记忆发展的特点、情感发展的特点、品德发展的特点等），再将每一个较具体的问题（如品德发展的特点）具体化为一个个可以直接着手研究的小题目（如当前中学生友谊发展的特点、助人行为发展的特点、同情心发展的特点等），如需要，还可以进行更具体的分解。这样，就将研究课题展开为一个有待研究的问题网络。尽管研究课题有大有小，但一般来说都是可以也应当将其进一步具体化的，以便着手进行具体研究。

把一个大的研究课题具体化为一个个小的研究课题之后，就要将每一个小的研究课题所针对的问题以及所要探讨的问题准确、概括地表述出来。为此，必须对课题涉及的概念做出清晰的阐述，确定研究课题中的主要概念在一个稳定的概念系统中所占据的位置，以及与其他相关概念的关系。研究者可以通过两种途径去了解一个概念。一是演绎法，通过下定义，规定一个概念的内涵；二是归纳法，通过列举同类事物中的具体例证展现一个概念的外延。演绎法理论性强、阐述精确，但往往又会涉及其他一些生僻、必须再给予解释的新概念，容易陷入概念循环之中。归纳法则具体生动，但缺乏精确而有说服力的逻辑阐述。所以在规范研究课题时，最好从两方面入手，既给出一个清晰精确的定义，又列举出生动具体的例证。这样才能对这些概念有深入的理解和准确的解释。

在大多数情况下，尤其是进行高水平的研究的情况下，研究者都要对所研究的问题形成有关的理论设想。研究设想就是指该研究可能得出或验证的原理、规律或普遍结论，它是以理论陈述的形式出现。有人认为，科学研究是运用归纳法对事实证据进行经验概括的过程，它不是先假设存在一种变量关系，再去检验这一假设，而是根据实际的研究数据与材料进行概括，因此，研究之初不需要也不应该提出研究设想，这样会预先为研究设定了界限，并且会误导研究者。这种看法实际上是不正确的。大量科学史的事实表明，科学原理常常不是始于对事实的观察，在多数情况下，科学研究遵循着一条“假设—验证”的途径，即先有研究设想，再根据设想设计研究，验证研究设想，形成科学原理。缺乏研究设想而设计的研究，常常会因为没有定向而无法发现重要的事实。因此，我们认为，在多数情况下，研究者应该对所研究的问题形成明确的、可证伪的研究设想，根据这个研究设想来进行研究设计。当然，当研究目的是描述某种心理现象，或者研究者对研究课题中的一些基本事实不清楚的情况，难以通过上述的“假设—验证”的方式进行研究，因此，采用对获得的数据或证据进行分析概括从而形成研究结论的做法，也是合适的。

按照科学研究的规范，当研究者要验证所设想的原理时，就要根据这个原理推论出应该产生的事实，也就是根据一般陈述形式的原理推论出作为事实的单称陈述，这个单称陈述就是研究假设。研究设想作为全称陈述命题，是不能直接检验的；研究假设是具体的单称陈述形式的命题，是研究人员根据研究设想做出对某种基本事实的预测性陈述，它是可以观测和检验的。从研究设想推论出研究假设的一般形式是：“根据H（研究设想），那么，如果A条件（某种情况下），就会出现B结果（某种事实）。”显然这个研究假设就是直接表述了研究变量的关系，在因果研究情况下，A条件就是自变量即实验处理，B结果就是因变量。如“如果教师增加对学生的积极评价，学生的正面自我评价将显著提高”。

理论上，由于研究设想是全称陈述，根据一个研究设想可以推论出无数个研究假设，应该如何推论、如何选择研究假设，这是非常重要的。一般来说，选择研究假设要遵循两个基本原则：第一是可行性，或可操作性。尽管研究假设都是单称陈述，在理论上都可以通过一定的操作进行观察、进行检测，但是，由于心理学研究的是最为复杂的、最不容易测定的心理现象与心理规律，心理学研究中有许多研究变量还没有有效的观测方法与指标，因而还不能检验相关的假设。因此，在选择研究假设时首先要考虑实际的可检验性，考虑该假设所涉及的研究变量是否可以定量地进行操作，是否具备操作研究变量以及控制无关变量的条件，是否有好的范式可以检测这些研究变量，等等。第二是新颖性，即超越经验。根据研究设想推论出来的研究假设，有的是人们从经验中也可以体会到的事实，有的是非常有新意的、在日常经验中无法意识到的事实。在选择研究假设时，应该优先选择后一种假设，因为，后一种研究假设不仅体现了科学研究那种超越日常经验的本质，而且显示出整个研究的巧妙构思。在众多的心理学研究报告中，有的觉得很平常，感受不到高明之处，有的则感到非常巧妙，令人印象深刻，有可能就是后者的研究假设富有新意。

第二节　研究课题的类型

一、基础研究和应用研究

按照研究的目的来分，心理学的研究课题可以分为基础研究和应用研究。基础研究是以揭示心理与行为现象的本质特征及其规律为主要目的的研究。基础研究主要包括两种类型：一种仅仅探讨“是什么、为什么”的问题，研究人员感兴趣的只是了解事实真相，研究的结果主要是填补一些知识空白，不清楚有何实际应用价值。另一种基础研究着眼于将来可能应用于社会实践的理论假设，其结果可转化为指导社会实践活动的理论依据。基础研究常检验一些内涵抽象、定义特殊的假设，其重要性不在于潜在应用价值，而在于理论上的突破，在于寻求本学科广泛性和长期性的问题的答案。比如，人类大脑信息加工机制的研究、学生阅读理解时的编码方式研究和儿童智力发展理论的研究都属于基础研究。要在心理学任一领域内进行基础研究的人员，都必须充分了解那个专门领域的基本概念和理论假设，以便能在一个统一的框架内开展研究，并能在该领域已有研究基础上，持续展开深入的探索。

应用研究是以提出某些心理与行为问题的具体解决方案或对策为主要目的的研究。研究者试图将某种较成熟的理论，通过系统的研究活动将其技术化和操作化，以解决当前社会生活中的实际问题。比如，减轻学习负担的对策研究、提高阅读速度的阅读策略研究和学生思维能力训练的研究都属于应用研究。应用研究通常需要有大规模的资料搜集程序，要投入大量的人力和财力。因此，选择这类研究课题，要注意研究人员与研究机构的承担能力。

基础研究和应用研究之间不是相互排斥和对立的。基础研究有可能同时又是应用性研究，其研究结果能给社会实践活动以明确的指导意义。尤其是一些系统的基础研究成果，最终能详细地描述一类事实或现象，从而提高对此类现象的预测水平和干预能力。反过来，有些致力于解决实际问题的应用性研究，也有可能促进或完善系统的理论观点。有些研究课题则兼有双重目的，将两种研究结合在一起，因而被称为综合性课题或应用性基础课题。这类研究课题既有助于解决社会实践问题，又对心理科学的基础理论发展有重要意义。在课题选择过程中，研究者应根据自己的具体情况来选择一种合适的课题类型。

二、纵向研究和横向研究

按照研究时程来分，心理学的研究课题可以分为纵向研究和横向研究。纵向研究和横向研究都属于心理学中的发展研究，即从心理活动或事件的过程研究它们的发展变化、影响事件发展的各种因素及其相互关系。纵向研究又称追踪研究，指在较长的一段时间内，通过系统地考察行为的发展变化，从而揭示科学规律的研究。追踪研究的时间可以是几年、几十年甚至一生。例如美国心理学家推孟（L. M. Terman）1921年开始对1 528名智力超常儿童进行纵向研究，当时这些儿童平均年龄11岁（平均智商151）。到1986年，已进入了第七个十年，这些人平均年龄达76岁，仍有73%的人活着。通过对这些人在童年、少年、青年、成年和老年时的研究，推孟积累了智力超常者完整的毕生发展资料。纵向研究的优点包括：有利于探讨儿童发展过程的阶段性特点，可以弄清心理现象的发生和发展、量变和质变的关系以及发展的转折期；便于对儿童行为各方向的发展状况及影响做全面系统的考察，以更深入地了解发展的过程、实质和原因；对那些短期内看不清结果的问题或需要经过较长时期才能下结论的问题，一般都需要采用纵向研究，如智力的稳定性和预见性问题，就不能用一次性测验或短期内的测量结果来说明。但是纵向研究由于研究周期长，被试容易丢失，研究设计不够灵活，容易受研究过程中其他因素的影响，实施较困难，所以在实际研究中用的不多。

横向研究指在同一时间内，对某一年龄组或某几个年龄组的心理和行为过程进行观测并加以比较的研究。横向研究的优点包括：节省人力和时间，在短期内获得大量资料；样本容量充足，代表性强；研究历时短，对于同一年龄组被试而言，避免了社会环境和家庭条件变化带来的影响。但是横向研究对每个研究对象都只观测一次，难以确定造成年龄差异的准确原因，不能区分造成这种变化的原因是年龄差异，还是出生时代的差异。另外，由于研究时间短、不系统，这种研究难以全面反映问题或获得系统的结论。

由于纵向研究和横向研究各有其优点和不足，在实际研究中往往将两者有机结合起来，叫聚合交叉研究。例如，研究不同年龄段儿童的发展特点，可以在短期内同时对几个年龄段的儿童进行纵向研究，一般3～5年就可以完成。如可在3年内同时研究4个年龄组：1岁、4岁、7岁、10岁，每个年龄组选择数目相等的儿童，每隔一年测定一次，3年为一周期。3年后，这4个年龄组的年龄恰为：4岁、7岁、10岁、13岁。这样可以得到每个被试3年的数据，以研究这4个年龄组的发展情况。同时可以得到一条由1岁到13岁的发展曲线。聚合交叉研究的优点是收集资料时间短，样本丢失少；容易使变量、工具和程序保持一致；可使社会、生活经验的影响得到适当控制。聚合交叉研究虽然比较复杂，测量程序的要求也比较高，但只要条件允许，发展类研究应该选择这种研究类型会得到更客观的研究结果。

三、探索性研究与验证性研究

按照研究性质来分，心理学的研究课题可以分为探索性研究和验证性研究。探索性研究是对新问题、新现象或新领域的研究，如儿童思维发展规律的研究、儿童基本情绪发展特点的研究等，可以有不同层次，起初可能源于偶然发现或实践需要。

验证性研究又称决断性研究，是从检验某种理论或假设出发的研究，如验证皮亚杰认知发展理论的实验研究、验证短时记忆遗忘干扰假设的研究等。验证性研究有时会使研究者看不到一些意外却十分重要的结果。因为意外的结果可能被当作最初理论假设的否定项，得不到足够的关注，从而使其可能揭示的某种新意被忽略。这是初搞科学研究的人应该特别注意的问题。

验证性研究和探索性研究的区分是相对的。有时最初通过探索性研究概括出一定的理论观点，然后根据理论假说设计实验，以验证理论。验证性研究本身在一定程度上也是某种探索性研究，它可以对所决断的理论或假设进行修正和发展，也可以提出新的探索问题。验证性研究由于在研究实施前已经有了明确的研究设想，使整个研究具有明确的目的性和方向性，因此作为心理学研究者，必须学会进行验证性研究。

四、实验室研究与现场研究

按照研究进行的背景来分，心理学的研究课题可以分为实验室研究和现场研究。实验室研究是指在实验室背景下进行的研究，包括实验室实验、实验室观察和模拟实验等。实验室实验在实验室背景下，在严格控制的条件下，通过创设一定的情景，操纵自变量，以观测因变量并确定实验处理的效应。实验室观察将现实生活中的事件移入实验室中，主试不进行实验控制，对被试的反应或行为进行观察。实验室观察一般借助单向玻璃进行。模拟实验抽取实际生活的某些特征使之再现于实验室，在实验室条件下模拟各种事件和情景，以观察和确定行为的特征和过程。根据对实际生活背景的再现程度，模拟实验又分为自由模拟和实验模拟。

现场研究指在实验室以外的自然背景中进行的研究。现场研究也有许多研究方法，如自然观察法、现场实验法等。现场研究避免了实验室研究的人为性、控制性及可能产生的实验者效应，研究结论的可推广性也较强，外部效度比实验室研究有很大提高。另外，现场研究可以研究许多在实验室里无法开展研究的课题，如一些极端的、特定情景中的人的反应。但由于现场研究缺乏控制，可能出现情景效应，研究中的因果关系难以确定。此外，现场研究所需的人力、财力和时间一般也较实验室研究多。

五、跨文化研究

世界正逐渐成为一个真正的地球村，随着经济全球化的发展，不同民族的人工作在同一个屋檐下，不同文化间的接触和交流急剧增多。因此，目前心理学研究者面临的一个迫切任务就是理解不同文化的异同，把文化偏见与真正的跨文化差异区分开来。

在这种情况下，跨文化研究逐渐兴起。

跨文化研究是为比较不同文化或社会背景下心理与行为差异而进行的研究。这种研究通过搜集人们成长的不同文化背景资料，了解文化和习俗对心理和行为的影响。跨文化研究在心理学诞生之日就出现了，随着心理学研究的深入，人们日益认识到跨文化研究的特殊价值，在心理学研究的各个领域，跨文化的研究成果不断增多，内容涉及感知、记忆、认知风格、语言、价值观、社会行为等多个方面。目前心理学的很多理论都是以某一个特定民族为研究对象，在某一特定文化背景中进行研究所取得的成果为依据得出的，因此这些理论可能并不适用于不同的民族或不同文化背景中的人群。跨文化研究的主要目的在于揭示不同文化背景中人的心理现象和行为表现的关系（这种关系可能表现为差异性或共同性），对于检验、修正并完善现有的心理学理论具有重要意义。对于心理学研究者来说，跨文化研究促使各国、各地区的研究者在科学研究中相互合作、交流和取长补短，并在有关研究成果的相互比较过程中加深对自己研究成果的科学性、适应性的理解和认识，提高各自的研究和理论水平，增强研究的可应用性。跨文化研究的基本思路是运用相同或等值的观测工具，通过观测几个不同文化背景中的样本，比较这些文化背景对心理和行为造成的影响。跨文化研究有时涉及不同国家间的比较，有时涉及同一国家中各个分支文化间的比较。跨文化研究的主要困难是测量的等值性问题。能否足够正确地将某些测验译为其他语言？同一个测量在所有文化中是否具有同等的效度？在不同的背景或文化中，同样的行为是否具有同样的意义？这些都是研究人员必须要考虑的问题。

第三节　课题选择的主要原则与具体途径

一、课题选择的主要原则

人们在认识大千世界的过程中，会表现出强烈的好奇，会提出各种各样的问题。但是，从理论和实践两个方面提出的很多问题，不可能都值得去研究。在心理学领域，有些问题只是反映了一般人由于缺乏有关心理学知识而感受到的困惑。只有具有长远的理论意义或现实意义的问题才有可能成为心理科学研究的课题。即便有许多研究课题值得去做，但要同时展开若干相关研究，也是研究人员力所不能及的。因此，研究者要学会在多个备选课题中选择最适合的具体课题。一般来说，课题的选择应遵循以下一些主要原则。

（一）需要性原则

需要性原则是指研究者要根据实际需要选择研究课题。这里的需要既包括社会生活对心理学提出的要求，也包括心理科学自身理论发展的需求。因此，研究者既可以选择解决社会生活中的具体问题进行应用研究；也可以选择解决理论问题的基础研究；更可以选择既能解决理论难题，又可指导社会实践的综合性研究课题。具体选择偏重于理论还是偏重于应用的课题，应根据研究的条件和研究者的特长而定。一门学科要有强大的生命力，就必须扎根于社会实践，为解决现实生活中的相关问题服务。近年来随着社会的发展，生活水平的提高，人们对心理学的了解越来越多，社会对心理学的需求也越来越高，希望心理学能对提高人们的生活质量发挥更大的作用。这为心理学的广泛应用和深入研究提供了重要的现实基础和乐观的前景。因此，一方面，心理科学研究课题的选择，要优先考虑为社会实践需要服务，注意将当前社会生活中迫切需要解决的一些重大问题作为研究课题；另一方面，要根据心理科学自身发展的现状，注意选择一些急待解决的重大理论问题作为研究课题，促进心理学理论的发展。

（二）科学性原则

科学性原则是指研究课题的选择一定要有科学理论为指导，必须以客观事实为依据。为了保证研究工作的成功，选择的研究课题要符合辩证唯物论的基本观点和有关学科的基本理论，或者要有真实可靠的事实为依托。由于心理学研究对象的特殊性，研究者讨论的经常是一些具有浓厚主观色彩的精神现象，因此在选择研究课题时要特别注意课题所涉及的研究内容和研究方法的科学性。由于心理学是一门亟待不断发展的学科，研究视野常常需要转向尚未涉足的领域和还没有形成成熟理论的领域。在这种情况下，研究者要注重从理论和实践两个方面考虑研究的科学性。只凭个人天马行空的臆想，一时冲动的热情，是无法真正实施一项科学研究的。

（三）创造性原则

心理学的研究要给人们提供了解精神现象和心理活动的新知识，为提高生活质量和促进心理健康服务。这要求心理学研究一定要有创新性。为此，选择研究课题时要注重所选课题的新颖性、独特性和先进性。如果选择的研究课题只是简单重复前人已经解决了的问题，那就从根本上失去了科学研究的价值。当然，创造性的课题不一定都是前人从未研究过的课题。创新可以表现为概念上的创新、方法上的创新和应用上的创新等不同形式。在科学发展史上，哪怕是向前走了很小的一步，也是创造性的表现。研究者可以在别人做过的研究基础上，找到值得深入探讨的新课题；可以在方法、程序、材料、被试等方面做一些合理的改变。在实际研究工作中，为了能选择具有创新性的课题，就应加强科研情报工作，注意了解他人研究成果，把握研究动态，使自己站在学科研究某个领域的前沿，避免简单重复研究。

（四）可行性原则

可行性原则是指研究课题的选择，在实施的难度和范围等方面一定要符合研究人员的科研水平和研究条件，从而保证课题能够高质量地完成。根据可行性原则，选择研究课题时必须要考虑如下内容：第一，主要的研究人员是否具备相应的理论知识和工作经验，是否具有熟练运用相关研究方法的能力；第二，研究活动是否具有充足的人力和经费支持，是否有稳定的被试来源；第三，研究人员是否具有可自主支配的充裕时间，是否具有可有效利用的、特定课题所需的图书资料、仪器设备、测查工具；第四，研究活动能否得到有关部门的支持与配合。因此，任何一个研究课题都必须与实际情况和主客观条件相符合，要选择现实条件允许的研究课题，脚踏实地地开展科学研究。有些研究课题尽管具有重要的理论价值和应用价值，但是对于某一特定的研究者或研究机构、研究群体来说，如果缺乏必要的条件，也不可能被认为是恰当的选题。

（五）兴趣性原则

科研人员的研究兴趣，是人类深层的求知欲的体现，是推动研究人员开展科学研究的基本动力。对科学信念的追求能使研究者百折不挠、持之以恒，甚至不惜一切代价，直至成功。因此，要允许并鼓励研究人员根据自己的意愿开展科研活动。选择研究课题时，在满足上述四原则的基础上，同时应尽可能结合研究者的个人专长、经验、兴趣和喜好选择研究课题。当然，兴趣不是凭空产生的，是培养起来的。一个具有高度责任感的科学研究人员，应将个人兴趣与社会生活和学科发展的实际需要密切联系在一起，以便最大限度地发挥个人的主观能动性，取得研究工作的最终成功。

二、课题选择的具体途径

选择研究课题时应遵循一些基本原则，在这些原则指导下，具体选择出一个研究课题，即选择出一个具体要探讨和解答的研究问题。一般来说，可以通过以下六条途径来选择研究课题或研究问题。

（一）源于社会实践

心理学研究的一个重要目的是解决社会实践中的问题，因此选择当前社会迫切需要重视和解决的问题作为研究课题，是研究课题的重要来源之一。研究人员要在社会实践和日常生活中注意搜集那些为社会所关心的、亟待解决的问题。随着对社会需要的日益了解，研究者很可能会发现自己过去不知道或未想到的许多好课题。通常，来自社会实践的课题大多属于应用研究，其研究结果具有较大的应用价值，能直接为社会实践和现实生活服务。因此，心理学工作者在选择研究课题时应加强这方面的选题，从而促进心理学在我国的政治、经济、教育、医疗、卫生及人民生活等各个方面发挥积极作用，扩大心理学的影响。需要注意的是，选择社会实践中的问题作为研究课题，并不意味着研究可以缺乏理论基础，没有理论价值，而是指研究问题相对而言与社会实践需要的联系更为直接和密切。一般来说，许多源自社会实践的研究课题也具有一定的理论意义，因此，来自实践领域的课题选定以后，也要查阅文献，学习有关理论，以便更好地进行相关研究。

从社会实践中选择研究课题又可以进一步划分为以下一些具体途径：第一，变实践需要为研究课题。实际生活中存在着各种各样的问题需要人们去解决，如电视暴力与儿童攻击性形成的关系、互联网对青少年社会性人格发展的影响、改革中人们价值观的变化、离婚对儿童心理发展的影响、缺陷儿童的心理特点与教育等。研究人员要学会敏锐地发现并解决这些问题，不能对它们熟视无睹、习以为常，而要保持高昂的工作热情，留心观察与思考，善于把实践的需要变为研究的课题。第二，在实践的困惑中发现研究课题。研究者要在实际生活中勤于钻研，把实践中碰到的每一个障碍、每一次困难作为锻炼的机会，于困惑中寻找新课题，如在课堂教学中如何渗透心理健康教育、归因训练对增强学生自信心有没有作用等。把实践中遇到的困惑作为研究课题，不仅需要智慧，更需要勇气，真知灼见总是在勇于排除重重障碍之后获得。第三，在实际调查的基础上形成研究课题。研究者可以首先通过初步的调查活动了解现状，发现大致问题，然后确定研究重点；也可以通过归纳总结实践中的有关经验选择研究课题。如留守儿童的心理健康教育模式、网络成瘾的成因与干预等。

（二）源于理论推论

科学的理论是在否定之否定中不断发展和完善的。任何一个理论都需要不断地修正和完善，还有可能被新的科学事实推翻。正如爱因斯坦（Einstein）所言："适用于科学幼年时代的以归纳为主的方法正在让位给探索性的演绎法。"通过心理学研究，建立和发展心理学理论，使它们对实践具有宏观的指导作用，是心理学研究的另一个重要目的。但是心理学的很多理论可能需要进一步检验，也可能需要修正和完善，还有可能被新的科学事实推翻。因此，根据对心理学原理的思考与质疑而构思出值得探讨的理论问题，也是形成新研究课题的一个重要途径。需要注意的是，研究者从理论推论形成研究课题时对原理论一定要充分地熟悉、准确的理解，要查阅大量有关文献以了解该理论的有关研究，要根据该理论做出一个或多个可被研究的推测，要能制定出检验该理论推测的研究设计。通常，研究者检验的内容范围既包括理论的正确性，又包括理论的概括化程度，即该理论的应用范围，如该理论能否适用于以前未被检验过的环境、时间、被试、领域等。

从理论推论中选择研究课题又可以进一步划分为以下一些具体途径：第一，为证实某一理论观点而提出研究课题。一般来说，已有理论具有指导并引发进一步研究的功能。科学理论对客观事实的概括范围，通常要比现有研究中已证实的事实多。因此它的概括化程度往往超越了可获得的经验事实。这样，可以通过对尚未涉及、但应当能观测到的现象做出推论和预测，来检验科学理论的正确性和完善性。因此，形成研究课题的基本方法就是根据某一理论做出推论和预测，并构思一个检验它们的思路。比如，根据强化理论，可以进一步探讨奖惩对不同认知方式的学生的学习效果的影响有无差异等。第二，根据不同理论观点之争而提出研究课题。在心理学领域，不同理论学派在解释同一种心理现象时，常常存在显著的分歧。对于某一特定领域的一些小的心理现象的解释，不同研究者也会有一些分歧。对于这些分歧，双方都有一定的事实和理论依据。因此，了解这些分歧所在和争论的焦点，就是发现问题，是提出研究课题的重要途径。比如，迁移的本质之争、奖励对学习的必要性之争等。第三，对现有理论观点进行质疑而提出研究课题。研究人员以批判的态度对待现有理论和观点，根据自己的知识和经验提出不同的观点，就可引出新的研究课题。在心理学领域，如果对目前的一些理论加以深入分析，就不难看出其可能存在的不足，并由此开辟新的研究领域。这要求研究人员要有敢于质疑的精神和不迷信权威的魄力；要善于在人们认为已有答案的地方，发现答案的漏洞。科学史上，爱因斯坦相对论的提出、亚里士多德许多结论被推翻都是对先前看似无懈可击的理论进行大胆质疑而开始的。

（三）源于文献阅读

科学研究是在继承的基础上进行的创造性活动，撇开前人丰富的研究文献而盲目的单干肯定是不明智的。心理学研究过程中，对已有的文献进行阅读和评价是选择研究课题时最重要、最常用的一条途径。在课题选择阶段，文献阅读的主要目的是明确针对某个问题已有哪些研究，这些研究都采用了什么方法，目前的进展状况如何，取得了什么样的结果等。对感兴趣的研究报告还要进一步深入分析，了解它们完成的质量如何，所获资料是否真实可靠，研究结果的推论是否恰当。因此，文献阅读能将研究者带到某一学科领域的研究前沿，使研究者以前人为基石，寻找突破口，提出新的纲领性的理论假设，开展创新性研究。

从文献阅读中选择研究课题又可以进一步划分为以下一些具体途径：第一，前人研究的扩展性研究。也就是要善于发现前人研究中忽略的或者还没有关注的一些问题并对其进行研究。受学科训练、知识水平、生活经历、研究条件等方面的限制，单个研究人员的科研视野是比较窄的，只能关注并研究一部分课题或课题的某些方面。因此，在任何时候，都会有许多重要问题尚未得到关注或研究。所以，在阅读文献时，研究者要善于发现已有研究中的空白点，从中发现有价值的新课题；或者运用新的研究方法和技术手段，或者从一个新的角度入手，拓展原有课题的研究。如男女书写性别差异形成的年龄阶段研究、当代大学生恋爱观的两难判断研究等。第二，前人研究的引发性研究。即注意前人研究中研究结果中相互矛盾的地方。在查阅文献资料时，经常会发现多个研究人员针对同一问题采用了类似的方法，却得出了很不一致甚至完全相反的结果。研究者要多留意这类情况，注意从研究假设、被试抽样、研究程序、研究环境、研究材料、观测方法与工具、统计分析、结果的解释与推论等多个方面，揭示出不同研究之间的差异，从中发现值得进一步研究的新课题。如动物心理学中的一项研究表明，如果把从受过训练的动物身上抽取出来的核糖核酸（RNA）注射到未受过训练的动物身上，它们在某项任务上的学习成绩会优于控制组（没有注射 RNA 的正常组），但也有一些研究得不到这样的结果，由此引发新的研究，发现前人研究中的矛盾是由于研究程序和研究条件不同造成的。第三，前人研究的修正性研究。即注意前人研究在方法学方面存在的问题并予以修正，然后重新进行研究。在查阅文献资料时，要注意已有研究在被试的抽样与分组，变量的确定与控制，研究材料的制作及呈现方式，因变量的观测指标与观测手段，研究资料的整理与分析等方面可能会存在的不足，并对原有方法的相关因素加以改进，或者创造新的研究方法，形成新的研究范式，进一步展开新的研究。如动作遗忘过程的研究、短时记忆声音编码方式的研究等。第四，前人研究的重复性研究。即根据已有文献对前人的某些研究进行必要的重复。在阅读文献时，有时会发现有必要对已有的研究结果进行验证，通过在相同或类似条件下的重复研究，验证研究结果的可靠性。一项科学研究能否被完全重复，是判定研究结果是否可接受的重要标准。因此，重复已发表或未发表的研究也是必要和合理的研究问题。

（四）源于研究过程

心理学研究是一个复杂的过程，在研究的具体实施过程中，常常也可以发现或构思出需要进一步研究的许多课题。研究者要能够从研究过程中选择研究课题，一方面需要有敏锐的观察力，即在别人不注意的地方发现新现象，或在别人认为平常的现象中发现不寻常的问题；另一方面需要有高度的判断力。心理学研究过程中可能会产生很多需要进一步研究的新课题，已有研究存在的不足以及遇到的意外事件和线索也都是大量的，但是对它们都进行研究是力不能及的，也是没有必要的。这就要求研究者具有分析判断各种课题价值大小、是否有发展前途以及根据重要性做出轻重缓急安排的能力。此外，研究者应该养成一个好的习惯，善于将研究过程产生的各种想法及时记录下来，以便随后思考。

从研究过程中选择研究课题主要体现在以下几个方面：第一，随着实际研究活动的深入，对文献的进一步阅读，特别是研究者深入的思考，研究者一方面会构思出与当时进行研究的研究课题有关的许多新课题，另一方面，当时所进行的研究课题也可能日益暴露出它在某些方面（如变量控制、测量工具、被试情况、学校环境等）存在的不足，此外，还有可能出现在研究设计时没有意料到的一些情况，这些都可以通过改进研究设计形成新的研究课题。第二，研究者在深入实际进行研究工作时，随着对社会实践的深入了解，很可能会发现很多过去自己不知道、未想到的好课题，它们既可能与自己的研究方向相近，又可能符合自己的研究兴趣，并为当前的社会实践所迫切需要。第三，在研究过程中，当我们研究某个特定的问题时，可能会由于某个偶然的机会得到出乎意料的发现，并与所研究的问题无关的现象。这就是人们常说的机遇。科学史上的重大发现不都是通过精心规划的科学研究实现的，有些是由偶然的机遇引发的。如巴甫洛夫在用狗研究唾液腺在消化中的作用时，观察到他称之为“心理分泌”的现象，即每当狗看见拿着食物喂它们的实验人员时，就分泌唾液。随后，巴甫洛夫制订了详细的研究计划，开始对这个问题进行系统的科学研究，最后提出了条件反射的一整套完整的理论和原则，开辟了至今仍有重要影响的新领域。机遇出现时，有人对机遇视而不见，有人却独具慧眼。机遇虽然是偶然的，但机遇的把握能力是必然的，因为“机遇只偏爱有准备的头脑”。研究者要做好准备，保持必要的警觉，做生活的有心人，不要忽略研究过程中的某些细小线索和意外的“反常”现象。一旦机遇闪现，就要抓住它，追根究底，通过认真的思考和分析，形成新的研究课题。

（五）源于科技进展

当今社会，科学技术的发展日新月异，高度综合是现代科学技术发展的一个显著特点。科学技术的发展表明，各个学科之间是相互渗透、相互联系的。心理学的大量研究表明，根据当代科学在理论、方法、研究对象等方面的新进展选择研究课题，也是一个十分重要而有效的途径。

从科技发展中选择研究课题又可以进一步划分为以下一些具体途径：第一，根据现代科学方法论的新进展选择研究课题。现代科学方法论的新进展主要体现在“三论”（即系统论、信息论和控制论）和“新三论”（即耗散结构论、协同学和突变论）的建立。由于它们对各门具体科学都有普遍的指导意义，所以心理学研究者可以根据这些理论提出心理学的研究课题，如从系统论的角度讨论人的心理结构、根据系统论的观点开发学生智力等。第二，在学科交叉的空白区选择研究课题。当代科学发展的交叉和渗透趋势日益明显，由此产生了很多空白区，这也带来了大量的综合性的研究课题，出现了一些新的研究领域，如计算机心理学、教育社会心理学、临床儿童心理学、发展心理病理学等。第三，根据研究技术的新进展选择研究课题。以前由于研究技术手段的限制，对许多问题不可能进行研究或研究的水平较低。而随着研究技术和手段的改进使得对这些问题的研究成为可能。比如，使用脑成像技术探讨脑与认知的关系，计算机技术的发展使得心理学研究者可以分析处理大量的数据，使用录音录像技术研究新生儿的能力、交往、情绪和社会性发展等。值得一提的是，随着新技术、新方法的出现，很有必要对过去用传统或落后方法研究过的问题进行重新研究，这常常会得出许多新结果，甚至否定以前的结论，从而建立新理论。第四，根据心理学分支学科的新进展选择研究课题。在心理学各分支领域中，常常会出现一些重要的、影响面较广的进展。将这些进展同自己的研究领域结合起来，就会形成许多新的研究课题，如当前儿童心理学中有关儿童元认知发展研究的新进展，就已被广泛地移植到智力理论研究、阅读研究、特殊儿童研究等领域。

（六）源于课题指南

任何一个国家有很多心理学基金项目的申报，多数基金项目都有一个课题指南，从课题指南中选择自己要研究的课题，这也是课题选择的一条重要途径，甚至是捷径。就我们国家而言，心理学研究者可以申请的基金项目主要有国家自然科学基金、国家社会科学基金、全国教育科学规划项目基金、教育部人文社会科学研究基金、省市自然科学基金、省市社会科学基金等，另外，还有不同级别的招标课题。对于学生来说，也可以直接由导师指定研究课题。

基金项目申报中的课题指南一般具有以下一些特点：第一，它来自相关领域中的专家的提议。一般“基金管理委员会”都会定期向有关专家征集选题，然后组织论证、筛选、公布，所以这里的选题在某种程度上代表了学科发展的方向和前沿，具有明显的学术价值。第二，这类课题往往会考虑到社会发展对教育、文化建设、经济调控、意识形态、科学技术发展方面的要求，具有明显的应用价值。第三，这类课题中的一部分是开放性的，也就是说，它规定了一个大的课题领域和选题范围，研究者可以根据自己的研究条件和知识准备自行开发子课题。这样，在基金资助之下，就会形成一个课题组和研究群体。第四，研究者可以定期地申请资助，如能获得批准，则可以得到一定的资金，保证研究的顺利进行。

第四节　文献查阅与整理

一、文献查阅的作用

心理学研究中的文献主要指记录、保存、交流和传播心理学知识的一切印刷品和视听材料。文献查阅是心理学课题选择的一条重要途径，同时也是课题选择中的一项重要内容。相对而言，文献查阅是心理学研究过程中最缺乏乐趣和令人烦躁的工作，但却是不可缺少的一个环节，在心理学研究中具有非常重要的作用，具体表现在以下四个方面：第一，有助于研究者对相关领域的研究情况有一个系统、全面的认识和了解。对任何一个研究者来说，一旦选定了一个研究课题，就要通过文献查阅从整体上把握该课题领域的发展历史和现状、已取得的主要研究成果及其水平、研究的最新方向和趋势、争论与矛盾的领域、被研究者忽视的领域以及文献中对进一步研究工作的各种建议等。第二，有助于研究者选择研究课题、形成研究假设。在选题之前，通过查阅大量文献，了解有关研究情况，一方面极大地帮助我们发现和提出问题、形成研究假设，另一方面将有助于我们通过比较、分析，从众多可能选择的课题中确定更有价值、更有前途、更适合自己兴趣和发展自己专长的研究课题。第三，有助于研究者搞好研究设计。研究方案的设计水平直接关系到研究成果的科学性水平，为了保证研究的质量和科学性，研究者在进行研究方案设计时也必须通过查阅文献了解他人对该类问题的研究所采用的方法是什么、存在什么问题等，从而更好地设计自己的研究方案。第四，有助于研究者解释研究结果、撰写研究论文。研究者在解释研究结果时不仅要从本研究所得到的结果出发，还要依据一定的理论，引用他人的相关研究结果来阐述有关问题。这就需要查阅大量的文献，对有关理论、有关研究状况了解得越多，对自己研究结果的解释、分析和下的结论就越恰当，就越容易看到本研究结果的理论价值，在此基础上撰写的研究报告的质量就越高。

总之，文献查阅对整个心理学研究过程的各个阶段工作的顺利完成和提高研究水平都有着重要作用。文献查阅实际上跟心理学研究中的其他过程、环节并不是截然分开、完全独立的，而是相互联系、有时甚至是交叉或同时进行的。有调查表明，在完成一项研究工作的各个阶段中，研究者花在文献查阅方面的时间是最多的。研究者平时对有关文献资料的广泛了解和丰富积累，以及研究中对有关资料的有效检索、收集和阅读，在很大程度上直接影响着一项研究工作的质量水平。因此，在当今文献迅速、大量增加的情况下，懂得并善于在浩如烟海的国内外有关文献中快速检索，有选择性地进行搜集，并对之认真分析、评价、鉴别，快、准、多地获取信息，了解新成果，把握新动态，使自己走在研究领域的前沿，已成为心理学研究者最重要的素质之一。

二、文献类别

心理学文献的种类很多，按照不同的标准可以进行不同的分类。最常用的分类是根据编辑出版的不同形式，把文献分为书籍、期刊、报纸、学位论文、会议论文等。下面简单介绍这几个基本类别。

（一）书籍

心理学方面的书籍主要有教科书、专著、资料性与参考性工具书等。教科书是为学生编写的专业性书籍，主要介绍心理学某一分支的基本理论和研究成果，名词术语规范，结构系统严谨，叙述概括，可读性强。教科书所引用的资料大多经过反复验证，比较可信，有的教科书还配有教学参考书，对查寻资料大有益处。专著是对心理学研究领域中某一专题进行全面、系统、深入论述的著作，多是著者多年研究的结果，有较高的学术水准。专著的内容一般包括对有关问题进行研究的详细历史与现状，以往和现在不同学派、学者在该方面的不同见解、具体研究工作、研究方法和成果，著者对他们的评价，著者本人独到的见解与研究成果，著者本人对存在的问题、出路和发展趋势的看法等。对于心理学研究者来说，专著比教科书具有更大的查阅价值。资料性与参考性工具书一般就某一学科有关问题的历史与现状、方法与结论以及各种争论观点作广泛客观的阐述，不涉及作者本人的见解，具有类型分明、叙述简练、小型实用、查阅方便等优点，如《心理学大辞典》《中国百科全书》等。

（二）期刊

期刊是定期或不定期的连续出版物，它可以是公开发行的正式刊物，也可以是内部交流的非正式刊物。一般来说，期刊具有出版周期短、内容新颖、论述深入、能及时反映最新研究动态等特点，这使得它成为最为重要的文献资料。刊登心理学研究成果的期刊主要有专门学术刊物、大学学报和文献杂志等。在国外，仅英文的心理学刊物就有近百种，此外还有大量俄、日、法、德等文字的学术刊物。在国内，正式出版和内部交流的心理学专门刊物有十余种，其中最权威的是《心理学报》，另外《心理科学》《心理科学进展》《心理发展与教育》《心理学探新》《应用心理学》《中国心理卫生杂志》等也是核心学术刊物，不同刊物具有不同的特点与侧重点，研究者应了解它们的这些特点，并根据自己的不同需要有选择地查阅。全国许多大学特别是综合性大学、师范大学和师范学院的学报一般都有社会科学版或教育科学版，它们也都发表大量的心理学论文，有较高的学术价值，值得研究人员查阅。文献杂志是一种期刊型情报索引刊物，如中国人民大学书报资料中心编选的《复印报刊资料》（月刊）。其中多是专门从全国各种报刊上选取汇总相关文章，并附有一定时期内主要论文的编目索引，定期出版，可以帮助研究者及时掌握某一特定课题的文献概况。

（三）报纸

报纸是以刊登新闻报道和评论为主的定期连续出版物，一般是每天、每周或每半个月出版。由于出版迅速，因而情报、信息及时。许多一般性报纸，如《人民日报》《中国科技报》《中国青年报》等，都经常报道心理学方面的新闻、研究成果、学术动态。《光明日报》有专门的教育科学版，定期刊登有关心理、教育等方面的理论和应用研究内容。《中国教育报》是专门刊登教育方面的新闻报道和评论的出版物，也经常有跟心理学有关的内容。从有关报纸中，研究者不但可以了解到某些研究的新进展、新动态，而且更重要的是可以了解到社会实践、教育实践、心理学工作者提出的亟待解决的新课题，对研究者选择好研究课题有很大的帮助和启发。

（四）学位论文

心理学的学位论文主要有学士学位论文、硕士学位论文和博士学位论文，其中后两者具有重要的学术价值和查阅价值。它们是研究生为获得某种学位而在导师指导下进行专题研究后撰写并提交的学术论文，带有一定的独创性，一般选题论证充分，文献综述全面，探讨问题比较专深。许多研究生学位论文都没有公开发表，或者由于论文较长，所发表的也只是论文的一部分，它们通常由研究生所在单位保存。北京图书馆、中国科技情报所和社会科学研究所分别负责收藏国内各个级别的学位论文。目前，我国各大学特别是师范大学系统有大量攻读心理学专业的硕士研究生和博士研究生，他们在心理学的各个具体领域进行了大量的富有创造性的研究，并写出了许多高质量的学位论文，应注意查阅。

（五）会议论文

学术会议是学者们、研究者们进行科研成果交流的重要场所。国际和国内的一些科研机构、高校以及有关心理学的众多学术组织都定期或不定期的召开各种国际国内学术会议，交流各自的最新研究成果，或共同探讨某一方面的学术问题。从与会者提交的大量会议论文资料中，研究者可以及时地了解到最新的研究成果、研究动向和研究趋势。全国有关科研机构、高等院校的资料室在收集会议论文资料方面往往比图书馆更有效、更便利，因而它们所拥有的会议论文资料比较多、比较齐全，是研究者的重要资料来源，查阅时应注意利用这些资料室。

三、文献搜集

查阅文献的第一步是查，也就是检索或搜集文献。在搜集文献时，常用的搜集方法是倒查法，即先查最近的文献，再查过去的文献。由于新的文献总是要总结、概述以前的研究文献，因此，倒查法有助于研究者根据新文献的参考文献顺藤摸瓜，迅速地查找到许多与研究课题直接有关的资料。同时为了提高研究的时效性、新颖性和价值性，也应及时了解、收集、研究和利用与研究课题有关的各种新资料、新信息。另外，在搜集文献时应当以一些学术性强、范围大、质量高的学术杂志作为主要查阅对象，并注意搜集第一手资料，少搜集多次转述的资料；注意搜集代表各种各样观点、得出不同甚至相互矛盾结论的文献；注意搜集跨学科、跨领域的文献。

搜集文献的途径是多种多样的，所需文献的类别不同，其搜集途径有时也会不同。一般来说，常用的文献搜集途径有图书馆、资料室、互联网、个人交往等。

（一）通过图书馆搜集文献

利用图书馆是文献搜集中最主要、最重要的途径之一。就能有效地搜集到心理学方面的文献而言，研究者可以利用的图书馆主要是北京图书馆等全国性大型图书馆和各主要师范大学的图书馆（如北京师范大学图书馆、华南师范大学图书馆等）。这些图书馆一般都收藏有大量古今中外、种类繁多的心理学文献。由于心理学在师范大学中占有重要地位，因此，这些大学的图书馆在资金、人力、管理等方面都投入较多，十分注意全面、系统地收藏，并编辑有关资料，提供各种咨询、服务，以方便有关研究者。利用这些图书馆一般容易搜集到所需要的文献，并提高工作效率。

（二）通过资料室搜集文献

心理学的专门研究机构（如中国科学院心理研究所）和各高等院校的心理系通常拥有自己的资料室，虽然规模比不上图书馆，但却收藏范围广、内容集中，在心理学文献方面（特别是外文书籍、期刊）往往比大学图书馆更全面、种类更多。其中有许多是大学图书馆所没有的、直接从国外有关机构获得的交换资料。另外，本单位研究生的学位论文，有关学术会议论文也大都收藏在资料室，以方便有关人员查阅。资料室与图书馆相比有自己的独特性，研究者在工作过程中应善于利用它们。

（三）通过互联网搜集文献

近年来，随着互联网的普及，出现了越来越多的电子资源，我们只需要在任何一个联网电脑前轻敲键盘便可搜集到大部分需要的文献，这给我们带来了极大的便利，节省了很多时间和经费。这种途径主要包括电子期刊数据库（如中国期刊网和万方数据等）、数字图书馆（如超星数字图书馆和书生之家数字图书馆等）、大型期刊网站（如 Nature 和 Science 等）、大学图书馆网站（如北京大学图书馆和清华大学图书馆等）、搜索引擎（如 Google 和百度等）和个人网站等。当然，互联网上有些内容是免费开放的，有些内容是收费的。对于收费的内容，可以单位购买使用权，本单位 IP 地址登陆后免费使用，也可以个人购买登陆帐户。有一些数据库网站也会定期发行光盘，个人可以购买光盘阅读。

（四）通过个人交往搜集文献

与同行专家、学者通过直接交谈、电话联络、通信交流等形式进行个人交往，也是搜集文献的重要途径之一。通过个人交往搜集文献资料，具有速度快、选择性高、针对性强等特点，更易于获得最新资料和研究动向。事实证明，从研究同一问题的同行那里获取文献，常常要比毫无经验地去查找散见于众多地方的各种有关文献要省力、省时得多。许多研究者指出，在实际研究工作中，对他们有巨大帮助的、重要的、最新的文献都是通过个人交往获得的。当然，在个人交往过程中除了获得有关文献之外，研究者还可以获得同行专家对自己的研究工作提出的许多有价值的意见、建议和指导。因此，在平时的研究工作中，研究者应注意保持与本专业及相邻专业、学科的同行专家的交往，充分又有效地利用个人交往搜集文献。

四、文献整理

研究者搜集到文献后要对文献进行阅读，在阅读的基础上对文献进行整理。研究者在阅读文献时应该先浏览再细读，浏览的时候就要判断某项资料的内容与其研究课题的相关程度，并将资料按内容或重要程度排序或分类，然后对所包含的信息进行总结，并将该信息以适宜的形式保存。从研究文献中集中信息有很多种记录形式，如笔记本、卡片、计算机等，但不论哪一种形式，研究者都要形成一套规则，以便不断记录信息，并使重要文献不致遗漏。

在心理学研究中，研究者在搜集、阅读了大量的文献之后，就要对相关文献进行归纳整理、分析鉴别，写出文献综述。文献综述是研究者在研究报告中对选题领域的研究状况和主要问题做出的综合阐述与评价，以说明本研究的背景和基础。文献综述也可以作为一篇论文单独发表。写文献综述时，不能一味告诉别人，我读了什么，切忌述而不评，必须说明研究者对研究状况的见解，并使之成为自己更广泛或深入研究的导引。撰写文献综述时，要注意以下一些内容：选择与当前问题有直接关系的文献；要把各个研究的结果放在一起，使它们之间的关系更清楚，不要只提供一段综合性的概要；对于有矛盾的观点要仔细检查他们的不同点，尽可能做出解释；要清楚地表明所考察领域的研究还不够充分，有待扩展，这样就给该领域的进一步研究提出了需求；尽管要适当地引用文献资料，但不要把文献综述搞成引证材料的罗列；围绕和问题相关的关键点来组织文献综述，不要勉强地以年代顺序来组织；要使读者明白所考察的研究成果与结果的关系，有些成果与研究问题关系极大，对此要有所说明；文献综述的末尾要有结论，不要以对最后一个研究的评论来作为结束，要对前面的考察加以概括，对重点内容加以综合。

练习题

一、名词解释

（1）基础研究；（2）应用研究；（3）横向研究；（4）纵向研究；（4）探索性研究；（5）验证性研究；（6）实验室研究；（7）现场研究；（8）跨文化研究；（8）文献综述。

二、简答题

1. 课题选择包括哪些基本程序？
2. 简述课题选择的具体途径有哪些。
3. 简述课题选择的主要原则有哪些。
4. 简述文献查阅的作用有哪些。
5. 简述文献的类别有哪些。
6. 简述文献搜集的途径有哪些。

第十八章　心理学研究方案的设计

内容简介

选定一个研究课题之后，就要设计完成这个课题的研究方案，然后按照方案实施研究，收集研究所需要的资料或数据。研究方案的设计就是将研究设想转化为可以具体操作的做法与程序，它是整个研究过程的关键性环节。研究方案设计是否科学、合理和完善，直接关系着研究结果的可靠性和科学性，因此，要得出科学的结论，必须缜密地做好心理学研究方案的设计工作。本章首先介绍研究方案设计的基本内容，然后在此基础上重点介绍研究对象的抽样和无关变量的控制。

第一节　研究方案设计的基本内容

一、明确研究目的

科学研究是否有明确的目的，是影响研究活动能否正常进行、能否取得预期结果的重要因素。因此，设计研究方案时，首先要明确研究目的和假设，理清研究的思路。具体来说，在研究方案设计中，要能够清晰地回答下列几个问题：第一，研究什么问题？科学研究自问题始，没有一个陈述清晰的问题，就没有明确的目的，也就无法开展相继的一系列研究活动。对这个问题地回答，意味着研究人员对相关的理论观点和背景知识要进行深入、系统的分析和讨论；对涉及的客观事实与典型现象，要有广泛的观测和思索。研究人员必须明白，所从事的研究课题是要描述一个事实、探测一种现象，还是要揭示变量间的相关关系或因果关系；是要对一个事件的发生条件或原因做出解释，要依据一定条件对将要发生的事件或可能出现的现象做出预测，还是要根据已有的理论模式或经验知识，尝试对某种现象进行控制与干预。研究目的的确定，有助于使整个研究活动形成一个完善的计划，也会影响到具体研究方法的采用和被试的选取等一系列问题。第二，为什么要研究这个问题？对这个问题的回答，是要表明所选研究课题的价值和意义。这方面的认识，一方面会激发研究人员的工作热情；另一方面也关系到研究投入是否值得，研究成果是否能得到同行专家或社会的认可。第三，对于研究问题的基本设想和假设是什么？在大多数情况下，尤其是进行高水平的研究的情况下，都要对所研究的问题形成有关的理论设想，并进一步推论出研究假设，然后根据研究假设设计研究来验证假设。第四，研究活动将取得什么样的结果？对这个问题的回答，表明研究人员对自己将要从事的研究活动的结果有一种清晰的预期。在从事一项研究的过程中，研究人员可能需要根据预期的研究结果，不断修改正在实施的研究计划，使研究活动始终向着明确的目标前进。

二、确定研究对象

研究目的明确以后，虽然研究对象的选择范围也大致确定了，但是还需要充分考虑课题对被试代表性和典型性提出的要求，选定具体研究的被试，以保证研究结果可以说明一个地区、某一类情景或某一对象的一般规律，具有普遍的指导意义。此外，还需要根据统计学的知识估算样本容量的大小，即应选取的被试的数量，其目的在于：一方面保证样本的代表性，提高研究结论的准确性；另一方面减少研究者不必要的时间、精力和物力的浪费和过失误差。总之，做好这一步工作，就是要根据课题的要求和研究的可能性、经济性，选定并设计一个行之有效的抽样方案。具体抽样方法我们将在本章第二节加以介绍和分析。如果研究需要，还应采用一定的方法，建立一个除研究变量外各方面条件与研究对象都基本相同的对照组。

三、选择研究设计

正如前面第二部分内容所介绍的，在心理学研究中可以采用的研究设计既可以是通过观察、访谈等方法收集事实资料来实现研究目的的描述性研究设计，也可以是通过测验、问卷、实验等方法收集数据资料来实现研究目的的实证性研究设计。每种研究设计又可以采用不同的设计方式，如描述性研究设计又包括观察研究设计、访谈研究设计和个案研究设计，实证研究设计又包括相关研究设计和因果研究设计（实验研究），因果研究设计又有被试间设计、被试内设计、混合设计，等等。每一种研究设计都有各自的优点和缺点，有其特定的适用条件。在选择研究设计时，应根据研究目的、被试的特点（如儿童与成人）、研究的主客观条件（如研究者的科研素养、研究的时间、人力、经费等）、各种研究设计的优缺点和适用条件，选用最恰当的研究设计去解决课题提出的具体问题。

四、明确研究变量

无论采用哪种研究设计去研究心理领域的问题，都是为了探讨一个或多个变量与另一个或多个变量之间的关系，并以研究假设的形式对其性质与密切程度进行预测。

因此，在选择了研究设计之后，应根据研究目的和研究假设，进一步明确本课题的研究变量有哪些，无关变量有哪些，变量之间的关系是因果关系还是相关关系。为了避免认识、观念上的分歧和保证研究结果的确定性、可比性，应考虑如何给研究变量下抽象定义和操作定义。明确研究变量还包括明确研究变量的观测指标，观测指标指在研究活动中，用来观察或测量研究变量的类别、状态、水平、速度等特性的具体项目。观测指标必须是可观察、可记录、可测量的外部行为表现。即便要研究内部的精神现象或过程，也要找到这个现象或过程的客观的外部表现作为其观测指标。如何选用研究变量的观测指标需要与研究目的、测量手段乃至结果的统计处理方法等结合起来加以通盘考虑和抉择。总之，明确研究变量是研究方案设计的重要内容，对研究工作的质量有着重要影响，同时也是科学评价研究结果的必要前提。

五、选择研究工具

确定了研究变量之后，研究方案设计工作就进入到选择研究工具或材料阶段。进行这方面的工作主要有两种形式：一是购买或选用现有的研究工具和仪器，其种类很多，有各种心理测验（如韦氏成人智力测验、卡特尔 16 项人格量表和成就动机量表等）和仪器设备（如眼动仪、棒框仪和视崖等）等，研究者可以根据需要购买或从中选用；二是研究者根据研究的特殊要求自己编制有关研究材料，如为字词学习与记忆实验编制单词表、为阅读实验编制阅读的小故事、为知觉实验编制各种视觉刺激图形、为研究电视节目对儿童发展的影响编制不同特征的电视节目等。上述两种方式中，无论采用哪种方式，确定研究工具或材料时都必须全面考虑到研究的目的、被试的特点、研究的其他条件和各种工具自身的特点和适用条件，从而保证所用工具或材料的科学性、适宜性。

六、制定研究程序

制定研究程序工作主要有以下四个方面的内容：一是确定材料的组织与呈现方式及其顺序，如阅读材料是呈现在计算机屏幕上还是以纸张形式呈现，是以随机顺序呈现还是以固定顺序呈现；二是确定操作研究变量的有关方法，如研究不同动机强度对智力操作的影响，需要通过不同的程序安排，使被试进入不同的动机状态；三是拟定指导语，向被试介绍研究的有关信息，告诉被试在研究中应遵循的程序和完成有关任务的方法；四是根据具体的研究问题和研究设计确定控制无关变量的各种方法，关于无关变量的控制我们将在本章第三节详细阐述。此外，在心理学研究中还要根据研究目的和具体情况认真考虑和选择研究环境，包括自然环境（如课堂、工厂、社区等）和实验室环境。一般来说，在自然环境中所进行的研究其结果的外部效度较高。与此相反，在实验室环境中所进行的研究其结果的内部效度较高。

七、考虑数据分析

在研究方案设计时，要初步考虑如何对收集到的研究数据和资料进行整理、分类，用什么方法进行统计分析，并据此对收集资料的方法和内容提出进一步的要求。例如，如果研究结果将用计算机处理，则在问卷设计时就应考虑到如何方便数据的输入；如果用计算机收集数据，则需要根据 SPSS 软件对数据格式的要求设计好数据结果的呈现方式。如果事先不加考虑，最后可能出现找不到需要的数据、数据录入困难或者找不到合适的统计方法等情况，从而影响研究工作。

第二节 研究对象的抽样

一、研究对象抽样中的基本概念

（一）研究范围

研究范围是指某一研究结果的可推论范围，是将特定理论应用到具体事例的广度。如果一项研究只能在所搜集的具体资料（如一个大学里的一个年级）范围内进行推论，不能做更加概括的推论，则该项研究的范围就小。如果针对某些特定个体的研究结果，能够推论到较大的群体，甚至全人类，则该项研究的范围很大。一般来说，基础理论研究探讨的是带有普遍意义的问题，其研究结果概括程度比较高，具有较大的可推论范围；而应用研究往往强调在特定条件下或特殊环境中，去解决一个实际问题，其结果的可推论范围就要小一些。如果研究结果不能做推论，只是就研究涉及的个体来讨论问题，这种研究的范围就更小了。

（二）总体

总体指在规定范围内共同具有某些可观测特征的个体或某类客体的完整集合体。研究对象的总体，取决于研究目的和研究结果所要推论的范围。研究目的明确以后，研究对象的选择范围也就大致界定了。相应地，研究总体也限定了研究结果的推论范围。一般来说，心理学研究都是针对特定总体的研究。但总体所包含的研究对象往往数量庞大，而且通常分散在较大的地理区域内。因此，虽然理论上研究总体的数量是可以确定的，但在实际上要做到这一点却相当困难。从理论上讲，总体研究不存在抽样误差等优点，可获得全面、准确而可靠的结果。但是，总体研究由于数量大，对总体中的个体逐一进行观测，需要耗费大量的人力、财力和时间。仅仅是参与研究的人员过多，就会导致不少难以克服的困难，使获取资料的手段和方法受到严重限制。由于总体研究所获资料繁多，资料搜集和加工处理过程中的误差不可避免地急剧增加，从而降低研究的质量。因此，在绝大多数情况下，研究人员不可能也没有必要做总体研究。

规定研究总体的范围时，应同时兼顾到研究的外部效度和其他有关因素。如果总体所限范围过宽，虽然外部效度可大大提高，但要求研究有较大的样本容量，使选择有代表性样本的工作难度增大。反之，如果把总体范围限定得过窄，虽然有助于选择一个适宜的样本，但由于其结论只适用于特定的总体，将极大地降低研究的外部效度和研究的价值。在规定总体时，研究者应注意以下几点：首先，应根据研究目的说明总体的内涵，明确研究总体的特征与范围。其次，要考虑研究结果的可推论范围，来确定研究总体的范围，并在总体所及的范围内抽取样本。但在很多时候，研究人员往往做不到这一点。因此，就要缩小研究的总体范围，使研究人员在力所能及的范围内选取适当的样本，并在报告研究结果时说明样本的选取方式，以规定研究结果推论的范围；或者在推论研究结果时，一般不要超出样本所来自总体的范围。如果要将研究结果在更大范围内推论，需考虑研究总体所具有的特征，与更大总体的特征是否具有足够的一致性。

（三）分析单位

心理学研究大都以个体为分析单位。因此，研究样本都来源于由个体组成的某个总体。也有些研究以群体为分析单位进行研究。如研究人员可能假设，来自不同民族或种族的个体，因生存环境与文化背景的不同而在心理学的某些方面也有所不同。在这种情况下，做比较的分析单位就不是单一的个体，而是民族或种族这样较大的整体。通过这种比较可以了解到不同地区、不同国家、不同种族或不同文化背景下群体的心理特点。

研究涉及的范围，是以研究课题的分析单位为根据来确定的。如果基本的分析单位多而小，其研究结果的推论范围就大；研究范围越大，所需的分析单位就越多。将研究结果向一个较大范围推论时，研究对象涉及的总体所包含的个体就越多，构成这个总体的成分就越复杂。因此，从总体中抽取样本时，影响样本代表性的因素就更多，要使样本很好的代表总体，就必须使样本同时具有总体的各种特征，每一个特征作为一个分析单位，势必会有众多的分析单位。

（四）样本

样本是根据科学的抽样方法，从规定的研究总体中抽取出一部分个体，构成足以代表总体的一个样例组。以样本作为研究的具体对象，通过一系列观测活动，就可得到能反映总体特征的可靠资料和数据。然后运用参数估计或假设检验等统计方法，根据样本结果对总体特征进行推论，从而做出具有普遍意义的结论。这样就解决了总体研究难以进行的困难，节省了人力、物力、时间和费用，减少了研究“污染”范围，保证了研究的科学性。某些研究，如民意调查和市场调查，对研究结果的时效性要求很高，也只有采用样本研究才能达到研究目的。

一般说来，样本是从总体中抽取出来的，只有总体明确，才可能从中抽出有代表性的样本。样本研究向总体推论的可靠性直接依赖于样本的代表性。如果样本不能很好地代表总体，即使在研究过程中无关变量控制得再好，统计方法运用得再恰当，对总体的推论都是不可靠的。因此，研究对象的抽样也是心理学研究的重要环节，直接关系到研究的效度，特别是外部效度。

二、研究对象抽样的方法

（一）随机抽样

在对研究对象进行抽样时，应尽量遵循随机性原则，也就是要尽量随机抽样。在随机抽样时，总体中每一个体是否被抽取的概率是完全均等的。由于随机抽样使每个个体有同等机会被抽取，因而能较好地使样本保持与总体有相同的结构，从而保证样本足以代表总体。遵循随机原则进行抽样，还可以对抽样误差的范围进行预测和控制，使研究人员可以客观地评价研究结果的精确程度，并按照所要求的精确性决定样本容量的大小。随机抽样具体包括以下形式。

1. 非限制性随机抽样

非限制性随机抽样也叫简单随机抽样，是按随机原则直接从总体的 N 个单位中，抽取出若干个单位作为一个随机样本。常用的简单随机取样的方法有抽签法和随机数字表法。这种抽样方式在理论上比较简单，但在实际使用时需注意一些事项，具体如下：①要尽量多地抽取单位数目，使之完全符合大数定律的要求，以便样本确实能代表总体；②总体中各单位被研究的主要标识一定要同质，否则即使抽样工作进行得很好，抽取的样本也不能很好地代表总体。

在研究者对所研究的总体中各类个体的比例不了解的情况下，非限制性随机抽样是最好的抽样方法，能够选出有代表性的样本。但是，如果样本比较小，简单随机取样就可能发生偏差，如从 1 000 名学生中随机抽取 20 名学生，就有可能抽到的全是男生。要避免这种情况，就要采用限制性随机抽样的方法。

2. 限制性随机抽样

为便于抽样以及保证样本代表性，对随机抽样加以限制条件，就成为限制性随机抽样。根据限制条件的不同，具体分为三类。

（1）系统随机抽样

事先按照一个中立标识把含有 N 个单位的总体，从 1 到 N 为每个单位编号，并以样本量（n）与总体量（N）的比值为 K 系数（$K = N/n$），得到抽样间隔，再以相同的间隔抽取样本。为了避免出现有偏样本，一般要求根据某一特定指标用随机数字表确定总体序列中的抽样起点，也可以通过计算确定抽样起点。如果 K 是奇数，则开始抽取的数目是（$K+1$）/ 2；如果 K 是偶数，则开始抽取的数目是 $K/2$，或（$K+2$）/

2。这样，每间隔 K 个单位机械地选定一个单位，直到取够样本所需的单位数量。例如，在2 000人的总体中抽取250人的样本，$K=2\ 000/250=8$，在系统随机抽样时从抽样起点开始分别选取第8名、第16名……依此类推。

系统随机抽样法，易于均匀地在总体范围内有系统地抽取样本，比简单随机抽样更为精确，更有代表性。当简单随机抽样法无法被采用，研究对象的主要标识变异很大时，采用系统随机抽样最为适宜。当然如果总体中各单位具有明显的周期性循环变化时，这种方法就可能导致系统误差，不宜采用。

（2）分层随机抽样

分层随机抽样根据研究对象的主要标识，在含有 N 个单位的总体中，先分成含有 N_1，N_2，$N_3 \cdots N_L$ 单位的若干组，这些组别叫作层。总体中的每个单位都必须确切地归属于某一层，并且保持相互独立，互不交叉。即：

$$N_1 + N_2 + N_3 + \cdots + N_L = N$$

当层确定之后，就从每一层中随机抽样。由各层抽取出的若干单位组成样本（$n_1 + n_2 + n_3 + \cdots + n_L = n$）。因此，这种抽样方法又称为类型抽样或典型抽样。分层随机抽样的关键是，对研究对象的分类要科学，所依据的标准要符合实际情况。这就要求研究人员事先对研究对象要有相当的了解。

分层随机抽样与系统随机抽样的共同点，是都要对总体中的所有单位给予分组，不同之处是前者的分组必须以抽样的主要标识为标准，而后者的分组一般以和抽样无关的中立标识为标准；另一个不同是前者在每组中所取单位的位置不固定，而后者所取单位的位置则是固定的。

分层随机抽样可以按研究对象的基本类型将总体中的所有单位分组，也可以按研究对象的内在结构将总体中的所有单位分组。对于复杂的研究对象，应该按研究目的，根据多种标准作多种分组。究竟按何种标识对总体分组，必须根据研究对象的具体情况来决定。事前对总体的分组是否恰当，决定了这种抽样方式有无真正的价值。

总体中对所有单位的分组是事前有计划的一种安排，但在各组中抽取具体单位则必须依据随机原则进行。采用分层随机抽样方式，可以把异质总体分成几个分总体，每一分总体的内部应是同质的，要尽可能使个体间的差异最小；而各层之间的差异则要越大越好，使层与层之间具有显著的区别。这种抽样方法所获得的样本，一般都具有很好的代表性，能比较精确地对整个总体特征做出估计。因此，分层抽样是运用最广泛的一种抽样方法。

分层抽样又可分为分层等概率抽样和分层不等概率抽样。分层等概率抽样，指在每个层次中抽取子样本的机会是等同的，各层中抽取单位的比例没有差别。首先按事前已有的资料，把研究总体分成几个具有共同标识、并含有一定单位数目的组别，然后按各层在总体中所占单位数目的比重，确定每个组别中应该抽出多少单位，依照比例随机抽取单位数目，最后组成一个样本。分层随机抽样一般都是这种按比例的分层随机抽样。

分层不等概率抽样，指各层中的单位被抽中的机会是不相等的。根据研究目的和研究人员对不同层次个体的侧重程度，确定各个层次应该抽取的个体数量。这种抽样除了可以提高分层抽样的效果，还可以保证每层抽样资料的有效性，同时也可满足对总体不同类型进行单独分析的需要。但这种方法应以各层单位数量与总体单位数量的比值对结果进行加权处理。因此，在抽样之前首先要确定对哪一部分单位进行分析，然后制定抽样方案。

分层随机抽样适用于总体单位数量较多，并且内部差异较大的研究对象。其优点是可以采用灵活多样的方法，选取的样本代表性强。其局限性是要求对总体各单位的情况有较多的了解，否则难以做出科学的分类。

（3）整群随机抽样

整群随机抽样先将总体各单位按一定的标准分成许多群，然后按随机原则从这些群中抽取若干群作为样本。严格地说，整群抽样并不完全符合随机抽样的原则，因为当群体中某个单位被抽出时，同一群体中的所有单位就必然也被抽取。为了提高抽样精度，必须把总体细分，并尽可能减少群与群之间的差异，却要尽可能加大群内单位间的差异。这一点与分层抽样恰好相反。

在整群抽样中，如果只抽取一次，把抽出的每一群体中所含的单位全部都进行观测，就叫作一阶段抽样。如果先从总体的 N 个初级群体中，先抽取出 n 个初级群体，再在每个初级群体的 M 个小群体中，抽取 m 个小群体组成样本，对其所有单位进行观测，这就叫作两阶段抽样。如果先抽取若干大群体，再在第一次抽取的大群体中，抽取较小的群体，经三次或多次这样的抽取，对最后抽取的较小群体中的所有单位进行观测，就叫作多阶段抽样。

不论采用上述何种抽样方式，都必须具备有关总体的全部资料。如果一时不具备，要立刻搜集又不容易，而且也不准备这样做时，就可采用两阶段或多阶段抽样。如果阶段比较多，为了简化工作可以把所含单位较少的阶段略去，仍采用两阶段或三阶段抽样就已足够。

整群抽样的优点在于组织便利，容易抽取。尤其在研究总体范围大、单位多、情况复杂的情况下，十分实用。缺点是样本中各单位在总体中的分布很不均匀，抽样误差较大。抽取到的一个整群单位，可能都是同质性相当高的单位，或者都处于高端位置，或者都处于低端位置。这样的样本就很难代表总体。

（二）非随机抽样

有些研究为了某种目的，或受研究条件限制，不能运用随机抽样方法，只能从总体中选择某方面具有代表性的个体，或根据一定的主观判断抽取样本。凡是不遵循概率的随机原则，而按照研究者的主观需求而抽取样本的方法，就称为非随机抽样。非随机抽样主要有三种类型。

1. 目的抽样

目的抽样指凭研究人员的知识经验或主观标准，有意识地抽取总体中具有代表性的单位，从而推断总体的方法。这种方法也叫作典型调查。

如果总体的某些特征已知，要研究某些未知特征时，就可根据已知特征把总体分类，然后按判定标准从每类中抽取若干单位，作为具有代表性的样本进行观测。既然这些样本是已知总体特性中更具代表性的单位，那么根据这些样本来推断总体某些特性，就具有更高的可靠性。

这种方法的关键是如何选择典型单位。一般有以下两种选择方法：①根据研究人员的主观判断确定典型单位。这种目的抽样的可靠性程度，完全依赖于研究人员的专业知识及判断力。如果研究人员具备这方面的能力，目的抽样就具有一定代表性；反之抽取的样本可能会出现各种偏差。②先召开一个调查会，根据与会者的经验或回忆，搜集目前或过去的实际资料，并据此确定有关的典型单位。

运用随机抽样，虽然可以做出置信区间，但对较小的样本，做出的置信区间一定很宽，纵然可以据此做出统计的无偏估计，但仍很少有决策价值。当研究者难以确定抽样单位，或必须降低抽样费用，而不得不采用小样本研究时，运用目的抽样相对合适。另外，在情况变化极为快速的条件下，常为时间所限，不可能等待随机抽样得出结果后再做出决定。这时，使用目的抽样可以快速得到估计值，解决迫切问题。因此，目的抽样常运用于试验性和探索性的研究。不过，在这种抽样中，总体每个单位被抽取的概率是不知道的，所以无法计算抽样误差，也无法确定结果的置信区间。因此，这种抽样仅仅适用于点的推断，而不适于置信区间范围的推断，对抽样结果无法判断其精确度。

2. 定额抽样

定额抽样，指按某特定标准，如年龄、性别、职业、文化程度等，而确定抽样数额的方法。这种抽样单位的选择也受研究人员的判断或主观倾向影响。

应用定额抽样，可以在低廉的抽样费用下获得分层抽样的效果。其优点是简单易行，节省人力、财力与时间。特别对于想在极短时间内获得抽样结果的研究，这种方式常可获得满意的结果。但因定额抽样不能遵循随机原则，常含有无法确定的误差，不能用来推算总体参数。甚至有时因偶然因素，使研究人员将某些感兴趣的单位安排在样本中，而这些单位与要观测的特性可能毫无关系。

3. 简便抽样

简便抽样也称方便抽样或便利抽样，指从总体中简便易行地选取出一小部分单位进行观测的方法，如从日常使用的电话号码簿，或汽车牌号簿中抽取样本，或以志愿者或容易招聘的人员为样本。简便抽样既不是随机抽样，也不是目的抽样，而是基于抽样的便利性，因此这种抽样方法实际上是目前心理学研究中应用最多的抽样方法。

但是简便抽样中对样本的代表性很少控制，所以得到有偏样本的可能性很大。简便抽样经常用于试验性研究，在整个抽样计划制定之前，先运用简便抽样对有关的问题进行抽检，由此可获得最基本的信息。当用方便抽样获得某些令人感兴趣的结果时，必须用随机样本或其他有代表性的样本，检验其结果对于总体的普遍意义。

三、抽样误差和样本容量

（一）抽样误差的估计

统计分析是一种从样本推论总体的方法。因为样本是总体的一部分，所以样本的特征能在一定程度上反映总体特征。抽样的目的就是要从样本的统计值，正确地推论出相应的总体参数。因为我们研究的是变化的标识，而且是从总体中只抽出一部分单位组成样本来进行研究，因此无论从大数定律或普通常识来判断，样本的统计值和相应的总体参数是不可能绝对相等的，样本不可能准确无误地反映总体的特征。

要从样本来推论总体，研究者所关心的不是总体中每个单位本身，而是这些单位的统计值。对总体而言，这个统计值是一个随机变量。从总体中重复地随机抽取 n 个单位作为样本，相当于对随机变量 x 做 n 次独立的观察。由此得到 n 个结果（x_1，x_2，$x_3 \cdots x_n$），就构成一个容量为 n 的随机样本。因为 x_i（$i = 1, 2, 3, 4, 5, \cdots, n$）随着抽样结果而不同，加上抽样是随机的，所以 x_i 是相互独立的，并且与总体具有相同的分布。因此，总体的分布就是随机变量 x 的概率分布，总体的每个参数都对应着一个随机变量 x。

研究活动中，只有采用无偏样本，统计推论才能得出符合实际的总体参数值。但样本的统计值和总体参数不可能绝对相等，采用上述任何一种随机抽样方法，都会有一定的差异存在。不过，样本统计值和总体参数之间的某些指标，却是可以极端地互相接近的。因此，这种差异不是绝对的，而只是一个相对的量，仅仅表示一个可能性相差范围的大小。样本的统计值和相应的总体参数之间可能存在的这种相差范围，就叫作抽样误差。抽样误差的大小和样本对总体的代表性正好成反比。抽样误差越大，样本代表性越小；抽样误差越小，样本代表性越大。我们必须在知道决定这种误差大小的因素后，才能掌握这种误差的数量，并将其控制和减少至最小限度。

决定抽样误差大小的因素主要有三个：总体标识的变异程度；抽样单位的数目；抽样方式的类别。首先，抽样误差的大小和总体标识的变异程度成正比，即总体的标识变异程度越小，抽样的误差也越小；反之，抽样误差就越大。这就是分层随机抽样使用较多的原因。统计学中常用标准差来表示标识的变异程度。假如总体中单位间的标识变异完全消失，则标准差为零，这时总体的任何一个单位都能按这个标识完全代表所有单位。其次，大数定律要求，只有在大量观测的基础上，样本才能显示出总体的真实情况。一般说来，在其他因素完全相同的情况下，样本单位的数量越少，抽样误差就越大；样本单位的数量越多，抽样误差就越小。假如样本单位的数量扩大到总体的所有单位，那么样本研究就变成了总体研究，抽样误差完全消失。因此，不管采用哪种抽样方式，要尽可能多抽取一些单位。最后，抽样方式不同，抽样误差也有所不同。了解以上三个因素后就可以掌握抽样造成误差的原因，从而设法将其减少到最小限度。

（二）样本容量的估计

样本容量也称样本大小，是指样本内所含单位的数量。前已述及，样本容量与样本的代表性有关。但样本容量并不是越大越好。研究对象太多，势必造成研究人员的工作量增大，需要投入更多的财力和时间，工作也不易做得深入仔细。另外，从统计学角度分析，样本容量与抽样误差之间并不存在直线关系，随着样本容量的增加，抽样误差减小的速度就越来越慢。因此，最理想的样本容量是，以最少的研究对象，最大限度地达到样本应具有的代表性要求。

样本容量的确定取决于许多因素，其中比较重要的有五种因素：第一，研究的准确性，即样本均值和总体均值的一致程度。某些研究表明，选择较大的样本，并不一定显著地提高研究的准确性，只有当总体相对小的情况下，样本大小才明显地影响参数估算的准确性。第二，研究的内容。研究者要测量的心理现象或心理品质越受到生物性的制约，个体间的差异就越小，需要的研究样本就可以较小，如关于感知机制的研究、事件相关电位（ERP）变化模式的研究等；研究中测量的心理现象或心理品质越受社会文化的制约，个体间的差异就越大，需要的研究样本就越大。第三，研究对象总体的同质性。总体中个体间的同质性越高，个体差异越小，根据抽样规律，抽样误差也越小，需要的样本容量就可以较小；反之，需要的样本容量就较大。第四，研究的类型。利用心理实验室严格控制实验条件，对被试的心理活动或心理特征进行观测，测量过程中产生的误差较小，研究样本可以较小；利用自陈量表对被试的心理特征进行测量，被试反应容易受到多种因素的影响，产生的测量误差会比较大，研究样本就需要较大。第五，研究的经费和成本。在决定样本大小之前，应考虑取得和运用较多样本所需要的成本和费用，如访谈研究往往需要更多的时间、精力和费用，常常只能选取较小的样本。

第三节　无关变量的控制

一、无关变量的类别

无关变量又叫干扰变量或额外变量，指除了实验规定的自变量外，一切能够影响实验结果的变量。无关变量是相对于具体的研究目的而言的。如在工作环境与工作效率关系的研究中，光线、噪音等可为自变量；但在多数实验中为无关变量（同一实验在多个房间、用多台电脑进行，则有干扰作用）。又如个体特征在助人行为特点的研究中为自变量；但在多数实验中为无关变量。智力水平与创造力关系的研究中，智力为自变量；但在注意、记忆、思维等个体差异研究（性别特点、年龄特点）中常为无关变量。根据变量的来源，无关变量主要可分为以下四种。

（一）环境变量

环境变量是指不作为自变量的环境方面的因素。主要来自两方面：环境的物理特点和实验者的特点和行为。环境的物理特点具体包括：实验场所的物理特点，如温度、噪音和灯光等，研究材料、实验仪器以及指导语。这些因素几乎在任何实验中都可能存在。实验者的特点和行为具体包括：实验者的动机、期望、个性、社会交往的技能、性别、年龄、民族等。如有一个研究事先告诉一组主试，他们那组白鼠较笨；告诉另一组主试，他们那组白鼠较聪明。实际上两组白鼠并无区别。然后让两组白鼠走迷津，即实验任务为迷津学习。实验结果发现，“聪明鼠组”的学习成绩明显比“笨鼠组”好。这说明实验者的主观期望对实验结果有很大的人为影响。

（二）程序变量

程序变量是指由于实验程序不当引起的无关变量。实验程序因素具体包括：设计方法的选择，如完全随机设计、随机区组设计、被试内设计、混合设计等设计方法的选择；被试的分派；被试反应的测量，如视角是否相同，仪器规格是否统一，记录是否准确等；实验日期、实验顺序的安排，如刺激呈现顺序是否符合要求等。顺序效应是典型的程序变量，克服方法为 ABBA 法或拉丁方法。

（三）被试变量及暂时的被试变量

被试变量及暂时的被试变量具体包括性别、年龄、个性特征、文化程度等稳定的主体变量和焦虑、疲劳、期望等暂时的主体变量。当这些变量不作为自变量时，它们也会影响被试的反应，这时就应该作为无关变量加以控制。具体表现在以下方面：①研究对象的主体特征，如性别、年龄、受教育水平、家庭状况、文化背景等；②当时生理状态，如生病、疲劳、失眠等生理因素；③当时焦虑水平过高或过低，也会影响研究对象的操作水平；研究表明焦虑水平的高低与研究对象的能力、抱负水平、对研究目的的认识以及对研究熟悉程度密切相关；④有关的知识经验，研究对象是否参加过类似研究，对研究的内容、程序、反应方式是否熟悉，均会影响研究结果；⑤研究对象的性格特点不同，对待研究的态度、对主试的态度、反应方式的特点等都会有所不同；⑥研究对象参与研究的动机，直接影响着在研究中完成有关任务的态度、认真程度、注意力和持久性；⑦研究对象的反作用，当研究对象知道研究目的或意识到自己正被研究时，可能会对研究产生许多心理反作用，并由此影响研究结果。

（四）数据处理方面的无关变量

在对研究数据进行定性与定量分析时，如果方法不当，也将影响研究结果。这方面的无关变量如数据分类不合理、评分出现过失或评分标准不统一、统计方法不当等。

二、无关变量导致的两种误差

无关变量会造成研究结果不准确，或者研究结果不一致。其效果具体可分为系统误差和随机误差。系统误差又叫常定误差，指由恒定而有规律的无关变量引起的误差。这种误差稳定地存在于每一次测量和研究结果之中，其影响方向和大小是恒定而有规律的。系统误差只影响研究结果的准确性，但不影响研究结果的一致性，因此会显著降低研究的效度而不影响信度。这类误差一般采用平衡法加以抵消，也可以采用其他无关变量控制方法。

随机误差指由偶然的无关变量引起的误差。它对同一观测指标的多次观测得出不一致的结果，其影响方向和大小无规律可循，因而难以控制。随机误差既影响研究结果的准确性，又影响一致性，因此既会降低研究的效度，又会降低研究的信度。一般通过增加样本容量，或增加重复测量次数加以控制。

前面介绍的各类无关变量中，有的是随机的，可引起随机误差；有的是恒定的，可引起系统误差；还有的在某一时间、某一条件下是随机的，而在另一时间、另一条件下是恒定的。因此，在不同时间和条件下，无关变量的影响可能是不同的。在实际研究中，研究者要对无关变量进行认真辨别，通过设计适宜的控制措施，将这两种误差的影响降至最低水平。

三、无关变量的控制

在心理学研究过程中，无关变量的控制是一项重要内容。要对无关变量进行有效控制，首先要分析研究中可能存在的无关变量，这往往需要查阅有关的文献资料、进行一些预备实验、掌握一些理论基础知识、根据经验进行估计等，然后在正式研究中要处处留心，一旦发现无关变量，及时考虑进行控制。控制无关变量的方法有很多，主要有以下几种。

（一）消除法

消除法是通过采取一定措施，将影响研究结果的各种无关变量消除掉的一种方法。这是控制无关变量的最理想的方法。因无关变量产生原因的不同，具体应用于消除无关变量的方法而有所不同。例如，可采用“双盲程序”，消除“实验者效应”和“霍桑效应”。可在研究开始之前，设法与研究对象建立良好的合作、信任关系，向他们讲明研究的科学意义，从而消除研究对象的焦虑、紧张、不合作与不认真态度及各种心理反作用；通过加强对研究人员的训练，使其按规定程序操作，用来消除主试方面的一些无关变量；通过尽力完善测量工具，做到科学抽样、合理分类、评分标准客观统一等方法，消除研究设计、数据分析方面的无关变量；在研究前充分做好各种准备工作，选择好研究场所，避免意外事件发生，可消除研究实施环境条件和过程中的无关变量。

在心理学研究中，指导语在消除无关变量方面起着重要的作用。通过设计完善的指导语，一方面可以向研究对象介绍研究的目的、意义及其基本情况，以消除研究对象的紧张、焦虑和对研究动机的猜测，使他们在研究中态度认真、集中精力；另一方面，也可以向研究对象交代任务，说明他们在研究中应遵循的规则和程序、填写问卷的方式、操作仪器的方式、正确反应的方式，从而消除研究对象因对这些问题的不明白而产生的各种随机误差与系统误差。制定并向研究对象交代指导语时应注意以下几点：①指导语应该简要说明研究的基本情况；②应该明确说明要求被试做什么和怎样做；③应该少用专门术语，以保证每一个研究对象对其有相同的理解；④应该标准化，前后一致，对所有研究对象都一样，不可任意改动内容；⑤在交代完指导语后，应让该研究对象重述指导语，以检查他们是否真正理解并确定已记住。

（二）恒定法

恒定法指研究者采取一定措施使某些无关变量在整个研究过程中保持不变。在心理学研究中，有些无关变量是无法消除的，如被试的年龄、性别、人格特征、生理特征、研究场所、研究条件等。这些无关变量就需要在研究中保持恒定不变，如测量工具、指导语、实验场地、实验时间等对不同的被试要求一样。心理实验中常见的可恒定的无关变量有：采用同一地点、同一仪器、同一主试、同一时间段；主试态度要保持恒定；按同一实验程序或步骤进行实验；选择智力、性别、年龄、教育程度相同的被试等。

（三）平衡法

平衡法就是对某些不能被消除，又不能被恒定的无关变量，通过采取某些综合平衡的方式使其效果平衡的控制方法。平衡法主要有对比组法和循环法。

对比组法就是按随机原则建立实验组与控制组。除研究变量因素外，保持其他无关变量的效果相等，因而两组研究结果的差异，就可以认为是研究变量的差异造成的。与此类似的方法还有匹配法和兼作组法。匹配法指通过对被试在某个与因变量有关的变量上进行匹配，使各被试在额外变量，特别是机体额外变量上相等的方法。研究者可就某个额外变量进行匹配，如在智力水平上匹配；也可以整体匹配，如同卵双生子。兼作组法指一组被试，既做实验组的被试，又做控制组的被试，也叫重复测量法。这种方法在完全意义上实现了各实验条件间在被试方面的平衡。

循环法主要用于平衡顺序效应。在心理学研究中，当研究对象接受两种以上实验处理，先后呈现两种以上不同刺激，就会产生顺序效应，即先前的处理或反应对随后的处理或反应发生影响。在这种情况下，须采用循环法，按一定的原则安排刺激项目或研究对象的顺序，以平衡顺序效应。平衡顺序效应的具体方法有 ABBA 法、拉丁方设计法等。当研究中只有两种实验条件时采用 ABBA 法，当有三种或三种以上实验条件时采用拉丁方法。

（四）随机化法

随机化法指通过被试的随机取样和随机分派被试到各处理条件中去，从而控制无关变量的方法。该法依据数学上的概率原理，将被试按相等机会原则分组，在理论上可使不同组的被试除实验条件外，其他无关变量保持相等。随机化法包括两个方面：一是实验单元或被试是从一个更大的、研究者感兴趣的总体中随机选择的；二是实验单元或被试是随机分配给各个处理条件的。

（五）无关变量纳入法

无关变量纳入法指把影响实验结果的某种无关变量当作自变量因素之一，使之系统化安排，通过一定的统计分析，将其效应从自变量效应中分离出去的方法。如过度学习与记忆的关系的研究中，智力因素、性别因素的排除都可通过无关变量纳入法加以实现。

（六）统计控制法

上述的无关变量控制方法都是可以在研究之前可以考虑使用的方法，也就是说，在实验设计阶段可以采用的一些控制无关变量的方法，可统称为"实验的控制"。除了实验控制，还有一类无关变量控制方法就是"统计控制"，即在实验之后采用统计分析技术，把影响实验结果的无关变量效果分析出去的方法。常见的统计控制方法有偏相关法和协方差分析法等。如在两种教学方法的比较研究中，在智力不匹配且不能混合编班的情况下，智力因素的排除，只能采用协方差分析。

练习题

一、名词解释

(1) 总体；(2) 样本；(3) 抽样误差；(4) 随机误差；(5) 系统误差。

二、简答题

1. 简述研究方案设计的基本内容有哪些。
2. 简述研究对象的抽样方法有哪些。
3. 如何确定样本容量？
4. 控制无关变量的方法有哪些？

第十九章　心理学研究结果的整理与解释

内容简介

研究者掌握某一课题的理论脉络、设计出实验设计并在实践中加以实施，获得了研究的原始资料和数据。接着就需要对所得的数据进行整理，通过定性分析、定量分析获得对研究问题的量化事实证据，然后就可以对已经整理的研究数据、资料，根据研究的理论框架和目的进行说明，做出合理解释，用研究结果所整理的事实根据验证研究的假设或者解释真伪，揭示相应的心理学意义。本章将根据实际的研究过程，逐次介绍心理学研究结果的整理和心理学研究结果的解释。

第一节　研究结果的整理

一、研究结果整理的意义

正如第一章所提到的“科学是运用客观的方法所获得的客观事物及其变化规律的系统的知识体系”。科学研究始于发现问题，不论是理论问题还是应用问题，问题提出之后就会提出一个假说或者一种解释作为可能解决的方案或者问题的答案。研究的目的就在于通过科学的方法获得验证假说或解释真伪的事实根据。然而心理学研究中所获得的原始资料或数据往往是庞杂无序的，无法起到提供事实根据的作用，同样也是无法呈现出来。因此，必须采用一定的方法对研究过程中获得的所有数据进行整理、分析，使之真实、可靠、完整、有序，从而能够对其解释，最终成为一种验证假说或解释真伪的、有效的事实根据。

研究者根据研究问题，按照心理学研究方法体系中的第一个层次“心理学研究设计方法”可以设计出完整的研究设计，然后根据心理学研究方法体系中的第二个层次“变量数据的获得方法”确定研究具体环节中不同变量的量化数据获得的方法，进而在实践中加以实施，获得研究的原始数据或资料，这是研究过程中获取能够加以验证假设的事实材料重要的步骤。搜集到研究的原始数据或资料后，下面重要的步骤就是对研究结果进行整理，保证研究结果的真实性、代表性和效用性，为进一步的分析研究提供坚实的事实基础。

研究结果的整理指根据研究的目的和基本设计，对所搜集到的资料和数据进行科学的加工，使之成为系统化、条理化的工作过程。研究结果的整理既包括对研究变量所得到的原始资料进行整理，也包括对加工过的综合资料，即次级资料进行再整理。研究结果的整理在整个研究中占有重要的地位。研究结果整理的正确与否，将直接影响和决定着能否完成整个研究的任务。如果采用不科学不完整的整理方法，即使搜集到准确、全面的数据和资料，也往往使这些资料失去应用价值，掩盖客观现象的本质，难以得出正确的结论。需要注意的是，研究结果的整理过程在研究的最后报告中一般都不提及，但这是研究实践中是必不可少的一个重要的环节。

二、研究结果整理的主要步骤

（一）研究结果整理方案的设计

研究结果整理方案的设计就是根据研究的最初设计方案和研究的实际实施过程，确定研究结果整理过程中主要解决的问题和具体实施的措施。整理方案的设计和制定主要是通过建立清晰的整理过程流程图，明确整理的内容、先后顺序、每个步骤所要解决的问题以及整理的总体目标。

研究结果的整理实际就是对研究事实中获得的原始资料和数据进行分类、归纳和统计处理，使得这些原始资料和数据能够更加明确、有序地说明问题。因而设计和制定研究结果整理方案时需要把握两个主要的总体目标。

一是通过研究资料和数据的整理保证研究结果的可靠性。研究的结果应该是研究对象的真实可靠的反映，要能对研究的基本设想起到肯定与否定的作用。因而研究结果的整理必须通过必要的手段和方法检验研究结果的真实可靠的程度，通过必要的方法和手段对其进行判断和评价。

二是通过研究资料和数据的整理保证研究结果的可用性。由于心理现象的复杂性，研究中获得的结果可能是包含了多个方面的资料，其中可能既有与研究方向一致的，也有与研究方向无关的，然而研究结果是为验证研究设想提供必要的事实证据的。因此要通过研究结果的整理使得研究结果与研究的主要方向和目的保持高度一致。

（二）原始资料数据文件的建立

现在的心理学研究一般采用计算机处理研究结果，因而在确定了研究结果整理的方案后，实施整理的首要一步就是建立原始数据文件，即将研究中收集到的定性和定量的资料或数据，按照一定的要求录入计算机，建立研究结果的原始资料数据文件。

原始资料的数据文件一般设计为被试×变量的矩阵，如本文中第三章、第四章研究实例中举例所示，也就是每一行记录每一个被试在研究中收集到的各种变量信息，而每一列则记录研究中在每一个变量上所收集到的所有被试的信息。如果收集到的资料或数据是定量数据，如反应时、正确率或测试成绩等，则可以直接录入或者导入到数据文件中，但要注意根据近似数的计算法则确定记录数据的有效数字。如果收集到的资料或数据是定性数据，如性别、民族、教育水平等，那么就必须对变量中的不同性质使用数码或者代码进行编码，然后再录入。

编码就是将研究所获得的资料转换成数字的过程，如将性别中男性记为“1”，女性记为“0”。编码可以在研究设计中就明确编码设计，实验的实施过程中，直接按照编码设计记录原始资料、数据，也可以在实验实施后根据原始的记录和编码设计再转换。

编码设计主要包括编码的要求、依据以及变量的分类和相应代码。编码设计首先要详细列出研究涉及的变量，将反应或答案分类，规定代码，并举例说明编码设计的使用。编码设计必须包括所有的变量和代码，并且使研究结果中的任一部分都能在其中找到合理的位置。

（三）原始数据、资料的审核和评价

原始数据文件建立后，就需要对原始数据、资料进行审核和评价，所谓审核就是对收集的原始数据和资料进行审查、核实其真伪，检查数据、资料的完整性、合理性，并根据实际情况予以适当补充。所谓评价就是在对原始数据、资料审核的同时，对这些研究结果的可靠程度进行判断分析，以保证研究结果的质量。

原始数据、资料的审核和评价一般是同时进行的。首先根据研究的总体设计检查是否收集齐所要求的各个方面的数据和资料。在检查了研究结果的齐备性后，就要对原始数据、资料的来源进行评价。原始数据、资料来源的评价主要包括根据研究设计评价研究原始数据、资料收集的方法和收集数据、资料研究工具是否可靠、精确程度如何；研究中取样的方式以及获取的样本数量和代表性如何以及研究实施过程中数据、资料收集过程中情景、被试和主试的影响程度等等。原始数据、资料的审核和评价的第二个方面就是对研究中收集的每个被试的数据和资料进行审核，如数据是否存在缺失、遗漏，数据是否出现矛盾，数据录入是否正确无误等等。在对被试数据、资料审核结束后就展开对原始数据、资料本身的评价，重点通过原始数据的合理性和完整性评价对其作出可靠性的判断，主要包括数据是否完备、具有代表性，是否合乎逻辑，能否进行进一步的分析等等。

原始数据、资料的审核可以在数据的基本汇总、描述基础上通过逻辑判断进行，主要是对研究中收集的数据、资料检查是否有错误、矛盾或者遗漏等。例如，变量的频次统计总数应该与研究选取的被试人数相等，如果不等可能就出现了缺失值；直接观察变量的频次统计结果，发现仅有一个值是四位数，而其他的值都是两位数，这时就可能是出现了错误的极端值；编码中一个变量的值只有两种选项，如性别，分别用“1”“0”表示，若在答案中出现“1”“0”以外的数值，则显然不合逻辑等。如果发

现数据、资料存在不正确的数量关系或者不符合逻辑的内容时，应找出原因，尽量加以纠正。若无法纠正，在不影响抽样效果、保证一定有效率的基础上，应予以剔除。如果不完整，应查明原因，想办法补充提高研究的可靠性。

对原始数据、资料进行审核和评价，全面检查了研究结果的完整性、合理性，确定了研究结果的可靠性及其程度，形成了对研究结果的总体认识，为研究的进一步分析、讨论奠定了更为科学的依据。

（四）对经过审核的资料、数据进行分析

研究的设计阶段已经详细考虑了研究中实验条件的控制，样本选取的方法、容量的确定以及原始数据、资料统计方法的选择和设计等内容。通过对原始数据、资料进行审核和评价获得了数据、资料完整性、合理性和可靠性的基本判断后就可以根据预先的设计对审核的数据、资料进行统计分析。一般包括描述统计和推论统计两个部分。

描述统计是数据、资料统计的最基础的内容，是通过图表或数学方法，对数据资料进行整理、分析，并对数据的分布状态、数字特征和随机变量之间关系进行描述。它表述一组数据的离散趋势、集中趋势以及与其他变量的相关关系等，通过它可以让人更详细地了解样本所包含的信息。描述统计的目的在于使纷繁的数据清晰直观地显示研究对象的特征和性质，以利于进一步的分析。

推论统计，又叫推断统计，主要讨论通过局部（样本）数据推论全局（总体）的情况。推论统计是以描述统计为基础，以解决由局部到全体的推论问题，即在随机抽样的基础上，通过对一组统计量的计算分析，推论该组数据所代表的总体特征。推论统计一般包括总体参数的估计和假设检验这两方面的内容。总体参数即反映总体特征的量，一般可以通过适当的样本统计量进行估计。直接用样本统计量估计总体相应参数所得到的值和区间，分别称为点估计和区间估计。假设检验是一种统计的推理过程。首先对所研究的问题建立假设，并提出对立的假设，然后确定统计量以及相应的显著性水平，从而检验从样本得到的统计量差异究竟是真实代表总体之间的相应参数的差异，还是仅仅由误差所造成。假设检验除了上述的参数假设检验方法之外，还有非参数假设检验方法。

随着计算机技术的发展与应用，心理学研究结果的统计分析一般使用相应的统计软件包进行，例如常见的 SPSS（statistical package for social sciences，社会科学统计软件包）、SAS（statistical analysis system）以及 Excel 中的数据分析模块等。此外，现在的心理学研究开始使用大量的多元统计方法，如多元回归、因素分析、主成分分析、聚类分析、判别分析和结构方程建模等。

对原始数据、资料进行统计分析之后，需要将统计分析的结果，以统计图、表的形式，将其系统、简洁、明确地呈现出来，为进一步的研究结果解释、研究结论的明确和实验报告的撰写做好准备。

（五）对研究结果的所有资料妥善保存，系统积累

研究结果整理的最后一步就是将研究中收集的所有原始数据、资料，以及整理过

程中的所有资料，如原始数据文件、统计分析最初结果、统计分析图、表等统一编码，妥当保存，以备再次检验或者研究所用。

第二节　研究结果的解释

一、研究结果解释的基本方法

研究者对研究原始数据、资料进行了一系列分类、归纳和统计处理等整理过程后，获得了较为系统、有序和可信的研究结果，接着就需要对这些研究结果进行解释。研究结果的解释直接关系到研究本身的意义和价值的体现，是获得研究结论、评价研究成果的基础，因而心理学研究结果的解释是心理学研究的重要一步。科学的解释研究结果，将其融入心理学的知识体系中，并有效地发现心理现象的事实和规律，需要借助分析、综合、归纳、演绎等抽象的理性思维。本节将探讨心理学研究结果解释的基本原理、方法及其因素。

研究结果的解释就是对已经整理的研究数据、资料，根据研究的理论框架和目的进行说明，做出合理解释，揭示其心理学意义。不仅要求研究者具有丰富而深厚的心理学专业基础知识，而且要求研究者具有严密的逻辑推理能力。因此，研究结果的解释在很大程度上依赖于科学推理，最主要的两种相互独立而又密切联系的科学推理过程是演绎推理和归纳推理。

（一）演绎推理

演绎推理是从一般到特殊的推理。它是以一般性逻辑形式为起点向特殊性逻辑形式推进的思维方式。一般性命题和原理是演绎推理的起点，具体化和形象化是演绎推理的逻辑终点。例如从“三角形内角和等于180°”这个一般性的原理中可以推导出“直角三角形的内角和也是180°”这个结论。演绎推理的具体方法有很多种，一般可以分为简单判断的推理和复合判断的推理。简单判断的推理包括直接推理、三段论、关系推理和模态推理等形式，复合判断推理包括选言推理、假言推理和二难推理等形式。心理学研究中常常运用三段论和假言推理。

三段论是由已知的两个命题（前提）推论出一个未知的命题（结论）的形式。凡对一类事物的全部肯定（或否定）则该事物中的任何部分也应有所肯定（或否定），三段论反映了客观世界中属与种之间的包含关系。心理学研究是基于一定的理论框架展开的，对于研究结果的解释应该从研究的理论框架出发，运用演绎推理的方法，获得相关的结论，然后将演绎推理的结论与事实（即研究的结果）进行比较，从而起到验证或者推翻原有理论（即演绎推理的前提）的作用。例如一个三段论可以表示为：

大前提（一般性原理、法则）：科学研究是可以验证的；

小前提（条件）：心理学研究是一门科学研究；

结论：心理学研究是可以验证的。

心理学研究结果的解释也是遵照这种推理过程。例如，设计一项探讨汉字字频对汉字辨别影响的因果研究。研究者的基本假设是：汉字字频越高时，汉字辨别的速度越快。如果研究结果证实了这个假设，即高频字的辨别速度快于低频字的辨别速度。研究者应该怎样去解释这个现象呢？

这个研究结果所证实的现象的解释和其他科学现象的解释一样，需要借助于演绎逻辑推理。即以大前提（一般原理）和小前提（具体条件）以及推导的结论来解释研究中出现的结果。例如，用熟识度的提高，使得加工的自动化程度提高作为大前提；研究中实验操纵的变量——字频作为小前提；那么就可以用推导出来的结论来解释这个研究结果了。转换为类似上面的三段论的表述就是：

大前提（一般性原理、法则）：熟识度影响加工速度，较高的熟识度提高了加工自动化的程度；

小前提（条件）：字频是一种熟识度，研究中的被试面对了两种不同的字频，被试都是对看到的汉字进行命名，命名的速度作为汉字辨别的速度；

结论：被试面对高频字比低频字命名的速度更快。

在这种推理过程中解释的正确性、合理性，除了推理过程的各种规则之外，最重要的因素是前提的正确与否，只有在正确的理论指导下，严格按照演绎推理的要求对结果进行解释，这种解释才可能是正确、合理的。

（二）归纳推理

归纳推理与演绎推理正好相反，是从个别、特殊中概括出一般原理的推理。归纳推理一般是由抽象和概括两种逻辑思维过程来实现。归纳推理是心理学研究运用最广泛、最多的科学推理。归纳推理可以分为完全归纳推理和不完全归纳推理。完全归纳是将前提中包含事实全部列举出来，其中每一件事实都包含相同的性质或规律，由此得出结论的方法。不完全归纳是依据前提中的部分事实，根据某些规则性做出一般性的结论的方法。归纳推理常见的五种方式是契合法、差异法、求同求异法、共变法和剩余法。

在常见的事实归纳中，一般将理论建立在大量事实的基础上，通过对有关现象的解释而形成理论。例如，研究者对大量遗忘症患者展开多方面的研究之后，提出了内隐记忆的概念。研究者在大量的研究结果中发现存在特定学习情节中编码的信息，不需要后来有意识或深思熟虑的回忆，而是通过先前学习情节中所获得的信息直接对后来的任务起到促进作用。研究者通过词干补全、残词补全、词汇判断和知觉辨认等有限的任务和研究结果中归纳出具有普遍性的理论，揭示了人们在记忆系统中隐藏的内隐记忆，成为近30年来记忆领域研究中最重要的理论之一。

归纳推理也可以建立在带有一定抽象性的论点或局部的规则、原理的基础之上，但是其推理的方式与事实归纳是相同的。

归纳推理是心理学研究中最常用的方法，主要用于因果关系的分析和解释，一般而言是从研究的结果出发，通过常用的归纳推理的方法确定变量之间的因果关系，再以研究结果的事实为基础归纳到一般的原理或者规则。然而必须注意心理学研究结果的解释中，大多是一种不完全归纳，解释的科学性、合理性就在于结论的恰当程度。只有恰如其分地概括，结论才是有效而合理的，一旦超过了必要的限制，必然将会影响结果解释的科学性、合理性。

尽管演绎推理和归纳推理各自具有相对的独立性，但是两者又是相辅相成的。正如恩格斯（Engels）所说的："归纳和演绎，正如分析和综合一样，是必然相互联系着的。"（恩格斯《自然辩证法》）归纳推理的逻辑终点往往是演绎推理的逻辑起点。心理学研究结果的解释中，归纳推理和演绎推理是交织在一起，通过认识问题的两个方向相反的思维途径充分揭示了研究的意义，从而不断地推进心理学研究的深入。

二、研究结果解释的基本内容

研究结果的解释对于心理学研究是非常重要的。研究结果的解释首先是根据研究结果整理的事实证据肯定或否定研究的基本假设，理清研究中基本变量之间相互关系及其意义，其次研究结果的解释是根据特定的研究目的、背景结合研究结果重新审视研究问题和展开研究结果的理论分析。此外，研究结果的解释还可以通过对研究假设之外结果的分析，发现新问题和新方法，推动心理学整体研究的发展。

在对研究结果进行解释之前有必要回顾之前提到的应用研究和基础研究的区分。旨在回答本学科一般性长远问题，揭示普遍性、一般性原理的研究称为基础研究，基础研究的目的在于寻找广泛性和长期性问题的答案；而可以直接解决现实生活中实际的、有限的、局部的具体问题的研究，一般称为应用研究，应用研究的目的在于为现实生活中的问题寻求解决方案。从定义上可以看出，基础研究比应用研究更能得出概括性较强的结论和发现更带有普遍性的原理，也就是说，基础研究比应用研究具有更为广泛的解释性和概括性。因此，对于研究结果的解释首先需要明确研究的目的，根据研究的目的确定研究结果解释的范围。但是基础研究与应用研究之间的界定有时并不是十分清楚，有些研究既有广泛而长期的目的，又有解决现实问题的具体意图，需要在研究结果解释时慎重地考虑。

研究结果解释的目标就是揭示研究结果的意义，为了达到这个目标一般包括以下几个方面的主要内容。

第一，解释研究结果是否为证实研究假设提供了证据，研究结果与研究假设相一致还是推翻了研究假设，具体而言就是研究设计中假定的变量之间的相关或者因果关系是否在研究中得到确定。由于心理学研究通常是研究总体中抽取容量有限样本展开研究，并且对研究环境进行严格控制，将研究的问题转化为具有操作性定义的不同性质的变量，在有限的实验环境和实验材料条件下进行研究，那么研究中样本的特征是否有典型性的特征，进而样本的特征能够代表总体的特征等问题就必须重视。因而研究结果的解释是需要进一步进行概括性的推论，将研究结果放在更为一般、更普遍和更具有生态性的情境和人群之中。这就涉及样本被试到研究的总体概括，这在本质上属于一种归纳推理，即从研究选取被试上获得的研究结果推广到研究总体的群体中。当然这种推理的正确程度取决于研究中被试的代表性。研究设计中，按照随机取样技术确定了研究被试选取的方式和被试的数量，而研究结果的解释就是将上述过程进行相反过程的推理，将研究的结果推论到更大的群体中，研究的解释必须在研究被试能够代表的研究总体的范围内进行讨论。产生研究结果的研究情境同样也具有这样的特点，从研究的具体情境中能否推广到具有较好生态性的实际生活情境，或者推广后的适用程度等。特别是严格控制的实验室情境下获得的研究结果能否推论到更广泛的情境，或推论到实际现实的适用程度都必须在研究结果的解释中仔细讨论。

第二，解释研究结果与其他研究的关系以及与相关理论框架的关系。任何研究都是基于前人研究的基础之上的，研究假设的提出体现了研究者对已有相关研究的反思，既是原有研究的继承，更是原有研究的发展。研究者对研究结果的解释必须考虑将其融入相关心理学领域的知识体系中。因而，研究者必须仔细地比较当前研究与之前其他相关研究的关系，分析其共同之处，归纳出共有的规律，但同时研究者必须指出两者的不同与差异，特别是当前研究对于研究问题所提出的新的见解、所发现的新的事实及其引发的新的认识。研究结果与其他研究在比较时一个重要的方面是关于研究变量的设置、研究控制的设计等相关研究方法的差异。大量心理学研究已经表明新的理论和认识的发现往往与新的研究手段的出现是密切相关的，因而研究结果的解释，特别是与其他研究结果不一致时，研究方法的分析就显得尤其重要。与此联系密切的另一个问题就是研究结果与原有领域的理论框架的关系，即研究结果是否与已有的理论相符合？从理论到研究中发现的事实一般是一个演绎推理的过程，研究结果与演绎推理的逻辑结论的矛盾更可能表明了理论存在的缺陷和不足。心理学研究的设计中研究假设一般是根据理论假设演绎推理得到的，当研究结果与理论假设不符合时，研究者必须仔细分析研究过程的每一个步骤，探索产生这种现象的原因。一般而言，造成的原因主要是研究所依据的理论和理论演绎推理出来的研究假设和研究过程本身。首先研究过程本身是否存在错误，例如取样、研究方法的选择、研究变量的确定、研究工具的可靠性、统计分析的方法等；其次检查从依据理论推理到研究假设的过程是否出现逻辑错误。如果这两方面都不存在问题，那么就可以考虑依据理论本身存在问题而导致了研究结果与理论假设不符合的现象，此时就应该根据研究结果对理论提出新的假设或者修正。

第三，解释研究结果的引申的推论。根据研究结果推测和预料事物发展过程和结果是一般科学的基本任务之一，心理学的研究也同样需要从已知向未知进行扩展和延伸，研究结果的引申，特别是预测是心理学结果解释的一个重要部分。由于预测是指向未来的、超前对未来事物的推断，因而其科学性、可靠性是具有一定概率的，需要在未来用事实去证明。预测作为一种理性思维，主要是运用演绎推理的方法，即根据研究抽象—概括出来的一般原理、法则推测尚未出现的事实。除此之外，还可以使用因果推理，即根据事物之间的因果关系来预测；类比推理，即根据事物之间的共同点和相似点进行推理预测；模拟推理，即根据设计的模型模拟事实来进行预测等。对研究结果进行引申推论的过程还需要注意的一个方面就是通过研究结果的推论指出该领域研究有待深入和进一步需要探讨的问题。心理学的研究中过去的研究结果往往是现在研究的基础，而现在的研究结果应该影响到下一个研究假设的形成，从而在总体的研究过程中起到良好的承前启后的作用。对于研究结果的解释必须考虑到研究结果对于未来研究的影响，从而推动该领域的研究的深入。

第四，解释可能出现的非预期的发现或事实。由于心理现象非常抽象复杂，心理学研究中许多成果可能是研究者在研究设计和研究实施过程中未能预料到的，从而导致出现研究者没有考虑到的变量之间的关系和相互的影响，然而这种非预期的事实的出现往往极大地推动了学科的发展，例如，著名的条件反射的发现。巴甫洛夫（Pavlov）是一位实验生理学家，专注于对消化系统的研究，但是在他对胃反射进行研究时发现了一个奇怪的现象：没有喂食的时候，狗也会分泌胃液和唾液。这个现象干扰了他的研究，令他十分恼火，他力图弄清是在什么时候以什么方式引起分泌唾液的反应的，从而排除对原有研究的影响。于是，从 1902 年开始，他开始对这一现象进行研究，最终他发现了心理学上一个重要的事实——条件反射，并因此获得了诺贝尔奖。同样典型的例子如霍桑效应（hawthorne effect）的发现也是如此。这些事实表明，研究者设计的变量并不是像其所规定或者事先确认的，心理学研究的对象是主动性极强的人，被试的动机、焦虑水平、有关经验，以及当时的心理、生理状态等，都会影响他们的反应，这就使得心理学研究的结果即使在精心控制条件下也会出现一些非预期的事实和现象。这些事实和现象可能揭示了相关领域的未曾发现的真相而极大地推动了整体研究快速发展，但是也可能是因为实验的设计和实施中控制存在问题，导致了诸如实验者效应（experimenter effect）、安慰剂效应（experimenter effect）等因素影响了研究结果。因此，对于研究结果中出现的非预期结果必须深入分析，慎重地寻找合理的解释。

练习题

一、名词解释

（1）研究结果的整理；（2）研究结果的解释；（3）演绎推理；（4）归纳推理。

二、简答题

1. 简述研究结果整理的主要步骤有哪些。
2. 简述研究结果解释的主要内容。

第二十章　心理学研究成果的交流与发表

内容简介

研究者掌握某一课题的理论脉络，进行了研究设计并加以实施，对所得数据或资料进行分析并得出相应结论后，就可以着手撰写研究报告了。这时研究者必须对心理学研究报告的写作规范有准确的把握。一般来讲，心理学研究报告主要包括实证研究报告、理论研究报告、描述研究报告和方法学研究报告。本章主要介绍实证研究报告的写法、实证研究报告与其他类型研究报告的差别、研究报告的评价标准以及美国心理学会（APA）的论文写作规范。

第一节　实证研究报告的撰写

一、实证研究报告的基本格式

心理学实证研究报告主要包括题目、摘要、前言、方法、结果、讨论与结论、参考文献等部分。其中题目是一篇研究报告的标题，用于简明概括研究报告的主题。摘要是研究报告正文内容的高度概括。前言部分主要用于在综述相关文献的基础上，明确所要研究的问题，一般包括问题提出、理论背景和研究假设。方法部分是对研究所采用的方法的详细描述，包括被试、材料和程序等。结果部分主要报告研究中所发现的主要结果。讨论部分则是对研究结果进行充分的解释和讨论。结论部分主要阐明本研究最重要的发现。参考文献部分则列出跟本研究有关的相关文献。此外一篇研究报告在正文前通常还包括作者姓名、工作单位及联系方式等，在正文后通常还有附录。有时为了补充正文内容，把那些较为复杂或琐碎、如果放在正文中会影响整体行文连贯的材料，作为附录置于报告的末尾。下面对各部分的具体写法做较详细的说明。

二、实证研究报告各部分的撰写

（一）题目

当我们开始阅读一篇研究报告时，首先要看的就是这篇文章的题目。题目在于以最简洁的语言告诉读者一个研究所要阐述的问题。

题目的表达具体应注意以下几个问题：第一，说明该研究做了哪方面的探讨以及研究中的变量有哪些。如果是相关研究，应指出是哪两个或几个变量之间的相关；如果是因果研究，要讲清实验中的自变量和因变量分别是什么。第二，应在题目中告诉读者该研究的类型是观察研究、相关研究还是因果研究。例如根据“篇章阅读中生字密度对阅读速度的影响”这一题目，我们可以清楚地看出研究的问题是关于篇章阅读，研究类型是因果研究，自变量是生字密度，因变量是阅读的速度。第三，注意将研究的问题界定清楚，题目不要过大或含糊不清。一般来讲一项研究不可能面面俱到，一个研究报告往往只能包括一个较大的问题的某一方面的研究。例如，“中学生学习动机对学习策略的影响”这一题目中，学习策略概念较大，可以包括各种各样的学习策略，如语文学习策略、数学学习策略等。因此应指明到底是哪一学科或哪一方面的学习策略。第四，在题目中应尽量明确界定所要研究的被试群体。这一点尤其体现在发展研究上。例如“学龄儿童汉语正字法意识发展的研究”这一题目就是一个好的题目。它将汉语正字法意识发展研究的群体界定为学龄儿童，从而将研究的对象界定为学龄儿童。第五，注意使题目简洁明了，做到概念明确，言简意赅。题目一般为 10～15 个字，至多不超过 20 个字，尽量不使用副标题。当前很多题目采用了“……的实验研究”“……的调查研究”，这些都属于很啰唆的表达方法，完全可以把这些字去掉。第六，为了便于检索，应在题目中拼写出所有的术语，尽量避免使用缩略词。

（二）摘要

摘要是简要概括论文全部内容的一段话，位于标题之后、正文之前。写摘要的目的：一是使读者在最短时间内迅速了解论文最重要的内容，二是为检索方便。一段好的摘要能够用简练的语言向读者介绍清楚研究目的、方法、结论以及应用价值。最好在摘要的开头用一句话概括出论文采用了什么研究方法，对什么被试群体的什么特质或行为进行了研究，进而得出了什么结论。摘要应该准确反映论文的主要内容，不包含任何论文中没有的内容。

一般在写摘要时要注意以下几个问题。首先，摘要应该突出研究报告中最重要的内容。为了向读者简明介绍论文内容，摘要必须准确地将研究报告的主要内容用简练的文字突显出来。凡是论文中不包含的内容，在摘要中都不应该出现。其次，由于摘要是对论文内容的高度概括，因此摘要本身应该是可以独立成文的。有经验的读者可以仅仅根据摘要部分判断出论文的主要内容，并决定是否值得继续阅读。第三，摘要应该尽可能地简练，用最少的语言表达最丰富的信息。不同的论文形式以及不同的刊物对论文字数会有不同的要求，一般在300～500字之间。第四，不要简单重复题目中的信息，以节省篇幅。第五，摘要中应该拼写出术语的全部名称。第六，摘要部分一般不出现文献引用。

摘要下面一般会有3～5个关键词，以显著的字符另起一行。关键词是研究报告的文献检索标志，是表达文献主题概念的自然语言词汇。研究报告的关键词是从其题名、层次标题和正文中选出来的能反映论文主题概念的词或词组。避免选用一些外延较广的词作为关键词，如“方法”“心理学”“教育学”“作用”等。关键词选用得是否恰当，关系到该文被检索的概率和该研究成果的利用率。

（三）前言

前言一般包括问题提出、理论背景和研究假设三个部分。在前言的开始部分，作者要用一段文字提出所要研究的问题，这就是问题提出。在问题提出过程中，首先要阐明所研究问题的重要性及其应用价值，即作者对这一问题进行研究的原因。这样可使读者还未继续阅读主要内容就已经感觉到后面内容的重要性。其次应该说明所研究的问题与所属领域的先前研究有什么样的关系，在本研究中主要解决的是哪一方面的问题。

在理论背景部分，需根据逻辑线索，对以前的相关文献进行综述。具体内容包括适当篇幅的历史回顾，以前研究和现在研究之间存在的逻辑关系，以及本研究立足点。但是在进行历史回顾时要避免长篇大论，不要把这一领域中前人的所有研究或者年代过久的文献都进行综述，只要把与本研究直接相关的文献加以介绍和评价即可。遇到有争议的问题时应不夹杂任何个人观点地叙述支持某一观点的研究结果。

前言部分研究者有时也会先围绕主要研究问题进行理论背景的介绍，然后基于文献综述提出具体的研究问题。前言部分的最后是研究假设，要在综述前人相关文献的基础上，围绕要研究的具体问题提出具体的研究假设。

（四）方法

方法部分主要用于描述研究过程是怎么样进行的。其作用主要表现在两方面：一是便于他人验证或重复研究。研究的可重复性是实证研究的核心特征之一，其优势主要通过这部分内容表现出来。二是有利于读者进行评价。审稿人或读者通过对方法部分的分析可以评价该研究的变量控制是否严密、实验材料选择是否合理、数据观测是否可靠等技术性方面的问题。为了达到这两个目的，方法部分一般包括被试、材料和程序等内容，如果是实验研究，要明确实验设计，如果用到一些设备和仪器，也要明确说明。

被试是接受研究的对象。对被试进行恰当说明是很重要的，特别是当被试的性质直接影响研究结果的时候更是如此。例如在进行盲、聋儿童的研究过程中，所选择的盲、聋儿童是先天发展性盲聋还是后天发展性盲聋将极大地影响实验假设和结论的推导。在一些动物实验中，应该报告出所选动物的种类、种系等决定其先天性质的必要的信息。在特殊被试群体和正常群体的比较研究中，被试的筛选说明尤其显得重要。如学习困难学生的研究，一定要交代如何界定“学习困难”的标准；在聋或盲人的认知机制与正常人的比较研究中，必须交代二类样本在其他方面的匹配情况。总之，被试部分应该用简练的语言清楚地介绍出被试的自然情况、取样情况、匹配情况和中途丢失情况等内容，以证明研究的严密性，或便于他人重复研究。

设备和仪器部分一般要求写明仪器设备的型号及类别，以便使他人进行重复研究时不会由于所使用仪器设备的不同而导致结果上的差异。写明仪器设备还可以方便读者检验实验所选用的设备是否可以达到实验的要求。认知神经科学研究中采用的仪器和测量指标一般比较复杂，有关仪器的厂家、型号、实验中采用的参数等信息均需明确交代。当使用的仪器是比较特殊，或者不太常见时应该加以特别说明。

常用的研究材料一般不必详细描述，只要简单说明即可。使用量表时，应该说明量表的来源、信度和效度等信息。

实验设计部分则需从总体上说明报告中的实验采用了几因素的哪一种设计。如 2 × 3 的混合设计。需详细说明采用了哪些自变量，采用了什么因变量；每个自变量属于被试内还是被试间，各有几个水平；因变量的测量指标是什么等。

程序部分着重说明具体操作流程。第一，说明研究过程的每一个步骤，包括指导语、被试选择和分组以及具体的任务。第二，要对材料和被试的安排做以详细的介绍。比如实验材料的安排有没有采用随机化、准随机、平衡化等技术进行呈现；被试的安排是否明确了被试接受了哪几种实验处理结合的测量。这是实验设计在实验过程中的具体体现。如采用被试内设计，则被试接受实验中各因素所有实验处理的结合；如果采用被试间设计，那么被试仅接受各因素的一种实验处理的结合。第三，如果研究中采用了某一特殊的研究方法，应该特殊加以介绍。必要时可增加一个小标题，用于专门介绍；如果采用的都是常见的方法，则只需简单介绍，不必进行详细描述。如果研究中采用的方法借鉴于以往的研究，那么可以简化程序部分内容，但需提供相关的参考文献。

（五）结果

结果部分的主要任务是把数据的统计过程和统计结果以文字、表格或插图的形式表现出来。其主要目的是向读者展示研究得到的客观结果。结果的写作应该注意以下几点。第一，列出数据的统计结果，不要列出原始数据。统计结果一般包括描述统计和推断统计。描述统计主要是对所得数据描述性的分析，一般用集中量数和差异量数分别表示其集中趋势和离散趋势。最常见的描述统计量就是平均数和标准差。描述统计结果常使用表格的形式进行表达。推断统计主要是对所要研究的总体进行合理抽样，应用参数估计或假设检验等统计方法，从样本的研究结果对总体特征进行推论。采用不同的检验方法，会有不同的结果呈现方式。但在呈现结果时一般都要注意统计检验方法的适用范围，注明差异显著性的水平。当采用计算机软件时，应说明统计软件的名称和版本号。第二，报告研究得出的全部结果。不要只报告有利的结果，而不报告不利的结果，以保证结果的真实性和客观性。第三，本部分只对结果做客观报告，而不需做任何解释和评论。

在结果部分通常会涉及大量的表格、插图、数字、符号。当前国内的主要心理学期刊对这些表达方式都有严格的规范，如表格要求一律采用三线表，不管表格中有多少数据，主要只采用三条线，即顶线、底线和栏目线，尤其强调不能有竖线。表格要有完整的要素，如表序、表题、项目栏、表体、表注等。又如，插图中的标目应该与被标注的坐标轴平行，居中位于坐标轴和标值的外侧，文字方向与坐标轴方向相垂直；插图中的文字通常要采用6号宋体，坐标轴线条的粗细一般采用0.5磅。诸如此类的规范还有很多，详细内容可参考中国心理学会编的《心理学论文写作规范》一书。

（六）讨论

结果之后就是一篇文章的讨论部分。讨论部分的主要内容一般包括以下几个方面。

第一，明确地告诉读者所得结果与研究假设相一致还是推翻了研究假设。如果一致，则要对产生该结果的原因进行深入分析，并在此基础上进行推论。这种推论的深度和合理性是讨论部分的核心内容。因为研究结果是在有限的样本容量，有限的材料和被转换成操作定义的自变量和因变量的基础上获得，该过程是严格的操作化过程。心理现象是非常抽象复杂的，研究的根本目的在于通过客观的观测数据去揭示复杂的内在心理机制。所以与方法部分从理论抽象到实验操作的过程相反，在讨论部分，研究者需要将实验操作中获得统计结果通过逻辑推论上升到理论高度，得出有关心理机制的科学结论。也就是说，结果部分中统计检验的结果只是表明了各种条件下平均值之间是否有显著性差异，至于为什么有显著性差异，其内在原因和机制，就是需要研究者通过充分运用已经收集到的文献资料，探究内部逻辑关系，并最终得出科学结论的东西。

第二，讨论部分应该将本研究的结果与其他相关研究的结果进行比较，从而进一步分析和归纳二者存在的共同特点和规律。

第三，讨论时还应对研究结果进行评估，解释研究结果的意义，从而充分发挥研究结果的作用，最根本地体现出对研究结果的理性认识。

在有些研究中，结果的含义如果比较明确，不需要做过多的讨论，那么在论文撰写过程中可以将结果部分和讨论部分合并成“结果与讨论”部分。这种情况在发展与教育心理学的调查报告中比较常见。如在有关学习动机、学习策略对不同年级学生学习成绩影响的研究中，当发现学习策略的坚持性对低年级学生有更大影响时，可以直接对可能的原因做一定解释，不需专门在讨论部分分析。

（七）结论

结论部分主要是以简明扼要的语句对研究得出的结论做出高度的概括。一般采取条款的形式将结论一一列举，每个句子应该明确表达一个完整而又高度概括的概念，不能有含糊不清或模棱两可的含义。另外，不能对研究获得的结果进行夸大或缩小，对提出假设未能充分证明之处也不要回避。结论部分有时也会跟讨论部分合并为一个标题，称之为讨论与结论部分。

（八）参考文献

参考文献一般写在文章结尾处，把报告中曾经引用过的文章逐一列出。参考文献可以方便地区分出哪一观点或理论是引用来的，不是作者自己的，从而避免抄袭的嫌疑。此外，与题目、摘要和关键词一样，参考文献也是文献检索的重要依据之一。通过检索参考文献，检索者可以快捷地了解到与该研究相关的文献，从而节省大量时间。在参考文献写作中，首先要注意论文中没有引用过的文献不要列入其中，而列举过的文献一定要列入。其次，由于不同期刊对参考文献的具体书写格式有不同要求，所以在书写参考文献之前应该参考一下所投期刊的出版要求。目前最普遍的参考文献格式基本如下：

莫雷，冷英，王瑞明（2007）．文本阅读信息加工过程研究：我国文本阅读双加工理论与实验［M］．广州：广东高等教育出版社．

王瑞明，莫雷（2004）．文本阅读中协调性整合的条件［J］．心理学报，36（1）：15－23.

Ruiming Wang，Xiaoyue Fan，Cong liu，Zhenguang G. Cai（2016）．Cognitive control and word recognition speed influence the stroop effect in bilinguals［J］．*International Journal of Psychology*，51（2）：93－101.

（九）附录

附录是正文的补充部分，必要时才列出。有些论文需要对某些材料进行必要而详细的描述，但由于这些材料较为复杂或琐碎，放在正文中会割裂正文，分散读者对论文本身的注意力，那么就有必要把这些材料作为附录放在正文的后面。附录有两个作用：一是为读者提供更详细的信息，二是排版印刷时更加灵活。只有当附录有助于读者了解、评估或者重复这项研究时，才采用附录。

常见的附录包括数学证明、大型表格、词表、问卷或其他调查工具、计算机程序等。一篇论文可以有多个附录。如果只有一个附录，只用“附录”即可。如果有多个附录，则需有序号，按正文参照的顺序排序，如附录一、附录二等。每个附录必须有题目。附录一般编排在参考文献之后。

三、实证研究报告与其他类型研究报告的差异

在国内外心理学期刊上发表的文章主要有实证研究报告、理论研究报告、描述研究报告和方法学研究报告。前面已经对实证研究报告的写法做了较为详细的介绍，在此主要介绍一下其他几种研究报告的写法，并简要叙述这几种研究报告与实证研究报

告的不同之处。

理论研究主要通过理论论证、列举材料、总结分析等对心理现象的本质或规律提出新的见解。根据理论研究的结果撰写的研究报告称之为理论研究报告。理论研究报告在写作格式和要求上有跟实证研究报告相同的地方，比如前面部分都要有题目、摘要、关键词，后面部分都要有参考文献，但理论研究报告与实证研究报告最大的不同之处在于正文的写作。实证研究报告通常按照研究的进程来组织行文，一般包括前言、方法、结果、讨论和结论几个部分，而理论研究报告通常按照逻辑关系来组织行文。理论研究报告一般是对某一研究领域内的某一专题文献进行系统了解的基础上，将大量相关文献加以组织后对该专题加以概括、总结、分析、比较，并形成自己对该专题的看法，所以理论研究报告的写作特别重视逻辑思路是否清晰。文献综述是理论研究报告的典型代表，一般分为三个部分：首先，对所要阐述的问题进行定义，一般是操作定义。其次，回顾该问题的发展历史，总结前人研究成果，报告出其研究现状。在这一部分中，作者要根据已综述文献的逻辑联系报告出相关文献中的问题所在，特别是各种研究结果之间的矛盾之处，以及矛盾存在的原因。最后，指出问题研究的趋势，提出问题解决的方案，这也就是我们通常所说的展望。

描述研究主要通过观察、访谈、案例分析等方式获得事实材料（证据）以表明或证明关于心理现象的本质与规律的看法。根据描述研究的结果撰写的研究报告称之为描述研究报告。描述研究报告的写作格式和要求与实证研究报告基本相同，都包括题目、摘要、前言、方法、结果、讨论、结论、参考文献、附录等几个部分。描述研究报告和实证研究报告的唯一不同表现在方法部分，描述研究报告的方法部分主要介绍研究被试和研究程序，由于描述研究方法主要分为观察法、访谈法和个案法三大类，所以在研究程序部分要结合每类方法本身的独特特点进行介绍。特别是个案研究报告，是根据一个或几个被试的个体情况，提出新的研究问题或者提出对某一现存问题解决方法的报告形式。个案研究有时可以说是实证研究的一个特例，即只有一个或几个被试的实验研究，但是个案研究之所以被试很少是因为其被试较为特殊，在实际当中较难获得。例如典型的个案研究是关于同卵双生子的研究，这样的被试是较难发现的，但是个案研究却能在一个全新的角度来解释和说明问题，对现存的用实验方法难以研究和解释的问题具有相当的启示作用。在个案研究报告的写作中要特别注意对被试资料的保密，这也是每一个心理学工作者职业道德的体现。因此，在不影响报告所研究的主要问题的前提下，可以对被试的自然情况加以修改。例如增加无关的被试自然特征，修改与研究问题无关的敏感性特征等。

方法学研究报告是指一种着重介绍新的研究方法或改进现有研究方法的报告形式。在方法学研究报告中，作者一般需引入一定的具体数据，必要时还要列举推导公式用于说明。但是目的不在于推导公式，而在于说明该方法的来源以及相应使用。如果公式的推导过程较长且为必须，则可以考虑将其列入附录。

第二节 研究成果的汇报与投稿

一、研究成果的口头报告

当我们完成一项研究之后，接下来最重要的一步就是如何将自己的研究成果呈现给大家，让大家很好地看到其研究的价值。不管是在本课题组的组会上，还是在院系研究论坛上，抑或是参加的一些专业性的学术会议上，我们一般都需要针对自己的研究做一个简单的口头报告。口头报告的时间通常是10～15分钟，如何在有限的时间内完美的呈现自己的研究内容，让观众听懂你的研究，关键是要清楚观众所希望得到的关键信息是什么。要站在听者的角度，激发听者的兴趣，呈现听者最想听到的信息。

总的来说，呈现一个完美的口头报告，需坚持五条原则：

第一，不要奢望在短短的十几分钟内报告出所有内容。你只需要让听者知道：①你研究了什么，为什么要研究它；②你是如何研究的；③你发现了什么研究结果；④这些研究结果说明了什么，有什么理论意义或者应用价值。明确自己研究的主要问题是什么，明确自己的研究逻辑是什么。抓住主要矛盾，呈现“最重要的信息”，讲清楚实验逻辑，没有必要把所有的结果或证据都罗列出来，也没有必要讨论一些次要的问题。如果需要，这些问题都可以在报告之后听者提问时再讲解。

第二，培养一种好的报告风格。要培养良好的汇报风格，首先需要具备良好的演讲技巧，很多汇报者会照着PPT的内容一字一句的读，如果能用自己的语言通俗的讲出来效果则大不一样。还有就是要注意口头报告时的语速，不要太快也不要太慢，中等的语速是最能够让听者舒服的语速。此外，汇报时要做到吐字清楚，有条理。

第三，利用好PPT。现在汇报一般都是采用PPT呈现研究内容，口头报告是在PPT的基础上进行的，制作一个好的PPT是实现完美汇报效果的重要一步。制作PPT一是要注意逻辑性，呈现关键要点，分条呈现，最好的效果就是别人只看PPT内容就能知道你的研究；二是要注意呈现最重要的信息，切忌大段文字堆积，哪些内容该呈现哪些内容不呈现，一定要有所取舍；三是调整好呈现内容的格式，能够让人一目了然。PPT制作是基本功，在平时的学习生活中要注意学习借鉴大牛的PPT风格，以此形成自己独特的风格。

第四，留出听众提问的时间。这一点也尤为关键，原因主要有两点：一是大多数的学术会议和课题会汇报都要求作者在口头汇报时有时间与听众交流；另一个是给听众提问题的机会，他们才会认真听讲和积极思考，尽管他们提出的问题有时候会非常的尖锐。总之，有交流、有思想的碰撞才能进步。

第五，找一个人帮助你进行口头报告练习。这一点对新手更为重要，同时，即使是经验丰富的人，在重要的报告上面，通常也都需要反复练习，只有这样才能达到完美的效果。要谨记，有观众在场的练习汇报比你自己单独汇报效果要好很多，如果条件具备的话最好能够完整地进行这样一场“彩排”。

二、论文的投稿

研究完成以后要争取把成果以论文形式在国内或国外学术刊物上发表出来，这是研究成果交流与评价的基础，同时也会关系到学生的毕业以及教师的晋升。发表文章是科研人员的一项重要工作，从论文完成到发表出来，其间通常需要很多的工作，下面对其中的几个重要环节进行介绍。

（一）选择适当的期刊

国内和国外的学术刊物很多，国外大家关注的主要是 SSCI 和 SCI 收录的刊物，国内大家关注的主要是 CSSCI 收录的刊物。论文投稿期刊选择是一门学问，很多时候选择的期刊甚至可能决定自己论文的命运，因为每个期刊关注的点不同，在一些期刊不受待见的论文，在其他期刊没准便是热点。期刊需要注意的问题主要包括确定论文的适投范围、各个期刊的难易程度、审稿周期、收费情况等。

第一，在本领域内的、预期影响因子范围内的期刊中，从期刊名初步筛选可能合适自己文章内容的期刊。然后找到期刊的介绍，阅读其“目标和范围”（aim and scope），以确定稿件是否符合，例如，你如果是行为研究，就不能将文章投稿到神经科学类的杂志（如 NeuroImage、Cerebral cortex 等）。接下来再看看期刊近几年内影响因子的走势，以其保持上升或稳定为佳。

第二，还有一个需要考虑的因素是期刊的审稿周期（turnaround time），指的是从期刊收到投稿到编辑发出第一封关于决定的回复的时间（接受，需修改，或者拒稿）。很多期刊会在网页介绍中列出审稿周期，这是给作者的一个参考，也是一种承诺。

第三，最简单直接的方法就是咨询导师或有经验的人（条件允许的话），目前在网上有很多的用于科研交流的论坛、QQ 群以及微信群。通过这些渠道得到自己想要的信息通常事半功倍。

（二）投稿之前的准备

确定好投稿的目标期刊后，就需要仔细阅读期刊主页上供作者投稿阅读的指导说明，并按照这些期刊要求进行材料准备。

首先是论文稿件。不同的期刊对稿件的要求通常有一定的不同，包括文章的结构、参考文献的格式等。作者务必根据期刊的格式要求一一进行修改调整，并保证最终的稿件符合期刊要求。最终再根据期刊要求提交 Word 或者 PDF 格式的稿件。特别注意有的刊物要求匿名投稿，有的刊物不要求匿名投稿。

其次是投稿信的准备。国际的刊物通常会要求投稿时附上投稿信。期刊的编辑往往需要一些有关作者及其论文的信息，而作者也希望给编辑提供一些有助于其全文送审及决策的信息。这些信息都应该包括在投稿信中。投稿信应包括以下几方面的内容：

文题和所有作者的姓名；稿件适宜的栏目；为什么此论文适合于在该刊而不是其他刊物上发表？关于重复或部分发表或已投其他刊物的说明；建议审稿人及因存在竞争关系而不宜做审稿人的名单；通信作者（corresponding author）的姓名、详细地址、电话和传真号码、E-mail 地址等。

国内的很多刊物通常会要求投稿时提供论文自查报告，比如《心理学报》《心理科学》等。论文自查报告的详细内容一般在刊物网站上有明确的说明和模板。

（三）投稿状态说明

目前大多数投稿都是网上在线系统投稿，投稿之后，系统会在每个阶段显示不同的状态，虽然各个期刊或出版商可能会使用不同的名词，但大致上从投稿后至最后接受或拒稿会出现的状态如下。

①Manuscript Submitted：表示论文已经由作者同意成功递交，投稿之后，在转给期刊编辑之前，论文通常会由期刊人员检查论文格式排版。

②Editor Invited：这个阶段不是所有的期刊都有，这个状态是表示论文已经转给编辑，正在等待编辑接受。

③With Editor：这个状态表示编辑已经接受负责处理论文，这个时候，编辑已经初步看过论文，如果他认为论文适合期刊，就会送交同行评审；如果论文与期刊的范畴不相符或是没有达到期刊的标准，就有可能在外审前退回给作者，这种时候，状态就有可能变成“Decision in Process”，在任何情况下，作者都会在几天之内收到拒绝通知。

④Reviewer Invited：这个状态也不是每个期刊都有的。一旦论文通过技术审查，编辑就会为论文找寻适合的同行评审员，当系统显示“Reviewer Invited”的状态时表示编辑已经送出审稿邀请，等待审稿人接受中，有时候，这个状态可能会维持好一段时间后又变回“With Editor”，这有可能是审稿人拒绝审稿，编辑需要再另外找审稿人。

⑤Under Review：表示论文正在外审中，同行评审员也是忙碌的科研人员，而审稿是无偿的工作且需要许多精力仔细检查评估论文，因此这个过程可能是整个发表过程中最花时间的一步，根据期刊还有领域，可能需要一到四个月的时间。

⑥Required Reviews Complete：这个状态显示所有的审稿人都已经完成审稿并且编辑部办公室也收到通知，有时候，编辑在看完审稿报告后可能会觉得需要额外的审稿，这时候，系统的状态就有可能再度变成“Under Review”，所以作者如果遭遇这样的状态改变不需要感到惊讶，一旦额外的审稿完成后，状态会再转成“Required Reviews Complete”。

⑦Decision in Process：表示编辑正在根据审稿意见还有他个人的看法对你的论文进行决策，必要时，编辑会在此阶段与编辑部的其他成员商讨，一旦出现这个状态，作者一般会在几天之内收到通知，不过，有些例外可能会花上几个礼拜的时间都处在这个状态，而作者没有收到任何通知，这有可能是因为编辑非常忙碌，有许多论文等着他处理。

⑧Revise：意指作者被要求根据审稿意见进行修改，而接下来的递交动作在作者手

上，期刊编辑会给修改期限，通常是数周到数月不等，视修改的情况还有领域而定，作者如果需要延长修稿期限的话，可以事先写邮件给编辑沟通，作者在返还修改稿的时候除了要递交改好的论文之外，还要附上给评审意见的逐点回复。

⑨Revised Manuscript Submitted：意味着作者已经递交修改稿，现等待期刊检查排版。

⑩Author Declines to Revise：表示作者点击链接传达不愿意递交修改稿，也就是说，作者不愿意根据意见修改论文，想要撤回稿件。

⑪Completed Withdrawal：如果作者选择撤回投稿，撤销投稿的程序要等编辑同意后才算完成，作者必须记得要收到编辑确认撤稿的邮件之后才能再改投其他期刊，要不然就会变成一稿多投。

⑫Completed Reject：如果作者已经根据审稿人还有编辑的意见修改论文，最后的决定有可能是“accept”或“reject”，如果编辑对修改不满意，就有可能拒稿，这个状态是在编辑看过修改内容以及给审稿意见的回复后所给出，表示编辑最后决定拒绝这篇论文。

⑬Completed Accept：意味着编辑对作者的修改很满意，决定接受稿件。

第三节　美国心理学会（APA）论文的写作规范

本章第一节内容主要针对的是国内心理学研究报告的撰写要求。近年来随着国际交流日益广泛，国内心理学研究水平与国际日益接轨，已经有越来越多的研究者能在国际权威杂志上发表论文，还有更多的学者正试图使自己的成果在国外发表。虽然心理学研究报告的总体写作思路国内外有很大的相似性，但二者对稿件形式上的要求存在较大的差异。国外不同权威心理学杂志虽然对稿件的格式要求也有所差别，但多数遵循美国心理学会（American Psychological Association，APA）的标准。最近几年国内很多刊物也开始参照 APA 格式对投稿论文进行要求。为此，本节内容围绕 APA 对心理学研究报告的格式要求做具体介绍。

一、APA 对研究报告基本格式的要求

APA 格式的论文稿件一般由七部分组成：标题页、摘要、引言、方法、结果、讨论和参考文献。可见在文章构成上与国内的要求基本相同，但二者在一些细节上存在差异。为简明起见，二者的共同之处本部分不再介绍，主要介绍 APA 格式的特殊之处。这里需要强调的是，APA 稿件的写作规范和正式发表的 APA 论文格式还存在较大的差别。多数读者熟悉的是发表后的格式，但对研究者而言熟悉 APA 对发表前的稿件格式的要求也许具有更重要的意义。

（一）稿件的打印格式

当前的APA稿件都需要求用计算机文字处理软件编辑，并用激光或喷墨打印机打印出来。要求采用标准的8.5英寸×11英寸的打印纸（相当于A4）。每页的右上角都应该有一个短标题（page header，类似于页眉）和页码。短标题在编辑过程中起到文章的标记作用，一般用论文标题的前两三个单词表示。如在一篇题为"Structure and limited capacity in verbal working memory: a study with event-related potentials"的稿件中，采用的短标题为"Structure and limited"。页码一般在短标题的右边，二者间隔5个空格，有时页码也可以在短标题的下面。有了短标题和页码之后，编辑部的工作人员就不会把稿件弄乱。

所有APA格式稿件的页边距不得小于1英寸（2.54厘米）。实际上，通常上下左右边距都采用1英寸。每行的最大长度为6.5英寸，每页不应超过27行。行末不要用连字符把写不完的单词拆开，将上一行写不完的单词整个移到下一行行首。如果所用的字处理软件处于自动拆分换行的状态，应该将该功能关闭。与一般的文章在段落开始前空两个空格不同，在APA稿件中，段落开头需缩进5~7个空格。每个标点符号之后都要空一格。

APA格式的稿件允许有5级标题，通常采用3级标题。但标题前不采用编号，而通过编排方式来体现。一级标题要求居中，首字母大写，不许用下划线。二级标题在页面左边顶格写，首字母大写，需有下划线。第三级标题需从行首缩进5~7个空格，也首字母大写，有下划线，后需有"."号。第三级标题后的文本内容直接从标题行开始写，即不需换行。具体情况如图20-1。

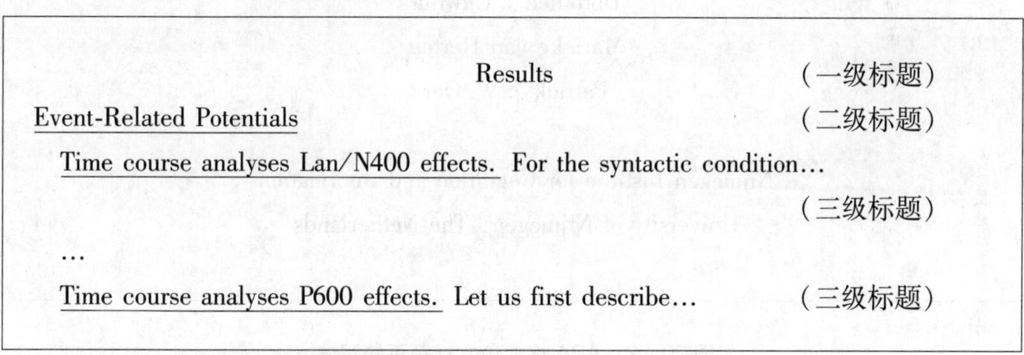

图20-1 APA格式论文三级标题的写作方法（Gazzaniga，2002）

（二）标题页（The Title Page）

在APA格式的稿件中，研究报告的标题需单页列出，这就是标题页。但是标题页的内容中不仅仅只有一个标题还包括不少信息。一个标题页按从上到下的顺序包括如下内容：短标题、页码、行文标题（running head）、论文题目、作者姓名、作者的工作单位等。可以在工作单位后注明每个作者的 E-mail、通信地址和联系电话。

有关论文题目、作者、单位在标题页中的具体位置没有特别的规定，明确的是这些信息应该在页面中水平居中，标题中的单词首字母要大写（冠词、介词、连词除外)。姓名写于论文题目之下，二者间隔一行，先写名，后写姓。不要附带任何称谓，如“……博士”“……先生”什么的。工作单位的名称写于姓名之下，二者也间隔一行。如果有多位作者，作者的排名一般根据对研究的贡献量大小排列，如果贡献量差不多，则由作者间协商确定。多作者和多单位情况的写作格式可详细参见《美国心理学会论文发表手册》(*Publication Manual of the American Psychological Association*, 4thed. , 1994)。行文标题（running head）是论文题目的减缩版，一般不超过 50 个字母。要求标题页上面左边顶格写，仅在短标题和页码之下。行文标题不同于短标题，后者只是论文题目的前两三个单词，不需有意义，只起到对稿件的物理标记作用。而行文标题则必须能反映论文的主题。

标题页的写作格式如图 20 - 2 所示。

Structure and Limited 1

Running head: STRUCTURE AND CAPACIIY IN VERBAL WORKING MEMORY

Structure and Limited Capacity in Verbal Working Memory: a study with Event related Potentials

Herman H. J. Kolk

Dorothee J. Chwilla

Marieke van Herten

Patrick J. W. Oor

Nijmegen Institue for Cognition and Information

University of Nijmegen, The Netherlands

…

图 20 - 2　APA 格式论文标题页的写法

（三）摘要（Abstract）

APA 格式稿件的摘要一般不超过 120 个单词。实证研究报告的摘要中应包含如下内容：研究的问题，用一句话概括出研究的主题；被试情况，包括人数、年龄、性别等；方法情况，包括仪器、程序、测试名称等；研究的发现，包括统计检验的显著性水平；结论；理论意义或应用价值。

理论性文章的摘要一般包含以下内容：论文的主题；论文的结构和讨论的范围；建立理论的资料来源，如文献或观察；结论。

摘要一般专门单页列出来，“Abstract”一词作为标题居中，摘要的正文独立成段，但段首不需要缩进，直接顶格写，采用双倍行距。有关APA格式摘要的其他写作要求与国内的相同，详见第一节的有关内容。

（四）引言（Introduction）

引言是研究报告正文的第一部分内容，功能与国内的要求类似。但APA对引言的要求比国内要高，篇幅更长。一般包含以下内容：研究主题的引出；有关研究问题的主要研究发现和理论；根据以往研究的不足，提出本研究致力于考察的问题；当前研究的目的，即能解决哪方面的问题；简述本研究采用的方法，并阐明所采用的方法与所考察问题的关系；研究的主要假设。

这部分内容一般采用由一般到特殊的思路，类似于一个倒立的正方形。首先在一般意义上表明本研究选择了什么研究课题。然后通过对相关研究的综述引出本研究的具体逻辑。接着说明自己要考察的具体问题以及研究目的，最后阐明采用什么研究方法，提出具体假设。

在写作格式上，APA要求本部分内容换页重新开始（即不接着摘要部分）。这一页的最上面一般应先列出研究报告的题目，并居中。引言的具体内容可在题目后换行直接开始，也就是说，引言的正文前面有时可以不要列出“Introduction”这个标题。

（五）方法（Method）

APA格式的研究报告对方法部分的写作要求与国内的基本相同。总体的写作目的是为了便于读者的审查、重复验证和进一步扩展。主要内容包括被试（Subjects or Participants）、仪器或材料（Apparatus or Materials）、程序（Procedure）。如果实验设计比较特殊或很复杂，则增加设计（Design）部分。APA对这几部分的区分不太严格，研究者可以根据需要做适当的调整或合并。

在被试部分，如果研究对象是动物，则用“Subjects”做标题，在具体内容上应包括动物的物种、性别、年龄、体重、提供者、物理环境、饲养情况、接受实验的动物数量等。如果研究对象是人，则用“Participants ”做标题，内容包括：性别、年龄、种族等自然条件，以及是否提供报酬、是否达成实验协议、必要的时候还要提供IQ、心理健康状况、特殊能力等信息。而且不管被试是人还是动物，实验者都应该严格按照APA的伦理规范对待。

在仪器或材料部分，如果使用了计算机、生理多导仪、核磁共振等设备，则用“Apparatus”做标题，如果只使用了一个问卷、量表等测评工具，则用“Materials”做标题。但实际上，在认知心理学实验中往往二者同时具备，那么可以把这部分内容分开作为两个标题进行表述。在写作过程要注意，如果采用的仪器是商家生产了通用设备，那么只需提供仪器名称、生产商和型号即可，不需详细交代仪器的性能。同样，如果测量工具是著名的标准化测验，如韦氏智力量表，则只需交代测验名称即可。相反，如果采用了新开发的设备，或新编制的量表，则需详细介绍其性能指标。但过于详细的内容可置于附录部分。

实验程序部分的要求与第一节内容完全一致，不再赘述。

在 APA 格式上，方法部分直接连着引言部分，不需换页。引言结束后间隔一行，列出“Method”标题，要求居中。然后换行顶格写“Participants”等子标题和相关内容，要注意前文提到的有关各级标题的写法。

（六）结果（Results）

结果部分主要用于报告本研究发现了什么。如果采用的统计分析很复杂，那么在呈现具体结果前，应该首先交代分析的策略和思路，说明统计方法的使用顺序和主要的分析指标。然后再报告各主要变量的描述统计量和统计检验的结果。注意不要对结果进行解释，将其留到讨论部分解决。

在 APA 论文格式上，结果部分紧随方法部分之后，不要换页，间隔一行后居中列出“Results”标题。接着换行缩进 5 ~7 格后开始结果部分的具体内容。结果部分通常涉及很多图表，有关图表的呈现方式 APA 格式与国内的要求存在很大差别。在 APA 格式的稿件中，所有的表格和图形都统一类似于附录的形式放于文章最后。但这部分不叫附录，而叫“图形说明”（Figure Captions）。而在稿件的结果部分，只有文本内容，只是在该出现图表的位置标明“在这里插入图 ×”。只有在论文正式发表后，图表才会出现在结果部分的文本之间。因此，在稿件的行文过程中要注意不能说“如上图所示”之类的话，而只能说“图 × 表明……”。图形的具体插入方式见图 20 - 3。统计检验的结果通常要求以语句的方式表达。不管统计检验是否显著，主要变量的统计检验情况都需报告出来，如检验的名称、自由度、统计值、显著性水平。如果统计分析非常复杂，可以把统计结果用表格呈现出来。在统计量和相关符号的格式上，APA 也有统一的规定。自由度用 df 表示，方差分析值用 F 表示，算术平均数用 M 表示，样本总体容量用 N 表示，样本容量用 n 表示，显著性水平用 p 表示，标准差用 SD 表示，T 值用 t 表示，Z 值用 z 表示，总体平均数用 μ 表示。而且在稿件中，这些符号必须有下划线。有关结果部分的 APA 格式样例如图 20 - 3 所示。请注意本例中各级标题的写法、图形的插入方法、统计量符号下面的下划线，以及短标题、页码、页边距等在遵循 APA 格式方面的情况。有关表格和图形在文后的附注方法，详见后文的“（九）其他”部分。

Structure and Limited 33

had to indicate by pressing a button with the right or left index finger whether the answer to the question was "YES" or "NO". In half of the cases the correct answer was "YES".

Results

Performance on Comprehension Questions

The mean percentage of errors across experimental conditions was 22.8%. The omnibus analysis revealed an acceptability effect, F (1, 39) =6.15, p <. 02, indicating that participants made more errors on unacceptable (26.5%) than on acceptable sentences (19.2%). No effect of condition or condition by acceptability interaction was obtained. There was a weak trend, F <2.3, towards more errors on OR (25.6%) than on SR sentences (20%).

(Insert Figure 4 and 5 about here. Please present the two figures each on a separate adjacent page in upright position, so that the two figures can be easily compared.)

Event-Related Potentials

As apparent from Figures 4 and 5, the ERPs in the reading task looked similar to those in the acceptability judgement task. The critical words elicited an N1 followed by a P2, which was followed by an N400. Visual inspection suggests that, as in Experiment 1, semantically implausible verbs did not elicit a clear N400 effect but again a P600effect, which looked similar to that in the syntactic condition. As in Experiment 1, syntactically and semantically unacceptable verbs in SR sentences elicited large P600 effects. In contrast

图 20－3 APA 格式稿件结果部分的写法

(七) 讨论 (Discussion)

如前文所述，讨论部分的主要任务是解释结果、推断结论、分析与以往研究和理论之间的关系。讨论部分的写作思路与引言部分正好相反，前者为倒立的三角形，由一般到特殊；而讨论部分则为正立的三角形，由特殊到一般，根据研究中的具体发现去解释一般意义上的原理或机制。

APA 格式要求在讨论部分首先简要重复一下研究的假设，并指出研究结果与假设是否相符。然后解释结果为什么与假设不一致，或者与假设一致的结果反映了什么机制。接着需指出研究过程中遇到的可能会影响到研究结论的因素。然后阐述本研究对相关领域未来研究的意义。最后需要指出哪些特定的问题还需要进一步的探讨。在行文上，讨论部分紧随结果部分出现。间隔一行后，居中列出“Discussion”标题，然后换行缩进5～7格开始讨论的正文。

（八）参考文献（References）

APA对参考文献的写作格式和要求与国内有很大的差异。要求正文中提及的文章和书必须都列在参考文献中，参考文献中的论文和书也必须在正文中被引用过。二者最大的差别是国内的参考文献都以在文章出现的先后顺序排列，每条文献都有编号。而APA格式的稿件要求将参考文献按作者姓氏首字母的先后顺序排列，不采用编号，每条文献以段落的方式呈现。每条文献在书写时第一行都要求缩进5～7格。要求在杂志名称或书名等下面加下划线。

每条文献的写法具体随文献来源的不同而不同。这些来源包括：期刊、专著、论文集、会议论文、网页等。

如果文献是期刊论文，则写法如下：

姓，名的首字母，中间名的首字母．（出版年）．论文题目．杂志名称，卷号，页码范围．

具体示例如下：

Gunter, T. C., Friedrici, A. D., & Schriefers, H. (2000). Syntactic gender and semantic expectancy: ERPs reveal early autonomy and late interaction. *Journal of Cognitive Neuroscience*, 12, 556 – 568.

如果文献是书，示例如下：

Greeen, D. M. & Swets, J. A. (1966). *Signal detection theory and psychophysics.* New York: John Wiley.

如果文献是论文集中的文章，示例如下：

Garrett, M. (2000). Remarks on the architecture of language processing systems. In Y. Grodzinsky, L. P. Shapiro & D. Swinney (Eds.), Language and the brain: Representation and processing. Foundations of Neuropschology series (pp. 31 – 69). San Diego, CA, USA: Academic Press.

如果文献是会议论文，示例如下：

Rosch, J. (1984, June). Processing criminal cases in Japan: Implications for debate about plea bargaining in the U. S. Paper presented at the meeting of the Law and Society Association, Boston, MA.

如果文献是网站上的文章，示例如下：

Calkins, M. W. (1908). Psychology as science of self. I: Is the self body or has it body? Journal of Philosophy, Psychology and Scientific Methods, 5, 12 – 20. Retrieved March 2, 2001 from the World Wide Web: http://psychclassics. yorku. ca/Calkins/SciSelf/index1. htm

（九）其他

在 APA 格式的稿件中除了有上述正式的内容，通常文后作者还要附注一些信息。其中最常见的有作者说明（author notes）、注脚（footnotes）、表格（tables）、图形说明（figure captions）、图形等。这些内容在正式发表的文章中是和正文有机地组合在一起的，但是在稿件中，除了作者说明情况特殊之外，其他内容都是单页单页地附在参考文献之后的。

作者说明的内容在正式发表的文章中一般在第一页的下面，用于说明读者可向其索取复印件，研究得到什么基金的资助，由什么机构主持等。但在稿件中，作者说明一般分三段内容。第一段说明作者在从事本研究的时候属于什么身份、在什么单位，随后又可能转到什么单位，变成什么身份。这主要针对正在攻读学位期间完成研究，或者要工作调动的作者。如果没有这些情况，则这一段可以省略。第二段用于感谢研究基金的支持，感谢那些对本研究做出重要贡献的人，如匿名审稿人、实验设计助手、数据处理助手、图表制作助手等。第三段提供详细联系方式，包括通信地址、邮编、电话、电子邮件等。这部分内容的书写格式取决于所投的杂志对稿件是否盲审，如果是盲审的，那么这部分内容应该打印在标题页上；如果不是盲审的，则用单页打印附在参考文献之后。

在行文过程中，如果作者觉得有些概念或观点需要进一步解释或澄清，但过于细节的解释可能又会破坏正文的结构和逻辑，这种情况下，作者可以将这些内容放在注脚里说明。注脚于正式发表的文章一般在当页的下面，但在稿件中，要求一律单页附在文后。每条注脚都应该有一个编号。多个注脚列于同一页，页头要有标题“Footnotes”。注脚的写法如图 20－4。

Structure and Limited 60

Footnotes

[1]Note that a more transient increase in negativity to incorrect verbs from 300 to 350ms was present at all sites over the left hemisphere (except OL), and at right anterior sites (F8, RAT). This effect falls well into the latency range reported for the LAN. However, because the effect was only significant in one time window, the reliability of the effect in the present experiment has to be questioned.

…

图 20－4 APA 格式论文中注脚的写法

表格通常用于呈现比较复杂的设计方案、实验材料和统计结果。由于表格的制作和编辑比较麻烦，APA 要求作者在可以不用表格的时候尽量不要用表格。APA 要求所有的表格必须有表序、表题、项目栏、表体，如果必要还应该有表注。表题必须能明确告诉读者表中包含的是什么信息。表注用于说明表格中符号的含义，或提供表中为提及的信息。表序如“Table 1”应左顶格位于表格的最上方，表题在下一行顶格写，需有下划线。表体也采用三线表，没有竖线。一般每格表格独立占一页。APA 格式稿件的表格样例见图 20－5。

Uity and Diversity 75

Table 1

Descriptive Statistics for the Dependent Measures Used in the Confirmatory Factor Analysis and Structural Equation Models（N＝137）

Task	Mean（SD）	Range	Skewness	Kurtosis	Reliability
Plus-minus	15.5s（10.8）	−7.2 to 51.7	.60	.57	N/A[a]
Number-letter	546ms（250）	−45 to 1303	.29	.29	.91[b]
Local-global	210ms（160）	−289 to 709	.56	1.06	.59[b]
Letter memory	.99（.13）	.65 to 1.37	.35	−.07	.42[c]
	[.83（.07）]	[.60 to .98]			
Antisaccade	1.16（.16）	.69 to 1.57	−.24	.27	.77[b]
	[.91（.07）]	[.63 to 1.00]			
Stop-signal	.78（.29）	.02 to 1.57	−.08	−.27	.92[b]
	[.67（.20）]	[.02 to 1.00]			
Stroop	166ms（60）	50 to 315	.27	−.65	.72[b]

Note: The data analyses used arcsine-transformed proportion measures and trimmed RTs. For the Proportion data, the raw proportion statistics are in brackets. aReliability could not be calculated for this task because there was only one RT per condition. bReliability was calculated by adjusting split-half（odd-even）correlations with the Spearman-Brown prophecy formula. cReliability was calculated using Cronbach's alpha.

图 20－5 APA 格式稿件对表格制作的要求

APA 对图形的呈现方法的要求与表格有很大差别。图形的标题、序号和说明都不随着图形呈现，而是用专页按顺序把所有的图形说明罗列在一起。该页的标题就是“Figure Captions”，要求居中。在标题之下顶格开始写“Figure 1:”及后面的具体说明。注意图形序号要有下划线。图形说明的写作格式见图 20－6。由于在用稿编辑过程中，图形的制作成本也比较高，一些简单的线性关系不需用图形说明。所有的图形都要做到简单准确。在坐标图形中，自变量用 x 轴表示，因变量用 y 轴表示。y 轴的长度应该是 x 轴的 2/3 左右。每个轴的含义必须标示清楚。

Structure and Limits 62

Figure Captions

Figure 1: Experiment 1: Grand ERP average for the syntactic condition for SR and OR sentences, time-locked to the onset of the critical word, and superimposed for the two levels of acceptalibity. In this and all other figures, Fz, Cz, and Pz signify frontal, central and parietal midline electrodes. F7, F8, LAT, RAT, LT, RT, LTP, RTP, OL, and OR signify left and right frontal, anteriortemporal, temporal, parietal, and occipital electrodes. The shaded areas indicate the time periods in which significant effects of acceptability in the P600 window (650 - 850ms) were present.

Figure 2: Experiment 1: Grand ERP averages for the semantic condition for SR and OR sentences, time-locked to the onset of the critical word, and superimposed for the two levels of acceptability. The shaded areas indicate the time periods in which significant effects of acceptability in the P600 window (650 - 850) were present.

…

图 20-6 APA 对稿件图表说明的格式要求

二、APA 对研究报告语言文字的要求

APA 除了对上述论文各主要部分的写作格式做了规定，而且对行文过程中的一些细节问题也提出了统一的要求。这些内容涉及数字的写法、文献的引用、语言表述、论文组织、行文风格等。此外，尊重他人研究成果、避免剽窃也是论文写作过程中应特别注意的问题。

（一）数字的使用

国内的心理学期刊要求研究报告中的数字一律采用阿拉伯数字，仅成语和固定搭配中的数字用汉字表示。但是 APA 对数字使用的要求与国内有很大差异。APA 规定，一般来说小于 10 的数字用单词拼写，而大于 10 的数采用阿拉伯数字。但存在许多例外的情况。

在下列情况下，不管数字大小一律要求用阿拉伯数字：①当小于 10 的数字是一个大于 10 的数字的子集的时候，小于 10 的数字也采用阿拉伯数字。如，6 of 50 participants。这里的“6”按一般要求应该写成“six”，但由于它是 50 个被试中的 6 个，二者存在包含和被包含的关系，所以就采用了阿拉伯数字。②当数字后紧跟着计量单位时，数字不管多大都用阿拉伯数字。如 a 6 - mg dose。③当数字与统计和数学运算相联系时，如在百分比、比率、百分点，或加减乘除时，用阿拉伯数字。例如，

divided by 5，6 percentage。④当数字用于表示时间、日期、年龄、样本容量、量表分数、钱的数量时，都用阿拉伯数字。如 numbers on the scale ranged from 0 to 7。⑤在表示序列编号时，都用阿拉伯数字，如 experiment 2，trial 5。其实从上述规定来看，即使小于 10 的数在很多情况下还是用阿拉伯数字的，反而用单词拼写的情况要少些。请读者注意辨别。

在下列情况下，不管数字大小一律要求用单词拼写：①不表示精确测量的小于 10 的数，如 a three-dimensional figure。②当用单词拼写更容易理解时，如 one-word answer。③在句子或标题开头时，任何数字都要用单词拼写。如 Fifteen participants were assigned to the conditon。④表示几分之几和日期时，如 three-fourths，the fifth of October。⑤当有 million 及以上的单位时，阿拉伯数字和单词拼写结合使用。如 8 million dollars。⑥当有数字和连字符结合作定语时，前面如果还有数字那么也阿拉伯数字和拼写结合使用，如 3 three-way interaction。

（二）文献的引用

前文谈到参考文献的写作格式，但有关正文中的文献引用尚未提及。有一些期刊是以注脚的方式引用文献的，在正文中只是出现一个文献编号。但 APA 格式则不同，在正文引用文献处要指出作者的姓和发表年份，并将二者用括号括起来，中间用逗号隔开。如果同时提到多个文献，则不同文献的作者年份之间用分号隔开。如果同一个文献有多个作者，且作者姓出现在正文中（不在括号中），那么在多个姓之间用“and”连接，如“According to Miyake and Shah（1999），…”；如果作者姓也出现在括号中，那么多个姓之间用“&”连接，如“Working memory is …（Miyake & Shah，1999）”。如果在文章第一次引用，那么被引用文献的所有作者到应该提到，但如果在文后继续提到这个文献，那么只需在第一作者后加“et al.”即可。但是如果有些文章的作者数量特别多，如达到 8 个甚至 10 个，那么在第一次引到时也可以用“et al.”，不过在文章最后的参考文献部分一定要把所有作者的名字都列出来。有时候会同时引用到同一作者的多篇文章，如果不在同一年，则括号里在作者姓之后把多个年份用逗号隔开即可，如 Smith（2001，2002）；如果多个文章在同一年，那么在年份后用 a、b、c 等小写字母标记先后顺序，如 Smith（2002a，2002b）。

（三）语言的准确性

所有的论文都是以语言为载体的，选题再好，结果再理想，如果作者表达不清，那么也不可能写出好研究报告。对于国内的研究者来说，要写出高质量的 APA 论文，首先必须过语言关，要保证写出来的英语语法正确、用词得当、简明扼要。在语法方面，要注意避免歧义，避免口语化，要用准确的书面化的科学语言。如下面这句话就比较口语化，而且容易引发歧义：“The experimenter recorded how fast each rat ran the maze with a stopwatch.”这句话让人觉得好像白鼠拿着秒表跑迷津，而且用“how fast”来表示记录的对象过于口语化。准确的写法应该是：“Using a stopwatch，the experimenter timed each rat's running speed"。在语法上还要注意多用主动语态，以突出参与者的作用。如，想表达“被试以5人一组进行实验”这个意思，有两种表达方式：①Participants were run in groups of five. ②Participants completed the experiment in groups of five. 前一种表达好像被试被施加了实验，有一种被实验者支配的感觉，对被试不够尊重。后一种表达方式更合理。

在选词上，要遵循简单化原则，同样一个意思，如果用简单的词就能表达，那么就不用复杂的词，如在表达“使用”这一意思的时候，用“use”即可，不要用“utilize”。另外要注意意思的准确性，如以中国人做被试时，直接说“Chinese participants”，而不泛泛地说“Asian participants”。还要注意不要使用偏向于一类人、而偏离另一类人的词，例如，如果用“he”来拟人化指代一种思想或理论，那么就冒犯了女性。另外，在行文过程中要注意长句和短句的搭配。短句过多使人觉得意思零碎，长句过多则使人迷惑。为使语言简洁起见，如果有通用的术语则用术语，但要避免使用其他专业领域的术语。

研究报告的语言还要注意段落的组织。段落不是一句话一句话的堆积，而是一个有机的整体。APA论文的段落一般由四种句子有机组成。第一种是主题句，一般在句首，说明段落的主要论点。第二种是支持句，用于证明或进一步阐述主题句。这种句子数量比较多，是段落的主体。第三种是局限句，用于说明主体句论点的不足。第四种是过渡句，用于自然转移话题。在同一段落中，不同的句子的主题应该是高度一致的，不能偏离到别的话题上去。此外还要注意段落的长度。段落过长也容易使读者困惑。APA指出，如果一个段落的长度在双倍行距的情况下超过一页，那么就应该把这段话拆分成几个段落。当然，过短的段落太多了也不好。研究者要注意把握其中的尺寸。

最后，在研究报告完稿后一定要进行多次校对。有关APA论文的其他细节性写作要求和投稿指南，请详细参考《美国心理学会论文发表手册》（*Publication Manual of the American Psychological Association*）。

练习题

一、名词解释

（1）摘要；（2）参考文献；（3）理论研究报告；（4）描述研究报告；（5）方法学研究报告。

二、简答题

1. 心理学实证研究报告主要包括哪几个部分？
2. 一个完美的口头报告要坚持哪些原则？
3. 论文投稿时要注意哪些重要环节？
4. APA格式的论文稿件一般有哪几部分？

第二十一章　心理学研究质量的评价

内容简介

一项心理学研究经过研究课题的选择、研究方案的设计、研究方案的实施、研究结果的整理与研究报告的撰写，应该说已经构成了心理学科学研究的一个完整的过程。但这并不意味着一项研究的结束，接下来需要对研究从各个方面加以评价，当然这种评价即包括研究者对自己所完成研究的评价，也包括对其他研究者完成的研究的评价。通过对研究质量的评价，可以使研究者明确研究成果的学术价值和应用价值，促进研究成果的推广应用，同时也有利于研究者之间相互交流，促进相关领域研究的深入发展。本章将从心理学研究本身，即心理学研究中的效度、心理学研究报告以及研究伦理三个方面分别阐述如何对心理学研究质量进行评价。

第一节　心理学研究中的效度

一、心理学研究效度概述

心理学研究效度是指一项心理学研究能揭示的事物本质规律的有效程度。任何一项研究都想揭示被研究事物或现象的本质规律。但限于研究者对研究事物认识的局限性，对事物之间相互关系的认识不足，以及实验方法的不适宜性，统计方法选择的不恰当性等，一个研究很难完全符合实验研究的所有要求。因此心理学研究都会涉及研究的效度问题。

1957 年，社会心理学家坎贝尔（Campbell）第一次明确提出了研究的效度问题。10 年后，他在《研究的实验和准实验设计》一书中，借用了测验领域的“效度”概念，把研究效度作为设计与评价各种研究的参考依据和评价指标。1979 年，坎贝尔与库克（Cook）一起出版了心理学方法论的一个重要专著——《准实验研究：现场背景的设计和分析》，更为全面、系统地讨论了研究效度及其在实验设计中的意义。目前，有关研究效度的理论已为心理学家普遍接受，并已成为实验研究与设计的关键。

在一项心理学研究中，一般都涉及研究的理论构思、设计、实施、统计和推论等环节。研究效度取决于这些环节的有效性。相应地，心理学研究的效度主要有构想效度、内部效度、外部效度和统计结论效度等四种。

（一）构想效度

1．构想效度的定义和条件

研究的构想效度是指研究方案和测量指标的理论构思及其操作化的有效性，或者说理论构想及其转换的有效性。为了使研究具有较高的构想效度，首先要求研究的理论构想结构严谨、层次分明，形成某种“构想网络”，并对研究中的自变量与因变量做出严格的定义。其次针对研究构想的特点，给予明确的操作定义，并确定相应的测量指标。心理学研究中常常包含着复杂的、多维度的理论构想，因此改进研究的构想效度，是研究中一项十分重要的任务。

2．影响构想效度的因素

（1）对于研究构想的分析

操作化前如果对构想的分析不够完整，会造成对操作定义指标选择上的片面。例如，态度指对某事物较长期的反应，但一般量表往往只能测量短时间内的反应。由这种量表获取的资料是否能代表真正态度，其构想是值得考虑的。为避免这一问题，最好先充分查阅有关资料，弄清概念的确切含义，然后选择恰当的操作指标。

（2）单一操作的偏差

如果只选单一的操作或量表来代表自变量或因变量，往往不能完整地代表该变量的全貌。尤其是代表因变量的指标应能尽量包括不同的量表，这样才能包括构想的全貌。例如研究焦虑状态，可用三种不同的指标来测量：心跳的次数、皮肤电、测试焦虑状态问卷。焦虑状态又包括生理和知觉成分，如只用一种量表，则不能代表此变量构想的全貌。

（3）单一方法的偏差

这指测量同一个特质时，因使用不同资料搜集方法或不同反应记录方式，而引起的构想效度改变的问题。所谓记录方式不同，指应用访谈法时是用纸笔记录还是录音记录，问卷的答题方式是直接在试卷上作答还是用答案纸答，是纸笔测试还是用计算机测试等。这些问题本身与研究问题无关但却伴随研究内容存在。被试可能因这些额外因素的变化，而导致对因变量产生不同的反应。

（4）被试在执行实验时对研究假设的猜测

被试在接受实验处理时，常主动和其他被试进行比较，并对实验处理与自己的利弊关系产生不自然的反应，从而使结果受到干扰。有时，被试也会对实验目的加以猜测，并朝实验者所期望的行为方面去反应。控制这一因素的办法是尽量使研究假设难以猜测，或采用双盲程序，即使主试和被试都在不知道实验目的的情况下进行实验。

（5）被试对被评价的不安感（evaluation apprehension）

个体通常不喜欢被他人评价，尤其是在接受人格方面的测评时，往往对社会赞许性题目采用讨好的方式表达。这种反应也不是研究真正构想的一部分，而是对真正构想的一种混淆。可以采用不记名的方式，要求被试在具有相同社会赞许性的问题之间进行迫选，或降低社会赞许性的表面效度，对这些因素进行控制。

（6）构想与构想间的推广限制

为使研究结果更符合实际，研究者应设法搜集因变量的多个指标。同一因变量通常会有多种测试方式，同一个自变量可能会影响因变量的不同方面。因此，无论乙丙两项如何类似，甲乙两变量之间的关系，不一定能应用在甲丙两变量之间的关系上。为避免此类因素的限制，研究者应对研究题目仔细分析，寻求所有有关变量，并将重要变量纳入实验进行研究，以了解各变量构想关系的全貌。

（二）内部效度

1. 内部效度的定义和条件

研究的内部效度是指研究中的自变量与因变量之间因果关系的确定性程度，也就是说，因变量数值的变化是不是真的是由自变量的变化而引起的。内部效度的内涵包括如下两层意思：一是研究中的自变量与因变量之间是否真正存在关系；二是因变量的变化是否一定是由自变量的变化而引起的。从统计学意义上看，内部效度指实验结果偏离真值的程度或系统误差大小。数据资料中含有的系统误差种类越多，数据偏离真值的程度就越大。在一个研究中，因变量的变化可能确实是由自变量的变化引起的，但由于系统误差的存在，因变量的变化可能也是由无关变量引起的。为此，坎贝尔（1957）曾经把内部效度定义为“实验的刺激确实造成某种特定情况下的某种显著差异”。

内部效度的获得依赖于准确而周密的研究设计。因此，首先要选择恰当的自变量和因变量。如瑞典著名应用心理学家鲁本诺维兹（Rubenowitz）指出，要是研究中缺乏真正的自变量，其内部效度就值得怀疑。其次要对无关变量做出周密的控制。研究者在实验设计时，要明确地意识到各种影响内部效度的因素，并运用多种措施，控制好这些因素，以突出自变量与因变量之间的关系。

2. 影响内部效度的因素

（1）历史因素

心理学实验通常需要经历一个时间过程，其间可能存在一些有利于因变量的因素起作用，从而混淆自变量对因变量的贡献。历史因素可以分为前摄历史因素和后摄历史因素两类。前摄历史因素包括被试固有的和习得的差异，比如性别、工龄、经验、身高、体重、态度、个性、运动和心理能力等。如果对照组与实验组在这些因素上差异很大，则会影响所测得因变量指标的组间差异。在研究中这些因素一般通过随机化法或匹配法进行消除。后摄历史因素是指在测量以外可能影响自变量和因变量之间关系的因素。这常常是由于研究中未控制因素的干扰，使因变量发生变化，而不是实验处理本身所造成的差异。例如，有一项研究希望检验某项工作丰富化方案对于提高职工积极性的作用。但是在方案试行期间，一部分职工增加了工资，因此混淆了工作丰富化方案对于积极性的影响，使积极性变化的原因复杂化了。这一实例中，增加工资就是一种后摄历史因素。后摄历史因素可通过恒定其他事件的方式加以控制。

(2) 成熟因素

这是指在研究期间，由于被试自身的生理与心理发展、成长（技能、知识、经验等）或变化而引起的系统变异。例如有些心理疾病的好转，可能是由于被治疗者自身自然成熟的结果，而不是心理治疗的效果。在实验过程中，被试由不疲劳到疲劳，由有兴趣到无兴趣，由不饥饿到饥饿等都属于此种情况。成熟因素具有动态的性质，控制的方法是使被试选择与分组尽可能随机化，并设立对照组。

(3) 测验经验的增长

测验经验是指对心理学研究中常用的测验量表的应答技巧，它会使测验成绩越来越好。如果其间有实验处理，前后两次测验结果的变化，就很难说是实验处理的效应，还是测验经验。常见的有练习效应、敏感效应和选择性效应。这种因素一般通过设立无事前测定组加以控制。

(4) 测试手段

这是指由于测评者本身的疲劳、单调感、注意分散以及其他主观因素和测试工具本身的变化，使测定和评级的精确性受到影响，降低研究的效度。这里的测试工具既包括呈现自变量和测定反应变量的仪器或工具，如随着使用时间、电压变化产生了不稳定现象，也包括信度不高的心理测验量表等。这些影响因素与研究设计的关系不大，主要靠研究者或测评者加强基本训练和严格测试手段，消除影响。

(5) 统计回归效应

数理统计学的基本原理表明，在进行重复测量时，初测时获高、低极端分数者会在重测时倾向于向平均值偏移，即发生“统计回归效应”。在心理学研究中，常常通过事先测试选择极端分数的被试参加研究，这样就会由于统计回归效应而混淆再次测试的结果所反映的实验效应，从而降低研究的内部效度。这种情况在教育心理、儿童心理、临床心理、社会心理和工业心理等领域的研究中比较常见。控制办法是在研究中把极端分数者单独分成对照组和实验组，注意它们的结果差异，进而做出有关自变量效应的正确结论。

(6) 研究被试的更换、淘汰和亡失

在实验期间，被试由于事故、生病或研究调整等原因被更换或停止参加研究，会明显地影响对研究结果的比较和分析，大大降低内部效度。例如动物学习实验中一些动物因故死亡，在使用问卷进行调查研究时，由于有些人对问卷有看法，缺答题目或无故不寄回问卷等都属于此类。这类影响因素在纵向研究中比较容易出现。被试的更换、淘汰和亡失并不是统计方法可以弥补的。因此，在研究中应特别注意使被试保持稳定和一致。除了被试的更换、淘汰和亡失以外，被试本身的质量，也是影响研究效度的一个重要因素。研究表明，实验研究中常见的有四种被试：合作型、消极型、评价担忧型和忠实型。合作型被试倾向于在研究中设法帮助实验者发现和证实研究假设，这种“合作”往往会带来偏向；消极型被试倾向于抵制研究的计划与安排，常常与研究者“对着干”，这类被试不利于对研究假设的检验和有效地开展研究；评价担忧型被试则对参加实验抱着疑虑，担心别人总是在评价自己，因而总是设法避免消极的评价，盲目猜测研究目的，以“理想”方式表现自己。这三类被试都不是心理学研究希望看到的被试。第四种被试能按研究要求行事，没有前三类被试的缺陷，被称为忠实型被试，是研究中理想的被试。

(7) 选择与成熟之间的交互作用

选择不同被试可能与成熟之间存在交互作用，也影响效度。这在临床心理、发展心理研究中是经常出现的。例如，儿童守恒概念研究、中学生情绪研究，选择异常与正常被试，都可能出现自然成长现象与选择之间的交互作用。

(8) 实验处理和程序

实验处理和程序本身的一些特点会影响研究的内部效度，其中特别值得重视的有以下几方面：第一，有关实验处理和程序的信息的扩散或交流，使对照组实际上得到了实验处理或受其影响；第二，实验处理的实施包含着其他好处（如资助），产生补偿性等同效应；第三，由于实验处理而使实验组十分引人注目或炫耀，产生补偿性竞争。这三方面的因素都会抵消、降低或夸大实验处理的效应，严重损害研究的内部效度。

（三）外部效度

1. 外部效度的定义和条件

研究的外部效度，是指实验和研究的结果能够一般化和普遍化到其他的总体、变量条件、时间和背景中去的程度，即研究结果和实验效果的普遍性或可应用性。任何一项研究都想将其研究结论用来推广，希望能用已研究的结果，对同类现象进行准确的解释、预测或控制。一般认为，内部效度是外部效度的必要条件，但不是充分条件。内部效度低的研究结果就谈不上对其他情景的普遍意义；可是内部效度高的研究，其结果却不一定能够一般化到其他总体和背景中去。在最近的一些有关研究效度的讨论中，不少心理学家认为，外部效度比内部效度重要。从目前的研究发展趋势来看，这种看法是有道理的。

外部效度的要求是使研究能够代表真实世界的情况。可是，心理学研究或实验一般总是包含许多人为的因素。因此，单一的研究难以在被试、变量和背景等方面保证其代表性，必须在使研究尽可能模拟现实情景的基础上，通过多个相互关联的实验，以不同的研究条件寻求具有普遍意义的结论。这种多重实验手段，是获得外部效度、提高研究结果应用性的重要条件。

2. 影响外部效度的因素

(1) 总体效度

这是指研究结果对于研究者最终感兴趣的总体的普遍意义。研究样本的代表性在很大程度上决定了研究的这一总体效度，高总体效度才会提高研究的外部效度。最好的办法是明确规定研究的总体，并从这一总体随机地抽取样本。

(2) 自变量和因变量的定义和测试方式

研究中必须明确地对自变量和因变量做出定义和描述，否则就会影响研究的外部效度。同时，还应规定自变量和因变量的测试方式，注意提高测量的效度。这样，不但明确了实验效果，而且增加了研究结果的可重复性，从而提高外部效度。

(3) 对测量的敏感化

如果在研究中进行了事前测量，那么被试对事后测量就可能发生敏感效应，从而影响研究结果。在这种情况下，研究的结果很难一般化到那些没有受过相似事前测定的对象中去，而只能应用于已作过相似事前测定的样本。这方面的研究表明，认知性的事前测量和两次测量之间较长的时间间隔，可以减轻这种敏感化效应。此外，事后测量也会产生敏感效应，使被测者在测量中学到实验期间没有获得的东西，这样的研究结果就只能一般化到接受事后测量的样本。为了解决测量的敏感化问题，应尽量少用容易产生敏感效应的测量，尽可能采用“不引人注目的测量”，如间接观察行为或参与观察等。

(4) 多重实验的干扰

当被试多次接受实验处理或同时参加多个实验时，就会取得某些实验经验，产生敏感效应，这样既会影响随后研究的效率，也会很大程度地影响研究结果的普遍性。事实上，建立“实验学校”或“基地”对同样对象反复多次地进行心理学或教育实验研究，特别容易产生多重实验的干扰，大大削弱研究的外部效度。

(5) 特异性效应

这是指由于实验和研究采用了新异的方法、特殊的材料和情景，或者使被试改变已习惯了的活动、工作方式和环境，因而产生暂时的新异或接触性的反应，影响研究的效度。

(6) 克服实验的过分人工情景化

一般实验都是在严密控制的条件下进行的，因此，必然带来人工情景化问题。这样的结果用来解释日常生活中的问题，可能会不切实际。因此在研究设计时，应尽量减少人工情景化。这就要增加实验变量，给实验结果的分析带来困难。如果使用多因素的实验设计及统计分析方法可协助解决这一难题。

(7) 被试选择和实验处理的交互作用

这是指被试的各种特征会使实验处理的效果具有特定的含义，影响实验和研究结果的普遍性。有时被试选择和实验处理之间，实际上存在着交互作用。如被试的志愿性（义务参加实验）、年龄与成熟、实验处理或测定的时机等因素都比较容易造成被试选择和实验处理之间的交互作用，降低研究的外部效度。

（四）统计结论效度

1. 统计结论效度的定义和条件

统计结论效度是指有关数据分析程序的准确性和有效性。它并不涉及系统性偏向的来源问题，而是研究差误变异源和如何适当运用统计显著性检验的问题。例如，当研究样本小的时候，如果依赖于统计显著性水平做出推论是比较危险的。这时候，应该运用功效分析，看一看样本大小、变异程度和 α 水平上能够检验出多大的效应。因为在小样本时，样本成分和测量都波动比较大，具有不稳定性。这就是统计结论效度所涉及的问题。

统计结论效度主要取决于两个方面的条件：一是数据的质量，数据分析程序的效度是以数据的质量作为基础的，包括数据的量表特征（顺序量表或等距量表数据）、数据分布、信度和效度等；二是统计检验的假设，数据分析中所采用的各种统计方法，都有其明确的统计检验假设，一项研究中统计检验假设不明或者被违犯，就会显著降低统计结论效度。

2. 影响统计结论效度的因素

（1）统计功效低

统计功效又称为统计检验能力，在统计学上定义为不犯Ⅱ类错误的概率（$1-\beta$）（有关系却接受虚无假设）。当样本小而且 α 值定得较低时，犯Ⅱ类错误的可能性就增加；如果这时 α 值定得较高，又容易犯Ⅰ类错误（无关系却拒绝虚无假设）。这些都会降低统计功效，影响研究的统计结论效度。

（2）违犯统计检验的假设

大多数统计检验都要求满足一定的假设，才有可能对数据分析的结果做出有意义的解释。因此，在采用不同检验时，应了解其特定的基本假设并解决有关的问题。例如，对于顺序量表所测得的数据应运用非参数统计方法进行分析；许多统计检验方法要求数据呈正态分布，应注意数据的这一特征，以免违犯统计检验的假设，影响研究的统计结论效度。

（3）测量信度低

低信度的测量会夸大估计值的标准误差。测量的标准误差的公式为：$Se = S\sqrt{1-r_{xx}^2}$，其中 S 为标准差，r_{xx} 为测量信度。可见，信度（r_{xx}）降低以后，测量的标准差误会明显增大。由于标准差误在作出统计差异推论时起关键性作用。因而，测量信度低就降低了统计结论效度。

（4）实验处理实施的可靠性

如果研究者之间的差异或同一研究者在不同时间采用了不同方式实施实验处理，那么会使实验处理不够标准化，这会增大差误变异并减少发现真实差异的可能性，进而降低统计结论效度。因此，研究者应尽可能使实验处理实施标准化。

（5）被试的随机异质性

研究中被试往往会在主要因变量方面有较大的差异，有的被试比较容易受到实验处理的影响，还有的被试却不容易接受实验的效应。这就有可能降低研究结论的意义，既会影响研究的统计结论效度，也会损害研究的外部效度。对于被试随机异质性的问题，可以通过选择相对同质的被试和采用被试内设计的办法加以解决。这两种方法都有利于减少差误变异量，提高统计结论效度。

二、四种研究效度之间的关系

研究的构想效度、内部效度、外部效度和统计结论效度是相互联系和相互影响的。

统计结论效度实际上是内部效度的特例，都涉及研究本身的因果关系和统计检验的可靠性。构想效度则与外部效度有一致之处，即它们的基本点都在于做出概括化和结果的普遍性。如果某一关系对于特定的总体、背景和时间都成立，那么也明确了研究的构想效度。构想效度与外部效度之间的主要差异是：前者所指的目标总体难以具体确定，而后者则往往要求一般化到实际上存在的特定总体、背景和时间等条件。

四种研究效度的相对重要性，主要取决于研究的具体目的和要求。一般来说，可以在保证研究内部效度和构想效度的情况下，提高统计结论效度和外部效度。可是，从影响研究效度的因素可以看到，用于提高某一种研究效度的措施很可能会降低另一种研究效度。因此，研究者需要明确地确定不同效度的优先顺序，在不同的措施之间做出适当权衡，从而避免效度损失。影响研究效度的因素多种多样，但大致可以分成四类：被试方面的因素；测量与具体研究方法方面的因素；研究构想与程序设计因素；实验条件与不同因素的交互作用。在决定了各研究效度的重要程度以后，就可以从被试、测量方法、构思与程序以及交互作用等四个方面入手，改善和提高研究的效度。

第二节　心理学研究报告的评价

一、内容的评价

一项研究从文献综述、实验设计、实施、数据处理、结果解释，到写成论文和投稿，需经历一个较长的阶段。在论文完稿后，研究者还需考虑一些重要的问题，如该研究报告是否达到了发表的水平，是否在某一方面还需要修改。即作者要对论文进行自我评价。当认为没有问题时，才可以投稿。此后论文在编辑部里要经过一个非常严格的评审过程。无论是作者的自我评价还是编辑部的评审都是遵循一定标准的。这种评价一般包含两大方面的内容：一是内容的评价；二是形式的评价。

一篇文章的内容是决定其是否能够发表的关键。如果文章的内容缺乏实际意义、无创新之处、研究假设不合理或者对实验中存在的无关变量控制不得当，无论写作水平多高也不会被发表。一般来讲对一篇研究报告内容的评价主要是从以下几个方面进行的。

第一，研究问题选择的合理性。如前文述及，研究问题应该是在综述大量相关前人研究文献，寻找其内在逻辑线索的基础上提出来的，因此，逻辑线索把握得是否清晰、是否存在差错直接决定研究内容是否准确，也直接决定研究在该领域的学术地位及理论意义。在前言的写作中，研究者不应该只叙述自己有用或有利于自己研究的研究结果，而把意见和观点与自己研究不符的研究视作异类。

第二，研究方法的可靠性。研究中所采用的方法是否有效地考察了所要研究的问题也是评价论文内容的一个重要方面。特别是在实验研究中，研究方法必须具备可操作性和可重复性。从这一意义上讲，能否将研究的问题以操作定义的形式表述，并用实证的研究方法进行测量，是一篇研究报告的核心。这也是研究报告中最能体现研究者的学术素养之处。在研究方法中，研究工具的信度和效度高低也是较为重要的因素。如果是实验室实验，一般还要审查所使用仪器是否精确。例如，在现代认知实验中，反应时是一个重要的因变量指标。在测量反应时所使用的计算机性能以及编程软件时间精确性（一般精确到ms）直接决定反应时测量的准确程度。此外，所选被试是否具有代表性也很重要。例如在发展研究中，研究不同年龄段儿童的认知风格差异时，不应该仅仅按照儿童所在年级进行简单分类。因为不同年级的儿童其年龄还可能是相同的，所以应该详细地按照儿童的出生年月日，以便准确计算出儿童的实际年龄。

第三，研究结果的准确性。在研究部分不呈现原始数据，而只呈现数据统计的一般过程和统计所得结果。因此，采用的统计数据是否有效以及统计过程是否有错，是研究结果评价的重点。研究结果也是实验结论得出的重要依据，其准确性直接决定结论的准确性。因此，研究者在统计数据过程中必须要认真对待。

第四，讨论的合理性和充分性。讨论是为了进一步将研究问题进行展开，从而使读者更加清楚所研究问题的相关内容。研究问题讨论得合理与否以及讨论得是否充分决定着讨论部分的质量。讨论时，研究者要按照研究问题的内在逻辑线索，对研究问题进行深刻而全面的分析、综合、推理和概括，从而为最后得出结论奠定坚实基础，使人觉得结论的获得非常自然。讨论部分具体要考察的内容主要有以下几个方面。一是研究者在论述研究问题的来龙去脉时是否引用了丰富的相关研究文献，相关研究文献是否具有本领域内的权威性和可靠性。二是研究者对研究问题的脉络把握得是否准确。三是研究者对关于所得研究结果是否验证了前面假设的论述是否充分。四是论述过程中是否结合了一定的统计推理方法。如果只是依据相关理论来进行推理的话，就失去了实验原本的目的，成了理论性文章。五是是否对研究中所没能解决的问题加以论述，并提出进一步的解决方法。

第五，结论概括得是否客观准确。研究所得出的结论应该是客观准确地总结概括出实验所得的结论。结论的准确书写有利于其他研究者直接了解该研究所得结论，为进一步研究提供了便利。评价结论的主要标准是结论概括得是否准确，是否具有客观性。任何夸大或缩小研究结论的结论都是不符合要求的。

第六，参考文献的可靠性。参考文献主要是为了方便读者查阅相关研究文献以及数据库检索。因此，在评价参考文献时，最重要的莫过于根据所列参考文献能否准确找到该文献，即参考文献的可靠性，因此参考文献千万不可有出错的地方和遗漏，以免造成无法查找和检索。

二、形式的评价

虽然研究报告能否被录用根本取决于研究报告的内容，但这不是说研究报告的形式就不重要。相反，研究报告在具备较高质量内容的同时，还必须具备规范的格式。形式是内容的载体，好的形式可以更好地体现出论文的各部分内容。当所有心理学工作者均按照统一的论文写作格式进行写作时，有利于论文写作的统一，也有利于读者在阅读研究报告的过程中清楚地将各部分内容区分开来，便于理解。具体在论文的各部分写作中应该注意以下几个方面。

第一，作为文章中心思想的体现，题目部分应以大号的黑体字打印。字数一般不超过 20 字，尽量不使用副标题和问句。

第二，作者的署名应该以真实姓名签署，并注明工作单位及所在地址和邮政编码。这样做的主要目的是为了方便读者与作者联系和交流。

第三，摘要部分应该以至多不超过 300 字的篇幅独立概括整个研究的情况。一般用小字号打印。关键词一般是从研究内容中选取出来较为关键的词语，用于数据库检索。关键词位于摘要下方，一般词数为 3 到 5 个。与摘要相同，用黑体字小字号打印。

第四，正文一般用正常的字号（通常为 5 号）以宋体打印。结果呈现部分要注意表格与插图的选取。由于插图的制作成本要高于表格，因此在不影响意思表达的前提下尽量选用表格而不选用插图。无论使用表格还是插图，都要保证其中的数据是准确无误的，单位和名称要使用国家法定计量单位的符号，不要使用不常见的单位符号。

第五，参考文献部分的写法一般不同的期刊有不同的要求，但研究报告大体上使用以下的格式：编号、作者姓名、书（文章）名称、出版单位或刊物名称、年份或期刊编号、起止页码。参考文献的更具体的写法建议参考期刊发表的具体要求。

总之，在对论文形式进行评价时，主要参考以上几个方面，研究者在投稿之前一定要仔细检查每一个细节，确保无误。这样做不仅是严肃的学术作风体现，还可以增加论文被录用的概率。因此，研究报告的形式也是一个不容忽视的问题，应该认真对待。

第三节　心理学研究的研究伦理

科学研究是一种涉及科研人员、课题资助者、被试者、政策制定者等诸多活动主体的社会活动。身处于一个开放的、动态的复杂社会人际网络中的科研人员，在科研活动中要获取被试的知情同意，尊重隐私、公正地分配负担和收益，研究方案要有可接受的“风险—受益比”，规避潜在的经济利益冲突，合乎伦理地开展科学研究活动。而作为一名心理学研究工作者，一要遵守一个普通科学家所必须遵循的实事求是、严谨审慎的一般原则；二是作为以人类为研究对象的心理学研究者所必须遵守的道德原则。

一、科学研究的一般伦理

第一，科研人员应具备较好的个人修养。一个人的素质除包括心理素质、身体素质等之外，还应包括他的逻辑思维、创造性思维、综合分析能力、决策能力等思维方法，以及勤奋、朴实、诚信、自信等诸多方面。做科学研究首先是做人，在自我修养中提升科学研究的品位，在有品位的科研中提高自我的修养水平。科研人员做人要大气，做事要大度，科研工作要大胆，处理各种关系要坦诚大义，利益分配要大方。

第二，科学研究要本着求知求真的心态，怀揣“质疑精神”，对已有的研究发现大胆提出质疑，从现实生活中发现问题、提出问题、解决问题。要选准方向重点突破，不能打一枪换个地方，也不能遇到困难就绕道走。更不能有急功近利的心态，仅仅为了发表论文而开展科学研究。

第三，科学诚信是科学研究者的首要责任，也是科学研究者的道德底线。在学术界，诚信会获得尊重，虚假将遭到唾弃。科研人员要做到“科学上的诚信”，在进行心理学的实验研究中，研究者自始至终都应该奉行实事求是的科学精神和严谨审慎的工作作风。在科研工作中表现出高尚、诚实、正直的品质，不剽窃、盗窃他人研究成果、不篡改或杜撰实验数据，杜绝经费滥用等。

第四，在研究中必须保持谨慎，不得尝试一稿多投和二次发表。一稿多投是指同一作者或同一研究群体不同作者，在期刊编辑和审稿人不知情的情况下，试图或已经在两种或多种期刊同时或相继发表内容相同或相近的论文，国际上也称该种现象为重复发表（repetitive publication）。二次发表（secondary publication）是指使用同一种语言或另外一种语言再次发表，尤其是使用另外一种语言在另外一个国家再次发表。

总之，科研人员应当形成科学规范严谨的科研态度，养成良好的科研行为准则和自我监督机制，科学规范地开展科学研究。否则将付出沉重的代价。

例如，自 1902 年发现 X 射线以后，法国物理学家布隆洛特（Blondlot）就声称发现了“N 射线”，很快，法国的许多物理学家都重复确认了“N 射线”的存在。但是，美国、德国、意大利的物理学家都未能成功重复布隆洛特的研究。后来，美国物理学家伍德（R. W. Wood）拜访了布隆洛特。后者向伍德出示了一张绘有光环的卡片，调低灯光后布隆洛特说卡片上光环的亮度增加，那就是“N 射线”的作用。然而伍德却并未看到任何亮度变化，于是他被指责为“眼睛不太敏感”。后来，伍德要求使用其他简单测试来观察“N 射线”，他把一个薄铅版插在“N 射线”与卡片之间做反复移动状（铅版是用来阻止“N 射线”通过的）。此时布隆洛特报告说卡片上光环的亮度发生了相应的变化。但是实际上伍德并没有真正移动铅版，仅仅是装作移动的样子而已。这表明，“N 射线”的存在没有任何证据。由于在研究中未能做到本应达到的审慎程度，布隆洛特付出了沉重代价，他从此一蹶不振，若干年后在一片声名狼藉中去世。这一戏剧性事件给实验研究者留下深刻教训：在研究过程中必须力求精细、严格，容不得半点马虎；在得出结论时务必仔细核对、小心谨慎。唯有此，科学才能真正客观、准确。

二、研究人类被试的伦理原则

心理学主要研究人的各种心理现象，所以其实验研究往往以人为被试，这为心理学研究带来了诸多的道德问题。因此，涉及人类被试的心理学研究必须遵守除一般研究伦理之外的其他伦理原则。

美国心理学会制定了严格、明确的准则，指导以人作为被试的心理学实验研究。“心理学家必须尊重个体的尊严和利益，尽量保护个人最基本的人权。心理学家应致力于增加对人类行为的认识，让人们更了解自己和他人，并运用这些知识为人类谋幸福。在追求这些目标时，必须尽量保护研究参与者的利益——这也是研究目标的一部分。”（引自美国心理学会《心理学家的道德准则》，《美国心理学家》杂志，1981，36，633－638页）。此外，依据美国的《心理学家的道德原则和行为准则》（APA，1992；2002年秋修订本），心理学研究者应该做到以下各个方面。

1．无伤害

心理学家要采取适当的措施避免伤害研究被试，或将可预见的和无法避免的危害降到最小。

2．保密性

心理学家有起码的责任并应采取适当的措施尊重参与研究的被试的保密权。心理学家只能为了正当的科学或专业目的，而且只能在必须涉及某些被试信息时才能讨论这些需要保密的信息。不管是以手写、自动记录，还是采用其他什么介质，心理学家必须管理记录的建立、贮存、访问、转换和清除，以此保证信息的机密性。心理学家在个人同意、法律强制或有法律许可的条件下才能透露机密信息。

3．制订研究计划

心理学家的研究设计、操作与结果报告，都必须符合公认的科学要素和伦理标准。心理学家计划研究时，要尽可能地使出现错误结果的可能性降到最低；在进行研究规划时，心理学家应按照伦理准则的要求考虑这种研究的道德可接受性。如果出现伦理冲突却难以解决的问题时，那么心理学家应与制度评定委员会、动物关怀与利用委员会、平等协商组织或其他相关机构进行磋商。心理学家应采取适当的措施，来保护人类被试和研究中其他相关人员的权利和利益，并且保护动物被试的利益。

4．责任

心理学家应熟练地进行实验操作，并顾及参与者的尊严和利益。心理学家要对研究中的行为负道德责任，不管研究是由他本人操作的，还是由其他人操作的。心理学家所进行的研究不能超出其能力水平的限度。研究者和助理在操作之前，必须经过一定的训练并有所准备。

5．遵守法律和标准

心理学家计划和实施一项研究时应遵守联邦政府和国家的法律法规，遵守研究行为的职业标准，遵守那些限制使用人类被试和动物被试进行研究的准则。

6．对研究的知情同意

心理学家应使用易于理解的语言向被试说明研究的合理性，以获得他们的知情同意。而对这些知会同意也已经做了相关规定，心理学家要告诉被试：研究的性质；他们有参加的自由，也有退出研究的自由；减少或退出研究的可能结果；可能影响到他们是否愿意参加研究的各种因素（比如冒险、不舒服、副作用或者有限的保密性，这不包括在“研究中的欺骗”中所提供的内容）；对被试想要咨询的其他方面信息做出解释。

7．不诱导被试参加实验

心理学家不应提供过度的或不合适的经济或其他方面的诱惑来招募被试，尤其是当被试很不乐意参加研究时。

8．不进行欺骗性的研究

心理学家不能进行带欺骗性的研究，除非他们已经断定这项研究具有科学价值、教育价值和实用价值，这一研究过程不使用欺骗手段就行不通，使用这种欺骗方法具有合理性。心理学家不能在影响被试参与意愿的重要方面进行欺骗，这些方面包括身体上的冒险、不舒服或者不愉快的情绪体验。如果欺骗是实验设计和操作中一个必要的部分，那么一定要尽早地向被试解释，最好是在他们的参与结束时，最迟也不能拖到实验结束之后。

9．降低干预程度

进行研究时，心理学家干预被试或周围环境，然后得到研究数据。这种获得数据的方式是出于研究设计的考虑。已有研究证实了这种干预的合理性，也符合心理学家作为研究者的身价，但干预的程度不能过大。

10．向被试提供关于研究的信息

合适时，心理学家应及时为被试提供关于研究的性质、结果和结论方面的信息，并纠正被试对一些概念的错误认识。如果从科学的或者人文的价值观出发，推迟或者不告诉被试相关信息更合理，那么心理学家也要采取有效措施来避免被试受到伤害。心理学家要以合理的方式兑现他们向被试做出的承诺。

练习题

一、名词解释

（1）构想效度；（2）内部效度；（3）外部效度；（4）统计结论效度。

二、简答题

1. 影响构想效度的因素有哪些?
2. 影响内部效度的因素有哪些?
3. 影响外部效度的因素有哪些?
4. 影响统计结论效度的因素有哪些?
5. 对一篇研究报告进行评价可以从哪几个方面进行?
6. 科学研究的一般伦理要求有哪些?
7. 研究人类被试的伦理原则包括哪些内容?

1. 参考文献可点击查看：https://www.gdgjs.com.cn//resource/download/6320230323023226.pdf。

2. 与本教材配套的在线课程已经在“学堂在线”平台上线，感兴趣的读者可自行登录平台，搜索“心理学研究方法”观看课程内容。